Nr. 23
S. 6283–6562

1956
6. Juni

Chemisches Zentralblatt

Vollständiges Repertorium für alle Zweige der reinen und angewandten Chemie

1830 gegründet. 1897—1945 von der Deutschen Chemischen Gesellschaft fortgeführt.
Im Auftrage der Deutschen Akademie der Wissenschaften zu Berlin, der Chemischen Gesellschaft in der Deutschen Demokratischen Republik, der Akademie der Wissenschaften zu Göttingen und der Gesellschaft Deutscher Chemiker

herausgegeben von Prof. Dr. **Maximilian Pflücke**

127. Jahrgang

1956

Chefredakteure: Dr. Eugen Klever und Prof. Dr. Maximilian Pflücke

Akademie-Verlag GmbH., Berlin — Verlag Chemie, GmbH., Weinheim/Bergstr.

Inhalt

Geschichte, Unterricht 6283
A. Allgemeine, physikalische und anorganische Chemie 6284
A_1 Kernphysik und Kernchemie 6284
A_2 Optisches Verhalten der Materie 6292
A_3 Elektrizität. Magnetism. Elektrochem. 6295
A_4 Thermodynamik. Thermochemie 6301
A_5 Kolloidchemie. Grenzschichtforschung 6304
A_6 Strukturforschung 6308
A_7 Gleichgewichte. Kinetik 6318
A_8 Präparative anorganische Chemie 6325
Komplexchemie 6325
Metallorganische Verbindungen 6325
A_9 Mineralogische u. geologische Chemie 6332
B. Allgemeine und theoretische organische Chemie 6335
C. Präparative organische Chemie. Naturstoffe 6355
Mono- und Oligosaccharide. Glykoside 6401
Alkaloide 6403
Natürliche Farbstoffe .... —
Terpene. Sapogenine .... —
Sterine. Gallensäuren 6405
Hormone. Vitamine. Enzyme 6406
Antibiotica .... —
Andere Naturstoffe 6406
D. Makromolekulare Chemie 6408
E. Biologische Chemie. Physiologie. Medizin 6414
E_1 Allgemeine Biologie und Biochemie ... 6414
E_2 Enzymologie. Gärung 6416
E_3 Mikrobiolog. Bakteriolog. Immunolog. 6424
E_4 Pflanzenchemie. Pflanzenphysiologie. Pflanzenpathologie 6428
E_5 Tierchemie. Tierphysiologie. Tierpathologie 6431
E_6 Pharmakologie. Therapie. Toxikologie. Hygiene 6458
F. Pharmazie. Desinfektion 6464
G. Analyse. Laboratorium 6473
H. Angewandte Chemie 6486
I. Allgemeine chemische Technologie. 6486
II. Betriebsschutz. Feuerschutz .... —
III. Elektrotechnik 6489
IV. Wasser. Abwasser 6490
V. Anorganische Industrie 6491
VI. Silicatchemie. Baustoffe 6493
VII. Agrikulturchemie. Schädlingsbekämpfung 6497
VIII. Metallurgie. Metallographie. Metallverarbeitung 6499
IX. Organische Industrie 6521
X. Färberei. Organische Farbstoffe ... 6527
XI. a) Farben. Anstriche. Lacke. Naturharze 6528
b) Plaste (Kunstharze. Plastische Massen) 6531
XII. Kautschuk. Guttapercha. Balata .. 6535
XIII. Ätherische Öle. Parfümerie. Kosmetik 6537
XIV. Zucker. Kohlenhydrate. Stärke ... 6537
XV. Gärungsindustrie 6539
XVI. Nahrungs-, Genuß- u. Futtermittel 6541
XVII. Fette. Seifen. Wasch- u. Reinigungsmittel. Wachse. Bohnermassen usw. 6544
XVIII. a) Holz. Cellulose. Zellstoff. Papier. Papierdruck. Celluloid. Linoleum 6547
b) Textilfasern 6550
XIX. Brennstoffe. Erdöl. Mineralöle 6553
XX. Schieß- u. Sprengstoffe. Zündmittel 6558
XXI. Leder. Gerbstoffe .... —
XXII. Leim. Klebstoffe usw. .... —
XXIII. Tinte. Hektographenmassen u. a. Spezialpräparate 6559
XXIV. Photographie 6559

Bibliographien: 6284. 6301. 6304. 6332. 6458. 6464. 6473. 6486.

Namenregister

Aamodt 6287.
Abegg 6474.
Åberg 6442.
Abramowicz 6549.
Abrams 6431.
Acher 6436.
Acheson 6406.
Adachi 6553.
Adams 6493.
Adatto 6469.
Addressograph-Multigraph Corp. 6559.
Administration-Séquestre des „Röchling'sche Eisen- und Stahlwerke G. m. b. H. 6517.
AGFA Akt.-Ges. für Photofabrikation 6560.
Aihara 6418. 6419.
Aktiebolaget Bofors 6525.
Aktiebolaget Elektrolux 6488.
Aktiebolaget Ferrosan 6470.
Aktiebolaget Fullmänen 6552.
Aktiebolaget Götaverken 6550.
Aktiebolaget Kamyr 6549.
Aktiebolaget Separator 6488.
Aktiebolaget Svensk Torvförädling 6534.
Aktiebolaget Tudor 6489.
Akt.-Ges. für Unternehmungen der Eisen- und Stahlindustrie 6517.
Albers-Schönberg 6287.
Albrecht 6549.
Alderson 6529.
Alderton 6540.
Alexander, L. 6448.
Alexander, M. 6463.
Alexanjan 6555.
Allen, J. A., van 6285.
Allen jr., L. N. 6519.
Allen, R. D. 6332.
Allen, W. D. 6280.
Allfrey 6414.
Allied Chemical & Dye Corp. 6523.
Allin 6294.
Almquist 6444.
Alsbury 6546.
Altevogt 6433.
Althouse 6544.
Altman 6285.
Altroy, D' 6297.
Altschule 6448. 6449.
Aluminum Co. of America 6519.
Alves 6464.
Amand 6458.
Amat 6294. 6334.
American Cyanamid Co. 6496. 6515. 6525.
American Viscose Corp. 6552.
Amiel [6284].
Amiot 6316.
Anders 6529.
Åqvist 6450.
Arbusow 6341. 6365.
Arens 6457.
Armstrong 6482.
Arnborger 6465.
Arnold 6487.
Arpino 6545.
Arragon 6487.
Arredi 6495.
Arrhenius 6483.
Artz 6442.
Ascher 6498.
Assali 6434.
Asstachow 6283.
Astori 6528.
Atwood 6356.
Audubert 6413.
Austin 6338.
Auten 6533.
Azou 6316.
Babb 6306.
Babcock & Wilcox Co. 6520.
Babiarz 6551.
Babin 6424.
Bach 6368.
Bachman 6356.
Bacon 6343.
Bading 6500.
Badische Anilin- & Soda-Fabrik Akt.-Ges. 6493. 6525. 6552. 6533.
Bähr 6319.
Baganz 6365.
Baggenstoss 6455.
Bagnall 6326.
Baier 6334.
Bailar jr. 6320. 6321.
Bale 6507.
Balle 6557.
Bancroft, J., & Sons Co. 6551.
Bandel 6517.
Banerjee 6287.
Baranetzkaja 6359.
Barchewitz 6294. 6334.
Bardsley 6351.
Barker 6309.
Barnett 6475.
Barnhart 6533.
Barr jr. 6528.
Barré 6438.
Barrett 6464.
Bartelheimer 6439.
Barth 6283.
Bartha 6535.
Barthel 6507.
Bartlett 6507.
Bashulin 6554. 6555.
Bassi 6313.
Bastien 6316.
Basu (Mitra) 6287.
Batujew 6356.
Bauerfeld 6558.
Baughan 6303.
Bavley 6362.
Beach 6560.
Becker, B. 6452.
Becker, E. W. 6302.
Becker, K. 6540.
Beckwith 6350.
Beedle 6503.
Beiser 6285.
Bekkedahl 6535.
Bell Telephone Laboratories, Inc. 6524.
Benaček-Milenković 6429.
Bénard 6507.
Benedict 6459.
Bengtsson 6525.
Benkö 6301.
Berardinelli 6532.
Berenbaum 6428.
Berends 6472.
Berengo 6439.
Beresstnewa 6304.
Bergal 6430.
Bergmann 6420. 6457.
Bergner 6543. 6480.
Berkovic 6376.
Berlincourt 6298.
Berlingozzi 6283.
Berman 6286.
Berne 6299.
Bertolini 6455.
Bertram 6509.
Beryllium Corp. 6518.
Besemann 6557.
Besnossikowa 6494.
Besrukow 6334.
Bessey 6447.
Bessman 6485.
Béthoux 6434.
Beyer 6422.
Bhatia 6541.
Bhattacharya 6486.
Bhattacharyya 6286.
Bidmead 6506.
Biggs 6511.
Binder, D. 6311.
Binder, I. 6315.
Bingle 6302.
Birchenall 6329.
Birger 6525.
Birmingham 6332.
Björnson 6505.
Blass 6468.
Blatt 6298.
Blažek 6466.
Blicke 6368. 6369. 6370. 6371. 6392. 6393.
Bloch 6307.
Block 6436.
Bloom 6475.
Blumenfeld 6452.
Blumenthal 6546.
Bode 6484.
Böttger 6538.
Bogárdi 6492.
Bolland 6532.
Bolliger 6435.
Bollinger 6530.
Bolotny 6490.
Bonell 6559.
Bonhorst 6544.
Bopp 6288.
Borchert 6334.
Borell 6442.
Boresskow 6325.
Borg 6511.
Borissowa 6325.
Borkowski 6466. 6469.
Born 6286.
Borodulin 6553.
Bose 6306. 6307.
Boström 6453.
Botschkowa 6476.
Botts 6455.
Bouche 6469.
Boudet 6401.
Boyce 6515.
Boyd jr. 6527.
Boye 6363.
Boyer 6411.
Boymond 6469.
Boyce Thompson Research Foundation, Inc. 6470.
Bradley, T. F. 6546.
Bradley, W. 6382.
Braude 6386.
Braun 6464.
Braye 6352.
Brefort 6475.
Bremanis 6480.
Brenner 6515.
Brennert 6489.
Bridge 6285.
Briggs 6445.
Bright 6558.
Brisby 6503.
Brison 6424.
Britzke 6283.
Brix 6464.
Broadbent 6498.
Bröker 6498.
Brolley jr. 6288.
Bromberg 6347.
Broockmann 6530.
Brook 6375.
Broske, De 6474.
Brown, F. 6331.
Brown, L. 6309.
Brown, W. L. 6297.
Bruin 6522.
Brunel-Capelle 6423.
Brunish 6463.
Brustier 6326.
Bryant 6542.
Buck 6443.
Budilow 6495.
Bücher 6422. 6423.
Büchner [6284].
Bühler 6502.
Buffington 6314.
Buhlmann 6493.
Buhs 6297.
Bujanow 6477.
Bulanowa 6555.
Bungardt 6512.
Bunnett 6351.
Burch 6447.
Burgardt 6560.
Burger 6540.
Burgess Battery Co. 6489.
Burić 6479.
Burke 6314.
Burleigh 6536.
Burney 6533.
Burr jr. 6290.
Burstein 6294.
Burton 6427.
Busch, G. L. 6546.
Busch, N. 6480.
Busey 6289.
Butler 6413.
Buu-Hoï 6361. 6366. 6379. 6391. 6394. 6396.
Cafiero 6424.
Cafiot 6440.
Calas 6365.
Caldwell 6533.
Cambel 6306.
Campbell, A. M. 6299.
Campbell, H. C. 6505. 6513.
Canadian Industries Ltd. 6558.
Carhart 6303.
Carnegie Institute of Technology 6516.
Carpenter, C. M. 6441.
Carpenter, O. R. 6520.
Carr 6468.
Carrara 6472.
Carroll 6456. 6518.
Carron Parlanti Ltd. 6515.
Carson 6540.
Carter 6287.
Casini 6469.
Caujolle 6430.
Cavalca 6312. 6313.
Celanese Corp. of America 6523. 6532.
Centre National de la Recherche Scientifique 6520.
Cerveny 6533.
Chaigneau 6463.
Chaikoff 6452.
Chance 6441.
Chanda 6436.
Chandrasekhar 6294.
Chanmamedow 6547.
Charbonnelle 6307.
Chargaff 6418. 6423.
Charlett 6475.
Chatt 6324.
Chatterjee 6461.
Chauchard 6436.
Chauvet 6436.
Chayen 6420.
Chemical Construction Corp. 6519.
Chiarotti 6309.
Chicago Fire Brick Co. 6496.
Chimie et Atomistique 6472.
Chirico 6436.
Chitre 6429.
Chitrin 6304.
Chochlow 6476.
Choudhri 6431.
Chovin 6373. 6379. 6463.
Christenberry 6459.
Christensen 6287.
Christian 6423.
Chromow 6535.
Chudoba 6329.
Cianetti 6413.
Ciba Akt.-Ges. 6527.
Ciba Ltd. 6525.
Cifonelli 6410.
Clapham 6436.
Clark, G. 6285.
Clark, H. A. 6534.
Clauson-Kaas 6525.
Cleland 6297.
Clerc 6435.
Clerc-Bory 6394.
Clermont 6549.
Cliffe 6527.
Coatney 6462.
Cobb 6461.
Cocks 6546.
Cohen, Merrill 6534.
Cohen, Morris 6314.
Cohen, S. S. 6426.
Colas 6480.
Cole 6316.
Colgate-Palmolive-Co. 6546.
Collaud 6501.
Collet 6460.
Combe 6555.
Combined Locks Paper Co. 6550.
Combined Metals Reduction Co. 6514.
Commonwealth Engineering Co. of Ohio 6516. 6521.
Commons 6435.
Comp. Uruguaya de Fomento Industrial Soc. An. 6559.
Conia 6358.
Conn 6520.
Connor 6454.
Connors 6532.
Cook, C. S. 6291.
Cook, M. 6506.
Cooke, F. 6475.
Cooke, G. B. 6548.
Cooper 6462.
Coover 6533.
Copelin 6524.
Cor 6534.
Corbett 6410.
Corey 6412.
Cork 6520.
Corn Products Refining Co. 6539.
Čorović 6465.
Cosby 6523.
Couderc 6441.
Courtaulds Ltd. 6553.
Cowan 6461.
Cox, D. S. 6530.
Cox, R. H. 6369. 6370.
Crabbé 6438.
Crane 6524.
Crawford jr. 6297. 6436.
Crawley 6473.
Cressman 6498.
Crisp 6474.
Cristiani 6309.
Crittenden 6326.
Crone 6284.
Crook 6419.
Croxatto 6440.
Cumpston jr. 6548.
Curie [6284].
Curry 6343.
Curtin 6446.
Cusic 6471.
Czetsch-Lindenwald 6537.
Daeves 6517.
Daft 6445.
Dagajewa 6454.
Daggett 6529.
Daglish 6337.
Dahlmann 6500.
Dailey 6339.
Daly 6414.
Dancy 6493.
Danrigal 6438.
Dardenne 6457.
Darnell 6298.
Darwent 6352.
Das 6541.
Dastugue 6441.
Daudt 6374.
Davenport 6448.
Davidovic 6447.
Davidson 6559.
Davies, C. W. 6300.
Davies, M. H. 6329.
Davies, R. E. 6432.

Davies, W. 6389.
Davis, D. F. 6549.
Davis jr., L. 6298.
Davis, O. F. 6516.
Davoll 6412.
Day 6288.
Deatherage 6544.
Defay 6300.
Deichert 6529.
Dekeyser 6311.
Delaby 6398.
Demjanowski 6453.
Denison 6518.
Denissenko 6476.
Denny 6470.
Denton 6473.
Dereń 6467.
Derge 6516.
Déribéré 6429.
Derlon 6500.
Desai 6429.
Desbaumes 6537.
Descamps 6383. 6384.
Deselin 6435.
Deshusses 6537.
Dexter 6297.
Dhungat 6418.
Dickey 6533.
Dicks 6412.
Diemer 6295.
Digges 6317.
Dinerstein 6360.
Ditchburn 6294.
Dixon 6423.
Djamanski 6429.
Djatschenko 6318.
Dobkevitch 6434.
Döhring 6498.
Döry 6522.
Dolder 6465.
Domenicali 6296.
Donnelly 6395.
Dontcheff 6460.
Dorn 6315.
Dornauf 6493.
Dornow 6378. 6372.
Dorow 6464.
Dortmund-Hörder Hüttenunion Akt.-Ges. 6517.
Dougherty 6490.
Douglas 6527.
Dow Chemical Co. 6520. 6522.
Dow Corning Corp. 6534.
Dowd 6512.
Downing 6303.
Drawhorn 6442.
Drickamer 6302.
Drout jr. 6522.
Drożdż, Barbara 6469.
Drożdż, Bohdan 6469.
Dsissko 6325.
Dubowitzki 6283.
Dudden 6473.
Duffaut 6365.
Dumazert 6444.
Dunay 6492.
Duncan 6339.
Duncanson 6324.
Duncombe 6451.
Dunker 6460.
Dunlop Rubber Co. Ltd. 6536.
Dunstan 6490.
Dunwody 6539.
DuPont de Nemours, E. I., & Co. 6518. 6524. 6527. 6531. 6533. 6558. 6560.
Dupre 6482.
During 6499.
Durrer 6501.
Dusen jr., C. H. Van 6559.
Duval 6352.
Dvořák 6408.
Dyke, van 6436.
Dzulyńska 6425.
Dzung [6304].
Eadie 6291.
Earle 6441.
Eastman Kodak Co. 6533. 6560. 6561. 6562.
Eastwood 6342.
Ebel 6480.
Ebert 6549.
Eberts 6523.
Ecker 6295.
Eckey 6529.
Edlund 6538.
Edwards, L. J. 6327.
Edwards, R. K. 6303.
Edwards, T. E. 6410.
Eggers 6441.
Eigen 6304.
Eijk, van 6466.
Eisemann 6441.
Eisenwerke Gelsenkirchen Akt.-Ges. 6516. 6517.
Eisenwerke Mülheim-Meiderich Akt.-Ges. 6516.
Ekman 6496.
Ekstam 6549.
Eldjarn 6450.
Electric Furnace Products Co., Ltd. 6518.
Elgin 6487.
Ellinger 6445.
Ellis, J. A. 6285.
Ellis, R. A. 6285.
Emöd 6500.
Engelhardt-Gölkel 6455.
Engelkemeir 6292.
Englin 6555.
Epp 6339.
Eppler 6304.
Ermans 6435.
Ernster 6417.
Erve jr., van de 6459.
Ervenich 6463.
Eschbacher 6504.
Eschweiler 6435.
Esso Standard (Soc. An. Française) 6557.
Eto 6414.
Ettinger 6490.
Euler, B. v. 6416.
Euler, H. v. 6416.
Evans 6379.
Eye, D' 6326.
Eyring 6309. 6306.
Eysseric-Lafon 6433.
Fagersta Bruks Aktiebolag 6496.
Faidherbe 6421.
Fair 6482.
Fales 6521.
Fan 6297.
Fanselau 6489.
Farbenfabriken Bayer Akt.-Ges. 6487. 6488. 6552. 6553.
Farber 6416.
Farbwerke Hoechst Akt.-Ges., vormals Meister Lucius & Brüning 6524. 6471.
Farenhorst 6352.
Fatterpaker 6446.
Faucherre 6330.
Fauske 6536.
Fawcett 6386.
Fedotow 6316.
Feitelberg 6291.
Feldman 6473.
Feller 6533.
Feltham 6290.
Ferguson 6339.
Ferlin 6425.
Fernseh G. m. b. H. 6489.
Ferrari 6312.
Ferret 6440.
Fertman 6540.
Feschotte 6527.
Fialkow 6328.
Fidleus 6438.
Field, E. 6533.
Field, F. W. 6428.
Fils, Les, de Victor Michel (Soc. à r. l.) 6562.
Finkin 6477.
Firestone Tire & Rubber Co. 6533.
Firle 6297.
Fischbach, D. B. 6296.
Fischbach, H. 6470.
Fischer, A. 6447.
Fischer, G. 6506.
Fischer, Jack 6202.
Fischer, Joachim 6292.
Fischer, P. 6458.
Fisher 6550.
Fitzgerald, E. B. 6528.
Fitzgerald, J. N. 6498.
Fitzpatrick 6351.
Fleischmann 6378.
Fleming 6374.
Fletcher, P. C. 6287.
Fletcher, R. C. 6297.
Florio 6552.
Flowers 6292.
Flynn 6445.
Foering 6323.
Fokina 6324.
Ford, J. E. 6551.
Ford, S. D. 6313.
Fortuin 6524.
Foster, A. W. 6342.
Foster, J. F. 6411.
Foti 6481.
Fournier 6454.
Francis 6319.
Frank 6470.
Fratini 6494.
Frawley 6442.
Freedman 6290.
Freeman 6326.
Frehn 6510.
Freier 6285.
Frenck 6421.
Frenkel 6495.
Fribourg 6498.
Fried, Rainer 6446.
Fried, Rudolf 6444.
Friedberg 6298.
Friedenwald 6452.
Friedrich 6482.
Frolow 6303.
Fuchs 6457.
Fujita 6317.
Fukushima 6452.
Fuller 6528.
Funk 6512.
Furth 6459.
Fuss 6501.
Galinker 6322.
Gallagher 6452.
Gallavresi 6535.
Galston 6431.
Garcia-Fernandez 6326.
Gardam 6514.
Gardner Board & Carton Co. 6550.
Gargani 6544.
Garmo, de 6503.
Gaudio 6467.
Gaur 6431.
Gautschi 6503.
Gawrisch 6322.
Geilmann 6284.
Gelfand 6464.
Geller 6430.
Gemmill 6341.
General Aniline & Film Corp. 6546.
General Electric Co. 6534. 6536.
General Felt Products Co. 6537.
General Motors Corp. 6515.
Genzsch 6465.
Gerlach [6332].
Germano 6377.
Géro 6447.
Gerow 6329. 6376.
Gersdorf 6499.
Gersmann 6461.
Gerth 6451.
Gesellschaft für Teerwervertung m. b. H. 6558.
Gettler 6351.
Gianola 6308.
Giesbrecht 6366.
Giesecke 6517.
Gillam 6316.
Gilliland 6486. 6521.
Gillissen 6431.
Gilman 6330. 6329. 6375. 6376.
Gils, van 6535.
Gimmelfarb 6334.
Girard 6322.
Girdwood 6445.
Gisvold 6525.
Giulotto 6309.
Glad 6293.
Glascock 6451.
Glatzel 6298.
Glazener 6424.
Glenat 6360.
Glenister 6540.
Glenn jr. 6514.
Glimm 6415.
Glynn 6559.
Gold 6348.
Goldenberg, I. S. 6416.
Goldenberg, S. A. 6304.
Goldfarb, A. R. 6432.
Goldfarb, J. L. 6398.
Goldman 6516.
Goldschmeidt 6537.
Goldschmidt, B. 6331.
Goldschmidt, T., Akt.-Ges. 6493.
Golitzyn 6303.
Golowatzki 6443.
Gómez Herrera 6531.
Goncz 6448. 6449.
Gonnert 6520.
Goodrich 6489.
Goodwin, L. G. 6461.
Goodwin, T. H. 6336.
Gopal 6346.
Gorbatschew 6310.
Gordonoff 6444.
Goth 6438.
Gotô 6481.
Gott 6320. 6321.
Gottlieb 6285.
Gottsacker 6424.
Goucher 6425.
Gourévitch 6458.
Gourley 6453.
Govindachari 6404.
Graham 6561.
Grainger 6468.
Grant, N. 6315.
Grant, V. M. 6440.
Graschtschenkow 6452.
Grassie 6413.
Grau 6443.
Greco 6495.
Green, A. 6398.
Green, H. L. 6487.
Greenberg 6414.
Greenhow 6380. 6381.
Greenough 6314.
Greenwood 6531.
Greif-Werke, vormals Deutsche Bürobedarfsgesellschaft Bruer & Co., K.-G. 6559.
Grenier-Besson 6294.
Griem 6285.
Griffin 6415.
Grigorjew, G. P. 6284.
Grigorjew, M. J. 6553.
Grimm 6511.
Grinsaid 6476.
Gripenberg 6406.
Grivegnée 6421.
Grodzicki 6522.
Grönegreß 6504.
Gromakow 6318.
Gromakowa 6318.
Gross 6433.
Grosso 6428.
Grunberg 6559.
Grzymek 6495.
Gshitzki 6443.
Guérin 6327.
Guernsey 6430.
Guinet 6434.
Gunnert 6503.
Gurejew 6555.
Gurewitsch 6462.
Gustafson 6498.
Gustin-Bacon Mfg. Co. 6534.
Haas, B. W. De 6355.
Haas, K. 6489.
Haberle 6542.
Hackerman 6514.
Hadfield 6527.
Haegi 6319.
Hagihara 6420.
Hahn 6534.
Hale 6459.
Hall 6551.
Hamermesz 6434.
Hamilton 6287.
Hammel 6292.
Hammond, G. S. 6353.
Hammond, R. P. 6289.
Hangard 6544.
Hansard 6432.
Hansen 6312.
Hansen-Kofoed 6287.
Hanstock 6509.
Hardin 6412.
Hardy 6508.
Hare 6294.
Harnick 6460.
Harold 6452.
Harper 6357.
Harris 6513.
Hartmann, E. C. 6508.
Hartmann, F. 6451.
Hartree 6419.
Harva 6546.
Harvel Research Corp. 6536.
Harvey, G. J. 6347.
Harvey, J. A. 6287. 6288.
Harvey, M. T. 6536.
Hase 6513.
Hasselbach 6417.
Hasselquist 6416.
Haug 6296.
Hauptschein 6408.
Haurowitz 6412.
Hausmann 6431.
Hawkins 6524.
Haworth 6288.
Hayashi 6343.
Hayes 6292.
Haynes 6295.
Head 6547.
Hearon 6390.
Hebbelynck 6385.
Hecker 6374.
Heddle 6294.
Hedin 6544.
Heer 6287.
Heger 6504.
Hegnauer 6465.
Hegsted 6449.
Heilmann, E. 6487.
Heilmann, R. 6360.
Heim 6435.
Heinrich 6488.
Heintze 6541.
Heiskanen 6504.
Héjja 6492.
Heller 6502.
Hellman 6452.
Hempstead 6291.
Henderson 6508.
Heneghan 6321.
Henglein 6354.
Henisch 6297.
Henkel 6288.
Henn 6459.
Henneman 6448. 6449.
Herington 6337.
Hernandez 6462.
Herrmann 6435.
Hertog, den 6522.
Hervey 6473.
Herzka 6529.
Heymons 6499.
Heyningen, van 6401.
Hicks 6288.
Hill 6448.
Hilton 6348.
Hinshelwood 6342. 6424.
Hirsch 6433.
Hirschmann 6405.
Hitotuyanagi 6293.
Hoch 6512.
Hochberg 6531.
Hochmuth 6488.
Hockwin 6457.
Hodgkin 6344.
Hoegberg 6525.
Hoerger 6358.
Hofe, v. 6516.
Hoffmann 6539.
Hogan 6445.
Holaday 6484.
Holmberg 6401. 6402. 6403.
Holmes 6550.
Holt 6508.
Holtmann 6517.
Honorary Advisory Counicl for Scientific & Industrial Research 6523.

Hopkins 6490.
Horback 6532.
Horing 6294.
Horn 6524.
Horton (G. H.) & Co. 6559.
Horwich 6537.
Hothersall 6514.
Hotop 6510.
Hough 6327.
Houska 6311.
Houston, R. W. 6289.
Houston, W. V. 6298.
Hove, L. van 6385.
Hove, R. vom 6496. 6530.
Howard, J. E. 6454.
Howard, J. M. 6442.
Hoyle, B. E. 6300.
Hoyle, G. 6456.
Hrachovec 6443.
Hu 6293.
Hubka 6449.
Hudson, D. E. 6290.
Hudson, J. R. 6540.
Hückel 6286.
Hüttenwerke Phoenix Akt.-Ges. 6517.
Hughes, D. J. 6287.
Hughes, R. R. 6486.
Huls 6396.
Hummel, C. 6493.
Hummel, F. A. 6328.
Hummitzsch 6513.
Hundy 6507.
Hunt 6437.
Hunter, L. 6345.
Hunter, M. A. 6284.
Hunter, R. 6528.
Huntress 6390.
Husain 6285.
Huse 6298.
Hutan 6449.
Hutchinson 6289.
Hyde 6374.
Igo 6288.
Ikeda 6442.
Imperial Chemical Industries Ltd. 6526. 6527. 6558. 6559.
Ingold 6283.
Inoue 6486.
International Cellucotton Products Co. 6552.
International Minerals & Chemical Corp. 6493.
Iordanski 6283.
Iowell 6558.
Ipatow 6324.
Irwin 6510.
Ise jr. 6288.
Ishikawa 6418. 6419.
Ivanovszky 6530.
Iwanow 6556.
Iwkin 6332.
Iyengar 6309.
Iyer 6484.
Jacini 6545.
Jack 6506.
Jackel 6447.
Jackson 6289.
Jacob, I. 6426.
Jacob, K. T. 6414.
Jacobs 6335.
Jacobsen 6514.
Jacques [6284].
Jacquignon 6391.
Jahr 6329.
Jain 6541.
Jakowlewa, A. J. 6462.
Jakowlewa, F. 6330.
Jakowlewa, M. J. 6494.
Jalling 6417.
James, D. W. F. 6413.
James, R. H. 6307.
Jander 6325.
Janitzkaja 6303.
Janković 6481.
Janot 6403.
Janssen 6465.
Janz 6339.
Jarvis 6285.
Jaswitzki 6498.
Jaumot jr. 6314.
Jaunin 6377.
Jávor 6434.
Jayko 6452.
Jefferson 6291.
Jeffery 6462.
Jeffries 6287.
Jegina 6548.
Jegorow 6364.
Jenkins 6317.
Jensen 6326.
Jermyn 6483.
Jewell 6512.
Jewstignejewa 6336.
Joffe 6302.
Johannson 6374.
Johns 6448.
Johnson, A. 6442.
Johnson, B. C 6446.
Johnson, C. R. 6317.
Johnson, I. J. 6498.
Johnson, J. E. 6303.
Johnson, P. A. 6306.
Johnston, B. G. 6503.
Johnston, H. S. 6323.
Johnston, W. G. 6298.
Johnstone 6508.
Jolles 6459.
Jonas 6487.
Jonassen 6320. 6332.
Jones, D. W. 6343.
Jones, E. L. 6488.
Jones, F. 6438.
Jones, F. A. 6536.
Jones, R. G. 6388.
Jones, S. A. 6462.
Jones, T. G. 6546.
Jones, W. R. D. 6507.
Joshi 6429.
Jovanović 6481.
Joynt 6460.
Jungbluth 6502.
Jurand 6438.
Jurkewitsch 6554.
Jurshenko 6306.
Juruscha 6462.
Kahn, M. 6290.
Kahn, M. D. 6481.
Kaiser 6491.
Kallal 6521.
Kalle & Co., Akt.-Ges. 6561.
Kallenbach 6520.
Kalnin 6553.
Kamai 6356.
Kamphausen 6474.
Kann 6421.
Kao 6298.
Kaplan 6416.
Kappeller 6543.
Kar 6286.
Karabinos 6425.
Kargin 6304. 6531.
Karle 6309.
Karpel 6476.
Kartzmark 6299.
Kasai 6496.
Kasanski 6554. 6555.
Kasbekar 6446.
Katagiri, H. 6422.
Katagiri, K. 6409.
Katz, E. 6298.
Katz, W. 6514.
Katzman 6285.
Kawana 6553.
Kawerina 6556.
Kay, E. 6526.
Kay, J. M. 6289.
Kaye 6514.
Kayser 6307.
Keating 6312.
Keilin 6419.
Kelley 6288.
Kellogg, M. W., Co. 6515.
Kemisk Vaerk Køge A/S 6525.
Kemmnitz 6511.
Kendall 6435.
Kennedy 6475.
Kenner 6410.
Kent 6413.
Kephart 6292.
Kerner 6455.
Kerridge 6318.
Kersten 6557.
Keßler, Hellmuth 6365.
Keßler, Hermann 6508.
Kesztyüs 6434.
Ketelaar 6461.
Kevei 6479.
Khan 6347.
Khouvine 6433.
Kidd 6518.
Kies 6510.
Kimura, M. 6290.
Kimura, T. 6286.
King, C. G. 6446.
King, M. 6529.
Kinnunen 6480.
Kirsten 6484.
Kiszel 6479.
Kita 6285.
Kitagawa 6433.
Kitschkin 6556.
Kittelberger 6530.
Klager 6355.
Kleckner 6455.
Kleifeld 6457.
Klein, E. 6482.
Klein, M. 6469.
Klemm 6299.
Klemming 6504.
Klenk 6432.
Klepetko 6514.
Kler 6475.
Kling 6550.
Klopper 6447.
Klostermann 6447.
Knappwost 6454.
Knoll 6308.
Knopf 6332.
Knowlson 6520.
Koch, H. W. 6288. 6288.
Koch, J. 6483.
Koch, W. 6435.
Koch, W. T. 6436.
Kocholaty 6425.
Kodicek 6423.
König 6310.
Kofoed-Hansen 6287.
Kohn, D. H. 6474.
Kohn, M. 6283.
Kohn, W. 6298.
Kolarow 6325.
Kolbin 6333.
Konecky 6460.
Konosenko 6478.
Kootz 6517.
Kooyman 6352.
Korff 6285.
Kornberg 6432.
Kornilowa 6555.
Korsh 6477.
Korzenovsky 6425.
Kosarowitzki 6528.
Koshewnikow 6556.
Koslowa 6477.
Kosolapoff 6341. 6399.
Kovalenko 6450.
Kovář 6396. 6397.
Kozakevitch 6305.
Kozlowski 6469.
Krainer 6505.
Kramer 6332.
Krámli 6422.
Krassowitzkaja 6452.
Kratochvil 6449.
Kratzer 6443.
Kratzl 6407.
Krause 6524.
Kraut 6526.
Kream 6423.
Kreienberg 6447.
Kretowitsch 6336.
Krieger 6510.
Kriegl 6305.
Krjukow 6303.
Kronstein 6520.
Krueger 6463.
Kruhøffer 6433.
Krumbein 6290.
Kruty 6482.
Kubát 6318.
Kubicz 6486.
Kučera 6466.
Kudelja 6477.
Kühna 6499.
Kümmel 6284.
Kümmerle 6509.
Kuhn 6302. 6488.
Kuipers 6537.
Kulka 6367.
Kulkarni, L. K. 6446.
Kolkarni, R. N. 6335.
Kulp 6290.
Kupperberg 6490.
Kurlandsky 6489.
Kurochtina 6442.
Kurosawa 6310.
Kurssanow 6359.
Kusnetzowa, A. W. 6497.
Kusnetzowa, J. J. 6462.
Kutina 6332.
Kutscher 6306.
Kutschera 6449.
Kutzew 6329.
Kuusisto 6443.
Kynaston 6337.
Labhart 6438.
Lacassagne 6458.
Ladd 6534.
Lafuma 6495.
Lagoni [6486].
Laki 6456.
Lal 6541.
Lambert 6385.
Landau 6319.
Landes 6496.
Landsberg, G. S. 6554. 6555.
Landsberg, P. T. 6297.
Landtsheer, de 6458.
Lane 6526.
Lange 6506.
Langseth 6295.
Lániková 6408.
Lantos 6422.
Lányi 6492. 6493.
Lardy 6446.
Large 6472.
Lark 6290.
Larsen 6531.
Lassack 6538.
Latner 6485.
Laubach 6471.
Laudani 6549.
Laudenslager 6374.
Lavenda 6435.
Lavit 6379.
Law 6419.
Laws 6459.
Lawson 6314.
Lax 6297.
Layne jr. 6485.
Lechler 6558.
Lecomte 6453.
Lecoq 6436.
Lee 6293.
Lefebre 6544.
Leitz, E., G. m. b. H. 6531.
Lejeune 6366.
Lemonick 6287.
Leonardi 6491.
Léonis 6411.
Leontein 6550.
Leontjew 6308.
Leopold 6430.
Lepetit S. p. A. 6472.
Le Roi [6473].
Lesser 6408.
Lesslie 6390.
Letman 6437.
Letort 6555.
Levaditi 6463.
Levine 6470.
Levitt 6347.
Lévy 6440.
Lewin, B. I. 6311.
Lewin, S. 6479.
Lewis, F. A. 6538.
Lewis, G. M. 6286.
Lewis, J. C. 6540.
Lewis, W. B. 6289.
Lewitsch 6305.
Lewkojew 6283.
Ley 6440.
Leygonie 6557.
Liang 6544.
Libby 6290.
Liberman 6554. 6555.
Libermann 6472.
Liberow 6556.
Licharz 6552.
Liebson 6291.
Lieby 6501.
Liiri 6548.
Lindan 6440.
Lindberg 6417.
Lindholm 6299.
Lindlar 6432.
Lindorf 6510.
Linko 6432.
Lippert 6308.
Lipson 6294.
Little 6441.
Lockwood 6544.
Löhn 6507.
Loevinger 6291.
Löw 6417.
Loitzjanskaja 6538.
Long, C. W. De 6426.
Long, L. F. De 6529.
Longuet-Higgins 6336.
Lonz-Werke Elektrochemische Fabriken G. m. b. H. 6534.
Looney 6346.
Loorz 6501.
Lopuschanski 6429.
Lorås 6548.
Lorenz 6523.
Losinski 6316.
Loving jr. 6558.
Low jr., J. R. 6504.
Low, M. J. D. 6322.
Lowry 6447.
Lu 6368.
Lucas [6301].
Luck 6463.
Luckey 6298.
Lucy 6413.
Ludvigsen 6439.
Lüben 6558.
Lueg 6511.
Luisada 6432.
Lukeš 6396. 6397.
Lukjanowitsch 6308.
Lumalampan Aktiebolag 6489.
Lundén 6299. 6300.
Lundin 6521.
Lundina 6494.
Lunsford 6490.
Lyssenko 6497.
McBridge 6557.
McCaffrey 6558.
McConnell, H. M. 6347.
McConnell, W. B. 6339.
MacCormack 6354.
McDonald, F. B. 6285.
MacDonald, R. E. 6294.
McElroy 6327.
McGowan 6288.
Macholán 6391.
McIlwain 6417.
McInnes 6416.
Mack 6558.
McKay, A. F. 6523.
Mackay, M. 6344.
McKeand 6536.
McKeown 6507.
McKinley 6558.
McLamore 6362.
McMaster 6510.
McNary 6490.
MacNaughton 6308.
McNeil 6380. 6381.
McRorie 6424.
Madsen 6517.
Maengwyn-Davies 6452.
Märker 6494.
Maginot 6534.
Magri 6432.
Mahl 6550.
Mairanowski 6301.
Majer 6408.
Majumdar 6341.
Malchassjan 6334.
Malin 6283.
Malyan 6536.
Manenc 6314.
Manicardi 6439.
Mann 6480.
Manoilow 6454.
Mansfield 6395.
Maqsood 6438.
Marcia 6290.
Marfatia 6446.
Margolis 6287.
Margoshes 6477. 6478.
Marinček 6501.
Marmion 6532.
Marraccini 6544.
Mars, de 6298.
Martelli 6435.
Martin, D. C. 6514.
Martin, E. L. 6559.
Martin, H. 6488.
Martin, R. H. 6383. 6384. 6385.
Marx 6293.
Masiak 6468.
Masslennikow 6527.
Masslow 6341.

Masson 6328.
Matoba 6454.
Matthiesen 6513.
Matwejewa 6357.
Maxwell 6558.
Mayes 6536.
Mazoué 6436.
Mazur 6300.
Meier 6505.
Meilgaard 6540.
Meixner 6304.
Melik-Gaikasjan 6301.
Melik-Paschajew 6554.
Melinck 6521.
Meluch 6361.
Melville 6450.
Menčik 6408.
Mendel 6461.
Mends 6507.
Mentzer 6394.
Meredith 6285.
Merritt 6297.
Mertz 6447.
Meschtscherjakow 6357.
Metallgesellschaft Akt.-Ges. 6487. 6488. 6493. 6520. 6547.
Metro-Cutanit Ltd. 6519.
Metropolitan-Vickers Electrical Co. Ltd. 6515.
Metzger, F. R. 6287.
Metzger, H. 6377.
Meyer, A. C. 6535.
Meyer, F. 6304.
Meyer, P. 6285.
Meyer, R. A. 6316.
Michael 6507.
Michailowa 6554. 6555.
Michel 6336.
Michel-Ber 6440.
Michel 6542.
Middlesworth, van 6438.
Mikulaszek 6425.
Milhorat 6339.
Millard 6328.
Miller, C. M. 6559.
Miller, J. 6348. 6350. 6351.
Miller, L. E. 6287.
Miller III, R. 6333.
Mills, J. S. 6530.
Mills, R. C. 6421.
Millwood 6469.
Milson jr. H. E. 6393.
Minakawa 6285. 6286.
Minder 6444.
Miner jr. 6482. 6538.
Mirsky 6414.
Mirus 6545.
Mislow 6361.
Mitchell 6487.
Mitlin 6460.
Mitoma 6425.
Miyamoto 6293.
Mizan 6452.
Mo och Domsjö Aktiebolag 6550.
Model 6427.
Moehrle 6558.
Möller 6511.
Mölling 6486.
Mokijewski 6310.
Molho 6427.
Molho-Lacroix 6427.
Molotkowski 6429.
Moltke, A. B. 6540.
Moltke, E. 6437.
Monand 6473.
Mond Nickel Co. Ltd. 6517. 6519.
Monier 6446.
Monse 6291. 6300.
Monsi 6428.
Montgomery 6297.
Moore 6287.
Moorthy 6335.
Morales, M. 6455.
Morales, M. F. 6448.
Moreau 6507.
Morel 6537.
Morewa 6456.
Morgan jr., C. S. 6523.
Morgan jr., F. M. 6435.
Morgans 6440.
Morita 6294.
Morito 6308.
Morlock 6488.
Morris 6415.
Morrison 6474.
Mosbach 6447.
Moschel 6487.
Moscovivi 6468.
Moshman 6459.
Moskowitz 6315.
Mott 6313.
Moureu 6373. 6379. 6463.
Mouton 6535.
Moyer 6481.
Muchammedow 6550.
Mülders 6512.
Müller, A. 6547.
Mueller, C. A. 6546.
Müller, E. 6377.
Müller, G. 6414. 6530.
Müller, H. K. 6457.
Müller, J. 6409.
Müller, L. 6509.
Müller, Wilhelm 6517.
Müller, Wolfgang 6493.
Muggleton 6550.
Muir 6450.
Muirhead 6438.
Mukerji 6461.
Mun 6327.
Mundy 6536.
Munger 6498.
Murakami 6553.
Murbach 6328.
Murrell 6336.
Myatt 6462.
Myers 6461.
Mylius 6284.
Myrbäck 6422.
N. V. de Bataafsche Petroleum Mij 6557.
N. V. Onderzoekingsinstituut Research 6527.
Nagel, E. 6287.
Nagel, R. 6362. 6363.
Nagy 2963.
Nakahara 6496.
Nakamoto 6338.
Nakau 6299.
Namba 6343.
Narasimhan 6404.
Nardelli 6312. 6313.
Nartschemaschwili 6334.
Nasset 6448.
Natarajan 6444.
Nathorst 6505.
National Lead Co. 6518.
National Marking Machine Co. 6559.
National Research Development Corp. 6487.
Naugle 6285.
Nay 6449.
Neckel 6433.
Nedler 6476.
Neef, de 6535.
Negishi 6440.
Neilson 6292.
Neiman 6301.
Nelson, E. L. 6441.
Nelson, H. A. 6472.
Nelson, R. F. 6558.
Németh 6500.
Nepera Chemical Co., Inc. 6526.
Neuberger 6451.
Neufeld 6311.
Neumann 6480.
Newkirk 6539.
Newman 6525.
Newmark 6513.
Newnham 6536.
Ney 6285.
Nickerson 6421.
Niclause 6352.
Nielsen 6339.
Niemeyer 6542.
Niestlie jr. 6286.
Nikkilä 6432.
Nikodémusz 6434.
Nikolić, K. 6479.
Nikolić, R. 6465.
Nikonowitsch 6475.
Nishimura 6286.
Nobles 6288.
Noll 6487.
Noller 6362.
Nordenstrahl 6432.
Nordiska Gummifabriks Aktiebolaget Overman 6550.
Normand 6335.
Norris 6475.
Norton 6315.
Norwitz 6480.
Novey 6292.
Nowakowski 6547.
Nowick 6296.
Nyman 6328.
Oatley 6473.
Obermüller 6510.
Ochwadt 6455.
Ockenden 6331.
O'Connor 6482.
Oda 6343.
Odeblad 6292. 6453.
O'Dell 6445.
Oelsen 6503. 6517.
Öman 6549.
Oganow 6554.
Ogston 6411.
Oguchi 6551.
Ohio State University Research Foundation 6525.
Okada 6486.
Okamura 6409.
Okui, H. 6445.
Okui, T. 6437.
Okuwa 6445.
Olds 6317.
Olszewski 6423.
O'Meara 6288.
O'Neal 6415.
Opfermann 6470.
Orel 6420.
Orgel 6295.
Ormont 6329.
Orthner 6557.
Orzechowski 6354.
Osberg 6294.
Ossefort 6535.
Ossipowa 6478.
Osstroumow, E. A. 6334.
Osstroumow, W. J. 6287.
Osstrowskaja 6430.
Otken 6450.
Ott 6292. 6355.
Otter jr. 6298.
Owen 6436.
Oyama 6486.
Oyler 6513.
Pachéco 6394.
Paetzold 6335.
Pai 6404.
Paist 6532.
Palatnik 6319.
Palevsky 6287.
P'An 6362.
Papp 6492.
Paquier 6559.
Parducci 6532.
Parissi 6496.
Parkhouse 6491.
Parks 6436.
Parlanti 6515.
Parnham 6499.
Parratt 6291.
Parsons 6496.
Partington 6283. 6284.
Paschke 6516.
Passow 6441. 6460.
Pasveer 6491.
Pateisky 6517.
Patterson 6509.
Patwardhan 6448.
Pauel 6496.
Pauling 6412.
Payson 6435.
Pearce 6475.
Peat 6410.
Pedersen 6290.
Peirce 6453.
Pellini 6504. 6505. 6510.
Penau 6487.
Pendray 6503.
Peppers 6441.
Perelman 6452.
Peremysslowa 6554.
Perrone 6451.
Perry 6428.
Perschin 6462.
Pesteil, L. 6337.
Pesteil, P. 6337.
Peters 6531.
Peterson, L. 6285.
Peterson, W. H. 6421.
Petrow 6364.
Petrun 6333.
Pew 6407.
Peychès 6310.
Pfeifer 6536.
Pfeiffer 6343.
Pfizer, C., & Co., Inc. 6471.
Pfleger 6422.
Phansalkar 6448.
Philbin 6395.
Phillips, A. W. 6539.
Phillips, D. S. 6515.
Phillips Petroleum Co. 6488. 6536. 6537. 6557.
Pickup 6285.
Pierce 6412.
Pilcher 6287.
Pimburgskaja 6333.
Pinkham 6436.
Pipkin 6287.
Pirogow 6494.
Pittoni 6451.
Piwowarsky 6516.
Plaetschke 6329.
Planinsek 6337.
Plass 6312.
Plate 6554. 6555.
Plummer 6464.
Podgoreodetzki 6548.
Policard 6460.
Poljakowa 6453.
Poljanin 6554.
Polster 6527.
Pommer 6460.
Ponomarew 6305.
Porges 6490.
Porter, A. W. 6309.
Porter, F. 6523.
Post 6362. 6363.
Pourrat 6403. 6404.
Powell 6461.
Prager 6306.
Pratt 6296.
Preuss 6309.
Prévot 6331.
Prigogine 6300.
Prjanischnikowa 6398.
Probert 6520.
Prosiegel 6455.
Prosorowskaja 6454.
Protopopow 6476.
Protti 6416.
Pruthi 6541.
Puhl & Co. 6546.
Puschkarewa 6400.
Pustelnik 6547.
Putilin 6453.
Puzak 6504. 6505. 6510.
Pyle 6288.
Quaass 6508.
Quarto di Palo 6455.
Quellet, C. 6341.
Quellet, L. 6341.
Quigley 6529.
Rabinovitch 6346.
Rabotnow 6514.
Radio Corp. of America 6489.
Raettig 6426.
Raffauf 6338.
Raidl 6505.
Raisz 6486.
Rakshit 6341.
Raktschejew 6332.
Ramachandran, L. K. 6339.
Ramachandran, S. 6445.
Ramakrishnan 6414.
Ramanathan 6335.
Raut 6429.
Rawson 6473.
Raynal 6534.
Rechenberg 6506.
Redlich-Moshin 6441.
Refn 6485.
Rege 6446.
Regnaut 6331.
Rehell 6485.
Reichel 6552.
Reik 6322.
Reinders-Gouwentak 6428.
Rempel 6488.
Remy 6312.
Resnikowski 6535.
Ressler 6483.
Rettenbacher 6449.
Reuterswärd 6299.
Reyneke 6497.
Reynolds, D. M. 6443.
Reynolds, J. B. 6287.
Reynolds, N. G. 6345.
Reynolds, W. N. 6297.
Rezler 6466.
Rhees 6411.
Rheinboldt 6366.
Rheinisch-Westfälische Eisen- u. Stahlwerke Akt.-Ges. 6516.
Ricci 6479.
Rice, C. M. 6289.
Rice, O. K. 6346.
Richards, G. N. 6410.
Richards, P. I. 6292.
Richards, T. L. 6506.
Richardson 6415.
Richier 6438.
Richter, F. 6558.
Richter, J. C. F. C. 6549.
Richter Gedeon Vegyészeti Gyár R. T. 6526.
Rickels 6424.
Riedel-de-Haën Akt.-Ges. 6499.
Rienäcker 6283.
Rietz, C. A. 6539.
Rietz Mfg. Co. 6539.
Rigamonti 6544.
Rigby 6494.
Riggs 6347.
Rinck 6527.
Riollano 6538.
Rjabtschikow 6329.
Robertson, C. H. 6415.
Robertson, G. R. 6559.
Robinson, G. D. 6334.
Robinson, L. B. 6291.
Robinson, R. A. 6300.
Robinson, S. C. 6475.
Robinson, S. R. 6406.
Robl 6493.
Robson 6486.
Roche, J. 6433.
Roche, M. P. 6374.
Roe 6328.
Roff 6551.
Roginski 6324.
Rohm & Haas Co. 6533.
Rohrbach [6304].
Rolls-Royce Ltd. 6520.
Romanoff 6437.
Rooth 6465.
Rorschach jr. 6298.
Rosamilia 6536.
Rosdahl 6470.
Rose, D. C. 6285.
Rose, H. A. 6343.
Rosen, D. A. 6452.
Rosen, J. S. 6301.
Rosenfeld 6452.
Rosenkrantz 6339.
Rosental 6548.
Roshkow 6555.
Rosina 6462.
Ross 6434.
Rossetti 6334.
Rossi 6451.
Rossiter 6498.
Roth 6297.
Ruban 6305.
Ruben 6489.
Rubenstein 6298.
Rubentschik 6429.
Rubinstein 6476.
Ruby 6487.
Ruckenbrod 6430.
Rudram 6530.
Rueger 6474.
Ruemele 6537.

Rugg 6533.
Ruhrchemie Akt.-Ges. 6558.
Rumeliss 6462.
Ruschtschuk 6495.
Russakowa 6453.
Russanow 6477.
Russell 6552.
Rutherford 6302.
Ruthner 6520.
Rutledge 6464.
Ryś 6467.
Sabatier 6327.
Sabourin 6373. 6379. 6463.
Sadhu 6444.
Sadowski 6289.
Saeki 6428.
Saffian 6432.
Sage 6305.
Saitzewa 6494.
Saka 6452.
Sako 6442.
Salas 6487.
Salem 6419.
Salgado 6434.
Salminen 6560.
Salsilli 6329.
Saltzstein 6436.
Samec 6538.
Sample 6292.
Samuelson 6538.
Sanatani 6286.
Sandell 6465.
Sanders, H. L. 6546.
Sanders, J. V. 6305.
Sandoz Akt.-Ges. 6470. 6552.
Sandweiss 6436.
Sanford 6441.
Sansone 6462.
Santani 6286.
Sarlet 6421.
Sarma 6445.
Sarmousakis 6322.
Sarnecki 6549.
Sasaki 6346.
Saunders 6339.
Savige 6389.
Sawahata 6486.
Schäfer, G. 6468.
Schäfer, W. 6561.
Schaeffler 6513.
Schaible 6480.
Schalyt 6528.
Scharpenseel 6443.
Schatz 6411.
Schaufelberger 6519.
Schawscha 6341.
Scheer 6291.
Scheinberg 6436.
Scherp 6420.
Scherrer 6287.
Scherstkow 6476.
Schieler 6463.
Schild 6434.
Schimonajew 6555.
Schippers 6541.
Schlechtweg 6298.
Schleitzer 6319.
Schlenk, H. 6355.
Schlenk, O. 6284.
Schlicht 6532.
Schlykow 6310.
Schmidle 6395.
Schmidt, B. 6468.
Schmidt, H. 6520.
Schmitz 6487.
Schnabel 6499.
Schneider, P. J. 6306.
Schneider, R. 6493.
Schneider, W. 6545.
Schöne [6284].
Schönfeld 6297.
Schoenlaub 6519.
Schöön 6538.
Schoepfle 6399.
Schofield 6284.
Schrader 6316.
Schreider 6476.
Schtscheglowa 6427.
Schubert, G. 6467.
Schubert, G. E. 6464.
Schüler 6336.
Schuhmann 6499.
Schultz-Haudt 6420.
Schulz 6557.
Schulz, B. 6467.
Schulz, R. 6354.
Schulz, W. E. 6558.
Schulz-Falkenhain 6490. 6542.
Schulz-Methke 6529.
Schulze 6536.
Schwarz 6283.
Schwiete 6493.
Scott, A. B. 6293.
Scott, R. B. 6444.
Searle, G. D., & Co. 6471.
Sebenda 6409.
Sedky 6541.
Seegers 6442.
Segur 6482. 6538.
Sehon 6352.
Seidler 6558.
Seligman 6462.
Sella 6427.
Selye 6415. 6434.
Servi 6315.
Seyfarth 6467.
Shabrowa 6324.
Shanahan 6474.
Shapiro, H. S. 6418.
Shapiro, M. M. 6286.
Sharnenkow 6556.
Shdanow 6325.
Shell Development Co. 6522. 6524. 6546.
Shen 6440.
Sherby 6315.
Sheridan 6295.
Shewan 6449.
Shigley 6544.
Shimoni 6457.
Shiomi 6418.
Shionoya 6295.
Shipmen 6481.
Shive 6424.
Shokal 6546.
Shon 6473.
Shorland 6448.
Shreckengost 6292.
Shuchowitzki 6303.
Shugar 6417.
Shukow 6317.
Shuster 6416.
Shute 6520.
Siddappa 6541.
Sidi 6434.
Siefert 6552.
Siegel 6431. 6429.
Siemag Vertriebsges. m. b. H. 6488.
Siemens & Halske Akt.-Ges. 6521.
Siemens-Schuckertwerke Akt.-Ges. 6488. 6489.
Silbernagel 6407.
Silverman 6328.
Šimkovic 6449.
Simmons 6521.
Simon 6481.
Simons, F. S. 6333.
Simons, P. 6487.
Simpson, J. A. 6285
Simpson, T. P. 6557.
Singer 6285.
Sipahioglu 6452.
Sipkens 6428.
Sisman 6288.
Sistrunk 6332.
Sjöberg 6299. 6300.
Sjöstedt 6484.
Skaugen 6548.
Skinner 6424.
Skogsgarnas Industri A/B 6549.
Skouby 6458.
Skramtajew 6495.
Skropyschew 6310.
Skurský 6391.
Šljivić 6479.
Small 6536.
Smirnow, J. K. 6452.
Smirnow, W. I. 6333.
Smirnowa 6476.
Smith, A., Inc. 6552.
Smith, D. C. 6339.
Smith, E. L. 6445.
Smith, E. M. 6314.
Smith, F. 6410.
Smith, G. G. 6355.
Smith, J. D. 6357.
Smith, J. G. 6340.
Smith, J. J. 6437.
Smith, P. L. 6294.
Smith, R. K. 6288.
Smith, R. L. 6314.
Smith, Robert L. 6333.
Smollett 6296.
Smuschkowa 6318.
Snarski 6554.
Snegotska 6472.
Snipes 6351.
Snyder 6311.
Soberman 6285.
Società Finanziaria Siderurgica Finsider 6516.
Soc. An. des Manufactures des Glaces et Produits Chimiques de Saint-Gobain, Chauny & Cirey 6534. 6557.
Soc. de Condensation et d'Applications Mécaniques 6521.
Soc. Forni Lubatti 6515.
Soc. Générale d'Applications Thérapeutiques „Théraplix" 6470.
Soc. Mancelle de Fonderie (Soc. (à r. l.] 6518.
Socony-Vacuum Oil Co., Inc. 6557.
Söderberg 6470.
Soffer 6353.
Sogo 6287.
Solti 6500.
Sonoda 6290.
Souchay 6330. 6331.
Soyka 6463.
Spangler 6559.
Spanyár 6479. 6543
Spassow 6544.
Spear 6313.
Spence, P., & Sons Ltd. 6519.
Spencer 6424.
Spengler 6438.
Sperlich 6543.
Spicer 6456.
Spink 6305.
Sproule 6542.
Spruyt 6545.
Sreenivasamurthy 6446.
Sreenivasan 6418. 6446.
Srelow 6555.
Srinivasan 6301.
Ssablina 6555.
Ssadowski 6511.
Ssadychsade 6364.
Ssafaralijew 6556.
Ssamoilowa 6365.
Ssarkasow 6324.
Ssemenido 6556.
Ssemewskaja 6540.
Ssenitzkin 6556.
Ssetkina 6358.
Ssobolew 6283.
Ssoldatow 6463.
Ssoljuss 6547.
Ssumarokowa 6330.
Ssurna 6553.
Ssuschtschinski 6554. 6555.
Ssussanow 6487.
Stafford 6529.
Standard Oil Co. 6533. 6557.
Standard Oil Development Co. 6522. 6536. 6558.
Stark 6518.
Starr, M. P. 6443.
Starr, P. 6435.
Statz 6298.
Staudinger 6534.
Stawrowskaja 6372. 6399.
Steacy 6482.
Steding 6531.
Steele 6298.
Steger Products Mfg. Corp. 6531.
Stehl 6302.
Steidlitz 6473.
Steiger 6465.
Stein 6541.
Steiner, A. 6435.
Steiner, E. 6521.
Steinitz 6315.
Steinschneider 6556.
Stelson 6288.
Stempel 6510.
Stephens 6534.
Stephenson 6437.
Stepuchowitsch 6324. 6554.
Sterin 6555.
Stevens 6426.
Steward 6343.
Stewart 6486.
Stimson 6347.
Stivala 6487.
Stolovy 6288.
Stoner 6459.
Stout 6513.
Streipa 6553.
Ströbel 6456.
Stroke 6287.
Stueckelberg 6285.
Stuhlfauth 6455.
Stur 6422.
Sturm 6311.
Subbarao 6328.
Subrahmanyan 6446.
Suchoff 6521.
Südhof 6449.
Süs 6561.
Sugihara 6290.
Sundberg 6489.
Suomalainen 6414.
Susano 6475.
Sutcliffe 6382.
Sutton 6520.
Suzuki, S. 6481.
Suzuki, Y. 6418.
Svetlik 6537.
Swaminathan, M. 6446.
Swaminathan, S. 6525.
Swank 6549.
Swanson 6292.
Sweschnikow 6283.
Swyngedauw 6458.
Sy 6361. 6366.
Sylvester 6546.
Symons 6409.
Szarkowski 6424.
Szilágyi 6434.
Szmant 6337.
Tachibana 6418. 6419.
Takahashi 6299.
Takahasi 6496.
Takeyama 6299.
Takino 6473.
Taliaferro, L. G. 6334.
Taliaferro, W. H. 6434.
Tamelen, van 6368.
Tamhane 6446.
Tapley 6438.
Tarassowa 6554. 6555.
Tatarinzew 6554.
Tatarski 6462.
Tatsumi 6422.
Tavasci 6496.
Taylor 6347.
Teichert 6489.
Telkkä 6443.
Terenin 6293.
Terentjewa 6329.
Texas Co. 6558.
Thayer 6428. 6462.
Theidel 6372.
Thielers 6504.
Thielsch 6513.
Thoma 6421.
Thomas, B. J. 6546.
Thomas, D. J. 6487.
Thomas, R. M. 6536.
Thompson 6323.
Thyssen, A., -Hütte Akt.-Ges. 6517.
Tien 6366.
Timm 6541.
Timmerbeil 6502. 6516.
Timmermans 6310.
Timofejew 6307.
Timonin 6324.
Timonina 6476.
Timson 6553.
Tipton 6458.
Tittman 6291.
Titz 6505.
Tochtermann 6454.
Todenhöfer 6537.
Toldy 6526.
Tomcsik 6434.
Toropow 6475.
Tosetti 6416.
Totzek 6542.
Touchin 6530.
Touhey 6535.
Toulmin jr. 6521.
Towsley 6309.
Toy 6392.
Trawers 6283.
Treptow 6512.
Triebold 6544.
Trofimow 6493.
Trosset jr. 6550.
Truce 6358.
Trutschel 6461.
Truttwin 6544.
Tschaikowskaja 6494.
Tschanew 6551.
Tschekaljuk 6554.
Tschepelewetzki 6283.
Tschernogorenko 6328.
Tschertkow 6555.
Tschisskiss 6545.
Tuchmann-Duplessis [6458].
Tünsmeyer 6542.
Tumbin 6547.
Turco 6329.
Turkalo 6314.
Turner, E. W. 6411.
Turner, H. L. 6518.
Turner, R. A. 6412.
Tuthill 6292.
Twerdochlebow 6296.
Tyrkiel 6466.
Tyron 6535.
Ucholin 6554. 6555.
Udenfriend 6425.
Udin 6512.
Uebersfeld 6298.
Üveges 6492.
Uhler 6293.
Uhlmann 6467.
Unilever Ltd. 6546.
Union Carbide & Carbon Corp. 6518. 6530.
United Anodizing Ltd. 6521.
United States of America, Secretary of the Army 6521.
University of Minnesota 6525.
Untermyer 6289.
Upjohn Co. 6472.
Upton 6459.
Urbach 6453.
Urbain 6305.
Usines Chimiques des Laboratoires Français (U. C. L. A. F.) 6487;
Ussanowitsch 6327.
Vacano 6539.
Vaisman 6463.
Valade 6365.
Vallee, B. L. 6477. 6478.
Vallée, J. 6545.
Vand 6336.
Vargha 6526.
Vassart 6383.
Vauck 6551.
Vazquez de la Torre 6532.
VEB Elektrochemisches Kombinat Bitterfeld 6557.
VEB Teerverarbeitungswerk „Köpsen" 6557.
Veijola 6348.
Venanzi 6324.
Vendrely C. 6414.
Vendrely, R. 6414.
Vennells 6532.
Vera 6440.
Verduin 6527.
Vereinigte Leichtmetall-Werke G. m. b. H. 6515.
Vereinigte Österreichische Eisen- und Stahlwerke Akt.-Ges. 6518.
Vermeulen 6444.
Verosky 6484.
Veselý 6408.
Vestergaard 6485.

Chemisches Zentralblatt

1956 Nr. 23 6. Juni

Geschichte. Unterricht.

G. Rienäcker, R. Schwarz und **Johann Ambrosius Barth,** *Professor Dr. Dr. h. c. Wilhelm Klemm zum sechzigsten Geburtstage.* Glückwunschadresse mit kurzer Würdigung von W. KLEMM als Forscher u. Förderer des wissenschaftlichen Nachwuchses sowie seiner Verdienste für die Entwicklung der Wissenschaft. (Z. anorg. allg. Chem. **283.** 1–2. Jan. 1956.) E. KLEVER. 1

—, *Alexander Wladimirowitsch Palladin. (Zu seinem 70. Geburtstage und zur 50jährigen wissenschaftlichen Tätigkeit.)* Würdigung der Arbeiten des Biochemikers A. W. PALLADIN, bes. bekannt durch seine Unterss. über Vitamine u. den Stoffwechsel des Gehirns, anläßlich seines 70. Geburtstages. (Вопросы Медицинской Химии [Fragen med. Chem.] **1.** 391–92. Sep./Okt. 1955.) OTTO MAIER. 1

K. W. Asstachow, A. N. Iordanski, I. I. Lewkojew und **N. N. Sweschnikow,** *Zum Gedächtnis von G. I. Arbusow.* Nachruf auf G. I. ARBUSOW (geb. 10/1. 1895, gest. 10/4. 1950), bekannt durch seine Arbeiten über die Farbenphotographie. — Verzeichnis der Veröffentlichungen. — Bild. (Успехи Химии [Fortschr. Chem.] **19.** 655–56. Sept./Okt. 1950.) O. LEBTAG. 1

E. W. Britzke, A. M. Dubowitzki, Ss. I. Wolfkowitsch, K. M. Malin und **M. L. Tschepelewetzki,** *Zum Gedächtnis von A. P. Belopolski.* Würdigung der Arbeiten von A. P. BELOPOLSKI (gest. 18. 3. 1950), bekannt durch seine Unterss. über Theorie u. Technologie der Düngemittel u. Schädlingsbekämpfungsmittel. Verzeichnis seiner Veröffentlichungen. — Bild. (Успехи Химии [Fortschr. Chem.) **19.** 651—54. Sept./Okt. 1950.) O. LEBTAG. 1

C. K. Ingold, † *Dr. Bernard J. Flurscheim.* Nachruf auf B. J. FLURSCHEIM (gest. 1955 im 81. Lebensjahr in Fleet). Theoret. Arbeiten über organ. Chemie, Entdeckung des Tetranitroanilin. (Nature [London] **176.** 191. 30/7. 1955.) W. KUNTZ. 1

—, *Konrad Gemeinhardt.* Würdigung der Verdienste um die Pharmazie u. kurzer Lebensabriß des am 8/6. 1883 geborenen u. am 24/12. 1952 verstorbenen Honorarprofessors am pharmazeut. Inst. der Freien Univ. Berlin, KONRAD GEMEINHARDT. (Pharmaz. Ztg.-Nachr. **89.** 5–6. 5/1. 1953.) M. NEGWER. 1

S. Berlingozzi, *Mario Betti (1875—1942).* Lebenslauf u. Würdigung der Arbeiten des italien. Organikers M. BETTI. Verzeichnis von 132 Arbeiten. — Bild. (Gazz. chim. ital. **83.** 693–719. Sept. 1953.) E. KLEVER. 1

W. Ss. Ssobolew, *Über die Rolle von Je. Ss. Fedorow in der Entwicklung der heutigen Petrographie.* Würdigung der petrograph. Arbeiten des Kristallographen W. SS. FEDOROW anläßlich der 100. Wiederkehr seines Geburtstages (23/12. 1853). (Записки Всесоюзного Минералогического Общества [Schr. Allunions mineralog. Ges.] [2] **84.** 209–17. 1955. Lwow, Franko-Univ.) O. LEBTAG. 1

J. R. Partington, *William Higgins, Chemiker (1763—1825).* Lebensbild von WILLIAM HIGGINS (geb. wahrscheinlich 1763 in Collooney, Co. Sligo, Irland, gest. Juni 1825), Professor der Chemie u. Mineralogie in Dublin. Er bekämpfte die Phlogistontheorie u. formulierte eine Art Atomtheorie, aber noch ohne Berücksichtigung der Atomgewichte. (Nature [London] **176.** 8–9. 2/7. 1955.) W. KUNTZ. 1

Morris W. Travers, *Sir William Ramsay.* (Vgl. C. **1954.** 10163.) Auszug aus einem Vortrag über Laufbahn u. Arbeiten RAMSAYs (Physikal.-chem. Forschung, Entdeckung der Edelgase). (Proc. Roy. Instn. Great Britain **35.** 358–60. 1953.) K. BLUMRICH. 1

Moritz Kohn, *Karl Freiherr von Reichenbach (1788—1869). Erforschung von Paraffin (1830) und Holzteer (1830–1833).* Lebensbild des Freiherrn VON REICHENBACH, geb. 1788 in Stuttgart, gest. 1869 in Leipzig, vorwiegend in Österreich tätig. Er entdeckte u. benannte das Paraffin u. Kreosot. In den Annalen der Physik u. Chemie veröffentlichte er wertvolle Beiträge über Meteoriten, während sich die Entdeckung des „Od-Lichtes“ als Irrtum erwies. (J. chem. Educat. **32.** 188–89. April 1955. Wien, Univ.) W. KUNTZ. 1

D. P. Grigorjew, *V. I. Vernadsky und die heutige Mineralogie.* Aus Anlaß der 10. Wiederkehr des Todestages (17/1. 1945) des Mineralogen V. I. VERNADSKY werden bes. dessen Arbeiten zur chem. Struktur u. Genesis der Mineralien eingehend gewürdigt. (Записки Всесоюзного Минералогического Общества [Schr. Allunions mineralog. Ges.] [2] **84.** 136—42. 1955.) O. LEBTAG. 1

J. R. Partington, *Daltons Atomtheorie.* Vorgeschichte u. Aufstellung der Atomtheorie, ihre wesentlichen Sätze sowie Angaben über das Leben JOHN DALTONs, geb. 1766 in einem Dorf in Cumberland, gest. 1844 in Manchester. (Scientia [Asso] [6] **90** (**49**). 221—25. 1955. Cambridge, Univ.) W. KUNTZ. 2

M. A. Hunter, *Frühgeschichte des Titans.* Vf. beschreibt Verss. zur Darst. von metall. Ti, die schließlich über die Red. des Tetrachlorids mit Alkalimetall 1907 erfolgreich waren. (J. Metals **5.** Nr. 2, Sect. 1. 130—32. Febr. 1953. Troy, N. Y., Rensselaer Polytechn. Inst.) H. ECKHARD. 2

Wilhelm Geilmann, *Beiträge zur Kenntnis alter Gläser.* 3. Mitt. *Die chemische Zusammensetzung einiger alter Gläser, insbesondere deutscher Gläser des 10.—18. Jahrhunderts.* (2. vgl. C. **1955.** 10906.) Vf. teilt die Analysen von ca. 50 verschied. Gläsern mit, aus denen hervorgeht, daß oriental. Gläser (1580 v. u. Z. bis 14. Jahrhundert) u. röm. Gläser des Rhein-Main-Gebietes auf Soda als Rohmaterial hinweisen, die für die zuletzt genannten Gläser aus dem Orient eingeführt wurde. Deutsche u. französ. Gläser der späteren Zeit weisen auf die Verwendung von Buchenholzasche bzw. Pottasche hin, deren Zus. jedoch selbst an engbenachbarten Standorten stark schwankt. Spurenelemente können für diese Unterss. mit herangezogen werden. (Glastechn. Ber. **28.** 146—56. April 1955.) L. KÜHNERT. 2

M. Schofield, *Ein Jahrhundert Seifenfabrikation.* Vf. behandelt die Seifenersatzstoffe der Antike, die Erfindung der Seife durch die Gallier, die in Frankreich gelegte wissenschaftliche Basis für die Fettverseifung u. die in England von JAMES MUSPRATT begründete Alkalifabrikation. (Pharmac. J. **167** ([4] **113**). 169—70. 8/9. 1951.) R. ZAUNICK. 2

Oskar Schlenk, *Bemerkung zu der Arbeit „50 Jahre Aspirin" von Dr. Arthur Eichengrün.* Polemik zu der C. **1950.** II. 1657 referierten Arbeit. GERHARDT hat nicht als Entdecker der Acetylsalicylsäure zu gelten, sondern H. v. GILM u. K. KRAUT (vgl. auch MAZUREK, l. c.). (Pharmazie **5.** 411. Aug. 1950. Radebeul.) A. HOTZEL. 2

Georg Mylius, *Zur Geschichte der Kaffeekohle.* Hinweis darauf, daß die Wundbehandlung mit Kaffeesatz anscheinend im Orient seit langem üblich ist. Bemerkungen zu dem Begriff „Carbo Coffeae". (Pharmazie **5.** 407—08. Aug. 1950. Dresden.) A. HOTZEL. 2

Marie Curie, Pierre Curie. Avec une étude des „Carnets de laboratoire" par **Irène Joliot-Curie.** Paris: Denoël. 1955. (127 S.) 8°. fr. 600,—.

Jean Jacques, La Notion de l'idée de structure chimique et les savants du XIXe siècle. Coll. „Les Conferences du Palais de la Découverte". Paris: Libr. du Palais de la Découverte. fr. 120,—.

A. Allgemeine, physikalische und anorganische Chemie.

Irene Crone, *Einige Anwendungsmöglichkeiten der Monte-Carlo-Methode.* Die Monte-Carlo-Meth., die sich der Ergebnisse beliebiger statist. Prozesse bedient, wird auf physikal. Probleme (u. a. Diffusion therm. Neutronen durch ein mittelschweres Element) u. mathemat. Aufgaben angewandt. Die Frage, ob einem der üblichen numer. Verff. oder der Monte-Carlo-Meth. der Vorzug gegeben werden soll, hängt von dem angestrebten Grad der Genauigkeit bei einem bestimmten Arbeitsaufwand ab. (Fortschr. Physik **3.** 97—132. 1955. Göttingen.) GERHARD SCHMIDT. 10

Jean Amiel, Compléments de chimie. Paris: C. Hermant. 1955. (120 S. m. Abb.) 8°.

Manfred Büchner, Leitfaden der Chemie für medizinische Berufe. Mit. e. Anhang über d. Grundlagen moderner chemischer Arbeitsmethoden im Klinik-Laboratorium. Unter Mitarbeit v. **W. Schöne.** Dresden, Leipzig: Th. Steinkopff. 1955. (X + 209 S. m. 65 Abb.) 8°. DM 10,50.

—, Chemie. Bücher f. d. Chemiker u. Chemie-Ingenieur. 1955. Frankfurt/M.: Blazek & Bergmann. 1955. (138 S.) kl. 8°. DM 1,—.

A_1. Kernphysik und Kernchemie.

Hermann Kümmel, *Irreversibilität und Quantentheorie.* Die statist. Grundgleichungen zur quantitativen Beschreibung des Erreichens des Gleichgewichts werden als Gleichungen im Phasenraum formuliert. Erst durch gewisse Vernachlässigungen in der Wellenfunktion liefert das statist. Grundgesetz qualitativ den Übergang in das Gleichgewicht u. die irreversible Thermodynamik in der ONSAGERschen Form. (Z. Naturforsch. **11a.** 15—20. Jan. 1956. Berlin, Freie Univ., Inst. für theoret. Phys.) GERHARD SCHMIDT. 80

E. C. G. Stueckelberg und **G. Wanders,** *Akausalität der nichtlokalen Wechselwirkung.* Approximative Erfüllung der erforderlichen u. ausreichenden Kausalitätsbedingung für die einen Formfaktor enthaltende Übergangsmatrix **S** [V]. (Helv. physica Acta **27.** 667 bis 682. 31/12. 1954. Genève, Univ., Inst. de Phys.) GERHARD SCHMIDT. 80

J. E. Naugle, P. S. Freier und **E. P. Ney,** *Energiespektrum mittlerer und schwerer Primärteilchen bei $\lambda = 61^0$.* (Sitzungsbericht.) (Physic. Rev. [2] **99.** 609. 15/7. 1955. Univ. of Minnesota.) GERHARD SCHMIDT. 85

Peter Meyer und **J. A. Simpson,** *Änderungen im Spektrum der energiearmen Primärteilchen und der Abschnitt energiearmer Teilchen der Höhenstrahlung.* (Sitzungsbericht.) (Physic. Rev. [2] **99.** 608–09. 15/7. 1955. Univ. of Chicago.) GERHARD SCHMIDT. 85

D. C. Rose und **J. Katzman,** *Breiteneffekt auf die Nucleonen- und harten Komponenten der Höhenstrahlen.* (Sitzungsbericht.) (Physic. Rev. [2] **99.** 608. 15/7. 1955. Nat. Res. Counc., Can.) GERHARD SCHMIDT. 85

R. K. Soberman, A. Beiser und **S. A. Korff,** *Lageänderung des Intensitätsmaximums der Höhenstrahlneutronen mit der geomagnetischen Breite.* (Sitzungsbericht.) (Physic. Rev. [2] **99.** 608. 15/7. 1955. New York, N. Y., Univ.) GERHARD SCHMIDT. 85

J. R. Winckler und **L. Peterson,** *Azimutaler Effekt für Höhenstrahlprotonen und α-Teilchen bei Verwendung eines Čerenkov-Zählers.* (Sitzungsbericht.) (Physic. Rev. [2] **99.** 608. 15/7. 1955. Univ. of Minnesota.) GERHARD SCHMIDT. 85

Dana T. Warren, *Höheneffekt auf die Höhenstrahlfeinstruktur.* (Sitzungsbericht.) (Physic. Rev. [2] **99.** 608. 15/7. 1955. Colorado A & M Coll.) GERHARD SCHMIDT. 85

H. Griem und **S. F. Singer,** *Geomagnetische Albedo in Raketenhöhen am Äquator.* (Sitzungsbericht.) (Physic. Rev. [2] **99.** 608. 15/7. 1955. Univ. of Maryland.) GERHARD SCHMIDT. 85

F. B. McDonald, R. A. Ellis und **M. B. Gottlieb,** *Raketenbeobachtungen an weicher Strahlung auf nördlichen Breiten.* (Sitzungsbericht.) (Physic. Rev. [2] **99.** 609. 15/7. 1955. State Univ. of Iowa.) GERHARD SCHMIDT. 85

J. A. Ellis, M. B. Gottlieb und **L. H. Meredith,** *Eine Untersuchung der weichen Strahlung auf nördlicher Breite mit doppeltem Geiger-Rohr.* (Vgl. vorst. Ref.) (Sitzungsbericht.) (Physic. Rev. [2] **99.** 609. 15/7. 1955.) GERHARD SCHMIDT. 85

Robert A. Ellis, *Raketenmessungen in großen Höhen mit Scintillationszählern auf nördlichen Breiten.* (Sitzungsbericht.) (Physic. Rev. [2] **99.** 609. 15/7. 1955. State Univ. of Iowa and Tennessee A. an I. State Univ.) GERHARD SCHMIDT. 85

J. A. Van Allen, *Erklärung der in großen Höhen auf nördlichen Breiten beobachteten weichen Strahlung.* (Sitzungsbericht.) (Physic. Rev. [2] **99.** 609. 15/7. 1955. State Univ. of Iowa.) GERHARD SCHMIDT. 85

L. Altman, H. S. Bridge und **R. W. Williams,** *Energiereiche Nucleonenkomponente in der Atmosphäre.* (Sitzungsbericht.) (Physic. Rev. [2] **99.** 609. 15/7. 1955. MIT.) GERHARD SCHMIDT. 85

G. Clark, *Experimentelle Ergebnisse über die Ankunftszeiten und seitliche Verteilung von Luftschauerteilchen.* (Sitzungsbericht.) (Physic. Rev. [2] **99.** 609–10. 15/7. 1955. MIT.) GERHARD SCHMIDT. 85

A. Husain, C. J. D. Jarvis und **E. Pickup,** *Identifizierung von Schauerteilchen der Höhenstrahlung in Emulsionen.* (Sitzungbericht.) (Physic. Rev. [2] **99.** 609. 15/7. 1955. Nat. Res. Counc., Can.) GERHARD SCHMIDT. 85

Isao Kita und **Osamu Minakawa,** *Kernwechselwirkungen der sekundären Schauerteilchen der Höhenstrahlen in Blei und Kohlenstoff.* In einem Pb-Absorber wurden durchdringende Schauer erzeugt u. die Kernwechselwirkungen der Sekundärteilchen in einer darunter befindlichen zählrohrgesteuerten Nebelkammer von 38 cm Durchmesser u. 20 cm Tiefe, gefüllt mit 88 cm Argon, gesätt. mit A.–W.-Mischung, beobachtet. Die Kammer enthielt 4 C- u. 3 Pb-Platten von je 1 cm Dicke. Die Verss. wurden auf 2840 m Höhe durchgeführt. Die Energien der Schauer lagen bei $\sim$3 GeV, es wurden $\sim$2 Mesonen, außerdem Rückstoßprotonen in den Kernwechselwirkungen erzeugt. Der Anteil der Pionen an den Sekundärteilchen wurde zu $\sim$55% geschätzt. Die mittleren freien Weglängen der geladenen Teilchen ergaben sich zu 442 $\pm$ 40 in Pb u. 217 $\pm$ 30 g/cm² in C. Die Multiplizitäten erwiesen sich in Pb höher als in C, die Mittelwerte sind $n_s = 2{,}9 \pm 0{,}2$ bzw. $2{,}4 \pm 0{,}2$. Die Winkelverteilung war dagegen in Pb u. C dieselbe bei mittleren Projektionswinkeln von $18{,}4 \pm 2^0$. (J. physic. Soc. Japan **9.** 6–13. Jan./Febr. 1954. Kobe Univ., Dep. of Phys. [Orig.: engl.]) M. WIEDEMANN. 85

O. Minakawa und **J. Nishimura,** *Über einen von Nakagawa und Mitarbeitern beobachteten „ungewöhnlichen Stern“.* (Vgl. vorst. Ref.) Die Erzeugung von Sternen bei der Bremsung von K-Mesonen wird diskutiert. Vff. führen die Korndichtevariation auf der 2,9 mm langen Bahn in einer G 5-Emulsion auf Schwankungen zurück. Sie nehmen an, daß der Stern durch ein energiereiches Neutron ausgelöst worden ist. (J. physic. Soc. Japan **9.** 137—39. Jan./Febr. 1954. [Orig.: engl.]) M. WIEDEMANN. 85

Maurice M. Shapiro, *Internationaler Kongreß über Höhenstrahlung in Bagneres de Bigorre.* Der Bericht über den Kongreß vom 6.—12/7. 1953 behandelt K-Mesonen, darunter die Zerfallsmöglichkeiten $\tau^\pm \rightarrow 2\pi^\pm + \pi^\mp + Q$, $\varkappa^\pm \rightarrow \mu^\pm + 2$ neutrale Teilchen + Q, $V_4^0 \rightarrow \pi^+ + \pi^- + Q$, $\chi^\pm \rightarrow \pi^\pm + 1$ neutrales Teilchen + Q, die Frage der Massen, die Sekundärteilchen, die Emission aus Sternen, die Hyperonen, darunter V_1^0-Teilchen, die Erzeugung von V^0 u. ihr Vork. in Kerntrümmern, die Frage der geladenen Hyperonen u. die V-Kaskaden. (Science [Washington] **118.** 701—07. 11/12. 1953. Washington, Naval. Res. Labor., Nucleon. Div.) M. WIEDEMANN. 85

K. C. Kar, S. Santani und **R. K. Bhattacharyya,** *Eine einfache Ableitung der Klein-Nishina-Formel ohne Matrizen.* Vff. leiten die KLEIN-NISHINA-Formel für den differentiellen Querschnitt der COMPTON-Streuung in einfacher Weise ohne Verwendung von Matrizen oder Einführung der Annahme negativer Energiezustände ab. Die reine Berechnung wird durch gewöhnliche Summation über alle Zustände des Elektrons ersetzt. (Indian J. theoret. Physics **2.** 49—68. Sept. 1954. Calcutta, Presidency Coll., Dep. of Phys.) GERHARD SCHMIDT. 90

S. Sanatani, *Relativistische Hamiltonsche und Wellengleichungen eines Elektrons in einer Anhäufung.* (Vgl. vorst. Ref.) Diskussion der Meth. der Linearisierung der relativist. HAMILTONschen eines Elektrons in einer Anhäufung von Teilchen ohne Verwendung von Matrizen. (Indian J. theoret. Physics **2.** 79—86. Sept. 1954.) GERHARD SCHMIDT. 90

G. M. Lewis, *Positron-Elektron-Vernichtung und Positronium.* 2. Mitt. (1. vgl. C. **1956.** 4325.) Im Anschluß an l. c. betrachtet Vf. die Vernichtung eines e^--e^+-Paares durch Dreiquantenemission beim Gesamtspin 1 der Teilchen, wobei sowohl gebundene als auch ungebundene Zustände des Syst. auftreten können. Die Bldg. von Positronium ist nur für bestimmte minimale Positronenenergien möglich. So müssen z. B. für *Freon* mit einer Ionisierungsenergie von $\sim$11,8 eV die Positronen mit einer Energie von 5 eV zur Bldg. von Positronium beitragen. (Atomics and Atomic Technol. **7.** 62—66. Febr. 1956. Glasgow, Univ., Dep. of Natural Philosophy.) GERHARD SCHMIDT. 90

Toshiei Kimura, *Das Photoneneigenenergieproblem und die mikroskopische Raum-Zeit-Struktur.* Theoret. Untersuchung. (Progr. theoret. Physics [Kyoto] **10.** 577—78. Nov. 1953. Hiroshima, Univ., Res. Inst. for Theoret. Phys. [Orig.: engl.]) C. GOTTFRIED. 90

R. K. Bhattacharyya, *Über Bremsstrahlung im nichtrelativistischen Gebiet.* Der differentielle Querschnitt für Bremsstrahlung im nichtrelativist. Bereich, der im allg. aus dem relativist. BETHE-HEITLER-Ausdruck genommen wird, wird in einer direkten Weise durch Verwendung des nichtrelativist. HAMILTON-Operators für ein Elektron abgeleitet. (Indian J. theoret. Physics **2.** 111—20. Nov. 1954. Calcutta, Surendranath Coll., Dep. of Phys.) GERHARD SCHMIDT. 90

K. F. Born und **E. Hückel,** *Die nichtrelativistische zweite Näherung der Bornschen Stoßtheorie für das Yukawa-Potential.* Das asymptot. Verh. $f(\Theta)e^{ikr}/r$ der Streuwelle in der zweiten Näherung des BORNschen Verf. für das YUKAWA-Potential wird nichtrelativist. berechnet. Gegenüber MØLLER [1930] ergibt sich ein arcsin-Glied, das nur für $K/k \ll 1$ vernachlässigt werden kann. (Naturwissenschaften **38.** 302. Juli 1951. Marburg, Univ., Physikal. Inst.) M. WIEDEMANN. 90

W. D. Allen, *Die elastische und unelastische Streuung von schnellen Neutronen.* 2. Mitt. (1. vgl. C. **1956.** 4326.) Unter Verwendung des WEISSKOPFschen komplexen Potentialmodells von Kernwechselwirkungen zeigt die Unters. des totalen Neutronenquerschnitts mit dem At.-Gew. u. der Neutronenenergie im Bereich von 1—4 MeV, daß die Wirkungsquerschnitte breite Resonanzen aufweisen, anstatt gleichmäßig mit zunehmender Energie abzunehmen. Die Berechnungen der Winkelverteilungen elast. gestreuter Neutronen bei 1 MeV liefern eine befriedigende Erklärung der beobachteten Ergebnisse. (Atomics and Atomic Technol. **7.** 69—73. Febr. 1956. Harwell, AERE.) GERHARD SCHMIDT. 90

John W. Niestlie jr. und **Arthur I. Berman,** *Neutronengeschwindigkeitsverteilung in einem unbegrenzten Streumedium mit endlicher Absorption.* (Sitzungsbericht.) (Physic. Rev. [2] **99.** 612. 15/7. 1955. Pratt & Whitney Aircraft.) GERHARD SCHMIDT. 90

R. S. Carter, D. J. Hughes und **H. Palevsky,** *Energieverteilung kalter Neutronen, die durch Gitterschwingungen gestreut werden.* (Sitzungsbericht.) (Physic. Rev. [2] **99.** 611. 15/7. 1955. Brookhaven Nat. Labor.) GERHARD SCHMIDT. 90

H. Palevsky, D. J. Hughes und **R. L. Zimmerman,** *Unelastische Streuung kalter Neutronen durch die Gitterschwingungen kristalliner Festkörper.* (Vgl. vorst. Ref.) (Sitzungsbericht.) (Physic. Rev. [2] **99.** 611–12. 15/7. 1955.) GERHARD SCHMIDT. 90

J. Moore, *Resonanzstreuung in Indium für langsame Neutronen.* (Sitzungsbericht.) (Physic. Rev. [2] **99.** 610. 15/7. 1955. Brookhaven Nat. Labor. and Columbia Univ.) GERHARD SCHMIDT. 90

Lewis E. Miller, *Ein auf die s p d f-Elektronenverteilung gegründetes Periodisches System.* Vers. einer besonderen Anordnung des Period. Syst. der Elemente nach der spdf-Elektronenverteilung. (J. chem. Educat. **32.** 199. April 1955. Cambridge, Mass.) W. KUNTZ. 95

P. C. Fletcher und **L. C. Aamodt,** *Kernmagnetisches Moment und Masse von Chlor 36.* (Sitzungsbericht.) (Physic. Rev. [2] **99.** 613. 15/7. 1955. Columbia Univ.) GERHARD SCHMIDT. 95

P. B. Sogo und **C. D. Jeffries,** *Spin, magnetisches Moment und elektrisches Quadrupolmoment von ^{138}La und das magnetische Moment von ^{36}Cl.* (Sitzungsbericht.) (Physic. Rev. [2] **99.** 613. 15/7. 1955. Berkeley, Univ. of California.) GERHARD SCHMIDT. 95

Franz R. Metzger, *Kernresonanzfluorescenz in ^{74}Ge und ^{141}Pr.* (Sitzungsbericht.) (Physic. Rev. [2] **99.** 613. 15/7. 1955. Bartol Res. Found.) GERHARD SCHMIDT. 95

J. B. Reynolds, R. L. Christensen, D. R. Hamilton, A. Lemonick, F. M. Pipkin und **H. H. Stroke,** *Kernspins und Hyperfeintrennungen von ^{198}Au und ^{199}Au.* (Sitzungsbericht.) (Physic. Rev. [2] **99.** 613. 15/7. 1955. Princeton Univ.) GERHARD SCHMIDT. 95

Amita Basu (Mitra) und **Satyapravat Banerjee,** *Über die β-Emission durch leichtere Elemente und die Bestimmung von B_p, B_n.* Vff. untersuchen die Elemente im Bereich von Z = 0 bis Z = 9 bzgl. der Bindungsenergien u. des β-Zerfalls, wobei sie systemat. die B_p- u. B_n-Werte mit Hilfe der Q-Werte der direkten künstlichen Rkk. u. der geschlossenen Cyclen bestimmen. Der Unterschied zwischen B_p u. B_n bei einem speziellen N, der durch den COMPTON-Effekt zwischen den Protonen hervorgerufen wird, nimmt stetig nach höheren Werten von N oder Z zu. Dieser Zuwachs rührt von der zunehmenden Anzahl der Protonen im Kern her. (Indian J. theoret. Physics **2.** 95–110. Nov. 1954. Calcutta, Presidency Coll., Dep. of Phys.) GERHARD SCHMIDT. 103

B. Margolis, O. Kofoed-Hansen und **E. Nagel,** *Analyse der Resonanzquerschnitte für energiearme Neutronen.* (Sitzungsbericht.) (Physic. Rev. [2] **99.** 611. 15/7. 1955. Columbia Univ.) GERHARD SCHMIDT. 103

W. I. Osstroumow, *Bestimmung der Kernanregungsenergie nach den Rückstoßatombahnen in Photoemulsionssternen.* Beim Beschuß von Photoemulsionen mit Protonen von 460 MeV werden kurze (bis 0,010 mm) Rückstoßbahnen der Kerne beobachtet. Aus der Reichweite kann die Geschwindigkeit berechnet werden, die in abgeleiteten Beziehungen zur Anregungsenergie der Kerne *Ag* u. *Br* u. zur Zahl der wegfliegenden Teilchen steht. Die mittlere Geschwindigkeit liegt bei $2{,}8 \cdot 10^7$ cm/Sek., die mittlere Anregungsenergie bei 55 MeV (Genauigkeit 20%), die mittlere Zahl der verdampfenden Nucleonen bei 3,3. (Доклады Академии Наук СССР [Ber. Akad. Wiss. UdSSR] **103.** 413–16. 21/7. 1955. Chlopin-Strahlungsinst. der Akad. der Wiss. der UdSSR.) M. WIEDEMANN. 103

H. Albers-Schönberg, E. Heer und **P. Scherrer,** *Der Einfluß der elektrischen Quadrupolwechselwirkung auf die Richtungskorrelation sukzessiver Kernstrahlungen (^{111}Cd).* (Vgl. C. **1955.** 9246.) Der Einfl. außernuclearer Felder auf die Winkelkorrelationen sukzessiver Kernstrahlung wird diskutiert, wobei sich zeigt, daß im Falle von ^{111}Cd die meisten beobachteten Schwächungseffekte durch die elektr. Quadrupolwechselwrkg. erklärt werden können. In einigen Fällen ist auch die magnet. Dipolwechselwrkg. mit der angeregten Elektronenschale von Bedeutung. Vff. beschreiben Methoden, um zu unterscheiden, ob eine gemessene Korrelation abgeschwächt wird oder nicht u. um die Koeffizienten der ungestörten Korrelationsfunktion in den Fällen zu bestimmen, in denen nur Quellen mit nichtverschwindender Wechselwrkg. zur Verfügung stehen. — 35 Literaturhinweise. (Helv. physica Acta **27.** 637–66. 31/12. 1954. Zürich, ETH, Physikal. Inst.) GERHARD SCHMIDT. 103

V. E. Pilcher, D. J. Hughes und **J. A. Harvey,** *Neueste Entwicklungen in der Analyse der Neutronenresonanzen und Ergebnisse der Schnellschoppermessungen an Tantal.* (Sitzungsbericht.) (Physic. Rev. [2] **99.** 611. 15/7. 1955. Brookhaven Nat. Labor.) GERHARD SCHMIDT. 103

A. Stolovy und **J. A. Harvey,** *Schnellschoppermessungen von Strahlungsbreiten.* (Vgl. vorst. Ref.) (Sitzungsbericht.) (Physic. Rev. [2] **99.** 611. 15/7. 1955.)
GERHARD SCHMIDT. 103

G. Igo, *Totaler Neutronenquerschnitt von Rhenium.* (Sitzungsbericht.) (Physic. Rev. [2] **99.** 610. 15/7. 1955. Brookhaven Nat. Labor.) GERHARD SCHMIDT. 103

P. H. Stelson und **F. K. McGowan,** *Coulomb-Anregung von Zuständen in Thallium und Blei.* (Sitzungsbericht.) (Physic. Rev. [2] **99.** 616. 15/7. 1955. Oak Ridge Nat. Labor.)
GERHARD SCHMIDT. 103

R. V. Pyle, D. A. Hicks und **John Ise jr.,** *Neutronenmultiplizitäten bei spontaner Spaltung.* (Sitzungsbericht.) (Physic. Rev.[2] **99.** 616. 15/7. 1955. Berkeley, Univ. of California.) GERHARD SCHMIDT. 103

J. M. Wyckoff und **H. W. Koch,** *Energiespektrum der verzögerten γ-Strahlen aus der Photospaltung von Uran.* (Sitzungsbericht.) (Physic. Rev. [2] **99.** 616. 15/7. 1955. Nat. Bur. of Stand.) GERHARD SCHMIDT. 103

J. E. Brolley jr. und **R. L. Henkel,** *Winkelverteilung der Fragmente aus der durch Neutronen induzierten Spaltung von ^{238}U.* (Sitzungsbericht.) (Physic. Rev. [2] **99.** 616. 15/7. 1955. Los Alamos Scient. Labor.) GERHARD SCHMIDT. 103

R. A. Nobles, R. L. Henkel und **R. K. Smith,** *Neutroneninduzierte Spaltanregungskurve für ^{241}Am.* (Vgl. vorst. Ref.) (Sitzungsbericht.) (Physic. Rev. [2] **99.** 616. 15/7. 1955.)
GERHARD SCHMIDT. 103

Paul P. Day, *Elektromagnetisches Spektrum von ^{241}Am.* Mit einem Spektrometer mit gebogenem Topaskristall sowie einem NaJ-Scintillationszähler wurde das elektromagnet. Spektr. des komplexen α-Strahlers ^{241}Am gemessen. Mit dem Spektrometer mit dem gebogenen Kristall wurden 4 γ-Strahlen von ^{241}Am mit den Energien $26{,}363 \pm 0{,}014$, $33{,}199 \pm 0{,}021$, $43{,}463 \pm 0{,}085$ u. $59{,}568 \pm 0{,}017$ keV u. mit dem Scintillationszähler 8 γ-Strahlen von ^{241}Am mit den Energien 103 ± 2, 113 ± 5, 130 ± 4, 159 ± 10, 210 ± 5, 270 ± 10, 328 ± 10 u. 370 ± 10 keV gemessen. Auf dem Spektrometer wurden außerdem 16 Np–L-Röntgenstrahlen beobachtet, die innerer Konversion zuzuschreiben sind u. ferner 8 Am–L-Röntgenstrahlen, die der Fluorescenz durch die γ-Strahlen zuzuschreiben sind. Für die L-Linien des Np u. Am sind die experimentell gefundenen Energien, für die L-Linien des Np u. Am außerdem die betreffenden Linienübergänge tabellar. zusammengestellt. Die gefundenen Röntgenstrahlenenergien bestätigen die Gültigkeit der MOSLEYschen Extrapolationen in diesem Gebiet des Period. Systems. (Physic. Rev. [2] **97.** 689–700. 1/2. 1955. Lemont, Ill., ANL, Chem. Div.) C. GOTTFRIED. 103

C. D. Bopp und **O. Sisman,** *Die Änderung mechanischer Eigenschaften von Polymeren durch Strahlung.* Vff. berichten über Messungen der Veränderung mechan. Eigg. von Polymeren durch Reaktorbestrahlung. Vorherrschend ist entweder die Verknüpfung oder die Spaltung der Makromoleküle. Ersterer Effekt führt zu einer Härtung (z. B. bei *Nylon* oder *Hartgummi*), letzterer zur Erweichung (z. B. bei *Vinylchloridacetat, Methylmethacrylat, Butylgummi*). Eine Rangordnung der Stabilität gegen Strahlung wird für die verschied. Klassen polymerer Verbb. gegeben. (Nucleonics **13.** Nr. 10. 51–55. Okt. 1955. Oak Ridge, Tenn., ORNL.) G. HERRMANN. 108

Daniel T. Haworth, *Inhibitorzersetzung in Zinkbromid-Abschirmfenstern.* $ZnBr_2$-Fenster in heißen Zellen enthalten NH_2OH, um die Gelbfärbung durch Br_2-Bldg. zu verhindern. Vff. bestimmt spektralphotometr. die krit. Strahlendosis, nach der die Bldg. von Br_2 nicht mehr verhindert wird, für 77%ig. $ZnBr_2$-Lsg. in Ggw. wechselnder Mengen NH_2OH. Sie ist gegeben (in r) durch $3 \cdot 10^7$ (% Inhibitor)^{0,38}. (Nucleonics **13.** Nr. 10. 66. Okt. 1955. Milwaukee, Wis., Marquette Univ.) G. HERRMANN. 108

Wilbur E. Kelley, *Abtrennung und Reinigung von Reaktorspaltstoff aus Uranerzkonzentraten.* Vf. beschreibt die techn. Darst. von U-Metall für Kernreaktoren. Die Konzentrate werden in HNO_3 gelöst, U mit Tri-n-butylphosphatkerosin an pulsierenden Säulen extrahiert, in W. rückextrahiert u. eingedampft. Das $UO_2(NO_3)_2 \cdot 6\,H_2O$ wird therm. zu UO_3 („orange Oxyd") zers., dieses durch H_2 zu UO_2 („braunes Oxyd") red. u. mit gasförmiger HF in UF_4 („grünes Salz") übergeführt. Die Red. zu U-Metall erfolgt mit metall. Mg analog zum KROLL-Prozeß für Ti u. Zr. Das U wird vom MgF_2 mechan. abgetrennt u. im Vakuum geschmolzen u. gegossen. Techn. Einzelheiten werden nicht gegeben. Das Verf. könnte durch pulvermetallurg. Methoden verbessert werden. (Nucleonics **13.** Nr. 11. 68–71. Nov. 1955. Philadelphia, Pa., Catalyt. Construct. Co.)
G. HERRMANN. 110

F. E. O'Meara, *Übertragungsfunktionen des Reaktors.* (Vgl. HARRER u. Mitarbeiter, C. **1953.** 2549.) Die l. c. für verschied. Reaktoren aufgestellten Transportgleichungen werden erweitert, um den für sämtliche therm. Reaktoren geltenden Bereich von Neutronenlebensdauern zu erfassen. Es werden Formeln zur einfachen Berechnung von Übertragungsfunktionen angeführt. (Atomics and Atomic Technol. **7.** 49—51. Febr. 1956. Omaha, Neb., Strateg. Air Command, Operat. Analys.) GERHARD SCHMIDT. 110

R. W. Houston, *Berechnung der thermischen Ausnutzung für große thermische Reaktoren.* Vf. gibt Gleichungen für die therm. Ausnutzung f für verschied. Typen von Spaltstoffelementen. Weiter werden Kurven für f in Abhängigkeit vom Vol.-Verhältnis Kühlmittel/Spaltstoff für einen natürlichen U-Graphit-Reaktor mit Na-Kühlung u. die verschied. Typen der Spaltstoffelemente gegeben. (Nucleonics **13.** Nr. 4. 70—74. April 1955. New York, N. Y., Columbia Univ., Dep. of Chem. Engng.) G. HERRMANN. 110

J. M. Kay und **F. J. Hutchinson,** *Der Druckwasser-Reaktor als eine Wärmequelle für Dampfanlagen.* 1. Mitt. Vom Standpunkt des Kraftwerk-Ingenieurs werden therm. Eigg. (Wärmefluß u. -druck), das Problem des Druckgefäßes, Wandstärke u. Arbeitsdruck eines mit H_2O moderierten Druckwasser-Reaktors mit angereichertem U behandelt. (Atomics and Atomic Technol. **7.** 43—48. Febr. 1956.) GERHARD SCHMIDT. 110

Harold M. Busey und **R. Philip Hammond,** *Reagensglas-Forschungsreaktor.* Der „Reagensglasreaktor" (nach seiner Form so genannt) ist eine Modifikation des Wasserkesseltyps. In einem für 42 at ausgelegten Stahlbehälter von 20 cm Durchmesser u. 135 cm Höhe befinden sich unten der eigentliche Reaktor, eine $^{235}UO_2$-Sulfat- oder -Phosphat-Lsg. in H_2O, darüber ein wassergekühlter Wärmeaustauscher u. im oberen Teil ein Pt-Schwarz–Al_2O_3-Katalysator zur Rekombination von H_2 u. O_2. Der Reaktor hat einen negativen Temperaturkoeff. u. arbeitet selbststeuernd. Zur Grobsteuerung dient ein außen laufender Schieber aus Borstahl oder Sm bzw. Gd enthaltendem Dural oder eine Kühlfalle im oberen Teil des Reaktors, an der ein Teil des W. kondensiert wird, so daß die Konz. der UO_2-Lsg. steigt. Der Reaktor liefert bei 100 kW einen maximalen Neutronenfluß von $5 \cdot 10^{12}$ n/cm²/sec. (Nucleonics **13.** Nr. 11. 72—75. Nov. 1955. Los Alamos, N. Mex., LASL.) G. HERRMANN. 110

Wm. Bradley Lewis, *Flußveränderungen durch Substanzen unter Bestrahlung.* Vf. behandelt theoret. die Verminderung des Neutronenflusses eines Reaktors innerhalb einer eingeführten Probe u. vergleicht die Resultate mit experimentellen Werten, die für verschied. Elemente u. Verbb. im MTR-Reaktor gemessen wurden. (Nucleonics **13.** Nr. 10. 82—84. Okt. 1955. Idaho Falls, Id., Phillips Petroleum Co.) G. HERRMANN. 110

H. K. Jackson und **G. S. Sadowski,** *Aufbau und Betrieb einer direktbedienten Spaltstoffverarbeitung.* Vff. beschreiben eine Anlage zur Verarbeitung von reaktorbestrahlten U-Stäben mit einer Kapazität von 300 kg U/Tag, die direkt bedient werden kann. Die Stäbe werden mit ihrer Al-Hülle in HNO_3 gelöst u. U u. Pu an pulsierenden Säulen mit Tributylphosphat–Kerosin extrahiert, die Spaltprodd. bleiben in der wss. Phase. An einer 2. Säule wird Pu durch Red., an einer 3. Säule U in W. rückextrahiert. Das rohe U u. Pu durchläuft einen 2. gleichartigen Extraktionscyclus, Pu wird vorher zu PuO_2^{2+} oxydiert. Die Endprodd. enthalten $<10^{-3}$—10^{-4}% Spaltprodd., U$<10^{-6}$% Pu, Pu <1% U, bei einer Ausbeute von $>99{,}5$%. Die einzelnen Stufen der Verarbeitung sind in getrennten Zellen mit verschied. starker Abschirmung untergebracht. Die Apparaturen sind aus rostfreiem Stahl, ebenso sind die Fußböden ausgekleidet. Die Teilapparaturen werden getrennt entseucht, ~10% der Betriebsdauer werden für Wartung u. Reinigung aufgewendet. Die Strahlendosis für das Personal liegt unterhalb 60 mr/Woche. (Nucleonics **13.** Nr. 8. 22—25. Aug. 1955. Oak Ridge, Tenn., ORNL.) G. HERRMANN. 110

Samuel Untermyer, *Bei Verdampferreaktoren verursacht die Verseuchung der Turbine nur ein geringes Problem.* Vf. erörtert die Frage, welche Strahlungsintensitäten langlebiger Isotope sich in der Dampfturbine eines Leistungsreaktors festsetzen können, bei dem der Dampf unmittelbar durch den Reaktor erzeugt wird. Die Aktivität in der Turbine wird unter verschied. Annahmen berechnet u. gezeigt, daß selbst beim Bruch eines Spaltstoffelements in den Turbinen keine gefährliche Aktivität zurückbleibt, wenn nach dem Abstellen des Reaktors eine Kühlperiode von einem Tag bis zur Reparatur der Turbine eingelegt wird. (Nucleonics **13.** Nr. 8. 52—60. Aug. 1955. Schenectady, N. Y., General Electric Co., Atom. Prod. Div.) G. HERRMANN. 110

Charles M. Rice, *Hydraulischer Kontrollstabantrieb.* Beschreibung eines hydraul. Antriebs für die Steuerstäbe von Reaktoren. Vorzüge sind die geringe Trägheit des Syst., die schnelle Drosselung des Reaktors u. der weite Bereich in der Geschwindigkeit u. der Strecke bei der Bewegung der Stäbe. Nachteil ist die Zers. der Ölfüllung durch Strahlen, die eine Abschirmung notwendig macht. (Nucleonics **13.** Nr. 11. 116—22. Nov. 1955. Long Island City, N. Y., Ford Instrument Co., Div. of Sperry Rand Co.) G. HERRMANN. 110

L. T. Pedersen, *Fenster zur Beobachtung der Wand des Hanford-Reaktors.* Zwei 60 cm dicke Fenster, die in ihrer Abschirmwrkg. ca. 1,50 m Beton entsprechen, gestatten die Beobachtung von ca. 7 m^2 der Rückwand des HANFORD-Reaktors. Sie sind aus 30 cm Pb-Silicatglas (D. 6,2 g/cm^3) u. aus 30 cm Plexiglas (zur Neutronenabschirmung) aufgebaut. Zur Vermeidung der chromat. Aberration werden die Objekte mit Na-Licht beleuchtet. (Nucleonics **13.** Nr. 10. 78. Okt. 1955. Richland, Wash., Hanford Atom. Prod. Operat., Engng. Dep.) G. HERRMANN. 110

Milton Kahn, Arthur J. Freedman, Robert D. Feltham und **Neil L. Lark,** *Zähltechnik für Chlor 36.* Zur Messung von ^{36}Cl in fester Form wird Fällung als Hg_2Cl_2 oder AgCl vorgeschlagen, beide Methoden ergeben exakte Resultate u. auch reproduzierbar zusammengesetzte Fällungen. Hg_2Cl_2 wird aus 0,1 n HNO_3 mit einem 20%ig. Überschuß an 0,03 n $HgNO_3$-Lsg., die über Hg aufbewahrt wird, bei Zimmertemp. gefällt u. nach 2 Min. durch eine Glasfritte mit Papierfilter filtriert. Der Nd. wird 10 Min. bei 60° getrocknet, gewogen u. gemessen. AgCl wird aus 1 n HNO_3 mit einem 20% ig. Überschuß an 0,06 n $AgNO_3$ gefällt, zur Koagulation 4 Min. gerührt, zentrifugiert, dann 3 mal mit 20 ml A. gewaschen, damit der Nd. kristalliner wird, u. mit A. auf die Nutsche gebracht. Trocknung usw. wie oben. Die Messung im Flüssigkeitszählrohr ergibt wesentlich geringere Zählraten. (Nucleonics **13.** Nr. 5. 58—60. Mai 1955. Albuquerque, N. Mex., Univ. of New Mexico, Dep. of Chem.) G. HERRMANN. 112

Donald E. Hudson, *Entwicklung großer zylindrischer Funkenzähler.* Vf. beschreibt die Konstruktion eines großen zylindr. Funkenzählers für Höhenstrahlmessungen. (Rev. sci. Instruments **22.** 849—50. Nov. 1951. Princeton, N. J., Princeton Univ., Palmer Physic. Labor.) MAX SCHMIDT. 112

Donald E. Hudson, *Ein verbesserter Löschkreis für Parallelplattenzähler.* (Vgl. vorst. Ref.) Vf. gibt ein verbessertes Schaltschema für den Löschkreis von Funkenzählern. (Rev. sci. Instruments **22.** 850. Nov. 1951.) MAX SCHMIDT. 112

Masateru Sonoda, *Der Wirkungsgrad des Geiger-Müller-Zählers.* Vf. berechnet den Wirkungsgrad (Zählwahrscheinlichkeit für ein Quant) des dickwandigen γ-Zählers mit Hilfe vereinfachender Annahmen für mehrere Energien zwischen 10 u. 34 mc^2 u. für verschied. Wanddicken von Pb (1—6,5 mm) u. Al (1 mm). In gleicher Weise wird der Wirkungsgrad dünnwandiger Zähler diskutiert. (J. physic. Soc. Japan **5.** 53—56. März/April 1950. Kyoto, Univ., Fac. of Sci., Dep. of Phys. [Orig.: engl.]) GERHARD SCHMIDT. 112

Thomas T. Sugihara, Richard L. Wolfgang und **W. F. Libby,** *Großer dünnwandiger Geiger-Zähler.* Vff. beschreiben einen dünnwandigen GEIGER-Zähler mit einer großen empfindlichen Oberfläche, der die β-Strahlen von ^{14}C, ^{35}S u. anderen weichen β-Strahlern durchläßt. Die Wandstärke beträgt ca. 2 mg/cm^2 u. besteht aus einer Plastikfolie, die mit einer Au-Folie bedeckt ist. Als Zählergas wird ein Gemisch von He u. Butan bei 1 at benutzt. Der Zählerdraht besteht aus einem W-Draht von 0,002 in. Durchmesser. (Rev. sci. Instruments **24.** 511—12. Juli 1953. Chicago, Ill., Univ., Dep. of Chem. and Inst. for Nucl. Stud.) C. GOTTFRIED. 112

Motoharu Kimura, *Temperatureffekt in Geiger-Müller-Zählern.* (1. Mitt.) Vf. erläutert an Hand von Kurven den Temperatureffekt bei GEIGER-MÜLLER-Zählrohren u. veranschaulicht die Zunahme der Entladungen pro Min. beim Anstieg u. den raschen Abfall in Form einer Exponentialfunktion der Zeit beim Abfall der Temperatur. (Physic. Rev. [2] **80.** 761—62. 15/11. 1950. Sendai, Japan, Tohoku Univ., Fac. of Sci.) E. SCHIEBOLD. 112

William W. Burr jr. und **John A. Marcia,** *Herstellung von gepreßten Proben zum Zählen von ^{14}C-markierten Verbindungen.* An Proben von ^{14}C-markiertem $BaCO_3$ u. Alanin, die mit einer einfachen Presse hergestellt wurden, wurde die Radioaktivität mit einem GEIGER-Zähler u. einem Gasflußzähler gemessen. (Analytic. Chem. **27.** 571. April 1955. Dallas, Tex., Univ., Southwest. Med. School, Dep. of Biochem.) C. GOTTFRIED. 112

Herbert L. Volchok und **J. Laurence Kulp,** *β-Zählrohr mit niedrigem Nulleffekt für radiochemische Routinemessungen.* Ein flaches, halogengelöschtes GEIGER-Zählrohr mit 2,5 cm Fensterdurchmesser wird mit einem Ring von in Antikoinzidenz geschalteten, ~40 cm langen Zählrohren umgeben u. die ganze App. durch 5 cm Pb abgeschirmt. Der Nulleffekt beträgt 1,2 Impulse/Minute. (Nucleonics **13.** Nr. 8. 49—50. Aug. 1955. Westwood, N. J., Isotopes Inc.; Palisades, N. Y., Lamont Geolog. Observ.) G. HERRMANN. 112

A. D. Krumbein, *Selbstlöschende Zähler, die kleine Mengen polyatomarer Bestandteile enthalten.* Vf. untersucht in Zählern, die mit Gemischen von Edelgasen u. polyatomaren Gasen bzw. Dämpfen gefüllt sind, die Abhängigkeit der Selbstlöschung bewirkenden Löschsubstanzmengen vom Kathodenradius u. vom Gesamtdruck für *Methan, Butan* u. *Äthylacetat* in He, Ne u. Ar. Für die benutzten Gasmischungen werden aus diesen die Löschung bewirkenden Minimalmengen die durchschnittlich kleinste Anzahl von Zusammenstößen berechnet, die notwendig sind, um Elektronenübergänge zwischen Edelgas u. polyatomarem Gas zu bewirken. Diese Zahl schwankt zwischen 1 Stoß/Elektronenübergang bei der Äthylacetat–Ne-Mischung bis über 1000 Stöße/Übergang bei der Methan–He-Mischung. Die Zahl nimmt in jedem der 3 Edelgase ab in der Reihenfolge Methan, Butan, Äthylacetat; für jedes polyatomare Gas in den Edelgasen nimmt sie in der Reihenfolge He, Ar, Ne ab. (Rev. sci. Instruments **22.** 821–27. Nov. 1951. New York, New York Univ.) MAX SCHMIDT. 112

L. G. Parratt und **C. F. Hempstead,** *Über die Zuverlässigkeit des Ansprechens von Geiger-Zählern bei mäßig hohen Ausschlagszahlen.* Diskussion der Fehlerquellen beim Zählen von Röntgenquanten mit GEIGER-Zählern. (J. appl. Physics **22.** 1502. Dez. 1951. Ithaca, N. Y., Cornell Univ.) F. LENZ. 112

Donald Eadie, *Direkt anschließbarer Standardzählertyp.* Vf. beschreibt Vorteile der Anwendung u. des Aufbaus von fertig zusammengestellten, direkt anschließbaren Zählertypen in Form von Bauelementen. (Rev. sci. Instruments **22.** 836. Nov. 1951. Maryland, Aberdeen Proving Ground, Ballist. Res. Labor.) MAX SCHMIDT. 112

Charles Sheer und **Jay Tittman,** *Borcarbid-Preßlinge für Neutronenabsorption.* Es wird die Eignung von B_4C als Absorptionsmittel für Neutronen diskutiert u. ein Verf. angegeben, um für die Verwendung als Auskleidematerial von Neutronenbeugungskammern usw. mechan. genügend stabile B_4C-Preßlinge herzustellen. (Rev. sci. Instruments **22.** 837–38. Nov. 1951. New York, Columbia Univ.) MAX SCHMIDT. 112

Robert Loevinger und **Sergei Feitelberg,** *Die Verwendung des Bremsstrahlungsnachweises durch einen Scintillator zur vereinfachten β-Zählung.* Vff. vergleichen die Messung von ^{32}P enthaltenden Blutproben im Glockenzählrohr mit der Messung als Bremsstrahlung in einem Bohrloch–NaJ-Scintillationszähler. Obwohl bei gleicher Aktivität im Zählrohr eine höhere Zählrate registriert wird, wird bei gleicher spezif. Aktivität mit beiden Apparaten dieselbe Aktivität gezählt, da der Kristall eine wesentlich größere Flüssigkeitsmenge aufnimmt. Auf 100 ^{32}P–β-Zerfälle werden 0,8 Impulse gezählt. Durch Zusatz von Elementen mittlerer Ordnungszahl zu den Blutproben könnte die Zählrate ohne große Absorptionsverluste erhöht werden. (Nucleonics **13.** Nr. 4. 42–45. April 1955. New York, N. Y., Mount Sinai Hosp., Andre Meyer Dep. of Phys.) G. HERRMANN. 112

H. Wänke und **E. U. Monse,** *Scintillationszählung der (n, α)- bzw. (n, f)-Reaktion zur Isotopenanalyse bei Lithium, Bor und Uran.* Vff. verwenden die Rk. $^6Li(n,\alpha)^3H$ zur Best. des Verhältnisses $^6Li/^7Li$ bei Isotopenanreicherungsverss., ^7Li gibt unter den Versuchsbedingungen keine Reaktion. Die Li-Präpp. werden als LiF (gefällt bei p_H 4–5 mit NH_4F) in „unendlich dicker" Schicht (>2 mg/cm² bei der gewählten Diskriminatoreinstellung) mit verlangsamten Neutronen einer 100 mC Ra–Be-Quelle beschossen u. die α-Teilchen u. Tritonen mit einem fensterlosen ZnS-Scintillationszähler gezählt. Der ZnS-Schirm hat eine Dicke von 10 mg/cm² u. wird mit 5%ig. H_3PO_4 in Aceton als Bindemittel auf Glas aufgebracht. Durch einen Diskriminator wird der Nulleffekt der Anordnung vermindert. Natürliches Li ergibt bei 3 cm² Präparatfläche 300 Impulse/Min. mit 1–2% Nulleffekt. Die Best. der Isotopenzus. von B u. U ist mit der App. durch $^{10}B(n,\alpha)^7Li$ bzw. $^{235}U(n,f)$ möglich, natürliches B bzw. U geben 135 (16% Nulleffekt, 3 cm² Präp.) bzw. 6 Impulse/Min. (kein Nulleffekt, 10 cm² Präparat). (Z. Naturforsch. **10a.** 667–69. Sept./Okt. 1955. Mainz, MPI für Chem.) G. HERRMANN. 112

Lawrence B. Robinson, Charlie S. Cook und **Donald E. Jefferson,** *Der Scintillationszähler.* 2. Mitt. *Die Herstellung von transparenten anorganischen Leuchtschirmen.* (1. vgl. Rev. sci. Instruments **20.** [1949.] 549.) Vff. umgehen den Nachteil anorgan. Leuchtphosphore, die trotz hoher Quantenausbeute infolge starker Streuung des eigenen Fluorescenzlichtes nur geringe techn. Ausbeuten ergeben, indem sie die Leuchtphosphorpulver in organ. transparenten Kunststoffen dispergieren. Es werden Kurven angegeben, die den techn. Nutzeffekt in Abhängigkeit von der Konz. der Phosphore ZnS, $BaSO_4$: $PbSO_4$, ZnO u. ZnS:Ag im organ. Kunststoff angeben, getestet mit eine Po-Quelle von 0,75 mC. Eine Konz. von ca. 30 mg Pulver in 1 cm³ Kunststoff gab die besten Ergebnisse. (J. chem. Physics **18.** 148–49. Jan. 1950. Washington, D. C., Howard Univ., Dep. of Phys.) A. REUTER. 112

S. H. Liebson, *Temperatureffekte bei organischen Fluorescenzstoffen.* Die Anwendung von organ. Fluorescenzstoffen als Indicatoren in der Kernphysik wird erörtert, der Mechanismus der Erregung wird diskutiert, u. es werden Meßergebnisse für die Abhängigkeit der erregten Lichtmenge von der Temp. mitgeteilt. Bei der Messung wurden die organ. Kristalle aus *Naphthalin, Anthracen* u. Gemischen beider geheizt, ihre Temp.

durch Thermoelemente gemessen u. die Erregung mittels eines therm. isolierten Photomultipliers bestimmt. Im Meßbereich 73 bis $\sim 320^0$ K nimmt die Fluorescenzausbeute ab. Oscillograph. Unters. des Nachleuchtens ergibt unterschiedliche Werte bei UV- u. γ-Erregung. Mit wachsender Temp. steigt die Abklingzeit flach an. Für verschied. organ. Leuchtstoffe (Anthracen, *Carbazol*, *Chrysen*, *1.4-Diphenylbutadien*, *Diphenylacetylen*, *Fluoranthren*, *Fluoren*, *Perylen*, *Phenanthren*, *Quaterphenyl*, *Stilben*, *Terphenyl*) werden Abklingzeiten in Tabellenform mitgeteilt. (Nucleonics **10.** Nr. 7. 41—45. Juli 1952. Washington, D. C., Naval Res. Labor., Electr. Div.) W. REUSSE. 112

J. T. Sample, G. C. Neilson und **J. B. Warren,** *Ausführung eines Kollimators für schnelle Neutronen.* Konstruktion eines Kollimators für schnelle Neutronen u. Messung der Neutronen mit 2,2 MeV-Einfang-γ-Strahlen in einem Stilbenzähler. Vff. erhalten ein Fokussierungsverhältnis (fokussierte Strahlintensität zum Untergrund) von 8,7:1. (Canad. J. Physics **33.** 350—51. Juni 1955. Vancouver, Univ. of Brit. Columbia, Dep. of Phys.) H. C. WOLF. 112

Joachim Fischer, *Herstellung großflächiger plastischer Scintillatoren.* Vf. beschreibt die Darst. von runden oder flachen, z. B. $30 \times 40 \times 1$ cm großen, plast. Scintillatoren aus Polyvinyltoluol mit 2—4% Terphenyl u. 0,02% Tetraphenylbutadien bzw. 0,07 bis 0,1% Diphenylstilben. Die Polymerisation wird 6—7 Tage lang bei 150—160° im N_2-Strom in geeigneten Formen durchgeführt. Die flachen Scintillatoren werden mit einem polierten Keil aus Polymethylmethacrylat als Lichtleiter auf einen Multiplier aufgesetzt. (Nucleonics **13.** Nr. 5. 52—54. Mai 1955. Chicago, Ill., Univ., Inst. for Nucl. Stud.) G. HERRMANN. 112

T. B. Novey und **D. W. Engelkemeir,** *Ausschlagsformung durch zweifachen Verzögerungsweg.* Vff. beschreiben ein Verf., das bei der Unters. weicher γ-Strahlen an Tl-aktivierten NaJ-Kristallen mit Scintillationszählern auch schnelle Koinzidenzzählung ermöglicht. Die NaJ-Impulse von $\sim 0,25\,\mu$sec werden in dreieckig geformte Impulse voller Breite bei halber Höhe von $\sim 0,08\,\mu$sec umgewandelt. (Rev. sci. Instruments **22.** 841. Nov. 1951. Chicago, Ill., ANL.) MAX SCHMIDT. 112

Donald G. Ott, F. Newton Hayes, Jay E. Hammel und **John F. Kephart,** *Argonbehandlung flüssiger Scintillatoren zur Ausschaltung der Sauerstofflöschung.* Durch die fl. Scintillatoren wird 10 Min. lang ein durch eine Glasfritte feinverteilter Ar-Strom geleitet. Unabhängig von Lösungsm. u. Scintillator wird eine Erhöhung der Impulshöhe um 20% beobachtet. Die größten Impulse gibt eine Lsg. von 10 g 2-Phenyl-5-(4-biphenylyl)-1.3.4-oxadiazol in 1 Liter p-Xylol. In diesem Syst. ist die Impulshöhe 1,36mal größer als in den besten plast. Scintillatoren u. erreicht 70% der Impulshöhe der besten Anthracenkristalle. (Nucleonics **13.** Nr. 5. 62. Mai 1955. Los Alamos, N. Mex., LASL.) G. HERRMANN. 112

R. C. Shreckengost, D. C. Swanson und **J. W. Flowers,** *Ein differentieller Impulshöhendiskriminator.* Zur Verwendung in der Scintillationsspektroskopie entwickeln Vff. einen Diskriminator, der mit Impulsen in der Größenordnung von 1 μsec in der Länge u. bis zu 100 V in der Amplitude arbeitet. (Physic. Rev. [2] **91.** 224. 1/7. 1953. Univ. of Florida.) GERHARD SCHMIDT. 112

Erik Odeblad, *Ein Verfahren zur Modulation bei photoelektrischer Aufzeichnung.* Vf. beschreibt eine Anordnung zur Umwandlung von Lichtenergie in sinusartig modulierte Potentiale. (Rev. sci. Instruments **22.** 847—48. Nov. 1951. Stockholm, Sabbatsberg Hosp., Hormon Res. Labor.) MAX SCHMIDT. 112

Paul I. Richards und **W. Ansel Tuthill,** *Ein einfacher Ionenmeßregulator.* Vff. beschreiben eine Verbesserung des Regulatorkreises, durch den die Elektronenemission bei Ionisationsmeßgeräten gesteuert wird. (Rev. sci. Instruments **22.** 841—42. Nov. 1951. Upton, N. Y., BNL.) MAX SCHMIDT. 112

A_2. Optisches Verhalten der Materie.

F. Zwicky, *Rotverschiebung und Linienbreiten in den Spektren extragalaktischer Nebel.* Die universelle kosm. Rotverschiebung läßt sich prinzipiell durch 1. die allg. Ausdehnung des Weltalls, 2. die natürliche Dezimierung der Energie hν der Quanten in Abhängigkeit von νt (t = freie Quantenlaufzeit) oder 3. durch Wechselwirkungen, z. B. retardiert gravitationsmäßige, der Quanten mit der Gesamtmaterie oder der Strahlung des Weltalls erklären. Diese verschied. Möglichkeiten werden hinsichtlich ihrer experimentellen Prüfung diskutiert. Eine vorläufige Analyse der Spektren extragalakt. Sternsysteme zeigt, daß die Breiten der Absorptionslinien mit der Entfernung wachsen, während die Emissionslinien relativ scharf bleiben. Dieser Befund wird von HUMASON bestätigt. (Helv. physica Acta **27.** 481—82. 15/10. 1954. Pasadena, Calif., Mount Wilson and Palomar Observ.) G. HEINSOHN. 113

Zyuiti Hitotuyanagi, *Über die Intensitätsformel von Absorptionslinien.* Betrachtungen über die Theorie von Absorptionslinien, die eine Intensitätsformel, anwendbar für jeden Punkt der Sonnenscheibe, ergeben. (Publ. astronom. Soc. Japan **5.** 96—101. 1953. Sendai, Tohoku Univ., Astronom. Inst. [Orig.: engl.]) G. HEINSOHN. 113

Shotaro Miyamoto, *Theoretische Kontur für die solare Lyman-α-Strahlung.* Die Kontur der solaren LYMAN-α-Linie wurde theoret. untersucht u. mit den Betrachtungen von PIETENPOL verglichen. Die in der Rechnung gemachten Annahmen werden diskutiert u. gezeigt, daß die Emissionskontur eng mit den chromosphär. Bedingungen verbunden ist. (Publ. astronom. Soc. Japan **5.** 74—87. 1953. Kyoto, Univ., Inst. for Astrophys. [Orig.: engl.]) G. HEINSOHN. 113

G. Marx und **K. Nagy,** *Der Energieimpulstensor der Strahlung in Dielektrika.* Der vollständige Strahlungs–Energie–Impuls-Tensor S_{ik}, der die Erhaltungssätze in Dielektrika befriedigt, setzt sich aus 2 Anteilen zusammen. Das sind der Energie–Impuls-Tensor T_{ik} des elektromagnet. Felds u. jener Teil t_{ik} des mechan. Energie–Impuls-Tensors, der die vom elektromagnet. Feld erregten Spannungen beschreibt. Es wird eine Herleitung der durch die Feldstärken ausgedrückten kovarianten Form des Tensors t_{ik} beschrieben. (Acta physica Acad. Sci. hung. **4.** 297—300. 30/3. 1955. Budapest, Roland Eötvös-Univ., Inst. für Phys.) R. ABEND. 114

A. N. Terenin, *Molekülverbindungen und Spektrum des zwischenmolekularen Elektronübergangs.* Übersicht: Übertragung eines Elektrons in hydratisierten Ionen; Spektr. der Solvate des J; 1. Variante der Interpretation des neuen Spektr. u. der Festigkeit der Solvate; J-Solvate in O-haltigen Lösungsmitteln; Ultrarotspektren von J-Lsgg.; Assoziation von Halogenen mit Naphthalin; Assoziation von J mit Olefinen; Hypothese des intermol. Elektronübergangs; Gesetzmäßigkeiten des Spektr. des Elektronübergangs; Assoziation von J mit gesätt. Verbb.; Komplexe von organ. Verbb. mit anderen Acceptormoll. (O_2, SO_2, Maleinsäureanhydrid); Komplexe mit Metallhalogeniden; rein organ. Mol.-Verbb.; Weiterentw. des Problems. — 147 Literaturhinweise. (Успехи Химии [Fortschr. Chem.] **24.** 121—62. 1955. Leningrad.) R. K. MÜLLER. 114

Sven Glad, *Das Spektrum von einfach ionisiertem Kohlenstoff, C II.* Das in einer kondensierten Hohlkathodenentladung angeregte Spektr. des C II wurde im Bereich von 8800—1987 Å mit Hilfe von Spiegel-, Quarz- bzw. Glasspektrographen aufgenommen. Es wurden über 60 neue Energieniveaus gefunden. Aus verschied. Kombinationslinien wird auf eine Verbindung der Dublett- u. Quartettsysteme geschlossen. Der Abstand zwischen den Grenzen 2s $^1S_0$ u. 2p $^3P_2$ wurde zu 52423 ± 7 cm^{-1} bestimmt. (Ark. Fysik **7.** Nr. 2. 7—32. 1954. Lund, Univ., Phys. Labor.) G. HEINSOHN. 118

Ulla Uhler, *Über das Bandenspektrum von Silberoxyd.* Die blauen ($\lambda = 4050$ bis 4600 Å) u. die UV ($\lambda = 3470$—3620 Å) Bandensysteme, angeregt in einem Sauerstoffhochstrombogen mit reinsten Ag-Elektroden, wurden mit einem Konkavgitterspektrographen aufgenommen u. analysiert. Die blauen Banden sind rotverschoben u. gehören zu einem $^2\Pi - ^2\Pi$-Übergang, wobei der obere Term A $^2\Pi$ vordissoziiert ist. Der obere Term der UV-Banden (B $^2\Pi$) zeigt eine Schattierung zum Blauen. Beide Systeme haben den gemeinsamen unteren Zustand X $^2\Pi$. Rotations- u. Schwingungsanalysen wurden durchgeführt u. die Konstanten, getrennt nach ^{107}Ag u. ^{109}Ag, angegeben. (Ark. Fysik **7.** Nr. 12. 125—47. 1954. Stockholm, Univ., Phys. Dep.) G. HEINSOHN. 118

Po Lee und **G. L. Weissler,** *Der Photoionisationsquerschnitt von Neon.* Mittels einer photometr. Meth. wurde das Absorptionsspektr. von Ne zwischen 230 u. 800 Å aufgenommen. Der Absorptionskoeff. verschwindet oberhalb der Wellenlänge der ersten Ionisationsgrenze mit Ausnahme der Resonanzübergangsstellen des Spektrums. Bei 575 u. 256 Å wurden scharfe Absorptionskanten entsprechend den L_3- u. L_1-Kanten mit einem dazwischenliegenden, flachen Maximum gefunden. Der Photoionisationsquerschnitt bei der ersten Ionisationsgrenze ergab sich unabhängig vom Druck zu $5{,}4 \cdot 10^{-18}$ cm^2 in guter Übereinstimmung mit der Theorie. Zwischen 575 u. 400 Å stimmt der gemessene Absorptionsverlauf mit dem berechneten innerhalb der Fehlergrenzen überein. (Proc. Roy. Soc. [London], Ser. A **220.** 71—76. 22/10. 1953. Los Angeles, Calif., Univ. of Southern California, Phys. Dep.) G. HEINSOHN. 118

Allen B. Scott und **Kuo-Hao Hu,** *Absorptionsspektren luminescierender Thalliumchloridlösungen.* Die Absorptionsspektren von *KCl*-Lsgg., die durch Zusatz von TlCl luminescenzfähig gemacht worden waren, wurden analysiert. Dabei wurden die aus Löslichkeitsmessungen gewonnenen Dissoziationskonstanten für TlCl u. $TlCl_2^-$ zu Hilfe genommen. Die Absorptivitäten wurden für jede der absorbierenden Mol.-Arten u. für viele Wellenlängen bestimmt. Die Spektren von Lsgg. mit variierenden KCl- u. TlCl-Konzz. wurden aus den Absorptivitäten u. den Dissoziationskonstanten berechnet. Außer bei hohen Cl^--Konzz., die offenbar zur Bldg. höher koordinierter Komplexe führen, war die Übereinstimmung zwischen berechneten u. beobachteten Ergebnissen recht gut. Bei Variation des Lösungsm. führt eine Abnahme der DK. zu einer Verschiebung der Absorptionsbande in die Richtung, die bei einer Zunahme der Stabilität von mol. TlCl u. der Komplexionen zu erwarten ist. (J. chem. Physics **23**. 1830–33. Okt. 1955. Corvallis, Oreg., Oregon State Coll., Dep. of Chem.) H. W. LEVI. 118

R. W. Ditchburn und **D. W. O. Heddle**, *Absorptionsquerschnitte im Vakuumultraviolett. 1. Mitt. Kontinuierliche Absorption von Sauerstoff (1800–1300 Å)*. Die dem Prozeß $O_2\,{}^3\Sigma_g^- + h\nu \rightarrow O(^3P) + O(^1D)$ zuzuordnenden Absorptionsquerschnitte wurden mit Hilfe einer genauer beschriebenen Meßapp. zwischen 1670 u. 1360 Å gemessen. Es ergaben sich ein Maximum von $1{,}81 \cdot 10^{-17}$ cm² bei 1450 Å u. Halbwerte bei 1567 u. 1370 Å. Im Gegensatz zu Messungen anderer Autoren erweist sich das BEERsche Gesetz als gültig. (Proc. Roy. Soc. [London], Ser. A **220**. 61–70. 22/10. 1953. Reading, Univ., Phys. Dep.) G. HEINSOHN. 118

S. Chandrasekhar, *Die Temperaturabhängigkeit des Rotationsvermögens von Quarz von 30–410°*. (Vgl. C. **1953**. 968.) Die Änderung des Rotationsvermögens ϱ von Quarz mit der Temp. wurde von 30–410° im Wellenlängenbereich von 6000–2500 Å gemessen. Es wurden zwei senkrecht zur opt. Achse geschnittene Quarze von ca. 90 bzw. 41 mm Länge benutzt. Ausgehend von der l. c. angegebenen Formel für ϱ wurde ϱ für den gemessenen Wellenlängen- u. Temperaturbereich berechnet. Gerechnete u. gemessene Werte stimmen gut überein. $d\nu_0/dt$ entspricht etwa dem aus dn/dt (n = Brechungsindex) geschätzten Wert. Der Temperaturkoeff. nimmt mit abnehmender Wellenlänge zu. (Proc. Indian Acad. Sci., Sect. A **39**. 290–95. Juni 1954. Bangalore, Raman Res. Inst.) H. LINDBERG. 119

H. G. Lipson, E. Burstein und **P. L. Smith**, *Optische Effekte in plastisch deformiertem Germanium*. (Sitzungsbericht.) (Physic. Rev. [2] **98**. 1535. 1/6. 1955. U. S. Naval Res. Labor.) R. LEVI. 119

Nobuyoshi Morita, *Die optischen Konstanten von Bor im Sichtbaren und im nahen Infrarot*. Es wurden Durchlässigkeit u. Reflexion als Funktion der Wellenlänge im Sichtbaren u. nahen Infrarot an Borfilmen, die auf Quarzglas aufgedampft waren, gemessen. Hieraus wurden Brechungsindex n u. Absorptionskonstante $K = 4\pi k/\lambda$ berechnet. n wurde zu 1,9 bei $\lambda = 0{,}45\,\mu$, zunehmend auf 3,7 bei 2,4 μ gefunden. K nimmt bei 1 μ steil zu u. erreicht $1{,}8 \cdot 10^5$ cm^{-1} bei 0,45 μ. Es wird gezeigt, daß die opt. Absorptionskante bei 1 μ $\sim$1,2 eV liegt. (J. sci. Res. Inst. [Tokyo] **48**. 8–12. März 1954. [Orig.: engl.]) H. LINDBERG. 119

Elizabeth J. Allin, W. F. Hare und **R. E. MacDonald**, *Infrarotabsorption von flüssigem und festem Wasserstoff*. Mit einem PERKIN-ELMER 12 B-Gerät u. einer PbS-Zelle wird das infrarote Absorptionsspektr. von H_2 im gasförmigen Zustand bei 298° K u. 3400 at Druck, im fl. Zustand bei 18,0° K u. im festen Zustand bei 11,0° K im Bereich von 3700–5500 cm^{-1} untersucht. Die gemessenen Kurven werden mitgeteilt u. analysiert. Im fl. u. festen Zustand existieren scharfe Linien für Q_Q, S(0) u. S(1). (Physic. Rev. [2] **98**. 554–56. 15/4. 1955. Toronto, Can., Univ., McLennan Labor.) R. J. HÜTTENRAUCH. 120

G. Amat, P. Barchewitz und **M.-L. Grenier-Besson**, *Vorläufige Untersuchung des Spektrums von N_2O zwischen 1,5 und 2,5 μ bei großer Schichtdicke*. Unter Anwendung von Schichtdicken bis zu 140 m mit Hilfe einer Küvette mit mehrfacher Reflexion wurde das Schwingungs-Rotations-Spektr. von N_2O zwischen 1,5 u. 2,5 μ untersucht. Bei den Unterss. wurde eine Reihe neuer Banden gefunden. Das Spektr. selbst besteht aus Serien von parallelen oder senkrechten Banden, von denen jede aus Übergängen zwischen dem Fundamentalniveau vom Typ Σ^+ einerseits u. den verschied. Komponenten eines Resonanzmultipletts andererseits bestehen. Die Banden sind parallel, wenn das Multiplett den Symmetrietyp Σ^+ besitzt; sie sind senkrecht, wenn das Multiplett den Symmetrietyp Π besitzt. Unabhängig von diesen Banden, den sogenannten „kalten Banden", die Übergängen der Form $0\,0^0\,0 \rightarrow v_1\,v_2^{l_2}\,v_3$ entsprechen, existieren sogenannte „warme Banden", welche Übergängen entsprechen, in denen das tiefste Niveau nicht mehr das Fundamentalniveau, sondern ein angeregtes Niveau ist: Bei gewöhnlicher Temp. wird dies stets das Niveau $0\,1^1\,0$ (Typ Π) sein. Neben jeder parallelen „kalten" Bande $0\,0^0\,0 \rightarrow v_1\,2p^0\,v_3$ liegt eine „warme" parallele Bande $0\,1^1\,0 \rightarrow v_1\,2p + 1^1\,v_3$ mit einer sehr benachbarten Wellenlänge. Neben jeder senkrechten „kalten" Bande $0\,0^0\,0 \rightarrow v_1\,2p + 1^1\,v_3$ liegen zwei senkrechte „warme" Banden $0\,1^1\,0 \rightarrow v_1\,2p + 2^0\,v_3$ u. $0\,1^1\,0 \rightarrow v_1\,2p + 2^2\,v_3$. Unter Berücksichtigung der Wechselwirkungsresonanz wurden die Schwingungskonstanten des Mol. N_2O berechnet. (J. Physique Radium **16**. 16–20. Jan. 1955.) C. GOTTFRIED. 120

D. F. Horing und **W. E. Osberg**, *Infrarotspektrum und die Struktur der Tieftemperaturphasen von kristallinem HCl, HBr und HJ*. Um die Struktur der Wasserstoffhalogenkristalle bei niedrigen Tempp. zu bestimmen, nehmen Vff. die Infrarotspektren des kristallinen HCl, HBr u. HJ bei -205^0 auf u. beobachten die Grundschwingungen in HCl bei 2704 u. 2746 cm^{-1}, in HBr bei 2404 u. 2438 cm^{-1} sowie in HJ bei 2120 cm^{-1}. In HCl u. HBr sind die Tieftemperaturphasen aus antiparallelen Zickzackketten von wasserstoffgebundenen Moll. zusammengesetzt. Die Winkel zwischen den benachbarten Moll. betragen in HCl ca. 107^0 u. in HBr ca. 97^0. Diese Struktur ähnelt sehr der des gasförmigen u. kristallinen HF. (J. chem. Physics **23.** 662—70. April 1955. Provedence, R. I., Brown Univ., Metcalf Res. Labor.) E. Hahn. 120

A. Langseth, *Infrarot- und Raman-Spektren einfacher linearer Moleküle.* Unters. der Infrarot- u. Raman-Spektren von CO_2, COS u. CS_2 zwischen 3 u. 25 μ bei großer Auflsg. u. Best. der Grundschwingungen, Diskussion der Potentialfunktionen. Ohne Angabe von Einzelheiten. (J. Physique Radium **15.** 614. Juli/Sept. 1954. Kopenhagen, Kobenhavns Univ., Kem. Labor.) B. Gnauck. 120

J. Sheridan, *Mikrowellenspektroskopie von Gasen.* Zusammenfassender Überblick über neuere Untersuchungsergebnisse der Mikrowellenspektroskopie von Gasen. — 82 Literaturhinweise. (Research **8.** 88—93. März 1955. Birmingham, Univ.) C. Gottfried. 121

J. R. Haynes, *Eine neue Strahlung, die durch Rekombination von Löchern und Elektronen in Germanium entsteht.* Bei der Rekombination opt. erzeugter Löcher u. Elektronen in Ge tritt eine bereits von Haynes u. Briggs (vgl. C. **1953.** 3678) sowie von Newman (vgl. C. **1956.** 2653) beobachtete Strahlung auf, deren Maximum bei ca. 1,8 μ liegt. Vf. findet, daß die spektrale Energieverteilungskurve dieser Strahlung ein zweites Maximum bei ca. 1,5 μ aufweist, wenn man eine Korrektur anbringt, die der Tatsache Rechnung trägt, daß das Präp. selber kleinere Wellenlängen viel stärker absorbiert als größere. Eine unmittelbare Wahrnehmung dieses Maximums ist nur bei sehr dünnen Schichten möglich. Der Ursprung des neuen Energiemaximums wird kurz erörtert. (Physic. Rev. [2] **98.** 1866—68. 15/6. 1955. Murray Hill, N. J., Bell Telephone Laborr.) H. W. Levi. 125

G. Diemer, *Elektrolumineszenz.* Übersicht über Theorie, Erzeugung u. Anwendung der Elektrolumineszenz. — 19 Schrifttumshinweise. (Nederl. Tijdschr. Natuurkunde **21.** 165—76. Juli 1955. Eindhoven, N. V. Philips' Gloeilampenfabrieken, Natuurkundig Labor.) W. Wesly. 125

Shigeo Shionoya, *Thermolumineszenz von Zinksulfidphosphoren, die mit Kupfer und Mangan doppelt aktiviert sind.* ZnS:(Cu + Mn)-Phosphore zeigen zwei Absorptionsbanden, die dem Wirtskristall u. dem Cu zugeordnet werden können. Die Mn-Emission wird ebenso wie die Cu-Emission durch diese beiden Absorptionsbanden angeregt. Derartige Phosphore wurden bei der Temp. der fl. Luft durch Bestrahlung mit den beiden erforderlichen Wellenlängen angeregt u. dann langsam erwärmt. Die Glowkurven zeigen, daß die Cu- u. Mn-Emission nach Cu-Anregung einander sehr ähnlich sind, nach Anregung des Wirtskristalls dagegen stark voneinander abweichen. Vf. vermutet, daß in diesen Phosphoren zwei Arten von Haftstellen existieren, eine tiefe, dem Cu zugeordnete, u. eine flache, dem Mn zugeordnete. Unter dieser Annahme läßt sich das beobachtete Verh. zwanglos deuten. (J. chem. Physics **23.** 1976—77. Okt. 1955. Yokohama, Yokohama Nat. Univ., Fac. of Engng.) H. W. Levi. 125

L. E. Orgel, *Phosphorescenz von Festkörpern, die Mangan(II)- oder Eisen(III)-Ionen enthalten.* Vf. vermutet, daß der $^6S-^4G(T_{1g})$-Übergang, der an hydratisierten Mn^{2+}-Ionen beobachtet wurde, für die Emission Mn-aktivierter Phosphore verantwortlich ist. Rote Phosphorescenz wird oktaedr. koordiniertem Mn zugeschrieben. Die Ursachen für den verhältnismäßig großen Abstand des roten Emissionsmaximums bei ca. 6100 Å von dem nächstgelegenen Absorptionsmaximum bei 5080 Å werden erörtert. In tetraedr. Komplexen sind die Kristallfelder schwächer als in oktaedr., so daß sowohl Absorption als auch Emission nach längeren Wellenlängen hin verschoben sind. Ganz ähnlich verhält sich das Fe^{3+}-Ion, die Phosphorescenz liegt in diesem Falle im nahen Ultrarot. (J. chem. Physics **23.** 1958. Okt. 1955. Chicago, Ill., Univ., Dep. of Phys., Labor. of Molecular Structure and Spectra.) H. W. Levi. 125

A_3. Elektrizität. Magnetismus. Elektrochemie.

Günter Ecker, *Die Erscheinung des beweglichen Einfach- und Mehrfachbrennflecks an der Kathode des elektrischen Lichtbogens.* (Vgl. C. **1953.** 5455 u. **1954.** 7812.) Im Übergangsgebiet zwischen dem kontraktionsbestimmten Brennfleck u. dem therm. Bogen werden neben Einfachbrennflecken auch Mehrfachansätze beobachtet, deren Komponenten sich in ihrer Gesamtheit als auch teilweise rasch bewegen können. Das Einsetzen der Bewegungen, das als Übergang vom stabilen Bereich des Kontraktionsmechanismus in einen instabilen mit erhöhter therm. u. Feldemission gedeutet wird, ist mit Spannungsschwankungen verbunden, deren Amplitude bei stromschwachen Entladungen größer ist als bei stromstarken. Die Bldg. mehrerer Komponenten des Bogenansatzes unter Beteiligung der Feldemission wird diskutiert. (Z. Physik **136**. 556—72. 1954. Bonn, Univ., Inst. für Theoret. Phys.) H. LIEPACK. 131

W. I. Twerdochlebow, *Zum Problem der Ionisation in einer Kohlenwasserstoffflamme.* Aus Berechnungen u. Versuchsdaten ergibt sich, wenn jedes C-Teilchen in der Flamme 20 Elektronen aussendet, eine Elektronenkonz. $n = 2 \cdot 10^{10}$ cm^{-3}. Man kann annehmen, daß in der KW-stoffflamme eine der Ionisationsursachen die Thermoemission von Elektronen aus den C-Teilchen ist. Dafür spricht auch, daß der leuchtende Teil der KW-stoffflamme im elektr. Feld Abweichung zur Kathode zeigt, während ohne Thermoemission die C-Teilchen infolge der größeren Beweglichkeit der Elektronen negativ geladen sein müßten. (Доклады Академии Наук СССР [Ber. Akad. Wiss. UdSSR] **103**. 1049—51. 21/8. 1955. Dnjepropetrowsk, Artem-Berginst.) R. K. MÜLLER. 131

N. Wainfan, W. C. Walker und **G. L. Weissler,** *Vorläufige Ergebnisse über die lichtelektrische Ausbeute von Pt und Ta und über die Photoionisation in O_2 und N_2 im Vakuumultraviolett.* Die mit Hilfe einer Hochspannungs-Niederdruckentladung in *Ar* u. N_2 (10^{-4} Torr) u. mit einem Vakuumgitterspektrographen gemessene lichtelektr. Ausbeute η für Pt u. Ta erreicht Größen zwischen 10^{-1} u. 10^{-2} Elektronen für Licht der Wellenlänge $\lambda < 1000$ Å, also Werte, die 10—100mal größer als für λ zwischen 2000 u. 3000 Å sind. Aus Messungen der Ausbeute der Photoionisation (Fehler $\pm 20\%$) von O_2 geringen Druckes durch Vakuum-UV folgt, daß für $\lambda < 700$ Å nahezu jedes Photon ein Ionenpaar erzeugt, während die Ausbeute von 700—1000 Å (der ersten Ionisationsgrenze) rasch abnimmt. Bei N_2 liegt die Grenze für die Ausbeute ~ 1 bei ca. 725 Å; bei größeren Wellenlängen bis zur Ionisationsgrenze bei 796 Å erfolgt wieder rascher Abfall von η. (J. appl. Physics **24**. 1318—21. Okt. 1953. Los Angeles, Calif., Univ. of Southern California, Dep. of Phys.) J. RUDOLPH. 131

Charles A. Domenicali, *Irreversible Thermodynamik der thermoelektrischen Effekte in inhomogenen, anisotropen Medien.* Ausgehend von der isotropen Form der thermoelektr. Gleichungen der ONSAGERschen irreversiblen Thermodynamik in der von CALLEN u. DE GROOT benutzten Form gibt Vf. einen direkten Übergang zum Fall der inhomogenen u. anisotropen Medien. Es wird eine allg. Formel für den Gradienten des elektrochem. Potentials angegeben. Der Energie-Dichte-Vektor u. der elektrochem. Potentialgradient werden in Form einer „Transport-Entropie-Matrix" ausgedrückt. Die Theorie führt in natürlicher u. einfacher Weise zu dem von EHRENFEST u. RUTGERS postulierten Ausdruck. Sowohl die irreversiblen Effekte der Wärmeleitung u. JOULEschen Wärme als auch die reversiblen thermoelektr. Effekte werden von der Theorie erfaßt. (Physic. Rev. [2] **92**. 877—81. 15/11. 1953. Philadelphia, Pa., Franklin Inst. Labors.) E. WASSERROTH. 133

M. Smollett und **R. G. Pratt,** *Der Einfluß der adsorbierten Luft auf photoleitende Schichten von Bleisulfid.* Vff. untersuchen die Veränderung der Eigg. von aufgedampften *PbS*-Schichten, welche verschied. Mengen von Luft adsorbiert haben. Es werden an im Vakuum präparierten Schichten HALL-Konstante u. Photoleitfähigkeit bei Raumtemp. u. Atmosphärendruck gemessen. Es zeigt sich, daß die Wrkg. der adsorbierten Luft auf der Schicht reversibel ist u. der Sauerstoff der Luft diesen Effekt bewirkt. (Proc. physic. Soc., Sect. B **68**. 390—91. 1/6. 1955. Salfords, Redhill, Surrey, Mullard Res. Labors.) D. HAHN. 134

D. B. Fischbach und **A. S. Nowick,** *Erzeugung einer Potentialdifferenz auf NaCl-Kristallen durch Deformation.* (Sitzungsbericht.) (Physic. Rev. [2] **98**. 1543. 1/6. 1955. Yale Univ.) G. RUBAN. 135

Albert Haug, *Eine quantentheoretische Deutung der strahlungslosen Elektronenübergänge in Festkörpern.* Es wird gezeigt, daß sich die strahlungslosen Elektronenübergänge in Festkörpern wenigstens im Prinzip verstehen lassen, wenn die hohe Anregungsenergie des Elektrons, die der Energie vieler Gitterschwingungsquanten entspricht, nicht in einem simultanen Prozeß (Mehrquantenübergang), sondern in einer Folge von Einquantenübergängen an das Gitter abgegeben wird. Ein solcher Stufenprozeß wird ermöglicht durch eine Modifizierung des Bändermodells, bei der lokalisierte Zwischenbandterme auftreten, die den angeregten Zuständen des Elektrons entsprechen. Die wellenmechan. Berechnung der Übergangswahrscheinlichkeit ergibt, daß selbst eine zahlreiche Folge derartiger Einquantenübergänge noch konkurrenzfähig mit den entsprechenden Strahlungsübergängen ist. (Z. Physik **138**. 529—49. 1954. München, TH, Inst. für theoret. Phys.) H. KNOLL. 135

Albert Buhs, *Färbung und elektrische Leitfähigkeit der Zirkonvarietät Hyacinth.* (Vgl. C. **1955.** 741.) Die Färbungen von Zirkon aus dem Mongka-Gebiet in Hinterindien wird untersucht. Der braunrote Hyacinth färbt sich beim Erhitzen in H_2 bei 1000° blau, beim Glühen in Luft wird er farblos bis hellbraun. Die Verfärbung von Blau nach Braun schreitet mit scharfer Front nach den Diffusionsgesetzen im Kristall vor. Durch UV-Licht wird die Absorptionsbande bei 640 mμ abgebaut, bei Erhitzung in N_2 u. CO_2 entsteht eine schwache Blaufärbung. Cl_2 ruft bei 1000° eine intensive rotbraune Färbung hervor. Das elektr. Feld erregt bei höherer Temp. eine von der Anode ausgehende Braunfärbung. Die Strombahnen folgen kristallograph. orientierten Richtungen. Der Zirkon ist ein Halbleiter. Die Ursache für die Färbungen sind wahrscheinlich Fremdionen, möglicherweise Fe u. Ti. (Neues Jb. Mineralog., Abh. **86.** 66—85. Dez. 1953. Hamburg, Univ., Mineralog. Petrograph. Inst.) J.-E. HILLER. 135

H. Schönfeld, *Beitrag zum 1/f-Gesetz beim Rauschen von Halbleitern.* Das Stromrauschen von Halbleitern folgt in guter Näherung einem 1/f-Spektralgesetz, für dessen Zustandekommen es bisher nur eine von VAN DER ZIEL (C. **1951.** II. 2284) gefundene auf komplizierten Zusatzannahmen aufgebaute Erklärung gibt. Vf. zeigt, daß Einzelvorgänge, die nach einem Zeitgesetz vom Charakter $1/\sqrt{t}$ verlaufen, ebenso zu einem l/f-Spektr. führen. Nach der Hypothese von MONTGOMERY bestehen die Einzelvorgänge in örtlichen Injektionen von Minoritäten (vgl. Bell System techn. J. **31.** [1952.] 950). Die Folgerungen, die sich ergeben, wenn man für diese Einzelvorgänge einen $1/\sqrt{t}$-Verlauf annimmt, werden hergeleitet u. diskutiert. (Z. Naturforsch. **10a.** 291—300. April 1955. Nürnberg, Süddeutsche Apparate-Fabrik, Standard-Labor.) H. W. LEVI. 135

T. E. Firle und **H. Winston,** *Rauschmessungen in Halbleitern bei sehr niedrigen Frequenzen.* (Sitzungsbericht.) (Physic. Rev. [2] **98.** 1567. 1/6. 1955.) R. STEIN. 135

P. T. Landsberg, *Der Einfluß der feldabhängigen Beweglichkeiten auf die Diffusionstheorie der Gleichrichtung.* Wenn Beweglichkeit u. Diffusionskoeff. der Ladungsträger einer kleineren Änderung in ihrer Lage in der Gleichrichterschicht als das elektr. Feld ausgesetzt sind, dann bleiben viele Ergebnisse der allg. Theorie der Sperrschichtgleichrichter unverändert. (Proc. physic. Soc., Sect. B **68.** 366—68. 1/6. 1955. Aberdeen, Scotland, Univ.) D. HAHN. 135

Benjamin Lax und **Laura M. Roth,** *Fortpflanzung und Plasmaschwingung in Halbleitern mit magnetischen Feldern.* Die magneto-ion. Theorie wird auf Halbleiter ausgedehnt, deren Energieoberflächen in der BRILLOUIN-Zone Ellipsoide oder entstellte Kugeln kub. Symmetrie sind. Für die Elektronen in *Ge* u. *Si* wird ein Leitfähigkeitstensor angegeben. Die Ergebnisse hängen von Kristallorientierung u. Energieoberflächenparametern ab u. sind zur Analysierung der Anisotropie von entstellten Kugeln zu benutzen. (Physic. Rev. [2] **98.** 548—49. 15/4. 1955. Lexington, Mass., MIT, Lincoln Labor.) D. HAHN. 135

R. C. Fletcher, F. R. Merritt und **W. A. Yager,** *Cyclotronresonanzen in Germanium bei 1,4° K.* (Sitzungsbericht.) (Physic. Rev. [2] **98.** 1560—61. 1/6. 1955. Bell Telephone Labors.) H. LIEPACK. 135

R. N. Dexter, *Dritte harmonische Cyclotronresonanz von Löchern in Germanium.* Vgl. C. **1956.** 4339.) (Sitzungsbericht.) (Physic. Rev. [2] **98.** 1560. 1/6. 1955. MIT.) H. LIEPACK. 135

H. C. Montgomery und **W. L. Brown,** *Feldeffekt in Germanium.* (Sitzungsbericht.) (Physic. Rev. [2] **98.** 1565. 1/6. 1955. Bell Telephone Labors.) R. STEIN. 135

H. K. Henisch und **W. N. Reynolds,** *Oberflächenrekombination in Germanium in Gegenwart von starken elektrischen Feldern.* Ein starkes elektr. Feld wird in Normalrichtung zu den Oberflächen von Ge-Einkristallen angelegt u. die Oberflächenrekombinationsgeschwindigkeit als Funktion des Feldes bestimmt. Die Rekombinationsprozesse sind vollständig reversibel. Die Veränderung ist die gleiche bei n- u. p-Typ-Proben. Ein Modell dieser Asymmetrie wird diskutiert. (Proc. physic. Soc., Sect. B **68.** 353—56. 1/6. 1955. Reading, Univ., Dep. of Phys.) D. HAHN. 135

F. D'Altroy und **H. Y. Fan,** *Effektive Masse von Trägern und Relaxationszeit in Germanium.* (Vgl. C. **1955.** 6218.) (Sitzungsbericht.) (Physic. Rev. [2] **98.** 1561. 1/6. 1955. Purdue Univ.) H. LIEPACK. 135

J. H. Crawford jr. und **J. W. Cleland,** *Die durch Nucleonenbeschuß in Ge erzeugten Energieniveaus.* (Sitzungsbericht.) Neuformulierung des phänomenolog. Energieniveaumodells von JAMES u. LEHMAN (C. **1955.** 8788) zur genaueren Best. der Natur u. Lage der durch Nucleonenbeschuß in Ge hervorgerufenen Energieniveaus. Unter gewissen Annahmen wurde die Trägerkonz. im Gleichgewicht berechnet. (Physic. Rev. [2] **86.** 641. 15/5. 1952. Oak Ridge Nat. Labor.) F. SPEER. 135

G. de Mars, H. Statz und **L. Davis jr.**, *Leitung von p-leitenden Inversionsschichten auf n-leitendem Germanium.* (Sitzungsbericht.) (Physic. Rev. [2] **98.** 1565. 1/6. 1955. Raytheon Mfg. Co.) R. Stein. 135

F. J. Darnell und **S. A. Friedberg**, *Elektrischer Durchschlag in Germanium bei tiefen Temperaturen.* Elektr. Felder von einigen V/cm bringen bei Tempp. bis zu 4,3° K herab in ziemlich reinem Ge einen starken Widerstandsabfall mit sich. Eine dabei eintretende Zunahme der Konz. an beweglichen Elektronen oder Löchern läßt sich durch Hall-Effektsmessungen nachweisen. Durch Anlegen eines transversalen magnet. Feldes vergrößert sich die krit. Feldstärke. Eine schwache Erhöhung der krit. Feldstärke tritt auch ein, wenn man die Temp. unter 4—1° K senkt, zwischen 1 u. 0,1° K dagegen bleibt sie konstant. Ein Minimum der krit. Feldstärke liegt zwischen 5 u. 10° K. Die mittlere freie Zeit zwischen zwei Ladungsträgerzusammenstößen wird berechnet. (Physic. Rev. [2] **98.** 1860—61. 15/6. Sitzungsbericht: 1178. 15/5. 1955. Pittsburgh, Pa., Carnegie Inst. of Technol., Dep. of Phys.) H. W. Levi. 135

W. Kohn, *Spinresonanzbreiten von Elektronen in Donatorzuständen in Silicium.* (Sitzungsbericht.) (Vgl. C. **1956.** 6013.) (Physic. Rev. [2] **98.** 1561. 1/6. 1955. Carnegie Inst. of Technol.) H. Liepack. 135

J. H. Webb, *Anlegen ultrakurzer Licht- und Spannungstöße an Silberhalogenidkristalle mittels eines turbinenbetriebenen Spiegels und elektrischer Kontakte.* (Sitzungsbericht.) (Physic. Rev. [2] **98.** 1558. 1/6. 1955. Eastman Kodak Co.) G. Ruban. 135

George W. Luckey, *Einfluß von Brom auf die Dunkelleitfähigkeit von Silberbromid und sein Verhältnis zur Photoleitfähigkeit.* (Sitzungsbericht.) (Physic. Rev. [2] **98.** 1558. 1/6. 1955. Eastman Kodak Co.) G. Ruban. 135

William G. Johnston, *Die Wirkung einer plastischen Verformung auf die elektrische Leitfähigkeit von Silberbromid.* Plast. Deformierung von AgBr ruft einen Leitfähigkeitsanstieg bei u. unterhalb Zimmertemp. hervor, der sich bei kleinen Kräften linear mit der Kraft ändert. Die Temperaturabhängigkeit dieses Leitfähigkeitsanstiegs ergibt eine kleine Aktivierungsenergie, die Frequenzabhängigkeit zeigt einen Dispersionseffekt. Die Rückkehr zum ursprünglichen Zustand erfolgt sehr langsam. Aus einer geringen Anisotropie des Leitfähigkeitsanstiegs folgt, daß dieser parallel zur Gleitebene größer ist als senkrecht zu ihr. Die Zunahme der Leitfähigkeit ist auf die Bldg. von Unordnungszonen im Kristall zurückzuführen. Die Aktivierungsenergie für die Leitung in dem ungeordneten Gebiet beträgt weniger als 4600 cal/Mol, die für die Eigenleitung 18450 cal/Mol. Die Unordnungszonen dürften in Gruppen von Versetzungen bestehen, die in den Gleitebenen aufgeschichtet sind. Die unbestimmte u. variable Aktivierungsenergie sowie der Dispersionseffekt ergeben sich aus der inhomogenen Natur der Unordnungszonen. Die Deutung der beobachteten Kraftabhängigkeit der Leitfähigkeit u. der Zeitabhängigkeit der Leitfähigkeitsrückbldg. werden auf Grund eines Mottschen Modells erörtert. (Physic. Rev. [2] **98.** 1777—86. 15/6. 1955. Chicago, Ill., Univ., Dep. of Phys.) H. W. Levi. 135

L. P. Kao und **E. Katz**, *Theorie der Anisotropie des Widerstandes im Magnetfeld für Einkristalle.* (Sitzungsbericht.) (Physic. Rev. [2] **98.** 1534. 1/6. 1955. Univ. of Michigan.) R. Stein. 136

E. Glatzel und **H. Schlechtweg**, *Eine einfache Näherung zur Elektronentheorie der Übergangsmetalle.* Vff. wenden die in der Quantenmechanik als Näherungsverf. bekannte Variationsmeth. auf Übergangsmetalle mit einem s-Elektron außerhalb einer unabgeschlossenen d-Schale, speziell für hexagonale Gitter, an. (Z. Naturforsch. **10a.** 777—83. Sept./Okt. 1955. Heidenheim/Brenz; Kettwig/Ruhr.) O. Fuchs. 136

F. J. Blatt, M. C. Huse und **R. A. Rubenstein**, *Über den durch punktförmige Gitterstörungen in Kupfer verursachten Widerstand.* (Sitzungsbericht.) (Physic. Rev. [2] **98.** 1553. 1/6. 1955. Univ. of Illinois.) R. Stein. 136

F. A. Otter jr., *Thermokraft und spezifischer Widerstand verdünnter Legierungen von Mn, Pd und Pt mit Cu, Ag und Au.* (Sitzungsbericht.) (Physic. Rev. [2] **98.** 1552. 1/6. 1955. Franklin Inst. Labors.) R. Stein. 136

Ted G. Berlincourt und **M. C. Steele**, *Oscillieren des Halleffekts, des magnetischen Widerstandes und der magnetischen Susceptibilität eines Graphiteinkristalls.* (Sitzungsbericht.) (Physic. Rev. [2] **98.** 227. 1/4. 1955. U. S. Naval Res. Labor.) R. Stein. 137

Jean Uebersfeld, *Über einige Verwendungsarten von in paramagnetischer Resonanz stehenden Hohlräumen.* Theoret. Überlegungen. (J. Physique Radium **16.** 78—79. Jan. 1955. École de Phys. et Chim., Labor. de Lucas.) C. Gottfried. 137

H. E. Rorschach jr. und **W. V. Houston**, *Kernparamagnetismus von flüssigem Helium III.* (Sitzungsbericht.) (Physic. Rev. [2] **100.** 966. 1/11. 1955. Rice Inst.) H. Liepack. 137

Isao Takahashi, Mikio Takeyama und **Tanehiro Nakau,** *Magnetische Resonanzabsorption von Asbest mit 3 cm-Wellen.* Es wurde die magnet. Resonanzabsorption im 3 cm-Gebiet von einem faserigen Canadaasbest der Zus. $(OH)_6Mg_6Si_4O_{11}\cdot H_2O$ untersucht. Die Struktur dieses Asbestes ist chrysolithähnlich; vermutlich enthält er keine zusätzlichen Cu-, Ti- oder Fe-Atome. Die Resonanzabsorption ist deutlich anisotrop u. hat sowohl paramagnet. wie ferromagnet. Charakter. Die beobachtete Magnetisierung ist dem angelegten Feld nicht proportional u. zeigt Anzeichen von Sättigung. Ihre Größenordnung beträgt 1 elektromagnet. Einheit pro Gramm. Die Annahme, der Asbest enthalte magnet. Mikrokristalle, konnte durch Röntgenaufnahmen nicht bestätigt werden. (Bull. Inst. chem. Res., Kyoto Univ. [Kagaku Kenkyusho Hokoku] **32.** 257—58. Nov. 1954. [Orig.: engl.]) H. C. WOLF. 137

A. N. Campbell und **E. M. Kartzmark,** *Die elektrische Leitfähigkeit starker Elektrolyte: Eine Prüfung der Gleichung von Stokes.* Mit Hilfe eines früher von Vff. u. Mitarbeitern (vgl. C. **1956.** 5473 u. früher) erarbeiteten Versuchsmaterials über die elektr. Leitfähigkeit starker Elektrolytlsgg. (*$AgNO_3$, NH_4NO_3, $LiNO_3$* u. *KCl* bei verschied. Tempp.) wird die kürzlich von WISHAW u. STOKES (C. **1954.** 7591) zur Diskussion gestellte Gleichung geprüft u. eine überraschend gute Übereinstimmung, im Fall des $LiNO_3$ bis zu 7 mol. Lsg., festgestellt. Die für $AgNO_3$ u. NH_4NO_3 gefundenen Abweichungen können auf Ionenpaarbldg., sowie im Fall des $AgNO_3$ zusätzlich auf „konstante" Dissoziation zurückgeführt werden. Da die Gleichung von STOKES rein theoret. ist u. nur physikal. deutbare Größen enthält, verdient sie den Vorzug vor anderen empir. oder halbempir. Gleichungen. Sie stellt eine Erweiterung der DEBYE-HÜCKEL-ONSAGER-Theorie dar u. läßt sich im Durchschnitt bis zu Konzz. von ca. 5n anwenden. In Gebieten sehr hoher Konzz. ist, wie auch die Messungen erneut einwandfrei bestätigen, die Kurve der Leitfähigkeit gegen log c streng eine Gerade. (Canad. J. Chem. **33.** 887—94. Mai 1955. Winnipeg, Manitoba, Univ. of Manitoba, Dep. of Chem.) W. NIEMITZ. 138

Alfred Klemm, Einar Lindholm und **Arnold Lundén,** *Der Isotopieeffekt der elektrolytischen Wanderung von Zinkionen in geschmolzenem Zinkbromid.* An der Grenze zwischen *$PbBr_2$* u. $ZnBr_2$ in der Kette Kathodenkohle/Pb/$PbBr_2$/$ZnBr_2$/Anodenkohle + Br_2 wurden durch elektrolyt. Überführung (Dauer 2,4 Tage, Stromstärke 140 mA, Stromdichte 2,75 A/cm², Verschiebung des Br relativ zum Zn 2 m, Temp. im Trennrohr 500°) die leichten Zn-Isotope angereichert. Der gefundene Masseneffekt $\mu = -0{,}111$ entspricht der Erwartung gemäß der früher gefundenen halbempir. Formel (vgl. KLEMM, C. **1952.** 3124). Es wird ein Überblick der Theorie u. der bisherigen Messungen gegeben. (Z. Naturforsch. **7a.** 560—64. Aug. 1952. Mainz, MPI für Chem.; Göteborg, Chalmers TH, Inst. für Phys.) E. KLEVER. 138

A. Lundén und **E. Berne,** *Der Isotopieeffekt bei der elektrolytischen Wanderung der Kupferionen in geschmolzenem Kupferchlorür.* (Vgl. vorst. Ref.) Durch elektrolyt. Überführung in der Kette Kathodenkohle + Cl_2/LiCl + KCl/CuCl/$PbCl_2$/Anodenkohle + Cl_2 wurde an der Grenze zwischen geschmolzenem CuCl u. $PbCl_2$ ^{65}Cu im Verhältnis zu ^{63}Cu angereichert. Die relative Differenz der elektrolyt. Wanderungsgeschwindigkeiten der Cu-Isotope wurde zu 0,0025 bestimmt. Der daraus berechnete Masseneffekt $\mu = -0{,}080$ steht in Übereinstimmung mit der früher (C. **1952.** 3124) aufgestellten Regel. Es konnte kein merkbarer Einfl. der Wertigkeit des Kations auf die Größe des Masseneffekts beobachtet werden. (Z. Naturforsch. **9a.** 684—89. Juli/Aug. 1954. Göteborg, Chalmers TH, Inst. für Phys. u. Inst. für Kernchem.) E. KLEVER. 138

Arnold Lundén, Carl Reutersward und **Nils Sjöberg,** *Der Isotopieeffekt bei der elektrolytischen Wanderung der Kaliumionen in geschmolzenem Kaliumnitrat.* (Vgl. vorst. Reff.) Durch Elektrolyse von geschmolzenem KNO_3 wurde an der Anode ^{41}K im Verhältnis zu ^{39}K angereichert. Die relative Differenz der elektrolyt. Wanderungsgeschwindigkeiten dieser beiden Isotope wurde zu 0,0018 bestimmt. Der Masseneffekt ergab sich zu $\mu = -0{,}036$. Es zeigte sich, daß der Masseneffekt des KNO_3 der früher (KLEMM u. Mitarbeiter, C. **1952.** 3124) abgeleiteten Regel („Halogenidregel") nicht folgt. Für *$LiNO_3$* scheint das gleiche zu gelten. (Z. Naturforsch. **10a.** 279—81. April 1955. Göteborg, Chalmers TH, Inst. für Phys., u. Uppsala, Univ., Inst. für Phys.) E. KLEVER. 138

A. Klemm und **A. Lundén,** *Isotopenanreicherung beim Chlor durch elektrolytische Überführung in geschmolzenem Bleichlorid.* (Vgl. vorst. Reff.) Durch elektrolyt. Wanderung der Cl^--Ionen in geschmolzenem $PbCl_2$ wurde vor einer Lösungsanode aus geschmolzenem Pb bei einer Stromdichte von 5 A/cm² in 7 Tagen eine Anreicherung von ^{35}Cl um den Trennfaktor 2 erreicht. Es zeigte sich, daß die Wanderungsgeschwindigkeiten der Cl-Isotope um $(0{,}29 \pm 0{,}02)$ % differieren. Demnach ist der Masseneffekt für die elektrolyt. Wanderung von Cl in geschmolzenem $PbCl_2$ $\mu = -0{,}052 \pm 0{,}003$. Aus der für die Kationenwanderung in Halogeniden gefundenen Regel (C. **1952.** 3124), $\mu^+ = -0{,}15\cdot$

$(1 + 0{,}48\ m^+/m^-)^{-1}$, errechnet sich bei sinngemäßer Übertragung auf die Cl-Wanderung in $PbCl_2$ $\mu^- = -0{,}139$. Aus der Diskrepanz zwischen dem gemessenen u. berechneten Wert ergibt sich, daß der Mechanismus der Cl-Wanderung in $PbCl_2$ für die Isotopentrennung nicht so günstig ist wie der Mechanismus der Kationenwanderung in den meisten geschmolzenen Halogeniden. (Z. Naturforsch. **10a.** 282—84. April 1955. Göteborg, Chalmers TH, u. Mainz, MPI für Chem.) E. KLEVER. 138

Arnold Lundén, Ernst Ulrich Monse und **Nils G. Sjöberg,** *Der Isotopieeffekt bei der elektrolytischen Wanderung von Li-Ionen in geschmolzenem Lithiumnitrat.* (Vgl. vorst. Reff.) Durch Elektrolyse von geschmolzenem $LiNO_3$ wurde an der Anode ^7Li im Verhältnis zu ^6Li angereichert. Die relative Differenz der elektrolyt. Wanderungsgeschwindigkeiten dieser beiden Isotope ergab sich zu 0,77%. Der Masseneffekt beträgt demnach $\mu = -(0{,}050 \pm 0{,}013)$ mit 95% Wahrscheinlichkeit. μ ist um ca. 40% größer als derjenige Wert, der bei der Wanderung der K-Ionen in geschmolzenem KNO_3 gefunden wurde (vgl. vorvorst. Ref.). Unter Berücksichtigung der Platzwechseltheorie werden die Gründe hierfür diskutiert. (Z. Naturforsch. **11a.** 75—79. Jan. 1956. Göteborg, Chalmers TH, Inst. für Phys.; Mainz, MPI für Chem.) E. KLEVER. 138

C. W. Davies und **B. E. Hoyle,** *Die Wechselwirkung von Calciumionen mit einigen Phosphat- und Citratpuffern.* Die auf Grund von Analogieschlüssen zu erwartende Ionenpaarbldg. bei Zugabe von Ca^{2+} zu Pufferlsgg. mit mehrwertigen Anionen wird kurz diskutiert u. durch p_H-Messungen u. Löslichkeitsbestimmungen an mit $Ca(JO_3)_2$ gesätt. KH_2PO_4-, KH_2PO_4-Na_2HPO_4-, Na_2H-*Citrat*- u. Na_2H-Citrat–HCl-Pufferlsgg. bestätigt. Die p_H solcher Pufferlsgg. werden durch Ca^{2+} infolge Bldg. von Assoziationsverbindungen merklich erniedrigt. Die Ergebnisse werden in Tabellen wiedergegeben u. diskutiert. Für $[CaH_2PO_4]^+$, $CaHPO_4$, $[CaH_2\text{-Citrat}]^+$ u. CaH-Citrat sind Dissoziationskonstanten in W. bei 25° angegeben. (J. chem. Soc. [London] **1953.** 4134—36. Dez. Aberystwyth, Wales, Edward Davies Chem. Laborr.; London, Battersea Polytechn.) H. HOFMANN. 139

I. Prigogine, P. Mazur und **R. Defay,** *Lokale thermodynamische Bilanzen bei elektrochemischen Systemen.* Vff. entwickeln die „Lokalmeth.", die es gestattet, für jedes Volumenelement eines elektrochem. Syst. die thermodynam. Bilanz zu berechnen. Die Arbeit fußt auf den MAXWELLschen elektr. Feldgleichungen u. auf einer von PRIGOGINE für die Unters. irreversibler Phänomene in nichteinheitlichen Systemen ausgearbeiteten Methode. Es werden aus der KELVINschen ponderomotor. Kraft Gleichungen abgeleitet u. gezeigt, daß die thermodynam. Bilanz zu einer genauen Definition des chem. Potentials jedes Konstituenten in Abhängigkeit von der Temp., der Konz. u. der durch das Feld bedingten Polarisation führt. Die chem. Potentiale hängen in einfacher Weise vom Feld ab, sind aber hingegen vom elektr. Potential unabhängig. Bei Gleichgewichtssystemen sind die lokal definierten elektrochem. Potentiale mit den nach der klass. makroskop. Meth. definierten Potentialen identisch. Die erhaltenen Gleichungen zeigen die Tendenz der polarisierbaren Konstituenten, sich in den Grenzflächenschichten anzureichern, u. machen es ferner verständlich, daß Ionen gleicher Wertigkeit, aber verschied. Beschaffenheit unterschiedliche Wirkungen auf die Koagulation der Kolloide haben. (J. Chim. physique Physico-Chim. biol. **50.** 146—55. März 1953. Bruxelles, Univ. Libre, Fac. des Sci. et Fac. des Sci. appl.) H. SURAWSKI. 139

R. A. Robinson, *Eine Anwendung der McKay-Perrin-Gleichung.* Vf. berechnet die Aktivitätskoeffizienten von *NaCl* in Ggw. von *KCl* in 24 verschied. Gemischen beider Salze. Der Rechnung liegen schon früher veröffentlichte Meßwerte des Vf. (Symp. Electrochemical Constants, Washington, Sept. 1951) an Lösungsgemischen gleichen Dampfdrucks von NaCl u. KCl zugrunde. Die Ergebnisse zeigen mit steigendem KCl-Anteil der Lsg. von 0,19—1,0 m einen Anstieg des Logarithmus des Aktivitätskoeff. von NaCl von 0,1840—0,2195 bei einer Gesamtmolalität von m = 2 u. von 0,0836 bis 0,1483 bei m = 5. (Trans. Faraday Soc. **49.** 1411—12. Dez. 1953. Singapore, Univ.) G. MAIER. 139

A. T. Wagramjan und **Ju. Ss. Zarewa,** *Innere Spannungen elektrolytischer Metallniederschläge.* (Vgl. C. **1956.** 4920.) Bei der Elektrolyse der Verbb. von Ni, Cr, Pd, Cu, Zn, Cd u. Pb zeigt sich eine starke Abhängigkeit der inneren Spannung von der Zus. des Elektrolyten u. den Elektrolysebedingungen. Für die innere Zug-(Dehnungs-)Spannung gilt die Reihe Pd > Ni > Cr > Cu. Sie ist um so größer, je größer die Überspannung am ausgeschiedenen Metall. Die Ggw. von anorgan. oder organ. Zusätzen kann sowohl eine Zunahme als auch eine Abnahme der inneren Spannung bewirken. Mit zunehmender Stromdichte geht die innere Druckspannung in der Regel in eine Zugspannung über. Eine einfache Beziehung zwischen Mikrohärte des Nd. u. innerer Spannung besteht nicht. Bei der Ausschaltung des Stromes tritt in allen Fällen eine Volumenabnahme des Nd.

ein, unabhängig davon, ob bei Stromschluß eine innere Zug- oder Druckspannung auftritt. Eine direkte Beziehung zwischen der bei der Elektrofällung auftretenden inneren Spannung u. der im Nd. eingeschlossenen Stoffmenge besteht nicht. (Журнал Физической Химии [J. physik. Chem.] **29.** 185—93. Jan. 1955. Moskau, Inst. für physik. Chem. der Akad. der Wiss. der UdSSR.) O. LEBTAG. 141

Ss. G. Mairanowski und **M. B. Neiman,** *Gleichung für den Diffusionsstrom mit Berechnung der Abschirmung eines Teiles der Oberfläche der Tropfelektrode.* Bei Abschirmung einer Tropfelektrode wird für die mittlere Stromstärke i unter Verwendung von D = Diffusionskoeff. des Depolarisators, c_0 = Konz. in der M. der Lsg., t = Meßzeit, t_0 = Zeit der Tropfenbldg. u. m aus $r = 0{,}026\,(m\,t)^{1/3}$ folgende Gleichung abgeleitet: $i = 607\,n\,D^{1/2}\,c_0\,m^{2/3}\,t^{1/6}\,[1 + 39\,(m\,t_0)^{-1/3}\,(D\,t_0)^{1/2} - 8{,}7\,(m\,t_0)^{-1/3}\,(D\,t_0)^{1/2} - 35\cdot(m\,t_0)^{-2/3}\,D\,t_0]$. Die Abschirmung eines Teiles der Elektrodenoberfläche führt zu einer Herabsetzung des Korrekturkoeff. für die Kugelform in der korr. Gleichung von ILKOVIČ; darauf, daß dies nicht berücksichtigt wurde, beruht die Nichtübereinstimmung verschied. theoret. Daten der Literatur mit dem Experiment. Bei großen Tropfperioden nimmt die Konstante des Diffusionsstroms mit zunehmendem Abschirmungsgrad ab. (Известия Академии Наук СССР, Отделение Химических Наук [Nachr. Akad. Wiss. UdSSR, Abt. chem. Wiss.] **1955.** 420—24. Mai/Juni. Inst. für chem. Physik der Akad. der Wiss. der UdSSR.) R. K. MÜLLER. 142

W. I. Melik-Gaikasjan, *Untersuchung der Kinetik der Adsorption von oberflächenaktiven Substanzen an der Quecksilberelektrode.* Durch Messung der Differentialkapazität der elektr. Doppelschicht u. des Polarisationswiderstandes mit Hilfe einer mit Wechselstrom verschied. Frequenz gespeisten Impedanzbrücke wurde das langsame Stadium der Adsorption von *Butyl-* (**I**), *Amyl-* (**II**), *Hexyl-* (**III**) u. *Octylalkohol* (**IV**) in n KCl-Lsg. untersucht. Es zeigte sich, daß die Best. der Kapazität der Doppelschicht bei 20 bis 200000 Hz mit einer Genauigkeit von 1% möglich ist, bis 500000 Hz mit einer etwas geringeren Genauigkeit. In weniger als $^1/_{1000000}$ Sek. stellt sich in reinen n Lsgg. eine Doppelschicht ein. In den Lsgg. von **I, II, III** u. **IV** in wss. Elektrolytlsg. ist die Diffusion der Alkoholmoll. zur adsorbierenden Hg-Oberfläche das langsame Stadium der Adsorption. (Журнал Физической Химии [J. physik. Chem.] **26.** 560—80. April 1952. Moskau, Inst. für physik. Chem. der Akad. der Wiss. der UdSSR.) O. LEBTAG. 142

René Lucas, Élasticité optique électromagnétique. Paris: C. Hermant. 1955. (188 + IV S. m. Abb.) 8°.

A₄. Thermodynamik. Thermochemie.

Jenö Benkö, *Zusammenhänge zwischen physikalischen Konstanten verschiedener Stoffe.* Zwischen Mol.-Gew. (M), Zahl der Atome im Mol. (n), Kp. in °K (F), D. (d), krit. Druck (p), Mol-Vol. (V), F. (O), krit. Temp. (H) u. mittlerem Atomvol. (T) fand Vf. folgende Zusammenhänge: $(F/d)\sqrt{M/n} \approx \text{const} = 1000$, $F/(p\sqrt{M\,n}) \approx \text{const} = 0{,}25$, $p\,V \approx \text{const} = 400$, $\sqrt{O/d}\cdot\sqrt{M/n} \approx \text{const} = 40$, $F/O \approx \text{const} = 25$, $H/(p\sqrt{M\,n}) \approx \text{const} = 0{,}4$, $F\sqrt{T/d} \approx \text{const} = 1000$, $O\,T/d \approx \text{const} = 1600$. Zum Beweis dieser Zusammenhänge sind ca. 200 Beispiele angereiht. (Magyar Kémiai Folyóirat [Ung. Z. Chem.] **61.** 258—68. Sept. 1955.) J. PLANK. 148

Joseph S. Rosen, *Das Volumen des Gelösten in einer Lösung.* Nach einer Meth., die ursprünglich entwickelt wurde, um das Vol. einer Lsg. unter Druck zu berechnen, kann das Vol. des Gelösten in einer Lsg. ermittelt werden. Die Berechnungen wurden für wss. Lsgg. von *LiCl, LiBr, LiJ, NaCl, NaBr, NaJ, KCl, KBr, KJ, RbCl, RbBr, RbJ, CsCl, CsBr* u. *CsJ* durchgeführt. Es ergab sich weitgehende Übereinstimmung mit den von SCOTT u. WILSON (vgl. J. physic. Chem. **38.** [1934.] 951 u. früher) aus kristallograph. Daten mittels gewisser Annahmen über den Lösungszustand berechneten Werten. Die vom Vf. angegebene Meth. ist allg. u. ohne die Kenntnis der kristallograph. Daten anwendbar. (J. physic. Chem. **60.** 7—9. Jan. 1956. Kansas City, Mo., Univ. of Kansas City.) I. KARUTZ. 148

R. Srinivasan, *Wärmeausdehnung der Nitrate von Blei, Barium und Strontium.* Interferometr. wurden die Ausdehnungskoeffizienten von $Pb(NO_3)_2$ (**I**) zwischen 75 u. 180°, $Ba(NO_3)_2$ (**II**) zwischen 75 u. 250° u. von $Sr(NO_3)_2$ (**III**) zwischen 75 u. 425° bestimmt. Die gefundenen Ausdehnungskoeffizienten sind für **I**: $\alpha = 31{,}5\cdot10^{-6} + 1{,}9\cdot10^{-8}\,t$; für **II**: $15{,}8\cdot10^{-6} + 3{,}3\cdot10^{-8}\,t$ u. für **III**: $31{,}6\cdot10^{-6} + 8{,}0\cdot10^{-9}\,t + 4{,}0\cdot10^{-11}\,t^2$. Aus den Messungen geht hervor, daß die Koeffizienten von **I** u. **II** linear mit der Temp. zunehmen, wobei die Zunahmegeschwindigkeit für **I** größer als für **II** ist. Für **III** zeigt α eine parabol. Zunahme mit der Temperatur. Während die Zunahmegeschwindigkeit bis 200° etwa dieselbe wie für I ist, nimmt sie bei höheren Tempp. zu, zeigt bei ca. 500° ein Maximum u. fällt hierauf wieder. Da das Ba-Ion einen größeren Radius als Sr u. Pb hat, sollte man annehmen, daß α für II größer als für I u. III sein sollte. Da dies nicht der Fall ist, muß man annehmen, daß die Bindung in II fester ist als in den beiden anderen Salzen. Auch aus der sehr viel geringeren Löslichkeit des II in W. gegenüber den beiden anderen Nitraten kann man auf eine festere Bindung schließen. Bei der Berechnung der GRÜNEISEN-Konstante γ wurde gefunden, daß γ für II <1 ist, während die γ-Werte von I u. III den für Ionenkristalle zu erwartenden Wert besitzen. Da niedrige γ-Werte typ. für homöopolare Kristalle sind, wird angenommen, daß in II die Bindung z. T. homöopolar ist. (Proc. Indian Acad. Sci., Sect. A **41.** 49–54. Febr. 1955. Bangalore, Indian Inst. of Sci., Dep. of Phys.) C. GOTTFRIED. 148

E. W. Becker und **O. Stehl,** *Die Zähigkeit von ortho- und para-Wasserstoff bei tiefen Temperaturen.* HALPERN u. GWATHMEY (Physic. Rev. [2] **52.** [1937.] 944) haben theoret. abgeleitet, daß sich die Zähigkeit η eines H_2 mit 25% p-H_2-Geh. von der eines H_2 mit 48% p-H_2 bei der Temp. des fl. N_2 (77° K) um ca. 0,8% unterscheiden sollte. Dem stehen jedoch die experimentellen Ergebnisse von HARTECK u. SCHMIDT (Z. physik. Chem., Abt. B **21.** [1933.] 447) entgegen, die einen Unterschied der η von H_2-Gemischen verschied. Zus. bei tiefen Tempp. mit einer Fehlergrenze von $\pm 0{,}1\%$ ausschließen. Vff. haben η von H_2 mit 25% p-H_2 mit η von H_2 mit 43% p-H_2 bei 77° K in einer Differentialordnung mit größerer Genauigkeit als bisher möglich gemessen. Es ergibt sich, daß der Unterschied um eine Größenordnung kleiner ist als der theoret. erhaltene Effekt u. umgekehrtes Vorzeichen hat. Vff. finden: $[\eta\,(48\%\ \text{p-}H_2) - \eta\,(25\%\ \text{p-}H_2)]/\eta\cdot(25\%\ \text{p-}H_2) = (7{,}4 \pm 0{,}7)\cdot 10^{-4}$. (Vgl. hierzu C. **1956.** 2379.) (Naturwissenschaften **38.** 301. Juli 1951. Marburg/Lahn, Univ., Physikal. Inst.) H. FREIWALD. 149

H. G. Drickamer und **W. M. Rutherford,** *Thermodiffusion in Flüssigkeiten.* Vff. beschreiben die Grundlagen der Thermodiffusion, bes. in Fll., u. diskutieren die Anwendung zur Unters. zwischenmol. Kräfte u. zur Ausführung bestimmter Trennungen. Die Verhältnisse im einstufigen Syst. zur quantitativen Messung des Thermodiffusionsverhältnisses u. bei der für prakt. Trennungen verwendbaren vielstufigen Thermodiffusionskolonne werden dargestellt. (Chem. Engng. Progr., Symposium Ser. **51.** Nr. 16. 87–90. 1955. Urbana, Ill., Univ. of Illinois.) D. BREDTSCHNEIDER. 149

Jack Fischer und **James Bingle,** *Der Dampfdruck von Brom zwischen 24 und 116°.* Der Dampfdruck von Br_2 wird an einer sorgfältig gereinigten Fraktion in einer Ni-Monel-App. bestimmt. Zwischen 24 u. 116° läßt sich die Abhängigkeit des Dampfdrucks von der Temp. durch $\log p\ (\text{mm}) = -2199{,}0/T - 4{,}150 \log T + 19{,}9618$ wiedergeben (T in ° K). Die mittlere Abweichung zwischen den experimentellen u. berechneten Werten beträgt $\pm 0{,}2\%$. (J. Amer. chem. Soc. **77.** 6511–12. 20/12. 1955. Lemont, Ill., Argonne Nat. Labor., Chem. Engng. Div.) W. KRÖNERT. 150

Joseph Joffe, *Binäre azeotrope Systeme. Einfluß der Temperatur auf Zusammensetzung und Druck.* Vf. entwickelt auf Grund der VAN LAARschen Gleichungen eine algebraische Meth. zur Berechnung der Zus. u. des Dampfdruckes azeotroper Mischungen aus den azeotropen Daten bei einem Druck–Temp.-Wertepaar. Die Meth. wurde an den Systemen *Methanol–Bzl.*, *CCl_4–Äthylacetat*, *A.*–Äthylacetat, *W.*–Äthylacetat u. W.–A. geprüft, für welche experimentelle Werte bei verschied. Drucken vorlagen. Es ergab sich gute Übereinstimmung. (Ind. Engng. Chem. **47.** 2533–35. Dez. 1955. Newark, N. J., Newark Coll. of Engng.) I. KARUTZ. 150

Werner Kuhn, *Einfluß der Entnahmegeschwindigkeit auf die Trenngüte bei der Destillation und ähnlichen Trennvorgängen.* Es wird die allg. Differentialgleichung der Trennvorgänge, die nach dem Haarnadelgegenstromprinzip verlaufen u. von denen die Dest. einen Spezialfall darstellt, aufgestellt u. nach Einführung einiger Vereinfachungen, die jedoch die allg. Gültigkeit nicht einschränken, gelöst. Die wichtigste dieser Vereinfachungen ist die Lokalisierung des quer zur Strömungsrichtung vorhandenen Diffusionswiderstandes in einer an der Grenze der Medien gedachten Membran. Es zeigt sich, daß die Verhältnisse in der Trennapp. durch eine Betriebszahl bedingt werden, die von den geometr. Abmessungen der Kolonne u. vom Diffusionswiderstand abhängt. Bei unendlichem Rückflußverhältnis ist diese Betriebszahl gleich der Zahl der effektiven Trennstufen; bei endlichem Rückflußverhältnis ist die effektive Trennstufenzahl kleiner. Die allg. Gleichung läßt ferner erkennen, daß eine gegebene Trennaufgabe nur gelöst werden kann, wenn das Rückflußverhältnis einen bestimmten Grenzwert überschreitet. An Hand einer Reihe von Beispielen wird die gefundene Gleichung einer eingehenden Diskussion unterzogen. (Helv. chim. Acta **35.** 1684–1736. 1/8. 1952. Basel, Univ., Physikal.-chem. Inst.) W. BLAUHUT. 150

A. F. Frolow, *Methode zur Bestimmung der Abhängigkeit der Verdampfungswärme von Stoffen von der Temperatur.* Nach Aufzählung der von verschied. Forschern vorgeschlagenen empir. oder theoret. begründeten Gleichungen für die Temperaturabhängigkeit der Verdampfungswärme schlägt Vf. hierfür folgende weitere Gleichung vor: $\Delta H = (\Delta H)_{p=1} \cdot T^n (1 - T/T_{Krit.})^{0,392}$. $(\Delta H)_{p=1}$ bedeutet die Verdampfungswärme bei $p = 1$ at, n ist eine jeweilige Stoffkonstante. Für eine größere Anzahl von anorgan. u. organ. Verbb. (*W.*, *A.*, *Methylalkohol*, *Bzl.*, *Chlf.*, *n-Hexan*, *Ae.*, *CO_2*, *n-Pentan*, *NH_3*, *n-Butan*, *Isobutan*, *Methylchlorid*, *Propan*) wird die Gültigkeit dieser Gleichung nachgewiesen. (Журнал Физической Химии [J. physik. Chem.] **29.** 585. April 1955. Jarosslaw, Technol. Inst.) E. KORDES. 155

A. A. Shuchowitzki, Ss. N. Krjukow, M. Je. Janitzkaja und **A. G. Golitzyn,** *Diffusionsmethode zur Bestimmung thermodynamischer Charakteristiken von festen Lösungen.* Das als Diffusionsverf. vorgeschlagene Verf. beruht auf der Linearität der Diffusionsgleichung. Die App. besteht aus 2 ineinandergeschobenen Quarzrohren u. enthält den radioakt. Donator, den Acceptor u. eine Vorr., welche den erforderlichen Diffusionswiderstand in der Gasphase gewährleistet. Die Messung erfolgt bei einem Vakuum von 10^{-4} mm (Capillardiffusion). Der am Acceptor gemessene Zustrom an Substanz ist proportional der Dampfspannung der Komponente. Hieraus können alle thermodynam. Kennzahlen der Lsg. errechnet werden. Die so ermittelten Werte für die Verdampfungswärme von Ag u. die thermodynam. Aktivität von Ag-Legierungen stimmen mit den Literaturwerten überein. (Доклады Академии Наук СССР [Ber. Akad. Wiss. UdSSR] **102.** 121—24. 1/5. 1955. Moskau, Stalin-Inst. für Stahl.) O. LEBTAG. 155

Russell K. Edwards und **James H. Downing,** *Thermodynamik der flüssigen Lösungen in der Triade Cu–Ag–Au.* 1. Mitt. *Das System Cu–Ag.* Im Rahmen einer allg. Unters. über die energet. u. Bindungsverhältnisse in der Cu–Ag–Au-Gruppe wurden thermodynam. Daten des fl. Syst. Cu–Ag bestimmt. Nach der Molekulareffusionsmeth. wurden die Partialdrucke über fl. Cu–Ag-Lsgg. in Abhängigkeit von der Zus. u. der Temp. gemessen, zu den analog gemessenen Dampfdrucken der reinen Metallschmelzen in Beziehung gesetzt u. die Aktivitäten berechnet. Für die mittlere Temp. 1428° K wurden die zugehörigen thermodynam. Daten berechnet. Wie im Hinblick darauf, daß eine große Mischungslücke im festen Cu–Ag-Syst. vorhanden ist, zu erwarten war, zeigen die Aktivitäten beider Komponenten merkliche positive Abweichungen vom idealen Verhalten. Für die partiellen u. integralen Mischungsenthalpien u. -entropien ergaben sich positive Werte. (J. physic. Chem. **60.** 108—11. Jan. 1956. Chicago, Ill., Illinois Inst. of Technol., Dep. of Chem.) I. KARUTZ. 155

E. C. Baughan, *Bemerkungen zur Thermochemie der Elemente der Gruppen IV_B und IV.* Vf. gibt eine zusammenfassende Darst. thermochem. Fragen der Elemente der Gruppen IV_B u. IV nach folgenden Methoden: a) Die Bindungsenergien werden so weit wie möglich ohne Einführung von Atombildungswärmen behandelt. b) In Fällen, bei denen Bildungswärmen „ungewöhnlicher" Moll. von Hochtemperaturgleichgewichten abhängen, werden zur Herleitung der Reaktionswärmen eher Methoden, die auf dem dritten, als die auf dem zweiten Hauptsatz beruhen, benutzt. c) Es werden so weit wie möglich die Resultate aus kinet., spektroskop. u. thermochem. Experimenten gleichzeitig herangezogen. Vf. diskutiert einige aus Hochtemperaturgleichgewichten hergeleitete Reaktionswärmen. Es werden speziell die Verdampfungswärmen von Si, Sn u. Ge u. die Bildungswärme u. Dissoziationsenergie von SiO besprochen. Am Beispiel der Tetrahalogenide der Elemente der Gruppen IV u. IV_B wird der Einfl. der VAN DER WAALSschen Wechselwrkg. zwischen den „nichtgebundenen" Atomen diskutiert. Abschließend gibt Vf. eine krit. Betrachtung der verfügbaren Daten über intermol. Abstände, Kraftkonstanten u. Bindungsenergien von Verbb. vom Typ XY, XY_2 u. XY_4 an (X entspricht C, Si, Ge, Sn oder Pb, Y entspricht Wasserstoff oder Halogenen). (Quart. Rev. [chem. Soc., London] **7.** 103—32. 1953. Shrivenham, Wilts., Royal Military Coll. of Sci.) E. WASSERROTH. 156

K. G. Williams, J. E. Johnson und **H. W. Carhart,** *Untersuchungen kalter Flammen mittels Probeentnahme.* Vff. untersuchten durch Entnahme von Proben aus verschied. Flammenrohren das Verh. kalter Flammen einer Mischung von 4% *n-Hexan*, 9% *O_2* u. 87% *N_2*. Die Flamme wurde in einem 1 m langen Rohr, Durchmesser 25 mm, aus Borsilicatglas erzeugt. Es wurde festgestellt, daß auch in den engsten Probenahmerohren (Durchmesser 0,6 mm) Kettenverzweigungs-Rkk. analog zu den Rkk. in der kalten Flamme stattfinden. Zwischen- u. Endprodd. der Kettenverzweigungs-Rkk. werden bes. leicht an Oberflächen weiter oxydiert, wobei die Oberflächenoxydation schneller als die Oxydation in der Gasphase abläuft. Die Bldg. von Substanzen, die die Ketten-Rk. auslösen, wird an Oberflächen verlangsamt, der Grad der Verzögerung nimmt mit steigender Temp. ab. Die komplexen Vorgänge können noch nicht quantitativ erfaßt werden, die vorliegenden Ergebnisse sind jedoch bei der Deutung ähnlicher Experimente von Wichtigkeit. (Ind. Engng. Chem. **47.** 2528—32. Dez. 1955. Washington, D. C., Naval Res. Labor.) I. KARUTZ. 157

L. N. Chitrin und **Ss. A. Goldenberg,** *Zündung von strömenden Gasgemischen durch glühende Körper.* Auf Grund des von SELDOWITSCH (Журнал Экспериментальной и Теоретической Физики [J. exp. theoret. Physik] **9.** [1939.] 1530) entwickelten Schemas wird der allg. Fall einer Entzündung von Gasgemischen durch einen glühenden Körper behandelt. Mit Hilfe der abgeleiteten Gleichungen können Konzentrationsgrenzen, Grenzwerte der Flammengeschwindigkeit u. Stabilisierungszahl der Flamme bestimmt werden. Die Formeln ermöglichen die Best. der effektiven kinet. Kennzahlen der Verbrennung von Gasgemischen. (Доклады Академии Наук СССР [Ber. Akad. Wiss. UdSSR] **103.** 277—80. 11/7. 1955. Energet. Krshishanowski-Inst. der Akad. der Wiss. der UdSSR.) O. LEBTAG. 157

L. N. Chitrin und **Ss. A. Goldenberg,** *Stabilisierungsbedingungen der Verbrennungsfront und der Ausbreitungsgeschwindigkeit von Flammen.* (Vgl. vorst. Ref.) Für die Best. der krit. Werte der Flammenfrontstabilisierung gilt die Bedingung: $Re_{kr} = A \cdot S^{1/n}$, wo $S = u\,d/a$; es bedeuten: u die n. Flammengeschwindigkeit, d den Durchmesser oder die charakterist. Größe, a den Koeff. der Temperaturleitfähigkeit. Für nicht zu arme u. nicht zu reiche Gemische zeigt sich eine genügende Gültigkeit dieser Beziehung. Die experimentellen Werte für Propan-, Kerosin- u. Stadtgasgemische gruppieren sich ausreichend gut um eine gerade Linie. Obige Gleichung nimmt die konkrete Form $Re_{kr} = 1,45\ S^2$ an. Für die Massengeschwindigkeit der Flammenausbreitung an der Entzündungsfront gilt die Gleichung: $m_{gr} = 2\lambda/(\psi\, c_p\, d)$ (ψ = Konstante der Größenordnung 1; λ = Wärmeleitfähigkeitskoeff.). Die m_{gr}-Werte sind in Übereinstimmung mit dem Experiment für alle Gase nur wenig verschieden voneinander. (Доклады Академии Наук СССР [Ber. Akad. Wiss. UdSSR] **103.** 861—63. 11/8. 1955.) O. LEBTAG. 157

J. Meixner, *Zur Theorie der Wärmeleitfähigkeit reagierender fluider Mischungen.* Es wird die NERNSTsche Beziehung für die Wärmeleitfähigkeit dissoziierender Gase, welche die Diffusion der Dissoziationsenergie berücksichtigt, auf beliebige fluide Systeme, in denen eine chem. Rk. möglich ist, verallgemeinert. Der Einfl. der Thermodiffusion, des Diffusionsthermoeffektes u. der Reaktionsgeschwindigkeit auf die Wärmeleitfähigkeit muß daher berücksichtigt werden u. wird im einzelnen diskutiert. (Z. Naturforsch. **7a.** 553—59. Aug. 1952. Aachen, TH, Inst. für theoret. Phys.) E. KLEVER. 158

F. Meyer und **M. Eigen,** *Die Wärmeleitfähigkeit des Schweren Wassers.* Vff. untersuchten die Wärmeleitfähigkeit von 95%ig. D_2O (Rest H_2O) im Temperaturbereich zwischen +10 u. +60°. Wie bei fl. H_2O ergab sich auch für D_2O ein linearer Anstieg der Wärmeleitfähigkeit mit der Temp., wobei die D_2O-Werte ca. 3% unterhalb der entsprechenden H_2O-Werte lagen. Für die Erniedrigung der Wärmeleitfähigkeit des Schweren W. ist wahrscheinlich verlangsamter Transport der Translations- u. Rotationsenergie auf Grund der Erniedrigung der mol. Schwingungsfrequenzen maßgeblich. (Z. Naturforsch. **8a.** 500—01. Aug. 1953. Göttingen, Univ., Inst. für physikal. Chem.) E. WASSERROTH. 158

James R. West, *Die thermische Leitfähigkeit von Schwefeldampf.* (Vgl. C. **1951.** I. 1119.) Vf. berechnete näherungsweise die therm. Leitfähigkeit von Schwefeldampf bei 1 at als Funktion der Temperatur. Dabei wurde vorausgesetzt, daß S-Dampf zwischen 450 u. 1000° aus acht-, sechs- u. zweiatomigen Gruppen besteht u. daß für jede Sorte die Differenz zwischen C_p u. C_v gleich der Gaskonstanten ist. (J. physic. Colloid Chem. **55.** 402—05. März 1951. Pittsburgh, Pa., Mellon Inst.) E. WASSERROTH. 158

Kurt Eppler, *Ultraschallabsorption in Flüssigkeitsmischungen.* Ausführliche Mitt. zu der C. **1955.** 8345 referierten Arbeit. Zu ergänzen ist: Die Ergebnisse lassen sich durch die Annahme erklären, daß diejenigen Übermoll. der assoziierten Komponente das Schallabsorptionsmaximum erzeugen, die nur von Moll. des Lösungsm. umgeben sind u. nicht von weiteren Alkoholmolekülen. (Z. Naturforsch. **10a.** 744—52. Sept./Okt. 1955. Stuttgart, TH, 1. Physik. Inst.) O. FUCHS. 159

L. S. Dzung und **W. Rohrbach,** Enthalpie-Entropie-Diagramme für Wasserdampf u. Wasser. Im Auftr. d. AG. Brown, Boveri & Cie., Baden. Berlin, Göttingen, Heidelberg: Springer. 1955. (VI + 17 S. m. Abb.) 4°. DM 7,50.

A_5. Kolloidchemie. Grenzschichtforschung.

S. Ja. Beresstnewa und **W. A. Kargin,** *Über den Bildungsmechanismus von kolloiden Teilchen.* Durch Unterss. über die Sole von SiO_2, $Al(OH)_3$, TiO_2, V_2O_5, Au u. As_2S_3 weisen Vff. nach, daß die Bldg. eines koll. Teilchens einwandfrei in 2 Stufen erfolgt. Zunächst entstehen kugelförmige oder formlose koll. Teilchen von amorpher Struktur.

Mit fortschreitender Alterung erfolgt innerhalb dieser Teilchen eine Kristallisation, wodurch ein Zerfall in viele krist. Teilchen verursacht wird. Die Größe der krist. Teilchen hängt nicht mit den Wachstumsbedingungen aus der Lsg. zusammen, wie dies in allen bisher anerkannten Theorien der Kristallisation angenommen wird, sondern mit der Rekristallisation beim Zerfall der prim. amorphen Teilchen. Bei der weiteren Alterung des koll. Teilchens findet sowohl ein weiteres Wachstum der krist. Teilchen als auch Aggregatbldg. statt. Die Geschwindigkeit der Kristallisation richtet sich nach der Geschwindigkeit, mit welcher geordnete Bereiche entstehen, ferner nach ihrer Zahl. So beginnt die Kristallisation des Sols bei *Au* nach ca. 3—5 Min., bei V_2O_5 nach 1 Std., bei TiO_2 nach 1—2 Std., bei $Al(OH)_3$ nach 24 Std., bei SiO_2 nach 2 Jahren. (Успехи Химии [Fortschr. Chem.] **24.** 249—59. 1955.) O. LEBTAG. 161

H. Janeschitz Kriegl, *Strömungsdoppelbrechung.* Übersicht über die Grundlagen der Messung der Strömungsdoppelbrechung (SD), die SD der Kornkolloide u. der polydispersen Systeme, das Verh. von Fadenmoll. u. das Zusammenwirken eines Orientierungs- u. eines Deformationsanteiles an der SD. — 27 Literaturangaben. (Plastica [Delft] **6.** 364—67. Aug. 410—12. Sept. 1953. Delft, Kunststoffeninst., T.N.O.) W. WESLY. 162

W. D. Ponomarew und **N. N. Ruban,** *Dissolutionspeptisation und Oberflächenenergie an der Grenze Flüssigkeit–fester Stoff.* An den Systemen Al_2O_3–H_2O–Na_2O u. Al_2O_3–H_2O–Na_2S wurde die Koagulation untersucht. Die Koagulationskonstante erwies sich als abhängig von der maximalen Löslichkeit, der M. des Gels u. der spezif. Oberflächen von Gel u. Micellen, sie hing dagegen prakt. nicht von der Konz. der Lsg. ab. Die Oberfläche der festen Phase war in der Sulfidlsg. weit größer als in der Hydroxydlsg., demnach ist das Hydrosulfidion vermutlich bei der Bldg. der Micellen beteiligt. Der Absolutwert der Adsorption von Na_2O auf $Al(OH)_3$ liegt bei $0{,}13$—$0{,}14 \cdot 10^{-4}$ g/cm². Zwischen der Koagulationskonstante u. der Oberflächenenergie für die Grenze fl.–fest wurde eine Beziehung abgeleitet u. bestätigt. (Известия Академии Наук Казахской ССР, Серия Химическая [Nachr. Akad. Wiss. KasachSSR, Ser. Chem.] **1953.** Nr. 6. 25—31.) M. WIEDEMANN. 163

W. G. Lewitsch, *Über die Stabilisierung von Suspensionen, Emulsionen und Kolloiden.* Bei der Annahme, daß ein Stabilisator um jedes Teilchen der dispersen Phase eine Hülle von strukturierter Fl. bildet, läßt sich rechner. zeigen, daß bei einer effektiven Viscosität dieser Fl. wesentlich über 1 Poise die sich einander annähernden Teilchen beim Stoß mit höherer Wahrscheinlichkeit sich wieder voneinander entfernen, wenn zufällige Kräfte auf sie einwirken. Dabei nimmt die Koagulationsgeschwindigkeit rasch ab, u. man kann das Syst. als prakt. stabil annehmen. Bei sehr hohen Werten der größten Viscosität (von der Größenordnung 10^2—10^6 u. mehr) wird die Annäherungszeit der Teilchen so groß, daß Äquivalenz mit einer festen Schutzhülle vorliegt. Wird in die Lsg. soviel Stabilisator eingeführt, daß die Dimensionen der strukturierten Hülle im Verhältnis zur Teilchendimension groß werden, dann nimmt die Stabilisierwrkg. wieder ab. (Доклады Академии Наук СССР [Ber. Akad. Wiss. UdSSR] **103.** 453—56. 21/7. 1955.) R. K. MÜLLER. 164

J. V. Sanders und **J. A. Spink,** *Ionisation in monomolekularen Fettsäureschichten auf reinem Wasser.* Zur Klärung des Einfl. der Ionisierung der Carboxylgruppe auf die Eigg. von Fettsäureschichten (*Stearinsäure*) auf W. haben Vff. Oberflächenspannungsmessungen bei verschied. p_H-Werten (1—9) durchgeführt. Das verwendete W. hatte verschied. Reinheitsgrade. Ferner wurde das Oberflächenpotential ΔV der monomol. Schichten als Funktion des p_H-Wertes von reinem W. u. verd. $CaCl_2$-Lsgg. gemessen. Für reines W. ergibt sich ein kontinuierlicher Abfall von ΔV, für die verd. $CaCl_2$-Lsg. ein plötzlicher Sprung von 320 mV bei p_H 7 zu negativen Werten bei p_H 9. Die Ergebnisse dieser Messungen deuten Vff. dahingehend, daß die Ionisation der Carboxylgruppe einen geringeren Einfl. auf die Eigg. einer monomol. Fettsäureschicht hat als früher angenommen. Eine größere Bedeutung kommt dagegen der Reinheit des W. zu. Wahrscheinlich findet eine Seifenbldg. der Verunreinigungen mit der Fettsäure statt. (Nature [London] **175.** 644—45. 9/4. 1955. Melbourne, Univ., Commonwealth Sci. u. Ind. Res. Organizat., Div. of Tribophys.) H.-U. WOELK. 166

Paul Kozakevitch, Georges Urbain und **Max Sage,** *Grenzflächenspannung Schmelze–Schlacke und Mechanismus der Entschwefelung.* Experimentelle Unterss. über die Grenzflächenspannung zwischen einer S-haltigen Schmelze u. einer entschwefelnden Schlacke. Die Grenzflächenspannung ist zunächst sehr niedrig u. wächst mit dem Übergang des S in die Schlacke sehr stark an. Eine S-haltige Schmelze läßt sich leicht in Form von Tröpfchen in der Schlacke dispergieren, deren Zusammenfließen durch die Erhöhung der Grenzflächenspannung hervorgerufen wird. Es wird angenommen, daß dieser Mechanismus für die Geschwindigkeit der Entschwefelung im Hochofen verantwortlich ist. (C. R. hebd. Séances Acad. Sci. **239.** 166—68. 12/7. 1954.) C. GOTTFRIED. 166

Paul J. Schneider und **Ali B. Cambel,** *Membranapparat für Analogieuntersuchungen.* Vff. beschreiben einen Membranapp., um mit Seifenfilmen eine Analogielösung zu Grenzflächenproblemen zu erhalten, in denen entweder die POISSONsche oder die LAPLACEsche partielle Differentialgleichung befriedigt wird. Haltbare Seifenfilme wurden mit Hilfe einer Lsg. von Natriumoleat, Glycerin u. W. erhalten, wobei die Oleatkonz. ca. $^1/_2$ g pro 1 Liter W. betrug. Diese Mischung wird bis zur Lösung des Oleats im Wasserbad erhitzt u. hierauf unter Schütteln 10 cm^3 Glycerin zugegeben. (Rev. sci. Instruments **24.** 513—14. Juli 1953. Iowa City, Io., State Univ. of Iowa, Dep. of Mechan. Engng. and Evanston, Ill., Univ., Dep. of Mechan. Engng.) C. GOTTRIED. 166

R. W. Kutscher und **A. I. Jurshenko,** *Untersuchung der Größe und Form der Micellen von Sulfoseifen nach der Diffusionsmethode.* Der Diffusionskoeff. von Na-Salzen der *Dibutylnaphthalinsulfonsäure* (I) (*Nekal*), der *Dibutylbenzolsulfonsäure* (II) u. der *Eikosylbenzolsulfonsäure* (III) (*Sulfanol*) wurde nach der refraktometr. Meth. von LAMM bestimmt. Reine verd. Lsgg. haben einen hohen Diffusionskoeff. mit steilem Abfall bis zu Konzz. von 2%. Zusatz von 0,1 g/Äquivalent/Liter Na_2SO_4 hat bedeutende Erniedrigung des Diffusionskoeff. u. geradlinigen Verlauf bis zu Konzz. von 2—3% zur Folge. Die Form der Micellen wurde aus der Formel für den Diffusionskoeff., welche einen Dissymetriefaktor enthält, bestimmt. Danach haben I u. II sphär., III gestreckte Form. Zusatz von Farbstoff hat geringe Vergrößerung der Micellen zur Folge. (Коллоидный Журнал [Kolloid-J.] **15.** 442—47. Nov./Dez. 1953. Lemberg, I. Franko-Univ., Lehrstuhl für phys. u. koll. Chem.) J. v. SCHROEDER. 166

Stephen Prager, *Diffusion in binären Systemen.* Vf. leitet die ONSAGER-FUOSS-Gleichung für die Konzentrationsabhängigkeit des Diffusionskoeff. auf Grund eines kinet. Modells ab, wobei die durch Konzentrationsgradienten hervorgerufene Asymmetrie in der BROWNschen Bewegung berücksichtigt wird. Es wird der Massenfluß eingeführt durch Betrachtung des Diffusionsvorganges in Anwesenheit eines Druckgradienten. Vf. diskutiert Systeme, die beim Mischen eine Volumenänderung aufweisen, u. deutet eine Modifikation der MATANOschen Meth. zur Berechnung von Diffusionskoeffizienten an. Vf. zeigt, daß die nach der Meth. von der Gegendiffusion gemessenen Diffusionskoeffizienten u. die aus Messungen ermittelten, bei denen eine Komponente an der Bewegung gehindert wird, um einen Faktor differieren, der durch den Volumenbruchteil der sich nicht ausbreitenden Komponente gegeben ist. (J. chem. Physics **21.** 1344—47. Aug. 1953. Ithaca, N. Y., Cornell Univ., Dep. of Chem.) E. WASSERROTH. 171

Stephen Prager und **Henry Eyring,** *Thermische Diffusion in binären Systemen.* (Vgl. vorst. Ref.) Vff. berechnen die Diffusionskoeffizienten in bin. Systemen für den Fall der therm. Diffusion. Es wird gezeigt, daß bei der therm. Diffusion ein Massenfluß auftritt, der auch nach Erreichung des stationären Zustandes nicht aufhört. Als Folge dieses Massenflusses gehen die therm. Diffusionskoeffizienten beider Komponenten in die Ausdrücke für die Molenbruchgradienten ein. Auch in einer reinen Fl. tritt bei Anwesenheit eines Temperaturgradienten ein Massenfluß auf, woraus sich die interessante Möglichkeit ergibt, daß die Aktivierungswärme der Selbstdiffsuion in ihre Komponenten aufgelöst werden kann. (J. chem. Physics **21.** 1347—50. Aug. 1953, Salt Lake City, Ut., Univ. of Utah.) E. WASSERROTH. 171

P. A. Johnson und **A. L. Babb,** *Selbstdiffusion in Flüssigkeiten.* 1. Mitt. *Konzentrationsabhängigkeit in idealen und nichtidealen binären Lösungen.* Mittels radioakt. Indicatoren wurde die Selbstdiffusion in *Bzl.* (I), *Äthylalkohol* (II) u. *Methylalkohol* (III) sowie in einigen idealen u. nichtidealen bin. Flüssigkeitsmischungen bei 25° mit einer Genauigkeit von 5% gemessen. Bei den untersuchten idealen Systemen I–*Tetrachlorkohlenstoff* (IV) u. II–III wurde eine lineare Abhängigkeit des Selbstdiffusionskoeff. von der molaren Zus., u. innerhalb 10% Übereinstimmung zwischen den Werten der Selbstdiffusion u. der gegenseitigen Diffusion für alle Konzentrationsverhältnisse gefunden. Bei den nichtidealen Systemen I–II u. I–III differierten die Selbstdiffusionskoeffizienten um den Faktor zwei oder mehr von den Koeffizienten der gegenseitigen Diffusion. Nur bei geringen Konzz. der diffundierenden Komponente ergab sich Übereinstimmung innerhalb 5—10%. Eine von LAMM (C. **1954.** 3869) vorgeschlagene allg. Beziehung zwischen den gegenseitigen u. den Selbstdiffusionskoeffizienten, die auf der Annahme von zwei Reibungskräften im System basiert, ist für die idealen Systeme angenähert brauchbar. Die Theorie kann auch auf nichtideale Systeme angewendet werden, wenn man annimmt, daß sich die Wechselwirkungskräfte mit der Zus. der Lsg. ändern. (J. physic. Chem. **60.** 14—19. Jan. 1956. Seattle, Wash., Univ. of Washington, Dep. of Chem. Engng.) I. KARUTZ. 171

A. N. Bose, *Eine Untersuchung der Viscosität des Systems Wasser–Natriumlaurat- und verschiedene Alkohole in Gegenwart von Natriumchlorid.* Zwischen 35 u. 50° hat Vf.

die Viscosität von 0,4n Na-Lauratlsgg. in Ggw. verschied. A.- u. NaCl-Konzz. gemessen. Untersucht wurde der Einfl. von *Methyl-*, *n-Propyl-* u. *n-Butylalkohol* zwischen 10 u. 50%. Die NaCl-Konzz. lagen zwischen 0 u. n/10n. Das Ergebnis dieser Messungen wird mit den früher am System W.–Na-Oleat-A. erhaltenen verglichen. Das unterschiedliche Verh. dieser beiden Systeme führt Vf. auf die geringere Kettenlänge in den Na-Lauratlsgg. zurück. Aus der Temperaturabhängigkeit der Viscosität des Syst. ergibt sich ein hoher Assoziationsgrad der Moleküle. Die Wrkg. der NaCl-Zusätze auf die Viscosität kann durch Spaltung hydratisierter Moll. durch das NaCl gedeutet werden. (Vgl. hierzu C. **1956.** 4640.) (Z. physik. Chem. **203.** 113–18. Mai 1954. Lucknow, India, Univ., Chem. Labor.) H.-U. WOELK. 172

A. N. Bose, *Änderung der elektrischen Leitfähigkeit mit der Konzentration des Systems Wasser–Natriumlaurat- und verschiedene Alkohole.* Vf. bestimmte die elektr. Leitfähigkeiten des Syst. W.–Na-Laurat in Ggw. von *Methyl-*, *n-Propyl-* u. *n-Butylalkohol* bei 35°. Das Syst. enthielt gleichzeitig NaCl in Konzz. zwischen 0 u. $^1/_{10}$n. Bei allen A.-Konzz. ist die gemessene Leitfähigkeit größer als die für Oleatlsgg. erhaltene. Dies kann als Folge geringerer Micellengröße in Lauratlsgg. erklärt werden. Die Form der Micellen wird auch durch die Art des zugesetzten A. bestimmt. Eine Deutung der Meßergebnisse gibt Vf. auf Grund der Verdrängung des W. zwischen Lauratmoll. durch A. u. die Aufspaltung hydratisierter Moll. durch NaCl. (Z. physik. Chem. **203.** 119–24. Mai 1954. Lucknow, India, Univ., Chem. Labor.) H.-U. WOELK. 172

D. P. Timofejew, *Verteilung des adsorbierten Dampfes in den Körnern der Aktivkohle beim Vorliegen einer nichtlinearen Adsorptionsisotherme.* Ausgehend von Modellvorstellungen u. der Adsorptionsgleichung von DUBININ u. RADUSCHKEWITSCH (Доклады Академии Наук СССР [Ber. Akad. Wiss. UdSSR] [N. S.] **55.** [1947.] 331) gelangt Vf. durch theoret. Überlegungen zu einer angenäherten Lösung des Problems der inneren Diffusion in Körnern von Aktivkohle im Fall einer nichtlinearen Adsorptionsisotherme. Die Verteilung des adsorbierten Dampfes in den Körnern der Aktivkohle ist bei der Adsorption u. Desorption durchaus verschieden. (Журнал Физической Химии [J. physik. Chem.] **29.** 723–29. April 1955.) E. KORDES. 176

Jean-Michel Bloch, Jacques Charbonnelle und **Fernand Kayser,** *Beziehung zwischen den oxydierenden Eigenschaften gewisser Tonmineralien und den intrastrukturellen Ferriionen.* Zur experimentellen Bestätigung der Annahme, daß die bekannte Färbung von Montmorillonit, die beim Schütteln mit gewissen, leicht oxydierbaren u. adsorbierbaren organ. Verbb. auftritt, auf die oxydative Wrkg. des intrakristallin in dem Mineral enthaltenen Fe^{3+} zurückzuführen ist, schüttelten Vff. Montmorillonit mit oxydierbaren organ. Stoffen u. bestimmten hierauf die Menge des entstandenen Fe^{2+} sowie die Menge des entstandenen, adsorbierten Farbstoffes. Als adsorbierbare Substanzen wurden benutzt: *Benzidin, Diphenylamin, Vitamin A, Tetramethyldiaminodiphenylmethan* oder MICHLERscher KW-stoff sowie die *Leukobasen* von *Malachitgrün* u. *Hexamethylviolett.* Neben reinem Montmorillonit wurden Tonmineralien reich an Montmorillonit, *Bentonit, Nontronit, Hectorit, Kaolinit, Glaukonit* u. *Talk* verwendet. Method. wurde derart vorgegangen, daß das luftfreie gepulverte Mineral mit der Lsg. des betreffenden organ. Stoffes geschüttelt u. zentrifugiert wurde. Der erhaltene Rückstand wurde auf die gleiche Art mehrmals behandelt. Durch Vorverss. war nachgewiesen worden, daß die Menge des sich bildenden Fe^{2+} mit der Anzahl der Behandlungen des Minerals mit der organ. Substanz zunahm. Quantitativ konnte hierauf bei den Verss. mit den Leukobasen von Malachitgrün u. Hexamethylviolett u. Montmorillonit u. von Hexamethylviolett mit einer Reihe anderer, Fe^{3+} enthaltender Tonmineralien, nachgewiesen werden, daß die Mengen des entstandenen Fe^{2+} u. des adsorbierten Farbstoffes in Milliäquivalenten pro 100 g Mineral nahezu gleich sind. (Bull. Soc. chim. France, Mém. [5] **1955.** 507–11. April. Nancy, Fac. de Pharm.) C. GOTTFRIED. 176

R. H. James und **G. A. Welch,** *Adsorption von Kationen in Spurenmengen an Anionaustauscherharzen durch Bildung unlöslicher Salze.* Zur Anreicherung geringer Mengen Kationen, wie sie z. B. beim radioakt. Zerfall auftreten, wird die Lsg. über Anionaustauscher gegeben, wobei sich mit den Beladungsionen Ndd. im bzw. am Harz ausbilden. Die Verss. werden mit *Amberlite IRA 400* u. $^{137}Cs^+$, $^{89}Sr^{2+}$, $^{95}Zr^{4+}$–Nb^{5+} sowie $^{144}Ce^{3+}$–Pr^{3+} durchgeführt. Zu den Lsgg. brauchen keine Trägersubstanzen zugefügt zu werden. Zr–Nb wird mit der OH^--Form, Sr mit der $CO_3{}^{2-}$-Form, Ce mit der $C_2O_4{}^{2-}$-Form u. Sr unter bestimmten Bedingungen mit der $C_2O_4{}^{2-}$- oder $CrO_4{}^{2-}$-Form adsorbiert. In manchen Fällen muß die Lsg. vorher zur Herabsetzung der Anionkonz. mit einer geringen Menge Harz in der OH^--Form behandelt werden. Zur Elution der Ndd. dient verd. Säure. (Nature [London] **177.** 183–84. 28/1. 1956. Windscale Works, U. K. Atom. Energy Author., Chem. Serv. Dep.) GÜNTER LANGE. 177

A_6. Strukturforschung.

Max Knoll, *Elektronenoptische Linsenrastersysteme und ihre Anwendung für Elektronenbildspeicher.* Mittels einer zweidimensionalen Anordnung sehr kleiner, einander gleicher elektrostat. Linsen, deren jede nur einen Teil des gesamten, weit geöffneten Elektronenstrahls durchläßt, wird ein Punktrasterbild auf einem Leuchtschirm erzeugt. Das Auflösungsvermögen eines solchen Linsenrastersyst., dessen Einzellinsen prakt. durch die Löcher in einem feinen Maschennetz gebildet werden, ist also durch den gegenseitigen Abstand der Löcher gegeben. Solche Linsenraster können vor allem in Bildspeicherröhren verwandt werden, indem man die der Kathode zugewandte Seite des Rastergitters mit einer isolierenden Schicht überzieht, auf der durch einen besonderen Schreib-Elektronenstrahl durch Sekundärelektronenemission ein Ladungsbild gespeichert werden kann. Die nach diesem Prinzip gebauten Speicherröhren sind auch zur Wiedergabe von Halbtonbildern geeignet. Weitere Anwendungsmöglichkeiten der Linsenrastersysteme, wie bei der Elektronenmikroskopie u. -beugung, werden diskutiert. (Z. angew. Physik **6.** 442—49. Okt. 1954. Princeton, N. J., Univ., Dep. of Electr. Engng.)
F. LENZ. 181

U. F. Gianola, *Untersuchung magnetischer Linsen mit dem axialen Feld $H(0,z) = \gamma/z^n$.* Die Differentialgleichung der achsennahen Elektronenbahnen kann streng gelöst werden, wenn die Feldstärke auf der Achse eines rotationssymm. Magnetfeldes (z-Achse) proportional z^{-n} ist. Ein im Hinblick auf geringen Öffnungsfehler durchgeführter Vgl. läßt für prakt. Anwendungen den Fall $n = 2$ am interessantesten erscheinen. (Proc. physic. Soc., Sect. B **65.** 597—603. 1/8. 1952. Birmingham, Univ., Dep. of Electron Phys.)
F. LENZ. 181

W. Lippert, *Über einige Eigenschaften von elektrostatischen Einzellinsen, deren Achsenpotential fast das Kathodenpotential erreicht.* Für ein mathemat. Modell einer elektrostat. Dreielektroden-Filterlinse, deren Mittelelektrodenpotential sehr dicht oberhalb des Sperrpotentials liegt, werden die Werte der teleskop. Linsenstärken u. der asymptot. Brennweiten als Funktionen des Mittelelektrodenpotentials berechnet u. mit gemessenen Werten verglichen. Farb- u. Öffnungsfehler sowie die daraus folgenden Größen Auflösungsvermögen, nutzbarer Objektbereich u. Bildpunktzahl werden abgeschätzt. Die prakt. verwandten Filterlinsen mit sehr dünner Mittelelektrode u. kleiner Bohrung können durch eine aus Anodenbatterien entnommene, an die Mittelelektrode gelegte Zusatzspannung geregelt werden. (Optik **12.** 173—80. 1955. Frankfurt/M., Max-Planck-Inst. für Biophys.)
F. LENZ. 181

Hiroshi Watanabe und **Nozomu Morito,** *Zur Messung der Farbfehlerkonstante von magnetischen Linsen.* Der axiale Farbfehlerkoeff. einer magnet. Elektronenlinse wurde dadurch bestimmt, daß für verschied. Lagen der hier als Dunkelfeldblende verwandten Objektivblende die durch willkürliche Änderungen der Strahlspannung hervorgerufenen Lagenänderungen der Bildpunkte eines Dunkelfeldbildes von MgO-Kristallen gemessen wurden. Die Neigung, die der abbildende Strahl in der Objektebene gegen die Linsenachse jeweils besaß, wurde dabei dadurch bestimmt, daß der durch die Dunkelfeldblende aus dem Beugungsbild ausgeblendete Bereich ermittelt wurde. Die gemessenen Werte der axialen Farbfehlerkoeffizienten stimmen gut mit den von GLASER (C. **1941.** II. 511) für das Glockenfeld berechneten Werten überein. (Optik **12.** 166—72. 1955. Tokyo, Hitachi A. G., Zentrallabor.)
F. LENZ. 181

M. M. MacNaughton, *Die Fokussierungseigenschaften und Öffnungsfehlerkonstanten von Lochblenden-Elektronenlinsen.* Numer. Berechnung der Feldverteilung u. der Elektronenbahnen in elektrostat. Linsen, die durch eine Lochblende zwischen zwei Räumen mit homogenen elektrostat. Feldern verschied. Feldstärke gebildet werden. Die Eigg. der berechneten Elektronenbahnen werden durch „Brennweiten" u. „Öffnungsfehlerkonstanten" beschrieben; die Werte dieser Größen hängen von der Dicke der Lochblende nur wenig ab. Eine Kompensation des Öffnungsfehlers von üblichen Sammellinsen durch zerstreuende Lochblendenlinsen wird als unmöglich erkannt. (Proc. physic. Soc. Sect. B **65.** 590—96. 1/8. 1952. Aldermaston, Berks., Assoc. Electr. Ind. Ltd., Res. Labor.)
F. LENZ. 181

Je. A. Leontjew und **W. M. Lukjanowitsch,** *Anwendung der Abdruckmethode zur elektronenmikroskopischen Untersuchung von Silicagel und porösem Glas.* Mit einstufigen Kollodium- u. zweistufigen Polystyrol–Quarz-Abdrucken gewonnene elektronenmkr. Oberflächenaufnahmen von porösem Glas u. Silicagel werden verglichen u. gedeutet. Es ist auf den Bildern erkennbar, daß das grobporöse Silicagel aus zusammengeklebten Teilchen von kugelähnlicher Gestalt besteht. (Доклады Академии Наук СССР [Ber. Akad. Wiss. UdSSR] **103.** 1039—40. 21/8. 1955. Inst. für physik. Chem. der Akad. der Wiss. der UdSSR.)
F. LENZ. 181

Elizabeth A. Wood und **L. M. Towsley**, *Ein Manganfilmfilter für FeKβ-Röntgenstrahlen.* Da Vff. keine dünnen Mn-Filme durch Aufdampfen auf geeignete Unterlagen darstellen konnten, schlagen sie einen MnO_2-Filter vor, der durch Verrühren von 100 g MnO_2, 100 g DU PONT–1202-Klarback u. 5 g Dibutylphthalat hergestellt u. in einer Dicke von je 0,03 mm auf beide Seiten eines 0,02 mm dicken Cellophanfilms aufgespritzt worden war. (Rev. sci. Instruments **24.** 547. Juli 1953. Murray Hill, N. J., Bell Telephone Labors.) C. GOTTFRIED. 181

L. Brown und **A. W. Porter**, *Über Hilfsmittel zur Faserphotographie mit Röntgenstrahlen.* Es werden Angaben über die Beseitigung von Exzentrizitätsfehlern bei der Messung von Abständen gemacht, wenn die Probe nicht rotiert werden kann u. eine Inneneichung undurchführbar ist. (J. sci. Instruments **31.** 389. Okt. 1954. Coventry, Courtaulds Ltd.) K. PISTOR. 181

H. Preuss, *Ein Zusammenhang zwischen dem Überlappungsintegral und einigen empirischen Werten der beteiligten Atome.* Es wird eine Beziehung zwischen dem Überlappungsintegral der 2 Atome a u. b, den Ionisierungsenergien u. den Elektronenaffinitäten der beteiligten Atome sowie den Bindungsenergien a—a u. b—b für den Gleichgewichtsfall angegeben. Durch einen Vgl. mit den vorliegenden Tabellenwerten konnte dieser Zusammenhang auf wenige Prozente genau bestätigt werden. (Z. Naturforsch. **10a.** 52—54. Jan. 1955. Göttingen, MPI. für Phys.) C. GOTTFRIED. 182

J. Karle, *Elektronenstreuung und innere Rotation.* Vf. leitete theoret. Funktionen ab, welche die Analyse von Elektronenstreudaten von Moll. mit innerer Rotation erleichtern. Ferner wurden die Wahrscheinlichkeitsverteilungen für solche Abstände abgeleitet, deren Gleichgewichtslagen auf irgendeinem Punkt des Rotationskreises lagen, wobei der kombinierte Effekt der Gesamtschwingung des Molekülgerüstes u. der Torsionsbewegung berücksichtigt worden war. (J. chem. Physics **22.** 1246—50. Juli 1954. Washington, D. C., U. S. Naval Res. Labor.) C. GOTTFRIED. 182

Roland S. Barker und **Henry Eyring**, *Berechnung einiger in der Molekularquantenmechanik benötigter Elektronenrückstoßintegrale. Eine Methode zur Berechnug von Rückstoßintegralen von zwei Elektronen mit mehrfachem Zentrum ohne Benutzung der Neumannschen Expansion.* (Vgl. C. **1956.** 4643.) Die zunächst auf allg. Basis durchgeführten Berechnungen wurden hierauf auf das H_3-Mol. beschränkt. (J. chem. Physics **22.** 1177—81. Juli 1954. Salt Lake City, Ut., Univ., Dep. of Chem.) C. GOTTFRIED. 182

B. R. Y. Iyengar, *Orientierungspolarisation aus Bestimmungsgrößen der Lösung.* Vf. zeigt in einer Ableitung, daß eine kürzlich von PALIT (C. **1953.** 1441) veröffentlichte Formel zur Berechnung der Orientierungspolarisation aus den Bestimmungsgrößen der Lsg. unter Zugrundelegen einer linearen Abhängigkeit der D. von der Konz. einer Formel entspricht, die der Vf. schon früher (Current Sci. **19.** [1950.] 282) veröffentlicht hat. Beide Formeln basieren auf der CLAUSIUS-MOSOTTI-Gleichung. (Current Sci. **22.** 370. Dez. 1953. Poona, National Chem. Labor.) G. MAIER. 182

G. Chiarotti und **L. Giulotto**, *Protonenrelaxation in Wasser.* Für die therm. Relaxationszeit von Protonen in reinem W. werden $3{,}6 \pm 0{,}2$ Sek. gemessen. Dieser Wert stimmt sehr gut mit der Theorie überein, wenn für die Rotation der Wassermoll. eine Korrelationszeit von $1 \cdot 10^{-11}$ sec u. für die Translation zweier Moll. im Abstand r eine solche angenommen wird, die gleich der Zeit ist, die die Moll. zum Durchlaufen der Strecke r benötigen. Für mit O_2 gesätt. W. ergibt sich mit $1{,}4 \pm 0{,}1$ Sek. ein Wert, der kleiner ist, als man aus dem magnet. Moment des O_2-Mol. erwarten würde. (Physic. Rev. [2] **93.** 1241. 15/3. 1954. Pavia, Univ., Ist. di Fis.) H. LIEPACK. 186

L. Giulotto, **G. Chiarotti** und **G. Cristiani**, *Kernrelaxation und quasikristalline Struktur von Flüssigkeiten.* Messungen der Vff. von therm. Kernrelaxationszeiten in Fll. nach der von CHIAROTTI u. GIULOTTO (vgl. vorst. Ref.) beschriebenen Meth. ergaben Werte, welche höher lagen, als man sie nach der Relaxationstheorie von BLOEMBERGEN, PURCELL u. POUND (C. **1949.** I. 573) erwarten sollte. Es ist bekannt, daß O_2 in Lsgg. einen starken Einfl. auf die Relaxationszeit in Fll. ausübt. So ist die therm. Relaxationszeit von Protonen in Bzl. in Ggw. von Luft 2,7 Sek., während sie in O_2-freiem Bzl. 18 Sek. beträgt. Eine angenäherte Auswertung an Hand der obigen Theorie zeigt, daß der Beitrag der Rotationen mit Bezug auf den der Translationen vorherrschend ist; die resultierende Relaxationszeit ist ca. 8 Sekunden. Unterschiede in dem gleichen Sinn wurden für C_6H_5Cl u. $C_6H_5NO_2$ gefunden. Vff. nehmen daher an, daß für diese Fll. das Rotationsspektr. bei einer Frequenz von der Größenordnung der LARMOR-Frequenz (im Falle der Vff. 7 MHz) weniger intensiv ist, als man nach dem DEBYEschen Modell erwarten sollte. Dies wird wahrscheinlich durch eine quasikristalline Struktur u. die folgende Behinderung der Rotationen verursacht. Infolge des orientierenden Feldes führen die Moll. winkelmäßige Schwingungen um die Richtung des Feldes aus, u. zwar bei einer Frequenz, welche größer ist als die LARMOR-Frequenz. In einer Fl., in der das Behinderungspotential etwas größer als k T ist, wird die Intensität des Rotationsspektr. bei der LARMOR-Frequenz durch Schwankungen in Richtung des orientierenden Feldes bestimmt. (J. chem. Physics **22.** 1143—44. Juni 1954. Pavia, Univ., Ist. di Fis.) C. GOTTFRIED. 186

Ivan Peychès, *Moderne Theorien und Technik der Untersuchung des glasigen Zustands.* Inhaltlich ident. mit der C. **1955.** 4532 referierten Arbeit. (Verres et Réfractaires **8.** 181—94. Juli/Aug. 1954. Glaceries de Saint Gobain, Centre des Recherches.) C. GOTTFRIED. 186

A. W. Schlykow und **Ss. W. Gorbatschew,** *Untersuchung der Kristallisation von Salzen aus übersättigten wässerigen Lösungen.* Bei der Ermittlung der maximalen Übersättigung von Salzlsgg. kommt der Reinigung sowohl der Kristallisiergefäße als auch der Salzlsg. selbst allergrößte Bedeutung zu. Vff. beschreiben daher ausführlich die von ihnen angewandten Reinigungsmethoden (Verwendung von doppelt dest. W., Reinigung der Ampullen mit heißem Wasserdampf, Filtration des benutzten dest. W. u. der Salzlsg. durch keram. Filterkerzen mit einer maximalen Porenweite von 0,2 μ u. a.). Die mit Salzlsg. bekannter Konz. gefüllten u. zugeschmolzenen Glasampullen wurden lange Zeit bei Tempp., die erheblich oberhalb der jeweiligen Kristallisationstemp. lagen, erhitzt u. wiederholt geschüttelt. Hierdurch wurden die beim Einfüllen aus der Luft mitgerissenen lösl. Verunreinigungen in Lsg. gebracht. Durch Auswahl der am stärksten unterkühlbaren Lsgg. aus jeweils 50 Ampullen, die mit der gleichen Lsg. gefüllt waren, wurde schließlich auch der Einfl. kleinster in Lsg. gegangener oder ungelöst gebliebener Verunreinigungen eliminiert. Die Verss. wurden mit KNO_3-Lsg. bei ca. 30° vorgenommen. Die bei dieser Temp. erreichbare maximale Übersättigung $\varrho = (c - c_0) : c_0$ betrug 0,93, wenn c_0 die n. Sättigungskonz. beim Gleichgewicht bedeutet. Dieser Wert der maximalen Übersättigung erwies sich bei der angewandten Reinigung von dispersen u. gelösten Spuren von Verunreinigungen prakt. unabhängig sowohl von der chem. Zus. des Glases als auch vom Zustand der Oberfläche der Ampullen. Ebensowenig wurde dieser Wert der maximalen Übersättigung vom Vol. der Lsg. beeinflußt. Dagegen verursachte eine Vergrößerung des leeren Vol. über der Lsg. in der Ampulle bei einem kleinen Vol. der Lsg. selbst eine Erhöhung der Kristallisationstemp., also eine Verminderung der maximalen Übersättigung. (Журнал Физической Химии [J. physik. Chem.] **29.** 607—14. April 1955. Moskau, Metallurg. Inst.; Shdanow, Chem.-Techn. Mendelejew-Inst.) E. KORDES. 190

J. Timmermans, *Stoffe mit kugelförmigen Teilchen.* Zusammenfassung über die Eigg. von Stoffen, deren konstituierende Teilchen im festen Zustand kugelförmige Symmetrie aufweisen. (Ind. chim. belge **16.** 178—83. 1951.) H. SACKMANN. 190

Jiro Yamashita und **Tatumi Kurosawa,** *Bildungsenergie von Gitterfehlern in einfachen Oxydkristallen.* Vff. bestimmten phänomenolog. die Interionenpotentiale in *MgO,- CaO-* u. *SrO*-Kristallen. Hierbei ergab sich, daß die Affinität des O^{2-}-Ions in jedem Kristall einen anderen Wert hat; er beträgt für MgO -180 ± 20 kcal/Mol, für CaO -165 ± 25 kcal/Mol u. für SrO ca. -130 bis 140 kcal/Mol. Unter Benutzung dieser Potentiale wurde die Bildungsenergie von SCHOTTKY-Fehlern in diesen Kristallen abgeschätzt. Die Ergebnisse sind tabellar. zusammengestellt. Zum Schluß versuchten Vff. die Abweichung von den CAUCHY-Beziehungen in MgO durch LOWDINsche Vielkörperkräfte zu erklären. (J. physic. Soc. Japan **9.** 944—53. Nov./Dez. 1954. Tokyo, Univ., Inst. of Sci. and Technol. [Orig.: engl.]) C. GOTTFRIED. 190

H. König, *Zur Veränderung von Kristallen im Elektronenmikroskop.* Die von anderer Seite elektronenmkr. in MoO_3 u. anderen Kristallen beobachteten Schlieren wurden vom Vf. auch in *Alkalihalogeniden* festgestellt. Hält man die Stromdichte konstant, dann wird das zunächst wandernde Schlierenbild nach einiger Zeit stabil; es bleibt auch stabil, wenn man das Präp. längere Zeit bei Zimmertemp. an der Luft liegen läßt. Erhitzt man MoO_3- oder *ZnO*-Kristalle auf einige 100° im Vakuum, in N_2 oder Ar, dann bleibt der stabile Zustand auch erhalten. Dagegen verändert sich das Schlierenbild vollständig, wenn die Kristalle vorher in Luft oder O_2 auf 250—300° erwärmt werden. Es wird mit anderen Autoren angenommen, daß die Schlieren von Verbiegungen im Kristallgitter herrühren. Die Ursache der Verbiegungen sind chem. Veränderungen u. Ausscheidungen im Kristallgitter, die durch den Elektronenbeschuß verursacht werden. (Optik **7.** 261—62. Okt./Dez. 1950. Göttingen.) C. GOTTFRIED. 190

A. W. Skropyschew und **W. A. Mokijewski,** *Über Störungen in Kristallen des isländischen Spats.* Am rhomboedr. Islandspat $\{\bar{4}\,0\,4\,3\}$ werden die Spuren folgender Störungen untersucht: teilweise Auflösung; mechan. Zwillinge; Risse nach den Gleitflächen; Risse nach der Spaltbarkeit; irisierende Risse. Irisierende Risse zeigen die Einw. hoher Tempp. auf die Kristalle an. Ihre Ggw. veranlaßt keine negative Beurteilung des industriellen Wertes eines Vorkommens. Mechan. Zwillinge zeigen in den meisten Fällen eine tekton. Störung des Vork. an. Die Risse nach der Spaltbarkeit entstehen vorwiegend an der Oberfläche u. können in der Tiefe nicht vorkommen. Sie sind deshalb kein negatives Merkmal. Ein häufiges Auftreten von prim. festen u. fl. Einschlüssen in den Kristallen sind als negatives Merkmal des Vork. zu werten. (Записки Всесоюзного Минералогического Общества [Schr. Allunions mineralog. Ges.] [2] **84.** 182—90. 1955.) O. LEBTAG. 190

W. van der Vorst und **W. Dekeyser,** *Über die Korrosion der (1 1 1)-Flächen von Kristallen von Silberchlorid.* Läßt man *AgCl* aus ammoniakal. Lsg. auskristallisieren, dann bilden sich Plättchen nach (1 1 1), welche keinerlei Wachstumsfronten zeigen, wenn man die Kristalle vor Beendigung des Wachstumsprozesses aus der Lsg. entfernt. Im gegenteiligen Fall ist ein schwacher Angriff des Ammoniaks infolge der Temperaturschwankungen mkr. u. interferometr. auf den (1 1 1)-Flächen zu beobachten. Man kann einerseits relativ tiefe Korrosionsfiguren feststellen, die sich wahrscheinlich an dem Austrittspunkt von Versetzungen gebildet haben. Diese Punkte sind durch gekrümmte oder geradlinige Wachstumsfronten verbunden, wobei die geradlinigen Fronten zu kristallograph. Richtungen in Beziehung stehen; mkr. haben diese Fronten ein mehr oder weniger polygonales Aussehen. Diese Wachstumsfronten sind nach Ansicht der Vff. entweder Auflösungskanäle oder Stufen, welche von einem Auflösungskanal eingefaßt sind. Zum Vgl. wurde die Oberfläche eines *AgBr*-Kristalls untersucht, der durch Schmelzen u. vorsichtiges Anlassen erhalten worden war. Die Oberfläche dieses Kristalls war auch schwach angegriffen; es ist deutlich zu beobachten, daß an gewissen Stellen die Polygonisationslinien durch äußerst zusammengedrängte Korrosionsfiguren zusammengesetzt sind, welche an dem Austrittspunkt von Versetzungen entstanden sind. (Naturwissenschaften **40.** 316—17. Juni 1953. Gent, Labor. voor Kristalkunde.) C. GOTTFRIED. 190

B. Je. Lewin, *Über die Berechnung der Phasenzusammensetzung von Ferriten.* Als Beispiel für die Berechnung der Phasenzus. von Ferriten wird ein Syst. aus *n-Fe_2O_3*, *n_1-MgO* u. *n_2-CdO* behandelt (n + n_1 + n_2 = 1), bei dem, je nachdem ob $n_1 + n_2 < n$ oder $> n$ ist, Fe_2O_3 oder MgO u. CdO im Überschuß vorliegt. Bezeichnet man die Konz. der freien Oxyde MgO u. CdO mit x u. y, die der Ferrite *$MgO \cdot Fe_2O_3$* u. *$CdO \cdot Fe_2O_3$* mit z u. v, dann ist $x + z = n_1$, $y + v = n_2$, $z + v = n$. Kennt man die freie Bildungsenergie des Ferrits, dann ist $A = k_1/k_2 = xv/yz$, wobei k_1 u. k_2 die Gleichgewichtskonstanten der Bldg. von $MgO \cdot Fe_2O_3$ bzw. $CdO \cdot F_2O_3$ sind. Für die Bildungswärmen ($\Delta H_{298°}$ in kcal/Mol) werden näherungsweise folgende Werte errechnet: *$FeO \cdot F_2O_3$* —7, *$CoO \cdot Fe_2O_3$* —7,1, *$NiO \cdot Fe_2O_3$* —14, *$MnO \cdot Fe_2O_3$* —7,7, $CdO \cdot Fe_2O_3$ —12,5, $MgO \cdot Fe_2O_3$, —2.5. (Известия Академии Наук СССР, Серия Физическая [Nachr. Akad. Wiss. UdSSR, physik. Ser.] **18.** 519—20. Juli/Aug. 1954.) R. K. MÜLLER. 190

W. S. Snyder und **J. Neufeld,** *Berechnung der durch Bestrahlung mit schweren Teilchen erzeugten Leerstellen.* (Sitzungsbericht.) (Physic. Rev. [2] **100.** 969. 1/11. 1955. ORNL.) H. LIEPACK. 190

C. R. Houska und **B. E. Warren,** *Röntgenographische Untersuchung der Graphitisierung von Ruß.* Vff. untersuchten röntgenograph. die ersten Stadien von Graphitisierung an einem Ruß (Fine Thermal [FT] carbon black), welcher zu diesem Zweck 2 Std. in einem Induktionsofen in Abwesenheit von Luft auf 2300° erhitzt worden war. Es wurde gefunden, daß vor Beginn der Graphitisierung die Schichten einer parallelen Schichtengruppe im Ruß regellose Orientierungen um die Schichtennormale besitzen u. einen Netzebenenabstand von 3,44 Å haben. Vermutlich besteht für benachbarte Schichten keine Neigung zu einer geordneten graphit. Beziehung, bis der Schichtendurchmesser einen Wert von ca. 100 Å überschreitet. In den ersten Stadien der Graphitisierung nehmen einige der Paare benachbarter Schichten die Graphitbeziehung an, während sich gleichzeitig der Netzebenenabstand auf den des Graphits (3,35 Å) erniedrigt. Bei dem vorliegenden Ruß hatten nach der obigen Hitzebehandlung ca. 25% der Paare nächster Nachbarschichten geregelte Anordnung. Von übernächsten Nachbarn zeigten ca. 6% geregelten Bau mit etwa gleichen Anteilen von A B A- u. A B C-Folgen. Jedes Paar nächster Nachbarschichten geht unabhängig von den Nachbarschichten in den geordneten Zustand über. Als „Grad der Graphitisierung" wurde die Wahrscheinlichkeit definiert, mit der nächste Nachbarschichten in den geordneten Zustand übergehen. (J. appl. Physics **25.** 1503—09. Dez. 1954. Cambridge, Mass., MIT.) C. GOTTFRIED. 195

D. Binder und **W. J. Sturm,** *Äquivalenz von röntgenographischer Gitterkonstante und Dichteänderungen in mit Neutronen bestrahltem LiF.* (Vgl. C. **1955.** 7389.) Vff. untersuchten die Gitteraufweitung, die bei mit Neutronen bestrahltem LiF auftritt, um festzustellen, ob als Ursache der Gitteraufweitung FRENKEL- oder SCHOTTKY-Defekte anzusehen sind. Wenn die durch die Bestrahlung hervorgerufenen Atomverschiebungen zu FRENKEL-

Defekten oder einer gleichen Anzahl von Leerstellen u. Zwischengitterplätzen führen, dann müssen Röntgenstrahlenparameter u. Dichteänderungen äquivalent sein. Wenn andererseits die Atomverschiebungen zu SCHOTTKY-Defekten, d. h. mit reinen Leerstellen u. Extraatomen auf der Oberfläche, führen, dann muß die Dichteänderung größer sein. Experimentell wurde nachgewiesen, daß Gitterparameter u. Dichteänderungen innerhalb 6% äquivalent sind. Vorherrschend bei der Gitteraufweitung sind demnach FRENKEL-Defekte. Anlaßverss. an einem nicht gleichmäßig bestrahlten Kristall ergaben, daß es sich hierbei um einen Erholungsprozeß, u. zwar um einen Prozeß höherer Ordnung als 1, handelt. (Physic. Rev. [2] **96.** 1519—22. 15/12. 1954. Oak Ridge, Tenn., ORNL.)
C. GOTTFRIED. 195

D. T. Keating, *Röntgenstrahlenmessungen von im Atommeiler bestrahltem LiF.* LiF-Einkristalle wurden mit ihrer (0 0 1)-Spaltfläche im Argonne-Reaktor mit langsamen Neutronen bestrahlt u. vor u. nach der Bestrahlung die integralen Intensitäten der Reflexionen (0 0 2); (0 0 4); (0 0 6); (0 0 8); (0 0 1 0) gemessen. Es wurde gefunden, daß die integrale Intensität der bestrahlten (0 0 2)-Interferenz etwa doppelt so groß ist wie die der unbestrahlten Probe. Bei den anderen Interferenzen konnte keine definierte Beziehung zwischen der integralen Intensität vor u. nach der Bestrahlung festgestellt werden. Dagegen wurde eine ausgesprochene Verbreiterung der Reflexionen nach der Bestrahlung beobachtet; diese Verbreiterung ist prim. auf Spannungen u. nicht auf kleine Teilchengröße zurückzuführen. Die konstanten Spannungswerte über große Abstände deuten darauf hin, daß vielmehr große Gebiete des Kristalls in Kompression oder Expression gleichmäßig sein müssen. Dies führt zu der Vermutung, daß die Störung nicht auf isolierte Leerstellen oder Zwischengitterplätze zurückzuführen ist, sondern daß die Unvollkommenheiten in Art von Flecken entlang gewisser 0 0 l-Ebenen liegen, deren Durchmesser einige Hundert Å sind u. die in vertikaler Richtung 500 Å oder mehr getrennt sind. Die Gebiete direkt über oder unter solchen Unvollkommenheiten würden dann unter gleichförmiger Druckspannung stehen, während Gebiete nahe der Peripherie solcher Unvollkommenheiten unter vertikaler Zugspannung stünden. (Physic. Rev. [2] **97.** 832—34. 1/2. 1955. Cambridge, Mass., Inst. of Technol.) C. GOTTFRIED. 195

Heinrich Remy und **Franz Hansen,** *Röntgenographische Untersuchung des Systems KF–MgF_2.* Das von REMY u. SEEMANN (Recueil Trav. chim. Pays-Bas **59.** [1940.] 516) aufgestellte Zustandsdiagramm des Syst. KF–MgF_2 wird röntgenograph. bestätigt. Neben der ein ausgeprägtes F-Maximum aufweisenden Verb. *$KMgF_3$* mit Perowskitstruktur tritt eine bei 840° inkongruent schm. Verb. *K_2MgF_4* (I) auf, die tetragonal kristallisiert. Prim. scheiden sich aus Schmelzen mit 50—78,5 Mol-% KF Mischkristalle ab, die bei 861° in $KMgF_3$ u. KF zerfallen. Aus diesen baut sich dann bei 840° **I** auf. **I** wird aus regelmäßig miteinander abwechselnden KF- u. $KMgF_3$-Schichten aufgebaut, während in den Mischkristallen die gleichen Schichten in völlig regelloser Folge vorliegen. Die Umwandlung im festen Zustand verläuft in zwei Schritten: Seitlicher Austritt überschüssiger KF-Schichten (861°) u. Einbau dieser Schichten in geordneter Folge unter Bldg. des für **I** typ. Kristallgitters (840°). Die Gitterkonstanten von **I** betragen a = 3,955 u. c = 13,70$_6$ Å. Die pyknometr. Best. der D. ergibt in Übereinstimmung mit der röntgenograph. D. 2,88. Der Brechungsindex beträgt $n_\omega = 1{,}381$; die Kristalle sind schwach doppelbrechend: $n_\omega - n_\varepsilon < 0{,}001$. Unter Einfl. von W. zers. sich **I** zu $KMgF_3$. (Z. anorg. allg. Chem. **283.** 277—86. Jan. 1956. Hamburg, Univ., Anorgan. Abt. des Chem. Staatsinst.) W. KRÖNERT. 195

Adolfo Ferrari, Luigi Cavalca und **Mario Nardelli,** *Über die Struktur des Phosphat- und Arsenathexahydrates von Cäsium und Magnesium.* 1. Mitt. Röntgenograph. wurden *$CsMgPO_4 \cdot 6\,H_2O$* (I) u. *$CsMgAsO_4 \cdot 6\,H_2O$* (II) untersucht. Gemessen wurde $D._4^{25,4}$ 2,43 für **I** u. $D._4^{18,2}$ 2,54 für **II**. In der vorliegenden Arbeit wird nur über die Strukturaufklärung von **II** berichtet. WEISSENBERG- u. Pulveraufnahmen ergaben kub. Symmetrie mit der Würfelkantenlänge a = 10,178 ± 0,008 Å. Raumgruppe ist T_d^2 — $F\bar{4}3m$; Z = 4. Die Atome im Gitter liegen in (0, 0, 0; 0, ½, ½; ½, 0, ½; ½, ½, 0) + 4 Mg in (a) 0 0 0; 24 H_2O in x 0 0; 0 x 0; 0 0 x; $\bar{x}$ 0 0; 0 $\bar{x}$ 0; 0 0 $\bar{x}$ mit x = 0,200; 4 As in (c) ¼ ¼ ¼; 4 Cs in (d) ¾ ¾ ¾ u. 16 O in (e) x x x; x $\bar{x}$ $\bar{x}$; $\bar{x}$ x $\bar{x}$; $\bar{x}$ $\bar{x}$ x mit x = 0,344. Das Gitter ist aufgebaut aus $Mg(H_2O)_6$-Oktaedern u. AsO_4-Tetraedern. Jedes Cs-Atom hat in einem Abstand von 3,63 Å 12 H_2O-Moll. u. von 4,15 Å 12 O-Atome als Nachbarn. Der kürzeste Abstand H_2O—O beträgt 2,68 Å. (Gazz. chim. ital. **85.** 169—74. Jan./Febr. 1955. Parma, Univ., Ist. di Chim. gen. e di Mineral.) C. GOTTFRIED. 195

Armin Weiss, Reinhold Plass und **Alarich Weiss,** *Über die Kristallstruktur und Säureeigenschaften von $AlBr_3 \cdot SH_2$.* Pulveraufnahmen ergeben für die Gitterkonstanten des trigonal kristallisierenden $AlBr_3 \cdot SH_2$ a = 7,89 ± 0,07 u. c = 6,61 ± 0,05 Å. Mit der experimentell bestimmten D. 2,7$_4$ wird Z = 2 (röntgenograph. D. 2,81). Geometr. Betrachtungen u. die Anwendung der PAULINGschen Regel führen zu folgenden Punktlagen in der Raumgruppe D_{3d}^3 — P $\bar{3}$ m 1: 6 Br in 6(i) mit x = $0{,}17_0$ u. z = $0{,}28_3$; 2 Al in 2(d) mit z = $0{,}17_0$; 2 S in 2(d) mit z = $-0{,}18_8$. Drei Br-Atome u. ein S-Atom sind jeweils tetraedr. um ein Al-Atom angeordnet. Die einzelnen Tetraeder sind nur wenig verzerrt u. so angeordnet, daß ihre polaren Achsen einander parallel in Richtung der c-Achse liegen. Bei der Unters. sind die H-Atome vernachlässigt worden; ihre Berücksichtigung müßte eine niedrigere Symmetrie für $AlBr_3 \cdot SH_2$ ergeben. Die Lsgg. der Verb. in organ. Fll. mit aromat. Bindungscharakter leiten den elektr. Strom. Bei der Elektrolyse von $AlBr_3 \cdot SH_2$ in Bzl. wird kathod. H_2 entwickelt, während sich an der Anode neben Al_2Br_6 kolloider S bildet, der in Form von keulenförmigen, violett- bis braunschwarzen Gebilden von der Anode wegwächst. Durch konduktometr. Titration in benzol. Lsgg. wird die Existenz eines Dianiliniumsalzes nachgewiesen, das in Bzl. unlösl. ist u. sich als weißer Nd. ausscheidet. Das Salz ist unbeständig u. zers. sich unter Abgabe von H_2S zu *$AlBr_3 \cdot 2\ H_2N \cdot C_6H_5$*. Mit Diazomethan bilden sich Methylester von $AlBr_3 \cdot SH_2$. Der Monomethylester, ein viscoses Öl, wird auch beim Einleiten von CH_3SH in eine Lsg. von Al_2Br_6 in CS_2 erhalten. Beim Stehen mit überschüssigem CH_3SH bildet sich auch der Dimethylester nach: $AlBr_3 \cdot SH \cdot CH_3 + CH_3SH = AlBr_3S(CH_3)_2 + H_2S$. Beim Eintragen von Al_2Br_6 in $(CH_3)_2S$ entstehen unter heftiger Rk. gelbgrüne Kristalle (F. 72°), die etwa die Zus. *$AlBr_3 \cdot 2\ (CH_3)_2S$* besitzen. (Z. anorg. allg. Chem. **283.** 390—400. Jan. 1956. Darmstadt, TH, Eduard-Zintl-Inst. für anorgan. u. phys. Chem.) W. KRÖNERT. 195

Luigi Cavalca, Mario Nardelli und **Ivano W. Bassi,** *Die Struktur von Thalliumnitrit. $TlNO_2$* wurde in einigen mm großen, orangeroten Einkristallen durch doppelten Umsatz zwischen Tl_2SO_4 u. $Ba(NO_2)_2$ in wss. Lsg. u. langsames Eindunsten bei gewöhnlicher Temp. erhalten. Die D. wurde in Xylol zu 5,70 bestimmt. Drehkristall-, WEISSENBERG- u. Pulveraufnahmen ergaben kub. Symmetrie mit a = 4,21 ± 0,01 Å. Raumgruppe ist O_h^1 — P m 3 m; Z = 1. Die beste Übereinstimmung zwischen beobachteten u. berechneten Intensitäten ergab sich mit einer dem CsCl ähnlichen Struktur mit Tl in 0 0 0 u. einer frei rotierenden NO_2^--Gruppe um den Schwerpunkt in ½ ½ ½. (Gazz. chim ital. **85.** 153—60. Jan./Febr. 1955. Parma, Univ., Ist. di Chim. gen. ed inorgan.)
C. GOTTFRIED. 195

W. E. Spear, *Die Herstellung von Goldfilmen bekannter Dicke ohne Unterlage.* Zur Darst. eines Au-Films von ca. 1—2 cm² Oberfläche wurde Au im Vakuum auf einen ca. 8000 Å dicken u. auf einer Torsionswaage gewogenen Al-Film aufgedampft. Aus der Gewichtszunahme nach dem Aufdampfen wurde die Dicke des Au-Films erhalten. Der Film wurde hierauf auf dem später verwendeten Rahmen mit wenig Fett befestigt u. mit einem Tropfen einer 0,2n NaOH-Lsg. das Al in der gewünschten Oberflächengröße gelöst u. die freie Au-Oberfläche sorgfältig mit W. abgespült. Der Al-Film wurde durch Aufdampfen von Al auf eine Cu-Folie u. anschließendes Auflösen des Cu durch Eintauchen in konz. HNO_3 u. Abspülen erhalten. (J. sci. Instruments **32.** 34—35. Jan. 1955. Leicester, Univ. Coll.) C. GOTTFRIED. 196

B. W. Mott und **S. D. Ford,** *Metallographische Untersuchung von heißen Metalloberflächen.* Es wird ein neu konstruierter Vakuumapp. zur mkr. Unters. von leicht oxydierenden Metalloberflächen für Untersuchungstempp. bis zu 1000° beschrieben. Das erreichbare Vakuum bei laufenden Unterss. ist $2 \cdot 10^{-6}$ mm Hg u. übersteigt selten 10^{-5} mm Hg. Vorläufige Unterss. wurden an *U, Zr* u. *Be* durchgeführt. An gegossenem u. elektrolyt. poliertem U sollte der Mechanismus der Umwandlung bei 660° u. die Rekristallisation von α-U untersucht werden, die bei ca. 550° beginnt u. bei Tempp. dicht unterhalb der α–β-Umwandlung sehr schnell fortschreitet. Bei Tempp. dicht oberhalb 200° traten feine bandartige Streifen auf, die ihre Richtung mit der Kornorientierung änderten u. bis zu Korngrenzen reichten. Bei 300° entwickelten sich aus den Streifen Rillen, deren Entstehung durch Bldg. von Deformationszwillingen erklärt werden kann. Oberhalb 350° konnten therm. Ätzungseffekte beobachtet werden. Zwischen 470 u. 500° reflektiert die Oberfläche nicht mehr anisotrop, während gleichzeitig Kornkontraste zwischen gekreuzten Nicols nicht mehr beobachtbar waren. Elektronenbeugungsaufnahmen der Oberfläche nach Abkühlung gaben die Interferenzen von UO, woraus hervorgeht, daß der beim Polieren gebildete Film von UO_2 oder U_3O_8 red. worden war, wobei er gleichzeitig stark an Dicke zunahm. Die Verhältnisse an geschmiedetem U waren denen von gegossenem U sehr ähnlich. Unterss. an Zr, speziell der Umwandlung der hexagonalen in die kub. Form, die bei 862° stattfindet, verliefen erfolglos, da bereits bei einer Temp. von ca. 300° der Kornkontrast allmählich schwächer wurde, während bei ca. 400° keinerlei Kontraste mehr festgestellt werden konnten. Bei Be wurden Bewegungen der Korngrenzen zwischen 700 u. 800° beobachtet; Rekristallisation trat nicht unterhalb ca. 1100° auf. Bei 530° waren infolge therm. Ätzung Deformationszwillinge nachweisbar. Der gebildete Oberflächenfilm besteht wahrscheinlich aus BeO. (Research **6.** 396—400. Okt. 1953. Harwell, Atom. Energy Res. Establ.) C. GOTTFRIED. 196

J. E. Burke und **Anna M. Turkalo,** *Verformung von Zinkzwillingskristallen durch Wärmewechsel.* Durch Wärmewechsel können bei anisotropen Metallen derart hohe Drucke auftreten, daß Gleitlinien in Kristallindividuen auftreten u. ihre Oberfläche rauh wird. Die Unterss. an Zwillingskristallen sollen zur Klärung dieses als „thermal ratchet" bezeichneten Phänomens beitragen. Die Verformung beschränkt sich weitgehend auf den weicheren Kristall. Hat er den höheren Ausdehnungskoeff., wird er länger, bei niedrigerem Ausdehnungskoeff. verkürzt er sich. Die Verformung ist abhängig von der Temperatur. Sie muß mindestens 2mal so hoch sein wie die, bei der bei den Kristallen Gleiten auftritt. Während nach 100 Wechseln von —180 bis +25° keine Verformung eintritt, ist nach 18 Wechseln von 100—300° deutliche Verschiebung der Einzelkristalle gegeneinander zu beobachten. Die Verzerrung wächst mit der Zahl der Wechsel. Die Größe der Verformung wird bestimmt durch die Fließfestigkeit u. den YOUNGschen Modul des Metalles. (J. Metals **4.** 651—55. Juni 1952. Schenectady, N. Y., Gen. Electric Co.) F. VIER. 197

A. W. Lawson, *Einfluß von Druckspannung auf die Selbstdiffusion in Zink.* Vf. nimmt Bezug auf eine Reihe von Messungen über die Selbstdiffusion in Zn von LIU u. DRICKAMER (vgl. C. **1955.** 5495) parallel u. senkrecht zur hexagonalen Achse unter hydrostat. Druck u. unter Druckspannung, senkrecht u. parallel zu der Diffusionsrichtung. In allen Fällen nahm die Geschwindigkeit der Selbstdiffusion durch die Anwendung von Druckspannungen ab. Bei 326° u. Atmosphärendruck ist die Selbstdiffusionskonstante D_c parallel zur hexagonalen c-Achse $1{,}22 \cdot 10^{-4}$ cm²/Tag, bei der gleichen Temp. unter einer Druckspannung von 475 lbs./in.² parallel zur hexagonalen Achse $6{,}1 \cdot 10^{-5}$ cm²/Tag u. bei 326° unter einer Druckspannung von 416 lbs./in.² senkrecht zur hexagonalen Achse $7{,}7 \cdot 10^{-5}$ cm²/Tag. Aus diesen Werten findet man, daß bei dieser Temp. $\gamma_{33} = 1{,}5 \cdot 10^{-2}$ cm²/kg u. $\gamma_{31} = -1{,}26 \cdot 10^{-2}$ cm²/kg ist. Da $\Delta D_c/D_{\infty} \Delta P$ gleich $\gamma_{33} + 2\gamma_{31}$ ist, errechnet sich aus den obigen Daten für diese Größe bei 326° ein Wert von $-4{,}0 \cdot 10^{-2}$ cm²/kg. Aus den Daten von LIU u. DRICKAMER (vgl. l. c.) läßt sich ein Wert von $-7{,}8 \cdot 10^{-5}$ cm²/kg abschätzen. Die Diskrepanz zwischen berechnetem u. beobachtetem Druckkoeff. D entspricht angenähert einem Faktor von 500. Der Ursprung dieser Diskrepanz ist bis jetzt noch nicht bekannt. (J. chem. Physics **22.** 1948—49. Nov. 1954. Chicago, Ill., Univ., Inst. for Study of Metals.) C. GOTTFRIED. 197

F. E. Jaumot jr. und **R. L. Smith,** *Selbstdiffusion in Zink bei tiefen Temperaturen.* (Sitzungsbericht.) (Physic. Rev. [2] **98.** 1555. 1/6. 1955. Franklin Inst. Labors.) G. RUBAN. 197

F. S. Buffington und **Morris Cohen,** *Selbstdiffusion in α-Eisen unter einachsiger Druckspannung.* An hochreinem Eisen mit 99,97% Fe, 0,002% C, 0,02% Si u. 0,008% O_2 wird der Einfl. der Verformungsgeschwindigkeit unter einachsiger Druckspannung auf die Geschwindigkeit der Selbstdiffusion in α-Eisen bei 890° mit Verwendung von radioakt. ^{55}Fe untersucht u. graph. aufgezeichnet. (J. Metals **4.** 859—60. Aug. 1952. Pasadena, Calif., Inst. of Techn., u. Cambridge, Mass., MIT.) H. HOCHSTEIN. 197

G. B. Greenough und **E. M. Smith,** *Deformationsfehler in kalt bearbeiteten Metallen.* Es wird der Einfl. von Deformationsfehlern eines kub. flächenzentrierten Gitters auf die Interferenzen von solchen fehlerhaften Kristallen diskutiert. Sowohl die Breiten als auch die Lagen der Interferenzen werden beeinflußt, u. zwar in einem Grade, der von der einzelnen (h k l)-Interferenz abhängt. Aus Verss. mit Feilspänen eines angelassenen Cu-Stabes oder mit angelassenen Feilspänen wurde gefunden, daß eine eventuelle Änderung des Gitterparameters durch die Kaltbearbeitung $< 5 \cdot 10^{-5}$ sein müßte. Die Dichte der Packungsfehler ergab sich zu $\alpha = 7 \cdot 10^{-3}$. Nimmt man an, daß die Fehler gleichmäßig auf die vier möglichen (1 1 1)-Ebenen verteilt sind, dann ergibt sich entlang [1 1 1] ein Fehler auf je 600 Atomebenen. Gleiche Verss. wurden mit einer 8% Ag enthaltenden Al–Ag-Legierung durchgeführt. Hier wurde gefunden, daß die Kaltbearbeitung eine Abnahme des Gitterparameters in Höhe von $\delta a/a = 2 \cdot 10^{-4}$ verursacht. Die Dichte der Packungsfehler beträgt in diesem Fall $\alpha = 4 \cdot 10^{-3}$. (Proc. physic. Soc., Sect. B. **68.** 51—52. 1/1. 1955. Farnborough, Royal Aircraft Establ.) C. GOTTFRIED. 197

Jack Manenc, *Untersuchung der durch fortschreitendes Auswalzen von Aluminiumeinkristallen erhaltenen kristallinen Texturen.* 99,993%ig. Al-Einkristalle wurden von 0—97% in Stufen von je 0,05 mm ausgewalzt u. die erhaltenen Texturen mkr. u. röntgenograph. untersucht. Vor der Unters. wurden die Proben zunächst mechan. poliert, hierauf mit einer n-NaOH-Lsg. behandelt u. dann in Essigsäureanhydrid + $HClO_4$ elektrolyt. poliert. Zur Erzeugung von Ätzgrübchen wurden die Proben entweder mit einem Gemisch von 90% HCl, 5% HNO_3 u. 5% HF oder in HCl anod. angeätzt. Die Versuchsergebnisse sind in zahlreichen Abb. u. Polfiguren wiedergegeben. Ganz allg. ergaben die Unterss., daß die Deformation der ausgewalzten Einkristalle im wesentlichen heterogen ist; die Gesamttextur ist am Ende des Auswalzens der ähnlich, die man von polykristallinen Aggregaten unter denselben Bedingungen erhält. Die allg. Entw. der Textur beruht auf einem Gleitmechanismus, es besteht jedoch auch eine Desorientierung durch Rotation der Teilchen. Die bestimmten Rotationsachsen entsprachen kristallograph. Richtungen, welche in der Nähe der transversalen Richtung lagen, u. zwar zum größten Teil in einer (1 1 0)- oder (1 0 0)-Ebene. (Publ. sci. techn. Ministère Air **1954**. Nr. 293. 1—116.) C. GOTTFRIED. 197

Oleg D. Sherby und **John E. Dorn**, *Wechselbeziehungen des Kriechens bei α-Mischkristallen von Aluminium.* Kriech- u. Zugwerte von α-Mischkristallegierungen von Al über 400° K können durch die ZENER-HOLLOMON-Relation $\sigma \equiv \sigma(\dot{\varepsilon} e^{\Delta H/RT})$ in Beziehung gebracht werden, wobei ε die Kriechgeschwindigkeit u. σ die elast. Zugspannung ist. ΔH ist die Aktivierungswärme u. wurde für alle untersuchten Legierungen mit 35800 cal/Mol ermittelt. Es wird angenommen, daß derartige Wechselbeziehungen darauf zurückzuführen sind, daß die Strukturwechsel, die bei den Tempp. über 400° K auftreten, einfache Funktionen der Verformungsspannung u. der Temp. sind. Der ZENER-HOLLOMON-Parameter allein genügt nicht zur Beschreibung der Wechselbeziehungen zwischen Zug- u. Kriechwerten bei Tempp. unter 400° K. Zug- u. Kriechwerte sind auch bei handelsüblichem Al von verschied. Autoren durch den ZENER-HOLLOMON-Parameter in Beziehung gebracht worden. Die Aktivierungswärmen sind jedoch verschieden u. abhängig von dem voraufgegangenen Kriechen mit nachfolgendem Glühen. Wenn die Kriechdehnung für eine gegebene Kriechspannung nach der Formel $\Theta = te^{-\Delta H/RT}$ zeichner. dargestellt wird, wobei t die Zeit ist, während der die Probe unter Spannung steht, so wird eine einzige von der Kriechtemp. unabhängige Kurve erhalten. Das führt zu einem einfachen Verf., durch Extrapolieren Kriechwerte für lange Zeiten aus den für kurze Zeiten erhaltenen zu bestimmen. (J. Metals **4**. 959—64. Sept. 1952. Berkeley, Calif., Univ. of California.) F. VIER. 197

Italo S. Servi, **John T. Norton** und **Nicholas Grant**, *Einige Beobachtungen der „Unterkorn"-Bildung bei hochreinem Aluminium während der Kriechdehnung.* Kriechdehnverss. wurden durchgeführt an grobkristallinem hochreinem Al sowie an Al-Einkristallen bei Tempp. von 200—635°. Die verformten Proben wurden metallograph. u. röntgenopt. untersucht. In allen Fällen wurden Gleitlinien beobachtet. Die Gleitsysteme waren: [(1 1 1), [1 1 0]], [(1 0 0), [1 1 0]] oder [(2 1 1), [1 1 0]]. Die metallograph. u. röntgenopt. Unterss. ergaben die Ggw. von Unterkörnern (subgrains) auf der Oberfläche wie innerhalb der verformten Proben. Die Unterkörner waren gröber, je niedriger die angewandten Spannungen waren. Die Durchschnittsgröße der Unterkörner ist kleiner als der durchschnittliche Gleitlinienabstand u. nähert sich dem Wert, der nach der Theorie von OROWAN für den kleinsten Gleitlinienabstand vorausgesagt ist, begründet auf metallograph. Untersuchungen. Die Orientierung einer Serie von Unterkörnern, die zum selben Korn gehören, entspricht in erster Annäherung einer Drehung um eine Achse, die in der Gleitebene u. senkrecht zur Gleitrichtung liegt. Die Ergebnisse legen nahe, daß das Gleiten der prim. Mechanismus der Metallkörner bei erhöhten Tempp. ist, wenn das Korn groß genug ist, das Auftreten des Gleitvorgangs zu erlauben. Unterkornbldg. ist nicht der prim. Mechanismus der Kornverformung bei erhöhten Temperaturen. Diese Unterkörner entstehen durch eine Polygonisierung, herrührend von einer lokalen Biegung, die durch nichthomogenes Korngrenzengleiten bei gleichzeitiger Erwärmung entsteht. (J. Metals **4**. 965—71. Sept. 1952. Cambridge, Mass., Massachusetts Inst. of Technol.) F. VIER. 197

Robert Steinitz, **Ira Binder** und **David Moskowitz**, *Das System Molybdän—Bor und einige Eigenschaften der Molybdänboride.* Bei niedrigeren Tempp. bestehen Zuss. aus Mo mit 5,3—10,7 (%) B aus den 2 Phasen Mo_2B u. MoB. Mo_2B hat ein tetragonales Gitter mit a = 5,54 Å u. c = 4,74 Å. Es enthält 5,3 B. MoB hat ebenfalls ein tetragonales Gitter mit a = 3,11 Å u. c = 16,97. Der B-Geh. beträgt 9,7—10,7. Bei Tempp. oberhalb 1850° existiert eine Verb. Mo_3B_2 mit 7 B, die durch peritekt. Umwandlung aus Mo_2B entsteht, F. 2070°. Die Verb. ist mit Cr_3B_2 isomorph. Bei Zuss. über 10 B bildet sich bei Tempp. über 2000° β-MoB mit einem rhomb. Gitter u. den Konstanten a = 3, 16,b = 8,61 u. c = 3,08 Å. Es enthält 10,0—10,7 B. Zwischen 10,7 u. 19,5 B treten die Phasen MoB u. Mo_2B_5 auf. Mo_2B_5 hat ein rhomboedr. hexagonales Gitter mit a = 3,01 u. c = 20,93 Å. Es enthält 19,5—20,8 B u. ist bis 1600° beständig. Oberhalb dieser Temp. geht es in MoB_2 über mit einem hexagonalen Gitter mit a = 3,06 u. c = 3,10 Å. Es enthält 19,5 bis 20,8 B u. hat einen F. von 2100°. Bei annähernd 14 B existiert ein Eutektikum bei 2060°. Bis auf Mo_2B_5 u. MoB_2 entsprechen die gefundenen B-Gehh. den stöchiometr. Zusammensetzungen. Alle Boride sind metallisch. Sie lassen sich auf Metallglanz polieren u. sind gute Wärme- u. Elektrizitätsleiter. Bei großer Härte sind sie ziemlich brüchig. Keins von den Boriden ist oxydationsbeständig. Ein wesentlicher Einfl. des B-Geh. auf die Oxydationsgeschwindigkeit konnte nicht beobachtet werden. (J. Metals **4.** 983—87. Sept. 1952. Yonkers, N. Y., Electro Metal Corp.) F. VIER. 197

E. Gillam und **D. G. Cole,** *Untersuchung von kontinuierlichen Phasenumwandlungen mit Röntgenstrahlen.* Mittels einer röntgenograph. Meth. untersuchten Vff. den Fortgang der Umwandlung von Austenit in Martensit, wenn die Temp. unter den Ms-Punkt fällt, sowie unter isothermen Bedingungen bei Tempp. unterhalb des Ms-Punktes. Untersucht wurden die 3 Stähle EN 24 (I), EN 26 (II) u. EN 30 B (III), die die folgenden Zuss. hatten: **I:** 0,38 (%) C; 0,20 Si; 0,69 Mn; 0,010 S; 0,017 P; 1,58 Ni; 0,95 Cr; 0,26 Mo; **II:** 0,42 C; 0,31 Si; 0,67 Mn; 0,022 S; 0,029 P; 2,53 Ni; 0,72 Cr; 0,48 Mo u. **III:** 0,32 C; 0,29 Si; 0,47 Mn; 0,020 S; 0,022 P; 4,13 Ni; 1,21 Cr; 0,30 Mo; 0,11 W; 0,15 Cu u. 0,013 V. Für alle 3 Stähle ergeben die Verss., daß die martensit. Umwandlung während kontinuierlicher Abkühlung mit einer empir. von COHEN (vgl. Phase Transformations in Solids, London: Chapman and Hall, [1951.] 608) für Stähle mit 0,75—1,35 C gefundenen Beziehung übereinstimmt, von ihr aber mit fortschreitender Umwandlung abweicht, möglicherweise wegen der niedrigen C-Gehh. der untersuchten Stähle. Die Menge des bei einer Temp. T unterhalb Ms umgewandelten Austenits hängt für alle 3 Stähle von dem Wert Ms–T ab, obwohl ihre Ms-Punkte um 40° differieren. Vergleicht man die isothermen Umwandlungsdaten von **I** u. **II**, so ist ersichtlich, daß der Einfl. von zusätzlichem 1% Ni die isotherm. Rk. bei niedrigeren Versuchstempp. verzögert; die weitere Erhöhung des Ni-Geh., zusammen mit den anderen Legierungsbestandteilen in **III**, bewirkt einen schnelleren Fortgang der Umwandlungen, wenn die Temp. unter den Ms-Punkt fällt. (Philos. Mag. [7] **44.** 999—1010. Sept. 1953. Battersea, Brit. Iron and Steel Res. Assoc.) C. GOTTFRIED. 197

Angelica Schrader, *Elektronenoptische Gefügeuntersuchung von streifigem Perlit und von perlitischem Gefüge in einem Chrommagnetstahl.* Inhaltlich ident. mit der C. **1951.** I. 645 referierten Arbeit. (Optik **7.** 219—36. Okt./Dez. 1950. Düsseldorf, Max-Planck-Inst. für Eisenforschung.) C. GOTTFRIED. 197

M. G. Losinski und **Ss. G. Fedotow,** *Die Änderung der Härte reiner Metalle beim Erhitzen.* Bei der beschriebenen App. wird die Diagonale b (mm) des Abdrucks einer 4kantig-pyramidalen Diamantschneide unter einem Druck von p kg der Härtemessung zugrunde gelegt; die Härte (kg/mm²) ergibt sich aus $H_v = 1{,}8544\ p/b^2$. Es werden jeweils bei einer Temp. 6 Proben in Scheiben von 14,8 mm Durchmesser u. 5 mm Höhe untersucht. Als Beispiele werden die H_v-Werte in Abhängigkeit von der Temp. (bis 0,8—0,9 des F., maximal 1100°) in Kurven für folgende Metalle mitgeteilt: *Al* hoher Reinheit, *Elektrolyt-Cu, Fe* mit 0,05% C, *Elektrolyt-Ni, Co* u. *Ti* hoher Reinheit (Ti auch mit bis zu 1% Beimengungen), techn. reines *Mo* u. *W.* (Известия Академии Наук СССР, Отделение Технических Наук [Nachr. Akad. Wiss. UdSSR, Abt. techn. Wiss.] **1954.** Nr. 4. 80—85. 1 Tafel. April. Moskau.) R. K. MÜLLER. 200

J. H. Westbrook, *Temperaturabhängigkeit der Härte von äquiatomaren Aluminiden der Eisengruppe.* Vf. untersuchte nach einer modifizierten BERGHschen Meth. (vgl. GE Res. Labor. Rept. No. RL–1029 [1954.]) die Härte von *Fe-, Co-* u. *Ni*-Aluminiden in Abhängigkeit von der Temp. u. Zusammensetzung. Es handelt sich um typ. intermetall. Verbindungen. Die FeAl-, CoAl- u. NiAl-Proben wurden im elektr. Lichtbogen zusammengeschmolzen. Die Härtebestimmungen wurden bis zu Tempp. von 800° u. über den gesamten Homogenitätsbereich der Verbb. ausgedehnt. Die Ergebnisse für CoAl u. NiAl stehen im Einklang mit der Defektstruktur der Materialien. FeAl zeigt eine Anomalie — bei konstanter Temp. nimmt die Härte mit steigendem Fe-Geh. nach beiden Seiten des stöchiometr. Bereiches hin ab. Möglicherweise treten beim stöchiometr. FeAl zwischen 700 u. 1250° merkliche Störungen des Ordnungsgrades auf. (J. electrochem. Soc. **103.** 54—63. Jan. 1956. Schenectady, N. Y., General Electric Comp., Res. Labor.) I. KARUTZ. 200

Robert A. Meyer, *Einfluß von Deuteronenbeschießung und Spannungshärtung auf die Kerbempfindlichkeit von weichem Stahl.* (J. appl. Physics **25.** 1369—74. Nov. 1954. San Francisco, Calif., U. S. Naval Radiolog. Defense Labor. — C. **1954.** 11384.) C. GOTTFRIED. 200

Pierre Amiot, Pierre Azou und **Paul Bastien,** *Einfluß einer vorhergehenden Kalthärtung auf die durch Wasserstoff in Stählen bedingte Sprödigkeit.* Vff. untersuchten an Cr–Mo-Stählen mit verschied. Strukturen (perlit., bainit. u. martensit. Struktur) den Einfl. einer H_2-Sättigung nach vorheriger Kalthärtung durch Ziehen auf die Sprödigkeit der Stähle. Es wurden 2 Perioden beobachtet, eine, welche schwachen Kalthärten entsprach, für die die Verlängerung beim Bruch konstant bleibt ohne Rücksicht auf die vorhergehende Kalthärtung, u. ferner eine zweite Periode, in der eine Verminderung der Gesamtsprödigkeit existiert; die Erhöhung der Duktilität ist jedoch um so schwächer, je weniger spröde u. gegenüber H_2 empfindlich das Ausgangsmetall selbst ist. Ferner ergab sich, daß die komplementäre Kalthärtung, welche zur Erlangung eines spröden Bruches nötig ist, abnimmt, wenn die vorhergehende Kalthärtung größer wird. (C. R. hebd. Séances Acad. Sci. **239.** 164—66. 12/7. 1954.) C. GOTTFRIED. 200

G. C. E. Olds, *Kriechkurve für eine durch Ausfällung gehärtete Legierung.* An einer polykristallinen, durch Ausfällung gehärteten *Cu–Ag-Legierung* mit 97% Cu wurde die Kriechdeformation untersucht. Durch Wärmebehandlung wurde zunächst eine WIDMANSTÄTTENsche Struktur maximaler Härte u. Stabilität erhalten. Drähte dieser Legierung wurden kleinen axialen Kriechspannungen bei konstanten Belastungen u. Tempp. unterworfen. Beobachtet wurden zwei verschied. vorübergehende Kriechmechanismen sowie ein quasiviscoser Kriechmechanismus. Der erste Mechanismus tritt bei Tempp. von 100 u. 150° entsprechend der Gleichung $\varepsilon = \alpha \ln t$ auf, wo ε die Kriechspannung zur Zeit t bedeutet. Bei 200 u. 250° ist das zweite vorübergehende Kriechglied, welches dem ANDRADEschen Gesetz folgt, gegenüber dem ersten Glied vorherrschend; außerdem ist in der Gleichung noch ein zusätzliches quasiviscoses Glied vorhanden. Die Gleichung lautet $\varepsilon = \alpha \ln t + \beta t^{1/3} + \gamma t$. Bei 275 u. 300° ist das α-Glied zu vernachlässigen, u. das γ-Glied gilt nur bis zu einer krit. Zeit t_0, oberhalb der es exponentiell mit der Zeit red. wird. Dieser krit. Zeiteffekt ist wahrscheinlich einer vergleichsweise großen augenblicklichen plast. Spannung P zuzuschreiben, welche eine regellose Struktur an den Kristallgrenzflächen erzeugt u. eine begrenzte Grenzflächenkriechspannung γt_0 vor weiterer Spannungshärtung erlaubt. Diese Annahme findet eine Bestätigung durch die Konstanz des Verhältnisses $\gamma t_0/P$. (Nature [London] **172.** 999. 28/11. 1953. Rugby, Brit. Thomson-Houston Co., Ltd., Res. Labor.) C. GOTTFRIED. 200

A. M. Shukow, *Festigkeit und Plastizität von Messing in ammoniakalischem Medium. Messing* (**I**)-Probestücke werden in einem geschlossenen Gefäß über 1% ig. NH_4OH, ohne mit der Lsg. unmittelbar in Berührung zu kommen, der Zug- u. Biegeprobe oder einer kombinierten Beanspruchung unterworfen. Dabei wird eine Abnahme der Festigkeitswerte mit der Zeit festgestellt. Es erfolgt stets spröder Bruch an den Stellen der Hauptzugbeanspruchung. Bei Biegung u. kombinierter Beanspruchung ist die Zeit bis zum Bruch von gleicher Größenordnung wie beim Zug mit gleicher Hauptbeanspruchung. Festigkeit u. Plastizität des **I** hängen stark von der Dauer des Aufenthalts in der ammoniakal. Atmosphäre ab, u. zwar sowohl bei konstanter Beanspruchung als auch bei gleicher Verformung. (Известия Академии Наук СССР, Отделение Технических Наук [Nachr. Akad. Wiss. UdSSR, Abt. techn. Wiss.] **1954.** Nr. 4. 67—72. April. Moskau.) R. K. MÜLLER. 200

William D. Jenkins, Thomas G. Digges und **Carl R. Johnson,** *Einfluß der Temperatur auf die Festigkeitseigenschaften einer handelsüblichen und einer hochreinen 70% Nickel und 30% Kupfer enthaltenden Legierung.* An einer handelsüblichen (**I**) u. einer sehr reinen (**II**) Ni–Cu-Legierung mit 70% Ni u. 30% Cu wurden Zugverss. zwischen 75 u. 1700° F durchgeführt, wobei beide Legierungen dieselbe anfängliche Korngröße u. die gleiche Struktur besaßen. Die von 300—900° F erhaltenen Zug-Spannungs-Kurven zeigen Einzackungen, die mit Spannungsalterung u. anderen atomaren Umgruppierungen in Zusammenhang gebracht werden. Oberhalb 900° F wurde diskontinuierliches Fließen beobachtet, was durch Rekristallisation u. Kornwachstum erklärt wird. Mit zunehmender Versuchstemp. scheint die Streckgrenze kontinuierlich abzunehmen mit Ausnahme von **II** zwischen ca. 600 u. 700° F. Für begrenzte Temperaturbereiche besteht eine angenäherte Beziehung zwischen der Streckgrenze u. der reziproken absol. Temperatur. Die Zugfestigkeit nimmt mit Zunahme der Versuchstemp. von 75—300° F ab; das Umgekehrte wurde für **I** zwischen 300 u. 500° F u. für **II** zwischen 500 u. 600° F festgestellt. Bei weiter ansteigenden Tempp. nimmt bei beiden Legierungen die Zugfestigkeit wieder ab. Die Ergebnisse der Härteprüfungen bei Zimmertemp. an Proben beider Legierungen, welche bei verschied. Tempp. durch Zug gebrochen waren, zeigten bei tiefen Tempp. das Vorherrschen von Spannungs- u. Bearbeitunghärtung, im mittleren Temperaturbereich ein Gleichgewicht zwischen Bearbeitungshärtung u. Erholung u. bei hohen Tempp. das Vorherrschen von Rekristallisation u. Erholung an. Bei Tempp. unterhalb 900° F trat lokale Einengung beider Legierungen vor dem duktilen Bruch unter Bldg. eines hochstehenden Randes auf. Oberhalb 900° F deformierten sich beide Legierungen gleichmäßiger vor dem relativ spröden Bruch ohne Randbildung. Die Endstrukturen u. die in den gebrochenen Proben bei verschied. Tempp. erzeugten Mikrosprünge änderten sich mit der Versuchstemp. u. dem Ausmaß der plast. Verformung. (J. Res. nat. Bur. Standards **54.** 21—36. Jan. 1955. Washington, D. C.) C. GOTTFRIED. 200

Shigeru Fujita, *Berechnung einer die Phasenänderung von festen Stoffen begleitenden inneren Spannung.* Vf. leitet eine Formel ab zur Berechnung des inneren Druckes, welchen eine Einphasenänderung in einem festen Körper begleitet, u. zwar unter der

Voraussetzung, daß die Form der Kristallkörner kugelförmig ist u. daß die Umwandlung gleichzeitig von den Zentren dieser Körner aus beginnt. Ist diese Umwandlung von einer Volumenkontraktion begleitet, dann ist solch eine Spannung eine Zugspannung, ist sie von einer Volumenausdehnung begleitet, dann ist die Spannung eine Druckspannung. Den Berechnungen wurde nur der letztere Fall zugrunde gelegt. (J. sci. Res. Inst. [Tokyo] **46**. 53–58. Juni 1952. Satō Labor. [Orig.: engl.]) C. Gottfried. 200

M. Kerridge, *Metallübertragung und der Abriebprozeß.* In einer Anordnung, bei der das flache Ende eines Stiftes aus radioakt. Stahl gegen die zylindr. Oberfläche eines rotierenden Ringes rieb, konnte der Abrieb mit der Metallmenge verglichen werden, die von dem Stift auf den Ring übertragen wurde. Der Abrieb des Ringes war zu vernachlässigen. Auf dem Ring bildet sich zunächst eine Schicht aus Material des reibenden Stiftes; später wird vom Stift nur so viel nachgeliefert, wie vom Ring als Abrieb verlorengeht. Direkter Materialverlust des Stiftes ohne vorherige Übertragung auf den Ring fehlt offenbar ganz. Es wird vermutet, daß das auf den Ring übertragene Material durch Reibungswärme oxydiert wird u. erst die Oxydschicht den Abrieb liefert. (Proc. physic. Soc., Sect. B **68**. 400–07. 1/7. 1955. Aldermaston, Berkshire, Assoc. Electr. Industr. Ltd., Res. Labor.) H. C. Wolf. 200

P. Je. Djatschenko und **T. W. Smuschkowa,** *Verschleißfestigkeit und Restspannungen in den Oberflächenschichten eines Metalles.* Bei Unterss. an Zapfen aus *C-* u. *Cr–Ni-Stahl* bewirkt der Verschleiß in den Oberflächenschichten ungeglühter Proben erhebliche Kompressionsspannungen, die in einigen Fällen 100–150 kg/mm² erreichen können; für ihre Größe ist die Ausgangsspannung u. die Dauer der Verschleißprobe bestimmend. Wenn die Probe Restzugspannungen aufweist, sind die beim Verschleiß entstehenden Restkompressionsspannungen gering. Restspannungen in der Oberflächenschicht beeinflussen den Verschleiß wesentlich. Am günstigsten für hohe Verschleißfestigkeit sind hohe u. tiefgehende Restzugspannungen in der Oberflächenschicht. (Известия Академии Наук СССР, Отделение Технических Наук [Nachr. Akad. Wiss. UdSSR, Abt. techn. Wiss.] **1954**. Nr. 4. 73–79. April. Moskau.) R. K. Müller. 200

Josef Kubát, *Zur Frage der Relaxation mechanischer Spannungen.* Vf. leitet eine neue Gleichung ab, welche die Geschwindigkeit des Spannungsabklingens mit der Zeit t verknüpft u. in der die Grundzüge des idealen Fließens unverändert geblieben sind. Sie hat die Form $\dot{f} = 1 + (C/De^{abt})$, wo $\dot{f} = df/dt$ ist, f die Spannung bedeutet, a u. b Konstante sind u. C durch b u. D durch $b/[\dot{f}(0)-1]$ zu ersetzen sind. Vf. untersuchte eingehend die Spannungsrelaxation in *Papier* mit Bezug auf die obige Gleichung. Es wurde beobachtet, daß bei steigender plast. Deformation eine stetige Abnahme der Konstante a auftrat. Andererseits steigt a mit der Konz. solcher chem. Substanzen in der Probe, die mit der Cellulose H-Brücken ausbilden können. Die Konstante a kann man leicht aus der Neigung der Linien $\log \dot{f}$ gegen f bestimmen. Wegen der geringen Neigung der Relaxationskurven im Endstadium läßt sich die Größe b aus den gewöhnlichen Unterss. nur annäherungsweise auswerten; sie beträgt meistens einige Prozent der Anfangsgeschwindigkeit. (Naturwissenschaften **39**. 107. März 1952. Stockholm, Schwed. Holzforschungsinst., Papiertechn. Abt.) C. Gottfried. 200

A₇. Gleichgewichte. Kinetik.

Ss. D. Gromakow und **L. M. Gromakowa,** *Zur Frage der Auswertung der Liquiduskurve binärer Systeme.* Vff. untersuchen den Charakter der Kristallisationskurven (Liquiduskurven) in bin. Systemen der Alkalihalogenide mit einem Halogenid eines anderen ein- oder zweiwertigen Kations. Hierbei wurden die Salzpaare so gewählt, daß stets ein Ion gemeinsam war. Der mathemat. Behandlung der Kristallisationkurve wurde die Gleichung $T = \alpha x^2 + \beta x + T_0$ zugrunde gelegt (T = Temp. des Kristallisationsbeginns der Mischung, T_0 = Kristallisationstemp. des reinen Alkalihalogenids in K⁰, x = Molenbruch des zweiten Salzes, α u. β stoffliche Konstanten). Vff. geben dieser Gleichung die Gestalt $(T - T_0)/x = \alpha x + \beta$. Eine Überprüfung dieser Gleichung an einem großen experimentellen Material mit *NaCl, NaBr, LiCl,* $CaCl_2$, $BaCl_2$, $PbCl_2$ u. $ZnCl_2$, das größtenteils der Literatur entnommen wurde, ergab für den Neigungskoeffizienten α einen charakterist. Zusammenhang mit dem Typus des Schmelzdiagramms. In Systemen mit Mischkristallen ist $\alpha > 0$. In eutekt. Systemen u. in Systemen mit bin. Verbb. ist $\alpha < 0$. Die Grenze zwischen den beiden letzteren Typen von Systemen liegt für jedes Alkalihalogenid bei einem charakterist. Wert von α. Nur wenige Systeme fügen sich nicht dieser allg. Regel. (Журнал Физической Химии [J. physik. Chem.] **29**. 745–49. April 1955. Kasan, Staatl. Tschenyschew-Univ.) E. Kordes. 221

L. Ss. Palatnik und **A. I. Landau**, *Zur Theorie der Gleichgewichte von heterogenen Vielkomponentensystemen* (Vgl. C. **1955.** 10697.) Ausgehend von der Phasenregel von GIBBS u. den thermodanym. Gleichungen von GIBBS u. PLANCK wird ein Syst. von Gleichungen abgeleitet, nach welchem alle Konzz. x_{ij} eindeutig bestimmt werden können, wenn alle Parameter P, T u. X_i (bei $r < n$) oder jene von ihnen gegeben sind, die willkürlich sein können ($n < r < n + 2$). Für die Best. von x_{ij} im thermodynam. Syst. bei allen $r < n + 2$ genügt es, die intensiven Werte P, T u. X_i zu kennen; die extensiven Werte (V, S u. a.) brauchen nicht herangezogen zu werden. Bei $r > n + 2$ besitzt das Syst. keine Lösung. Das thermodynam. Syst. kann also nicht als Gleichgewichtssyst. existieren. (Доклады Академии Наук СССР [Ber. Akad. Wiss. UdSSR] **102.** 125—28. 1/5. 1955. Charkow, Gorki-Univ.) O. LEBTAG 221

Alfred W. Francis, *Ternäre Systeme mit drei getrennten binodalen Kurven.* Vf. untersuchte einige neue Typen tern. fl. Systeme, die in gewissen Temperaturbereichen nahe Raumtemp. u. bei Atmosphärendruck drei voneinander getrennte binodale Kurven haben. Mit fallender Temp. gehen im allg. zwei dieser Kurven an ihrem Faltpunkt („*col*") ineinander über zu einem Band. Bei noch tieferen Tempp. kann die dritte Kurve sich mit dem Band an einem „*subcol*" zu einem Dreieck verbinden, welches drei fl. Pasen aufzeigt. Untersucht wurden die Systeme 1. *Äthylenglykol–Nitromethan–n-Decylalkohol*, 2. Äthylenglykol–Nitromethan–*Laurylalkohol*, 3. Äthylenglykol–*Nitroäthan*–n-Decylalkohol u. 4. Äthylenglykol–Nitroäthan–Laurylalkohol. Im Syst. 2 tritt bei fallender Temp. zuerst ein „*subcol*", dann ein „*col*" auf, während das Syst. 4 zwei „*cols*" u. bei einer dazwischenliegenden Temp. ein „*subcol*" aufweist. Das ungewöhnliche Verh. der Systeme 2 u. 4 wird diskutiert. (J. physic. Chem. **60.** 20—27. Jan. 1956. Paulsboro, N. J., Socony Mobil Labor., Res. and Dev. Dep.) I. KARUTZ. 221

Willy Haegi, *Neuere Fortschritte in der Chemie der organischen Komplexverbindungen der Metalloide.* Fortschrittsbericht unter bes. Berücksichtigung der Unterss. von WITTIG u. Mitarbeitern (C. **1954.** 7179). (Bull. Soc. chim. France, Mém. [5] **1955.** 581—87. April. Strasbourg, Fac. des Sci., Labor. de Chim. Minérale.) C. GOTTFRIED. 223

G. Bähr und **Edith Schleitzer**, *Über emprotide Schwermetall-Innerkomplexe der α-Diketondithiosemicarbazone (Thiazone).* 3. Mitt. (2. vgl. C. **1954.** 5706.) Vff. stellen durch Verlängerung einer Seitenkette im Liganden folgende neue Thiazone her: *Methyläthylthiazon* (**I**) (gelblichweiß, Zersetzungstemp. 235°), *Methyl-n-propylthiazon* (**II**) (gelblichweiß, Zersetzungstemp. 228°), *Methyl-n-butylthiazon* (**III**) (gelblichweiß, Zersetzungstemp. 222°) u. *Methylbenzylthiazon* (**IV**) (gelb, Zersetzungstemp. 226°). Diese Thiazone sind unter Farbvertiefung nach Gelb lösl. auch schon in schwachen wss. Alkalien wie NH_3, Alkalicarbonat u. in wasserfreiem Äthylendiamin. Sie sind licht- u. luftempfindlich. Aus den Thiazonen werden folgende neue Innerkomplexe dargestellt: *Kupfer(II)-methyläthylthiazon* (**V**) (rotbraun, lösl. in Pyridin, Dioxan, Aceton, Acetanhydrid, wenig lösl. in Alkoholen, Essigester, Bzl. u. Homologen, unlösl. in W.) *Nickel(II)-methyläthylthiazon* (**VI**) (olivgrün in Durchsicht, schwarzviolett in Aufsicht, Löslichkeitsverhältnisse wie **V**), *Kupfer(II)-methyl-n-propylthiazon* (**VII**) (rotbraun, lösl. wie **V**, bereits deutlich lösl. in Chlf. u. Ae.), *Nickel(II)-methyl-n-propylthiazon* (**VIII**) (olivgrün, lösl. wie **VII**), *Kupfer(II)-methyl-n-butylthiazon* (**IX**) (rot, metallglänzend, Löslichkeit in organ. Medien weiter gesteigert, gut lösl. in Ae., Chlf., fettem Öl, heißem Bzl. u. Campher, sehr wenig in CCl_4 u. CS_2), *Nickel(II)-methyl-n-butylthiazon* (**X**) (grün, lösl. wie **IX**), *Kupfer(II)-methylbenzylthiazon* (**XI**) (rotbraun, lösl. wie **IX**, weniger gut lösl. in Campher) u. *Nickel(II)-methylbenzylthiazon* (**XII**) (grün, lösl. wie **XI**). Die Löslichkeit der Metallinnerkomplexe nimmt mit Verlängerung der Seitenkette stark zu. Mol.-Gew.-Bestimmungen nach RAST zeigen, daß die Komplexe monomer sind. Die Eigg. der Verbb. sind ähnlich denen der Komplexe mit Dimethylthiazon u. Methylphenylthiazon als Liganden, **XI** ist im Hochvakuum oberhalb 180° langsam sublimierbar. Messungen der Lichtabsorption im Sichtbaren von Lsgg. der Komplexe in Pyridin ergeben, daß die Verlängerung der Seitenkette das Gesamtbild der Absorption nur wenig verändert. Vgll. der Absorption in Pyridin u. A. lassen den deutlichen Einfl. des Lösungsm. auf die Absorption erkennen. Vff. machen dafür eine stärkere Wechselwrkg. zwischen den Moll. des Komplexes u. denen des Pyridins als mit denen des A. verantwortlich. Das Emprotidverh. der Verbb. ist ähnlich dem der früher beschriebenen Verbb.: sie lösen sich in starken nichtoxydierenden Säuren um so besser, je stärker diese sind, wobei die charakterist. Farbänderung zu salzartigen Überkomplexen (bei Cu Rot — Tiefblau — Blauviolett, bei Ni Olivgrün — Tiefrot) auftritt u. 2 Protonenäquivalente pro Mol. Innerkomplex aufgenommen werden. Die Schwerlöslichkeit der Bromide, Chloride u. Rhodanide der Überkomplexe in stark sauren Lsgg., die solche Anionen enthalten, nimmt mit wachsender Seitenkette des Liganden ab, so daß nur noch bei den Methyläthylthiazoniumkomplexen schwerlösl. Bromide u. Rhodanide fällbar sind. Die entsprechenden Überkomplexchloride können durch Einleiten von trockenem HCl in die äther. Lsg. der Innerkomplexe dargestellt werden. Die so gewonnenen Salze zersetzen sich unter HCl-Abgabe um so stärker, je länger die Seitenkette ist. — Darst. von **I**: Zuerst wird *Äthylacetessigsäureäthylester* (**XIII**) aus Na, A., Acetessigester u. Äthylbromid hergestellt. 100 g **XIII** werden mit 1,75 Liter W. u. 250 g NaOH (1 : 4) versetzt, gut geschüttelt u. 12 Std. stehengelassen. Eine Lsg. von 46 g $NaNO_2$ in 100 ml W. wird unter Kühlung zugefügt, Luft durchgesaugt u. portionsweise H_2SO_4 (1 : 5) zugegeben, wobei keine nitrosen Gase entstehen dürfen. Bald tritt starke CO_2-Entw. ein. Die Rk. ist nach Zugabe von 800 ml verd. H_2SO_4 beendet. Nach Zugabe von $^1/_7$ Gewichtsteil konz. H_2SO_4 wird Acetylpropionyl (**XIV**) mit W. abdest., von W. abgetrennt u. erneut destilliert. Kp. 107—109°, gelbes Öl. Eine Lsg. von 7 g **XIV** in 75 ml A. versetzen mit einer heißen Lsg. von 12 g Thiosemicarbazid (**XV**) in 100 ml W. u. am Rückfluß erhitzen, wobei das Kondensationsprod. ausfällt u. nach 2 Std. heiß abgesaugt wird, mit W. u. A. gewaschen u. getrocknet wird. Darst. von **II**: Zuerst wird Acetyl-n-butyryl (**XVI**) analog **XIV** dargestellt; gelbes Öl, Kp. 128°. Aus 5 g **XVI** u. 8 g **XV** wird analog zu **I** das blaßgelbe Pulver **II** gewonnen. Darst. von **III**: Analog zu **XIV** wird Acetyl-n-valeryl (**XVII**) dargestellt; gelbes Öl, bananenartiger Geruch, Kp. 47—49°. Aus 5 g **XVII** in 35 ml A. u. 7 g **XV** in 50 ml W. wird **III** in Form farbloser bis gelblicher Nadeln gewonnen. Darst. von **IV**: Analog zur Darst. von **XIV** wird Methylbenzyldiketon (**XVIII**) gewonnen; tiefgelbes Öl, Kp. 175—176°. Aus **XVIII** u. **XV** wird **IV** gewonnen als gelbes Pulver. Darst. der Innerkomplexe am Beispiel von **V**: 2,7 g **I** gelöst in 200 ml 2n NaOH u. 800 ml W. in einem 5 Liter-Glas. Zu einer Lsg. von 2,5 g $CuSO_4 \cdot 5\,H_2O$ in 50 ml W. werden 200 ml konz. NH_3-Lsg. u. dann 750 ml W. gegeben. Unter starkem Rühren werden 800 ml dieser Lsg. im Verlauf von 3 Std. zu der Lsg. von **I** getropft. Das ausgefallene **V** bleibt 12 Std. stehen, wird dann 4mal mit W. u. 1mal mit A. gewaschen u. über NaOH im Vakuum getrocknet. Die Darst. von **VII**, **IX** u. **XI** erfolgt analog aus 0,01 mol. Lösungen. Bei der Darst. von **VI**, **VIII**, **X** u. **XII** muß auch zur Thiazonlsg. 100 ml konz. NH_3-Lsg. gegeben werden. Diese Salze sind so nicht ganz analysenrein zu bekommen u. werden besser durch Hydrolyse der Überkomplexe dargestellt, deren Darst. am Beispiel von *Kupfer(II)-methyläthylthiazoniumbromid* (**XIX**) u. *Nickel*(II)*-methyläthylthiazoniumbromid* (**XX**) erläutert ist. Darst. von **XIX**: 2,5 g $CuSO_4 \cdot 5\,H_2O$ verreiben mit 2,7 g **I** u. 200 ml H_2SO_4 (1 : 1 verd.) zugießen. Nach 2 Std. die tiefblaue Lsg. durch Glasfilter abfiltrieren u. 100 ml konz. HBr-Lsg. zugeben. Das ausfallende grüne **XIX** wird abgesaugt, mit HBr gewaschen u. über NaOH getrocknet. **XX** wird analog dargestellt. (Z. anorg. allg. Chem. **278**. 136—54. März 1955. Greifswald, Univ., Inst. für anorgan. Chem.)

Max Schmidt. 223

John C. Bailar jr., Hans B. Jonassen und **Allan D. Gott**, *Die Stereochemie komplexer anorganischer Verbindungen.* 13. Mitt. *Teilweise Spaltung racemischer Weinsäure auf Grund verschiedener Stabilitäten der Isomeren komplexer Ionen.* (12. vgl. Martinette u. Bailar, C. **1953**. 501.) Durch Umsatz von Carbonato-bis-L-propylendiaminkobalt(III)-chlorid mit *rac. Weinsäure* (**I**) bilden sich zwei isomere Verbb., von denen die eine die D-**I** u. die andere die L-**I** in die Koordinationssphäre aufgenommen hat. Die beiden Isomeren besitzen gegenüber stärker koordinierenden opt.-akt. Verbb. verschied. Stabilität. Dabei erwies sich derjenige Komplex am beständigsten, bei dem alle Liganden untereinander dieselbe Konfiguration besitzen. So konnte durch Erhitzen des Isomerengemisches mit *L-Propylendiamin* (**II**) der L-Tartratorest aus dem Komplex rasch unter Bldg. der tris-L-Propylendiaminverb. verdrängt werden, während der D-Tartratokomplex unter diesen Bedingungen relativ stabil ist u. bedeutend längere Zeiten bis zur Verdrängung benötigt. Die Unterss. zeigen, daß der D-**I** dieselbe Konfiguration wie **II** zukommt u. daß es möglich ist, auf diesem Wege eine teilweise Spaltung der rac.-**I** zu erreichen.

Versuche: *L-Propylendiamin* (**II**) durch Spaltung des Racemates mit D-**I**. Es krist. zuerst das L-Propylendiamindextrobitartrat. Entfernung der **I** mit KCl als saures K-Tartrat u. Einengen der verbleibenden Lsg. des **II**-Dihydrochlorids. Nach Alkalisierung Kp. 116—119°. (Die Fraktion enthält 80% **II**.) — *rac.-Weinsäure* durch 7—10-tägiges Erhitzen von D-**I** mit n NaOH. Aus W. F. 206—207°, $[\alpha] = 0°$, 50% Ausbeute. — *L-Weinsäure* aus rac.-**I** mit Cinchonin nach Marckwald (Ber. dtsch. chem. Ges. **29**. [1896.] 43). — *cis-Dichloro-bis-L-propylendiaminkobalt(III)-chlorid* aus 50 g $CoCl_3 \cdot 6\,H_2O$ u. 25 g **II** in 1200 cm³ W. Nach 16std. Luftdurchleiten werden 400 cm³ konz. HCl zugefügt u. eingedampft. Es krist. die trans-Verb. 20—30 g.. Durch längeres Erhitzen auf 90—105° wird hieraus die violette cis-Form erhalten. — *Tartrato-bis-L-propylendiaminkobalt(III)-chlorid* durch Überführen vorst. Verb. ($^1/_{100}$ Mol) mit Ag_2CO_3 ($^1/_{100}$ Mol) in den Carbonatokomplex. Zufügen von D-, L- oder DL-**I** ($^1/_{100}$ Mol), Eindampfen bis zur Trockene u. Erhitzen auf 90° während 48—96 Std. ergibt den jeweiligen Tartratokomplex (III). — *Rk. von* **III** *mit* **II**. Die Unterss. des Umsatzes der Diastereomeren (Co·[L-pn]$_2$[L-tart.])Cl u. (Co[L-pn]$_2$[D-tart.])Cl(pn = **II**) mit **II** zeigen, daß der Komplex mit L-**I** rascher reagiert. Der Verlauf der Rk. kann an der Farbänderung (rot → orange) verfolgt werden. — *Spaltung von* **I**. a) 1,25 g **III** (aus DL-I) in 3 cm³ W. werden mit 3 cm³ **II** während bestimmter Zeiten auf 70° erhitzt, die Lsg. in eiskaltes Methanol gegossen, wobei die durch **II** verdrängte **I** in Form eines Tartratanions [vielleicht (Co·[L-pn]$_3$)Cl·tart.] (**IV**) gefällt wird. Die Mutterlaugen werden nach Vertreiben des Methanols weiter erhitzt u. dieser Prozeß noch mehrmals wiederholt. Aus **IV** wird **I** als Ca-Salz gefällt. Aus kurzfristig erhitzten Proben wird L-**I**, aus den länger erhitzten D-**I** gewonnen. b) 10 g **III** (aus DL-I) in 25 cm³ W. u. 18 g **II** werden 1 Std. auf 70° erhitzt u. dann mit 150 cm³ eines A.-Ae.-Gemisches (1 : 1) gefällt. Mit $Pb(NO_3)_2$ wird nicht mehr komplex gebundene **I** hieraus entfernt. Aus dem Nd. 0,7 g **I**; $[\alpha]_D^{30}$ −4,9°. Aus dem Filtrat von der Pb-Fällung wird nach weiterem 48std. Erhitzen auf dem Wasserbad ebenfalls über das Pb-Salz der Antipode gewonnen. 1 g; $[\alpha]_D^{20}$ +6,3°. (J. Amer. chem. Soc. **74**. 3131 bis 3134. 20/6. 1952. Urbana, Ill., Univ., Noyes Labor. of Chem.)

H. GRALHEER. 223

Allan D. Gott und **John C. Bailar jr.**, *Die Stereochemie komplexer anorganische Verbindungen. 15. Mitt. Eine teilweise Spaltung racemischer Gemische organischer Säuren auf Grund bevorzugter Koordination.* (13. vgl. vorst. Ref.) Die von Vff. gewonnene Erkenntnis (vgl. l. c.), daß der Umsatz äquimol. Mengen eines Komplexes wie *Carbonato-bis-L-propylendiaminkobalt(III)-chlorid* mit einem racem. Gemisch einer organ. Säure 2 isomere Verbb. mit verschied. Stabilitäten ergibt, wobei derjenige Antipode bevorzugt u. fester gebunden in die Koordinationssphäre eingebaut wird, der dieselbe Konfiguration wie das L-Propylendiamin hat, veranlaßte Vff. zu Verss., ob nicht bei Anwendung eines 100%ig. Überschusses des Racemates der eine Antipode bevorzugt in die Koordinationssphäre, der andere dagegen in die äußere Sphäre aufgenommen wird, um so zu einer weiteren Spaltungsmöglichkeit von Racematen opt.-akt. Säuren zu gelangen. Tatsächlich konnten Vff. auf diesem Wege die teilweise Spaltung von *Wein-*, *α-Chlorpropion-* u. *Milchsäure* erreichen.

Versuche: Spaltung der *Weinsäure*. Zu einer wss. Lsg. von Carbonato-bis-L-propylendiaminkobalt(III)-chlorid ($^1/_{100}$ Mol) wurde $^1/_{100}$ Mol Na_2CO_3 u. $^2/_{100}$ Mol *racem. Weinsäure* (**I**) gegeben. Zugabe von Na_2CO_3 erfolgte zur bevorzugten Koordinierung der **I** als Tartration. Die Lsg. wird zur Trockene gedampft, 96 Std. bei 85—90° getrocknet, in 50 cm³ W. gelöst u. ein 150%ig. Überschuß gesätt. wss. Lsg. von $Ba(OH)_2$ zugegeben. Der aus der anion. gebundenen **I** entstehende Nd. von Ba-Tartrat wird sofort abgesaugt. Aus dem Filtrat erhält man nach 4tägigem Stehen die koordinativ gebundene Tartratfraktion, ebenfalls als Ba-Salz. Ein Vgl. der Drehungen der erhaltenen Fraktionen ($[\alpha]_D$ −0,412 bzw. +0,234) mit einem aus D-**I** hergestellten Ba-Salz ergab eine 8%ig. Aufspaltung des Racemates. — *Di-α-chlorpropionato-bis-L-propylendiaminkobalt(III)-chlorid* u. *Dilactato-bis-L-propylendiaminkobalt(III)-chlorid*, analog der Tartratoverb. (vgl. l. c.), jedoch unter Berücksichtigung der Tatsache, daß 2 Säureanionen in den Komplex eintreten. — Spaltung der *α-Chlorpropionsäure*. a) Über das Cinchoninsalz aus den Komponenten in W.; es krist. das Cinchonindi-α-chlorpropionat. $[\alpha]_D$ +146,1°. Hieraus die freie Säure $[\alpha]_D$ −3,40°. b) Durch bevorzugte Koordinierung analog **I**, nur werden $^4/_{100}$ Mol der einbas. Säure zugegeben. Wegen der Leichtlöslichkeit der Salze der Chlorpropionsäure wird zunächst die anion. gebundene Säure u. nach Zers. des Komplexes mit Na_2S die koordinativ gebundene Säure mit Ae. extrahiert. $[\alpha]_D$ +1,088 bzw. −1,812°, entsprechend einer 30%ig. Spaltung. — Spaltung der *Milchsäure*, analog vorst. Methode. b) Es wurde nur die anion. gebundene Säure isoliert. $[\alpha]_D$ +1,275° entsprechend einer Spaltung von 30%. Die Verss. zeigen, das D-Weinsäure u. D-Milchsäure u. daher auch Chlorpropionsäure koordinativ gebunden wurden, so daß hierdurch die Konfiguration jeder opt.-akt. organ. Säure bestimmt werden kann, sofern sie koordinativ in den Komplex eintritt. (J. Amer. chem. Soc. **74**. 4820—22. 5/10. 1952.) H. GRALHEER. 223

Leo F. Heneghan und **John C. Bailar jr.**, *Die Stereoisomerie komplexer anorganischer Verbindungen. 16. Mitt. Die Stereoisomeren von Dichloro-bis-(äthylendiamin)-platin(IV)-salzen.* (15. vgl. vorst. Ref.) Frühere Verss., das *trans-Dichloro-bis-(äthylendiamin)-platin(IV)-chlorid* (**I**) in die cis-Form umzuwandeln, waren erfolglos. Vom K_2PtCl_4 ausgehend, erhielten Vff. über $[Pt(en)Cl_2] \xrightarrow{H_2O_2} [Pt(en)(OH)_2Cl_2]$ u. mit HNO_3 $(Pt(en)(H_2O)\cdot(OH)Cl_2]NO_3$ (**III**). Dieses reagiert mit weiteren en, nach vorheriger innermol. Umlagerung der Liganden en, H_2O u. OH im **III** in 16,8%ig. Ausbeute zu cremefarbenen Kristallen von *cis-Dichloro-bis-(äthylendiamin)-platin(IV)-nitrat* (**II**). Daß die hierbei erhaltene Verb. tatsächlich die cis-Form hat, konnten Vff. durch Spaltung von **II** in die opt. Isomeren über das Salz der d-α-Bromcampher-π-sulfonsäure wahrscheinlich machen. Die

Racemisierung der erhaltenen opt. Isomeren ist nach 87 std. Kochen der wss. Lsgg. der entsprechenden opt.-akt. Komponente vollständig. DEBYE-Diagrammen nach unterscheiden sich **I** u. **II** merklich in ihren Gitterdimensionen. Dies führen Vff. auf eine unterschiedliche innermol. Anordnung zurück. (J. Amer. chem. Soc. **75.** 1840—41. 20/4. 1953. Urbana, Ill., Univ. of Illinois, Noyes Chem. Labor.) H.-G. PLUST. 223

Maurice Girard, *Beitrag zu der Untersuchung der Konstitution der Antimonyl- und Bismutylbrechweinsteine.* 1. Mitt. *Gewöhnlicher Brechweinstein und komplexe D-Antimonyltartrate.* Hauptzweck der vorliegenden Unters. war, erneut die Konst. des Brechweinsteins zu untersuchen. Zu diesem Zweck wurden zunächst kryoskop. Messungen durchgeführt. Durch Extrapolation der erhaltenen Kurve wurde für die Konstante K_0 ein Wert von 3,76 erhalten. Dieser Wert ist etwa doppelt so groß wie die Konstante des W. mit 1,86. Man kann hieraus schließen, daß der Brechweinstein in sehr verd. Lsg. sich nur in 2 Ionen dissoziiert, u. zwar K^+ u. $(SbC_4H_4O_7)^-$. Es besteht demnach unter diesen Bedingungen keine Veranlassung, das Mol.-Gew. des Brechweinsteins zu verdoppeln. — Hierauf wurde das von BOUGAULT (vgl C. R. hebd. Séances Acad. Sci. **142.** [1906.] 585) erhaltene „Antimonylweinsäureanhydrid" kryoskop. untersucht. Vf. stellte es her durch Auflösen von Sb_2O_3 in Weinsäure in der Kälte u. Ausfällen des Komplexes mit Aceton; zur Entfernung des Acetons wurde das Salz auf 100° erhitzt. Die kryoskop. Unters. ergab die Konstante $K_0 = 3{,}64$, woraus auf Dissoziation in H^+ u. $(SbC_4H_4O_7)^-$ geschlossen werden kann. Das K^+ des Brechweinsteins ist demnach hier durch H^+ ersetzt. Schließlich wurde noch der von REIHLEN u. HEZEL (Liebigs Ann. Chem. **487.** [1931.] 216) angegebene Komplex zwischen Pyridin u. Antimonylweinsäureanhydrid kryoskop. untersucht. Für diese Verb. ergab sich die Konstante $K_0 = 3{,}82$, demnach auch Dissoziation in 2 Ionen. In dem Komplex hat demnach das Pyridin das K^+ des Brechweinsteins ersetzt, u. das komplexe Anion hat wieder die Form $(SbC_4H_4O_7)^-$. Infrarotunterss. an Brechweinstein ergaben, daß das Mol. W., welches bei 170° abgegeben wird, nicht konstitutionell gebunden ist. Es wirkt anscheinend nur bei der Bldg. der Kristalle mit, da das wasserfreie Salz röntgenamorph ist. Das Nichtauftreten einer Bande bei ca. 1700 cm^{-1} zeigt an, daß eine C=O-Bindung in dem Brechweinstein nicht vorhanden ist. Das Drehungsvermögen des Brechweinsteins ändert sich nach der Abgabe des W. nicht. Auf Grund der bisherigen Unterss. ist es schwer, eine Erklärung dafür zu finden, daß das eine Mol. H_2O dem Brechweinstein einen sauren Charakter geben könnte u. gleichzeitig die infrarote Absorption so schwach beeinflußt. Um diese Frage zu klären, wurden die Spektren von $K_3SbC_4H_2O_7$ u. $K_2Ba_{1/2}SbC_4H_2O_7$ (Darst. s. unten) untersucht. Vgl. dieser Spektren mit denen des Brechweinsteins ergab, daß der Brechweinstein 2 ionisierte Carboxylgruppen enthält. Durch spektroskop. Unterss. des Pyridinkomplexes konnten die kryoskop. Beobachtungen bestätigt werden. Polarimetr. Unterss. an Lsgg., die erhalten wurden durch Einw. von KOH auf Brechweinstein oder von $KSbO_2$ auf neutrales Kaliumtartrat machen das Auftreten einer Trikaliumverb. $K_3SbC_4H_2O_7$ sehr wahrscheinlich. Da eine Isolierung des Salzes sehr schwierig war, versuchte Vf. ein anderes dreibas., aber schwerer lösl. Salz darzustellen. Es gelang dem Vf., ein Salz der Zus. $K_2Ba_{1/2} \cdot SbC_4H_2O_7$ darzustellen, u. zwar wurde zuerst durch doppelte Umsetzung von Brechweinstein u. $BaCl_2$ $Ba_{1/2}SbC_4H_4O_7$ erhalten, welches mit KOH das obige Salz lieferte. Für das Trialkalisalz nimmt Vf. nebenst. Konst. an.

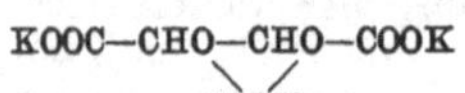

(Bull. Soc. chim. France, Mém. [5] **1955.** 571—80. April. Paris, Fac. de Pharm. et Fac. de Sci.) C. GOTTFRIED. 223

M. L. Gawrisch und **I. Ss. Galinker,** *Löslichkeit von Salzen bei hohen Temperaturen.* Die Unters. der Löslichkeit bei 160—360° ergab, daß im Vgl. zur Zimmertemp. die Löslichkeit bei 350° bei den Lsgg. von *CuCl* um ca. das 1000 fache, von *CuJ* um ca. das 214 fache, bei *AgCl* um ca. das 290 fache, bei *AgBr* um ca. das 1900 fache, bei *AgJ* um ca. das 1620 fache zunimmt. (Доклады Академии Наук СССР [Ber. Akad. Wiss. UdSSR] **102.** 89—91. 1/5. 1955. Charkow, Landwirtsch. Dokutschajew-Inst.) O. LEBTAG. 224

James N. Sarmousakis und **Manfred J. D. Low,** *Die Löslichkeit von Kaliumhexafluophosphat in Wasser.* Die Löslichkeit von reinem (dreimal umkrist.) KPF_6 in W. zwischen 0 u. 100° wird durch die Gleichung $\log(1/N) = -14{,}83906 + 1831{,}26/T - 4{,}34237 \cdot \log T$ beschrieben, worin N den Molenbruch des Gelösten u. T die absol. Temp. bedeuten. Die Löslichkeit beträgt bei 0° 3,560 u. bei 100° 38,30 Gewichtsprozent. (J. Amer. chem. Soc. **77.** 6518—19. 20/12. 1955. New York, N. Y., Univ. Heigths, New York Univ. Wm. H. Nichols Chem. Labor.) W. KRÖNERT. 224

Helmut G. Reik, *Ergänzung zu meiner Arbeit: „Zur Theorie irreversibler Vorgänge".* 2. Mitt. (1. vgl. C. **1956.** 4940.) In einer rein theoret. Arbeit zeigt Vf., daß der in der

EYRINGschen Theorie der absol. Reaktionsgeschwindigkeiten auftretende PELZER-WIGNER-Faktor $L = \varkappa\,[1 - 1/24(h\nu_m/kT)^2]$ im Falle der chem. Rkk. den Wert 1 haben muß. Hierbei bedeuten: $\varkappa$ Transmissionskoeff. für das Überschreiten des „Aktivierungsberges", ν_m imaginäre Frequenz des instabilen Freiheitsgrades am Sattelpunkt des „Aktivierungsberges". $\varkappa$ ist stets kleiner, der zweite Faktor in dem Ausdruck für L stets größer als eins. (Ann. Physik [6] **14.** 174—76. 1954. Karlsruhe, TH, Inst. für theoret. Phys.) E. WASSERROTH. 225

Harold S. Johnston, Louise Foering und **R. J. Thompson,** *Kinetik des thermischen Zerfalls von Salpetersäuredampf.* 2. Mitt. *Mechanismus.* (1. vgl. C. **1953.** 5994.) Vff. untersuchen den Zerfall von HNO_3-Dampf bei 400° vom Beginn der Rk. bis zur Beendigung im Strömungssyst. mit N_2 oder anderem Trägergas mittels opt. App. (Spektrophotometer u. Photozelle), durch die NO_2 u. HNO_3 bestimmt werden; einige Verss. werden bei niedrigen Drucken in Reaktionsgefäßen von 22 u. 2 Liter gemacht. Der Zerfall der HNO_3 allein ist von Beginn an eine schnelle Rk. 1. Ordnung, der eine langsamere folgt. Von den Prodd. des Zerfalls sind O_2 u. H_2O-Dampf ohne Einfl. auf die Geschwindigkeit, aber NO_2 wirkt stark hemmend. Mit NO-Zusatz bleibt die Rk. 1. Ordnung, u. die Geschwindigkeitskonstante ist bei NO-Überschuß die gleiche wie bei reiner HNO_3. In Ggw. red. Stoffe —, CO, H_2, Bzl., CH_4 — ist die Rk. 1. Ordnung in bezug auf HNO_3, unabhängig von der Konz. des red. Stoffes, u. k von der gleichen Größenordnung wie die anfängliche Zerfallsgeschwindigkeit von HNO_3. In keinem Fall erfolgt eine bimol. Rk. mit HNO_3-Dampf. Verss. mit H_2 lassen vorläufig auf eine Explosionsgrenze bei 400° schließen. — Unter Berücksichtigung der hemmenden Wrkg. von NO_2 wird folgender Mechanismus vorgeschlagen: $HNO_3 \xrightarrow{a} OH + NO_2$; $OH + NO_2 \xrightarrow{b} HNO_3$; $OH + HNO_3 \rightarrow H_2O + NO_3$ mit sofortiger Beseitigung von NO_3 nach $NO_3 + NO_2 \rightarrow NO_2 + O_2 + NO$, $NO_3 + NO \rightarrow 2\,NO_2$. Die unimol. Geschwindigkeitskonstante von Rk. a kann durch Extrapolation auf die Zeit 0 gefunden werden; sie fällt bei Drucken unter 1 at mit dem Druck des inerten Gases. (Daß FRÉJACQUES, C. R. hebd. Séances Acad. Sci. **232.** [1951.] 2206, eine Anfangsgeschwindigkeit 2. Ordnung fand, erklären Vff. dadurch, daß er kein Trägergas verwendet u. so bei sehr niedrigen Drucken gearbeitet hat.) — Die Beibehaltung der Anfangsgeschwindigkeit 1. Ordnung in Ggw. von NO oder red. Stoffen kann durch Rk. mit OH erklärt werden (bei H_2 vielleicht eine kurze Ketten-Rk.). Mechanismen werden vorgeschlagen; bei den KW-stoffen ergibt sich ein solcher für die Nitrierung in der Gasphase. — Beschreibung von 3 App. für das Strömungssyst., als Hahnenfett Chlortrifluorkohlenstoff. Bei den Verss. wird gefunden, daß rostfreier Stahl durch HNO_3-Dampf bei 400° unter Bldg. Cr-haltiger gasförmiger Prodd. angegriffen wird. (J. physic. Chem. **57.** 390—95. April 1953. Stanford, Calif., Univ., Dep. of Chem.; Jersey City, N. J., M. W. Kellog Co.) G. v. DECHEND. 225

Harold S. Johnston, Louise Foering und **James R. White,** *Kinetik des thermischen Zerfalls von Salpetersäuredampf.* 3. Mitt. *Ergebnisse bei niedrigen Drucken.* (2. vgl. vorst. Ref.) Der Zerfall von HNO_3-Dampf wird bei sehr niedrigen Drucken (0,5—20 mm) zwischen 375 u. 425° in 2 Reaktionsgefäßen (2 Liter, 14,5 Liter) untersucht. In beiden Gefäßen ist die Rk. 1. Ordnung in bezug auf HNO_3 u. die Geschwindigkeitskonstante der Rk. 1. Ordnung, die durch Extrapolation auf 0 ermittelt wird, ist proportional der Ausgangs-HNO_3-Konzentration. Bei Zusatz von Gasen bei 400° u. einer HNO_3-Anfangskonz. von $2{,}15 \cdot 10^{-8}$ Mol wird in allen Fällen die Geschwindigkeitskonstante 1. Ordnung größer, jedoch ist der Einfl. der einzelnen Gase verschieden. Die Kurven Gaskonz./Geschwindigkeitskonstante bei Ar, O_2 u. Co, die sich qualitativ ähneln, zeigen negative Krümmung (wahrscheinlich physikal. Aktivierung u. Entaktivierung von HNO_3 nach LINDEMANN-Mechanismus), während die Kurven für H_2O u. NO bis zu wesentlich höheren Werten von k linear sind (H_2O schwach positiv gekrümmt) u. NO_2 bei diesen niedrigen Drucken keinen wesentlichen Einfl. hat. H_2O u. NO dürften außer dem Energieübertragungseffekt eine chem. Wrkg. haben. Auch nach diesem Untersuchungsteil ist wie nach den früheren die 1. Stufe der Rk. der unimol. Zerfall $HNO_3 \rightarrow HO + NO_2$ (1); doch läßt bei den niedrigen Drucken die chem. Wrkg. von H_2O u. NO u. die vom Verh. bei 1 at abweichende Wrkg. von NO_2 eine sek. Rk. (oder Rkk.) unter Beteiligung dieser Gase vermuten, nach den thermodynam. u. kinet. Daten wahrscheinlich mit HNO_2 als Zwischenprod. (mehrere mögliche Zwischen-Rkk., die zu ihrer Bldg. führen können, werden diskutiert). Die Rk. ist unter diesen Bedingungen so kompliziert, daß die sek. Prozesse nicht klar abgetrennt werden können, u. die Rk. ist zur Unters. unimol. Reaktionsgeschwindigkeiten nicht geeignet. — Die Rk. 1 ist bei 400° endotherm, u. unter gewissen Bedingungen, bes. im kleinen Reaktionsgefäß bei hohen Drucken u. Tempp., werden durch die auftretende Temperaturabnahme die Resultate verzerrt; die durchschnittliche Temperaturabnahme durch den „self-cooling effect" wird berechnet. (Dieser

Effekt könnte auch z. T. die Unstimmigkeiten mit der Arbeit von FRÉJACQUES, bes. die niedrige Aktivierungsenergie, erklären.) — Einzelheiten über die Reaktionsgefäße mit mehrfacher Isolierung u. opt. Analyse von NO_2 im Original; als Hahnfett diente „*Halocarbon*" (*Polychlortrifluorkohlenstoff*). (J. Amer. chem. Soc. **77.** 4208—12. 20/8. 1955. Stanford, Calif., Univ., Dep. of Chem. and Chem. Engng.) G. v. DECHEND. 225

A. D. Stepuchowitsch und **L. M. Timonin,** *Sterische Faktoren bei mono- und bimolekularen Reaktionen.* In der Gleichung für die Geschwindigkeitskonstante $k = sZe^{-E/RT}$ (Z = Stoßzahl, E = Aktivierungsenergie) kann der ster. Faktor s Werte zwischen 10^{-8} u. 1 annehmen. Es werden für mono- u. bimol. Rkk. Gleichungen zur Berechnung von s entwickelt. Während hierbei nach der Meth. des Übergangszustandes die Kenntnis von E bei monomol. Rkk. erforderlich ist, ist dies bei bimol. Rkk. nicht der Fall. Bei der monomol. Elementar-Rk. $C_2H_5 \rightarrow C_2H_4 + H$ ist s = 1, wenn der Übertragungskoeff. $\gamma = 0{,}15$ ist, so daß hier k unter Berücksichtigung aller Schwingungsfreiheitsgrade des Mol. nach der klass. Theorie berechnet werden kann. Für die umgekehrte bimol. Rk. wird s zu $\sim 10^{-3}$ errechnet. Je kleiner s ist, desto genauer u. desto unabhängiger von Versuchsfehlern in der experimentellen Best. von E kann s berechnet werden, wenn man die abgeleiteten Gleichungen zugrunde legt. (Журнал Физической Химии [J. physik. Chem.] **26.** 145—55. Febr. 1952. Saratow, Univ.) R. K. MÜLLER. 225

J. Chatt, L. A. Duncanson und **L. M. Venanzi,** *Richteffekte in anorganischen Substitutionsreaktionen.* 1. Mitt. *Eine Hypothese zur Erklärung des Transeffektes.* Der durch Substitutions-Rkk. zustandekommende Transeffekt wird erläutert u. eine „Doppelbindungshypothese" hierfür gegeben. Die Kräfte, die für den Richteffekt verantwortlich sind, werden vorwiegend einem Elektronenübergang (Bldg. einer π-Bindung) von einer d-Schale des Metallatoms zu einem Liganden A von starkem Transeffekt zugeschrieben. Dadurch wird die Elektronenaffinität des Metallatoms u. wahrscheinlich die σ-Bindung zum Liganden B anwachsen. Die reversible Elimination von Gruppen trans zu A mit hohem Transeffekt — d. h. hoher Doppelbindungkapazität — erfolgt durch einen S_N2-Mechanismus (bimol.). Die Vorgänge werden diskutiert u. mit dieser Hypothese gezeigt, daß Pt(II) vorzüglich geeignet ist, um einen starken Transeffekt zustande kommen zu lassen. (J. chem. Soc. [London] **1955.** 4456—60. Dez. The Frythe, Welwyn, Herts., Imp. Chem. Ind. Ltd., Akers Res. Labors.) R. BRÜCKNER. 225

J. Chatt, L. A. Duncanson und **L. M. Venanzi,** *Richteffekte in anorganischen Substitutionsreaktionen.* 2. Mitt. *Eine Infrarotuntersuchung des Induktionseffektes von verschiedenen ungeladenen Liganden in komplexen Verbindungen des Platin(II).* (1. vgl. vorst. Ref.) Infrarotspektren komplexer Verbb. vom Typ trans-[L, am $PtCl_2$] werden in CCl_4 untersucht. Es bedeuten: L eine Reihe von Liganden und „am" prim. oder sek. Amine. Die Frequenzen der N—H-Bindung einfacher Komplexe u. die Bandenintensitäten der Piperidinkomplexe werden gemessen u. die Unterschiede der Werte an Hand der verschied. Elektronenverteilung in den L—Pt—N—H-Bindungen diskutiert, wobei die L in bestimmter Reihenfolge geordnet werden können. Es stellt sich heraus, daß die Transrichteffekte eines Liganden nicht direkt mit seinem Induktionseffekt oder seiner Elektronegativität zusammenhängt. Auch kommt der Transeffekt nicht durch Schwächung der Transbindung zustande. Dies liefert den Beweis gegen einen S_N1-Mechanismus, steht aber in Einklang mit der „Doppelbindungshypothese" der 1. Mitt. (l. c.) (J. chem. Soc. [London] **1955.** 4461—69. Dez.) R. BRÜCKNER. 225

P. F. Ipatow, *Über die Beziehung zwischen dem Zustand des Kristallgitters eines Katalysators und seiner Aktivität.* An bei verschied. Tempp. (500—660°) geglühtem MoO_3 wird gezeigt, daß die katalyt. Aktivität des erhaltenen MoO_2 um so größer ist, je mehr das Intensitätsverhältnis der Linien für die verschied. Flächenpaare (1 1 0/2 2 0, 2 2 0/3 3 0, 2 0 0/4 0 0, 1 0 0/3 3 0) von dem theoret. abweicht, je größer also der Unordnungsgrad des Kristallgitters ist. (Журнал Физической Химии [J. physik. Chem.] **27.** 1133—36. Aug. 1953.) R. K. MÜLLER. 227

G. M. Shabrowa, Ss. S. Roginski und **Je. A. Fokina,** *Katalysatoren für die Wasserstoffperoxydzersetzung.* Es wurde die katalyt. Aktivität einer Reihe von Oxyden u. Salzen bei der Zers. von H_2O_2 in wss. Lsg. untersucht. Die verwendete Schüttelapp. u. die Durchführung der Verss. werden beschrieben. — Aus den in Diagrammen u. einer Tabelle zusammengefaßten Ergebnissen werden einige Gesetzmäßigkeiten abgeleitet, die Richtlinien für die Auswahl von Katalysatoren für die Zers. von H_2O_2 ergeben. Die Aktivität eines Katalysators hängt ab von der Stellung der in ihm enthaltenen Elemente im Period. Syst. u. von der Färbung der festen Verbindung. Die aktivsten der untersuchten Katalysatoren waren solche, die Übergangselemente enthielten u. intensiv gefärbt waren: Die Oxyde MnO_2, V_2O_5, Cr_2O_3, CuO, Fe_2O_3 u. NiO, die Carbonate von Ni, Fe^{III} u. Mn, schließlich als aktivster Katalysator Pt-Schwarz. Fehlt eine dieser Eigg. oder beide, so sind die Katalysatoren viel weniger aktiv. Als Beispiel für ein gefärbtes Oxyd, das kein Übergangselement enthält, wird CdO, als Beispiel für ein farbloses Oxyd mit Übergangselement wird TiO_2 angeführt, die beide fast inakt. waren. Bei den farblosen Verbb. ohne Übergangselement zeigten sich beträchtliche Unterschiede in der an u. für sich schwachen Aktivität. Daraus leiten Vff. als dritte Gesetzmäßigkeit ab, daß die Aktivität zunimmt mit der Basizität der Verb.: Fast inakt. waren die Sulfate von Pb, Cd u. Ba u. die Carbonate von Zn, Ba, Ca; sehr wenig akt. waren ZnO u. MgO; eine zunehmende Aktivität wiesen dagegen Y_2O_3, BaO u. CaO auf. — Durch Sonderverss. wurde der Anteil der homogenen Katalyse an der Zers. von H_2O_2 bei Katalysatoren untersucht, die mehr oder minder wasserlösl. sind. Der Einfl. von freien Elektronen auf die katalyt. Aktivität wird zunächst als Vermutung ausgesprochen. (Журнал Общей Химии [J. allg. Chem.] **24** (**86**).10—18. Jan. 1954.) F. BERNDT. 227

G. K. Boresskow, W. A. Dsissko und **M. Ss. Borissowa,** *Der Einfluß von Natriumhydroxyd auf die katalytische Aktivität von Aluminiumoxyd in bezug auf die Äthylalkoholzersetzung.* Bei zunehmender Bedeckung der Oberfläche des Al_2O_3 mit NaOH nimmt die bei der Zers. von A. bei 420° bestimmte Aktivität zuerst durch Adsorption an den akt. Gruppen der Oberfläche rasch, dann durch Adsorption auch an anderen Stellen der Oberfläche langsamer ab. Die akt. Teile der Oberfläche, an denen die Rk. stattfindet u. die durch NaOH ausgeschaltet werden, werden auf 5—10% der Gesamtoberfläche geschätzt. Die auf die Oberflächeneinheit bezogene Zahl der akt. Stellen hängt nicht von der Art der Darst. des Al_2O_3 ab, sondern nur von seinem Reinheitsgrad. (Журнал Физической Химии [J. physik. Chem.] **27.** 1172—75. Aug. 1953. Moskau, physik.-chem. Karpow-Inst.) R. K. MÜLLER. 227

A_8. Präparative anorganische Chemie. Komplexchemie. Metallorganische Verbindungen.

N. Kolarow, *Zur Frage der Reinheit des bei der katalytischen Zersetzung von $KClO_3$ mit MnO_2 abgeschiedenen Sauerstoffs.* Verss. mit reinen KAHLBAUM-Präpp. von $KClO_3$ u. MnO_2 ergaben, daß größere Beimengungen von Cl_2 mit entwickelt werden, wenn das Mischungsverhältnis $KClO_3 : MnO_2$ vom üblichen (2 : 1) nur wenig abweicht u. das MnO_2 sorgfältig zerrieben (aktiviert) wird. Bestrahlen mit UV-Licht vermindert die Cl_2-Beimengung (künstliches Altern); das gleiche bewirkt eine vorheriges Erhitzen des MnO_2, zugleich steigt allerdings auch die Temp. des Beginns der katalyt. Zers. des $KClO_3$. Daraus ergibt sich klar die prakt. Handhabung der Rk. zur Gewinnung von möglichst reinem O_2. (Доклады Болгарской Академии Наук [C. R. Acad. bulgare Sci.] **5.** Nr. 2/3. 13—16. April-Juni/Okt.-Dez. 1952. Polytechnikum, Lehrstuhl für anorgan. Chem.) A. v. WILPERT. 239

Jochen Jander, *Über Lösungen von Chloramin in flüssigem Ammoniak.* Die Disproportionierung von Cl_2 in überschüssigem fl. NH_3 bei —78° führt zu $ClNH_2$ mit über 50%ig. Ausbeute. Das Cl_2 wird mit N_2 verdünnt u. unter Feuchtigkeitsausschluß mit einer Geschwindigkeit von mindestens 400 ml/Min. eingeleitet. Gute Durchmischung ist zur Abführung der Reaktionswärme notwendig. Bei höheren Tempp. als —75° zersetzt sich das $ClNH_2$ ziemlich schnell. Zum Nachw. wurde das $ClNH_2$ mittels vorgekühltem absol. Ae. ausgeschüttelt, das im Ae. gelöste NH_3 mittels trockenem, pulvrigem $CdCl_2$ als festes $[Cd(NH_3)_6]Cl_2$ abgetrennt. In der ätherischen Lsg. wurde Cl jodometrisch u. gravimetrisch (nach Red. mit H_2SO_3) bestimmt. Der N wurde nach der Red. als NH_3 mit Hilfe der Formaldehydmeth. bestimmt. Es werden verschied. Dissoziationsmöglichkeiten des $ClNH_2$ in fl. NH_3 diskutiert. Die Zers. des $ClNH_2$ in ammonosaurer (NH_4Cl enthaltender), ammononeutraler u. ammonobas. (KNH_2 enthaltender) Lsg. wird untersucht. Aus der momentanen Zers. des $ClNH_2$ in ammonobas. Lsg. unterhalb —75° in KCl u. Hydrazin u. aus experimentellen Befunden anderer Forscher wird geschlossen, daß das $ClNH_2$ eine Säure ist u. gemäß Gleichung $ClNH_2 + NH_3 \rightarrow NH_4^+ + HNCl^-$ dissoziiert. Die Chemie des $ClNH_2$ in fl. NH_3 u. die der HClO in H_2O werden einander gegenübergestellt. (Z. anorg. allg. Chem. **280.** 264—75. Sept. 1955. Freiberg/Br., Univ., Chem. Labor., Anorg. Abt.) K. WERNER. 243

Jochen Jander, *Zum Verständnis der Chemie der Chlor–Stickstoff- und Chlor–Sauerstoff-Verbindungen.* Die PAULINGsche Betrachtungsweise nach Elektronegativitäten wird auf Chlor–Stickstoff- u. Chlor–Sauerstoff-Verbb. angewandt. Damit werden die Unterschiede zwischen der Chemie der HClO in H_2O u. der des $ClNH_2$ in fl. NH_3 erklärt u. die Vorstellung über den Zerfall des $ClNH_2$ in fl. NH_3 (s. vorst. Ref.) theoret. gestützt. (Z. anorg. allg. Chem. **280.** 276—83. Sept. 1955.) K. WERNER. 243

A. K. Shdanow und **M. A. Ssarkasow,** *Gleichgewicht im System Wasser–Äthylalkohol–Ammoniumfluorid bei 25°.* Beim Lösen von NH_4F in A.–W.-Mischungen mittlerer Konz.

erfolgt beim Überschreiten einer gewissen NH_4F-Konz. eine Entmischung in zwei fl. Schichten. Bei Sättigung mit NH_4F bestehen im Gleichgewicht zwei fl. Schichten u. NH_4F-Kristalle als fester Bodenkörper. Es werden die Gleichgewichtskurven bei 25° bestimmt. Hinsichtlich der aussalzenden Wirksamkeit auf A.–W.-Gemische steht NH_4F nahe dem KF u. K_2CO_3 u. überragt erheblich $(NH_4)_2SO_4$, Na_2CO_3, $MgSO_4$ u. Na_2SO_4. (Журнал Физической Химии [J. physik. Chem.] **29**. 602–06. April 1955. Taschkent, Mittelasiat. Lenin-Univ.) E. Kordes. 246

Philip W. Jensen und **A. L. Crittenden**, *Bildung von Bromat bei der Oxydation von Jodid mit Brom.* Vff. verfolgen polarograph. die Umsetzung von Br_2 in alkal. u. saurem Medium. Aus den Ergebnissen wird geschlossen, daß bei der Oxydation von J^- zu JO_3^- mit Br_2, das Br_2 nach dem Ansäuern zugegeben werden muß, um BrO_3^--Bldg. zu vermeiden. (Analytic. Chem. **26**. 1373–74. Aug. 1954. Seattle, Wash., Univ., Dep. of Chem.) H.-G. Moslé. 248

Vincent Brustier und **Henri Garcia-Fernandez**, *Beitrag zum Studium der anorganischen Thioimide: Konstitution und Darstellungsverfahren des Cycloheptathioimids.* Vff. stellten S_7NH aus S, in S_2Cl_2 gelöst u. mit CCl_4 verd., u. wss. NH_3 (22° Bé) unter Kühlung nach der Rk. $S_2Cl_2 + 5\,S + 3\,NH_3 = S_7NH + 2\,NH_4Cl$ dar. Der gebildete Nd. wird abfiltriert u. mit dest. W. gewaschen. Der Rückstand wird bei 40° getrocknet u. mit Aceton ausgezogen: gelbe Kristalle, F. 109°. Bei dem Auslösen bleibt ein Rückstand aus S u. undefinierten Polymeren. Zu Anfang tritt eine violette Färbung auf, die koll. S zugeschrieben wird. Mol.-Gew. aus Dioxan 250, in Campher 240, berechnet 239,4. Die Kristalle sind schwach doppelbrechend, monoklin, lösl. in Aceton, A., Ae., Bzl., CCl_4, CS_2. Bei 250° Zers. nach $3\,S_7NH = NH_3 + 16\,S + S_5N_2$. Die Substanz ist unbeständig gegen Alkali u. HNO_2. Alkali + O_2 gibt violetten koll. S; dies ist für S_7NH sehr charakteristisch. Red. mit Na in A. gibt NH_3; Formaldehyd gibt einen Alkohol, Acetylchlorid gibt ein definiertes Acetylderivat. Mol. Konst. ein Achtring mit der NH-Gruppe im Ring. Vff. nehmen an, daß sich das S_7NH nicht aus S_8-Ringen, sondern aus Polyschwefelchloridketten bildet: $S_2Cl_2 + 5\,S \rightarrow Cl-S-S-S-S-S-S-S-Cl$, bei Rk. mit NH_3 ergibt sich dann der Ringschluß. (Bull. Soc. chim. France, Mém. [5] **1955**. 1299–1301. Okt. Toulouse, Fac. de Med. et de Pharm., C. N. R. S., Labor. de Chim. et de Toxicol.) R. Voigt. 253

K. W. Bagnall, **R. W. M. D'Eye** und **J. H. Freeman**, *Die Poloniumhalogenide.* 1. Mitt. *Poloniumchloride.* Es werden die Darst. u. die Eigg. einiger Po(II)- u. Po(IV)-Verbb. mit Cl u. die elektrolyt. Abscheidung von Po untersucht. Die App. zur elektrolyt. Zers. wird beschrieben. Das Normalpotential Po/Po^{4+} wird in 1n HNO_3 zu +0,76 V ermittelt. Die Oxydationspotential/Zeit-Kurve einer Po^{2+}-Lsg. zeigt das intermediäre Auftreten von Po^{3+}. Die elektrolyt. Abscheidung von Po aus Po^{4+}-Lsgg. ist an einer Au-Elektrode am günstigsten. Die präparativen Darstellungen werden in Röntgencapillaren (Durchmesser 0,4 mm) ausgeführt, die analyt. Bestimmungen durch potentiometr. Titrationen mit $AgNO_3$. *$PoCl_4$* (**I**) hellgelbe hygroskop. Substanz; F. (in Cl_2-Atmosphäre) ca. 300°, verflüchtigt sich bei ca. 400° zu einem purpurbraunen Dampf. Darst. aus Po mit HCl-Lsg., aus Po mit Cl_2 oder aus *PoO_2* mit HCl-Gas, $SOCl_2$ oder PCl_5. Reduzierbar mit SO_2, N_2H_4 oder As_2O_3. Lsgg. in HCl geben mit A. u. CsCl Nd. von *Cs_2PoCl_6*. — *$PoCl_2$* (**II**), dunkelrubinrote Substanz, sublimiert bei 200° unter Zers. u. ist leicht oxydierbar. Darst. aus I durch therm. Zers. oder Red. mit SO_2, CO oder H_2S. — *$(NH_4)_2PoCl_6$* (**III**), gelb, entsteht aus **I** mit NH_3 bei 100°. Bei 200° entsteht aus **I** oder **II** mit NH_3 ein Aminchlorid mit der möglichen Zus. *$PoCl_2 \cdot 2\,NH_3$*. Lsgg. von **I** oder **II** geben mit H_2S ein Sulfid unbekannter Zusammensetzung. Die Röntgenanalysen hatten folgendes Ergebnis: **II** orthorhomb. a = 3,66; b = 4,34; c = 4,49 kX; berechnete D. 6,50 g/cm³. **III** flächenzentriert kub., a = 10,33 kX, berechnete D. 2,76 g/cm³, hat die gleiche Struktur wie $(NH_4)_2PtCl_6$. Po–N-Abstand 4,47, Po–Cl 2,38 kX. Der atomare Aufbau der Kristallzellen wird diskutiert. (J. chem. Soc. [London] **1955**. 2320–26. Juli. Harwell, nr. Didcot, Berks., United Kingdom Atomic Energy Authority, Res. Establ.) R. Lacmann. 256

K. W. Bagnall, **R. W. M. D'Eye** und **J. H. Freeman**, *Die Poloniumhalogenide.* 2. Mitt. *Bromide.* (1. vgl. vorst. Ref.) Die Handhabung der hochradioakt. Substanzen wird beschrieben. Folgende Br-Verbb. werden dargestellt u. untersucht: *$PoBr_4$* (**I**), hellrote, hygroskop. Verb.; F. (in Br_2-Atmosphäre) ca. 330°. Darstellbar aus *Po* oder *PoO_2* in HBr-Lsg., Po mit Br- (200–250°) oder PoO_2 mit HBr-Dampf. Lösl. in HBr-Lsg., A., Aceton u. einigen anderen Ketonen; schwer lösl. in Br_2; unlösl. in Bzl. u. CCl_4. Beim Abkühlen der HBr-Lsg. Ausscheiden von $PoBr_4 \cdot x\,HBr \cdot y\,H_2O$. Reduzierbar mit SO_2 u. N_2H_4. Mit CsBr in HBr-Lsg. Nd. von dunkelrotem *Cs_2PoBr_6* (**II**), zers. sich bei 300°. *$PoBr_2$*, purpurbraune Verb., sublimiert bei 110° u. 0,03 mm unter leichter Zers. u. disproportioniert in N_2 bei 270–280°. Darst. aus **I** durch therm. Zers. oder Red. mit H_2S;

lösl. in einigen Ketonen u. verd. HBr-Lsg.; leicht oxydabel. $PoCl_2$ gibt mit Br-Dampf eine Interhalogenverb. mit der möglichen Zus. $PoCl_2Br_2$. Bei 100° gibt I mit NH_3 ziegelrotes $(NH_4)_2PoBr_6$ (III). $PoCl_4$ u. I geben mit Mono- u. Diketonen halogenfreie purpurviolette u. halogenhaltige gelbe (Cl) oder orangene (Br) krist. Verbindungen. Röntgenograph. Analysen: I, II u. III flächenzentriert kubisch. I, a = 5,60 kX, Po—Br-Abstand 2,8 kX. II, a = 10,99 kX, berechnete D. 4,75 g/cm³, Po—Br-Abstand 2,6 kX. III, a = 10,82 kX, berechnete D. 3,78 kX; Po—Br-Abstand 2,60 kX. Cs_2TeBr_6 ist strukturgleich mit II, a = 10,888 kX, berechnete D. 4,47 g/cm³; Te—Br-Abstand 2,61 kX. Der atomare Aufbau der Kristallzellen wird diskutiert. (J. chem. Soc. [London] **1955.** 3959—63. Nov.) R. LACMANN. 256

William V. Hough, Lawrence J. Edwards und **Albert D. McElroy,** *Die Reaktion zwischen Natrium und Diboran.* Kurze Notiz über eine Unters. der Rk. zwischen Na (als Amalgam) u. B_2H_6 in Ae. bei Raumtemperatur. Das nach 2 Tagen erhaltene Prod. der Zus. NaB_2H_6 erwies sich röntgenograph. als Gemisch von $NaBH_4$ u. einer bisher unbekannten Verb. NaB_3H_8 (I), die in reiner Form isoliert u. analysiert werden konnte. I ist lösl. in W., Ae. u. NH_3, therm. bis mindestens 200° beständig u. ergibt ein einheitliches, wohldefiniertes Röntgendiagramm. Die Bldg. von I nach $2\,Na + 2\,B_2H_6 \rightarrow NaBH_4 + NaB_3H_8$ wird kurz diskutiert; nach kinet. Unterss. scheint sich zu Anfang der Rk. als Zwischenstufe das von STOCK (Hydrides of Boron and Silicon, Ithaca, N. Y., Cornell Univ. Press [1933]) beschriebene $Na_2B_2H_6$ zu bilden. (J. Amer. chem. Soc. **78.** 689. 5/2. 1956. Callery, Pa., Callery Chem. Comp.) R. STEIN. 258

G. Sabatier, *Kinetik der Entwässerung einiger Silicate.* Mit der CHEVENARDschen Thermowaage wurde die Entwässerung von *Talk* (I), *Pyrophyllit* (II), *Kaolinit* (III) u. *Muskovit* (IV) bei konstanter Temp. untersucht. Method. wurde derart vorgegangen, daß die Probe schnell auf die gewünschte Versuchstemp. gebracht wurde u. hierauf jeweils am Ende einer gegebenen Zeit t die Menge abgegebenen W. q bestimmt wurde. Bezeichnet man mit Q die Menge des nach vollständiger Entwässerung abgegebenen W., dann gibt das Verhältnis q/Q = r das Fortschreiten der Rk. an. Gefunden wurde, daß die verschied. Tempp. entsprechenden Kurven r = f (t) sich durch eine einfache Änderung der Zeitskala herleiten lassen. Aus der Form der Kurven läßt sich erkennen, daß für I u. III die Entwässerung von einer Zerstörung des Kristallgitters begleitet ist. Bei II u. IV wird jedoch das Gitter nicht zerstört, sondern nur leicht deformiert; die Dissoziation ähnelt hier einer Art Diffusion der Wassermoll. aus dem Kristall. Wenn diese Deutung richtig ist, dann ist die Kinetik der Dissoziation von I u. III eine Rk. 1. Ordnung, d. h. die Geschwindigkeit der Dissoziation ist in jedem Augenblick proportional der Menge nichtdissoziierten W., was für diese beiden Mineralien auch der Fall ist. Die Geschwindigkeit der Dissoziation wächst beträchtlich mit der Temp.; sie verhundertfacht sich annähernd für eine Erhöhung der Versuchstemp. um 100°. Die folgenden Aktivierungsenergien (in kcal) wurden ermittelt: I: 95, II: 50, III: 44 u. IV: 94. Es wurde noch eine Beziehung hergeleitet, mit der man die Dissoziationskurven im Falle einer Erhitzung mit konstanter Geschwindigkeit aus den Untersuchungsergebnissen der Dissoziation bei konstanter Temp. herleiten kann. (J. Chim. physique Physico-Chim. biol. **52.** 60—64. Jan. 1955. Paris, Sorbonne, Labor. de Minéral.) C. GOTTFRIED. 261

Henri Guérin, *Darstellung und Pyrolyse von Arsensäureanhydrid.* Zur Darst. von reinem As_2O_5 wurde die Meth. von JUNGFLEISCH (1886) wie folgt abgewandelt: In einem Kolben mit aufgesetztem Kühler werden 600 g As_2O_3 mit 1200 g HNO_3, d = 1,35, versetzt u. bis zur völligen Auflsg. des As_2O_3 leicht erwärmt (bei zu stürm. Rk. Eiskühlung). Man kocht, bis die Lsg. farblos wird, dampft zuerst auf dem Wasserbad, später auf dem Sandbad ein, wobei die Temp. 350° nicht überschreiten darf. Die restlose Entfernung von W. u. Stickoxyden erfolgt während 24 Std. im Trockenschrank bei 350°. Man erhält so ein Prod. mit mindestens 99,5% As_2O_5 u. weniger als 0,5% W. u. As_2O_3. Die systemat. Unterss. der therm. Zers. des so gewonnenen Prod. erwiesen seine Stabilität im Vakuum u. an der Luft bis zu 400°. (Bull. Soc. chim. France, Mém. [5] **1955.** 1536—38. Nov./Dez. Nancy, Fac. des Sci., Labor. de Chim. Minérale Ind.) S. LANZ. 265

M. I. Ussanowitsch und **A. I. Mun,** *Bestimmung der Zusammensetzung des Systems $NaCl$–Na_2SO_4–H_2O aus dem spezifischen Gewicht und dem Brechungsindex.* Das Verf. beruht darauf, daß aus den Messungen der Dichtewerte u. des Brechungsindex *n* graph. die Zus. eines tern. Gemisches auf dem entsprechenden Dreiecksdiagramm ermittelt wird. Auf dem Diagramm Zus.–Eig. zeigt der Schnittpunkt der Isodenten mit der Isorefrakten unmittelbar die Zus. der Lsg. in Gew.-% an. Nach dieser Meth. kann auch ein Gemisch aus 2 festen Salzen analysiert werden. Ein nicht abgewogenes Gemisch aus NaCl u. Na_2SO_4 wird in W. gelöst (die Lsg. soll nicht sehr verd. sein). Von der Lsg. werden D. u. *n* bestimmt, auf dem Diagramm der Isolinien die Zus. abgelesen u. hieraus das Verhältnis zwischen NaCl u. Na_2SO_4 in der Ausgangsmischung ermittelt. (Журнал Прикладной Химии [J. angew. Chem.] **28.** 436—40. April 1955.) OTTO MAIER. 274

L. Silverman, *Herstellung von schlackenfreiem Natrium und anderen niedrigschmelzenden Metallen und Legierungen mittels der Untergußmethode.* Das für das Gießen von Messing u. Bronze in Formen bekannte Verf. des Untergusses läßt sich auch im Labor. bei der Herst. von schaum- u. schlackenfreiem Na u. von anderen niedrigschm. Legierungen anwenden. (Rev. sci. Instruments **24.** 80—81. Jan. 1953. Downey, Calif., Atomic Energy Res. Dep.) W. DEUTSCH. 274

Ja. A. Fialkow und **W. B. Tschernogorenko,** *Über das Kaliumchloridhydrat.* Die Unters. erfolgte nach dem Verf. der differentialtherm. Analyse bei niedrigen Tempp., wie sie für geringe Einwaagen organ. Stoffe entwickelt wurde. — Neben dem bekannten eutekt. Punkt (EP.) bei 24,8 g KCl auf 100 g W., von Vff. zu $-10,76 \pm 0,01^0$ gemessen, wurde ein zweiter EP. bei $-9,80^0$ gefunden: EP. des Hydrats des KCl, bei welchem Hydrat u. Eis gemeinsam ausfallen, während bei $-10,76^0$ das wasserfreie KCl u. Eis eutekt. auskristallisieren. Das Hydrat hat die Zus. $KCl \cdot H_2O$, F. $-5,30^0$, in Ggw. der Lsg. jedoch ist F. $-8,20^0$, bei welcher Temp. sich das Hydrat in wasserfreies Salz (u. W.) umwandelt. Die große Menge KCl in Lsg. wirkte senkend auf den EP. des Hydrats ($-9,80^0$) (Fehlmessungen bis $-10,20^0$). Dennoch hat das angewandte Verf. der therm. Analyse bei tiefen Tempp. vor der RAOULT-BECKMANN-Meth. mehrere Vorzüge, es ermöglichte hier den Nachw. des bis dahin nicht aufgefundenen Hydrats $KCl \cdot H_2O$. (Доклады Академии Наук СССР [Ber. Akad. Wiss. UdSSR] **102.** 759—62. 1/6. 1955. Inst. für allg. u. anorgan. Chem. der Akad. der Wiss. der UkrSSR.) A. v. WILPERT. 275

E. C. Subbarao und **F. A. Hummel,** *Das System Cadmiumoxyd–Boroxyd.* 1. Mitt. *Phasengleichgewichte.* Vff. untersuchten nach der Abschreckmeth. u. durch differentielle therm. Analyse das Phasendiagramm des Syst. $CdO–B_2O_3$. Im fl. Zustand ist zwischen annähernd 100% u. 46% B_2O_3 eine Mischungslücke vorhanden. Die Verbb. $2\,CdO \cdot 3\,B_2O_3$ (44,86% B_2O_3) u. $3\,CdO \cdot 2\,B_2O_3$ (26,55% B_2O_3) schm. kongruent bei 980 ± 5 bzw. 1005 ± 5^0 u. bilden ein einfaches eutekt. System. Die Verb. $2\,CdO \cdot B_2O_3$ (21,33% B_2O_3) weist nahe 900° eine reversible Umwandlung zwischen β- u. α-Form auf u. schm. kongruent bei 980°. Eine von einer großen Volumenänderung begleitete polymorphe Umwandlung der Verb. $3\,CdO \cdot B_2O_3$ (15,31% B_2O_3) findet bei 875° statt. Die Verb. schm. bei 1020°. Die angegebenen Verbb. u. polymorphen Umwandlungen wurden durch Röntgenbeugungsaufnahmen, opt. u. therm. Daten charakterisiert. Ergänzend sind einige Unterss. über die Löslichkeit im festen Zustand von MnO in $2\,CdO \cdot 3\,B_2O_3$, $3\,CdO \cdot 2\,B_2O_3$ u. $2\,CdO \cdot B_2O_3$ angeführt. (J. electrochem. Soc. **103.** 29—33. Jan. 1956. University Park, Pa., Pennsylvania State Univ., Coll. of Min. Ind., Dep. of Ceramic Technol.) I. KARUTZ. 283

C. J. Nyman, E. W. Murbach und **G. B. Millard,** *Potentiometrische, p_H- und polarographische Untersuchung der Komplexionen von Zink(II) und Äthylendiamin.* Mittels p_H-Messungen, polarograph. u. potentiometr. Unterss. wurden die Komplexbildungskonstanten der zwischen Zn(II)-Ionen u. Äthylendiamin gebildeten Komplexionen untersucht. Während die p_H-Messungen u. die potentiometr. Unterss. prakt. gleiche Konstanten liefern ($\log K_1 = 6,00$ bzw. 6,00; $\log K_2 = 11,11$ bzw. 10,81 u. $\log K_3 = 13,15$ bzw. 12,98 bei 25° u. einer Ionenstärke von $\mu = 0,1-0,5$), ergab die polarograph. Unters. mit $\log K_2 = 13,65$ u. $\log K_3 = 14,48$ ($\log K_1$ konnte aus experimentellen Gründen polarograph. erst später bestimmt werden) etwas stabilere Komplexe, was wahrscheinlich auf die Ggw. von Gelatine zurückzuführen ist, deren Zusatz zur Maximumunterdrückung im Polarogramm der Zinkaminkomplexlsg. notwendig ist. Die Ergebnisse werden diskutiert u. mit denen anderer Autoren verglichen. (J. Amer. chem. Soc. **77.** 4194—97. 20/8. 1955. Pullmann, Wash., State Coll., Dep. of Chem.) W. NIEMITZ. 288

C. J. Nyman, D. K. Roe und **D. B. Masson,** *Polarographische Untersuchung der Quecksilber(II)-Komplexe mit Äthylendiamin, 1.2-Propandiamin und Diäthylentriamin.* Aus polarograph. Unterss. von Lsgg. von Hg(II)-Ionen in *Äthylendiamin* (en), *1.2-Propandiamin* (pn) u. *Diäthylentriamin* (dien) bei 25° mittels gegenüber früher etwas modifizierter Meth. ergeben sich die Komplexbildungskonstanten K_2 für die Ionen $[Hg\,(en)_2]^{2+}$ zu $1,5 \cdot 10^{23}$, für $[Hg\,(pn)_2]^{2+}$ zu $3,4 \cdot 10^{23}$ u. für $[Hg\,(dien)_2]^{2+}$ zu $1,15 \cdot 10^{25}$. Für die Bildungskonstante des $[Hg\,(dien)]^{2+}$-Ions wird aus dem genannten Wert u. der von PRUE u. SCHWARZENBACH bestimmten 2. Komplexkonstanten ($K_2 = 1 \cdot 10^7$) ein Wert von $1,2 \cdot 10^{18}$ errechnet. Jedoch gestattet die Ggw. dieser Komplexionen allein noch keine vollständige Deutung der experimentellen Daten, sondern es liegen Anzeichen für höhere Komplexionen (z. B. $[Hg\,(en)_3]^{2+}$ u. $[Hg\,(en)_4]^{2+}$ bzw. vielleicht auch von komplizierteren Ionen, wie $[Hg(en)_2(OH)]^+$ vor. (J. Amer. chem. Soc. **77.** 4191—93. 20/8. 1955. Pullman, Wash., State Coll., Dep. of Chem.) W. NIEMITZ. 290

Karl Friedrich Jahr und **Hans Plaetschke,** *Über die Konstitution der Natriumaluminatlösungen.* Durch kryoskop., konduktometr. u. Diffusionsmessungen ergibt sich, daß in 0,01—0,5mol. Na-Aluminatlsgg. nur einwertige Anionen verschied. Molekulargrößen nebeneinander existieren, u. zwar Mono-, Di-, Tri- u. Tetraaluminationen je nach der OH^--Konz. in verschied. Mol-Verhältnissen. Diese Ionen sind in stärker alkal. Lsg. aus Tetrahydroxoaluminattetraedern, in schwach alkal. Lsg. aus Diaquotetrahydroxoaluminatoktaedern so aufgebaut, daß je 2 Koordinationspolyeder durch eine gemeinsame Hydroxogruppe miteinander verbunden sind. Durch Lichtabsorptionsaufnahmen im UV wird diese Annahme gestützt. In extrem alkal. Lsgg. mit hoher Al-Ionenkonz. entstehen höherwertige Polyaluminationen. (Naturwissenschaften **38.** 302. Juli 1951. Berlin, Humboldt-Univ., 1. Chem. Inst.) H.-G. MOSLÉ. 294

Aldo Turco und **Lucio Salsilli,** *Über die Entwässerung von Galliumsulfathydrat.* Nach der Meth. der isobaren Entwässerung wurde die Entwässerung von $Ga_2(SO_4)_3 \cdot 18\,H_2O$ untersucht. Nachgewiesen wurde die Existenz der Hydrate mit 18, 11, 14 u. 7 Moll. H_2O. Aus den erhaltenen Druck- u. Temperaturdaten wurden die folgenden Reaktionswärmen erhalten: $Ga_2(SO_4)_3 \cdot 15\,H_2O + 3\,H_2O \rightleftharpoons Ga_2(SO_4)_3 \cdot 18\,H_2O +$ 14000 cal/Mol H_2O, $Ga_2(SO_4)_3 \cdot 14\,H_2O + H_2O \rightleftharpoons Ga_2(SO_4)_3 \cdot 15\,H_2O +$ 14500 cal/Mol H_2O, $Ga_2(SO_4)_3 \cdot 7\,H_2O + 7\,H_2O \rightleftharpoons Ga_2(SO_4)_3 \cdot 14\,H_2O +$ 15500 cal/Mol H_2O. (Gazz. chim. ital. **85.** 192—98. Jan./Febr. 1955. Padova, Univ., Ist. di Chim. gen.) C. GOTTFRIED. 295

D. I. Rjabtschikow und **Je. A. Terentjewa,** *Neues über die Trennmethoden Seltener Erden.* Übersicht über fraktionierte Kristallisation, homogene Fällung, Extraktion mit organ. Lösungsmitteln. Trennung mit Hilfe von Ioniten sowie auf der Valenzänderung oder auf der verschied. Ionenbeweglichkeit beruhende Verff. an Hand der Literatur. — 74 Literaturangaben. (Успехи Химии [Fortschr. Chem.] **24.** 260—74. 1955.) O. LEBTAG. 303

W. Ss. Kutzew und **B. F. Ormont,** *Untersuchung des Gleichgewichtes bei der Reduktion von TiO_2 durch Kohlenstoff bei hohen Temperaturen.* Nach krit. Besprechung der recht zahlreichen Unterss. anderer Forscher wird über eigene Gleichgewichtsunterss. zwischen 1600 u. 2000° K berichtet. TiO_2 wurde mit Graphit in einem elektr. Vakuumkurzschlußofen erhitzt. Gemessen wurde der sich einstellende Gleichgewichtsdruck. Die entstandenen festen Phasen wurden chem. u. röntgenograph. analysiert. Es wurden folgende feste Phasen gefunden: ein Oxycarbid (mit NaCl-Struktur) u. Graphit von 1600—2000° K, eine Phase der Zus. von angenähert $TiO_{1,7}$ („Ti_2O_5“) bei 1700—1900° K u. eine Phase „Ti_2O_3“ mit Korundstruktur bei 2000° K. Die oxycarbid. Phase TiC_xO_y hatte eine wechselnde Zus. (x = 0,6—0,75; y ca. 0,1—0,4). Der sich einstellende Gasdruck entsprach dem jeweiligen Gleichgewicht des Syst. TiC_xO_y–C–CO. (Журнал Физической Химии [J. physik. Chem.] **29.** 597—601. April 1955. Moskau, Karpow-Inst. für Physik. Chem.) E. KORDES. 321

M. H. Davies und **C. E. Birchenall,** *Oxydation von Titan.* Die Oxydationsgeschwindigkeit von Ti im Temperaturgebiet von 650—950° wird gemessen u. das hierbei festgestellte lineare Geschwindigkeitsgesetz durch Grenzflächenreaktionsvorgänge erklärt. Durch Spurunterss. wird ferner festgestellt, daß O in wenigstens eine Phase der Oxydschicht diffundiert. (J. Metals **3.** 877—80. Okt. 1951; **4.** 534—36. Mai 1952. Pittsburgh Pa., Carnegie Inst. of Technol.) H. HOCHSTEIN. 321

Chudoba, *Strontiumtitanit, ein neuer synthetischer Stein?* Ausgehend von den Eigg. von Calciumtitanit, $CaO \cdot TiO_2 \cdot SiO_2$, der als „Titanit“ oder „Sphen“ in der Natur vorkommt u. auch als Schmuckstein gelegentlich Verwendung findet, wurden vom Vf. die Eigg. des nur synthet. dargestellten Strontiumtitanits vorausgesagt. Danach besitzt er eine sehr niedrige Härte (~5—5½), sehr hohe Doppelbrechung u. eine beträchtliche Dispersion. (Dtsch. Goldschmiede-Ztg. **52.** 2. Jan. 1954.) C. GOTTFRIED. 321

Henry Gilman und **Clare W. Gerow,** *Die Bildung von Hexaphenyldigerman und Kohlenmonoxyd bei der Reaktion von Triphenylgermyllithium mit einigen Estern.* $(C_6H_5)_3 \cdot GeLi$ (I) reagiert mit $(C_6H_5)_3GeCOOCH_3$ (II) in Äthylenglykoldimethyläther nicht wie erwartet gemäß **I** + **II** → $[(C_6H_5)_3Ge]_2CO + LiOCH_3$, sondern unter stürm. Entw. von CO nach **I** + **II** → CO + $LiOCH_3$ + $(C_6H_5)_3GeGe(C_6H_5)_3$ (**III**) (F. 340—342°; 75% Ausbeute). In analoger Weise setzt sich **I** mit $CO(OC_2H_5)_2$ um: auch hier bilden sich nur CO u. **III** (88%). $(C_6H_5)_3SiLi$ reagiert entsprechend mit **II** zu $LiOCH_3$, CO u. $(C_6H_5)_3 \cdot SiGe(C_6H_5)_3$ (F. 357—359°; 84%). (J. Amer. chem. Soc. **77.** 4675—76. 5/9. 1955. Ames, Io., Iowa State Coll., Dep. of Chem.) U. WANNAGAT. 326

F. Jakowlewa und **T. Ssumarokowa**, *Binäre Systeme, die $SnCl_4$ mit Carbonsäuren der Fettreihe bildet.* An den Systemen $SnCl_4$–C_2H_5COOH, $SnCl_4$–C_3H_7COOH u. $SnCl_4$–$C_5H_{11}COOH$ wurden bei 30, 50 u. 70° Messungen der elektr. Leitfähigkeit, der Viscosität u. der D. durchgeführt. Weiterhin wurde eine Korrektur der Leitfähigkeit mit Bezug auf die Viscosität durchgeführt, der Temperaturkoeff. von I ermittelt, die Konstante B in der Formel $\ln \eta = A + B/RT$ u. das spezif. Volumen bestimmt. Aus den Kurven dieser verschied. Größen in Abhängigkeit von der Zus. ergibt sich bei allen 3 bin. Systemen die Existenz von Verbb. der Formel $SnCl_4 \cdot 2\ RCOOH$ u. $SnCl_4 \cdot 3\ RCOOH$. (Известия Академии Наук Казахской ССР, Серия Химическая [Nachr. Akad. Wiss. KasachSSR, Ser. Chem.] **1953**. Nr. 6. 39—53.) M. Wiedemann. 327

F. Jakowlewa und **T. Ssumarokowa**, *Binäre Systeme, die $SnCl_4$ mit Carbonsäuren der Fettreihe bildet.* 2. Mitt. (1. vgl. vorst. Ref.) An dem Syst. $SnCl_4 \cdot C_{10}H_{21}COOH$ wurden bei 30, 50 u. 70° u. an dem Syst. $SnCl_4$–$C_{15}H_{31}COOH$ bei 50, 60 u. 70° Messungen der Leitfähigkeit, der D. u. der Viscosität sowie Bestimmungen des Temperaturkoeff. der Leitfähigkeit, der Konstante A u. des spezif. Vol. durchgeführt. Auch hier ergab sich die Existenz von Verbb. vom Typ $SnCl_4 \cdot 2\ RCOOH$ u. $SnCl_4 \cdot 3\ RCOOH$. Anschließend diskutieren Vff. die Wechselwrkg. zwischen $SnCl_4$, $AsCl_3$ u. $SbCl_3$ u. O-haltigen Verbb., wie den Fettsäuren u. Chlorfettsäuren. Die Verbb. $SnCl_4 \cdot 2\ RCOOH$ sind Säuren, deren Stärke mit der Länge des Radikals abnimmt, wie Messungen in CCl_4 ergaben. (Известия Академии Наук Казахской ССР, Серия Химическая [Nachr. Akad. Wiss. KasachSSR, Ser. Chem.] **1953**. Nr. 6. 54—68.) M. Wiedemann. 327

Henry Gilman und **T. C. Wu**, *Einige wasserlöslich-machende Gruppen enthaltende Organozinnverbindungen.* Vff. stellten Methojodide u. Methosulfate einiger Organozinnverbb. mit tert. Aminogruppen dar. Die Löslichkeit dieser Verbb. in W. nahm mit wachsender Zahl quaternärer Ammoniumgruppen im Mol. zu. — *Tetra-[p-dimethylaminophenyl]-zinn* (I)*-tetramethojodid*, $C_{36}H_{52}N_4J_4Sn$, F. 190° (Zers., W.), aus I u. CH_3J in Methanol durch 4std. Rückflußkochen, Nadeln; 93% (Ausbeute). — I-*Tetramethosulfat* (?), Erweichung bei 180° unter Gasentw., Schwarzfärbung bei 195°, aus 3 g I u. 10,4 g $(CH_3)_2SO_4$ in Methanol durch 1½std. Rückflußkochen, Reinigung durch Lösen in heißem Methanol u. Ausfällen mit Ae., Prod. unrein; 3,1 g. — *Triphenyl-[p-dimethylaminophenyl]-zinn* (II)*-methojodid*, $C_{27}H_{28}NJSn$, F. 167—169° (Zers., Erhitzen 6°/Min.), F. 164° (Erhitzen 2°/Min.), aus II u. CH_3J in Methanol durch Rückflußkochen; 95%. — II-*Methosulfat*, $C_{28}H_{31}O_4NSSn$, F. 240—243° (Methanol, Zers., Erhitzen 3°/Min.), F. 244—246° (6°/Min.), aus II u. $(CH_3)_2SO_4$ in trockenem Bzl. durch 2std. Erhitzen unter Rückfluß; 86%. — *Diphenyldi-[p-dimethylaminophenyl]-zinn* (III)*-dimethojodid*, $C_{30}H_{36}N_2J_2Sn$, F. 164 bis 168° (Methanol, Zers., 4°/Min.), aus III u. CH_3J durch 3std. Stehen; 98%. — III-*Dimethosulfat* (?), aus 5,1 g III u. $(CH_3)_2SO_4$ in Methanol durch 2std. Rückflußkochen, aus der wss. Lsg. des Reaktionsprod. wurden 0,9 g feines Pulver mit Aceton ausgefällt, F. 125°, weiteres Aceton fällte ein nicht zu reinigendes Öl aus. — *Triphenyl-[γ-diäthylaminopropyl]-zinn*, zur Suspension von 6,6 g $SnCl_2$ in Ae. unter Rühren bei —10° innerhalb 1½ Std. 0,11 Mol Li-Phenyl in N_2-Atmosphäre zugetropft, in 15 Min. γ-Diäthylaminopropylchlorid in Ae. zugefügt u. 2 Std. unter Rückfluß gekocht; 14,5 g öliger Rückstand (Nebenprod. Tetraphenylzinn, F. 215—220°). *Methojodid*, $C_{26}H_{34}NJSn$, F. 173—175° (A. u. PAe.), glänzende Platten; 68%. *Methosulfat*, F. 118—132° (Zers.), Reinigungsverss. erfolglos. — *Triphenyl-[p-bromphenyl]-zinn*, $C_{24}H_{19}BrSn$, F. 133—135° (A.–Bzl.), zu p-Brombenzol in Ae. bei 0° n-Butyllithium zugegeben, nach 10 Min. äquimol. Menge MgJ_2 zugegeben u. 10 Min. weitergerührt unter Abkühlung auf —20° u. dann äquimol. Menge Triphenylzinnchlorid in Bzl. rasch zugesetzt; 86%. (J. Amer. chem. Soc. **77**. 3228—30. 20/6. 1955. Ames, Io., State Coll., Chem. Labor.)
L. Fischer. 327

P. Souchay und **J. Faucherre**, *Beitrag zur Kenntnis der Heteropolysäuren. Über die Konstitution der Phosphormolybdatlösungen.* Wss. Lsgg. von Na_2MoO_4 u. Na_2HPO_4 werden mit 9,5n H_2SO_4 titriert u. kryoskop. untersucht; das Mol-Verhältnis Mo/P (p) liegt zwischen 0,8 u. 2,5. Die gleichen Lsgg., gesätt. mit Na_2SO_4, werden potentiometr. untersucht. Es bilden sich dabei die farblosen Komplexe $2\ MoO_3 \cdot P_2O_5 \cdot 2\ Na_2O$ (I) u. $5\ MoO_3 \cdot P_2O_5 \cdot 3\ Na_2O$ (II). Aus der Änderung des p_H-Wertes mit der Konz. entnehmen Vff., daß II im Gleichgewicht steht nach $[(MoO_3)_5(PO_4)_2]^{6-} + 8\ OH^- \rightleftharpoons 2\ (HPO_4)^{2-} + 5\ (MoO_4)^{2-} + 3\ H_2O$. I ist nur in einem schmalen p_H-Bereich beständig, außerhalb dieses zerfällt es in II u. Na_2HPO_4. Kryoskop. u. potentiometr. Unterss. von Lsgg. mit p = 11 zeigten die Existenz von hellgelbem $Na_7[(MoO_3)_{11}PO_6]$ (III). In mittelstarken Säuren entsteht daraus gelborange $[(MoO_3)_{12}PO_4]^{3-}$ (IV), beim Zusatz von Alkali II. Beim Zusatz von Na_2HPO_4 zu III zeigen colorimetr. Messungen den quantitativen Umsatz zu II. Aus polarograph. Messungen werden der Anteil von II, III, IV u. das

Verhältnis Mo/P (komplex gebunden) = q in Lsgg. mit p = 3—12 ermittelt u. in Abhängigkeit vom p_H graph. dargestellt. Der Anteil von **IV** fällt mit steigendem p_H (über 0,5), der von **III** steigt. Große p-Werte begünstigen **IV** gegenüber **III**. Ab p_H 1 tritt **II** auf, dessen Anteil sich mit steigendem p_H-Wert einem Grenzwert nähert. Die q-Werte fallen mit steigendem p_H auf 2,5. In konz. Lsgg. reagiert die Säure der Verb. **IV** mit H_3PO_4 nach 9 **IV** + 3 $H_2PO_4^-$ → 6 $[(MoO_3)_{18}(PO_4)_2]^{6-}$ + 6 H^+. Geschwindigkeit u. Ausmaß der Rk. werden untersucht. Steigende Mo- u. H_3PO_4-Konzz. vergrößern Geschwindigkeit u. Ausmaß der Rk.; Neutralisation vermindern beides. Durch Zusatz von HNO_3 wird der Umsatz vergrößert. Die Ergebnisse werden zusammen mit denen von anderen Heteropolysäuren diskutiert. (Bull. Soc. chim. France, Mém. [5] **18.** 355—64. Mai/Juni 1951. Paris, Fac. des Sci., Labor. Enseignement de chim.) R. LACMANN. 336

P. Souchay, *Beitrag zur Kenntnis der Heteropolysäuren. Isomerien.* (Vgl. vorst. Ref.) Es werden folgende Heteropolysäuren untersucht: *Wolframkieselsäure* (**Ia**) bzw. *Silicowolframsäure* (**Ib**), *Borwolframsäure* (**II**) u. *Phosphor-9-wolframsäure* (**III**). Die präparative Darst. des K-Salzes von **Ia**, der hexagonalen Form von **II** u. der NH_4-Salze von **III** (α, β) wird beschrieben. Polarograph. Unterss. zeigen, daß die isomeren Verbb. von **II** u. **III** in Lsg. ähnliche Eigg. haben. Mit einer GUICHARD-Waage wird die Wasser-, NH_3- u. Pyridinabspaltung bei steigender Temp. untersucht. Es gibt zwei NH_4-Salze von **III**: 3 $(NH_4)_2O \cdot P_2O_5 \cdot 18\ WO_3 \cdot 18\ H_2O$ (α) u. 3 $(NH_4)_2O \cdot P_2O_5 \cdot 18\ WO_3 \cdot 14\ H_2O$ (β). Die Verbb. **Ia** u. **Ib** sind identisch. Die Zers. des Pyridinium- u. des NH_4-Salzes von **II** zeigen, daß die hexagonale Säure ebenso wie die quadrat. eine Bor-12-wolframsäure ist. Die K-Salze von Phosphorwolframsäuren mit verschied. W/P-Verhältnissen u. die hexagonale u. quadrat. Säure **II** werden durch therm. Analyse zwischen 130 u. 650° untersucht. (Bull. Soc. chim. France, Mém. [5] **18.** 365—69. Mai/Juni 1951.) R. LACMANN. 336

Bertrand Goldschmidt, Pierre Regnaut und **Isabelle Prévot,** *Ein Verfahren zur Lösungsmittelextraktion von Plutonium aus in Reaktoren bestrahltem Uran.* Die Extraktion von U u. Pu mit *Tributylphosphat* (**I**) aus salpetersaurer Lsg. wird zur Abtrennung von Pu aus U in techn. Maßstab verwendet. Die Ggw. des U vermindert die Extraktion von Pu u. Spaltprodd. beträchtlich, während eine Erhöhung der Säurekonzz. sie begünstigt. NO_2^- fördert die Extraktion von Pu als Pu^{4+}, während Pu^{3+} nicht extrahiert wird. Folgendes Verf. wird beschrieben: Die Hülle der U-Stäbe wird mechan. oder chem. (Al mit NaOH, Mg mit 0,5n HNO_3) entfernt. Die Stäbe werden in 12n HNO_3 bei 110° unter Rückfluß gelöst, wobei zur Oxydation nitroser Gase O_2 zugeführt wird. Die Lsg. wird auf 1,65 mol. U u. 1,7n HNO_3 verd. u. im Gegenstrom mit **I** in 40% ig. Lsg. in einem hochsd. KW-stoff, frei von Mono- u. Dibutylphosphat, extrahiert u. 2 mal mit 3- bis 4n HNO_3 gewaschen. Die organ. Phase enthält 100% des U, 99,8% des Pu, 0,5% der β- u. 1% der γ-Aktivität der Spaltprodukte. Zur Rückextraktion des Pu wird dieses durch 0,3n Hydrazin in 0,2n Säure oder — bei 2 g Pu/Liter — durch Fe(II)-Sulfamat in Pu^{3+} übergeführt u. extrahiert. Dabei wird das Volumenverhältnis organ./wss. Phase = 7,0 gehalten. Die wss. Schicht enthält neben dem Pu ca. 0,5 g U/Liter. Sie wird mit NaOH gefällt, zentrifugiert, in HCl oder HNO_3 gelöst u. nach einem oder mehreren der folgenden Verff. gereinigt: a) erneute Extraktion mit **I**, b) mehrfache Fällung mit Oxalsäure aus 0,7n HCl oder HNO_3, c) Adsorption an Ionenaustauschern, bes. als $Pu(NO_3)_6^{2-}$ an Anionenaustauschern, d) Extraktion mit organ. Lösungsm. als Diketoverb. — z. B. mit Thenoyltrifluoraceton — oder als Komplex mit quaternären NH_4-Salzen vom Typ $Pu(NO_3)_6[N(CH_3)_2R_1R_2]$, R_1, R_2 sind Paraffine mit 8, 10 oder 12 C-Atomen. U wird nach der Entfernung des Pu mit W., die letzten Reste mit Na_2CO_3, rückextrahiert u. konz., es wird zur Reinigung erneut mit **I** extrahiert u. schließlich aus saurer Lsg. mit Oxalsäure gefällt u. therm. unter vermindertem Druck zu UO_2 zersetzt. Die salpetersaure Lsg. der Spaltprodd. wird eingedampft u. die HNO_3 weitgehend durch Formaldehyd zerstört. Die Gesamtausbeute an U beträgt >99, die an Pu >97%, Spaltprodd. werden in beiden um den Faktor 10^6—10^7 abgereichert. Die am schwierigsten zu entfernenden Spaltprodd. sind Zr, Nb u. Ru. (Bull. Soc. chim. France [5] **1956.** 103—06. Jan. Paris, Comm. à l'Énergie Atom., Dép. de Chim.) G. HERRMANN. 343

F. Brown, Heather M. Ockenden und **G. A. Welch,** *Die Darstellung und Eigenschaften einiger Plutoniumverbindungen.* 2. Mitt. *Plutoniumnitrid.* (1. vgl. C. **1956.** 5772.) PuN bildet sich beim Erhitzen von Pu im N_2-Strom bis auf 1000° nur an der Oberfläche des Metalls. Rasch u. quantitativ entsteht es beim Erhitzen von Plutoniumhydrid im N_2-Strom schon ab 240°. Röntgenaufnahmen des schwarzen u. harten Pulvers zeigen ein flächenzentriertes kub. Gitter mit a = 4,905 Å. Auffallend ist seine leichte Hydrolysierbarkeit. An der Luft färbt es sich braun, in feuchter Luft ist die Hydrolyse in wenigen Std. vollständig, in heißem W. verläuft sie in einigen Sek. zu einer voluminösen, schwarzen Masse. Entsprechend löst sich PuN auch in Mineralsäuren, vorwiegend unter Bldg.

von Pu^{3+}. Der N wird dabei quantitativ in NH_4^+ verwandelt. Mit Urannitrid besteht keine Ähnlichkeit. (J. chem. Soc. [London] **1955.** 4196—4201. Dez. Cumberland, Windscale Works, U. K. Atom. Energy Authority, Ind. Group.) G. HARTMANN. 343

G. Wilkinson und **J. M. Birmingham,** *Biscyclopentadienylrheniumhydrid — ein neuer Hydridtyp.* Vff. gewannen aus $ReCl_5$ u. Na-Cyclopentadien in Tetrahydrofuranlsg. nach Verdampfen des Solvens u. Erhitzen auf 120—170° im Vakuum ein gelbes, kristallines Sublimat, 20%, bezogen auf $ReCl_5$, vom F. 161—162°, dem auf Grund seiner chem. Eigg. u. seines magnet. Kernresonanzspektr. die Formel eines *Bis-cyclopentadienylrheniumhydrides,* $(C_6H_5)_2ReH$, zugeordnet wurde. (J. Amer. chem. Soc. **77.** 3421—22. 20/6. 1955. Cambridge, Mass., Harvard Univ., Mallinckrodt Labor.) L. FISCHER. 352

Hans B. Jonassen und **Thomas O. Sistrunk,** *Die Faktoren, welche den Richtungseinfluß der Nitrogruppe in den Nitrokomplexen von Palladium(II) beeinflussen.* 3. Mitt. *Wechsel in der Elektronegativität der Halogengruppe.* (2. vgl. C. **1954.** 6446.) Ein Reaktionsmechanismus für die Rk. von Dichlorodiamminpalladium(II) mit Natriumnitrit wird auf Dibromo-, Dijodo- u. Dicyanodiamminkomplexe von Pd(II) ausgedehnt. Es werden die Wirkungen der Variation der Halogen-Gruppe u. der koordinierten neutralen Gruppe in den Rkk. der Komplexe vom Typus PdA_2X_2 mit Natriumnitrit näher untersucht ($A = NH_3$, $C_2H_5NH_2$, $n\text{-}C_3H_7NH_2$; $X = Br^-$, J^-, CN^-). Die Präparation von Pd (II)-Bromid, -Jodid u. -Cyanid, die Kristallisation der cis- u. trans-Fraktion sowie die Teste zur Unterscheidung zwischen den cis- u. trans-Isomeren u. die Präparation von 17 Komplexen werden angegeben. Näher diskutiert werden der Wechsel in der Halogengruppe u. die Wirkungen der Temperaturvariationen sowie die Rk. von cis-Dinitritodiamminpalladium(II) mit n-Propylamin. (J. physic. Chem. **59.** 290—93. April 1955. New Orleans, La., Tulane Univ., Richardson Chem. Labors.) E. HAHN. 365

Heinz Gerlach, Entwicklung und gegenwärtiger Stand der Systematik der Transurane. Berlin: Akademie-Verl. 1955. (VIII + 256 S. m. Abb. u. Tab.) 8°. DM 29,—.

A₉. Mineralogische und geologische Chemie.

Jan Kutina, *Selektive Verdrängung der inneren Teile der Arsenkieskristalle usw. aus Horní Malá Upa (Ober-Kleinaupa), Riesengebirge.* Es wird die außergewöhnlich deutliche selektive Verdrängung der inneren Teile der Arsenkieskristalle durch *Zinkblende, Kupferkies, Magnetkies* u. *Quarz* aus Horní Malá Úpa im Riesengebirge beschrieben. Durch das Kombinieren von erzmkr., röntgenograph. u. spektralanalyt. Unters. wurde gefunden, daß die beiden, inneren u. äußeren, Kristallteile nur von Arsenkies gebildet sind. Die inneren sind jedoch intensiver ätzbar u. durch jüngere Minerale verdrängbar. (Neues Jb. Mineralog., Abh. **86.** 86—102. Dez. 1953. Prag, Karlsuniv., Mineralog. Inst.) J. E. HILLER. 378

A. D. Raktschejew, *Die erzführenden Schiefer des Karabasch-Bezirkes und ihr Zusammenhang mit den Prozessen der Sulfidvererzung.* Von den im Karabasch-Bezirk (Ural) weitverbreiteten hydrothermalen Metamorphoseprozessen werden nur die Sericitisierung u. die Chloritisierung erörtert. Es zeigte sich, daß mit abnehmendem Abstand vom Erzkörper Mg, Ca u. Fe abnehmen, während K zunimmt. Dieses Verh. der Elemente in der Zone der *Quarz–Chlorit–Sericit-* u. *Chloritschiefer* entspricht ungefähr der Richtung der hier verlaufenden metasomat. Reaktionen. Sericitisierung u. Chloritisierung erfolgten in alkal. Lösung. (Вестник Московского Университета, Серия Физико-Математических и Естественных Наук [Nachr. Moskauer Univ.] **8.** Nr. 8. [physik.-math. naturwiss. Ser.] Nr. 5. 147—56. Aug. 1953. Lehrstuhl für Petrographie.) O. LEBTAG. 378

N. M. Iwkin, *Über den Analcim vom Karadag.* Der im Karadag-Gebirge vorkommende Analcim (I) besitzt nach der chem. Analyse die empir. Formel $Na_2 \cdot (K_2, Ca, Mg)O \cdot Al_2O_3 \cdot 4\,SiO_2 \cdot 2\,H_2O \cdot$; D. 2,24; Härte 5; opt. isotrop; im durchfallenden Licht völlig durchsichtig; Brechungsindex 1,489. Kennzeichnend für den untersuchten **I** ist der geringe Geh. an K_2O, CaO u. MgO. Der geringe Geh. an CaO u. MgO ist durch die Paragenese von **I** mit Calcit bedingt. Am häufigsten tritt **I** im Karadag in den Basalten u. Andesiten auf. (Записки Всесоюзного Минералогического Общества [Schr. Allunions mineralog. Ges.] [2] **84.** 226—27. 1955.) O. LEBTAG. 380

Robert D. Allen und **Henry Kramer,** *Das Vorkommen von Bassanit in zwei Wüstenseebecken im südöstlichen Californien.* Bassanit, $CaSO_4 \cdot 0{,}5\,H_2O$, wurde in Bohrkernen aus 2 Wüstenseebecken neben Gips gefunden. (Amer. Mineralogist **38.** 1266—68. Nov./Dez. 1953. Claremont, Calif., U. S. Geol. Survey.) F. ENSSLIN. 380

Adolph Knopf, *Clintonit, ein kontakt-metasomatisches Produkt des Boulder Batholiths, Montana.* Clintonit, ein spröder Glimmer, kommt vergesellschaftet mit Grossular, Hydrogrossular, Vesuvian, blauem Spinell in einem pyrometasomat. verwitterten Kalkeinschluß in dem Granodiorit des Boulder Batholiths vor. Auch an den Kontakten des Batholiths findet er sich mit schwarzem Spinell. (Amer. Mineralogist **38.** 1113—17. Nov./Dez. 1953. Stanford, Calif., Stanford Univ.) F. ENSSLIN. 380

Roswell Miller III, *Der Webster-Addie ultramafische Ring, Jackson County, Nord Carolina, und die sekundäre Verwitterung seines Chromits.* Der ultramaf. Ring ist konkordant mit dem Gneis u. besteht aus Duniten, Websteriten u. Enstatitpyroxeniten, welche beschrieben werden. Angabe von Analysen von Olivinen, Enstatiten, Chromiten u. Kämmererit. Durch hydrothermale Verwitterung wurde der Chromit unter Abfuhr von Cr_2O_3, Fe_2O_3 u. FeO in Kämmererit verwandelt. Im ersten Stadium der Verwitterung nimmt der Geh. an Fe_2O_3 stark zu. (Amer. Mineralogist **38.** 1134—47. Nov./Dez. 1953. Princeton, N. J., Drakes Comer Road.) F. ENSSLIN. 380

R. C. Vickery, *Der Scandiumgehalt von südaustralischem Davidit.* Vf. konnte durch fraktionierte Trennungen u. spektrograph. Unterss. feststellen, daß in dem Mineral *Davidit* (Radium Hill, Südaustralien) ein beträchtlicher Geh. an *Sc* vorhanden war. Aus 5 kg Lanthanidoxyden konnten 30 g Sc_2O_3 gewonnen werden. (Austral. J. Sci. **16.** 112. Dez. 1953. Melbourne, CSIRO, Div. of Ind. Chem.) W. KNÖPKE. 380

M. F. Kolbin und **M. I. Pimburgskaja,** *Galenit in den Triassedimenten des Berges Bogdo.* In einer 9—10 cm mächtigen Kalksteinschicht wurde am Berg Bogdo *Galenit* (I) nachgewiesen, der entweder die von inkrustriertem *Calcit* (II) freien Hohlräume völlig ausfüllt oder in Ggw. von II-Inkrustationen als dem II xenoformes Gebilde den restlichen Raum ausfüllt. Diese Abhängigkeit der I-Körner von II zeigt, daß I später als II entstanden sein muß. Der untersuchte I ist sedimentären Ursprungs. Der Kalkstein des Bogdo-Berges enthält 1,637% I. Die Frage nach den Entstehungsbedingungen des I u. der Pb-Quelle kann noch nicht eindeutig beantwortet werden. (Записки Всесоюзного Минералогического Общества [Schr. Allunions mineralog. Ges.] [2] **84.** 223—26. 1955. Saratow, Tschernyschewski-Univ.) O. LEBTAG. 380

Robert L. Smith, Frank S. Simons und **Angelina C. Vlisidis,** *Hidalgoit, ein neues Mineral.* Hidalgoit von der San Pascual-Grube, Zimapan, Bergbaugebiet Hidalgo, Neu-Mexiko, ist ein bas. Pb-Al-Sulfat-Arsenat der Zus. $PbAl_3(AsO_4)(SO_4)(OH)_6$ u. gehört zur Beudantitgruppe. Es krist. hexagonal-rhomboedr. mit der Einheitszelle a_0 = 7,04 Å, c_0 = 16,99 Å, a_{rh} = 6,97 Å, $\alpha = 60^0 40'$; D. 3,96. Es bildet weiße poröse bis dichte porzellanartige Massen. Die mittlere Lichtbrechung beträgt 1,713 ± 0,002 für Na-Licht. (Amer. Mineralogist **38.** 1218—24. Nov./Dez. 1953. Washington, D. C., U. S. Geol. Survey.) F. ENSSLIN. 380

G. N. Wertuschkow, *Newberyit aus im Ural in Swerdlowsk gefundenen Mammutstoßzähnen.* Auf den bei Swerdlowsk aufgefundenen Mammutstoßzähnen wurden äußerst feine Körner (nur einmal erreicht der Korndurchmesser ca. 1 mm) von *Newberyit* (I) festgestellt; vollkommene Spaltbarkeit in 2 Richtungen; D. 2,11; Härte 3; N_g' = 1,530; N_p' = 1,513; starke Dispersion der opt. Achsen; leicht lösl. in verd. Säuren. Empir. Formel: $MgHPO_4 \cdot 3H_2O$; neben den Hauptbestandteilen sind spektralanalyt. nachzuweisen: Be, Mn, Pb, Si, Al, Cu, Ca. Bei 200⁰ beobachtet man einen endothermen Effekt, der bei 130⁰ beginnt u. erst bei 680⁰ verschwindet. Bei 430 u. 630⁰ tritt je ein geringer, aber scharfer exothermer Effekt auf, bedingt durch die Verbrennung der organ. Substanz. Die I-Bldg. im Mammutstoßzahn ist bedingt durch Austausch-Rkk. zwischen den Ca-Phosphaten des Dentins u. den Mg-haltigen wss. Lösungen. Daß die wss. Lsg. hierbei H_2SO_4 enthält, geht daraus hervor, daß *Pyrrhotin* vorliegt. (Записки Всесоюзного Минералогического Общества [Schr. Allunions mineralog. Ges.] [2] **84.** 218—20. 1955. Swerdlowsk, Wachruschew-Bergbauinst., Lehrstuhl für Mineral. u. Kristallographie.) O. LEBTAG. 380

W. F. Petrun, *Über die Genesis des rosa Quarzes hydrothermaler Adern.* Durch Unterss. an rosa gefärbtem *Quarz* (I) aus Sulfit-*Kassiterit*-Lagerstätten des Fernen Ostens, die als einzelne Adern im milchigweißen Material vorkommen, wird gezeigt, daß innerhalb eines Aderkörpers häufig alle Übergänge vom rosavioletten zum gewöhnlichen milchigweißen I beobachtet werden können, wobei die milchigweiße Abart entweder bei der direkten SiO_2-Fällung aus der Lsg. oder durch wiederholte Abschwächung der Farbintensität des ursprünglich gefärbten I entsteht. Ein Teil des rosa gefärbten I kann zumindest in den hydrothermalen Adern als Prod. der Metamorphose von I in den amethysthaltigen Adern angesehen werden. (Записки Всесоюзного Минералогического Общества [Schr. Allunions mineralog. Ges.] [2] **84.** 191—97. 1955. Leningrad, Bergbauinst.) O. LEBTAG. 380

W. I. Smirnow, *Untersuchung von Eruptivgesteinen bei der Suche von Erzlagerstätten.* Zusammenfassende Darst. an Hand der Literatur. — 14 Angaben. (Вестник МосковскогоУниверситета, Серия Физико-Математических и Естественных Наук [Nachr. Moskauer Univ.] **8.** Nr. 8. [Physik. math.-naturwiss. Ser.] 7—14. Aug. 1953.) O. Lebtag. 382

E. G. Malchassjan, *Lamprophyrgesteine von Daralages.* Die Lamprophyrgesteine von Daralages (Südarmenien) wurden bisher als *Schonkinite* angesehen. Nach den Ergebnissen der Umrechnung der Analysenzahlen nach Sawaritzki gehören sie jedoch zu den Minetten. Sie enthalten *Biotit, Augit, Orthoklas, Plagioklas, Olivin, Apatit, Magnetit,* daneben als sek. Mineralien *Chlorit, Calcit* u. *Epidot.* (Вестник Московского Университета, Серия Физико-Математических и Естественных Наук [Nachr. Moskauer Univ.] **8.** Nr. 8. [physik.-math. naturwiss. Ser.] Nr. 5. 157—59. Aug. 1953.) O. Lebtag. 382

G. D. Robinson, *Der Leona Rhyolit, Alameda Couty, California.* (Amer. Mineralogist **38.** 1204—17. Nov./Dez. 1953. Denver, Colo., U. S. Geol. Surv.) F. Ensslin. 382

B. M. Gimmelfarb und **O. W. Nartschemaschwili,** *Neue Befunde über die Phosphatisation der oberen Kreideablagerungen Grusiniens.* In der Nähe des Berges Mtawari wurden in den Ablagerungen der tuffogenen „Mtawari"-Stufe *Phosphorite* (**I**) mit 25—30% P_2O_5 gefunden. Die obere I-Schicht ist ein sehr dichtes konglomeratartiges Gestein mit 15 bis 30% P_2O_5. Diese I bestehen aus einem Phosphat, das die Bruchstücke der Tuffe u. Porphyrite verkittet. Daneben gibt es einen Horizont eines lockeren tuffogenen Sand-Lehm-Gesteins, dessen I eine sehr verschied. Zus. aufweisen (3,5—8 u. 20—30% P_2O_5). In den unteren Horizonten der Cenoman-Ablagerungen kommen ebenfalls größere Mengen von I vor, so daß der P_2O_5-Geh. bis zu 11% erreicht. Es ist anzunehmen, daß die I der Mtawari-Stufe, ähnlich anderen I maritimen Ursprunges, chemogen entstanden sind. (Доклады Академии Наук СССР [Ber. Akad. Wiss. UdSSR] **103.** 291—93. 11/7. 1955. Wiss. Forschungsinst. für Bergbaurohstoffe.) O. Lebtag. 382

P. L. Besrukow, *Über die Verteilung organischer Stoffe in den Ablagerungen des Ochotskischen Meeres.* Der mittlere Geh. an organ. C beträgt in % der Trockensubstanz: Lehmschlamm 14,1; Aleuritlehmschlamm 1,40; Feinaleuritschlamm 1,13; Grobaleurite 0,71; Sand 0,29. Im Unterschied zum Schwarzen, Kaspischen u. a. innerkontinentalen Wasserbecken ist im Ochotskischen Meer der Geh. an organ. Substanz nicht im zentralen Teil, sondern im Küstengebiet am höchsten. (Доклады Академии Наук СССР [Ber. Akad. Wiss. UdSSR] **103.** 287—90. 11/7. 1955. Inst. für Ozeanol. der Akad. der Wiss. der UdSSR.) O. Lebtag. 390

E. A. Osstroumow, *Eisen in den Bodenablagerungen des Ochotskischen Meeres.* Auf Grund der Best. des Fe-Geh. als Summe von Fe(II) u. Fe(III) an 209 Punkten des Ochotskischen Meeres wird eine Karte der Isolinien des Fe-Geh. in den Bodenablagerungen angefertigt. Den höchsten Fe-Geh. weist das Gebiet bei den Kurilen-Inseln u. südlich Kamtschatka auf (bis zu 11,11%). Den geringsten Fe-Geh. ($<1,0\%$) beobachtet man bei der Insel Ssachalin, wo die Sedimente vorwiegend aus Sanden bestehen. Im zentralen Teil des Meeres beträgt der Fe-Geh. 1,0—2,0% (Lehm-Diatomeenschlamm). Der Hauptteil des Fe stammt aus terrigenem u. vulkan. Material. Ein Teil des Fe in koll. Form in feinsten Suspensionen konz. sich im Lehmschlamm, ebenso das an die Reste des Phytoplanktons gebundene Fe. (Доклады Академии Наук СССР [Ber. Akad. Wiss. UdSSR] **102.** 129—32. 1/5. 1955. Inst. für Ozeankunde der Akad. der Wiss. der UdSSR.) O. Lebtag. 393

Hermann Borchert und **Ernst Baier,** *Zur Metamorphose ozeaner Gipsablagerungen.* Es wird der Nachw. geführt, daß die Strukturrelikte der wichtigsten Anhydritschichten des Zechsteins nur mit prim. Gipskristallen befriedigend zu erklären sind. Aus neueren physiko-chem. Unterss. geht hervor, daß der Bereich prim. Gipsausscheidung nach Temp. u. Konz. auf Kosten von *Anhydrit* wesentlich vergrößert erscheint. Daher ist Gips unter den n. Bedingungen der frühen Salinarfacies, bes. bei Erhöhung des Druckes durch Überlagerung, die wahrscheinlichste Ausscheidung abgeschnürter Nebenmeere. Beobachtungen an Porphyroblasten in Gipsgesteinen zeigen gute Übereinstimmung mit den Strukturrelikten der Zechsteinanhydrite. Bei der Metamorphose von Gips zu Anhydrit werden gewaltige Lösungsmengen frei zu einer Zeit, wo darüber schon mächtige Steinsalz- u. Kalischichten lagern. Dies kann zu prakt. wichtigen Folgerungen führen. Deshalb werden die Vertaubungen in den Hauptkalisalzrevieren untersucht. Die prim. größere Ausdehnung von Steinsalz- u. Kalisalzschichten in den Randgebieten des Zechsteinmeeres wird wahrscheinlich gemacht. Die Wanderung der Metamorphoselaugen wird im Hinblick auf das Vork. von Salzsolen, der Entw. von Mantelanhydrit u. ihren Einfl. auf die Mobilisation der Bitumina geprüft. (Neues Jb. Mineralog., Abh. **86.** 103—52. Dez. 1953. Clausthal u. Mainz.) J.-E. Hiller. 393

Pierre Barchewitz, Gilbert Amat und **Colette Rossetti,** *Beitrag zur Untersuchung der Infrarotdurchlässigkeit der tiefen Atmosphäre.* Die Infrarotabsorption der unteren

Atmosphäre wird neben suspendierten, festen oder fl. Teilchen hauptsächlich durch Wasserdampf u. CO_2 bedingt. Um die Infrarotdurchlässigkeit der unteren Atmosphäre genauer bestimmen zu können, bestimmte der Vf. experimentell die Absorption von CO_2 u. Wasserdampf in Abhängigkeit vom Druck. Die Versuchsergebnisse sind in zahlreichen Diagrammen u. Tafeln wiedergegeben. Die theoret. Grundlagen der Schwingungsspektren u. der Absorptionsmessungen werden eingangs ausführlich behandelt. (Publ. sci. techn. Ministère Air, Bull. Serv. techn. **1954.** 1—69.) C. GOTTFRIED. 396

Charles Normand, *Atmosphärischer Ozon und die Bedingungen in den oberen Luftschichten.* Vf. behandelt die Beziehungen zwischen den täglichen Schwankungen des O_3-Geh. über Oxford u. den meteorolog. Bedingungen in den oberen Luftschichten. Die Beobachtungen sind eine Stütze für die Annahme, daß in unseren Breiten Hochdruckrücken u. Tiefdrucktäler in dem zonalen Fließen der oberen Luftschichten Lagen von O_3-Minima bzw. -Maxima sind. (Quart. J. Roy. meteorol. Soc. **79.** 39—50. Jan. 1953.) C. GOTTFRIED. 396

H. K. Paetzold, *Ozonschicht und Luftbewegungen in der Stratosphäre.* Auf Grund neuer Messungen des Vf. über die O_3-Verteilung in der Atmosphäre u. Messungen von anderer Seite kann man verschied. Haupttypen der O_3-Verteilung unterscheiden. Das prim. Hauptmaximum in 23 km Höhe ist stets vorhanden u. wird photochem. bedingt. Das sek. Maximum in 16 km Höhe tritt nur zeitweilig auf u. wird nicht photochem. gebildet. Es wird nur dann beobachtet, wenn nach der Analyse der Luftbahnen die Luft zwischen 11 u. 16 km Höhe aus nördlichen Breiten stammt; es ist im Frühjahr am stärksten, schwächt sich im Sommer ab u. verschwindet im Herbst u. Winter vollständig. Dieses Verh. wird verständlich, wenn man den jahreszeitlichen Gang der O_3-Verteilung in polaren Breiten betrachtet; hier wird im Frühjahr eine hohe O_3-Konz. von $1,2 \cdot 10^{-2}$ cm bis zu 10 km Höhe herab gemessen, während sich im Herbst u. Winter eine O_3-Verteilung ausbildet, wie sie am Äquator u. in mittleren Breiten die Regel ist, mit einem starken Abfall der O_3-Konz. unterhalb 20 km Höhe. Eine Erklärung für das dritte troposphär. O_3-Maximum in 6 km Höhe kann eine genaue Erklärung noch nicht gegeben werden; hier scheinen advektive Vorgänge den Ausschlag zu geben. (Naturwissenschaften **41.** 318—22. Juli 1954. Weissenau.) C. GOTTFRIED. 396

K. R. Ramanathan, Bh. V. R. Moorthy und **R. N. Kulkarni,** *Der Einfluß sekundärer Streuung bei der Berechnung der vertikalen Verteilung von atmosphärischem Ozon aus dem Umkehreffekt von Götz.* (Vgl. C. **1953.** 9423.) Mit dem DOBSONschen O_3-Spektrophotometer erhielten Vff. auf dem Mount Abu Umkehrkurven von dem Zenithhimmel für die Wellenlängenpaare 3112—3323 u. 3075—3278, u. zwar an mehreren Tagen. Es wurden die vertikalen Verteilungen des O_3 aus den Beobachtungen der beiden Wellenlängenpaare u. auch mit dem Paar 3112—3075 unter Ausschaltung der Einfll. von 3323 u. 3278 berechnet. Waren die beiden Wellenlängen 3112 u. 3075, welche beide stark durch O_3 absorbiert werden, dann hoben sich die Einfll. der mehrfachen Streuung der 2 Wellenlängen gegenseitig auf. Auch bei den wenig absorbierenden Wellenlängen 3323 u. 3278 besteht ein angenäherter Ausgleich. Die vertikale Verteilung aus den Beobachtungen an den Wellenlängen 3112—3323 u. 3075—3278 war angenähert dieselbe, die Verteilung jedoch, die mit 3075—3112 erhalten wurde, war deutlich verschieden; im letzteren Fall lag das Schwergewichtszentrum des O_3 tiefer. In allen Fällen war der Einfl. der Substitution von $\lambda\lambda$ 3075—3112 für 3112—3323 oder 3075—3278 der, daß der O_3-Geh. in den Schichten 9—27 km zunahm u. in der Schicht 27—36 km abnahm. (Quart. J. Roy. meteorol. Soc. **78.** 625—26. Okt. 1952. Ahmedabad, Phys. Res. Labor.)
C. GOTTFRIED. 396

B. Allgemeine und theoretische organische Chemie.

J. Jacobs, *Der Einfluß von 3pπ-Elektronen: Die Energieniveaus des Äthylens.* Die übliche MO-Näherung zur Berechnung von Wellenfunktionen organ. Moll. mit Doppelbindungen benutzt nur 2pπ-Atomzustände. Vf. führt als Verbesserung 3pπ-Atomfunktionen in die Molekülzustände ein u. berechnet die Energieniveaus des *Äthylens.* Im wesentlichen folgt er dabei dem Vorgehen von GOEPPERT-MAYER u. SKLAR [1938]. Die Wechselwrkg. der Konfigurationen mit gleicher Symmetrie wird berücksichtigt u. ein ebenes Mol. mit einem C—C-Abstand von 1,353 Å zugrunde gelegt, die Ggw. der H-Atome wird vernachlässigt. Die Berechnung liefert für die erste Anregungsenergie 8,7 eV (experimentell bestimmt 7,6 eV). Ohne Berücksichtigung der 3pπ-Zustände erhielten PARR u. CRAWFORD (C. **1949.** II. 960) 11,5 eV. Es folgt hieraus für die MO-Meth., daß bei einer verfeinerten Unters. die energiereicheren Atomzustände nicht vernachlässigt werden dürfen. Die Eigg. u. der Einfl. der 3pπ-Zustände werden eingehend diskutiert, eine Liste der neu berechneten Atomintegrale wird vorgelegt. (Proc. physic. Soc., Sect. A **68.** 72—78. 1/2. 1955. Liverpool, Univ., Math. Inst.) K. FRENKLER. B 10

T. H. Goodwin und **V. Vand,** *Berechnete Bindungslängen in einigen cyclischen Verbindungen.* 1. Mitt. *Methoden der Berechnung.* Vff. beschreiben eine neue Meth. zur Ausführung von MO-Berechnungen der Bindungsordnung u. der Säkularkoeffizienten, die bes. für die Anwendung auf große Moll. geeignet ist. Die Technik wird am Beispiel des *Benzanthrons* erläutert. Für die Beziehung zwischen Bindungsordnung u. Bindungslänge wird von Vff. eine Kurve vorgeschlagen, die als Fixpunkte Bindungsordnung u. -länge von Diamant, Graphit, Bzl. u. Äthylen enthält. Die Berechtigung für diese Wahl, sowie die Genauigkeit dieser Meth., die $\pm 0{,}03$ Å betragen soll, werden ausführlich diskutiert. Bei Ggw. von mehr Heteroatomen u. in kleinen Moll. wird die Ungenauigkeit wahrscheinlich größer sein. Für *Naphthalin, Anthracen* u. *Coronen* werden nach der vorgeschlagenen Meth. Bindungslängen berechnet. (J. chem. Soc. [London] **1955.** 1683—88. Juni. Glasgow, Univ., Chem. Dep.) K. FRENKLER. B 10

T. H. Goodwin, *Berechnete Bindungslängen in einigen cyclischen Verbindungen.* 2. Mitt. *Benzanthron, Acedianthron und Flavanthron.* (1. vgl. vorst. Ref.) Mittels der von Vf. entwickelten Meth. werden die Energieniveaus E_i, Elektronendichten q, Bindungsordnungen p u. Bindungslängen L für *Benzanthron* (**I**), *Acedianthron* (**II**) u. *Flavanthron* (**III**) berechnet. Als Parameter werden eingeführt: Die COULOMB-Integrale für $C = \alpha$, $O = \alpha + \beta$, $N = \alpha + {}^1/_2\beta$; die Austauschintegrale zwischen benachbarten C-Atomen $= \beta$, C- u. O-Atomen $= 2\beta$, C- u. N-Atomen $= \beta$; zwischen allen anderen Atomen, wie auch für die Überlappungsintegrale, der Wert 0. Für **I** werden die Ergebnisse der MO- u. der Valenzbindungsmeth. miteinander verglichen. Während diese, ihrer groben Näherung wegen, nur wenig befriedigende Resultate liefert, schwanken bei der Anwendung jener die Bindungslängen 5—16, 6—17, 8—17 von 1,479—1,486 Å u. sind damit größer als die C—C-Abstände in aromat. Verbb. u. kleiner als reine Einfachbindungen. Die Längen der inneren Bindungen 5—6, 7—8, 7—12 u. 7—16 variieren von 1,416 bis 1,440 Å, während die restlichen peripheren Bindungen innerhalb von 1,374—1,423 Å (nur 3 über 1,400 Å) liegen. Beim **II** werden die berechneten L-Werte mit den experimentellen Werten von FRIEDLANDER, GOODWIN u. ROBERTSON (C. **1956.** 1543) verglichen. Die Übereinstimmung ist nicht bes. gut, wenn auch 12 symm. unabhängige Atomabstände um nicht mehr als 0,03 u. 5 um nicht mehr als 0,06 Å (entspricht der experimentellen Ungenauigkeit) abweichen. Die Atomabstände von **III** sind von STADLER (Acta crystallogr. [Copenhagen] **6.** [1953.] 540) gemessen worden. Die Berechnung gibt für 17 von 20 symm.-unabhängigen Atomabständen eine Abweichung von diesen Werten von nicht mehr als 0,05 Å. Vf. nimmt an, daß seine Berechnungen trotz der Ungenauigkeiten in der Größe der COULOMB- u. Austauschintegrale eine Ungenauigkeit von $\pm 0{,}03$ Å besitzen, vorausgesetzt, daß nicht mehr als 2 Heteroatome auf 15 C-Atome kommen. (J. chem. Soc. [London] **1955.** 1689—94. Juni.) K. FRENKLER. B 10

J. N. Murrell und **H. C. Longuet-Higgins,** *Das Elektronenspektrum des Cycloheptatrienyl(Tropylium)-ions.* Vff. untersuchen theoret. das Elektronenspektr. des *Tropyliumions* (**I**, Symmetrie D_{7h}) mittels der self-consistent MO-Methode. Aus den Auswahlregeln folgt, daß der Übergang vom Grundzustand in den Zustand der Symmetrie E'_1 erlaubt, während der Übergang in den Zustand der Symmetrie E'_3 verboten ist. Das nahe UV-Spektr. des **I** sollte daher aus 2 Banden bestehen, einer starken bei 6,36 (E'_1) u. einer schwachen bei 4,33 eV (E'_3; beobachtet 4,51 eV; log ε_{max} 3,64). Das Spektr. des **I** wird mit dem des Bzl. verglichen. (J. chem. Physics **23.** 2347—48. Dez. 1955. Cambridge, Univ. of Cambridge, Dep. of Theoret. Chem.) K. FRENKLER. B 114

S. G. Jewstignejewa und **W. L. Kretowitsch,** *Über Verschiedenheiten des Aufbaus und der chemischen Eigenschaften von Asparagin und Glutamin.* Während das Absorptionsspektr. der Ninhydrinverb. von *Glutamin* (**I**), wie alle α-Aminosäuren, ein charakterist. Maximum bei 570 mμ hat, verhält sich *Asparagin* (**II**) unter gleichen Bedingungen völlig anders. Das Spektr. kann aber durch Erwärmen des Reaktionsprod. „normalisiert" werden, was auf eine Umwandlung der angenommenen cycl. prolinähnlichen Form von **II** in die acycl. Form zurückgeführt wird. Die cycl. Form von **II** ist nur in Ggw. von O_2 stabil. Sie geht unter anaeroben Verhältnissen in die reaktionsfähige acycl. Form über. Auch die im Vgl. zu **I** bedeutend langsamere Rk. von **II** mit Xylose erklärt sich durch den wesentlichen Unterschied in der Struktur beider Verbindungen. (Доклады Академии Наук СССР [Ber. Akad. Wiss. UdSSR] [N. S.] **93.** 1069—72. 21/12. 1953. Bach-Inst. für Biochem. der Akad. der Wiss. der UdSSR.) E. RENTZ. B 118

H. Schüler und **A. Michel,** *Über den spektroskopischen Nachweis des Benzyl- und des Benzalradikals* ($C_6H_5\dot{C}H_2$ *und* $C_6H_5\ddot{C}H$). In der positiven Säule einer Glimmentladung zeigen Benzolderivv. bei zusätzlicher Erwärmung des Entladungsrohres (bis ~300°) neue Spektren, die auf einen schrittweisen Abbau der Substituenten hinweisen. Für *Toluol, Isopropylbenzol* u. *tert.-Butylbenzol* geben Vff. ein Abbauschema, an Hand dessen sie die bisher beobachteten Spektren diskutieren. Dadurch ergeben sich neue Argumente für die Zuordnung des V- bzw. B-Spektr. zum Benzyl- bzw. Benzalradikal. Beim Spektr. des Benzylradikals wird gezeigt, daß es sich um den Übergang vom tiefsten angeregten Zustand zum Grundzustand handelt. (Z. Naturforsch. **10 a.** 459—62. Juni 1955. Hechingen, Max-Planck-Ges., Forschungsstelle f. Spektroskopie.) M.-L. KLAAR. B 118

Paul Pesteil und **Louise Pesteil,** *Luminescenz von Kristallen bei tiefen Temperaturen.* 7. Mitt. *Übergang T → S des Benzols.* (6. vgl. C. **1956.** 1251.) Vff. untersuchten mittels des Luminescenzspektr. den Übergang T → S von absol. reinem *Bzl.* bei 20° K. Es wird bes. darauf hingewiesen, daß das benutzte Bzl. bei 90° K unter den gleichen Bedingungen nicht luminescierend war. Das erhaltene Spektr. zeigt sehr scharfe Banden. Die erste liegt bei 28968 cm^{-1}; ihr folgen gleichfalls scharfe Banden in Abständen von 225; 450; 469 ... cm^{-1} nach niederen Frequenzen zu. Diese Frequenzen entsprechen keiner inneren oder äußeren Schwingung des Bzl.; so ist bes. die Frequenz 28968—225 = 28743 cm^{-1} zu niedrig für eine innere u. zu hoch für eine äußere Schwingung. Der reine Elektronenübergang muß daher mehr nach dem UV liegen; er konnte bei einer Frequenz von 30574 cm^{-1} festgelegt werden. Die hieraus sich ergebende Analyse der ersten Banden ist tabellar. zusammengefaßt; die Symmetrie der Schwingungsresultante ist stets E_g^+. (C. R. hebd. Séances Acad. Sci. **240.** 1987—89. 16/5. 1955.) C. GOTTFRIED. B 118

E. F. G. Herington und **W. Kynaston,** *Die Wirkung des Lösungsmittels auf das Ultraviolettabsorptionsspektrum von aromatischen Kohlenwasserstoffen, insbesondere Beziehung zum Mechanismus des Aussalzens.* 2. Mitt. *Wässerige Salzlösungen.* (1. vgl. C. **1953.** 7053.) Die UV-Lösungsspektren von *Benzol* (**I**) u. *Naphthalin* (**II**) in A. u. W. werden miteinander verglichen, es wird eine Beziehung zwischen der Form der Absorptionskurven u. den Kräften, denen die aromat. KW-stoffe in Lsg. unterworfen sind, aufgestellt. Die Wrkg. von LiCl, NaCl u. CsCl auf das Spektr. u. die Löslichkeit von **I** u. die Wrkg. von NaCl auf das Spektr. von **II** in wss. Lsg. werden untersucht. Während die Spektren von gesätt. **I**-Lsg. in W., 1 n NaCl, 1 n LiCl u. 1 n oder 2 n CsCl-Lsg. innerhalb der Fehlergrenzen ident. sind, zeigen sie in 2 n NaCl-Lsg. weniger tiefe Minima u. in 2 n LiCl-Lsg. tiefere Minima. Die Abhängigkeit der Form der Spektren von der Salzkonz. an NaCl u. LiCl in W. zeigt, daß diese Salze eine stärker lokalisierte Änderung der Struktur des Lösungsm. als LiCl in A. hervorrufen. Dieser Befund stimmt mit Entropiemessungen für die Ionen überein. Die Unterschiede im Verh. der zwei Salze stehen auch in Einklang mit der Kenntnis über die Struktur dieser Lsgg., wie sie aus den P–V-Werten abgeleitet wird. Die Änderung, die unter der Wrkg. von NaCl u. LiCl beim **I**-Spektr. in verschied. A.–W.-Gemischen hervorgerufen werden, zeugen von einer bevorzugten Solvatation der Ionen durch H_2O. Ferner wird die Wrkg. von LiCl auf die Löslichkeit von **I** u. **II** u. die Wrkg. von NaCl auf die Löslichkeit von **I** in A.–W.-Gemischen untersucht. (J. chem. Soc. [London] **1952.** 3143—49. Aug. Teddington, Chem. Res. Labor.) D. BRÜCK. B 118

H. Harry Szmant und **Henry J. Planinsek,** *Die Spektren einiger 2.4-Dinitrophenylhydrazone.* Die Absorptionsspektren im sichtbaren UV-Gebiet wurden für folgende Verbb. bestimmt: *p-Phenyl-* ($C_{20}H_{16}O_4N_4$, F. 241°), *p-Benzyl-* ($C_{21}H_{18}O_4N_4$, F. 201°), *p-Phenoxy-* ($C_{20}H_{16}O_5N_4$, F. 216°), *p-Phenylmercapto-* (F. 167°), *p-Phenylthionyl-* (F. 215°) u. *p-Phenylsulfonylacetophenon-2.4-dinitrophenylhydrazon* (F. 245°) u. *Thienyl-(2)-methylketon-2.4-dinitrophenylhydrazon* (F. 245°). Die Spektren wurden mit dem Spektr. des nichtsubstituierten Acetophenonderiv. (F. 252°) verglichen. Die Ausweitung der Valenzschale des Schwefelatoms wird wahrscheinlich gemacht. (J. Amer. chem. Soc. **72.** 4042—45. Sept. 1950. Pittsburgh, Pa., Duquesne Univ., Dep. of Chem.) K. WISSEROTH. B 118

C. Daglish, *Die Ultraviolettabsorptionsspektren einiger Oxynaphthaline.* Bei der vergleichenden Unters. der UV-Absorptionsspektren für ca. 30 *Oxynaphthaline* wurde versucht, Einblick in die Beziehung zwischen Spektren u. Mol.-Struktur zu bekommen. Es scheint so, als ob die Änderungen im Absorptionsverh. von *Naphthalin* (**I**) durch Substitution in erster Linie auf die Stabilisierung polarer Strukturen zurückzuführen ist, welche sich längs zweier zueinander senkrechter Mol.-Achsen ausbilden. — Im einzelnen wurden untersucht: α- u. *β-Naphthol,* **I**, *Naphthyl-(1)-* u. *-(2)-acetat, Naphthalindiol-(1.2), -(1.4), -(1.5), -(2.6), -(2.7), 1.2.4-, 1.4.5-* u. *2.3.6-Trioxynaphthalin, 2-* u. *5-Acetoxy-, 5-Glucosido-*(F. 165°) u. *2-Methylnaphthalindiol-(1.4), Naphthalin-1-* u. *-2-sulfonsäure, -1.5-* u. *-2.7-disulfonsäure, 1.4-Naphthochinon, 2-Oxy-, 2-Acetoxy-, 2-Methyl-1.4-naphthochinon, 1.2.4.5-* u. *1.3.4.5-Tetraoxynaphthalin, α-Naphthol-2-, -4-* u. *-5-sulfonsäure, β-Naphthol-1-* u. *-6-sulfonsäure, α-Naphthol-3.6-, β-Naphthol-3.6-* u. *-6.8-disulfonsäure,* u. *Juglonsemichinon.*

(J. Amer. chem. Soc. **72.** 4859—64. Nov. 1950. King's Langley, Herts., Ovaltine Res. Labors.) K. WISSEROTH. B 118

Robert F. Raffauf, *Furane.* 2. Mitt. *Ultraviolettabsorption und Molekülstruktur.* Vf. versucht allg. Zusammenhänge zwischen der Absorptionscharakteristik u. der mol. Struktur bei den Furanen aufzudecken. Für eine Reihe von *Furyl-(2)-* u. *5-Nitrofuryl-(2)-derivv.* sind die Lagen der Absorptionsmaxima sowie die zugehörigen Extinktionen angegeben. Während die Dienstrukturen des Furans u. seiner einfachen Derivv. im nahen UV nicht absorbieren, bewirkt die Erweiterung des Syst. durch konjugierende Gruppen in 2- oder 3-Stellung wohldefinierte Absorption oberhalb 200 mμ. Im bes. Fall der Konjugation durch eine α-*Nitro*-Gruppe zeigt das Spektr. zwei Absorptionsbanden, wovon eine regelmäßig oberhalb 300 mμ liegt. Eine bemerkenswerte Anomalität wurde in dem „Auslöschungseffekt" beobachtet, wonach ganze Teile im Spektr. verschwinden, sobald in der Semicarbazonseitenkette des *5-Nitrofurylmethylketon*-Deriv. ein H-Atom durch eine Methylgruppe ersetzt wird. Eine qualitative Deutung der beobachteten Erscheinungen wird auf Grund der verschied. Mesomeriemöglichkeiten bei Furan u. seinen Derivv. versucht. Eine Modellbetrachtung (FISHER-HIRSCHFELDER) legt für *5-Nitrofuryl-(2)-methylketon-2'-methylsemicarbazon* beschränkte Drehbarkeit um die =N—N-Bindung infolge des geringen Abstandes zwischen den beiden CH_3-Gruppen nahe, was nicht der Fall ist, sobald eine dieser Gruppen durch H ersetzt wird. Eine Stütze findet diese Hypothese zur Deutung der spektralen Unterschiede in dem völlig analogen Verh. der vom Vf. ebenfalls untersuchten aromat. Systeme *β-Acetylnaphthalinsemicarbazon* (F. 235°) u. *β-Acetylnaphthalin-2'-methylsemicarbazon*, $C_{14}H_{15}ON_3$, F. 172°. — *Furfurol*, Kp. 160°. *Semicarbazon*, F. 197—198°. — *2-Acetylfuran*, F. 30—31°. — *Furan-2-carbonsäureäthylester*, F. 34—35°. — *Furan-2.5-dialdehyd*, F. 109—110°. — *5-Bromfurfuralsemicarbazon*, $C_6H_6O_2N_3Br$, F. 185° (Zers.). — *5-Methylfurfuralsemicarbazon*, F. 195—197°. — *2-Nitrofuran*, F. 26—28°. — *5-Nitrofurfuryl-(2)-alkohol*, $Kp._5$ 145°. — *5-Nitrofuran-2-aldehyd*, F. 34—37°. *Semicarbazon*, F. 238° (Zers.). *2-Methylsemicarbazon*, $C_7H_8O_4N_4$, F. 213—214°. *4-Methylsemicarbazon*, $C_7H_8O_4N_4$, F. 201—202° (Zers.). — *5-Nitro-2-acetylfuran*, F. 102 bis 104°. *Semicarbazon*, F. 248—250° (Zers.). *2-Methylsemicarbazon*, $C_8H_{10}O_4N_4$, F. 187 bis 190° (Zers.). — *2.5-Dinitrofuran*, F. 101,5—102°. (J. Amer. chem. Soc. **72.** 753—55. Febr. 1950. Norwich, N. Y., Eaton Labors., Inc., Res. Dep.) K. WISSEROTH. B 118

Robert F. Raffauf und **F. L. Austin.** *Furane.* 3. Mitt. *Kristalline Modifikationen von 5-Nitro-2-furaldehydsemicarbazon.* (2. vgl. vorst. Ref.) Je nach den Darstellungsbedingungen erhielten die Vff. zwei verschied. Modifikationen von *5-Nitro-2-furaldehydsemicarbazon*, $C_6H_6O_4N_4$: die nadelförmige zitronengelbe, unter starker Zers. bei 230—232° schm. β-Form (durch Zufügen der alkoh. Lsg. von Semicarbazidhydrochlorid (**I**) bei Zimmertemp.) u. die orangegelben Prismen der bei 238—240° ebenfalls unter Zers. schm. α-Form (durch Erwärmen des Aldehyddiacetates u. **I** mit verd. Mineralsäure). Kristallisationsverss. aus frisch dest. Furfurylalkohol zeigten unter geeigneten Bedingungen die wechselseitige Umwandelbarkeit beider Formen, was durch Vgl. der Röntgenstrahlenbeugungsspektren der einzelnen Kristallisationsfraktionen nachgewiesen wurde. Die wss. Lsgg. beider Formen verhielten sich bzgl. der UV-Absorption (220—400 mμ) ident., wobei Maxima bei 260 u. 375 mμ hervortraten. Kryoskop. Unterss. nach der Anweisung von SIDGWICK entschieden zugunsten von Polymorphismus. (J. Amer. chem. Soc. **72.** 756—58. Febr. 1950.) K. WISSEROTH. B 118

Kazuo Nakamoto, *Dichroismus von Benzolringen.* 4. Mitt. *Der Dichroismus von Diphenyldiacetylen und Naphthazarin.* (3. vgl. C. **1953.** 6843.) Im sichtbaren u. im ultravioletten Gebiet wurden die Absorptionsspektren von *Diphenyldiacetylen* (**I**) u. *Naphthazarin* (**II**) in kristallinem Zustand sowie in alkoh. Lsg. quantitativ gemessen, von krist. **I** die Absorptionsspektren mit linear polarisiertem Licht u. den parallel zu den b- u. c-Achsen des Kristalls schwingenden elektr. Vektoren. Aus dem Spektr. der alkoh. Lsg. von **I** folgt, daß die Acetylenbande längerwellig als die Benzolbande liegt. In der b-Absorption des krist. **I** entspricht nach Meinung der Vff. die erste beobachtete Bande bei 430 mμ daher auch der C_2H_2-Gruppe, die zweite bei 350 mμ dem Benzolring. In der c-Absorption wurde nur eine Bande bei 325 mμ beobachtet, die als Benzolbande angesehen wird, da die C_2H_2-Bande in dem so polarisierten Licht zu schwach ist. Aus einem Vgl. der röntgenograph. Analyse von anderer Seite mit den obigen Ergebnissen wird geschlossen, daß die Absorption parallel zu der C_2H_2-Bindung mit den Benzolringen längerwellig u. senkrecht zu ihnen kurzwellig ist. Die C_2H_2-Gruppe hat demnach dieselbe dichroit. Eig. wie der Benzolring. Sie zeigt nur stärkeren Dichroismus. Aus den Spektren des **II** u. durch Vgl. mit der bekannten Kristallstruktur der Verb. folgt, daß die Absorption parallel zu der Molekülebene längerwellig u. senkrecht zu ihr kurzwellig ist, d. h. die allg. Regel über den Dichroismus von Molekülverbb. ist hier nicht erfüllt; **II** hat ähnliche dichroit. Eigg. wie gewöhnliche aromat. Kristalle. Hieraus kann gefolgert werden, daß II als das Monomere auftritt u. keine Molekülverb. wie Chinhydron bildet. (Bull. chem. Soc. Japan **26.** 172—74. Juni 1953. Osaka, Univ., Fac. of Sci., Dep. of Chem. [Orig.: engl.]) C. GOTTFRIED. B 119

D. C. Smith, R. A. Saunders, J. Rud Nielsen und **E. E. Ferguson,** *Ultrarot- und Raman-Spektrum fluorierter Äthane.* 4. Mitt. *Die Reihe* CH_3-CH_3, CH_3-CH_2F, $CH_3\cdot CHF_2$ *und* CH_3-CF_3. (3. vgl. C. **1954.** 6688.) Von *Äthylfluorid* (I) u. *1.1-Difluoräthan* (II) wurde das Ultrarotspektr. gasförmig (2—38 μ) u. fl. (2—22 μ) u. das RAMAN-Spektr. fl. u. gasförmig (nur II) mit Depolarisationsfaktoren der starken Linie aufgenommen. Unter Berücksichtigung der Ergebnisse beim *Äthan* u. CH_3-CF_3 wird eine vollständige Zuordnung aller Grundschwingungen für alle vier Moll. vorgeschlagen. Auf dieser Grundlage wird die Berechnung der thermodynam. Funktionen beim Kp. u. im Temperaturbereich von 290—600° K vorgenommen. (J. chem. Physics **20.** 847—59. Mai 1952. Washington, D. C., Naval Res. Labor., u. Normann, Okla., Univ. of Oklahoma, Dep. of Phys.) J. GOUBEAU. B 120

Norman E. Duncan und **George J. Janz,** *Molekülstruktur und Schwingungsspektrum des Äthylcyanids.* Für C_2H_5CN wird das Ultrarotspektr. im fl. u. gasförmigen Zustand sowie das RAMAN-Spektr. im fl. Zustand, auch hinsichtlich Intensität u. Polarisation, aufgenommen u. der Kurvenverlauf sowie dessen Auswertung in Tabellen mitgeteilt. An Hand des Molekülmodells des C_2H_5CN werden die gemessenen Linien zugeordnet. Daraus ergibt sich für die die innere Rotation verhindernde Potentialschwelle der Wert 5200 cal. Außerdem werden die Größen der wichtigsten thermodynam. Funktionen $(H^0-H_0^0)/T$, $-(F^0-H_0^0)/T$, C_p^0 u. S^0 des C_2H_5CN-Mol. bei den Tempp. 298,16—1000° K berechnet. (J. chem. Physics **23.** 434—40. März 1955. Troy, N. Y., Rensselaer Polytechn. Inst., Dep. of Chem.) ROLAND HÜTTENRAUCH. B 120

L. K. Ramachandran, Agnes Epp und **W. B. McConnell,** *Infrarotspektren von 3-Phenyl-2-thiohydantoinen von Aminosäuren und ihre Anwendung zur Identifizierung von N-endständigen Gruppen in Peptiden.* Die Infrarotspektren der *3-Phenyl-2-thiohydantoine* von folgenden *Aminosäuren* wurden in KBr aufgenommen: *Glycin, Alanin, Serin, Threonin, Valin, Leucin, Isoleucin, Asparaginsäure, Asparagin, Glutaminsäure, Glutamin, Prolin, Oxyprolin, Methionin, Tyrosin, Phenylalanin, Dioxyphenylalanin, Tryptophan, Lysin, Oxylysin, Histidin* u. *Arginin.* Die Spektren sind zur Identifizierung dieser Aminosäuren (speziell als N-endständige Gruppen in Peptiden) geeignet, für eine Messung ist 1 mg des Aminosäurederiv. erforderlich. Vff. identifizierten auf diese Weise die N-endständigen Reste von folgenden Peptiden: *DL-Alanylglycylglycin, L-Leucylglycin, DL-Phenylalanylglycin, DL-Histidylhistidin* u. *Glutathion,* die nach EDMAN (vgl. C. **1951.** I. 2278) abgebaut worden waren.

V e r s u c h e: Die *3-Phenyl-2-thiohydantoine* der *Aminosäuren* wurden im allg. nach EDMAN (l. c.) dargestellt. Für *3-Phenyl-2-thiohydantoin-5-acetamid* (F. 239° [A. u. W.]) wird folgende verbesserte Darstellungsmeth. angewandt: Extraktion des Reaktionsgemischs, welches das rohe N-Phenylthiocarbamylderiv. des Asparagins enthält, mit Bzl., Zugabe von 2nHCl bis p_H 1, 2 Tage Stehen bei Zimmertemperatur. — *3-Phenyl-2-thiohydantoin-5-propionamid,* F. 218°. — Darst. der Oxyaminosäurederivv. nach INGRAM (vgl. J. chem. Soc. [London] **1953.** 3717). *5-[3-Oxy-4-(β-phenylthioureido)-butyl]-3-phenyl-2-thiohydantoin,* F. 119°. (Analytic. Chem. **27.** 1734—37. Nov. 1955. Saskatoon, Sask., Can., Nat. Res. Council, Prairie Reg. Labor.) U. JOHN. B 120

Harris Rosenkrantz und **A. T. Milhorat,** *Einige physikalische Konstanten von α-Tocopherylhydrochinon.* Vff. gelang die Darst. von krist. *Tocopherylhydrochinon,* F. 59,5 bis 61,4°. Das Infrarotabsorptionsspektr. ist gut von den entsprechenden Spektren des *α-Tocopherols* u. des *α-Tocopherylchinons* zu unterscheiden. Verbreiterung u. Lage der Hydroxylabsorptionsbande bei 3,1 μ deuten auf Wasserstoffbrückenbindung in der phenol. Hydroxylgruppe. (J. Amer. chem. Soc. **72.** 3304—05. Juli 1950. New York, N. Y., Cornell Univ. u. New York Hospital.) K. WISSEROTH. B 120

R. S. Wagner und **B. P. Dailey,** *Beweis für die trans-Konfiguration des Äthylchlorides.* Bei der Addition von DCl an C_2H_4 können 2 isomere Mol.-Formen der Zus. $CH_2D\cdot CH_2Cl$ (I) gebildet werden: die trans-Form **I a** (enthält das D-Atom diagonal gegenüber dem Cl-Atom in der Symmetrieebene des Mol.) u. eine „cis"-Form **I b**, die das D-Atom in einer der einander äquivalenten Lagen außerhalb dieser Ebene besitzt. Mit Hilfe der Strukturparameter für **I** C—C 1,5508 Å, C—H (im CH_2Cl) 1,101 Å, C—H (im CH_2D) 1,110 Å, C—D 1,09 Å, C—Cl 1,7770 Å, ∢ CCCl 110° 30′, ∢ HCH (im CH_2Cl) 110° 13′ u. ∢ HCH (im CH_3) 110° (vom CH_3CHCl) wurden die Rotationskonstanten für **I a** (mit ^{35}Cl) u. **I b** (mit ^{37}Cl) in der „trans"- u. „cis"-Form berechnet. Beim Vgl. mit den Rotationskonstanten, die aus dem Mikrowellenspektr. der beiden Verbb. folgen: 5098,76 u. 4637,54 MHz bzw.

5297,61 u. 4784,83 MHz ergab sich nur mit der „trans"-Form gute Übereinstimmung. (J. chem. Physics **23.** 1355. Juli 1955. New York, N. Y., Columbia Univ., Dep. of Chem.) L. FISCHER. B 121

J. G. Smith und **George F. Wright,** *Rotamerie während der Demethylierung der 2.5-Dimethoxy-2.5-dimethyl-3.4-diphenylhexane.* Bei *2.5-Dimethoxy-2.5-dimethyl-3.4-diphenylhexan* sind durch gegenseitige ster. Hinderung der Substituenten 2 stereoisomere Formen zu erwarten; sie wurden von BERMAN u. Mitarbeitern (C. **1953.** 5172) als ein öliges, nicht kristallisierbares (I) u. ein festes Prod. (II) erhalten. I läßt sich sehr leicht in *dd.ll-2.2.5.5-Tetramethyl-3.4-diphenyltetrahydrofuran* überführen, Vff. stellen durch Synth. dieser Verb. aus dd.ll-Diphenylsuccinat die dd.ll-Konfiguration für I sicher. **II** muß dann in der dl.ld-(meso)-Form vorliegen. Die Anordnung der Substituenten läßt erwarten, daß die Cyclisierung zu *meso-2.2.5.5-Tetramethyl-3.4-diphenyltetrahydrofuran* (**III**) wesentlich schwieriger erfolgt, was den Beobachtungen entspricht. Bei der Bldg. von **III** tritt als Nebenprod. *2.5-Dimethyl-3.4-diphenylhexadien-(1.5)* (**IV**) auf, das in besserer Ausbeute durch Einw. von $KHSO_4$ u. Essigsäureanhydrid auf **II** entsteht. Die Struktur von **IV** wird durch Ozonolyse u. katalyt. Red. zu *meso-2.5-Dimethyl-3.4-diphenylhexan* (**V**) gesichert. Bei der Oxydation von **IV** mit CrO_3 entstehen *Benzoesäure, ddld.lldl-* (**VI**) u. *ddll.lldd-Dimethyl-3.4-diphenyladipinsäure* (**VII**), sowie *5-Methyl-3.4-diphenylhexen-(5)-on-(2)* (**VIII**). — Neben der Bldg. von **IV** aus **II** entsteht in Spuren ein Isomeres, dem Vff. die Struktur eines *1.1-Dimethyl-3-isopropenyl-2-phenylindan* (**IX**) zuschreiben. Es entsteht auch aus **II** durch Einw. von $ZnCl_2$ u. konz. HCl u. anschließende HCl-Abspaltung aus dem entstandenen Zwischenprod. *2-Chlor-2-[3.3-dimethyl-2-phenylindanyl]-propan* (**X**) (Ausbeute 17%). Diese Rk. liefert neben **X** als Hauptprod. (40%) *3.3-Dimethyl-1-isopropyl-2-phenylinden* (**XI**), das auch durch Einw. von HJ, BF_3 oder H_2SO_4 auf **II** mit besseren Ausbeuten erhalten werden kann. **XI** wird durch Ozonolyse zunächst in *o-[α.α-Dimethylphenacyl]-isobutyrophenon*(**XII**) u. weiter in *o-Carboxyphenylisobutyrophenon*(**XIII**) übergeführt. Die Bildungs-Rkk. von **IX** u. **XI** sind als FRIEDEL-CRAFTS-Rkk. anzusehen; sie lassen sich demzufolge noch weiterführen, man erhält so aus **IX, XI** u. auch **II** durch Einw. von konz. H_2SO_4 *5.5.10.10-Tetramethyl-4b.5.9b.10-tetrahydroindeno-[2.1: a]-inden* (**XIV**). **XIV** gibt bei der Oxydation mit CrO_3 die bekannte α.α-Dimethylhomophthalsäure u. die *Verbb. bzw.* $H_{20}O_3$, F. 205—205,5°, u. $C_{20}H_{22}O_3$, F. 237—238,5°.

Versuche (FF. korr.): *meso-2.2.5.5-Tetramethyl-3.4-diphenyltetrahydrofuran* (**III**), F. 92—93°, durch 8std. Kochen von **II** u. HJ in Dioxan, Reinigung durch Sublimation; 53% (Ausbeute). — *2.5-Dimethyl-3.4-diphenylhexadien-(1.5)* (**IV**), F. 161—163° (A.), a) durch 4std. Kochen von **II** u. wasserfreiem $KHSO_4$ in Essigsäureanhydrid; 31%; b) als Nebenprod. bei der Darst. von **III**. — Bei der Oxydation von 1,25 g **IV** mit CrO_3 in wss. Essigsäure durch 1std. Erhitzen auf 90—100° entstehen nebeneinander: *Benzoesäure*; 2%. *5-Methyl-3.4-diphenylhexen-(5)-on-(2)* (**VIII**); 0,372 g; *Dinitrophenylhydrazon,* $C_{25}H_{24}O_4N_4$, F. 230—230,5° (A.–Äthylacetat). *2.5-Dimethyl-3.4-diphenyladipinsäure* (**VI** + **VII**) (ohne Konstitutionsbezeichnung), $C_{20}H_{22}O_4$, F. 325—326° (Essigsäure); 13%; *Dimethylester,* $C_{22}H_{26}O_4$, F. 108—109° (Methanol); dazu *isomerer Dimethylester,* F. 163 bis 164,5° (Methanol); 25 mg. — *meso-2.5-Dimethyl-3.4-diphenylhexan* (**V**), F. 149—150,5°, durch 19std. Schütteln von **IV** in absol. A. in Ggw. von RANEY-Ni unter Druck; 79%. — *3.3-Dimethyl-1-isopropyl-2-phenylinden* (**XI**), $C_{20}H_{22}$, a) F. 67—68° (Methanol), durch 12std. Rühren von **II** u. $ZnCl_2$ in konz. HCl; 40%; b) F. 69—70° (Methanol), durch 12std. Kochen von **II** in 50%ig. HJ u. Gießen auf Eis; 76%; c) durch Einw. von 90%ig. H_2SO_4 bei 25°; 50%; d) durch Einw. von BF_3-Ätherat in sd. PAe.; 60%; e) F. 67—69°, bei der Einw. von Al_2O_3 auf **X** in PAe.; 61%. — *dl.ld-2-Chlor-2-[3.3-dimethyl-2-phenylindanyl]-propan* (**X**), $C_{20}H_{23}Cl$, F. 89—90,5°, durch Abkühlen des verd. methanol. Filtrats von **XI** a) auf —80°; 17%. — *1.1-Dimethyl-3-isopropenyl-2-phenylindan* (**IX**), $C_{20}H_{22}$, F. 76—77° (Methanol), a) durch 2std. Kochen von **X** u. Na-Äthylat in A.; 99%; b) bei der Einw. von Al_2O_3 auf **X** in PAe.; 30%; c) aus alkoh. Mutterlauge von **IV** a); 2%. — Ozonisation u. red. Hydrolyse von **XI** liefert: *o-Carboxyphenylisobutyrophenon* (**XIII**), $C_{17}H_{16}O_3$, F. 208,5—209,5° (Bzl.); 11% u. *o-[α.α-Dimethylphenacyl]-isobutyrophenon* (**XII**), *Dinitrophenylhydrazon,* $C_{26}H_{26}O_5N_4$, F. 206—207°. Ozonisation u. oxydative Hydrolyse von **XI** liefert **XIII** (13%) neben Benzoesäure (28%). Oxydation von **XI** mit $Na_2Cr_2O_7$ u. H_2SO_4 in Essigsäure liefert **XIII**. — *5.5.10.10-Tetramethyl-4b.5.9b.10-tetrahydroindeno-[2.1:a]-inden* (**XIV**), $C_{20}H_{22}$, F. 82—83° (Methanol), durch Einw. von: a) konz. H_2SO_4 auf **II** bei 25°; 22%; b) HF auf **II** bei —80°; 73%; c) 96%ig. H_2SO_4 auf **IX** bei 0°; 34%; d) 96%ig. H_2SO_4 auf 10 mg **XI** bei 20°; 2 mg. — Bromierung von 0,52 g **XIV** liefert *Verb.* $C_{20}H_{18}Br_2$, F. 313—314° (Bzl.); 0,801 g; u. $C_{20}H_{19}Br$, F. 206—207° (PAe.–A.); 10 mg. — *α.α-Dimethylhomophthalsäureanhydrid,* $C_{11}H_{10}O_3$, F. 80—81° (PAe.), aus **XIV** mit CrO_3. UV-Spektren von **II, III, IV, IX. XI, XIV.** (Canad. J. Chem. **32.** 729—43. Aug. 1954. Toronto, Ont., Univ. of Toronto, Dep. of Chem.) K. FRENKLER. B 123

Ruth Weichert, *Spaltung von DL-Histidin bei Papierchromatographie.* Kurze Literaturübersicht u. Diskussion der papierchromatograph. Trennbarkeit verschied. Aminosäureracemate mittels opt.-inakt. Lösungsmittelsysteme. Der Grund scheint eine selektive Adsorption der Isomeren durch die opt.-akt. Cellulose zu sein. — *D-* u. *L-Histidinmonohydrochlorid* sind mit Methanol/W. (3 : 1) auf WHATMAN-Nr. 4 trennbar, wobei die D-Verb. langsamer wandert. (Acta chem. scand. **9.** 547. 1955. Stockholm, Högskola, Inst. för organ. kemi och biokemi.) K. PRCHAL. B 123

B. A. Arbusow und **T. G. Schawscha,** *Dipolmomente von Diestern der Diäthylamidophosphonameisensäure.* Die Best. der Dipolmomente (μ) von *Dialkylphosphonameisensäurediäthylamiden* [**I**; $(RO)_2POCON(C_2H_5)_2$; R = C_2H_5, n-C_3H_7, iso-C_3H_7, n-C_4H_9, iso-C_5H_{11}, C_6H_{13}] ergab Werte von 2,88—3,09 D, im Mittel 2,96 D. Unter Zugrundelegung der freien Drehbarkeit von —OR um die P—O-Bindung u. von $-CON(C_2H_5)_2$ um die P—C-Bindung wird μ für **I** nach der Formel von SMYTH u. LEWIS [1940] zu 3,33 D berechnet. Die Berechnung der Abstände zwischen den einzelnen Gruppen in **I**-Moll. zeigt jedoch, daß infolge starker Überlagerung der Wirkungssphären der VAN DER WAALSschen Kräfte bei CH_2- u. CH_3-Gruppen eine freie Drehbarkeit der nicht regulären Gruppen kaum möglich ist. Wahrscheinlicher ist synchrone Schwingung von —OR u. $-CON(C_2H_5)_2$ mit einer Amplitude von 180°. Das dafür berechnete Dipolmoment weicht mit 3,03 D nur unwesentlich von dem gemessenen ab.

Versuche: μ wurde in Bzl. bei 25° bestimmt. — *Dialkylphosphonameisensäurediäthylamide* $(RO)_2POCON(C_2H_5)_2$: $R = C_2H_5$; $Kp._4$ 117—119°; $D.^{25}_4$ 1,0806; n_D^{25} 1,4470; μ = 2,91 D. $R = n\text{-}C_3H_7$; $Kp._2$ 131—132°; $D.^{25}_4$ 1,0453; n_D^{20} 1,4478; μ = 3,02 D. $R = iso\text{-}C_3H_7$; $Kp._{1,5}$ 114—115°; $D.^{25}_4$ 1,0339; n_D^{25} 1,4430; μ = 2,88 D. $R = n\text{-}C_4H_9$; $Kp._2$ 148—149,5°; $D.^{25}_4$ 1,0202; n_D^{25} 1,4480; μ = 3,09 D. $R = iso\text{-}C_5H_{11}$; $Kp._4$ 155—155,4°; $D.^{25}_4$ 0,9963; n_D^{25} 1,4482; μ = 2,92 D. $R = C_6H_{13}$; $Kp._{3,5}$ 183—184,5°; $D.^{25}_4$ 0,9707; n_D^{25} 1,4458; μ = 2,94 D. (Известия Академии Наук СССР, Отделение Химических Наук [Nachr. Akad. Wiss. UdSSR, Abt. chem. Wiss.] **1952.** 875—81. Sept./Okt. Kasan, Uljanow-Lenin-Univ., Wiss. Butlerow-Forschungsinst.) U. WÖRFFEL. B 132

Chalmers L. Gemmill, *Die scheinbaren Dissoziationskonstanten der phenolischen Hydroxylgruppen des Thyroxins und verwandter Verbindungen.* Unter Verwendung langer Zellen wurden im BECKMAN-Spektrophotometer die UV-Absorptionsspektren von *L-Tyrosin, 3.5-Dijod-L-tyrosin* (**I**), *DL-Thyronin* (**II**), *3.5-Dijod-LD-thyronin* (**III**), *3.3'.5'-Trijod-L-thyronin* (**IV**) u. *Thyroxin* (**V**) bei verschied. p_H, in alkal. u. sauren Lsgg. bestimmt u. hieraus die scheinbaren Dissoziationskonstanten *pK'* für die OH-Gruppe dieser Verbb. berechnet; *pK'* von **V, I, IV, II, III**: 6,73, 6,36, 8,45, 9,55, 9,29. Die terminale OH-Gruppe von **V** ist demnach bei physiol. p_H zu > 50% ionisiert. (Arch. Biochem. Biophysics **54.** 359—67. Febr. 1955. Charlottesville, Va., Univ. of Virginia, School of Med., Dep. of Pharmacol.) K. MAIER. B 139

Gennady M. Kosolapoff, *Das System p- und o-Äthylacetanilid.* Vf. gibt das Phasendiagramm tabellar. an (Typ: feste Lsg. mit Eutektikum). Die Löslichkeiten betragen für das o-Isomere (F. 112,9°) bei 30° 0,4192 g/100 cm³ Lsg., bei 50° 0,5256, für das p-Isomere (F. 94,8°) 0,1168 bei 30° u. 0,2276 bei 50°. (J. Amer. chem. Soc. **77.** 5014—15. 5/10. 1955. Auburn, Ala., Polytechn. Inst., Ross Chem. Labor.) S. v. SCHIESZL. B 150

D. K. Majumdar und **P. C. Rakshit,** *Untersuchung des Phasendiagramms des Systems Naphthalin–Salol.* Das Phasendiagramm des bin. Syst. *Naphthalin–Salol* wird angegeben. Die t–c-Kurve läßt die Bldg. eines einfachen Eutektikums vermuten mit einem F. 25,49° u. einer Zus. von 22 Gew.-% Naphthalin. Eine chem. Verb. scheint sich nicht zu bilden. (J. Indian chem. Soc. **32.** 157—60. März 1955. Calcutta, Presidency Coll., Phys. Chem. Labor.) S. v. SCHIESZL. B 150

P. G. Masslow, *Zur Thermodynamik individueller Kohlenwasserstoffe.* 5. Mitt. *Allgemeine Formel zur Bestimmung der Wärmekapazität C_p^0 der Dämpfe von n-Alkinen.* (3. u. 4. vgl. Журнал Физической Химии [J. physik. Chem.] **27.** [1953.] 237 u. 243; vgl. auch C. **1955.** 8820.) Darst. einer allg. Formel für die Best. der Wärmekapazität C_p^0 = f(n, m, T) (n = Anzahl der C-Atome; m = Anzahl der H-Atome im Mol.) der Dämpfe von n-Alkinen für einen Temperaturbereich von 250 < T < 1600° K bei Atmosphärendruck u. Erfüllung der Bedingung: pv = RT. Für die Wärmekapazität von Dämpfen der n-Alkine zeigten die experimentell u. nach den neuesten spektroskop. Berechnungen erhaltenen Daten eine gute Übereinstimmung mit der Formel. (Журнал Физической Химии [J. physik. Chem.] **27.** 505—08. April 1953.) A. v. KOTZEBUE. B 151

Ludovic Ouellet und **Cyrias Ouellet,** *Über die kalte Ätherflamme.* (Vgl. C. **1952.** 5066.) Es wird eine App. beschrieben, mit welcher die Lichtemission einer kalten Ätherflamme untersucht wird. Der Einfl. der Konz. an *Ae.* u. O_2, der Temp. u. des Durchmessers des Reaktionsgefäßes werden angegeben. Die Emission nimmt mit zunehmender Konz. zu.

Die Dauer der Emission nimmt mit dem Druck u. dem Durchmesser des Reaktionsgefäßes zu. Temperaturerhöhung zeigt im Intensitäts–Zeit-Diagramm eine Änderung des Kurvenverlaufs. (Canad. J. Chem. **29.** 76—88. Jan. 1951.) W. KAUFMANN. B 157

T. A. Eastwood und **Sir Cyril Hinshelwood,** *Die relative Leichtigkeit der Oxydierbarkeit verschiedener Äther in der Gasphase.* Ätherdampf u. Sauerstoff wurden nacheinander in ein Pyrexreaktionsgefäß gegeben, die Rk. manometr. u. durch Best. der Peroxyde verfolgt. Als Reaktionsgeschwindigkeit wurde die maximale Geschwindigkeit des Druckanstiegs gewertet. Die Äther zeigen untereinander ähnliches Verh. in ihrer langsamen Oxydation. 150 mm *Ae.* (I) zeigt mit zunehmendem O_2-Druck zunächst wachsende Oxydationsgeschwindigkeit, von ca. 200 mm an jedoch wieder Abfall. Bei 173° treten im O_2-armen Bereich kalte Flammen auf, im O_2-reichen Gebiet Explosionen. Bei konstantem O_2-Druck nimmt die Oxydationsgeschwindigkeit linear oder etwas schwächer mit dem Ätherdruck zu. Die Rk. zwischen I u. O_2 (je 50 mm Hg) wird bei ca. 160° beträchtlich u. schon bei 171° explosiv. — Die Rkk. sind stark abhängig von Oberflächeneinfl. u. der Versuchstechnik; daher ist ein Vgl. mit den Ergebnissen anderer Autoren schwer. Es werden für äquimol. Äther–O_2-Gemische die Bereiche langsamer Oxydation, kalter Flammen u. Explosionen in einem Temp.–Gesamtdruck-Diagramm für einige Äther wiedergegeben. N_2-Zusatz hat, wie bei I untersucht wurde, keinen bemerkenswerten Einfluß. Die Peroxydbldg. ist stärker als bei KW-stoffen; ihre Konz. erreicht bei der maximalen Geschwindigkeit ebenfalls ein Maximum. Vor dem Auftreten einer kalten Flamme nimmt die Peroxydkonz. steil zu, ohne nach dem Ablauf der kalten Flamme wesentlich abgenommen zu haben. Auch treten höhere Konzz. auf, ohne daß kalte Flammen entstehen. Offenbar spielt die Gesamtperoxydmenge bei den Äthern für die Entstehung kalter Flammen nicht die gleiche Rolle wie beim Butanon (BARDWELL u. HINSHELWOOD, Proc. Roy. Soc. [London], Ser. A **205.** [1951.] 375). — Auf die gleiche Temp. extrapoliert, ergeben sich folgende relative Geschwindigkeiten für die langsame Oxydation: (*Pentan* 1), *Dimethyläther* 25, *Methyläthyläther* 175, *Methyl-n-propyläther* 175, I 2500, *Di-n-propyläther* 1300. *Diisopropyläther* reagiert wesentlich langsamer als **I**, was gemeinsam mit dem Befund an Dimethyläther die Widerstandsfähigkeit der Methylgruppe gegen Sauerstoffangriff erneut dokumentiert. Die Einführung des Sauerstoffs in das Äthermol. bedingt im Vgl. zu den KW-stoffen eine erhebliche Vergrößerung der Reaktionsbereitschaft, bringt jedoch auch bei Kettenverlängerung ein schnelles Erreichen des Maximums der Reaktionsfähigkeit mit sich; dieses ist bei I bereits erreicht, während die Reaktionsgeschwindigkeit bei den KW-stoffen mit der Kettenlänge noch wesentlich zunimmt. Der strukturelle Einfl. auf die Oxydationsgeschwindigkeit soll in einer Schwächung der OO-Bindung der Peroxyde durch Induktionswrkg. der OR-Gruppe bestehen. (J. chem. Soc. [London] **1952.** 733—38. Febr. Oxford, Univ., Phys. Chem. Labor.) H. THEILE. B 157

A. B. Foster, *Ionophorese einiger Disaccharide.* Die Papierionophorese einiger Disaccharide (*Laminaribiose, Maltose, Cellobiose, Isomaltose, Gentiobiose, Lactose* u. *Melibiose*) im Boratpuffer bei p_H 10 ist in manchen Fällen viel vorteilhafter als Chromatographie u. kann bei der Best. der Struktur von Polysacchariden von Wert sein. Aus dem Wanderungsverh. zahlreicher Methylzucker (*D-Glucose, 2-, 3-* u. *6-Methyl-D-glucose, 3.5.6-Trimethyl-D-glucose, 3.4-Dimethyl-L-rhamnose* u. *-D-glucose, 4-Methyl-D-galaktose* u. *-D-glucose, 2.3-* bzw. *2.4-Dimethyl-D-glucose* u. *-L-rhamnose, α-Methyl-D-glucopyranosid, 2.3.4-* u. *2.3.6-Trimethyl-D-glucose*) konnte ermittelt werden, daß Aldehydformen ebenso wie die Ringformen der Derivv. mit Borationen reagieren. Die Wanderungsgeschwindigkeit wird durch den Quotienten der wahren Wanderungsstrecke der untersuchten Substanz u. der wahren Wanderungsstrecke von *2.3.4.6-Tetramethyl-D-glucose* mit großer Genauigkeit charakterisiert. App. u. Technik vgl. C. **1953.** 5889. Das Potential betrug 900 V, die erreichte Stromstärke 30—35 mA. (J. chem. Soc. [London] **1953.** 982—86. März. Edgbaston, Birmingham, Univ., Chem. Dep.) E. TIEDEMANN. B 168

J. R. Withe, *Die Diffusionskoeffizienten von Fettsäuren und einbasigen Phosphorsäuren in n-Decan.* Vf. bestimmt die Diffusionskoeffizienten von verd. Lsgg. der Fettsäuren mit gradzahligen C-Atomen C_6—C_{18}, von 3 einbasigen Phosphorsäuredialkylestern, von *Benzoe-* (I) u. *2-Äthylcapronsäure* (II) in n-Decan bei 30° mittels der Diaphragmamethode. Die STOKES-EINSTEINsche Beziehung $D = kT/6\pi\eta(^3/_4\pi)^{1/3}(N/V)^{1/3}f$, worin V das Molvol. u. f ein Reibungskoeff. für ellipsoid. Moll. bedeuten, sagt die gefundenen Werte nur dann richtig voraus, wenn ein zusätzlicher Faktor von ca. 2 eingeführt wird. Für die Fettsäuren muß eine beträchtliche Abweichung von der sphär. Form angenommen werden, zumal in den Lsgg. dimere Assoziate vorliegen sollten. Da die meisten für vorst. Gleichung benötigten V-Werte unbekannt sind, werden diese näherungsweise berechnet; für die Carbonsäuren gilt $V \simeq 24{,}5 + 16{,}95 \cdot n$, für die Phosphorsäureester $V \approx 132,8 + 33,3 \cdot (n - 2)$; n Zahl der C-Atome pro Alkylkette. — Diffusionskoeffizienten: I 11,75; *Capron-* 10,38; *Capryl-* 8,88; *Caprin-* 7,77; *Laurin-* 7,04; *Myristin-* 6,41; *Palmitin-* 5,80; *Stearin-* 5,33; *Ölsäure* 5,50; *Di-n-decyl-* 4,40; *Dilauryl-* 3,95; *Dioctadecen-(8)-ylester* der *Phosphorsäure* 3,35; II 8,17. (J. chem. Physics **23.** 2247—51. Dez. 1955. Paulsboro, N. J. Socony Vacuum Labor., Res. and Developm. Dep.) K. FRENKLER. B 171

Yoshiyuki Namba, Tsutomu Oda und **Hisao Hayashi,** *Phasenumwandlung in den Kristallen der Trimethylessigsäure.* Die Phasenumwandlung, die von NAMBA u. ODA (vgl. C. **1953.** 8553) bei der Unters. der Kristallstruktur der *Trimethylessigsäure* auf opt. Wege beim Abkühlen des Kristalls beobachtet worden war, untersuchten Vff. durch dilatometr. Messungen zwischen -20^0 u. $+40^0$. Die Phasenumwandlung ist von einer plötzlichen Volumenkontraktion begleitet u. tritt bei fallender Temp. bei -2^0 u. bei ansteigender Temp. bei $+7^0$ auf. Der Relativwert der Volumenkontraktion $\Delta V/V_{15^0}$ beträgt angenähert 8%. Aus dieser großen Kontraktion kann geschlossen werden, daß die Umwandlung von einer merklichen Erhöhung der Mol.-Bewegung begleitet ist. (Bull. chem. Soc. Japan **26.** 206—07. Juni 1953. Osaka, Liberal Arts Univ., Chem. Labor. [Orig.: engl.]) C. GOTTFRIED. B 190

D. W. Jones, *Eine vorläufige röntgenographische Untersuchung einiger Alkaliamindisulfonate und Methandisulfonate.* Röntgenograph. wurden *Di-*NH_4*-* (I),- *K-* (II),- *Rb-Amindisulfonat* (III), NH_4*-* (IV) u. *Di-K-Methandisulfonat* (V) untersucht. Alle Verbb. kristallisieren monoklin mit den Elementarzellen: I: a = 12,72 Å; b = 23,2 Å; c = 7,49 Å; $\beta = 92,8^0$; D. 2,00; Z = 12; II: a = 12,43 Å; b = 7,46 Å; c = 7,18 Å; $\beta = 91,2^0$; D. 2,49; Raumgruppe C 2/c; Z = 4; III: a = 12,80 Å; b = 38,4 Å; c = 7,45 Å; $\beta = 91,9^0$; D. 3,00; Z = 20; IV: a = 12,70 Å; b = 7,85 Å; c = 7,65 Å; $\beta = 92,6^0$; D. 1,83; Raumgruppe C 2/c; Z = 4 u. V: a = 12,55 Å; b = 7,75 Å; c = 7,30 Å; $\beta = 90,5^0$; D. 2,37; Raumgruppe C 2/c; Z = 4. (Acta crystallogr. [Copenhagen] **8.** 66—67. 10/1. 1955. Leeds, Univ., Chem. Dep.) C. GOTTFRIED. B 195

Harry A. Rose, *Kristallographische Eigenschaften von Phenacainhydrochloridmonohydrat. Phenacainhydrochloridmonohydrat* (*Holocainhydrochloridmonohydrat,* $N^1.N^2$*-Bis-[p-äthoxyphenyl]-acetamidinhydrochloridmonohydrat*) krist. aus W. in Blättchen nach (0 1 0), die nach der c-Achse verlängert sind. Die Verb. hat F. 192—195° u. verliert ihr W. bei ca. 95°. Die Kristalle sind monoklin mit der Elementarzelle a = 8,13 Å; b = 23,75 Å; c = 5,44 Å; $\beta = 115^0$. Raumgruppe ist $P2_1 - C_2^2$; Z = 2. Die opt. Eigg. sind: $\alpha = 1,520$; $\beta = 1,600$; $(-)2V \sim 80^0$. Die opt. Achse liegt senkrecht zu (0 1 0). Die Auslöschung α:a beträgt 8° im spitzen Winkel β. Die Daten eines Pulverdiagramms sind tabellar. wiedergegeben. (Acta crystallogr. [Copenhagen] **8.** 65. 10/1. 1955. Indianapolis, Ind., Lilly Res. Labor.) C. GOTTFRIED. B 195

E. G. Steward, *Äthanolaminhydrogen-D-tartrat: Optische Eigenschaften und Röntgenstrahlenbeugungsdaten: Berichtigung.* Berichtigung zu der C. **1953.** 4506 referierten Arbeit. Statt D. 5,51 muß es 1,51 heißen. Außerdem besitzt das Mol. ein Mol. H_2O. (Acta crystallogr. [Copenhagen] **8.** 68. 10/1. 1955. Wembley, General Electric Co., Res. Labor.) C. GOTTFRIED. B 195

Ralph R. Pfeiffer, *Kristallographische Daten von α-Glucoheptonsäure-γ-lacton. β-Glucoheptonsäure-γ-lacton* (so im Orig., der Referent) krist. aus W. in rhomb. Kristallen mit der Elementarzelle a = 7,61 Å; b = 17,25 Å; c = 6,60 Å (alle ±0,02 Å). Raumgruppe ist $D_2^4 - P2_12_12_1$; mit D. 1,587 ist Z = 4. Die Brechungsindices (5893 Å; 25°) sind $\alpha = 1,498 \pm 0,002$; $\beta = 1,562 \pm 0,002$; $\gamma = 1,574 \pm 0,002$; $(-)2V = 45^0$. Opt. Achsenebene ist 1 0 0; spitze Bisektrix α = b. Die Daten eines Pulverdiagramms sind angegeben. (Acta crystallogr. [Copenhagen] **8.** 66. 10/1. 1955. Indianapolis, Ind., Lilly Res. Labor.) C. GOTTFRIED. B 195

G. E. Bacon und **N. A. Curry,** *Die Wasserstoffatome in α-Resorcin.* Vff. berichten kurz über Neutronenbeugungsunterss. an Einkristallen von *α-Resorcin.* Nach vorläufigen FOURIER-Projektionen der Neutronendichte auf die (0 0 1)-Ebene sind alle H-Atome, die für Neutronen eine negative Streuamplitude haben, klar definiert. Der Abstand der H-Atome zu den Ring-C-Atomen beträgt ca. 1,1 Å. Die H-Bindungen, die das Mol. mit seinen Nachbarn verbinden, sind nicht symm., das Proton sitzt ca. 1 Å von dem näheren O-Atom entfernt. (Nature [London] **175.** 894. 21/5. 1955. Harwell, Atomic Energy Res. Establ.) C. GOTTFRIED. B 195

A. F. Wells, *Die geometrische Basis der Kristallchemie.* 5. Mitt. (4. vgl. Acta crystallogr. [Copenhagen] **7.** [1954.] 849.) Vf. berichtet über vorläufige röntgenograph. Unterss. an dem gelben Wollfarbstoff „*Coomassie Yellow 7 G*" (vgl. nachst. Formel). Das gelbe kristalline Pulver ist n. in W. löslich. Es wurden 3 morpholog. verschied. Kristallformen a, b u. c erhalten. Außerdem konnte die Verb. noch in einer relativ unlösl. Form erhalten werden, von der jedoch genügend große Kristalle nicht darstellbar waren. Die Pulveraufnahme dieser unlösl. Form ergab ein Diagramm, das für ein n. mikrokristallines Pulver charakterist. ist. Die 3 lösl. Formen lieferten nach Pulverisieren Diagramme mit

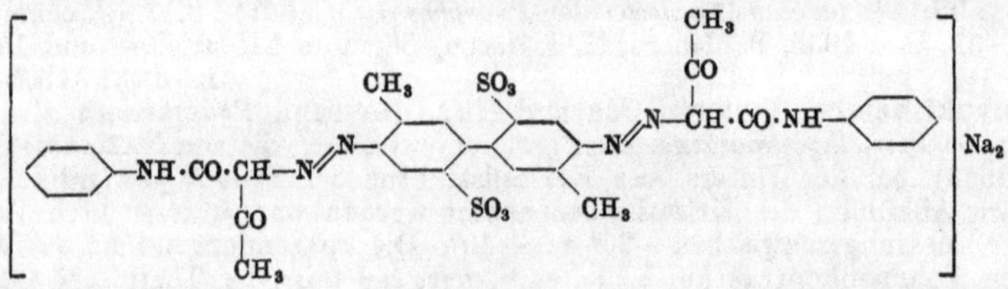

einer geringen Anzahl sehr diffuser Ringe, welche den Diagrammen von Glas oder Fll. ähnlich waren. Die Kristalle ergaben nach Trocknen an der Luft beträchtliche u. verschied. Mengen von Hydratationswasser, u. zwar bis zu 20 H_2O pro 1 Formelgewicht Farbstoff. Bringt man die lösl. Kristalle in W., dann zerfallen sie, ohne in Lsg. zu gehen; sie überziehen sich dabei mit einer gelatinösen Schicht, aus der langsam Material in die umgebende n. mol. Lsg. diffundiert. Zwischen gekreuzten Nicols erscheint diese gelatinöse Schicht hell gegen den dunklen Untergrund der n. Lösung. Die unlösl. Form löst sich beim Erhitzen unter Bldg. einer viscosen Lsg., aus der nach langer Zeit Kristalle der lösl. Form auskristallisieren. Es konnten die folgenden 3 Kristalltypen vermessen werden: Prismen vom Typ a sind rhomb., werden von 4 Prismenflächen begrenzt, während Endflächen 4 Pyramidenflächen sind; das Achsenverhältnis ist a:b:c = 0,6682:1:0,8399. Prismen vom Typ b bilden rhomb. Prismen {1 1 0}, welche an beiden Enden durch {0 1 1} begrenzt sind; das Achsenverhältnis ist a:b:c = 0,6682:1:0,8283. Der dritte Typ c bildet rhomb. Bipyramiden {1 1 1} mit dem Achsenverhältnis a:b:c = 0,823:1:0,610. Aus lufttrocknen Einkristallen vom Typ wurde eine rhomb. Zelle mit den angenäherten Dimensionen a = 39,0 Å; b = 58,8 Å; c = 48,0 Å erhalten. Trockne Kristalle vom Typ a ergaben keine ausreichenden Diagramme zur Festlegung einer Elementarzelle. Für Kristalle vom Typ c wurde eine Zelle mit den Dimensionen a = 30,8 Å; b = 37,4 Å; c = 22,8 Å gefunden. Raumgruppen P n c n oder P n n a mit Z = 24 $C_{34}H_{30}O_{10}N_6S_2Na_2 \cdot 6H_2O$. Aufnahmen von feuchten Kristallen vom Typ a in Capillaren mit Mutterlauge ähneln denen von kugelförmigen Proteinen. Die Zelle ist nur pseudorhomb. mit den Dimensionen a = 53,5 Å; b = 75,2 Å; c = 58,1 Å. Aus den Aufnahmen läßt sich schließen, daß die Kristalle ziemlich starre Netzwerkstrukturen besitzen, in deren Zwischenräumen Wassermoll. u. möglicherweise auch Ionen des Farbstoffs eingelagert sind. Entfernung eines Teils oder des gesamten Hydratationswassers führt nicht zum Zusammenbruch des Netzwerks, sondern gibt den Moll. genügend Schwingungsfreiheit, um die meisten oder alle Beugungseffekte zu unterbinden. Es werden einige Annahmen über die mögliche Natur des Netzwerks diskutiert. (Acta crystallogr. [Copenhagen] **8.** 32—36. 10/1. 1955. Manchester, Imp. Chem. Ind. Ltd., Dyestuffs Div.) C. Gottfried. B 195

Maureen Mackay und **Dorothy Crowfoot Hodgkin,** *Eine kristallographische Untersuchung der Struktur von Morphin.* Es wurden die Elementarzellen von *Morphinhydrojodiddihydrat* (**I**), $C_{17}H_{19}O_3N$, $HJ \cdot 2H_2O$, u. *Morphinhydrobromiddihydrat* (**II**) sowie die genaue Struktur von **I** bestimmt. Die beiden Verbb. sind rhomb. mit den Elementarkörperdimensionen für **I** a = 20,32 Å; b = 13,02 Å; c = 6,84 Å u. für **II** a = 20,07 Å; b = 12,75 Å; c = 6,94 Å. Raumgruppe für **I** u. **II** $P\,2_1\,2_1\,2_1$; Z = 4. Die Parameter wurden aus 2 Patterson-Projektionen parallel der b- u. c-Achse festgelegt. Die erhaltenen Parameterwerte sind (wegen der Bezifferung vgl. nebenst. Figur): $C_{(1)}$ (x =) 0,038; (y =) 0,553; (z =) 0,943; $C_{(2)}$: 0,050; 0,445; 0,953; $C_{(3)}$: 0,113; 0,410; 0,892; $C_{(4)}$: 0,160; 0,480; 0,828; $C_{(5)}$: 0,242; 0,548; 0,623; $C_{(6)}$: 0,217; 0,547; 0,418; $C_{(7)}$: 0,150; 0,567; 0,358; $C_{(8)}$: 0,133; 0,657; 0,437; $C_{(9)}$: 0,118; 0,787; 0,725; $C_{(10)}$: 0,065; 0,728; 0,863; $C_{(11)}$: 0,083; 0,620; 0,875; $C_{(12)}$: 0,145; 0,580; 0,825; $C_{(13)}$: 0,200; 0,647; 0,748; $C_{(14)}$: 0,170; 0,717; 0,582; $C_{(15)}$: 0,242; 0,690; 0,880; $C_{(16)}$: 0,200; 0,768; 1,000; $C_{(17)}$: 0,133; 0,942; 0,967; $O_{(1)}$: 0,125; 0,308; 0,900; $O_{(2)}$: 0,233; 0,440; 0,375; $O_{(3)}$: 0,227; 0,467; 0,758; $(H_2O)_{(1)}$: 0,167; 0,275; 0,533; $(H_2O)_{(2)}$: 0,035; 0,158; 1,000; N: 0,167; 0,848; 0,858; J: 0,069; 0,058; 0,442. In dem Gitter hat das Mol. roh eine T-Form. Angenähert in einer Ebene liegen die Ringe I u. II sowie der Oxydring; eine zweite, auf dieser Ebene senkrecht stehende Ebene bilden die Ringe III u. IV. Der Benzolring ist eben. Andererseits ist die beobachtete Abwinkelung

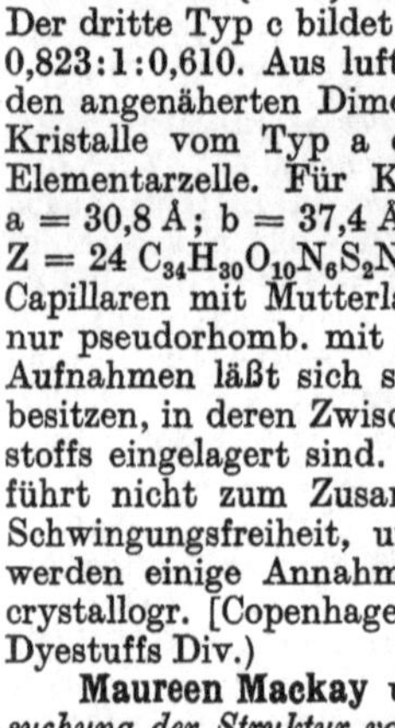

der Bindungen $C_{(4)}$-O u. $C_{(12)}$-$C_{(13)}$ zur Bldg. des 5gliedrigen Oxydrings notwendig. Dieser Ring selbst ist nicht eben, u. zwar liegt $C_{(5)}$ außerhalb der Ebene der 4 anderen Atome. Der N-Ring hat angenähert Sesselform; die CH_3-Gruppe ist an das N-Atom gegenüber der Bindung $C_{(9)}$-$C_{(10)}$ in der cis-Form lokalisiert. Die angenäherte Bootform des Ringes III scheint durch die Packung der an das $C_{(6)}$-Atom gebundenen Atome relativ zu den Atomen des Oxydrings notwendig zu sein. Am bemerkenswertesten in der Struktur ist die cis-Verb. zwischen den Ringen II u. III. (J. chem. Soc. [London] **1955.** 3261—67. Sept. Oxford, Univ., Museum.) C. GOTTFRIED. B 195

Louis Hunter und **Norman G. Reynolds**, *Der Assoziationseffekt des Wasserstoffatoms. 14. Mitt. Die Struktur der Diacylamine und verwandter Substanzen.* Die Vorstellung von Amid–Imidol-Gleichgewichten bei Amiden, —CO·NH— ⇌ —C(OH):N—, ergibt sich lediglich aus ihrer formalen Analogie zu den Keto–Enol-Systemen, während u. a. eine Unters. ihrer Ultrarotspektren (RICHARDS u. THOMPSON, C. **1948.** II. 479) das Fehlen einer C=N-Bindung u. damit der Imidolstruktur zeigten. Zur näheren Prüfung dieser Frage werden Messungen der Mol.-Geww. von Diacylaminen, Acylsulfonylaminen, Disulfonylaminen u. einigen strukturell verwandten Verbb., wie Acylcarbaminsäureestern, Dicarbalkoxyaminen, Acylthiocarbaminsäureestern, Nitrocarbaminsäureestern sowie Acyl-, Carbalkoxy- u. Aryldiazoderivv. von 2-Aminopyridin nach der kryoskop. Meth., u. zwar meist aus Löslichkeitsgründen in Nitrobenzol, teilweise auch in Bzl., bei Substratkonzz. von einigen ‰ bis einigen % durchgeführt. Soweit diese Verbb. noch ein H-Atom am Stickstoff besitzen, wird eine hohe, mit der Konz. ansteigende Assoziation (Assoziationsgrade zwischen 1,1 u. ca. 2) gefunden, die bei Substitution des Imido-H-Atoms z. B. durch Alkyl- oder Arylgruppen völlig verschwindet. Die Assoziation kann daher in allen Fällen zwischenmol. N–H...O-Bindungen zugeschrieben werden. Das tautomere Verh. der Verbb. ist daher mindestens in weit überwiegendem Maße nicht auf Prototropie (die wegen der koordinierten OH-Gruppe nichtassoziierende Verbb. liefern müßte), sondern auf Mesohydrie zurückzuführen, d. h. auf zwischenmol. Anteiligwerden der tautomeren H-Atome. Eine weitere Stütze für das Fehlen der Imidolform in den betrachteten Verbb. ergibt sich aus den Eigg. ihrer Metallderivv., die zum Unterschied von denen der β-Ketone typ. Nichtchelatverbb. sind. — M e t a l l d e r i v v. d e r D i a c y l a m i n e: Obwohl die Diacylamine stärkere Säuren sind als β-Diketone, bilden sie weniger stabile Metallderivate. Die von Alkalimetallen abgeleiteten werden durch W. stark hydrolysiert u. sind häufig nur unter wasserfreien Bedingungen zu erhalten. Sie besitzen eindeutig die Ionenstruktur $[R\cdot CO\cdot N\cdot COR]^-Na^+$. Einige durch doppelte Umsetzung mit Schwermetallsalzen erhaltenen Schwermetallderivv. wurden bereits beschrieben, die nach ihren Eigg. eine Struktur ähnlich der der Na-Salze besitzen. In der vorliegenden Arbeit erwiesen sich nur Diacylamine mit 1 oder 2 Arylsulfonylgruppen als genügend sauer, um zur Charakterisierung hinreichend stabile Salze zu liefern. Es wurden 12 Metallsalze als Hydrate, Ammine oder in wasserfreier Form isoliert, ausgehend von *N-[p-Toluolsulfonyl]-acetamid* (I), *N.N-Bis-[p-toluolsulfonyl]-amin* (II) u. *N-Benzoylbenzolsulfonamid* (III). Es sind wasserlösl. kristalline Substanzen, die in organ. Lösungsmitteln kaum oder gar nicht lösl. sind u. die die für ihre Metallionen charakterist. Farben haben. Beim Erhitzen zerfallen sie ohne echtes Schmelzen, wobei die hochhydratwasserhaltigen Salze sich in ihrem Hydratwasser lösen. Die Verbb. müssen daher Ionenstruktur besitzen, während Strukturen, wie **IV** u. **V** (Me = Metall), für sie nicht in Frage kommen. Das Ausbleiben der Farb-Rk. mit $FeCl_3$ bei den Amiden u. Diacylaminen ist zweifellos hierauf zurückzuführen.

I $CH_3\cdot CO\cdot NH\cdot SO_2\cdot C_7H_7$—(p)

II $(p—C_7H_7\cdot SO_2)_2NH$

III $C_6H_5\cdot CO\cdot NH\cdot SO_2C_6H_5$

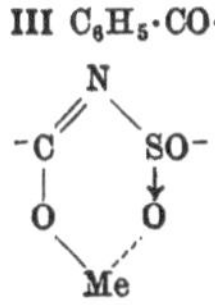

IV

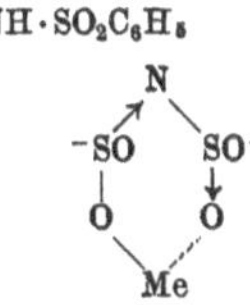

V

V e r s u c h e : M o l. - G e w. - B e s t i m m u n g e n : Strukturelle Gruppe —CO—NH—CO—, Assoziation zeigen *N.N-Dibenzoylamin, N.N-Diacetylamin, Methylacetylcarbamat, Äthylbenzoylcarbamat, Äthylacetylcarbamat, N-Benzoylacetamid, Dicarbomethoxyamin,* Assoziation fehlt bei *N.N-Dicarbäthoxyanilin, N-Benzoylacetanilid, Methyl-N-acetyl-N-methylcarbamat* (**VI**, $C_5H_9O_3N$, Kp. 174—176°), *N.N-Dibenzoylanilin, N.N-Diacetylmethylamin, Äthyl-N-acetyl-N-äthylcarbamat* (**VII**, $C_7H_{13}O_3N$, Kp. 191 bis 192°); strukturelle Gruppe —CO—NH—SO_2—, Assoziation zeigen *N-Benzoylbenzolsulfonamid, N-Benzolsulfonylacetamid, N-Benzoyl-p-toluolsulfonamid,* Assoziation fehlt bei *N-Benzolsulfonylacetanilid, N-Benzoyl-p-toluolsulfonanilid, N-Benzoylbenzolsulfonanilid, N-Benzolsulfonylacet-p-anisidid* (**VIII**, $C_{15}H_{15}O_4NS$, F. 142° [A.]); strukturelle Gruppe —SO_2—NH—SO_2—, Assoziation zeigt *N.N-Bis-[p-toluolsulfonyl]-amin* (Assoziation fehlt in Dioxan), Assoziation fehlt bei *N.N-Bis-[benzolsulfonyl]-benzylamin* u. *N.N-Bis-[benzolsulfonyl]-anilin*; strukturelle Gruppe —CO—NH—CS—, Assoziation zeigen *Äthylbenzoylthiocarbamat* u. *Methylbenzoylthiocarbamat*, Assoziation fehlt bei *Methyl-N-benzoyl-N-phenylthiocarbamat* u. *Äthyl-N-benzoyl-N-phenylthiocarbamat*. Ein ähnlicher Assoziationscharakter zeigt sich auch bei *Äthylnitrocarbamat* (strukturelle Gruppe $-CO-NH-NO_2$) im Vgl. mit den unassoziierten Verbb. *Äthylnitroacetat* u. *Äthylnitromalonat*. Bes. hoch ist der Assoziationsgrad bei *2-[Phenyldiazoamino]-pyridin* (strukturelle Gruppe $-N=C-NH-N=N-$); Assoziation zeigen ferner *Methylpyridyl-(2)-carbamat* (**IX**, $C_7H_8O_2N_2$, F. 130° [A.]), *Äthylpyridyl-(2)-carbamat* u. *2-Acetamidopyridin* (strukturelle Gruppe $-N=C-NH-CO-$). Verbb. **VI**—**IX** wurden erstmalig dargestellt. Angaben über die Meth. fehlen. — Metallsalze von Acylsulfonyl- u. Disulfonylaminen: Metallsalze von *N-[p-Toluolsulfonyl]-acetamid* (**I**), soweit nicht anders angegeben, durch Einw. geeigneter Carbonate auf eine wss. alkoh. Lsg. des Amids hergestellt: *Li-Salzmonohydrat*, weiße rechteckige Platten, leichtlösl. in W., A. u. Aceton, unlösl. in anderen organ. Lösungsmitteln oder in feuchtem Toluol. *Na-Salzmonohydrat*, aus W. weiße Kristalle. *Cuprisalz als Diammin*, blaue Kristalle, durch Vermischen äquivalenter Mengen $CuSO_4$ u. **I** in konz. wss. Ammoniak. Unlösl. in W. u. organ. Lösungsmitteln, im Vakuumexsikkator über H_2SO_4 stabil. Verss. zur Herst. in Abwesenheit von NH_3 gaben nur bas. Verbindungen. *Ba-Salzmonohydrat*, weiße Nadeln, mäßig lösl. in W., unlösl. in organ. Lösungsmitteln. *Cobaltosalzhexahydrat*, aus W. blaßrote hexagonale Blättchen, liefert ein blaues wasserfreies Salz, das mit W. wieder rot wird. *Nickelsalznonahydrat*, aus W. grüne Rhomben. *Manganosalznonahydrat*, durch doppelte Umsetzung des Na-Salzes mit $MnSO_4$, aus W. cremefarbige Rhomben. *Ferrosalz*, blaßgrüne, rasch braun werdende Blättchen, in organ. Lösungsmitteln nicht lösl., nicht analysiert. — *N.N-Bis-[p-toluolsulfonyl]-amin* (**II**): *Cuprisalzdodecahydrat*, aus W. blaßblaue Nadeln. *Ba-Salzmonohydrat*, aus W. weiße Nadeln. *Nickelsalz-13-hydrat*, aus W. grüne Rhomben, in W. leicht lösl., in A., Aceton, Chlf. u. Pyridin hinreichend lösl., um eine grüne Färbung zu geben. — *N-Benzoylbenzolsulfonamid* (**III**): Das Amid ist hinreichend sauer, um viele Metallcarbonate zu zersetzen; wegen mehr oder weniger starker Hydrolyse konnten die resultierenden Salze aber meist nicht isoliert werden (z. B. bei Ni u. Co). *K-Salz*, weiße federförmige Kristalle, sehr leicht lösl. in Wasser. *Cuprosalztetrammin*, aus äquivalenten Mengen $CuSO_4$ u. **III** in konz. wss. Ammoniak, blaue Kristalle, wird durch W. hydrolysiert. (J. chem. Soc. [London] **1950**. 2857—64. Okt. Leicester, Univ. Coll.) O. Reitz. B 221

Tunetaka Sasaki und **Tatuya Yasunaga**, *Abschätzung des Ausmaßes der Hydratation von Alkoholen.* Die Additivitätsregel, die bei der Formel von Rao (vgl. J. chem. Physics **9**. [1941.] 682) u. von Lagemann u. Corry (vgl. J. chem. Physics **10**. [1942.] 759) $V = v^{1/3} \cdot M/D$ (v Schallgeschwindigkeit, M Mol.-Gew., D D., V charakterist. Konstante) für die V-Werte in Fll. gilt, versuchen Vff. auf ideale Lsgg. anzuwenden; sie entwickeln Gleichungen, mit denen man das Ausmaß der Hydratation pro Mol. gelöste Substanz berechnen kann. Verss. wurden durchgeführt mit *Methyl-*, *Äthyl-*, *Propyl-*, *Isopropyl-*, *n-Butyl-* u. *Isobutylalkohol*. Zunächst ergab sich, daß die Schallgeschwindigkeit der wss.-alkoh. Lsgg. bei 20° eine lineare Funktion der Konz. in Mol/Liter ist. Damit wurde das Ausmaß der Hydratation der Alkohole in den Lsgg. als Funktion der Konz. berechnet u. mit den experimentellen Daten verglichen. Die Übereinstimmung war sehr gut. Ganz allg. ergab sich, daß das Ausmaß der Hydratation mit der Anzahl der C-Atome in einem Mol. bei konstanter Konz. zunimmt u. für ein u. denselben Alkohol mit der Konz. abnimmt. Zur Hydratationswärme ergibt sich eine lineare Abhängigkeit. (Bull. chem. Soc. Japan **26**. 175—77. Juni 1953. Fukuoka, Kyushu Univ., Fac. of Sci., Dep. of Chem. [Orig.: engl.]) C. Gottfried. B 224

Ram Gopal und **O. K. Rice**, *Die Form der Koexistenzkurve für das System Perfluormethylcyclohexan-Tetrachlorkohlenstoff.* Vff. unterziehen die Ergebnisse von Zimm (J. physic. Colloid Chem. **54**. [1954.] 1306) einer Nachuntersuchung u. bestimmen die krit. Übergangstemp. T_c für den Übergang des Syst. *Perfluormethylcyclohexan* (F. $-41{,}72°$)-CCl_4 vom einphasigen in das zweiphasige Gebiet zu 28,633°. $(T_c - T + 0{,}001°)^{1/3}$ ist eine lineare Funktion des CCl_4-Mol.-Bruchs. Zwischen den Mol.-Brüchen 0,5375 u. 0,5625 scheint die Zustandskurve eine horizontale Abflachung zu besitzen, deren Existenzbereich jedoch in einem solch kleinen Temperaturintervall liegt, daß sie kaum beobachtbar ist. (J. chem. Physics **23**. 2428—31. Dez. 1955. Chapel Hill, N. C., Univ. of North Carolina, Dep. of Chem.) K. Frenkler. B 224

B. S. Rabinovitch und **F. S. Looney**, *Die durch Stickstoffoxyd katalysierte cis-trans-Isomerisation von Dideuteroäthylen.* Vff. untersuchen die durch NO katalysierte cis-trans-Isomerisation des *Dideuteroäthylens* (**I**) im Temperaturbereich von 290—410° u. bei **I**- u. NO-Drucken von 1,6—11 bzw. 1,0—63 cm Hg. Massenspektrograph. wird weder Austausch noch Polymerisation nachgewiesen. Die Geschwindigkeitskonstanten 1. Ordnung sind unabhängig von der **I**-Konz. u. ändern sich linear mit der NO-Konz.; die

Konstanten 2. Ordnung sind konstant. Zusatz von N_2 u. CO_2 hat keinen Einfluß. Die Aktivierungsenergie, erhalten aus dem Diagramm ln k/$T^{1/2}$ gegen 1/T, beträgt 27,5 kcal u. ist unabhängig von der NO-Konzentration. Man könnte annehmen, daß die beobachtete Aktivierungsenergie in enger Beziehung zu der wahren Überlappungsenergie der N- u. T-Zustände des **I** steht. $E_{T'}$ sollte dann in jedem Fall im Gegensatz zu den meisten vorliegenden Schätzungen u. Berechnungen < 30 kcal sein. Eine andere Deutungsmöglichkeit ist die Annahme einer starken Katalysator–Substrat-Wechselwrkg. (chem. Katalyse). Die beobachtete Energie steht mit diesem Mechanismus in Einklang; die durchgeführten Verss. gestatten dann allerdings keine direkte Aussage über die Energie des niedrigsten Triplettzustandes $E_{T'}$ mehr. (J. chem. Physics **23.** 2439—40. Dez. 1955. Seattle, Wash., Univ. of Washington, Dep. of Chem.) K. FRENKLER. B 225

Harden M. McConnell, *Bemerkungen zu der durch Stickstoffoxyd katalysierten cis–trans-Isomerisation des Dideuteroäthylens.* Vf. diskutiert das Untersuchungsergebnis von RABINOVITCH u. LOONEY (vgl. vorst. Ref.). Es steht nicht im Widerspruch zu der Theorie des Vf. (J. chem. Physics **20.** [1952.] 1043), die zur Beschreibung u. Deutung von Isomerisationskatalysen unabhängig von der Größe der Katalysator–Isomeres-Wechselwrkg. ihre Gültigkeit behält. Im Falle der NO-Katalyse, also Vorliegen starker Wechselwrkg., kann die Abstoßung der beiden Dublettzustände D u. D′ 20 kcal/Mol erreichen u. das „Aufbrechen" der C–C-Doppelbindung verursachen. (J. chem. Physics **23.** 2440. Dez. 1955. Emeryville, Calif., Shell Developm. Comp.) K. FRENKLER. B 225

N. A. Khan, *Mechanismus der Umwandlung der cis- zur trans-Modifikation von ungesättigten, höheren Fettsäureestern durch Stickstoffdioxyd.* Vf. untersucht die Wirksamkeit der Stickstoffoxyde bei der cis–trans-Umwandlung von *Methyloleat* u. *Methyllinolenat.* N_2O u. NO erweisen sich als unwirksam, während NO_2 einen starken Isomerisationseffekt hervorruft. Vf. diskutiert folgenden Reaktionsmechanismus: Durch Polarisationswrkg. auf die Doppelbindung des cis-Isomeren zieht das NO_2 die π-Elektronen unter Komplexbldg. an sich. Um die aktivierte C–C-Bindung schwingt nun das Mol. in die stabile trans-Stellung; so stabilisiert kann es die abgezogenen π-Elektronen unter Aufhebung des NO_2-Komplexes wieder zurückziehen u. hinterbleibt als stabiles trans-Isomeres. (J. chem. Physics **23.** 2447—48. Dez. 1955. Minneapolis, Minn., Univ. of Minnesota, Dep. of Physiol.) K. FRENKLER. B 225

Leonard S. Levitt, *Die gemeinsame Grundlage organischer Oxydationen in saurer Lösung.* Überblick über ion. Oxydationen (außer Autoxydation) organ. Verbb. durch verschied. Oxydationsmittel u. Erläuterung der Reaktionsmechanismen. — 70 Literaturstellen. (J. org. Chemistry **20.** 1297—1310. Okt. 1955. Hoboken, N. J., Stevens Inst. of Technol., Dep. of Chem.) H. ASCHERL. B 225

Marvin L. Bromberg und **H. Austin Taylor,** *Die Oxydation von Methan durch Stickstoffdioxyd.* Vff. untersuchen die Rk. von *Methan* (**I**) mit *NO_2* a) in einem Strömungssyst. bei Tempp. von 600—900° u. Kontaktzeiten von 0,01 Sek. u. b) in einem stat. Syst. bei Tempp. von 350—400° u. einem Gesamtdruck von 250 mm Hg. Durch Verss. wird ausgeschlossen, daß bei der Versuchstemp. Pyrolyse des **I** erfolgt; ferner wird gezeigt, daß NO_2 im Syst. (a) bei weitem an Oxydationskraft O_2 übertrifft. Überraschend ist das Auftreten von O_2 als Reaktionsprod.; es wird als Folge der Zers. eines intermediär gebildeten Stickstoffperoxyds gedeutet. Für das Syst. (b) (ein Zusatz von N_2 erweist sich als erforderlich) wird gefunden, daß die Druckänderungen im Verlauf der Rk. bei konstantem **I**-Anteil annähernd nach der 1. Ordnung in bezug auf NO_2 erfolgen. Wird bei zunehmender **I**-Konz. die Konz. von NO_2 konstant gehalten, dann läuft die Druckänderung durch ein Maximum u. nimmt danach wieder ab. Bei tiefen Tempp. ist der **I**-Druck um so niedriger, je höher der NO_2-Druck ist. Für den Druckanstieg R (mm Hg/Min.) wird empir. gefunden $R = C_1[CH_4][NO_2]^{0,8} - C_2[CH_4]^2[NO_2]$. Die Werte C_1 u. C_2 sind tabelliert. Vff. nehmen an, daß hauptsächlich *Nitromethan* (**II**) während des Reaktionsablaufs gebildet wird, das seinerseits durch NO_2 oxydiert wird. Möglicherweise findet daneben auch direkte Oxydation von **I** durch NO_2 statt. Das Auftreten von CO als Zersetzungsprod. kann durch Pyrolyse des **II** gedeutet werden. Das Hauptmerkmal der untersuchten Umsetzung im Gegensatz zur **II**-Pyrolyse u. Oxydation des **I** durch O_2 ist das relativ große Ausmaß, in dem CO_2 u. N_2 gebildet werden. (J. chem. Physics **23.** 2399—2403. Dez. 1955. New York, N. Y., New York Univ.) K. FRENKLER. B 225

G. J. Harvey, N. V. Riggs und **V. R. Stimson,** *Die Solvolyse von 1-Chlor-2-methylpropanol-(2).* Vff. untersuchen die Solvolyse von *1-Chlor-2-methylpropanol-(2)* (**I**) in W. u. wss. A. kinetisch. Aus den Ergebnissen geht hervor, daß sich aus **I** zunächst *2-Methylpropandiol-(1.2)* (**II**) bildet, welches dann in *Isobutyraldehyd* (**III**) übergeht. Die fast quantitative Rk. verläuft nach der 1. Ordnung. Für die Hydrolyse von **I** in W. bei

97,2° wurde eine mittlere Geschwindigkeitskonstante k von $2,33 \cdot 10^{-5}$ sec^{-1} gefunden; mit steigendem A.-Geh. fallen die Geschwindigkeitskonstanten, die Aktivierungsenergien E u. die Frequenzfaktoren log A (in W. E = 27,0 kcal/Mol, log A 11,3). Bei der Solvolyse von **II** in 0,24n HCl bei 97° wurde für k_1 ein Wert von ca. $1,5 \cdot 10^{-4}$ sec^{-1} gefunden. Die Ergebnisse werden mit Werten verglichen, die von Cowan, McCabe u. Warner (C. **1951.** I. 1716) bei der kinet. Unters. der Hydrolyse von Äthylenhalogenhydrin erhalten wurden, allerdings liefert letztere Rk. nur Spuren Acetaldehyd u. hauptsächlich Glykol. — **I**, Kp.$_{680}$ 121°, Kp$_{86}$ 64,8—65,0°; $n_D^{18,5}$ 1,4400. — **II**, $C_4H_{10}O_2$, Kp.$_{20}$ 93°, aus 1.2-Epoxy-2-methylpropan mit 0,03n H_2SO_4 neben etwas **III**; n_D^{16} 1,4370. *Bis-phenylurethan*, F. 140. — **III**, *2.4-Dinitrophenylhydrazon*, F. 181°, aus **I** durch 29 Std. Kochen mit W. u. Versetzen mit 2.4-Dinitrophenylhydrazin neben Spuren anderer Carbonylverbb. oder auch aus **II** u. verd. HCl. (J. chem. Soc. [London] **1955.** 3267—69. Sept. Armidale, NSW., Australia, Univ. of New England.) R. Mattner. B 225

V. Gold und **J. Hilton**, *Der Mechanismus der Hydrolyse von Acetylchlorid.* Nach Zimmerman u. Yuan (C. **1956.** 378) ist die Hydrolysegeschwindigkeit von *Acetylchlorid* in Aceton, welches geringe Wassermengen enthält, etwa der Wurzel aus der Wasserkonz. proportional, woraus obenst. Autoren schließen, daß die Rk. termol. sei. Vff. hatten früher (C. **1955.** 9995) für diese Rk. in wss. Lsg. einen bimol. Mechanismus angenommen; sie zeigen jetzt, daß sich die Ergebnisse von Zimmerman u. Yuan auch durch einen bimol. Mechanismus erklären lassen u. nicht als unzweideutiger Beweis für eine Termolekularität angesehen werden können: Die Geschwindigkeitskonstanten hängen bei Annahme der 1. oder 2. Ordnung in der erwarteten Weise von der DK. des Lösungsm. ab, für die Konstanten nach der 2. Ordnung ergibt sich bei Auftragen gegen $(\varepsilon - 1/(2\varepsilon + 1))$ lineare Abhängigkeit, die Annahme eines bimol. Mechanismus erscheint daher am besten. (J. chem. Soc. [London] **1955.** 3303—04. Sept. Shrivenham, Wilts., Roy. Mil. Coll. of Sci., u. London, Kings Coll.) R. Mattner. B 225

Väinö Veijola, *Halogenierung von Toluol und Cumol in flüssiger Phase. Über den Halogenierungsmechanismus von Kohlenwasserstoffen.* Eine Meth. für Halogenierungen in fl. Phase wurde entwickelt, die eine genaue Verfolgung des Reaktionsverlaufs gestattet, tert. Halogen wurde dabei neben prim. mit $NaOCH_3$ bestimmt. Ohne Aktivatoren war die Geschwindigkeit der Chlorierung von *Toluol* (**I**) größer als die von *Cumol* (**II**), bei 30° erfolgt Seitenkettenchlorierung zu 50%, bei 60° zu 80%. Die Bromierung von **I** war bei 30° langsamer als die Chlorierung, v war viel größer bei Einleiten von Br_2 als bei Durchführung der Rk. in Mischlsgg., die Einleitungsgeschwindigkeit hat Einfl. auf v, die Br_2-Konz. in **I** dagegen nicht. In der Hauptsache erfolgte Kernbromierung. Die Bromierungsgeschwindigkeiten von **I** u. **II** waren — während des Eintropfens des Br_2 — bei 30° fast gleich. — Chlorierung u. Bromierung von **I** u. **II** werden durch Licht beschleunigt, v steigt bei **II** mehr als bei **I** u. bei der Bromierung mehr als bei der Chlorierung; das Ausmaß der Seitenkettensubstitution wurde dabei vergrößert, die Relativgeschwindigkeit der Kernchlorierung stieg mit abnehmender Menge an Chlor, das bei der Rk. verbraucht wurde. **I** ging bei Chlorierung unter Belichtung in *Benzylchlorid* über, Benzalchlorid wurde nicht gebildet. Bei Zunahme der Beleuchtungsstärke blieben die v-Werte für die Seitenketten-Rkk. von **II** konstant, die Relativmenge an tert. gebundenem Brom nahm ab, die an tert. gebundenem Chlor blieb konstant. Dibenzoylperoxyd (**III**) aktiviert alle 4 Rkk. sehr stark, Bromierungen mehr als Chlorierungen, Rkk. von **II** mehr als die von **I**. Mit der Menge an Peroxyd stieg die Chlorierungsgeschwindigkeit von **I**. Bei der Bromierung von **I** in Ggw. von **III** tritt eine Induktionsperiode auf, die durch vergrößerte **III**-Konz., erhöhte Temp. oder beschleunigte Br_2-Zugabe unterdrückt werden kann. Bei langsamer Br_2-Zugabe oder Durchführung der Rk. in Mischlsg. aktivierte **III** die Bromierung von **I** bei 30° nicht. Allg. gilt: Halogenierungen, die ohne Aktivator bei bestimmten Bedingungen nicht anlaufen, kommen auch in Ggw. von **III** nicht in Gang. Die Geschwindigkeit der Seitenkettenbromierung in **II** blieb bei steigender **III**-Konz. prakt. konstant, der Anteil an tert. gebundenem Brom nahm jedoch ab. — Sauerstoff hindert stark die Chlorierung von **I**, sowohl im Kern als auch in der Seitenkette, bei der Bromierung im Dunkeln wirkt O_2 kaum. Bei der photochem. Bromierung von **I** u. **II** unter Verwendung unzureichender Beleuchtungsstärken beschleunigt O_2 die Rk. stark. Vf. diskutiert die Möglichkeit, daß die bei den Halogenierungen selbst, beim Zerfall von **III** bzw. bei der Oxydation frei werdende Energie die Halogene etwas aktiviert, was zu höheren v-Werten führt. (Suomalaisen Tiedeakatemian Toimituksia [Ann. Acad. Sci. fennicae], Sarja A. II. **1955.** Nr. 66. 7—84. Helsinki, Finland Inst. of Technol., Dep. of Chem.) H. Weber. B 225

Athelstan L. Beckwith und **Joseph Miller**, *Der S_N-Mechanismus in aromatischen Verbindungen.* 9. Mitt. *Einige Reaktionen von Polynitrodiaryläthern.* (8. vgl. Briner u.

MILLER, C. **1956**. 380.) Vff. klären einige zweifelhafte Punkte in der Chemie der Polynitrodiaryläther: a) Bei der von ROBERTS u. Mitarbeitern (J. chem. Soc. [London] **1935**. 196) beschriebenen Verb. handelt es sich nicht um 2.4-Dinitro-4'-aminodiphenyläther (**I**), sondern um *2.4-Dinitro-4'-[2.4-dinitrophenoxy]-diphenylamin*, was durch die eindeutige Synth. u. durch die Rk. mit $NaOCH_3$ zu *2.4-Dinitro-4'-oxydiphenylamin* (**II**) u. *2.4-Dinitroanisol* (**III**) bewiesen wird. Die wahre Verb. **I** gibt mit OCH_3^- nicht die erwarteten Prodd., sondern **II**. Vff. nehmen an, daß prim. die n. Prodd., **III** u. das p-Aminophenolation (**IV**) entstehen u. daß dann in einer sek. irreversiblen Rk. das sehr stark nucleophile p-Oxyphenylimidanion (in Ggw. von methanol. $NaOCH_3$ im Gleichgewicht mit **IV** befindlich) **III** angreift unter Bldg. von **II** u. OCH_3^-. b) Vff. können die von BORROWS u. Mitarbeitern (J. chem. Soc. [London] **1949**. 190) angegebene Synth. für *2.2'.4'.6-Tetranitro-4-methyldiphenyläther* (**V**) nicht reproduzieren; die Darst. gelingt durch Erhitzen von *N-[2.4-Dinitrophenyl]-pyridinium-[2.6-dinitro-4-methyl]-phenolat* (**XI**) in Anisol (im Gegensatz zu BORROWS u. Mitarbeitern wird kein Öl, sondern ein krist. Prod. erhalten). **V** liefert mit Pyridin in Acetonitril nicht *N-[2.6-Dinitro-4-methylphenyl]-pyridinium-2.4-dinitrophenolat* (l. c.; von Vff. dargestellt aus *N-[2.6-Dinitro-4-methylphenyl]-pyridinium-p-toluolsulfonat* (**VIII**) u. K-2.4-Dinitrophenolat), sondern *N-[2.6-Dinitro-4-methylphenyl]-pyridinium-[2.6-dinitro-4-methyl]-phenolat* (**IX**). — Vff. diskutieren die anomalen Rkk. von **V** mit nucleophilen Reagentien u. erklären sie damit, daß die Unterschiede der Anfangsreaktivität an den beiden Aryl–O-Bindungen durch die unterschiedlichen Polarisierbarkeiten ausgeglichen werden. Bei stark unterschiedlicher Aktivierung durch die Substituenten werden die Polarisierbarkeiten keine anomalen Einfll. hervorrufen können. Vff. finden deshalb für *2.2'.4.6.6'-Pentanitro-4'-methyldiphenyläther* im Gegensatz zu BORROWS u. Mitarbeitern (l. c.) n. Reaktionsverh. gegenüber Pyridin u. CH_3O^-.

V e r s u c h e (FF. korr.): *2.4-Dinitro-4'-oxydiphenylamin* (**II**), $C_{12}H_9O_5N_3$, F. 196° (Methanol), durch 1½std. Kochen von 1-Chlor-2.4-dinitrobenzol (**VI**) mit p-Aminophenol in absol. A.; 94% (Ausbeute); ferner wie vorst. aus **III**; 54%; *Acetylderiv.*, F. 140,5°. — *2.4-Dinitro-4'-[2.4-dinitrophenoxy]-diphenylamin*, $C_{18}H_{11}O_9N_5$, F. 228° (Aceton), durch 5 Min. Kochen von **II** u. **VI** mit $NaOCH_3$ in Methanol u. 1 Std. Stehenlassen; 80%; gibt bei 20 Min. Kochen mit methanol. CH_3O^- 98% **II** u. 65% *2.4-Dinitroanisol* (**III**), F. 94°. — *2.4-Dinitro-4'-aminodiphenyläther* (**I**), nach REVERDIN u. DRESEL [1904]; gibt bei 70 Min. Kochen mit methanol. $NaOCH_3$ 74% **II**. — *2.4-Dinitro-4'-methyldiphenyläther*, F. 93° (A.), aus **VI** u. p-Kresol mit methanol. $NaOCH_3$ durch 15 Min. Stehen bei 45°; 90%. — *2.2'3'.4-Tetranitro-4'-methyldiphenyläther*, $C_{13}H_8O_9N_4$, F. 201° ($CHCl_3$), durch Zugabe vorst. Verb. in kleinen Portionen zu HNO_3 (D. 1,5) bei —5° unter Rühren; 48%; gibt bei 15 Min. Kochen mit methanol. $NaOCH_3$ 80% **III** u. 87% *2.3-Dinitro-p-kresol* [F. 156° (Essigsäure); *Methyläther*, F. 133°. *Acetat*, $C_9H_8O_6N_2$, F. 106° (Leichtbenzin)]. — *2.2'.4-Trinitro-4'-methyldiphenyläther*, $C_{13}H_9O_7N_3$, F. 186,5° (Aceton/A.), durch 1std. Erhitzen von K-2-Nitro-4-methylphenolat u. **VI** auf 130°; 86%; gibt bei Nitrierung wie vorst. bei —15° u. folgender Veresterung mit Acetanhydrid *2.6-Dinitro-p-kresylacetat*, $C_9H_8O_6N_2$, F. 152° (Bzl./Leichtbenzin), daneben nichtkristallisierbare Öle. — *N-[2.4-Dinitrophenyl]-pyridinium-2.6-dinitro-4-methylphenolat* (**XI**), $C_{18}H_{13}O_9N_5$, F. 183° (Acetonitril), durch Zugabe von Na-2.6-Dinitro-4-methylphenolat (**VII**) zu N-[2.4-Dinitrophenyl]-pyridiniumchlorid in W.; 100%. — *N-Pikrylpyridinium-2.6-dinitro-4-methylphenolat* (**X**), $C_{18}H_{12}O_{11}N_6$, F. 180° (Aceton), durch Zugabe von K-**VII** in W. zu N-Pikrylpyridinium-p-toluolsulfonat in wss. Methanol (1:1); 94%. — *N-[2.6-Dinitro-4-methylphenyl]-pyridinium-p-toluolsulfonat* (**VIII**), F. 182°, durch ½std. Erwärmen von 2.6-Dinitro-p-kresol u. p-Toluolsulfochlorid in Diäthylanilin auf dem Wasserbad, Isolierung des *2.6-Dinitro-p-kresyl-p-toluolsulfonats* [F. 154° (Aceton/A.); 89%] u. ½std. Kochen mit Pyridin in Bzl.; 94%. *2.6-Dinitro-4-methylphenolat* (**IX**), $C_{19}H_{15}O_9N_5$, F. 231° (Acetonitril), durch Zugabe von K-**VII** zu **VIII** in W.; 95%. — *N-[2.6-Dinitro-4-methylphenyl]-pyridinium-2.4-dinitrophenolat*, $C_{18}H_{13}O_9N_5$, F. 186° (A./Bzl.), aus **VIII** u. K-2.4-Dinitrophenolat; 90%. *Pikrat*, $C_{18}H_{12}O_{11}N_6$, F. 213° (Acetonitril), aus **VIII** u. Pikrinsäure; 100%. — *2.2'.4'.6-Tetranitro-4-methyldiphenyläther* (**V**), $C_{13}H_8O_9N_4$, F. 160° (Aceton/A.), durch Zugabe von **XI** zu sd. Anisol (5 Min.) u. 2 Min. heftiges Kochen; 85%; gibt bei 15 Min. Kochen mit methanol. $NaOCH_3$ *2.6-Dinitro-p-kresylmethyläther* [F. 122° (wss. A.); 94%] u. *2.4-Dinitrophenol* (F. 113°; 83%); bei 1½std. Kochen mit Pyridin in Acetonitril 58% **IX**. — *2.2'.4.6.6'-Pentanitro-4'-methyldiphenyläther*, $C_{13}H_7O_{11}N_5$, F. 222° (Aceton/A.), durch 5 Min. Kochen von Pikrylchlorid u. K-**VII** in wss. Acetonitril (1:1); 87%; ferner aus **X** durch 5 Min. Kochen in Anisol; 49%; gibt bei 15 Min. Kochen mit $NaOCH_3$ in Methanol/Aceton (2:1) *3.5-Dinitro-p-kresol* [F. 83° (W.); 89%] u. *Pikrylmethyläther* [F. 63° (Ae./Leichtbenzin); 78%]; bei Zugabe von Pyridin zu einer Lsg. in Aceton bei Zimmertemp. 95% **X**. (J. org. Chemistry **19**. 1416—23. Sept. 1954. Nedlands, Western Australia, Univ., Dep. of Chem.) G. WINKLER. B 225

Joseph Miller und **Vincent A. Williams,** *Der S_N-Mechanismus in aromatischen Verbindungen.* 10. Mitt. (9. vgl. vorst. Ref.) Vff. bestimmen die Substituentengeschwindigkeitsfaktoren (SRF) der nucleophilen Substitution von Cl_{ortho} durch OCH_3^- für die Verbb. nebenst. Typs. Die Aktivierung durch die Substituenten nimmt ab in der Reihenfolge $CONHC_6H_5 > CONH_2 > COCH_3 > CO_2CH_3 > COC_6H_5 > H > CO_2^-$ (zum Vgl. dazu die theoret. Reihenfolge, wie sie bei den entsprechenden p-Verbb., l. c., gefunden wurde: $COC_6H_5 > COCH_3 > CO_2CH_3 > CONH_2 > CO_2^- > H$). Die Größe des ortho-Effektes (ster. Index) nimmt ab in der Reihe $COC_6H_5 > CO_2^- > CO_2CH_3 > CONH_2$; es kann nach Vff. keine Beziehung gefunden werden zwischen der Größe des Substituenten in o-Stellung (quantitativ bestimmt durch die Überlappung) u. der Größe u. Richtung des o-Effektes. Die Ursachen für das Zustandekommen der o-Effekte werden daher für die einzelnen Gruppen gesondert diskutiert.

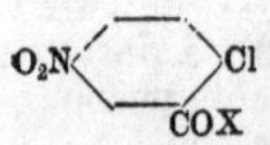

Versuche: X = H, SRF bei 0° 1, bei 50° 1, bei 100° 1, ster. Index bei 50° 1, Überlappung (Cl u. H) 0,16 Å, Aktivierungsenergie E = 24050 ± 150 cal, Frequenzfaktor log B 11,2 ± 0,1; für die folgenden Gruppen in gleicher Anordnung; X = O^-, 0,0973, 0,373, 1,00, 23,4, (Cl u. O) 0,66, 28750 ± 100, 14,0 ± 0,1; X = NH_2, 1190, 462, 230, 0,567, (Cl u. O) 0,66, (Cl u. N) 1,10, 20700 ± 50, 11,6 ± 0,05; X = NHC_6H_5, 5740, 1700, 701, —, (Cl u. O) 0,66, (Cl u. N) 1,10, 19800 ± 50, 11,55 ± 0,55; X = OCH_3, 1280, 174, 40,4, 8,97, (Cl u. O) 0,66, 17050 ± 50, 8,7 ± 0,05; X = CH_3, 641, 246, 122, 8,09, (Cl u. O) 0,66, 20700 ± 50, 11,3 ± 0,05; X = C_6H_5, 24,6, 19,5, 123, (zwischen beiden Ringen) 1,32, 23600 ± 50, 12,2 ± 0,05. — *2-Chlor-5-nitrobenzamid,* F. 179°; aus der Säure über das Chlorid, 36% (Ausbeute). — *2-Chlor-5-nitrobenzanilid,* F. 158°, aus der Säure über das Säurechlorid; 61%. — *2-Chlor-5-nitroacetophenon,* F. 58—61°, durch Kondensation von Na-Malonester mit 2-Chlor-5-nitrobenzoylchlorid in Ae.; 14%, aus *2-Chloracetophenon* ($Kp._{771}$ 227—228°, aus 2-Chlorbenzoylchlorid; 73%) durch Nitrierung, 30%. — *2-Chlor-5-nitrobenzophenon,* F. 85—86°, aus dem Säurechlorid nach Friedel-Crafts; 61%. (J. Amer. chem. Soc. **76.** 5482—84. 5/11. 1954.) G. Winkler. B 225

Athelstan L. Beckwith und **Joseph Miller,** *Der S_N-Mechanismus in aromatischen Verbindungen.* 11. Mitt. *Einige Reaktionen von Aminodinitrodiaryläthern.* (10. vgl. vorst. Ref.) Vff. beschreiben die Darst. von sechs an der Aminogruppe substituierten Derivv. von *2.4-Dinitro-4′-aminodiphenyläther* (**I**) u. untersuchen die Einw. von $NaOCH_3$ in absol. Methanol. Alle Verbb. außer **I** liefern *2.4-Dinitroanisol* (**II**) u. das entsprechende Phenol (vgl. 9. Mitt.). Vff. diskutieren das nucleophile Reaktionsvermögen der bei der Ätherspaltung durch prototrope Umlagerung aus den p-Amino- (bzw. substituierten Amino-) phenolationen gegebenenfalls entstehenden p-Oxyphenylimidanionen. — Ferner wird von Vff. festgestellt, daß vorst. substituierte **I**-Derivv. unter den angewandten Reaktionsbedingungen mit Pyridin nicht zur Rk. zu bringen sind; lediglich das N-[p-(2.4-Dinitrophenoxy)-phenyl]-trimethylammoniumpikrat (**XII**) liefert beim Kochen in Pyridin in Ggw. von Phenol *2.4-Dinitrodiphenyläther.* Mit methanol. Diäthylamin reagieren nur die stärker reaktiven Äther *2.4.4′-Trinitrodiphenyl-* (**XIII**) u. *2.4-Dinitro-4′-acetylaminodiphenyläther* (**VIII**) n. unter Bldg. von *2.4-Dinitrodiäthylanilin* (**I** liefert wie mit OCH_3^- über **II** *2.4-Dinitro-4′-oxydiphenylamin*).

Versuche (FF. korr.): *2.4-Dinitro-4′-acetylaminodiphenyläther* (**VIII**), F. 196° (Aceton/A.), durch Zugabe von wss. NaOH zu N-Acetyl-p-aminophenol u. 1-Chlor-2.4-dinitrobenzol (**III**) in A. unter Rühren u. 5 Min. Kochen; 88% (Ausbeute). — *2.4-Dinitro-4′-aminodiphenyläther* (**I**), F. 146° (A.), durch 2std. Kochen von **VIII** in Eisessig/HCl; 95%. — *N-[p-Toluolsulfonyl]-p-aminophenol,* F. 145° (wss. A.), durch ½std. Kochen von p-Aminophenol (**IV**) mit p-Toluolsulfonylchlorid (**VII**) u. Na-Acetat in A./W.; 84%. — *2.4-Dinitro-4′-[N-(p-toluolsulfonyl)-amino]-diphenyläther* (**IX**), $C_{19}H_{15}O_7N_3S$, F. 202° (Aceton/A.), aus vorst. Verb. u. **III** mit NaOH in A./W.; 84%, oder durch Kochen von **I** u. **VII** in Pyridin; 79%. — *2.4-Dinitro-4′-[N-(p-toluolsulfonyl)-methylamino]-diphenyläther* (**X**), $C_{20}H_{17}O_7N_3S$, F. 175° (Aceton), aus **IX** durch Methylierung mit Dimethylsulfat (**V**) in alkal. äthanol.-wss. Lsg.; 94%. — *2.4-Dinitro-4′-methylaminodiphenyläther* (**XI**), $C_{13}H_{11}O_5N_3$, F. 104° (Methanol), durch 8std. Kochen in Essigsäure/HCl; 97%; *Acetylderiv.*, $C_{15}H_{13}O_6N_3$, F. 142° (wss. Methanol). — *2.4-Dinitro-4′-dimethylaminodiphenyläther* (**VI**), $C_{14}H_{13}O_5N_3$, F. 142° (Aceton/A.), durch Umsetzung von **IV** mit **V** u. Na-Acetat u. Zugabe von **III** u. NaOH zum Reaktionsgemisch; 36%, daneben *2.4-Dinitro-4′-[2.4-dinitrophenoxy]-diphenylamin,* F. 228° (gibt bei 15 Min. Kochen mit NaOH in absol. Methanol 61% **II** u. *2.4-Dinitro-4′-oxydiphenylamin,* F. 196°; 88%). — *N-[p-Oxyphenyl]-trimethylammoniumpikrat,* $C_{15}H_{16}O_8N_4$, F. 185° (Methanol), durch Kochen von **IV**, **V** u. Na-Acetat in A. u. Zugabe von Pikrinsäure; 87%. — *N-[p-(2.4-Dinitrophenoxy)-phenyl]-trimethylammoniumpikrat* (**XII**), $C_{21}H_{18}O_{12}N_6$, F. 196° (Aceton/A.), durch 30 Min. Erwärmen von **VI** mit **V** auf dem Wasserbad; 90%, oder durch 30 Min.

Kochen vorst. Verb. mit N-[2.4-Dinitrophenyl]-pyridiniumchlorid u. $NaOCH_3$ in Methanol; 92%. — *O.N-Bis-[p-toluolsulfonyl]-p-aminophenol*, $C_{20}H_{19}O_5NS_2$, F. 169° (A.), aus **IV** u. **VII** durch 5 Min. Kochen in Pyridin, 96%. — *2.4.4'-Trinitrodiphenyläther* (**XIII**), F. 116° (Aceton/A.), aus **III** durch Erwärmen in Pyridin, Zugabe von alkoh. p-Nitrophenol u. $NaOCH_3$ u. ½std. Kochen; 78%. — *2.4-Dinitroanisol* (**II**), F. 94°, a) aus **VIII** durch 15 Min. Kochen mit $NaOCH_3$ in Methanol; 91% (phenol. Prod. nicht isoliert), b) aus **IX** wie vorst.; 92% (daneben *N-[p-Toluolsulfonyl]-p-aminophenol*, F. 145°; 94%), c) aus **X** durch 7 Min. Kochen mit $NaOCH_3$; 96% (daneben *N-[p-Toluolsulfonyl]-p-methylaminophenol*, $C_{14}H_{15}O_3NS$, F. 138°; 93%), d) aus **XI** durch ½std. Kochen mit $NaOCH_3$ unter N_2; 80% (phenol. Prod. nicht isoliert), e) aus **VI** durch 10 Min. Kochen mit $NaOCH_3$ unter N_2; 96% (daneben *p-Dimethylaminophenol*; *p-Toluolsulfonat*, $C_{15}H_{17}O_3NS$, F. 130°; 33%), f) aus **XII** durch 10 Min. Kochen mit $NaOCH_3$; 95%. — *2.4-Dinitrodiphenyläther*, F. 72°, aus 1,05 g **XII** durch 1std. Kochen mit Phenol in Pyridin, 0,135 g. — *2.4-Dinitrodiäthylanilin*, F. 69° (Methanol), durch ½std. Kochen von **XIII** mit Diäthylamin in Methanol; 81%, oder durch 2½std. Kochen von 0,92 g **VIII** wie vorst.; 0,36 g. (J. org. Chemistry **19**. 1708—15. Okt. 1954.) G. WINKLER. B 225

Joseph Miller, *Der S_N-Mechanismus in aromatischen Verbindungen*. 12. Mitt. (11. vgl. vorst. Ref.) Vf. bestimmt die Substituentengeschwindigkeitsfaktoren (SRF) für die Rk. verschied. 4-Chlor-3.5-dinitrobenzoesäurederivv. mit OCH_3^- in Methanol. Die Ergebnisse der Unters. werden mit denen der 4-Chlor-3-nitroverbb. (C. **1954**. 6916) verglichen u. diskutiert. Das Auftreten einer roten Färbung beim Zusammengeben der Reaktionspartner wird der Existenz von Strukturen nebenst. Typs zugeschrieben, die vermutlich im Gleichgewicht mit der benzoiden Form u. OCH_3^- sind. — Einzelergebnisse (vgl. auch J. chem. Soc. [London] **1952**. 3550): *1-Chlor-2.6-dinitrobenzol*, SRF ≡ 1 (bei 0°), Aktivierungsenergie (cal) 19400, log Frequenzfaktor 11,1; *4-Chlor-3.5-dinitrobenzamid*, F. 186°, 307, 15300, 10,3; *4-Chlor-3.5-dinitrobenzophenon*, F. 118°, 1030, 14000, 9,7. (J. Amer. chem. Soc. **77**. 180 bis 181. 5/1. 1955.) G. WINKLER. B 225

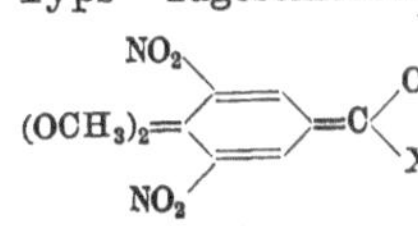

J. F. Bunnett und **R. F. Snipes,** *Die Reaktivität der Chlornitrobenzole mit Natriumthiophenolat*. Es wurden die Geschwindigkeitskonstanten (k) der Rkk. von *p*- (**I**) u. *o-Chlornitrobenzol* (**II**) u. *1.4-Dichlor-2-nitrobenzol* mit Na-Thiophenolat (**III**) in 60%ig. Dioxan bei 25,35° gemessen. Die Rkk. wurden spektrophotometr. bzw. durch potentiometr. Titration des Cl^- verfolgt. Die ungefähre Übereinstimmung der erhaltenen k-Werte u. die Spektren der Reaktionslsgg. zeigten, daß die k-Werte im wesentlichen die Substitution des Cl durch C_6H_5S wiedergeben. **I** reagiert 6,4mal schneller als **II**; da dies auch für Rkk. mit Alkoholaten zutrifft, schließen Vff., daß in **I** das Cl-Atom durch anion. Reagentien allg. leichter ersetzt wird. Für die Rk. von 4-substituierten 2-Nitrochlorbenzolen mit **III** in 60%ig. Dioxan ergibt sich der HAMMETTsche ϱ-Wert zu +4,5 (vgl. C. **1954**. 10447). — *o*-, F. 80°, u. *p-Nitrodiphenylsulfid*, F. 54—55°, u. *4-Chlor-2-nitrodiphenylsulfid*, F. 84—85,5°, aus den Chlorverbb. mit **III** in alkoh. oder wss. Dioxan. (J. Amer. chem. Soc. **77**. 5422—23. 20/10. 1955. Chapel Hill, N. C., Univ. of North Carolina, Dep. of Chem.) G. CLEVE. B 225

Francis W. Fitzpatrick und **Joseph D. Gettler,** *Kinetik der Oximbildung; Temperaturkoeffizienten der Geschwindigkeit der Bildung verschiedener Oxime*. Es wurde die Kinetik der Oximbldg. von *Aceton* (Kp. 56,0°); *Diäthylketon* (Kp. 101,5°); *Pinakolin* (Kp. 105 bis 106°); *Methyläthylketon* (Kp. 79—80°); *Cyclohexanon* (Kp. 154—155°); *Cyclopentanon* (Kp. 130—132°); *Di-n-propylketon* (Kp. 142—144°); *Methylisobutylketon* (Kp. 114 bis 116°); *Methylisopropylketon* (Kp. 93—94°); *Acetophenon* (F. 19—20°) u. *Furfurol* ($Kp._{15}$ 59—60°) bei 0 u. 25° bei p_H 7 (Phosphatpuffer) in wss. Lsg. durch jodometr. Best. des unverbrauchten Hydroxylamins verfolgt. Die Rk. ist streng 2. Ordnung (1. Ordnung in bezug auf Hydroxylamin bzw. Keton) u. irreversibel. Es wurden die Aktivierungsentropien $\Delta S^{\neq}$, -enthalpien $\Delta H^{\neq}$ u. -energien $\Delta G^{\neq}$ sowie deren Relativwerte, das sind die Differenzen zu den entsprechenden Werten des Acetons, berechnet u. mit denen der Semicarbazonbldg. nach PRICE u. HAMMETT (J. Amer. chem. Soc. **63**. [1941.] 2388) verglichen u. diskutiert. Lediglich log $k_{Semicarbazon}$ gegen log k_{Oxim} aufgetragen, ergibt bei 7 der angegebenen Verbb. eine Gerade, woraus Vff. auf eine Ähnlichkeit der Reaktionsmechanismen u. ähnliche Zwischenzustände schließen. (J. Amer. chem. Soc. **78**. 530—36. 5/2. 1956. New York, N. Y., New York Univ., Dep. of Chem.) K. BECKER. B 225

Gwyn Williams und **Hetty Bardsley,** *Kinetik der Wechselwirkung zwischen Chlorwasserstoff und Styrol in Gegenwart von Stannichlorid*. Vff. untersuchen kinet. die Rk. zwischen *Styrol* (**I**) u. HCl in Ggw. von $SnCl_4$ in CCl_4 bei 0 u. 25°. Bei niedrigen Konzz. an **I** entsteht bevorzugt *1-Phenyläthylchlorid* (**II**) neben wenig Polystyrol mit 2—4 Styrolresten. Die Bldg. von Polystyrol nimmt mit steigender Konz. an **I** zu. Die Geschwindigkeit der Bldg. von **II** ist direkt proportional der Konz. an **I**, $SnCl_4$ u. HCl. Bei Konzz. >1 Mol **I**/Liter dagegen ist die Rk. prakt. 0. Ordnung, wenn man die Konzz. an HCl u. $SnCl_4$ konstant hält. Vff. geben 2 Mechanismen, die beide auf der Bldg. von Komplexen mit $SnCl_4$ basieren. Einmal besteht die Möglichkeit, daß $H(SnCl_5)$ gebildet wird. [Die Weiter-Rk. müßte dann durch Anlagerung des Komplexes an **I** zu $(^+CHPh–CH_3)SnCl_5^-$ erfolgen.) Die Bldg. dieser Säure ist jedoch in CCl_4 sehr unsicher. Ferner kann $SnCl_4$ mit dem **I** einen polaren Komplex bilden, der dann mit HCl oder durch Polymerisation weiterreagiert; dieser Mechanismus erscheint wesentlich wahrscheinlicher. (J. chem. Soc. [London] **1952.** 1707–14. Mai. London, Univ., Royal Holloway Coll.)

J. KLEINWÄCHTER. B 225

E. Farenhorst und **E. C. Kooyman**, *Relative Reaktivitäten substituierter Anthracene gegenüber der Addition von 2-Cyanpropyl-(2)-radikalen.* Frühere Unterss., die bei unsubstituierten polycycl. Aromaten Parallelität zwischen den Additionsgeschwindigkeiten freier Radikale u. den freie-Valenzindices der Aromaten gezeigt hatten (vgl. z. B. C. **1954.** 8316), werden auf substituierte Aromaten ausgedehnt, um Anhalte für die freie-Valenzindices dieser Verbb., deren Berechnung auf Schwierigkeiten stößt, zu erhalten. Als Beispiel werden die auf Anthracen (**I**) bezogenen relativen Additionsgeschwindigkeiten von *2-Cyanpropyl-(2)-radikalen* (therm. aus Azo-bis-isobutyronitril) an 9-substituierte Anthracene (vgl. ENGELSMA, FARENHORST u. KOOYMAN, Recueil Trav. chim. Pays-Bas **73.** [1954.] 878) in Methylcyclohexanlsg. bei 55 u. 70° durch spektrophotometr. Verfolgung der Anthracenkonz. ermittelt. Im einzelnen werden folgende Verbb. untersucht: *2-Methyl-*, 1,00 (mittlere relative Geschwindigkeitskonstante für die Addition in 10-Stellung bei 55°, bezogen auf die Addition in 10-Stellung des **I** [= 1,00]); *9.10-Dimethyl-* 0,12; *9-Methyl-* 2,06; *9-Äthyl-* 1,48; *9-Chlor-* 1,64; *9-Brom-* (**II**) 1,33); *9-Methoxy-* (**III**) 2,09; *9-Cyananthracen* 4,24. Der Wert für die Addition in 9-Stellung der 9-substituierten Verbb. ist 0,06. Wie zu erwarten, sind die Einfll. der Substituenten gering. Die Reaktivitäten sind weitgehend vom Konjugationseffekt der Substituenten u. kaum von polaren Einfll. abhängig. Bei sperrigen Substituenten treten ster., die Konjugation mindernde Einfll. hinzu, wie z. B. bei **III** u. **II**. Der Temperaturkoeff. der relativen Reaktivitäten ist klein. (Nature [London] **175.** 598–99. 2/4. 1955. Amsterdam, Koninklijke Shell-Labor.)

K. PRCHAL. B 225

E. H. Braye, A. H. Sehon und **B. de B. Darwent**, *Thermische Zersetzung von Sulfiden.* (Vgl. SEHON u. DARWENT, C. **1956.** 74.) Es wurde die therm. Zers. von *Methylbenzylsulfid* (**I**), *Dimethylsulfid* (**II**) u. *Dimethyldisulfid* (**III**) in einem Strömungssyst. mit einem großen Überschuß von Toluol als Trägergas u. als Falle für freie Radikale untersucht. Bei der Zers. von **I** bei Tempp. zwischen 742 u. 917° K wurden CH_3SH (**IV**) u. Dibenzyl (**V**), ferner H_2S (nicht mehr als 17% des gebildeten **IV**), CH_4 u. H_2 gebildet. Das **V** enthielt 2–10% Stilben, das Verhältnis **V**/(**IV** + H_2S) war bei verschied. Verss. annähernd konstant. Die Geschwindigkeitskonstanten wurden unter der Annahme einer Rk. 1. Ordnung (Best. des gebildeten **IV** + H_2S) berechnet, sie waren unabhängig von Änderungen des **I**- bzw. Toluoldruckes, der Kontaktzeit u. des Verhältnisses der Oberfläche zum Vol. des Reaktionsgefäßes. Die Bldg. von **V** wird als Beweis für einen radikal. Mechanismus der Zers. von **I** angesehen. Die Rkk., die zur Bldg. der genannten Verbb. führen, werden erörtert. Die Aktivierungsenergie beträgt 51,5 ± 2 kcal/Mol, sie wird der Rk. $C_6H_5CH_2SCH_3 \rightarrow C_6H_5CH_2\cdot + \cdot SCH_3$ zugeschrieben. Der Frequenzfaktor ist $3 \cdot 10^{13}$ sec^{-1}. Unter der Annahme, daß die Aktivierungsenergie der Rekombination der SCH_3- u. Benzylradikale gleich Null ist, ergibt sich die Bindungsdissoziationsenergie $D(C_6H_5CH_2–SCH_3) = 51,5 \pm 2$ kcal/Mol. — Die therm. Zers. von **II** im Toluolstrom zwischen 931 u. 982° K lieferte CH_4, **IV**, H_2S u. **V**. Die Zers. von **III** verlief ziemlich heftig bei 735–833° K u. einer Kontaktzeit von 0,4 Sek. unter Bldg. von **IV**, H_2S, CH_4, H_2, Äthylen, Äthan u. schwererer S-Verbindungen. **V** entstand nur in Spuren; **III** zers. sich also nicht wie **I** u. **II** über Radikale. (J. Amer. chem. Soc. **77.** 5282–85. 20/10. 1955. Ottawa, Can., Nat. Res. Labors., Div. of Pure Chem.)

G. CLEVE. B 225

Michel Niclause und **Xavier Duval**, *Der thermische Zerfall von gasförmigem Acetaldehyd in Gegenwart eines Platindrahtes bei 1250° K.* (Vgl. C. **1951.** II. 2998.) Die l. c. erhaltenen Ergebnisse beim Zerfall von *Acetaldehyd* (**I**) in CO u. CH_4 an Drähten aus Pt, Pt–Rh, Au u. W wurden erneut einer Prüfung unterzogen, um festzustellen, ob die Zers. nicht doch in der Gasphase erfolgt, die Drähte also nur zur Aufheizung dienen. Ihre Tempp. liegen ja wesentlich höher als die des homogenen Zerfalls (750–850° K). Der Zerfall wurde manometr. verfolgt; es wurden ca. 5% **I** umgesetzt, was bei 1205° K u. 200 mm Hg in ca. 9 Min. geschah. Die Analyse der Zerfallsprodd. bei einer Pt-Temp. von 1250° K ergab CO 50%, CH_4 47,5%, H_2 2% u. C_2H_2 mindestens 0,5%. Bei niedrigem Druck ist die Zerfallsgeschwindigkeit klein; sie wird erst über 10 mm Hg erheblich. Die

Reaktionsordnung ist von 100 mm Hg an ca. 3/2. Die Abhängigkeit von der Drahttemp. läßt sich durch eine „Aktivierungsenergie“ von 53 kcal wiedergeben. Die durch Wärmeleitung des Gases abgeführte Wärme wächst bei kleinen Drucken stark mit dem Druck, erreicht jedoch bei ca. 100 mm Hg einen Endwert von ~10 Watt. Die Ergebnisse lassen sich mit der Annahme einer reinen Gas-Rk. in der heißen Zone um den Draht herum vereinbaren. Bei höherem Druck ist die Temperaturverteilung in dem Gasraum druckunabhängig. Es bleibt für die Reaktionsordnung die Ordnung der therm. Zers., nämlich 3/2. Bei kleinerem Druck tritt infolge geringerer Tempp. Absinken der Reaktionsgeschwindigkeit ein. Der Akkommodationskoeff. des **I** an Pt ist klein; die mittlere innere Energie entspricht bei einer Drahttemp. von 1300° K einer Temp. von weniger als 700° K. Ableitung der Temperaturverteilung in Drahtnähe (vgl. Original) u. Extrapolation der therm. Zerfallsgeschwindigkeit gibt die Größenordnung des Zerfalls richtig wieder. Die Reaktionszone hat einen Radius von ca. 0,2 mm. Auf die Übereinstimmung der Ergebnisse mit denen von ALLEN u. HINSHELWOOD wurde l. c. hingewiesen. Von anderen Vff. an heißen Drähten gemessene Zerfalls-Rkk. von *Aceton* u. *Ae.* lassen sich zwanglos als therm. Rkk. deuten. Differenzen bei der Zers. von *Propionaldehyd* lassen sich auch erklären. Der Zerfall anorgan. Stoffe, wie NH_3, N_2O u. HJ soll jedoch katalyt. erfolgen. (J. Chim. physique Physico-Chim. biol. **47.** 850—65. Nov./Dez. 1950. Nancy, Univ., École Nat. Sup. des Ind. Chim.) H. THEILE. B 225

Peter E. Yankwich und **H. S. Weber**, *Intramolekularer Kohlenstoffisotopeneffekt bei der Decarboxylierung des Malonsäuremonoanions in Chinolinlösung.* Vff. untersuchen die Decarboxylierung des $^{13}C_{(1)}$-*Malonsäuremonoanions* in Chinolin in Ggw. von 1-Butylpiperidin zwischen 79 u. 138°. Die Ergebnisse sind nur im Bereich 90—127° mit denen der Unters. über den intermol. Isotopeneffekt (vgl. YANKWICH u. WEBER, J. Amer. chem. Soc. **77.** [1955.] 4513) vergleichbar. Die unterschiedliche Reaktionsordnung gegenüber der Zers. der freien Säure (vgl. YANKWICH, J. Amer. chem. Soc. **76.** [1954.] 15) wird mit einer anderen Energieverteilung im Übergangszustand erklärt. Unter der Annahme einer Molekülverb. mit dem Chinolin durch —OH···N—-Bindung werden das Gleichgewicht $HOO^{13}C-CH_2-COO^- \rightleftharpoons {}^-OO^{13}C-CH_2-COOH$ u. die entsprechenden mit dem Lösungsmittelkomplex formuliert u. Reaktionsgleichungen 1. für die Decarboxylierung der Anionengruppe u. 2. für die der freien Säuregruppe aufgestellt. Mit Hilfe eines Dreizentrenmodells nach BIGELEISEN (vgl. C. **1954.** 11139) wird die Decarboxylierung der freien Säuregruppe wahrscheinlich gemacht, wegen der Fehlerbreite kann die der Anionengruppe jedoch nicht ausgeschlossen werden. (J. Amer. chem. Soc. **78.** 564—67. 5/2. 1956. Urbana, Ill., Univ. of Illinois, Noyes Chem. Labor.) K. BECKER. B 225

George S. Hammond und **Louis M. Soffer**, *Die Zersetzung von Benzoylperoxyd in Gegenwart von Jod.* 2. Mitt. *In Kohlenstofftetrachloridlösung.* (1. vgl. C. **1953.** 7510.) Die Zers. von *Benzoylperoxyd* (**I**) in Ggw. von Jod in CCl_4 wurde näher untersucht, da CCl_4 wahrscheinlich nicht wie die aromat. Lösungsmittel dem elektrophilen Angriff des angenommenen intermediär gebildeten *Benzoylhypojodits* (**V**; vgl. J. Amer. chem. Soc. **72.** [1950.] 3737) unterliegt u. so ein näherer Einblick in den Reaktionsmechanismus Jod–Benzoatradikal gewonnen werden kann. Bezogen auf das eingesetzte **I** wurde erhalten: 82,5% *Jodbenzol* (**II**), 4,4% *Benzoesäure* (**III**) u. 3,1% *Phenylbenzoat* (**IV**). Die niedrige Ausbeute an Benzoat deutet, unter Berücksichtigung der Tatsache, daß **V** in Ggw. von aromat. Lösungsmitteln bei niedriger Jodkonz. CO_2 verliert, darauf hin, daß die Decarboxylierung eine Voraussetzung für einen Angriff auf den aromat. Kern ist. Die Ausbeute an **II** ist hoch, das Verf. kann möglicherweise zur präparativen Darst. von Aryljodiden dienen. Die **I**-Zers. ist unabhängig von der Jodkonzentration. Wird W. im Anfangsstadium der Rk. hinzugefügt, so wird **II** in großer Ausbeute erhalten. Das Verhältnis R des Jodtiters (als Äquivalent Thiosulfat) zur [I] zeigt anfangs konstanten bzw. nur wenig steigenden Wert, allmählich wird der Verlauf linear, während R bei einer vor der Titration 24 Std. bei Zimmertemp. aufbewahrten Lsg. von Anfang an steigt. Dieser Befund deutet auf das Vorhandensein einer unstabilen Substanz (wahrscheinlich **V**), die Thiosulfat oxydiert u. unter **II**-Bldg. zerfällt. Unter Voraussetzung des folgenden Reaktionsverlaufs diskutieren Vff. dessen Kinetik. $(C_6H_5 \cdot COO)_2 \rightarrow 2\,C_6H_5COO'$; $C_6H_5COO' + J_2 \rightarrow C_6H_5COOJ + J$; $C_6H_5COOJ \rightarrow C_6H_5J + CO_2$; $2\,J \rightarrow J_2$. Der Zersetzungsgrad von **I** ist in homogener Lsg. konstant u. unabhängig von der Jodkonz., während der Jodverbrauch pro Mol umgesetztes **I** eine komplexe Funktion der Anfangskonzz. ist. Das nur in Abwesenheit von W. auftretende **IV** deutet auf seine Bldg. aus **V**. 3 mögliche Reaktionswege hierfür werden diskutiert.

V e r s u c h e : 1. Nach Durchleiten von N_2 durch eine Lsg. von Jod u. **I** in CCl_4 wurde das Reaktionsgefäß verschlossen u. im Thermostaten bei 79,0 ± 0,05° für 36 bis 48 Std. aufbewahrt, dann nach Abfiltrieren eines geringen hellfarbigen Nd. mit wenig konz. wss. $Na_2S_2O_3$-Lsg. entfärbt, durch Dest. eingeengt u. der Rückstand mit wss. $NaHCO_3$ ausgezogen. Hieraus nach Konzentrieren u. Ansäuern Benzoesäure, F. 119°. Aus dem in $NaHCO_3$ unlösl. Rückstand wurde CCl_4 durch Dest. völlig entfernt, wobei sich zwei Schichten bildeten. Die untere gelbe, ölige Schicht wurde der Wasserdampfdest. unterworfen; aus dem Destillat schied sich **II** ab. Mikro-Kp. 188°; n_D^{20} 1,618 (*p-Nitroderiv.*, F. 171°). Der Rückstand der Dampfdest. ergab nach Verseifung *Benzoesäure*. Der phenol. Bestandteil wurde als *2.4.6-Tribromphenol* isoliert, F. 92,5—93,5°; b) eine Lsg. von Jod u. **I** in CCl_4 u. W. wurde wie vorst. behandelt unter 41 std. Aufbewahren im Thermostaten. Nach Entfärben mit Thiosulfat schied sich neben S *Benzoesäure*, F. 121,2°, in quantitativer Ausbeute ab. **II** wurde nicht gefunden; c) Kontrollvers. wie vorst., aber ohne Jod ergab neben einer sauren, hochschm. Substanz eine weiße Substanz, F. 285—290°, *Chlorbenzol* u. *Hexachloräthan*. **III** wurde nicht gefunden. (J. Amer. chem. Soc. **72.** 4711—15. Okt. 1950. Iowa State Coll., Chem. Labor.) U. KOCH. B 225

Arnim Henglein und **Rolf Schulz**, *Die Einwirkung von γ-Strahlen auf festes Acrylamid.* (Vgl. Makromolekulare Chem. **12.** [1954.] 20.) Festes krist. *Acrylamid* (**I**) wird unter Einw. von intensiven γ-Strahlen polymerisiert, u. zwar bei einer Intensität von $7 \cdot 10^3$ r/h pro Tag 3% des eingesetzten **I**. Nach Auflösen in W. erhält man eine viscose Lsg. u. einen stark gequollenen Rückstand, der vernetzt sein dürfte. Unter geeigneten Bedingungen läßt sich durch γ-Strahlen eine nachträgliche Polymerisation einleiten, wobei beträchtliche Erwärmung eintritt, nicht alle Radikalketten werden also bereits während der Bestrahlung desaktiviert. (Z. Naturforsch. **9b.** 617—18. Sept. **1954.** Mainz, Univ., Organ.-chem. Inst.) R. LAFFERENZ. B 226

A. Orzechowski und **K. E. MacCormack**, *Die durch Silber katalysierte Oxydation von Äthylen.* 2. Mitt. *Die Kinetik der C_2H_4-Oxydation.* (1. vgl. C. **1955. 1244.**) Vff. untersuchen die Kinetik der durch Ag katalysierten Oxydation von Äthylen durch O_2 in einer Durchflußapparatur. Als Verdünnungsmittel wurde dabei N_2 benutzt, die Konz. von O_2 (9,9—79,0%) u. von Äthylen (2,35—9,40%) u. die Kontaktzeit (0,05—1 Sek.) bei einem konstanten Gesamtdruck von 1 at variiert. Die Messungen wurden bei 234° u. bei 274° vorgenommen u. die Ergebnisse benutzt, um die Anfangsreaktionsgeschwindigkeiten für die Äthylenoxyd- u. die CO_2-Bldg. als Funktion der O_2- u. C_2H_4-Partialdrucke zu bestimmen. (Canad. J. Chem. **32.** 415—31. April 1954.) H. FECHTER. B 227

A. Orzechowski und **K. E. MacCormack**, *Die durch Silber katalysierte Oxydation von Äthylen.* 3. Mitt. *Die Kinetik der Äthylenoxydoxydation.* (2. vgl. vorst. Ref.) Die Kinetik der durch Ag katalysierten Oxydation von Äthylenoxyd (**I**) durch O_2 wird bei 274° untersucht. N_2 wird als Verdünnungsmittel verwendet u. die Konz. von O_2 (9,9 bis 79,0%), von **I** (2,35—9,40%) u. die Kontaktzeit (0,06—0,25 Sek.) bei konstantem Gesamtdruck von 1 at verändert. Die Ergebnisse zeigen, daß **I** dabei ohne vorherige Dissoziation in C_2H_4 u. O oxydiert wird. Die Abhängigkeit der Anfangsreaktionsgeschwindigkeit der **I**-Oxydation von der Konz. der Reaktanten schließt die Isomerisierung von **I** (zu Acetaldehyd) als Hauptstufe der Oxydation aus; ein direkter Oxydationsmechanismus wird vorgeschlagen. Der Umfang der Isomerisation von **I** zu Acetaldehyd in Abwesenheit von O_2 wird untersucht; die (nicht eindeutigen) Ergebnisse stützen die Anschauung, daß die Isomerisation nicht der geschwindigkeitsbestimmende Schritt bei der **I**-Oxydation ist. (Canad. J. Chem. **32.** 432—42. April 1954.) H. FECHTER. B 227

A. Orzechowski und **K. E. MacCormack**, *Die durch Silber katalysierte Oxydation von Äthylen.* 4. Mitt. *Reaktionsmechanismus.* (3. vgl. vorst. Ref.) Ein Reaktionsmechanismus für die durch Ag katalysierte Oxydation von Äthylen durch O_2 wird vorgeschlagen, der in Übereinstimmung mit den kinet. Daten für dieses Syst. ist. Vff. nehmen an, daß sowohl die Äthylenoxyd- als auch die CO_2-Bldg. durch Einw. einzelner gasförmiger C_2H_4-Moll. auf einzelne adsorbierte O-Atome verläuft. Dies kann durch 2 gleichzeitige Rkk. (mit verschied. Aktivierungsenergien) oder über die Bldg. von adsorbiertem Äthylenoxyd (als gemeinsamer Anfangsstufe) erfolgen, das sich dann sofort desorbiert oder zum Acetaldehyd isomerisiert; danach folgt die schnelle Oxydation zu CO_2 u. H_2O. Für die Anfangsgeschwindigkeiten der Äthylenoxyd- u. der CO_2-Bldg. als Funktion der Partialdrucke der Reaktionsmittel wird folgende allg. Gleichung abgeleitet: $r = k \cdot (1 + a/p_A + b/p_O)^{-1}$, worin mit k, a u. b temperaturabhängige Konstanten, mit p_A u. p_O die Partialdrucke von Äthylen bzw. O_2 bezeichnet sind. — Ein Mechanismus wird auch für die heterogene Oxydation von Äthylenoxyd vorgeschlagen. Danach reagiert ein gasförmiges Äthylenoxydmol. mit einem einzelnen adsorbierten O_2-Atom zu einem Zwischenprod. (wahrscheinlich Formaldehyd), das schnell zu CO_2 u. H_2O oxydiert wird. Für die Anfangsreaktionsgeschwindigkeit dieser Oxydation wird eine ähnliche Gleichung wie oben abgeleitet. (Canad. J. Chem. **32.** 443—51. April 1954.) H. FECHTER. B 227

C. Präparative organische Chemie. Naturstoffe.

K. Klager, *Die Reduktion von Halogennitroverbindungen mit Zink.* Halogennitroverbb., z. B. 1-Brom-1-nitrocyclohexan oder 4-Chlor-4-nitrovaleriansäuremethylester (I), bilden mit Zn-Staub (2 Atome pro Mol) weiße Ndd. (vermutlich Zn-Komplexe der Ketoxime), die beim Lösen in verd. Mineralsäuren unter Abspaltung des Halogens u. der Nitrogruppe Ketone liefern. — I wurde aus Chlornitroäthan u. Acrylester durch MICHAEL-Addition erhalten.

Versuche: Aus 19,6 g I, 10,2 g Zn-Staub u. 5 g NH_4Cl (Temperaturanstieg auf 48°, dann 10 Min. Erwärmen auf 60°) entstanden 18 g *Nd.*, der nach Lösen in wss. HCl (Blaufärbung) *4-Ketovaleriansäuremethylester,* $C_6H_{10}O_3$, Kp.$_5$ 80° (Luftbadtemp.) gab. *Semicarbazon,* $C_7H_{13}O_3N_3$, F. 148—149° (W.). — Analog wurden aus 20,8 g 1-Brom-1-nitrocyclohexan über 18 g *Nd.* 5,2 g (aus 10 g Nd.) *Cyclohexanon* erhalten. *Semicarbazon,* F. 166—167° (W.). — *4-Chlor-4-nitrovaleriansäuremethylester* (I), $C_6H_{10}O_4NCl$, Kp.$_5$ 95°, durch Zugabe von 55 g 1-Chlor-1-nitroäthan zu wss. KOH bei 0°, dann Zugabe von 107 g Acrylsäuremethylester, 3std. Erwärmen auf 45—50° u. Stehen über Nacht; n_D^{23} 1,4542; 53,5 g. (J. org. Chemistry **20.** 1348—49. Okt. 1955. Azusa, Calif., Aerojet-General Corp., Res. Labors.) H. ASCHERL. 460

Hermann Schlenk und **Bernice Wallace DeHaas,** *Synthese von* ^{14}*C-markiertem Glycerin.* $^{14}C_{(1.3)}$*-Glycerin* wurde in 19%ig. Ausbeute durch Kondensation von Nitromethan mit ^{14}C-Paraformaldehyd, anschließende Red. u. Diazotierung dargestellt, wobei in 1. Kondensationsstufe als Zwischenprod. markiertes *Tris-[oxymethyl]-nitromethan* entsteht, aus dem durch $NaOCH_3$ eine Oxymethylgruppe eliminiert wird.

Versuche: *Na-*$^{14}C_{(1.3)}$*-2-Nitropropandiol-(1.3),* durch $^3/_4$std. Rk. von 0,449 Mol ^{14}C-Paraformaldehyd u. 0,14 Mol Nitromethan in absol. Methanol + 8—10 Tropfen 50%ig. KOH unter Rühren auf dem Wasserbad, Zutropfen von $NaOCH_3$ in CH_3OH bei —5° unter Rühren, 6std. Stehen u. erneute Behandlung des Filtrats wie vorst.; 77% (Gesamtausbeute). — $^{14}C_{(1.3)}$*-2-Aminopropandiol-(1.3)-hydrochlorid,* $C_3H_9O_2N \cdot HCl$, F. 101—103° (absol. A.), durch 6std. Hydrierung vorst. Verb. in absol. Methanol + Eisessig über RANEY-Ni bei 20—37 lbs./sq.in. u. Raumtemp., Zufügen von Oxalsäure in wenig Ae., Stehen bei —20°, Zers. des Oxalats mit $Ba(OH)_2$ bei p_H 11,5—12, Fällen der Ba^{2+} als $BaCO_3$, Ansäuern auf p_H 1,9 (HCl), Ausfrieren des W., Trocknen über P_2O_5 u. Extraktion mit absol. A.; 59%; sehr hygroskopisch. — $^{14}C_{(1.3)}$*-2-Amino-1.3-dicaproyloxypropanhydrochlorid* (I), $C_{15}H_{30}O_4NCl$, F. 125—127°, durch Acylierung vorst. Verb. mit Caproylchlorid bei 90°, Abdunsten des überschüssigen Säurechlorids im Vakuum über KOH u. Reinigung mit absol. Dioxan; 81,8%. — $^{14}C_{(1.3)}$*-1.3-Dicaproin,* durch Diazotieren von 0,0847 Mol vorst. Verb. in 50%ig. Essigsäure mit $NaNO_2$ bei 5—8°, Trennen der Schichten, erneute Diazotierung, Ausäthern, Behandeln mit 10%ig. Sulfaminsäure u. fraktionierte Dest.; 24,89 g (Rohprod.). — $^{14}C_{(1:3)}$*-Glycerin,* Kp.$_3$ 140 bis 155° (Bad), durch Auflösen vorst. Verb. in Methanol, Zufügen von aktiviertem Amberlite IRA-400, Einstellen auf p_H 5,9, 22std. Schütteln, Klären mit Kohle, Abdunsten des Capronsäuremethylesters im Vakuum bei Zimmertemp. u. Rektifikation im Vakuum; 50,6% (bezogen auf I) oder 19,1% (bezogen auf CH_2O). (J. Amer. chem. Soc. **73.** 3921—22. Aug. 1951. College Station, Tex., Dep. of Biochem. and Nutrit., Agricult. Exp. Stat. and Mech. Coll. Syst.) H. LEHWALD. 480

Donald G. Ott und **Grant Gill Smith,** *Untersuchung der alkalischen Umlagerung von Chlorphenanthrenchinonen mit* ^{14}*C.* Bei der Benzilumlagerung von ^{14}*-*$C_{(9)}$*-2-* (I), *-3-* u. *-7-Chlorphenanthrenchinon* (II) ergibt sich, daß die substituierten Ringe an der Wanderung zu 83,1, 66,8 bzw. 79,8% beteiligt sind. Daraus ist für den Mechanismus zu schließen, daß nicht die verschied. Wanderungstendenz der Arylgruppen, sondern der Angriff von OH^- auf das elektronenärmere C der entscheidende Faktor ist. Die Synth. von 4-Chlorphenanthrenchinon mißlang infolge ster. Hinderung beim Ringschluß. Bei den Umlagerungen von $^{14}C_{(9)}$*-Phenanthrenchinon* u. von I bzw. **VI** wurden Isotopeneffekte von 1,09 u. 1,12 beobachtet.

Versuche: *2-Chlormethyl-4-chlorbiphenyl* (III), Kp.$_{0,4}$ 117—118°, F. 38—41°, aus 2-Methyl-4-chlorbiphenyl mit SO_2Cl_2 in Ggw. von Benzoylperoxyd in CCl_4 durch 5std. Kochen; 85% (Ausbeute). — $^{14}C_{(COOH)}$*-4-Chlorbiphenylyl-(2)-essigsäure* (**IV**; *2-Phenyl-5-chlor-α-toluylsäure*), $C_{14}H_{11}O_2Cl$, F. 113—114°, aus **III** durch Grignardierung u. Umsetzung mit $^{14}CO_2$; aus Bzl.-Ligroin Nadeln; 75%. — $^{14}C_{(9)}$*-2-Chlorphenanthryl-(9)-acetat* (V), $C_{16}H_{11}O_2Cl$, F. 110—111,5° (CH_3OH), aus **IV** mit Acetanhydrid u. $ZnCl_2$ in Essigsäure (7 Std. kochen); 83%. — $^{14}C_{(9)}$*-2-Chlorphenanthrenchinon* (I), F. 240—241°, aus **V** mit CrO_3 in Eisessig; orangerote Nadeln aus Essigsäure; 80%. — *2-Chlorfluorenon* (**VI**),

F. 124—124,5°, aus vorst. Verb. mit 8,5%ig. wss. KOH bei 85° (2 Std.) u. Oxydation mit CrO_3; gelbe Nadeln aus Methanol; 93%. — *2-Chlormethyl-5-chlorbiphenyl*, Kp. 127—128°, aus 2-Methyl-5-chlorbiphenyl analog **III**; 83%. — *$^{14}C_{(COOH)}$-5-Chlorbiphenylyl-(2)-essigsäure (2-Phenyl-4-chlor-α-toluylsäure)*, $C_{14}H_{11}O_2Cl$, F. 127—129°, aus vorst. Verb. analog **IV**; aus Bzl. Nadeln; 32%. — *$^{14}C_{(9)}$-3-Chlorphenanthryl-(9)-acetat*, $C_{16}H_{11}O_2Cl$, F. 114 bis 116°; aus vorst. Verb. analog **V**; aus CH_3OH Nadeln; 46%. — *$^{14}C_{(9)}$-3-Chlorphenanthrenchinon*, F. 259—260°, aus vorst. Verb. analog **I**; orangefarbene Nadeln aus Eisessig; 65%. — *3-Chlorfluorenon*, F. 157—158° (CH_3OH), aus vorst. Verb. mit wss. KOH u. Dioxan durch 9std. Erhitzen; 56%. — *1-p-Chlorphenyl-2-methylcyclohexen* (**VII**), $Kp._{0,44}$ 97 bis 105°, $Kp._{0,28}$ 88°, aus der Grignard-Verb. von p-Bromchlorbenzol u. 2-Methylcyclohexanon u. anschließende Dehydratisierung des gebildeten *Alkohols* mit Ameisensäure; n_D^{25} 1,516, $D.^{25}$ 1,136; 66%. — *2-Methyl-4'-chlorbiphenyl* (**VIII**), $C_{13}H_{11}Cl$, $Kp._{0,45}$ 98 bis 100°, aus vorst. Verb. mit Chloranil in sd. Xylol (12 Std.); n_D^{20} 1,5917, $D.^{25}$ 1,120; 43%. — *2-Chlormethyl-4'-chlorbiphenyl*, $Kp._{0,45}$ 121—125°, F. 48—49°, aus vorst. Verb. analog **III**; 84%. — *$^{14}C_{(COOH)}$-4'-Chlorbiphenylyl-(2)-essigsäure (2-[p-Chlorphenyl]-α-toluylsäure)*, $C_{14}H_{11}O_2Cl$, F. 148,5—149°, aus vorst. Verb. analog **IV**; aus Bzl. Nadeln; 68%. — *$^{14}C_{(9)}$-7-Chlorphenanthryl-(9)-acetat*, $C_{16}H_{11}O_2Cl$, F. 132—132,5°, aus vorst. Verb. analog **V**; 66%. — *$^{14}C_{(9)}$-7-Chlorphenanthrenchinon* (**II**), F. 240—241°, aus vorst. Verb. analog **I**; orangerote Nadeln aus Essigsäure; 67%. — *2-Chlorfluorenon*, F. 124—124,5°, aus vorst. Verb. analog **VI**; gelbe Nadeln aus Methanol; 94%. — *1-[o-Tolyl]-cyclohexen-(1)*, $Kp._{16}$ 121—123°, aus o-Bromtoluol u. Cyclohexanon analog **VII**; 70%. — *2-Methylbiphenyl*, $Kp._{11}$ 120—122°, aus vorst. Verb. analog **VIII**; 63%. — *2-Chlormethylbiphenyl*, $Kp._{0,55}$ 107—109°, aus vorst. Verb. analog **III**; 87%. — *$^{14}C_{(COOH)}$-Biphenylyl-(2)-essigsäure (o-Phenyl-α-toluylsäure)*, F. 114—115°, aus vorst. Verb. analog **IV**; aus Bzl.–Ligroin Nadeln; 69%. — *$^{14}C_{(9)}$-Phenanthryl-(9)-acetat*, F. 74—75° (CH_3OH), aus vorst. Verb. analog **V**; 71%. — *$^{14}C_{(9)}$-Phenanthrenchinon*, F. 202—204° (Essigsäure), analog **I**; 50%. — *$^{14}C_{(9)}$-Fluorenon*, F. 83,5—84°, aus vorst. Verb. analog **VI**; gelbe Nadeln aus Methanol; 90%. — *$^{14}C_{(COOH)}$-2'-Chlorbiphenylyl-(2)-essigsäure (2-[o-Chlorphenyl]-α-toluylsäure)*, $C_{14}H_{11}O_2Cl$, F. 84—84,5°, aus 2-Chlormethyl-2'-chlorbiphenyl analog **IV**; 58%. (J. Amer. chem. Soc. **77**. 2325—29. 20/4. 1955. Pullmann, Wash., State Coll. of Washington, Dep. of Chem., Fulmer Labor.) H. Weber. 480

G. Bryant Bachman und **Mark T. Atwood,** *Kondensation von Nitroparaffinen mit Aldehyden. Darstellung von γ-Dinitroparaffinen.* Durch Kondensation prim. Nitroparaffine mit CH_2O in Ggw. von Na_2CO_3, prim., tert. oder sek. Aminen, am besten im letzten Falle, entstehen *γ-Dinitroverbb.*, von denen *7.9-Dinitropentadecan* u. *2.8-Dimethyl-4.6-dinitrononan* als *Diastereomere* isoliert wurden, die durch n-Butylamin ineinander überführbar sind. Es wird ein Reaktionsmechanismus diskutiert. Sek. Nitroparaffine liefern nur *Nitroalkohole*, z. B. 2-Nitropropan in Ggw. von $(C_2H_5)_2NH$ *2-Methyl-2-nitropropanol.* Während Acetaldehyd nicht reagiert, wird aus Chloral *1.1.2-Trichlor-3-nitropentanol-(2)* erhalten. Auch β-Nitroalkohole sind der Rk. zugänglich, aber 2-Nitrobutanol-(1) (**I**) gibt mit 1-Nitrobutan (**II**) statt 3.5-Dinitrooctan *4.6-Dinitrononan.* Die geringe Ausbeute bzw. das Ausbleiben der Rk. bei Verwendung von Nitroäthan bzw. -methan wird auf Polymerisation der intermediär gebildeten Nitroolefine zurückgeführt.

Versuche: Durch mehrstd. Kochen der Nitroparaffine mit CH_2O in Ggw. von $(C_2H_5)_2NH$ (auch Mono- u. Dibutylamin bzw. Piperidin), Neutralisieren, Abdest. flüchtiger Stoffe, gegebenenfalls Wasserdampfdest. u. Umkristallisieren aus Ae. neben teerigen Prodd. nachst. *γ-Dinitroparaffine*: *2.4-Dinitropentan*, F. 43—44°; 4% (Ausbeute). — *3.5-Dinitroheptan*, $C_7H_{14}O_4N_2$, F. 32° (A.); 20%. Mit $(C_2H_5)_3N$ nur 1,5%. — *4.6-Dinitrononan*, $C_9H_{18}O_4N_2$, F. 55—56°, a) analog; 20,7%; daneben ein fl. *Diastereomeres*, n_D^{20} 1,4432, $D.^{20}_{20}$ 1,075; 13,3%; b) durch 14std. Kochen von **I** u. **II** in Ggw. von $(C_2H_5)_2NH$ in Chlf. unter Abdest. des gebildeten Wassers. — *2.8-Dimethyl-4.6-dinitrononan*, F. 121 bis 122°; 15,7%. *Diastereomeres*, F. 55—57°; 13,3%. — *7.9-Dinitropentadecan*, F. 70 bis 71°, Platten; 13%. *Diastereomeres*, F. 44°, kleine Würfel; 12%. — Durch Bromieren vorst. Verbb. in 10%ig. alkoh. NaOH u. Umkristallisieren aus CH_3OH–W. nachst. Verbb.: *3.5-Dibrom-3.5-dinitroheptan*, F. 75°. — *4.6-Dibrom-4.6-dinitrononan*, F. 105 bis 106°. — *2.8-Dimethyl-4.6-dibrom-4.6-dinitrononan*, F. 127°. — *7.9-Dibrom-7.9-dinitropentadecan*, F. 84°. (J. Amer. chem. Soc. **78**. 484—86. 20/1. 1956. West Lafayette, Ind., Purdue Univ., Dep. of Chem.) R. Pasedag. 510

Gilm Kamai, *Die Dechlorierung von Hexachloräthan durch Alkylphosphite.* Trialkyl*phosphite* (**I**) (Alkyl = Methyl, n-Propyl, Isopropyl, n-Butyl) reagieren mit Hexachloräthan (**II**) wahrscheinlich nach dem Schema $(RO)_3P + Cl_3C{-}CCl_3 \rightarrow Cl_2C = CCl_2 + (RO)_3PCl_2 \rightarrow (RO)_2POCl + RCl$ zu *Tetrachloräthylen* (**III**), *Alkylchlorid* u. *Dialkylphosphorsäurechloriden.*

Versuche: 15 g I (R = n-C_4H_9) u. 14,2 g II liefern beim vorsichtigen Erwärmen auf 100—115° (Badtemp.) u. anschließender Dest. zuerst unter Normaldruck, dann im Vakuum 5,3 g *n-Butylchlorid*, 6,2 g III u. 11,3 g *Di-n-butylphosphorsäurechlorid*, $C_8H_{18}\cdot O_3ClP$, Kp.$_{15}$ 132—133°; D.$^0_0$ 1,1442; n_D^{20} 1,4341. — Analog werden aus 15 g I (R = n-C_3H_7) u. 17 g II 4,9 g *n-Propylchlorid*, 9,1 g III u. 6,8 g *Di-n-propylphosphorsäurechlorid*, $C_6H_{14}O_3ClP$, Kp.$_{13}$ 107—108°, erhalten. — 15 g I (R = iso-C_3H_7) u. 16,9 g II liefern *Isopropylchlorid* u. 8,9 g III. Diisopropylphosphorsäurechlorid konnte rein nicht isoliert werden. — 12,4 g I (R = CH_3) u. 23,7 g II liefern bei 90° (Badtemp.) 6,9 g *Methylchlorid* u. 10 g III. Dimethylphosphorsäurechlorid wurde nicht isoliert. (Известия Академии Наук СССР, Отделение Химических Наук [Nachr. Akad. Wiss. UdSSR, Abt. chem. Wiss.] **1952.** 923—25. Sept./Okt. Kasan, Chem.-Technolog. Kirow-Inst. u. Chem. Arbusow-Inst. der Zweigstelle der Akad. der Wiss. der UdSSR.) U. Wörffel. 520

A. P. Meschtscherjakow, M. I. Batujew und **A. D. Matwejewa,** *Über die Synthese von tert.-Butylhydroperoxyd und Di-tert.-butylperoxyd und ihre optische Untersuchung im Hinblick auf die Struktur von Wasserstoffperoxyd. tert.-Butylhydroperoxyd* (I) u. *Di-tert.-butylperoxyd* (II) werden durch Alkylierung von H_2O_2 mit tert.-Butylschwefelsäure hergestellt; diese wird aus dem leicht zugänglichen Isobutylen gewonnen. Die Raman-Spektren von I u. II werden in CCl_4 aufgenommen. Das Spektr. von I enthält die hauptsächlichen Schwingungsfrequenzen der H_2O_2; es weist auf die Existenz von intermol. H-Bindungen hin, die auch in H_2O_2 vorkommen u. bei der Aufstellung von Konstitutionsformeln zu berücksichtigen sind. Kyroskop. (Bzl.) wird für die Molekülassoziation bestätigt. Die HO-Gruppe in den 2gliedrigen, flächenhaft ausgebildeten Assoziaten (vgl. nebenst. Formel) ist durch eine Linie bei 3456 cm^{-1} charakterisiert. Vielgliedrige Assoziate, bei denen die Dimeren schichtweise durch weitere H-Bindungen verbunden sind, haben eine Bande mit dem Maximum bei 3403 cm^{-1}, die der HO-Gruppe zuzuordnen ist. Das monomere I besteht neben dem Dimeren hauptsächlich in verdünnteren Lsgg.; Frequenz der HO-Gruppe bei 3622 cm^{-1}. Es werden die Spektren von I u. II mit den Spektren der KW-stoffe verglichen, die am Kettenende ebenfalls eine Verzweigung mit quartärem C-Atom haben. Die für diese Atomgruppierung charakterist. Frequenzen finden sich bei I u. II prakt. ident. wieder. — Ein Gemisch von tert.-Butylschwefelsäure (aus Isobutylen u. 63%ig. H_2SO_4 bei 0—20°) u. 63%ig. H_2SO_4 wird auf 0° abgekühlt u. 27%ig. H_2O_2 im Verhältnis 1 Mol H_2O_2:2 Mol $(C_4H_9)HSO_4$ bei 0—10° in 30—60 Min. zugesetzt; man rührt 4—5 Std., trennt die Ölschicht ab, behandelt diese bei 0—10° mit 10—20%ig. NaOH, wodurch I als Na-Verb. entfernt wird u. erhält fast 100%ig. II; aus dem Na-Salz macht 10%ig. H_2SO_4 I frei, das mit Ae. aufgenommen u. im Vakuum dest. wird; Ausbeute an I u. II insgesamt 80%. *tert.-Butylhydroperoxyd* (I), $C_4H_{10}O_2$, Kp.$_{17}$ 35—37°; D.$^{20}{}_4$ 0,8960; n_D^{20} 1,4015. — *Di-tert.-butylperoxyd* (II), $C_8H_{18}O_2$, Kp.$_{20}$ 13—15°; D.$^{20}{}_4$ 0,7970; n_D^{20} 1,3910. (Известия Академии Наук СССР, Отделение Химических Наук [Nachr. Akad. Wiss. UdSSR, Abt. chem. Wiss.] **1955.** 742—49. Juli/Aug. Zelinsky-Inst. für organ. Chem. der Akad. der Wiss. der UdSSR.)

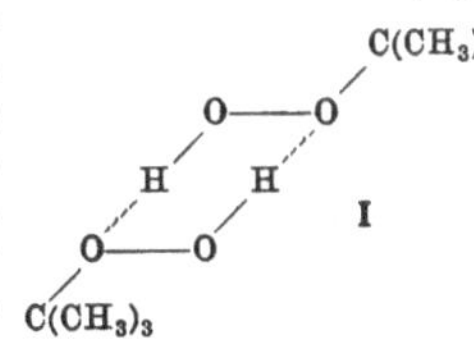

I

R. Knobloch. 560

Stanley H. Harper und **Raymond J. D. Smith,** *Stereochemische Untersuchung olefinischer Verbindungen.* 4. Mitt. *Die Konfiguration des „Blattalkohols" und eine weitere Synthese des cis-Jasmons.* (3. vgl. Crombie, C. **1953.** 8829.) Trans-Penten-(2)-yl-MgBr gibt mit CH_2O kein trans-Hexen-(3)-ol-(1) (trans-I; vgl. Obata u. Morito, J. agric. chem. Soc. Japan [Nippon Nogeikagaku Kwaisi] **25.** [1951.] 210), sondern durch Allylumlagerung *2-Äthylbuten-(3)-ol-(1)* (II), daneben infolge Wurtz-Grignard-Kondensation das mit II azeotrop. Gemische bildende *trans-3-Äthyloctadien-(1.5)*. Trotz der ähnlichen FF. der *3.5-Dinitrobenzoate* von II sowie cis- u. trans-I zeigen dieselben miteinander eine deutliche F.-Depression, wodurch die Identität von „*Blattalkohol*" mit cis-I (vgl. 3. Mitt., l. c.) erneut bestätigt wird. Ebenso sind die FF. der *4-Diphenylylurethane* von II u. trans-I sowie von natürlichem bzw. synthet. cis-I deutlich voneinander verschieden. aus Hexin-(3)-ol-(1) durch selektive Hydrierung gewonnenes ster. reines cis-I wird über die Grignard-*Verb.* des *Bromids* mit Acetanhydrid in *cis-Octen-(5)-on-(2)* (III) übergeführt, dessen Eigg. mit denen der *trans-Verb.* verglichen werden. III wird durch Methoxycarbonylierung zum entsprechenden *Ketoester*, anschließende Kondensation mit Bromaceton u. Hydrolyse in „natürliches" *cis-Jasmon* verwandelt.

Versuche: *trans-Penten-(2)-ylbromid*, Kp.$_{50}$ 48°, aus Penten-(1)-ol-(3) (vgl. 3. Mitt., l. c.); n_D^{20} 1,4731; 76% (Ausbeute). — *2-Äthylbuten-(3)-ol-(1)* (II), $C_6H_{12}O$, Kp. 137—139°, aus 30 g vorst. Verb. mit Mg in Ae. u. anschließende Rk. mit CH_2O, Reinigung über das *Biphthalat*; n_D^{20} 1,4342; 4,0 g, daneben 0,1 g unreine nachst. Verbindung. *3.5-Dinitrobenzoat*, $C_{13}H_{14}O_6N_2$, F. 53°, aus PAe. Blättchen. *4-Diphenylurethan*,

$C_{19}H_{21}O_2N$, F. 79,5°, aus PAe. Nadeln. **II** gibt bei der Hydrierung in CH_3OH über Pd–$BaSO_4$ *2-Äthylbutanol*, Kp. 144—146°, n_D^{20} 1,421 (*3.5-Dinitrobenzoat*, F. 35° [PAe.]). — *trans-3-Äthyloctadien-(1.5)*, $C_{10}H_{18}$, Kp. 155—156°, aus vorvorst. Verb. mit Mg in Ae.; n_D^{20} 1,4322; 84%. — *cis-Hexen-(3)-ol-(1)* (*cis*-**I**; „*n-Blattalkohol*"), Kp. 154—155°, Kp.$_{14}$ 59,5—61°, aus Hexin-(3)-ol-(1) (Kp.$_{15}$ 68—69°) in Methylacetat (Lsg. 20 Min. mit RANEY-Ni schütteln) mit H_2 über 5%ig. Pd–$BaSO_4$ bei 15°; n_D^{20} 1,4389; 79%. *p-Phenylazophenylurethan*, $C_{19}H_{21}O_2N_3$, F. 144°, aus Aceton–PAe. orangefarbene Blättchen, daneben *trans-Hexen-(3)-yl-p-phenylazophenylurethan*, $C_{19}H_{21}O_2H_3$, F. 149°, rote Würfel. — *cis-Hexen-(3)-ylbromid*, Kp. 149—151°, aus cis-I mit PBr_3 bei 0°; n_D^{20} 1,471; 55%. — *cis-Octen-(5)-on-(2)* (**III**), $C_8H_{14}O$, Kp.$_{12}$ 56—58°, aus der GRIGNARD-Verb. der vorst. Verb. mit Acetanhydrid in Ae. bei —78°; n_D^{20} 1,4323; 65%. *Semicarbazon*, $C_9H_{17}ON_3$, F. 114,0—114,5°, aus wss. A. Blättchen. *2.4-Dinitrophenylhydrazon*, $C_{14}H_{18}O_4N_4$, F. 67,5° (nach Chromatographie an Al_2O_3 in Bzl.), aus wss. A. Tafeln. — *trans-Octen-(5)-on-(2)*, Kp.$_{11}$ 59—61,5°, nach CROMBIC u. HARPER (C. **1953**. 5846); n_D^{20} 1,4322; Reinigung über das *Semicarbazon*, F. 62,5—63,5° (PAe.). *2.4-Dinitrophenylhydrazon*, F. 65,5—66,0°. — *cis-2-Oxoocten-(5)-carbonsäure-(1)-methylester*, Kp.$_9$ 119—122°, aus **III** in Ae. mit Dimethylcarbonat u. NaH in Ae. unter N_2; n_D^{20} 1,4448; 57%. — *cis-Jasmon*, Kp.$_9$ 122 bis 124°, das aus vorst. Verb. mit Na oder NaH in Ae. erhaltene *Na-Deriv.* wird mit Bromaceton zu *cis-5.2-Dioxoundecen-(8)-carbonsäure-(4)-methylester* umgesetzt u. bei 70° mit 3%ig. wss. NaOH behandelt; n_D^{20} 1,4985; 55%. *Semicarbazon*, F. 204,5—205°. *2.4-Dinitrophenylhydrazon*, F. 118,5—119,0°. (J. chem. Soc. [London] **1955**. 1512—16. Mai. London, Univ., King's Coll.) W. SCHULENBURG. 560

Jean-Marie Conia, *Über eine Darstellungsart von Acetylenalkoholen.* Propargylalkohol (**I**), an der OH-Gruppe durch Verätherung mit Dihydropyran blockiert, lieferte durch Metallierung mit $NaNH_2$ in fl. NH_3, Umsetzung mit aliphat. prim. Halogeniden RX u. Hydrolyse in 60—80%ig. Ausbeute *Acetylenalkohole* des Typs $RC{\equiv}CCH_2OH$. Diese Meth. ist auch auf andere (prim., sek. oder tert.) Acetylenalkohole anwendbar.

Versuche: *Propargyltetrahydropyranyläther*, aus **I** u. Dihydropyran in Ggw. von HCl (Kühlung, dann 1std. Stehen); fast 100% (Ausbeute). — *Pentin-(2)-ol-(1)*, C_5H_8O, Kp.$_{15}$ 61—62°, durch Zufügen vorst. rohen Äthers zu einer Lsg. von Na in fl. NH_3 bei Ggw. von $Fe(NO_3)_3$ (1 Std.), folgendes Zugeben von C_2H_5Br oder C_2H_5J, 4- bis 5std. Rühren, Entweichenlassen des NH_3 während der Nacht u. Hydrolyse mit 25%ig. H_2SO_4–CH_3OH; n_D^{17} 1,4518; D.^{17} 0,913; 60—80%, bezogen auf **I**, daneben wenig **I** (Kp.$_{20}$ 27—32°) zurück. *3.5-Dinitrobenzoat*, $C_{12}H_{10}O_6N_2$, F. 79° (PAe.). — *Hexin-(2)-ol-(1)*, $C_6H_{10}O$, Kp.$_{15}$ 72—74°, analog aus n-C_3H_7Br; n_D^{17} 1,4539, D.^{17} 0,899. *3.5-Dinitrobenzoat*, F. 65°. — *Nonin-(2)-ol-(1)*, $C_9H_{16}O$, Kp.$_{11}$ 109—111°, aus n-$C_6H_{13}Br$; n_D^{16} 1,4576, D.^{16} 0,878; Ausbeuten etwas geringer. *3.5-Dinitrobenzoat*, $C_{16}H_{18}O_6N_2$, F. 50° (PAe.). — Gemisch aus *Hexen-(5)-in-(2)-ol-(1)* u. *Hexen-(4)-in-(2)-ol-(1)* (?), Kp.$_{12}$ 69—74°, aus Allylbromid oder -chlorid neben viel Harzprodd.; n_D^{19} 1,4844, D.^{19} 0,956; UV-Spektrum. — *Nonin-(4)-ol-(1)*, $C_9H_{16}O$, Kp.$_{22}$ 117—119°, durch Rk. von Pentin-(4)-ol-(1) (erhalten aus Tetrahydrofurfurylchlorid) mit *Dihydropyran*, dann mit $NaNH_2$ u. n-C_4H_9Br wie oben; n_D^{21} 1,4580; 65%. *3.5-Dinitrobenzoat*, $C_{16}H_{18}O_6N_2$, F. 48° (Diisopropyläther). — *Nonin-(4)-ol-(2)*, $C_9H_{16}O$, Kp.$_{18}$ 98—100°, aus Pentin-(4)-ol-(2) (dieses aus Propargyl-MgBr u. CH_3CHO) u. n-C_4H_9Br; n_D^{23} 1,4520; 60%. *3.5-Dinitrobenzoat*, $C_{16}H_{18}O_6N_2$, F. 45° (PAe.). — *2-Methyloctin-(4)-ol-(2)*, $C_9H_{16}O$, Kp.$_{18}$ 85°, ähnlich aus 10 g 2-Methylpentin-(4)-ol-(2) (**II**; aus Propargyl-MgBr u. Aceton) u. n-C_3H_7Br; angenehmer Geruch; n_D^{23} 1,4480; 6 g, daneben 5 g **II** zurück. *3.5-Dinitrobenzoat*, $C_{16}H_{18}O_6N_2$, F. 56° (PAe.). (Bull. Soc. chim. France, Mém. [5] **1955**. 1449—52. Nov./Dez. Paris, École Norm. Supér., Labor. de Chim.) J. ROTHE. 560

William E. Truce und **Fred D. Hoerger,** *Die Chemie der Sultone.* 2. Mitt. *Alkylierungen von Organometall- und ähnlichen Verbindungen durch Sultone.* (1. vgl. C. **1955**. 1948.) Bei der Umsetzung von 4-Oxybutansulfonsäure-(1)-sulton (**I**) mit C_2H_5ONa erhielten Vff. *Na-4-Äthoxybutansulfonat-(1)*, mit Na-Benzolsulfinat (**II**) *Na-4-Phenylsulfonylbutansulfonat-(1)*. Das *p-Chlor-S-benzylthiuronium-* bzw. *S-Benzylthiuroniumsalz* dieser Sulfonsäuren waren mit denen der aus *4-Chlor-1-äthoxybutan* (**III**) bzw. *4-Chlor-1-phenylsulfonylbutan* (**IV**) u. Na_2SO_3 erhaltenen Säuren identisch. Mit Phenyläthinyl-Na (**V**) lieferte **I** *Na-6-Phenylhexin-(5)-sulfonat-(1)* u. mit n-Butyl-Li (**VI**) *Li-Octansulfonat-(1)*. Beim Umsatz von **I** mit Phenyl-MgBr (**VII**) entstand ein Gemisch der Mg-Salze der *4-Brom-* u. *4-Phenylbutansulfonsäure-(1)*, während 2-[o-Oxyphenyl]-äthansulfonsäuresulton (**VIII**) bei der gleichen Rk. *o-[β-Phenylsulfonyläthyl]-phenol* lieferte. Mit Na-Diäthylmalonat (**IX**) bildete sowohl **I** als auch 4-Oxypentansulfonsäure-(1)-sulton (**XII**) die entsprechenden *5.5-Dicarbäthoxypentansulfonate-(1)*. Das aus **I** u. Na-Äthylacetoacetat (**X**) entstandene *Na-5-Carbäthoxy-6-oxoheptansulfonat-(1)* konnte ebenso wie das aus Na-Dibenzoylmethan (**XI**) gebildete *Na-5.5-Dibenzoylpentansulfonat-(1)* nicht rein erhalten werden.

Versuche: *4-Äthoxybutansulfonsäure, Na-Salz,* a) aus Na in absol. A. u. I (46std. Kochen); 91% (Ausbeute); b) aus **III** u. Na_2SO_3 in W. (20std. Kochen); 47%; *p-Chlor-S-benzylthiuroniumsalz,* $C_{14}H_{23}O_4N_2ClS_2$, F. 113—114,5°. — *4-Chlor-1-äthoxybutan* (**III**), Kp.$_6$ 39—41°, aus C_2H_5ONa u. 1-Brom-4-chlorbutan (**XIII**); n_D^{20} 1,4258; 50%. — *4-Phenylsulfonylbutansulfonsäure-(1), Na-Salz,* a) aus **I** u. **II**-Dihydrat (24std. Erhitzen in Dimethylformamid); 53%; b) aus **IV** u. K_2SO_3 in wss. Äthylenglykol (65std. Kochen) als *K-Salz*; *S-Benzylthiuroniumsalz,* $C_{18}H_{24+5}N_2S_3$, F. 149—150° (wss. A.). — *4-Chlor-1-phenylsulfonylbutan* (**IV**), $C_{10}H_{13}O_2ClS$, F. 55,5—57°, aus **II**-Dihydrat u. 1.4-Dichlorbutan in A. (22std. Kochen); Kp.$_3$ 189—192°; 41%. — *6-Phenylhexin-(5)-sulfonsäure-(1), Na-Salz,* aus **V** (aus Phenylacetylen u. Na in Ae.) u. **I**, nach Abdest. des Ae. 18std. Kochen in Toluol unter N_2; 60%; *p-Chlor-S-benzylthiuroniumsalz,* $C_{20}H_{23}O_3N_2ClS_2$, F. 151—153°. — *6-Phenylhexansulfonsäure-(1), Na-Salz* (**XIV**), a) durch Hydrierung vorst. Na-Salzes über RANEY-Ni in Methanol; b) aus 6-Phenyl-1-bromhexan u. Na_2SO_3 in W. (21std. Kochen); 86%; *p-Chlor-S-benzylthiuroniumsalz,* $C_{20}H_{27}O_3N_2ClS_2$, F. 152 bis 153,5°; *S-Benzylthiuroniumsalz,* $C_{20}H_{28}O_3N_2S_2$, F. 114—115,5° (wss. A.). — *6-Phenylhexanol-(1),* Kp.$_{2,5}$ 135—138°, aus der GRIGNARD-Verb. des 4-Phenyl-1-brombutans u. Äthylenoxyd; n_D^{25} 1,5083; 56%. — *6-Phenyl-1-bromhexan,* Kp.$_2$ 120—123°, aus vorst. Verb. u. PBr_3; n_D^{25} 1,5250; 70%. — *4-Brombutansulfonsäure-(1), Mg-Salz,* a) aus $MgBr_2$ u. **I** in absol. Ae. (2std. Kochen); 79%; b) aus **VII** u. **I** in Ae. (2std. Kochen) neben nachst. Verb.; die Säure liefert bei der Dest. 46% **I** (*Pyridinaddukt,* F. 234—235°); *p-Chlor-S-benzylthiuroniumsalz,* $C_{12}H_{18}O_3N_2ClBrS_2$, F. 129—130° (wss. A.). — *4-Phenylbutansulfonsäure-(1), Mg-Salz,* aus **VII** u. **I** neben vorst. Verb.; 32%; *p-Chlor-S-benzylthiuroniumsalz,* F. 138—139°. — *2-[β-Phenylsulfonyläthyl]-phenol,* $C_{14}H_{14}O_3S$, F. 115,5 bis 117° (Bzl. PAe.), aus **VII** u. **VIII** in Ae.-Bzl. unter Rückfluß; 62%. — *Octansulfonsäure-(1), Li-Salz,* a) aus **VI** u. **I**; 58%; b) aus 1-Bromoctan u. wss. Na_2SO_3-Lsg.; 90%; *p-Chlor-S-benzylthiuroniumsalz,* $C_{16}H_{27}O_3N_2ClS_2$, F. 117—118,5°. — *5.5-Dicarbäthoxypentansulfonsäure-(1), Na-Salz,* $C_{11}H_{19}O_7SNa$, a) aus **IX** u. **I** in absol. A. (18std. Kochen u. Rühren); 95%; b) aus nachst. Verb. in Na_2SO_3 in W. (70 std. Kochen); 43%; *p-Chlor-S-benzylthiuroniumsalz,* $C_{19}H_{29}O_7N_2ClS_2$, F. 93,5—94,5° (wss. A.). — *Diäthyl-4-brombutylmalonat,* Kp.$_2$ 92—94°, durch Kochen von **IX** u. 1.4-Dibrombutan in A. bis zur Neutralität; 28%. — *Na-4-Methyl-5.5-dicarbäthoxypentansulfonat-(1),* $C_{12}H_{21}O_7SNa$, aus **XII** u. **IX** wie vorvorst. Verb.; 93%; *p-Chlor-S-benzylthiuroniumsalz,* $C_{20}H_{31}O_7N_2ClS_2$, F. 98—100° (wss. A.). — *5-Carbäthoxy-6-oxoheptansulfonsäure-(1), Na-Salz,* $C_{10}H_{17}O_6SNa$, aus **X** u. **I** in absol. A. (20std. Kochen); 82%. — *6-Oxoheptansulfonsäure-(1), Na-Salz,* a) durch 8std. Kochen von 11,5 g vorst. Verb. mit 25%ig. H_2SO_4; 7,1 g; b) durch 24std. Kochen von 1 g 7-Chlorheptanon-(2) mit 2,5 g Na_2SO_3 in W.; 0,8 g; *p-Chlor-S-benzylthiuroniumsalz,* $C_{15}H_{23}O_4N_2ClS_2$, F. 93—95° (wss. A.). — *α-[4-Chlorbutyl]-acetessigsäureäthylester,* $C_{10}H_{17}O_3Cl$, Kp.$_2$ 117—119°, aus **X** u. **XIII** in absol. A. ($1^1/_2$std. Kochen); n_D^{25} 1,4523; 22%. — *7-Chlorheptanon-(2),* $C_7H_{13}OCl$, Kp. 99—102°, durch $5^1/_2$std. Kochen vorst. Verb. mit 10%ig. H_2SO_4; n_D^{30} 1,4420; 46%; *Semicarbazon,* $C_8H_{16}ON_3Cl$, F. 112,5 bis 114,5°. — *5.5-Dibenzoylpentansulfonsäure-(1), Na-Salz,* aus **XI** u. **I** in absol. A. (20std. Kochen); 54%. — *5-Benzoylpentansulfonsäure-(1), Na-Salz,* durch 3std. Kochen vorst. Verb. mit wss. NaOH; 50% (daneben *Benzoesäure*); liefert bei der CLEMMENSEN-Red. 22% **XIV**; *p-Chlor-S-benzylthiuroniumsalz,* $C_{20}H_{25}O_4N_2ClS_2$, F. 150—151,5°. (J. Amer. chem. Soc. **77.** 2496—2500. 5/5. 1955. Lafayette, Ind., Purdue Univ., Dep. of Chem.)

D. KLAMANN. 600

W. N. Ssetkina, N. K. Baranetzkaja und **D. N. Kurssanow,** *Über Austausch- und Spaltungsreaktionen in der Gruppe der quartären Ammoniumsalze.* 9. Mitt. *Reaktion von quartären Ammoniumsalzen des Typs* $[R{-}O{-}CH_2{-}\overset{|}{\underset{|}{N}}{-}]X$ *mit sekundären und tertiären Alkoholen.* (8. vgl. C. **1955.** 339.) Aus Alkoxymethylpyridiniumchlorid entstehen beim Erhitzen mit sek. oder tert. Alkoholen *Formale* nach dem Schema $[C_5H_5NCH_2OR]Cl + R'OH \rightarrow C_5H_5N\cdot HCl + ROCH_2OR'$. Wenn R u. R′ ident. sind, bilden sich symm. Formale. Sind sie verschied., so erfolgt teilweise Symmetrisation der unsymm. Formale unter Bldg. der 2 symm. Formale $ROCH_2OR$ u. $R'OCH_2OR'$. Die Ausbeute an Formalen beträgt 50—60%. Die Alkoxymethylpyridiniumchloride werden aus Pyridin u. Alkylchlormethyläthern hergestellt.

Versuche: *Chlormethylcyclohexyläther,* Kp.$_{12}$ 72,2—72,8°; D.$^{20}{}_4$ 1,0558, n_D^{20} 1,4678. — *Chlormethylisopropyläther,* Kp.$_{45}$ 27,7—28°; D.$^{20}{}_4$ 0,9742, n_D^{20} 1,4074. — *Chlormethyl-n-octyl-(2)-äther,* Kp.$_{18}$ 98—99°; D.$^{20}{}_4$ 0,9246, n_D^{20} 1,4357. — *Dicyclohexylformal* (**I**), Kp.$_{11}$ 135—135,5°, aus äquimol. Mengen Cyclohexyloxymethylpyridiniumchlorid (**II**) u. Cyclohexanol, 6 Std. bei 100°; D.$^{20}_{4}$ 0,9692, n_D^{20} 1,4703; 63% (Ausbeute). — *Diisopropylformal* (**III**), Kp.$_{81}$ 55,5—56°; D.$^{20}_{4}$ 0,8179, n_D^{20} 1,3842. — *Dibutyl-(2)-formal* (**IV**), Kp.$_{17}$ 60,5—60,8°; D.$^{20}_{4}$ 0,8472, n_D^{20} 1,4124. — *Di-n-octyl-(2)-formal* (**V**), Kp.$_{9}$ 152,5—153°, aus n-Octyl-(2)-oxymethylpyridiniumchlorid (**VI**) u. Octanol-(2), 16 Std. bei 110°; D.$^{20}_{4}$ 0,8419, n_D^{20} 1,4322; 46%. — *Di-tert.-butylformal* (**VII**), Kp.$_{96}$ 77 bis 79,5°; D.$^{20}_{4}$ 0,8306, n_D^{20} 1,3982. — *Butyl-(2)-cyclohexylformal*, Kp.$_{15}$ 99,5—101°, aus 76,81 g **II** u. 25 g Butanol-(2), 12 Std. bei 120—125°, das Reaktionsprod. wird im Vakuum fraktioniert; D.$^{20}_{4}$ 0,9076, n_D^{20} 1,4402; 21,21 g neben 10 g **IV** u. 8,9 g **I**. — *Isopropylcyclohexylformal*, Kp.$_{6}$ 70—70,5°, aus 75,8 g **II** u. 20 g Propanol-(2), 18 Std. bei 100°; D.$^{20}_{4}$ 0,9089, n_D^{20} 1,4370; 16,56 g neben **I** u. **III**. — *Isopropyl-tert.-butylformal*, Kp.$_{96}$ 71,1 bis 71,5°; aus Isopropyloxymethylpyridiniumchlorid (72,6 g) u. tert.-Butanol bei 100°; D.$^{20}_{4}$ 0,8223, n_D^{20} 1,3930; 10,65 g neben **III** u. **VII**. — *tert.-Butyl-n-octyl-(2)-formal*, Kp.$_{29}$ 128—129°, aus **VI** (57,7 g) u. tert.-Butanol bei 120°; D.$^{20}_{4}$ 0,8351, n_D^{20} 1,4204; 12,5 g neben **V** u. **VII**. — *tert.-Amylcyclohexylformal*, Kp.$_{23}$ 119,5—120,5°, aus **II** u. tert.-Amylalkohol bei 110—115°; D.$^{20}_{4}$ 0,9103, n_D^{20} 1,4453; aus 61,26 g **II** entstehen 5,27 g; Nebenprodd. sind **I** u. viel Amylene. (Известия Академии Наук СССР,, Отделение Химических Наук [Nachr. Akad. Wiss. UdSSR, Abt. chem. Wiss.] **1955.** 750—55. Juli/Aug. Inst. für metallorgan. Verbindungen der Akad. der Wiss. der UdSSR.)

R. Knobloch. 670

René Heilmann und **René Glénat**, *Neue Synthese von Alkoholen und Aldehyden mit α.β-Äthylenbindung.* Ester mit α.β-Äthylenbindung, erhalten durch Wasserabspaltung aus durch Reformatski-Synth. zugänglichen β-Oxyestern, wurden mit $LiAlH_4$ zu *Alkoholen* red. u. diese mit MnO_2 zu *Aldehyden* oxydiert. Die Gesamtausbeuten betrugen 34—37%, bezogen auf die entsprechenden Ketone. Speziell wurden dargestellt *Dihydrogeraniol* u. *Dihydrocitral.* Die UV-Spektren einiger der dargestellten Prodd. sind angegeben u. werden diskutiert.

Versuche (FF. korr.): *3.4.4-Trimethyl-3-oxypentansäureäthylester*, Kp.$_{12}$ 96,5 bis 97°, aus Pinakolin, Bromessigester (**I**) u. Zn in Bzl. bei Ggw. von J_2 u. $HgCl_2$ (zunächst Kühlen, dann Kochen; Gesamtdauer 2¼ Std.), dann Hydrolyse mit 20%ig. H_2SO_4; n_D^{20} 1,4368; 73% (Ausbeute). — *3.4.4-Trimethylpenten-(2)-säureäthylester*, Kp.$_{12}$ 80—83°, aus vorst. Verb. u. $SOCl_2$ in Ae.–Pyridin (3 Std. rühren); n_D^{20} 1,4430; 83%. — *3.4.4-Trimethylpenten-(2)-ol-(1)*, Kp.$_{12}$ 78—80,5°, aus vorst. Verb. u. $LiAlH_4$ in Ae.; n_D^{20} 1,4520; 84%. — *3.4.4-Trimethylpenten-(2)-al*, Kp.$_{16}$ 76—78°, aus vorst. Verb. u. MnO_2 in PAe. (2½ Std.); n_D^{20} 1,4556; 73%. *Semicarbazon*, F. 192°. (verd. A.). *2.4-Dinitrophenylhydrazon*, F. 232,5° (Chlf.); UV-Spektrum. — *3.7-Dimethyl-3-oxyoctansäureäthylester*, Kp.$_{10}$ 124—127°, aus Methylisohexylketon (Kp.$_{14}$ 59—60°; durch Hydrierung von natürlichen Methylheptenon über Pd/Al_2O_3), **I** u. Zn in Bzl. (1 Std. bei n. Temp., dann 30 Min. kochen); n_D^{20} 1,4370; 61%. — *3.7-Dimethylocten-(2)-säureäthylester* (*Dihydrogeraniumsäureäthylester*), Kp.$_{12}$ 109—112°, aus vorst. Verb. u. p-Toluolsulfonsäure in sd. Toluol; n_D^{20} 1,4426; UV-Spektr.; 84%. — *3.7-Dimethylocten-(2)-ol-(1)* (*Dihydrogeraniol*), Kp.$_{11}$ 101,5—103°, aus vorst. Verb. u. $LiAlH_4$ in Ae. (135 Min., zuletzt bei 0°); n_D^{20} 1,4538; 94%. — *3.7-Dimethylocten-(2)-al* (*Dihydrocitral*), Kp.$_{10}$ 96—98°, aus vorst. Verb. u. MnO_2 in PAe. (3½ Std. bei n. Temp.), Reinigung über die Bisulfitverb.; n_D^{20} 1,4643; UV-Spektr.; 80%. *Semicarbazon*, F. 150°, UV-Spektrum. *2.4-Dinitrophenylhydrazon*, F. 129° (A.), UV-Spektrum. — *β-Methylzimtsäureäthylester*, Kp.$_{8,5}$ 128—131°, aus Acetophenon, **I** u. Zn in Bzl. (105 Min.), dann Behandeln mit $POCl_3$ (90 Min.); n_D^{20} 1,5453; 56%. — *β-Methylzimtalkohol*, Kp.$_{8}$ 128—131°, aus vorst. Verb. u. $LiAlH_4$ in Ae.; n_D^{20} 1,5678, D.$^{20}_{4}$ 1,035; UV-Spektr.; 87%. *p-Nitrobenzoat*, F. 58°. Strukturbeweis durch Hydrierung (Druck, Raney-Ni) zu *3-Phenylbutanol-(1)*, Kp.$_{12}$ 123—124°, n_D^{25} 1,5190. — *β-Methylzimtaldehyd*, Kp.$_{13}$ 131—133,5°, aus dem Alkohol u. MnO_2 in CCl_4; n_D^{20} 1,5980; 76%. *Semicarbazon*, F. 207,5°. *2.4-Dinitrophenylhydrazon*, F. 210° (Pyridin u. verd. A.), UV-Spektrum. — *3.3-Diphenyl-3-oxypropionsäureäthylester*, F. 86° (A.), aus Benzophenon, **I** u. Zn in Bzl. (45 Min. bei n. Temp., dann 3 Std. kochen); 57% (roh). — *β-Phenylzimtsäureäthylester* (**II**), Kp.$_{3}$ 157—158°, aus vorst. Verb. u. $POCl_3$ in sd. Bzl. (1 Std.); n_D^{20} 1,5950; 92%. *Freie Säure*, F. 163°, aus **II** u. sd. 20%ig. KOH (1 Std.); 95%. — *β-Phenylzimtalkohol*, Kp.$_{3}$ 153—155°, aus **II** u. $LiAlH_4$ in Ae. (45 Min.); n_D^{20} 1,6142; 80%. *Benzoat*, F. 89°. — *β-Phenylzimtaldehyd*, isoliert als *2.4-Dinitrophenylhydrazon*, F. 207° (Chlf.; UV-Spektr.), aus vorst. Verb. u. MnO_2 in Chlf.–PAe. (2 Std. rühren); 83%. *Semicarbazon*, F. 220°. — *β-Methylcrotonaldehyd*, auf analogem Weg in schlechter Ausbeute. *2.4-Dinitrophenylhydrazon*, F. 179°, UV-Spektrum. (Bull. Soc. chim. France, Mém. [5] **1955.** 1586—91. Nov./Dez. Grenoble, Fac. des Sci., Labor. de Chim. Gén.)

J. Rothe. 670

R. A. Dinerstein, *Spaltung von Dimercaptolen des Acetonylacetons durch Mercurichlorid.* Im Gegensatz zu den Angaben von Rietz u. Mitarbeitern (C. **1949.** E. 692) bilden die Dimercaptole aus Acetonylaceton u. n-Amyl-, n-Decyl- u. n-Dodecylmercaptan mit $HgCl_2$ keine Additionsverbb., sondern werden unter Bldg. der *Alkylmercaptomercurichloride* (*n-Amylverb.*, F. 183—184°; *n-Decylverb.*, F. 155—156°; *n-Dodecylverb.*, F. 153—154°) gespalten, wie durch die Analysenwerte u. die Misch-FF. nachgewiesen wird. (J. Amer. chem. Soc. **73.** 1357—58. März 1951. Whiting, Ind., Standard Oil Comp., Res. Dep.) E. JÄGER. 720

William C. Meluch und **Kurt Mislow,** *Permanganatoxydation von (—)-Citronellonitril.* Vff. erhielten durch Oxydation von (—)-Citronellonitril (I) mit $KMnO_4$ in Aceton u. fraktionierte Dest. des Prod. (+)-*4-Methyl-5-cyanvaleriansäure* (II) nur in geringer Menge (< 1%). Als Hauptprod. entstand *β-Methylglutarimid,* das erst während der Dest. vermutlich aus 3-Methyl-4-cyanbuttersäure gebildet wurde. Daneben wurden noch (—,±)-*Methylbernsteinsäure* (vermutlich aus 2-Methyl-3-cyanpropionsäure entstanden), (+)-*4-Methyl-5-carbamidovaleriansäure* u. (+)-*3-Methylcyclopentanon* (beide wahrscheinlich aus II entstanden) sowie eine *Verb.* $C_{12}H_{17}ON_3$ isoliert. Für letztere wird die Struktur $NC\cdot CH_2\cdot CH(CH_3)\cdot(CH_2)_2\cdot CO\cdot NH\cdot CH : C(CH_3)\cdot CH_2\cdot CN$ vorgeschlagen.

Versuche: *Citronellaloxim,* $Kp._{10}$ 129—130°, aus (+)-Citronellal; n_D^{25} 1,4707; $[\alpha]_D^{30}$ —3,98° (l = 0,5); 66—88% (Ausbeute). — (—)-*Citronellonitril* (I), $Kp._{13}$ 105—107°, durch langsame Zugabe vorst. Verb. zu Acetanhydrid bei 100° u. 10 Min. Kochen; n_D^{25} 1,4468; $[\alpha]_D^{20}$ —3,85° (l = 0,5); 72—86%. — Durch Zugabe von 0,66 Mol I zu 3,17 Mol $KMnO_4$ in Aceton innerhalb 2 Std. bei 40—50° u. Rühren bis zum Verschwinden der Violettfärbung (18 Std.), Zugabe von W. u. Ausäthern wurde ein Öl erhalten, das in Sodalsg. gelöst, nach Ausäthern mit verd. H_2SO_4 wieder abgeschieden (Gesamtausbeute in 9 Verss. 527 g aus 912 g I) u. durch wiederholte fraktionierte Dest. in nachst. Verbb. getrennt wurde: (+)-*4-Methyl-5-cyanvaleriansäure* (II), $C_7H_{11}O_2N$, $Kp.^{0,23-0,25}$ 120—124°, n_D^{25} 1,4559; $D.^{25}_4$ 1,068; $[\alpha]_D^{26}$ +1,51° (l = 0,5); 2,16 g. — (+)-*β-Methyladipinsäure,* F. 85—87° (CCl_4 oder PAe./Äthylacetat 3 : 1), durch Verseifung von II oder nachst. Verb. (100 mg aus 278 mg) mit konz. HCl; wachsartige Nadeln; $[\alpha]_D^{25}$ +7,5±0,5° (c = 10,9; W.). — (+)-*4-Methyl-5-carbamidovaleriansäure,* $C_7H_{13}O_3N$, F. 131—133°, aus den kristallisierenden Destillationsrückständen (1,30 g) oder durch Zugabe von 20 g $KMnO_4$ unter Rühren zu 4,15 g (+)-Citronellamid in Aceton innerhalb 2 Std., Zugabe von wss. $Na_2S_2O_3$-Lsg. u. Isopropanol, Einengen, Zugabe von Soda, Ausäthern u. Ansäuern der wss. Lsg.; Nadeln aus Kohlensäurediäthylester; $[\alpha]_D^{27}$ +7,1° (c = 3,80; absol. A.); $[\alpha]_D^{30}$ +6,9° (c = 1,30; absol. A.). — (+)-*3-Methylcyclopentanon,* Kp. 143 bis 144°, aus dem Destillat in der Kühlfalle; bewegliche Fl.; n_D^{19} 1,4337; α_D^{23} +57,21° (l = 0,5); $[\alpha]_D^{16,5}$ +121,1° (c = 10,1; A.); 1,2 g. *Semicarbazon,* $C_7H_{13}ON_3$, F. 179—181°. — *β-Methylglutarimid,* $C_6H_9O_2N$, F. 144—145° (Bzl.), Festkörper, der sich aus den Hauptfraktionen abschied; $[\alpha]_D$ 0,0 (A.); 66 g. — *β-Methylglutarsäure,* F. 85—85,8° (Chlf./CCl_4 10 : 1), durch Hydrolyse von 1 g vorst. Verb. mit konz. HCl; Nadeln; 0,22 g. — (—,±)-*Methylbernsteinsäure,* $C_5H_8O_4$, F. 110—113° (Bzl.), aus den ersten Fraktionen abgeschiedene Kristalle; Prismen; $[\alpha]_D^{24}$ —0,29° (c = 8,84; W.); 0,58 g. — *Verb.* $C_{12}H_{17}ON_3$, $Kp._{0,6}$ 105 bis 107°, aus den Fraktionen vom $Kp.^{1,3-1,8}$ 122—146°; n_D^{25} 1,4567, $D.^{25}_4$ 0,9981; $[\alpha]_D^{27}$ +3,49°; 9,5 g; neutral; entfärbt wss. $KMnO_4$ bei Raumtemp.; Infrarotspektr. in CCl_4 s. Original; Hydrolyse in konz. HCl → *β-Methyladipinsäure,* $C_7H_{12}O_4$, F. 84,4—85,4° (Bzl./CS_2 1 : 1), $[\alpha]_D^{26}$ +7,5±0,5° (c = 10,9; W.). (J. org. Chemistry **20.** 1311—16. Okt. 1955. New York, N. Y., Univ., Wm. H. Nichols Chem. Labor.) H. ASCHERL. 810

N. P. Buu-Hoï, Michel Sy und **N. Dat Xuong,** *Synthese von höheren aliphatischen Disäuren durch Hydrogenolyse von Thiophenderivaten.* Entschwefelung entsprechend gebauter Thiophenderivv. mit RANEY-Legierung (I) führte zu *langkettigen Dicarbonsäuren,* die nach klass. Verff. schwer zugänglich sind. Dargestellt wurden die C_{16}-, C_{17}-, C_{19}- u. C_{22}-Disäuren.

Versuche: *Bis-[thienyl-(2.2')]-keton,* F. 88°, $Kp._{18}$ 218°, aus α-Thenoylchlorid u. Thiophen in CS_2 bei Ggw. von $SnCl_4$ (2 Std. stehen); 75% (Ausbeute). — *Bis-[thienyl-(2.2')]-methan,* Kp. 266—268°, aus vorst. Verb. nach HUANG-MINLON, n_D^{22} 1,6068. — *δ-[5-(Thienyl-(2')-methyl)-thenoyl-(2)]-valeriansäure,* $C_{15}H_{16}O_3S_2$, F. 128—129°, gelbliche Nadeln (Bzl.), aus ω-Carbäthoxy-n-valeroylchlorid u. vorst. Verb. in CS_2 bei Ggw. von $SnCl_4$ (bei 0°, dann 15 Min. bei n. Temp.); 60—70%. — *ω-[5-(Thienyl-(2')-methyl)-thienyl-(2)]-capronsäure,* $C_{15}H_{18}O_2S_2$, $Kp._{15}$ 295—298°, blaßgelbes Öl, aus vorst. Verb. nach HUANG-MINLON; n_D^{24} 1,5768; fast 100%. *Äthylester,* $C_{17}H_{22}O_2S_2$, $Kp._{16}$ 268—270°, gelbes Öl, n_D^{22} 1,5606. — *ω-[5-(5'-Acetylthienyl-(2')-methyl)-thienyl-(2)]-capronsäureäthylester,* $C_{19}H_{24}O_3S_2$, $Kp._{13}$ 295—300°, blaßgelbes Öl, aus vorst. Ester u. Acetylchlorid in CS_2 bei Ggw. von $SnCl_4$. — *ω-[5-(5'-Carboxythienyl-(2')-methyl)-thienyl-(2)]-capronsäure,* $C_{16}H_{18}O_4S_2$, F. ca. 250° (Zers.), Prismen (W.), aus vorst. Verb. u. NaOBr (3—4 Std. rühren). — *Thapsiasäure,* F. 124° (Bzl.), aus 10 g vorst. Verb. u. 100 g I in 10%ig. wss. NaOH-Isoamylalkohol (2 Std. erhitzen); 65%. — *ω-[5-(γ-Carboxypropyl)-thenoyl-(2)]-capryl-*

säure, $C_{17}H_{24}O_5S$, F. 61—62°, gelbliche Nadeln (Bzl.), aus Azelainsäuremonoäthylesterchlorid (II) u. γ-Thienyl-(2)-buttersäureäthylester in CS_2 bei Ggw. von $SnCl_4$, dann Verseifung mit sd. alkoh. KOH (1 Std.). — *ω-[5-(γ-Carboxypropyl)-thienyl-(2)]-pelargonsäure*, $C_{17}H_{26}O_4S$, Kp.$_1$ 258—264°, blaßgelbes Öl, krist. <0°, aus vorst. Verb. nach Huang-Minlon. — *n-Pentadecan-ω.ω'-dicarbonsäure*, F. 116—117°, Nadeln (Bzl.), aus vorst. Verb. u. I; 75%. — *ω-[Thenoyl-(2)]-caprylsäure*, $C_{13}H_{18}O_3S$, F. 86—87°, gelbliche Nadeln (Ligroin), aus II, Thiophen u. $SnCl_4$. — *ω-[Thienyl-(2)]-pelargonsäure*, $C_{13}H_{20}O_2S$, Kp.$_{18}$ 225—226°, aus vorst. Verb.; n_D^{25} 1,5138; 65%. *Äthylester*, $C_{15}H_{24}O_2S$, Kp.$_{32}$ 210—211°, gelbes Öl mit angenehmem Geruch; n_D^{28} 1,4889. — *ω-[5-(ω-Carboxy-n-octyl)-thenoyl-(2)]-valeriansäure*, $C_{19}H_{28}O_5S$, F. 103°, gelbliche Nadeln (A.); 71%. — *ω-[5-(ω-Carboxy-n-octyl)-thienyl-(2)]-capronsäure*, Kp.$_1$ 272—275°, Öl, erstarrt <0°, durch Red. vorst. Säure. — *n-Heptadecan-ω.ω'-dicarbonsäure*, F. 119°, Nadeln (Bzl.), aus vorst. Verb.; 75%. — *ω-[5-(ω-Carboxy-n-octyl)-thenoyl-(2)]-caprylsäure*, $C_{22}H_{34}O_5S$, F. 93°, gelbliche Nadeln (A.); 75%. — *ω-[5-(ω-Carboxy-n-octyl)-thienyl-(2)]-pelargonsäure*, Kp.$_{0,7}$ 282—288° (teilweise Zers.), viscoses Öl. — *Phellogensäure*, F. 124°, Nadeln (A.), aus vorst. Verb.; 68%. (Bull. Soc. chim. France, Mém. [5] **1955**. 1583—86. Nov./Dez. Paris, Univ., Inst. du Radium, Dep. de Chim. Organ.) J. Rothe. 820

W. M. McLamore, S. Y. P'An und **A. Bavley**, *Hypnotica und Anticonvulsiva*. 3. Mitt. *Carbamate tertiärer Acetylencarbinole*. (2. vgl. C. **1955**. 8357.) Die Rk. von Alkylvinyläthinylcarbinolen mit Phenylchlorformiat in Pyridin ergab die *gemischten Carbonate*, die mit NH_3 die entsprechenden *Carbamate* lieferten. Dagegen gelang es nicht das Carbamat des Methylvinyläthinylcarbinols (I) darzustellen: durch Rk. von I mit HCN, mit KCN in CH_3COOH, durch Umesterung von I mit Urethan in Ggw. von Na-Äthylat, durch Behandlung des aus I u. Äthylchlorformiat erhaltenen gemischten Carbonats mit NH_3 oder $LiNH_2$, durch Rk. von I mit Carbamylchlorid in Pyridin oder aus I u. $COCl_2$ u. Behandlung des Chlorformiats mit NH_3. Die dargestellten Carbamate wurden auf ihre hypnot. u. anticonvulsiven Eigg. an der Maus untersucht.

Versuche: Die Carbamate nachst. tert.-Acetylencarbinole wurden dargestellt durch Zugabe von Phenylchlorformiat zu dem Carbinol in trockenem Pyridin, 3std. Rühren bei Raumtemp., Zers. mit W., Extraktion mit Ae., Waschen des Auszugs mit wss. HCl (1 : 1), gesätt. $NaHCO_3$ u. gesätt. NaCl-Lsg., Einengen, Zugabe zu fl. NH_3, 6—8std. Kochen, Verdampfen, Zugabe von Ae. u. W. u. Kristallisation aus Ae.-PAe.: *Methyläthyl-*, $C_7H_{11}O_2N$, F. 55,8—57°; 21,2% (Ausbeute). — *Methylvinyl-*, $C_7H_9O_2N$, F. 56,6—57,5°; 71,6%. — *Äthylvinyl-*, $C_8H_{11}O_2N$, F. 38,2—38,8°; 55,2%. — *Isopropylvinyl-*, $C_9H_{13}O_2N$, F. 44,5—45,5°; 25%. — *Methyl-[β-chlorvinyl]-*, $C_7H_8O_2NCl$, F. 92,9—93°; 48,3%. — *Äthyl-[β-chlorvinyl]-*, $C_8H_{10}O_2NCl$, F. 100—101,2°; 65,8%. — *n-Propyl-[β-chlorvinyl]-*, $C_9H_{12}O_2NCl$, F. 63,9—64,8°; 31,2%. — *Isopropyl-[β-chlorvinyl]-*, $C_9H_{12}O_2NCl$, F. 91—92°; 6,5%. — *Methyläthyl-[β-chloräthinyl]-carbinylcarbamat*, $C_7H_{10}O_2NCl$, F. 98—99°; 16,8%. (J. org. Chemistry **20**. 1379—82. Okt. 1955. Brooklyn, N. Y., Chas. Pfizer and Co., Inc., Res. Labors.) Hildegard Baganz. 880

David C. Noller und **Howard W. Post**, *Untersuchungen über siliciumorganische Verbindungen*. 20. Mitt. *Darstellung eines Silakohlenwasserstoffs und eines Dichlorids*. (19. vgl. Boye u. Post, C. **1954**. 750.) Brommethyltrimethylsilan u. Na, in wasserfreiem Amyläther 4 Std. auf 105° erhitzt, gibt *2.2.5.5-Tetramethyl-2.5-disilahexan*, $C_8H_{20}Si_2$, Kp.$_{750}$ 150,5—151,5°, $D._4^{25}$ 0,7457; n_D^{25} 1,4170; 40% (Ausbeute). — Aus 3 Mol n-C_4H_9MgBr u. 1 Mol $SiCl_4$ in Ae. wurden unter Eiskühlung, danach 8std. Erwärmen 11,5% *Tri-n-butylchlorsilan* (Kp.$_{29}$ 142—144°, n_D^{25} 1,4460) u. 35% *Di-n-butyldichlorsilan* ($C_8H_{18}Cl_2Si$, Kp.$_{28}$ 109,0—109,5°, $D._4^{25}$ 0,9850; n_D^{25} 1,4430) erhalten. (J. Amer. chem. Soc. **74**. 1361. 5/3. 1952. Buffalo, N. Y., Univ., Dep. of Chem.) H. Grosse-Ruyken. 980

Roger Nagel und **Howard W. Post**, *Untersuchungen über siliciumorganische Verbindungen*. 21. Mitt. *Alkyl- und Phenylderivate von Vinyltrichlorsilan*. (20. vgl. vorst. Ref.) Durch Rk. von Vinyltrichlorsilan (I) mit Grignard-Verbb. werden Verbb. der Zus. $CH_2{=}CHSiR_3$ mit $R = CH_3$, C_2H_5 (II), n-C_3H_7, n-C_4H_9, n-C_5H_{10}, *Allyl*, *Phenyl* u. *Benzyl* dargestellt. Vinyltriäthylsilan (II) wird mit Brom in Ggw. von Diäthylamin (III) zu (vermulich α)-*Bromvinyltriäthylsilan* umgesetzt.

Versuche: *Vinyltrimethylsilan*, $C_5H_{12}Si$, Kp.$_{745,4}$ 54,4°, aus I u. CH_3MgBr in n-Butyläther; $D._4^{25}$ 0,6865, n_D^{25} 1,3880; 91% (Ausbeute). — *Vinyltriäthylsilan* (II), $C_8H_{18}Si$, Kp.$_{740,4}$ 144,0°, aus I u. C_2H_5MgBr in Ae.; $D._4^{25}$ 0,7674, n_D^{25} 1,4340; 52,3%. — *Vinyltri-n-propylsilan*, $C_{11}H_{24}Si$, Kp.$_{4,5}$ 73,0°, aus I u. n-C_3H_7MgBr in Ae.; $D._4^{25}$ 0,8310, n_D^{25} 1,4432; 51,0%. — *Vinyltri-n-butylsilan*, $C_{14}H_{30}Si$, Kp.$_{6,5}$ 99,0°, aus n-C_4H_9MgBr u. I in Ae.; $D._4^{25}$ 0,8261, n_D^{25} 1,4479; 61,8%. — *Vinyltri-n-amylsilan*, $C_{17}H_{36}Si$, Kp.$_{7,5}$ 145,3°, aus I u. n-$C_5H_{11}MgBr$ in Ae.; $D._4^{25}$ 0,8078, n_D^{25} 1,4480; 45,6%. — *Vinyltriallylsilan*, $C_{11}H_{18}Si$, Kp.$_{6,0}$ 69,7°, aus I u. Allyl-MgBr in Ae.; $D._4^{25}$ 0,8313, n_D^{25} 1,4790; 51,8%. — *Vinyltriphenylsilan*, $C_{20}H_{18}Si$, F. 58—59° (Ae.), aus I u. Phenyl-MgBr; 34,0%. — *Vinyl-*

tribenzylsilan, $C_{23}H_{24}Si$, F. 76,5—77,5°, aus **I** u. Benzyl-MgCl in Ae.; 37,8%. — (α)-*Bromvinyltriäthylsilan*, $C_8H_{17}BrSi$, Kp.$_{4,5}$ 66,8—67,0°, aus **II** u. Br_2, nach 1std. Erwärmen Zugabe von **III** unter Eiskühlung, dann 5std. Kochen, Filtration u. Dest.; D.$^{25}_4$ 1,1200, n_D^{25} 1,4720; 31,2%. (J. org. Chemistry **17.** 1379—81. Okt. 1952.) H. GROSSE-RUYKEN. 980

Roger Nagel und **Howard W. Post,** *Untersuchungen über siliciumorganische Verbindungen.* 22. Mitt. *Alkoxyl- und Aryloxyderivate von Vinyltrichlorsilan.* (21. vgl. vorst. Ref.) Durch Rk. von Alkoholen (Äthylenchlorhydrin, β-Methoxyäthyl-, Allyl-, Isoamyl-, n-Hexyl-, n-Heptyl- u. n-Octylalkohol) sowie Phenol mit Vinyltrichlorsilan (**I**) werden Verbb. der Zus. $CH_2 = CHSi(OR)_3$ dargestellt. **I** u. tert.-Butylalkohol liefern nur eine gelartige polymere Verbindung. Vinyltriäthoxysilan (**II**) wird mit Brom u. Diäthylamin zu (vermutlich α-) *Bromvinyltriäthoxysilan* (**III**) umgesetzt, welches weiteres Br_2 zu (vermutlich α.α.β-) *Tribromäthyltriäthoxysilan* anlagert. Br_2 in Methanol reagiert mit **II** unter Austausch der Äthoxy- gegen die Methoxygruppe zu *Bromvinyldiäthoxymethoxysilan.*

Versuche: *Vinyltri-β-chloräthoxysilan*, $C_8H_{15}O_3Cl_3Si$, Kp.$_{6,5}$ 153,0°, durch langsame Zugabe von **I** zu wasserfreiem Äthylenchlorhydrin, dann 8std. Kochen u. Dest.; D.$^{25}_4$ 1,2462, n_D^{25} 1,4631; 66,1% (Ausbeute). — Analog wurden dargestellt: *Vinyl-tris-[β-methoxyäthoxy]-silan*, $C_{11}H_{24}O_6Si$, Kp.$_{5,5}$ 136,2°; D.$^{25}_4$ 1,0336, n_D^{25} 1,4271; 46,0%. — *Vinyltriallyloxysilan*, $C_{11}H_{18}O_3Si$, Kp.$_{7,5}$ 90,3°; D.$^{25}_4$ 0,9455, n_D^{25} 1,4380; 64,8%. — *Vinyltriisoamyloxysilan*, $C_{17}H_{36}O_3Si$, Kp.$_{6,0}$ 136,8°; D.$^{25}_4$ 0,8738, n_D^{25} 1,4232; 68,0%. — *Vinyltri-n-hexyloxysilan*, $C_{20}H_{42}O_3Si$, Kp.$_{7,5}$ 177—179°; D.$^{25}_4$ 0,8719, n_D^{25} 1,4311; 66,5%. — *Vinyltricyclohexyloxysilan*, $C_{20}H_{36}O_3Si$, Kp.$_{8,0}$ 192—194°; D.$^{25}_4$ 0,9956, n_D^{25} 1,4738; 66,7%. — *Vinyl-tri-n-heptyloxysilan*, $C_{23}H_{48}O_3Si$, Kp.$_{6,0}$ 201,0—202,0°; D.$^{25}_4$ 0,8706, n_D^{25} 1,4355; 52,9%. — *Vinyltri-n-octyloxysilan*, $C_{26}H_{54}O_3Si$, Kp.$_{8,0}$ 223—226°; D.$^{25}_4$ 0,8689, n_D^{25} 1,4390; 43,3%. — *Vinyltriphenoxysilan*, $C_{20}H_{18}O_3Si$, Kp.$_{7,0}$ 210,2°; D.$^{25}_4$ 1,1300, n_D^{25} 1,5617; 61,7%. — (α)-*Bromvinyltriäthoxysilan* (**III**), $C_8H_{17}O_3BrSi$, Kp.$_{5,5}$ 77,6—77,9°, aus **II** u. Br_2 (langsame Zugabe), dann 1std. Erwärmen, danach Zugabe von Diäthylamin unter Eiskühlung, 4std. Kochen u. Dest.; D.$^{25}_4$ 1,1990, n_D^{25} 1,4325; 33,1%. — *Bromvinyldiäthoxymethoxysilan*, $C_7H_{15}O_3BrSi$, Kp.$_{6,0}$ 73,7—75,0°, wie vorst. aus **II** u. Br_2 in Methanol; D.$^{25}_4$ 1,2219, n_D^{25} 1,4330; 11%. — *Tribromäthyltriäthoxysilan*, $C_8H_{17}O_3Br_3Si$, Kp.$_{7,0}$ 143,1—143,5°, aus **III** u. Br_2 durch 3std. Erwärmen; D.$^{25}_4$ 1,6637, n_D^{25} 1,4905; 44%. (J. org. Chemistry **17.** 1382—85. Okt. 1952.) H. GROSSE-RUYKEN. 980

Frederick C. Boye und **Howard W. Post,** *Untersuchungen über siliciumorganische Verbindungen.* 23. Mitt. *Acyloxyderivate von β-Chloräthyltrialkoxysilanen.* (22. vgl. vorst. Ref.) Durch mehrstd. Kochen von β-Chloräthyltrialkoxysilanen mit Essigsäure- bzw. Propionsäureanhydrid werden folgende Verbb. dargestellt: *β-Chloräthylacetoxydialkoxysilane*, $CH_3COOSi(OR)_2CH_2CH_2Cl$: $R = CH_3$, $C_6H_{13}O_4ClSi$, Kp.$_9$ 96,0—97,5° (Dauer 5 Std.); D.$^{25}_4$ 1,161, n_D^{25} 1,4211; 21% (Ausbeute). — $R = C_2H_5$, Kp.$_{20}$ 117,5° (14 Std.), D.$^{25}_4$ 1,079, n_D^{25} 1,4184; 30%. — $R = n\text{-}C_3H_7$, Kp.$_{6,5}$ 122,5° (18 Std.), D.$^{25}_4$ 1,052, n_D^{25} 1,4288; 24%. — $R = n\text{-}C_4H_9$, Kp.$_8$ 144,0° (37 Std.), D.$^{25}_4$ 1,018, n_D^{25} 1,4265; 14%. — $R = n\text{-}C_5H_{11}$, Kp.$_5$ 155,5° (24 Std.), D.$^{25}_4$ 1,000, n_D^{25} 1,4311; 31%. — *β-Chloräthyldiacetoxyalkoxysilane*, $(CH_3COO)_2Si(OR)CH_2CH_2Cl$: $R = CH_3$, Kp.$_8$ 114—115° (42 Std.), D.$^{25}_4$ 1,190, n_D^{25} 1,4216; 15%. — $R = C_2H_5$, Kp.$_8$ 119,5—120,5° (4½ Std.), D.$^{25}_4$ 1,157, n_D^{25} 1,4243; 22%. — $R = n\text{-}C_3H_7$, Kp.$_3$ 115,3° (53 Std.), D.$^{25}_4$ 1,129, n_D^{25} 1,4241; 34%. — *β-Chloräthylpropionoxydialkoxysilane*, $C_2H_5COOSi(OR)_2CH_2CH_2Cl$: $R = CH_3$, Kp.$_7$ 98—99° (13 Std.), D.$^{25}_4$ 1,124, n_D^{25} 1,4206; 14%. — $R = C_2H_5$, Kp.$_{11}$ 118,0—119,5° (20 Std.), D.$^{25}_4$ 1,068, n_D^{25} 1,4206; 31%. — $R = n\text{-}C_3H_7$ Kp.$_{10}$ 139,0—139,5° (24 Std.), D.$^{25}_4$ 1,035, n_D^{25} 1,4252; 24%. (J. org. Chemistry **17.** 1386—88. Okt. 1952.) H. GROSSE-RUYKEN. 980

Frederick C. Boye und **Howard W. Post,** *Untersuchungen über siliciumorganische Verbindungen.* 24. Mitt. *Hydrolyse und Dismutation von α- und β-Chloräthyltrialkoxysilanen.* (23. vgl. vorst. Ref.) Die bei der Rk. von α- (**I**) oder β-Chloräthyltrichlorsilan (**II**) mit Alkoholen entstehenden α- bzw. *β-Chloräthyltrialkoxysilane* werden entweder durch Wasserzugabe zum Reaktionsgemisch oder (bei wasserfreien Alkoholen auch in Ggw. von Pyridin) durch das bei der Rk. aus ROH u. HCl bzw. $C_5H_5N\cdot HCl$ gebildete W. partiell hydrolysiert. Es entstehen *Bis-chloräthyltetraalkoxydisiloxane* der Zus. $[C_2H_4Cl\cdot(OR)_2Si]_2O$ mit $R = CH_3$, C_2H_5, $n\text{-}C_3H_7$. — Die Verbindungspaare $ClCH_2CH_2Si(OR)_3$ u. $ClCH_2CH_2Si\ (OR')_3$ mit R u. $R' = CH_3$ u. $n\text{-}C_3H_7$, CH_3 u. $n\text{-}C_4H_9$, CH_3 u. $n\text{-}C_5H_{11}$ sowie C_2H_5 u. $n\text{-}C_4H_9$ tauschen bei gemeinsamem Erhitzen Alkoxygruppen aus.

Versuche: *Bis-α-chloräthyl-1.1.3.3-tetramethoxydisiloxan*, $C_8H_{20}O_5Cl_2Si_2$, Kp.$_2$ 105°, aus 50 g **I** u. 28 g CH_3OH durch 3std. Kochen, danach Zugabe von 1,4 g W. u. 1std. Kochen; D.$^{25}_4$ 1,176, n_D^{25} 1,4284; 32% (Ausbeute, bezogen auf Silan). — *Bis-α-chloräthyl-1.1.3.3-tetraäthoxydisiloxan*, $C_{12}H_{28}O_5Cl_2Si_2$, Kp.$_{5,5}$ 132—133°, aus **I** u. 95%ig. A.; D.$^{25}_4$ 1,080, n_D^{25} 1,4243; 11%. — *Bis-β-chloräthyl-1.1.3.3-tetramethoxydisiloxan*, $C_8H_{20}O_5Cl_2Si_2$, Kp.$_3$ 133°, aus **II** u. trockenem Methanol, mehrstd. Kochen u.

1 Woche Stehenlassen; 32%; D.$^{25}_{4}$ 1,189, n_D^{25} 1,4333; 32%. — *Bis-β-chloräthyl-1.1.3.3-tetraäthoxydisiloxan*, $C_{12}H_{28}O_5Cl_2Si_2$, Kp.$_1$ 134—135°, aus **II** u. 95%ig. A. durch mehrstd. Kochen; D.$^{25}_{4}$ 1,091, n_D^{25} 1,4280; 15%. — *Bis-β-chloräthyl-1.1.3.3-tetra-n-propoxydisiloxan*, $C_{16}H_{36}O_5Cl_2Si_2$, Kp.$_7$ 180—181°, aus **II**, Propanol-(1) u. Pyridin in Bzl. (Zugabe unter Eiskühlung), danach ½std. Kochen u. Dest.; D.$^{25}_{4}$ 1,045, n_D^{25} 1,4330; 15%. — Durch 16std. Erhitzen eines Gemisches aus 2 der obengenannten β-Chloräthyltrialkoxysilane auf 150° wurden folgende Verbb. der Zus. $ClCH_2CH_2Si(OR)_2OR'$ dargestellt: *β-Chloräthyldimethoxy-n-propoxysilan*, $C_7H_{17}O_3ClSi$, Kp.$_{18}$ 102°, D.$^{25}_{4}$ 1,047, n_D^{25} 1,4176. — *β-Chloräthylmethoxydi-n-propoxysilan*, $C_9H_{21}O_3ClSi$, Kp.$_{18}$ 121,6°, D.$^{25}_{4}$ 1,006, n_D^{25} 1,4196. — *β-Chloräthyldimethoxy-n-butoxysilan*, $C_8H_{19}O_3ClSi$, Kp.$_{10}$ 103—105°, D.$^{25}_{4}$ 1,033, n_D^{25} 1,4206. — *β-Chloräthylmethoxydi-n-butoxysilan*, $C_{11}H_{25}O_3SiCl$, Kp.$_{10}$ 130 bis 132°, D.$^{25}_{4}$ 0,9821, n_D^{25} 1,4244. — *β-Chloräthyldiäthoxy-n-butoxysilan*, $C_{10}H_{23}O_3ClSi$, Kp.$_{11}$ 116°, D.$^{25}_{4}$ 0,9828, n_D^{25} 1,4193. — *β-Chloräthyläthoxydi-n-butoxysilan*, $C_{12}H_{27}O_3 \cdot ClSi$, Kp.$_{11}$ 137°, D.$^{25}_{4}$ 0,9672, n_D^{25} 1,4251. — *β-Chloräthyldimethoxy-n-amyloxysilan*, $C_9H_{21}O_3SiCl$, Kp.$_{21}$ 128°, D.$^{25}_{4}$ 1,029, n_D^{25} 1,4245. (J. org. Chemistry **17**. 1389—92. Okt. 1952.) H. GROSSE-RUYKEN. 980

A. D. Petrow, Ss. I. Ssadychsade und Ju. P. Jegorow, *Synthese, physikalische und chemische Eigenschaften von Vinyläthinylsilanen*. Es wird durch Kondensation von Vinylacetylenylmagnesiumbromid (**I**) mit Halogensilanen des Typs R_3SiCl, R_2SiCl_2 u. $RSiCl_3$ (R = Alkyl, Aryl oder Alkoxy) eine Reihe von *Vinylacetylenylsilanen* dargestellt. Diese Silane werden durch Luft-O_2 oder durch Erhitzen auf 100° unter O_2-Ausschluß (Rohr) leicht polymerisiert. Die Polymerisationsgeschwindigkeit der Trialkylvinyläthinylsilane ($R_3SiC{\equiv}CCH{=}CH_2$, R = Alkyl) nimmt mit wachsendem Alkylrest vom R = CH_3 zu R = C_4H_9 zu, bei den Dimethylarylvinyläthinylsilanen $(CH_3)_2RSiC{\equiv}CCH{=}CH_2$ vom R = Phenyl über R = Benzyl u. R = α-Naphthyl zum R = p-Tolyl ab. Verss., **I** mit Triphenylchlormethan oder Siliconeopentylchlorid umzusetzen, mißlangen. Dagegen reagiert **I** glatt mit Trimethylchlorsilan. Aus Dimethylvinyläthinylchlormethan u. Siliconeopentylmagnesiumchlorid entsteht wenig *Dimethyl-[siliconeopentyl]-vinyläthinylmethan*. Bei der Bromierung von Triäthylvinylacetylenylsilan (**II**) wird *[1.2.3-Tribrombutadienyl-(1)]-triäthylsilan*, bei der Rk. von HCl mit Trimethylvinylacetylenylsilan (**III**) *[2.4-Dichlorbuten-(1* oder *2)-yl-(1)]-trimethylsilan* erhalten. Die selektive Hydrierung von **II** an PdO gibt *Triäthyl-[butadien-(1.3)-yl]-silan* u. *Triäthyl-[buten-(2)-yl]-silan*. Bei der Einw. von C_4H_9Li auf **II** u. Zerlegung des Reaktionsprod. mit angesäuertem W. werden *Triäthyl-[octin-(1)-yl-(1)]-silan* (**IV**) u. *1.3-Bis-[triäthylsilylacetylenyl]-octan* (**V**) gewonnen u. durch RAMAN- u. Infrarotspektr. identifiziert. Bei der Bldg. von **IV** wird folgender Reaktionsverlauf angenommen: **II** + C_4H_9Li → $(C_2H_5)_3SiC{\equiv}CCH(Li)CH_2 \cdot C_4H_9 \xrightarrow{H_2O}$ **IV**. Die Bldg. von **V** erfolgt vermutlich nach folgendem Schema: $(C_2H_5)_3Si \cdot C{\equiv}CCH(Li)CH_2C_4H_9$ + **II** → $(C_2H_5)_3SiC{\equiv}CCH(CH_2C_4H_9)CH_2CH(Li)C{\equiv}CSi(C_2H_5)_3$ $\xrightarrow{H_2O}$ **V**. Das als Zwischenprod. auftretende $R_3SiC{\equiv}CCH(Li)CH_2C_4H_9$ reagiert leicht mit Alkylhalogeniden u. Trialkylhalogensilanen unter Bldg. von Silanen des Typs $R_3SiC{\equiv}CCH(R')CH_2C_4H_9$. Als Neben-Rk. tritt die Bldg. von Verbb. des Typs **V** auf. Durch Rk. von **III** mit CH_3Li u. Hydrolyse des Reaktionsprod. wird *1-[Trimethylsilyl]-pentin-(1)* gewonnen.

Versuche: *Dimethylarylvinyläthinylsilane*, $(CH_3)_2Si(R)C{\equiv}CCH{=}CH_2$: *R = Phenyl*, Kp.$_{6,5}$ 83—84°; D.$^{20}_{4}$ 0,9229; n_D^{20} 1,5391; 69,2% (Ausbeute). *R = Benzyl*, Kp.$_{11}$ 111—112°; D.$^{20}_{4}$ 0,9185; n_D^{20} 1,5391; 60,6%. *R = p-Tolyl*, Kp.$_{10}$ 112—113,5°; D.$^{20}_{4}$ 0,9147; n_D^{20} 1,5368; 69,6%. *R = α-Naphthyl*, Kp.$_6$ 146—147,5°; D.$^{20}_{4}$ 1,0116; n_D^{20} 1,6029; 45,4%. — *Methyl-[vinyläthinyl]-dichlorsilan*, Kp.$_{24}$ 49—50°; D.$^{20}_{4}$ 1,0871; n_D^{20} 1,4760; 29,7%. — *Methyl-bis-[vinyläthinyl]-chlorsilan*, Kp.$_{12}$ 88—89°; D.$^{20}_{4}$ 0,9471; n_D^{20} 1,5224. — *Vinyläthinyltrichlorsilan*, Kp.$_{60}$ 67—69°; 22,3%. — *Vinyläthinyltriäthoxysilan*, Kp.$_7$ 78—79°; D.$^{20}_{4}$ 0,9407; n_D^{20} 1,4352; 34%. *Dimethyl-[siliconeopentyl]-vinyläthinylmethan*, Kp.$_6$ 67—69°; D.$^{20}_{4}$ 0,8088; n_D^{20} 1,4725. — *[1.2.3-Tribrombutadienyl-(1)]-triäthylsilan*, Kp.$_{11}$ 170—172°; D.$^{20}_{4}$ 1,5605; n_D^{20} 1,5889. — *[2.4-Dichlorbuten-(1* oder *2)-yl-(1)]-trimethylsilan*, Kp.$_{52}$ 105—107°; durch Einw. von HCl auf Trimethylvinyläthinylsilan (**III**) bei —70°; D.$^{20}_{4}$ 1,0092; n_D^{20} 1,4738. *Triäthyl-[octin-(1)-yl-(1)]-silan* (**IV**), Kp.$_3$ 93,5—94°; D.$^{20}_{4}$ 0,8118; n_D^{20} 1,4560. Daneben *1.3-Bis-[triäthylsilylacetylenyl]-octan* (**V**), $C_{24}H_{46}Si_2$, Kp.$_3$ 174—176°; D.$^{20}_{4}$ 0,8482; n_D^{20} 1,4769. — *3-[Triäthylsilyl acetylenyl]-octan*, Kp.$_3$ 98—99°; D.$^{20}_{4}$ 0,8069; n_D^{20} 1,4520. — *1-[Triäthylsilyl]-3-[trimethylsilyl]-octin-(1)*, Kp.$_3$ 108—109,5°; D.$^{20}_{4}$ 0,8180; n_D^{20} 1,4555. — *1.3-Bis-[triäthylsilylacetylenyl]-1-[trimethylsilyl]-octan*, Kp.$_3$ 255—258°; aus **II**, C_4H_9Li u. Trimethylchlorsilan; D.$^{20}_{4}$ 0,8739; n_D^{20} 1,4880. — *3.5-Bis-[triäthylsilylacetylenyl]-decan*, Kp.$_4$ 181—182°; aus **II**, C_4H_9Li u. C_2H_5Br; D.$^{20}_{4}$ 0,8424; n_D^{20} 1,4720. — *1-[Trimethylsilyl]-pentin-(1)*, Kp.$_{52}$ 65 bis 67°; aus **III** u. CH_3Li u. Hydrolyse des Reaktionsprod.; D.$^{20}_{4}$ 0,7597; n_D^{20} 1,4263.

(Известия Академии Наук СССР, Отделение Химических Наук [Nachr. Akad. Wiss. UdSSR, Abt. chem. Wiss.] **1954.** 722—32. Juli/Aug. Zelinsky-Inst. für Organ. Chem. der Akad. der Wiss. der UdSSR.) O. POLLAK V. EMHOFEN. 980

Raymond Calas, Norbert Duffaut und **Jacques Valade,** *Darstellung von Silicium enthaltenden Äthern. Untersuchung der Spaltung dieser Verbindungen durch Acetylchlorid in Gegenwart von Zinkchlorid.* Durch Anlagerung von *Trichlorsilan* (Kp. 32°) in Ggw. von Peroxyden oder unter UV-Bestrahlung werden Äthoxyäthylen, 1-Methoxypropen-(2) u. 1-Äthoxypropen-(2) in die entsprechenden *gesätt. Trichlorsilyläther* umgewandelt, welche mit CH_3MgBr die *Trimethylsilyläther* ergeben. Aus den gefundenen u. den ohne Si berechneten Mol.-Refrr. wird für die Trichlorderivv. die Atomrefraktion für *Si* zu 5,71—5,87, für die Trimethylderivv. zu 7,40—7,51 bestimmt. Die Hydrolyse der Trichlorderivv. führt zu festen *Siliconen,* die in Äthylacetat lösl. sind. Während mit PCl_5 keine Rk. stattfindet, reagieren 1-Äthoxy-2-[trimethylsilyl]-äthan (I) u. 1-Äthoxy-3-[trimethylsilyl]-propan (II) mit CH_3COCl u. $ZnCl_2$ unter Spaltung u. Umlagerung: Neben dem erwarteten *Äthylchlorid* u. *-acetat* bilden sich *Trimethylchlorsilan* (**III**) u. ein KW-stoff, aus **I** *Äthylen,* aus **II** *Cyclopropan.* **III** wurde nicht als solches isoliert, sondern durch Hydrolyse zu *Hexamethyldisiloxan* nachgewiesen.

V e r s u c h e: *1-Äthoxy-2-[trichlorsilyl]-äthan,* $Kp._{764}$ 146—147°, durch 48 std. UV-Bestrahlung eines sd. Gemisches von Äthoxyäthylen mit der 7fachen Menge $HSiCl_3$; $D.^{20}_4$ 1,1975, n_D^{20} 1,4310; 53% (Ausbeute). — *1-Methoxy-3-[trichlorsilyl]-propan,* $Kp._{756}$ 159°, $D.^{20}_4$ 1,2160, n_D^{20} 1,4420. — *1-Äthoxy-3-[trichlorsilyl]-propan,* $Kp._{760}$ 178°, $D.^{20}_4$ 1,1812, n_D^{20} 1,4402; 84%. — *1-Äthoxy-2-[trimethylsilyl]-äthan* (I), $Kp._{768}$ 131—132°, $D.^{20}_4$ 0,7810, n_D^{20} 1,4054; 85%. — *1-Methoxy-3-[trimethylsilyl]-propan,* $Kp._{762}$ 139°, $D.^{20}_4$ 0,7907, n_D^{20} 1,4105. — *1-Äthoxy-3-[trimethylsilyl]-propan* (II), $Kp._{760}$ 155°, $D.^{20}_4$ 0,7921, n_D^{20} 1,4136. — *Hexamethyldisiloxan,* aus 16 g **I**, 3,4 g gepulvertem $ZnCl_2$ u. 10 g CH_3COCl bei —15° u. Hydrolyse mit Eiswasser; 7,5 g. Daneben 4 g *Essigsäureäthylester,* 2 Liter *Äthylen* (*Dibromid,* $Kp._{760}$ 132—133°) u. 3 g *Äthylchlorid.* — *Cyclopropan,* wie vorst. aus **II**; nach dem Infrarotspektr. entstand auch etwas *Propen. 1.3-Dibrompropan,* $Kp._{37}$ 69—70°, $D.^{20}_4$ 1,989, n_D^{20} 1,522. (Bull. Soc. chim. France, Mém. [5] **1955.** 790—92. Juni. Bordeaux, Fac. des Sci., Laborr. de Chim. Organ. et des Corps Gras.) E. ROTTER. 980

B. A. Arbusow und **O. D. Ssamoilowa,** *Einwirkung von Halogenen auf Ester der antimonigen Säure.* Antimonigsäuretrialkylester addieren Cl_2 u. Br_2 unter Bldg. von *Trialkoxydihalogenstibinen.* Diese werden der therm. Zers. unterworfen. Triäthoxydichlorstibin (I) liefert beim Erhitzen auf 145—150° C_2H_5Cl, *Ae.* u. $SbCl_3$ neben einem nicht untersuchten, bedeutenden Destillationsrückstand. Analog verläuft die Zers. von Tributoxydichlorstibin. Von den aus Triäthoxydibromstibin (II) bei 130—135° entstehenden Prodd. werden C_2H_5Br, *Ae, A., Bromessigsäureäthylester* u. $SbBr_3$ identifiziert. Tributoxydibromstibin (**III**) gibt bei 125—130° *Butyraldehyd, Butylbromid, Dibutyläther, Butylalkohol, Buttersäurebutylester* u. $SbBr_3$. Für die Trialkoxydibromstibine wird vermutungsweise ein Zerfallsschema aufgestellt, nach dem aus $SbBr_2(OCH_2R)_3$ das Radikal $RCH_2O\cdot$ entsteht, das nach $2RCH_2O\cdot \rightarrow RCH_2OH + RCHO$ disproportioniert. Der entstehende Aldehyd erfährt die Esterkondensation, wobei das Trialkoxydibromstibin Katalysator ist, wird aber durch diesen auch in einer Parallel-Rk. zum entsprechenden Alkohol reduziert. Ein Vers. mit Isobutyraldehyd bestätigt, daß dieser durch **III** bei 90—100° in *Isobuttersäureisobutylester* u. *Isobutylalkohol* übergeführt wird. Wird Benzaldehyd in alkoh. Lsg. mit **II** gekocht, so entstehen *Benzylalkohol, Benzoesäureäthylester* u. *m-Brombenzoesäurephenylester.* Beim Kochen von Benzaldehyd in alkoh. Lsg. mit **I** erfolgt keine Reaktion.

V e r s u c h e: *Triäthoxydichlorstibin* (I), $C_6H_{15}O_3Cl_2Sb$, F. 50—53°; in eine Lsg. von 30 g $Sb(OC_2H_5)_3$ in 55 g Chlf. wird Cl_2 unter Kühlung mit Schnee bis zur Aufnahme von 7,5 g eingeleitet; aus Ae. Kristalle. — *Triäthoxydibromstibin* (II), $C_6H_{15}O_3Br_2Sb$, F. 64—67°; aus $Sb(OC_2H_5)_3$ u. Br_2 in Chlf.; Kristalle. — *Tributoxydichlorstibin,* $C_{12}H_{27}\cdot O_3Cl_2Sb$; aus $Sb(OC_4H_9)_3$ u. Cl_2 ohne Lösungsm. unter Kühlung mit W.; gelbliches Öl, $D.^{20}_4$ 1,4073. — *Tributoxydibromstibin* (III), $C_{12}H_{27}O_3Br_2Sb$; aus $Sb(OC_4H_9)_3$ u. Br_2; rötliches Öl; $D.^{20}_4$ 1,7052.) (Известия Академии Наук СССР, Отделение Химических Наук [Nachr. Akad. Wiss. UdSSR, Abt. chem. Wiss.] **1955.** 676—80. Juli/Aug. Kasan, Uljanow-Lenin-Univ., Wiss. Butlerow-Forschungsinst.) R. KNOBLOCH. 980

Horst Baganz und **Hellmuth Keßler,** *Versuche zur Darstellung von Benzyl- und p-Nitrobenzylschwefelchloriden.* Während durch Behandlung von p.p'-Dinitrodibenzyldisulfid mit der berechneten Menge Cl_2 bei —20 bis +30° keine Rk. eintrat u. mit überschüssigem Cl_2 bei —15 bis —7° eine bei 23° sich zers. Verb. entsteht, wurde mit überschüssigem Cl_2 bei Zimmertemp. ein widerlich riechendes Öl erhalten, das mit Dialkylaminen neben *Dialkylaminhydrochlorid p-Nitromonothiobenzoesäuredialkylamide* liefert. Es wird angenommen, daß die Rk. unter Chlorierung des zunächst gebildeten Sulfenylchlorids zum p-Nitro-α-chlorbenzylsulfenylchlorid u. anschließender HCl-Abspaltung erfolgt. Die Red. des Nitrodialkylamids führte zu der entsprechenden Aminoverb., die Oxydation mit $KMnO_4$ zur Eliminierung des S. Wurde die Rk. in Alkohol durchgeführt, so trat zunächst Bldg. von Sulfenylchlorid, Alkylchlorid u. HOCl auf, die Oxydation zu *p-Nitrobenzylsulfochlorid* bewirkte. Die Darst. von α.α-dimethylsubstituierten Disulfiden, bei denen eine Überchlorierung nicht möglich ist, mißlang. Während die Chlorierung von Dibenzyldisulfid in CCl_4 mißlang, wurde in Alkohol das entsprechende Sulfochlorid erhalten. Phenyldimethylcarbinol u. das entsprechende Chlorid lieferten mit NaHS u. $Na_2S_2O_3$ an Stelle von Disulfid oder Mercaptan *α-Methylstyrol*.

Versuche: *N.N-Dimethyl-p-nitrothiobenzamid*, $C_9H_{10}O_2N_2S$, F. 145,5—146,5° (Bzl.-Aceton), durch Einleiten von Cl_2 in die Suspension von p.p'-Dinitrodibenzyldisulfid in CCl_4, 1std. Stehen der Lsg., Entfernung des Lösungsm. aus dem Filtrat im Vakuum, Zugabe von Ae., Zutropfen von Dimethylamin in Ae., Ätherextraktion des Nd., Lösen des Rückstands in Aceton u. Zugabe von W.; 35% (Ausbeute). — *N.N-Diäthyl-p-nitrothiobenzamid* (I), $C_{11}H_{14}O_2N_2S$, F. 131—132° (Bzl.-Aceton), wie vorst., jedoch durch Zutropfen des Amins, so daß die Lsg. am Sieden blieb; 33%. — *p-Aminomonothiobenzoesäurediäthylamid*, $C_{11}H_{16}N_2S$, F. 127—128° (A.), durch Zugabe von $TiCl_3$-Lsg. zu I in warmem CH_3OH, Einengen, Zugabe von 20%ig. NaOH, Ausäthern, Lösen des Rückstands in verd. HCl u. Alkalisieren des Filtrats; Nadeln; 41%. — *p-Nitrobenzoesäurediäthylamid*, $C_{11}H_{14}O_3N_2$, F. 64—66° (PAe.), durch Oxydation von I mit $KMnO_4$ in CH_3OH, Ansäuern des Filtrats mit CH_3COOH, Einengen u. Ausäthern; 60%. — *p-Nitrobenzylsulfochlorid*, $C_7H_6O_4NClS$, F. 92,5—93,5° (CCl_4), durch Einleiten von Cl_2 in die Suspension von p.p'-Dinitrodibenzyldisulfid in Propanol u. CCl_4; 45%. *Äthylamid*, $C_9H_{12}O_4N_2S$, F. 114—115° (Bzn.-Bzl.); 65%. (Chem. Ber. **88**. 1995—97. 1955. Berlin-Charlottenburg, Techn. Univ., organ.-chem. Inst.) HORST BAGANZ. 1090

Heinrich Rheinboldt und **Ernesto Giesbrecht**, *Über Selenensäuren*. 3. Mitt. *Bildung von Selenensäuren durch Reduktion von Seleninsäuren mittels Unterphosphoriger und Phosphoriger Säure*. (2. vgl. C. **1956**. 2718.) Eine wss. Lsg. von $NaH_2PO_2 \cdot H_2O$ (I) vom p_H 8,47 wirkt auf Seleninsäuren auch bei längerem Erhitzen nicht ein. Die Red. von 2-Nitro-4-methylbenzolseleninsäure-(1) (II) durch I wurde bei 25° u. p_H-Werten zwischen 0,59 u. 1,20 in salzsaurer Lsg. bei verschied. Mol-Verhältnissen von II : I untersucht. Diese Red. führte auch mit überschüssigem I nur bis zur *2-Nitro-4-methylbenzolselenensäure* (keine Bldg. von Diselenid). Die H_3PO_2 wird durch II nur schwer bis zur H_3PO_4 oxydiert, bei Umsetzung äquimol. Mengen I u. II in stark saurer Lsg. unter Erhitzen wurden 93% der Selenensäure neben H_3PO_3 erhalten. Durch 6std. Erhitzen der Seleninsäuren mit der doppelten Menge I bei p_H 0,62 wurden erhalten: *2-Nitro-* (Zers. bei 163—165°, ziegelrote Nadeln aus Bzl.; 93,6% [Ausbeute]), *2-Nitro-4-chlor-* (F. 184—185°, orangefarbene Nadeln aus Chlf.; 91,3%), *2-Nitro-4-brom-* (F. 171—172°, orangefarbene Nadeln aus Chlf.; 90,6%), *2-Nitro-4-methoxy-* (F. 168—169° [Zers.], tiefrote Nadeln aus Bzl.-CCl_4; 94,3%) u. *2.4-Dinitrobenzolselenensäure* (Zers. bei 258—260°, goldgelbe Nadeln aus Bzl.; 93,2%) u. *Anthrachinonselenensäure* (erweicht bei ca. 250°, violettrote Nadeln aus Dioxan; 93,4%). — Benzol- (III), 2-Chlor-, 2-Methoxy- u. 4-Nitrobenzolseleninsäure-(1) (IV) werden durch die 1,5fache Menge I bei p_H 1,14 bzw. 0,59 schon bei Raumtemp. quantitativ zu den Diseleniden red.: *Diphenyl-* (F. 61—62°, gelbliche Nadeln aus CH_3OH; 95,6%), *Bis-[2-methoxyphenyl]-* (F. 89—90°, gelbliche Nadeln aus CH_3OH, 93,7%) u. *Bis-[4-nitrophenyl]-diselenid* (F. 181—182° [Bzl.], gelbstichig; 96,6%). — H_3PO_3 wirkt bei $p_H > 0,79$ auch bei mehrstd. Erhitzen auf p-Nitrobenzolseleninsäuren u. Anthrachinonseleninsäure-(1) nicht ein, in stärker saurem Medium findet nur geringe Umsetzung statt. Durch 12std. Erhitzen von 5 mMol 2-Nitro- bzw. 2.4-Dinitrobenzolseleninsäure mit 10 mMol H_3PO_3 in HCl (p_H 0,54) wurden 49,5 bzw. 50% der Selenensäure erhalten. Benzolseleninsäuren ohne o-Nitrogruppen werden bei $p_H < 0,8$ durch H_3PO_3 teilweise zu den Diseleniden reduziert. 3 mMol H_3PO_3 u. 2 mMol III bzw. IV geben bei p_H 0,78 durch 2std. Erhitzen 41,5 bzw. 42,1% des Diselenids neben dem unveränderten Anteil der Seleninsäure. (Chem. Ber. **88**. 1974—78. 1955. São Paulo, Univ., Fac. de Filosofia, Ciênc. e Letras, Dep. de Quím.) G. CLEVE. 1090

N. P. Buu-Hoï, N. D. Xuong, Michel Sy, Guy Lejeune und **N. B. Tien**, *Synthese von aromatischen Aldehyden durch Formylierung von Phenoläthern*. Aromat. Aldehyde wie *Anisaldehyd* sind in guten Ausbeuten erhältlich durch Formylierung von Phenoläthern mit Dimethylformamid (I) u. $POCl_3$. Die Aldehydgruppe tritt in p-Stellung; wenn diese besetzt ist, erfolgt keine glatte Reaktion. Phenole selbst zeigten sich erheblich weniger reaktionsfähig als ihre Äther. Die Thiosemicarbazone einer Reihe der dargestellten Aldehyde sind beschrieben.

Versuche: *Anisaldehyd*, Kp. 243—244°, aus Anisol, I u. $POCl_3$ (15std. Kochen); 70% (Ausbeute). *Oxim*, F. 92°. — *p-Äthoxybenzaldehyd*, Kp. 255°, ebenso aus Phenetol. — Analog reagieren die Methyläther der 3 Kresole. — *p-Methylmercaptobenzaldehyd*, F. 78°, Kp. 273°, analog aus Thioanisol (24 Std.); geringe Ausbeute. *Oxim*, F. 110°. — *p-Phenoxybenzaldehyd*, $Kp._{18}$ 186—188°, aus Diphenyläther (24 Std.); < 5%. — *4-Methoxy-3-methyl-6-isopropylbenzaldehyd*, Kp. 275°, ambragelbes Öl, aus Carvacrolmethyläther ($Kp._{30}$ ca. 115°); 76%. *Semicarbazon*, $C_{13}H_{19}O_2N_3$, F. 178° Nadeln (A.). — *4-Methoxy-1.3-dimethyl-6-isopropylbenzol*, $C_{12}H_{18}O$, $Kp._{26}$ 132°, blaßgelbes Öl mit angenehmem Geruch, aus vorst. Aldehyd nach HUANG-MINLON; n_D^{28} 1,5139. — *3-tert.-Butyl-4-methoxy-6-methylbenzaldehyd*, $C_{13}H_{18}O_2$, F. 85—86°, Nadeln (PAe.), $Kp._{27}$ 179—180°, aus dem tert.-Butyl-m-kresolmethyläther (7 Std.); ca. 90%. *Semicarbazon*, $C_{14}H_{21}O_2N_3$, F. 199°, Prismen (A.). — *3-tert.-Butyl-4-methoxy-1.6-dimethylbenzol*, $C_{13}H_{20}O$, F. 76°, Prismen mit aromat. Geruch (PAe.), $Kp._{40}$ 150—152°. — *3-tert.-Butyl-4.6-dimethoxybenzaldehyd*, $C_{13}H_{18}O_3$, F. 53°, Nadeln (PAe.), $Kp._{26}$ 205—207°, aus 19 g 4-tert.-Butylresorcindimethyläther (6 Std.); n_D^{26} 1,5563; 15 g. *Semicarbazon*, $C_{14}H_{21}O_3N_3$, F. 207°, Nadeln (A.). *Thiosemicarbazon*, $C_{14}H_{21}O_2N_3S$, F. 219°, blaßgelbe Nadeln (A.). *4-Ketothiazolinyl-(2)-hydrazon*, $C_{16}H_{21}O_3N_3S$, F. 273°, blaßgelbe Nadeln (CH_3COOH), aus dem Thiosemicarbazon u. $CH_2ClCOOH$ bei Ggw. von Na-Acetat in sd. A. (2 Std.). — *Veratrumaldehyd*, F. 45°, aus Veratrol (4 Std.); 30—40%. — *x-Formyl-4-methylveratrol*, $Kp._{18}$ 172—175°, aus 4-Methylveratrol (4 Std.); 30—40%. *Thiosemicarbazon*, $C_{11}H_{15}O_2N_3S$, F. 243—244°, Nadeln (A.). — *x-Formylpyrogalloltrimethyläther*, aus Pyrogalloltrimethyläther bei 50—60°; 70—80%. — *4-Methoxy-3-phenylbenzaldehyd*, $C_{14}H_{12}O_2$, $Kp._{18}$ 218°, blaßgelbes Öl, aus 2-Phenylanisol (ca. 12 Std.); n_D^{32} 1,6339. *Thiosemicarbazon*, $C_{15}H_{15}ON_3S$, F. 164°, Nadeln (A.). *Semicarbazon*, F. ca. 140°, Nadeln. *4-Ketothiazolinyl-(2)-hydrazon*, $C_{17}H_{15}O_2N_3S$, F. 255°, Nadeln (CH_3COOH). — *6-Methoxytetralin*, $Kp._{20}$ 136—140°, blaßgelbes Öl, aus 6-Oxytetralin u. $(CH_3)_2SO_4$. *7-Formyl-6-methoxytetralin*, $C_{12}H_{14}O_2$, $Kp._{38}$ 219 bis 220°, aus vorst. Verb. (5 Std.); n_D^{27} 1,5872; 79%. *Semicarbazon*, F. 240—241°. — *7-Methyl-6-methoxytetralin*, $Kp._{33}$ 163—164°, n_D^{30} 1,5509. — *7-Methyl-6-oxytetralin*, aus vorst. Verb. u. Pyridinhydrochlorid. — *p-Oxybenzaldehyd*, Bldg. in Spuren (1 Mol → einige g) aus Phenol (12 Std.). — *Vanillin*, aus Guajacol (gute Ausbeuten). — *x-Formyl-β-naphthol*, aus β-Naphthol (gute Ausbeuten). — Folgende Verbb. wurden entweder unverändert zurückgewonnen oder verharzten bei der Rk.: 2.4-Dimethylanisol, 4-Chlor-3-methylanisol, p-tert.-Amylanisol, p-Isobutylanisol, 4-Isobutyl-2-methylanisol, 4-Äthyl-2-isopropyl-5-methylanisol. (Bull. Soc. chim. France, Mém. [5] **1955**. 1594—97. Nov./Dez. Paris, Univ., Inst. du Radium, Dép. de Chim. Organ.) J. ROTHE. 1140

Marshall Kulka, *tert.-Butyl- als blockierende Gruppe bei der Synthese von o-Oxybenzophenonen.* Die leichte Möglichkeit der Abspaltung von tert.-Butylgruppen vom aromat. Kern erlaubt deren Verwendung zum Schutz der p-Stellung in Anisol, wenn ausschließlich in o-Stellung acyliert werden soll. p-tert.-Butylanisol (**II**) wurde mit verschied. Aroylchloriden zu *2-Methoxy-5-tert.-butylbenzophenonen* umgesetzt. Diese konnten gleichzeitig ent-tert.-butyliert u. entmethyliert werden. Durch längeres Erhitzen in Bzl. mit 4 Mol $AlCl_3$ wurden *o-Oxybenzophenone* dargestellt. Mildere Bedingungen bewirkten nur Entmethylierung zu *2-Oxy-5-tert.-butylbenzophenonen. 2.2'-Dimethoxy-5-tert.-butylbenzophenon* (**IV**) ging bei der Entalkylierung in *Xanthon* über.

Versuche: Ent-tert.-butylierung von p-tert.-Butylphenoxyäthanol (I): Lsg. von I in Bzl. u. $AlCl_3$ 5 Std. rühren bei 55—60°; die Mischung wird auf Eis u. konz. HCl gegeben, die Benzolschicht fraktioniert dest.; *tert.-Butylbenzol*, Kp. 167—170°; 50% (Ausbeute); *Phenoxyäthanol*, $Kp._{12}$ 120—124°; 78%. *2-Phenoxyäthyl-p-chlorbenzolsulfonat*, $C_{14}H_{13}O_4ClS$, F. 101—102°, aus vorst. Verb. mit p-Chlorbenzolsulfochlorid u. festem NaOH. — *Anisol* u. *tert.-Butylbenzol*, ebenso aus **II**. — *2-Methoxy-5-tert.-butylbenzophenon* (**III**), $C_{18}H_{20}O_2$, F. 61—62°, $Kp._{12}$ 208—210°, aus **II** u. Benzoylchlorid in symm.-Tetrachloräthan mit $ZnCl_2$ durch 40std. Kochen u. Dest.; 66%. — Ebenso folgende 2-Methoxy-5-tert.-butylbenzophenone: *4'-Chlor-*, $C_{18}H_{19}O_2Cl$, $Kp._{12}$ 223—225°; 60%. — *3'-Brom-*, $C_{18}H_{19}O_2Br$, $Kp._{12}$ 233—236°; 61%. — *2'-Chlor-*, $C_{18}H_{19}O_2Cl$, $Kp._{12}$ 222—225°, F. 61—62°; 62%. — *2'-Brom-*, $C_{18}H_{19}O_2Br$, $Kp._{12}$ 225—230°, F. 72—73°; 68%. — *4'-Methoxy-*, $C_{19}H_{22}O_3$, $Kp._{12}$ 238—239°; 60%. — *2'-Methoxy-* (**IV**), $C_{19}H_{22}O_3$, $Kp._{12}$ 225°; 50%. — *4'-Methyl-*, $C_{19}H_{22}O_2$, $Kp._{12}$ 222—225°; 76%. — **III**-*Oxim*, $C_{18}H_{21}O_2N$, F. 136—137°, aus 2,5 g **III**, A., $NH_2OH \cdot HCl$ u. K-Acetat in 16 Std. unter Rückfluß; 2,5 g. — *2-Oxy-5-tert.-butylbenzophenon*, $C_{17}H_{18}O_2$, F. 67—68°, $Kp._{12}$ 195 bis 197°, aus **III** in Bzl. u. $AlCl_3$ durch 5std. Rühren bei 50—60°; nach Eingießen in verd. HCl Dest.; aus CH_3OH gelbe Prismen; 63%. — Folgende 2-Oxy-5-tert.-butylbenzophenone wurden so dargestellt: *4'-Chlor-*, $C_{17}H_{17}O_2Cl$, $Kp._{12}$ 218—220°, F. 94—95°; 68%. — *3'-Brom-*, $C_{17}H_{17}O_2Br$, $Kp._{12}$ 225—227°; 75%. — *2'-Chlor-*, $C_{17}H_{17}O_2Cl$, $Kp._{12}$ 200—205°; 70%. — *2'-Brom-*, $C_{17}H_{17}O_2Br$, $Kp._{12}$ 208—212°; 80%. — *4'-Meth-*

oxy-, $C_{18}H_{20}O_3$, Kp.$_{12}$ 235°, F. 93—94°; 76%. — *4'-Methyl-*, $C_{18}H_{20}O_2$, Kp.$_{12}$ 210—212°, F. 94—95°; 85%. — *2-Oxybenzophenon*, $C_{13}H_{10}O_2$, F. 38—39°, aus **III** in Bzl. mit 4 Mol $AlCl_3$ in 45 Std. bei 65—70°; wie vorst.; das Destillat wird in Bzl. mit 2%ig. heißer NaOH extrahiert, es wird angesäuert u. mit Bzl. ausgezogen; gelbe Prismen aus CH_3OH; 79%. — Ebenso nachst. 2-Oxybenzophenone: *4'-Chlor-*, $C_{13}H_9O_2Cl$, F. 74—75°; 60%. — *3'-Brom-*, $C_{13}H_9O_2Br$, F. 77—78°; 60%. — *2'-Chlor-*, $C_{13}H_9O_2Cl$, F. 58—59°; 73%. — *2'-Brom-*, $C_{13}H_9O_2Br$, F. 76—77°; 75%. — *4'-Methyl-*, $C_{14}H_{12}O_2$, F. 39—40°, 80%. — *4'-Oxy-*, $C_{13}H_{10}O_3$, F. 144—147°; 75%. — Die vorst. Rk. mit **IV** führte zu 3% *Xanthon*. — Überführung der 2-Halogen-2'-oxybenzophenone in *Xanthon* durch Behandlung in A. mit KOH, Abdest. des A., Erhitzen des Rückstandes auf 200° (5 Std.), Dest. bei 12 mm; F. 175—176° (CH_3OH); 90%. — *2-tert.-Butylxanthon*, $C_{17}H_{16}O_2$, F. 114—115°, wie vorst. Verb. aus den 2-Halogen-2'-oxy-5'-tert.-butylbenzophenonen; aus CH_3OH Rhomboeder; 35%. — *2.2'-Dimethoxy-5.5'-di-tert.-butyldiphenylmethan*, $C_{23}H_{32}O_2$, Kp.$_{12}$ 220—250°, F. 82—83°, a) aus **II** u. Paraformaldehyd in Äthylendichlorid bei 35° in 8 Std. unter Rühren u. Einleiten von HCl; 40%; Prismen aus CH_3OH; b) aus **II** durch 12std. Rühren mit viel 40%ig. wss. Formaldehyd u. konz. HCl; 25%. — *2.4'-Dimethoxy-3'-nitro-5-tert.-butyldiphenylmethan*, $C_{19}H_{23}O_4N$, Kp.$_{0,3}$ 200°, durch 5std. Erhitzen von 20 g **II**, 20 g 3-Nitro-4-methoxybenzylchlorid u. $ZnCl_2$ auf dem Dampfbad; 18 g. (J. Amer. chem. Soc. **76**. 5469—71. 5/11. 1954. Guelph, Ontario, Can., Dominium Rubber Co. Ltd., Res. Labor.) R. Borchardt. 1180

Eugene E. van Tamelen und **Shirley Rosenberg Bach**, *α-Methylen-γ-phenyl-γ-butyrolacton*. Die genannte Verb. (**I**) konnte aus α-Carboxy-γ-phenyl-γ-butyrolacton (**II**) durch Umsetzung mit CH_2O u. Diäthylamin (**III**) zum *α-Diäthylaminomethyl-γ-phenyl-γ-butyrolacton*, dessen Methojodid mit wss. $NaHCO_3$ **I** ergab, dargestellt werden. Der Strukturbeweis von **I** ruht auf dem UV-Spektr., seiner katalyt. Hydrierung zum entsprechenden *α-Methyllacton* u. der Bldg. von CH_2O bei der Ozonolyse von **I**. Außerdem wurden von **I** ein Pyrazolinderiv. u. ein Cysteinaddukt erhalten.

Versuche (FF. korr.): *α-Diäthylaminomethyl-γ-phenyl-γ-butyrolacton*, $C_{15}H_{21}O_2N$, Kp.$_{0,2}$ 116—118°; **II** (F. 144,5—145,5°) wurde zu **III** gegeben u. dann 30%ig. CH_2O-Lsg. unter Umschwenken zugesetzt, 2 Std. stehengelassen, K_2CO_3 bis zur Sättigung zugefügt u. die obere Schicht abgetrennt, mit Ae. extrahiert u. die Ätherlsg. dest.; 40—43% (Ausbeute). *Methojodid*, zu vorst. Lacton trockenes CH_3J zugegeben, zur Vervollständigung der Kristallausscheidung mit Ae. behandelt; sehr hygroskop.; 80%. — *α-Methylen-γ-phenyl-γ-butyrolacton* (**I**), $C_{11}H_{10}O_2$, Kp.$_{0,3}$ 124—126°, durch Zugeben von 5%ig. $NaHCO_3$-Lsg. zu vorst. Methojodid, 1tägiges Stehen u. Dest. unter N_2; (in A.) 220 mμ (ε = 4960), 230 mμ (2170), 240 mμ (990), n_D^{25} 1,5547; 83%. — *Pyrazolinderiv.* von **I**, $C_{12}H_{12}O_2N_2$, F. 98,5—99,5° (Zers., wss. Essigsäure), aus **I** u. Diazomethan in Ae.; Nadeln. — *Cysteinadditionsprod.* von **I**, $C_{14}H_{17}O_4NS$, F. 171—173° (Zers., A.), durch Zufügen von **I** in A. zu Cystein in W. (p_H 6,5) u. 1std. Stehen. — *α-Methyl-γ-phenyl-γ-butyrolacton*, a) Kp.$_{2,0}$ 134—138°, durch katalyt. Hydrierung von **I** in Eisessig in Ggw. von 10%ig. Pd/Kohle bei einem Anfangsdruck von 38 lbs.; b) Kp.$_{0,9}$ 134—138°, durch Zutropfen von Styroloxyd zum Na-Salz von Malonsäurediäthylester in absol. A. unter Rühren, Stehenlassen über Nacht u. Neutralisieren bei 15°. — *α-Methyl-γ-oxy-γ-phenylbutyramid*, $C_{11}H_{15}O_2N$, F. 162,5—163° (Zers., Bzl.–PAe.), aus dem auf beiden Wegen gewonnenen vorst. Lacton durch 24std. Stehen in wasserfreiem alkoh. NH_3. (J. Amer. chem. Soc. **77**. 4683—84. 5/9. 1955. Madison, Wis., Univ., Dep. of Chem.) L. Fischer. 1250

F. F. Blicke und **Chi-Jung Lu**, *Antispasmodica*. 19. Mitt. *Ester von 1-Methyl-2-[oxymethyl]-pyrrolidin und 1-Methyl-2-[oxymethyl]-piperidin*. (18. vgl. C. **1955**. 1263.) *1-Methyl-2-[oxymethyl]-pyrrolidin* (**I**) entstand aus Glutaminsäurediäthylester durch Ringschluß in sd. Xylol unter Bldg. von *2-Carbäthoxypyrrolidon-(5)*, anschließende Red. mit $LiAlH_4$ zu *2-[Oxymethyl]-pyrrolidin* (**VIII**). Behandeln mit Cl_3CCHO zum *1-Formylderiv.* u. $LiAlH_4$-Hydrierung. Von **I** wurden mit Diphenylacetylchlorid das *O-Diphenylacetylderiv.* (**IV**) u. mit p-Nitrobenzoylchlorid das *O-p-Nitrobenzoylderiv.* dargestellt, aus dem nach Red. das *p-Aminobenzoylderiv.* erhalten wurde. Ferner wurden aus **I** nach Umwandlung mit $SOCl_2$ in *1-Methyl-2-[chlormethyl]-pyrrolidin* (**III**) mit Benzilsäure u. β-Methyltropasäure *Benzilsäure-* (**V**) u. *β-Methyltropasäure-1-methylpiperidyl-(2)-methylester* hergestellt. Durch Rk. von **I** mit Diphenylmethylbromid entstand *[1-Methylpyrrolidyl-(2)-methyl]-benzhydryläther* (**VI**). — Zwecks Synth. des **I** analogen *1-Methyl-2-[oxymethyl]-piperidins* (**II**) wurde α-Picolin zur *α-Picolinsäure* oxydiert, deren Hydrochlorid zu *α-Pipecolinsäurehydrochlorid* red., verestert u. dann mit $LiAlH_4$ in *2-[Oxymethyl]-piperidin* verwandelt. Die N-Methylierung erfolgte wie bei **I**. Von **II** wurden ebenfalls einige Acylderivv. hergestellt. — Aus den Hydrochloriden von 2-[Oxymethyl]-pyrrolidin u. -piperidin entstanden mit HCHO u. Acetophenon *β-[2-(Oxymethyl)-pyrrolidino]-* bzw. *β-[2-(Oxymethyl)-*

piperidino]-propiophenon (**VII**). — Gegenüber den durch Acetylcholin verursachten Spasmen am Kaninchendarm ist **IV** in Verdünnungen von 1 : 870000, **V** in Verdünnungen von 1 : 54000000 wirksam u. das *Hydrochlorid* u. *Methojodid* von **VI** in Verdünnungen von 1 : 3000, dagegen gegenüber den durch $BaCl_2$ verursachten Spasmen in Verdünnungen von 1 : 100000 bzw. 1 : < 10000. — Das *Hydrochlorid* des p-Aminobenzoylderiv. von **II** sowie **VII** hatten am isolierten Kaninchenherzen nur geringfügige anästhet. Wirkung.

Versuche: *β-[2-(Oxymethyl)-pyrrolidino]-propiophenon, Hydrochlorid,* $C_{14}H_{20}O_2NCl$, F. 135—136° (Isopropanol), aus **VIII**-Hydrochlorid + Acetophenon u. Paraformaldehyd in absol. A. u. wenig HCl durch 12 std. Kochen, Vakuumabdampfen u. Stehen unter Ae.; 32% (Ausbeute). — *1-Formyl-2-[oxymethyl]-pyrrolidin,* $C_6H_{11}O_2N$, $Kp._{0,5}$ 122 bis 124°, aus **VIII** + Cl_3CCHO; 93%. — *1-Methyl-2-[oxymethyl]-pyrrolidin* (**I**), $Kp._{12}$ 67 bis 69°, aus vorst. Verb. + $LiAlH_4$ in Ae.; 82%. *Methojodid,* $C_7H_{16}ONJ$, F. 293—294° (Zers.; Isopropanol). — *[1-Methylpyrrolidyl-(2)-methyl]-benzhydryläther* (**VI**), $Kp._{0,01}$ 114—117°, aus **I** + Diphenylmethylbromid durch 4 std. Erhitzen mit K_2CO_3 unter N_2 auf 150 bis 160° (Badtemp.), Verdünnen mit W., Ausäthern, Ausziehen mit HCl, Alkalisieren u. Ausäthern; 60%. *Hydrochlorid,* $C_{19}H_{24}ONCl$, F. 177—178° (Isopropanol). *Methobromid,* $C_{20}H_{26}ONBr$, F. 140—141° (Isopropanol). — *p-Nitrobenzoesäure-1-methylpyrrolidyl-(2)-methylester, Hydrochlorid,* $C_{13}H_{17}O_4N_2Cl$, F. 218—219° (CH_3OH), aus **I** + p-Nitrobenzoylchlorid; 90%. — *p-Aminobenzoesäure-1-methylpyrrolidyl-(2)-methylester, Hydrochlorid,* $C_{13}H_{19}O_2N_2Cl$, F. 175—177° (Isopropanol), aus 4,1 g vorst. Verb. durch Hydrieren über PtO_2 in absol. A. bei 50 lbs./sq.in. in 1 Std.; 2,5 g. — *Diphenylessigsäure-1-methylpyrrolidyl-(2)-methylester* (**IV**), *Hydrochlorid,* $C_{20}H_{24}O_2NCl$, F. 134—135° (Isopropanol), aus 5,7 g **I** + 13,6 g Diphenylacetylchlorid in Bzl. (12 Std. kochen); 10,2 g. — *1-Methyl-2-[chlormethyl]-pyrrolidin* (**III**), *Hydrochlorid,* $C_6H_{13}NCl_2$, F. 151—153° (Isopropanol), aus **I** + $SOCl_2$ in Bzl. (5 Std. kochen); 94%. — *Benzilsäure-1-methylpyrrolidyl-(2)-methylester* (**V**), *Hydrochlorid,* $C_{20}H_{24}O_3NCl$, F. 160—161° (Isopropanol), aus **III** + Benzilsäure in Isopropanol (4 Std. kochen); 63%. — *β-Methyltropasäure-1-methylpyrrolidyl-(2)-methylester, Methobromid,* $C_{17}H_{26}O_3NBr$, F. 137—140°, aus **III** (aus 3,4 g **III**-Hydrochlorid) + 3,4 g β-Methyltropasäure in Isopropanol (4 Std. kochen), Abdampfen, Aufnehmen in W., Alkalisieren mit Na_2CO_3, Ausäthern u. Zufügen von CH_3Br, Aufnehmen in Isopropanol u. Fällen mit Ae.; 0,5 g. — *α-Pipecolinsäure, Hydrochlorid,* F. 258—260°, aus α-Picolin durch Oxydieren nach SINGER u. MCELVAIN (J. Amer. chem. Soc. **57.** [1935.] 1137) u. Red. des Hydrochlorids von α-Picolinsäure nach MCELVAIN u. ADAMS (J. Amer. chem. Soc. **45.** [1923.] 2745); 80%. — *2-[Oxymethyl]-piperidin,* $Kp._{10}$ 104—106°, aus dem Äthylester vorst. Verb. + $LiAlH_4$ in Ae. (6 Std. kochen); 86%. *Hydrochlorid,* $C_6H_{14}ONCl$, F. 130—132° (Isopropanol). *Pikrat,* F. 135—137° (A.). — *1-Formyl-2-[oxymethyl]-piperidin,* $C_7H_{13}O_2N$, $Kp._2$ 144—146°, aus vorst. Verb. in Chlf. + Cl_3CCHO; 73,4%. — *1-Methyl-2-[oxymethyl]-piperidin* (**II**), $Kp._{19}$ 96—98°, aus vorst. Verb. + $LiAlH_4$ in Ae. (6 Std. kochen); 65%. *Methojodid,* $C_8H_{18}ONJ$, F. 300—302° (Zers.; absol. A.). — *p-Nitrobenzoesäure-1-methylpiperidyl-(2)-methylester, Hydrochlorid,* $C_{14}H_{19}O_4N_2Cl$, F. 192—193° (absol. A.), aus **II** + p-Nitrobenzoylchlorid in Bzl. (6 Std. kochen); 90%. — *p-Aminobenzoesäure-1-methylpiperidyl-(2)-methylester, Hydrochlorid,* $C_{14}H_{21}O_2N_2Cl$, F. 221—222° (CH_3OH), aus vorst. Verb. durch Hydrieren wie oben; 80%. — *β-[2-(Oxymethyl)-piperidino]-propiophenon* (**VII**), *Hydrochlorid,* $C_{15}H_{22}O_2NCl$, F. 191—192° (Isopropanol, aus 2-Oxymethylpiperidin-Hydrochlorid + Paraformaldehyd u. Acetophenon in Essigsäure (4 Std. kochen); 50%. (J. Amer. chem. Soc. **77.** 29—31. 5/1. 1955. Ann Arbor, Mich., Univ., Coll. of Pharm.) H. LEHWALD. 1250

F. F. Blicke und **R. H. Cox,** *Antispasmodica.* 22. Mitt. *β-Diäthylaminoäthylester β-substituierter α-Phenyl-β-oxypropionsäuren.* (21. vgl. C. **1956.** 6393; 19. vgl. vorst. Ref.) Eine Anzahl *β-substituierter α-Phenyl-β-oxypropionsäuren* werden durch Rk. des IWANOW-Reagens, $C_6H_5CH(MgCl)COOMgCl$, mit Capronaldehyd, Anisaldehyd, 2- u. 3-Methylcyclohexanon, Cyclooctanon, Propiophenon u. 2-Acetylthiophen gewonnen. Nach Verwandlung in die *β-Diäthylaminoäthylester* werden hieraus einige quaternäre Salze dargestellt. Bei Verss., α.β-Diphenyl-β-oxyvaleriansäure mit β-Diäthylaminoäthylchlorid zu verestern, wurden der *Phenylessigsäureester* u. *Propiophenon* erhalten. Die Salze wurden auf ihre spasmolyt. Wrkg. untersucht. Daten vgl. Original. — *β-Oxy-α-phenyloctansäure,* $C_{14}H_{20}O_3$, F. 110—111° (Bzl.); 53% (Ausbeute). *β-Diäthylaminoäthylester, Hydrochlorid,* $C_{20}H_{34}O_3NCl$, F. 107—108° (Bzl.-Ae.); 80%. *Methobromid,* $C_{21}H_{36}O_3NBr$, F. 101—103° (Isopropanol-Ae.). — *β-Oxy-β-[p-methoxyphenyl]-α-phenylpropionsäure,* $C_{16}H_{16}O_4$, F. 139 bis 140° (Zers.; Butanol-Toluol), nach Rekristallisation aus A.-Bzl., F. 148—150° (Zers.), dann aus A. 168—170° (Zers.); 71 bzw. 9%; wahrscheinlich liegt ein Stereoisomerengemisch vor. — *β-Oxy-β-[thienyl-(2)]-α-phenylbuttersäure,* $C_{14}H_{14}O_3S$, F. 162—163° (Zers.; A.-PAe.); 37%. — *β-Oxy-α.β-diphenylvaleriansäure,* $C_{17}H_{18}O_3$, F. 197—198° (Zers.; A.-Methyläthylketon); 35%. — *α-[1-Oxy-2-methylcyclohexyl-(1)]-phenylessigsäure,*

$C_{15}H_{20}O_3$, F. 126—129° (Methyläthylketon); 39%. *β-Diäthylaminoäthylester: Hydrochlorid*, $C_{21}H_{34}O_3NCl$, F. 158—160° (A.–Ae.); 59%. *Methobromid*, $C_{22}H_{36}O_3NBr$, F. 190 bis 192° (Zers.; A.–Ae.). — *α-[3-Methyl-1-oxycyclohexyl-(1)]-phenylessigsäure*, $C_{15}H_{20}O_3$, F. 194—195° (Methyläthylketon); 74%. *β-Diäthylaminoäthylester: Hydrochlorid*, $C_{21}H_{34}O_3NCl$, F. 150—152° (Aceton); 52%. *Methobromid*, $C_{22}H_{36}O_3NBr$, F. 195—196° (A.–Ae.). *Allobromid*, $C_{24}H_{38}O_3NBr$, F. 143—145° (A.–Ae.). —*α-[1-Oxycyclooctyl-(1)]-phenylessigsäure*, $C_{16}H_{22}O_3$, F. 162—163° (Toluol); 77%. *β-Diäthylaminoäthylester: Hydrochlorid*, $C_{22}H_{36}O_3NCl$, F. 144—146° (Aceton); 73%. *Methobromid*, $C_{23}H_{38}O_3NBr$, F. 156—158° (A.–Ae.). — *β-Oxy-α-phenylcapronsäure-[β-diäthylaminoäthyl]-ester, Methobromid*, $C_{19}H_{32}O_3NBr$, F. 135—136° (Isopropanol–Methyläthylketon). — *β-Oxy-α-phenylnonansäure-β-diäthylaminoäthylester, Hydrochlorid*, $C_{21}H_{36}O_3NCl$, F. 102—103° (Bzl.–Ae.); 68%. *Methobromid*, $C_{22}H_{38}O_3NBr$, F. 111—113° (Isopropanol–Ae.). — *α-[1-Oxycyclohexyl-(1)]-phenylessigsäure-β-diäthylaminoäthylester, Äthobromid*, $C_{22}H_{36}O_3N$, F. 175—176° (A.–Ae.). *Allobromid*, $C_{23}H_{36}O_3NBr$, F. 152—154° (A.–Ae.). *Brombenzylat*, $C_{27}H_{38}O_3NBr$, F. 172 bis 174° (Zers.; A.–Ae.). *Benzoylmethobromid*, $C_{28}H_{38}O_4NBr$, F. 200—202° (Zers.; A.). — *α-[4-Methyl-1-oxycyclohexyl-(1)]-phenylessigsäure-β-diäthylaminoäthylester, Methobromid*, $C_{22}H_{36}O_3NBr$, F. 194—196° (A.–Ae.). *Allobromid*, $C_{24}H_{38}O_3NBr$, F. 153—155° (Ae.–A.). (J. Amer. chem. Soc. 77. 5401—03. 20/10. 1955.) H. LEHWALD. 1250

F. F. Blicke und **R. H. Cox**, *Antispasmodica*. 23. Mitt. *Basische Ester β-substituierter α-Cyclohexyl-β-oxypropionsäuren*. (22. vgl. vorst. Ref.) die l. c. dargestellten β-substituierten β-Oxy-α-phenylpropionsäure-β-diäthylaminoäthylester werden durch Niederdruckhydrierung in die entsprechenden *β-substituierten β-Oxy-α-cyclohexylpropionsäure-β-diäthylaminoäthylester* verwandelt. Darüber hinaus werden einige andere ähnliche Ester dargestellt. *α-Cyclohexyl-β-oxypropionsäure* ergab durch $KMnO_4$-Oxydation *Cyclohexylmalonsäure*, *α-Cyclohexyl-α-[1-oxycyclohexyl-(1)]-essigsäure* (I) durch Dehydratisierung über $CuSO_4$ u. anschließende katalyt. Hydrierung *Dicyclohexylessigsäure*. Ferner entstand durch Hydrierung von β.β-Diphenyl-α-oxypropionsäure *β.β-Dicyclohexyl-β-oxypropionsäure*. Die β.β-disubstituierten α-Phenyl-β-oxypropionsäuren zers. sich z. T. langsam bei Raumtemp. (Daten betreffs der spasmolyt. Aktivität vgl. Original).

Versuche: Die *β-substituierten α-Cyclohexyl-β-oxypropionsäuren* entstanden aus den entsprechenden α-Phenyl-β-oxypropionsäuren durch Hydrieren in Essigsäure über PtO_2 bei 50 lbs./sq.in. u. Vakuumabdampfen. *α-Cyclohexyl-β-oxypropionsäure*; $C_9H_{16}O_3$, F. 89—90° (Bzl.); 90% (Ausbeute). *β-Diäthylaminoäthylester: Hydrochlorid*, $C_{15}H_{30}O_3NCl$, F. 92—94° (Methyläthylketon); 74%. *Methobromid*, $C_{16}H_{32}O_3NBr$, F. 92—94° (Methyläthylketon). — *β-Oxy-α-cyclohexylbuttersäure*, $C_{10}H_{18}O_3$, F. 140—142° (Toluol); 84%. *β-Diäthylaminoäthylester, Methojodid*, $C_{17}H_{34}O_3NJ$, F. 92—95° (A.–Äthylacetat). — *β-Oxy-α-cyclohexylvaleriansäure*, $C_{11}H_{20}O_3$, F. 99—101° (Bzl.); 83%. *β-Diäthylaminoäthylester: Hydrochlorid*, $C_{17}H_{34}O_3NCl$, F. 103—105° (Methyläthylketon); 59%. *Methobromid*, $C_{18}H_{36}O_3NBr$, F. 125—126° (Isopropanol–Ae.). — *β-Oxy-α-cyclohexylcapronsäure*, $C_{12}H_{22}O_3$, F. 99—100° (Bzl.); 76%. *β-Diäthylaminoäthylester: Hydrochlorid*, $C_{18}H_{36}O_3NCl$, F. 100—102° (Methyläthylketon–Ae.); 55%. *Methobromid*, $C_{19}H_{38}O_3NBr$, F. 121—122° (Isopropanol–Methyläthylketon). — *β-Oxy-α-cyclohexylisocapronsäure*, $C_{12}H_{22}O_3$, F. 119 bis 121° (Bzl.); 79%. *β-Diäthylaminoäthylester: Hydrochlorid*, $C_{18}H_{36}O_3NCl$, F. 139—141° (Isopropanol–Aceton); 66%. *Methobromid*, $C_{19}H_{38}O_3NBr$, F. 190—192° (Zers.; Isopropanol). — *β-Oxy-α-cyclohexyloctansäure*, $C_{14}H_{26}O_3$, F. 98—99° (Bzl.); 88%. *β-Diäthylaminoäthylester: Hydrochlorid*, $C_{20}H_{40}O_3NCl$, F. 105—107° (Methyläthylketon); 80%. *Methobromid*, $C_{21}H_{42}O_3NBr$, F. 101—103° (Aceton–Ae.). — *β-Oxy-α.β-dicyclohexylpropionsäure*, $C_{15}H_{26}O_3$, F. 184—186° (Toluol), aus β-Oxy-α.β-diphenylpropionsäure durch Niederdruckhydrierung; 89%. *β-Diäthylaminoäthylester: Hydrochlorid*, $C_{21}H_{40}O_3NCl$, F. 166 bis 168° (Isopropanol); 80%. *Methobromid*, $C_{22}H_{42}O_3NBr$, F. 135—138° (A.–Ae.). — *β-Oxy-α-cyclohexylnonansäure*, $C_{15}H_{28}O_3$, F. 93—94° (Toluol); 81%. *β-Diäthylaminoäthylester: Hydrochlorid*, $C_{21}H_{42}O_3NCl$, F. 109—111° (Methyläthylketon); 68%. *Methobromid*, $C_{22}H_{44}O_3NBr$, F. 100—103° (Isopropanol–Ae.). — *β-Oxy-α-cyclohexylisovaleriansäure*, $C_{11}H_{20}O_3$, F. 107—108° (Bzl.); 93%. *β-Diäthylaminoäthylester: Hydrochlorid*, $C_{17}H_{34}O_3NCl$, F. 139 bis 141° (Isopropanol–Methyläthylketon); 76%. *Methobromid*, $C_{18}H_{36}O_3NBr$, F. 128 bis 130° (Aceton). — *β-Oxy-β-methyl-α-cyclohexylvaleriansäure*, $C_{12}H_{22}O_3$, F. 89—90° (Bzl.–PAe.); 72%. *β-Diäthylaminoäthylester: Hydrochlorid*, $C_{18}H_{36}O_3NCl$, F. 116—117° (Methyläthylketon); 67%. *Methobromid*, $C_{19}H_{38}O_3NBr$, F. 142—144° (A.–Ae.). — *β-Oxy-α.β-dicyclohexylbuttersäure*, $C_{16}H_{28}O_3$, F. 141—142° (Zers.; Toluol), durch Hydrieren von β-Oxy-α.β-diphenylbuttersäure; 72%. *β-Diäthylaminoäthylester: Hydrochlorid*, $C_{22}H_{42}O_3NCl$, F. 147—149° (Methyläthylketon); 66%. *Methobromid*, $C_{23}H_{44}O_3NBr$, F. 194—195° (Zers.; A.–Ae.). — *β-Oxy-β-äthyl-α-cyclohexylvaleriansäure*, $C_{13}H_{24}O_3$, F. 84—86° (Bzl.); 82%. *β-Diäthylaminoäthylester: Hydrochlorid*, $C_{19}H_{38}O_3NCl$, F. 129—131° (Isopropanol–Ae.); 68%. *Methobromid*, $C_{20}H_{40}O_3NBr$, F. 150—152° (Isopropanol–Ae.). — *β-Oxy-β-propyl-*

α-cyclohexylcapronsäure, $C_{15}H_{28}O_3$, F. 116—118° (Bzl.); 91%. *β-Diäthylaminoäthylester: Hydrochlorid*, $C_{21}H_{42}O_3NCl$, F. 123—125° (Methyläthylketon); 67%. *Methobromid*, $C_{22}H_{44}O_3NBr$, F. 183—185° (A.–Isopropanol). — *α-[1-Oxycyclohexyl-(1)]-α-cyclohexylessigsäure* (I), $C_{14}H_{24}O_3$, F. 156—157° (Toluol); 85%. *β-Diäthylaminoäthylester: Hydrochlorid*, $C_{20}H_{38}O_3NCl$, F. 176—178° (Isopropanol); 82%. *Methobromid*, $C_{21}H_{40}O_3NBr$, F. 136—138° (A.–Ae.). — *α-[1-Oxy-3-methylcyclohexyl-(1)]-α-cyclohexylessigsäure*, $C_{15}H_{26}O_3$, F. 142—144° (Methyläthylketon); 71%. *β-Diäthylaminoäthylester: Hydrochlorid*, $C_{21}H_{40}\cdot O_3NCl$, F. 159—161° (Methyläthylketon); 68%. *Methobromid*, $C_{22}H_{42}O_3NBr$, F. 149 bis 151° (A.–Ae.). — *α-[1-Oxy-4-methylcyclohexyl-(1)]-α-cyclohexylessigsäure*, $C_{15}H_{26}O_3$, F. 159 bis 160° (Methyläthylketon–Bzl.); 73%. *β-Diäthylaminoäthylester: Hydrochlorid*, $C_{21}H_{40}\cdot O_3NCl$, F. 183—185° (Isopropanol); 77%. *Methobromid*, $C_{22}H_{42}O_3NBr$, F. 155—157° (Aceton–Ae.). — *α-[1-Oxycyclooctyl-(1)]-α-cyclohexylessigsäure*, $C_{16}H_{28}O_3$, F. 147—149° (Toluol); 67%. *β-Diäthylaminoäthylester: Hydrochlorid*, $C_{22}H_{42}O_3NCl$, F. 175—176° (Isopropanol); 74%. *Methobromid*, $C_{23}H_{44}O_3NBr$, F. 139—142° (Isopropanol–Ae.). — *Cyclohexylmalonsäure*, $C_9H_{14}O_4$, F. 176—177° (Zers.; HCOOH), aus α-Cyclohexyl-β-oxypropionsäure durch Oxydation mit $KMnO_4$ in verd. Na_2CO_3 in 20 Min. auf dem Wasserbad, Einstellen bei 0° auf p_H 5,8 u. Ausäthern; 65%. — *Dicyclohexylessigsäure*, $C_{14}H_{24}O_2$, F. 134—135° (Bzl.–Ae.), aus I durch 20 Min. Rühren mit $CuSO_4$ bei 195—200° (Badtemp.), Ausäthern, Abdampfen u. Hydrieren in Essigsäure über PtO_2 bei 50 lbs./sq.in.; 62%. — I-*β-Piperidinoäthylester, Hydrochlorid*, $C_{21}H_{38}O_3NCl$, F. 195—196° (Isopropanol–Methyläthylketon); 77%. I-*γ-Dimethylaminopropylester, Hydrochlorid*, $C_{19}H_{36}O_3NCl$, F. 151 bis 153° (Isopropanol–Methyläthylketon); 64%. — *β.β-Dicyclohexyl-β-oxypropionsäure*, $C_{15}H_{26}O_3$, F. 135—137° (Toluol), durch Hydrieren von *β.β-Diphenyl-β-oxypropionsäure* wie oben; 81%. *β-Diäthylaminoäthylester, Hydrochlorid*, $C_{21}H_{40}O_3NCl$, F. 126—127° (Toluol–Bzn.); 73%. *Methobromid*, $C_{22}H_{42}O_3NBr$, F. 178—179° (Isopropanol–Methyläthylketon). (J. Amer. chem. Soc. **77**. 5403—05. 20/10. 1955.) H. Lehwald. 1250

F. F. Blicke und **Harold Zinnes**, *Antispasmodica*. 24. Mitt. *β-Diäthylaminoäthylester substituierter β-Oxypropionsäuren*. (23. vgl. vorst. Ref.) Durch Rk. des Iwanow-Reagens (I; $C_6H_5CHMgCl\cdot COOMgCl$) mit Cyclopentan-, Cyclopenten-(1)-, Cyclohexan- u. Cyclohexen-(3)-aldehyd, sowie mit den Ketonen Methylcyclopropyl-, Methylcyclohexyl- u. Methyl-[cyclohexenyl-(1)]-keton wurden eine Anzahl *β-substituierter β-Oxysäuren* dargestellt. Die hierbei erhaltene *α-Phenyl-β-[cyclohexenyl-(1)]-β-oxybuttersäure* (**VII**) wurde katalyt. über *α-Phenyl-β-cyclohexyl-β-oxybuttersäure* (**III**) in *α.β-Dicyclohexyl-β-oxybuttersäure* verwandelt. Ferner wurde aus [Cyclohexenyl-(1)]-$CHMgCl\cdot COOMgCl$ (**II**) u. Cyclohexanon *α-[Cyclohexenyl-(1)]-α-[1-oxycyclohexyl-(1)]-essigsäure* (**VI**) erhalten, die zu *α-Cyclohexyl-α-[1-oxycyclohexyl-(1)]-essigsäure* hydriert wurde. Die Säuren wurden nach Horenstein u. Pählicke (Ber. dtsch. chem. Ges. **71**. [1938.] 1644) in die *β-Diäthylaminoäthylesterhydrochloride* bzw. *-methobromide* verwandelt u. auf ihre spasmolyt. Eigg. untersucht (Daten vgl. Original). **III**, β-Cyclopropyl-α-phenyl-β-oxybuttersäure sowie **VII** unterliegen bei der Veresterung einer Spaltung unter Bldg. von *Phenylessigsäure-β-diäthylaminoäthylesterhydrochlorid*.

Versuche: Die *β-substituierten* β-Oxy-α-phenylpropionsäuren wurden durch Zufügen des Aldehyds oder Ketons in Ae. zu I (erhältlich durch Zutropfen von Phenylessigsäure in Bzl. zu Isopropyl-MgCl u. wenig Isopropyl-MgBr in Ae. u. 18std. Kochen), 4std. Kochen, Gießen auf Eis-HCl, Ausäthern, Ausziehen mit $NaHCO_3$ u. Ansäuern gegen Congorot dargestellt. Ihre *β-Diäthylaminoäthylesterhydrochloride* entstanden aus den Säuren in Isopropanol durch Zutropfen von β-Diäthylaminoäthylchlorid, 8std. Kochen u. Stehen in Ae.: *β-Cyclopentyl-* (**IV**), $C_{14}H_{18}O_3$, F. 145—148° (Toluol); 75% (Ausbeute). *β-Diäthylaminoäthylester: Hydrochlorid*, $C_{20}H_{32}O_3NCl$, F. 153—154° (Isopropanol–Ae.); 61%. *Methobromid*, $C_{21}H_{34}O_3NBr$, F. 126—128° (Isopropanol–Ae.). — *β-[Cyclopentenyl-(1)]-* (**V**), $C_{14}H_{16}O_3$, F. 147—149° (Bzl.); 75%. *β-Diäthylaminoäthylester: Hydrochlorid*, $C_{20}H_{30}O_3NCl$, F. 129—132° (Zers.; Methyläthylketon); 56%. *Methobromid*, $C_{21}H_{32}O_3NBr$, F. 134—138° (Zers.; Aceton–Ae.). — *β-Cyclohexyl-*, $C_{15}H_{20}O_3$, F. 131 bis 134° (CCl_4); 81%. *β-Diäthylaminoäthylester: Hydrochlorid*, $C_{21}H_{34}O_3NCl$, F. 171—172° (Isopropanol–Methyläthylketon); 58%. *Methobromid*, $C_{22}H_{36}O_3NBr$, F. 160—161° (Isopropanol–Ae.). — *β-[Cyclohexen-(3)-yl]-*, $C_{15}H_{18}O_3$, F. 128—131° (CCl_4); 61%. *β-Diäthylaminoäthylester: Hydrochlorid*, $C_{21}H_{32}O_3NCl$, F. 154—155° (Toluol); 53%. *Methobromid*, $C_{22}H_{34}O_3NBr$, F. 157—158° (Isopropanol–Ae.). — *α-[Cyclohexenyl-(1)]-α-[1-oxycyclohexyl-(1)]-essigsäure* (**VI**), $C_{14}H_{22}O_3$, F. 131—132° (Bzn.), aus **II** u. Cyclohexanon; 37%. *β-Diäthylaminoäthylester: Hydrochlorid*, $C_{20}H_{36}O_3NCl$, F. 148—149° (Isopropanol); 63%. *Methobromid*, $C_{21}H_{38}O_3NBr$, F. 185—187° (Zers.; Isopropanol–Diisopropyläther). — α-Phenyl-β-oxybuttersäuren: *β-Cyclopropyl-*, $C_{13}H_{16}O_3$, F. 92—94° (CCl_4); 57%. — *β-Cyclohexyl-* (**III**), $C_{16}H_{22}O_3$, F. 165—167° (Toluol), aus **VII** durch Hydrieren in Essigsäure über PtO_2 bei 50 lbs/sq.in. bis zur Aufnahme der berechneten Menge H_2;

65%. — *β-[Cyclohexenyl-(1)]-* (VII), $C_{16}H_{20}O_3$, F. 142—144° (Toluol); 73%. Die letzten 3 Säuren ergaben bei den Veresterungsverss. *Phenylessigsäure-β-diäthylaminoäthylester-hydrochlorid*, $C_{14}H_{22}O_2NCl$, F. 78—80°; 69—81%; hygroskopisch. — *α.β-Dicyclohexyl-β-oxybuttersäure*, F. 141—143° (Toluol), a) aus **VII** durch Hydrieren in Essigsäure wie oben; b) aus **III** durch Hydrieren wie oben. — *α-Cyclohexyl-α-[1-oxycyclohexyl-(1)]-essigsäure*, F. 156—157° (Toluol), aus **VI** durch Hydrieren in Essigsäure wie oben; 84%. — *α-Cyclohexyl-β-cyclopentyl-β-oxypropionsäure*, $C_{14}H_{24}O_3$, F. 124—126° (Bzl.–PAe.), aus **IV** oder **V** durch Hydrieren in Essigsäure. (J. Amer. chem. Soc. **77**. 6247—49. 5/12. 1955.)

H. LEHWALD. 1250

W. I. Stawrowskaja, *Chemische Struktur und parasitocide Aktivität.* 18. Mitt. *Derivate des Benzyldiäthylamins.* (17. vgl. C. **1956.** 6399.) Es wird die Darst. einiger *Aminobenzyldiäthylamine* beschrieben, die bei früher beschriebenen Synthesen von Antimalariaverbb. der Acridin- u. Chinolinreihe (vgl. C. **1956.** 428. 692) verwendet wurden. *p-, o-* u. *m-Aminobenzyldiäthylamin* werden durch Rk. der entsprechenden Nitrobenzylchloride mit Diäthylamin u. Red. der Nitrogruppe erhalten. *2-Oxy-5-aminobenzyldiäthylamin* wird durch Red. der entsprechenden Nitroverb. gewonnen, die durch MANNICH-Rk. aus p-Nitrophenol, CH_2O u. Diäthylamin erhalten wird. Bei der MANNICH-Rk. von p-Acetylaminophenol mit CH_2O u. Diäthylamin entstehen *3.5-Bis-[diäthylaminomethyl]-4-oxyacetanilid* (I) u. *3-Diäthylaminomethyl-4-oxyacetanilid* (**II**). Bei der Verwendung eines 5—6fachen Überschusses an Diäthylamin ist die Ausbeute an **I** am größten. **I** u. **II** werden auf Grund ihrer Löslichkeit in Ae. getrennt (**I** ist gut lösl.). *3-Diäthylaminomethyl-5-aminosaligenin* u. sein *Methylenäther* werden durch Red. der entsprechenden Nitroverbb. gewonnen. Zur Darst. von *m-Diäthylaminobenzylchlorid* u. *-amin* vgl. C. **1952.** 4138.

V e r s u c h e: *m-Aminobenzyldiäthylamin*, $C_{11}H_{18}N_2$, Kp.$_3$ 118—120°; durch Red. von m-Nitrobenzyldiäthylamin mit Fe in neutralem Medium oder katalyt. an RANEY-Ni. *Hydrochlorid*, F. 222—223°. *p-Aminobenzyldiäthylamin*, Kp.$_1$ 100—101°. *Hydrochlorid*, F. 230—231°. — *o-Aminobenzyldiäthylamin*, Kp.$_5$ 103—104°. *Hydrochlorid*, F. 186—187°. — *2-Oxy-5-nitrobenzyldiäthylamin*, $C_{11}H_{16}O_3N_2$, F. 87°; aus 23,2 g p-Nitrophenol, 13,4 g Diäthylamin u. 17 g 38%ig. Formalin bei $<$ 20°, dann 2 Std. Erhitzen auf 80° u. Reinigung über das *Hydrochlorid* [$C_{11}H_{17}O_3N_2Cl$, F. 223—224° (Zers.)]; aus W. leuchtendgelbe Plättchen; 15 g (Ausbeute). — *2-Oxy-5-aminobenzyldiäthylamin*, $C_{11}H_{18}ON_2$, aus 10,2 g vorst. Verb. durch Red. mit Fe/HCl; Öl, das sich langsam beim Stehen oder bei der Dest. zers.; 7 g *Oxalat*, $C_{13}H_{20}O_5N_2$, F. 172—172,5° (Zers.; verd. Aceton). — *2-Methoxy-5-aminobenzyldiäthylamin*, $C_{12}H_{20}ON_2$, Kp.$_2$ 137—138°; aus der entsprechenden Nitroverb. mit Fe/HCl; rötliches Öl; 72%. *Pikrat*, F. 149,5—150°. — *3.5-Bis-[diäthylaminomethyl]-4-oxyacetanilid* (**I**), a) aus 3-Diäthylaminomethyl-4-oxyacetanilid (**II**), Diäthylamin u. Formalin in A. (6 Std. Kochen); 80,6%; b) aus p-Acetylaminophenol, Diäthylamin u. Formalin in A. (11 Std. Kochen); 94%. *Tripikrat*, $C_{36}H_{40}O_{23}N_{12}$, F. 161—162° (A.). — *3.5-Bis-[diäthylaminomethyl]-4-oxyanilin*, $C_{16}H_{29}ON_3$, aus vorst. Verb. durch 3std. Kochen mit 20%ig. HCl; braunes Öl, läßt sich nicht dest.; 80%. *Tripikrat*, $C_{34}H_{38}O_{22}N_{12}$, F. 187°. — *3-Diäthylaminomethyl-5-aminosaligeninmethylenäther*, $C_{13}H_{20}O_2N_2$, Kp.$_2$ 170 bis 172°; aus 3-Diäthylaminomethyl-5-nitrosaligeninmethylenäther mit Fe/HCl; 67%. *Dihydrochlorid*, $C_{13}H_{22}O_2N_2Cl_2$, F. 208—210°. — *3-Diäthylaminomethyl-5-aminosaligenin*, aus 6 g 3-Diäthylaminomethyl-5-nitrosaligenin mit Fe/HCl; 2,5 g. — *m-Diäthylaminobenzylchlorid*, Kp.$_3$ 120°. *Hydrochlorid*, F. 204°. *Pikrat*, F. 145—146°. — *m-Diäthylaminobenzylamin*, Kp.$_{2-2,5}$ 122—123°. *Hydrochlorid*, F. 240° (Zers.). *Pikrat*, F. 145—146°. (Журнал Общей Химии [J. allg. Chem.] **25** (**87**). 951—56. Mai 1955.)

G. FROELICH. 1310

Alfred Dornow und **Hans Theidel,** *Reduktionen mit $LiAlH_4$.* 9. Mitt. *Neuere Ergebnisse bei Hydrierungen von α-Ketonitrilen und Isonitrosoketonen mit Lithiumaluminiumhydrid.* (8. vgl. C. **1956.** 4973.) α-Ketonitrile u. Isonitrosoketone werden mit $LiAlH_4$ zu *Aminoalkoholen* hydriert. Partielle Red. der α-Ketonitril zu α-Oxyaldiminen bei tiefen Tempp. gelang nicht, statt dessen trat bei —70° Zers. zu HCN u. dem Aldehyd ein; bei Ausführung der Rk. zwischen —30 u. 0° wurden neben den Aminoalkoholen *N-acylierte Aminoalkohole* isoliert, die sich aus den α-Ketonitrilen u. Aminoalkoholen unter HCN-Abspaltung bilden. Diese N-Acylierung mit α-Ketonitrilen ist allg. anwendbar, sie hat den Vorteil, daß keine bas. Mittel zugesetzt zu werden brauchen. Bei niedrigen Tempp. tritt nur Acylierung von prim. u. sek. Aminogruppen ein, in hochsd. Lösungsmitteln können auch O-Acylderivv. entstehen, wenn die Basizität des Alkoholatsauerstoffs nicht zu gering ist. Phenol. Gruppen werden höchstens unter extremen Bedingungen in geringem Umfang acyliert. — Das bei der partiellen Red. von Benzoylcyanid (**I**) gebildete *2-Benzoylamino-1-phenyläthanol-(1)* (**III**) erleidet mit konz. HCl N → O-Acylwanderung, wahrscheinlich über die Stufe des *2.5-Diphenyloxazolinhydrochlorids.* — Die partielle Red. der Isonitrosoketone ergibt als Nebenprodd. *N-Oximäther.*

Versuche: *2-Amino-1-phenyläthanol-(1)* (II), F. 56—57° (Bzl./PAe.), aus I u. $LiAlH_4$ in Ae. (Zutropfen bei 20°, dann 2std. Kochen); 79,5% (Ausbeute). *Hydrochlorid*, F. 212°. — *2-Amino-1-[p-bromphenyl]-äthanol-(1)*, $C_8H_{10}ONBr$, F. 115—116° (CH_3OH/Ae.), wie vorst. aus p-Bromisonitrosoacetophenon; 53,5%. *Hydrochlorid*, F. 252—253°. — *2-Amino-1-[p-methoxyphenyl]-äthanol-(1)-hydrochlorid*, F. 171—172° (CH_3OH/Ae.), aus p-Methoxyisonitrosoacetophenon; 62%. — *2-Amino-1-[p-fluorphenyl]-äthanol-(1)-hydrochlorid*, $C_8H_{10}ONF \cdot HCl$, F. 242—243° (Methanol/Ae.), aus p-Fluorisonitrosoacetophenon; 31%. — *2-Amino-1-[β-pyridyl]-äthanol-(1)-hydrochlorid*, F. 189—190°, aus Isonitrosomethyl-β-pyridylketon; 8%. — Die Red. von I mit $LiAlH_4$ in Ae. bei —68 bis —70° ergab 78,5% *Benzaldehyd* (Kp. 178°), p-Methoxybenzoylcyanid lieferte analog *Anisaldehyd*. — *2-Benzamido-1-phenyläthanol-(1)* (III), $C_{15}H_{15}O_2N$, F. 149—150°, a) aus I mit $LiAlH_4$ in Ae. bei —10 bis —12°; 1,4%; b) aus I u. II in Ae.; 89%. — *N-Benzoyl-L-ephedrin*, F. 110°, wie vorst. b) aus L-Ephedrin u. I; 74,5%. — *O.N-Dibenzoyl-L-ephedrin*, F. 119—120° (verd. Methanol), aus L-Ephedrin u. I in Dimethylformamid (1 Std. kochen); 65%. — *3-Trichlor-1-benzamidopropanol-(2)*, F. 144—145° (verd. Methanol), wie vorst. aus Trichloraminopropanol; 66%. — *2-[Dichloracetylamino]-1-p-nitrophenylpropandiol-(1.3)*, F. 150—151° (W.), aus 2-Amino-1-p-nitrophenylpropandiol-(1.3) u. Dichloracetylcyanid in Tetrahydrofuran (2 Std. kochen); 67%. — *1-Benzoylbenzimidazol*, F. 92 bis 93° (Ligroin), aus Benzimidazol u. I in Aceton; 68%. — 2.4-Dinitro-1-methylaminobenzol ließ sich nicht mit I benzoylieren. — *Hippursäure (Benzoylglycin)*, F. 190—191°, aus Glycinäthylester u. I in Tetrahydrofuran (½ Std. kochen) u. alkal. Verseifung des Äthylesters (F. 59—60°; 48%). — *β-Benzoyloxy-β-phenyläthylaminhydrochlorid*, $C_{15}H_{15}O_2N \cdot HCl$, F. 199—200° (Essigester), aus III durch 2½std. Kochen mit konz. HCl in CH_3OH; 85%. — *2.5-Diphenyloxazolin*, $C_{15}H_{13}ON$, Kp.$_{15}$ 202—203°, aus II-Hydrochlorid in W. u. Benzimidomethylester (IV) in Ae. (20 Std. schütteln bei 20°); 91%; gab mit konz. HCl in A. vorst. Verb. u. mit n-KOH in CH_3OH III. — *N-[2-Oxy-2-phenyläthyl]-benzamidin*, $C_{15}H_{16}ON_2$, F. 175—176° (Methanol), aus II u. IV in Ae. (12 Std. bei 0°); 78,5%. — *Mandelaldoxim*, $C_8H_9O_2N$, F. 96—97° (Chlf.), aus 0,04 Mol Isonitrosoacetophenon (V) in Ae. bei —15° mit 0,021 Mol $LiAlH_4$; 47,5%. — *Benzaldoxim-N-[2-oxy-2-phenyläthyl]-äther*, $C_{15}H_{15}O_2N$, F. 163—164° (verd. Methanol), aus 0,075 Mol V in Ae. bei —20 bis —17° mit 0,038 Mol $LiAlH_4$; 5,1%; konnte nicht nach BECKMANN mit Acetanhydrid umgelagert werden. — *2-Benzylamino-1-phenyläthanol-(1)*, $C_{15}H_{17}ON$, F. 102—103°, durch katalyt. Hydrierung vorst. Verb. in Methanol über PtO_2 bei n. Druck in 1 Std.; 70%. — *N-[2-Oxy-2-phenyläthyl]-N-[1-phenylpropyl]-hydroxylamin*, $C_{17}H_{21}O_2N$, F. 113—114°, aus vorvorst. Verb. in Tetrahydrofuran mit C_2H_5MgBr bei 0°, dann ½ Std. beim Kp.; 49,5%. — *p-Brombenzaldoxim-N-[2-oxy-2-p-bromphenyläthyl]-äther*, $C_{15}H_{13}O_2NBr_2$, F. 217—218° (verd. A.), wie oben; 4,2%. (Chem. Ber. **88**. 1267—75. 1/8. 1955. Hannover, TH, Inst. für organ. Chem.) H. STACHE. 1320

Henri Moureu, Paul Chovin und **Robert Sabourin**, *Untersuchungen in der Benzilreihe*. 3. Mitt. *Amidderivate der p-Nitro- und p-Aminosalicylsäuren*. (2. vgl. C. **1955**. 4335. 6. u. 7. vgl. C. **1956**. 4701.) Trotz der hohen Empfindlichkeit des 4-Nitro-2-acetoxybenzoesäurechlorids (I) ist es zur Herst. von Amiden geeignet: Mit Piperidin (IIa), Morpholin (IIb) u. Cyclohexylamin (IIc) gibt I die entsprechenden desacetylierten Amide, deren Red. zu den entsprechenden *p-Aminoverbb.* führt. Mit Harnstoff (IId) liefert I ohne Desacetylierung *N-[p-Nitro-o-acetoxybenzoyl]-harnstoff*, der durch Red. in die entsprechende Aminoverb. übergeht. Mit p-Aminosalicylsäure (IIe) bildet sich *N-[p-Nitro-o-acetoxybenzoyl]-p-aminosalicylsäure* (IV), welche gleichfalls zur Aminoverb. red. werden kann. Durch Desacetylierung von IV entsteht *N-[p-Nitrosalicyloyl]-p-aminosalicylsäure*, deren katalyt. Red. nicht die erwartete Aminoverb., sondern einen schwer zu reinigenden Körper gibt. Mit p-Aminobenzolsulfonamid (IIf) liefert I *$N_{(4)}$-[p-Nitro-o-acetoxybenzoyl]-p-aminobenzolsulfonamid*.

Versuche (FF. im MAQUENNE-Block): *N-[p-Nitrosalicyloyl]-piperidin* (III), $C_{12}H_{14}O_4N_2$, F. 238—239° (aus A. feine Nadeln), durch tropfenweise Zugabe von I in Ae. zu IIa in Ae. unter Rühren, dann 1std. Kochen. — *N-[p-Aminosalicyloyl]-piperidin* (V), $C_{12}H_{16}O_2N_2$, F. 135—136° (aus A. an der Luft rasch braun werdende Kristalle), durch Hydrierung von III in A. in Ggw. von RANEY-Ni. — *N-[p-Nitrosalicyloyl]-morpholin*, $C_{11}H_{12}O_5N_2$, F. 245° (A.), aus IIb u. I analog III. — *N-[p-Aminosalicyloyl]-morpholin*, $C_{11}H_{14}O_3N_2$, F. 158—159° (A.), aus vorst. Verb. analog V. — *N-[p-Nitrosalicyloyl]-cyclohexylamin*, $C_{13}H_{16}O_4N_2$, F. 227—228° (A.), aus IIc u. I. — *N-[p-Aminosalicyloyl]-cyclohexylamin*, $C_{13}H_{18}O_2N_2$, F. 156°. — *N-[p-Nitro-o-acetoxybenzoyl]-harnstoff*, $C_{10}H_9O_6N_3$, F. 223—224° (Aceton), aus IId u. I. — *N-[p-Amino-o-acetoxybenzoyl]-harnstoff*, $C_{10}H_{11}O_4N_3$, F. 205° (A.). — *N-[p-Nitro-o-acetoxybenzoyl]-p-aminosalicylsäure* (IV), $C_{16}H_{12}O_8N_2$, F. 255—257° (aus A. Nadeln), aus IIe u. I; mit $FeCl_3$ Violettfärbung. — *N-[p-Amino-o-acetoxybenzoyl]-p-aminosalicylsäure*, $C_{16}H_{14}O_6N_2$, F. 229—230° (A.), durch

Hydrierung von **IV**. — *N-[p-Nitrosalicyloyl]-p-aminosalicylsäure*, $C_{14}H_{10}O_7N_2$, F. 340 bis 342° (aus Propylenglykol gelbliche Nadeln), durch 12std. Behandlung von **IV** mit 0,1n NaOH-Lsg. in der Kälte. — *$N_{(4)}$-[p-Nitro-o-acetoxybenzoyl]-p-aminobenzolsulfonamid*, $C_{15}H_{13}O_7N_3S$, F. 221—222° (wss. Dioxan), aus **II f** u. **I**; Diazotierung u. Kupplung sind nicht möglich. (Bull. Soc. chim. France, Mém. [5] **1955**. 1152—54. Okt. Paris, Labor. Municipal.) E. Rotter. 1350

Erich Hecker, *4'-Nitroazobenzolcarbonsäure-(4)-chlorid als Reagens auf Alkohole.* Dargestellt wurden *2'-*, *3'-* u. *4'-Nitroazobenzolcarbonsäure-(4)* (**I**), *Ester* dieser Säuren u. *Ester* der *Azobenzolcarbonsäure-(4)*. Durch vergleichende Unters. der Eigg. der Ester wurde gefunden, daß sich bes. die Ester von **I** durch ihr gutes Kristallisationsvermögen u. hohen F. zur Isolierung u. Charakterisierung von Alkoholen eignen. Die Ester sind farbig u. leicht verseifbar, ihr UV-Spektr. zeigt, unabhängig vom Alkoholrest, bei 331—332 mμ eine Absorptionsbande mit $\varepsilon = 30880 \pm 800$.

Versuche: *4-Nitronitrosobenzol* (**II**), F. 118,5—119°, aus 6,2 g 4-Nitroanilin in W. mit 51%ig. Peressigsäure (72 Std. schütteln u. 48 Std. stehenlassen) u. fraktionierte Wasserdampfdest.; 1,833 g (Ausbeute); daneben 2 g *4.4'-Dinitroazoxybenzol* (F. 190 bis 191°). — *3-Nitronitrosobenzol*, F. 90—92°, analog **II** aus 3-Nitranilin; 36%. — *4-Nitrosobenzoesäureäthylester* (**III**), F. 83—84°, a) aus 4-Nitrobenzoesäureäthylester in Glykolmonomethyläther (GMÄ) u. Eisessig mit Zn-Staub unter CO_2, Eintragen der filtrierten Lsg. in $FeCl_3 \cdot 6\,H_2O$ in wss. A. unter Kühlung u. Verdünnen mit W.; 65 bis 70% (roh); b) aus 4-Aminobenzoesäureäthylester mit Peressigsäure; 35—40%. — *4'-Nitroazobenzolcarbonsäure-(4)* (**I**), $C_{13}H_9O_4N_3$, F. 318° (rote Nadeln aus GMÄ), aus **II** u. 4-Aminobenzoesäure in Eisessig (3 Std. bei 60°); 85—90% (roh). *Chlorid*, F. 162 bis 163° (Bzl.), aus **I** durch Verreiben mit Na_2CO_3, 2std. Kochen mit $SOCl_2$ in Toluol, Eindampfen u. Extraktion mit Bzl.; 94%. *Äthylester*, $C_{15}H_{13}O_4N_3$, F. 162—163° (Bzl. u. A.–Aceton), a) aus dem Chlorid mit A. in Bzl. unter Zugabe von Pyridin; Reinigung durch Chromatographie; b) aus Nitranilin u. **III** in Eisessig + Trichloressigsäure (4 Std. auf dem Wasserbad); 87%. Analog a) ferner nachst. Ester: *Methyl-*, F. 186—187°. *n-Propyl-*, F. 144—145°. *Isopropyl-*, F. 178—180°. *n-Butyl-*, $C_{17}H_{17}O_4N_3$, F. 131,5 bis 132,5° (Bzl.-Cyclohexan). *n-Pentyl-*, F. 124—125°. *n-Hexyl-*, F. 110—111°. *n-Octyl-*, $C_{21}H_{25}O_4N_3$, F. 111—112° (Cyclohexan). *n-Decyl-*, F. 110—111°. *n-Dodecyl-*, $C_{25}H_{33}O_4N_3$, F. 110—111° (Cyclohexan). *Myristyl-*, F. 110—110,5°. *Cetyl-*, F. 110—111°. *2.3-Dimethylpentyl-*, F. 160—161°. *2.4-Dimethylhexyl-*, F. 117—117,5°. *Benzyl-*, F. 158—159°. *β-Phenyläthyl-*, F. 164—165°. *Cyclopentyl-*, F. 153°. *Cyclohexyl-*, F. 164,5—165°. *2-Methylcyclohexyl-*, F. 126—127°. *3-Methylcyclohexyl-*, F. 127—128°. *4-Methylcyclohexyl-*, F. 178—179°. *Cholesteryl-*, F. 178,5—179,5°. *4-Methylpenten-(3)-yl-(2)-*, $C_{19}H_{19}O_4N_3$, F. 158—160° (Bzl.). *Sorbinyl-*, F. 158—159°. *β.δ-Dimethylsorbinyl-*, F. 80—81°. *Geranyl-*, $C_{23}H_{25}O_4N_3$, F. 107—109° (Heptan). *Neryl-*, F. 90—91,5°. *Phenyl-*, F. 207—209°. *p-Kresyl-*, F. 168—169°. *β-Naphthyl-*, F. 209—210,5°. — *2'-Nitroazobenzolcarbonsäure-(4)*, $C_{13}H_9O_4N_3$, F. 287—287,5°, analog **I**; braune Nadeln. *Chlorid*, F. 129—131°. *Äthylester*, F. 86,5—87° (Cyclohexan). *n-Butylester*, F. 54,5—55,5° (n-Hexan, Acetonitril). *n-Octylester*, F. 55—55,5° (n-Hexan, Acetonitril). *n-Dodecylester*, F. 60,5—62° (n-Hexan, Aceton). — *3'-Nitroazobenzolcarbonsäure-(4)*, F. 268°, rote Nadeln. *Chlorid*, F. 110,5 bis 112°. *Äthylester*, F. 117,5—118°. *n-Butylester*, F. 96° (Cyclohexan, Aceton–W.). *n-Octylester*, F. 56—57° (Hexan, Acetonitril). *n-Dodecylester*, F. 57—58° (Cyclohexan, Aceton–W.). — *Azobenzolcarbonsäure-(4)*, F. 248,5—249,5°. *Chlorid*, F. 94,5—95,5°. *Äthylester*, F. 86—87°. *n-Butylester*, $C_{17}H_{18}O_2N_2$, F. 69—70° (Aceton, n-Heptan). *n-Octylester*, $C_{21}H_{26}O_2N_2$, F. 60,5—61° (Aceton, n-Heptan). *n-Dodecylester*, $C_{25}H_{34}O_2N_2$, F. 66 bis 67° (Aceton, n-Heptan). (Chem. Ber. **88**. 1666—75. 1955. Tübingen, Max-Planck-Inst. für Biochem.) H. Milster. 1350

J. Franklin Hyde, O. Kenneth Johannson, William H. Daudt, Robert F. Fleming, Harry B. Laudenslager und **Mary P. Roche,** *Natrium- und Kaliumsalze von Triorganosilanolen.* Durch Einw. von NaOH auf entsprechende Disiloxane in alkoh. Lsg. wurden die *Na-Salze* von *Dimethylphenyl-*, *Methyldiphenyl-* u. *Triphenylsilanol* dargestellt. Durch milde Hydrolyse konnten sie vollständig in die *Silanole* übergeführt werden. *Trimethylsilanol* konnte auf diesem Wege in geringer Ausbeute gewonnen werden, besser durch Einw. von Na_2O oder $NaNH_2$ auf das Disiloxan. *Trimethylsilanolkalium* wurde durch längeres Kochen von Hexamethyldisiloxan (**I**) mit KOH oder besser mit KNH_2 gewonnen. Die neuen wasserfreien Salze wurden durch die Röntgenpulverdiagramme charakterisiert u. ihre Konst. durch Kondensation mit entsprechenden Chlorsilanen zu bekannten *Methylphenyldisiloxanen* bewiesen. Anwendung dieses Analogons der Williamson-Synth. auf diese Salze führte zu $Ph_2Si(OSiPhMe_2)_2$, $PhSi(OSiPhMe_2)_3$ u. $Me_3Si(OSiPhMe)_3OSiMe_3$ (Ph = Phenyl-, Me = Methyl-).

Versuche: *Trimethylsilanolnatrium*, C_3H_9ONaSi, sublimiert im Hochvakuum bei 130—140°, a) durch tropfenweise Zugabe von **I** zu $NaNH_2$ in fl. NH_3 im NH_3-Strom unter kräftigem Rühren; nach Verdampfen des NH_3 Lösen in Ae., Filtration unter N_2, Verdampfen der flüchtigen Anteile; 80% (Ausbeute); b) durch Erhitzen von Na_2O in **I** u. CH_3OH, nach Zugabe von wenigen ml W., 1—2std. Kochen; 27%; c) aus **I**, Na_2O, Pyridin u. CH_3OH durch 6tägiges Rühren in der Wärme; 49%. — *1.1.1-Trimethyltriphenyldisiloxan*, Kp. 140—145°, F. 50—51°, Prismen aus Isopropanol, aus vorst. Verb. in Bzl. u. Triphenylchlorsilan; 86%; daneben 11% *Hexaphenyldisiloxan*, F. 222—225°. — Weitere Charakterisierung des Salzes mit Methyl-, Äthyl- u. Phenyltrichlorsilan als *Si(OSiMe₃)₄*, *MeSi(OSiMe₃)₃*, *ÄthSi(OMe₃)₃* u. *PhSi(OSiMe₃)₃*. — *Trimethylsilanolkalium*, C_3H_9OKSi, a) aus KNH_2 in absol. Ae. mit **I**; 79%; b) aus KOH u. 28 g **I** nach 10 Tagen bei 100°; 14,2 g roh. — *Nonamethyl-3.5.7-triphenylpentasiloxan*, $C_{27}H_{42}O_4Si_5$, Kp.$_{2,0}$ 190°, aus vorst. Verb. u. 1.3.5-Trimethyl-1.3.5-triphenyldichlortrisiloxan in Ae. durch 18std. Kochen; n_D^{25} 1,4932; D.$^{25}_4$ 1,0115; 58%. — *Dimethylphenylsilanolnatrium* (**II**), $C_8H_{11}ONaSi$, F. 87—94°: Zugabe von 28,6 g Tetramethyl-1.3-diphenyldisiloxan (Kp.$_{15}$ 161—161,5°) zu der fast sd. Lsg. von NaOH in Isopropylalkohol u. CH_3OH; nach Filtration einengen der Fl. bei 115°; aus PAe. feine Nadeln; 33 g. — *Dimethylphenylsilanol*, $C_8H_{12}OSi$, Kp.$_{14}$ 101—101,5°, aus vorst. Verb. in Ae. durch Zugabe zu Ae. + verd. CH_3COOH; n_D^{25} 1,5100; D.$^{25}_4$ 0,990; 95%. — *1.1.5.5-Tetramethyl-1.3.3.5-tetraphenyltrisiloxan*, $C_{28}H_{32}O_2Si_3$, Kp.$_{10}$ 257°, Kp.$_{760}$ 399°, aus **II** in PAe. u. Diphenyldichlorsilan durch 8std. Kochen; n_D^{25} 1,5543; D.$^{25}_4$ 1,057; 78%. — *Tetramethyl-1.3.5-triphenyl-3-[dimethylphenylsiloxy]-trisiloxan*, $C_{30}H_{38}O_3Si_4$, Kp.$_1$ 217—225°, ebenso aus **II** u. Phenyltrichlorsilan; n_D^{25} 1,528; D.$^{25}_4$ 1,060; 35%. — *Pentamethylphenyldisiloxan*, Kp.$_{15}$ 95—96°, aus **II** u. Trimethylchlorsilan. — *Methyldiphenylsilanolnatrium* (**III**), $C_{13}H_{13}ONaSi$, aus NaOH u. 1.3-Dimethyltetraphenyldisiloxan wie **II**; 76%. — Daraus *Methyldiphenylsilanol*, $C_{13}H_{14}OSi$, Kp.$_{14}$ 165—168°, durch Hydrolyse; n_D^{25} 1,579; 96%. — *Methylpentaphenyldisiloxan*, F. 75,2—75,8°, aus **III** u. Triphenylchlorsilan in Bzl.; Prismen aus Aceton–A.; 79%. — *Tetramethyl-1.1-diphenyldisiloxan*, Kp.$_{13}$ 155 bis 158°, aus **III** u. Trimethylchlorsilan; n_D^{25} 1,519; 83%. — *Triphenylsilanolnatrium*, $C_{18}H_{15}ONaSi$, aus Hexaphenyldisiloxan u. NaOH in Isopropylalkohol, CH_3OH u. Toluol u. allmähliche Erwärmung auf 115°; 81%. — *Triphenylsilanol*, F. 144,5—146,5°, aus vorst. Salz; 97%. — *1.1.1-Trimethyltriphenyldisiloxan*, Kp.$_{13}$ 215—218°, F. 48°, aus vorst. Salz u. Trimethylchlorsilan; n_D^{25} 1,560; 98%. (J. Amer. chem. Soc. **75**. 5615—18. 20/11. 1953. Midland, Mich., Corning Glass Works & Dow Corning Corp., Res. Labors.)

R. BORCHARDT. 1380

A. G. Brook und **Henry Gilman**, *Analoge des Hexaphenyläthans*. 3. Mitt. *Triphenylmethyltriphenylgerman, Triphenylgermancarbonsäure und einige Derivate*. (2. vgl. C. **1955**. 4085.) *Triphenylmethyltriphenylgerman* (**I**), $(C_6H_5)_3C—Ge(C_6H_5)_3$, wird aus Triphenylmethylnatrium (**IV**) u. Triphenylbromgerman (**V**) dargestellt. Es dissoziiert nicht nennenswert in freie Radikale. Sein Infrarotspektr. ähnelt dem des Triphenylmethyltriphenylsilans sehr, bis auf die geringen Verschiebungen, die durch den Ersatz des Si durch Ge verursacht werden. Neben **I** entsteht *p-Triphenylgermylphenyldiphenylmethan* (**VI**). Spaltung von **I** mit K/Na u. anschließende Carboxylierung führt zu *Triphenylessigsäure* u. *Triphenylgermancarbonsäure* (**II**), welche ebenfalls durch Spaltung von Hexaphenyldigerman auf ähnliche Weise dargestellt werden kann. Wird **II** über den F. erhitzt, spaltet sie CO u. W. ab unter Bldg. von **II**-*Triphenylgermylester*, der auf unabhängigem Wege gewonnen werden kann u. durch Verseifung **II** u. *Triphenylgermanol* (**III**) liefert. **III** kann auch durch Hydrolyse von **V** mit wss.-alkoh. Alkali dargestellt werden.

Versuche (alle Rkk. unter N_2): Rk. von **IV** mit Triphenylbromgerman (**V**), F. 137—138°, in Ae. u. Hydrolyse mit W. führt zu *Triphenylmethyltriphenylgerman* (**I**), $C_{37}H_{30}Ge$, F. 342—344° (Dioxan oder Pyridin); 51% (Ausbeute). Aus der äther. Schicht wurde *p-Triphenylgermylphenyldiphenylmethan* (**VI**), $C_{37}H_{30}Ge$, F. 208—209° (Bzl.-PAe.), isoliert; 26%. — Spaltung von **I** durch K/Na nach 2tägigem Rühren in Ae., Zugabe von weiterem Ae., 4tägiges Rühren, Carboxylierung mit Trockeneis/Ae., Hydrolyse mit W.; aus äther. Schicht *Triphenylmethan*, F. 86—89°; 8%. Aus der wss. Schicht durch Ansäuern *Triphenylessigsäure* u. **II**; Trennung beider durch Bldg. ihrer Methylester mit CH_2N_2; *Triphenylessigsäuremethylester*, F. 185—187° (Bzl.-PAe., 1 : 3); 48%; **II**-*Methylester*, F. 106—108° (PAe.); 26%. — **I** bleibt mit J_2 u. Chinolin in Xylol nach 12 Std. am Rückfluß unverändert, ebenso mit J_2 in Chlf. nach 11 Std. am Rückfluß. **I** zeigt in Xylol nach 35 Std. am Rückfluß unter Durchleiten eines trocknen Luftstromes allmähliche Gelbfärbung. — **VI** wird auch aus p-Bromphenyldiphenylmethan u. Mg in Ae. u. **V** nach 24std. Kochen, Abdest. des Ae., 2std. Rühren bei 100°, Rühren mit Bzl. über Nacht, Hydrolyse mit verd. Säure aus der Benzolschicht erhalten; 65%. —

Triphenylgermancarbonsäure (**II**), $C_{19}H_{16}O_2Ge$, F. 189—190° (Zers.), aus Hexaphenyldigerman in Ae., 1 : 5 K/Na u. Tetrahydrofuran unter 24std. Rühren, Carboxylierung mit Trockeneis/Ae., Hydrolyse mit W.; aus äther. Schicht, Kristalle aus A.; 83%. *Methylester*, $C_{20}H_{18}O_2Ge$, F. 107—108°, mit CH_2N_2; 87%. — Therm. Zers. von **II** liefert bei 190° Badtemp. *CO*, nachgewiesen mit $PdCl_2$; der Rückstand enthielt W. u. **II**-*Triphenylgermylester*, $C_{37}H_{30}O_2Ge_2$, F. 163—164° (Chlf.-PAe., 1 : 1); 86%. Vorst. Verb. entsteht auch aus **II** u. NaOH nach Entfernung von W. u. 2std. Kochen mit **V** in Bzl.; 81%; ferner durch Lösen von **II** in wss. NH_4OH, Rk. mit $AgNO_3$, Filtration, Reinigung u. 2std. Kochen des Ag-Salzes mit **V** in Bzl.; 53%. Verseifung durch Kochen mit wss. 5%ig. KOH u. A. liefert *Triphenylgermanol* (**III**), F. 132—134° (PAe.); 51%, u. **II**; 65%. — **III** wird auch aus **V** u. KOH in W. u. A. (1 Std. Kochen) erhalten; 84%. (J. Amer. chem. Soc. **76**. 77—80. 5/1. 1954. Ames, Io., Iowa State Coll., Chem. Labor.)

R. Borchardt. 1380

Henry Gilman und **Clare W. Gerow**, *Analoge des Hexaphenyläthans*. 4. Mitt. *Hexaphenyldigerman*. (3. vgl. vorst. Ref.) *Hexaphenyldigerman* (**I**) dissoziiert nicht in seine Radikale bei Einw. von O_2 u. J_2 in Chlf., wohl aber bei Behandlung mit J_2 in sd. Xylol. Durch K/Na in Ae., Bzl., Äthylenglykoldimethyläther, sd. Xylol oder sd. Di-n-butyläther wird **I** im Gegensatz zu Hexaphenyldisilan nicht oder (in den beiden letzten Fällen) vollständig gespalten, aber Einw. von K/Na in Ae. mit Tetrahydrofuran, Brombenzol oder Tetraphenylgerman führt zu *Triphenylgermylkalium*. — *Triphenylgermyllithium* kann durch Einw. von Li auf **I** in Äthylenglykoldimethyläther dargestellt werden.

Versuche (alle Rkk. in N_2-Atmosphäre): Dissoziations- u. Spaltungsverss. mit **I**: a) **I** in absol. Xylol mit trocknem Luftstrom in 48 Std. unverändert; b) **I** mit wenigen Tropfen einer 1%ig. J_2-Lsg. in Chlf. nach 24 Std. am Rückfluß unverändert; c) **I** mit J_2 u. Chinolin in absol. Xylol 24 Std. am Rückfluß; 10% *Hexaphenyldigermanoxan*, F. 183—185° (PAe.); d) **I** mit 1 : 5 K/Na in absol. Ae., nach 24 Std. keine Rk., Zugabe von p-Bromtoluol, 6std. Rühren, Hydrolyse durch tropfenweise Zugabe von W.; 96% **I** zurückgewonnen; e) **I** mit Na in sd. absol. Xylol, nach 28 Std. keine Rk.; f) zu **I** u. Cs in Ae., 48std. Rühren, keine Rk.; g) **I** mit 1 : 5 K/Na u. Di-n-butyläther, 6 Std. am Rückfluß, anschließend 20std. Rühren, nach Zugabe von W. aus organ. Schicht durch Dest. bei 150°/0,1 mm Öl (nicht identifiziert); h) **I** mit 1 : 5 K/Na u. Xylol, 23 Std. am Rückfluß, Hydrolyse durch W.; Öl; i) **I** mit 1 : 5 K/Na u. Bzl., 40 Min. Rühren, Grünfärbung, Zugabe von Bzl. u. 6std. Rühren, weißer Festkörper, Zugabe von wenig Tetrahydrofuran, 90std. Rühren, Überschuß von Alkali durch Amalgambldg. beseitigt, Zugabe von Trimethylchlorsilan, 1std. Rühren, tropfenweise Zugabe von W., ½ Std. Rühren, Filtration: 76,7% **I**; aus der Benzolschicht *Tetraphenylgerman*, F. 229—235° (Bzl.); 13% (Ausbeute). — *Triphenylgermylkalium*, aus **I** in Ae. u. 1 : 5 K/Na, 5 Min. Rühren, Zugabe von Tetrahydrofuran, hellbraune Färbung, 30 Min. Rühren, Zugabe von weiterem Ae., 27std. Rühren, Amalgamierung des Überschusses an Alkali. — *Triäthylsilyltriphenylgerman* (**III**), F. 92,5—94,5° (A.), a) aus vorst. Verb. u. Triäthylchlorsilan (**II**), 1std. Rühren, Hydrolyse durch W., aus äther. Schicht; 64,1%; b) aus **I**, Tetraphenylgerman u. 1 : 5 K/Na in Ae., 23std. Rühren, Amalgamierung überschüssigen Alkalis, Zugabe von **II**, 1std. Rühren, Hydrolyse durch W. (40% **I**), aus äther. Schicht; 62,6%; c) **I** u. 1 : 5 K/Na mit Ae. als Paste, nach einigen Min. Rühren Zugabe von Brombenzol im Laufe von 2 Std., Übergang der Farbe von Grün zu Braunschwarz, 24std. Rühren, Amalgamierung, Zugabe von **II**, 10 Min. Rühren, Hydrolyse; 55,3%. — *Triphenylgermyllithium*, aus **I** u. Li-Draht in Äthylenglykoldimethyläther, nach 35 Min. Rühren Braunfärbung, nach 3 Std. Zugabe von weiterem Lösungsm., 2std. Rühren, Abpipettieren vom unverbrauchten Li. — **III**, aus vorst. Lsg. u. **II** durch 17std. Rühren u. Hydrolyse; 39,8%. (J. Amer. chem. Soc. **77**. 5509—12. 5/11. 1955.) R. Borchardt. 1380

S. Berkovic, *Darstellung von 2.5-Dichlorstyrol und einiger verwandter Verbindungen*. Aus p-Dichlorbenzol u. Äthylen in Ggw. von $AlCl_3$ entstand *2.5-Dichloräthylbenzol* (**I**), daneben *m-Dichlorbenzol* (**II**) u. eine geringe Menge eines anderen *Dichloräthylbenzols*, das sich wahrscheinlich von **II** ableitet. Die Bromierung von **I** lieferte *α-Brom-2.5-dichloräthylbenzol* (**III**), aus dem mit alkoh. NaOH *2.5-Dichlorstyrol* (Gesamtausbeute 27%) erhalten wurde. Die α-Stellung des Br in **III** wurde infrarotspektroskop. nachgewiesen. Zum Vgl. wurde **III** aus 2.5-Dichlorphenylmethylcarbinol u. *β-Brom-2.5-dichloräthylbenzol* aus 2.5-Dichloracetophenon über *2.5-Dichlorphenylessigsäurebutylester* u. *β-[2.5-Dichlorphenyl]-äthanol* dargestellt.

Versuche: Durch Einleiten von 80% der theoret. Menge Äthylen innerhalb 60—75 Min. unter Rühren bei 135—140° in ein Gemisch von 200 g p-Dichlorbenzol u. 200 g $AlCl_3$ wurden nachst. 3 Verbb. erhalten (Trennung durch fraktionierte Dest.): *m-Dichlorbenzol* (**II**), $C_6H_4Cl_2$, Kp.$_8$ 48,5°; n_D^{20} 1,5439; $D.^{20}_{20}$ 1,2838; 35% (Ausbeute).

Durch Nitrierung entstand *4.6-Dichlor-1.3-dinitrobenzol*, F. 101° (Ae./A.). — *2.5-Dichloräthylbenzol* (**I**), $C_8H_8Cl_2$, Kp.$_8$ 80,5°; Kp.$_{30}$ 102°; n_D^{20} 1,5394; D.$^{20}_{20}$ 1,2090; 36%. — *Isomeres Dichloräthylbenzol*, $C_8H_8Cl_2$, Kp.$_{30}$ 128°; n_D^{20} 1,5479; D.$^{20}_4$ 1,2447; 8,5%. — *2.5-Dichlor-1-[α-bromäthyl]-benzol* (**III**), $C_8H_7Cl_2Br$, Kp.$_2$ 112,5°, Kp.$_5$ 141,5°, aus **I** in CCl_4, a) durch Eintropfen von Br_2 bei 95—100°; b) durch 2½std. Kochen mit N-Bromsuccinimid in Ggw. von Dibenzoylperoxyd; n_D^{20} 1,5846; D.$^{20}_{20}$ 1,5783; c) aus 2.5-Dichlorphenylmethylcarbinol mit KBr u. 55%ig. H_2SO_4, 15 Min. bei 120°, oder mit PBr_3; n_D^{20} 1,5866; D.$^{20}_{20}$ 1,5939; a) u. c) 95%, b) 90%. — *2.5-Dichlorstyrol*, $C_8H_6Cl_2$, Kp.$_5$ 92—93°, aus **III** durch 2std. Kochen mit NaOH in A.; n_D^{20} 1,5798; D.$^{20}_4$ 1,246; 80%. — *2.5-Dichlorphenylessigsäure*, $C_8H_6O_2Cl_2$, F. 104° (Bzl.), durch 15std. Kochen von 2.5-Dichloracetophenon mit S in Morpholin, Gießen in A. → *Thiomorpholid* (F. 126—127°; 60%), das mit wss. CH_3COOH/H_2SO_4 hydrolysiert wurde; 66%. *Butylester*, $C_{12}H_{14}O_2Cl_2$, Kp.$_7$ 162°; n_D^{20} 1,5190; D.$^{20}_{20}$ 1,1651; 90%. — *β-[2.5-Dichlorphenyl]-äthanol*, $C_8H_8OCl_2$, F. 26 bis 28°; Kp.$_3$ 121—122°, aus vorst. Ester mit $LiAlH_4$ in absol. Ae.; 90%. — *β-Brom-2.5-dichloräthylbenzol*, $C_8H_7Cl_2Br$, Kp.$_2$ 114°, aus vorst. Verb. in CCl_4 mit PBr_3 u. 2std. Rühren; n_D^{20} 1,5827; D.$^{20}_{20}$ 1,5936. (J. org. Chemistry **20**. 1322—25. Okt. 1955. Haifa, Israel, Min. of Defence, Sci. Dep.) H. ASCHERL. 1410

Roland Jaunin und **Angelo Germano**, *Pentachlorcyclohexane durch Chlorieren von 1.2.4.5-Tetrachlorcyclohexan, F. 174°.* 1.2.4.5-Tetrachlorcyclohexan vom F. 174° (**I**) wird zu 2 *Pentachlorcyclohexanen* mit F. 56° (**II**) u. 107° (**III**) chloriert. Die Verb. vom F. 56° hat die Konfiguration 1 e p 2 p 4 e 5 e, die mit F. 107° 1 p 2 p 3 e 4 e 5 e, wie durch Weiterchlorierung zu *Hexachlorcyclohexanen* festgestellt wurde.

V e r s u c h e: *Pentachlorcyclohexane*, $C_6H_7Cl_5$: 3std. Kochen von 20 g **I** u. 20 cm³ SO_2Cl_2 in CCl_4 im UV-Licht, Versetzen mit verd. CH_3OH, dann Sodalsg., Filtrieren, Entfernen des CCl_4, Verdünnen des Öles mit PAe., 1wöchiges Stehenlassen, Filtrieren u. Dest.; Kp.$_{12}$ 135—150°; 14—15 g (Ausbeute). Chromatographieren an Aktivkohle; **II**, F. 56° (PAe.); 2—2,5 g; **III**, F. 107° (Ligroin), 0,3—0,4 g. — Einleiten von Cl_2 in 300 mg **II** in CCl_4 bei 0° während 30 Min. unter UV-Bestrahlung, Entfernen des Lösungsm., Lösen des Öles in PAe. u. Chromatographieren: *Hexachlorcyclohexan* vom F. 109°; ca. 200 mg. — Chlorieren von **III** analog: 272 mg Öl erhalten, nach 2maligem Chromatographieren *Hexachlorcyclohexan* vom F. 71—72°; nach 1wöchigem Stehenlassen bei —12° feine Nadeln aus PAe.; 7 mg. (Helv. chim. Acta **38**. 1763—66. 1/12. 1955. Lausanne, Univ., Labor. de Chim. organ.) I. AHRLÉ. 1810

Eugen Müller und **Horst Metzger**, *Über Nitrosoverbindungen.* 3. Mitt. *Bildung prim. und sek. Bis-nitrosoverbindungen durch Radikalreaktionen und ihre Verwandlung in Oxime.* (2. vgl. C. **1955**. 5053.) Bei der Einw. von Cl_2 u. NO im Volumenverhältnis 1 : 8 u. UV-Licht auf Cyclohexan (**I**) wird als Hauptprod. die dimere Nitrosoverb. *Bis-[nitrosocyclohexan]* (**II**) neben *1-Chlor-1-nitrosocyclohexan* (**III**), *Chlorcyclohexanen* u. *Cyclohexylnitrat* erhalten. **II**, das zum Vgl. auch aus N-Cyclohexylhydroxyamin (**IV**) dargestellt wurde, gibt positive LIEBERMANN- u. Diphenylamin-Rk., wird durch längeres Erhitzen in Lsg. in *Cyclohexanonoxim* umgelagert u. hat im Infrarotspektr. eine starke Bande bei 8,35 μ. Dagegen fehlt die bei ca. 6,5 μ liegende Bande der monomeren Nitrosoverbindungen. Aus Toluol konnte unter analogen Bedingungen *Bis-[ω-nitrosotoluol]* erhalten werden, allerdings in geringer Ausbeute. Die Isolierung von *Bis-[x-nitrosoheptan]* aus n-Heptan (**V**) nach Begasung mit Cl_2/NO (1 : 8), gelang dagegen nicht; wahrscheinlich hat sich die dimere Nitrosoverb. hier bei der Dest. in das Oxim umgelagert. Ihre Bldg. kann aber mit großer Sicherheit aus den Eigg. des Reaktionsgemisches u. seinem Verh. bei der Aufarbeitung entnommen werden. Das aus N-Heptyl-(4)-hydroxylamin (**VI**) dargestellte *Bis-[4-nitroso-n-heptan]* hat eine Infrarotbande bei 8,45 μ, die sich auch im Spektr. des Begasungsgemisches von **V** findet.

V e r s u c h e: *Bis-[nitrosocyclohexan]* (**II**), $C_{12}H_{22}O_2N_2$, F. 116,5—117° (Aceton), a) durch 5std. Begasung von 300 cm³ **I** bei 15—20° mit 0,17 Liter/Std. Cl_2 u. 1,40 Liter/Stand. NO, Bestrahlung mit UV-Licht u. Dest. des Reaktionsgemisches als Rückstand; 60% (Ausbeute, bezogen auf 1 Mol Cl_2); b) aus **IV** in 2n HCl durch Zusatz von Bromwasser; 57%. Die bei der Dest. nach a) erhaltenen 2 Fraktionen, Kp.$_{18}$ 40—67° u. Kp.$_{15}$ 70 bis 72°, bestanden aus *1-Chlor-1-nitrosocyclohexan* (**III**; Hydrierung mit PtO_2 → *Cyclohexanonoxim*) u. *Chlorcyclohexanen*, photometr. bestimmte Ausbeute an **III** 20% bezogen auf 3/2 Cl_2, bzw. *Cyclohexylnitrat*, $C_6H_{11}O_3N$; n_D^{20} 1,4610. Angaben über die Zeit- u. Temperaturabhängigkeit der Ausbeuten an **II** u. **III** s. Original. — *Cyclohexanonoxim*, $C_6H_{11}ON$, F. 91,5—92,5° (PAe.), durch therm. Behandlung von **II** a) ohne Lösungsm. 10 Min. bei 120°; 86%; b) in A. kochen; 80%; c) in Eisessig kochen; 54%; d) in Phthalsäurediäthylester auf dem Wasserbad erwärmen; 35%; e) Wasserdampfdest.; 49%. — *Bis-[ω-nitrosotoluol]*, $C_{14}H_{14}O_2N_2$, F. 120—120,5° (Zers.; Aceton), a) aus Toluol analog **II**;

krist. beim Einengen des Reaktionsgemisches aus; 2%; b) nach KJELLIN [1897]. Bei der Darst. nach a) daneben *Benzylchlorid*, C_7H_7Cl, Kp.$_{15}$ 60—70° (unrein); *Benzylnitrat*, $C_7H_7O_3N$, Kp.$_{15}$ 94—96° (durch chlorierte Prodd. verunreinigt). Durch Ausziehen des Reaktionsgemisches mit Alkali *Benzoesäure*. — Behandeln von **V** mit Cl_2/NO wie bei **II** gab Fraktion a), Kp.$_{15}$ 46—70°, *chloriertes n-Heptan* u. *x-Chlornitroso-n-heptan* [durch Hydrieren → *Heptanon-(x)-oxim*, Kp.$_{15}$ 95—96°; n_D^{20} 1,4497]; Fraktion b), Kp.$_{15}$ 80 bis 110°, Gemisch stellungsisomerer *n-Heptyl-(x)-nitrate*, $C_7H_{15}O_3N$, Kp.$_{15}$ 102—107°; n_D^{20} 1,4405, u. Gemisch stellungsisomerer *n-Heptanon-(x)-oxime*, durch Ausziehen der Fraktion b) mit 4n H_2SO_4. Nach Trocknen des Reaktionsgemisches von **V** u. Eindunstenlassen auf dem Uhrglas öliger Rückstand mit Infrarotmaxima bei 8,45 u. 6,18 μ, enthält wahrscheinlich *Bis-[x-nitroso-n-heptan]*. — *Bis-[4-nitroso-n-heptan]*, $C_{14}H_{30}O_2N_2$, F. 49 bis 50°, Kp.$_{0,4}$ 90—93°, aus **VI** in 2n HCl durch Oxydation mit Bromwasser; 80%. — *n-Heptanon-(4)-oxim* (*Butyronoxim*), $C_7H_{15}ON$, Kp.$_{15}$ 93—94°, durch Erhitzen vorst. Verb. auf 150° während einiger Min.; n_D^{20} 1,4486; 97%. (Chem. Ber. **88.** 165—77. 1955. Tübingen, Univ., Inst. für angew. Chem.) H. MANTHEY. 1810

B. Wladislaw, *Synthese der Aleprestsäure.* KOLBE-Elektrolyse von Cyclopentan-(2)-ylessigsäure [(±)-**I**] zusammen mit Glutarsäuremonomethylester lieferte nach Verseifung 27,5% *Aleprestsäure* [**II**; *δ-Cyclopenten-(2)-ylvaleriansäure*] u. 39,6% *Korksäure*. Es gelang, **I** über das Chininsalz in die opt. Antipoden zu spalten; daraus folgt eindeutig die Lage der Doppelbindung. Während der Elektrolyse wandert die Doppelbindung nicht, wie sich aus der Darst. von (+)-**II** aus (+)-**I** ergibt.

V e r s u c h e: (±)-*Cyclopenten-(2)-ylchlorid*, Kp.$_{20}$ 27—29°, aus Cyclopentadien u. HCl-Gas unter CO_2-Kühlung; 84,5% (Ausbeute). — (±)-*Cyclopenten-(2)-ylmalonsäurediäthylester*, Kp.$_5$ 120°, aus vorst. Verb. u. Na-Malonester unter Eiskühlung; n_D^{21} 1,4535; 84%. *Freie Säure*, F. 149—150° (Bzl.), aus dem Ester u. sd. wss. 15%ig. NaOH (20 Std.); 96,5%. — (±)-*Cyclopenten-(2)-ylessigsäure* [(±)-**I**], $C_7H_{10}O_2$, Kp.$_3$ 94,5°, durch Erhitzen vorst. Säure auf 190°; n_D^{20} 1,4684; 97%. — (+)-**I**, Kp.$_6$ 110°, aus 20 g dl-**I** über das *Chininsalz* (F. 113—115° [viel W.]; $[\alpha]_D^{18}$ —114,6° [c = 2; A.]; 14,4 g); $n_D^{19,5}$ 1,4684; $[\alpha]_D^{20}$ +57° (c = 2; Chlf.); 3,4 g. — (—)-**I**, Kp.$_{2,5}$ 90,5°, aus der Mutterlauge vorst. Salzes; n_D^{23} 1,4675; $[\alpha]_D^{20}$ —33,1° (c = 2,4; Chlf.); 6,4 g. — (±)-*Aleprestsäure* [(±)-**II**], $C_{10}H_{16}O_2$, Kp.$_3$ 126—127°, durch Elektrolyse eines Gemisches von (±)-**I** u. Glutarsäuremonomethylester (Kp.$_4$ 124°; aus Glutarsäureanhydrid u. CH_3OH; $n_D^{23,5}$ 1,4372; 98%) in CH_3OH mit 0,6 A, Ansäuern mit CH_3COOH, Extraktion mit Ae., Abdest. einer Fraktion vom Kp.$_{15}$ 47—48° u. 4std. Kochen mit methanol.-wss. (4 : 1) 2n NaOH unter N_2; n_D^{22} 1,4711; 27,5%; daneben 39,6% *Korksäure*, F. 139—140°, unlösl. in $CHCl_3$. — (+)-**II**, Kp.$_5$ 139—140°, analog aus (+)-**I**; $n_D^{20,5}$ 1,4690; $[\alpha]_D^{20}$ +74° (c = 1,3; Chlf.); 28%; daneben 36,9% *Korksäure*. (J. chem. Soc. [London] **1955.** 4227—28. Dez. São Paulo, Brasilien, Univ., Fac. de Filosofia, Ciências e Letras, Dep. de Quím.)

J. ROTHE. 2010

Alfred Dornow und **Ernst Fleischmann**, *Über die Darstellung der Cyclohexanon-(2)-essigsäure-(1).* *Cyclohexanon-(2)-essigsäure-(1)* wurde einerseits nach einem modifizierten Verf. von COCKER u. HORNSBY (C. **1948.** II. 402), andererseits durch therm. Zers. der Cyanhydrine von Cyclohexanon-MANNICH-Basen über *Cyclohexanon-(2)-acetonitril-(1)* (**II**) dargestellt. Nebenprod. der Zers. ist das schon von MANNICH (Ber. dtsch. chem. Ges. **74.** [1941.] 554) beobachtete „dimere Keton" der vermutlichen Struktur **I**. Aus 2-[Dimethylaminomethyl]-cyclohexanon u. HCN entstand **II** nur in sehr geringer Ausbeute.

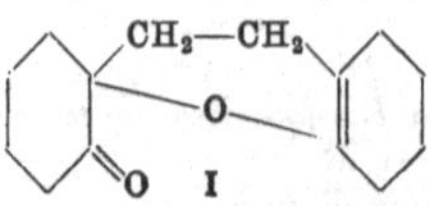

I

V e r s u c h e: *2-[Dimethylaminomethyl]-cyclohexanoncyanhydrin* (**III**), durch 1std. Erwärmen von Cyclohexanon, Dimethylammoniumchlorid u. Formalin auf 70°, langsames Abkühlen nach weiteren 30 Min. bei 70°, Zugabe von W. u. Mischen der wss. Schicht mit KCN in W.; 94% (Ausbeute). — *2-[Piperidinomethyl]-cyclohexanoncyanhydrin* (**IV**), analog **III** aus Piperidiniumchlorid über *2-[Piperidinomethyl]-cyclohexanon* (Kp.$_{10}$ 134 bis 136°; 49%). — *Cyclohexanon-(2)-acetonitril-(1)* (**II**), $C_8H_{11}ON$, Kp.$_{12}$ 143—145°, Kp.$_{10}$ 138—140°, a) durch 2std. Erhitzen von **III** auf 150°; D.$^{23}_4$ 1,013; 80% (bei 190°/60 Min. 56%, bei 250°/60 Min. 17%); b) durch 2std. Erhitzen von **IV** auf 160°; 75%. *Semicarbazon*, $C_9H_{14}ON_4$, F. 189—190° (verd. A.). *Thiosemicarbazon*, $C_9H_{14}N_4S$, F. 190 bis 191° (verd. A.). *Phenylhydrazon*, F. 112—113° (verd. CH_3OH). *2.4-Dinitrophenylhydrazon*, $C_{14}H_{15}O_4N_5$, F. 166,5—167° (verd. CH_3OH). — *Cyclohexanon-(2)-ylmalonsäurediäthylester*, Kp.$_{0,4}$ 141—145°, aus 2-Chlorcyclohexanon u. Na-Malonester in Toluol (4 Std. bei 80°, 1 Std. kochen); 72%. *Semicarbazon*, $C_{14}H_{23}O_5N_3$, F. 184—185° (verd. A.). — *Cyclohexanon-(2)-essigsäure-(1)*, Kp.$_{12}$ 176—177°, Kp.$_{11}$ 174—176°, Kp.$_{10}$ 173—175°, a) aus vorst. Verb. durch Verseifung mit wss.-alkoh. NaOH, Ansäuern mit H_2SO_4 u.

Erhitzen auf 120°; 44%; b) durch Verseifung von **II** mit HCl; 70%; c) durch Verseifung von **II** mit alkoh. 4n KOH; 60%. *Äthylester*, Kp.$_{14}$ 140—143°, aus **II** mit absol. alkoh. 5n HBr (24 Std. bei Raumtemp. u. 1std. Kochen nach Zugabe von W.); 92%. — *2-[β-Cyclohexanon-(2)-yläthyl]-2-oxycyclohexanon*, als Nebenprod. bei der sauren Verseifung von **II** (aus mit **II** destillierendem **I** entstanden). (Chem. Ber. **88**. 1340—45. 1/8. 1955. Hannover, TH, Inst. für organ. Chem.) H. STACHE. 2070

E. A. Evans und **Margaret Whalley**, *Darstellung von ω.ω'-Diphenylpolymethylenen durch anodische Synthese.* Durch Elektrolyse von β-Phenylpropion- (**I**), γ-Phenylbutter- (**II**) u. δ-Phenylvaleriansäure (**III**) in Methanol/Pyridin in Ggw. von wenig Na-Methylat werden *1.4-Diphenylbutan* bzw. *1.6-Diphenylhexan* (**IV**) bzw. *1.8-Diphenyloctan* gewonnen. Bei der Elektrolyse eines Gemisches von **I** u. **II** wird *1.5-Diphenylpentan* als Hauptprod. u. wenig **IV** erhalten, bei der Elektrolyse eines Gemisches von **II** u. **III** entsteht nur *1.7-Diphenylheptan.*

Versuche: *1.4-Diphenylbutan*, $C_{16}H_{18}$, Kp.$_{0,1}$ 108—109°, F. 51°: **I** wird in Methanol + Pyridin (2: 1) in Ggw. von Na-Methylat bei 30—40° 5 Std. bei 1 A u. 120 V an Pt-Elektroden elektrolysiert; 34% (Ausbeute). Bei Nitrierung entsteht die *Tetranitroverb.*, F. 204—205°. — *1.6-Diphenylhexan* (**IV**), $C_{18}H_{22}$, Kp.$_{0,1-0,2}$ 130—132°; n_D^{24} 1,5574; 37%. — *1.8-Diphenyloctan*, $C_{20}H_{26}$, Kp.$_{0,1-0,2}$ 138—142°; n_D^{23} 1,5290; 47%. — *1.5-Diphenylpentan*, $C_{17}H_{20}$, Kp.$_{0,1-0,2}$ 114°, aus einem Gemisch von **I** u. **II**; n_D^{23} 1,5510. Daneben wenig **IV**. — *1.7-Diphenylheptan*, $C_{19}H_{24}$, Kp.$_{0,6-0,7}$ 141°, aus **II** + **III**; n_D^{23} 1,5445; 36%. (J. chem. Soc. [London] **1954**. 3642—43. Okt. London, Imp. Coll. of Sci. and Technol., Dep. of Organ. Chem.) I. FESTL. 2210

Henri Moureu, Paul Chovin und **Robert Sabourin**, *Untersuchungen in der Benzilreihe.* 4. Mitt. *Darstellung und antibiotische Eigenschaften des 5.5'-Dinitrosalicils.* (3. vgl. C. **1956**. 6373.) 2.2'-Dimethoxybenzoin (**I**) wird mit NH_4NO_3 in Ggw. von Spuren Cu-Acetat zu *2.2'-Dimethoxybenzil* oxydiert u. dieses in Essigsäureanhydrid mit Nitriersäure in das *5.5'-Dinitroderiv.* (**IV**) übergeführt. Hierbei entstehen auch andere isomere Dinitroderivv.; eines von diesen (**III**; F. 176°) liefert bei der oxydativen Spaltung weniger als 50% *3-Nitro-2-methoxybenzoesäure*, muß also ein *2.2'-Dimethoxy-3.x'-dinitrobenzil* sein. **IV** wird wie früher beschrieben (C. **1955**. 4335) zu *5.5'-Dinitrosalicil* (**II**) entmethyliert. Durch Kondensation von **IV** oder **II** mit o-Phenylendiamin (**Ia**) entstehen die entsprechenden *Chinoxaline.* **IV** gibt mit Semicarbazidhydrochlorid an Stelle eines Disemicarbazons ein *Triazin*; die analoge Verb. aus **I** konnte nicht rein erhalten werden. Die antibiot. Wrkg. von **II** gegenüber Bacillus Koch in vitro ist negativ, in vivo liegt sie etwas unter der von p-Aminosalicylsäure.

Versuche: *2.2'-Dimethoxybenzil*, $C_{16}H_{14}O_4$, F. 130°, durch 1½std. Kochen von **I** mit 80%ig. Essigsäure, NH_4NO_3 u. Cu-Acetat; ~100% (Ausbeute). — *2.2'-Dimethoxy-5.5'-dinitrobenzil* (**IV**), $C_{16}H_{12}O_8N_2$, F. 223—224°, aus Essigsäure Kristalle; 46%. — *2.2'-Dimethoxy-3.x'-dinitrobenzil* (**III**), $C_{16}H_{12}O_8N_2$, F. 176° (nach mehrfacher Extraktion mit Methanol aus Aceton), aus den Mutterlaugen von **IV**; daneben noch **IV**. — *3-Nitro-2-methoxybenzoesäure*, F. 196° (W., dann Essigsäure), durch 15std. Kochen von 0,3 g **III** in Essigsäure mit H_2O_2 (30%ig); 0,1 g. Daneben nichtdefinierte Prodd., F. ca. 150°. — *2.3-Bis-[2'-methoxy-5'-nitrophenyl]-chinoxalin*, $C_{22}H_{16}O_6N_4$, F. 240°, durch Kochen von **IV** in Eisessig mit **Ia**. — *2.3-Bis-[2'-oxy-5'-nitrophenyl]-chinoxalin*, $C_{20}H_{12}O_6N_4$, F. 255—256°, wie vorst. aus **II** u. **Ia**. — *3-Oxy-5.6-bis-[2'-methoxy-5'-nitrophenyl]-1.2.4-triazin*, $C_{17}H_{13}O_7N_5$, F. 276—277°, aus **IV** u. Semicarbazidhydrochlorid. (Bull. Soc. chim. France, Mém. [5] **1955**. 1155—57. Okt.) E. ROTTER. 2380

N. P. Buu-Hoï und **Denise Lavit**, *Die Formylierung des 1.6-Dimethoxynaphthalins.* Der von HOAN (C. R. hebd. Séances Acad. Sci. **238**. [1954.] 1136) bei der VILSMEIER-Rk. von 1.6-Dimethoxynaphthalin angeblich erhaltene 1.6-Dimethoxynaphthaldehyd-(5) ist in Wirklichkeit der Elektronentheorie entsprechend *1.6-Dimethoxynaphthaldehyd-(4)* (**I**). **I** ließ sich nach HUANG-MINLON zu *1.6-Dimethoxy-4-methylnaphthalin* reduzieren. Die aus **I** erhaltenen Diarylacrylonitrile geben mit Pyridinhydrochlorid (**II**) keine Benzocumarine (vgl. l. c.), sondern *α-Aryl-β-[1.6-dioxynaphthyl-(4)]-acrylonitrile*, wie aus der Elementaranalyse folgt. Der l. c. beschriebene 1.6-Dioxynaphthaladehyd-(5) ist aus der Literatur zu streichen; bei der Entmethylierung von **I** erhielten Vff. gefärbte, undefinierte, vermutlich auf Sekundär-Rkk. zurückzuführende Substanzen.

Versuche: *1.6-Dimethoxynaphthalin*, Kp.$_{15}$ 172—173°, aus 80 g 1.6-Dioxynaphthalin u. $(CH_3)_2SO_4$; 78 g (Ausbeute). — *1.6-Dimethoxynaphthaldehyd-(4)* (**I**), $C_{13}H_{12}O_3$, F. 76—77° (A.), Kp.$_{15}$ 224—225°, aus 50 g vorst. Verb., Dimethylformamid u. $POCl_3$ (1½ Std. bei 100°); 35 g, daneben 5 g eines *Isomeren* (?), Kp.$_{14}$ 222°, blaßgelbes Öl. **I**-*Thiosemicarbazon*, $C_{14}H_{15}O_2N_3S$, F. 220°, blaßgelbe Nadeln (A.). — *1.6-Dimethoxy-4-methylnaphthalin*, $C_{13}H_{14}O_2$, F. 54°, seidige Nadeln (PAe.), Kp.$_{18}$ 185°, aus 27 g **I**;

24 g. *Pikrat*, F. 128°, orangerote Nadeln (A.). — *α-Phenyl-β-[1.6-dimethoxynaphthyl-(4)]-acrylonitril*, $C_{21}H_{17}O_2N$, F. 150°, gelbe Nadeln (A.), aus **I**, $C_6H_5CH_2CN$ u. 2 Tropfen 20%ig. NaOH in A.; 100%; mit H_2SO_4 blutrote Farbreaktion. — *α-Phenyl-β-[1.6-dioxynaphthyl-(4)]-acrylonitril*, $C_{19}H_{13}O_2N$, F. 227°, gelbe Nadeln (verd. CH_3COOH), aus 0,4 g vorst. Verb. in sd. **II** (5 Min.); 0,2 g; orangefarben lösl. in wss. NaOH, braun in H_2SO_4. — *α-p-Tolyl-β-[1.6-dimethoxynaphthyl-(4)]-acrylonitril*, $C_{22}H_{19}O_2N$, F. 158°, gelbe Nadeln (A.), analog; 100%; Rotfärbung mit H_2SO_4. — *α-p-Tolyl-β-[1.6-dioxynaphthyl-(4)]-acrylonitril*, $C_{20}H_{15}O_2N$, F. 230° (Zers.), gelbe Nadeln (verd. CH_3COOH), orangefarben lösl. in wss. NaOH, braun in H_2SO_4. — *α-p-Chlorphenyl-β-[1.6-dimethoxynaphthyl-(4)]-acrylonitril*, $C_{21}H_{16}O_2NCl$, F. 173°, hellgelbe Nadeln (A.); Rotfärbung mit H_2SO_4. — *α-p-Chlorphenyl-β-[1.6-dioxynaphthyl-(4)]-acrylonitril*, $C_{19}H_{12}O_2NCl$, F. 243 bis 244°, hellgelbe Nadeln (verd. CH_3COOH). (Bull. Soc. chim. France, Mém. [5] **1955**. 1419—21. Nov./Dez. Paris, Univ., Inst. du Radium, Dép. de Chim. Organ.)

J. Rothe. 2700

E. J. Greenhow, E. N. White und **D. McNeil**, *Die Chemie des Fluorens*. 1. Mitt. *Kondensationen mit Fluorenyl-(9)-natrium. 9-Fluorenyl-Na* (**I**) wird aus $NaNH_2$ (**II**) u. Fluoren (**III**) in sd. Dekalin dargestellt. Durch Kondensation von **I** mit Alkylhalogeniden bzw. Dialkylsulfaten werden die *9-Methyl-, 9-Äthyl-* (**IV**), *9-Allyl-* u. *9-Benzylfluorene* erhalten. **IV** geht leicht in das *9-Äthylfluorenyl-(9)-hydroperoxyd* über, dessen Red. *9-Äthyl-9-oxyfluoren* liefert. Während Äthylendibromid mit **I** nur wenig *symm.-Difluorenyl-(9)-äthan* gibt, wird aus Äthylendichlorid in brauchbarer Menge *9-[2-Chloräthyl]-fluoren*, aus Äthylenchlorhydrin *9-[2-Oxyäthyl]-fluoren*, sowie aus 2.2′-Dichlordiäthyläther *2-Chloräthyl-2′-[fluorenyl-(9)]-äthyläther* (**V**) erhalten. **V** läßt sich zum *Fluoren-9-spiro-4′-tetrahydropyran* dehydrohalogenieren, dessen Ätherspaltung *9.9-Bis-[2-jodäthyl]-fluoren* liefert. Vinylchlorid oder -bromid lassen sich nicht mit **I** kondensieren, es entsteht dabei **III**, Acetylen u. NaCl bzw. NaBr.

Versuche: *9-Fluorenyl-Na* (**I**), $C_{13}H_9Na$, aus 39 g **II** mit 183 g **III** in sd. Dekalin (4 Std.) unter N_2; braungelbes Pulver; 200 g (Ausbeute). — 9-Alkylfluorene: *9-Methyl-*, $C_{14}H_{12}$, F. 45—47°, Kp.$_{24}$ 160—170°, a) aus 100 g **I** mit CH_3J in sd. PAe. (12 Std.); aus PAe. Prismen; 85,1 g; b) aus 65 g **I** mit $(CH_3)_2SO_4$ in Bzl. (über Nacht stehen); 49 g. — *9-Äthyl-* (**IV**), $C_{15}H_{14}$, Kp.$_{12,5}$ 156—158°, a) aus 188 g **I** mit C_2H_5Br in sd. PAe.; n_D^{25} 1,6135; 112 g; b) aus 65 g **I** mit $(C_2H_5)_2SO_4$ in Bzl.; 61 g. Gibt bei der Oxydation mit PbO_2 *9-Äthylidenfluoren*, mit $Na_2Cr_2O_7$ in Essigsäure *Acetaldehyd* u. *Fluorenon*. — *9-Allyl-*, $C_{16}H_{14}$, Kp.$_{11}$ 154—158°, aus 60 g **I** mit sd. Allylchlorid; n_D^{25} 1,6165; 62,3 g. — *9-Benzyl-*, $C_{20}H_{16}$, F. 135°, aus 100 g **I** mit Benzylchlorid in sd. PAe. (20 Std.); aus Bzl. Prismen; 75,3 g. — *9-[2-Oxyäthyl]-*, $C_{15}H_{14}O$, F. 101°, aus 188 g **I** mit Äthylenchlorhydrin in sd. PAe.; aus Bzl. Nadeln; 43 g. — *9-[2-Chloräthyl]-*, $C_{15}H_{13}Cl$, F. 41—42°, Kp.$_2$ 135—146°, aus **I** mit sd. Äthylendichlorid (17 Std.); nach Ausfrieren aus PAe. Prismen. — *9-Äthylfluorenyl-(9)-hydroperoxyd*, $C_{15}H_{14}O_2$, F. 106,5—107,5°, beim Stehen von **IV** an der Luft; aus Bzl. Prismen; ca. 20% innerhalb von 6 Monaten. — *9-Äthylfluorenol-(9)*, F. 101°, aus vorst. Verb. mit KJ in CH_3OH. — *symm.-Difluorenyl-(9)-äthan*, $C_{28}H_{22}$, F. 226°, aus 56 g **I** mit sd. Äthylendibromid (6 Std.); aus Bzl. Prismen; 14 g (roh). — *2-Chloräthyl-2′-[fluorenyl-(9)]-äthyläther* (**V**), $C_{17}H_{17}OCl$, Kp.$_{7,5}$ 197—199°, aus 110 g **I** mit sd. 2.2′-Dichlordiäthyläther (6 Std.); blaßgelbes Öl; 83 g. — *Fluoren-9-spiro-4′-tetrahydropyran*, $C_{17}H_{16}O$, F. 201°, aus 5 g **V** mit KOH (4 Min. bei 270°); aus Propanol flache Nadeln; 4,1 g. — *9.9-Bis-[2-jodäthyl]-fluoren*, $C_{17}H_{16}J_2$, F. 181,5—182°, aus 1,3 g vorst. Verb. mit KJ, 89%ig. H_3PO_4 u. P_2O_5 (1½ Std. bei 95—100°) u. Chromatographie; aus PAe. Prismen; 1,56 g. — Die Infrarotabsorptionsmaxima der beiden letztgenannten Verbb. u. von **III** sind angegeben. (J. chem. Soc. [London] **1951**. 2848—51. Nov. Gomersal, near Leeds, Coal Tar Res. Assoc.) F. J. Meyer. 2750

E. J. Greenhow, D. McNeil und **E. N. White**, *Die Chemie des Fluorens*. 2. Mitt. *Die Dehydratisierung von 9-Oxyäthylfluorenen*. (1. vgl. vorst. Ref.). Die Dehydratisierung von 9-Äthylfluorenen, die in 9-, 1′- oder 2′-Stellung durch Hydroxylgruppen substituiert sind, in der Dampfphase (in Bzl.) über aktiviertem Al_2O_3 bei 350°/20 mm (Meth. **A**) führt zu *9-Äthylidenfluoren* (**II**), während mit P_2O_5 in sd. Dekalin oder Xylol (Meth. **B**) aus 9-Äthyl-9-oxyfluoren (**VII**) **II**, aus 9-[2-Oxyäthyl]-fluoren (**V**) *9-Methylphenanthren* (**III**) u. aus 9-[1-Oxyäthyl]-fluoren (**I**) **II** u. **III** entstehen. 9-[2-Oxyäthyl]-9-methylfluoren u. 9-[1-Oxyäthyl]-9-methylfluoren liefern nach **A** u. **B** *9.10-Dimethylphenanthren* (**IV**). Für die Bldg. der Phenanthrenderivv. wird eine Wagner-Umlagerung über ein Carboniumion angenommen, das sich im Falle von **V** auch als *Fluoren-9-spirocyclopropan* (**VI**) stabilisieren könnte. **VI** wird durch HCl-Abspaltung aus 9-[2-Chloräthyl]-fluoren dargestellt, es läßt sich nach **A** u. **B** zu **II** isomerisieren. 9-[2-Chloräthyl]-9-methylfluoren (**XII**) ist gegen KOH bei 300° u. gegen sd. alkoh. KOH stabil, mit sd. Chinolin wird in geringer Ausbeute **IV** erhalten. Das Ausbleiben der Wagner-Umlagerung bei der Dehydratisierung von I in Essigsäure mit HCl nach COUSTOT [1915] wird durch die Veresterung zum *9-[1-Acetoxyäthyl]-fluoren* (IX) erklärt, das bei der Dest. II liefert. Die Unterss. machen ein hohes Maß von Instabilität für das 9-Vinylfluoren wahrscheinlich.

Versuche: *9-Formyl-9-methylfluoren*, aus 9-Formylfluoren (F. 107°) mit CH_3J u. alkoh. $NaOC_2H_5$ (2 Std. kochen); ca. 100% (Ausbeute). *Oxim*, $C_{15}H_{13}ON$, F. 175°. *Semicarbazon*, $C_{16}H_{15}ON_3$, F. 227—228°. — *9-Acetyl-9-methylfluoren*, F. 85—86°, aus 9-Acetylfluoren analog vorst. Verb.; aus PAe. Nadeln; 55%. *Semicarbazon*, F. 249—250°. — *9-Acetyl-9-äthylfluoren*, F. 70°, mit C_2H_5Br analog vorst. Verb.; aus PAe. Tafeln; 80%. *Semicarbazon*, $C_{18}H_{19}ON_3$, F. 222°. — 9-[1-Oxyalkyl]-fluorene, aus 9-Acylfluorenen in Isopropanol mit Al-Isopropylat unter Dest. des gebildeten Acetons bei 80—90°: *9-[1-Oxyäthyl]-* (I), F. 103—104°, aus PAe. Nadeln; 77%. — *9-Oxymethyl-9-methyl-* (VIII), $C_{15}H_{14}O$, F. 148—149°, aus Bzl. Prismen; 62%. — *9-[1-Oxyäthyl]-9-methyl-* (X), $C_{16}H_{16}O$, F. 81°, aus PAe. Nadeln; 85%. — *9-[1-Oxyäthyl]-9-äthyl-*, $C_{17}H_{18}O$, F. 83° (PAe.); 76%. — *9-Methylfluorenyl-(9)-Na*, aus 9-Methylfluoren u. $NaNH_2$ in Dekalin unter N_2 (4 Std. bei 180—190°); dunkles Öl, verfestigt sich in der Kälte zu rotem Körper; fast 100%. — *9-[2-Oxyäthyl]-9-methylfluoren* (XI), $C_{16}H_{16}O$, F. 105—107°, aus vorst. Verb. u. Äthylenchlorhydrin in sd. PAe. (6 Std.); aus Bzl. Nadeln. — *9-[2-Chloräthyl]-9-methylfluoren* (XII), $C_{16}H_{15}Cl$, F. 100—101°, mit Äthylendichlorid analog vorst. Verb.; Nadeln aus n-Propanol. — *Fluoren-9-spirocyclopropan* (VI), $C_{15}H_{12}$, F. 71,5°, aus 9-[2-Chloräthyl]-fluoren mit KOH bei 200° (4 Min.); Nadeln aus n-Propanol. *Pikrat*, F. 139,5°, orangefarbene Nadeln. — *9-[2-Bromäthyliden]-fluoren*, $C_{15}H_{11}Br$, F. 90—91°, aus vorst. Verb. mit Br_2 in CCl_4; aus PAe. blaßgelbe Nadeln. — *9-[1-Acetoxyäthyl]-fluoren* (IX), $C_{17}H_{16}O_2$, viscoses Öl, aus I durch 3 std. Kochen in Acetanhydrid unter Einleiten von HCl, oder durch 4 std. Kochen in Eisessig mit konz. HCl u. Chromatographie an Al_2O_3. — *9-Äthylidenfluoren* (II), $C_{15}H_{12}$, F. 102—103°, a) aus IX bei der Dest. neben Essigsäure; b) aus 10 g I bzw. V bzw. VII nach A; 7,1 bzw. 6,8 bzw. 6,9 g; c) aus 8 g I nach B; 2,2 g Gemisch mit III. *Pikrat*, F. 157—158°. *Dibromid*, F. 93,5°. — *9-Methylenfluoren*, F. 48—49°, aus 10 g 9-Oxymethylfluoren; 4,1 g, daneben 1,4 g *Poly-9-methylenfluoren* nach A. *Dibromid*, F. 140—141°. *Pikrat*, F. 149—150°. — *9-Methylphenanthren* (III), F. 92—93°, aus VIII nach A u. B bzw. aus V nach B; zeigt mit II keine F.-Depression. Gibt mit Br_2 in CCl_4 *9-Brom-10-methylphenanthren*, $C_{15}H_{11}Br$, F. 121—122,5°, aus PAe. Nadeln. — *9.10-Dimethylphenanthren* (IV), $C_{16}H_{14}$, F. 143—144°, aus X bzw. XI nach A oder B, sowie in geringer Ausbeute aus XII in sd. Chinolin (6 Std.). *Pikrat*, F. 198°. (J. chem. Soc. [London] **1952**. 986—92. März.) F. J. MEYER. 2750

E. J. Greenhow, E. N. White und **D. McNeil**, *Die Chemie des Fluorens.* 3. Mitt. *Kondensation von Fluorenyl-(9)-natrium mit Säurechloriden und -anhydriden.* (2. vgl. vorst. Ref.) Die Rk. von Acetylchlorid bzw. Acetanhydrid (I) mit Fluorenyl-(9)-Na (II) führt zu *9-[1-Acetoxyäthyliden]-fluoren* (III), das ident. ist mit der von STOLLE u. ESTER (J. prakt. Chem. **132**. [1931.] 14) als 9.9-Diacetylfluoren beschriebenen Verb. u. dessen UV-Spektr. auf die Dibenzofulvenstruktur hinweist. Ebenso wird aus II mit Propionylchlorid *9-[1-Propionoxypropyliden]-fluoren* (IV) erhalten, während aus Fluorenyl-(9)-Li mit Säurechloriden nach KLIEGL, WENG u. WIEST (Ber. dtsch. chem. Ges. **63**. [1930.] 1262) die 9.9-Diacylfluorene entstehen. Die Umsetzung von II mit Trifluoracetanhydrid führt dagegen nur zu *9-Trifluoracetylfluoren.* Aus 9-Methylfluorenyl-(9)-Na bildet sich mit I neben wenig *9.9'-Dimethyldifluorenyl-(9.9')* hauptsächlich *9-Methylfluoren.* III u. IV lassen sich zu *Dibromiden* bromieren, die unter HBr-Abspaltung *9-[1-Acetoxyvinyl]-* bzw. *9-[1-Propionoxypropenyl]-9-bromfluoren* geben. 9-Acetylfluoren (VII) bildet an der Luft *9-Acetylfluorenyl-(9)-hydroperoxyd.* — Mit Phosgen entstehen aus III *Fluoren* (V), *Difluorenyl-(9.9')-keton* (VI) u. *Fluoren-9-carbonsäurederivv.* sowie gegebenenfalls *Difluorenyl-(9.9')-carbonsäure-(9)*, die auch aus Difluorenyl-(9.9') (IX) durch Metallierung u. Umsetzung mit CO_2 erhalten wird. — Phthaloylchlorid u. Phthalsäureanhydrid liefern mit II neben V u. *Bis-diphenylenäthylen* (X) *3-[Fluorenyliden-(9)]-phthalid* u. *2.5-Bis-[fluorenyliden-(9)]-2.5-dihydro-3.4-benzofuran.* Mit Naphthalsäureanhydrid entsteht analog *3-[Fluorenyliden-(9)]-naphthalid* u. *Fluoren-9'-spiro-2-perinaphthandion-(1.3)*, das mit Phenylhydrazin in V u. *N'-Phenyl-N.N-naphthalhydrazid* gespalten wird. — Mit Bernsteinsäureanhydrid wird II zu *2.5-Bis-[fluorenyliden-(9)]-tetrahydrofuran* (XI) u. *γ-[Fluorenyliden-(9)]-γ-butyrolacton* (XII) kondensiert, während mit Bernsteinsäurechlorid nur XII entsteht, daneben in beiden Fällen V u. X. Die Bromierung von XI führte zu einem Prod., das unter HBr u. Br-Abspaltung in eine Verb. übergeht, die möglicherweise das *2.5-Difluorenyliden-2.5-dihydrofuran* darstellt.

Versuche: *9-[1-Acetoxyäthyliden]-fluoren* (III), $C_{17}H_{14}O_2$, F. 98,5—99,5°, a) aus II (aus 100 g V) mit Acetylchlorid in PAe.; 10 g (roh; Ausbeute); b) aus II (aus 40 g V) in PAe. mit I (3 Std. kochen); 19 g; c) aus 3 g VII mit I u. sd. Pyridin; Nadeln aus PAe.;

2,3 g. *Pikrat*, $C_{23}H_{17}O_9N_3$, F. 128°. — *9-[1-Acetoxy-1-bromäthyl]-9-bromfluoren*, $C_{17}H_{14}O_2Br_2$, F. 91°, aus 0,5 g **III** mit Br_2 in CCl_4; Nadeln aus PAe.; 0,4 g, daneben 0,1 g *9-[1-Acetoxyvinyl]-9-bromfluoren*, $C_{17}H_{13}O_2Br$, F. 109—110°, aus PAe. Nadeln. — *9-Acetylfluorenyl-(9)-hydroperoxyd*, $C_{15}H_{12}O_3$, F. 123—124° (Zers.), aus **VII** bei 0° unter Luftzutritt im Dunkeln; aus CH_3OH Prismen; 95% in 12 Monaten. — *9-Methylfluoren-9-carbonsäure*, F. 170—171°, aus Methylfluorenyl-(9)-Na (**VIII**) in absol. Ae. mit CO_2; Nadeln aus Essigsäure. — *9-Trifluoracetylfluoren*, $C_{15}H_9OF_3$, F. 188—189°, aus **II** (aus 21 g **V**) in Bzl. mit Trifluoracetanhydrid; Prismen aus PAe.; 4,85 g. — *9.9'-Dimethyl-difluorenyl-(9.9')*, $C_{28}H_{22}$, F. 209—210°, aus **VIII** mit **I** in Bzl. (4 Std. kochen); aus PAe. Prismen; neben viel *9-Methylfluoren*. — *9-[1-Propionoxypropyliden]-fluoren* (**IV**), $C_{19}H_{18}O_2$, F. 69,5—70,5°, aus **II** (aus 60 g **V**) mit Propionylchlorid in Bzl.; aus PAe. blaßgelbe Prismen; 28 g (roh). *Pikrat*, $C_{25}H_{21}O_9N_3$, F. 86—87° (Essigsäure). *Bromid*, zers. sich beim Umkristallisieren aus PAe. unter Bldg. von *9-Brom-9-[1-propionoxy-propenyl]-fluoren*, $C_{19}H_{17}O_2Br$, F. 145,5—146,5°, Nadeln. — *Fluorencarbonsäure-(9)*, F. 231,5—233°, aus **II** (aus 60 g **V**) mit $COCl_2$ in Bzl. unter Eiskühlung, dann über Nacht stehen; aus Propanol Nadeln; 4 g, neben 5 g *Difluorenyl-(9.9')-keton* (**VI**), $C_{27}H_{18}O$, F. 242 bis 243,5°, aus Bzl. Prismen (*Oxim*, $C_{27}H_{19}ON$, F. 230,5—231,5°) u. 26 g unreines *Säurechlorid* als Öl. *Methylester*, $C_{15}H_{12}O_2$, F. 65—66°, a) aus dem Chlorid; b) analog der Säure, aber in Toluol u. anschließende Behandlung mit CH_3OH (20 Std. stehen); 22,5 g, daneben 0,8 g nachst. Verb., 16 g **V**, 8,4 g *Difluorenyl-(9.9')* (**IX**), 4,6 g *Prismen vom F. 160 bis 161°* (Zers.; Bzl.; gibt mit alkoh. KOH **VI**), 7 g viscoses *Öl* u. 0,5 g **VI**. — *Difluorenyl-(9.9')-carbonsäure-(9)*, $C_{27}H_{18}O_2$, F. 258—259° (Zers.), aus 1,35 g **IX** mit $NaNH_2$ in sd. Dekalin u. anschließende Behandlung des gebildeten *Difluorenyl-(9.9')-yl-(9)-Na* mit CO_2 in PAe.; aus Essigsäure Prismen; 0,4 g. — *2.5-Bis-[fluorenyliden-(9)]-2.5-dihydro-3.4-benzofuran*, $C_{34}H_{20}O$, F. 264—265°, aus **II** (aus 60 g **V**) mit Phthaloylchlorid in sd. Bzl. (12 Std.); aus Toluol grüne Prismen; 5,3 g, neben 18 g nachst. Verb., 16,6 g *Phthalsäure*, 33,1 g **V** u. 0,5 g *Bis-diphenylenäthylen* (**X**). Gibt mit CrO_3 in wss. Essigsäure *Fluorenon*, F. 79 bis 80°, aus Bzl. gelbe Prismen. *Tetrabromid*, $C_{34}H_{20}OBr_4$, F. 422—425°, mit Br_2 in CCl_4; aus Toluol Tafeln. — *3-[Fluorenyliden-(9)]-phthalid*, $C_{21}H_{12}O_2$, F. 212—214°, analog vorst. Verb., aber mit Phthalsäureanhydrid; aus n-Propanol hellgelbe Nadeln; 12 g, daneben 2 g vorst. Verb., 36 g **V** u. 0,5 g **X**. Gibt mit alkoh. KOH *9-[o-Carboxybenzoyl]-fluoren*, $C_{21}H_{14}O_3$, F. 201—202° (Zers.), aus Essigsäure Prismen. *Dibromid*, $C_{21}H_{12}O_2Br_2$, F. 199—200° (Zers.), aus Bzl. Prismen. — *Fluoren-9'-spiro-2-perinaphthandion-(1.3)*, $C_{25}H_{14}O_2$, F. 282—284°, aus **II** (aus 40 g **V**) mit Naphthalsäureanhydrid in sd. Bzl. (8 Std.); aus Bzl. Nadeln; 10,4 g, daneben 1,9 g *3-[Fluorenyliden-(9)]-naphthalid*, $C_{25}H_{14}O_2$, F. 256 bis 257°, aus Bzl. rote Prismen (→ nichtidentifiziertes *Bromderiv.*, F. 210—212°, blaßgelbe Prismen). *Dioxim*, $C_{25}H_{16}O_2N_2$, F. 287—287,5°. — *N'-Phenyl-N.N-naphthalhydrazid*, F. 219—220°, aus vorst. Verb. mit Phenylhydrazin. — *γ-[Fluorenyliden-(9)]-γ-butyrolacton* (**XII**), $C_{17}H_{12}O_2$, F. 212—213°, aus **II** (aus 60 g **V**) mit Bernsteinsäureanhydrid (bzw. Succinylchlorid) in sd. Bzl. (12 Std.); aus Bzl. Nadeln; 5,6 g, daneben 1,48 g *2.5-Bis-[fluorenyliden-(9)]-tetrahydrofuran* (**XI**), $C_{30}H_{20}O$, F. 314—315°, aus Toluol rote Nadeln [gibt ein *Bromid*, F. ca. 360° (Zers.), das beim Umkristallisieren aus Bzl. unter Zers. in das metall. bronzegrüne *2.5-Difluorenyliden-2.5-dihydrofuran* (?), $C_{30}H_{18}O$, F. 314—316°, übergeht], sowie 34,3 **V**, 0,5 g **X** u. 4,3 g **IX**. *Pikrat*, $C_{23}H_{15}O_9N_3$, F. 177,5 bis 180°, aus Essigsäure gelbe Nadeln. *Dibromid*, $C_{17}H_{12}O_2Br_2$, F. 110—111° (Zers.), aus PAe. Prismen. — *γ-[Fluorenyl-(9)]-γ-oxobuttersäure*, $C_{17}H_{14}O_3$, F. 154—155°, aus **XII** mit sd. alkoh. n-KOH (½ Std.). (J. chem. Soc. [London] **1953**. 3099—3105. Okt.)

F. J. Meyer. 2750

William Bradley und **F. K. Sutcliffe**, *Die Beziehung zwischen Selbstkondensations- und Substitutionsvorgängen bei der Reaktion von Mesobenzanthron mit Anionen.* Mesobenzanthron (I) wird durch Anionen, die zur Bldg. covalenter Bindungen mit der CO-Gruppe neigen, wie NH_2^- u. $C_6H_5^-$, in o- oder p-Stellung zur CO-Gruppe substituiert, während Anionen größerer Elektronenaffinität, wie OH^- u. OR^- (KOH in CH_3OH, A. oder Isopropanol bei 100—150°), hauptsächlich als Basen wirken u. **I** in *Dimesobenzanthronyl-(4.4')* (**II**) überführen; daneben entsteht meist etwas *4-Oxymesobenzanthron*. Manche Anionen, wie $C_6H_5NH^-$ u. $(C_6H_5)_2N^-$, nehmen eine Mittelstellung ein.

Versuche: *Dimesobenzanthronyl-(4.4')* (**II**), F. 315°, a) aus 10 g **I** u. tert.-C_4H_9OK in tert.-Butanol (1 Std. bei 92° unter N_2); 7,1 g (Ausbeute); b) analog mit iso-C_3H_7OK in Isopropanol; 5 g, daneben 0,1 g *4-Oxymesobenzanthron*. **I** bleibt mit KOH in Phenol unverändert. — *4-Anilinomesobenzanthron*, F. 214—215° (Xylol), aus 7,5 g **I** unter N_2 mit C_6H_5NHNa in Anilin (4 Std. rühren); 3,2 g, daneben 2,9 g **II**. — *4-Diphenylamino-mesobenzanthron*, $C_{29}H_{19}ON$, F. 200—202°, a) aus $NaNH_2$, Diphenylamin (**III**) u. Bzl. (2 Std. kochen), dann mit 10 g **I** 24 Std. bei Zimmertemp.; nach Chromatographie orangegelbe Nädelchen aus Bzl.; 1,6 g; b) wie unter a), aber in Ae. statt Bzl. keine Rk.; c) aus **III**,

4-Jodmesobenzanthron u. Cu-Bronze in sd. Nitrobenzol (5 Std.). — *6-Phenylmesobenzanthron*, F. 187—187,5° (Bzl.), aus 10 g I unter N_2 mit C_6H_5Na in Bzl. (3 Std. bei Raumtemp.); 1,3 g (roh). — Mit $(C_6H_5)_3CNa$ u. I in sd. Bzl. (4 Std.) keine Reaktion. — Die Infrarotabsorptionsmaxima der beiden letzgenannten Verbb. sind angegeben. (J. chem. Soc. [London] **1954**. 708—11. Febr. Leeds, Univ., Clothworkers' Res. Labor.)
K. LEHMSTEDT. 2950

Cl. Descamps und **R. H. Martin**, *Synthesen in der Reihe der carcinogenen Kohlenwasserstoffe*. 5. Mitt. *4'-Methyl- und 4'.9.10-Trimethyl-1.2-benzanthracen*. (4. vgl. LAMBERT u. MARTIN, C. **1953**. 7534). Zur Unters. der carcinogenen Wirksamkeit in *meso*-Stellung methylierter polycycl. KW-stoffe werden *4'-Methyl-* (I) u. *4'.9.10-Trimethyl-1.2-benzanthracen* (II) dargestellt. Aus 1.2-Benzanthrachinon-(9.10) entstand durch Bromieren *4'-Brom-1.2-benzanthrachinon-(9.10)* (III), das, mit Methyl-MgJ nach SANDIN u. FIESER (J. Amer. chem. Soc. **62**. [1940.] 3098) über *4'-Brom-9.10-dimethyl-1.2-benzanthracen* (IV) nacheinander mit Butyllithium u. Dimethylsulfat behandelt, II ergab. Seine Konst. ergab sich aus der Chromsäureoxydation zu *4'-Methyl-1.2-benzanthrachinon-(9.10)* (V). V, das mit Methyl-MgJ nach SANDIN u. FIESER (l. c.) wieder in II zurückverwandelt werden konnte u. das bei der Zn-Staubred. in I übergeht, entstand auch auf dem nachst. beschriebenen Wege. Der durch Bromieren von α-Naphthaldehyd dargestellte *5-Brom-α-naphthaldehyd* ergab bei der WOLFF-KISHNER-Red. *5-Brom-1-methylnaphthalin*, dessen GRIGNARD-Verb. bei der Umsetzung mit Phthalsäureanhydrid *2-[5'-Methylnaphthoyl-(1')]-benzoesäure* liefert u. die mit H_2SO_4–H_3BO_4 zu V cyclisiert. Dieser Weg ist der rentabelste zur Darst. von I u. II; über die magnet. Susceptibilität vgl. PACAULT u. HOARAU (C. R. hebd. Séances Acad. Sci. **233**. [1951.] 689.)

Versuche: *4'-Brom-9.10-dioxy-9.10-dimethyl-9.10-dihydro-1.2-benzanthracen*, $C_{20}H_{17}O_2Br$, F. 216—217° (Bzl.), aus 3,36 g III in einer sd. Lsg. von Methyl-MgJ in Ae. + Bzl. (4 Std.) u. Zers. mit NH_4Cl u. Eis; Nadeln; 0,4 g (Ausbeute) neben wenig unverändertem III aus der Mutterlauge. — *4'-Brom-9.10-dimethyl-1.2-benzanthracen* (IV), $C_{20}H_{15}Br$, F. 150,5—151,5° (Bzl. + Ae.), aus III u. Methyl-MgJ in Ae. bei Zimmertemp., Behandeln der Lsg. mit Methanol u. wss. HJ (D. 1,7) bei 0° u. Eisessig bei —10° (3 Std.), u. Red. des ausgefallenen, orangefarbenen Jodmethylats mit $SnCl_2$ u. konz. HCl in sd. Dioxan; hellgelbe Täfelchen; 50%. *2.4.7-Trinitrofluorenonverb.*, $C_{20}H_{15}Br \cdot C_{13}H_5O_7N_3$, F. 211—212° (Bzl.), schwarze Nadeln. — *4'.9.10-Trimethyl-1.2-benzanthracen* (II), $C_{21}H_{18}$, F. 136—137° (Bzn.), a) aus 1 g IV mit einer äther. n-Butyllithiumlsg. in sd. Bzl. (2 Std.), Zugabe von Dimethylsulfat in Ae. bei Zimmertemp., Kochen am Rückfluß (1 Std.) u. Zers. mit H_2SO_4; 0,3 g (Ausbeute), b) aus V, wie IV aus III, u. Reinigen durch Chromatographie in Bzl. + Bzn. an Al_2O_3; 50%. *2.4.7-Trinitrofluorenonverb.*, $C_{21}H_{18} \cdot C_{13}H_5O_7N_3$, F. 190—191° (Bzl.), schwarze Nadeln. — *5-Brom-α-naphthaldehyd*, nach RUGGLI u. PREUSS (C. **1942**. I. 2642) u. Reinigen durch Extrahieren mit Bzn. (Kp. 100—120°) u. nochmalige Kristallisation aus dem gleichen Lösungsm.; 40%. — *5-Brom-1-methylnaphthalin*, F. 60—61° (A.), aus vorst. Verb. mit 85%ig. Hydrazinhydrat u. NaOH in sd. Diäthylenglykol (1 Std., 160°), Dest. bis 200—205° (4 Std.) u. Zers. mit W. u. HCl; Nadeln; 75%. *Pikrat*, F. 107—108° (A.), orangefarbene Nadeln. — *2-[5'-Methylnaphthoyl-(1')]-benzoesäure*, $C_{19}H_{14}O_3$, F. 200—201° (Eisessig), aus der GRIGNARD-Verb. vorst. Verb. in Ae. mit Phthalsäureanhydrid in sd. Bzl. (2 Std.) unter N_2 u. Zers. mit Eis u. konz. HCl; Nadeln; 55%. — *4'-Methyl-1.2-benzanthrachinon-(9.10)* (V), F. 219—220° (Eisessig), a) aus II u. $Na_2Cr_2O_7$ in sd. Eisessig u. Fällen mit W., b) aus vorst. Verb. mit H_2SO_4 u. H_3BO_4 bei 110° (15 Min.) u. Fällen mit W.; gelbe Nadeln; 55%. — *4'-Methyl-1.2-benzanthracen* (I), F. 194—194,5° (A.), aus V, Zn-Staub u. Pyridin in sd. 80%ig. Essigsäure; Täfelchen. — *4'-Chlor-1.2-benzanthrachinon-(9.10)*, $C_{18}H_9O_2Cl$, F. 222—223° (Eisessig), durch Chlorieren von 1.2-Benzanthrachinon in Eisessig mit der berechneten Menge Cl_2. — *4'-Chlor-1.2-benzanthracen*, $C_8H_{11}Cl$, F. 198—199° (Bzl.), aus vorst. Verb. wie I aus V; 55%. *2.4.7-Trinitrofluorenonverb.*, $C_8H_{11}Cl \cdot C_{13}H_5O_7N_3$, F. 234 bis 235° (Bzl. + Toluol), rote Nadeln. (Bull. Soc. chim. belges **61**. 223—33. 31/7. 1952. Brüssel, Univ. libre, Fac. des Sciences, Serv. de Chim. Organique.) H. GOLD. 2950

R. H. Martin und **S. Vassart**, *Synthesen in der Reihe der carcinogenen Kohlenwasserstoffe*. 6. Mitt. *Neue Synthese von 1.2;3.4-Dibenzfluoren*. (5. vgl. vorst. Ref.) Nach der von BRADSHER (J. Amer. chem. Soc. **61**. [1939.] 3131; Chem. Rev. **38**. [1946.] 474) beschriebenen Meth. der Cyclisierung des Epoxyds von 2-[Cyclopentenyl-(1')]-diphenyl wird nun *1.2;3.4-Dibenzfluoren* (I) durch Cyclisieren von 2-[Indenyl-(1')]-diphenyl (II) über das *1'.2'-Epoxyd* (III) auf folgendem Wege dargestellt: Die Umsetzung von α-Indanon (IV) mit der GRIGNARD-Verb. von o-Joddiphenyl (V), besser mit 2-Li-Diphenyl, führt zu *2-[1'-Oxyindanyl-(1')]-diphenyl* (VI), das mit $KHSO_4$ direkt in II überging; II konnte in zwei krist. Formen isoliert werden, von denen die niedriger schm. durch Animpfen ihrer alkoh. Lsg. mit der höher schm. Form in diese überging. Bei der Grignard-Rk. von **V** mit **IV**, der anschließenden Zers. mit verd. HCl(!) u. Behandlung mit $KHSO_4$ entstand statt **II** *1-[Fluorenyl-(9')]-spiroindan* (**VII**), das auch bei der Einw. von $AlCl_3$, HCOOH oder 47%ig. HBr bzw. bei der therm. Zers. von **VI** gebildet wird. Die Cyclisierung von **II** wurde in zwei Stufen ausgeführt, u. zwar wurde **II** zunächst mit Perameisensäure, besser mit Monoperphthalsäure, in das Epoxyd **III** übergeführt, das dann mit HBr-Eisessig in **I** überging.

Versuche: *2-[Indenyl-(1')]-diphenyl* (**II**), $C_{21}H_{16}$, $Kp._{0,001}$ 160—180°, F. 68—69,5° u. F. 79,5—80,5°, Misch-F. 80—81° (A.), a) aus Diphenylyl-(2)-MgBr u. **IV** in sd. Ae. (30 Min.), Zers. mit verd. HCl, Behandeln des nach dem Abdampfen der äther. Lsg. erhaltenen Öls mit $KHSO_4$, bei 160° (1 Std.), Extrahieren des öligen Reaktionsprod. vom $Kp._{0,2}$ 114—180° mit PAe. u. Chromatographieren der PAe.-Lsg. an Al_2O_3 als fluorescierendes Band; nach Elution mit PAe. stark fluorescierendes Pulver; 14%, b) analog mit überschüssiger Grignard-Verb. (20%) u. Zers. des Grignard-Komplexes mit gesätt. NH_4Cl; 16,6%, c) durch Umsetzen von o-Bromdiphenyl mit n-Butyllithium in sd. Ae. (1 Std.), Zugabe von **IV** u. weiteres Kochen (1,3 Std.), Dehydratisieren des isolierten **VI** mit $KHSO_4$ bei 160° (1 Std.) u. Aufarbeiten wie unter a); 28,8%. — *Verb. $C_{18}H_{14}O$*, F. 144,5—145° (A.), neben **II** als in PAe. unlösl. Anteil nach a) u. als gelbes Band im Chromatogramm; gelbes Pulver. — *1-[Fluorenyl-(9')]-spiroindan* (**VII**), $C_{21}H_{16}$, F. 118,5—119,5° (A. u. PAe.), wie **II** nach a), Zers. des Grignard-Komplexes mit verd. HCl, Dest. im Vakuum als Fraktion vom $Kp._{0,4}$ 160—200° u. Behandeln des orangefarbenen Öls mit $KHSO_4$, oder aus **II** mit $AlCl_3$ in sd. Bzl.; Nadeln. — *1.2;3.4-Dibenzfluoren* (**I**), F. 158—159° (Isopropanol), sublimiert bei 140°/0,001 mm, a) durch Eintragen von **II** in eine Mischung von 85%ig. HCOOH u. 30%ig. H_2O_2 unter Selbsterwärmung (40°; 6½ Std.), Neutralisieren mit 10%ig. Soda, Extrahieren mit Ae., Behandeln des Verdampfungsrückstandes mit 34%ig. HBr in sd. Eisessig (19 Std.) u. Chromatographieren des erstarrten öligen Anteils der Reaktionsmischung in Bzl. an Al_2O_3 als stark fluorescierendes Band; 40%; als Reaktionsprod. wurde stets **VII** isoliert; b) aus **II** u. Monoperphthalsäure bei 0°, später 3°, Neutralisieren mit Soda, Extrahieren mit Ae. u. Behandeln mit HBr-Eisessig, wie unter a) beschrieben; 8%. — *1.2;3.4-Dibenzfluorenon*, F. 185—186° (Eisessig), aus **I** u. K-Methylat in sd. Aceton; gelborangefarbene Nadeln. (Bull. Soc. chim. belges **61**. 234—44. 31/7. 1952.) H. Gold. 2950

Cl. Descamps und **R. H. Martin**, *Synthesen in der Reihe der carcinogenen Kohlenwasserstoffe.* 7. Mitt. *5.8-Dimethyl-1.2;6.7-dibenzophenanthren.* (6. vgl. vorst. Ref.) Vff. konnten aus 9.10-Dihydrophenanthren (**I**) auf folgendem Wege *5.8-Dimethyl-1.2;6.7-dibenzophenanthren* (**II**) gewinnen (vgl. auch 1. Mitt., Martin, Bull. Soc. chim. belges **58**. [1949.] 87). **I** reagiert mit Phthalsäureanhydrid nach Friedel-Crafts ausschließlich in 2-Stellung unter Bldg. von *2-[9.10-Dihydrophenanthroyl-(2)]-benzoesäure* (**III**), deren Methylester durch S-Dehydrierung u. anschließende Verseifung zu *2-[Phenanthroyl-(2)]-benzoesäure* (**IV**) führt. Die Konst. von **IV** ergab sich aus der Bldg. der *Phenanthrencarbonsäure-(2)* (**V**) durch Kalischmelze, die auch **III** unter gleichzeitiger Dehydrierung in **V** überführte. Der Ringschluß von **IV** oder deren Methylester (**VI**) in Benzoylchlorid u. wenig konz. H_2SO_4 liefert leicht *Naphth-[2'.1':1.2]-anthrachinon* (**VII**), das nach der Sandin-Fieser-Rk. mit Methyl-MgJ schließlich in **II** überging.

Versuche: *9.10-Dihydrophenanthren* (**I**), $Kp._7$ 148,5—150,5°, F. 29—30°, n_D^{20} 1,6450, durch Hydrieren von Phenanthren in A. in Ggw. von Cu-Chromit 37 KAF (vgl. Connor, Folkers u. Adkins, J. Amer. chem. Soc. **54**. [1932.] 1140) bei 200° u. 200 at H_2 (6—7 Std.). — *2-[9.10-Dihydrophenanthroyl-(2)]-benzoesäure* (**III**), $C_{22}H_{16}O_3$, F. 188 bis 190° (Toluol), aus **I** u. Phthalsäureanhydrid mit $AlCl_3$ in Tetrachloräthan bei 0° (1 Std.), später bei Zimmertemp. (4—5 Std.) u. Reinigen durch Umfällen über das Na-Salz; 56%. In konz. H_2SO_4 violett. *Methylester*, $C_{23}H_{18}O_3$, F. 113—114° (Methanol), mit H_2SO_4 in sd. Methanol; Nadeln. — *2-[Phenanthroyl-(2)]-benzoesäuremethylester* (**VI**), $C_{23}H_{16}O_3$, F. 113 bis 114° (Methanol), aus dem **III**-Methylester bei 260°, später bei 280—300°; hellgelbe Nadeln; 86%. In konz. H_2SO_4 rotorange. — *2-[Phenanthroyl-(2)]-benzoesäure* (**IV**), $C_{22}H_{14}O_3$, F. 208—209° (Toluol), aus **VI** mit sd. methanol. NaOH (2 Std.); Nadeln; 94%. — *Phenanthrencarbonsäure-(2)* (**V**), F. 259—260° (Toluol + Eisessig) aus **III** oder **IV** mit KOH bei 300—320°; Nadeln. *Äthylester*, F. 72,5—73° (Methanol). — *Naphth-[2'.1':1.2]-anthrachinon* (**VII**), F. 276—277° (Eisessig), aus **VI** oder **IV** in sd. Benzoylchlorid (+wenig konz. H_2SO_4) bis zum Auftreten einer braungrünen Färbung, Zers. mit wss. NaOH u. Chromatographie an Al_2O_3 in Bzl.; gelbe Nadeln; 63 bzw. 90%. — *1.2;6.7-Dibenzophenanthren*, F. 293—294° (Xylol), aus **VII** u. Zn-Staub in sd. Pyridin (5 Std.). — *5.8-Dimethyl-1.2;6.7-dibenzophenanthren* (**II**), $C_{24}H_{18}$, F. 207,5—208,5°, aus **VII** in thiophenfreiem Bzl. u. Methyl-MgJ in Ae. bei Zimmertemp. (1 Std.), Zers. mit wss. HJ (D. 1,7) u. wss.

HBr (Kp. 124—126°) in Methanol, Behandeln des aus dem Jodmethylat in Eisessig bei —10° (1 Std.) erhaltenen roten Nd. mit konz. HCl u. $SnCl_2$ in sd. Dioxan u. Chromatographie an Al_2O_3 (Bzl. + Bzn.); gelbgrüne Nadeln; 53%. Farbe in konz. H_2SO_4 rot. *Trinitrofluorenonkomplex*, $C_{24}H_{18}\cdot C_{13}H_5O_7N_3$, F. 206—207° (Bzl.), schwarze Nadeln. (Bull. Soc. chim. belges **61.** 352—60. Aug./Sept. 1952.) H. GOLD. 2950

P. Lambert und **R. H. Martin**, *Synthesen in der Reihe der carcinogenen Kohlenwasserstoffe.* 8. Mitt. *1.2;3.4-Dibenzotetracen und die entsprechenden 5.12- und 6.11-Parachinone.* (7. vgl. vorst. Ref.) Zur Synth. von *1.2;3.4-Dibenzotetracen* (I) (vgl. CLAR, C. **1948.** E. 1230) gingen Vff. von Phenanthryl-(9)-MgBr aus, das durch Umsetzung mit Naphthalindicarbonsäure-(2.3) (**II**) zu *3-[Phenanthroyl-(9)]-naphthoesäure-(2)* führte, deren Ringschluß mit Benzoylchlorid + konz. H_2SO_4 *1.2;3.4-Dibenzotetracenchinon-(5.12)* (**III**) lieferte. Bei der Red. von **III** entstand **I**; dieses geht bei der Chromsäureoxydation in das **III** isomere *1.2;3.4-Dibenzotetracenchinon-(6.11)* über.

Versuche: *Naphthalindicarbonsäure-(2.3)* (**II**), durch Diazotieren von 2-Aminonaphthoesäure-(3) in H_2SO_4 bei 0—5°, Umsetzen des Diazoniumsalzes mit $CuSO_4$ u. KCN nach SANDMEYER bei 90° u. Fällen des heißen Filtrats mit wss. HCl. *Anhydrid*, F. 244—245,5°, aus der rohen **II** mit sd. Essigsäureanhydrid; 42%. — *3-[Phenanthroyl-(9)]-naphthoesäure-(2)*, $C_{26}H_{16}O_3$, F. 290—291° (Toluol + Eisessig), aus Phenanthryl-MgBr u. **II** in sd. Bzl. + Ae. (2 Std.); Prismen; 36,5%. Farbe in konz. H_2SO_4 blau. — *1.2;3.4-Dibenzotetracenchinon-(5.12)* (**III**), $C_{26}H_{14}O_2$, F. 265—266° (Essigsäureanhydrid), aus vorst. Verb. in Benzoylchlorid (+ wenig konz. H_2SO_4) auf dem Wasserbad; 69,5%. — *1.2;3.4-Dibenzotetracen* (I), F. 265—266°, aus **III**, Zn-Staub u. 80%ig. Essigsäure in sd. Pyridin (4 Std.); orangegelbe Nadeln mit intensiver UV-Fluorescenz; 77%. Farbe in konz. H_2SO_4 rot. — *1.2;3.4-Dibenzotetracenchinon-(6.11)*, F. 343°, aus **I**, Bichromat u. Eisessig in sd. Xylol (4 Std.); gelbe Kristalle; 75,1%. Farbe in konz. H_2SO_4 violett. (Bull. Soc. chim. belges **61.** 361—65. Aug./Sept. 1952.) H. GOLD. 2950

R. H. Martin und **L. van Hove**, *Synthesen in der Reihe der carcinogenen Kohlenwasserstoffe.* 9. Mitt. *9-Alkyl-10-methylanthracene.* (8. vgl. vorst. Ref.) In 9-Stellung durch C_2H_5, n-C_3H_7, n-C_4H_9 u. n-C_5H_{11} substituierte 10-Methylanthracene werden über die entsprechenden *9-Alkylanthracene* dargestellt, die aus Anthron (**I**) u. Alkyl-MgBr u. Dehydratisieren der entstandenen Carbinole erhalten werden konnten (vgl. SIEGLITZ u. MARX, Ber. dtsch. chem. Ges. **56.** [1923.] 1619; KROLLPFEIFER u. BRANSCHEID, Ber. dtsch. chem. Ges. **56.** [1923.] 1617). Ihre Formylierung mit N-Äthylformanilid u. $POCl_3$ ergab in guter Ausbeute *9-Alkyl-10-formylanthracene*, deren Thiosemicarbazone für tuberkulostat. Prüfungen dargestellt wurden u. deren Red. mit Hydrazin nach HUANG-MINLON durchgeführt wurde. *9.10-Dimethylanthracen* wurde nach FIESER u. JONES (C. **1943.** II. 1872) aus Anthracen gewonnen (vgl. auch BUU-HOI u. HOAN, C. **1952.** 6051).

Versuche (mit **M. F. Hebbelynck**): *N-Äthylformanilid*, $Kp._{11}$ 122—123°, nach FIESER u. JONES (C. **1942.** II. 1339); 94%. — *9-Formylanthracen*, F. 100—102°, nach FIESER u. HARTWELL (J. Amer. chem. Soc. **60.** [1938.] 2556); 91%. — *9-Methyl-10-formylanthracen* (**II**), F. 171,9—172,6° (Essigsäure, PAe. oder Bzl. + PAe.), aus 9-Methylanthracen [erhalten nach BUU-HOI (l. c.)], 1—2 Mol N-Äthylformanilid u. $POCl_3$ in o-Dichlorbenzol bei 35—45° (15—30 Min.), Zers. mit wss. Na-Acetat (2 Std.) u. Wasserdampfdest. der organ Lsg.; 85%. — *9.10-Dimethylanthracen* (**III**), F. 181—182° (Bzl. + A.), aus **II**, Hydrazinhydrat u. NaOH in Glykol in einer HERSHBERG-App. bei 100° 1 Std.), später bei 200° (1—1½ Std.) unter Entw. von N_2; Täfelchen; fast 100%. — *Anthron* (**I**), F. 154° (aus Bzl. mit PAe.) durch Red. von Anthrachinon; hellgelbe Nädelchen; 83—90%. — *9-Methylanthracen*, F. 81,5°, aus **I** u. Methyl-MgBr; 69%. — *9-Äthylanthracen* (**IV**), F. 57,5—58,5°; 65%. — *9-n-Propylanthracen*, F. 69—70°; 62%. — *9-n-Butylanthracen*, F. 49—50°; 62%. — *9-n-Amylanthracen*, $C_{19}H_{20}$, F. 84,3—84,7° (A.), Nadeln mit blauer Fluorescenz im UV; 60%. — *9-Äthyl-10-formylanthracen*, $C_{17}H_{14}O$, F. 96—96,5° (Bzn.), aus **IV** wie **II**; Prismen; 80%. *Oxim*, $C_{17}H_{15}ON$, F. 188,5—189°. *Thiosemicarbazon*, $C_{18}H_{17}N_3S$, F. 211—212°. — *9-n-Propyl-10-formylanthracen*, $C_{18}H_{16}O$, F. 105—105,5°, analog; gelbe Nadeln; 86%. *Oxim*, $C_{18}H_{17}ON$, F. 193,5—194,5°. — *9-n-Butyl-10-formylanthracen*, $C_{19}H_{18}O$, F. 80,5—81°; 80%. *Oxim*, $C_{19}H_{19}ON$, F. 183,5—184,5. *Thiosemicarbazon*, $C_{20}H_{21}N_3S$, F. 213,5—215°. — *9-n-Amyl-10-formylanthracen*, $C_{20}H_{20}O$, F. 79—79,5°; 82%. *Oxim*, $C_{20}H_{21}ON$, F. 209—210°. *Thiosemicarbazon*, $C_{21}H_{23}N_3S$, F. 220,5—223°. — *9-Methyl-10-alkylanthracene*, aus vorst. Aldehyden wie **III**, Reinigen durch Kristallisation aus A. u. Chromatographie ihrer benzol. Lsg. an Al_2O_3; 85—95%. (Bull. Soc. chim. belges **61.** 504—12. 15/12. 1952.) H. GOLD. 2950

P. Lambert und **R. H. Martin**, *Synthesen in der Reihe der carcinogenen Kohlenwasserstoffe.* 10. Mitt. *9.10-Dimethyl-1.2;3.4;5.6-tribenzanthracen.* (9. vgl. vorst. Ref.)

Für biol. Testverss. wurde *9.10-Dimethyl-1.2;3.4;5.6-tribenzanthracen* nach SANDIN u. FIESER (J. Amer. chem. Soc. **62.** [1940.] 3098) aus *1.2;3.4;5.6-Tribenzanthrachinon-(9.10)* (**II**) dargestellt, für das eine neue Synth. mitgeteilt wird (vgl. auch MARTIN u. STOFFYN, C. **1952.** 1813). Als Ausgangsprod. diente Dodekahydrophenanthrendicarbonsäure-(9.10)-anhydrid (**III**), das zweistufig nach einer modifizierten Meth. von WEIDLICH (Ber. dtsch. chem. Ges. **71.** [1938.] 1203) dehydriert wurde. Die Einw. von Br_2 lieferte

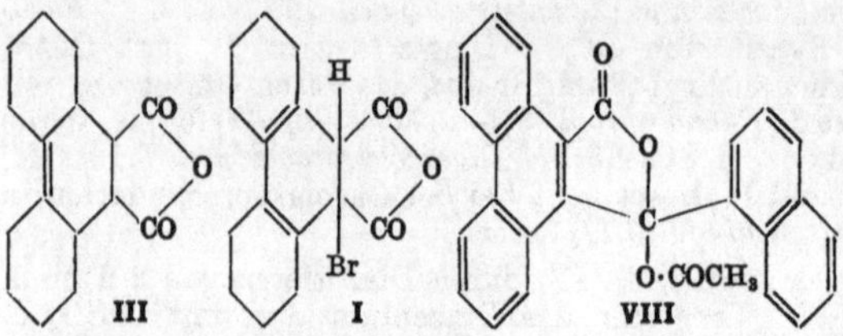

III I VIII

1.2.3.4.5.6.7.8-Oktahydrophenanthrendicarbonsäure-(9.10)-anhydrid (**IV**) neben einer Monobromverb. (**I**), die beim Erwärmen (<170°) unter HBr-Abspaltung in **IV** überging. Die Dehydrierung von **IV** mit der stöchiometr. Menge S ergab *Phenanthrendicarbonsäure-(9.10)-anhydrid* (**VI**), die Umsetzung von **VI** mit Naphthyl-(1)-MgBr [*9-Naphthoyl-(1)*]*-phenanthrencarbonsäure-(10)* (**VII**), das nur durch Erwärmen mit $H_3PO_4 + P_2O_5$ in geringer Ausbeute zu **II** cyclisiert werden konnte; bei der Kristallisation aus Eisessig entstand ein *Lactonacetat* der Konst. **VIII** (?) als Nebenprodukt. Die Cyclisierung der **VII** isomeren 9-[Naphthoyl-(2)]-phenanthrencarbonsäure-(10) verlief ergebnislos. Die Oxydation von *1.2;3.4;5.6-Tribenzanthracen* (**V**) mit Chromsäure (vgl. BACHMANN u. PENCE, J. Amer. chem. Soc. **57.** [1935.] 1130; **59.** [1937.] 2339) führte zu einem komplex zusammengesetzten Prod., das durch fraktionierte Kristallisation in reichlich **II**, wenig *1.2;3.4;-5.6-Tribenzanthrachinon-(7.8)* u. wenig *1.2;3.4;5.6-Tribenzanthradichinon-(7.8;9.10)* getrennt werden konnte.

V e r s u c h e: *1.2.3.4.5.6.7.8-Oktahydrophenanthrendicarbonsäure-(9.10)-anhydrid* (**IV**), F. 308—309° (Dioxan), aus **III** in Eisessig mit Br_2 bei Zimmertemp. unter Entw. von HBr; 56,3%. Durch Kochen der Mutterlauge unter Durchleiten von N_2 (16 Std.) wird die Ausbeute auf 78,3% erhöht. *o-Phenylendiaminverb.*, $C_{22}H_{20}ON_2$, F. 280—281,5° (Dioxan), aus **IV** u. o-Phenylendiamin bei 280°; gelbe Nadeln; löst sich in konz. H_2SO_4 gelb. — *Monobromverb.* **I**, $C_{16}H_{17}O_3Br$, F. 172—173° (Bzl.), aus der Eisessigmutterlauge von **IV** durch Fällen mit Wasser. Geht bei 200° (5 Min.) in **IV** über. — *Phenanthrendicarbonsäure-(9.10)-anhydrid* (**VI**), F. 309—312° (Nitrobenzol u. Dioxan), aus **IV** mit der berechneten Menge S bei 300—330° (20 Min.); 77,6%. — *9-[Naphthoyl-(1)]-phenanthrencarbonsäure-(10)* (**VII**), $C_{26}H_{16}O_3$, F. 283,5—284,5° (Toluol), durch Eintropfen von Naphthyl-(1)-MgBr (in Ae. + Bzl.) in eine Suspension von **VI** in sd. Bzl. (1 Std.), später bei Zimmertemp., Zers. mit Eis + HCl u. Reinigen über das Na-Salz; 34,3%. Löst sich blau in konz. H_2SO_4. — *9-[Naphthoyl-(2)]-phenanthrencarbonsäure-(10)*, $C_{26}H_{16}O_3$, F. 255 bis 256° (Toluol), analog; Prismen. Löst sich grün in konz. H_2SO_4. — *1.2;3.4;5.6-Tribenzanthracen* (**V**), F. 250,5—251,5° (Essigsäureanhydrid), aus **VII**, H_3PO_4 (D. 1,7) u. P_2O_5 bei 225° u. Gießen auf Eis; gelbe Kristalle; Ausbeute gering. — *Lactonacetat* **VIII**, $C_{28}H_{18}\cdot O_4$, F. 277,5—279° (Bzl.), als Nebenprod. von **V**; Ausbeute gering. — *1.2;3.4;5.6-Tribenzanthrachinon-(9.10)* (**II**), F. 250—251°, aus **V** u. $Na_2Cr_2O_7$ in sd. Eisessig (3 Std.); 31,2%. Durch Fällen der Mutterlauge mit W. konnte die Ausbeute auf 52% erhöht werden. — *1.2;3.4;5.6-Tribenzanthradichinon-(7.8;9.10)*, $C_{26}H_{12}O_4$, F. 318—320°, in geringer Ausbeute bei der Kristallisation von **II** aus Eisessig; rot. — *Phenazin von 1.2;3.4;5.6-Tribenzanthrachinon-(7.8)*, $C_{32}H_{16}N_2$, F. 351—352° (Dioxan), durch Behandeln des rohen Oxydationsprodd. von **V** mit o-Phenylendiamin in Eisessig. — *9.10-Dimethyl-1.2;3.4;5.6-tribenzanthracen*, $C_{28}H_{20}$, F. 139,5—140,5° (A. + wenig Bzl.), durch Eintropfen von Methyl-MgJ in Ae. in eine Suspension von **II** in Bzl. unter Kühlen mit Eis, tropfenweise Zugabe der erhaltenen Lsg. zu methanol. HJ bei 0—2°, Versetzen mit Eisessig (—10°, mehrere Std.), Kochen des entstandenen Nd. mit konz. HCl in Dioxan, Fällen mit W., Überführen in den Trinitrofluorenonkomplex u. Spalten des Komplexes in Bzl. an Al_2O_3; aus dem blau fluorescierenden Eluat gelbe Kristalle. *2.4.7-Trinitrofluorenonkomplex*, $C_{28}H_{20}\cdot C_{13}H_5O_7N_3$, F. 182—183°, rote Nadeln. (Bull. Soc. chim. belges **61.** 513—23. 15/12. 1952.) H. GOLD. 2950

E. A. Braude, J. S. Fawcett und **A. A. Webb,** *Polycyclische Systeme.* 6. Mitt. *8-meso-α-Naphthanthron-(10) und 2.3;8.9-Dibenzperylen.* (5. vgl. C. **1956.** 105.) *1-Phenyl-* (**I**) u. *1-[o-Tolyl]-butadien-(1.3)* (**II**) werden dargestellt u. zu Diensynthesen mit p-Chinonen benutzt. **I** gibt mit Naphthochinon-(1.4) (**IV**) ohne Lösungsm. oder in Nitrobenzol *1-Phenylanthrachinon*, in A. Gemische mit dem *1.4-Dihydroderivat.* Analog liefert **II** *1-[o-Tolyl]-anthrachinon* (**III**) u. dessen Dihydroderiv., das mit O_2 leicht zu **III** oxydiert wird. Die direkte Cyclisierung von **III** gelingt nicht, es läßt sich aber über das *o-Brommethylderiv.* (**VIII**) mit KCN in *4'-Cyannaphtho-[1'.2'.3':1.13.9]-anthron* überführen, das mit KOH in Äthylenglykol unter Hydrolyse u. Decarboxylierung *Naphtho-[1'.2'.3':-1.13.9]-anthron [8-meso-α-Naphthanthron-(10)]*, mit konz. H_2SO_4 dagegen das *4'-Oxyderiv.* gibt. Mit äquimol. Mengen p-Benzochinon (**VI**) liefern **I** u. **II** die entsprechenden *Monoaddukte*, die zu den *8-Phenyl-* bzw. *8-[o-Tolyl]-5.8-dihydronaphthohydrochinonen* umgelagert u. weiter mit CrO_3 zu den *Naphthochinonen* bzw. mit HNO_2 zu deren *5.8-Dihydroderivv.* oxydiert werden können. *5-[o-Tolyl]-5.8-dihydronaphthochinon* erwies sich dabei als stabil gegen CrO_3. Weitere Behandlung der Monoaddukte mit **VI** liefert die entsprechenden isomeren *Bis-addukte*, die auch direkt mit 2 Mol **VI** erhalten werden; die Ausbeute der einzelnen Isomeren ist dabei weitgehend von den Untersuchungsbedingungen abhängig. Die Cyclisierung des auf diese Weise erhaltenen *1.5-Bis-[o-tolyl]-anthrachinons* erfolgt analog **III** über das *Bis-brommethylderiv.* zu *Dicyandibenzoperylen* u. weiter zu *2.3;8.9-Dibenzoperylen.*

Versuche (FF. korr.): *1-Phenylbutadien-(1.3)* (**I**), $Kp._1$ 67°, F. 4°, aus Crotonaldehyd mit C_6H_5MgBr in Ae. u. anschließende Behandlung des erhaltenen *3-Methyl-1-phenylallylalkohols* mit $KHSO_4$ (30 Min. bei 100°); n_D^{24} 1,6095; 74% (Ausbeute). — *1.4-Dihydro-1-phenylanthrachinon*, $C_{20}H_{14}O_2$, F. 139°, a) aus 1 g **I** u. **IV** in A. in Ggw. von Hydrochinon (4 Tage bei Zimmertemp.); aus A. gelbe Nadeln; 0,8 g; b) aus 1 g **I** wie unter a), aber mit Zusatz von CH_3COOH (12 Std. im Rohr bei 200—220°); 0,65 g; daneben 0,3 g *1-Phenylanthrachinon*, F. 176°, gelbe Nadeln aus Essigester. — *1.4.5.8.11.12.13.14-Oktahydro-1.5-diphenylanthrachinon*, $C_{26}H_{24}O_2$, F. 235°, aus 3 g **I** u. **VI** in A. in Ggw. von Benzoylperoxyd (24 Std. kochen); Nädelchen aus Essigester; 0,3 g, gibt in 1%ig. alkoh. KOH mit O_2 *1.5-Diphenylanthrachinon*, F. 345°. — *1.4.5.8.11.12-Hexahydro-1.5-diphenylanthrachinon*, $C_{26}H_{22}O_2$, F. 185—186°, aus 2,4 g **I** u. **VI** in A. u. Essigsäure in Ggw. von Hydrochinon (3 Tage schütteln); blaßgelbe Nadeln aus Essigester; 1,1 g. — *1-[o-Tolyl]-butadien-(1.3)* (**II**), $Kp._{0,1}$ 82°, mit o-Tolyl-MgBr analog **I**; n_D^{19} 1,5993; 55—65%; schnelle Dest. u. Zusatz von Methylenblau verhindern eine Polymerisation. — *1-Chlor-4-[o-tolyl]-buten-(2)*, $C_{11}H_{13}Cl$, Kp. $_{10^{-2}}$ 72°, aus 214 g o-Toluidin in 8n HCl durch Diazotierung bei 0° u. Rk. mit Butadien, Aceton, W., CH_3COONa u. CuCl bei —10° 213 g. — *1-Äthoxy-4-[o-tolyl]-buten-(2)*, $C_{13}H_{18}O$, Kp. 91°, aus 60 g vorst. Verb. u. KOH in sd. A. (30 Min.); n_D^{18} 1,5250; 30 g u. 10 g **II**. — *2.2'-Dimethyldibenzyl*, $C_{16}H_{18}$, F. 68°, aus o-Tolylmethyl-MgBr mit Acrylaldehyd in Ae. (2 Std.); Tafeln aus Pentan; daneben etwas *1-[o-Tolyl]-buten-(3)-ol-(2)*, das bei der Dest. mit $KHSO_4$ **II** gibt. — *1.4-Dihydro-1-[o-tolyl]-anthrachinon*, $C_{21}H_{16}O_2$, F. 162°, aus 4 g **II** u. 3 g **IV** in A. in Ggw. von Hydrochinon (48 Std. bei Raumtemp.); gelbe Nadeln aus Essigester; 3,7 g. — *1-[o-Tolyl]-anthrachinon* (**III**), $C_{21}H_{14}O_2$, F. 149°, a) aus 1 g vorst. Verb. in heißer 10%ig. alkoh. KOH mit O_2; gelbe Nadeln aus A.; 0,9 g; b) aus 4 g **II** u. 3 g **IV** in A.-Essigsäure (14 Std. bei 180°); 1,5 g neben 1,6 g vorst. Verb. u. etwas *Verb. $C_{30}H_{14}O_5$*, F. 380—390° (Nitrobenzol). — *5.8.9.10-Tetrahydro-5-[o-tolyl]-naphthochinon-(1.4)*, F. 93° (PAe.), aus 6 g **II** u. 4 g **VI** in sd. Bzl. (30 Min.); 5 g. — *5.8-Dihydro-5-[o-tolyl]-naphthochinon-(1.4)* (**V**), $C_{17}H_{14}O_2$, F. 123—124°, aus 2 g vorst. Verb. in CH_3COOH mit wss. $NaNO_2$ bei 100°; gelbe Prismen aus A.; 1,8 g; gegen $Na_2Cr_2O_7$ in H_2SO_4 u. CH_3COOH (½ Std. bei 60° oder 100°) beständig. — *5.8-Dihydro-5-[o-tolyl]-naphthohydrochinon-(1.4)*, $C_{17}H_{16}O_2$, F. 168° (wss. CH_3OH), aus 4 g **II** u. **VI** in Bzl. mit CCl_3COOH u. Methylenblau (2 Std. kochen), dann in CH_3OH mit Al_2O_3 u. Kohle kochen; 4 g. — *5-[o-Tolyl]-naphthochinon-(1.4)*, $C_{17}H_{12}O_2$, F. 114—115°, aus vorst. Verb. in CH_3COOH mit $Na_2Cr_2O_7$ in 4n H_2SO_4 (20 Min. bei 100°); gelbe Nadeln aus verd. CH_3OH. — *1.4.5.8.11.12.13.14-Oktahydro-1.5-bis-[o-tolyl]-anthrachinon*, $C_{28}H_{28}O_2$, F. 221 bis 223°; aus 2,8 g **II** u. 0,75 g **VI** in A. (4 Tage bei Raumtemp.); hexagonale Tafeln aus Essigester; 0,3 g. Entstand auch in Ggw. von CH_3COOH sowie von Hydrochinon, wobei aber bei einem Vers. die zweitnachst. Verb. erhalten wurde. — *1.5-Bis-[o-tolyl]-anthrachinon* (**VII**), $C_{28}H_{20}O_2$, F. 278°, a) aus 0,2 g vorst. Verb. in sd. alkoh. KOH mit O_2; nach Sublimation bei 10^{-4} mm gelbe Platten; 0,18 g; b) aus 2,8 g **II** u. **VI** in A. (18 Std. im Rohr bei 170° u. Oxydation wie unter a); 0,3 g; c) aus 4 g **II** u. **VI** in Nitrobenzol in Ggw. von Methylenblau (20 Std. bei 90° u. 10 Min. kochen); 0,3 g, ähnlich auch nach 45 Std. bei 135°, dabei wurden aber einmal in Ggw. von CH_3COOH (18 Std. bei 90°) nur 0,2 g nachst. Verb. erhalten; d) aus 10 g **II**, **VI**, Nitrobenzol, Trichloressigsäure u. Methylenblau (3 Std. bei 150° u. 1 Std. bei 200°); 1 g; e) aus je 1 g **II** u. **V** in A. (18 Std. bei 200°); 0,15 g; daneben 0,1 g nachst. Verb.; analog in Nitrobenzol (1 Std. bei 190°). — *3.4.5.6(?)-Tetrahydro-1.8-bis-[o-tolyl]-anthrachinon*, $C_{28}H_{24}O_2$, F. 219—221°, aus 2,8 g **II** u. 1 g **VI** in sd. A. (4 Std.); orangefarbene Nadeln aus Essigester; 0,3 g. — *1.8-Bis-[o-tolyl]-anthrachinon*, $C_{28}H_{20}O_2$, F. 192°, aus 0,2 g vorst. Verb. analog **VII**, a); sublimiert in gelben Platten. — *1.4-Dihydro-1.5-bis-[o-tolyl]-anthrachinon*, $C_{28}H_{22}O_2$, F. 258°, aus **II** u. **VI** in $C_6H_5NO_2$ in Ggw. von Hydrochinon (10 Min. kochen u. 4 Std. bei 100°); sublimiert im Vakuum in gelben Nädelchen. — *1-[o-Brommethylphenyl]-anthrachinon* (**VIII**), $C_{21}H_{13}$·O_2Br, F. 181—182°, aus 2 g **III** mit N-Bromsuccinimid u. etwas Benzoylperoxyd in CCl_4

(12 Std. kochen); gelbe Platten aus Essigester; 2,2 g. — *1-[o-Oxymethylphenyl]-anthrachinon*, $C_{21}H_{14}O_3$, F. 153° (PAe.), aus 0,35 g vorst. Verb. u. K_2CO_3 in sd. Dioxan–W. (9 : 1; 24 Std.); gelb; 0,25 g. — *1-[o-Carboxyphenyl]-anthrachinon*, $C_{21}H_{12}O_4$, F. 212°, aus 0,24 g vorst. Verb. in Aceton mit $KMnO_4$ in wss. Na_2CO_3 (30 Min.); gelbe Nadeln aus A.; 0,15 g. — *4'-Cyannaphtho-[1'.2'.3':1.13.9]-anthron*, $C_{22}H_{11}ON$, F. 261—262°, aus 2 g **VIII** u. KCN in Dioxan–W. (18 Std. kochen); gelbe Nädelchen aus Dioxan; 1,6 g. — *Naphtho-[1'.2'.3': 1.13.19]-anthron*, $C_{21}H_{12}O$, F. 232°, F. 240° aus 1 g vorst.Verb. mit KOH in Äthylenglykol (4 Std. bei 160°); gelbe Nadeln aus Dioxan; 0,8 g. — *4'-Oxynaphtha-[1'.2'.3':3.11.9]-anthron*, $C_{21}H_{12}O_2$, F. 280° (Vakuumsublimation), aus 1 g vorvorst. Verb. mit konz. H_2SO_4 (4 Std. bei 170°); gelbe Nadeln; 0,25 g. — *1.5-Bis-[o-brommethylphenyl]-anthrachinon*, $C_{28}H_{18}O_2Br_2$, F. 184—187°, aus 1,16 g **VII** mit N-Bromsuccinimid in CCl_4 u. Chlf. in Ggw. von Benzoylperoxyd (6 Std. kochen); gelbe Nadeln aus Bzl.-PAe.; 1,05 g (roh). — *1.7-Dicyan-[2.3;8.9]-dibenzperylen*, $C_{30}H_{14}N_2$, F. $>360°$, aus roher vorst. Verb. in Dioxan u. wss. KCN (12 Std. kochen); aus $C_6H_5NO_2$ orangefarbene Nadeln; verd. Lsgg. in Dioxan, Chlf. u. $C_6H_5NO_2$ grüngelb mit starkgrüner Fluorescenz. — *2.3;8.9-Dibenzperylen*, $C_{28}H_{16}$, F. 339—342°, aus vorst. Verb. mit KOH in sd. Äthylenglykol (6 Std.); goldgelbe Tafeln aus Xylol-$C_6H_5NO_2$; Lsgg. fluorescieren blau; in kalter H_2SO_4 grün → hellpurpurrot. *Pikrat*, $2\,C_{28}H_{16}\cdot 3\,C_6H_3O_7N_3$, F. 239—242°, Platten aus Xylol. (J. chem. Soc. [London] **1954**. 1049—59. März. London, Imp. Coll. of. Sci. and Technol., Dep. of Org. Chem.) K. Lehmstedt. 2950

R. G. Jones und **C. W. Whitehead**, *vic.-Dicarbonsäurederivate des Pyrazols, Isoxazols und Pyrimidins.* Vff. stellten aus Äthoxymethylenoxalessigsäurediäthylester (**I**) u. Hydrazin oder Phenylhydrazin *Pyrazol-* (**II**) bzw. *1-Phenylpyrazoldicarbonsäure-(4.5)-diäthylester* (**III**) dar. Bei der sauren Verseifung von **II** wurde nur die Estergruppe an $C_{(5)}$ hydrolysiert, die zweite erst nach längerer Zeit oder durch alkal. Verseifung; mit alkoh. NH_3 entstand nur das *5-Monoamid.* Aus **I** u. Hydroxylamin, Guanidin oder Harnstoff entstanden *Isoxazoldicarbonsäure-(4.5)-diäthylester*, *2-Aminopyrimidincarbonsäure-(4.5)-diäthylester* bzw. *Ureidomethylenoxalessigsäurediäthylester* (**IV**). In besserer Ausbeute wurde **IV** aus Oxalessigester, Orthoameisensäuretrimethylester u. Harnstoff erhalten. Durch Erhitzen von **IV** entstand unter Wasserabspaltung *2-Oxypyrimidindicarbonsäure-(4.5)-diäthylester.* Analog **IV** wurde aus Äthoxymethylenacetyl- oder Acetylbrenztraubensäureäthylester *Ureidomethylenacetylbrenztraubensäureäthylester* (**V**) dargestellt, der beim Erhitzen *5-Acetyl-2-oxypyrimidin-(4)-äthylester* lieferte.

Versuche: *Pyrazoldicarbonsäure-(4.5)-diäthylester* (**II**), $C_9H_{12}O_4N_2$, F. 69—70° (Bzl./PAe.), $Kp._{0,5}$ 160—165°, $Kp._2$ 180—185°, a) durch Zugabe von Hydrazinhydrat zu **I** in absol. A. unter Rühren bei 10—20°; 82,5% (Ausbeute); b) durch Zugabe von **I** zu Hydrazindihydrochlorid in wss. A. (Temp. →75°), Abdest. des A. im Vakuum, Zugabe von Na_2CO_3 u. Ausäthern; 67—81%. — *4-Carbäthoxypyrazolcarbonsäure-(5)*, $C_7H_8O_4N_2$, F. 263° (Zers.; absol. A.), wie vorst. b) u. 3std. Erhitzen der entstandenen sauren Lsg. auf dem Dampfbad; 82%. — *Pyrazoldicarbonsäure-(4.5)*, $C_5H_4O_4N_2$, F. $>300°$ (W.), durch 4std. Erhitzen von **II** mit 6n HCl auf dem Dampfbad; gallertartige dicke Masse, die im Vakuum getrocknet wurde. Durch Verseifung von **II** mit NaOH u. Ansäuern mit HCl entstand ein Gel, das beim Erhitzen schmolz u. beim Erkalten wieder erstarrte. — *1-Phenylpyrazoldicarbonsäure-(4.5)-diäthylester* (**III**), $C_{15}H_{16}O_4N_2$, $Kp._{0,7}$ 168—173°, analog **II** nach a) oder b) mit Phenylhydrazin(hydrochlorid); viscose Fl.; n_D^{25} 1,5390; 82—84%. — *1-Phenylpyrazoldicarbonsäure-(4.5)*, $C_{11}H_8O_4N_2$, F. 214—215° (Äthylacetat/PAe.), durch Verseifen von **III** mit NaOH in wss. A.; Plättchen. — *1-Phenyl-4.5-bis-[acetoxymethyl]-pyrazol*, $C_{15}H_{16}O_4N_2$, $Kp._{0,1}$ 170—173°, aus **III** u. $LiAlH_4$ in absol. Ae. (vgl. C. **1949**. E. 1214) u. Acetylierung des Prod. mit Acetanhydrid; hellgelbe Flüssigkeit. — *5-Carbamylpyrazolcarbonsäure-(4)-äthylester*, $C_7H_9O_3N_3$, F. 248—250° (absol. A.), durch Sättigen einer Lsg. von **II** in absol. A. mit NH_3 u. 4tägiges Stehen bei Raumtemp.; 85%. — Bei analoger Behandlung war **III** noch nach einigen Monaten unverändert. — *1-Phenylpyrazoltricarbonsäure-(3.4.5)-triäthylester*, $C_{18}H_{20}O_6N_2$, F. 74—74,5° (PAe.), aus Phenylhydrazinhydrochlorid u. α-Äthoxy-γ-ketoaconitsäuretriäthylester in wss. A. durch 15 Min. Erhitzen auf dem Dampfbad; 53%. Verseifung lieferte die *Tricarbonsäure*, F. 213—214°. — *Isoxazoldicarbonsäure-(4.5)-diäthylester*, $C_9H_{11}O_5N$, $Kp._{0,5}$ 98—100°; $Kp._1$ 110—115°, aus Hydroxylaminhydrochlorid u. **I** in wss. A. u. Zugabe von $NaHCO_3$; n_D^{25} 1,4588; $D.^{25}_{25}$ 1,186; 66%. — *2-Aminopyrimidincarbonsäure-(4.5)-diäthylester*, $C_{10}H_{13}O_4N_3$, F. 151—152° (W.), durch Zugabe von **I** zu einer Lsg. von Na u. Guanidinhydrochlorid in absol. A. unter Eiskühlung u. ½std. Rühren; 57%. — *2-Aminopyrimidincarbonsäure-(4.5)*, $C_6H_5O_4N_3$, schm. nicht bis 300° (W.), durch 1std. Erhitzen vorst. Verb. mit wss. NaOH auf dem Dampfbad; 98%. — *Ureidomethylenoxalessigsäurediäthylester* (**IV**), $C_{10}H_{14}O_6N_2$, F. 171—172° (A. oder Äthylacetat), a) durch Erwärmen von **I** mit Harnstoff; Nadeln aus A.; 93%; b) durch 1std. Erhitzen von Harnstoff, Orthoameisensäuretriäthylester u. Oxalessigester auf dem Dampfbad; 81%. — *Ureidomethylenacetylbrenztraubensäureäthylester* (V), $C_9H_{12}O_5N_2$, F. 182—183°, aus Äthoxymethylenacetyl- bzw. Acetylbrenztraubensäureäthylester analog **IV** nach a); 78%, bzw. nach b) 88%. — *2-Oxypyrimidincarbonsäure-(4.5)-diäthylester*, $C_{10}H_{12}O_5N_2$, F. 161—162° (Äthylacetat oder W.), aus **IV** a) durch Erhitzen auf 175° bis zum Schmelzen, dann 15 Min. auf 160°; 75%; b) durch 6std. Kochen in Xylol unter Rückfluß u. Abtrennung des gebildeten W.; 88%. — *5-Acetyl-2-oxypyrimidincarbonsäure-(4)-äthylester*, $C_9H_{10}O_4N_2$, F. 206—208° (W.), analog aus **V** nach vorst. b); 43%. (J. org. Chemistry **20**. 1342—47. Okt. 1955. Indianapolis, Ind., Lilly Res. Labors.) H. ASCHERL. 3000

W. Davies und **W. E. Savige**, *Die Richtung der Ringöffnung einiger unsymmetrischer Äthylenoxyde und -sulfide.* Vff. untersuchen die Aufsprengung des Oxyd- bzw. Sulfidringes verschied., teils an $C_{(2)}$ oder $C_{(3)}$ substituierter Propylenoxyde bzw. -sulfide durch Acetanhydrid, Acetylchlorid, HCl, Thioessigsäure u. 2.4-Dinitrothiophenol (**I**). Sie finden, daß die Addition von Thioessigsäure, **I** (in Ggw. von $NaHCO_3$) u. Acetanhydrid (in Ggw. von Pyridin) an die Dreiringe durchweg die Reaktionsprodd. ergeben, die das bisherige Ringheteroatom an $C_{(2)}$ gebunden enthalten. **I** wird wegen seiner bes. glatten Reaktionsfähigkeit für die Charakterisierung von Äthylenoxyden empfohlen. HCl u. Acetylchlorid werden dagegen in umgekehrter Richtung addiert. In allen Fällen wird die Struktur der erhaltenen Prodd. eindeutig bewiesen. Vff. vergleichen diese Ergebnisse mit früher gewonnenen (C. **1951**. II. 1869; vgl. auch GILMAN u. FULLHARDT, J. Amer. chem. Soc. **71**. [1949.] 1478) u. ordnen verallgemeinernd die Additionen an Äthylenoxyde bzw. -sulfide in zwei Gruppen ein. Die 1. Gruppe umfaßt die bas. katalysierten Rkk. mit Thiolen u. Acetatanhydrid, die zu den „normalen" Prodd, führen u. als bimol., nucleophile Substitutionen am C aufzufassen sind. Zur 2. Gruppe werden die Rkk. mit elektrophilen Reagentien (HCl, CH_3COCl, Thiole + BF_3) gerechnet, bei denen als Zwischenprodd. cycl. Sulfonium- (bzw. Oxonium-)chloride anzunehmen sind, die sich, je nach der Natur der Substituenten am Dreiring, in 2 verschied. Richtungen umlagern können. Gemäß der größeren Tendenz des S zur Bldg. von Oniumsalzen finden anomale Ringsprengungen bei cycl. Sulfiden häufiger als bei Oxyden statt. Vermutlich überlagern sich beide Mechanismen gelegentlich, z. B. bei der Rk. von Isobutylensulfid mit Thiolen in Ggw. von Spuren $NaOC_2H_5$ (SNYDER, STEWART u. ZEIGLER, J. Amer. chem. Soc. **69**. [1947.] 2672), die größere Mengen anomalen Additionsprod. liefert. Vff. vermuten auf Grund dieser Regeln, daß die Rk. von n-Butylamin mit 2 Mol Propylensulfid nicht $n\text{-}C_4H_9N[\cdot CH(CH_3)\cdot CH_2\cdot SH]_2$ (D. R. P. 631016; C. **1936**. II. 1616), sondern $n\text{-}C_4H_9N[\cdot CH_2\cdot CH(CH_3)\cdot SH]_2$ ergibt.

Versuche: *3-Chlorpropylensulfid* (**II**), Kp.$_{45}$ 57—60°. — *2.3-Dichlorpropanthiol-(1)* (**III**), Kp.$_{20}$ 74—76°, aus **II** mit konz. HCl oder durch Verseifung von nachst. *Acetylderiv.* mit 2%ig. methanol. HCl; n_D^{16} 1,5235; gibt mit 1-Chlor-2.4-dinitrobenzol (**IV**), 1-Fluor-2.4-dinitrobenzol oder Pikrylchlorid im alkal. Medium nur **II**. *S-Acetylderiv.*, Kp.$_{25}$ 122°, Kp.$_{11}$ 99—103°, aus **III** mit CH_3COCl, oder durch 5std. Erwärmen von **II** mit CH_3COCl auf 50—55°; n_D^{20} 1,5155. *Thiocarbanilat* von **III**, $C_{10}H_{11}ONCl_2S$, F. 100°, durch 3std. Erhitzen von **III** mit Phenylisocyanat in Bzn. auf 160°; aus Bzl./Bzn. Prismen. *Triphenylmethylthioäther* von **III**, $C_{22}H_{20}Cl_2S$, F. 128°, durch 4std. Erhitzen von **III** mit Triphenylmethylchlorid in Bzn. auf 100°; flache Prismen aus Leichtbenzin. — *Allylmercaptan*, in geringer Menge beim 24std. Kochen von **II**-*Acetat*, NaJ u. Mg in Methyläthylketon; nicht rein isoliert, Hauptprod. bei vorst. Rk. ist das *S-Acetylderiv.* vorst. Verb., Kp. 100 bis 140°. — *Allyl-2.4-dinitrophenylsulfid*, $C_9H_8O_4N_2S$, F. 71°, durch 1/4std. Erwärmen von vorst. Thioester mit **IV** u. NaOH in W./A. (1 : 20), oder durch Erwärmen von Allylbromid mit **I** u. NaOH in A. u. Reinigung durch Krist. aus wss. A., dann aus Bzn. + Spuren Bzl. u. Adsorption aus Bzl./Bzn. an Al_2O_3; aus 90%ig. A. gelbe Blättchen. — *1-[2.4-Dinitrophenylmercapto]-3-chlorpropanol-(2)*, $C_9H_9O_5N_2ClS$, F. 81—82°, aus äquivalenten Mengen 1-Chlor-3-mercaptopropanol-(2), **IV** u. NaOH in A., oder aus Epichlorhydrin (in A.) u. **I** (in gesätt. wss. $NaHCO_3$); aus Bzl./Bzn. gelbe Prismen. — *2.3-Epoxypropyl-1-[2.4-dinitrophenyl]-sulfid*, $C_9H_8O_5N_2S$, F. 94—95°, aus vorst. Verb. in Ae./Bzl. durch 1std. Rühren mit 40%ig. wss. NaOH; aus Bzl./Bzn. gelbe Prismen. — *1-[2.4-Dinitrophenylmercapto]-propandiol-(2.3)*, $C_9H_{10}O_6N_2S$, F. 142—143°, durch 4std. Kochen von vorst. Verb. mit wss. Essigsäure (60% Ausbeute), oder aus Glycid (geringer Überschuß), **I**, Na_2CO_3 u. $NaHCO_3$ in W. u. nachfolgende Chromatographie aus Aceton/Bzl. (2 : 1) an Al_2O_3 (69%), gelbe Warzen aus Bzl./Aceton. — *Isobutylensulfid* (**V**), Kp. 84—86°, aus Isobutylenoxyd u. Thioharnstoff in CH_3OH; 63%. — *2-Acetylmercapto-2-methylpropylacetat*, $C_8H_{14}O_3S$, Kp.$_{15}$ 114°; 7,1 g **V**, 9 g Acetanhydrid u. 0,6 ml Pyridin (1 Std. bei 100°, 15 Std. bei 130°), 9,0 g. — *2-Mercapto-2-methylpropanol-(1)*, $C_4H_{10}OS$, Kp.$_{30}$ 70°, durch Hydrolyse von vorst. *Diacetat* mit heißer 1%ig. methanol. HCl; n_D^{22} 1,469; 50%; färbt sich mit Nitroprussidnatrium (**VI**) hellviolett, mit HNO_2 erst grün, dann hellrot. — *2-[2.4-Di-*

nitrophenylmercapto]-2-methylpropanol-(1), $C_{10}H_{12}O_5N_2S$, F. 108,5°, durch Rk. von vorst. Thiol mit **IV** u. NaOH in A.; aus Bzl./Bzn. dicke gelbe Nadeln. — *2-Oxy-2-methylpropylthioacetat* u. *2-Acetoxy-2-methylpropanthiol-(1)* (Gemisch), $Kp._{12}$ 80—100°, durch 7std. Erwärmen von 7,2 g Isobutylenoxyd u. 7,6 g Thioessigsäure auf dem Wasserbad; 1. Fraktion: n_D^{21} 1,4650, letzte Fraktion: n_D^{21} 1,4831; 9,6 g (Ausbeute). — *2-Oxy-2-methylpropanthiol-(1)*, $C_4H_{10}OS$, $Kp._{17}$ 73—74°, durch 8std. Kochen von vorst. Gemisch mit 1%ig. methanol. HCl; n_D^{24} 1,4619—1,4600; 80%; teilweise mischbar mit W., färbt sich mit **VI** purpurn. — *1-[2.4-Dinitrophenylmercapto]-2-methylpropanol-(2)*, $C_{10}H_{12}O_5N_2S$, F. 95,5°, aus vorst. Verb. mit **IV** u. NaOH in A. oder durch ½std. Erwärmen von Isobutylen-α-chlorhydrin, **I** u. NaOH in A. oder aus Isobutylenoxyd u. **I** in wss. $NaHCO_3$; aus Bzl./Bzn. gelbe Warzen oder Prismen. — *2-Chlor-2-methylpropyl-[2.4-dinitrophenyl]-sulfid*, $C_{10}H_{11}O_4N_2ClS$, F. 86—87°, durch ½std. Erwärmen von vorst. Verb. mit $SOCl_2$ auf dem Wasserbad u. Filtration des öligen, $SOCl_2$-freien Rohprod. (in Bzl./Bzn.) über Al_2O_3; aus A./Bzn. gelbe Nadeln. — *1-[2.4-Dinitrophenylmercapto]-propanol-(2)*, F. 94°, aus Propylenoxyd mit **I** in wss. $NaHCO_3$, oder aus 1-Mercaptopropanol(-2) mit **IV** in alkoh. NaOH. — *2-Chlorpropyl-[2.4-dinitrophenyl]-sulfid*, $C_9H_9O_4N_2ClS$, F. 75—77°, aus vorst. Verb. mit PCl_5 im Chlf.; gelbe Kristalle aus wss. CH_3OH, dann aus Chlf./Benzin. (J. chem. Soc. [London] **1951**. 774—79. März. Melbourne, Univ., Organ. Chem. Labor.)

H. PRACEJUS. 3030

Ernest H. Huntress, Thomas E. Lesslie und **William M. Hearon**, *Ein neuer Weg zu 1-Arylpyrrolen.* Während die Rk. von 1 Mol N-Phenylhydroxylamin (**II**) u. 1 Mol Acetylendicarbonsäuredimethylester (**I**) zu einer lockeren Mol.-Verb. der Komponenten (*Addukt* **A**) führt, die schon bei Raumtemp. wieder zerfällt, entsteht mit 2 Mol **I** ein stabiles *Addukt* **B** (**III**) der wahrscheinlichen Konst. eines *N-[4-Oxy-1.2.3.4-tetracarbomethoxybutadien-(1.3)-yl]-anilins* neben einem *orangefarbenen Öl* (*Anilinooxalessigsäuredimethylester* [?], das mit methanol. HCl in *Indol-2.3-dicarbonsäuremonomethylester* übergeführt werden kann. **III** liefert keine Acetyl-, Phenylhydrazon-, p-Nitrophenylhydrazon- oder Methojodidderivv., wird ebenfalls bei der Rk. von Oxalessigsäuredimethylester (**VII**), Oxalbromessigsäuredimethylester (**VI**) u. Anilin (**VIII**) erhalten u. kann in *1-Phenylpyrrol-2.3.4.5-tetracarbonsäuretetramethylester* übergeführt werden. Letzteres wird durch Abbau zu *1-Phenylpyrrol* charakterisiert. Analog werden über die entsprechenden *Addukte* andere *1-Arylpyrrol-2.3.4.5-tetracarbonsäuretetramethylester* u. *1-Arylpyrrole* sowie *5-Methylindol-2.3-dicarbonsäuremono-* u. *-dimethylester* erhalten.

Versuche: *N-[p-Carbomethoxyphenyl]-hydroxylamin*, C_8H_9ON, F. 120,9 bis 121,9° (Bzl.), durch Zugeben von Zn-Staub zu p-Nitrobenzoesäuremethylester u. NH_4Cl in wss. CH_3OH in 15 Min.; gelbe Kristalle; 75% (Ausbeute). — *Addukt* **A**, $C_{12}H_{13}O_5N$, F. 85,6—86,1° (Ae.–CH_3OH), durch 70std. Stehen von **I** in absol. Ae. mit **II** bei 5°; 65%. — *Addukt* **B** (**III**), $C_{18}H_{19}O_9N$, F. 154,4—154,9° (CH_3OH–W.), a) durch Lösen von **A** in sd. CH_3OH u. Stehen über Nacht bei 5°; 44%; b) durch 3std. Kochen von **A** mit **I**; 50%; c) durch 45 Min. Kochen von **I** u. **II** in Bzl. u. Einengen; 37%; d) durch 1std. Kochen von **VI, VII, VIII** u. 2n KOH in wss. CH_3OH, Ansäuern mit Eisessig, 15 Min. Kochen, Verdünnen mit W. u. Ausäthern; 11%. — Durch 30 Min. Erwärmen von 2 Mol **I** mit 1 Mol Arylhydroxylamin in einem neutralen Lösungsm. u. Stehen über Nacht Addukte von I u. nachst. Arylhydroxylaminen: *m-Methylphenyl-*, $C_{19}H_{21}O_9N$, F. 160,5—160,9° (CH_3OH), in Bzl.; 35%. — *p-Methylphenyl-*, $C_{19}H_{21}O_9N$, F. 174,6—175,1° (CH_3OH), in Bzl.; 51,5%. Ausbeuten mit anderen Lösungsmitteln: Toluol 34%, CH_3OH 19%, Ligroin 35%, Chlf. 37% u. Xylol 28%. — *2.4.6-Trimethylphenyl-*, $C_{21}H_{25}ON$, F. 203,8—204,8° (verd. CH_3OH), in Bzl.; 20%. — *o-Chlorphenyl-*, $C_{18}H_{18}O_9NCl$, F. 177,0—177,5° (CH_3OH), in Toluol; 40%. — *p-Chlorphenyl-*, $C_{18}H_{18}O_9NCl$, F. 189,4—189,9° (CH_3OH–W.), in Bzl.; 28%. — *p-Nitrophenyl-*, $C_{18}H_{18}O_{11}N_2$, F. 185,3 bis 185,8° (CH_3OH); in Bzl.; 61%. — *p-Carbomethoxyphenyl-*, $C_{20}H_{21}O_{11}N$, F. 195,9 bis 196,5° (CH_3OH), in Bzl.; 53%. — Pyrrol-2.3.4.5-tetracarbonsäuretetramethylester: *1-Phenyl-* (**IVa**), $C_{18}H_{17}O_8N$, F. 116,3—117,3° (CH_3OH–W.), a) durch Lösen von **III** in konz. H_2SO_4 u. Gießen in W.; 99%; b) durch Sättigen einer methanol. Lsg. von **III** mit NH_3, 50std. Stehen u. Einengen; Nadeln; ~100%; c) durch 2std. Kochen von **III** mit 1%ig. methanol. HCl; ~100%. Dehydratisierung durch azeotrope Dest. mit Bzl. blieb erfolglos. *Mono-K-Salzmonohydrat der freien Säure*, $C_{14}H_{10}\cdot O_9NK$, Zers. >200° (W.), durch 30 Min. Kochen von **III** mit 2n alkoh. KOH → *Tetra-K-Salz*, das mit n-H_2SO_4 behandelt wird; 86%. *Monohydrat der freien Säure* (**IVb**), $C_{14}H_{11}O_9N$, F. >200° (Zers.), durch 4std. Rühren des Mono-K-Salzes mit konz. HCl; Nadeln; 92%. — *1-[m-Tolyl]-*, $C_{19}H_{19}O_8N$, F. 136,9—137,3° (CH_3OH–W.); 86%. — *1-[p-Tolyl]-*, $C_{19}H_{19}O_8N$, F. 121,6—122,1° (CH_3OH–W.); 86%. *Tetra-K-Salz der freien Säure*, $C_{15}H_7O_8NK_4$, mit 2n methanol. KOH bei 60—80° in 2 Std.; 98%. *Mono-K-Salzmonohydrat* (**V**) *der freien Säure*, aus dem Tetra-K-Salz in W. mit n-HCl; Nadeln; 83%.

1-[2.4.6-Trimethylphenyl]-, $C_{21}H_{23}O_8N$, F. 119,6—120,0° (CH_3OH–W.); 75%. — *1-[o-Chlorphenyl]-*, $C_{18}H_{16}O_8NCl$, F. 102,5—103,2° (CH_3OH–W.). — *1-[p-Chlorphenyl]-*, $C_{18}H_{16}O_8NCl$, F. 106,5—107,0° (CH_3OH–W.). — *1-[p-Carbomethoxyphenyl]-*, $C_{20}H_{19}O_{10}N$, F. 165,5—166,0° (CH_3OH–W.); 90%. — *1-[p-Nitrophenyl]*, $C_{18}H_{16}O_{10}N_2$, F. 137,6—138,0° (CH_3OH–W.), a) analog; b) durch Nitrieren von **IVa** mit konz. H_2SO_4–konz. HNO_3 in 3 Std.; 63%. — *1-Phenylpyrrol*, F. 57,5—58,0°, durch Erhitzen von **IVb** auf 210°. — *1-[p-Tolyl]-pyrrol*, $C_{11}H_{11}N$, F. 81,4—82,1°, durch Erhitzen von **V** auf 250—310°. — *Indol-2.3-dicarbonsäuremonomethylester*, $C_{11}H_9O_4N$, F. 254,3—255,1° (Dioxan), aus den Mutterlaugen der Darst. von **III** durch Ansäuern mit konz. HCl u. Einengen; Nadeln; 46%. *Dimethylester*, F. 112,0—112,5°. — *5-Methylindol-2.3-dicarbonsäuremonomethylester*, $C_{12}H_{11}O_4N$, F. 246—247°; 36%. *Dimethylester*, $C_{13}H_{13}O_4N$, F. 130,3—130,8° (CH_3·OH–W.); 93%. (J. Amer. chem. Soc. **78**. 419—23. 20/1. 1956. Cambridge, Mass., Inst. of Technol., Dep. of Chem.) R. PASEDAG. 3081

Ng. Ph. Buu-Hoï und **P. Jacquignon**, *Carcinogene Stickstoffverbindungen.* 16. Mitt. *Einige kondensierte Carbazole und ihre Thiophenanalogen.* (15. vgl. C. **1954**. 4388.) Durch die FISCHERsche Indolsynth. werden einige kondensierte *Carbazole*, ihre *Thiophenanalogen* u. *Indole* hergestellt. Die dargestellten Verbb. haben keine carcinogene Wirkung.

Versuche: *1.2.3.4.5.6.7.8-Oktahydro-1-oxoanthracen* (**I**), $Kp._{18}$ 206—207°, F. 48°, nach KROLLPFEIFFER u. SCHÄFER [1923], u. Red. der β-[1.2.3.4-Tetrahydronaphthoyl-(1)]-propionsäure nach HUANG-MINLON. — *3.4.5'.6'.7'.8'-Hexahydro-7.8-benzonaphtho-[2'.3':1.2]-carbazol* (**II**), $C_{24}H_{21}N$, F. 187°: 2 g **I** mit α-Naphthylhydrazin·HCl u. CH_3COONa in A. 1 Std. kochen u. mit W. verdünnen; das rohe *Hydrazon* in CH_3·COOH–HCl kochen u. mit W. versetzen; gelbliche Nadeln aus Bzl.; 2 g (Ausbeute); in H_2SO_4 gelb. *Pikrat violett.* — *5'.6'.7'.8'-Tetrahydro-7.8-benzonaphtho-[2'.3':1.2]-carbazol* (**III**), $C_{24}H_{19}N$, F. 217°, aus je 1 g **II** u. Chloranil in sd. Xylol (2 Std.); blaßgelbe Nadeln aus Bzl.; 0,7 g; in konz. H_2SO_4 kirschrot. *Pikrat* blauviolett. — *7.8-Benzonaphtho-[2'.3':1.2]-carbazol* (**IV**), $C_{24}H_{15}N$, F. 282°, aus 0,8 g **II** u. 3 g Chloranil in sd. Xylol; grünlichgelbe Blättchen aus Bzl.; 0,5 g; in H_2SO_4 violett. — *3.4.5'.6'.7'.8'-Hexahydro-5.6-benzonaphtho-[2'.3':1.2]-carbazol*, F. 211°, analog **II**; gelbliche Prismen aus Bzl.; in H_2SO_4 orangefarben. *Pikrat* violett. — *5'.6'.7'.8'-Tetrahydro-5.6-benzonaphtho-[2'.3':1.2]-carbazol*, F. 260°, aus vorst. Verb. wie **III**; gelbe Nadeln aus Bzl.; in H_2SO_4 braunrot. — *5.6-Benzonaphtho-[2'.3':1.2]-carbazol*, F. 311°, aus vorst. Verb. wie **IV**; grünlichgelbe Blättchen aus Xylol; in H_2SO_4 braunviolett. — *7.8-Benzothionaphtheno-[2'.3':1.2]-carbazol*, $C_{22}H_{13}NS$, F. 266°, aus 1,5 g 1.2.3.4-Tetrahydro-1-oxodibenzothiophen wie **II** (etwas H_2S); graustichige Blättchen aus Bzl.; 1,3 g; in H_2SO_4 braunrot. — *5.6-Benzothionaphtheno-[2'.3':1.2]-carbazol*, F. 306°, graustichige Prismen aus Bzl.; 1,5 g; in H_2SO_4 braunrot. *Pikrat* rot. — *3.4-Dihydrofluoreno-[3'.2':1.2]-carbazol*, $C_{23}H_{17}N$, F. 140°, aus 4 g 1'.2'.3'.4'-Tetrahydro-4'-oxo-2.3-benzofluoren wie **I** u. Phenylhydrazin bei 120°, dann wie **II**; Prismen aus A.; 4 g; in H_2SO_4 gelb. *Pikrat* tiefviolett. — *2-[Phenanthryl-(2')]-indol*, $C_{22}H_{15}N$, F. 237°, aus 6 g *2-Acetylphenanthrenphenylhydrazon* (F. 190—191°, gelbliche Nadeln aus A.) u. $ZnCl_2$ bei 200°; in verd. CH_3COOH gelöst u. in Bzl. aufgenommen; graustichige Prismen aus A.; 4 g. *Pikrat*, F. 205—206°, aus A. braunviolette Nadeln. — *2-[Phenanthryl-(3')]-indol*, $C_{22}H_{15}N$, F. 160°, aus 6,5 g *3-Acetylphenanthrenphenylhydrazon* (F. 188—189°, gelbliche Nadeln aus A.) wie vorst.; graustichige Prismen aus A.; 5 g. *Pikrat* braunviolett. — *3-Äthyl-2-[pyrenyl-(3')]-indol*, $C_{26}H_{19}N$, F. 147°, aus 3-n-Butyrylpyrenphenylhydrazon; aus A. gelbliche Nadeln; gibt ein Pikrat. (J. chem. Soc. [London] **1954**. 513—15. Febr. Paris, Univ., Radium Inst.) K. LEHMSTEDT. 3081

Lumír Macholán und **Ladislav Skurský**, *Synthese einiger α-Oxo-ω-phthalimidocarbonsäuren.* Durch Anwendung der Meth. von KRÖHNKE (C. **1948**. II. 720) wurden *α-Oxo-ω-phthalimidopropionsäure* (**I**), *-buttersäure* (**II**), *-valeriansäure* (**III**) u. *-capronsäure* (**IV**) dargestellt, die als *2.4-Dinitrophenylhydrazone* charakterisiert wurden. Durch Hydrolyse von **II** zu *α-Oxo-ω-aminobuttersäure* (**V**) wurde die Brauchbarkeit dieser Meth. zur Synth. von α-Oxo-ω-aminocarbonsäuren bewiesen.

Versuche: *δ-Phthalimidovaleriansäuremethylester*, $C_{14}H_{15}O_4N$, F. 42—43° (Nadeln oder Blättchen aus Methanol), a) durch sukzessive Zugabe einer alkalifreien Suspension von Ag_2O in Methanol zur Lsg. von 1-Diazo-5-phthalimidopentanon-(2) in Methanol bei 60° u. 5std. Erhitzen auf 70°; roh 89% (Ausbeute); b) aus δ-Phthalimidovaleriansäure u. CH_2N_2 in Ae. durch 2std. Stehen; 100%. — *δ-Phthalimidovaleriansäure*, $C_{13}H_{13}O_4N$, F. 117° (W.), aus vorst. Verb. durch 1½—2std. Kochen mit Eisessig u. 37%ig. HCl; roh 60%. — *1-Diazo-6-phthalimidohexanon-(2)*, $C_{14}H_{13}O_3N_3$, F. 85—86° (feine gelbliche Nädelchen aus Ae. u. Aceton), aus vorst. Verb. durch 30 Min. langes Erhitzen mit $SOCl_2$ auf 70°, Abdampfen im Vakuum, Lösen in Bzl. u. Abdampfen im Vakuum (noch 2mal wiederholt); die benzol. Lsg. wurde unter Rühren nach u. nach mit einer äther. Lsg. von CH_2N_2 bei −10° versetzt u. 24 Std. bei −30° stehengelassen; 80% (roh). — *1-Brom-6-phthalimidohexanon-(2)*, $C_{14}H_{14}O_3NBr$, F. 115—116° (Täfelchen aus Methanol), aus vorst. Verb. in Eisessig durch Zutropfen von 40%ig. HBr bis Ende der N_2-Entw. u. Verdünnen mit W. nach 30 Min.; roh 92%. — *N-[6-Phthalimido-2-oxo-hexyl]-pyridiniumbromid*, $C_{19}H_{19}O_3N_2Br$, F. 194° (aus A. Nädelchen), aus vorst. Verb. durch Übergießen mit auf 65° erhitztem Pyridin unter Rühren u. Verdünnen mit Bzl.; 96,5% (roh). — *α-[p-Dimethylaminophenylimino]-β-oxo-ζ-phthalimidoönanthsäurenitril*, $C_{23}H_{22}O_3N_4$, F. 161—162° (aus A. u. Chlf. rote Blättchen), aus vorst. Verb. in W. durch Versetzen mit auf 40° erwärmtem Gemisch von p-Nitrosodimethylanilin in A. u. KCN in W. unter Rühren u. Versetzen mit W. nach 30 Min.; roh 74%. — *α-Oxo-ε-phthalimido-capronsäure* (**IV**), $C_{14}H_{13}O_5N$, F. 84—85° (aus W. Blättchen), aus vorst. Verb. durch 25 Min. langes Erhitzen mit einem Gemisch von 37%ig. HCl, W. u. Aceton auf 40—50°; 92% (roh). *2.4-Dinitrophenylhydrazon*, $C_{20}H_{17}O_8N_5$, F. 206—207°, feine gelbe Nädelchen aus Dioxan u. Methanol. — *α-Oxo-δ-phthalimidovaleriansäure* (**III**), $C_{13}H_{11}O_5N$, F. 148° (aus W. Nädelchen), aus α-[p-Dimethylaminophenylimino]-β-oxo-ε-phthalimidocapronsäurenitril analog **IV** durch 15—20 Min. langes Erhitzen; 96% (roh). *2.4-Dinitrophenylhydrazon*, $C_{19}H_{15}O_8N_5$, F. 228—229° (Zers.), gelbe Nadeln aus Methanol. — *α-Oxo-γ-phthalimidobuttersäure* (**II**), $C_{12}H_9O_5N$, F. 141—142°, aus α-[p-Dimethylaminophenylimino]-β-oxo-δ-phthalimidovaleriansäurenitril analog **IV**; 95% (roh). *2.4-Dinitrophenylhydrazon*, $C_{18}H_{13}O_8N_5$, F. 245—246° (Zers.), gelbe Nadeln aus Methanol. — *α-Oxo-β-phthalimidopropionsäure* (**I**), $C_{11}H_7O_5N \cdot H_2O$, F. 183—184° (W.), aus α-[p-Dimethylaminophenylimino]-β-oxo-γ-buttersäurenitril durch Hydrolyse bei 40—50° (30 Min.) in konz. HCl-Aceton-Gemisch; 85,3% (roh). *2.4-Dinitrophenylhydrazon*, $C_{17}H_{11}O_8N_5$, F. 241—242° (Zers.), gelbe Nädelchen aus Methanol. — *α-Oxo-γ-aminobuttersäurehydrochlorid* (**V**·HCl), $C_4H_7O_3N \cdot HCl$, F. 157—158° (Zers., aus W.), aus **II** durch 2std. Kochen mit 37%ig. HCl, Absaugen der Phthalsäure u. Verdampfen des Filtrats im Vakuum; 68,5% (roh). *2.4-Dinitrophenylhydrazon*, $C_{10}H_{11}O_6N_5 \cdot HCl$, F. 279—280° (Zers.), feine gelbe Nädelchen aus mit HCl angesäuertem Methanol. *Oxim*, $C_4H_8O_3N_2$, F. 209—210° (Zers.), aus W. Blättchen. (Chem. Listy **49**. 1385—88. Sept. 1955. Brno, Masarykova Univ., Biochem. úst. přírodověd. fak. [Orig.: tschech.]) K. Hejno/Prag. 3081

F. F. Blicke und **G. R. Toy**, *Antispasmodica*. 20. Mitt. *Basische 1.3-Dioxolane und 1.3-Dioxane*. (19. vgl. C. **1956**. 6368.) Aus 2.2-Diphenyl-4-brommethyl-1.3-dioxolan (**I**) werden mit Hexamethylenimin (**II**) u. 4-Methylhexamethylenimin (**III**) *4-[Hexamethylenimino-(1')-methyl]-* u. *4-[4'-Methylhexamethylenimino-(1')-methyl]-2.2-diphenyl-1.3-dioxolan* u. analog aus 2.2-Diphenyl-5-methyl-5-jodmethyl-1.3-dioxan (**IV**) *5-[Hexamethylenimino-(1')-methyl]-* u. *5-[4'-Methylhexamethylenimino-(1')-methyl]-2.2-diphenyl-5-methyl-1.3-dioxan* dargestellt, ferner von dem aus Hydrobenzoin u. Bromdiäthylacetal erhaltenen *2-Brommethyl-4.5-diphenyl-1.3-dioxolan*, *2-[Piperidinomethyl]-*, *2-[Hexamethylenimino-(1')-methyl]-* u. *2-[4'-Methylhexamethylenimino-(1')-methyl]-4.5-diphenyl-1.3-dioxolan* einschließlich der *Hydrochloride* u. einiger *Methobromide*. Die Verbb. wurden auf ihre spasmolyt. Wrkg. gegenüber den durch Acetylcholin u. $BaCl_2$ verursachten Spasmen am Kaninchenjejunum untersucht. Die effektiven Minimalkonzz. sind jeweils in () angeführt.

V e r s u c h e: *2-Brommethyl-4.5-diphenyl-1.3-dioxolan*, $C_{16}H_{15}O_2Br$, F. 89—90° (Isopropanol), aus Hydrobenzoin + Bromdiäthylacetal durch 2std. Erhitzen unter Abdestillieren des gebildeten A.; 91% (Ausbeute). — *2.2-Diphenyl-4-[hexamethylenimino-(1')-methyl]-1.3-dioxolan*. $Kp._{0,01}$ 175—177°, aus **I** in Toluol + **II** durch 5tägiges Erwärmen auf dem Dampfbad unter Verschluß, Auswaschen mit 20%ig. NaOH u. Dest. der abgetrennten organ. Schicht; 91%. *Hydrochlorid*, $C_{22}H_{28}O_2NCl$, F. 183—184° (Isopropanol); (1:31·10⁴). *Methobromid*, $C_{23}H_{30}O_2NBr$, F. 203—205° (Isopropanol); (1:10⁵). — *2.2-Diphenyl-4-[4'-methylhexamethylenimino-(1')-methyl]-1.3-dioxolan*, $Kp._{0,01}$ 183—185°, analog vorst. Verbindung. *Hydrochlorid*, $C_{23}H_{30}O_2NCl$, F. 173—175° (Methyläthylketon); (1:31·10⁴). — 2 - s u b s t i t u i e r t e 4. 5 - D i p h e n y l - 1. 3 - d i o x o l a n e: *2-[Piperidinomethyl]-*, *Hydrochlorid*, $C_{21}H_{26}O_2NCl$, F. 201—202° (Aceton); (1:2·10⁵). — *2-[Hexamethylenimino-(1')-methyl]-*, $Kp._{0,05}$ 178—180°. *Hydrochlorid*, $C_{22}H_{28}O_2NCl$, F. 163 bis 165° (Zers.; Isopropanol); (1:31·10³). *Methobromid*, $C_{23}H_{30}O_2NBr$, F. 223—225° (Zers.; A.); (1:10⁴). — *2-[4'-Methylhexamethylenimino-(1')-methyl]-*, $Kp._{0,05}$ 173—175°. *Hydrochlorid*, $C_{23}H_{30}O_2NCl$, F. 157—159° (Isopropanol); (1:10⁴). *Methobromid*, $C_{24}H_{32}O_2NBr$, F. 226—228° (Zers.; A.); (1:31·10³). — *2.2-Diphenyl-5-methyl-5-[hexamethylenimino-(1')-methyl]-1.3-dioxan*, F. 68—70° (absol. A.), aus **IV** + **II** in Bzl. wie vorst.; 40,3%. *Hydrochlorid*, $C_{24}H_{32}O_2NCl$, F. 215—217° (Isopropanol); (1:31·10³). — *2.2-Diphenyl-5-methyl-5-[4'-methylhexamethylenimino-(1')-methyl]-1.3-dioxan*, F. 66—68° (absol. A.), aus **IV** + **III** in Bzl.; 83%. *Hydrochlorid*, $C_{25}H_{34}O_2NCl$, F. 214—215° (Zers.;

Isopropanol); (1:10[5]). (J. Amer. chem. Soc. **77.** 31—32. 5/1. 1955. Ann Arbor, Mich., Univ., Coll. of Pharm.) H. LEHWALD. 3102

F. F. Blicke und **H. E. Millson jr.**, *Antispasmodica.* 21. Mitt. *Basische 1.3-Dioxolane.* (20. vgl. vorst. Ref.) Vff. stellten eine Anzahl bas. *2-substituierter 4.5-Diphenyl-1.3-dioxolane* durch Kondensation von 2-Brommethyl (**I**) bzw. 2-[β-Chloräthyl]-4.5-diphenyl-1.3-dioxolan (**II**) mit den entsprechenden Aminen her. **II** wurde analog **I** (l. c.) aus Hydrobenzoin (**III**) u. β-Chlorpropionaldehyddiäthylacetal erhalten. Durch Kondensation von 1-Alkylpiperidon-(3)-hydrochloriden mit **III** entstanden eine Anzahl bas. Spirodioxolane, *6.8-disubstituierte 2.3-Diphenyl-1.4-dioxa-8-azaspiro-[4.5]-decane.* Aus 1-[Oxymethyl]-cyclohexanol u. Bromacetaldehyddiäthylacetal wurde *2-Brommethyl]-1.3-dioxaspiro-[4.5]-decan* dargestellt, das mit einer Anzahl Amine kondensiert wurde. Einige der gewonnenen Verbb. wurden wie l. c. geprüft, ihre wirksamen Minimalkonzz. sind jeweils angeführt.

V e r s u c h e: *2-[β-Chloräthyl]-4.5-diphenyl-1.3-dioxolan* (**II**), $C_{17}H_{17}O_2Cl$, F. 85 bis 87° (A.), aus **III** + β-Chlorpropionaldehyddiäthylacetal bei 120° (Badtemp.) unter Abdestillieren des gebildeten A.; 44% (Ausbeute). — Nachst. 2 - s u b s t i t u i e r t e 4. 5 - D i p h e n y l - 1. 3 - d i o x o l a n e entstanden aus **I** bzw. **II** in Toluol u. den entsprechenden Aminen in Ggw. von NaJ u. Na_2CO_3 durch 1wöchiges Erhitzen unter Verschluß, Behandeln mit 5%ig. NaOH u. Dest. der abgetrennten organ. Schicht: *2-[Äthylaminomethyl]-*, $Kp._{0,3}$ 141°; 84%. *Hydrochlorid*, $C_{18}H_{22}O_2NCl$, F. 210—211° (absol. A.); (1:10[5]). — *2-[Isopropylaminomethyl]-*, $Kp._{0,3}$ 144—153°; 100%. *Hydrochlorid*, $C_{19}H_{24}O_2NCl$, F. 218—219° (absol. A.; Zers.). — *2-[Allylaminomethyl]-*, $Kp._{0,8}$ 165 bis 169°; 86%. *Hydrochlorid*, $C_{19}H_{22}O_2NCl$, F. 170—171° (absol. A.). — *2-[Dimethylaminomethyl]-*, $Kp._{0,5}$ 137—140°; 99%. *Hydrochlorid*, $C_{18}H_{22}O_2NCl$, F. 211—213° (Zers.; absol. A.); (1:31·10[3]). *Methobromid*, $C_{19}H_{24}O_2NBr$, F. 213—214° (absol. A.); (1:31·10[4]). — *2-[Diäthylaminomethyl]-*, $Kp._{0,5}$ 157—163°; 84%. *Hydrochlorid*, $C_{20}H_{26}O_2NCl$, F. 130 bis 133° u. F. 95° (Äthylacetat). *Methobromid*, $C_{21}H_{28}O_2NBr$, F. 164—165° (A.–Ae.). — *2-[Di-n-propylaminomethyl]-*, $Kp._{0,5}$ 167—169°; 78%. *Hydrochlorid*, $C_{22}H_{30}O_2NCl$, F. 179 bis 180° (A.–Ae.); (1:10[6]). — *2-Pyrrolidinomethyl-*, $Kp._{0,4}$ 167—170°. *Hydrochlorid*, $C_{20}H_{24}O_2NCl$, F. 181—183° (A.–Bzl.); (1:31·10[3]). *Methobromid*, $C_{21}H_{26}O_2NBr$, F. 159 bis 160° (A.–Bzl.); (1:10[6]). — *2-Morpholinomethyl-*, $Kp._{0,3}$ 176—180°; 88%. *Hydrochlorid*, $C_{20}H_{24}O_3NCl$, F. 214—216° (Zers.; A.–Ae.). — *2-Piperazinomethyl-*, $Kp._1$ 202 bis 208°; 59%. *Dihydrochlorid*, $C_{20}H_{26}O_2N_2Cl_2$, F. 213—215° (Zers.; absol. A.). — *2-[Heptamethylenimino-(1')-methyl]-*, $Kp._{0,6}$ 165—170°; 79%. *Hydrochlorid*, $C_{23}H_{30}O_2NCl$, F. 183—184°. *Methobromid*, $C_{24}H_{32}O_2NBr$, F. 215—217°. — *2-[Oktamethylenimino-(1')-methyl]-*, $Kp._{0,5}$ 175—185°; 84%. *Hydrochlorid*, $C_{24}H_{32}O_2NCl$, F. 164—166° (Ae.–A.). *Methobromid*, $C_{25}H_{34}O_2NBr$, F. 219—221° (Ae.–A.). — *2-[β-(Dimethylamino)-äthylaminomethyl]-*, $Kp._{0,3}$ 181—185°; 80%. *Dihydrochlorid*, $C_{20}H_{28}O_2N_2Cl_2$, F. 208—209° (Zers.; A.–Ae.). — *2-[N-Methyl-N-(β-dimethylaminoäthyl)-aminomethyl]-*, *Bis-methobromid*, $C_{23}H_{34}O_2N_2Br_2$, F. 208—210° (Zers.; A.–Ae.). — *2-[β-(Diäthylamino)-äthylaminomethyl]-*, $Kp._{0,4}$ 188—193°; 94%. *Dihydrochlorid*, $C_{22}H_{32}O_2N_2Cl_2$, F. 206—207° (Zers.; absol. A.). *Bis-methobromid*, $C_{24}H_{36}O_2N_2Br_2$, F. 183—185° (A.–Ae.); 33%. — *2-[β-(Äthylamino)-äthyl]-*, $Kp._{0,2}$ 167—169°; 96%. *Hydrochlorid*, $C_{19}H_{24}O_2NCl$, F. 187—189° (wss. A.). — *2-[β-(Dimethylamino)-äthyl]-*, $Kp._{0,3}$ 154—155°; 81%. *Hydrochlorid*, $C_{19}H_{24}O_2NCl$, F. 171 bis 173° (absol. A.). *Methobromid*, $C_{20}H_{26}O_2NBr$, F. 181—183° (A.–Ae.). — *2-[β-(Diäthylamino)-äthyl]-*, $Kp._{0,7}$ 179—183°; 95%. *Hydrochlorid*, $C_{21}H_{28}O_2NCl$, F. 170—172° (absol. A.). — *2-[β-Pyrrolidinoäthyl]-*, $Kp._{0,5}$ 188—193°; 90%. *Hydrochlorid*, $C_{21}H_{26}O_2NCl$, F. 195 bis 198° (absol. A.). *Methobromid*, $C_{22}H_{28}O_2NBr$, F. 186—188° (absol. A.). — *2-[β-Hexamethylenimino-(1')-äthyl]-*, $Kp._{0,3}$ 196—198°; 85%. *Hydrochlorid*, $C_{23}H_{30}O_2NCl$, F. 202 bis 204° (Zers.; A.–Ae.). *Methobromid*, $C_{24}H_{32}O_2NBr$, F. 184—185° (Ae.–A.). — *2-{β-[4'-Methylhexamethylenimino-(1')}-äthyl]-*, $Kp._{0,7}$ 208—212°. *Hydrochlorid*, $C_{24}H_{32}O_2NCl$, F. 189—190° (A.–Ae.). *Methobromid*, $C_{25}H_{34}O_2NBr$, F. 208—210° (A.–Ae.). — *2-Aminomethyl-*, $Kp._{0,2}$ 145—146°, aus **I** durch 8tägiges Stehen mit NH_3-gesätt. absol. A. bei 100° unter Verschluß; 64%. *Hydrochlorid*, $C_{16}H_{18}O_2NCl$, F. 216° (Zers.; A.–Toluol); (1:10[5]). — *2-Methylaminomethyl-* (**IV**), $Kp._{0,4}$ 145°, aus **I** u. CH_3NH_2-gesätt. absol. A. in Ggw. von NaJ u. Na_2CO_3 in 7 Tagen bei 100°; 95%. *Hydrochlorid*, $C_{17}H_{20}O_2NCl$, F. 244—245° (Zers.; absol. A.); (1:10[5]). — *2-[β-Aminoäthyl]-*, $Kp._{0,2}$ 160—162°, aus **II** u. NH_3-gesätt. A. mit NaJ u. Na_2CO_3 in 4 Tagen bei 100°; 45%. *Hydrochlorid*, $C_{17}H_{20}$·O_2NCl, F. 190—192° (A.–Ae.). — *N.N'-Dimethyl-N.N'-bis-[4.5-diphenyl-1.3-dioxolanyl-(2)-methyl]-äthylendiamindihydrochlorid*, $C_{36}H_{42}O_4N_2Cl_2$, F. 240—241° (Zers.; A.), durch Zutropfen von Äthylendibromid in Isopropanol zu **IV** in sd. Isopropanol, 10std. Kochen, Abdampfen, Behandeln mit 5%ig. NaOH, Ausäthern, Vakuumdest. u. Zufügen von HCl in Ae.; 42%. — *2.3-Diphenyl-8-methyl-1.4-dioxa-8-azaspiro-[4.5]-decan*, $C_{20}H_{23}O_2N$, F. 72—75°, $Kp._{0,6}$ 175—178°, durch Zutropfen von absol. A. zu einer sd. Lsg. von

1-Methylpiperidon-(4)-hydrochlorid unter Abdestillieren von A., Zutropfen von Xylol, weiteres Abdestillieren des A., Zufügen von III u. Abdestillieren von Xylol (5 Std.), Erwärmen mit 10%ig. NaOH u. Dest. der abgetrennten organ. Schicht; 78%. *Hydrochlorid*, $C_{20}H_{24}O_2NCl$, F. 227—229° (A.–Ae.). *Methobromid*, $C_{21}H_{26}O_2NBr$, F. 285—287° (Zers.; absol. A.). *Allobromid*, $C_{23}H_{28}O_2NBr$, F. 200—202° (A.–Ae.). *Butobromid*, $C_{24}H_{32}$·O_2NBr, F. 207—210° (A.–Ae.). — *2.3-Diphenyl-8-äthyl-1.4-dioxa-8-azaspiro-[4.5]-decan*, $C_{21}H_{25}O_2N$, F. 60—63°, Kp.$_{0,7}$ 180—184°, wie vorst. mit 1-Äthylpiperidon-(4)-hydrochlorid; 89%. *Hydrochlorid*, $C_{21}H_{26}O_2NCl$, FF. 197—199 u. 107—110° (A.–Ae.). *Methobromid*, $C_{22}H_{28}O_2NBr$, F. 264—268°. *Äthobromid*, $C_{23}H_{30}O_2NBr$, F. 243—245° (Zers.; A.–Ae.). *Allobromid*, $C_{24}H_{30}O_2NBr$, F. 206—207° (Zers.; A.–Ae.). — *2.3.6-Triphenyl-8-methyl-1.4-dioxa-8-azaspiro-[4.5]-decan*, $C_{26}H_{27}O_2N$, F. 149—150°, Kp.$_{14}$ 128—130°, aus 1-Methyl-3-phenylpiperidon-(4)-hydrochlorid wie vorst. in 21std. Kochen; 39%. *Hydrochlorid*, $C_{26}H_{28}O_2NCl$, F. 274—276° (Zers.; Isopropanol). *Methobromid*, $C_{27}H_{30}$·O_2NBr, F. 280—282° (absol. A.). — 1. 3 - D i o x a s p i r o - [4. 5] - d e c a n e: *2-Brommethyl-*, $C_9H_{15}O_2Br$, Kp.$_{14}$ 128—130°, aus 1-[Oxymethyl]-cyclohexanol u. Bromacetaldehyddiäthylacetal durch Erhitzen auf 130° unter Abdestillieren des gebildeten A. u. Dest.; 82%. — *2-Dimethylaminomethyl-*, Kp.$_{0,2}$ 69—71°, aus vorst. Verb. u. $(CH_3)_2NH$ in Toluol mit NaJ u. Na_2CO_3 durch 6tägiges Erwärmen; 85%. *Hydrochlorid*, $C_{11}H_{22}O_2$·NCl, F. 150—152°. *Methobromid*, $C_{12}H_{24}O_2NBr$, F. 173—175° (A.–Ae.). — *2-Diäthylaminomethyl-*, Kp.$_{0,2}$ 68—71°, wie vorst. mit $(C_2H_5)_2NH$; 97%. *Hydrochlorid*, $C_{13}H_{26}$·O_2NCl, F. 101—102° (Toluol–Ae.). — *2-[β-(Dimethylamino)-äthylaminomethyl]-*, Kp.$_{0,4}$ 104 bis 106°; 73%. *Dihydrochlorid*, $C_{13}H_{28}O_2N_2Cl_2$, F. 152—153° (A.–Ae.). (J. Amer. chem. Soc. **77**. 32—35. 5/1. 1955.) H. Lehwald. 3102

N. P. Buu-Hoï, N. D. Xuong und **François Zajdela,** *Über die 2-Acylamino-5-nitrothiazole.* Um ihre biol. Eigg. zu untersuchen, synthetisierten Vff. eine Reihe von *2-Acylamino-5-nitrothiazolen*, teils durch Nitrierung von 2-Acylaminothiazolen, teils durch Acylierung von 2-Amino-5-nitrothiazol (I). Diese Verbb. üben keine sekretionsverhindernde Aktivität auf die Rattenhypophyse aus.

V e r s u c h e: Folgende 2 - A c y l a m i n o - 5 - n i t r o t h i a z o l e wurden durch Rk. von I mit dem entsprechenden Säurechlorid (bzw. -anhydrid) in Pyridin in der Kälte dargestellt: *Acetyl-*, F. 265°, Nadeln (Essigester), a) mit Acetanhydrid (ca. 100% [Ausbeute]); b) durch Acetylierung von 2-Aminothiazol u. Nitrieren des erhaltenen *2-Acetamidothiazols* (F. 198° [A.]) bei n. Temp.; Hydrolyse mit HCl gab I zurück. — *Propionyl-*, $C_6H_7O_3N_3S$, F. 192°, Nadeln (A.). — *n-Butyryl-*, $C_7H_9O_3N_3S$, F. 178°, Nadeln (A.). — *n-Valeroyl-*, $C_8H_{11}O_3N_3S$, F. 154°, Flitter (A.). — *Caproyl-*, $C_9H_{13}O_3N_3S$, F. 171°, Nadeln (A.). — *Önanthoyl-*, $C_{10}H_{15}O_3N_3S$, F. 152°, Nadeln (A.). *n-Octanoyl-*, $C_{11}H_{17}O_3N_3S$, F. 141°, Flitter (A.). — *Pelargonyl-*, $C_{12}H_{19}O_3N_3S$, F. 144°, Flitter (A.). — *n-Decanoyl-*, $C_{13}H_{21}O_3N_3S$, F. 136°, Nadeln (A.). — *n-Undecanoyl-*, $C_{14}H_{23}O_3N_3S$, F. 138°, Nadeln (A.). — *Lauroyl-*, $C_{15}H_{25}O_3N_3S$, F. 130°, Nadeln (A.). — *n-Tridecanoyl-*, $C_{16}H_{27}$·O_3N_3S, F. 141°, Flitter (A.). — *Myristinoyl-*, $C_{17}H_{29}O_3N_3S$, F. 134°, Nadeln (A.). — *Palmitoyl-*, $C_{19}H_{33}O_3N_3S$, F. 133°, Nadeln (A.). — *Stearoyl-*, $C_{21}H_{37}O_3N_3S$, F. 123°, Nadeln (A.). — *Hexahydrobenzoyl-*, $C_{10}H_{13}O_3N_3S$, F. 225—226°, Flitter (A.). — *[γ-Äthyl-γ-cyclohexylbutyryl]-*, $C_{15}H_{23}O_3N_3S$, F. 135°, Flitter (A.), lösl. in Olivenöl. — *Dihydrochaulmoogroyl-*, $C_{21}H_{35}O_3N_3S$, F. 114°, Nadeln (A.), lösl. in Öl. — *Benzoyl-*, $C_{10}H_7O_3N_3S$, F. 262°, Flitter (CH_3COOH). — *p-Fluorbenzoyl-*, $C_{10}H_6O_3N_3FS$, F. 217°, Flitter (A.). — *p-tert.-Butylbenzoyl-*, $C_{14}H_{15}O_3N_3S$, F. 282°, Nadeln (CH_3COOH). — *α-Thenoyl-*, C_8H_5·$O_3N_3S_2$, F. 250°, Nadeln (CH_3COOH). — *α-Naphthoyl-*, $C_{14}H_9O_3N_3S$, F. 252°, Nadeln (CH_3COOH). — *Phenacetyl-*, $C_{11}H_9O_3N_3S$, F. 218°, Nadeln (A.). — *β-Phenylpropionyl-*, $C_{12}H_{11}O_3N_3S$, F. 188°, Nadeln (A.). — *β-Cyclohexylpropionyl-*, $C_{12}H_{17}O_3N_3S$, F. 189°, Flitter (A.). — *γ-Phenylbutyryl-*, $C_{13}H_{13}O_3N_3S$, F. 205°, Nadeln (A.). — *β-Carboxypropionyl-*, $C_7H_7O_5N_3S$, F. 274°, Nadeln (A.), mit Succinanhydrid. — *ω-Carbäthoxyvaleroyl-*, $C_{11}H_{15}O_5N_3S$, F. 145°, Nadeln (A.). — *ω-Carbäthoxyoctanoyl-*, $C_{14}H_{21}O_5N_3S$, F. 159° (A.). (Bull. Soc. chim. France, Mém. [5] **1955**. 1591—93. Nov./Dez. Paris, Univ., Inst. du Radium, Dép. de Chim. Organ.) J. Rothe. 3142

Monique Clerc-Bory, Henri Pachéco und **Charles Mentzer,** *Neue Untersuchungen in der Reihe der 3-Alkylchromone.* Durch Kondensation von o-Oxypropiophenonen mit Äthoxalylchlorid (I) entstehen *3-Methylchromon-2-carbonsäureäthylester*, die durch Verseifung zur entsprechenden Säure u. Erhitzen über den F. *3-Methylchromone* liefern. Die Darst. der o-Oxypropiophenone erfolgte durch Kondensation der Phenole mit Propionsäure in Ggw. von BF_3, wobei die Ausbeuten höher sind als bei den bisher beschriebenen Methoden.

V e r s u c h e: 2 - O x y p r o p i o p h e n o n e, aus 1 Mol des Phenols mit 2 Mol der Additionsverb. Propionsäure–BF_3 (2 Std. bei 80°) u. Eingießen in W. + Na-Acetat:

4-Methyl-, Kp.$_{10}$ 115—120°, F. 41°, aus m-Kresol; 83% (Ausbeute). — *5-Methyl-*, Kp.$_{15}$ 128°, aus p-Kresol; 87%. — *4-Oxy-*, F. 97° (W.), F. des Hydrats 56°, aus Resorcin; 67%. — *5-Oxy-*, F. 92° (W.), aus Hydrochinon; 54%. — *o-Oxypropiophenon*, a) analog aus Phenol; 8%; daneben *p-Oxypropiophenon*; 40%; b) durch 1½std. Erhitzen von Phenylpropionat u. $AlCl_3$ auf 150—160°; 35%. — Chromon-2-carbonsäuren, aus vorst. Verbb. in Pyridin durch Zutropfen von I unter kräftigem Rühren, 2std. Kochen, Abdampfen bei 12 Torr, Verseifung des Rückstands mit wss.-alkoh. KOH, Ansäuern mit HCl u. Kristallisation aus Essigsäure: *3-Methyl-*, $C_{11}H_8O_4$, F. 170°. — *3.7-Dimethyl-*, $C_{12}H_{10}O_4$, F. 182°. — *3.6-Dimethyl-*, F. 255°. — *3-Methyl-7-oxy-*, $C_{11}H_8O_5$, F. 323°. — *3-Methyl-6-oxy-*, F. 299°. — Chromone, aus den Carbonsäuren durch Erhitzen über den F. in einigen Min. u. Kristallisation aus A. oder CH_3COOH: *3-Methyl-*, $C_{10}H_8O_2$, F. 68°. — *3.7-Dimethyl-*, $C_{11}H_{10}O_2$, F. 81°. — *3.6-Dimethyl-*, F. 63°. — *3-Methyl-7-oxy-*, $C_{10}H_8O_3$, F. 244°. — *3-Methyl-6-oxy-*, $C_{10}H_8O_3$, F. 212°. — Die UV-Spektren der Chromone sind graph. wiedergegeben. (Bull. Soc. chim. France, Mém. [5] **1955.** 1083—86. Sept.) E. ROTTER. 3211

D. M. Donnelly, E. M. Philbin und **T. S. Wheeler,** *Umlagerung von 5.8-Dioxyflavonolen durch Behandlung mit Jodwasserstoffsäure.* Die Entmethylierung von Gossypetin-3.3'.4'-trimethyläther nach der Meth. von BRIGGS u. LOCKER (J. chem. Soc. [London] **1949.** 2157) lieferte *Gossypetin* (II), das durch eine geringe Menge *Quercetagetin* (I) verunreinigt ist, während mit HJ in Phenol bei 180—190° unter Druck vollständige Umlagerung zu I eintrat. Mit $AlCl_3$ in Bzl. entstand ebenfalls II. (Chem. and Ind. **1953.** 567. 6/6. Dublin, Univ. Coll., Dep. of Chem.) M. MEYER. 3211

Claude J. Schmidle und **Richard C. Mansfield,** *Die Aminomethylierung von Olefinen.* 4. Mitt. *Die Bildung von 1-Alkyl-4-aryl-1.2.3.6-tetrahydropyridinen.* (3. vgl. C. **1956.** 3302.) Durch Rk. von α-Methyl- (I) bzw. p.α-Dimethylstyrol, CH_2O u. prim. Aminsalzen entstehen *3-Alkyl-6-methyl-6-aryltetrahydro-1.3-oxazine.* Mit Säuren werden sie zu *1-Alkyl-4-arylpiperidinolen-(4)*, die unter milderen Bedingungen isoliert werden können, bzw. zu *-1.2.3.6-tetrahydropyridinen* umgelagert, wofür als Reaktionsmechanismus eine intramol. Aminomethylierung diskutiert wird. Die ersteren können auch aus den letzteren über die *4-Brompiperidine* durch Hydrolyse hergestellt werden. *1-Methyl-4-phenyl-1.2.3.6-tetrahydropyridin* (III) wird aus I, CH_2O u. $CH_3NH_2\cdot HCl$ auch ohne Isolierung des Zwischenprod. erhalten.

Versuche: 6-Methyltetrahydro-1.3-oxazine: *3-Methyl-6-phenyl-* (II), $C_{12}H_{17}ON$, Kp.$_{0,75}$ 78—80°, n_D^{25} 1,5278; 42% (Ausbeute; 30% [entsprechendes Piperidinol]). — *3-Äthyl-6-phenyl-*, $C_{13}H_{19}ON$, Kp.$_{1,1}$ 96—101°; 36% (12%). — *3-Benzyl-6-phenyl-*, $C_{18}H_{21}ON$, Kp.$_{0,6}$ 160—165°; 57% (7%). — *3-Methyl-6-[p-tolyl]-*, $C_{13}H_{19}ON$, Kp.$_{1,0}$ 97—102°; 49% (30%). — 1.2.3.6-Tetrahydropyridine: *1-Methyl-4-phenyl-* (III), $C_{12}H_{15}N$, F. 40—42° (alle Tetrahydropyridine aus Heptan), Kp.$_{0,8}$ 85 bis 90°, a) durch 6std. Rühren von II mit konz. HCl auf dem Wasserbad, Gießen in W., Alkalisieren mit 50%ig. NaOH u. Aufnehmen in Bzl.; 86%; b) analog mit 66%ig. H_2SO_4; 80%; c) durch Rk. von $CH_3NH_2\cdot HCl$, 37%ig. CH_2O u. I bei 90—100°, 1std. Erhitzen auf dem Wasserbad, Zugeben von konz. H_2SO_4 bei 50—70° u. 3std. Rühren bei 90—95°; 52%. *Hydrochlorid*, $C_{12}H_{16}NCl$, F. 250—252° (alle Hydrochloride aus Aceton mit 5% Isopropylalkohol). — Ferner durch Umlagerung mit HCl (sofern die Oxazine nicht isoliert wurden, beziehen sich die Ausbeuten auf die Olefine; in Klammern stehen die Ausbeuten der daneben entstandenen Piperidinole): *1-Äthyl-4-phenyl-*, $C_{13}H_{17}N$, Kp.$_{1,2}$ 102 bis 107°; 71%. *Hydrochlorid*, $C_{13}H_{18}NCl$, F. 192—194°. — *1-[n-Hexyl]-4-phenyl-*, $C_{17}H_{25}N$, Kp.$_{0,8}$ 137—142°; 6% (18%). *Hydrochlorid*, $C_{17}H_{26}NCl$, F. 196—198°. — *1-Allyl-4-phenyl-*, $C_{14}H_{17}N$, Kp.$_{1,2}$ 110—115°; 23% (27%). *Hydrochlorid*, F. 190—192°. — *1-Benzyl-4-phenyl-*, $C_{18}H_{19}N$, Kp.$_{1,5}$ 169—174°; 66%. *1-Methoxypropyl-4-phenyl-*, $C_{15}H_{21}ON$, Kp.$_{1,3}$ 142—143°; 19% (18%). *Hydrochlorid*, $C_{15}H_{22}ONCl$, F. 161—163°. — *1-Norbornylmethyl-4-phenyl-*, $C_{19}H_{25}N$, Kp.$_{1,2}$ 170—173°; 44%. *Hydrochlorid*, $C_{19}H_{26}NCl$, F. 222—224°. — *1-Dimethylaminoäthyl-4-phenyl-*, $C_{15}H_{22}N_2$, Kp.$_{1,2}$ 130—135°; 17%. *Dihydrochlorid*, $C_{15}H_{24}N_2Cl_2$, F. 257—259°. — *1-Methyl-4-[p-tolyl]-*, $C_{13}H_{17}N$, F. 76—78°, Kp.$_{1,2}$ 105—110°; 84%. *Hydrochlorid*, $C_{13}H_{18}NCl$, F. 202—203°. — *1-Äthyl-4-[p-tolyl]-*, $C_{14}H_{19}N$, F. 41—43°, Kp.$_{1,3}$ 116—119°; 17% (27%). *Hydrochlorid*, $C_{14}H_{20}NCl$, F. 183 bis 184°. — *1-[n-Butyl]-4-[p-tolyl]-*, $C_{16}H_{23}N$, Kp.$_{0,8}$ 128—133°; 19% (27%). — *1-Allyl-4-[p-tolyl]-*, $C_{15}H_{19}N$, F. 40—43°, Kp.$_{0,7}$ 115—125°; 28% (25%). — *1-Benzyl-4-[p-tolyl]-*, $C_{19}H_{21}N$, Kp.$_{0,7}$ 168—173°; 42% (15%). — *1-Methyl-4-phenylpiperidinpikrat*, F. 235 bis 237°, durch Hydrieren von III-Hydrochlorid in A. in Ggw. von Pd–Al_2O_3 bei n. Temp. u. n. Druck. — Piperidinole-(4): *1-Methyl-4-phenyl-*, $C_{12}H_{17}ON$, F. 115 bis 116° (Heptan–Toluol), a) wie III nach a) in 5 Std. u. fraktionierte Dest. bei 114—129°/ 1,2 mm (Meth. **A**); 14,6%; b) durch 2std. Einleiten von HBr in III in Eisessig bei 10 bis 20°, Stehen über Nacht, Einengen $<$ 45°, 2std. Erhitzen mit W. auf dem Wasserbad u. Alkalisieren mit 50%ig. NaOH (Meth. **B**); 73%. — *1-Allyl-4-phenyl-*, $C_{14}H_{19}ON$, F. 85 bis 87° (Heptan), nach **A**; 10%. — *1-Benzyl-4-phenyl-*, $C_{18}H_{21}ON$, F. 106—108° (Heptan), nach **A**; 28%. — *1-[n-Butyl]-4-phenyl-*, $C_{15}H_{23}ON$, F. 89—90° (Heptan), nach **B**; 65%. — *1-[n-Hexyl]-4-phenyl-*, $C_{17}H_{27}ON$, F. 98—100° (Heptan), nach **B**; 74%. — *1-[n-Butyl]-4-[p-tolyl]-*, $C_{16}H_{25}ON$, F. 83—85° (Heptan), nach **B**; 56%. — *1-Benzyl-4-[p-tolyl]-*, $C_{19}H_{23}ON$, F. 77—79° (Heptan), nach **B**; 75%. (J. Amer. chem. Soc. **78.** 425—28. 20/1. 1956. Philadelphia, Pa., Rohm & Haas Co.) R. PASEDAG. 3231

Ng. Ph. Buu-Hoï, R. Huls und **Ng. D. Xuong,** *Pyridinanaloge des 1.1.2-Triphenyläthylens.* Zur Unters. der biol. Wirksamkeit stellten Vff. eine Reihe von *1-[α- bzw. γ-Pyridyl]-2.2-diphenyläthylenderivv.* durch Kondensation von α- oder γ-Benzylpyridin mit substituierten Benzaldehyden in Ggw. von Acetanhydrid dar. Die aus o-Acetoxybenzaldehyd erhaltenen Verbb. sind stabil gegen wss. NH_4OH oder HCl. Durch alkal. Kondensation von substituierten Benzylcyaniden mit α-Pyridinaldehyd wurden einige *β-Pyridyl-α-arylacrylonitrile* erhalten. — Die östrogene Aktivität wurde an Mäusen bestimmt. Neben *1-Phenyl-2-[o-chlorphenyl]-1-[pyridyl-(2)]-äthylen* zeigten nur einige γ-Pyridylverbb. Aktivität.

Versuche: *γ-Benzylpyridin,* $Kp._{17}$ 149—150°, aus 300 g Benzylchlorid u. 200 g Pyridin in Ggw. von Cu-Pulver; Trennung von nachst. Verb. durch fraktionierte Dest.; 28 g (Ausbeute). Daneben *α-Benzylpyridin,* $Kp._{15}$ 142°, aus der niedrigsd. Fraktion durch fraktionierte Kristallisation der Pikrate aus Aceton; 83 g. — Die nachst. Verbb. wurden durch 15std. Kochen von α- bzw. γ-Benzylpyridin mit o- oder p-Chlorbenzaldehyd, Anisaldehyd oder Acetylsalicylaldehyd in Acetanhydrid, Zugabe von HCl, Entfernung des Aldehydüberschusses durch Wasserdampfdest., Zugabe von NaOH, Entfernung von Benzylpyridin durch Wasserdampfdest. u. Ausäthern erhalten: 2-Aryl-1-phenyl-1-[pyridyl-(2)]-äthylene: *o-Chlorphenyl-*, $C_{19}H_{14}NCl$, F. 83° (wss. Methanol), Nadeln; 75%; wirksame Dosis 10 mg. *Pikrat,* $C_{25}H_{17}O_7N_4Cl$, F. 175° (Methanol); gelbe Prismen. — *p-Chlorphenyl-*, $C_{19}H_{14}NCl$, F. 92° (wss. Methanol); Prismen; 72%; inaktiv. *Pikrat,* $C_{25}H_{17}O_7N_4Cl$, F. 177° (A.); gelbe Prismen. — *p-Methoxyphenyl-*, $C_{20}H_{17}ON$, F. 115° (Methanol); Nadeln; 20%. *Pikrat,* $C_{26}H_{20}O_8N_4$, F. 169° (A.); tiefgelbe Nadeln. — *o-Acetoxyphenyl-*, $C_{21}H_{17}O_2N$, F. 135° (Methanol), wss. NH_4OH statt NaOH; Prismen; 56%. *Pikrat,* $C_{27}H_{20}O_9N_4$, F. 179° (A.); gelbe Prismen. — 2-Aryl-1-phenyl-1-[pyridyl(4)]-äthylene: *o-Chlorphenyl,* $C_{19}H_{14}NCl$, $Kp._3$ 210—212°; hellgelbes Öl; 72%. *Pikrat,* $C_{25}H_{17}O_7N_4Cl$, F. 147° (A.); gelbe Prismen. — *p-Chlorphenyl-*, $C_{19}H_{14}NCl$, F. 89° (Methanol), $Kp._{0,5}$ 203—204°; Nadeln; 75%; inaktiv. *Pikrat,* $C_{25}H_{17}O_7N_4Cl$, F. 170° (A.); gelbe Prismen. — *p-Methoxyphenyl-*, $C_{20}H_{17}ON$, F. 113° (wss. Methanol); Nadeln; 15%; aktiv. *Pikrat,* $C_{26}H_{20}O_8N_4$, F. 198° (A.); tiefgelbe Prismen. — *o-Acetoxyphenyl-*, $C_{21}H_{17}O_2N$, F. 153° (Methanol), wss. NH_4OH statt NaOH; Nadeln; 50%; aktiv. — *Acenaphthenyl-(5)-*, $C_{25}H_{19}N$, F. 140° (A.), $Kp._{45}$ 322°, aus 5-Formylacenaphthen; gelbe Blättchen; inaktiv. *Pikrat,* F. 236° (Toluol); gelb. — *1-Phenyl-1-[pyridyl-(2)]-2-[thienyl-(2)]-äthylen,* $C_{17}H_{13}NS$, F. 77° (Methanol), $Kp._{50}$ 290—292°, aus α-Thiophenaldehyd; Prismen; 70%; inaktiv. *Pikrat,* $C_{23}H_{16}O_7N_4S$, F. 183° (Toluol), gelbe Blättchen. — 1-Aryl-2-[pyridyl-(2)]-acrylonitrile, durch Zugabe von p-Halogenbenzylcyanid bzw. α-Naphthylacetonitril in A. u. wenig wss. NaOH-Lsg. zu einer warm gesätt. Lsg. von α-Pyridinaldehyd unter Rühren u. 1std. Stehen bei Raumtemp.: *p-Chlorphenyl-*, $C_{14}H_9N_2Cl$, F. 122° (A.); Prismen; inaktiv. — *p-Bromphenyl-*, $C_{14}H_9N_2Br$, F. 128° (A.); Prismen; inaktiv. — *α-Naphthyl-*, $C_{18}H_{12}N_2$ F. 127° (A.); Nadeln; inaktiv. (J. org. Chemistry **20.** 1407—11. Okt. 1955. Paris, Univ., Radium Inst., Dep. of Organ. Chem.) H. ASCHERL. 3231

Rudolf Lukeš und **Jan Kovář,** *Über Δ^2-Piperideine.* 1. Mitt. *Die Reduktion von N-Methylpiperidon.* Bei der Red. von N-Methylpiperidon-(2) (**I**) mit Na in Butanol wurden als Reduktionsprodd. *N-Methylpiperidin* (**II**; 4,8% [Ausbeute]), *3-[1'-Methylpiperidyl-(2')]-N-methyl-Δ^2-piperidein* (**III**; 13—23%), *3-[5'-Methylaminopenten-(1')-yl]-1-methyl-Δ^2-piperidein* (**IV**; 30—45%) u. *5-Methylaminopentanol* (8—13%) erhalten. Die Basen **III** u. **IV** bilden sich neben **II** (LUKEŠ u. SMETÁČKOVÁ, Collect. czechoslov. chem. Commun. **5.** [1933.] 61) auch bei der elektrolyt. Red. von N-Methylglutarimid (**VI**) u. wurden in den höher sd. Fraktionen (1,3%) festgestellt.

Versuche: *Piperidon-(2)* (**VII**), $Kp._9$ 127—128°, durch Umlagerung von Cyclopentanonoxim in wasserfreiem HF bei 150° nach HUDLICKÝ (Chem. Listy **46.** [1952.] 92); 71%. — *N-Methylglutarimid* (**VI**), durch Dest. einer wss. Lsg. der N-Methylglutaramidsäure nach LUKEŠ u. SMETÁČKOVÁ (l. c.); 86,5%. — *N-Methylpiperidon-(2)* (**I**), $Kp._{13}$ 99°, $Kp._{15}$ 104—106°, a) durch Methylierung von **VII** in Bzl. mit Na u. Dimethylsulfat nach RUCICKA u. HUGOSON [1921]; 41—45%; b) durch elektrolyt. Red. von **VI** in 30%ig.

H_2SO_4 an Pb-Elektroden bei 25—26 A u. 4,6 V nach Lukeš u. Smetáčková (l. c.); 40%. — *4-Methylnonanol-(4)* (**VIII**), Kp.$_{10}$ 78—82°, aus Methylamylketon u. Propyl-MgBr in absol. Ae. (3 Std. unter Rückfluß) u. Dest.; 47,5%. — *4-Methylnonan* (**V**), Kp.$_{760}$ 162—163°, aus **VIII** durch Dehydratisierung mit Phthalsäureanhydrid u. p-Toluolsulfonsäure nach Waldmann u. Petrů (C. **1951.** I. 575) u. Hydrierung an PtO_2 (Infrarotspektr.). — Durch Red. von **I** (aus **VII**) in sd. Butylalkohol mit Na, Wasserdampfdest. des Basengemisches, Neutralisation mit HCl, Eindampfen im Vakuum u. Chromatographie an Al_2O_3 wurden aus dem Benzoleluat nach Vakuumdest., Hydrierung an PtO_2 u. Trennung mit p-Toluolsulfochlorid *N.N'-Dimethyldipiperidyl-(2.3')* [**IX**; $C_{12}H_{24}N_2$, Kp.$_{10}$ 122—123°, *Dipikrat*, $C_{24}H_{30}O_{14}N_8$, F. 202—203° (W.). *Dijodmethylat*, F. 274—276° (Methanol)] u. das *N'-[p-Toluolsulfonyl]-deriv.* (**X**) von *3-[5'-Methylaminopentyl]-N-methylpiperidin* (**XI**) [$C_{19}H_{32}O_2N_2S$, F. 72—73° (Ae.), Kp.$_{1,2}$ 214—217°. *Pikrat*, F. 138,5—139,5° (W.)] isoliert. **IX** gab durch 2malige erschöpfende Methylierung seines Dijodmethylats u. Hydrierung **V**. Aus dem methanol. Eluat durch Vakuumdest. u. Cyclisierung mit HBr/Eisessig vermutlich unreines **II** (*Pikrat*, F. 145—147°). — Durch Red. von **I** (aus **VI**) analog Vorst., Hydrierung des Basengemisches an PtO_2 u. Dest. *N-Methylpiperidin* [**II**; *Pikrat*, F. 214—215° (W.)]. Die Chromatographie des Destillationsrückstands an Al_2O_3 ergab aus dem Benzoleluat nach Vakuumdest. u. Einw. von Benzoylchlorid **IX** u. das *Benzoylderiv.* von **XI** (Kp.$_1$ 203°), aus dem methanol. Eluat nach Vakuumdest. u. Cyclisierung mit HBr/Eisessig **II**. — **VI** wurde der elektrolyt. Red. unterworfen, das Basengemisch an PtO_2 hydriert u. dest.: aus der 1. Fraktion **II**, aus der Fraktion vom Kp.$_{13}$ 140—142° durch chromatograph. Trennung analog den vorst. Vff. 7,3% **IX** u. **X** (*Hydrochlorid*, F. 204—205°) sowie **XI**. F. u. Misch-F. der Pikrate dieser Verbb. mit den nach dem Reduktionsverf. von **I** erhaltenen ohne Depression. (Chem. Listy **48.** 404—13. März 1954 [Orig.: tschech.]; Collect. czechoslov. chem. Commun. **19.** 1215—26. Juni 1954 [Orig.: deutsch]. Praha, Vys. škola chem., Ústav obec. exper. chemie organ.) J. Kučera/Prag. 3231

Rudolf Lukeš und **Jan Kovář**, *Über Δ^2-Piperideine.* 2. Mitt. *Beitrag zur Bildung von N-Methyl-Δ^2-piperidein (δ-Methylaminovaleraldehyd).* (1. vgl. vorst. Ref.) Bei der Red. von N-Methylglutarimid (**I**) an der Kathode u. der Red. von N-Methylpiperidon-(2) (**II**) mit Na bilden sich Prodd., die wahrscheinlich durch Dimerisation von *N-Methyl-Δ^2-piperidein* (**III**) bzw. *5-Methylaminovaleraldehyd* entstehen. Die intermediäre Bldg. von **III** wurde durch seine Überführung mit Acetessigsäure in *N-Methylisopelletierin* (**IV**) nach Galinovsky u. Mitarbeitern (C. **1952.** 1165) bewiesen.

Versuche: *N-Methylisopelletierin* (**IV**), $C_9H_{17}ON$, a) durch Red. von **I** in 50%ig. H_2SO_4 an der Pb-Kathode bei 70 V u. 14 A, Entfernung von H_2SO_4 mit äquivalenter Menge $BaCl_2$ u. Kondensation mit Acetessigsäure bei p_H 7,3 (144 Std. bei Zimmertemp.); nach Abtrennung der Nebenprodd. wurde **IV** als *Hydrochlorid*, F. 157—157,5°, 2,7 Mol-% (Ausbeute), isoliert. *Semicarbazonhydrochlorid*, F. 204—204,5° (A.). *Pikrat*, F. 155,2 bis 155,8° (W.); als Nebenprodd. *N-Methylpiperidin* (*Pikrat*, F. 218—219°) u. **II**, Kp.$_{14}$ 100,5 bis 101°; b) durch Red. von **II** mit Na in absol. A., Neutralisierung mit Methanol–HCl u. Kondensation mit Acetessigsäure wie a); nach Abtrennung der Nebenprodd. **IV**, Kp. 103—104°, 22%. *Hydrochlorid*, F. 158—159°. *Semicarbazonhydrochlorid*, F. 204 bis 204,5° (A.). *Semicarbazon*, F. 163,5—164,5° (A.). *Pikrat*, F. 153—155° (W.). (Chem. Listy **48.** 692—94. Mai 1954 [Orig.: tschech.]; Collect. czechoslov. chem. Commun. **19.** 1227—30. Juni 1954 [Orig.: deutsch]). J. Kučera/Prag. 3231

R. Lukeš und **J. Kovář**, *Über Δ^2-Piperideine.* 3. Mitt. *Synthese des 1-Methyl-3-[5'-methylaminopentyl]-piperidins.* (2. vgl. vorst. Ref.). Vff. haben durch Synth. des *1-Methyl-3-[5'-methylaminopentyl]-piperidins* (**I**) die Konst. des noch nicht identifizierten Hydrierungsprod., welches bei der Red. des N-Methylpiperidons-(2) mit Na oder durch elektrolyt. Red. des N-Methylglutarimids entsteht, bewiesen. **I** wurde aus δ-Bromvaleriansäureäthylester (**II**) über *2-Carbäthoxypimelinsäurediäthylester* (**III**), *Heptan-1.3.3.7-tetracarbonsäuretetraäthylester* (**V**), *1.3.7-Heptantricarbonsäure* (**VI**) u. das *Methylamid* (**VII**) der *5-[1-Methyl-2.6-dioxopiperidyl-(3)]-valeriansäure* dargestellt. Das *Hydrochlorid, Pikrat* u. *p-Toluolsulfonylderiv.* des Hydrierungsprod. sind mit den analogen Derivv. des **I** identisch.

Versuche: *δ-Bromvaleriansäureäthylester* (**II**), Kp.$_{10}$ 94,5—98,5°, aus Cyclopentanon nach Fling, Minard u. Fox (C. **1949.** I. 678); 18,1% (Ausbeute). — *2-Carbäthoxypimelinsäurediäthylester* (**III**), $C_{14}H_{24}O_6$, Kp.$_{0,3-0,5}$ 123—124°, aus Malonsäurediäthylester, Na u. **II** in A. (4 Std. bei 60—80°). — *β-Brompropionsäureäthylester* (**IV**), Kp.$_{10}$ 62,5°, durch Verseifung von Acrylonitril mit 40%ig. HBr u. Verestern; 47,3%. — *Heptan-1.3.3.7-tetracarbonsäuretetraäthylester* (**V**), $C_{19}H_{32}O_8$, Kp.$_{0,13}$ 172°, aus **III**, Na u. **IV** in A., 8 Std. am Rückfluß; 85,6%. — *5-[1-Methyl-2.6-dioxopiperidyl-(3)]-valeriansäuremethylamid* (**VII**), $C_{12}H_{20}O_3N_2$, F. 90—91° (Bzl.–PAe.), durch Verseifung von **V** mit wss. alkoh. NaOH u. Decarboxylierung bei 150°, Behandeln der rohen **VI** mit wss. Methylamin, mehrtägiges Stehen bei 15—20° u. 6std. Erhitzen auf 170—230°. — *1-Methyl-3-[5'-methylaminopentyl]-piperidin* (**I**), aus **VII** durch Red. mit $LiAlH_4$ in Tetrahydrofuran, 12 Std. am Rückfluß; 64,1%. *Hydrochlorid*, F. 202—204° (A.–Aceton). *Pikrat*, F. 135—136° (W.). *p-Toluolsulfonylderiv.*, F. 67—69° (Ae.). (Chem. Listy **49.** 775—77. Mai 1955 [Orig.: tschech.]; Collect. czechoslov. chem. Commun. **20.** 1004—06. 1955 [Orig.: deutsch]). J. KUČERA/Prag. 3231

Arthur Green und **Raymond Delaby**, *Pyridiniumsalze und Thiazoliumsalze mit multifunktioneller Propylkette.* Als Zwischenprodd. zur Herst. von Pterithiaminen (vgl. C. **1952.** 2515) u. Chinoxalothiaminen werden *Pyridinium-* u. *4-Methyl-5-[β-oxyäthyl]-thiazoliumsalze* mit einer Propylkette dargestellt, die 2 funktionelle Gruppen an zwei benachbarten C-Atomen enthält, die beide mit NH_2-Gruppen eines aromat. o-Diamins reagieren können. Da die Salze instabil u. hygroskop. sind, können sie nur schwer in reinem Zustand isoliert werden. Die FF. sind ungenau, bisweilen kann es sich um Auflsg. der Verb. in dem absorbierten W. handeln. Bei den Verss., 4-Methyl-5-[β-oxyäthyl]-thiazol (**I**) mit verschied. α.β-Dibromcarbonylverbb. zu kondensieren, wurde nur mit α.β-Dibrompropionaldehyd das gesuchte *N-[β-Formyl-β-bromäthyl]-4-methyl-5-[β-oxyäthyl]-thiazoliumbromid* (**III**; vgl. l. c.) erhalten, in allen anderen Fällen nur **I**-*Hydrobromid*, durch welches auch **III** immer verunreinigt ist. Wird die Kondensation von **I** mit α-Bromketonen, z. B. 1.1.3-Tribromaceton (**V**), ausgeführt, dann tritt nichtsymm. Doppelkondensation ein. Es ist nicht feststellbar, ob die Bindung durch das mono- oder durch das dibromierte C-Atom erfolg; der erste Fall ist jedoch wahrscheinlicher. Beim Vgl. der Kondensationen von Monobrombrenztraubensäure (**II**) mit Pyridin oder **I** in Ae. zeigt sich, daß sie mit dem stark bas. Pyridin lebhafter verlaufen. Aus α.β-Dibromacetonylphthalimid (**IV**) mit Pyridin oder **I** in Bzl. entstehen die erwarteten quaternären Salze, welche in trockenem Zustand beständig sind. Durch Hydrolyse werden sie, ähnlich wie **IV** selbst, in Phthalimid u. nichtisolierte quaternäre Salze mit einer Aldehydgruppe gespalten.

Versuche: *N-[β-Formyl-β-bromäthyl]-4-methyl-5-[β-oxyäthyl]-thiazoliumbromid* (**III**), $C_9H_{13}O_2NBr_2S$, F. ca. 60° (Propanol). — *N-[γ.γ-Dibromacetonyl]-4-methyl-5-[β-oxyäthyl]-thiazoliumbromid*, $C_9H_{12}O_2NBr_3S$, aus Propanol Kristalle, aus 4,85 g **I** u. 10 g **V** in Isopropanol; 2 g (Ausbeute). — *N-[β-Carboxy-β-ketoäthyl]-pyridiniumbromid*, $C_8H_8O_3NBr$, aus Essigsäure, dann Butanol Kristalle, aus 16,7 g **II** u. 1,7 g Pyridin in Ae. bei 0°; 15 g. — *N-[β-Carboxy-β-ketoäthyl]-4-methyl-5-[β-oxyäthyl]-thiazoliumbromid*, $C_9H_{12}O_4NBrS$, aus Butanol Kristalle, aus **II** u. **I** in Ae. bei 0°. — *N-[γ-Brom-γ-phthalimidoacetonyl]-pyridiniumbromid*, $C_{16}H_{12}O_3N_2Br_2$, F. 170° (Zers.; Essigsäure), aus 5 g **IV** u. 2,25 g Pyridin in Bzl.; 5 g. — *N-[γ-Brom-γ-phthalimidoacetonyl]-4-methyl-5-[β-oxyäthyl]-thiazoliumbromid*, $C_{17}H_{16}O_4N_2Br_2S$, F. 142° (bei 125° gelatinös; aus Essigsäure–Ae.), durch Erhitzen von **IV** u. **I** in Bzl. auf dem Wasserbad oder durch 3std. Kochen in Aceton. (Bull. Soc. chim. France, Mém. [5] **1955.** 697—99. Mai. Paris, Univ., Fac. de Pharm., Labor. de Pharm. Chim.) E. ROTTER. 3231

Ja. L. Goldfarb und **M. A. Prjanischnikowa,** *Einwirkung von Äthylenoxyd auf α-Aminopyridin und N-Alkyl-α-pyridonimine.* Bei der Einw. von Äthylenoxyd (**I**) auf α-Aminopyridin (**II**) in Ggw. von W. oder A. entsteht in 25%ig. Ausbeute *N-[β-Oxyäthyl]-α-pyridonimin.* In Abwesenheit von W. erfolgt keine Reaktion. Auch bei der Umsetzung von N-Methyl-α-pyridonimin (**III**) mit Acrylonitril (**IV**) oder Benzaldehyd–Ameisensäure wird der Iminwasserstoff substituiert unter Bldg. von *N-Methyl-α-pyridon-β'-cyanäthylimin* bzw. *N-Methyl-α-pyridonbenzylimin.* Läßt man auf **II** einen Überschuß an **I** einwirken, so treten zwei Oxyäthylgruppen ein unter Bldg. von *N-[β-Oxyäthyl]-α-pyridon-β'-oxyäthylimin.* (Vgl. C. **1955.** 5309.)

Versuche: *N-[β-Oxyäthyl]-α-pyridonimin*, $C_7H_{10}ON_2$, F. 127—128°, durch Einw. von 13 g **I** auf 26,7 g **II** in 15 ml Methanol u. Fraktionieren nach 4tägigem Stehen bei Raumtemp.; 8 g (Ausbeute). *Hydrochlorid*, $C_7H_{11}ON_2Cl$, F. 146—147,5°, aus A. hygroskop. Rhomben. — *N-Methyl-α-pyridon-β'-cyanäthylimin*, $C_9H_{11}N_3$, Kp.$_9$ 169 bis 170°, durch 3std. Erhitzen von 5,5 g **III** u. 2,7 g **IV** im Rohr auf dem Wasserbad; 3,7 g. — *N-Methyl-α-pyridonbenzylimin*, Kp.$_{15}$ 194—195°, durch 6std. Erhitzen eines Gemisches von 9,8 g Benzaldehyd, 10 g **III** u. 21,2 g Ameisensäure auf 150—170°; 4,4 g. *Pikrat*, F. 123,5°. — *N-[β-Oxyäthyl]-α-pyridonbenzylimin*, $C_{14}H_{16}ON_2$, Kp.$_2$ 191—193°, durch 20std. Erhitzen eines Gemisches von 10 g N-[β-Oxyäthyl]-α-pyridonimin, 7,7 g Benzaldehyd u. 16,6 g Ameisensäure; gelbes Öl; 5,5 g. *Pikrat*, F. 115—115,5° (A.). — *N-Benzyl-α-pyridon-β'-oxyäthylimin*, $C_{14}H_{16}ON_2$, Kp.$_2$ 171,5—172,5°, aus 14 g **I** u. 25,9 g N-Benzyl-α-pyridonimin in 25 ml Methanol, einige Tage Stehen; gelbes Öl. *Hydrochlorid*, $C_{14}H_{17}ON_2Cl$, F. 169—172°; 15 g. — *N-Methyl-α-pyridon-β'-oxyäthylimin*, C_8H_{12}·ON_2, Kp.$_7$ 145,5—146,5°, aus 15,1 g **I** u. 12,1 g N-Methyl-α-pyridonimin (**III**) in 5 ml

Methanol, 4 Tage Stehen; gelbes Öl. *Hydrochlorid*, $C_8H_{13}ON_2Cl$, F. 147—149°, Nadeln aus A.; 6,0 g. *Pikrat*, $C_{14}H_{15}O_8N_5$, F. 115—116° (A.). — *N-[β-Oxyäthyl]-α-pyridon-β'-oxyäthylimin*, $C_9H_{14}O_2N_2$, F. 71—72° (A.), aus 13 g der hochsd. Fraktion, die bei der Einw. von I auf II anfällt. *Hydrochlorid*, $C_9H_{15}O_2N_2Cl$, F. 123—124,5°, hygroskop. Kristalle; 4,3 g. *Pikrat*, $C_{15}H_{17}O_9N_5$, F. 119—120,5° (A.). (Журнал Общей Химии [J. allg. Chem.] **25** (**87**). 1003—13. Mai 1955. Inst. für organ. Chem. der Akad. der Wiss. der UdSSR.) H. R. Hensel. 3231

W. I. Stawrowskaja, *Chemische Struktur und parasitocide Aktivität. 17. Mitt. Ersatz der Diäthylaminogruppe in cyclischen Substituenten durch cyclisches Amin (in Verbindungen der Chinolin- und Acridinreihe) und Einfluß auf die Antimalariawirkung.* (16. vgl. C. **1956.** 428.) Es wird durch Mannich-Rk. aus 7-Chlor-4-[4'-oxyphenylamino]-chinolin (I), Cyclohexylamin u. CH_2O *7-Chlor-4-[3'.5'-bis-(cyclohexylaminomethyl)-4'-oxyphenylamino]-chinolin* dargestellt. Das als Nebenprod. entstehende *7-Chlor-4-[3'-(cyclohexylaminomethyl)-4'-oxyphenylamino]-chinolin* kann auf Grund seiner geringen Löslichkeit in Ae. abgetrennt werden. Analog werden aus I oder 2-Methoxy-6-chlor-9-[4'-oxyphenylamino]-acridin (II), CH_2O u. den entsprechenden Aminen *7-Chlor-4-[3'.5'-bis-(α-methylpyrrolidinomethyl)-4'-oxyphenylamino]-* (III) u. *7-Chlor-4-[3'.5'-bis-(anilinomethyl)-4'-oxyphenylamino]-chinolin* sowie *2-Methoxy-6-chlor-9-[3'.5'-bis-(cyclohexylaminomethyl)-4'-oxyphenylamino]-* u. *2-Methoxy-6-chlor-9-[3'.5'-bis-(anilinomethyl)-4'-oxyphenylamino]-acridin* gewonnen. Die Rkk. von I oder II mit CH_2O u. Anilin verlaufen sehr langsam. Auch bei der Anwendung eines Anilinüberschusses oder bei längerer Reaktionsdauer blieb die Ausbeute gering. Bei der Unters. der Antimalariaaktivität der synthetisierten Chinolin- u. Acridinderivv. an mit *P. relictum* infizierten Zeisigen u. Flachsfinken übertraf III die Aktivität von Atebrin um das 10fache, die von Chlorochin um das 3—4fache. Die Toxizität war geringer als die von Chlorochin. Die anderen Chinolin- u. Acridinderivv. zeigten ebenfalls höhere Aktivität als Atebrin u. Chlorochin bei geringerer Toxizität, ausgenommen Chinolin u. Acridinderivv. mit Anilinresten in der Seitenkette.

Versuche: *7-Chlor-4-[3'.5'-bis-(cyclohexylaminomethyl)-4'-oxyphenylamino]-chinolin*, $C_{29}H_{37}ON_4Cl$, F. 118—120°; aus 3,6 g I, 9,2 g Cyclohexylamin u. 3 ml Formalin in 10 ml A., 11 Std. Kochen, A. abdestillieren, aus HCl + wss. K_2CO_3 umfällen, in Ae. aufnehmen; aus Bzl. + PAe. gelbliche Nadeln; 5 g (Ausbeute). *Trihydrochloridhydrat*, $C_{29}H_{40}ON_4Cl_4 \cdot 1\frac{1}{2}H_2O$, F. 148—150° (in zugeschmolzener Capillare). — *7-Chlor-4-[3'-cyclohexylaminomethyl-4'-oxyphenylamino]-chinolin*, $C_{22}H_{24}ON_3Cl$, F. 234°; bei vorst. Rk. als in Ae. unlösl. Reaktionsprod.; aus A. gelbliche Nadeln; 1,3 g. *Hydrochlorid*, F. 252°, Nadeln. — *7-Chlor-4-[3'.5'-bis-(α-methylpyrrolidinomethyl)-4'-oxyphenylamino]-chinolin* (III), $C_{27}H_{33}ON_4Cl$, F. 186°, aus I, α-Methylpyrrolidin u. Formalin in A. (6 Std. kochen); aus Aceton Nadeln; 66%. *Dihydrochlorid*, $C_{27}H_{33}ON_4Cl \cdot 2HCl$, F. 125 bis 127° (Zers.). — *2-Methoxy-6-chlor-9-[3'.5'-bis-(cyclohexylaminomethyl)-4'-oxyphenylamino]-acridin*, $C_{34}H_{41}O_2N_4Cl$, Zers. bei 130°; aus II, Cyclohexylamin u. Formalin in A. (11 Std. kochen), durch mehrfaches Umfällen aus HCl + NH_4OH u. Ausäthern wird die als Nebenprod. entstandene Monocyclohexylaminoverb. entfernt; aus Bzl. Kristalle. *Trihydrochlorid*, $C_{34}H_{41}O_2N_4Cl \cdot 3HCl$, F. 215—225° (Zers.). — *7-Chlor-4-[3'.5'-bis-(anilinomethyl)-4'-oxyphenylamino]-chinolin*, $C_{29}H_{25}ON_4Cl$, aus 5,4 g I, 18 g Anilin u. 5 ml Formalin in 30 ml A. (13 Std. kochen); gelbliches, in Ae. lösl. Öl; 0,4 g. *Trihydrochloridhydrat*, $C_{29}H_{28}ON_4Cl_4 \cdot 4H_2O$, F. 205—207° (Zers.). — *7-Chlor-4-[3'-anilinomethyl-4'-oxyphenylamino]-chinolin*, $C_{22}H_{18}ON_3Cl$, F. 124—127° (Zers.), bei vorst. Rk. als in Ae. unlösl. Anteil; 1,8 g. *Dihydrochloridhydrat*, $C_{22}H_{20}ON_3Cl_3 \cdot 3H_2O$, F. 105—110° (Zers.). — *2-Methoxy-6-chlor-9-[3'.5'-bis-(anilinomethyl)-4'-oxyphenylamino]-acridin*, aus II, Anilin u. Formalin in A. (13 Std. kochen); zähes, gelbes Öl. *Trihydrochloridhydrat*, $C_{34}H_{29}O_2N_4Cl \cdot 3HCl \cdot H_2O$, F. 205—208° (Zers.; aus A. + Ae.). Daneben *2-Methoxy-6-chlor-9-[3'-anilinomethyl-4'-oxyphenylamino]-acridin*, $C_{27}H_{22}O_2N_3Cl$, F. 183—184°, aus Bzl. leuchtendgelbe Kristalle. *Dihydrochlorid*, $C_{27}H_{24}O_2N_3Cl_3$, F. 255—258° (A.). (Журнал Общей Химии [J. allg. Chem.] **25** (**87**). 821—27. April 1955. Inst. für Malaria, Med. Parasitologie u. Helminthologie.) G. Froelich. 3231

Gennady M. Kosolapoff und Chester S. Schoepfle, *Reaktion von Phenylmagnesiumbromid und Diphenylmagnesium mit 9.10-Diphenylacridylchlorid und p-Dimethylaminotriphenylmethylchlorid.* 9.10-Diphenyldihydroacridyl-(9)-chlorid (I) gibt mit C_6H_5MgBr *9.10-Diphenylacridol* u. *9.10-Diphenyldihydroacridylperoxyd* (**II**) u. mit $(C_6H_5)_2Mg$ *9.10-Diphenyl-* u. *3.9.10-Triphenylacridan* (**III**), das auch synthetisiert wurde. *p-Dimethylaminotriphenylmethylchlorid* (**IV**) u. sein *Hydrochlorid* reagierten nicht mit Grignard-Reagentien. — Eine Cyclisierungsmeth. durch Wasserabspaltung mit P_2O_5 in sd. organ. Lsgg. wird beschrieben.

Versuche: *9.10-Diphenyldihydroacridol*, aus I (bei 100°/Vakuum in 2—3 Std. vom Chlf. befreit) u. 4 Mol C_6H_5MgBr in Ae. durch 4std. Kochen, Zers. mit Eis–NH_4Cl-Lsg.,

Dampfdest. der organ. Schicht, Aufnehmen des Rückstandes in Ae. [unlösl. ist *9.10-Diphenyldihydroacridylperoxyd* (**II**), F. 206—207°; 7,9—11,3% (Ausbeute)] u. eindampfen; wss. Lsg. neutralisieren; 80—85%. Aus chloroformhaltigem **I** 49,4—55,3% **II**; aus **I** im Soxhlet über sd. C_6H_5MgBr-Lsg. 52% **II**. — *3.9.10-Triphenylacridan* (**III**), F. 197° (wss. Aceton) durch 4std. Kochen von **I** mit 4 Mol $(C_6H_5)_2Mg$ in Ae.-Dioxan wie vorst. u. einengen; 50,8 bis 58,4%; aus der Mutterlauge *9.10-Diphenylacridan*, F. 175—175,5° (A. oder PAe.); 1,6 bis 4,2%. — *p-Dimethylaminotriphenylcarbinolhydrochlorid* (**VI**), $C_{21}H_{22}ONCl$, F. 160 bis 161° (Zers.): Das Carbinol in wenig konz. HCl lösen u. verdünnen; blaßgelbe Nadeln; ca. 100%; auch in Ae. mit HCl-Gas erhältlich. *p-Dimethylaminotriphenylmethylchlorid*(**IV**)-*Hydrochlorid*, F. ca. 108—109° (Zers.): In die äther. Lsg. des Carbinols in Ggw. von $CaCl_2$ oder $CaSO_4$ mehrere Std. HCl einleiten, von Harz dekantieren u. mit Ae. verd.; sehr hygroskop. Nadeln; an feuchter Luft oder in W. verharzend. Freies **IV** nicht gewinnbar. *Dihydrochlorid*, aus **VI** in wenig Chlf. u. CH_3COCl, mit HCl-Gas bei 0° gesätt. u. mit bei 0° mit HCl gesätt. Ae. 1:1 verd.; Prismen; luftunbeständig. — *p-Phenyl-o-anilinobenzoesäure*, $C_{19}H_{15}O_2N$, F. 200—201°, aus p-Phenyl-o-chlorbenzoesäure (F. 166,5—167°), Anilin, K_2CO_3 u. einer Spur Cu-Bronze in Amylalkohol durch 1½std. Kochen u. Gießen des Rückstandes der Dampfdest. in verd. HCl; gelbliche Nadeln aus A.; 85,5%. — *p-Phenyl-o-diphenylaminobenzoesäure*, $C_{25}H_{19}O_2N$, F. 222—222,5°, durch 4std. Kochen vorst. Verb., K_2CO_3, Jodbenzol u. Spur Cu-Bronze in $C_6H_5NO_2$ wie vorst.; hellgelbe Tafeln aus verd. Aceton, 74,5%. — *3.10-Diphenylacridon* (**VII**), $C_{25}H_{17}ON$, F. 217,5—218°, durch 1½std. Kochen von 4,7 (g) vorst. Verb., je 5 trockener „Filterhilfe" u. P_2O_5 in Xylol, Dampfdest. u. Verrühren mit warmem NH_4OH; Benzolextrakt (Soxhlet), einengen u. mit PAe. verdünnen; gelbliche Nadeln; fast 100%; in A. etwas lösl. mit blauvioletter Fluorescenz, gelbe H_2SO_4-Lsg. zeigt grüne Fluorescenz. Die Cyclisierung gelang nicht mit konz. H_2SO_4 oder $PCl_5 + AlCl_3$. — *3.9.10-Triphenyldihydroacridol-(9)*, $C_{31}H_{23}ON$, F. 198,5—199°, aus **VII** u. C_6H_5MgBr in sd. Ae.; Zers. nach 2 Std. mit Eis-HCl, Dampfdest. u. mit NaOH alkalisieren; Benzolextrakt einengen u. mit PAe. versetzen; Platten; 75%. — **III**, $C_{31}H_{23}N$, F. 197,5—198°, durch 4std. Kochen vorst. Verb., HCOONa u. 100%ig. HCOOH u. Verdünnen mit W. u. etwas HCl; Täfelchen aus Ae. oder verd. Aceton; fast 100%. — *N.N-Diphenylanthranilsäuremethylester*, $C_{20}H_{17}O_2N$, F. 132,5—133°, aus 12 g Säure (**V**) in sd. CH_3OH u. konz. H_2SO_4, nach 10 Std. auf 100 cm³ einengen u. ausäthern; aus CH_3OH Nadeln; 89%. — *o-[N.N-Diphenylamino]-triphenylcarbinol*, $C_{31}H_{25}ON$, F. 168—168,5° (Aceton), durch 3std. Kochen vorst. Verb. u. C_6H_5MgBr in Ae.; 84%. — *9.9.10-Triphenylacridan*, $C_{31}H_{23}N$, F. 246,5—247°, aus vorst. Verb. in sd. A. u. etwas konz. HCl (20 Min.); Kristalle; fast 100%. — Ringschlüsse wie bei **VII** in Bzl., Toluol, Xylol oder Chlorbenzol; Celit oder Filtercel (bei 130° getrocknet) zur Verteilung des P_2O_5: Aus **V** *10-Phenylacridon*, F. 276°, gelbe Platten; 100%; aus o-Phenoxybenzoesäure *Xanthon*, F. 175°; 100%; aus p-Phenyl-o-phenoxybenzoesäure *3-Phenylxanthon*, F. 139—140°; 100%; aus o-Benzoylbenzoesäure in C_6H_5Cl *Anthrachinon*; 85—90%. (J. Amer. chem. Soc. **76**. 1276—78. 5/3. 1954. Ann Arbor, Univ. of Michigan, Dep. of Chem., u. Auburn, Ala.) K. Lehmstedt. 3231

S. W. Puschkarewa und **L. W. Warjuchina**, *Untersuchung von heterocyclischen N-Oxyden. Darstellung und Eigenschaften von N-Oxyden einiger Acridinderivate.* Bei der Oxydation substituierter 9-Chloracridine (**I**) zu den entsprechenden *N-Oxyden* (**II**) wurden mit Perbenzoesäure bessere Ausbeuten erzielt als mit H_2O_2 oder Monoperphtalsäure. Die Oxydation erfolgt bei Raumtemp. in Chlf. (3—5 Std.). Die **II** bilden keine krist. Hydrochloride, Phthalate oder Pikrate. Die Aktivität des Chlors ist, verglichen mit den **I**, stark herabgesetzt. Es erfolgt z. B. keine Hydrolyse zu den entsprechenden Acridonen wie bei den **I**.

Versuche: Darst. der **II** durch Einw. von 1,3 Mol Perbenzoesäure auf 1 Mol **I** in Chlf. bei 20°. *Acridin-N-oxyd*, F. 169° (Zers.), gelbe Nadeln aus 50%ig. A.; 50% (Ausbeute). — *9-Chloracridin-N-oxyd*, F. 209° (Zers.), orangegelbe Prismen aus A.; 52,0%. — *2-Methoxy-9-chloracridin-N-oxyd*, F. 200° (Zers.), gelbe Nadeln aus A.; 54,5%. — *3-Nitro-9-chloracridin-N-oxyd*, F. 233—234° (Zers.), leuchtendrote Nadeln aus Nitrobenzol oder A.; 40,5%. — *2-Methoxy-6.9-dichloracridin-N-oxyd*, F. 236° (Zers.), orangegelbe Nadeln aus A. oder Pyridin; 63%. — *2-Methoxy-6-chlor-9-phenoxyacridin-N-oxyd*, F. 178° (Zers.), aus vorst. Verb. durch Erhitzen mit Na-Phenolat in absol. A.; gelbe Nadeln aus verd. A.; 73,5%. — *Acrichin-N-oxydhydrochloriddihydrat*, F. 211—212° (Zers.), aus vorst. Verb. mit 2-Amino-5-diäthylaminopentan durch Erhitzen in Phenol u. Einleiten von HCl in die benzol. Lsg. des N-Oxyds; aus angesäuertem W. gelbe Kristalle; 85,5%. — *Acrichin-N.N-dioxydhydrochloridhydrat*, F. 184—185° (Zers.), aus Acrichin mit Perbenzoesäure in Chlf.; aus angesäuertem W. gelbe Kristalle; 57%. (Доклады Академии Наук СССР [Ber. Akad. Wiss. UdSSR] **103**. 257—60. 11/7. 1955. Uraler Polytechn. Kirow-Inst.) H. R. Hensel. 3231

E. van Heyningen, *Die Perkin-Synthese fünf- und sechsgliedriger Ringe.* Durch eine modifizierte PERKIN-Synth. werden verschied. *Cyclohexan-* u. *-pentanverbb.* zur Darst. von *1.5'-Spirobarbitursäuren* der allg. Formel **A** hergestellt.

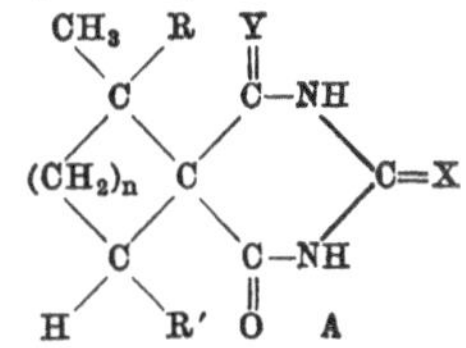

A

Versuche: *Penten-(4)-ylbromid* (**II**), Kp. 124,5—128°, aus *Penten-(4)-ol* [Kp.$_9$ 40—42°; n_D^{25} 1,4524; dargestellt nach BROOKS u. SNYDER (C. **1946.** I. 1205); 71% (Ausbeute)] u. PBr_3 in Pyridin; n_D^{25} 1,4642; 66,5%. — *Äthylidenmalonsäurediäthylester,* Kp.$_1$ 70°; n_D^{25} 1,4398; dargestellt nach COPE u. Mitarbeitern (C. **1942.** II. 2021); 64%. — *1-Methyl-n-hexen-(5)-ylmalonsäurediäthylester,* $C_{14}H_{24}O_4$, Kp.$_{1,4}$ 113—116°, aus C_5H_9MgBr (aus **II**) in Ae. u. vorst. Verb. bei 0°; am nächsten Tage mit Eis–HCl zers. u. ausäthern; 40%. — *1-Methyl-5-brom-n-hexylmalonsäurediäthylester,* $C_{14}H_{25}O_4Br$, Kp.$_{0,7}$ 132—135°, aus vorst. Verb. in Chlf.–CH_3COOH mit HBr-Gas unter Eiskühlung; nach 12 Std./Raumtemp. auf Eis gießen u. mit Chlf. ausziehen; n_D^{25} 1,4596; 84%. — *2.6-Dimethyl-1.1-dicarbäthoxycyclohexan* (**III**), $C_{14}H_{24}O_4$, Kp.$_{0,8}$ 93—95°, durch Eintropfen von C_2H_5ONa in A. in vorst. Verb. in absol. A., 2std. Kochen u. evakuieren; wss. Lsg. ausäthern; n_D^{25} 1,4510; 79%. — Analog: *1-Äthyl-n-hexen-(5)-ylmalonsäurediäthylester,* $C_{15}H_{26}O_4$, Kp.$_{0,65}$ 103—107°, aus n-Propylidenmalonsäurediäthylester; n_D^{25} 1,4420; 48,3%. — *1-Äthyl-5-brom-n-hexylmalonsäurediäthylester,* $C_{15}H_{27}O_4Br$, Kp.$_1$ 150 bis 153°; n_D^{25} 1,4610; 80%. — *2-Methyl-6-äthyl-1.1-dicarbäthoxycyclohexan,* $C_{15}H_{26}O_4$, Kp.$_{0,85}$ 105—107°; n_D^{25} 1,4534; 79%. — *1-Methyl-n-penten-(4)-ylidencyanessigsäureäthylester* (**IV**), $C_{11}H_{15}O_2N$, Kp.$_{0,5}$ 82—83°, aus Cyanessigsäureäthylester, Allylaceton, Acetamid u. CH_3COOH unter teilweiser Dest. (bis Kp. 112—115°), nach 10 Std. verdünnen u. mit Bzl. ausschütteln; n_D^{25} 1,4782; 48%. — *1.1-Dimethyl-n-penten-(4)-ylcyanessigsäureäthylester,* $C_{12}H_{19}O_2N$, Kp.$_{0,8}$ 87—89°, aus **IV** in Ae. u. CH_3MgJ, $^1/_4$std. Kochen, Gießen auf Eis–HCl u. ausäthern; n_D^{25} 1,4508; hellgelb; 77%. — *1.1-Dimethyl-4-brom-n-pentylcyanessigsäureäthylester,* $C_{12}H_{20}O_2NBr$, Kp.$_{0,7}$ 132—136°, aus vorst. Verb. in CH_3COOH–Chlf. (1:5) u. HBr-Gas bei 5—10°; gesätt. Lsg. bei Raumtemp. auf Eis gießen; n_D^{25} 1,4742; 81%. — *2.2.5-Trimethyl-1-carbäthoxy-1-cyancyclopentan* (**V**), $C_{12}H_{19}O_2N$, Kp.$_{0,8}$ 70—71°, aus vorst. Verb. wie **III**; nach 4std. Kochen in W. gießen u. ausäthern; n_D^{25} 1,4540; 75%. — Wie oben: *1-Methyl-1-äthyl-n-penten-(4)-ylcyanessigsäureäthylester,* $C_{13}H_{21}O_2N$, Kp.$_{0,95}$ 101—102°, aus **IV** u. C_2H_5MgJ; n_D^{25} 1,4543; 83%. — *2.5-Dimethyl-2-äthyl-1-cyan-1-carbäthoxycyclopentan,* $C_{13}H_{21}O_2N$, Kp.$_{1,7}$ 103—108°, aus undestillierbarem 1-Methyl-1-äthyl-4-brompentylcyanessigsäureäthylester (aus vorst. Verb.) u. C_2H_5ONa in A.; n_D^{25} 1,4582; 60%. — *1.5'-Spiro-[2.2.5-trimethylcyclopentan-2'-thiobarbitursäure],* $C_{11}H_{16}O_2N_2S$, F. 178—179,5° (A.–W.), aus 3,5 (g) C_2H_5ONa in A., 7,6 Thioharnstoff u. 15 **V**, 11std. Kochen, verdampfen, verdünnen u. ausäthern; (aus der äther. Lsg. 3,3 **V**); wss. Lsg. mit CO_2 fällen: 2 gelbe *Iminothiobarbitursäure* (**I**, s. unten), diese $2^1/_2$ Std. mit 3 n HCl kochen; 1,2 g. — *1.5'-Spiro-[2.6-dimethylcyclohexan-2'-thiobarbitursäure],* $C_{11}H_{16}O_2N_2S$, F. 208—210° (A.–W.), wie vorst. Verb. aus CH_3ONa u. 15 g **III** (20 Std.) (37% **III** zurück); aus wss. Lsg. mit CO_2 fällen; gelb; 2,8 g. — Analog diesen 2 Verbb. folgende Verbb. der Formel **A**: $n = 3$, $R = H$, $R' = C_2H_5$, $X = O$, $Y = O$, $C_{12}H_{18}O_3N_2$, F. 142 bis 144°; 10% u. 53% Ester. — *3, H, C_2H_5, S, O,* $C_{12}H_{18}O_2N_2S$, F. 193—194°; 12% u. 70%. — *2, CH_3, CH_3, O, NH,* $C_{11}H_{17}O_2N_3$, F. 239—241°; 14%. — *2, CH_3, CH_3, S, NH* (**I**), $C_{11}H_{17}ON_3S$, F. 210°; 15% u. 25%. — *2, CH_3, CH_3, O, O,* $C_{11}H_{16}O_3N_2$, F. 172—173°; 50 %. (J. Amer. chem. Soc. **76.** 2241—43. 20/4. 1954. Indianapolis, Ind., Lilly Res. Labor.)
K. LEHMSTEDT. 3272

Roger Boudet, *Synthese eines neuartigen meta-Thiazons.* Durch 2std. Erhitzen von o-Mercaptobenzamid mit Benzalchlorid in Pyridin erhielt Vf. in 40%ig. Ausbeute *2-Phenyl-4.5-benzo-1-aza-3-thiacyclohexenon-(6)* (**I**), $C_{14}H_{11}ONS$, F. 174—175° (korr.), Nadeln (A.–CCl_4); entfärbte Br_2 in Chlf.; *Ag-Verb.*, gelbes Pulver. — Erhitzen von **I** mit P_2S_5 in sd. Xylol gab in guter Ausbeute *2-Phenyl-4.5-benzo-6-thiono-1-aza-3-thiacyclohexen,* F. 195°, gelbe Flitter (A.), das mittels SeO_2 wieder in **I** zurückverwandelt, von alkoh. $AgNO_3$-Lsg. aber nicht angegriffen wurde, sondern in der Hitze einen weißen Nd., wahrscheinlich eine Molekularverb., lieferte. (Bull. Soc. chim. France, Mém. [5] **1955.** 1518—19. Nov./Dez. Clermont-Ferrand, Inst. de Chim., Labor.) J. ROTHE. 3292

Bror Holmberg, *Zur Kenntnis der Zuckerbenzhydrazide.* Die Darst. folgender Benzhydrazide aus den entsprechenden Zuckern mit Benzhydrazid (**I**) in W. bzw. W.–A. wird beschrieben (FF. unter Zers. [Braunfärbung u. Gasentw.] beim langsamen bzw. beim schnellen Erhitzen): *d(—)-Arabinose-*, $C_{12}H_{16}O_5N_2$, FF. 184—186 bzw. 196 bis 198°, aus 50%ig. A. Schuppen, $[\alpha]_D^{20} \rightarrow$ (300 [Min.]) — 25,3° (c = 4 in verd. NaOH). — *l(+)-Arabinose-* (**II**), $C_{12}H_{16}O_5N_2$, FF. 184—186 bzw. 196—198°, aus W. Schuppen, $[\alpha]_D^{20} \rightarrow$ (10) + 16,8° $\rightarrow$ (240) + 25,8° $\rightarrow$ (5040) + 20,9° $\rightarrow$ Verfärbung (c = 4 in verd. NaOH), in verd. HCl Hydrolyse. Gibt in NaOH (oder HCl) mit wss. CH_2O *Verb.* $C_{16}H_{18}O_3$·

N_4, F. 170—190° (Zers.), wahrscheinlich aus je 2 Mol I u. CH_2O unter Abspaltung von W. aus den Mutterlaugen mit Thiobenzhydrazid *l-Arabinosethiobenzhydrazid*, F. 165—167°, $[\alpha]_D^{20}$ —36,8° (Pyridin). Gibt in n-HCl mit $FeCl_3$ *symm.-Dibenzoylhydrazin*, F. 237—238° (A.). Gibt mit Pyridiniumtribromid *Nädelchen vom F. 238—240°*. — *dl-Arabinose-*, FF. 176—178 bzw. 187—189°. — *d(+)-Xylose-*, $C_{12}H_{16}O_5N_2$, FF. 164—166 bzw. 166 bis 168°, Tafeln, $[\alpha]_D^{20}$ +14,4° → (300) + 10,2° → (1440) + 5,9° → Verfärbung (c = 4 in verd. NaOH). Reagiert mit CH_2O analog II. — *d(—)-Lyxose-*, $C_{12}H_{16}O_5N_2 \cdot 2\,H_2O$, FF. 147—150 bzw. 150—154°, nadelförmige Prismen, $[\alpha]_D^{20}$ (10, 20 u. 240) —8,6° (c = 4 in verd. NaOH; berechnet auf wasserfreie Substanz). — *l(+)-Rhamnose-*, $C_{13}H_{18}O_5N_2$, FF. 175—177 bzw. 186—188°, aus A. Nädelchen, $[\alpha]_D^{20}$ +21,1° → (2880) + 11,1° (c = 4 in verd. NaOH). — *l(—)-Fucose-*, $C_{13}H_{18}O_5N_2$, FF. 177—179 bzw. 189—190° Täfelchen, $[\alpha]_D^{20}$ —6,4° → (720) —17,6° (c = 4 in verd. NaOH). — *d(+)-Glucose-*, $C_{13}H_{18}O_6N_2$, FF. 177—179 bzw. 186—188°, Prismen, $[\alpha]_D^{20}$ —5,1° → (1440) +0,7° → (5760) —4,1° (c = 4 in verd. NaOH), in verd. HCl Hydrolyse. Reagiert mit CH_2O bzw. $FeCl_3$ analog II. — *d(+)-Mannose-*, $C_{13}H_{18}O_6N_2$, FF. 177—179 bzw. 183—184°, aus A. Prismen, $[\alpha]_D^{20}$ —27,2° → (720) —14,9° (c = 4 in verd. NaOH). — *d(+)-Galaktose-*, C_{13}·$H_{18}O_6N_2$, FF. 174—176 bzw. 184—186°, aus A. Prismen, $[\alpha]_D^{20}$ +1,9° → (420) +13,1° → (2880) +10,5° (c = 6 in verd. NaOH). — *Lactose-*, $C_{19}H_{28}O_{11}N_2 \cdot 3\,H_2O$, FF. 178—180 bzw. 182—184°, $C_{19}H_{28}O_{11}N_2$, FF. 169—171 bzw. 173—175°, $[\alpha]_D^{20}$ —1,0° → (720) +5,9° (c = 4 in verd. NaOH). — Mit d-Ribose, d-Fructose, Maltose u. Cellobiose konnten keine krist. Benzhydrazide erhalten werden. (Ark. Kemi 7. Nr. 53. 501—12. 1955. Åkarp, Schweden.) H.-J. KRAEGE. 3400

Bror Holmberg, *Über l-Fucosethiobenzhydrazid.* Durch Umsetzung von reiner *l*-Fucose (I) bzw. von Blasentangextrakt mit Thiobenzhydrazid (II) wurde *l-Fucosethiobenzhydrazid* (III) erhalten. $FeCl_3$ oxydiert III zu *5-l-Fucotetraoxyamyl-2-phenyl-1.3.4-thiodiazol* (IV). Von III u. IV wurden die DEBEYE-SCHERRER-Diagramme aufgenommen u. mit denen der entsprechenden *Derivv. von l-Rhamnose* verglichen. III lieferte mit dl-α-Brompropionsäure u. K-Xanthogenat *Dithiodilactylsäuren* (F. 105—130°, $[\alpha]_D^{20}$ —4,8° [c = 5,603 in W.]). Durch Einw. von CH_2O auf III entstand *l-Fucosemethylenthiobenzhydrazid*, während CH_2O u. Thioglykolsäure (V) mit III *Methylenthiobenzhydrazinofucosethioglykolsäure* (VI) lieferten. Aus einem Gemisch von III, d-Glucosethiobenzhydrazid, W., A. u. CH_2O kristallisierte zunächst *d-Glucosemethylenthiobenzhydrazid* (F. 184—186°, $[\alpha]_D^{20}$ —162,7°) u. dann nach Zusatz von V unreines VI.

V e r s u c h e: *l-Fucosethiobenzhydrazid* (III), $C_{13}H_{18}O_4N_2S$, F. 193—195° (Zers.), a) aus 0,8 g I in W. mit 1 g II in A.; $[\alpha]_D^{20}$ +35,9° (c = 4,961 in Pyridin; keine Mutarotation); 1,3 g (Ausbeute); b) durch 4std. Digerieren von 50 g Mehl aus *Fucus vesiculosus L.* mit n-HCl, Neutralisation mit NaOH u. Zusatz von 8 g I in A.; Nadeln aus A.; $[\alpha]_D^{20}$ +36,3° (c = 5, 265 in Pyridin), $[\alpha]_D^{20}$ → (720 Min., konstant) —32,5° (c = 5,050 in n-NaOH-A.-W.); 5,1 g. — *5-l-Fucotetraoxyamyl-2-phenyl-1.3.4-thiodiazol* (IV), $C_{13}H_{16}O_4$·N_2S, F. 223—225° (Zers.), aus 1,5 g III in 50%ig. A. mit 2 mol. $FeCl_3$; Nadeln aus A.; $[\alpha]_D^{20}$ —6,7° (c = 2 in Pyridin, sofort u. nach 3 Std.); 0,9 g. — *l-Fucosemethylenthiobenzhydrazid*, $C_{14}H_{18}O_4N_2S$, F. 132—135°, durch 7std. Schütteln von 3 g III mit CH_2O u. 0,5nHCl; Kristallpulver; $[\alpha]_D^{20}$ —72,2° → (>420 Min.) —61,1° (c = 5 in Pyridin); 2,1 g. — *Methylenthiobenzhydrazinofucosethioglykolsäure* (VI), $C_{16}H_{22}O_6N_2S_2$, F. 150—152°, a) durch 6std. Schütteln von 2,7 g III mit CH_2O u. 0,5nHCl u. Zusatz von 5 g V; $[\alpha]_D^{20}$ +21° → (2880 Min.) +33,2° (c = 2,110 in Pyridin); 2 g (roh); b) aus 1,7 g vorst. Verb. mit 2 g V in n-HCl; Kristallpulver oder Prismen aus A.; $[\alpha]_D^{20}$ —58,3° → (5760 Min.) +29,4° (c = 2,1 in Pyridin); 1,7 g. (Ark. Kemi 7. Nr. 56. 529—34. 1955. Åkarp, Schweden.) H.-J. KRAEGE. 3400

Bror Holmberg, *Hexuronsäuren und Thiobenzhydrazid.* Durch Kondensation von Thiobenzhydrazid (I) mit d-Glucuronsäure (II) entstand das krist. *Thiobenzhydrazon des d-Glucuronsäurelactons* (III), mit d-Galakturonsäure (IV) das krist. *d-Galakturonsäurethiobenzhydrazon* (V). Aus d-Mannuronsäure u. I entstand ein nicht definierbares Öl. $FeCl_3$ oxydiert III u. V zu den entsprechenden *Phenylthiodiazolen.*

V e r s u c h e: *d-Glucuronsäurelactonthiobenzhydrazon* (III), $C_{13}H_{14}O_5N_2S$, F. 167 bis 169° (Zers.), aus 3 g II in W. mit 2,5 g I in 2nHCl; nadelförmige Prismen; $[\alpha]_D^{20}$ —23,6° (c = 5 in Pyridin, nach 10, 60 u. 420 Min.); 4,7 g (Ausbeute). — *Phenylthiodiazol* $C_{13}H_{12}O_5$·N_2S, F. 198—199° (Zers.), durch Oxydation von 3,3 g III in wss.-alkoh. NaOH mit $FeCl_3$; Prismen aus A.; $[\alpha]_D^{20}$ —64,2° (c = 2,135 in Pyridin, nach 10, 50 u. 150 Min.); 2 g. — *d-Galakturonsäurethiobenzhydrazon* (V), $C_{13}H_{16}O_6N_2S$, F. 142—143° (Zers.; W.), aus 3 g I in n-HCl mit 4 g IV in W.; $[\alpha]_D^{20}$ —69,6° (15 Min.) → —67,4° (240 Min.; c = 5,1 in Pyridin); 6,1 g. — *5-Carboxytetraoxybutyl-2-phenyl-1.3.4-thiodiazol*, $C_{13}H_{14}O_6N_2S$, 0,89 H_2O, F. 180—182° (Zers.), aus 3,2 g V in 0,5nNaOH u. W. mit wss. $FeCl_3$, $[\alpha]_D^{20}$

$+1{,}5^0$ (c = 2,1 in Pyridin, nach 0—70 Min.); 2,9 g. (Ark. Kemi **7.** Nr. 54. 513—15. 1955. Åkarp, Schweden.) H.-J. KRAEGE. 3400

Bror Holmberg, *Zur Kenntnis der Glykothiodiazoline.* Durch Umsetzung von *2-Phenylthiobenzhydrazid* (I) mit den entsprechenden Aldosen wurden die *l-Arabino-*, *d-Xylo-*, *d-Lyxo-*, *d-Ribo-*, *l-Rhamno-*, *l-Fuco-*, *d-Gluco-*, *d-Manno-* u. *d-Galaktothiodiazoline* dargestellt. Die hierbei nach verschied. Zeiten isolierten Prodd. zeigten bzgl. der FF. u. der opt. Drehungswerte große Unterschiede. Das Drehungsvermögen in Pyridin blieb während der ersten Std. konstant, zeigte aber nach längerer Zeit deutliche numer. Abnahme. Die Nachbehandlung der *Glykothiodiazoline* bei verschied. Tempp. ohne oder mit Zusätzen von n-HCl oder 0,5nNaOH bewirkte unübersichtliche Drehungsänderungen. *l*-Sorbose u. d-Fructose reagierten unter den angewandten Bedingungen nicht mit I.

Versuche: *2-Phenylthiobenzhydrazid* (I; *α-Phenyl-β-thiobenzoylhydrazin*), $C_{13}H_{12}N_2S$, F. 89,5—90,5°, aus 21,2 g Thiobenzoylthioglykolsäure in verd. NaOH u. 12 g Phenylhydrazin in A.; gelbe Prismen oder Täfelchen aus Bzl.; 21,5 g (Ausbeute). — *Disulfid aus 2-Phenylisothiobenzhydrazid*, $C_{26}H_{22}N_4S_2$, F. 135—136° bzw. 141—142° (Zers., je nach Erhitzungsgeschwindigkeit), durch Stehenlassen von 2,3 g I in n-NaOH an der Luft; gelbrote Prismen aus Bzl.; 1,9 g. — *2.4-Diphenyl-4.5-dihydro-1.3.4-thiodiazol*, $C_{14}H_{12}N_2S$, F. 94—96°, aus 3,4 g I in A. mit CH_2O u. 5nHCl; gelbes, grobkrist. Pulver; 3,3 g. — *2.4.5-Triphenyl-1.3.4-thiodiazolin*, $C_{20}H_{16}N_2S$, F. 96—98°, aus 2,3 g I in A. mit 1,1 g Benzaldehyd u. 5nHCl; gelbe Prismen; 2,9 g. — 5-Glyko-2.4-diphenyl-1.3.4-thiodiazoline, aus der entsprechenden Aldose in verd. HCl mit I in A. bei Zimmertemp.: *5-l-Arabino-*, $C_{18}H_{20}O_4N_2S$, F. 213—215° bzw. 220—223° (2 Fraktionen), aus 3 g *l*-Arabinose in n-HCl u. 4,6 g I in A.; cremefarbene Nadeln aus A.; $[\alpha]_D^{20}$ +619° bzw. +711° (c ~2,5 in Pyridin); 5,7 g. — *5-d-Xylo-*, $C_{18}H_{20}O_4N_2S$, F. 163—164° bzw. 162—163° bzw. 160—161° bzw. 125—128° (4 Fraktionen), aus 3 g d-Xylose in W., 5nHCl u. 4,6 g I in A.; Prismen oder Täfelchen aus W.; $[\alpha]_D^{20}$ +1435° bzw. +1440° bzw. +1403° bzw. —653° (c ~2,5; in Pyridin); insgesamt 6,9 g. — *5-d-Lyxo-*, $C_{18}H_{20}O_4N_2S \cdot H_2O$, F. 151 bis 153° (2 Fraktionen), aus 1,6 g d-Lyxose in 2nHCl u. 2,5 g I in A., cremefarbene nadelförmige Prismen aus A.; $[\alpha]_D^{20}$ +936° bzw. +977° (c ~2,5 in Pyridin); 2,3 g. — *5-d-Ribo-*, $C_{18}H_{20}O_4N_2S \cdot H_2O$, F. 170—171° bzw. 162—165° (2 Fraktionen), aus 3 g d-Ribose in 2nHCl u. 4,6 g I in A.; gelbliche Nadeln oder Prismen aus A.; $[\alpha]_D^{20}$ —1007° bzw. —964° (c ~2,5 in Pyridin); insgesamt 6,5 g. — *5-l-Rhamno-*, $C_{19}H_{22}O_4N_2S \cdot H_2O$, F. 175 bis 176° bzw. 165—167° bzw. 166—168° (3 Fraktionen), aus 1,85 g *l*-Rhamnose in 0,8 n HCl u. 2,3 g I in A.; cremefarbene Nadeln; $[\alpha]_D^{20}$ —936° bzw. —861° bzw. +854° (c ~2,5 in Pyridin); insgesamt 3,3 g. — *5-l-Fuco-*, $C_{19}H_{22}O_4N_2S$, F. 193—194°, aus 0,65 g *l*-Fucose in 2nHCl u. 1,2 g I in A.; gelbe Nadeln; $[\alpha]_D^{20}$ —624° (c ~2,5 in Pyridin); 1,4 g. — *5-d-Gluco-*, $C_{19}H_{22}O_5N_2S$, F. 147—149° bzw. 143—146° bzw. 135—140° (3 Fraktionen); aus 3 g d-Glucose in W. u. 4,6 g I in A.; cremefarbene Nadeln oder Prismen aus A.; $[\alpha]_D^{20}$ +1233° bzw. +42° bzw. —287° (c ~2,5 in Pyridin); insgesamt 5,3 g. — *5-d-Manno-*, $C_{19}H_{22}O_5N_2S \cdot H_2O$, F. 201—202° bzw. 200—202° bzw. 201—202° bzw. 197—200° bzw. 187—192° (5 Fraktionen), aus 3,6 g d-Mannose in 2nHCl u. 4,6 g I in A.; Nadeln oder Prismen aus A.; $[\alpha]_D^{20}$ +743° bzw. +69,6° bzw. +840° bzw. +879° bzw. —234° (c ~2,5 in Pyridin); 7,4 g (Rohausbeute). — *5-d-Galakto-*, $C_{19}H_{22}O_5N_2S$, F. 179—181° bzw. 176 bis 180° bzw. 176—180° bzw. 170—175° (4 Fraktionen), aus 3,6 g d-Galaktose in 2nHCl u. 4,6 g I in A.; Prismen oder Nadeln aus A.; $[\alpha]_D^{20}$ +1109° bzw. —114° bzw. +598° bzw. +73° (c ~2,5 in Pyridin); insgesamt 6,7 g. (Ark. Kemi **7.** Nr. 55. 517—28. 1955. Åkarp, Schweden.) H.-J. KRAEGE. 3400

Maurice-Marie Janot und **Henri Pourrat,** *Reaktionen von Organomagnesiumverbindungen mit stickstoffhaltigen Körpern mit Olid-Funktion.* 1. Mitt. *Narcotin und Hydrastin.* C_6H_5MgBr (**Ia**) reagiert mit der CO-Gruppe der Lacton-Funktion des Narcotins (**I**) oder Hydrastins (**II**), ohne diese zu öffnen; es tritt Bindung einer einzigen Phenylgruppe unter Bldg. der *tert. Alkohole* **IV** bzw. **VII** ein. Die Ausbeuten sind unter bestimmten Versuchsbedingungen fast quantitativ, ein Beweis, daß nur eine einfache, wohldefinierte Rk. vor sich geht. **IV** u. **VII** sind stabil, die tert. Alkoholfunktion kann nicht als W. abgespalten werden, da am Nachbaratom kein H-Atom vorhanden ist. Mit Benzyl-MgBr (**Ib**) verläuft die Rk. nicht so einfach: Aus dem einerseits entstandenen

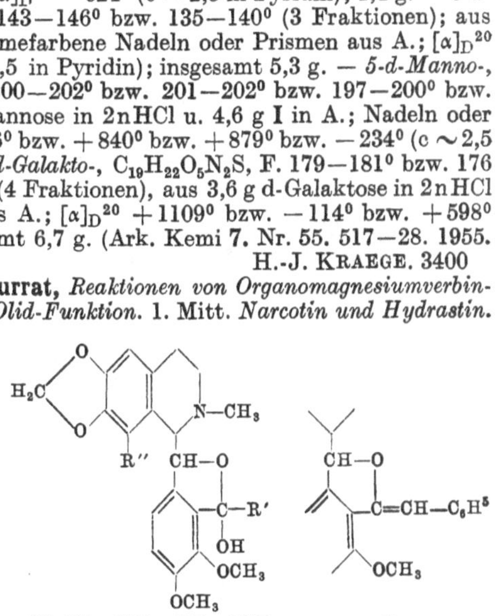

IV $R' = C_6H_5$, $R'' = OCH_3$ V

VI $R' = CH_3$, $R'' = OCH_3$

VII $R' = C_6H_5$ $R'' = H$

Isobenzofuranderiv. wird sofort W. unter Bldg. der ungesätt. Verb. **V** abgespalten, daneben spaltet **Ib** das I-Mol unter Bldg. von *Hydrocotarnin* (**III**) u. nichtdefinierten Harzen aus dem N-freien Anteil, die starke Fluorescenz zeigen. Durch Änderung der Reaktionsbedingungen, bes. der Temp., wird die eine oder die andere Rk. bevorzugt. C_2H_5MgBr (**Ie**) u. C_4H_9MgBr (**If**) tritt nur **I**-Spaltung unter **III**-Bldg. ein, dagegen bilden sich mit CH_3MgJ (**Ic**) u. CH_3MgBr (**Id**) außerdem noch geringe Mengen **VI**. Wenn bei der Rk. von **I** mit **Ic** u. **Id** CH_3J bzw. CH_3Br zugegeben werden, so bilden sich die entsprechenden quaternären Salze von **III**. Der Einfl. der Temp. auf die Rkk. wird von 0—140° untersucht; das Optimum liegt bei 5—10°. Unterhalb dieser Temp. verlaufen die Rkk. nur langsam oder gar nicht, oberhalb zu heftig u. unter Nebenreaktionen. Bei 80° u. darüber tritt **I**-Spaltung an der CH-Bindung unter Orangefärbung der Reaktionslsg. ein.

V e r s u c h e: *Verb.* **IV**, $C_{28}H_{29}O_7N$, F. 132° (aus heißem Methanol Plättchen), aus **I** u. **Ia** bei 10°; mit H_2SO_4, HCl oder HNO_3 scharlachrote Färbung. Durch Erhitzen oder beim Acetylierungsvers. Spaltung an der CH-Bindung; der N-freie Anteil zeigt starke gelbgrüne Fluorescenz. — *Verb.* **V**, $C_{29}H_{29}O_6N$, F. 193° (A.), aus **I** u. **Ib** in Bzl.; 55% (Ausbeute). — *Hydrocotarnin* (**III**), *Hydrochlorid*, $C_{12}H_{15}O_3N \cdot HCl$, F. 246° (aus wss. A. prismat. Kristalle), aus den alkoh. Mutterlaugen von **V** durch Zugabe von HCl u. Ae.; 18%. — *Verb.* **VI**, $C_{23}H_{27}O_7N$, F. 155°. aus **I** u. **Ic** oder **Id**; 2%; daneben **III**; 50%. — **III**, auch aus **I** u. **Ie** oder **If**; 35% bzw. 20%. *Pikrat*, $C_{18}H_{18}O_{10}N_4$, F. 135°, gelbe Nadeln. *Methojodid*, $C_{13}H_{18}O_3NJ$, F. 202° (aus Chlf.-Ae. oder W. gelborangefarbene prismat. Kristalle), aus **I**, **Ic** u. CH_3J; 50%. *Methobromid*, $C_{13}H_{18}O_3NBr$, F. 225°, analog; gelbliche Kristalle; 45%. *Äthojodid*, $C_{14}H_{20}O_3NJ$, rötliche prismat. Kristalle; 20%. — *Verb.* **VII**, $C_{27}H_{27}O_6N$, F. 133°, aus **II** u. **Ia** bei 10°; 95%. (Bull. Soc. chim. France, Mém. [5] **1955.** 823—26. Juni. Paris, Fac. de Pharm., Labor. de Pharm. Galén.) E. ROTTER. 3500

Henri Pourrat, *Reaktionen von Organomagnesiumverbindungen mit stickstoffhaltigen Körpern mit Olid-Funktion.* 2. Mitt. *Reaktion des Phenylmagnesiumbromids mit Pilocarpin.* (1. vgl. vorst. Ref.) C_6H_5MgBr (**Ia**) reagiert mit Pilocarpin (**I**) unter Öffnung des an den Glyoxalinring gebundenen Lactonringes, wobei sich 2 Mol **Ia** unter Bldg. von *1.1-Diphenyl-2-äthyl-3-[1-methylimidazolyl-(5)-methyl]-butandiol-(1.4)* (**II**) anlagern. Cyclisierung von **II** erfolgte nicht.

V e r s u c h e: *1.1-Diphenyl-2-äthyl-3-[1-methylimidazolyl-(5)-methyl]-butandiol-(1.4)* (**II**), $C_{23}H_{28}O_2N_2$, F. 290° (A.), aus **I** u. **Ia** in Ae. bei 5—10°; 70% (Ausbeute). — *Verb. vom F. 160°*, aus $C_6H_5CH_2MgBr$ u. **I** analog **II** in sehr geringer Ausbeute. (Bull. Soc. chim. France, Mém. [5] **1955.** 827. Juni.) E. ROTTER. 3500

Henri Pourrat, *Reaktionen von Organomagnesiumverbindungen mit stickstoffhaltigen Körpern mit Olid-Funktion.* 3. Mitt. *Reaktionen von Phenylmagnesiumbromid mit Azlactonen.*

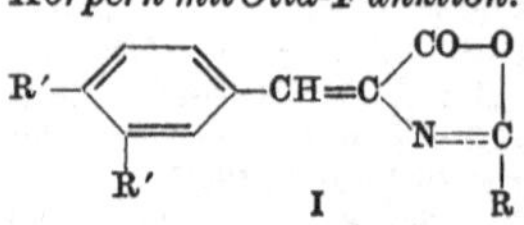

I

(2. vgl. vorst. Ref.) Azlactone der Struktur **I** reagieren mit C_6H_5MgBr (**Ia**) unter Sprengung des Lactonringes u. *Diol*-Bldg. bei R = CH_3, R′ = H oder OCH_3; aus **I** mit R = C_6H_5, R′ = OCH_3 bildet sich unter Anlagerung von **Ia** das *Oxazolin*; aus **I** mit R = C_6H_5, R′ = H entsteht ein Gemisch aus dem Oxazolin u. dem Diol, in welchem ersteres vorherrscht.

V e r s u c h e: Es werden 3 Mol **Ia** mit 1 Mol **I** in Bzl. bei ca. 10° zur Rk. gebracht. — *α.α-Diphenyl-β-[α-oxyäthylidenamino]-zimtalkohol*, $C_{23}H_{21}O_2N$, F. 149°, aus **Ia** u. *α-Acetamidozimtsäureazlacton* (**I**, R = CH_3, R′ = H; F. 152°, durch Kondensation von Benzaldehyd u. Acetylglycin); 72% (Ausbeute). — *α.α-Diphenyl-β-[α-oxyäthylidenamino]-m.p-dimethoxyzimtalkohol*, $C_{25}H_{25}O_4N$, F. 158°, aus *α-Acetamido-3.4-dimethoxyzimtsäureazlacton* (**I**, R = CH_3, R′ = OCH_3; F. 169—170°, aus Veratrumaldehyd u. Acetylglycin); 74%. — *2.5.5-Triphenyl-4-[3.4-dimethoxybenzal]-oxazolin*, $C_{30}H_{25}O_3N$, F. 173°, gelb u. fluorescierend, aus *α-Benzoylamino-β-[3.4-dimethoxyphenyl]-acrylsäureazlacton* (**I**, R = C_6H_5, R′ = OCH_3; F. 150°, aus Veratrumaldehyd u. Hippursäure); 76%. — *2.5.5-Triphenyl-4-benzaloxazolin*, $C_{28}H_{21}ON$, F. 151°, gelb u. fluorescierend, aus *α-Benzoylaminozimtsäureazlacton* (**I**, R = C_6H_5, R′ = H; F. 165—166°, aus Benzaldehyd u. Hippursäure); 55%. Daneben *α.α-Diphenyl-β-[α-oxybenzylidenamino]-zimtalkohol*, $C_{28}H_{23}O_2N$, F. 174°; 20%. Die Trennung der beiden Verbb. erfolgt durch Chromatographie. (Bull. Soc. chim. France, Mém. [5] **1955.** 828—29. Juni.) E. ROTTER. 3500

T. R. Govindachari, B. R. Pai und **N. S. Narasimhan,** *Pseudocarpain, ein neues Alkaloid aus Carica papaya L.* Vff. isolierten aus den Blättern von Carica papaya L. außer dem bekannten *Carpain* (**I**) (0,11% [Ausbeute]) ein neues Alkaloid, *Pseudocarpain* (**II**) (0,01%). **II** unterscheidet sich von **I** nur durch die Konfiguration an $C_{(3)}$. Während $[\alpha]_D$, F. u. Löslichkeit bei **I** u. **II** verschied. sind, sind die Infrarotspektren sehr ähnlich. Dehydrierung von **II** ergibt ebenso wie bei **I** *Desoxycarpyrinsäure.* Das Hydrolyseprod.

von **II** liefert nach der Veresterung mit A. die *Hydrochloride* des *Carpamsäureäthylesters* u. des *Pseudocarpamsäureäthylesters* (**III**). **III**-Hydrochlorid ergibt bei der Dehydrierung *Carpyrinsäureäthylester*. Red. von **II** mit $LiAlH_4$ liefert *Pseudocarpamodiol*, das Isomere des aus **I** erhaltenen Carpamodiols (vgl. C. **1954**. 5529).

Versuche: *Pseudocarpain* (**II**)-*Hydrochlorid*, $C_{14}H_{26}O_2NCl$, F. 295° (absol. A.), aus 14 kg getrockneter Papayablätter durch Extraktion mit 90%ig. A. + 1% CH_3COOH, Eindampfen, erschöpfende Extraktion mit verd. Essigsäure, Einengen, Ausäthern, Zugabe von NH_4OH zur wss. Lsg. u. erneutes Ausäthern (28 g Alkaloide); mit Aceton krist. bei 0° *Carpain* (**I**) (F. 121°; 12 g. Der essigsaure Extrakt aus dem mit Bzl. versetzten u. mit W. gewaschenen, aceton. Filtrat ergibt nach Zugabe von Soda 10,8 g eines klebrigen Öles, dessen benzol. Lsg. an Al_2O_3 adsorbiert wird; Eluieren mit Bzl. (enthaltend 1% A.) ergibt zuerst 2,1 g **I**, mit Bzl. (enthaltend 2,5% A.) 0,48 g eines Öles, dessen äther. Lsg. mit HCl gesätt. wird; 1,4 g, weitere 0,25 g aus Mutterlauge durch Zugabe von absol. Äther. — *Pseudocarpain* (**II**), $C_{14}H_{25}O_2N$, F. 65—68° (PAe.), aus der wss. Lsg. des Hydrochlorids durch Alkalisieren u. Extraktion mit Ae.; $[\alpha]_D^{28}$ +4,95° (c = 1,62 in A.). — *Desoxycarpyrinsäurehydrochlorid*, $C_{14}H_{22}O_2NCl \cdot H_2O$, F. 74—76° (Aceton), aus 200 mg **II** durch Dehydrieren nach RAPAPORT u. BALDRIDGE (C. **1953**. 6489); 180 mg. — *Pseudocarpamsäureäthylester* (**III**)-*Hydrochlorid*, $C_{16}H_{32}O_3NCl$, F. 122—124° (absol. A./Ae.) durch Kochen von 500 mg **II**-Hydrochlorid in konz. HCl (4 Std.), Eindampfen im Vakuum, Umkristallisieren aus absol. A./Ae., Verestern der 390 mg erhaltenen Hydrolyseprod. (F. 133 bis 145°), mit absol. A. u. trockenem HCl (2 Tage bei 0°) u. Zugabe von Ae. neben *Carpamsäureäthylesterhydrochlorid* ($C_{16}H_{32}O_3NCl$, F. 173° [A./Ae.]; 150 mg roh); 180 mg roh. — *Carpyrinsäureäthylester*, F. 78—80°, aus **III**-Hydrochlorid in p-Cymol mit 30%ig. Pd-Kohle. — *Pseudocarpamodiol*, $C_{14}H_{29}O_2N$, F. 78—80° (absol. Ae.), durch Red. von 600 mg **I** mit $LiAlH_4$; $[\alpha]_D^{28}$ —13,53° (c = 2,18 in A.); 600 mg roh. (J. chem. Soc. [London] **1954**. 1847—49. Juni. Madras, Presidency Coll., Dep. of Chem.) S. TODT. 3500

H. Hirschmann, *Die Charakterisierung der Δ^5-ungesättigten Steroide mit Hilfe der Infrarotspektrographie.* Vf. untersuchte die Infrarotspektren (in CS_2) von 35 Δ^5- u. 20 andersartig ungesätt. sowie 13 gesätt. Steroiden (—OH-, —$OOCCH_3$-, —$OOCC_6H_5$-, —Cl- u. —CH_3-Derivv. der Androstan-, Pregnan-, Cholansäure-, Spirostan-, Cholestan- u. Stigmastanreihe. — Für alle Δ^5-3β-Acetoxyverbb. wurden Banden bei 800 u. 812 cm^{-1} von großer bzw. variabler Intensität beobachtet. Außerdem treten jeweils noch 1—2 zusätzliche Banden bei ca. 820, ca. 830 oder ca. 840 cm^{-1} auf. Ringerweiterung bzw. -aufspaltung sowie verschied. Substitution (bes. an $C_{(16)}$ u. $C_{(3)}$) bewirken Bandenverschiebungen. Bei Substitution an $C_{(7)}$ fehlt die 800 cm^{-1}-, bei 3β-Cl u. 3α-Verbb. die 812 cm^{-1}-Bande Die nicht an $C_{(5)}$ ungesätt. di-, tri- u. tetraalkylierten Steroidolefine zeigen im Bereich 790—840 cm^{-1} ebenfalls jeweils 1—3 Banden, welche auch zur Charakterisierung herangezogen werden können, während die gesätt. Steroide demgegenüber markante Unterschiede zeigen: Sie haben zwar auch Banden in 800 cm^{-1} Bereich, jedoch meist von sehr geringer Intensität. Außerdem fehlt die 812 cm^{-1}-Absorption. Es wurden untersucht: *Δ^5-3β-Acetoxyandrosten-17-on; Δ^5-3β.17β-Diacetoxyandrosten; Δ^5-3β.16α-17β-Triacetoxyandrosten; Δ^5-3β.20α-Diacetoxypregnen; Δ^5-3β.20α-Diacetoxy-17α-oxypregnen; Δ^5-3β.20β-Diacetoxy-17α-oxypregnen; Δ^5-3β-Acetoxy-17α-oxypregnen-20-on; $\Delta^{5.17}$-3β.21-Diacetoxypregnadien; Δ^5-3β.16α.20α-Triacetoxypregnen; Δ^5-3β.16α.20β-Triacetoxypregnen; Δ^5-3β-Acetoxy-16α-benzyloxypregnen-20-on; Δ^5-3β-Acetoxycholensäuremethylester; Δ^5-3β-Acetoxy-22-isospirosten; Δ^5-3β-Acetoxycholesten; Δ^5-3β.7α-Diacetoxycholesten; Δ^5-3β.7β-Diacetoxycholesten; $\Delta^{5.22}$-3β-Acetoxystigmastadien; Δ^5-Cholesten; Δ^5-3β-Oxyandrosten-17-on; Δ^5-3β.16α.17β-Trioxyandrosten; Δ^5-3β-Oxy-20α-acetoxypregnen; Δ^5-3β-Oxycholensäuremethylester; Δ^5-3β-Oxycholesten; Δ^5-3β-Methoxy-16α.17β-dioxyandrosten; Δ^5-3β-Methoxy-16β.17β-dioxyandrosten-16.17-acetonid; Δ^5-3β-Methoxycholesten; Δ^5-3β-Benzoxycholesten; Δ^5-3β-Chlorandrosten-17-on; Δ^5-3β-Chlor-20α-acetoxypregnen; Δ^5-3β-Chlorcholesten; Δ^5-3α-Acetoxycholesten; Δ^5-3α-Oxycholesten; Δ^5-17a-Methyl-3β-acetoxy-17aβ-oxy-D-homoandrosten-17-on; Δ^5-3β-Acetoxyätiobiliensäuredimethylester; Diacetyldihydrojervin; Δ^4-3β-Acetoxycholesten; Δ^4-3β-Oxycholesten; Δ^4-20α-Acetoxypregnen-3-on; $\Delta^{2.4}$-Cholestadien; Δ^7-3β-Acetoxycholesten; Δ^7-3β-Acetoxyergosten; Δ^7-3β-Oxyergosten; $\Delta^{9.11}$-3α-Acetoxyandrosten-17-on; $\Delta^{9.11}$-3α-Acetoxyätiocholensäuremethylester; $\Delta^{9.11}$-3β-Acetoxy-22-isoallospirosten; Δ^{14}-3β-Acetoxyandrosten-17-on; Δ^{14}-3β.19-Diacetoxy-5-oxyätiocholensäureäthylester; $\Delta^{17(cis)}$-3α-Oxypregnen-11-on; $\Delta^{17(trans)}$-3α-Oxypregnen; $\Delta^{2?}$-16α.20β-Diacetoxyallopregnen; Δ^6-3β-Acetoxycholesten; Δ^{11}-3α-Acetoxycholensäuremethylester; Δ^{11}-3α-Oxycholensäure; $\Delta^{8.14}$-3β-Acetoxycholesten; $\Delta^{8.14}$-3β-Acetoxyergosten; 3β-Acetoxyandrostan-17-on; 3β-Oxyandrostan-17-on; 3β.16α.17β-Triacetoxyandrostan; 3β.16α.17β-Trioxyandrostan; 3β.16α.20α-Triacetoxyallopregnan; 3β-16α.20β-Triacetoxyallopregnan; 20α-Acetoxyallopregnan-3-on; 3β-Acetoxyallocholansäuremethylester; 3α-Oxycholansäure; 3β-Acetoxycholestan; 3β-Acetoxy-22-isoallospirostan; 3β-*

Chlorandrostan-17-on; 3β-Chlorcholestan. (J. Amer. chem Soc. **74.** 5357—61. 5/11. 1952. Cleveland, O., Western Reserve Univ., Dep. of Med., u. Lakeside Hospital.) H. RÖPKE. 3700

Alejandro Zaffaroni, *Absorptionsspektren von Schwefelsäure-Chromogenen, welche aus Adrenalsteroiden und verwandten Verbindungen erhalten wurden.* Es wurden die Absorptionsspektren im Gebiet 220—600 mμ von sechs akt. *adrenocort. Steroiden* u. acht weiteren verwandten Verbb. aufgenommen, wobei die Stoffe (70—90 mg) in konz. H_2SO_4 (3 cm³) gelöst waren. Hinsichtlich Lage u. Form der Absorptionsmaxima unterscheiden sich die Spektren merklich, Acetate u. die freien Verbb. geben ident. Absorptionskurven. — Untersucht wurden: *17-Oxycorticosteron, -11-dehydrocorticosteron-, 11-desoxycorticosteron, Corticosteron, 11-Dehydro-, 11-Desoxycorticosteron, Allopregnan-3β.11β.17α.21-tetrol-20-on, -3β.17α.21-triol-11.20-dion, -3β.17α.21-triol-20-on, Pregnan-17α.21-diol-3.11·20-trion, 3-Oxy-* u. *3.9-Epoxy-11-ketoätiocholansäure, Δ⁴-Androsten-* u. *Androstan-3.11·17-trion.* (J. Amer. chem. Soc. **72.** 3828. Aug. 1950. Rochester, N. Y., Univ. u. School of Medicine and Dentistry.) K. WISSEROTH. 3750

R. M. Acheson und **Sir Robert Robinson,** *Versuche zur Synthese des Cortisons.* 1. Mitt. *Einige Cyclopentenonderivate.* Acetonylaceton (**V**) liefert bei der Cyclisierung mit sd. 1%ig. NaOH im Gegensatz zu den Angaben von BLAISE [1914.] *3-Methylcyclopenten-(2)-on* (**I**), dessen Struktur durch die Oxydation zu *Lävulinsäure* bewiesen wird. Die physikal. Konstanten von **I** sind deutlich verschied. von denen der von GODCHOT u. TABOURY [1913] durch Chlorierung von 3-Methylcyclopentanon u. HCl-Abspaltung erhaltenen Verbindung. α.α'-Dibrom-β-methylglutarsäuremethylester reagiert mit Malonsäuredimethylester nicht unter Bldg. von bicycl. Prodd. (vgl. GOSS u. INGOLD, J. chem. Soc. [London] **1928.** 1268), sondern von *3-Oxy-5-methylcyclopentadien-1.2.4-tricarbonsäuretrimethylester* (**II**). Die Einw. von konz. HCl auf **II**-Na führt zu *4-Keto-2-methylcyclopenten-(2)-carbonsäure* (**III**), die mit Semicarbazid unter Decarboxylierung das *Semicarbazon* von **I** liefert. Mit heißer alkoh. KOH wird **III** zu **I** decarboxyliert. Verss. zur Cyclisierung von 2-Acetyllävulinsäureäthylester (**IV**) mit Piperidinacetat, Piperidin oder Pyridin in sd. Bzl., mit äther. N-Äthylanilino–MgBr, wss. $CaCl_2$ oder warmem W. schlugen fehl. Durch wss. Na-Acetat oder NaOH wird **IV** zu **V** hydrolysiert. **IV** liefert mit heißem $NaOC_2H_5$ **V** u. *Lävulinsäureäthylester,* mit kaltem $NaOC_2H_5$ dagegen *2.5-Dimethylfurancarbonsäure-(3)-äthylester.* Mit Semicarbazid reagiert **IV** unter Bldg. von *1-Ureido-2.5-dimethylpyrrolcarbonsäure-(3)-äthylester.*

Versuche: *3-Methylcyclopenten-(2)-on-(1)* (**I**), C_6H_8O, Kp.$_{15}$ 74°, a) aus **V** mit 1%ig. wss. NaOH (15 Min. am Rückfluß); n_D^{20} 1,4893; 42% (Ausbeute); b) aus **III** u. 4%ig. alkoh. KOH (17 Std. am Rückfluß); n_D^{20} 1,4884; c) aus **IV** mit 4%ig. wss. NaOH (12 Std. am Rückfluß); n_D^{20} 1,4878; 27%. *Oxim,* C_6H_9ON, F. 144°, aus A.–W. Prismen. *2.4-Dinitrophenylhydrazon,* $C_{12}H_{12}O_4N_4$, F. 181°, aus Äthylacetat oder n-Propanol orangerote Nadeln. *Semicarbazon,* F. 220—221°, a) aus **I**; b) aus **III** mit Semicarbazidhydrochlorid in wss. Na-Acetat; aus A. Tafeln. **I** gibt mit wss. $KMnO_4$ *Lävulinsäure-2.4-Dinitrophenylhydrazon,* F. 203—204° [CH_3OH]. — *3-Oxy-5-methylcyclopentadientricarbonsäure-(1.2.4)-trimethylester* (**II**), $C_{12}H_{14}O_7$, Kp.$_2$ 175—180°, aus α.α'-Dibrom-β-methylglutarsäuredimethylester u. Malonsäuredimethylester nach GORS u. INGOLD (l. c.); n_D^{17} 1,4892; *Na-Salz,* $C_{12}H_{13}O_7Na$, F. 265° (Zers.), schwachgelbe Nadeln aus Methanol. — *4-Keto-2-methylcyclopenten-(2)-carbonsäure-(1)* (**III**), $C_7H_8O_3 \cdot H_2O$, F. 60°, aus **II**-Na u. konz. HCl (1 Std. am Rückfluß); aus Ae. oder PAe. Nadeln; 49%. *2.4-Dinitrophenylhydrazon,* $C_{13}H_{12}O_6N_4$, F. 227—229° (Zers.), gelbe Prismen aus Dioxan. *Äthylester,* $C_9 \cdot H_{12}O_3$, Kp.$_1$ 127—130°, n_D^{28} 1,4952. *Äthylestersemicarbazon,* $C_{10}H_{15}O_3N_3$, F. 220°, aus W.–A. Prismen. *Äthylester-2.4-dinitrophenylhydrazon,* $C_{15}H_{16}O_6N_4$, F. 186°, orangerote Nadeln aus Essigester. — *Acetonylaceton* (**V**), Kp.$_{14}$ 77—85°, a) aus **IV** mit sd. wss. Na-Acetat (16 Std.); 57%; b) aus **IV** u. 1%ig. wss. NaOH (15 Min. am Rückfluß); 45%. *2.4-Dinitrophenylhydrazon,* F. 258° (Zers.). — *2.5-Dimethylfurancarbonsäure-(3)-äthylester,* Kp.$_{15}$ 90—94°, aus **IV** mit alkoh. $NaOC_2H_5$ (18 Std. bei Zimmertemp.); n_D^{23} 1,4693; 83%. *Freie Säure,* $C_7H_8O_3$, F. 135°, aus PAe. Prismen. — *1-Ureido-2.5-dimethylpyrrolcarbonsäure-(3)-äthylester,* $C_{10}H_{15}O_3N_3$, F. 229—230°, aus **IV** u. Semicarbazidhydrochlorid in wss. Na-Acetat (20 Min. auf dem Dampfbad); Nadeln aus wss. A.; 85%. — *Lävulinsäureäthylester,* $C_7H_{12}O_3$, Kp.$_{22}$ 101—102°, aus **IV** mit sd. alkoh. $NaOC_2H_5$ (2 Std.); n_D^{20} 1,4238; 35%; daneben **V**. *2.4-Dinitrophenylhydrazon,* $C_{13}H_{16}O_6N_4$, F. 107°, gelbe Prismen aus Methanol. — Die Infrarotspektren von **I, II, III** u. **III**-Äthylester sind angegeben. (J. chem. Soc. [London] **1952.** 1127—33. März. Oxford, Univ., Dyson Perrins Labor.) W. MENGEL. 3750

Jarl Gripenberg, *Die Chemie der natürlichen Ordnung der Cupressales.* 9. Mitt. *Die Synthese der Hexahydrothujasäure.* (8. vgl. CARLSSON u. Mitarb., C. **1954.** 2406.) Ausgehend von 4.4-Dimethylcyclohexanon (**I**) wird die Synth. der *Hexahydrothujasäure* beschrieben u. ihre Identitität mit *4.4-Dimethylcycloheptancarbonsäure* bewiesen. Damit wird die Totalsynth. der *Thujasäure* (vgl. C. **1953.** 3553) vervollständigt.

V e r s u c h e: *4.4-Dimethyl-1-nitromethylcyclohexanol*, $C_9H_{17}O_3N$, durch Zutropfen von **I** u. Nitromethan zu einer gerührten Lsg. von Na in absol. A. (Temperaturanstieg auf 40°) u. 4std. Rühren; dickes Öl. — *4.4-Dimethylcycloheptanon* (**II**), $C_9H_{16}O$, Kp.$_7$ 69—72°, durch Hydrierung vorst. Verb. über RANEY-Ni in Essigsäure bei 2 at u. 30°, Eindampfen im Vakuum, Zugabe von W., Versetzen der Lsg. des *Acetats* von *4.4-Dimethyl-1-aminomethylcyclohexanol* bei —5° unter Rühren mit wss. $NaNO_2$, Stehenlassen über Nacht u. Wasserdampfdest.; Reinigung über die Bisulfitverb.; Öl; 35% (Ausbeute). *Semicarbazon*, F. 173—174°. *Bis-p-nitrobenzylidenderiv.*, F. 158—160°. — *4.4-* u. *5.5-Dimethylcyclohepten-(1)-ylcyanid*, $C_{10}H_{15}N$ (mit **II**-Cyanhydrin verunreinigt), Kp.$_8$ 92—104°, durch Rühren von 2 g **II**, $NaHSO_3$ u. W., Zutropfen von wss. KCN, 4std. Rühren; Extraktion des **II**-*Cyanhydrins* mit Ae., dessen Behandlung in Pyridin mit $SOCl_2$ u. Gießen in W. nach Stehen über Nacht; 1,1 g. — *4.4-* u. *5.5-Dimethylcycloheptencarbonsäure*, $C_{10}H_{16}O_2$, F. 45—55°, durch 48std. Kochen von 1 g vorst. Cyanidgemischs mit NaOH in W. u. A., 0,4 g. — *4.4-Dimethylcycloheptancarbonsäure*, durch Hydrieren von 0,4 g vorst. Säuregemischs über PtO_2 in A. u. Verdampfen des A.; *p-Bromphenacylester*, $C_{18}H_{23}O_3Br$, F. 69 bis 70° (Nadeln). F. 66—67° (aus verd. CH_3OH Blättchen); bzw. *Amid*, $C_{10}H_{19}ON$, F. 146 bis 147°, Blättchen. (Acta chem. scand. **6.** 854—58. 1952. Helsingfors, Inst. of Technol., Dep. of Chem.) E. FRANCK. 3950

John C. Pew, *Vergleich der Farbreaktionen des Lignins in Lösung mit den gleichen Reaktionen im festen Zustand.* Die Beobachtung, daß sich die Absorption eines Stoffes im festen Zustand oder bei Adsorption gegenüber der Absorption in Lsg. nach längeren Wellenlängen hinverschiebt, veranlaßte Vf. zu einer Nachprüfung der Verhältnisse bei den Ligninfarb-Rkk. mit Phenolen u. starken Säuren. Der aus *Coniferylaldehyd* (**I**)+ *Resorcin* (**II**) gebildete *Farbstoff*, in Lsg. λ_{max} 579 mμ, besitzt im adsorbierten Zustand auf Filtrierpapier ein λ_{max} von 590 mμ. Der aus Fichtenholz u. **II** entwickelte Farbstoff konnte z. T. extrahiert werden u. zeigt im gelösten Zustand ein λ_{max} von 586 mμ gegenüber 579 mμ für natives Fichtenlignin (**III**)+ **II** oder **I** + **II**. Bei Holzschnitten + **II** war λ_{max} 593 mμ. Eine koll. Lsg. von Fichtenholz in rauchender HCl + **II** besitzt λ_{max} 588 mμ. **III** + **II**, mit Trikresylphosphat zu einer Paste verrieben, hat λ_{max} 587 mμ, **III** + **II** in Form eines Films λ_{max} 585 mμ, letztere beiden Präpp. in Lsg. λ_{max} 579 mμ. Ferner wurden die Absorptionsmaxima von Fichtenholz bei Behandlung mit starker Säure allein untersucht: Fichtenholz + alkoh. HCl (**IV**) λ_{max} 453 mμ, **I** + **IV** λ_{max} 449 mμ, Holzschnitte + **IV** λ_{max} 463 mμ. Lsgg. von gemahlenem Holz + rauchender HCl wurden beim Stehen smaragdgrün; die blaue Komponente der Färbung hat λ_{max} 628 mμ. Dieses Maximum wurde auch bei gleicher Behandlung von Holzschnitten erhalten. (J. Amer. chem. Soc. **74.** 5784—85. 20/11. 1952. Madison, Wis., Univ. of Wisconsin, Forest Products Labor., Forest Service U. S. Dep. of Agric.) H. KOBLITZ. 3950

K. Kratzl und **H. Silbernagel,** *Über das Verhalten von Fichtenholz und Lignin bei thermischer Behandlung mit Wasser.* Zur weiteren Unterstützung der Ansicht, daß das native Lignin (**I**) im Holz aromat. Natur ist, wurde mit Bzl./Aceton extrahiertes Fichtenholz fünfmal je 2 Std. mit W. gekocht. Dabei wurde ein *Polysaccharid*-**I**-Körper erhalten, dessen **I**-Anteil ca. 3% des Gesamt-**I** darstellt. Verlängerung der Kochzeit vergrößert die Kohlenhydrat-, nicht aber die **I**-Ausbeute. Bei Verschiebung des p_H-Wertes nach p_H 7—8 werden ca. 1,6% des Gesamt-**I** gelöst. Bei Säurebehandlung des Extraktes bleiben 21,4% der methoxylhaltigen Substanz in Lsg., welcher Anteil aber bei Oxydation kein Vanillin (**II**) ergibt. Die UV-Absorption der sauren Extrakte zeigt typ. „**I**-Spektren", wogegen im alkal. Gebiet breite Bereiche auftreten, ähnlich denen, die man bei d-Arabinose erhält. Die Ultrarotspektren weisen jedoch eindeutig auf die Ggw. aromat. C=C-Doppelbindungen hin. Bei Behandlung von Fichtenholz mit W. zwischen 100 u. 200° nimmt die Abbaufähigkeit von **I** zu **II** mit steigender Temp. ab. Zusatz von kondensationsfähigen Pentosen hat keinen Einfl. auf die **II**-Ausbeute. Aus diesen Ergebnissen wird auf eine Selbstkondensation von **I** zu einem „polymeren Phenolkörper" geschlossen. Diese Erscheinung tritt aber nur bei nasser Behandlung des Holzes in der Hitze auf; aus trocken erhitztem Holz lassen sich wesentlich größere Mengen **II** gewinnen. Es wird angenommen, daß die Kohlenhydrate im Holz eine Schutzwrkg. auf das **I** ausüben u. daß vor der Kondensation eine **I**-Kohlenhydratbindung hydrolyt. gespalten werden muß. Dagegen zeigt ein „Solid Staypak" — durch kurzzeitiges Erhitzen von Holz auf hohe Tempp. erhaltener plast. Phenolkörper — bei der gleichen Behandlung diese Erscheinung nicht: Man erhält die gleichen Mengen **II** bzw. *Syringaaldehyd* wie aus dem Holz selbst. (Mh. Chem. **83.** 1022—37; S.-B. österr. Akad. Wiss., math.-naturwiss. Kl., Abt. IIb **161.** 1022—37. 1952. Wien, Univ., I. Chem. Labor.) H. KOBLITZ. 3950

D. Makromolekulare Chemie.

Jan Dvořák und **Josef Majer,** *Über vorübergehende Doppelbrechung makromolekularer Stoffe.* Bei mehreren Blockpolymeren u. Copolymeren mit großem Elastizitätsmodul wurde eine vorübergehende Doppelbrechung beobachtet. Die opt. Empfindlichkeit ist durch opt. Parameter beeinflußt, nicht aber durch die Vernetzung der Polymeren, die das Fließen des Materials begrenzt. Die Konstante der opt. Empfindlichkeit wächst bis zu einer gewissen Grenze mit dem Polymerisationsgrad. Die opt. Empfindlichkeit ist durch alle Komponenten der Copolymeren bestimmt. Die Spannungsdoppelbrechung wird auch bei Polymeren mit großem Elastizitätsmodul durch die Orientierungsdoppelbrechung wesentlich herabgesetzt. (Chem. Listy **49.** 1274—82. Sept. 1955. Brno, Výzkumný ústav pro využití plast. hmot. [Orig.: tschech.]) L. Matoušek/Prag. 4000

Karel Veselý, *Kettenübertragung bei der Copolymerisation.* Es wurde eine allg. gültige Copolymerisationsgleichung für den mittleren numer. Polymerisationsgrad ($\overline{P}_n$) abgeleitet; mit dieser Gleichung kann der Einfl. der Kettenübertragung, verursacht durch beide Monomere, Lösungsm., Initiatoren u. Abbruch-Rk., bestimmt werden. Die abgeleitete Gleichung ist analog der allg. Gleichung von Johnson u. Tobolsky (vgl. C. **1952.** 6542) für $\overline{P}_n$ u. der Palitschen allg. Gleichung (vgl. C. **1955.** 11006; Däs u. Palit, Chem. and Ind. **1954.** 129) für die Best. der Mellvilschen Konstante φ (vgl. J. Polymer Sci. **2.** [1947.] 229). (Chem. Listy **49.** 1290—92. Sept. 1955. Collect. czechoslov. chem. Commun. **21.** 155—58. 1956 [Orig.: tschech.]. Gottwaldov, Výzkumný ústav pro využití plast. hmot, pracoviště Brno.) M. Kolínský/Prag. 4000

Z. Menčík und **J. Láníková,** *Bereitung verdünnter Cyclohexanonlösungen von Polyvinylchlorid für viscosimetrische Zwecke.* Bei Lsgg. von höhermol. Proben von *Polyvinylchlorid* in Cyclohexanon beobachteten Vff. eine zeitliche Abhängigkeit der Viscosität. Nach dem Erhitzen der Lsgg. (80—100°) sinkt die Viscosität auf einen bestimmten Grenzwert u. ändert sich nicht weiter. Um gut reproduzierbare viscosimetr. Werte zu erzielen, wird empfohlen, die Lsgg. zu erhitzen (100°, 10 Min.). Die Erniedrigung der Viscosität beim Erhitzen ist nicht mit einem Abbau verbunden, sondern wird durch Desaggregierung des Polymeren in Lsgg. erklärt. (Chem. Listy **49.** 1398—1400. Sept. 1955. Collect. czechoslov. chem. Commun. **21.** 257—59. 1956. Brno, Výzk. ústav pro využití plast. hmot.) L. Matoušek/Prag. 4010

Murray Hauptschein und **Joseph M. Lesser,** *Die Mischpolymerisation von hochfluorierten Olefinen mit Äthylenoxyd.* Mit dem Ziel, polyätherartige hochfluorierte Polymere zu gewinnen, untersuchten Vff. die Mischpolymerisation von *Perfluorpropylen* (**I**), *Chlortrifluoräthylen* (**II**) u. *Vinylidenfluorid* (**III**) mit *Äthylenoxyd* (**IV**) in Ggw. von UV-Licht oder Di-tert.-butylperoxyd (**V**). Aus **I** erhält man Mischpolymerisate mit bis zu 50 Mol-% **I**. Im UV-Licht entstehen viel reinere Prodd. als mit **V**. In 5 Tagen betragen die Umsätze 40—50% u. mehr. Das 1:1-Mischpolymerisat ist in W. unlösl., in organ. Lösungsmitteln (wie Ae., CH_2Cl_2 u. Bzl.) löslich. Ohne UV-Belichtung polymerisiert **I** mit **IV** im Einschlußrohr bei 100° nicht. Aus **II** u. **IV** erhält man sowohl im UV-Licht als auch mit **V** ausgezeichnete Ausbeuten. Mit **V** wurde ein wachsartiges Mischpolymerisat mit 56 Mol-% **II**, im UV-Licht glasartige Prodd. mit 46,8 u. 62,9 Mol-% **II** dargestellt. Auch diese Mischpolymerisate sind in W. unlösl., in Ae., CH_2Cl_2 u. Bzl. lösl., während das Homopolymerisat von **II** in Bzl. unlösl. ist. Das **II**-Mischpolymerisat mit **IV** wird im Gegensatz zu demjenigen von **I** von konz. H_2SO_4 u. 47%ig. HJ bei 150° angegriffen. — **III** bildet mit **IV** in Ggw. von **V** bei Tempp. bis zu 140° kein Mischpolymerisat. Aber die Homopolymerisation von **III**, die in Ggw. von **V** mit einem Umsatz von 54% verläuft, wird durch die Ggw. von **IV** auf 70—100% gesteigert. Auch tert.-Butylhydroperoxyd u. Bernsteinsäureperoxyd bewirken nur die Homopolymerisation der beiden Monomeren. — Mit Ae. bildet **III** in Ggw. von **V** Telomere im Verhältnis **III**:Ae. wie 3:1 u. 4:1 u. **I** ein Telomeres im Verhältnis 2 **I**:1 Ae., für welches die Struktur $C_2H_5OCH(CH_3)-[CF_2-CF(CF_3)]_2H$ möglich ist.

Versuche: Die mit **V** katalysierten Polymerisationen wurden im Stahlautoklaven von 250 cm³ Inhalt unter Eigendruck, die Rkk. im UV-Licht in dickwandigen Pyrexgläsern von 30—40 cm³ Inhalt durchgeführt. Bei 72std. Erhitzen von 62 g **I**, 47 g **IV** u. 6 g **V** auf 145° erhält man ca. 54 g eines Öls vom $Kp._{<0,5}$ >45°, davon 35% vom $Kp._{0,5}$ 45—100°, n_D^{24} 1,3534 (41 Mol-% **I**) u. ca. 50% vom $Kp._{0,5}$ 100—145°, $D.^{20}_4$ 1,494, $D.^{22}_4$ 1,466, n_D^{24} 1,3779 (31,8 Mol-% **I**). — Bei 133std. UV-Bestrahlung von 27,0 g **I** u. 9,0 g **IV** im Pyrexeinschmelzrohr (zuweilen Explosion) entstanden ca. 16 g eines viscosen *Polymerisats* vom $Kp._{<0,5}$ >60°, davon 30% vom $Kp._{<0,5}$ 100—110°, n_D^{20} 1,3699 (39 Mol-% **I**), 15% vom $Kp._{<0,5}$ 110—115°, n_D^{20} 1,3631 (43,1 Mol-% **I**) u. 30% vom $Kp._{0,5}$ 115—180°, n_D^{20} 1,3620 (46,1 Mol-% **I**). — Durch 8tägige UV-Belichtung von 0,20 Mol **I** u. 0,11 Mol **IV** erhält man hauptsächlich das *1:1-Mischpolymerisat* vom $Kp._{<0,5}$ 100—150°, n_D^{23} 1,3568. — Wenn 38 g **III**, 50 g Ae. u. 2 g **V** im Autoklaven 60 Std. auf 130° erhitzt werden, bilden sich neben 6 g eines **III**-*Homopolymerisats* 6 g *3* $CF_2{=}CH_2\cdot(C_2H_5)_2O$, $Kp._1$ 40—70°, $D.^0_4$ 1,246, $D.^{22}_4$ 1,220, n_D^{21} 1,3676, u. 6 g *4* $CF_2{=}CH_2\cdot(C_2H_5)_2O$, $Kp._1$ 70—140°, $D.^0_4$ 1,339, $D.^{20}_4$ 1,316, n_D^{21} 1,3746. — 60std. Erhitzen von 41 g **I**, 50 cm^3 Ae. u. 2 g **V** auf 148° liefert 16 g *2* $C_3F_6\cdot(C_2H_5)_2O$, Kp. 165—175°, $D.^0_4$ 1,516, $D.^{22}_4$ 1,483, n_D^{19} 1,3262, u. 5 g eines *Prod.* vom Kp. 125—135°, n_D^{19} 1,3342. (J. Amer. chem. Soc. **78.** 676—79. 5/2. 1956. Philadelphia, Pa., Temple Univ., Res. Inst.) E. FORCHE. 4010

K. Katagiri und **S. Okamura**, *Bemerkung zu der Arbeit von R. L. Herbst jr. und R. E. Martin, betitelt „Relative Reaktivitäten von Polymerradikalen bei Vinylpolymerisationen"*. (Vgl. HERBST u. MARTIN, C. **1956.** 3051.) Vff. weisen darauf hin, daß die Schlußfolgerung von HERBST u. MARTIN (l. c.), die relativen Reaktivitäten von polymeren Radikalen aus den Q'- u. e-Konstanten der entsprechenden Monomeren abzuleiten, nicht stichhaltig ist, da *Styrol* z. B. als monomeres reaktiv, als polymeres Radikal aber ziemlich stabil ist, während bei *Vinylacetat* die Verhältnisse umgekehrt liegen. Die Berechnung der Vff. ergibt hingegen für die relativen Reaktivitäten von *Polystyrol-*, *Polymethylmethacrylat-* u. *Polyvinylacetatradikalen* das Verhältnis $1:10^1:10^{3-4}$, was mit der Erfahrung übereinstimmt. (J. Polymer Sci. **17.** 309—10. Juni 1955. Kyoto, Univ., Fac. of Engng., Dep. of Textile Chem.) W. RUSKE. 4010

M. C. R. Symons, *Wechselwirkung zwischen Acrylonitril und amorphen Kohlen.* Vf. zeigt, daß entgaste, wie auch carbonisierte, nicht aber durch Erhitzen in Wasserdampf aktivierte Zuckerkohle (**I**) bei 60° im Dunkeln eine geringe Polymerisation von *Acrylonitril* auslöst. Die Polymerisationsauslösung wird als Wrkg. freier Radikale erklärt, was durch Messungen der paramagnet. Resonanzabsorption gestützt wird (vgl. INGRAM, u. Mitarbeiter, C. **1955.** 6460, 9028, u. Nature [London] **174.** [1954.] 797; PARRAVANO, C. **1951.** I. 3352 u. **1951.** II. 1136). Nur letztere **I** verhindert die n., durch UV-Bestrahlung verursachte Polymerisation, vermutlich wegen phenol. Gruppen an der Kohlenoberfläche (vgl. GARTEN u. WEISS, Austral. J. Chem. **8.** [1955.] 68). Spuren von O_2 bewirken mit allen **I** bei UV-Bestrahlung starke Polymerisation durch Bldg. lösl., photosensibilisierter Substanz von möglicherweise peroxydradikal. Natur. (J. chem. Soc. [London] **1955.** 4344—47. Dez. Southampton, Univ.) D. WUNDERLICH. 4010

Jaroslav Müller, *Copolymerisation von Acrylonitril mit Butylacrylat. Bestimmung der Copolymerisationsparameter und -konstanten Q und e für Butylacrylat.* Vf. untersucht die durch Radikale angeregte Blockcopolymerisation von *Acrylonitril* (**I**) mit *Butylacrylat* (**II**) (Temp. 60°, Benzoylperoxyd als Katalysator) u. berechnet die Copolymerisationsparameter. Die Ergebnisse von 2 Versuchsreihen, die sich durch Umsetzung von ca. 4 u. 15% unterscheiden, werden in Tabelle u. Diagramm zusammengestellt. Die Werte der ersten Versuchsreihe benutzt Vf. zur Berechnung von Parametern mit Hilfe der MAYO-LEWISschen Differentialcopolymerisationsgleichung (vgl. MAYO u. LEWIS, J. Amer. chem. Soc. **66.** [1944.] 1594), die Werte der 2. Reihe zum gleichen Zwecke mit Hilfe der Integralform der Copolymerisationsgleichung nach MEDWEDEW u. FINEMANN-ROSS (vgl. Z. fiz. chim. **21.** [1947.] 1269 bzw. C. **1953.** 8621). Die durch Berechnung gewonnenen Ergebnisse der Copolymerisationsparameter werden untereinander verglichen. Die gefundenen Werte $r_1 = 1,003 \pm 0,012$ u. $r_2 = 1,005 \pm 0,005$ zeigen, daß es sich um ein echtes *azeotropes Copolymerisat* handelt. Die Konstanten Q (0,4) u. e (0,1) wurden für **II** bestimmt. (Chem. Listy **48.** 1593—97. Nov. 1954. [Orig.: tschech.]; Collect. czechoslov. chem. Commun. **20.** 241—46. Febr. 1955. [Orig.: dtsch.] Gottwaldov, Výzk. ústav pro využití plast. hmot, pracoviště Brno.) M. KOLÍNSKÝ/Prag. 4010

Oto Wichterle und **Jan Šebenda**, *Polymerisation von ε-Caprolactam durch Alkalicarbonate.* 1. Mitt. *Schnellpolymerisation von Caprolactam durch Natriumcarbonat.* Es wurde festgestellt, daß Natriumcarbonat (**I**) auf die Polymerisation des *ε-Caprolactams* (**II**) als ein sehr akt. Katalysator einwirkt, wenn das Syst. vollständig wasserfrei gemacht wird. Vff. schließen aus den Untersuchungsergebnissen der angewandten Polymerisationsbedingungen, daß bei der Polymerisation von **II** durch Einw. von **I** eine anion. Polymerisation eintritt, u. daß deren Mechanismus der gleiche ist wie bei Anwendung von Alkalimetallen oder Alkalihydroxyden als Katalysatoren. Aus der Darlegung der Vff. ergibt sich, daß die Initiations-Rk. eine Rk. der Amidbindung mit einem Carbonatanion ist, wobei CO_2 abgespalten wird u. außer der Anionendgruppe $-COO^{(-)}$ noch eine Aniongruppe mit negativer Ladung am Stickstoff $-CON^{(-)}$ entsteht. (Chem. Listy **49.** 1293—97. Sept. 1955. Praha, Vysoká škola chemická, Katedra plast. hmot. [Orig.: tschech.]) M. KOLÍNSKÝ/Prag. 4010

Oto Wichterle und **Jan Šebenda**, *Polymerisation von ε-Caprolactam durch Alkalicarbonate.* 2. Mitt. *Kinetik und Mechanismus der Alkalipolymerisation von ε-Caprolactam.*

(1. vgl. vorst. Ref.) In Fortführung der Unterss. über die Polymerisation von *ε-Caprolactam* (I) wurde der katalyt. Einfl. des Natriumcarbonats (II) auf die Geschwindigkeit der Polymerisation u. die Größe des Mol.-Gew. des entstehenden *Polyamids* (III) untersucht. Vff. diskutieren den Reaktionsmechanismus der Polymerisation auf Grund eines Vergleichs der experimentellen Ergebnisse mit den theoret. abgeleiteten kinet. Beziehungen. Der l. c. vorgeschlagene Mechanismus der Initiations-Rk. wurde durch Best. des Polymerisationsgrades des entstandenen III bestätigt. Zum Unterschied von den bisher bekannten Polymerisationsmechanismen (vgl. MATTHES, Makromolekulare Chem. **13.** [1954.] 90; WILOTH, Makromolekulare Chem. **15.** [1955.] 98. 106 u. C. **1956.** 4457) findet das Kettenwachstum von III nicht an den Enden, sondern inmitten der Kette von III durch Einlagerung der Moll. von I statt. Charakterist. u. von der üblichen Hydrolysen–Kondensations-Polymerisation grundsätzlich verschieden ist die Reaktionsgeschwindigkeit höherer Ordnung, die die Durchführung der Rk. bei einer niedrigeren Temp. (200—220°) ermöglicht. Außerdem können bei niedrigeren Tempp. hohe, bisher gewonnene Höchstpolymerisationsgrade mehrmals überschreitende Mol.-Geww. (bis einige Tausende) erhalten werden. Die kinet. Messungen wurden in einer besonderen App. bei Einw. von 0,0025 Mol II auf 1 Mol I unter 148 mm Hg Druck u. bei 208,7° bis zu einem Umsatz von 26,6% durchgeführt. Die Polymerisationsgeschwindigkeit ergibt sich aus der Gleichung $\ln([M]_0 - [M]_\infty) - \ln([M] - [M]_\infty) = 0{,}5\, k_1 \cdot (k_2 + k_2')\, t^2$ ([M] = Konz. [Mol·kg^{-1}] des Monomeren M im Zeitpunkt t, $[M]_0$ = Konz. von M am Anfang der Rk., $[M]_\infty$ = Konz. von M im Gleichgewichtszustand, k_1 = Initiationsgeschwindigkeitskonstante [Mol·kg sec^{-1}], k_2 = Wachstumsgeschwindigkeitskonstante u. k_2' = Abbaugeschwindigkeitskonstante). Der Polymerisationsgrad ist durch die Beziehung $\overline{P} = ([M]_0 - [M])/k_1\, t$ ausgedrückt. Geschwindigkeitskonstanten bei 208,7°: $k_1 = 1{,}2 \cdot 10^{-6}$, $k_2 = 8{,}6 \cdot 10^{-2}$ u. $k_2' = 5{,}7 \cdot 10^{-3}$ Mol^{-1}·kg·sec^{-1}. (Chem. Listy **49.** 1298—1310. Sept. 1955. [Orig.: tschech.]) M. KOLÍNSKÝ/Prag. 4010

W. M. Corbett, J. Kenner und **G. N. Richards,** *Carbonyloxycellulosen.* Vorl. Mitt. zu der C. **1954.** 6924 referierten Arbeit. (Chem. and Ind. **1953.** 154. 14/2.) D. AMELUNG. 4050

W. M. Corbett, J. Kenner und **G. N. Richards,** *Carbonyloxycellulosen.* Vorl. Mitt. zu den C. **1955.** 5314 referierten Arbeiten. (Chem. and Ind. **1953.** 462. 9/5.) D. AMELUNG. 4050

J. A. Cifonelli und **F. Smith,** *Das mit Hefeinvertase verknüpfte Polysaccharid.* Nach SUMNER u. O'KANE (Enzymologia **12.** [1948.] 251) dargestellte Invertase (I) enthält einen Polysaccharidbegleiter (II), der nach verschied. Methoden isoliert u. auf Grund seines Verh. seines Methylierungsprod. u. dessen Spaltprodd. mit *Hefemannan* ident. ist.

Versuche: *Mannan* (II), a) durch Lösen von 400 mg I in 25 ml n-NaOH, nach 10 Min. Ansäuern mit 1,5n-Essigsäure u. Ausfällen mit 1 Vol. A.; 125 mg (Ausbeute; mehr A. liefert proteinhaltiges II); b) durch Chromatographie einer wss. Lsg. von I an Darco G 60-Celite, Waschen mit W. u. Eluieren mit 20%ig. A.; am Säulenmaterial verbleibt die gesamte Enzymaktivität; c) durch Behandlung einer wss. Lsg. von I mit 5%ig. alkoh. 2.4-Dinitrofluorbenzol u. 5%ig. $NaHCO_3$-Lsg., 3std. Schütteln, Extraktion mit Ae. u. Fällen mit BENEDIKTs Reagens; $[\alpha]^{25}_D$ +80° (c = 1,0; W.). *Acetylierungsprod.*, $[\alpha]_D^{24}$ +64° (c = 1,0; Chlf.). *Methylierungsprod.*, $[\alpha]_D^{20}$ +88° (c = 1,0; Chlf.). II ist aus proteinarmen Lsgg. fällbar mit FEHLINGscher Lsg. u. Concanavalin A. Die Hydrolyse liefert 85—90% reduzierende Zucker als *Mannose* + Mannoseoligosaccharide (*Mannosephenylhydrazon*, F. u. Misch-F. 197°). II verbraucht 1,1 Mol Perjodat/Mol Anhydromannose unter Bldg. von 0,30—0,32 Mol *Ameisensäure.* — Nach Hydrolyse des permethylierten II (43,7% OCH_3) mit Eisessig + 5%ig. HCl werden durch Chromatographie an Hydrocellulose–Cellulose u. Eluierung mit Methyläthylketon/W. 1,00 Mol *2.3.4.6-Tetra-O-methyl-D-mannose* (*Anilid,* $C_{16}H_{25}O_5N$, F. u. Misch-F. 143°; $[\alpha]_D^{24}$ −5° Gleichgewicht; c = 2,0; Methanol), 0,50 Mol *3.4.6-Tri-O-methyl-D-mannose* ($C_9H_{18}O_6$, F. und Misch-F. 102°; $[\alpha]_D^{23}$ +28° Anfangswert; c = 1,0; W.), 0,46 Mol *2.4.6-Tri-O-methyl-D-mannose* (R_f = 0,58 in Methyläthylketon–W.; auch nach Perjodatabbau der Trimethylfraktion) u. 0,99 Mol *3.4-Di-O-methyl-D-mannose* (*Monohydrat,* $C_8H_{16}O_6 \cdot H_2O$, F. 113°; $[\alpha]_D^{20}$ +3° Gleichgewicht; c = 3,0; W.) isoliert. (J. Amer. chem. Soc. **77.** 5682—84. 5/11. 1955. St. Paul, Minn., Univ. of Minnesota, Agric. Biochem.) K. H. WOLF. 4050

Stanley Peat, W. J. Whelan und **T. E. Edwards,** *Polysaccharide von Bäckerhefe.* 1. Mitt. *Glykogen. Hefeglykogen* wurde mit verd. H_2SO_4 partiell hydrolysiert u. die Oligosaccharide des Partialhydrolysates wurden durch Säulenchromatographie an Kohle–Celite isoliert u. charakterisiert. Gefunden wurden nur α-1.4- u. α-1.6-glucosid. Bindungen. Trennung u. Isolierung von *Maltose* u. *Isomaltose* aus dem sauren Partialhydrolysat gelang durch Säulenchromatographie mit Kohle. Die meisten, wenn nicht sogar alle Verzweigungsstellen liegen als 1.6-Bindung in α-Konfiguration vor. (J. chem. Soc. [London] **1955**. 355—59. Febr. Bangor, Univ., Coll. of North Wales.) W. Königsdorf. 4050

A. G. Ogston, *Chemie der Proteine, Peptide und Aminosäuren.* Übersicht (bis Sept. 1954). Reinheit, Methoden zur Feststellung der Heterogenität, Moleküldimensionen, chem. Konst., Konfiguration, Wechselwirkungen zwischen Proteinen u. Peptiden. — 360 Literaturangaben. (Annu. Rev. Biochem. **24**. 181—206. 1955. Oxford, Univ., Dep. of Biochem.) K. Maier. 4070

Joseph F. Foster und **Raymond C. Rhees,** *Eine Untersuchung über die Aggregation bei der Hitzedenaturierung von Ovalbumin mittels Lichtstreuung.* Das durch Lichtstreuung ermittelte Mol.-Gew. von *Ovalbumin* (I) in einem breiten p_H-Bereich beträgt 45000 bis 50000 außer in der Nähe des isoelektr. Punktes sowie bei extremen p_H-Werten, wo etwas höhere Werte erhalten werden. Diese stehen in Zusammenhang mit der Denaturierung u. Aggregation von Spuren des Proteins. Vff. untersuchen die Aggregation von I bei der Hitzedenaturierung als Funktion des p_H-Wertes, der I-Konz. u. der Erhitzungszeit. Zur Erzielung von verläßlichen Werten ist ein Elektrolytzusatz in einer Minimalionenstärke von 0,015 notwendig. Hitzedenaturiertes **I** gibt bei Salzzusatz bei Zimmertemp. Aggregate, die am stärksten in der Nähe des isoelektr. Punktes, aber auch über einen Teil des p_H-Bereiches noch stark sind. Bei p_H 2,4 u. 9—10 sind die Aggregate minimal oder fehlen ganz. (Arch. Biochem. Biophysics **40**. 437—47. Okt. 1952. Ames, Io., Iowa Agric. Exp. Stat.) K. Nehring. 4070

E. W. Turner und **P. D. Boyer,** *Kombinationen von modifiziertem Serum-γ-Globulin mit anderen Proteinen.* Wird *Serum-γ-globulin* (I) mehrere Std. mit hohen Konzz. von Guanidinhydrochlorid behandelt, so resultiert ein modifiziertes **I**, das mit anderen Proteinen lösl. oder unlösl. Komplexe bildet. Eialbumin (**II**), Serumalbumin (**III**) u. Casein (**IV**) zeigen unter vergleichbaren Bedingungen eine viel geringere Tendenz zur Bldg. derartiger Komplexe als **I**. Leicht zu erhalten sind die Komplexe von modifiziertem **I** mit **IV** oder nativem **I**, jedoch nicht mit **II**, **III** oder Urease. Die Kupplung von **III** oder **IV** mit diazotierter Sulfanilsäure oder Anilin verstärkt die Komplexbldg. mit modifiziertem **I**. Es existieren mindestens 2 Komplextypen zwischen modifiziertem **I** u. **III**, das mit p-Diazobenzolsulfonsäure gekuppelt ist. Der unlösl. Komplex besteht in der Hauptsache aus einer Matrix von **I**, aus der die Hauptmenge Azo-**III** durch Alkyl- oder Arylsulfonate extrahiert werden kann. Sowohl der lösl. Komplex wie auch ein Teil des Azo-**III** im Unlösl. kann auch unter drast. Bedingungen nicht dissoziiert werden, wie elektrophoret. Unterss. zeigen. Der lösl. Komplex wandert hier als einzelnes Band mit einer mittleren Geschwindigkeit zwischen nativem **I** u. Azo-**III**. (Arch. Biochem. Biophysics **37**. 353—65. Juni 1952. St. Paul, Minn., Univ., Div. of Agric. Biochem.) K. Nehring. 4070

Z. Zelter, *Neuere biochemische und biophysikalische Arbeiten über die Struktur und die Konstitution der Caseine.* Vf. gibt einen detaillierten Überblick über die neuere Literatur im Hinblick auf den Aufbau der Caseine (I). Im 1. Teil befaßt sich Vf. mit dem Gesamt-**I**, mit der Struktur u. Konst. der reinen u. nativen **I**, dessen chem. u. physikal. Eigg. sowie mit den Methoden zur Abtrennung u. Reinigung. Außerdem werden besprochen: die Komplexbldg. von **I** mit Ca u. P, die Titrationskurve, die Dissoziationskonstanten des Ca-Caseinats, die Art der Bindung von **I** mit den Mineralstoffen der Milch, der Phosphocaseinatkomplex des Ca u. sein Dispersionszustand in der Milch, die Dimensionen u. Formen seiner Partikel. Im 2. Teil geht Vf. auf die **I**-Fraktionen (α- u. β-**I**), auf Techniken ihrer Gewinnung u. Reinigung u. ihre physikal. u. chem. Eigg. sowie auf das papierelektrophoret. Verh. von **I** verschied. Milcharten ein. — 74 Literaturhinweise. (Lait **33**. 481—94. Sept./Okt. 594—610. Nov./Dez. 1953.) K. Nehring. 4070

Harry L. Yakel jr. und **Paul N. Schatz,** *Zylindrische Patterson-Funktionen für Kollagen und Poly-γ-methyl-L-glutamat.* Auf Grund von Faserdiagrammen von *Kollagen* (I) u. *Poly-γ-methyl-L-glutamat* (II) wurden mit Hilfe der Lochkartentechnik zylindr. Patterson-Projektionen hergestellt. Eine Deutung der beobachteten Funktionen war wegen der schlechten Auflsg. sehr schwierig. Hierauf wurde eine theoret. zylindr. Patterson-Projektion für die 3,60-Rest-α-Schraube konstruiert. Ein Vgl. der theoret. Projektion mit den experimentellen Projektionen ergab qualitativ, daß sich die Projektion von **II** befriedigend auf der Basis einer α-Schraubenstruktur erklären läßt. Die Struktur von **I** ist wahrscheinlich von dieser Struktur sehr verschieden. (Acta crystallogr. [Copenhagen] **8**. 22—25. 10/1. 1955. Pasadena, Calif., Inst. of Technol., Gates and Crellin Labors.) C. Gottfried. 4070

J. Léonis, *Gewinnung einer homogenen Edestinfraktion.* Aus Handelspräpp. von *Edestin* läßt sich eine homogene Fraktion gewinnen, indem die Präpp. in einer $(NH_4)_2$·

SO_4-Lsg. von 40% Sättigung gelöst werden. Die hierbei unlösl. Fraktion besteht aus einem komplexen Gemenge, wogegen die lösl. Fraktion allen Reinheitskriterien standhielt. (Arch. int. Physiol. **62.** 300—301. Mai 1954. Bruxelles, Univ. libre, Labor. de chim. analyt.) K. Nehring. 4070

Linus Pauling und **Robert B. Corey,** *Zur Konfiguration der Polypeptidketten in Hämoglobin und anderen Globularproteinen.* Als Konfiguration der Ketten wird eine α-Schraube mit 3,7 Resten pro Windung vorgeschlagen. Dieser Vorschlag stützt sich vor allem auf die Ähnlichkeit der Diagramme von Hämoglobin mit denen von Faserproteinen der α-Keratingruppe, auf die vor allem Perutz hingewiesen hatte. Auch die radiale Verteilung der interatomaren Vektoren wurde für die α-Schraube berechnet u. mit der aus experimentellen Daten (der dreidimensionalen Patterson-Funktion des Pferdehämoglobins) berechneten (Bragg, Kendrew u. Perutz, Proc. Roy. Soc. [London], Ser. A **203.** [1950.] 321) verglichen u. zeigt eine gewisse Ähnlichkeit mit dieser. (Proc. nat. Acad. Sci. USA **37.** 282—85. 15/5. 1951. Pasadena, Calif., California Inst. of Technol., Gates and Crellin Labors. of Chem.) K. Dornberger. 4070

Felix Haurowitz, Richard Lynn Hardin und **Martha Dicks,** *Denaturierung von Hämoglobinen durch Alkali.* Die Kinetik der Denaturierung von *Hämoglobinen* (**I**) u. *Oxyhämoglobinen* (**II**) aus Menschen-, Kaninchen- u. Rinderblut bei Einw. von 0,25 n NaOH verläuft bei p_H 11,0 u. 11,9 u. Tempp. zwischen 2 u. 30° nach 1. Ordnung. Die Geschwindigkeitskonstanten, spezif. für jede Tiergattung, betrugen für **II** aus Menschen-, Kaninchen- u. Rinderblut bei 2° u. p_H 11,9 $2,3 \cdot 10^{-2}$, $2,8 \cdot 10^{-4}$ u. $9,3 \cdot 10^{-6}$. Die Ggw. von 2 oder mehreren I im Rattenblut wird durch Abweichung des Geschwindigkeitskurvenverlaufes der Denaturierung angezeigt. Die Konstanten von **I** u. zugehörigem **II** sind von gleicher Größenordnung, unterscheiden sich aber durch niedrigere Aktivierungswärme ΔH u. negativere Denaturierungsentropie ΔS, was einer Änderung der Konfiguration des Globinkomplexes während der Sauerstoffaufnahme zugeschrieben wird. Die entsprechenden Globine zeigen unter den gleichen Bedingungen sehr viel größere Denaturierungsgeschwindigkeiten, sind für alle Globintypen aber ähnlich. Der Unterschied in der Alkalibeständigkeit der verschied. **I** wird verschied. Graden der Ergänzungsfähigkeit einer unpolaren „Antihäm"-Struktur an der Globinoberfläche zuerteilt. Hohe Alkalistabilität bedeutet einen hohen Grad räumlicher Angleichung des Globins an die starre, planare Porphinstruktur des Hämmoleküls. (J. physic. Chem. **58.** 103—05. Febr. 1954. Bloomington, Ind., Indiana Univ., Dep. of Chem.) Ch. Jutz. 4070

Geoffrey Wilkinson, *Phosphortrifluorid–Hämoglobin.* Mit Na_2HPO_4–Citronensäure-Pufferlsg. auf $^1/_{200}$ verd. Lsgg. von menschlichem *Hämoglobin* (**I**), das aus partiell oxydiertem **I** durch Red. mit $Na_2S_2O_4$ hergestellt worden war, wurden unter N_2 mit PF_3 geschüttelt, wobei eine Rosafärbung auftritt u. zwei scharfe Absorptionsbanden bei 540 u. 575 mμ erscheinen. Die Rk. ist zwischen p_H 5 u. 8 möglich. Der unstabile *PF_3–I-Komplex* verschwindet wieder in wenigen Min., in alkal. Lsg. schneller als in saurer. Für Halbsättigung wird ein Partialdruck von unter 10 mm Hg PF_3 benötigt. Die Darst. eines entsprechenden NF_3-Komplexes mißlang. (Nature [London] **168.** 514. 22/9. 1951. Cambridge, Mass., Harvard Univ., Chem. Dep.) F. Jung. 4070

Robert A. Turner, John G. Pierce und **Vincent du Vigneaud,** *Die Desulfurierung des Oxytocins.* Ein hochakt. *Oxytocin*-Präp. (**I**) wird mit Raney-Ni in sd. absol. A. desulfuriert. Das fast vollständig am abzentrifugierten Ni adsorbierte Prod. wird durch dreifaches Auskochen mit alkoh. NH_3-Lsg. prakt. quantitativ extrahiert. Die Analyse des hydrolysierten, desulfurierten **I** an Stärke nach Moore u. Stein zeigt die Entstehung von 2 Alaninresten für einen Cystinrest im ursprünglichen **I**. Fraktionierungsverss. am desulfurierten **I** — Gegenstromverteilung im Syst. W. u. sek.-Butanol (415 Übertragungen), Chromatographie an Austauschersäule (Ion-X) mit 5%ig. wss. Pyridin als Eluierungsm. u. Papierchromatographie (Whatman 1) mit n-Butanol–W.–Eisessig im Verhältnis 50:50:17 (Vol.) — geben keinen Anhaltspunkt für die Existenz von mehr als einer Hauptkomponente, was als Hinweis für eine eventuelle Ringstruktur, die die Disulfidbindung im Cystin einschließt, gewertet werden kann. (J. biol. Chemistry **193.** 359—61. Nov. 1951. New York, N. Y., Cornell Univ., Med. Coll., Dep. of Biochem.) W. Königsdorf. 4070

Helen Davoll, Robert A. Turner, John G. Pierce und **Vincent du Vigneaud,** *Untersuchung der freien Aminogruppen in Oxytocin- und desulfurierten Oxytocinpräparaten.* Zur Best. freier Aminogruppen im *Oxytocin* (**I**) u. *desulfurierten Oxytocin* (**II**; vgl. vorst. Ref.) wird die DNP-Technik von Sanger u. die N-dithiocarboxy-Meth. von Levy (J. chem. Soc. [London] **1950.** 404) angewandt. Die quantitative Auswertung erfolgt an Stärke nach Moore u. Stein, die Chromatographie der DNP-Aminosäuren an gepufferten Säulen (p_H 7,5 u. 5,8) von Hyflo Super-Cel mit Essigester als mobiler Phase. Nach beiden Methoden bleiben in **I** 6 der 8 Aminosäuren, nämlich Leucin, Isoleucin, Prolin, Glutaminsäure, Asparaginsäure u. Glykokoll, unverändert, während *Tyrosin* (**III**) u. *Cystin* (**IV**) als entsprechende Reaktionsprodd. mit DNFB bzw. CS_2 gefunden wurden. Bei Anwendung der DNP-Meth. auf **II** zeigen sich die gleichen 6 Aminosäuren unbeteiligt, während als DNP-Derivv. **III** u. Alanin — entstanden aus **IV** durch Desulfurierung — isoliert werden. Beschrieben werden Darst. u. Daten einiger DNP-Derivv., u. a. die der genannten Aminosäuren. Von bisherigen Daten abweichende: *DNP-DL-isoleucin*, $C_{12}H_{15}O_6N_3$, F. 178°. — *DNP-L-prolin*, $C_{11}H_{11}O_6N_3$, F. 144°. — *N.N'-Bis-DNP-cystin*, $C_{18}H_{16}O_{12}N_6S_2 \cdot H_2O$ (A.), F. 161°. — **III** gibt mit DNFB *N-DNP-* u. *O.N-Bis-DNP-tyrosin* (nach SANGER nur das letztere). (J. biol. Chemistry **193**. 363—70. Nov. 1951. New York, N. Y., Cornell Univ., Med. Coll., Dep. of Biochem.) W. KÖNIGSDORF. 4070

J. A. V. Butler und **D. W. F. James**, *Gelartiges Verhalten von Desoxyribonucleinsäurelösungen.* Wss. Lsgg. von *Desoxyribonucleinsäure* vermischen sich mit dem Lösungsm. in ungewöhnlicher Weise. Die Grenze zwischen Lösungsm. u. Lsg. bleibt beträchtliche Zeit scharf erhalten, die Vorderfront bewegt sich in das Lösungsm. hinein, wobei die Konz. von der Front zur Lsg. hin allmählich ansteigt bis zur ursprünglichen Konz. der Lösung. Die Wanderungsgeschwindigkeit der Grenze ist proportional $\sqrt{t}$, ähnlich der Beziehung, die ROBINSON (Proc. Roy. Soc. [London], Ser. A **204**. [1950.] 339) für die zweidimensionale Quellung von Gelen fand. Die „Quellung" ändert sich linear mit der Nucleinsäurekonzentration. Die Bewegung vermindert sich schnell mit ansteigender Salzkonz. u. ist in 0,2n Salzlsg. kaum mehr wahrnehmbar; jedoch bleibt das Schlieren-Diagramm asymm. während der Diffusion, die Kante der Lösungsmittelseite ist schärfer als die andere. Als Grund für diese Asymmetrie des Schlierendiagramms nehmen Vff. die Vernetzung der Grenzmoll. mit den dahinterliegenden an. Im Fall solcher gelartiger Vernetzung läßt sich die Quellung in salzfreier Lsg. oder bei geringer Salzkonz. zurückführen auf die gegenseitige Abstoßung der polaren Gruppen, die eine Ausdehnung des Gels hervorruft; bei stärkerem Elektrolytzusatz werden dagegen die polaren Gruppen „neutralisiert" u. so dem Mol. Möglichkeiten zur Knäuelung gegeben; dadurch fällt die Tendenz zur Ausdehnung fort, obwohl die gelartige Vernetzung erhalten bleibt. Letzteres erklärt, warum die anomale Strukturviscosität in Salzlsgg. noch — wenn auch geringer — erhalten bleibt. Infolge dieser anomalen Diffusion müssen die bisherigen Werte für Diffusionskoeffizienten u. die daraus abgeleiteten Mol.-Geww. als unsicher angesehen werden, da Schlierenbilder auch bei verdünntesten Lsgg. noch auf einen sichtbaren Betrag an „Struktur" weisen. Schlierendiagramme wurden bei Behandlung mit verschied. reaktionsfähigen Stoffen erhalten, die durch Alkylierung wahrscheinlich die eine Vernetzung durch H-Brücken hervorrufenden Gruppen ausschalten. Mit Dichloräthylmethylamin wurden für nichtassoziierte Nucleinsäure Werte der Größenordnung 10^4—10^5 erhalten. (Nature [London] **167**. 844—45. 26/5. 1951. London, Chester Beatty Res. Inst.) W. KÖNIGSDORF. 4090

J. A. Lucy und **P. W. Kent**, *Die Wirkung verdünnter wässeriger Säuren auf verschiedene Desoxyribonucleinsäuren.* Die Zers. von *Desoxyribonucleinsäuren* (**I**) aus Heringssperma, Weizenkeim u. Kalbsthymus unter sauren Bedingungen wurde spektrometr. u. polarograph. verfolgt. Die entsprechenden *Apurinsäuren* (**II**) wurden charakterisiert. Bei p_H 3,67 erfolgte in der 1. Std. rasch Abspaltung von Purinbasen, in den folgenden 48 Std. langsam. Im Verlauf der ersten 10 Min. begann die Bldg. reduzierbarer Prodd., die nach 85 Min. einen konstanten Wert erreichte u. mit dem angenommenen Aldehydcharakter von **II** im Einklang steht. Bei p_H 1,8 durch wss. Säure gebildete **II** enthielten stets Purinspuren. Bei Behandlung von Heringsspermaapurinsäure mit C_2H_5SH (Raumtemp.) in Ggw. von HCl erfolgte Umwandlung der red. Gruppen in *Diäthylmercaptale.* Die mercaptylierten polymeren Prodd. (**III**) enthielten die vorher mit Purin verknüpften Zucker in Form acycl. Diäthylmercaptale. **III** u. **I** waren extrem wasserlöslich. Die bei Säureeinw. auf **I** gebildeten dialysablen Prodd. bestanden vorwiegend aus *Adenin, Guanin,* Spuren von *Pyrimidindesoxyribonucleotiden* u. einem mercaptylierten Desoxyribosederivat. Die **III** enthielten 3,17 S-Atome/4 P-Atome, d. h. 1,58 purinverknüpfte Zucker wurden substituiert. 1,63 Mol Purine/4 P-Atome wurden bei der Mercaptylierung entfernt. (Res. Corresp., Suppl. zu: Research **6**. Nr. 9. 49S—50S. Sept. 1953. Oxford, Univ., Dep. of Biochem.) K. MAIER. 4090

René Audubert, Des précipités colloïdaux aux macromolécules. Coll. „La Science vivante." Paris: Presses universitaires de France. 1955. (176 S.) fr. 700.—.

E. Cianetti, Materiali sintetici macromolecolari. Roma: Ferri. 1955. (284 S.) 8°. L. 3.000.

Norman Grassie, Chemistry of high polymer degradation processes. London: Butterworths Scientific. 1956. (XV + 335 S.) 8°. 42 s.

E. Biologische Chemie. Physiologie. Medizin.

E_1. Allgemeine Biologie und Biochemie.

C. V. Ramakrishnan und **K. T. Jacob,** *Die Wirkung von Röntgenstrahlen auf Sesamsamen.* Durch Röntgenbestrahlung von Sesamsamen lassen sich Mutanten erzielen, die früher blühen u. deren Fruchtertrag größer ist. Bei unter bestimmten Bedingungen bestrahlten Samen ist die *Lipase*-Aktivität geringer u. die *Esterase*-Aktivität größer als bei n. Samen. (J. Amer. Oil Chemists's Soc. **31.** 270. Juni 1954. Calcutta, India, Bose Inst.) H. V. PEZOLD. 4130

Gerhard Müller, *Über eine Vereinfachung der Reaktion nach Hale (1946).* Vf. schildert eine Verbesserung der Rk. nach HALE, die durch Verwendung eines monatelang haltbaren Ferrihydroxydsols stattfindet. (Acta histochem. [Jena] **2.** 68—70. 1955. Jena, Friedrich-Schiller-Univ., Anatom. Inst.) H. TÄNZLER. 4150

V. G. Allfrey, M. M. Daly und **A. E. Mirsky,** *Einige Beobachtungen über den Eiweißstoffwechsel in Chromosomen von nicht in Teilung befindlichen Zellen.* Vff. zeigten, daß unter bestimmten Bedingungen die Aufnahme u. das Festhalten von ^{15}N-Glycin durch Cytoplasma- u. Chromosomenproteine in Pankreas, Leber u. Niere von Mäusen in Wechselbeziehungen stehen. Der Eiweißstoffwechsel wurde variiert durch Fasten (geringe Eiweißsynth.) u. anschließende Fütterung (Anstieg der Eiweißsynth.). Beim Füttern tritt zuerst eine Änderung im Cytoplasma von Pankreas-, Leber- u. Nierenzellen auf, u. die veränderte Beschaffenheit des Cytoplasmas bewirkt eine Veränderung im Kern. (J. gen. Physiol. **38.** 415—24. 20/1. 1955. Rockefeller Inst. for Med. Res.) R. HÄHNEL. 4150

Roger Vendrely und **Colette Vendrely,** *Über den individuellen Argininngehalt der Spermatozoen, verglichen mit dem der Erythrocytenkerne bei einigen Fischarten.* Vff. fanden, daß das Verhältnis *Desoxyribonucleinsäure* zu *Arginin* im Erythrocytenkern bei Schlei, Karpfen, Forelle u. Hecht fast gleich groß ist, nur wenig kleiner in den Spermatozoen von Schlei u. Karpfen, wesentlich kleiner in den Spermatozoen von Forelle u. Hecht. (C. R. hebd. Séances Acad. Sci. **235.** 444—46. 11/8. 1952.) E. LUDOLPHY. 4150

H. O. T. Suomalainen, *Die Wirkung von Colchicin auf die Spermatogenese bei gewissen Heuschrecken.* Injektionen von *Colchicin* (I) in das Abdomen von *Mecostethus grossus, Stauroderus bicolor* u. *Chortippus elegans* ergab zunächst Verbesserung der Beweglichkeit, verringerte Futteraufnahme ohne Veränderung des O_2-Verbrauchs. Anreicherung von I in den Bereichen der Keim- u. Samenzellen, wo es die Bldg. von neuen Samenzellen verhindert. Es tritt zuerst eine c-Mitosis, dann eine Diakinesis auf, obwohl I keinen kontraktierenden Effekt auf Chromosomen ausübt, jedoch den Spiralisationscyclus hemmend beeinflußt. Die Kürze der Verss. kann schuld sein, daß I die Paarung u. Chiasmabldg. von Chromosomen nicht ändert. (Exp. Cell Res. **7.** 563—64. Nov. 1954. Turku, Univ., Zool. Abt.) J. MILLER. 4150

Morifusa Eto, *Herstellung von Nucleinsäuren aus Seidenraupen.* Aus den zellkernhaltigen Fraktionen homogenisierter Seidenraupenkörpergewebe wird durch wiederholtes Auswaschen mit verd. Citronensäure nur die *Pentosenucleinsäure* (I) gewonnen. Das *Desoxypentosenucleoprotein* (II) ließ sich daraus nicht wie sonst durch konz. NaCl-Lsg., sondern nur mit verd. Na_2SO_3-Lsg. abtrennen. Papierchromatograph. u. UV-spektralphotometr. ergibt sich bei II das Mol-Verhältnis von Guanin, Adenin u. Cytosin zu 1,3:1,5:1,2, bei I zu 1,2:1,0:1,1:1,0 (Uracil). II aus Seidenraupen scheint von den bisher untersuchten aus anderen Tieren, Pflanzen oder Mikroben verschieden. (Sci. Bull. Fac. Agric., Kyushu Univ. **14.** 543—51. Sept. 1954. [Orig.: japan.; Auszug: engl.]) L. SCHULER. 4150

David M. Greenberg, *Isotopen-Tracer-Untersuchungen zur Biochemie des Krebses.* Vf. berichtet zusammenfassend über Stoffwechselunterss. mit radioakt. markierten Verbb. an neoplast. Geweben. Bes. berücksichtigt werden der Aminosäure- u. Nucleinsäurestoffwechsel. — 112 Literaturangaben. (Cancer Res. **15.** 421—36. Aug. 1955. Berkeley, Calif., Univ. of California, School of Med., Dep. of Physiol. Chem.) H. GOEBEL. 4160

Charles E. Wenner und **Sidney Weinhouse,** *Der Stoffwechsel neoplastischen Gewebes.* 7. Mitt. *Die Wirkung von Dinitrophenol und Fluorid auf die Glucoseoxydation in Tumorhomogenisaten.* (6. vgl. C. **1956.** 3886.) Die Unters. der Wirkungen von *2.4-Dinitrophenol* (I) u. *Fluorid* (II) auf die *Glucose* (III)-Oxydation in n. u. Tumorgewebsschnitten u. -homogenisaten der Maus mit Hilfe gleichmäßig markierter ^{14}C-III ergab, daß I in Schnitten neoplast. u. nichtneoplast. Gewebes in niedrigen Konzz. ($7 \cdot 10^{-6}$ bis $7 \cdot 10^{-5}$ mol.) die III-Oxydation in wechselndem Maße steigerten, in höheren ($3 \cdot 10^{-4}$ mol.)

zu 18—56% hemmten. I u. II hemmten die III-Oxydation in Homogenisaten n. u. neoplast. Gewebe. Die aus dem ^{14}C-Einbau in Atmungs-CO_2 für die III-Oxydation ermittelten Werte gingen denen des O_2-Verbrauchs genau parallel. (Cancer Res. **15.** 497—503. Sept. 1955. Philadelphia, Lankenau Hosp., Res. Inst. and Inst. for Cancer Res.)
K. MAIER. 4160

John H. Weisburger, Elizabeth K. Weisburger und **Harold P. Morris,** *Der Einfluß von Riboflavin auf den Stoffwechsel des $^{14}C_{(9)}$-2-Acetylaminofluoren bei Ratten.* Vff. untersuchten den Einfl. des *Riboflavin* (I) auf den carcinogenen Effekt des *2-Acetylaminofluoren* (II) bei Ratten. Sie verabreichten markiertes II durch orale Intubation weiblichen Ratten u. bestimmten die Radioaktivität in den verschied. Organen. Bei unter I-Mangel stehenden Tieren war die Aktivität im oberen Magen–Darm-Trakt höher als bei Tieren, die reichlich I erhielten. Für die Exkretion lagen die Verhältnisse umgekehrt. Unter I-Mangel wird also offensichtlich die II-Absorption verzögert. Die Aktivität der Organe zeigte in den verschied. Gruppen keine signifikanten Unterschiede. Die n. ernährten Tiere schieden weniger wasserlösl. Stoffwechselprodd. (Glucuronide der hydroxylierten Verbb.) des II aus als die der Mangelgruppe, dagegen mehr ätherlösl. Substanzen (*2-Aminofluoren,* II u. dessen Monoxyverbb.). Sämtliche aus verschied. Organen isolierte, in Acetatpuffer lösl. u. unlösl. Proteine waren radioakt., die lösl. meist in stärkerem Maße als die unlöslichen. Änderungen des I-Spiegels blieben dabei ohne wesentlichen Einfl. auf die proteingebundene Aktivität. (J. nat. Cancer Inst. **15.** 37—48. Aug. 1954. Bethesda, Md., Nat. Cancer Inst.)
HANS THIELE. 4160

H. L. Richardson, M. A. O'Neal, C. H. Robertson und **A. C. Griffin,** *Die Rolle der Hormone bei Lebercarcinom, das durch Azofarbstoffe hervorgerufen wurde, und die Reaktion der Nebennierenlipoide bei hypophysektomierten Ratten.* Bei hypophysektomierten ♂ u. ♀ Ratten, die eine Diät mit 0,66% 3′-Methyl-4-dimethylaminoazobenzol erhielten, trat im Gegensatz zu den nichthypophysektomierten Kontrolltieren kein Gallengangscarcinom auf. *ACTH* u. das *Wachstumshormon* der Hypophyse (simultan verabreicht) stellten die carcinogene Aktivität wieder her. *Gonadotropes* u. *thyreotropes Hormon* waren weniger wirksam, *Cortison, Testosteron, Desoxycorticosteronacetat* inaktiv. Aus einem charakterist. Wechsel der Lipoide in der Nebennierenrinde (histolog. Betrachtung) schließen Vff., daß eine Hypophysen–Nebennieren-Beziehung bedeutsam für die Induktion der Lebertumoren ist. (Cancer [Philadelphia] **7.** 1044—47. Sept. 1954. New York, N. Y., Sloan-Kettering Inst., Kate Depew Strang Prevention Clin.) F. LEUSCHNER. 4160

Hans Selye, *Experimentelle Studien über die Wirkung von Adaptationshormonen (STH, Cortisol) auf transplantierbare Geschwülste.* Hormonbehandlung des Brustdrüsenkrebses „EO 771“ (Granulombeutelkrebs bei Mäusen u. Ratten) mit *Cortisol* (I; Acetat in Mikrokristallsuspension; „*Hydrocortone*“; MERCK) als antiphlogist. Hormon subcutan u. STH (II; *somatotropes Hormon*: „*Somatotropin*“; ARMOUR) in die Brustregion ergab mit I weitgehende Verlangsamung der Tumorentw. u. geringfügige Beeinflussung des Wachstums dieser Tumoren durch II. Die normalerweise durch I bedingte Wachstumshemmung wurde mit II weitgehend verhindert. Offenbar können Stress u. die Adaptionshormone die entzündliche Rk. auf die verschied. Irritationen — z. B. auch auf die proliferierende Krebszelle — steigern oder hemmen. Es wird auf die Möglichkeit verwiesen, Krebsgewebe indirekt pharmakol. zu steuern, indem man den ihm unentbehrlichen Nährboden (Stroma, Blutversorgung) durch prophlogist. Hormone fördert, durch antiphlogist. Hormone hemmt. (Z. Krebsforsch. **60.** 316—33. 1955. Montreal, Can., Univ., Inst. de Méd. et chir. exp.)
H. BASFELD. 4160

Gerhardt Glimm, *Harnausscheidung gonadotroper Hormone bei malignen und benignen Tumoren der Mamma.* Die Ausscheidung von *Follikelstimulierungshormon* (I) überstieg in der Altersgruppe von 22—49 Jahren den Wert von 50 Mäuseeinheiten in 1 Liter Frühharn bei 16 von 25 Patientinnen mit Mastopathie u. bei 8 von 9 Patientinnen mit Mammacarcinom. In der Altersgruppe von 50—75 Jahren waren die entsprechenden Zahlen 4 von 4 Patientinnen bzw. 9 von 9 Patientinnen. (Zbl. Chirurg. **79.** 1506—12. 1954. Annaberg-Buchholz, Krankenhaus; Ückermünde, Kreiskrankenhaus u. Kreispoliklinik.)
P. LOCH. 4160

H. W. Weber, *Die Reaktionen der Magenwand auf Teereinspritzung (nach Speransky).* Die Injektion eines Tropfens Steinkohlenteer in die Submucosa des Magens führt beim Kaninchen zu einer Nekrose, die bis zur Submucosa reicht. Der Defekt stößt sich ab u. hat die Tendenz zur Epithelisierung. Im Gegensatz zu Unterss. aus der Schule von SPERANSKY ist diese Rk. immer gleich, auch dann, wenn gleichzeitig Suspensionen von Steinkohlenteer in den Subarachnoidalraum gespritzt werden. Tumoren fanden sich in keinem Falle. (Verh. dtsch. Ges. Pathol. **1954.** 322—27. Heidelberg, Univ., Pathol. Inst.)
H. WRBA. 4160

Hans von Euler, Beth von Euler und **Hans Hasselquist,** *Entwicklungshemmung und Entwicklungsbeschleunigung von Tumoren durch N-haltige Stoffe.* Entgegen früheren Befunden anderer Vff. am JENSEN-Sarkom der Ratte fanden Vff. mit *6-Aminochinaldin-4-carbonsäure* (I) am YOSHIDA-Ascitessarkom bei hohen Gesamtdosen von 9 mg eine deutliche Tumorhemmung. Auch *1.2.3.4-Tetrahydro-6-aminochinaldin-2.4-dicarbonsäure* (= Ausgangssubstanz von I) scheint eine tumorhemmende Wrkg. zu haben, bes. bei längerer Reaktionsdauer u. höheren Dosen (gegebenenfalls unter Oxydation u. Decarboxylierung zu I). (Z. Krebsforsch. **60.** 278—82. 1955. Stockholm, Univ., Vit. Inst. u. Inst. organ.-chem. Forsch.) H. BASFELD. 4160

Sidney Farber, *Fortschritte der Chemotherapie des Krebses.* Unter Berücksichtigung der Wirkungsmechanismen von Präpp. mit carcinolyt. Wrkg. — wie u. a. Pflanzenextrakte, bakterielle Prodd., Hormone, Antibiotica, zelltox. Mittel u. Antistoffwechselprodd. — werden die Aussichten für eine Chemotherapie des Krebses besprochen. (Trans. Stud. Coll. Physicians Philadelphia [4] **23.** 74—82. Aug. 1955. Boston, Mass., Harvard Med. School, Children's Hosp.) H. DOSSMANN. 4160

H. Wilmanns, *Gezielte organspezifische Chemotherapie des Prostatacarcinoms.* (J. Egypt. med. Assoc. **38.** 14—18. 1955. Brackwede/Westf., Asta-Werke Akt.-Ges. — C. **1956.** 1045.) F. KRUSEN. 4160

George F. McInnes, *Die Wirkung von Diäthylstilböstrol auf das fortgeschrittene Cervixcarcinom.* Bei 24 Patientinnen mit ausgedehntem Cervixcarcinom zeigte *Diäthylstilböstrol* in Dosen von 1—600 mg pro Tag eine ausgeprägte hämostat. Wirksamkeit. Das Tumorwachstum wurde dagegen nicht gehemmt, in einigen Fällen anscheinend sogar beschleunigt. (Cancer [Philadelphia] **7.** 1029—30. Sept. 1954. Augusta, Ga., Med. Coll., Dep. of Surg.) F. LEUSCHNER. 4160

Klaus Tosetti, *Mistelextrakt und Vitamin A in der Behandlung der weiblichen Genitalcarcinome.* Nachdem Vf. bei einer Reihe von Patientinnen die gute Wrkg. von *Plenosol* (Mistelextrakt; PHARMA VVB, Dresden) auf das Allgemeinbefinden u. bei weiteren 13 Patientinnen eine günstige Beeinflussung des Schmerzes durch *Vitamin A + C* festgestellt hatten, wurde die Behandlung mit der Kombination beider Präpp. durchgeführt. Hierbei wurde neben den Wirkungen der Einzelkomponenten eine deutliche Protrahierung des Krankheitsprozesses beobachtet, jedoch keine endgültige Heilung. (Zbl. Gynäkol. **76.** 509—14. 1954. Görlitz, Stadtkrankenhaus.) P. LOCH. 4160

Ira S. Goldenberg, *Penicillin in Sesamöl und Fibrosarkom. Ein Bericht über 2 Fälle.* Es wird über 2 Patienten berichtet, bei denen nach Injektionen von *Penicillin* in Sesamöl in den Musculus glutaeus maximus ein Fibrosarkom auftrat. Vff. diskutieren die Literaturangaben über die carcinogene Wrkg. von natürlich vorkommenden Fetten u. Ölen. Es wird vermutet, daß die Erhitzung der Öle beim Sterilisieren zur Bldg. carcinogener Stoffe führt. (Cancer **7.** 905—09. Sept. 1954. New Haven, Conn., Yale Univ., School of Med., Dep. of Surg. and Tumor Registry.) F. LEUSCHNER. 4160

Giocondo Protti, *Erste Beobachtungen über die Wirkung von Hefen bei Leukämien.* Mit verschied. Hefestämmen gelang es Vf., den Verlauf einiger Leukämien günstig zu beeinflussen u. die Vermehrung der Blutzellen zu hemmen. (Tumori **41.** 273—88. Mai/Juni 1955. Ancona, Centro Oncolog.) P. G. SCHEURLEN. 4160

E₂. Enzymologie. Gärung.

Louis Shuster und **Nathan O. Kaplan,** *Darstellung und Eigenschaften von 3'-Triphosphopyridinnucleotid.* Die säurekatalysierte Gleichgewichtseinstellung zwischen 2'- u. *3'-Adenylsäure* bei 20⁰ in 0,5n HCl wird mit Hilfe einer spezif. *3'-Nucleotidase* quantitativ untersucht; hierbei war die maximale Hydrolyse durch HCl kleiner als 5%. Auf gleiche Weise gelingt es, in dem Coenzym *Triphosphopyridinnucleotid (2'-TPN;* **I**) die Monoesterphosphatbindung in 2'-Stellung der Adenylsäureribose nach 3'-Stellung zu überführen u. das *3'-Triphosphopyridinnucleotid (3'-TPN;* **II**) nach selektivem Abbau von **I** u. Abtrennung der Spaltprodd. vermittels Ionenaustauschchromatographie zu isolieren. Vgl. des Verh. von **I** u. **II** gegen Dehydrasesysteme ergab, daß **II** allg. von solchen Dehydrasen red. wird, die entweder mit *Diphosphopyridinnucleotid* (**III**) oder mit **I** reagieren, aber nicht mit solchen, die für eines dieser Coenzyme absol. spezif. sind; ausgenommen ist die *Glucose-6-phosphatdehydrase* aus *Leuconostoc mesenteroides,* die sowohl **III** als auch **I** red., aber **II** dagegen nicht. **II** wird nicht red. von Isocitronensäuredehydrase aus Schweineherz, Glucose-6-phosphatdehydrase der Hefe u. 6-Phosphogluconsäuredehydrase, wohl aber durch die *Alkoholdehydrase* der Leber. Die relativ unspezif. *Pridinucleotidtranshygrogenase* katalysiert auch die Red. von **II** durch die red. Form von **II** zu 3'-TPNH (**V**). **V** wird oxydiert durch *Milchsäuredehydrase, Glutaminsäuredehydrase*, nicht dagegen durch Glutathionreduktase, Triphosphopyridinnucleotid-Cytochrom c-Reduktase u. Nitratreduktase von *Neurospora crassa*. Bakterien-Pyridinnucleotidtranshydrogenase aus *Pseudomonas fluorescens* katalysiert die Red. von **III** durch **V** u. **IV** gleich gut. Die Rk. wird aber durch PO_4-Ggw. bei **V** stärker gehemmt; 2'-Adenylsäure hebt diese Hemmung bei **V** aber besser auf als bei **IV**. Neurospora-*Diphosphopyridinnucleotidase* hydrolysiert **II** etwas schneller als **I**, während die Desaminierung von **II** durch *Takadiastase-Desaminase* langsamer verläuft. (J. biol. Chemistry **215**. 183—94. Juli 1955. Baltimore, Md., Johns Hopkins Univ., McCollum-Pratt Inst.) R. LAFFERENZ. 4210

Lars Ernster, Olaf Jalling, Hans Löw und **Olov Lindberg,** *Zwei verschiedene Wege der DPNH-Oxydation durch Mitochondrien, untersucht mit Amytal. Amytal* (**I**) hemmt bei einer Konz. von 0,0018 mol. die H-Übertragung von den *Dehydrasen* von Rattenlebermitochondrien auf O_2 völlig. Gleichzeitig wird aber weder die aerobe Oxydation von Bernsteinsäure noch die damit gekoppelte Phosphorylierung beeinflußt. Wird hydriertes *Diphosphopyridinnucleotid* (*DPNH*) oder Cholin als Substrat zugesetzt, so wird die Atmung nur teilweise, die Phosphorylierung aber ganz gehemmt. Dies läßt auf das Vorhandensein zweier Oxydationswege schließen, von denen nur der eine gegen **I** empfindlich u. mit Phosphorylierung gekoppelt ist. Der Angriffspunkt von **I** liegt zwischen *Flavinadenindinucleotid* u. dem SLATER-Faktor, ist aber nicht ident. mit dem sehr nahe gelegenen des Antimycins A. (Exp. Cell Res., Suppl. **3**. 124—32. 1955. Stockholm, Univ., Wenner-Gren Inst. for Exp. Biol.) A. DILLMANN. 4210

H. McIlwain, *Eigenschaften von Präparaten des Zentralnervensystems, welche die Coenzyme I und II abbauen; ihre Beziehungen zum Kohlenhydratstoffwechsel.* In Fortführung früherer Verss. untersuchte Vf. das mit W. oder physiol. NaCl-Lsg. aus Rinderrückenmark oder Schafshirn, bzw. Meerschweinchenhirn extrahierbare Fermentsyst. (**I**), das *Cozymase* abbaut. Die Hydrolyse wurde manometr. in der WARBURG-App. verfolgt u. außerdem das bei der Rk. freiwerdende *Nicotinsäureamid* (**II**) bestimmt. Verss., **I** anzureichern, blieben bisher ohne Erfolg. Untersucht wurde bes. der Einfl. verschied. Substanzen, welche die anaerobe *Glykolyse* (**III**) von Hirnschnitten beeinflussen. Im ganzen wurden 65 Verbb. geprüft. Auffallend war, daß alle wirksamen **I**-Inhibitoren **III** aktivierten. Jedoch hatten aber **III**-steigernde Substanzen, wie KCl, Guanidin, CO oder Amidin, keinen Einfl. auf die **I**-Aktivität. Die wirksamsten Hemmkörper waren *Phenazin-* u. *Pyridin*-Derivate. Bes. stark hemmte der Farbstoff *Phenosafranin* (**IV**). Auch Ggw. von *Janusgrün*, **II**, *Nicotin* u. *4(5)-3'-Pyridylimidazol* minderten die **I**-Wirkung. Der ATP-Abbau durch Hirnhomogenate wurde von **IV** nicht beeinflußt. — Möglicherweise hat **I** eine spezif. Bedeutung beim Kohlenhydratabbau des Zentralnervensystems. (Biochem. J. **46**. 612—19. Mai 1950. London, Maudsley Hosp., Inst. of Psych.) E. v. PECHMANN. 4210

Wilhelm Hasselbach, *Die Umwandlung von Actomyosin–ATPase in L-Myosin–ATPase durch Aktivatoren und die resultierenden Aktivierungseffekte.* Die Wrkg. von Actomyosin als *Adenosintriphosphatase* (**I** = ATPase), über die in der Literatur widersprechende Angaben vorliegen, kann durch Temp., Ionenstärke, Konz. des *Adenosintriphosphats* (**II**), p_H, Mg^{2+}-Konz., Ca^{2+}-Konz., Verhältnis von L-Myosin zu Aktin u. den kolloidalen Zustand variiert werden, wobei sich diese Variabeln auch gegenseitig beeinflussen. So genügt bei gegebener Temp., Ionenstärke, gleichem L-Myosin–Myosin-Verhältnis u. p_H schon eine geringe Erhöhung der **II**-Konz., damit Mg^{2+} nicht mehr fördert, sondern hemmt. Bei gleicher **II**-Konz. kann der Umschlag der Mg^{2+}-Wrkg. auch durch Senkung der Temp. erzielt werden. Diese große Zahl der Variabeln u. der große gegenseitige Einfl. der Variabeln kommt nach Ansicht des Vf. durch Überlagerung zweier Wirkungen zustande: 1. Verschieben die genannten Variabeln die Löslichkeitsgrenze des Actomyosins, d. h. die Grenze zwischen Actomyosinzustand u. L-Myosinzustand des Actomyosins; 2. beeinflußt ein Teil dieser Variabeln ferner noch die Aktivität von **I** dieser grundverschied. enzymat. Zustände in ganz verschied. Weise u. z. T. auch noch in entgegengesetzter Richtung. — Durch Beseitigung der letzten Spuren der Erdalkalien mit GRAHAMschem Salz wird die Wrkg. von **I** u. die Spannungsentw. des Actomyosingels aufgehoben, sowie die Dissoziation des Actomyosinsols unter dem Einfl. von **II** vernichtet. Zusatz von Mg^{2+} restituiert alle 3 Vorgänge, Zusatz von Ca^{2+} nur die Spaltung. (Z. Naturforsch. **7b**. 163—74. März 1952. Tübingen, Univ., Physiol. Inst.) R. LOHMANN. 4210

D. Shugar, *Das Ultraviolettabsorptionsspektrum der Ribonuclease.* Die Unters. des UV-Spektr. von *Ribonuclease* (**I**) im p_H-Bereich 1—13 ergab folgende Maxima: p_H 1,0, λ_{max} 2765 Å, $\varepsilon\,(\cdot 10^{-3})$ = 10,5; 2,0, 2775, 11,1; 7,2, 2775, 11,4; 13,0, 2930 ,17,8; pept.

gespaltene I, 1,0—2,0, 2750, 10,4. Die Unterschiede zwischen I- u. *Tyrosin* (II)-Spektr. beruhen wahrscheinlich auf Sekundäreffekten, die durch die Peptidbindungen verursacht werden. Aus den spektralen Daten berechnet sich für das I-Mol. ein II-Geh. von 7,5 II-Resten. Die Dissoziation der phenol. Gruppen von I entspricht derjenigen der gleichen Gruppen in II. 40% der phenol. Gruppen des I-Mol. liegen in gebundener Form vor u. ionisieren nur nach I-Denaturierung. Die scheinbare pK der restlichen freien 60% ist 1,4. (Biochem. J. **52.** 142—49. Sept. 1952. Bruxelles, Univ. Libre, Fac. des Sci., Labor. de Morphol. Animale.) K. MAIER. 4210

Erwin Chargaff und **Herman S. Shapiro,** *Bemerkungen zur Desoxyribonuclease.* Die Einw. von krist. Pankreas-Desoxyribonuclease (I) auf *Desoxyribonucleinsäure* (II) aus Kalbsthymus wird diskutiert. Es wird gezeigt, daß die früher beobachtete Verschiebung der Banden im UV bei Zusatz von I (vgl. SHAPOT, Biokhimiya **17.** [1955.] 299) nicht auf den spezif. Eigg. eines Enzymsubstratkomplexes beruht, sondern durch einfache Addition der Spektren der Komponenten beim p_H der Messung zustande kommt. Die Rolle der Mg^{2+}-Ionen bei der enzymat. Rk. wird diskutiert. Der Abbau der II verläuft anscheinend in 2 Phasen: Mg^{2+}-Spuren aktivieren die I; Mg^{2+}-Ionen verursachen aber auch einen nichtenzymat. Abbau der prim. Hydrolyseprodukte. (Exp. Cell Res., Suppl. **3.** 64—71. 1955. New York, N. Y., Columbia Univ., Coll. of Physic. and Surg., Dep. of Biochem., Cell Chem. Labor.) A. DILLMANN. 4210

H. B. Dhungat und **A. Sreenivasan,** *Synthese von Xanthinoxydase in Rattenleberschnitten in vitro.* (Vgl. auch LITWACK u. Mitarbeiter, C. **1951.** II. 688.) Nach früheren Unterss. nimmt die *Xanthinoxydase* (I) der Rattenleber bei eiweißarmer Diät schneller ab, als dem Eiweißverlust der Leber entspricht. Leberschnitte von Ratten, die nach 2tägigem Hungern u. nach 10—15tägiger eiweißfreier mineralsalz- u. vitaminergänzter Diät keine I mehr enthielten, bildeten in vitro aerob in Serum mit Glucosezusatz I. Diese Zunahme wurde weiter gesteigert durch Zusatz zum Serum von Glykokoll, Methionin, Riboflavin u. Bicarbonat. Es handelt sich um eine wahre Synth. u. nicht nur um eine Aktivierung, da Flavinadeninnucleotid, Adenin u. das Gesamtprotein zunehmen u. Glykokoll verschwindet. Auch die Leberschnitte von an Folsäure verarmten Tieren vermögen I zu bilden. (J. biol. Chemistry **197.** 831—41. Aug. 1952. Bombay, India, Univ., Dep. of Chem. Technol.) R. LOHMANN. 4210

R. Ishikawa, K. Shiomi und **Y. Suzuki,** *Die Beziehung zwischen Konzentration der Blutkatalase und H_2O_2-Zersetzung.* Vff. untersuchten die Zers. von H_2O_2 durch verd. Serum (S) oder verd. hämolysierte Erythrocyten (HE) u. fanden, daß die Gleichung: $y(x + b) = c$ (y = Zersetzungsgrad, x = Verdünnung von S oder HE) hierauf angewandt werden kann. Die natürliche Zers. von H_2O_2 wird unterdrückt bei Verdünnung des S auf $1{,}2\cdot10^4 \sim 6\cdot10^5$, oder der der HE auf $6\cdot10^6 \sim 6\cdot10^8$ (Maximum bei $18\cdot10^6 \sim 6\cdot10^7$). (J. Kyoto prefect. med. Univ. **56.** 703—08. Nov. 1954. Kyoto, Pref. Med. Univ., Dep. of Bio-physico-chem. [Orig.: japan.; Auszug: engl. L III.]) G. BRATFISCH. 4210

R. Ishikawa, K. Shiomi und **Y. Suzuki,** *Der Einfluß der Vitamine B_2, B_6 und B_{12} auf die Zersetzung von H_2O_2 durch Katalase in gewaschenen roten Blutkörperchen.* Die Zers. von H_2O_2 durch *Katalase* (I) in gewaschenen roten Blutkörperchen wird durch Zufügen großer Mengen an *Vitamin (V)-B_2* unterdrückt u. durch kleine Mengen beschleunigt. *V-B_6* u. *V-B_{12}* beschleunigten in den untersuchten Konzz. die H_2O_2-Zers. durch I. Dieses Phänomen soll nach Ansicht der Vff. in Beziehung zur induzierten Inaktivierung von I stehen. (J. Kyoto prefect. med. Univ. **56.** 709—12. Nov. 1954. Kyoto, Pref. Med. Univ., Dep. of Bio-physico-chem. [Orig.: japan.; Auszug: engl. LIV.]) G. BRATFISCH. 4210

Ryuzo Ishikawa, *Über die natürliche Zersetzung von H_2O_2.* Vf. fand, daß der Grad der natürlichen Zers. y (dem H_2O_2 äquivalente Menge von n/10 $KMnO_4$) von 5 cm^3 $c^0/_{00}$ig. H_2O_2 innerhalb von 4 Std. bei 18° folgender Gleichung entspricht: $y = c\,t/(109{,}9 + 8{,}4\,t + 7{,}7\,c)$ cm^3. Bei Vgl. von 4 Fällen bei 18 u. 38° — A: 5 cm^3 $1^0/_{00}$ig. H_2O_2 in einer Glasflasche, B: bei Zugießen von fl. *Paraffin* (I), C: die innere Glasfläche war paraffiniert; D: Zugießen größerer Mengen I — waren die Beträge der Zers. von H_2O_2 in 1 Std. in der Reihenfolge $A > B > C > D$ u. $38 > 18°$. Andere Verss. zeigten, daß eine monomol. Schicht von *Stearinsäure* auf der Oberfläche einer $1^0/_{00}$ig. H_2O_2-Lsg. der natürlichen Zers. entgegenwirkt. (J. Kyoto prefect. med. Univ. **56.** 713—16. Nov. 1954. Kyoto, Pref. Med. Univ., Dep. of Bio-physico-chem. [Orig.: japan.; Auszug: engl. LIV.]) G. BRATFISCH. 4210

R. Ishikawa, G. Aihara und **S. Tachibana,** *Der Einfluß von Serum auf die Zersetzung von H_2O_2 durch Katalase aus gewaschenen roten Blutkörperchen.* Vff. berechneten den H_2O_2-Zersetzungsgrad (ZG) durch Kaninchenserum, indem der Betrag der freiwilligen H_2O_2-Zers. abgezogen wurde. Ein negativer ZG wurde bei einer Verdünnung des

Serums im Bereich $1{,}2 \cdot 10^4 \sim 6 \cdot 10^5$ erhalten. Vff. nehmen hierbei an, daß der freiwillige ZG durch ein Oberflächenphänomen der Serumproteine unterdrückt wird. (J. Kyoto prefect. med. Univ. **56.** 722—24. Nov. 1954. Kyoto, Pref. Med. Univ., Dep. of Bio-physico-chem. [Orig.: japan.; Auszug: engl. LV.]) G. BRATFISCH. 4210

R. Ishikawa, G. Aihara und **S. Tachibana,** *Der Einfluß von Vitamin B_1 auf die Anfangsphase der H_2O_2-Zersetzung durch Katalase aus gewaschenen Blutkörperchen.* Vff. bestimmten die H_2O_2-Zers. durch *Katalase* bei Ggw. von $^1/_{60}$% oder $^1/_{12}$% *Vitamin B_1* (I). Die Rk. wird innerhalb von 20 Sek. durch Zufügen von $^1/_{60}$% I u. innerhalb von 50 Sek. durch $^1/_{12}$% I unterdrückt. (J. Kyoto prefect. med. Univ. **56.** 725—28. Nov. 1954. Kyoto, Pref. Med. Univ., Dep. of Bio-physico-chem. [Orig.: japan.; Auszug: engl. LVI.]). G. BRATFISCH. 4210

H. M. Salem und **E. M. Crook,** *Bildung und Verwertung von Methylglyoxal durch Gewebe.* Wurde *Hexosediphosphat* (I) mit Leberhomogenat incubiert, so entstand *Methylglyoxal* (II). Die Bldg. von II konnte nachgewiesen werden, da die *Glyoxalase* (III) infolge Oxydation des als Coferment wirkenden Glutathions allmählich inaktiviert wurde. Die I–II-Rk. ist reversibel. In Ggw. des aus Pankreas gewonnenen III-*Inhibitors* (DAKIN u. DUDLEY, J. biol. Chemistry **15.** [1913.] 463) u. von anorgan. Phosphat wurde $^3/_4$ des dem Homogenat zugesetzten II umgesetzt, wobei I u. *Phosphobrenztraubensäure* (IV) entstanden. IV wurde wahrscheinlich durch Glykolyse aus I gebildet. Aus IV kann sich dann *l-Milchsäure* (V) bilden. Dies erklärt nun auch die alte Beobachtung von DAKIN u. DUDLEX, daß sowohl d- als auch *l*-V in Ggw. roher III-Präpp. aus II entstehen. Die d-V bildet sich direkt durch die II–III-Rk., die *l*-V über I. (Biochem. J. **46.** XXXVII. Mai 1950. London, Univ. Coll., Dep. of Biochem.) E. v. PECHMANN. 4210

E. M. Crook und **Kathleen Law,** *Die Art der Wirkung von Glyoxalase.* (Vgl. auch vorst. Ref.) Mit red. *Glutathion* (GSH) reagieren *Methylglyoxal* (I) oder *Phenylglyoxal* (II) unter Bldg. eines labilen Additionsproduktes. In Ggw. des *Glyoxalase* (III)-Enzyms bildet sich eine stabile Zwischenverb., die im Falle von I dann bei Ggw. des III-„Faktors" schnell zu *Milchsäure* u. GSH zerfällt. Der Zerfall der aus II u. GSH entstehenden Zwischenverb. wird jedoch durch den „Faktor" nicht beschleunigt. (Biochem. J. **46.** XXXVII—XXXVIII. Mai 1950.) E. v. PECHMANN. 4210

D. Keilin und **E. F. Hartree,** *Biologische Katalyse der Mutarotation von Glucose.* Ausgehend von der Beobachtung, daß eine Probe *Glucoseoxydase* (*Notatin Y*; I) eine sehr hohe Spezifität für *β-Glucose* (II) zeigte u. nur sehr geringe Oxydation von α-II bewirkte, eine andere dagegen (*Notatin Z*; III) in größerem Ausmaß auch α-II oxydierte, wurde III einer genaueren Unters. unterworfen. Es konnte gezeigt werden, daß III einen Faktor enthält, der die Mutarotation (Mut.) von II katalysiert (*Mutarotase*; IV). III wurde durch Fraktionierung in Präpp. zerlegt, von denen eines unwirksam war, während andere eine wesentlich höhere Mut. bewirkten als III selber. IV ist ein thermolabiler, nichtdialysierbarer Faktor, der noch bei p_H 9,1 akt. ist, wo I schon zu 87% inaktiviert ist. Während I auch im Überschuß von II u. in Ggw. von anderen II-strukturähnlichen Zuckern wirksam ist, wird IV unter diesen Bedingungen weitgehend inaktiviert. Kulturfiltrate u. Mycelextrakte von Penicillium notatum zeigen eine höhere Mutarotationsaktivität als III. Der katalyt. Koeff. von IV in 4%ig. II-Lsg. ist $2 \cdot 10^5$ Min^{-1}. Somit ist IV ein wirksamerer Mutarotationskatalysator als OH-Ionen, die einen Koeff. von $8{,}8 \cdot 10^3$ min^{-1} besitzen. (Biochem. J. **50.** 341—48. Jan. 1952. Cambridge, Univ., Molteno Inst.) F. KRUSEN. 4210

Harland G. Wood, *Die Bedeutung der verschiedenartigen Mechanismen beim Glucosestoffwechsel.* Vf. berichtet über die verschied. Mechanismen des *Glucose* (I)-Abbaus in Bakterien (Lactobacillus casei, Leuconostoc mesenteroides, Pseudomonas lindneri u. saccharophila), der, wie aus Unterss. mit ^{14}C-I hervorgeht, überwiegend nach dem EMBDEN-MEYERHOF-Schema vor sich geht. Verss. mit Rattenleberpräpp., die mit $^{14}C_{(1)}$- u. $^{14}C_{(2,3)}$-*Ribose-5-phosphat* incubiert worden waren, haben jedoch ergeben, daß I auch nach dem Hexosemonophosphatoxydationscyclus über *Sedoheptulose* unter Mitwrkg. der Enzyme *Transketolase* u. *Transaldolase* abgebaut wird. Die Auswertung der verschied. Abbauwege auf Grund der $^{14}CO_2$- u. ^{14}*C-Triosephosphat*-Ausbeuten ergibt für Bakterien (unter aeroben Bedingungen) einen I-Stoffwechsel, der zu 50—100% nach EMBDEN-MEYERHOF verläuft, während sich in Leberpräpp. von Mäusen nur 12—36% der Trioseeinheiten von vorst. Schema ableiten, doch schließen diese Berechnungen theoret. Annahmen u. Ungewißheiten mit ein. Die verschied. Abbauwege in den lebenden Zellen sind jedoch von größter Bedeutung zum Verständnis der Lebensprozesse. (Physiol. Rev. **35.** 841—59. Okt. 1955. Cleveland, O., Western Res. Univ., School of Med., Dep. of Biochem.) P. FAHRNLAENDER. 4210

J. Chayen, *Pektinasetechnik zur Isolierung pflanzlicher Zellen. Pektinase*-Pulver (NUTRITIONAL BIOCHEMICALS CORPORATION, Ohio) ist in 10%ig. Lsg. in Ggw. von 1% Pepton geeignet, in 50—60 Min. die Wurzelmeristemzellen von Seitenwurzeln von Vicia faba aus dem Zellverband herauszulösen. Dabei werden die Zellen weder geschädigt noch abgetötet. Auf diese Weise ist es möglich, die verschied. vielfältigen Artefakte, die bei der Fixierung mit A. oder bei der Behandlung mit heißer 45%ig. Essigsäure oder Eisessig-Carmin auftreten, eingehend zu untersuchen. (Nature [London] **170.** 1070—72. 20/12. 1952. London, King's Coll., Wheatstone Phys. Labor.) H. KATHEN. 4210

Vítězslav Orel, *Die Bedeutung der Hyaluronidase im Sperma.* Besprechung der Eigg. der *Hyaluronidase* u. der sie beeinflussenden Außenfaktoren in ihrer Bedeutung für Zootechnik, Human- u. Tiermedizin. (Věstník českoslov. Akad. Zemědělské [Bull. Acad. Achécoslov. Agric.] **24.** 37—41. 1950.) H. FREYTAG. 4210

Stig D. Schultz-Haudt und **Henry W. Scherp,** *Symbiotische Produktion von Phenolsulfatase durch menschliche Mundbakterien.* 20 von 21 getesteten aeroben Mischkulturen beim Menschen vorkommenden Mundbakterien bildeten in einem Medium mit Phenolphthaleindisulfat *Phenolsulfatase* (I). Ebenso entstand I bei Kultivierung eines fusiformen Bacillus zusammen mit einem anderen aus Mischkulturen isolierten Bacterium (Staphylokokken, β-Streptokokken, Diphtheriebacillen, microaerophile gramnegative Kokken); es ist wahrscheinlich, daß die Hilfsbakterien ein Oxydoreduktionspotential u. zusätzliche Faktoren für die I-Bldg. durch fusiforme Bakterien liefern. Der fusiforme Bacillus wächst gut anaerob u. bildet dabei auch bei Zusatz von Cystin ($<$80 mg/Liter) oder sterilen rohen Kartoffeln I; das Enzym wird adaptiv gebildet. (J. Bacteriol. **69.** 665—71. Juni 1955. Rochester, N. Y., Univ. of Rochester, School of Med. and Dent., Dep. of Bacteriol.) H. GOEBEL. 4210

Felix Bergmann und **Menachem Wurzel,** *Die Struktur der aktiven Oberfläche der Serumcholinesterase.* Die akt. Oberfläche der *Serumcholinesterase* (I) wie der *echten* I enthält einen Esterasebereich u. in dessen unmittelbarer Nachbarschaft eine negativ geladenen Anionengruppe, die bei p_H-Erhöhung von 5 auf 7 vollständig ionisiert. Dies folgt aus nachst. Befunden: 1. Hemmung der Hydrolyse kation. wie neutraler Ester durch quartäre Ammoniumsalze, wobei die Wrkg. der Größe des quartären Ions proportional ist. 2. Glykokollester, in dem die (+)-geladene NH_4-Gruppe ohne O-Brücke mit der Estercarbonylgruppe verknüpft ist, verbindet sich mit den akt. Zentren von Serum-I u. wirkt als Inhibitor, kann jedoch nicht hydrolysiert werden. Die Hemmwrkg. von $[C_2H_5]_4N^+$ nimmt bei Messung unter nichtkompetitiven Bedingungen mit sinkendem p_H ab, die Hemmwrkg. der tert. Base *Eserin* mit steigendem p_H zu. Die Unterschiede in der Hemmwrkg. von *Methoniumverbb.* gegenüber Serum-I u. echter I (die niedrigen Glieder C_5 u. C_6 sind nur gegenüber Serum-I, die höheren, wie C_{10}, ebenfalls gegenüber echter I wirksam) bieten möglicherweise eine Erklärung für die eigenartige Spezifität ihrer pharmakol. Wrkg.: Penta- u. Hexamethoniumsalze sind Ganglienblocker, während bei der Dekamethoniumverb. die neuromuskuläre Hemmung im Vordergrund steht u. die Ganglienblockierung zurücktritt. Serum-I verhält sich im wesentlichen ähnlich wie echte I u. kann daher bei der Nervenleitung eine analoge Rolle spielen, nimmt aber wahrscheinlich nur an relativ langsamen Leitungsvorgängen teil. (Biochim. biophysica Acta [Amsterdam] **13.** 251—59. Febr. 1954. Jerusalem, Hebrew Univ., Hadassah Med. School, Dep. of Pharmacol.) K. MAIER. 4210

Bunji Hagihara, *Kristallisierte Bakterienamylase und -proteinase.* Es wurde der Einfl. verschied. *N*- u. *C*-Quellen sowie anderer Bestandteile der Nährlsg. auf die Bldg. von α-*Amylase* (I) durch *B. subtilis* untersucht u. mehrere synthet. Kulturmedien, die Bldg. 20fach wirksamerer I ermöglichen, entwickelt. I einiger *B. subtilis*-Stämme ist in guter Ausbeute aus synthet. Medien krist. erhältlich, wobei die wichtigsten Aufarbeitungsstufen Ca-Behandlung, Hitzeinaktivierung der *Proteinase* (II), $(NH_4)_2SO_4$-Fällung bei p_H 6,0—6,5, Dialyse, Acetonfällung u. Kristallisation sind. Umkristallisation von I erfolgt durch Lösen unter Alkalizusatz u. Stehenlassen bei p_H 6,0 in der Kälte bzw. aus verd. Aceton oder 50%ig. Alkohol. Die I-Kristalle aus 4 Stämmen bildeten Nadeln u. wiesen prakt. keine Unterschiede in den chem. oder enzymat. Eigg. auf. I war elektrophoret. homogen, in neutraler Lsg. ziemlich unlösl. u. in schwach alkal. leichtlösl.; λ_{max} 275 mμ. In I waren die folgenden Aminosäuren nachweisbar: *Asparaginsäure* (III) oder *Asparagin* (IV; oder beide), *Glutaminsäure* (V) oder *Glutamin* (VI; oder beide), *Glycin* (VII), *Alanin* (VIII), *Valin* (IX), *Leucin* (X), *Isoleucin* (XI), *Serin* (XII), *Threonin* (XIII), *Histidin* (XIV), *Lysin* (XV), *Arginin* (XVI), *Tyrosin* (XVII), *Phenylalanin* (XVIII), *Tryptophan* (XIX). Das Verhältnis zwischen stärkeverflüssigender, dextrinbildender u. verzuckernder Aktivität war in der Kultur-Fl. u. in Lsg. reiner I-Kristalle konstant. Das

p_H-Optimum betrug ohne Ca^{2+} 5,8—6,0, mit Ca^{2+} 5,5—5,7. Krist. I war bei Raumtemp. in verd. Salzlsgg. von p_H 5—12 sehr stabil, in Abwesenheit von Metallionen sehr unbeständig. Die Schutzwrkg. nahm in der Reihenfolge Ca^{2+}, Sr^{2+}, Na^+, Mg^{2+}, K^+, Ba^{2+} ab. Oberhalb 4mol. Konz. wurde I durch Harnstoff fast in 2 Min. unimol. Rk. inaktiviert, wobei Ca^{2+}- oder andere Metallionen eine Schutzwrkg. zeigten. Zur Best. der **II**-Aktivität wird eine modifizierte Casein-FOLIN; Meth. angegeben. **II** wurde zur Reinigung an Kationaustauschersäulen (Phenoxyessigsäureharze) chromatographiert, wobei **I** u. **II** adsorbiert u. fraktioniert eluiert werden konnten. Derart vorgereinigte **II** war durch $(NH_4)_2SO_4$-Fällung bei p_H 8,0—9,0, Fraktionierung mit Aceton u. Umlösen aus wenig 0,05mol. Na-Acetat u. Acetonzugabe leicht krist. erhältlich. **II** aus 2 B. subtilis-Stämmen bildete neutral sehr leicht lösl. Nadeln; λ_{max} 280 mμ. **II** wurde durch Ca^{2+}- u. Na^+-Ionen stabilisiert. **II** war elektrophoret. homogen u. enthielt keine **I**-Aktivität mehr. In **II** waren folgende Aminosäuren nachweisbar: **III** oder **IV** (oder beide), **V** oder **VI** (oder beide), **VII**, **VIII**, **IX**, **X** oder **XI** (oder beide), **XII**, **XIII**, **XIV**, **XV**, **XVI**, **XVII**, **XVIII**, **XIX**, *Methionin* (?), *Cystein* oder *Cystin* (oder beide), *Prolin*. **II** war in Ggw. von Salzen bei p_H 5—11 beständig, bei p_H 6—11 aktiv. Viele native Proteine wurden, im Gegensatz zu den untersuchten denaturierten, durch **II** nicht gespalten. Beim Erhitzen einer neutralen **I**-Lsg. auf $>80^0$ erfolgte rasch Koagulation, während in schwach alkal. **I**-Lsg., die fast keine Salze enthielt, **I** bei 60—65° ohne Gerinnung allmählich denaturiert wurde. Analog verhielt sich bei der Hitzebehandlung krist. *Taka-α-Amylase* (**XX**). Mit zunehmender Inaktivierung nahm die Menge des durch **II** angreifbaren Proteins zu. Die gleichen Verhältnisse wurden bei der Denaturierung von **I** u. **XX** durch Harnstoff beobachtet. **II** hydrolysierte auch das bei der Säureinaktivierung von **XX** entstehende reversibel denaturierte **XX**-Protein. Fast die gleichen Ergebnisse wurden auch bei Harnstoffdenaturierung krist. *Rinderkatalase* erzielt. (Annu. Rep. sci. Works Fac. Sci. **2.** 35—80. 1954. Osaka, Japan, Univ., Fac. of Sci., Dep. of Biol., Okunuki Labor.) K. MAIER. 4210

R. F. Nickerson, *Enzymauswertung durch Messen von Viscositätsabnahmen.* Es wird die Abnahme der Viscosität einer sorgfältig hergestellten Gelatinelsg. unter der abbauenden Einw. von *Trypsin* bestimmt. Dabei bestehen direkte Beziehungen zwischen dem Grad der Verflüssigung u. der Enzymmenge. (J. Amer. Leather Chemists Assoc. **47.** 165—78. März 1952. A. C. Lawrence Leather Co.) P. STADLER. 4210

Henri Sarlet, Robert Grivegnée, Jacques Faidherbe und **Georges Frenck,** *Beitrag zum Studium über die zoologische Verteilung der d-Aminosäureoxydase.* Vff. berichten über ein vereinfachtes Anreicherungsverf. für *d-Aminosäureoxydase* (**I**). Zerkleinerung des Organs in der LATAPIEschen Mühle bei 0°, mit eisgekühlter physiol. NaCl-Lsg. u. daraus Darst. des Acetontrockenpulvers. Die spezif. Aktivität wurde nicht gestestet. Die Aktivität wurde im WARBURG-Gerät (Testsubstanzen *dl*-Alanin u. d-Isoleucin) bestimmt. **I** scheint nur bei Vertebraten vorzukommen u. dort hauptsächlich in Leber u. Niere. In keinem der untersuchten Fälle konnte bei Nichtvertebraten **I** nachgewiesen werden. (Arch. int. Physiol. **57.** 286—96. April 1950. Liège, Univ., Chim. physiol.) G. BRAUNITZER. 4210

Ellen E. Kann und **R. C. Mills,** *Oxydation von Glutaminsäure durch Pasteurella tularensis. Glutaminsäure* (**I**) wird durch Ruhezellen u. Lysate von *Pasteurella tularensis* (*Bacterium tularense*) rasch oxydiert. Die Oxydation verläuft nur in Ggw. von Phosphat, bei den Lysaten ist Zugabe von Cofaktoren (beste Wrkg. mit Diphosphopyridinnucleotid) nötig; p_H-Optimum bei Ruhezellen 5,5—6,5. **I** wird in Ggw. von Triphenyltetrazoliumchlorid anaerob zu *α-Ketoglutarsäure* oxydiert. Fluoracetat u. Arsenit hemmen die Oxydation durch ganze Zellen, Malonat hemmt die durch Lysate. Citrat, α-Ketoglutarat, Succinat, Fumarat u. Malat werden durch intakte Zellen oder Lysate ebenfalls oxydiert. Diskussion der Ergebnisse in bezug auf das Vork. des Citronensäurecyclus bei P. tularensis. (J. Bacteriol. **69.** 659—64. Juni 1955. Lawrence, Kans., Univ. of Kansas, Dep. of Biochem.) H. GOEBEL. 4210

Richard W. Thoma und **W. H. Peterson,** *Der enzymatische Abbau von löslichem gebundenen Biotin.* Das in pept. Digestaten von Schweineleber enthaltene *lösl. gebundene Biotin* (**I**) kann durch ein aus frischer Schweineleber oder Acetontrockenpulver extrahierbares Enzym *Biotinidase* (**II**) in freies durch *Lactobacillus arabinosus* verwertbares **I** übergeführt werden. **II** findet sich auch in Schweineniere u. Hühnerpankreas. Durch gemeinsame Wrkg. von Leber-**II** u. Handelstrypsin (**III**) wurden innerhalb 24 Std. 79% von Leberhomogenat-**I** in freies **I** umgewandelt. Von 20 Roh- oder teilweise gereinigten auf **II**-Aktivität geprüften Enzymen (z. B. Pepsin, **III**, Pankreatin, Papain, Rennin, Pektinesterase, Lipase A, Bakterienamylase u. -protease, Penicillinase, Clarase u. andere) besaß nur eine gereinigte *Fusarium*-Lipase **II**-Wirksamkeit. Die Abtrennung von **II** von Esterasen gelang durch fraktionierte $(NH_4)_2SO_4$-Fällung. Acetonfällung gab eine 20fache Anreicherung (Ausbeute 73%). *Biocytin* u. *p*-[*N-Biotinylamino*]-*benzoe-*

säure wurden durch II hydrolysiert, *N-Biotinyl-L-asparaginsäureäthylester* nicht. II stellt anscheinend ein Enzym vom Peptidasetyp dar. (J. biol. Chemistry **210.** 569—79. Okt. 1954. Madison, Wis., Univ. of Wisconsin, Coll. of Agric., Dep. of Biochem.) K. MAIER. 4210

D. Pfleger, *Untersuchung des Einflusses der Sexualhormone auf die enzymatische Aktivität der Autolysate von Müller'schen Kanälen beim Hühnerembryo.* In RINGER-Lsg. hergestellte Autolysate nichtdifferenzierter MÜLLERscher Kanäle (6.—7. Bebrütungstag) besitzen im Vgl. zu solchen differenzierter weiblicher Kanäle eine schwache enzymat. Aktivität. Derartige Autolysate sind gegenüber Sexualhormon (I), vor allem gegenüber männlichem (II; *Transdehydroandrosteron*), empfindlich, das die enzymat. Wirksamkeit bis zu derjenigen differenzierter männlicher MÜLLERscher Kanäle (9.—9½. Tag) steigert. Autolysate differenzierter männlicher u. weiblicher Kanäle sind ebenfalls der I-Wrkg. zugänglich: II aktiviert die enzymat. Aktivität der Autolysate der männlichen, weibliches Geschlechtshormon (*n-Bis-dehydrodoisynolsäure, Na-Salz*) hemmt diejenige der weiblichen Kanäle. Die Kanäle enthalten intracelluläre Enzymfaktoren, die bei der Autolyse in Lsg. gehen u. I-empfindlich sind, wobei bes. II im Hormon–Enzym-Syst. eine vorherrschende Rolle einnimmt. Werden an Stelle der homologen Hormone bei der Autolyse die andersgeschlechtlichen verwendet, dann erzielt man eine Umkehr der n. enzymat. Aktivität der Autolysate, d. h. eine Hemmung derjenigen männlicher u. eine Aktivierung derjenigen weiblicher Kanäle. II steuert die Regression der MÜLLERschen Kanäle beim männlichen Tier. (C. R. Séances Soc. Biol. Filiales **146.** 932—35. Juni 1952. Labor. d'Embryol. exp. du C. N. R. S. et de la Fac. des Sciences.) K. MAIER. 4210

Karl H. Beyer, *Funktionelle Charakteristika des Transportmechanismus der Niere.* Eine Zusammenfassung von Arbeiten über Enzyme, die im sekretor. u. absorptiven Transportsyst. der Niere wirksam sind. — 588 Literaturangaben. (J. Pharmacol. exp. Therapeut. **99.** Nr. 4. Part 2. Pharmacol. Rev. 227—80. Aug. 1950. Glenolden, Pa., Sharp & Dohme, Inc., Med. Res. Div., Dep. of Pharmacol.) U. BAUMANN. 4210

A. Krámli, Judit Lantos und **Judit Stur,** *Die Wirkung von Redoxsystemen auf den Stoffwechsel von Mikroorganismen.* 1. Mitt. *Die Wirkung des C-Hämins auf die Atmung der Hefe.* Von den an Hefekulturen gebundenen Eisen–Porphyrin-Systemen bewirkt das *C-Hämin* eine beträchtliche Steigerung der endogenen Respiration u. parallel damit wird das Redoxpotential des Syst. verändert; der zwischen Redoxpotential u. Atmung bestehende enge Zusammenhang ist einwandfrei meßbar. (Acta biol. Acad. Sci. hung. **6.** 1—6. 195 5. Szeged, Med. Univ., Chem. u. biochem. Inst.) H. GOEBEL. 4270

Chuji Tatsumi und **Hideo Katagiri,** *Untersuchungen über die Verwertung von Pentose durch mikrobiologische Methoden. Über Hefen, die Pentose assimilieren.* Vff. isolierten 3 neue Torulopsisstämme, die *Pentose* assimilieren; sie wurden *Torulopsis xylinus a, b* u. *c* benannt. Die neuen Stämme vergären Pentose etwa in demselben Ausmaß wie Torula utilis (75—79%). (Bull. Inst. chem. Res., Kyoto Univ. [Kagaku Kenkyusho Hokoku] **22.** 53—61. Sept. 1950. [Orig.: japan., Auszug: engl.]) H. GOEBEL. 4270

Karl Myrbäck, *Die Aktivität–p_H-Kurve von Hefeinvertase und der Mechanismus der Hydrolasewirkung.* Die Unters. der Abhängigkeit der *Invertase* (I)-Aktivität von p_H, Substratkonz. u. Inhibitoren zeigte, daß im I-Mol. 2 für die Aktivität unentbehrliche Gruppen enthalten sind, eine bas., substratbindende u. eine saure, an der Substratbindung unbeteiligte. Für die I-Rk. wird folgender Verlauf diskutiert: I + Saccharose ⇌ Fructosylenzym (II) + Glucose (III), II + H_2O ⇌ I + Fructose (IV) oder II + Acceptor ⇌ Fructosylacceptor + I, vielleicht auch: I–IV–III + Acceptor ⇌ I–IV–Acceptor + III, I–IV–Acceptor + H_2O ⇌ Fructosylacceptor + I. Die Befunde über den Mol.-Bau von I bieten eine weitere Stütze für die modernen Theorien der enzymat. Substitutionsreaktionen. (Suomalaisen Tiedeakatemian Toimituksia [Ann. Acad. Sci. fennicae], Sarja A II. Nr. **60.** 226—34. 1955. Stockholm, Univ., Inst. for Organ. Chem. and Biochem.) K. MAIER. 4270

Karl Myrbäck und **Ebba Willstaedt,** *Die Hemmung der Hefeinvertase* (*Saccharase*) *durch Metallionen.* 1. Mitt. *Das Uranylion.* Ohne Puffer wird *Hefeinvertase* (I) durch 10^{-4}mol. *Uranylacetat* (II) stark, durch 10^{-3}mol. II bei p_H 5 völlig gehemmt. Agentien, die *Uranyl-Ion* (III) komplex binden, z. B. Acetatpuffer, schützen I wirksam gegen die III-Wirkung. Die I-Hemmung durch III nimmt mit steigendem p_H im Bereich der optimalen Enzymaktivität stark zu. Anscheinend bildet III wie die meisten anderen Schwermetallionen mit einer sauren Gruppe, vielleicht einer COOH-Gruppe, des I-Mol. ein Salz. Die Hemmung ist reversibel u. nichtkompetitiv. (Ark. Kemi **8.** Nr. 6. 53—59. 1955. Stockholm, Univ., Inst. of Organ. Chem. u. Biochem.) K. MAIER. 4270

Theodor Bücher, *Phosphoglyceratkinase aus Bierhefe.* Übersicht. Katalysierte Rk.: D-1.3-Diphosphoglycerat + Adenosindiphosphat ⇌ D-3-Phosphoglycerat + Adenosintriphosphat; Best., Reinigung, Eigg. — 5 Literaturangaben. (Methods Enzymol. **1.** 415—22. 1955. Marburg, Univ.) K. MAIER. 4270

Walter Christian, *Aldolase aus Hefe.* Übersicht. Katalysierte Rk.: Fructose-1.6-diphosphat ⇄ D-Glycerinaldehyd-3-phosphat + Dioxyacetonphosphat; Best., Reinigung, Eigenschaften. — 9 Literaturangaben. (Methods Enzymol. **1.** 315—20. 1955. Mannheim-Waldhof, C. F. Boehringer u. Söhne.) K. MAIER. 4270

Theodor Bücher, *Enolase aus Bierhefe.* Übersicht. Katalysierte Rk.: D(—)-2-Phosphoglycerinsäure ⇄ Phosphoenolbrenztraubensäure + H_2O; Best., Reinigung, Eigenschaften. — 11 Literaturangaben. (Methods Enzymol. **1.** 427—35. 1955. Marburg, Univ.) K. MAIER. 4270

Malcolm Dixon, *Hefe-Milchsäuredehydrogenase.* Übersicht. Katalysierte Rk.: L-Lactat + A = Pyruvat + AH_2 (A geeigneter H-Acceptor); Best., Reinigung, Eigenschaften. — 4 Literaturangaben. (Methods Enzymol. **1.** 444—49. 1955. Cambridge, England, Univ.) K. MAIER. 4270

Geneviève Brunel-Capelle, *Über eine besondere Form der biologischen Decarboxylierung. Das Vorkommen eines thermostabilen Decarboxylierungskatalysators bei Saccharomyces cerevisiae.* Ober- oder untergärige lebende Hefe greift *Mesoxalsäure* (**I**) oder deren *Na-Salz* (**II**) kaum an. Dagegen sind Autolysate oder durch Kochen abgetötete u. zerstörte Hefezellen in der Lage, **II**, bes. aber **I** (in $^1/_{500}$ mol. Lsg.), innerhalb 24 Std. bis zu 47% zu decarboxylieren, wobei Glyoxylsäure entsteht. Das hierbei beteiligte thermostabile Enzym ist mit der NEUBERGschen *Carboxylase* (**III**) identisch. Diese ist an die unlösl. Fraktion der Hefepräpp. gebunden. **III** wurde ferner bei den Pilzen Schizophyllum commune, Lycoperdon perlatum, Pluteus cervinus, bei den Moosen Unium hornum L. u. Bryum capillare sowie bei den Phanerogamen Pisum sativum, Lathyrus aphaca, Lupinus albus, Medicago polycarpa, Pisum arvense, Vicia faba, Vicia sativa, Soja hispida, Peltophorum ferrugineum, Tephrosia purpurea, Enterolobium cyclocarpum, Psophocarpus tetragonolobus Cæsalpinia minax, Cajanus indicus u. Canavalia ensiformis festgestellt. (C. R. hebd. Séances Acad. Sci. **233.** 1480—81. 3/12. 1951.) P. LOCH. 4270

Jacob Kream und **Erwin Chargaff,** *Über die Cytosindesaminase der Hefe.* Bäckerhefe enthält ein Enzym, *Cytosindesaminase* (**I**), das *Cytosin* (**II**) unter Bldg. äquimol. Mengen *Uracil* u. NH_3 in monomol. Rk. optimal bei p_H 6,9 abbaut. Zur Herst. eines partiell gereinigten **I**-Präp. wird eine Hefesuspension in einer Bakterienmühle zerkleinert, die durch Zentrifugieren erhaltene Lsg. mit $(NH_4)_2SO_4$ (70% Sättigung) gefällt, der Nd. nach Waschen mit $(NH_4)_2SO_4$-Lsg. (70%) gegen W. dialysiert, dann mit $(NH_4)_2SO_4$ fraktioniert (25 u. 70% Sättigung) gefällt, die letzte Fällung dialysiert u. die Lsg. gefriergetrocknet. Die MICHAELIS-Konstante, K_m, ist $8{,}4 \cdot 10^{-3}$ mol., die Temp.-Geschwindigkeits-Konstante μ = 19500 kcal/Mol. Von einer Reihe geprüfter ***Pyrimidine*** (**III**) wird nur *5-Methylcytosin* (**IV**) (zu *Thymin*) desaminiert. *2-Amino-6-oxypyrimidin* (*Isocytosin*) u. *2-Mercapto-6-aminopyrimidin* verminderten die Geschwindigkeit der **II**-Desaminierung. Die papierchromatograph. **IV**-Abtrennung von anderen **III** wird beschrieben. (J. Amer. chem. Soc. **74.** 5157—60. 20/10. 1952. New York, N. Y., Columbia Univ., Coll. of Physicians and Surgeons, Dep. of Biochem.) K. MAIER. 4270

E. Kodicek, *Die Biosynthese ^{14}C-markierten Ergocalciferols. Saccharomyces cerevisiae* (Stamm *LK 2G 12*) wurde 24 Std. bei 32° unter N_2 gezüchtet. Die Hefezellen, die 0,72 mg Ergosterin (**I**)/g Trockengewicht enthielten, wurden 24 Std. bei 32° in 0,1 mol. Phosphat-Acetat-Puffer, p_H 5,2, in Ggw. von 200 μC $^{14}C_{COOH}$-*Acetat* kräftig belüftet. Das Unverseifbare der Hefe enthielt 1,4% der Gesamtaktivität u. 3,5 mg ^{14}C-**I**/g Trockenhefe. Organ. Fraktion, Heferückstand, gebildetes CO_2 u. Kultur-Fl. enthielten 14,7, 27,1, 105,4 u. 33,3 μC (84,4 der Gesamtaktivität). Aus 2 Verss. über das Digitonid isoliertes ^{14}C-**I**, spezif. Aktivität 0,08 μC/mg, wurde 6,8fach mit Träger-**I** verd. u. in trockenem Ae. mit UV-Licht bis zur 40%ig. Umwandlung bestrahlt u. das bestrahlte Material von **I** (Ausfrieren, Digitoninfällung) u. Tachysterin (Rk. mit Maleinsäureanhydrid) befreit. Nach Verteilungschromatographie an MgO-Kieselgur wurden die Sterine mit 3.5-Dinitrobenzoylchlorid bei 24° behandelt u. der ^{14}*C-Ergocalciferolester* nach Zusatz von Trägerergocalciferol-3.5-dinitrobenzoat durch fraktionierte Kristallisation isoliert (Reinheit ca. 97%); F. 141°, $E^{1\%}_{1\,cm}$ 440 bei λ_{max} 265 mμ (A., nach Verseifung); Ausbeute 14,1 mg; spezif. Aktivität 3,4 μC/mMol. Ebenso wurden kleine Mengen von radioakt. *Lumisterin* u. *Suprasterin II* isoliert. (Biochem. J. **60.** XXV. Juli 1955. Cambridge, Univ., Dunn Nutritional Labor., and Med. Res. Council.) K. MAIER. 4270

Witold Olszewski, *Citronensäuregärung.* Die heutigen Kenntnisse der Citronensäuregärungschemie werden besprochen. (Wiadomości chem. **4.** 317—23. Nov./Dez. 1950. Gliwice, Politechn. Śląska.) H. FREYTAG. 4270

E_3. Mikrobiologie. Bakteriologie. Immunologie.

Cyril Hinshelwood, *Chemie und Bakterien.* (Proc. Roy. Instn. Great Britain **34.** 648—58. 1950. Oxford, Univ. — C. **1951.** II. 690.) H. Goebel. 4300

J. F. T. Spencer, *Sauerstoffaufnahme von Rhizobien im Boden.* Feuchte Erde wurde mit Pflanzenrückständen (Stroh, Alfalfa) gemischt u. bei Zimmertemp. incubiert. Proben wurden an verschied. Tagen entnommen, sterilisiert u. als Substrate im Lees-Respirometer zur Messung der O_2-Aufnahme durch Rhizobium meliloti verwendet. Es wurde ein um so größerer Anstieg der O_2-Aufnahme im Vgl. zu einer ungemischten Erdprobe festgestellt, je kürzer die Incubationszeit der Mischprobe war. Rhizobien sind also akt. unabhängig von Wirtspflanzen. (Canad. J. Bot. **32.** 380—85. Mai 1954. Edmonton, Alberta, Univ. of Alberta, Dep. of Soils.) F. Lingens. 4310

J. Brisou und **R. Babin,** *Anaerobierbakterienkulturen in Anwesenheit von Natriumsuccinat.* Eine höhere Empfindlichkeit der VF-Bouillon (Fleisch–Leber-Bouillon) zur Züchtung von Anaerobierbakterien kann erreicht werden durch Hinzufügen von 0,5 g *Na-Succinat* pro Liter Bouillon, die mit diesem Zusatz 10 Min. bei 115° sterilisiert, gebrauchsfertig ist u. eine Haltbarkeitsdauer von 10—18 Tagen besitzt. Nach dieser Zeit genügt jedoch schon eine einfache Erhitzung der Bouillon im kochenden Wasserbad von 15 Min., um ihr ihre ursprünglichen günstigen Eigg. wiederzugeben. (C. R. Séances Soc. Biol. Filiales **144.** 1166—67. Sept. 1950.) G. Schulze. 4310

Ernst Gottsacker, *Die Kultur des Erregers der Tuberkulose.* 4. Mitt. *Sauton-Substrat mit Zusätzen von Gesamtei und Eigelb.* (3. vgl. C. **1950.** II. 1365.) Angabe von Verbesserungen des Kulturmediums Sauton-Agar für Mycobacterium tuberculosis-Kulturen durch Zusätze von Gesamtei bis zu 10% bei Humanus u. 5% bei Bovinus. Ein erstarrtes Gemisch gleicher Voll. Sauton-Lsg. u. Eigelb übertrifft nach Vf. alle bisher geprüften Tbc-Nährböden. Erniedrigung der Eigelbkonz. auf 30—40% ist ohne Beeinflussung des Ergebnisses möglich. (Zbl. Bakteriol., Parasitenkunde, Infektionskrankh. Hyg., I. Abt., Orig. **156.** 204—09. 25/11. 1950. Wuppertal-Elberfeld, Bayer Farbenfabriken.) H. Dossmann. 4310

M. Cafiero und **D. Zambruno,** *Über den Einfluß des Colchicins auf die Vermehrung des Staphylococcus aureus. Colchicin* (I) in optimaler Konz. von 5 mg/ml hemmt die Entw. von St. aureus sowohl in Ggw. von ATP als auch ohne, was an Hand des O_2-Verbrauchs (Warburg-Technik) ermittelt wurde. Der O_2-Verbrauch ohne **I** verläuft exponentiell, mit **I** geradlinig. Die Wrkg. von **I** besteht in diesem Falle nicht in der Beeinträchtigung von ATP, wie früher bei Mitosen von Fibroblasten von Hühnereiern beobachtet wurde. Ohne Einfl. auf die von **I** hervorgerufene Hemmung der Vermehrung sind Lactoflavin, Nicotinsäureamid, Adenosin, Cholin, Biotin, β-Alanin, Xanthin u. Guanidin. (Naturwissenschaften **39.** 305. 1952. Turin, Univ., Biochem. Inst.) G. Lenhard. 4310

Karl Rickels, *Über die Wachstumsbeeinflussung von pathogenen Keimen durch Vitamine.* Die Hemmwrkg. von *Vitamin C* u. Vitaminen der B-Gruppe auf 203 pathogene Bakterien wurde mit dem Lochtest untersucht. Nur *Panthenol* (I) zeigte bei 55 mg% Hemmwrkg. gegenüber Pneumokokken u. Streptokokken, bei höherer Konz. auch bei Staphylokokken. Eine Verstärkung der Penicillinwrkg. wurde nicht festgestellt. Durch Kombination von I mit Gantrisin wurde eine Steigerung der Wrkg., bes. gegenüber Staphylokokken, beobachtet. (Münchener med. Wschr. **96.** 1510—11. 17/12. 1954. Kassel, Stadtkrankenhaus, Pathol. Bakt. Inst.) F. Lingens. 4310

Robert A. McRorie, Margaret R. Glazener, C. Gordon Skinner und **William Shive,** *Mikrobiologische Aktivität des Methylsulfoniumderivats des Methionins.* Das *Methylsulfoniumderiv.* (I) des *Methionins* (II) ist hinsichtlich Aufhebung der tox. Wrkg. von *Sulfanilamid* u. Wachstumsförderung bei einigen Stämmen von *Escherichia coli, Lactobacillus arabinosus* u. *L. casei* wirksamer als **II.** *Streptococcus faecalis R, Leuconostoc mesenteroides P-60* u. verschied. *E. coli*-Stämme verwerten kein **I,** während *Neurospora*-Stämme die Fähigkeit zur Verwertung von **I** an Stelle von **II** in unterschiedlichem Maße besitzen. Das Äthylsulfoniumderiv. des Äthionins verhindert bei *E. coli* kompetitiv die Bldg. von **II** aus **I.** Die vergrößerte Aktivität von **II** ist unter Bedingungen eines beschränkten Stoffwechsels der C_1-Einheiten ausgeprägter. *Äthioninäthylsulfoniumjodid,* $C_8H_{18}O_2NSJ$, F. 164—166° (Verfärbung; Aceton–W.), Gemisch von 5 g Äthionin, 88% ig. HCOOH u. Eisessig 1 Monat mit 19 g C_2H_5J im Dunkeln stehenlassen, einengen, nach Behandeln mit A.–Aceton Filtrat eindampfen; Ausbeute 36%. (J. biol. Chemistry **211.** 489—97. Nov. 1954. Athens, Univ. of Georgia, Coll. Agric. Exp. Stat. and Dep. of Biochem.; Austin, Tex., Univ. of Texas, Dep. of Chem., and Clayton Found. for Res.) K. Maier. 4310

J. W. Szarkowski, *Quantitative Bestimmung von Oxalsäure in Mycobacterium-Kulturen.* Die Mycobakterien 279, phlei, Abc. hom. H 37 Rv, Abc. avium, Abc. bovin.

BCG wurden in einem synthet. Medium ohne Citronensäure gezüchtet. Nach Entfernung der Bakterien wurde der Geh. des Mediums an *Oxalsäure* (**I**) nach Fällung als Ca-Oxalat titrimetr. bestimmt. Durch Zugabe von **I** wurde die Genauigkeit der Erfassung von **I** bestimmt. Die gefundene **I**-Menge variierte bei den verschied. Stämmen zwischen 0,85 u. 3,33 mg%. (Bull. Acad. polon. Sci., Cl. II **2.** 97—100. 1954. Warschau, State Inst. of Hygiene, Dep. of Biochem, and School of Med., Dep. of Biochem.) F. LINGENS. 4320

J. Dżułyńska und **E. Mikulaszek,** *Chromatographische Analyse bakterieller Polysaccharide.* 182 Polysaccharide von 30 verschied. Bakterienstämmen wurden nach Säurehydrolyse der Papierchromatographie mit dem Syst. n-Butanol/Eisessig/W., 4:1:5, unterworfen. In den meisten Fällen wurden *Glucosamin* (**I**), *Galaktose* (u./oder *Glucose*), *Mannose* (**II**), *Xylose* (**III**), *Arabinose* (**IV**) u. *Rhamnose* (**V**) gefunden; in 10% der Fälle wurde ein schnell wandernder, nichtidentifizierter Methylzucker festgestellt. Wahrscheinlich waren in den meisten Fällen Uronsäuren vorhanden. Nach den Unterss. besitzen Eubacteriales Pentose in Form von **III**, Actinomycetales dagegen **IV**. Der Übergang von der glatten zur Rauhform ist mit einem teilweisen Verlust an **I**, **II** u. **V** verbunden. (Bull. Acad. polon. Sci., Cl. II **2.** 101—04. 1954. Warschau, State Inst. of Dermatol. and Venerol, and School of Med., Dep. of Med. Microbiol.) F. LINGENS. 4320

Charles R. Goucher, David A. Waldman und **Walter Kocholaty,** *Photoinaktivierung und Photoreaktivierung von konstitutiven und adaptiven Respirationssystemen von Azotobacter.* Vff. berichten über die Hemmwrkg. von UV-Licht auf adaptive u. konstitutive Atmungssysteme von *Azotobacter agile* (**A**) u. die Aufhebung der Hemmung durch sichtbare Strahlen. Bei acetatadaptiertem **A** wurde die *Acetatoxydation* durch UV-Bestrahlung gehemmt; diese Hemmung wurde bei Bestrahlung mit sichtbarem Licht vermindert. Adaption von in *Acetat* gewachsenen Zellen an *Succinat* wurde durch UV-Licht verhindert, dieser UV-Effekt wurde durch Bestrahlung mit sichtbarem Licht aufgehoben. — Diskussion der Ergebnisse. (J. Bacteriol. **69.** 703—05. Juni 1955. Fort Knox., Ky., Army Med. Res. Labor., Microbiol. Sect.) H. GOEBEL. 4320

Mitchell Korzenovsky und **C. H. Werkman,** *Argininstoffwechsel von Bakterien.* Vff. untersuchten zellfreie Säfte von Streptococcus lactis, die auf 1 Mol *Arginin* 2 Mol NH_3 u. 1 Mol CO_2 u. pro Mol *Citrullin* 1 Mol NH_3 u. 1 Mol CO_2 in Freiheit setzen; zurück bleibt *Ornithin.* Urease war nicht vorhanden. (Arch. Biochem. Biophysics **41.** 233. Nov. 1952. Ames. Io., Iowa State Coll., Dep. of Bacteriol.) K. MÜLLER. 4320

Chozo Mitoma, Herbert Weissbach und **Sidney Udenfriend,** *Bildung von 5-Oxytryptophan durch Chromobacterium violaceum.* Da Verss. mit *^{14}C-Tryptophan* (**I**) nur eine geringfügige Markierung zugesetzten *5-Oxytryptophans* (**II**) durch Säuger- u. Invertebratengewebe ergeben hatten, so daß keine einwandfreie Identifizierung von **II** möglich war, wurde der **I**-Stoffwechsel bei *Chromobacterium violaceum* untersucht, das einen von **II** sich ableitenden Farbstoff bildet. Bei Incubation gewaschener, in Glucose–Hefeextrakt-Nährlsg. gewachsener Zellen mit L-**I** konnte papierchromatograph. identifiziert u. bestimmt werden. Incubation des isolierten **II** mit roher **II**-*Decarboxylase* gab annähernd die theoret. Menge *5-Oxytryptamin,* DL-**II** nur 50%. L-**II** ist hiernach ein L-**I**-Metabolit. (Nature [London] **175.** 994—95. 4/6. 1955. Bethesda, Md., Nat. Insts. of Health, Nat. Heart Inst., Labor. of Chem. Pharmacol.) K. MAIER. 4320

J. V. Karabinos und **H. J. Ferlin,** *Baktericide Wirksamkeit bestimmter Fettsäuren.* Die Fettsäuren der Kettenlänge C_9—C_{12} zeigen einer Reihe von Mikroorganismen gegenüber eine baktericide Wirksamkeit, wobei diese mit steigender Acidität des Mediums zunimmt. Die beste baktericide Wrkg. gegenüber *Staphylococcus aureus* zeigt *Undecylsäure*; die von *Caprinsäure* ist deutlich, die von *Laurinsäure* u. *Pelargonsäure* wesentlich schwächer. Die Wirksamkeit der Fettsäuren bei p_H 3—4 ist von annähernd der gleichen Größenordnung wie die quartärer Ammoniumsalze in alkal. Lösung. Die baktericide Wirksamkeit könnte dadurch erklärt werden, daß die Bakterien bzw. ein für diese lebenswichtiges Protein durch einen durch chem. Verb. der Fettsäuregruppen mit dem Protein gebildeten „Überzug" gewissermaßen „erstickt" werden. Die geringere Aktivität der Fettsäuren mit kürzeren bzw. längeren Ketten als Undecylsäure wird verständlich, wenn man annimmt, daß diese wegen der besseren Wasserlöslichkeit einen leichter durchdringbaren Film bilden können bzw. in höherem Maße im Kulturmedium gelöst werden, jene hingegen wegen der schlechten Wasserlöslichkeit nur zu einem geringen Teil in den baktericiden Mechanismus eintreten können. — Weiter wurde festgestellt, daß die baktericide Wirksamkeit ranziger Fette möglicherweise auf die beim autoxydativen Abbau der Ölsäure entstehende Pelargonsäure zurückgeführt werden könnte. — Abschließend wird auf die eventuelle Anwendbarkeit der baktericiden Aktivität als mikrobiol. Bestimmungsmeth. für bestimmte Fettsäuren hingewiesen. (J. Amer.

Oil Chemists' Soc. **31.** 228—32. Juni 1954. Joliet, Ill., Blockson Chem. Comp., Res. Labors.) H. v. PEZOLD. 4330

G. R. Wyatt und **S. S. Cohen,** *Die Nucleinsäurebasen einiger bakterieller und animaler Viren. Das Vorkommen von 5-Oxymethylcytosin.* Bei der Unters. der Basenkomponenten von Desoxyribonucleinsäuren aus *Coliphagen T 2, T 4* u. *T 6* wurde wie folgt verfahren: 1,5 mg Virus wurde im geschlossenen Rohr mit 0,5 ml 88 %ig. Ameisensäure 30 Min. auf 175° erhitzt, nach der Hydrolyse im Vakuum zur Trockne gebracht (75°), der Rückstand in 25 µl n-HCl gelöst u. chromatographiert. Neben den hauptsächlich vorkommenden Basen Guanin, Adenin u. Thymin wurden geringere Mengen einer Substanz (I) mit etwa gleichem R_F-Wert wie Cytosin gefunden (Isopropanol/W./HCl), die jedoch mit wss. n-Butanol als mobile Phase bei erneuter Chromatographie einen viel geringeren R_F-Wert (0,07) besaß als Cytosin. Die spektralen Veränderungen, die I durch Desaminierung ($NaNO_2$/Eisessig, 27°) erlitt, waren denen sehr ähnlich, die Cytosin durch Desaminierung zu Uracil erleidet. Auf Grund ihres übrigen Verh., bes. bei Chromatographie, in Lsgg. mit verschied. p_H-Werten u. Wassergehh. wurde angenommen, daß I 5-Oxymethylcytosin ist. Die über das Pikrat (Nadeln) gereinigte Substanz $C_5H_7 \cdot O_2N_3 \cdot 1/2 H_2O$ (aus W. im Vakuum bei Raumtemp.) sinterte oberhalb 200° ohne F. bis 300° u. erwies sich hierin sowie bzgl. des chromatograph. Verh. u. des UV-Spektr. als ident. mit synthet. 5-Oxymethylcytosin. — Das mol. Verhältnis von Adenin/Thymin sowie von Guanin/I war nahezu **I**, das von [Adenin + Thymin]/[Guanin + I] war 1/8. In Escherichia coli, Ochsenmilz, Phagen T 5 u. T 7, Insektenpolyedervirus, Vaccinevirus u. Meningopneumanitisvirus konnte I nicht nachgewiesen werden. Die Bedeutung von I für bestimmte Viren u. der Stoffwechsel der Pyrimidinbasen während der Virusinfektion werden besprochen. (Biochem. J. **55.** 774—82. Dez. 1953. Sault St. Marie, Ontario, Can., Labor. of Insect. Pathol.; Philadelphia, Pa., Univ. of Pennsylvania, Dep. of Physiol. Chem.) G. GERBER. 4331

Niccolò Visconti di Modrone, *Wirkung des Stickstofflostes auf Coliphagen.* Bei der Einw. von *Stickstofflost* (I) auf den Coliphagen T 2 resultieren exponentielle Überlebenskurven. Auch eine erhöhte Anzahl an Phagenmutanten, die aber nicht auf die Wrkg. des I bezogen werden, wurden festgestellt. (Boll. Ist. sieroterap. milanese **29.** 337—42. Sept./Okt. 1950. Milano, Ist. di Sieroterapico.) G. GERBER. 4331

Hansjürgen Raettig, *Chemische Inaktivierung von Bakteriophagen durch Triäthylenmelamin (TEM).* (Vorl. Mitt.) Es wurde gefunden, daß T_1 u. andere *T-Phagen* durch *Triäthylenmelamin* (I) inaktiviert werden (Grenzkonz. 0,125‰); die Inaktivierung ist abhängig von der I-Dosis u. der Einwirkungszeit. Die phagensensiblen Bakterien wurden durch I nicht nachweisbar in ihrer Vermehrung gestört. Es soll geprüft werden, ob auch andere Virusarten durch I u. ähnliche Substanzen inaktiviert werden können u. ob Tumormaterial in vitro inaktiviert wird. (Zbl. Bakteriol., Parasitenkunde, Infektionskrankh. Hyg., I. Abt., Ref. **163.** 245—47. Juli 1955. Berlin, Robert-Koch-Inst., Abt. für Virus- u. Impfstofforsch.) H. GOEBEL. 4331

François Jacob, *Enzymatische Anpassung während der Entwicklung des Bakteriophagen bei Pseudomonas pyocyanea.* Die auf synthet. lactathaltigem Milieu gezüchteten Kulturen wurden während der exponentiellen Wachstumsphase zentrifugiert, in C-freiem Milieu suspendiert u. 1 Std. bei 37° gerührt. Dann wurde der empfindliche Stamm 13 mit 10 Bakteriophagen je Bakterie infiziert u. der lysogene Stamm 13/8 A durch UV-Bestrahlung induziert. Beide Stämme zeigen — ebenso wie die Testsuspensionen — nach Zufügung von Glucose eine stationäre Phase von 50—60 Min., die einer enzymat. Anpassung entspricht. Hierauf beginnt das Wachstum wieder. Auch *E. coli* K 12 bildet nach Induzierung durch UV adaptiv β-Galactosidase in geringerer Menge als die n. Bakterien. Beim Studium der Atmung zeigt sich, daß diese bei bei den Stämmen der Wachstumskurve parallel verläuft: sie verdoppelt sich in 80 Min., dann — im Augenblick der Lyse — vermindert sie sich schroff. (C. R. hebd. Séances Acad. Sci. **232.** 1780—82. 7/5. 1951.) E. FRÜHWALD. 4331

Hermann Woratz, *Über Resistenzbestimmungen in der Chemotherapie.* Es wird der Verdünnungstest in fl. Nährboden empfohlen, bei dem das Wachstum an Trübung u. Säurebldg. festgestellt wird. An einer großen Anzahl von klin. isolierten Stämmen wurde die Resistenzbest. mit *Sulfonamiden, Penicillin* u. *Streptomycin* durchgeführt. (Klin. Wschr. **28.** 512—14. 1/8. 1950. Lübeck, Univ., Hygieneinst.) G. GERBER. 4340

Carl M. Stevens, Pran Vohra und **Chester W. De Long,** *Die Verwertung von Valin bei der Biosynthese der Penicilline.* Verss. mit $^{14}C_{(COOH)}$-*DL-Valin* (I) zeigten, daß bei der Biosynth. des *Benzylpenicillins* (II) durch *Penicillium chrysogenum* die I-COOH-Gruppe als II-COOH-Gruppe eingebaut wird. Anscheinend kann das ganze C-Skelett von I als Vorstufe des entsprechenden Teils der Penicilline dienen. (J. biol. Chemistry **211.** 297—300. Nov. 1954. Pullman, State Coll. of Washington, Fulmer Chem. Labor.) K. MAIER. 4340

Francesco Sella, *Biologische Penicillinbestimmung in Gegenwart von Streptomycin.* Vf. verwandte einen *Streptomycin* (I)-resistenten Stamm zur biol. *Penicillin*-Bestimmung. Zusätze von I beeinflußten die Ergebnisse nicht. (Boll. Ist. sieroterap. milanese **33.** 421—28. Sept./Okt. 1954. Ist. Sieroterap. Milanese Serafino Belfanti.)
P. G. SCHEURLEN. 4340

L. M. Model und **A. Ss. Schtscheglowa,** *Der Einfluß von Streptomycin auf den Wuchs und auf einige biochemische Eigenschaften von Kulturen von Mycobacterium tuberculosis.* Bei der Änderung des p_H einer synthet. Kultur von Tuberkelbakterien nach der sauren Seite hin läßt die Wrkg. von *Streptomycin* (I) nach, u. hört beim p_H 6,2 prakt. auf. Kleine Dosen von I (0,1—0,5 γ/ml) verstärken auf dem MODEL-Nährboden das Wachstum der Stämme DT u. Vallée. Erst bei Dosiserhöhung zeigt sich die bakteriostat. Wrkg. von I. Die Tuberkelbakterien unterscheiden sich biochem. voneinander, je nachdem sie mit oder ohne I-Zusatz gezüchtet wurden. In Ggw. von I ist der Geh. an Lipoiden u. P-haltigen Verbb. herabgesetzt, der Polysaccharidgeh. erhöht. (Проблемы Туберкулеза [Probleme Tuberkulose] **1955.** Nr. 6. 46—52. Nov./Dez. Tuberkuloseinst. der Akad. der Med. Wiss. der UdSSR, Biochem. Labor.) G. BREHM. 4340

H. C. Burton, *Antibiotica aus Streptomyceten: Die Actiduine.* Ein aus Malaya stammender *Streptomyces*-Stamm bildete bei Züchtung in einem Fischmehl–getrocknetem Hefeautolysat–Saccharose-Medium ein in Ae. lösl. saures Antibioticum niedriger Aktivität, ein farbloses in CH_3OH lösl., in W. unlösl. u. ein farbloses, in W. lösl., beide von großer Wirksamkeit sowie eine Gruppe chem. ähnlicher, hochwirksamer Antibiotica (I). I, „*Actiduine*" sind gelbe bis rötliche Substanzen, die in organ. Solventien eine starke, in wss. eine schwächere gelbliche Fluorescenz zeigen. I wurden aus Kultur-Fll. u. Mycelextrakten durch Säure- u. Komplexfällung, Lösungsmittelextraktion u. Adsorptionsverff. abgetrennt u. durch Lösungsmittelfällung, Chromatographie u. CRAIG-Verteilung gereinigt. I enthalten C, H, N u. S, in einem Fall auch Cl (F. $>350^0$), lösen sich in starken Mineralsäuren (Fällen durch Verdünnen) u. sind kurze Zeit bei saurem u. neutralem, nicht jedoch bei alkal. p_H beständig. Die krist. *Reineckate* sind acetonlösl. u. für die Chromatographie geeignet. λ_{max}: *Actiduin-II,* 6,04, 6,54, 6,86, 7,05, 7,27, 7,47, 7,67, 8,1, 8,3, 8,6, 8,73, 9—9,14, 9,45, 9,87, 10,91, 11,9, 12,2, 12,7, 13,3; *III,* 6,04, 6,41, 6,86, 7,04, 7,27, 8,1, 8,3, 8,61, 9,71, 9—9,14, 9,45, 10,91, 11,9, 12,2, 12,7, 13,33, 13,91, 14,37; *VI,* 6,04, 6,54, 6,86, 7,28, 7,48, 7,67, 8,05, 8,3, 8,58, 9—9,14, 9,4, 9,85, 10,1, 10,9, 12,67, 13,3, 13,9 μ (Paraffinpaste). Bei saurer u. alkal. Hydrolyse geben I ninhydrinpositives Material (II) u. fluorescierende, etwas saure Substanzen. II ist papierionophoret. in saure u. neutrale Fraktionen zerlegbar. *Actiduin II, III, IV, VI* wirken gegenüber *Staph. aureus* u. zahlreiche, relativ gegen Antibiotica resistente grampositive Organismen stark wachstumshemmend, gegen gramnegative Organismen u. *M. tuberculosis* inaktiv. Die antibakterielle Aktivität wird durch Behandlung mit Penicillinase, p-Cephalosporinase, Trypsin, Cystein u. menschl. Serum nicht reduziert. Cu^{2+} u. schwächer Zn^{2+} setzen die Wirksamkeit herab. (Chem. and Ind. **1955.** 442—43. 16/4. Oxford, Univ., Sir William Dunn School of Pathol. and Dyson Perrins Labor.) K. MAIER. 4340

D. Molho und **L. Molho-Lacroix,** *Vergleichende Untersuchung des Antagonismus zwischen einigen Phenylalaninderivaten und Chloromycetin, β_2-Thienylalanin und β-Phenylserin.* Da *Chloromycetin* (I) nicht nur als Strukturanaloges des *Phenylalanins* (II), sondern auch als *Dipeptid*-Analogon auffaßbar ist, wurden die Dipeptide *Glycylphenylalanin* (III), *Glycyl-p-nitrophenylalanin* (IV) u. *Sarkosyl-p-nitrophenylalanin* (V) synthetisiert u. ihre antagonist. Wrkg. sowie die der *N-Dichloracetylderivv.* von II u. *p-Nitrophenylalanin* (VI) gegenüber I, *β_2-Thienylalanin* (VII) u. *β-Phenylserin* (VIII) an *E. coli*-Kulturen geprüft.

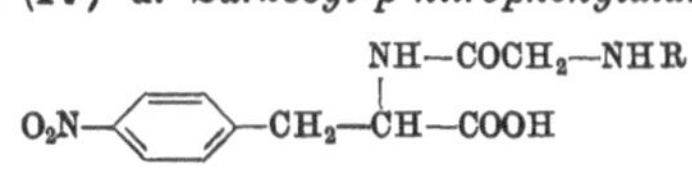

IV R = H
V R = CH_3

Während II in der Konz. $2 \cdot 10^{-6}$ die I-Wrkg. nicht beeinflußt, ist bei $5 \cdot 10^{-7}$ I ein schwacher Antagonismus feststellbar. VI verhält sich gegenüber I, VII u. VIII wie II. III u. noch mehr IV wirken gegenüber I antagonistisch. *Dichloracetylphenylalanin* (IX) u. *Dichloracetyl-p-nitrophenylalanin* (X) beeinflussen die I-Wrkg. nicht. Gegenüber VII u. VIII zeigen III vollständigen, IV u. IX partiellen Antagonismus, X Synergismus. In V ist die antagonist. Wrkg. noch mehr herabgesetzt. Verss. an *E. coli* mit I + peptidreichen Extrakten (Cocosnußmilch, Leberextrakte) ergaben eine merkliche Verminderung der bakteriostat. Wrkg. von I.

Versuche: *N-Monochloracetyl-p-nitrophenylalanin* (XI), F. 125° (W.); aus Nitrophenylalanin u. Chloracetylchlorid in Ggw. von NaOH. — *N-Dichloracetyl-p-nitrophenylalanin,* F. 173° (W.); aus p-Nitrophenylalanin u. Chloracetylchlorid. — *N-Glycyl-dl-p-nitrophenylalanin,* F. 288° (Zers.), Kristallisation (W.-A.); aus XI u. wss. NH_3 bei 50°. — *Sarkosyl-dl-p-nitrophenylalanin,* Zers. bei 240°; aus XI u. 33%ig. wss. CH_3NH_2-

Lösung. (Bull. Soc. Chim. biol. **34.** 99—107. Jan./Febr. 1952. Lyon, Fac. des Sci., Labor. de Chim. biol.) K. Maier. 4340

E. Grosso, *Beitrag zum Studium des Colicins.* 108 Colistämme wurden auf ihre *Colicinbldg.* (I) gegen verschied. Shigella- u. Salmonellastämme geprüft. 77 davon lieferten I, das bei 23 gegen beide Bakterienarten, bei 3 nur gegen Salmonella u. bei 51 gegen Shigella wirksam war. (Boll. Ist. sieroterap. milanese **29.** 373—76. Sept./Okt. 1950. Milano, Ist. di Igiene.) G. Gerber. 4340

James D. Thayer, Frances W. Field und **Miriam I. Perry,** *In vitro-Empfindlichkeit von Hämophilus ducreyi gegenüber verschiedenen Antibioticis.* Auf der Suche nach einem Mittel, dass die Entw. eines selektiven Mediums zur Isolierung des Hämophilus ducreyi (H. d.) ermöglicht, wurde die Hemmkonz. gegenüber H. d. von: *Erythromycin, Carbomycin, Streptomycin, Dihydrostreptomycin, Neomycin, Chlortetracyclin, Oxytetracyclin, Tetracyclin, Chloramphenicol, Aureolsäure* (aureolic acid), *Hygromycin, Amphomycin, Penicillin, Bacitracin, Circulin, Subtilin, Tyrothricin, Furazolidon* bestimmt. *Polymyxin* erwies sich für diesen Zweck als ungeeignet, desgleichen *Nilblau A, A., Tellurit, Aminoguanidin, Methylgrün, Neutralrot, Malachitgrün, Benzimidazol, Auramin O, Hämatoxylin, Glycin, Thionin, Cystin, Cystein, Mapharsen, Eosin Y,* die zusätzlich gegenüber einer Reihe anderer Bakterien getestet wurden, die in den Läsionen des Schankroids vorkommen; H. d. war am empfindlichsten. (Antibiotics and Chemotherapy **5.** 132—34. März 1955. Chapel Hill, N. C., Univ. of North Carolina, School of Public Health, U. S. Public Health Serv., Venereal Disease Exp. Labor.) H. Dossmann. 4340

M. C. Berenbaum, *Autoradiographische Lokalisierung und Messung intracellulärer Antikörper bei Verwendung markierter Antigene.* Ein Kaninchen wurde mit Pneumokokken immunisiert. 4,2 mg seiner Antikörper präcipitierten 1 mg Pneumokokkenpolysaccharide. Diese waren aus Kulturen auf Nährböden gewonnen, die als einzigste C-Quelle C^{14}-1-Natriumacetat enthielten, u. besaßen eine Radioaktivität von 1 μC/mg. Mit A. fixierte Ausstrichpräpp. von der Lunge u. Milz des getöteten immunisierten Kaninchens wurden für 1 Std. bei Zimmertemp. mit einer 1 mg/cm²-Lsg. der markierten Polysaccharide übergossen, gewaschen u. 40 Tage lang einem Photofilm exponiert. Bei Färbung nach Leishman-Giemsa war eine Bindung des markierten Antigens lediglich innerhalb der Zellen vom reticuloendothelialen Typ erkennbar. Aus den bekannten Größen für die polysaccharidbindende Fähigkeit der Serumantikörper (1 : 4,2 mg), für die Radioaktivität der verwendeten Polysaccharide (1 μC/mg) sowie der Anzahl der im Autoradiogramm sichtbaren Granula pro Zelle wurde ein intracellulärer Antikörpergeh. von 5—50 γ pro Zelle geschätzt. (Nature [London] **177.** 46—47. 7/1. 1956. Greenford, Middlesex, Glaxo Labor. Ltd., Res. Labor.) E. Fischoeder. 4370

E_4. Pflanzenchemie. Pflanzenphysiologie. Pflanzenpathologie.

Masami Monsi und **Tosiro Saeki,** *Über den Lichtfaktor in den Pflanzengesellschaften und seine Bedeutung für die Stoffproduktion.* Überwiegend theoret., mathemat.-physikal. Betrachtungen über die Abhängigkeit der Stoffproduktion einer Pflanzengesellschaft von Lichtstärke, Blattmenge, Deckungsgrad u. a.; Entw. einer Gleichung für die Berechnung der Stoffproduktion einer Pflanzengesellschaft. (Jap. J. Bot. **14.** 22—52. 1953. Tokyo, Univ., Naturwiss. Fak., Bot. Inst.) H. Koblitz. 4404

Cornelia A. Reinders-Gouwentak und **J. Sipkens,** *Der Einfluß von Photoperiodismus, Ruheunterbrechung und Wuchsstoffbehandlung auf Pappelstecklinge.* Zur Unters. des Problems der Blattknospen- u. Wurzelentw. von südafrikan. Pappelstecklingen unter mitteleuropäischen Bedingungen wurden Verss. mit niederländ. Lang- u. Kurztagspflanzen durchgeführt. Bei Übertragung der Ergebnisse auf die südafrikan. Stecklinge ist jedoch zu beachten, daß sich jene im Stadium der Nachruhe, diese aber in dem der Früh- oder beginnenden Mittelruhe befanden. Der Einfl. des Photoperiodismus wurde durch Variation der Tageslänge, der Ruheunterbrechung nach Molisch durch Tauchen der Stecklinge für 1 Min. in W. von 50° u. der Hormonwrkg. durch Behandlung für 12 Std. mit einer wss. Lsg. von 100 mg/Liter *β-indolylessigsaures Na* (I) untersucht. Unterbrechung der Nachruhe von Stecklingen, die von Pflanzen im künstlichen Kurztag stammen, ist günstig für die Entw. der Knospen. Da die Wurzelbldg. durch I-Behandlung stark gefördert, durch Ruheunterbrechung aber nur schwach gehemmt wird, ist eine Kombination beider Methoden für die Stecklingsentw. förderlich. Die beste photoperiod. Behandlung ist eine Kultivierung für ca. 2 Wochen im Dunkeln u. anschließendes Wachstum im Langtag. Die Anzahl der pro Steckling gebildeten Wurzeln von Langtagspflanzen war immer größer als die von Kurztagspflanzen. (Proc., Kon. nederl. Akad. Wetensch., Ser. C **56.** 71—80. Jan./Febr. 1953. Wageningen, Niederlande, Labor. voor Algem. Plantkunde, Arboretumlaan.) H. Koblitz. 4404

S. M. Siegel, *Die Wirkung verschiedener physikalischer Einflüsse auf Samen.* 1. Mitt. *Die Wirkung kurzer Wärme- und Kältebehandlungen auf die Keimung und Lichtempfindlichkeit.* (Bot. Gaz. **112.** 57—70. Sept. 1950. Frederick, Md., Hull Bot. Labor.) W. BEINERT. 4404

A. F. Djamanski und **Milka Benaček-Milenković,** *Dynamik der freien Aminosäuren im Aprikosenbaum während der Vegetationsperiode.* Aus den Unterss. über den Geh. der Frucht, des Stengels u. des Blattes des Aprikosenbaumes zu verschied. Vegetationsperioden an *Asparaginsäure* (**I**), *Asparagin*(**II**), *Glutaminsäure* (**III**), *Alanin* (**IV**), *Valin* (**V**), *Serin* (**VI**) u. *Gesamt-N* geht hervor, daß **I**, **II** u. **III** für die akt. Vegetationsperiode spezif. sind. Während des biol. Absterbens treten **V** u. **VI** auf. Die höchste **II**-Menge beobachtet man in den wachsenden Früchten u. Blättern. Das Verhältnis **II**/**I** ist mit 15: 1 am höchsten in der grünen Frucht, beträgt bei der roten Frucht 5 : 1, bei der reifen Frucht 1 : 1. Im Blatt ist das Verhältnis **II**/**I** mit 4,5 : 1 am höchsten vor der Fruchtreife. **II** verschwindet aus dem Blatt, wenn die Frucht reif u. überreif wird. Der **I**-Geh. des Blattes ist nach dem Fruchtabfall 2—3 mal geringer als während des Fruchttragens. Den höchsten Geh. an Gesamt-N beobachtet man im Samen der physiol. reifen Frucht. Der **IV**-Geh. erreicht sein Maximum im abgestorbenen Blatt. (Гласник Хемиског Друштва, Београд [Ber. chem. Ges. Belgrad] **19.** 119—35. 1954. Belgrad, Chem. Inst. der Serb. Akad. der Wiss.) O. LEBTAG. 4420

P. C. Joshi, *Die Farbstoffe der Blütenblätter von Brugmansia aurea Saff.* Brugmansia aurea Saff., eine Daturaart, besitzt große, trichterförmige Blüten, deren Blütenblätter in der Knospe grün sind u. sich bei der Entfaltung allmählich grünlichgelb, hellgelb, zuletzt tieforange färben. Die grünen u. die orangefarbenen Blütenblätter wurden getrennt mit organ. Lösungsmitteln extrahiert; bei jenen resultierte eine grüne Lsg. mit roter Fluorescenz, bei diesen ein tiefgelber Extrakt. Fraktionierung der grünen Lsg. zeigte die Anwesenheit von *Chlorophyll* (**I**) u. Carotinoiden, bestehend aus *Carotin* (**II**) u. *Xanthophyll* (**III**). Bei entsprechender Behandlung der gelben Lsg. war kein **I** nachweisbar, woraus geschlossen wird, daß während der Reifezeit der Blütenblätter **I** verschwindet. Zur Bestätigung der Ergebnisse wurde eine Fraktionierung der Farbstoffe mittels Säulenchromatographie durchgeführt. Das Chromatogramm der grünen Blütenblätter bestand aus allen vier Farbstoffen: die beiden **I** in der Saccharose, **III** in der $CaCO_3$ u. **II** in der Al_2O_3-Schicht. Das Chromatogramm der orangefarbenen Blütenblätter enthielt kein **I** bei gleichbleibendem **III**- u. vermehrtem **II**-Gehalt. Histolog. Unterss. zeigten, daß in den grünen Blütenblättern die Farbstoffe in sehr kleinen Chromatophoren der Epidermiszellen lokalisiert sind, während in den gelben Blütenblättern die Pigmente im Cytoplasma in Form von glänzenden, ölig aussehenden Tröpfchen diffus verteilt sind. In den orangefarbenen Blütenblättern finden sich neben den diffus verteilten gelben Farbstoffen zahlreiche nadelförmige rote Kristalle von **II**. (J. Indian bot. Soc. **32.** 17—20. 1953. Ludhiana, Government Coll., Dep. of Bot.) H. KOBLITZ. 4420

P. I. Lopuschanski und **G. Ch. Molotkowski,** *Polarität und Verteilung der Ascorbinsäure in den Walnußpflanzen* (*Juglans regia L.*). Die Unters. des *Ascorbinsäure* (**I**)-Geh. in den Organen junger u. alter Walnußbäume ergab eine recht verschied. Verteilung von **I**. In jungen Zweigen steigt der **I**-Geh. zu den Zweigspitzen hin an, bei älteren Zweigteilen hingegen nimmt er zum Stamm hin u. weiter in Richtung zum Boden zu. In den Wurzeln steigt der **I**-Geh. nach oben an, so daß man im Wurzelhals am meisten **I** findet. Es ließen sich hier bis zu 3600 mg% **I** nachweisen. In jungen Trieben findet man abwechselnd von Segment zu Segment ein stufenweises Zu- u. Abnehmen der **I**-Gehh. in Richtung zur Triebspitze. Alle diese Erscheinungen weisen auf polare Verhältnisse innerhalb des Pflanzenorganismus hin, welche sich auch im **I**-Geh. ausdrücken. (Доклады Академии Наук СССР [Ber. Akad. Wiss. UdSSR] **103.** 723—26. 1/8. 1955. Tschernowitz, Univ.) M. ULMANN. 4425

R. G. Chitre, D. B. Desai und **V. S. Raut,** *Die Biosynthese der Nicotinsäure in keimenden Getreidesorten und Hülsenfrüchten.* Verschied. der Zwischenprodd. der Tryptophan–Nicotinsäure (**I**)-Umwandlung wurden auf ihre Wrkg. hin untersucht, die Biosynth. von **I** bei den genannten Objekten zu steigern. Einen derartigen Effekt haben Tryptophan, Kynurenin, Chinolinsäure u. Serin, während Kynureninsäure, Anthranilsäure u. 3-Oxyanthranilsäure diese Wrkg. nicht zeigen. Nach Vorstellung der Vff. geht die Umwandlung folgendermaßen vonstatten: *Serin* + *Indol* → *Tryptophan* → *Kynurenin* → 3 oder 4 noch unbekannte Zwischenstufen → *Chinolinsäure* → **I**. (Proc. Soc. biol. Chemists, India **13.** 17—18. 1955. Bombay, G. S. Med. Coll.) H. HERMANN. 4425

L. I. Rubentschik, *Einige Streitfragen über die Rolle von Bodenmikroorganismen in der Pflanzenernährung.* An Hand der Literatur (22 Angaben) wird festgestellt, daß die grünen Pflanzen nicht auf die Mitwrkg. von Mikroorganismen bei ihrer Ernährung angewiesen sind, wenngleich diese auch nicht ausgeschlossen zu sein braucht, vor allem im Hinblick auf die Vermittlung gewisser organ. Verbindungen. (Микробиология [Mikrobiologie] **24.** 229—33. März/April 1955.) A. JACOB. 4450

Fernand Caujolle und **Georgette Bergal**, *Einfluß von α-Naphthylborsäure auf die Keimung und die Entwicklung der Keimpflanzen einiger Dikotyledonen. α-Naphthylborsäure* (I) setzt bei Konz. 10^{-5} die Keimfähigkeit von Lactuca sativa um 39% herab; bei Konz. 10^{-4} Keimhemmung bei allen untersuchten Pflanzen bis auf Sinapis alba u. Medicago sativa, z. T. Hemmungen bis 88%; bei Konz. 10^{-3} Hemmung im allg. um 100—70%. *Borsäure* u. *Phenylborsäure* sind weniger aggressiv als I. Die Entw. der Jungpflanzen ist gestört, Verdickungen der Stengel u. Hemmung ihres Längenwachstums sind zu beobachten. *α-Naphthylessigsäure* (II) wirkt äquivalent bis etwas stärker von der Konz. 10^{-7} an. Das Wurzelwachstum wurde von Konzz. über 10^{-5} gehemmt, von Konzz. über 10^{-4} bei allen untersuchten Arten völlig unterbunden. Die Schädigungen bestehen außer in vermindertem Längenwachstum auch in Verdickungen der Keimwurzeln. II ist schon bei Konzz. von 10^{-8} bis 10^{-6} an wirksam, bei schwachen Verdünnungen I prakt. gleich. (C. R. hebd. Séances Acad. Sci. **232.** 109—10. 3/1. 1950.) W. SCHUSSHAN. 4455

Heidi Ruckenbrod, *Untersuchungen über den Umsatz der Chlorogensäure in höheren Pflanzen.* Es wird eine zuverlässige qualitative u. quantitative Bestimmungsmeth. für *Chlorogensäure* (I) angegeben. Nach chromatograph. Abtrennung wird vom Papier eluiert (Erkennung im UV) u. die Absorption bei 324 mμ gemessen. Qualitative Erkennung erfolgt durch Besprühen des Chromatogramms mit $FeCl_3$ oder HÖPFNERs Reagens. Auch *Kaffeesäure* kann analog bestimmt werden. Das Vork. von I wurde in vielen Pflanzen bestätigt oder neu nachgewiesen. Sonnenblumenkerne enthalten 1% I der Trockensubstanz, Efeublätter 7,0—10 mg/g Frischgewicht. Der I-Geh. der Samen von Helianthus annuus nimmt beim Keimen stark ab, während der Fruchtreife zu. Diese Erscheinung wird mit der Fettbldg. u. Atmung verglichen. Bei Verabreichung von Rohrzucker wird die I-Bldg. in belichteten Blattstücken von Hedera helix stark gefördert. Mannit u. Inosit bewirken keine I-Synth., ebenso Tyrosin. NaF u. 2.4-Dinitrophenol in geeigneter Konz. hemmen die I-Synth. aus Zucker, während Fluoressigsäure u. $CHCl_3$ in geringer Konz. keinen Einfl. ausüben. Aus den Versuchsergebnissen wird geschlossen, daß die Synth. der I wahrscheinlich von der Stufe der Brenztraubensäure oder Essigsäure ausgeht u. energieliefernde Prozesse beteiligt sind. Es wird ein in Blättern von Hedera helix vorkommender Stoff charakterisiert u. seine Ähnlichkeit mit I aufgezeigt. Wahrscheinlich handelt es sich um ein Isomeres der I. (Planta **46.** 19—45. 1955. Tübingen, Univ., Bot. Inst.) A. DILLMANN. 4460

L. K. Osstrowskaja und **B. A. Geller**, *Die Bedeutung von Kupferspuren für die Umwandlung von Stickstoff in den Blättern des Hafers. Cu*-Mangel hemmt die Eiweißsynth. in der Pflanze, entweder indirekt durch Erhöhung der Atmungsintensität oder direkt, wobei möglicherweise der Eiweißabbau durch Cu begünstigt wird, da bekannt ist, daß Cu^{2+} mit dem N von Peptidbindungen komplexe Cu-Salze bildet u. eine Aufspaltung der Proteine in größere Polypeptide bewirken kann. Gefäßverss. mit Torf, wo gewöhnlich ein starker Cu-Mangel herrscht, mit Einführung von $^{15}(NH_4)_2SO_4$ als Nachdüngung ergeben innerhalb 20 Std. einen NH_4^+-Austausch von 11,05% bei n. Cu-Zufuhr, 7,04% bei Cu-Mangel, wenn keine N-Verdünnung mit dem N von Torf berücksichtigt wird. Der Eiweißzuwachs der Haferblätter in 8 Std. beträgt bei n. Cu-Zufuhr 38%, bei Cu-Mangel 15%. (Доклады Академии Наук СССР [Ber. Akad. Wiss. UdSSR] **103.** 727—30. 1/8. 1955. Inst. für Pflanzenphysiol. u. Agrochem. u. Inst. für physikal. Chem. der Akad. der Wiss. der UkrSSR.) R. K. MÜLLER. 4470

A. C. Leopold und **Frances S. Guernsey**, *Eine Theorie der Auxinwirkung unter Einbeziehung von Coenzym A.* Mitochondrienpräpp. aus den Eianlagen von Tomatenblüten vermögen bei p_H 6,5 in Ggw. von ATP als Energiequelle die Sulfhydrylgruppe des *Coenzyms A* mit der Säuregruppe verschied. *Auxine* zu verestern. Der Verlauf der Rk. wurde durch spektrophotometr. Messung des Geh. an verbleibenden freien SH-Gruppen verfolgt. Die Rk. findet nicht statt, wenn auch nur einer der Reaktionspartner im Syst. fehlt. Verschiebung des p_H-Wertes in alkal. Gebiet führt zur vollständigen Freilegung aller SH-Gruppen. Die Wirksamkeit der verschied. Auxine hängt von ihrer Struktur ab u. läuft parallel mit ihrer Aktivität als Wachstumsregulatoren. In die gleiche Richtung fällt auch die Beobachtung, daß relativ hohe Auxinkonzz. die Enzym-Rk. hemmen, analog der Wachstumshemmung durch zu hohe Konzz. an Auxin. Es wird angenommen, daß die Auxine im Verlauf des Wachstums u. Stoffwechsels z. T. mit Coenzym A reagieren unter Bldg. einer energiereichen Esterbindung, ähnlich den Thiolestern anderer Säuren mit dem Enzym. Dadurch können die Auxine eine große Anzahl von synthet. u. Stoffwechsel-Rkk., die mit dem Coenzym A zusammenhängen, kontrollieren u. das Wachstum regulieren. (Proc. nat. Acad. Sci. USA **39.** 1105—11. Nov. 1953. Lafayette, Ind., Agric. Exp. Stat.) H. KOBLITZ. 4485

R. S. Choudhri und **B. K. Gaur,** *Wirkung gewisser Aminosäuren und Wachstumsregulatoren auf das Überleben und das Bewurzelungsverhalten von Duranta plumieri-Stecklingen.* Hinsichtlich der Bewurzelungsfähigkeit der Stecklinge von Duranta plumieri, einer wichtigen Heckenpflanze, wurden Tauchverss. in wss. Lsgg. von *Glutamin-* (**I**), *Aminobernstein-* (**II**), *β-Indolylessig-* (**III**), *β-Indolylpropion-* (**IV**), *Phenoxyessig-* (**V**) u. *2.4-Dichlorphenoxyessigsäure* (**VI**) in den Konzz. 10, 100 u. 1000 mg/Liter durchgeführt. Die Stecklinge wurden mit dem basalen Ende in die entsprechenden Lsgg. eingestellt u. dann unmittelbar in Spezialnährböden eingesetzt. Kontrollverss. wurden mit Stecklingen angesetzt, die einmal in keiner Weise vorbehandelt (Ka.), zum anderen 15 Std. in Leitungswasser getaucht wurden (Kb.). Die Klimaverhältnisse wurden zur Beurteilung der Verss. herangezogen. Während völlig unbehandelte Stecklinge weitestgehend abstarben u. nur geringe Wurzelbldg. nach Zahl u. Länge aufwiesen, überlebten 53,8% der gewässerten Stecklinge mit einer durchschnittlichen Wurzelanzahl von 16,6 u. einer Wurzellänge von 10,7 cm. **I**-Behandlung mit 10 mg/Liter war hochwirksam bzgl. des Überlebens u. der Bewurzelung; höhere Konzz. wirkten ungünstiger. Dagegen wurden bei Behandlung der Stecklinge mit 10 mg/Liter **II** nur die Kb.-Werte erreicht. **III** u. **IV** waren bei 10 mg/Liter am wirksamsten: bei 10 mg/Liter **III** größte Wurzellänge, das 2,5fache des Kb.-Wertes, bei 10 mg/Liter **IV** überlebten 83,3%, längste Wurzel fast 20 cm, bei 100 mg/Liter **IV** überlebten noch 75%, bei 1000 mg/Liter **IV** jedoch Absterben aller Stecklinge. Substituierte Phenoxyessigsäuren bewirkten keinerlei Stimulierung: Stecklinge in einer Lsg. von 10 mg/Liter **V** erreichten nur die Kb.-Werte, während die gleichen Konzz. **VI** sogar schädlich wirkten. Aus den Ergebnissen wird geschlossen, daß eine Vorbehandlung der Stecklinge von Duranta plumieri mit 10 mg/Liter **I** oder **IV** sich sehr günstig auf Überleben u. Bewurzelung auswirkt. (J. Indian bot. Soc. **32.** 46—53. 1953. Banaras, Hindu Univ., Coll. of Agric.) H. KOBLITZ. 4485

S. M. Siegel und **A. W. Galston,** *Experimentelle Verknüpfung von β-Indolylessigsäure und Erbsenwurzelprotein in vivo und in vitro.* Erbsenwurzelspitzen wurden mit verschied. Konzz. *β-Indolylessigsäure* (**I**) in $^1/_{60}$mol. Phosphatpuffer, p_H 6,1, behandelt. Es zeigte sich, daß **I** schnell u. fest an ein *Protein* (**II**) gebunden wird, wobei unter Annahme eines **II**-Mol.-Gew. von 10^5 ca. 0,1—1 Mol **I** auf 1 Mol **II** entfällt. Die Bldg. dieser in vivo-Bindung wird durch Cyanid, Azid, Jodacetat u. Dinitrophenol, ferner durch die Ggw. anderer Auxine, etwa α-Naphthylessigsäure, gehemmt. Durch verd. Säuren oder Alkali, Aceton oder kochendes W. kann **I** nicht von **II** getrennt werden; der Komplex ist in vitro bei 2^0 mindestens 72 Std. beständig. In vitro kann die Bindung von **I** an **II** mittels ATP als Energiequelle durchgeführt werden. Diese Rk. wird durch Zugabe von *Coenzym A* (**III**) gehemmt, was durch die Konkurrenz zwischen **II** u. **III** um das **I**-Mol. erklärt wird. Wahrscheinlich tritt unter Bldg. eines Thioäthers eine Bindung zwischen **I** u. **III** ein, da die Rk. durch Jodacetat gehemmt wird. Die Annahme, daß **I** die prosthet. Gruppe eines Enzyms ist u. seine Wirksamkeit als Wuchsstoff erst nach Bindung an ein Protein entfallen kann, wird durch vorst. Ergebnisse unterstützt. (Proc. nat. Acad. Sci. USA **39.** 1111 bis 18. Nov. 1953. California Inst. of Technol., Kerckhoff Labor. of Biol.) H. KOBLITZ. 4489

G. J. von Abrams, *Auxinverhältnisse in einer Erbse mit Zwergwuchs.* Unterss. an Erbsensämlingen haben gezeigt, daß Pflanzen mit n. u. solche mit Zwergwuchs ein sehr verschied. Verh. gegenüber *β-Indolylessigsäure* (**I**) zeigen. Während die Pflanzen mit Zwergwuchs auf ein Besprühen mit einer Lsg. von 2 mg **I** pro Liter mit einer 30%ig. Wachstumszunahme reagieren, wird das Wachstum der n. Pflanzen bei dieser Behandlung bedeutend gehemmt. Erhöhung der Konz. von **I** u. häufigeres Besprühen vergrößern die gegensätzlichen Wirkungen nicht. Verss., dieses verschied. Verh. auf einen besonderen Unterschied im Auxinstoffwechsel zurückzuführen, waren erfolglos. Bes. stimmen in beiden Varietäten die Ergebnisse folgender Messungen gut überein: Inaktivierung von **I** durch maceriertes Epicotylengewebe, p_H-Optimum der Inaktivierung von **I**, Inaktivierung von **I** durch Epicotylenschnitte, Diffusion von Auxin aus abgeschnittenen Spitzenknospen, Best. des Auxingeh. durch Extraktion mit kaltem Ae., Freisetzung von gebundenem Auxin aus Epicotylen bei alkal. Hydrolyse u. die Umwandlung von Tryptophan in Auxin durch Epicotylenschnitte. Aus den Ergebnissen wird geschlossen, daß das unterschiedliche Verh. gegenüber äußerlich angewendeter **I** nicht die Ursache des Zwergwuchses erklären kann. (Plant Physiol. **28.** 443—56. Juli 1953. Pasadena, Calif., California Inst. of Technol., Kerckhoff Labors. of Biol.) H. KOBLITZ. 4485

E₅. Tierchemie. Tierphysiologie. Tierpathologie.

Günther Gillissen und **Rudolf Hausmann,** *Die Deutung von Resultaten biologischer Arbeiten mit Isotopen unter besonderer Berücksichtigung des Tierexperimentes.* Hinweis auf Versuchsfehler, die an Hand vergleichender Messungen an 2 verschied. ^{60}*Co*-Präpp. in physiol. NaCl-Lsg. mit dem BECHER-Zählrohr aufgewiesen werden. Große Unterschiede in der Ionendichte der vergleichenden Messungen sind zu vermeiden, ebenso Verwendung zu großer Aktivitäten, aber auch solcher, die den Nutzeffekt des Zählrohres unterschreiten, ferner zu lange Meßdauer, damit die durch Netzschwankungen auftretenden Störimpulse nicht als Fehler auftreten, oder zu kurze Meßdauer, da dieselbe die Streubreite in unerwünschter Weise zu sehr vergrößert. Ermittlung des Nutzeffektes u. seines statist. Fehlers vor Best. des Gesamteffektes u. Verwendung eines homogenen Tiermaterials sind Voraussetzung. (Ärztl. Forsch. **9.** II/101—03. 10/8. 1955. Mainz, Univ., Hyg. Inst.) HEINRICH HERMANN. 4500

Aldo A. Luisada, Abraham R. Goldfarb, Giano Magri und **Robert Saffian,** *Technische Modifikationen der Radiocardiographie.* Die Nachteile eines früher von PRINZMETAL (Science [Washington] **108.** [1948.] 340) angegebenen Verf. zur Durchführung radiocardiograph. Unterss. mit ^{24}*Na* am lebenden Herzen werden erörtert u. es werden Verbesserungen der Meth. beschrieben: Als Injektionssubstanz wird *Dijodfluorescein* mit ^{131}*J* verwendet, als Detektor ein Bi-γ-Zähler mit Pb-Hülle u. Strahleintrittsfenster. Die Zählimpulse werden durch einen direkt schreibenden Elektrocardiographen registriert, der gleichzeitig andere Funktionen schreiben kann. Über prakt. Verss. an Hunden u. Menschen wird berichtet, der Durchlauf des akt. Isotops durch rechte u. linke Ventrikel ist erkennbar. (Science [Washington] **117.** 299—300. 20/3. 1953. Chicago, Ill., Med. School u. Mount-Sinai Hosp., Div. of Cardiol.) W. REUSSE. 4500

Sam L. Hansard, *Stoffwechsel-Meßkäfig für Messungen mit Radioisotopen an Hunden.* Es wird ein Käfig für Versuchshunde beschrieben, in dem Stoffwechselunterss. mit *akt. Isotopen* durchgeführt u. die Exkremente quantitativ aufgefangen werden können. (Science [Washington] **117.** 301—02. 20/3. 1953. Oak Ridge, Tenn., Univ. of Tennessee, AEC Agric. Res. Program.) W. REUSSE. 4500

H. L. Kornberg, R. E. Davies und **D. R. Wood,** *Messung des gesamten Körperwassers mit Harnstoff.* Durch Messung der Blutradioaktivität nach intravenöser Injektion bestimmter Mengen ^{14}C-*Harnstoffs* kann das gesamte Körperwasser hinreichend genau bestimmt werden. (Nature [London] **169.** 502—03. 22/3. 1952. Sheffield, Dep. of Biochem.) F. KRUSEN. 4510

Gunnar Nordenstrahl, *Untersuchungen über Kalium bei Toxämie in der fortgeschrittenen Schwangerschaft.* Es werden die K-Gehh. in Blut, Nabelschnur, amniot. Fl. u. in Geweben bei Toxämie bestimmt u. mit denen bei n. Schwangerschaft verglichen. Ferner wurde die K-Ausscheidung u. ihre Beeinflussung durch Verabfolgung von NH_4Cl, KCl, Desoxycorticosteron u. Cortison untersucht. — 283 Literaturangaben. (Acta obstetr. gynecol. scand., **32.** Suppl. 3. 1—118. 1952. Stockholm, Karolinska Inst. Sabbatsbergs Sjukhus u. Karolinska Sjukhuset.) P. LOCH. 4510

E. Klenk und **F. Lindlar,** *Über die Eikosapolyensäuren der Glycerinphosphatide des Gehirns.* Zur Best. der Eikosapolyensäuren der Glycerinphosphatide des Gehirns wurden 6 g Methylester einer C_{20}-Polyensäurefraktion, die aus dem Gemisch der hochungesätt. Fettsäuren der Glycerinphosphatide durch Hochvakuumdest. der Methylester herausfraktioniert worden war (JZ. 243) u. wovon eine Probe durch Hydrierung in reine *Arachinsäure* (**I**), $C_{20}H_{40}O_2$, F. 74,2—75°, überführt worden war, durch Gegenstromverteilung nach dem Verf. von CRAIG in einer 200stufigen, vollautomat. App. getrennt u. weiteruntersucht (UV-Spektr. nach Alkaliisomerisierung u. Ozonisierung). Nachgewiesen werden a) $\Delta^{5.8.11.14}$-*Eikosatetraensäure,* $C_{20}H_{32}O_2$, JZ. 305, ein dünnfl., klares, schwach gelb gefärbtes Öl. Hydrierung liefert **I.** Nach der Ozonidspaltung werden erhalten Glutarsäure, Bernsteinsäure u. Malonsäure. — b) $\Delta^{5.8.11}$-*Eikosatriensäure,* $C_{20}H_{34}O_2$, JZ. 224, ein dünnfl., klares, fast farbloses Öl, Hydrierung führt zu **I.** Nach der Ozonidspaltung werden nachgewiesen Glutar- u. Malonsäure, ferner Korksäure, F. 132,3—133,7°. — c) $\Delta^{11.14}$-*Eikosadiensäure* (**II**), $C_{20}H_{36}O_2$, JZ. 138, ein dünnfl., klares, schwach gelbliches Öl. Hydrierung führt zu **I.** — Nach der Ozonidspaltung wurden nachgewiesen Kork- u. Azelainsäure in Spuren u. Malonsäure. Neben **II** noch reine Δ^{11}-*Eikosensäure,* F. 19,4—20°. (Hoppe-Seyler's Z. physiol. Chem. **301.** 156—64. 26/7. 1955. Köln, Univ., Physiol.-chem. Inst.) H. P. FIEDLER. 4520

O. E. Nikkilä und **R. R. Linko,** *Papierelektrophoretische Analyse des bei geringer Ionenstärke aus der Skelettmuskulatur von Fischen extrahierten Eiweißes.* Es wurden die in 0,0156 mol. Na_2HPO_4 + 0,0035 mol. NaH_2PO_4 (p_H 7,55, Ionenstärke 0,05) suspendierten Muskelextrakte von 10 Fischarten der finn. Westküste untersucht. Die Elektrophorese dauerte 17 Std. bei 296 V. Dann wurden die Streifen 30 Min. bei 105° getrocknet, mit Bromphenolblau in mit $HgCl_2$ gesätt. A. angefärbt, mit 0,5%ig. Essigsäure gewaschen, mit 3—6 ml 0,01 n NaOH partiell eluiert u. bei 575 mμ die jeweilige Absorption gemessen. Der Hechtmuskel wurde außerdem bei —4 bis —8° durch steigende A.-Konzz. (16 bis

77 Vol.-%) in 6 Eiweißfraktionen zerlegt. Zahl u. relative Mengen der in den einzelnen Pherogrammen auftretenden Komponenten variieren charakterist. von Art zu Art. Die Unterschiede gestatten eine einwandfreie Trennung. Gleiche Ergebnisse wie auf Papier lieferte die Elektrophorese freier Lösungen. Die 6 A.-Fraktionen ließen sich, z. T. durch p_H-Variierung, weiter auftrennen, aber nicht weit genug, um die Ergebnisse einiger enzymat. Unterss. zu vervollständigen. (Biochem. J. **60.** 242—47. Juni 1955. Turku, Finland, Univ., Dep. of Biochem.) D. DRESSLER. 4520

Jean Roche und **Marcelle Eysseric-Lafon,** *Über die Existenz zweier Arten von jodhaltigen Skleroproteinen (Antipathin und Gorgonin) bei den Korallen.* Die *J-Skleroproteide* des Hornskelettes der Antipatheriden (Ap.) u. Gorgoniden (Gg.) entsprechen 2 Arten deutlich verschied. Zusammensetzung. Der Geh. an *Histidin* der ersten ist stark erhöht (12,4—17,3% an Stelle von 0,8—3,3%). Die Existenz der einen oder anderen Art des Skleroproteids im Stützorgan der Ap. oder Gg. macht ein biochem. Charakteristikum der Gruppe der Anthozoen aus. Der mittlere Gesamt-J-Geh. wurde bei Ap. zu 2,7%, bei Gg. zu 6,8% gefunden. (C. R. hebd. Séances Acad. Sci. **231.** 1582—83. 18/12. 1950.) H. PATZSCH. 4520

Yvonne Khouvine und **Marie-Louise Hirsch,** *Ribonucleoproteide aus dem atypischen Epithel der Ratte. Ribonucleinsäure und Proteine.* Es wird die Extraktion von *Ribonucleoproteinen* aus dem Krebsgewebe des atyp. Epithels der Ratte beschrieben. Der Extrakt ließ sich aufspalten in eine *Ribonucleinsäure* (I) u. 2 Proteine. Die Säure ist reich an *Guanin* u. *Cytosin,* enthält aber wenig Uracil. Sie ähnelt der I der Kalbsleber. Bei den beiden Proteinen handelt es sich um *Globuline;* sie sind in $^1/_{20}$n NaOH löslich. Sie fallen aus bei p_H 5. Ihre Hydrolysenprodd. enthalten in der Hauptsache *Tryptophan.* (Bull. Soc. Chim. biol. **34.** 305—20. 1952. Paris, Inst. de Biol. phys.-chim., Serv. de Biochim.) J. KEIL. 4520

Ingrid Neckel, *Chemische und elektronenmikroskopische Untersuchungen über das Guanin in der Haut einiger Fische.* Die glänzende Substanz aus den Häuten einiger Fischarten wurde chem. u. licht- u. elektronenopt. mit reinem krist. *Guanin* verglichen. Die Doppelbrechung ist in beiden Fällen etwa die gleiche, der Kristallhabitus ist in vitro regelmäßiger u. weniger blättchenförmig als in vivo, Elektronenbeugung gibt in beiden Fällen das gleiche Bild; die chem. Analyse der glänzenden Substanz ergibt außer Guanin noch Calciumphosphat, Eiweiß, Lipoide, vermutlich aus dem umgebenden Gewebe. Die andersartige Kristalltracht des Fischhautguanins kann durch organ. Lösungsgenossen beeinflußt sein. (Mikroskopie [Wien] **9.** 113—19. 1954. Berlin-Dahlem, Max-Planck-Ges., Forsch.-Stelle für Mikromorphologie.) H. C. WOLF. 4520

Poul Kruhøffer, *Untersuchungen über den Lungendiffusionskoeffizienten für CO bei normalen Versuchspersonen mittels ^{14}CO.* Eine Technik zur Best. des Lungendiffusionskoeff. für CO (D_{LCO}) bei ruhenden Personen wurde entwickelt. Der Lungendiffusionskoeff. ist gleich der Anzahl cm³ des Gases, die durch die gesamte Alveolarmembran in einer Min. diffundiert, wenn über der gesamten Alveolarmembran eine Hg-Druckdifferenz von 1 mm aufrechterhalten wird. Die Versuchsperson atmet ein Gasgemisch mit bekanntem H_2- u. ^{14}CO-Geh. im geschlossenen System. Aus dem Vol. des Syst. u. der Abnahme der radioakt. Konz. wird der Koeff. berechnet. Darst. u. Analyse von ^{14}CO werden beschrieben. (Acta physiol. scand. **32.** 106—23. 1954. Copenhagen, Univ., Inst. of Med. Physiol.) R. HÄHNEL. 4550

Takashi Kitagawa, *Untersuchung der die negative Osmose bewirkenden Membran.* Mit Hilfe des Osmometers von YASUMARU werden verschied. Arten biol. u. nichtbiol. Membranen daraufhin untersucht, ob sie negative Osmose gestatten oder nicht, wenn als innere Lsg. des Osmometers HCl, als äußere dest. W. verwendet werden. Es wird gefunden, daß mit Casein oder Bovinserum getränkte Kollodiummembranen sowie mit Froschhaut negative Osmose erhalten wird, daß sie also im lebenden Organismus auftreten kann. (J. Kyoto prefect. med. Univ. **55.** 833—35. Juni 1954. Kyoto, Pref. Med. Univ., Dep. of Biophys.-Chem. [Orig.: japan., Auszug: engl. L XXI.]) E. ROTTER. 4550

R. Altevogt, *Hyaluronidase und Antikörperbildung.* Intramuskulär oder intravenös zusammen mit Antigen gegebene *Hyaluronidase* beeinflußte die Antikörperbldg. bei Kaninchen nicht. (Arch. Hyg. Bakteriol. **138.** 475—77. Okt. 1954. Münster, Westf., Univ., Hygien. Inst.) H. GIBIAN. 4551

A. Gross, *Änderungen des Blutleukocytengleichgewichtes bei der Ratte im Verlauf des Ovalbuminschocks.* Nach intraperitonealer Injektion von Ovalbumin tritt bei Ratten eine beträchtliche Lymphopenie ein. Nach den Unterss. des Vf. erfolgt hierbei eine Mitwrkg. von Nebenniere u. Hypophyse. (C. R. Séances Soc. Biol. Filiales **144.** 1033—34. Aug. 1950. Fac. de Méd. et de Pharm., Labor. de Physiol.) K. NEHRING. 4551

J. Tomcsik und **C. A. Schild,** *Schädigung und sphärische Umwandlung der Erythrocyten bei der Hämagglutination.* Die Behauptung, daß Hammelerythrocyten immer durch Hämagglutinine deformiert werden, kann nicht bestätigt werden. Es kommt auf das gegenseitige Verhältnis des als antisphär. Faktor wirksamen Albumins zu dem sphär. Faktor Lecithin an, ob die Erythrocyten Kugel- oder Scheibenform annehmen. (Experientia [Basel] **6.** 422—23. 15/11. 1950. Basel, Univ., Hygieneinst.) E. FISCHOEDER. 4551

L. Kesztyüs, T. Szilágyi, S. Nikodémusz und **T. Jávor,** *Die antigene Fähigkeit des Fibrinogens.* Die engen Beziehungen der *Fibrinogene* verschied. Tierspecies zueinander u. die geringe Artspezifität des Fibrinogens wird mittels Präcipitation mit Kaninchenseren nach Immunisierung mit Rinder- u. Schweinefibrinogen nachgewiesen. (Acta physiol. Acad. Sci. hung. **1.** 100—04. 1950. Debrecen, Univ., Path.-physiol. Inst.) E. FISCHOEDER. 4551

William H. Taliaferro und **Lucy G. Taliaferro,** *Hämolysinbildung im normalen und milzexstirpierten Kaninchen.* Es wurde bei n. u. milzexstirpierten Kaninchen nach intravenöser Injektion von Schafblutkörperchen die *Hämolysin*-Bldg. photometr. in bestimmten Zeitabschnitten untersucht. Dabei ergab sich, daß die Milzantikörper sehr schnell u. in relativ großer Konz. gebildet werden, während die außerhalb der Milz stattfindende Antikörperbldg. in geringer Menge erfolgt, aber über eine längere Zeit anhält. (Science [New York] **111.** 456. 28/4. 1950.) H. GOHR. 4551

Edwin Sidi und **S. Dobkevitch,** *Gekreuzte Sensibilisierungen gegen die „Para-Gruppe".* An zahlreichen Personen mit allerg. Erkrankungen, die auf Sensibilisierung gegen *p-Phenylendiamin* (I), *Sulfonamide* (bes. *p-Aminophenylsulfonamid*) oder Anästhetica, wie *Novocain, Anästhesin,* beruhten, wurden Testverss. durchgeführt. Es zeigte sich, daß diese 3 Gruppen von Benzolderivv., deren Substituenten die p-Stellung einnehmen, sehr häufig gekreuzte Sensibilisierung bewirken, d. h. bei der Auslösung allerg. Rkk. gegenseitig vertretbar sein können. Mehrere klin. Fälle bestätigten diese Ergebnisse. Auch bei Personen, die mit *p-Aminobenzoesäure* oder Azofarbstoffen von Textilien sensibilisiert waren, konnten mit den obengenannten Stoffen positive Haut-Rkk. hervorgerufen werden. (Semaine Hôpitaux Paris **26.** 1819—21. 22/5. 1950.) M. E. FERNHOLZ. 4551

E. Sidi und **S. Dobkevitch,** *Über die Gefahr der Lokalanästhesie bei gegen die „Para-Gruppe" sensibilisierten Personen.* (Vgl. auch vorst. Ref.) Vff. berichten über mehrere Fälle von allerg. Erkrankungen nach Injektion von *Novocain* bei Personen, die gegen Sulfonamide, synth. Anästhetica oder Phenylendiaminsubstanzen mit der „Para-Gruppe" sensibilisiert waren. Die allerg. Rkk. trafen in verschied. Stärke vom leichten Ekzem bis zum Schock auf. (Semaine Hôpitaux Paris **26.** 1821—22. 22/5. 1950.) M. E. FERNHOLZ. 4551

N. S. Assali und **J. Hamermesz** (unter techn. Mitarbeit von **M. Ross**), *Adrenocorticotrope Substanzen aus der menschlichen Placenta.* 4 Fraktionen aus menschlichem Placentagewebe u. aus Blut im Raume zwischen den Zotten wurden nach der Meth. der Ascorbinsäureverarmung auf adrenocorticotrope Wirksamkeit geprüft. *Fraktion D* u. *B* (dargestellt nach der Oxycellulosemeth. aus Chorionzotten bzw. aus Blut im Raume zwischen den Zotten) zeigen hohe corticotrope Wirksamkeit. Die Wirksamkeit von 0,15 mg von *Fraktion D* war mit derjenigen von 1 Millieinheit Standard-Corticotropin vergleichbar. Es wird der Schluß gezogen, daß während der Schwangerschaft die Funktion des Hypophysenvorderlappens weitgehend gehemmt wird, während die Placenta wahrscheinlich einen Teil der Funktionen übernimmt. (Endocrinology **55.** 561—67. Nov. 1954. Los Angeles, Calif., Univ., Dep. of Obstetr. and Gynecol.) B. GÖRLICH. 4559

P. Guinet und **R. Béthoux,** *Der F.S.H.-Spiegel im Urin bei Diabetes nach Kastration oder in der Menopause.* Die niedrigen F. S. H. (follikelstimulierendes Hormon) -Spiegel lassen sich nicht durch die Ggw. anomaler Ausscheidungsprodd. erklären. Man könnte an im Körper chem. veränderte Gonadotropine denken, die sich dann im Urin unseren Untersuchungsmethoden entziehen. (Ann. d'Endocrinol. **16.** 108—13. 1955. Lyon, Hôp. de Lyon.) H. AMAN. 4559

Ernesto Salgado und **Hans Selye,** *Die Erzeugung von Hypertension, Nephrosklerose und Herzschädigungen bei der Ratte durch Methylandrostendiolbehandlung.* Intakte Ratten, welche durch einseitige Nephrektomie u. hohe Na-Zufuhr sensibilisiert wurden, zeigten nach Verabreichung von *Methylandrostendiol* (I) ein Hyalinosesyndrom (Nephrosklerose, Periarteriitis nodosa, Myocarditis, hyalinisierte Knötchen im Herzen). Diese Veränderungen sind mit denjenigen nach *Desoxycorticosteronacetat* vergleichbar. Nach doppelseitiger Adrenalektomie treten diese patholog. Veränderungen nach Verabreichung von I nicht auf. Bei der Erzeugung von Hyalinose durch I nimmt das Gewicht der Nebenniere nicht zu, jedoch findet man zahlreiche Hyalinkörnchen in den Nebennierenrindenzellen. (Endocrinology **55.** 550—59. Nov. 1954. Montreal, Univ., Inst. of Exp. Med. and Surgery.) B. GÖRLICH. 4559

Nathan Lavenda und **Harry Y. C. Wong**, *Der Einfluß von Diäthylstilböstrol auf das hämopoetische System junger Mäuse.* Junge Mäuse wurden getrennt mit Testosteronpropionat u. *Diäthylstilböstrol* (täglich je 250 γ) behandelt. Nach 20 Tagen wurden Blutproben genommen, die Tiere getötet u. seziert. Diäthylstilböstrol bewirkte eine größere Wachstumshemmung bei Männchen als bei Weibchen. Es zeigte sich eine charakterist. Verminderung der Leukocyten in der peripheren Blutbahn. Die Wrkg. des Diäthylstilböstrols als Hemmfaktor des Stoffwechsels wird diskutiert u. eine Beziehung zur Leukocytenentw. angenommen. (Amer. J. Physiol. **179.** 46—48. Okt. 1954. Washington, D. C., Howard Univ., Coll. of Med., Dep. of Physiol.) H. GOHR. 4559

L. Desclin und **A. M. Ermans**, *Die Wirkung des Follikelhormons auf die thyreotrope Aktivität der Hypophyse bei der Ratte. Östradiolbenzoat* (I) (5 γ/Tag) bewirkt bei männlichen Ratten eine starke Erhöhung des Schilddrüsengewichtes, während es bei kastrierten Tieren schwach gesenkt wird. Wird den Tieren *Thiouracil* (**II**; 25 mg/Tag) gegeben, so erhöht sich das Schilddrüsengewicht um über das Doppelte. Eine etwas stärkere Steigerung wird bei kastrierten u. noch mehr bei mit **I** behandelten Tieren beobachtet (vgl. auch C. **1952.** **3681**). In einer 2. Versuchsreihe untersuchten Vff., welche *Thyroxin* (**III**)-Mengen bei n., bei kastrierten u. bei mit **I** behandelten Tieren nötig sind, um den durch **II** bedingten Effekt auf die Schilddrüse aufzuheben. Bei den n. u. den mit **I** behandelten Tieren waren hierzu 4 γ **III**, bei kastrierten Tieren 3 γ **III**/Tag nötig. (C. R. Séances Soc. Biol. Filiales **144.** 1277—79. Sept. 1950. Brüssel, Fondation méd. Reine Elisabeth, Labor. d'Endocrinologie.) H. SCHEURLEN. 4559

W. Koch, E. Heim und **J. Eschweiler**, *Der Einfluß der Geschlechtshormone auf die Muskulatur.* Injektion von *hohen* Dosen von Östrogenen bewirkt in der Muskulatur von Hühnern histol. feststellbare Veränderungen (Quellung der Muskelfasern, körniger Zerfall, Auflösung von Fasern, Einrisse im Sarkolemm). Das Bindegewebe ist gequollen, aufgelockert u. ödematisch. Das Fleisch von Rindern verschied. Geschlechts unterscheidet sich nach turbidimetr. Messungen durch qualitativ u. wahrscheinlich auch quantitativ verschied. *Hyaluronsäure*-Gehalt. Die Bindegewebegrundsubstanz ist demnach nach dem Geschlecht verschieden. (Acte endocrinol. [Copenhagen] **16.** 369—76. Aug. 1954. München, Univ., Inst. für Tierzucht.) K. F. MÜLLER. 4559

A. Bolliger, *Durch Östrogen induzierte Organumwandlungen bei einem ausgewachsenen Opossum (Trichosurus vulpecula).* Ausführliche Wiedergabe der C. **1955.** **9121** referierten Arbeit. (J. Proc. Roy. Soc. New South Wales **88.** 33—39. 1954. Sydney, Univ., Gordon Craig Res. Labor., Dep. of Surg.) H. P. FIEDLER. 4559

Alfred Steiner, Henry Payson und **Forrest E. Kendall**, *Die Wirkung von Östrogenen auf die Serumlipoide der Coronarsklerotiker.* Günstiger Einfl. (Abfall) durch Östrogene (*Äthinylöstradiol*) auf die Serumlipoide (Neutralfette, Cholesterin, Phospholipoide) von Coronarsklerotikern nach Dosen von 0,25—1 mg täglich über 18—62 Tage. (Circulation [New York] **11.** 784—88. Mai 1955. New York, Columbia Univ., Coll. of Surgeons and Physicians, Dep. of Med. and Goldwater Memor. Hosp., first Div. Research Serv.) V. SACHS. 4559

U. Herrmann, *Über die Behandlung der klimakterischen Ausfallserscheinungen mit androgenem Hormon.* Kasuistik. (Praxis [Bern] **44.** 991—93. 3/11. 1955. Bern, Univ., Frauenklinik.) H. DOSSMANN. 4559

Alberto Martelli, *Anabolische Wirkung und Veränderungen in der Blutzusammensetzung durch Methylandrostendiol. Literaturzusammenfassung und eigener Beitrag.* Bei 10 Schwerkranken u. 8 Personen mit psych. Erschöpfung wurde *Methylandrostendiol* (50 bis 75 mg jeden zweiten Tag) gegeben. Danach kam es zu deutlicher Gewichtszunahme u. Besserung des Blutbildes. Angaben über Blutzucker nach Glucosebelastung mit u. ohne Methylandrostendiol. (Arch. Scienze med. **98** (79). 397—415. Dez. 1954. Bologna, Ospedale Maggiore.) G. GERBER. 4559

Frank M. Morgan jr., George K. Wharton, Paul Starr und **Robert R. Commons**, *Klinische und biochemische Beobachtungen bei der Anwendung großer Dosen Testosteronpropionat bei akuten und chronischen Leberkrankheiten.* Tägliche Gaben von 300 mg *Testosteronpropionat* (I) bewirkten zwar subjektiv Hebung des Allgemeinbefindens bei akuten oder chron. Leberkrankheiten (z. B. Besserung des Appetits), jedoch reagierten Lebercirrhosen mit verstärkter Wasserretention. Libidosteigerung nach **I** bei Männern u. Frauen konnte als Zeichen der Rekonvalescenz gewertet werden, aber nur bei akuter Hepatitis u. subakuter alkoh. Cirrhose. (Amer. J. Gastroenterol. **21.** 89—120. Febr. 1954. Los Angeles, Univ. of Southern California u. County General Hosp.) L. BERGER. 4559

J.-L. Clerc, *Behandlung der senilen Vaginitis durch lokale Anwendung einer Ovocyclin-Salbe.* Bericht über die Behandlung von 5 Fällen seniler Vaginitis mit einer Ovocyclin-Salbe, deren Erfolg durch mkr. Unters. des Vaginalausstriches belegt wird. (Rev. méd. Suisse romande **73.** 40—42. Jan. 1953. La Chaux-de-Fonds.) H. SCHEURLEN. 4559

Richard J. Block und **H. B. van Dyke**, *Aminosäuren im Protein des Hypophysenhinterlappens.* Nach Säurehydrolyse konnte papierchromatograph. das Vork. von 16 Aminosäuren im Protein des Hypophysenhinterlappens nachgewiesen werden. Es enthält 15 Moleküle *Cystin, Alanin* u. *Prolin*; 9 Moleküle *Serin* u. *Asparaginsäure*; 7 Moleküle *Phenylalanin, Threonin, Isoleucin* u. *Valin*; 4 Moleküle *Arginin, Lysin* u. *Tyrosin* u. 1 Mol. *Histidin.* Die Werte werden mit den von anderen Autoren an Oxytocin- u. Vasopressinpolypeptiden erhaltenen verglichen. (Arch. Biochem. Biophysics **36.** 1—4. März 1952. New York, Flower and Fifth Avenue Hosp.; Columbia Univ., Coll. of Phys. and Surg., Dep. of Pharmacol.) F. KRUSEN. 4560

W. T. Koch und **F. J. Wolf**, *Reinigung von Corticotropin.* Durch Behandlung mit Cellulosederivv. konnte eine vielfache Reinigung von *Corticotropin* (**I**)-Extrakten vom Rind (durch Methanol–Essigsäure-Extraktion der entfetteten Drüsen erhalten) erzielt werden. Neben Oxycellulose erwiesen sich Cellulosederivv. mit sauren funktionellen Gruppen (Citrat, Phosphat) als brauchbare Adsorbentien für **I**, während Carboxymethylcellulose weniger wirksam war. Die Kräfte, die für die Fraktionierung von **I** durch die Cellulosederivv. verantwortlich sind, werden diskutiert. (J. Amer. chem. Soc. **77.** 489—90. 20/1. 1955. Rahway, N. J., Merck Comp., Chem. Div.) L. LEICHTER. 4560

R. Chanda, Helen M. Clapham und **E. C. Owen**, *Die Wirkung von Thyrotropin auf den Stoffwechsel von Carotinoiden und Vitamin A bei lactierenden Kühen.* Bei *Carotin* (**I**)-freier Ernährung (Grünfutter-frei) nahmen bei Kühen in Blut u. Milch **I** sowie Carotinoide ab, *Vitamin-A-Ester* (**III**) im Blut ab, *Vitamin-A-Alkohol* (**IV**) in der Milch jedoch zu. Bei erneuter Grünfütterung ist der Vorgang rückläufig, wird dann jedoch *Thyrotropin* (**II**) (= *Ambinon,* ORGANON LABORATORIES LTD.) entsprechend 2,5 g frischer Hypophysenvorderlappen alle 2 Tage injiziert, so nimmt **III** in Blut u. Milchfett stark zu. Wird nach **I**-Mangel-Ernährung **II** gegeben, so nimmt in Milch u. Blut **IV** stark zu, u. fällt beim Absetzen von **II** im Blut wieder stark ab. **II** ähnelt in diesem Verh. Thyroxin. (Biochem. J. **52.** XVII—XVIII. Kirkhill, Ayr, Hannah Dairy Res. Inst.) H. L. DU MONT. 4560

Roger Acher und **Jacqueline Chauvet**, *Die Struktur des Rindervasopressins.* Die von den Vff. bereits früher (vgl. C. **1955.** 2006) veröffentlichten Unterss. zur Ermittlung der Struktur des *Vasopressins* (**I**) werden nunmehr ausführlich beschrieben. Danach war es möglich, die Struktur des **I** durch oxydativen Abbau mittels Perameisensäure bzw. durch Hydrolyse nach EDMAN mittels Trypsin oder Säure wie folgt festzulegen: Cys·Tyr·Phe·Glu(NH_2)·Asp(NH_2)·Cys·Pro·Arg·Gly(NH_2). (Biochim. biophysica Acta [Amsterdam] **14.** 421—29. Juli 1954. Paris, Fac. des Sci., Labor. de Chim. biol.) H. P. FIEDLER. 4560

J. D. Crawford und **Barbara Pinkham**, *Die Beseitigung von antidiuretischem Hormon aus dem Kreislauf durch die Niere.* Große Mengen von *antidiuret. Hormon* werden in kurzer Zeit durch die Nieren u. die Organe des Splanchnicusgebietes aus dem Kreislauf entfernt. Die Schwierigkeiten, die sich bei der Best. des Hormontiters im Blut unter physiol. Bedingungen ergeben, sind darauf zurückzuführen. Die empfindlichste Best. der Hormonsekretion dürfte die Best. im Harn unter Zugrundelegung des Verhältnisses zwischen W. u. gesamtem osmot. wirksamem gelöstem Stoff sein. (Endocrinology **55.** 699—700. Nov. 1954. Boston, Mass., Harvard Med. School and Childrens Med. Serv.) B. GÖRLICH. 4560

Raoul Lecoq, Paul Chauchard und **Henriette Mazoué**, *Vergleich des somatotropen und des adrenocorticotropen Hormons in besonderem Hinblick auf ihren Widerhall im Nervensystem.* Chronaxieunterss. mit dem *somatotropen* (**I**) u. *adrenocorticotropen* (**II**) Hormon zeigen, daß sie verschied., oft sogar entgegengesetzte pharmakodynam. Eigg. besitzen. **I** wirkt erregend, **II** depressiv, **I** acidot., **II** alkalotisch. Weder **I** noch **II** besitzen anaphylakt. Eigg., aber **I** ist ein Antihistaminicum, dessen Wirkungen auf die nervalen Effekte des Histamins denen des Antergans vergleichbar sind. Die Indikationen für **I** sind denen des ACTH–Cortison-Syst. entgegengesetzte. (Thérapie **9.** 717—25. 1954. Saint-Germain-en Laye, Labor de l'Hôpital et Labor de Neurophysiol., École des Hautes Études.) K. BÖHM. 4560

G. Chirico, O. Zangaglia und **S. Viola**, *Somatotropin und Tuberkulose. Experimentelle Untersuchungen.* 16 Meerschweinchen, die subcutan oder bronchial mit Tuberkulosebakterien infiziert worden waren, erhielten teilweise nach der Inoculation täglich 8 E. *somatotropes Hormon* subcutan. Es kam zu keiner wesentlich verlangsamten Ausbreitung der Infektion, wohl aber zur verstärkten Fibrosierung. (Arch. Scienze med. **98** (**79**). 379—96. Dez. 1954. Pavia, Ist. di Clinica Medica.) G. GERBER. 4560

David J. Sandweiss, Harry C. Saltzstein, S. R. Scheinberg und **Arthur Parks**, *Hormonuntersuchungen beim Ulcus pepticum. Adrenocorticotropes Hormon* (*ACTH*) *und Cortison.* Hunde mit künstlichem *Ulcus pepticum* lebten durchschnittlich um 40% länger als mit *ACTH* behandelte, wenn sie *Cortison* erhielten, u. um über 100% länger als unbehandelte.

Ähnliche Ergebnisse nach Gaben von *Uroanthelon*, *Kutrol* (Extrakt aus Schwangerenurin). Beim Menschen sollte nach Erfahrung der Vff. diese Therapie nur nach Versagen der üblichen konservativen erfolgen. (J. Amer. med. Assoc. **144.** 1436—42. 23/12. 1950. Detroit, Harper Hosp., Res. Div.) J. BROSEMANN. 4560

T. Okui, *Die Behandlung der Epidermolysis bullosa hereditaria mit ACTH.* Unter der Behandlung mit *ACTH* (7 Tage lang, 6std. 12,5—6,25 mg, insgesamt 250 mg) verschwanden die Blasen. 3 Tage nach Absetzen von ACTH bildeten sich jedoch neue. (Acta dermatol. [Kyoto] **49.** 187—92. 1953. Kyoto, Univ., Fac. of Med., Dep. of Dermatol. [Orig.: japan., Auszug: engl. 20—21.]) P. LOCH. 4560

James J. Smith, *Die Behandlung akuter alkoholischer Zustände mit ACTH und Nebennierenrindenhormonen.* KORSAKOW-Syndrom, akute Alkoholvergiftung u. Delirium tremens werden vom Vf. als Stoffwechselstörungen aufgefaßt u. deshalb mit *ACTH* (I) oder *Nebennierenrindenextrakt* (II) mit gutem Erfolg behandelt. Beim KORSAKOW ist I unwirksam, II erfolgreich. I u. II zeigen gute Erfolge bei akuter Alkoholvergiftung, II ist wegen ausgesprochen beruhigender Wrkg. vorzuziehen. Überraschend ist der Erfolg von I beim Delirium tremens (= Erschöpfung der Nebennierenfunktion, Tiervers.). Selbst schwere durch Pneumonie komplizierte Fälle wurden innerhalb von 36 Std. normal. (Quart. J. Stud. Alcohol **11.** 190—98. Juni 1950. New York, Univ., Bellevue Med. Center.) L. BERGER. 4560

N. R. Stephenson, *Bestimmung von Nebennierenrindenhormonen am Thymus der abgesetzten Ratte.* Als Kriterium des Verh. gegenüber *11-Oxycorticosteroiden* (I) läßt sich die Involution der Thymusdrüse intakter abgesetzter Ratten verwenden. Es werden die geradlinigen Kurven ausgewertet, die man erhält, wenn das relative Thymusdrüsengewicht in Abhängigkeit vom log der injizierten I-Dosis aufgetragen wird; die Kurven anderer Substanzen, die Thymusdrüsenatrophie hervorrufen, sind von denen der I deutlich verschieden. Durch I wird eine schnellere Thymusdrüseninvolution unter Verwendung geringerer Dosen bewirkt als durch andere untersuchte Steroidhormonpräparate. Die Neigung der mit einem I erhaltenen Dosis-Effekt-Kurve wird erhöht: bei Verwendung adrenalektomierter Ratten, weiblicher Ratten u. von pflanzlichem Öl als Injektionsmedium. Der Fehler der Best. wird durch Verwendung von Tieren des gleichen Wurfes, deren Gewicht möglichst wenig schwankt, verringert. Der Standardfehler ist gewöhnlich geringer als $\pm 15\%$, wenn 40 weibliche, 21—23 Tage alte Ratten des WISTAR-Stammes in einem Doppelvers. verwendet werden. Der Vorteil der Thymusinvolutionsmeth. besteht darin, daß intakte Ratten verwendet werden u. daß chem. Analysen von Geweben nicht notwendig sind. (Canad. J. Biochem. Physiol. **32.** 689—702. Nov. 1954. Ottawa, Ont., Dep. of Nat. Health and Welfare, Food and Drug Labors.) K. F. MÜLLER. 4561

Elijah B. Romanoff und **Charlotte A. Hunt,** *Die Wirkung von Adrenalektomie, Hypophysektomie und Chemotherapie auf die Allantoinsynthese bei Ratten.* Im Vgl. zu Normalratten beobachtet man bei adrenalektomierten männlichen Ratten einen deutlichen Abfall der *Allantoin* (I)-Ausscheidung im Harn. Dieses deutet auf eine Störung des Nuclein-Abbaues zu I hin. Hypophysektomie ruft auch eine verminderte I-Bldg. hervor. Die Therapie mit Cortison bei adrenalektomierten Ratten u. ferner mit ACTH bei hypophysektomierten Ratten bewirkten wieder eine n. I-Bildung. (Amer. J. Physiol. **179.** 15—19. Okt. 1954. Shrewsbury, Mass., Worcester Found. for Exp. Biol.) H. GOHR. 4561

Lis Zachariae und **Erik Moltke,** *Die Wirkung von Hydrocortison (Compound F) auf Mastzellen der normalen Haut und heilender Wunden beim Kaninchen.* Die Wrkg. von intradermal verabreichtem *Hydrocortison* (I) auf Kaninchenmastzellen wurde an 63 Biopsien untersucht u. mit der Wrkg. von intradermal verabreichtem *Cortison* (II), *Cholesterin* u. Salzlsg. verglichen. Die intradermale Verabreichung von I u. II bewirkte beim Kaninchen Veränderungen der Mastzellen. Am auffälligsten war die Veränderung der Granula, die sehr ungleich in Aussehen u. Größe waren. Außerdem trat im Cytoplasma der Mastzellen, deren Zahl nicht red. zu sein schien, eine Vakuolisierung auf. Die Unterschiede in der Dauer der Wirkungen von I u. II können auf Löslichkeitsunterschiede zurückzuführen sein. Auf die Fibroblasten zeigte sich keine bes. Wrkg.; die Wundheilung wurde nicht merklich verzögert. I u. II scheinen direkt auf die einzelnen Zellen zu wirken. (Acta endocrinol. [Copenhagen] **16.** 300—04. Aug. 1954. Copenhagen, Univ., Inst. of Med. Anatomy, Labor. for Connective Tissue Res.) K. F. MÜLLER. 4561

Henning Letman, *ACTH und Cortison in der Behandlung der erworbenen hämolytischen Anämie.* Auf Grund von 4 selbst beobachteten u. 24 aus der Literatur entnommenen Fällen schließt Vf., daß es bei immunohämolyt. Anämie fast immer möglich sei, durch ACTH- u. Cortisontherapie eine Remission zu erzielen. Es ist zwar mit einer Rückkehr der Symptome nach Aufhören der Behandlung zu rechnen, doch kann in vielen Fällen durch längere Behandlung mit mäßigen ACTH- oder Cortisondosen eine befriedigende

Remission erreicht werden. Im Einklang mit der Besserung während der Behandlung wurde eine Minderung der Autoimmunisation beobachtet. (Acta med. scand. **146.** 436—47. 15/10. 1953. Odense, City and County Hosp.) B. KRAFT. 4561

J. Crabbé, *Der Einfluß von Cortison auf die phagocytische Wirksamkeit von Kaninchenmakrophagen gegenüber Staphylokokken.* (Vgl. C. **1955.** 10550.) Die phagocyt. Wirksamkeit der Makrophagen gegenüber Krankheitskeimen (Staphylokokken) ist gehemmt, wenn die Makrophagen aus mit *Cortison* behandelten Kaninchen erhalten werden. Die die Phagocytose fördernden Serumfaktoren bleiben durch die hormonale Behandlung unbeeinflußt. Der Wirkungsmechanismus von Cortison bei der Phagocytose wird im Zusammenhang mit anderen Verss. diskutiert. (Acta endocrinol. [Copenhagen] **18.** 251—55. März 1955. Brüssel, Veter. State Labor. for Diagn. and Res.) ANTJE SCHMIDT. 4561

E. Barré, A. Danrigal und **J. L. Richier,** *Ergebnisse mit Nebennierenrindentherapie (ACTH und Cortison) im Verlauf der Lungentuberkulose (25 Fälle).* Bericht über günstige Erfahrungen innerhalb 1—3 Monate bei 25 schweren chron. Lungentuberkulosen mit *ACTH,* 25 bzw. 75 mg/Tag, oder *Cortison,* 50—150 mg/Tag. Keine Zwischenfälle bei Kombination mit Antibioticis. (Rev. Tuberculose [5] **19.** 698—711. 1955. Rennes.) H. DOSSMANN. 4561

M. Spengler, A. Labhart und **T. Wegmann,** *Die Wirkung von Cortison und ACTH auf Infektionskrankheiten.* Klin. Bericht. (Praxis [Bern] **44.** 854—57. 22/9. 1955. Zürich, Univ., Med. Poliklinik.) H. DOSSMANN. 4561

Ernest E. Muirhead, Andres Goth und **Frances Jones,** *Natrium- und Kaliumaustausch bei der Infusion mit Norepinephrin.* Die intravenöse Infusion von *Norepinephrin* (1 bis 7 mg/kg) bei einer Serie von 11 Hunden führte innerhalb von 20—50 Min. eine bemerkenswerte Erhöhung des Blutdruckes u. ferner im Plasma einen Anstieg des K sowie ein Absinken des Na ohne weitere Veränderung der Cl-Konz. bei den einzelnen Tieren herbei. Das beobachtete Verh. des Blutdrucks u. der Plasmaelektrolyte läßt auf eine Rk. des Cardiovasculären Syst. schließen. (Amer. J. Physiol. **179.** 1—4. Okt. 1954. Dallas, Tex., Univ. of Texas, Southwestern Med. Coll., Dep. of Pathol. and Pharmacol.) H. GOHR. 4561

L. van Middlesworth, *Aufnahme von radioaktivem Jod von normalen Neugeborenen.* Durch Unterss. bei 7 Neugeborenen mit ^{131}J wurde gefunden, daß die Jodaufnahme durch die Schilddrüse in diesem Lebensalter innerhalb eines Bereiches liegt, der dem bei Erwachsenen mit hyperthyreoidem Zustand entspricht. Das einfache Verf., das nur wenig ^{131}J erfordert, erscheint als geeignet zur Diagnose von Schilddrüsenstörungen bei Kindern. Die Schlußfolgerungen u. Vorsichtsmaßnahmen bei diesem Verf. werden dargelegt. (A.M.A. Amer. J. Diseases Children **88.** 439—42. Okt. 1954. Memphis, Tenn., Univ. of Tennessee, Coll. of Med., Dep. of Physiol.) J. SCHWAIBOLD. 4562

Jan Fidleus und **Artur Jurand,** *Jodhaushalt im Organismus und Schilddrüsenhormone.* Schilderung des Wissensstandes: J_2-Stoffwechsel im menschlichen Organismus, Funktion der *Schilddrüse* (I) im J_2-Stoffwechsel, I-Hormone, Hirnanhang u. I, Verff. zur Darst. von I-Präpp. u. *Thyroxin,* Erkrankungen durch I-Störungen, chem. u. biol. Methoden zur Unters. des J_2-Stoffwechsels sowie die Wrkg. von Thioharnstoffderivv. als Heilmittel. (Wiadomości chem. **4.** 342—61. Nov./Dez. 1950. Kraków, Med. Akad.) H. FREYTAG. 4562

M. Maqsood, *Galaktopoietische Wirkung des Thyroxins bei Rindern in subtropischen Ländern.* 2 Büffel u. 2 Kühe erhielten oral *Protamon* (**I**; Handelsname eines Thyroproteinpräp. mit 0,75% l-Thyroxin; CEROPHYL LABOR., Kansa City, Kans.) in 15 g **I** entsprechender Menge. Während des 4 Wochen dauernden Vers. betrug der tägliche Milchertrag der Kontrollen 22,7 $\pm$ 0,027 lb., der der behandelten Tiere 27,1 $\pm$ 0,018 lb. **I** erhöht signifikant den Milchertrag. Bei den Durchschnittstempp. (rectal) bestand kein signifikanter Unterschied. (Nature [London] **174.** 185. 24/7. 1954. Lahore, Pakistan, Punjab Coll. of Animal Husbandry, Dep. of Physiol.) H. PATZSCH. 4562

Donald F. Tapley, *Magnesiumgleichgewicht bei Patienten mit Myxödem bei Behandlung mit Trijodthyronin.* Vorl. Bericht. Besprechung von Stoffwechselunterss. an 2 Fällen mit Myxödem zwecks Feststellung eines möglichen Zusammenhanges zwischen Schilddrüsenüberfunktion u. Mg-Defizit. Verabreichung einer Diät, die das N-Gleichgewicht n. Personen aufrechterhält, u. Behandlung mit *D-, DL-* u. *L-Trijodthyronin* (**I**). Das vor der **I**-Behandlung positive Mg-Gleichgewicht wurde nach Verabreichung von *L*-I negativ, *D*-I zeigte prakt. keinen Einfluß. Die prim. Ursache der erhöhten Mg-Diurese nach **I** war nicht zu klären. (Bull. Johns Hopkins Hosp. **96.** 274—78. Juni 1955. Baltimore, Md., Johns Hopkins Univ., School of Med., Dep. of Physiol. Chem.) H. DOSSMANN. 4562

C. Zanussi, A. Berengo und **E. Manicardi,** *Wirkung der Anwendung von Schilddrüsenextrakt und Methylthiouracil auf das Komplement, die bakterícide Fähigkeit und die Lysozymaktivität beim Versuchstier.* Von 28 Kaninchen erhielten 8 Schllddrüsenextrakt bis insgesamt 4,65 g, 8 erhielten insgesamt 5,5 g *Dimethylthiouracil;* 10 Kontrollen. Es fand sich in beiden Fällen eine Abnahme des *Lysozyms* u. der bakterіciden Fähigkeit des Blutes. Beim Komplement war nur bei den mit Schilddrüsenextrakt behandelten Tieren eine Abnahme zu finden. (Boll. Ist. sieroterap. milanese **29.** 319—26. Sept./Okt. 1950. Modena, Ist. di Patol. Speziale.) G. GERBER. 4562

Jørgen Ludvigsen, *Untersuchungen über die sogenannte „Muskeldegeneration" des Schweines.* 1. Mitt. Bei der Pathogenese dieser Krankheit spielt die schwache Funktion der Schilddrüse eine Rolle, demzufolge kann sie durch Verabfolgung von *Methylthiouracil* experimentell herbeigeführt werden. Sie kann mit jodiertem Casein behandelt werden. — Während der Krankheit wird mäßige Erhöhung des Serum-K beobachtet, die in schweren Fällen ausgeprägter ist. Der Na-Geh. zeigt fallende Tendenz. Der erhöhte P-Geh. bleibt auch nach überstandener Krankheit bestehen. (Beretn. Forsøgslab. Statens [Husdyrbrugsudvalg] Nr. **272.** 1—105. 1954. Kopenhagen, Statens Husdyrbrugsudvalg.) P. LOCH. 4562

Jørgen Ludvigsen, *Untersuchungen über die sogenannte „Muskeldegeneration" des Schweines.* 2. Mitt. *Einige Wirkungen des Jodcaseins und Methylthiouracils auf Stoffwechsel, Muskulatur und Schilddrüse bei jungen wachsenden Schweinen.* (1. vgl. vorst. Ref.) 1 g *Jodcasein* (I) täglich in 14 Tagen bringt die Gewichtszunahme zum Stillstand. 0,5 g *Methylthiouracil* (II) in 28 Tagen führte zu einer großen Gewichtszunahme. Die Freßlust der mit II behandelten Tiere war herabgesetzt. Die II-Gruppe hatte eine größere Trockensubstanzausnutzung u. eine bessere Ausnutzung der Rohfaser als die I-Gruppe. Die N-Ablagerung ist bei der II-Behandlung groß, während sie bei I-Behandlung nur minimal ist. Etwa 60% der resorbierten P-Menge wird abgelagert. Die P-Ausscheidung im Urin ist bei I größer u. bei II kleiner als bei den Kontrollen. Die Ca-Ablagerung ist bei I klein, bei II groß. 95% des Ca werden abgelagert. Im Urin war die Ca-Ausscheidung gering. I u. II haben keinen Einfl. auf die Trockensubstanz, den Gesamt-N, den koagulierbaren N u. den lösl. N der Muskulatur. — Diskussion. — 33 Literaturangaben. (Beretn. Forsøgslab., Statens [Husdyrbrugsudvalg] **1955.** Nr. 278. 1—159.) H. PATZSCH. 4562

Jørgen Ludvigsen, *Untersuchungen über die sogenannte „Muskeldegeneration" des Schweines.* 3. Mitt. *Die Wirkungen von Jodcasein, Thyroxin und Dijodhistidin auf Wachstum, Futterverbrauch, Muskulatur, Schilddrüse und auf die Fleischqualität.* (2. vgl. vorst. Ref.) Schweine mit Muskeldegeneration (von 32 starben 2 an diesem Symptom während des Vers.) zeigten kleinen Futterverbrauch. 3 g *Jodcasein A* täglich (0,4% stoffwechselsteigernde Wrkg. bei Mäusen) hatte die beste Wrkg. auf die Muskulatur. 1 g *Jodcasein B* täglich (36,8% stoffwechselsteigernde Wrkg.) wirkte geringer. 20 mg *Thyroxin* (I) täglich in 3 Tagen wirkte auf den Energieumsatz der Tiere (Atemlosigkeit u. Temperatursteigerung) so stark, daß die Behandlung abgebrochen werden mußte. Bei 1 mg I täglich in 16 Tagen erhöhte sich nur der Futterverbrauch. *Dijodhistidin* (0,1 u. 0,3 g täglich subcutan in 14 Tagen) war ohne Wirkung. Bei 20 mg I täglich stieg die N-Ausscheidung im Urin am 3. Tag nach Behandlungsbeginn. Mit 1 mg I weiter behandelt, war die Steigerung nach 5—6 Tagen verdoppelt. Am 8. Tag nach Behandlungsbeginn war die N-Ausscheidung wieder auf die Ausgangsnorm gefallen. Unterss. über Farbe der Schnittfläche, Konsistenz u. Geschmack von Schinken der Jodcasein A-Gruppe bestätigen, daß die Qualität der mit Jodcasein A gefütterten Schweine höher u. besser war als die der anderen Versuchsgruppen. Ein Unterschied bei Schilddrüse u. Nebennieren wurde zwischen den Kontrollen, den Jodcasein- u. I-Gruppen nicht gefunden. Dijodhistidin vergrößerte die Schilddrüsen u. erhöhte das Gewicht der Nebennieren. Fütterung mit Jodcasein A hatte die beste Wrkg. auf die „Muskeldegeneration". Welche von den J-haltigen Fraktionen im Jodcasein die wirksamste ist, ging aus den Verss. nicht hervor. (Beretn. Forsøgslab., States [Husdyrbrugsudvalg] **1955.** Nr. 279. 1—60. Kopenhagen.) H. PATZSCH. 4562

Heinrich Bartelheimer, *Diabetes und Schwangerschaft.* Bericht über Arbeiten über den Einfl. des Diabetes auf das werdende Kind. Frühreife, Übergröße, Mißbildungen u. Tod der Neugeborenen sind meist Folge eines langjährigen Diabetes der Mütter. Durch Zufuhr des mütterlichen Blutzuckers wird das Pankreas des Kindes zu starker Inselbldg. angeregt. Vf. fordert klin. Behandlung von diabet. Schwangeren u. Feststellung der einen patholog. Verlauf ankündigenden abnormen Vermehrung der gonadotropen Wirkstoffe im Urin. (Aerztl. Wschr. **5.** 541—45. 4/8. 1950. Kiel, Univ., Med. Klinik.) R. GRAU. 4564

P. Ferret, O. Lindan und **Margaret E. Morgans,** *Trächtigkeit bei insulinbehandelten alloxandiabetischen Ratten.* Alloxandiabet. ♀ Ratten, die durch geringe *Insulin* (I)-Gaben zwar eine wesentliche, aber keine durchgreifende Besserung im Blutzuckerspiegel u. Allgemeinbefinden zeigten, weisen n. Trächtigkeit u. n. Junge auf. Totgeburten oder Todesfälle kurz nach der Geburt entsprechen den Ergebnissen bei n. Tieren. 89% der jungen Tiere überstanden die Entwöhnung bei gutem Gewicht. Bei nicht mit I behandelten alloxandiabet. Ratten überlebten nur 50% der Jungtiere die Entwöhnung bei wesentlich geringerem Gewicht. Ein geringer Teil der Ratten ging während der Lactationszeit wahrscheinlich an Hypoglykämie ein. Nach Herabsetzung der I-Gabe starb keines der Muttertiere mehr. (J. Endocrinology **7.** 100—02. Nov. 1950. London, Univ., Coll. Hosp., Med. School, Med. Unit.) R. GRAU. 4564

Jeanne Lévy und **Estéra Michel-Ber** (unter Mitarbeit von **Micheline Cafiot**), *Nachweis der Ganglien-erregenden Wirkung des Acetylcholins, des Cholins, einiger Cholinester und des Acetyl-β-methylcholins auf den isolierten Dünndarm der Nagetiere. Untersuchung über ihren Wirkungsmechanismus.* Am Duodenum von Ratten u. am Ileum von Meerschweinchen haben *Cholin,* seine sauren Ester u. sein Nitrat sowie der Acetylester des *β-Methylcholins* einen Ganglien-erregenden Effekt, der sich biphas. als kurzdauernder Spasmus mit nachfolgender langdauernder Erschlaffung manifestiert. Die Erschlaffung hat eine adrenerg. Ursache; diese Tatsache weist auf das Vorhandensein von Nervenzellen mit adrenerg. postganglionären Fasern hin. Die synapt. Übertragung des Reizes geht unter Freisetzung von Acetylcholin an den präganglionären Fasern vonstatten. (J. de Physiol. **47.** 575—89. 1955. Paris, Labor. de Jeanne Lévy, Fac. de Méd. u. Inst. Fournier.) HEINRICH HERMANN. 4569

Ruth Vera und **Hector Croxatto,** *Muskelarbeit und antidiuretische Substanzen im Blut.* Nach den Forderungen des BURN-Testes zeigten hyperhydrierte Ratten nach intraperitonealer Injektion von frischem menschlichem Venenblut bestimmte Diuresehemmung. Diese Hemmung ist bei verschied. Spendern deutlich verschieden, beim gleichen Spender bewegt sie sich in engen Grenzen. Nach $^1/_2$std. Muskelarbeit im Cycloergometer, entsprechend 514 kg/Min., zeigte sich eine deutliche Steigerung der Diuresehemmung, während ein Abfall der Hemmung beobachtet wurde, wenn der Blutspender vor Blutentnahme 650 ml W. zu sich genommen hatte. Wie in 8 Verss. gezeigt werden konnte, verhindert Trinken von 650 ml W. vor Muskelarbeit die Steigerung der antidiuret. Aktivität. (J. appl. Physiol. **7.** 172—75. Sept. 1954. Santiago, Univ. de Chile, Inst. de Educat. Fis.) WOLFGANG ALBRECHT. 4569

Fujio Yoshimura und **Akira Negishi,** *Untersuchungen über den Ort der Reninbildung.* Kaninchen erhielten subcutan 3 Tage hintereinander je 1,75 g *Na-Tartrat* (I)/kg Körpergewicht in wss. Lsg., wurden 24 Std. nach der letzten Injektion getötet u. die Nieren entfernt. Zur Extraktion wurden die einzelnen Nierenpartien mit A. homogenisiert u. nach Zentrifugieren Überstand u. Nd. bei 45° getrocknet. Das Pulver wurde in isoton. NaCl-Lsg. gelöst u. die Lsg. den Tieren intravenös verabfolgt. — *Renin* (II) wurde in der A.-lösl. Fraktion der Cortex gefunden u. bewirkte eine Blutdruckerhöhung um 50 bis 60 mm Hg, in der Medulla war I nicht vorhanden. In der wasserlösl. Fraktion war ein blutdrucksenkender Faktor, welcher einen Blutdruckabfall von ca. 30 mm Hg verursachte u. ebenfalls hauptsächlich in den Rindenpartien zu finden war. Die II-Wrkg. der Extrakte entsprach der beim nicht mit I behandelten Tier, der blutdrucksenkende Faktor war eher erhöht. Bei Mischung beider Fraktionen blieb die blutdruckerhöhende Wrkg. erhalten, es trat kein Konkurrenzphänomen der beiden Fraktionen ein. — Die Ergebnisse sprechen dafür, daß Vorbehandlung mit I die Menge des aus der Niere extrahierbaren II nicht herabsetzt. (Amer. J. Physiol. **178.** 251—55. Aug. 1954. Maebashi, Japan, Gunma Univ., School of Med., Dep. of Anat. and Pharmacol.) WOLFGANG ALBRECHT. 4569

Shu Chu Shen und **Allyn B. Ley** (unter techn. Mitarbeit von **Virginia M. Grant**), *Methämoglobinbildung im menschlichen Blut durch Kobalt in vitro.* Als Beitrag zur Kenntnis der Wirkungsweise von Co bei der Blutbldg. wurde die Wrkg. von 0,2% $CoCl_2$ bei 37° in 24 Std. untersucht. Es wurde dabei die Bldg. von *Methämoglobin* (I) beobachtet. Die Prüfung des Mechanismus der I-Bldg. unter diesen Bedingungen führte zu der Annahme, daß Co das n. intracelluläre Reduktionssyst. hemmt, durch das Hämoglobin im Ferrozustand erhalten wird. Die physiol. Beziehungen dieser Befunde mit der beobachteten Verstärkung der Erythropoese bei Behandlung mit Co sind demnach keine unmittelbaren. Sie stehen jedoch wenigstens mit der Hypothese in Übereinstimmung, daß Co durch Störung des enzymat. Reduktionssyst. relative Anoxie verursacht (auch in Geweben, die die Erythropoese kontrollieren), wodurch die Produktion der Erythrocyten angeregt werden könnte. (J. clin. Invest. **33.** 1560—66. Nov. 1954. Boston, Mass.,

Cancer Res. and Cancer Control Unit of Dep. of Surg.; Tufts Coll. Med. School, Dep. of Med.; Harvard Med. School, Dep. of Med.) J. SCHWAIBOLD. 4572

R. G. Westall, *Isolierung von Porphobilinogen aus dem Urin eines Patienten mit akuter Porphyrie.* Durch Fällung mit Quecksilberacetat u. mit Hilfe von Anionen- u. Kationenaustauschern wurde aus dem Urin eines Patienten mit akuter Porphyrie *Porphobilinogen* (I) gewonnen. Blaßrosa Kristalle; $C_{10}H_{16}N_2O_4$. Fast unlösl. in W. u. den üblichen organ. Lösungsmitteln, lösl. in verd. NH_4OH; durch Essigsäure bei p_H 4 Rekristallisation. Nach der Definition von VAHLQUIST entsprechen die Kristalle 130 E./mg. Werden Kristalle bei 170° trocken erhitzt u. der Rückstand in verd. HCl aufgenommen, zeigt sich die für Porphyrine typ. UV-Fluorescenz. I bildet ein wasserlösl. Hydrochlorid, F. 165—170°. Mol.-Gew. konnte nicht bestimmt werden. (Nature [London] **170.** 614—16. 11/10. 1952. London, Univ., Coll. Hosp., Med. School.) H. MATTHIES. 4572

Hermann Passow und **Jürgen H. Eggers**, *Über einige Eigenschaften roter Blutkörperchen in hypertonischen Lösungen.* Photometr. Best. der Lichtdurchlässigkeit von Erythrocyten-Suspensionen in hyperton. *NaCl*-Lsgg. verschied. Konz. u. gleichzeitiges Auszählen der Erythrocytenformen zeigten, daß die Extinktion stark von der Zus. der Suspensionen an verschieden geformten Blutkörperchen abhängt. Lichtdurchlässigkeit u. Zus. der Suspensionen aus verschieden geformten Erythrocyten ändern sich im Laufe der Zeit; die gleichen zeitlichen Veränderungen finden auch in *KCl*-Lsg. statt. (Pflügers Arch. ges. Physiol. Menschen Tiere **252.** 609—19. 20/9. 1950. Hamburg, Univ., Physiol. Inst.) M. E. FERNHOLZ. 4573

Sloan J. Wilson, Gustave Eisemann und **Joan H. Chance,** *Die Messung des Plasma-Thrombocytopeniefaktors nach der direkten und indirekten Blutplättchenmethode.* Transfusion von Normalplasma ruft eine Verminderung der Plättchenzahl hervor, die nur mit der indirekten Meth. der Plättchenbest. feststellbar ist. Möglicherweise ist die Ursache die unterschiedliche Hemmung der Plättchenfragmentation durch einen Faktor des Bluplasmas, das bei der direkten Meth. stärker verd. ist (1 : 200) als bei der direkten Meth. (1 : 5). (Proc. Soc. exp. Biol. Med. **81.** 317—19. Okt. 1952. Kansas City, Kans., Univ. of Kansas, School of Med.) H. MATTHIES. 4573

P. Dastugue und **P. Couderc,** *Über die Extrahierbarkeit des Cholesterins der Blutkörperchen durch Äther bei Gegenwart einiger Substanzen.* Vff. bestimmen an gewaschenen Blutkörperchen die Extrahierbarkeit des *Cholesterins* durch Ae. allein u. mit Zusatz von A., Phenol, Campher, Guajakol, Eucalyptol, Menthol, Chloral u. Chlf. u. erörtern eine mögliche Arbeitshypothese über Änderungen des Gleichgewichtes der cellulären Lipid–Protein-Systeme, in denen die obigen Stoffe den Lipidanteil verdrängen. (Trav. Soc. Pharmac. Montpellier **10.** 32—33. 1950, ausg. 1951. Clermont, Univ., Labor. de Chim. biol. et Pharmacodyn.) K. BÖHM. 4573

Henry E. Weimer, Charles M. Carpenter, Jean Redlich-Moshin, Marshall S. Little und **Eric L. Nelson,** *Ein Vergleich der Glucoproteinkonzentrationen im Serum bei vier Säugetierarten.* Vff. bestimmten im Serum von Mensch, Kaninchen, Meerschweinchen u. Ratte den Geh. von *Glucoprotein* (I) u. *Mucoprotein* (II), das *Gesamtprotein* (III) sowie das Verhältnis **I/III**. Außer für den **I**-Geh. bei Mensch u. Meerschweinchen wurden in allen Fällen statist. gesicherte Unterschiede gefunden. Folgende Werte wurden ermittelt: Mensch: **I** 110 ± 1,6 mg/100 ml; **II** 12 ± 0,5 mg/100 ml; **III** 6,9 ± 0,11 mg/100 ml; **I/III** 1,6 ± 0,03%. Kaninchen: 77 ± 1,8; 10 ± 0,5; 5,9 ± 0,12; 1,3 ± 0,03. Meerschweinchen: 110 ± 1,8; 28 ± 0,8; 5,3 ± 0,06; 2,1 ± 0,03. Ratte: 142 ± 2,7; 21 ± 0,7; 6,3 ± 0,09; 2,3 ± 0,04. (Physiol. Zoöl. **27.** 341—45. Okt. 1954. Los Angeles, Calif., Univ. School of Med., Dep. of Inf. Dis. and San Fernando, VA Hosp.) HANS THIELE. 4574

Benton B. Westfall, Ellison V. Peppers, Katherine K. Sanford und **Wilton R. Earle,** *Der Aminosäuregehalt von Pferdeserumultrafiltraten.* Proteinfreie Ultrafiltrate aus Pferdeserum wurden mit Hilfe der Verteilungschromatographie an Stärkesäulen nach STEIN u. MOORE u. der zweidimensionalen Papierchromatographie (mit 80%ig. wss. Phenol) u. tert.-Amylalkohol–2.6-Lutidin–W.–Diäthylamin (40 : 40 : 19,5 : 0,5) qualitativ u. quantitativ auf ihren Geh. an freien u. gebundenen Aminosäuren untersucht. Die Ultrafiltrate enthielten 2% des Gesamt-N des ursprünglichen Serums an gebundenen oder freien Aminosäuren. Nahezu die Hälfte des Gesamtamino-N der Ultrafiltrate lag in gebundener Form vor; dies ist somit wesentlich mehr, als bisher in solchen Plasmapräpp. gefunden wurde, deren Proteine durch Fällungsreagentien entfernt wurden. Durch Vgl. mit bekannten Aminosäuren wurden in den Ultrafiltraten folgende Aminosäuren (in freier u. in den meisten Fällen in gebundener Form) identifiziert: *Alanin, α-Aminobuttersäure, Arginin, Asparagin, Asparaginsäure, Cystin* (als *Cysteinsäure*), *Glutaminsäure, Glutamin, Glycin, Histidin, Oxyprolin, Isoleucin, Leucin, Lysin, Methionin, Ornithin, Phenylalanin, Prolin, Serin, Taurin, Threonin, Tyrosin, Tryptophan* u. *Valin.* Mindestens 2 Peptide waren im Ultrafiltrat vorhanden. (J. nat. Cancer Inst. **15.** 27—35. Aug. 1954. Bethesda, Md., Nat. Cancer Inst., Labor. of Biol., Tissue Culture Station.) K. F. MÜLLER. 4574

Yoshikazu Ikeda, *Eine Untersuchung der Proteinfraktionen im Blutserum.* Vf. untersuchte an Kaninchen mit verschied. inneren Krankheiten u. solchen mit experimentell erzeugten Leber- u. Nierenschädigungen die Proteinfraktionen des Serums, spezif. Gewicht des Blutes, Blut/W.-Geh. u. osmot. Druck. (J. Kyoto prefect. med. Univ. **56.** 771—809. Nov. 1954. Kyoto Pref. Med. Univ., Dep. of Med. [Orig.: japan.; Auszug: engl.]) G. BRATFISCH. 4574

T. P. Kurochtina, *Untersuchung der Intensität der Regenerierung der Plasmaeiweißstoffe im Organismus mittels* ^{35}*S-Methionin.* Mit ^{35}S-markiertes Methionin wurde 4 Hunden subcutan injiziert. 22 Std. später wurde der Vena femoralis Blut entnommen. Dieses wurde mit Na-Citrat versetzt, mit W. auf das doppelte Vol. verd. u. mit gesätt. $(NH_4)_2SO_4$-Lsg. fraktioniert gefällt, u. zwar *Fibrinogen* (**I**) bei einer Konz. von 0,25%, *Euglobulin* (**II**) bei 0,33% u. *Pseudoglobulin* (**III**) bei 0,50%. *Albumin* (**IV**) wurde durch Ansäuern mit Essigsäure bis zu 1% ausgeflockt. Die mit den Fällungsmitteln der entsprechenden Konz. gewaschenen Fraktionen wurden bis zur völligen Entfernung von $(NH_4)_2SO_4$ dialysiert, mit $HClO_4$ + HNO_3 + $Cu(NO_3)_2$ verascht, das entstandene Sulfat in 6n HCl gelöst u. mit $BaCl_2$ gefällt. Die Aktivität von $BaSO_4$ wurde gemessen. Die größte Aktivität zeigte sich bei **I**, die schwächste bei **IV**. Bezeichnet man die relative spezif. Aktivität von **IV** mit 1, so beträgt die von **II** 1,8, von **III** 2,0 u. von **I** 3,0. Die Verfolgung des zeitlichen Ablaufs der Aktivität ergibt bei den Globulinen das Maximum nach 4 Std., bei **IV** erst nach 8 Std., also einen langsameren Einbau des ^{35}S. Die nach der verschied. chem. Zus. u. physiol. Bedeutung zu erwartende verschied. Intensität der Regenerierung der einzelnen Plasmakomponenten dürfte damit, entgegen anderslautenden Befunden in der Literatur, bewiesen sein. (Биохимия [Biochemie] **19.** 16—18. Jan./Febr. 1954. Moskau, Inst. für biol. u. med. Chem. der Akad. der med. Wiss. der UdSSR.) W. SCHMELZ. 4574

Walter H. Seegers, *Eine neue Plasmaantithrombin-Reaktion.* Im Blutplasma des Hundes findet sich ein Antithrombin, das manche Eigg. des Ac-Globulins besitzt: Es findet sich nicht im Serum u. wird nicht an $BaCO_3$ adsorbiert. Bei Hunden, denen man *3.3'-Methylen-bis-[4-oxycumarin]* gibt, ist dieses Antithrombin nicht im Plasma nachzuweisen. Mit dem Plättchen-Accelerator oder dem Thromboplastin aus Lungenextrakt ist es nicht verbunden. (Arch. Biochem. Biophysics **36.** 484. April 1952. Detroit, Mo., Wayne Univ., Coll. of Med.) H. MATTHIES. 4574

John J. Will und **Richard W. Vilter,** *Eine Untersuchung der Resorption und Ausnutzung eines Eisenchelates bei Patienten mit Eisenmangel.* Bei Unterss. mit Ferrinatriumversenat (Salz der Äthylendiamintetraessigsäure), radioakt. Fe enthaltend, bei mehreren Patienten mit hypochromer Anämie wurde gefunden, daß dieses Fe zur Hämoglobinbldg. ausgenutzt wird, jedoch nicht in größerem Ausmaß als das von $FeSO_4$. Im Harn wurde keine erhebliche Menge von radioakt. Fe ausgeschieden. Das Verh. der Reticulocyten war nicht verschieden von dem bei Behandlung mit $FeSO_4$, auch nicht das der Hämoglobinregeneration. Es wird angenommen, daß ein Teil des Chelat-Fe im Darmkanal in ionisiertes Fe übergeführt u. resorbiert wird. (J. Lab. clin. Med. **44.** 499—505. Okt. 1954. Cincinnati, Conn., Univ., Coll. of Med., Dep. of Intern. Med.) J. SCHWAIBOLD. 4575

John M. Howard, John P. Frawley, Curtis P. Artz und **Yoshio Sako,** *Das Schicksal von Dextran und modifizierter Gelatine bei renaler Insuffizienz.* Benutzt wurden *Dextran* (*250 R2*, COMMERCIAL SOLVENTS CO.) vom Mol.-Gew. 42000 u. modifizierte *Gelatine* (*MFG Nr. 9*, KNOX GELATINE CO.) vom Mol.-Gew. 34000 bei 4 Fällen akuter posttraumat. oder postoperativer Niereninsuffizienz. Der Anteil der *Dextran-* u. *Gelatine*-Ausscheidung aus dem Plasma ist nicht allein von der Urinausscheidungsrate abhängig. Bei den beobachteten Fällen scheint eine beträchtliche Menge abgelagert oder abgebaut zu werden. — 8 Literaturangaben. (Surgery, Gynecol. Obstetr. **100.** 207—10. Febr. 1955. Texas, Tex., u. Washington, C. D., Surg. Res. Team, Korea, Army.) G. WELTZIEN. 4576

Ulf Borell und **Bertil Åberg,** *Studien über die placentäre Aufnahme und Absonderung von Macrodex bei schwangeren Frauen.* Der *Dextran*-Geh. (**I**) im Blut nimmt bei schwangeren u. nichtschwangeren Frauen gleich ab. **I** passiert die Placenta u. ruft allerg. mit Antihistaminica kontrollierbare Rkk. hervor. (Acta obstetr. gynecol. scand. **34.** 75—79. 1955. Stockholm, Karolinska Sjukhuset, Dep. of Womens Dis., Dep. of clin. Biochem. u. Royal Vetern. Coll., Dep. of clin. Biochem.) J. MILLER. 4576

Chester W. Drawhorn und **John M. Howard** (unter techn. Mitarbeit von **Alice Johnson**), *Klinische Erprobung von „Dextraven", einem Dextran von hohem Molekular-*

gewicht. Vorl. Bericht. Bericht über klin. Unterss. an dem *Dextran*-Präp. *Dextraven* (BENGER) mit dem mittleren Mol.-Gew. 230000. Der Anteil des durch den Harn ausgeschiedenen Dextrans war relativ gering. Es wurde keine abnorme Blutungstendenz gefunden. (U. S. Armed Forces med. J. **6.** 1576—80. Nov. 1955. Houston, Tex., Baylor Univ., Coll. of Med.) W. WILLENBERG. 4576

Ss. S. Gshitzki und **I. D. Golowatzki,** *Ammoniak und Glutamin im Blut von Kühen bei Geburtsparese.* Bei der Geburtsparese der Kühe steigt der NH_3 (I)-Spiegel im Blut. Zu Beginn der Behandlung geht I zurück; der Geh. an *Glutamin* (II) steigt. Nach der Genesung geht I wieder herauf. Einblasen von Luft in das Euter gesunder Kühe steigert I im Blut auch. Noch stärker ist der I-Anstieg nach Einspritzen von Coffein; in diesem Falle steigt gleichzeitig der II-Spiegel. (Український Біохімічний Журнал [Ukrain. biochem. J.] **26.** 417—21. 1954. Lwow, Vet.-Zootechn. Inst., Lehrstuhl für biol. Chem.) F. DU MANS. 4583

Josef Hrachovec, *Über Änderungen der Zusammensetzung des Muskels und der Leber des Kaninchens im Laufe der Entwicklung.* Muskel u. Leber des Kaninchens wurden vom 21. Tage des Embryonallebens bis zur Geschlechtsreife untersucht. Das Gewicht der Muskulatur vermehrt sich relativ schneller als das Gesamtgewicht, bei der Leber ist das Gegenteil der Fall. Das Wachstum der Muskeln ist durch die Vermehrung von Eiweiß bedingt, wodurch eine tiefgehende Änderung der Konz. anderer Substanzen (freies Cholesterin, Lipid-P, Desoxyribonucleinsäure) stattfindet. Diese fortschreitenden Veränderungen halten bis ins hohe Alter an. (C. R. hebd. Séances Acad. Sci. **239.** 306—08. 19/7. 1954.) WOLFGANG ALBRECHT. 4583

Antti Telkkä und **A. N. Kuusisto,** *Ist die wachstumsfördernde Wirkung von Antibioticis mit der Schilddrüsenfunktion gekoppelt?* Es wurde die Wrkg. des *Aureomycin*- u. *Terramycin*-Zusatzes in einer wachstumsfördernden Dosis zur Diät auf die Rattenschilddrüse untersucht. Beide Antibiotica bewirkten eine Wachstumszunahme um 25%. Es wurden jedoch keine histolog. Veränderungen der Schilddrüse beobachtet; ebenso war das relative Drüsengewicht dasselbe wie in den Kontrollen. (Acta endocrinol. [Copenhagen] **16.** 365—68. Aug. 1954. Helsinki, Univ., Dep. of Anatomy u. Wikuri Res. Inst.) K. F. MÜLLER. 4584

F. H. Kratzer, M. P. Starr, D. M. Reynolds und **C. R. Grau,** *Aus mit Streptomycin gefütterten jungen Truthähnen isolierte Hefepilze und die Wirkung ihrer Verfütterung auf das Wachstum von Küken und jungen Truthähnen.* Junge Truthähne zeigten nach Verfütterung von 50 mg *Streptomycin* pro kg Futter ein 5—10faches Anwachsen der Hefepilze im Darminhalt. Isolierung dieser Hefepilze u. ihre Verfütterung an andere junge Truthähne u. an Küken hatten keine nennenswerte Wachstumssteigerung zur Folge. Der bei Verfütterung von Antibioticis beobachtete wachstumsfördernde Effekt kann demnach durch isolierte Verfütterung der entsprechenden Pilzstämme nicht erzielt werden. (Proc. Soc. exp. Biol. Med. **81.** 312—15. Okt. 1952. Davis u. Berkeley, Calif., Univ. of California, Dep. of Poultry Husbandry u. Dep. of Bacteriol.) F. KRUSEN. 4585

Robert C. Buck, *Die Verteilung der sauren Mucopolysaccharide und Lipoide in den Geweben von mit Cholesterin gefütterten Kaninchen.* Vf. ernährt Kaninchen 3—6 Monate lang mit einem 1% *Cholesterin* (I) enthaltenden Futter u. untersucht die Verteilung von *Fetten* (II) nach der Meth. von SCHULTZ u. mittels Färbung mit Sudanschwarz sowie das Vork. von *sauren Mucopolysacchariden* (III) nach der Preußischblau-Rk. u. durch Metachromasie mit Toluidinblau (1 : 1000, Phosphatcitratpuffer p_H 5,0). Es wird festgestellt, daß mit I behandelte Tiere 3 Formen von II-Ablagerungen aufweisen, u. zwar im Cytoplasma der Schaumzellen, die als Folge der I-Fütterung in den meisten Organen u. Geweben (Lumen der Blutgefäße, Niere, Leber, Dermis, Milz, Lamina propria des Magens, Ciliarkörper, Choroïdplexus des Gehirns u. Lunge) gebildet werden, ferner in den Intercellularräumen u. den parenchymatösen Zellen gewisser Organe, bes. der Leber. Das Cytoplasma der Schaumzellen enthält III, unabhängig davon, in welchen Organen sie sich befinden. Das Anwachsen der Schaumzellen führt zu ihrem Zerfall, wobei III u. I frei werden u. eine atheromatöse M. entsteht, in die I-Kristalle eingelagert sind. Außerdem wird ein Anstieg des III-Geh. der umgebenden Grundsubstanz beobachtet. Der Zerfall der Schaumzellen führt zu Verletzungen bzw. Zerreißungen der Arterien oder anderer Gewebe. (A.M.A. Arch. Pathol. **58.** 576—87. Dez. 1954. London, Ontario, Can., Univ. of West Ontario, Fac. of Med., Dep. of Microscop. Anat.) P. FAHRNLAENDER. 4585

Hans-Wilhelm Scharpenseel, *Untersuchungen über die Reaktion des α.l-Methionins im Stoffwechsel von Schweinen, Hennen und Küken, die ausreichend und unzureichend gefüttert wurden. Gleichgewichts- und Verteilungsuntersuchung mit dl-*^{35}*S-Methionin.* Der Geh. des Urins an *N* wächst unmittelbar nach Aufnahme von *Methionin* (I) an. Etwa 20% erscheinen in der Faeces, meist in anorgan. Bindung, 15% werden resorbiert u. in die verschied. Organe u. Gewebe eingelagert. Der I-Anteil, der vom tier. Körper zurückgehalten wird, ist nahezu derselbe bei Tieren, die ausreichend gefüttert werden, wie bei den Tieren, die nur pflanzliches Futter erhalten haben. Bei Legehennen werden 91 bis 94,5% ^{35}S mit den Faeces ausgeschieden, davon $^5/_6$ in organ. u. $^1/_6$ in anorgan. Form. Die Ausscheidung ist bei n. gefütterten Tieren am höchsten. Bei der Fütterung von Hennen u. Küken ist I der Minimalfaktor. Autoradiograph. Bilder von Gefriermikrotomschnitten der Lebern aller Tiere zeigten eine gleichmäßige Verteilung des ^{35}S im Gewebe. — 34 Literaturangaben. (Araneta J. Agric. **1.** Nr. 3. 35—64. April/Juni 1954.) H. PATZSCH. 4585

Christian Dumazert und **Maurice Vermeulen,** *Über die antianämische Aktivität der Lebern von Ratten, die N-Mangel unterworfen waren.* Ratten wurden 0—40 Tage N-frei ernährt u. nach verschied. Zeiten getötet. Die Lebern wiesen, ungeachtet der Länge des N-Entzuges, eine annähernd gleichbleibende antianäm. Wirksamkeit auf. (C. R. Séances Soc. Biol. Filiales **144.** 1081—82. Aug. 1950. Fac. de Méd. et de Pharmacie, Serv. de Chim. biol., Labor. A. Roche.) K. NEHRING. 4585

D. P. Sadhu, *Die biologische Rolle des Vitamin A im Sulfatstoffwechsel.* Albinoratten wurden teils mit einer *Vitamin-A* (**I**)-freien, teils mit einer mit **I** angereicherten (10000 I.E. täglich) Kost 3 Wochen lang ernährt. Die Ausscheidung anorgan., saurer S-Verbb. u. der Schwefelester mit dem Urin wurde bestimmt. Bei den ohne **I** ernährten Tieren steigt die ausgeschiedene Menge neutralen Schwefels u. der Schwefelester laufend an, während die mit großen Mengen **I** ernährten Tiere keine Abweichung von der Norm zeigten. Erhielten die Tiere eine von anorgan. Schwefel freie Diät, so sank bei den **I**-frei ernährten Tieren die Ausscheidung organ. S stark ab, während diejenige neutralen S u. der Schwefelester laufend zunahm. Die mit großen Mengen **I** ernährten Tiere zeigten lediglich eine Tendenz, verminderte Mengen Schwefelester auszuscheiden. Best. des S im Gewebe von Leber u. Haut zeigte, daß **I** die S-Speicherung im Gewebe begünstigt, denn bei Fehlen von **I** sinkt der S-Geh. dieser Gewebe ab. (Proc. Soc. biol. Chemists, India **13.** 15—16. 1955. Calcutta, Bengal Veterinary Coll.) H. HERMANN. 4587

H. J. Almquist, *Beziehung zwischen Vitamin-A-Aufnahme und Vitamin-A-Gehalt von Plasma und Leber.* Beim Vgl. des Vitamin-A (**I**)-Spiegels im Plasma mit dem **I**-Geh. der Leber zeigt sich, daß bei Hühnern, Puten, Ratten, Lämmern u. Rindern der Plasma-**I**-Spiegel dem Logarithmus der **I**-Konz. in der Leber proportional ist, unabhängig von der Form in der **I** gegeben wurde. Die Leber wirkt als **I**-Quelle für das Plasma. Eine ähnliche logarithm. Beziehung wurde zwischen **I**-Spiegel im Plasma u. **I**-Zufuhr in der Nahrung gefunden, wobei sich allerdings Carotin, **I**-Acetat u. Lebertran nicht gleich verhalten. Da sowohl Leber-**I** wie Nahrungs-**I** logarithm. proportional dem Plasma-**I** sind, erklärt sich die Parallelität zwischen Leber-**I** u. Nahrungs-**I**, obgleich keine einfache Übertragung von Nahrungs-**I** u. Leber-**I** vorliegt. (Arch. Biochem. Biophysics **39.** 243—44. Juli 1952. Modesto, Calif., Grange Comp.) H. L. DU MONT. 4587

T. Gordonoff und **W. Minder,** *Rachitis, Vitamin D und Citronensäure.* Als Maß für den *Ca*-Stoffwechsel (Ca-St.) wurde die Radioaktivität des Knochen-*Ca* nach Verabreichung bestimmter Mengen ^{45}*Ca* gemessen. Vff. konnten damit zeigen, daß rachit. Ratten gegenüber n. Tieren einen um 50—75% herabgesetzten Ca-St. aufweisen. Durch Zufuhr von *Vitamin D* (**I**) wird die Rachitis geheilt u. der Ca-St. über das n. Maß hinaus gesteigert, während durch Gaben von *Citronensäure* (**II**) wohl Heilung der Rachitis, aber keine Steigerung des Ca-St. erreicht wird. Demnach ist der antirachit. Wirkungsmechanismus der **II** nicht dem des **I** ähnlich. (J. de Physiol. **44.** 591—93. 1952. Bern. Inst. du Radium, Labor. du Prof. Gordonoff.) F. KRUSEN. 4587

C. V. Natarajan, *Vitamin E.* Im Beginn fortschreitender Lebercirrhose üben *Vitamin E* u. vielleicht noch ein anderer unbekannter Faktor eine Schutzwrkg. aus. (Proc. Soc. biol. Chemists, India **13.** 21. 1955. Bangalore.) H. HERMANN. 4587

Ronald Bodley Scott, *Vitamin K und seine Analogen.* Zusammenfassender Bericht über die Natur u. biol. Bedeutung von *Vitamin K* (**I**) u. seiner Analoga, die Diagnose u. Ursachen von **I**-Mangel, **I**-Präpp. u. die therapeut. Anwendung von **I**. (Practitioner **165.** 182—88. Aug. 1950. London, St. Bartholomew's Hosp.) J. SCHWAIBOLD. 4587

Rudolf Fried, *Die Bestimmung von Vitamin B_1 in Gegenwart fluorescierender Substanzen.* Um bei der Best. von *Vitamin B_1* (**I**) dieses von störenden fluorescierenden Substanzen abzutrennen, werden die zu untersuchenden Lsgg. mit einem **I**-Geh. von höchstens 25 mg% der horizontalen Papierionophorese unterworfen. Das abgetrennte **I** wird durch Besprühen mit einem Gemisch von 1 ml 1%ig. $K_3[Fe(CN)_6]$-Lsg. u. 24 ml 0,5n methanol. KOH in Thiochrom übergeführt u. fluorometr. gemessen. Der Durchschnitt von 8 Bestimmungen wird als gefundener Wert angenommen. (Hoppe-Seyler's Z. physiol. Chem. **291.** 57—59. 1952. München, Chem.-Pharm. Fabr. A. Klinge GmbH.) F. KRUSEN. 4587

Laura M. Flynn, Victor B. Williams, Boyd L. O'Dell und **Albert G. Hogan,** *Nährboden für die Bestimmung von Vitaminen mit Milchsäurebakterien.* Es wird ein Nährboden angegeben, der sich von anderen durch das Fehlen von *Pepton* u. die Anwesenheit von *Glutathion* u. *Tween 80* sowie durch eine Vermehrung des *Mn*-Geh. unterscheidet. Durch geringe Abwandlungen kann das Grundmedium auf verschied. Zwecke (Best. von *Folsäure-, Riboflavin-, Nicotinsäure-* u. *Vitamin-B_{12}*-Aktivität) u. Milchsäurebakterien (*Lact. casei, Strept. faecalis, Lact. arabinosus* u. *Lact. leichmannii*) umgestellt werden. (Analytic. Chem. **23.** 180—85. Jan. 1951. Columbia, Mo., Univ. of Missouri.) H. WALTER. 4587

H. Okuwa und **T. Okui,** *Die Behandlung ekzematöser Hautkrankheiten mit Vitamin B_1 in hoher Dosierung.* Durch ein- bis zweiwöchige Behandlung mit *Vitamin B_1* (**I**; 50—100 mg/Tag intravenös oder intramuskulär) konnte in 10 von 13 Fällen wesentliche Besserung erzielt werden. Auch Leberdysfunktionen konnten dadurch gebessert werden. Selbst 48 Std. nach der Injektion wurde noch ein hoher **I**-Geh. im Blut beobachtet. (Acta dermatol. [Kyoto] **49.** 193—97. 1953. Kyoto, Univ., Fac. of Med., Dep. of Dermatol. [Orig.: japan.; Auszug: engl.]) P. LOCH. 4587

P. Ellinger, *Die Rolle der intestinalen Flora und des Körpergewebes bei der Biosynthese von Nicotinamid bei Ratte und Mensch.* Literaturübersicht, in der über die Sicherstellung der Synth. von *Nicotinamid,* sowohl in der Darmflora der Ratte als auch im Körpergewebe von Mensch u. Ratte berichtet wird. (Experientia [Basel] **6.** 144—45. 15/4. 1950. London, Lister Inst. of Prevent. Med.) K. GENEST. 4587

S. Ramachandran und **P. S. Sarma,** *Die biologische Rolle von Inosit.* Mangel an *Inosit* infolge der Applikation von *γ-Hexachlorcyclohexan* bei Ratte, Kaninchen, der Larve von Corcyra cephalonica St., bei Aspergillus orycae u. bei Eleusine coracana ist mit einer Verminderung der *Amylaseaktivität* vergesellschaftet. Da Inosit in den Geweben hauptsächlich als Phospholipoid vorkommt, wurden die Beziehungen zwischen seiner Synth. u. derjenigen der Amylase u. die Wrkg. von Antivitaminen für Mitglieder der Vitamin-B-Gruppe auf die Synth. der Amylase u. die der Phospholipoide untersucht. Ergebnisse u. Methoden sind nicht mitgeteilt. (Proc. Soc. biol. Chemists, India **13.** 16—17. 1955. Madras, Indien, Univ., Biochem. Labor., Guindry.) H. HERMANN. 4587

R. H. Girdwood, *Die Exkretion von Pteroylglutaminsäure und Citrovorumfaktor bei Gesunden und Kranken.* Vf. stellte fest, daß die Ausscheidung von per os gegebener *Pteroylglutaminsäure* (**I**) bei n. Personen größer war, als bei solchen mit perniciöser Anämie. Desgleichen war die Verminderung der Ausscheidung bei intramuskulärer Injektion bei verschied. Krankheiten deutlich. *Citrovorumfaktor* (**II**) wurde bei n. Personen als **I** ausgeschieden, bei perniciöser Anämie dagegen als **II**. (Biochem. J. **52.** XXVII. Dez. 1952. Edinburgh, Univ., Dep. of Med.) W. KNÖPKE. 4587

E. Lester Smith, *Konstitution und Stabilität einiger Cobalamine.* Die *B_{12}-Vitamine* können durch die Teilformel **I** wiedergegeben werden. Ist *X* ein negatives Ion mit starker Neigung zur Koordination, dann sind die Valenzen intern abgesätt. u. es liegt ein stabiles, neutrales *Cobalamin* (**II**), z. B. *Vitamin B_{12}* (**IV**) (*Cyano*-**II**) u. *Vitamin B_{12c}* (*Nitrito*-**II**) vor. Ersatz durch das neutrale H_2O-Mol. führt zum bas. *Aquo*-**II**, *Vitamin B_{12b}*. Einen weiteren Typ von **I**-Verbb. bildet das violette mit

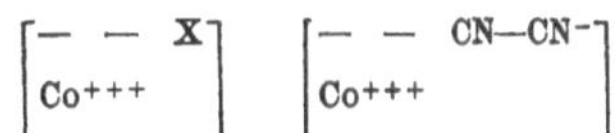

I III

überschüssigem Cyanid entstehende Addukt *Dicyano*-**II** (**III**), in dem nicht nur *X* sondern auch eine neutrale *O*-Gruppe ersetzt ist. An Stelle von 1 oder 2 CN-Gruppen können 1 oder 2 *SCN*-Gruppen oder ein 2wertiges Anion (Sulfit-Addukt) treten. Addukte dieser Gruppe sind instabil u. existieren in Lsg. nur in Ggw. eines Überschusses des Ions. Sie sind leichter bei saurem p_H u. weniger gut bei alkal. p_H als neutrale **II** extrahierbar. In der CN-Gruppe radioakt. C enthaltendes **IV** tauscht diesen mit n. CN^- in alkal. Lsg. rasch, in saurer langsam aus. Ersatz von CN^- durch $CN^{35}S$ findet selbst bei alkal. p_H nur in geringem Maße statt. (Biochem. J. **50.** XXXVI—XXXVII. März 1952. Greenford, Middlesex., Glaxo Labors.) K. MAIER. 4587

George M. Briggs und **Floyd S. Daft,** *Wasserlösliche Vitamine.* 1. Mitt. *Vitamin B_{12}, Folsäure, Cholin* u. *p-Aminobenzoesäure.* Übersicht (bis Dez. 1954). *Vitamin B_{12}* (*Cobalamin*) (**I**) u. verwandte Faktoren: Nomenklatur, **I**- u. Pseudo-**I**-Chemie (**I**, Stabilität, Fabrikation, Chem. u. Biochem. der Pseudo-**I**-Gruppe), **I**-Best., mikrobiol. Unterss., Verbreitung, biochem. Funktion, therapeut. Anwendung u. Intrinsic-Faktor, **I** in der Tierernährung; Folsäuregruppe (Pteroylglutaminsäure, Folinsäure oder Citrovorumfaktor, verwandte Verbb.): Chemie u. Biochem. (Purin- u. Pyrimidinsynth., Serinstoffwechsel, Histidinabbau, Zellteilung), Antagonisten, Best., Ernährungsstudien, bakterielle oder andere Synth. der Folsäure, Cholin; p-Aminobenzoesäure. — 676 Literaturangaben. (Annu. Rev. Biochem. **24.** 339—92. 1955. Bethesda, Md., Nat. Insts. of Health, Nat. Inst. of Arthritis and Metabolic Dis.) K. MAIER. 4587

Rainer Fried und **Henry Lardy,** *Wasserlösliche Vitamine.* 2. Mitt. *Vitamin B_6, Niacin, Biotin, Ascorbinsäure.* (1. vgl. vorst. Ref.) Übersicht (bis Nov. 1954). *Vitamin B_6, Nicotinsäure, Biotin, Ascorbinsäure.* — 208 Literaturangaben. (Annu. Rev. Biochem. **24.** 393—418. 1955. Madison, Wis., Univ. of Wisconsin, Inst. for Enzyme Res. and Dep. of Biochem.) K. MAIER. 4587

B. Connor Johnson, *Wasserlösliche Vitamine.* 3. Mitt. *Thiamin, Liposäure, Riboflavin, Pantothensäure, Inosit und verschiedene Faktoren.* (2. vgl. vorst. Ref.) Übersicht (bis Okt. 1954). *Thiamin* (**I**) (Chemie, Best., Synth., Chromatographie, Elektrophorese, Stoffwechsel, Funktion, Mechanismus der **I**-katalysierten Rkk., **I** u. mikrobieller Stoffwechsel, **I** in der menschlichen Ernährung), *Liposäure* (*Thioktsäure*), *Riboflavin* (**II**) (mikrobielle u. chem. Synth., Antivitamine u. Strukturanaloge, Vork., **II**-Formen, Best., Trennmethoden, Chromatographie, Elektrophorese, chem. Eigg., Stabilitätsunterss., Stoffwechsel, Funktion, Wirkungsmechanismus, Metallflavoproteine u. Elektronentransport, mikrobieller Stoffwechsel, tier. u. menschliche Ernährung), *Pantothensäure* (**III**) (Chemie, *Coenzym*-A-Biosynth., **III**-Best., Funktion, tier. u. menschliche Ernährung), *Myoinosit* [Best., *Inosit* (**IV**)-*Phospholipide,* freier **IV**, Funktion, Stoffwechsel], *Adenin, Orotsäure, l-Carnitin, Stilböstrol, Strepogenin, Bifidusfaktor,* verschied. mikrobielle Faktoren, Faktoren für das Kükenwachstum, Ratte, Maus, Schwein, Kalb. — 360 Literaturangaben. (Annu. Rev. Biochem. **24.** 419—64. 1955. Urbana, Ill., Univ. of Illinois, Div. of Animal Nutrition.) K. MAIER. 4587

P. Fatterpaker, D. K. Kasbekar, L. R. Kulkarni, U. Marfatia, D. V. Rege, D. V. Tamhane und **A. Sreenivasan,** *Vitamin B_{12} und oxydativer Stoffwechsel.* Beim hyperthyreot. Tier ist der Glutathiongeh. der Gewebe herabgesetzt. Diesem Effekt wirkt *Vitamin B_{12}* (**I**) entgegen. Außerdem schützt **I** die Leber vor Vergiftungen mit Kohlenstofftetrachlorid. Bei Unterss. an isolierten Zellfraktionen, die vermittels Zentrifugierung gewonnen wurden, zeigte sich, daß die Vergiftung mit Kohlenstofftetrachlorid mit einer Verminderung von Glutathion, Glykogen, Ribonucleinsäure u. Vermehrung der Cholin- u. Xanthinoxydasen einhergeht. **I** beseitigt alle diese Störungen. Mikroorganismen schützt **I** vor Wachstumshemmungen durch tetracyclinhaltige Antibiotica. (Proc. Soc. biol. Chemists, India **13.** 18—19. 1955. Bombay, Indien, Univ., Dep. of Chem. Technol.) HEINRICH HERMANN. 4587

V. Sreenivasamurthy, M. Swaminathan und **V. Subrahmanyan,** *Die Verteilung verschiedener Formen von Vitamin B_{12} in einigen tierischen Nahrungsmitteln.* Unter Verwendung des Lactobacillus leichmannii–4797 wurde *Hydroxo-* u. *Cyanocobalamin* der Proben nach Extraktion mit u. ohne Na-Cyanid bestimmt. Ebenso wurden freie u. gebundene Formen des Vitamins bestimmt. 50% des freien Vitamins liegen in Ziegenleber u. Hühnereiern u. 20—40% in Ziegen-, Schaf- u. Fischmuskeln in der Hydroxoform vor. (Proc. Soc. biol. Chemists, India **13.** 29. 1955. Mysore, Indien, Central Food Technol. Res. Inst.) HEINRICH HERMANN. 4587

Constance O'H. Curtin und **C. G. King,** *Die Umwandlung von $^{14}C_{(1)}$-Ascorbinsäure und ^{14}C-Oxalsäure in der Ratte.* Bei Ratten betrug die Umwandlung von *$^{14}C_{(1)}$-Ascorbinsäure* (**I**) u. *$^{14}C_{(1)}$-Dehydroascorbinsäure* (**II**) in Atmungs-$^{14}CO_2$ innerhalb 24 Std. ca. 19 u. 29% der injizierten ^{14}C-Menge, die von *2.3-Diketogulonsäure* (**III**) in $^{14}CO_2$ bei p_H 7 bzw. 3 17 bzw. 47%. Die Umwandlung von $^{14}C_{(1)}$-**I**, -**II** u. -**III** in Urin-*^{14}C-Oxalat* (**IV**) in 24 Std. belief sich auf ca. 2,9 u. 12% der injizierten Aktivität. Injizierte $^{14}C_{(1)}$-**III** wurde nicht in ^{14}C-**I** übergeführt. Etwa 4,4% injizierter *^{14}C-Oxalsäure* (**V**) erschienen innerhalb 24 Std. als $^{14}CO_2$. Für eine Umwandlung von ^{14}C-**IV** in andere Verbb. ergab sich kein Anhaltspunkt. 10 Tage nach der Injektion von ^{14}C-**V** war eine weitgehende Verbreitung von ^{14}C-**IV** in den Geweben der Ratte, mit relativ hoher Konz. im Knochen, feststellbar. Aus der täglichen ^{14}C-Ausscheidung im Urin-**IV** nach $^{14}C_{(1)}$-**I**-Injektion wurde für **I** eine „Halbwertszeit" von 3,6 Tagen berechnet. Die **I**-Bldg. beträgt bei der Ratte 5—8 mg/Tag. Die „Halbwertszeit" von **V** wurde durch Best. der täglichen Aktivitätsausscheidung im Harn nach ^{14}C-**V**-Injektion zu 2,5 Tagen ermittelt. (J. biol. Chemistry **216.** 539—48. Okt. 1955. New York, N. Y., Columbia Univ., Dep. of Chem.) K. MAIER. 4587

Mary Mills Monier und **Roslyn J. Weiss,** *Erhöhte Dehydroascorbinsäure- und Diketogulonsäureausscheidung bei Ratten in der Kälte.* Die *Ascorbinsäure* (**I**)-, *Dehydroascorbinsäure* (**II**) u. *Diketogulonsäure* (**III**)-Ausscheidungen im Harn von Ratten, die einer Temp. von 0°-ausgesetzt waren, wurde gegenüber denen von Kontrolltieren, die bei 21° gehalten wurden, bestimmt. Die durchschnittliche tägliche Ausscheidung der **I** ist um 53% gegenüber der der Kontrollen erhöht; die Erhöhung der **II**-Ausscheidung beträgt 186%, die der

III-Ausscheidung 500%. (Proc. Soc. exp. Biol. Med. **80.** 446—48. Juli 1952. Washington, D. C., Univ., School of Med., Dep. of Biochem.) K. F. MÜLLER. 4587

Étienne Géro, *Über Antikatalysatoren der Ascorbinsäureoxydation. Ein neuer Cupro-Thiaminkomplex.* Vf. untersuchte den Chemismus der hemmenden Wrkg. von *Aneurin* (**I**) auf die durch Cu^{2+} katalysierte *Ascorbinsäure* (**II**)-Oxydation u. stellte fest, daß das durch Oxydo-Red. zwischen **II** u. Cu^{2+} gebildete Cu^{+} durch **I** zu einem schwerlösl. Komplex gebunden wird. Damit wird eine Wiederbldg. von Cu^{2+} durch Einw. von Luft-O_2 u. damit auch die fortschreitende durch Cu^{2+} katalysierte **II**-Oxydation verhindert. (C. R. hebd. Séances Acad. Sci. **235.** 397—99. 4/8. 1952.) F. KRUSEN. 4587

O. H. Lowry, O. A. Bessey und **H. B. Burch,** *Wirkungen fortgesetzt hoher Ascorbinsäuredosen.* 1 Frau u. 3 Männer erhielten 3 Monate lang täglich eine *Ascorbinsäure* (**I**)-Dosis von 1000 mg. In geeigneten Zeitabständen wurden die **I**-Konzz. im Serum, in den weißen Blutkörperchen u. im Harn bestimmt u. die **I**-Toleranzkurve wurde aufgenommen. Die Daten für die 4 Versuchspersonen stimmten untereinander überein. Es ergaben sich keine progressiven Veränderungen in der **I**-Toleranzkurve u. im **I**-Geh. des Serums, der weißen Blutkörperchen u. des Harns. Es besteht demnach anscheinend kein Grund für die Annahme, daß fortgesetzt hohe **I**-Dosen eine qualitative oder quantitative Wrkg. auf die Verwertung überschüssiger **I** durch den Körper bedingen. (Proc. Soc. exp. Biol. Med. **80.** 361—62. Juni 1952. New York, N. Y., Publ. Health Res. Inst., Div. of Nutrit. and Physiol.) K. F. MÜLLER. 4587

S. S. Jackel, E. H. Mosbach und **C. G. King,** *Abtrennung der Ascorbinsäure mittels Ionenaustauscher und Isolierung des 2.4-Dinitrophenylosazons.* Kleine Mengen von *Ascorbinsäure* (**I**) in Rattenharn werden durch Adsorption an das Anionenaustauscherharz Amberlite IR-4 B von neutralen u. bas. Bestandteilen getrennt u. dann mit HCl eluiert. Man erhält 85—90% der ursprünglich vorhandenen **I** wieder. Eine Vorschrift für Isolierung von **I** als 2.4-Dinitrophenylosazon (F. 291,5—292° [korr.]) wird gegeben; die charakterist. Absorptionsdaten für UV, Infrarot u. sichtbares Licht werden mitgeteilt. (Arch. Biochem. Biophysics **31.** 442—49. Mai 1951. New York, N. Y., Columbia Univ., Dep. of Chem.) PH. FRESENIUS. 4587

P. M. Davidovič und **G. F. Klostermann,** *Experimentelle Untersuchungen über die renale Arsenausscheidung unter dem Einfluß von Rutin.* Vff. konnten an 90 Versuchspersonen beobachten, daß bei *As*-Medikation *Rutin*-Gaben zu einer gesteigerten renalen Ausscheidung des zugeführten *As* führten. Die Steigerung betrug bis fast 100% gegenüber den Kontrollverss. ohne *Rutin* u. kann nicht als Folge der bekannten diuresesteigernden Wrkg. des *Rutins* angesehen werden. Die möglichen Erklärungen für diese Befunde werden diskutiert u. einstweilen eine echte Ausscheidungsvermehrung angenommen, die mit der Vorstellung von der Wirksamkeit der *Vitamin-P*-Stoffe als prosthet. Atmungsfermentgruppe in Zusammenhang gebracht wird. (Arch. Dermatologie Syphilis **199.** 10—20. 1954. Göttingen, Univ., Hautklinik.) K. BÖHM. 4587

Walter Kreienberg, Arnold Fischer und **Dieter Mertz,** *Untersuchungen über die Salzsäurebildung und Resorption im Rattenmagen.* Vff. untersuchen an Ratten in Urethannarkose im abgebundenen Magen den Einfl. von Temp. u. p_H-Wert des Mageninhaltes auf die HCl-Bldg. sowie die Wrkg. verschied. Pharmaca auf die Resorption von *Glucose* (**I**) u. *Methionin* (**II**). Sowohl Abkühlung als auch Erwärmung der Magenschleimhaut beschleunigen die HCl-Bildung. Vff. nehmen an, daß hierfür nur eine Permeabilitätssteigerung der Magenschleimhaut infolge der Durchblutungszunahme verantwortlich ist. Bei Mageninhalten verschied. p_H-Werte wird die HCl-Bldg. derart gesteuert, daß sich in jedem Falle ein Endwert vom p_H 1,4—1,5 einstellt. Bei Ausgangslsgg. vom p_H 7 u. darüber wird der Endwert schneller erreicht als bei Mageninhalten in der Nähe vom p_H 1,5. Bei der Resorption von **I** bewirkt *Targesin* (**III**) eine Erhöhung der Resorptionsgeschwindigkeit, während *Novocain* (**IV**) u. *Coffein* (**V**) die Resorptionsdauer verlängern. *A.* (**VI**) sowie **III/IV** kombiniert bewirken verstärkte u. länger anhaltende Resorption von **I**. Die Resorption von **II** ist von Tier zu Tier individuell verschieden, wird aber durch **III** sowie **III/IV** kombiniert stets gefördert, dagegen durch **IV** sowie **V** merklich gehemmt. Nach Applikation von **VI** findet keine Resorption von **II** aus dem Magen statt. (Z. Biol. **107.** 119—28. 1954. Mainz, Univ., Physiol. Inst.) H. LAMP. 4594

P.-J. Klopper, *Veränderungen im p_H des Magens während der Fundusphase der Magensaftsekretion beim Hund.* Mittels Glas- oder Carbonatelektroden, die in den Magen von 2 Hunden eingebracht worden waren, wurde das p_H der vom Fundus des Magens sezernierten HCl gemessen. Diese wird nach einer 2—3 Min. dauernden Latenzzeit sezerniert, die durch Stimulation verkürzt u. hemmende Faktoren verlängert werden kann. Der Abfall des p_H erfolgt stets schlagartig; er sinkt in der Regel von 5—7,5 auf 2 ab. (J. de Physiol. **47.** 621—31. 1955. Amsterdam, Univ., Labor. de Physiol.) HEINRICH HERMANN. 4594

E. S. Nasset und **Anne Davenport,** *Gastrische Verdauung in vivo bei Mensch und Hund.* Im Mageninhalt eines Hundes konnten 15 freie *Aminosäuren* nachgewiesen werden, unabhängig davon, ob Eialbumin oder Zein verfüttert wurden oder lediglich reflektor. ausgelöste Magensaftsekretion erfolgt war. Hierbei war ein Zurücksteigen von Duodenalinhalt in den Magen operativ ausgeschlossen. Diese Beobachtungen stimmten teilweise mit solchen an 2 Menschen durchgeführten Unterss. nach Verabreichung von Lactalbumin überein. Möglicherweise sind freie *Aminosäuren* schon in den Sekreten des Magens vorhanden. (J. appl. Physiol. **7.** 447—50. Jan. 1955. New York, N. Y., Univ. of Rochester, School of Med. and Dent.) R. LAFFERENZ. 4594

F. B. Shorland, R. O. Weenink und **A. T. Johns,** *Die Wirkung des Rumens auf das Futterfett.* In der Zus. des Körperfettes bestehen bei Wiederkäuern u. Nichtwiederkäuern Unterschiede [nur spurenweises Vork. von *Linolensäure* (**I**) bei ersteren]. In kleereichem Weidefutter überwiegt im Fett **I** (C_{18}) als Fettsäure, während das Fett nach Passage des Rumens eine weitgehende Veränderung erfahren hat (hoher Anteil *Stearinsäure*). Bei Incubation von 2,58 g **I** in CO_2-Atmosphäre mit Schafrumeninhalt (3 Tage, 37°) entstanden einfach u. doppelt ungesätt. sowie gesätt. Säuren, während **I** nur noch in geringer Menge vorhanden war. Bei der Hydrierung wurden gleichzeitig *trans*-Säuren gebildet. Rumeninhalt hydriert auch *Linolsäure* u. *Ölsäure.* Daneben besteht die Möglichkeit, daß Futterfett im Pansen abgebaut u. resynthetisiert wird. (Nature [London] **175.** 1129—30. 25/6. 1955. New Zealand, Dep. of Sci. and Ind. Res.; Wellington, Fats Res. Labor.; Palmerston North, Grasslands Div.) K. MAIER. 4594

S. V. Phansalkar und **V. N. Patwardhan,** *Ausnutzung von tierischen und pflanzlichen Proteinen: Stickstoffausscheidung im Urin während der resorptiven und frühen postresorptiven Phasen.* Der im Urin innerhalb 8 Std. nach Verfütterung von tier. Eiweiß enthaltendem Futter ausgeschiedene N war um 11—35% höher als nach einem Futter mit pflanzlichem Protein, wenn beide Futtersorten gleiche Mengen Protein, Fett u. Calorien enthielten. Das Urinvol. steht in unmittelbarer Beziehung zu dem Urin-N. Ein größeres Urinvol. wurde nach Futter mit tier. Eiweiß ausgeschieden als nach Futter mit pflanzlichem Eiweiß. Blutzucker steigt nach tier. Eiweiß an u. fällt schneller nach pflanzlichem. Es besteht ein hoher Grad einer negativen Korrelation zwischen dem Blutzuckergeh. u. dem Urin-N. (Indian J. med. Res. **43.** 265—76. April 1955. Coonoor, S. India, Indian Counc. of Med. Res., Nutrit. Res. Labor.) H. PATZSCH. 4594

Terrell L. Hill und **Manuel F. Morales,** *Die Thermodynamik der Übertragung von freier Energie in Muskelmodellen.* Es werden die wesentlichen Punkte für die Umwandlung der in der *Adenosintriphosphorsäure* (**I**) gebundenen chem. freien Energie in die mechan. Arbeit der Muskelkontraktion besprochen. Sie beruhen 1. auf der Bindung von **I** an *Myosin* (**II**), wodurch sich das Myosin verkürzt, u. 2. auf der Entfernung der **I** vom **II** durch enzymat. Dephosphorylierung. Es wird nicht angenommen, daß die freie Energie der Spaltung von **I** in einen bisher zu spezifizierenden Teil des Kreisprozesses eingreift. Eingehende thermodynam. Betrachtung eines Teiles dieses Prozesses. (Arch. Biochem. Biophysics **37.** 425—41. Juni 1952. Bethesda, Md., Naval Med. Inst.) R. LOHMANN. 4595

Dorothy H. Henneman, Mark D. Altschule, Rose Marie Goncz und **Leo Alexander,** *Kohlenhydratstoffwechsel bei Hirnkrankheiten.* 1. Mitt. *Glucosestoffwechsel bei multipler Sklerose.* Unterss. an 6 Fällen von multipler Sklerose ergaben im fastenden Zustand n. Blutwerte für *Glucose* (**I**), *Brenztrauben-* (**II**) u. *Citronensäure* (**III**). Höher als bei gesunden Personen lagen dagegen die Werte für *Milch-* u. *α-Ketoglutarsäure.* Nach Verabreichung von 100 g **I** peroral zeigten sich im Blut der Kranken andere Werte der genannten Substanzen als bei Gesunden, außer bei **II.** Bes. ausgeprägt waren die Abweichungen bei den **III**-Werten, die bei den Kranken stark abnahmen. Die Rückkehr zu n. Blut-**I**-Werten war bei Kranken stark verzögert. (A. M. A. Arch. Neurol. Psychiatry **72.** 688—95. Dez. 1954. Boston, Mass., Harvard Med. School, Dep. of Med.; Waverley, Mass., McLean Hosp.) F. KRUSEN. 4596

Dorothy H. Henneman, Mark D. Altschule und **Rose Marie Goncz,** *Kohlenhydratstoffwechsel bei Hirnkrankheiten.* 2. Mitt. *Glucosestoffwechsel bei schizophrenen, manisch-depressiven und involutiven Psychosen.* (1. vgl. vorst. Ref.) Die nüchtern bestimmten Blutwerte von *Brenztrauben-* (**I**), *Citronen-* (**II**) u. *α-Ketoglutarsäure* (**III**) u. von anorgan. Phosphat lagen bei n. u. psychot. Personen innerhalb gleicher Grenzen. Blut-*Glucose* (**IV**)- u. *Milchsäure* (**V**)-Werte waren bei $^1/_3$ der Psychotiker signifikant höher als bei Gesunden. Nach peroraler Zufuhr von 100 g **IV** oder intravenöser Infusion von 50 g **IV** im Verlauf von 2 Std. waren bei Psychotikern deutliche Verzögerung in der Erreichung des Nüchtern-**IV**-Blutspiegels, starke Erhöhung der **I**- u. **V**-Konzz., häufiger Anstieg der **II**- u. **III**-Konzz. u. gesteigerte längere Abnahme des anorgan. *Serumphosphates* festzustellen. Diese Veränderungen waren bes. deutlich bei Patienten mit erst kurzer Krankheit, während in chron. Fällen häufiger Angleichung an n. Verh. beobachtet wurde. Wenn eine Behandlung der Psychose zu Heilung führte, so war auch Normalisierung des **IV**-Stoffwechsels festzustellen. Vff. vermuten auf Grund dieser Ergebnisse, daß schizophrene, man.-depressive u. involutive Psychosen von biochem. Veränderungen begleitet sind. — 34 Literaturangaben. (A. M. A. Arch. intern. Med. **94**. 402—16. Sept. 1954. Boston, Mass., Harvard Med. School, Dep. of Med.; Waverley, Mass., McLean Hosp.) F. KRUSEN. 4596

Dorothy H. Henneman, Mark D. Altschule und **Rose Marie Goncz,** *Kohlenhydratstoffwechsel bei Hirnkrankheiten.* 3. Mitt. *Fructosestoffwechsel bei schizophrenen, manisch-depressiven und involutiven Psychosen.* (2. vgl. vorst. Ref.) An psychot. Patienten wurden 50 g *Fructose* (**I**) peroral verabreicht u. deren Intermediärstoffwechsel an den Blutwerten der bekannten Stoffwechselprodd. verfolgt. Gegenüber dem bei n. Personen nach **I**-Zufuhr beobachteten Abfall der Blut-*Glucose*-Konz. tritt bei Psychotikern ein Anstieg auf. Parallel dazu wird ein Anstieg der Blut-*Citronensäure*-Konz. beobachtet. Die übrigen Werte verhalten sich normal. (A. M. A. Arch. Neurol. Psychiatry **72**. 696—704. Dez. 1954.) F. KRUSEN. 4596

H. Südhof, *Über den Kohlenhydratstoffwechsel der Arterienwand.* Stoffwechselunterss. an Carotiden des Rindes (Brei u. Ringe in SAWASAKI-Lsg.) ergaben, daß die *Milchsäure*(**I**)-Bldg. im Carotidenbrei sehr viel geringer ist als im Arterienring. Sie wird in beiden Präpp. durch Zusatz von *Glykogen* (**II**) u. bes. von *Glucose* (**III**) gesteigert. Die geringere glykolyt. Eig. des Carotidenbreis wird auf Fermentschädigung zurückgeführt, die sich durch Anstieg von Phosphat auf Kosten des Pyrophosphats bemerkbar macht. Der **II**-Schwund in der Arterienwand kann durch Zusatz von **II** zur Salzlsg. oder Zufuhr von O_2 gehemmt werden; Zugabe von **III** ist ohne Einfluß. Gleichzeitige Versorgung mit **III** u. O_2 führt zu deutlichem Aufbau von **II** in der Arterienwand. Erhöhung des *Hexosemonophosphat*-Geh. u. Auftreten von *Hexosediphosphat* konnten im Carotidenring nicht nachgewiesen werden. Gleichzeitiger Zusatz von *Adrenalin* u. **III** zur Salzlsg. bewirkt eine Erhöhung der Spannungsleistung u. vermehrte **I**-Bldg. im Arterienring gegenüber den Verss. in **III**-freier Salzlösung. (Pflügers Arch. ges. Physiol. Menschen Tiere **252**. 551—65. 20/9. 1950. Göttingen, Univ., Physiol.-chem. Inst.) W. H. FERNHOLZ. 4596

W. Kutschera und **F. Rettenbacher,** *Beitrag zur Lävuloseverwertung bei Hepatitis.* Vff. geben 40 gesunden (a) u. an Hepatitis erkrankten (b) nüchternen Personen eine intravenöse Injektion von *Lävulose* (**I**) (20%ig. Lsg., 0,10—0,55 g/kg) u. untersuchen den **I**-Geh. des Blutes 2—120 Min. nach **I**-Belastung. Es wird beobachtet, daß die **I**-Konz. bei a u. b mit der zugeführten **I**-Menge zunächst ansteigt u. dann langsam abnimmt. Nach 2 Std. ist noch ein erhöhter Blut-**I**-Spiegel nachweisbar, während nach 4 Std. keine **I** im Blut anzutreffen ist. Bei b werden durchschnittlich um 12—18% gegenüber a erhöhte **I**-Werte beobachtet, die bis zu 30 Min. nach der Injektion bestehen bleiben, um sich dann allmählich zu normalisieren. Aus den Ergebnissen geht hervor, daß die Leber von b imstande ist, **I** zu verwerten, wobei eine Funktionssteigerung des erkrankten Organs erkennbar wird. Es wird auf die Beeinflussung der *Glucose*-Kurve durch **I** hingewiesen. (Wiener med. Wschr. **105**. 708—10. 3/9. 1955. Wien-Lainz, Krankenhaus, 1. Med. Abt.) P. FAHRNLAENDER. 4596

J. J. Vitale, June Nay und **D. M. Hegsted,** *Partieller Hungertod und Alkoholstoffwechsel.* Bei erwachsenen hungernden Ratten wurde die Fähigkeit, A. zu oxydieren, durch die Ausscheidung von $^{14}CO_2$ nach $^{14}C_{(1)}$-*Äthanol*-Gaben gemessen, wobei eine merkliche Abnahme dieser Fähigkeit festgestellt wurde. Die Tiere zeigten Gewichtsverluste. Sobald das Gewicht der Tiere gleichmäßig blieb, kehrte die Fähigkeit zur A.-Oxydation zur Norm zurück. — Diskussion der Ergebnisse hinsichtlich Leberveränderungen während des Hungertodes, Proteinmangels u. der Adaptation auf Unterernährung. (J. Nutrit. **53**. 533—41. 10/8. 1954. Boston, Mass., Harvard School of Publ. Health, Dep. of Nutrit.) H. PATZSCH. 4596

M. Kratochvíl, I. Šimkovic, M. Hubka und **L. Hutan,** *Beitrag zum Problem der Verwertung des Stickstoffs aus Eiweißhydrolysaten.* Im Gegensatz zu ELMAN wird durch Verss. an Hunden mit EKKscher u. PAVLOVscher Fistel festgestellt, daß die enterale Verabreichung von Caseinhydrolysaten gegenüber der parenteralen Zufuhr im Hinblick auf die Verwertung u. Retention von N_2 für die Rekonstruktion der Körpereiweiße überlegen ist. Die Passage der Aminosäuren durch die Darmwand scheint für deren Verwertung keine große Rolle zu spielen. Der Anteil der Leber an der Synth. der Eiweißkörper bleibt weiter ungeklärt, wenngleich auch angenommen werden muß, daß sie deren Neubldg. beherrscht. (Bratislavské Lekárske Listy **34**. 740—57. Juli 1954. Bratislava, Ústav užite anatomie.) O. POLLAK V. EMHOFEN. 4596

J. M. Shewan, *Chemie und Stoffwechsel der stickstoffhaltigen Basen des Fisches.* Die N-haltigen Basen, die 12—40% des Gesamt-N im Fischmuskel ausmachen, bestehen

u. a. aus *Ammoniak, Mono-, Di-* u. *Trimethylamin, Trimethylaminoxyd* (I), *Kreatin* (II), *Methylguanidin, Carnosin, Anserin, Harnstoff* (III), *Purin*-Derivv. u. Aminosäuren. Bei den Elasmobrancharten bestehen ca. 50% des Nichtprotein-N aus **III**, 6% aus **I** u. 9% aus **II**. Vom restlichen N bleiben 5—10% unbestimmt. Über die Verteilung von **I** in frischen Fischen sowie bei beginnendem Verderb während Eislagerung u. bei Fischkonserven liegen in der Literatur die zahlreichsten Daten vor, wobei angenommen wird, daß es sich um ein Endprod. des Proteinstoffwechsels handelt, das bei der Regulation des osmot. Druckes eine ähnliche wichtige Rolle spielt wie **III** bei den Elasmobrancharten. (Biochem. J. **47**. LIII—LIV. Nov./Dez. 1950. Aberdeen, Torry Res. Stat., Dep. of Sci. and Ind. Res.) K. NEHRING. 4596

Stig E. G. Åqvist, *Stoffwechselbeziehungen zwischen den Aminosäuren, untersucht mit isotopem Stickstoff.* Vf. injiziert Ratten folgende ^{15}N-markierte *Aminosäuren* (I): *Glutaminsäure* (II), *Asparaginsäure, Alanin, Prolin* (III), *Threonin* (IV), *Serin* (V), *Glycin* (VI), *Leucin* (VII), *Isoleucin* (VIII), *Valin* (IX), *Phenylalanin* (X), *Tyrosin* (XI), *Arginin, Lysin* (XII) sowie *Histidin* (XIII) u. *Ammoniak* u. untersucht die Aufnahme von markiertem N in die **I** des n. Leberproteins. Markierter N findet sich in allen untersuchten **I** mit Ausnahme von **IV**, **XII** u. **XIII**. **II** scheint eine zentrale Stellung in der Stoffwechselumwandlung des ^{15}N einzunehmen. Bei allen Verss. zeigen sich gewisse Ähnlichkeiten des ^{15}N-Geh., die diskutiert werden. Die Fälle, in denen **I** deutlich höhere ^{15}N-Gehh. aufweisen, deuten nach Ansicht des Vf. auf besondere Stoffwechselwege der zugeführten **I** hin. Hierzu gehören die reversiblen Umwandlungen von **VI** in **V**, **X** in **XI**, **VII** in **VIII**, die wahrscheinlich ebenfalls reversiblen Umwandlungen von **IX** in **VII** bzw. **VIII** bzw. **VII** + **VIII** u. die irreversible Umwandlung von **IV** in **VI**. Außerdem ergeben sich Anhalte für eine direkte Umwandlung von **III** in **II**. (Acta chem. scand. **5**. 1046—64. 1951. Stockholm, Karolinska Inst., Biochem. Dep.) K. NEHRING. 4596

Stig E. G. Åqvist, *Aminosäurebeziehungen während des Wachstums, mit* ^{15}*N-Glykokoll an der regenerierenden Rattenleber untersucht.* (Vgl. vorst. Ref.) Partiell hepatektomierten Ratten injiziert Vf. ^{15}*N-Glykokoll* (I) u. untersucht den ^{15}N-Geh. verschied. *Aminosäuren* (II) aus dem Protein von Cytoplasma u. Zellkernen der regenerierenden Leber im Vgl. mit Normalwerten. Die ^{15}N-Verteilung unter den **II** der regenerierenden Leber ist der der n. ähnlich, jedoch deuten erhöhte Werte auf eine direkte Umwandlung von **I** in *Serin* (III) u. von **III** in *Cystin* hin. Vf. schließt aus den Ergebnissen, daß der Einbau von ^{15}N aus dem zugeführten **I** in *Glutaminsäure* (IV) im Anfangsstadium der Regeneration gering ist, um sich langsam den Normalwerten zu nähern, daß jedoch die N-Verteilung zwischen **IV** u. den anderen **II** in allen Stufen der Regeneration verhältnismäßig konstant ist. Der ^{15}N-Geh. des **I** im Cytoplasmaprotein zeigt ein Maximum nach 56 Std. Regeneration u. einen kleineren Gipfel nach 26 Std., während beim Zellkernprotein das Maximum bei 26 Std. liegt u. der 2. Gipfel bei 56 Stunden. (Acta chem. scand. **5**. 1065—73. 1951.) K. NEHRING. 4596

Lorentz Eldjarn, *Der Stoffwechsel von Cysteamin und Cystamin. Studien über die Bildung von Taurin in Säugetieren.* (Vgl. C. **1954**. 8386.) Vf. untersuchte den Stoffwechsel des *Cysteamins* (I) u. des *Cystamins* (II) mit den ^{35}S enthaltenden Verbindungen. **I** u. **II** werden durch den Menschen u. durch die Ratte zu 50—80% in 3 Tagen im Urin, zu einem erheblichen Teil als *Sulfat* (III) ausgeschieden; außerdem wenige % unverändertes **I** u. **II**. Ein erheblicher Teil von **I** u. **II** wird im Gegensatz zu den Feststellungen anderer Autoren durch den Säugetierorganismus zu *Taurin* (IV) oxydiert. In den Faeces wurden nur geringfügige Mengen ausgeschieden. Unter vergleichbaren Bedingungen erfolgt die Umwandlung von **I** in **III** u. **IV** wesentlich schneller als die von **II**. Die Rk. **I** bzw. **II** → **IV** erfolgt durch ein thermolabiles Fermentsyst. in der Leber; es konnte *2-Aminoäthansulfinsäure* (V) papierchromatograph. als Zwischenstufe nachgewiesen werden. Vf. nimmt an, daß der als **III** auftretende Schwefel aus der Zwischenstufe **V** abgespalten wird, da aus **IV** im Organismus **III** nicht gebildet wird. Rattenlebergewebe vermag aus **I** u. **II** keinen H_2S zu bilden. Vf. prüfte, ob **I** auf einem der Methionin–Cystathionin–Cystein-Umwandlung ähnlichen Wege im Organismus synthetisiert wird. Es wurde jedoch festgestellt, daß S-[1-Aminoäthyl]-cystein, das mit ^{35}S markiert war, in der Ratte weder zu **III** oder **IV** noch zu Cystein–Cystin umgewandelt werden kann.

Versuche: *S-[1-Aminoäthyl]-cystein·HCl*, $C_5H_{13}O_2N_2SCl$, F. 214—215°, aus 90—95%ig. A., durch Umsetzung von Cysteinnatrium mit Aminoäthylbromid in A. bei 15—20°. (Scand. J. clin. Lab. Invest., Suppl. **6**. Nr. 13. 1—96. 1954. Oslo, Norwegian Radium Hosp.; Norsk Hydro's Inst. for Cancer Res.) K. HEYNS. 4596

Donald B. Melville, Charles C. Otken und Vladimir Kovalenko, *Über die Herkunft des tierischen Ergothioneins.* (Vgl. C. **1956**. 487.) Zur Unters., ob Erythrocyten des Schweines *Ergothionein* (I) synthetisieren, wurde 1 mC ^{35}*S-Methionin* (II) an ein junges Tier verfüttert. Das aus dem Blut isolierte krist. **I** war nicht radioakt., ebenso nicht **I**

aus den Samenblasen. Auch bei der Ratte konnte kein Anhalt für die Synth. von Blut-I nach ^{35}*S*-Zufuhr gefunden werden. Fütterungsverss. bei Ratten ergaben, daß Mais u. ein wss. Acetonextrakt hieraus als Vorstufe des Blut-I dienen kann; *Zein* dagegen nicht. Ein I-Geh. der Nahrung von 0,01‰ bewirkte in Rattenerythrocyten I-Speicherung. (J. biol. Chemistry **216.** 325—31. Sept. 1955. New York, Cornell Univ., Med. Coll., Dep. of Biochem.) K. MAIER. 4596

Helen M. Muir, A. Neuberger und **J. C. Perrone,** *Biosynthese von Globin bei der Ratte.* Vff. injizieren Ratten ^{14}*C-Glykokoll* (I) u. ^{14}*C-Valin* (II) u. messen die entsprechenden Aktivitäten im *Globin* (III) nach 24, 72 Std., 1 u. 2 Wochen. Die Aktivitäten des endständigen u. nichtendständigen II sind nach den verschied. Versuchszeiten gleich. Das Verhältnis der mol. spezif. Aktivitäten des isolierten I u. II wurde zu $1{,}2 \pm 0{,}2$ gefunden. Vff. schließen daraus, daß die I- u. II-Vorräte u. ihre entsprechenden Umwandlungszeiten annähernd gleich sind, u. daß die III-Synth. entweder auf einer gleichzeitigen Kondensation von Aminosäuren oder einem rasch aufeinanderfolgenden Aufbau von Peptiden ohne nennenswerte Anhäufung von Zwischenstufen beruht. (Biochem. J. **49.** LV. Sept. 1951. London, Mill Hill, Nat. Inst. for Med. Res.) K. NEHRING. 4596

R. F. Glascock und **W. G. Duncombe,** *Unterschiedliche Verteilung von H-Isotopen in Leber und Brustdrüsen.* Weiblichen Ratten wurde schweres W., dem radioakt. W. (mit 2 mC ^{3}H) zugesetzt wurde, verabreicht u. die Fettsäuren des Brustgewebes (I), der Leber (II) u. des perinephrit. Fettes auf ihren Geh. an ^{2}H u. ^{3}H untersucht. Setzt man das Verhältnis $^3H/^2H$ im Trinkwasser gleich 1, so erhält man für das Blutwasser ebenfalls den Wert 1, für I 0,775 u. für II 0,87. Das heißt, daß im I die Nettofettsäurensynth. größer ist als in II, u. daß eine unterschiedliche Verteilung der Isotope eintritt. Dieses steht im Einklang mit der abgeleiteten Theorie, wonach das Isotopenverhältnis im Prod. sich von dem des Substratwassers ($[^3H]/[^2H]$) um einen Faktor unterscheidet. Dieser Faktor hängt von den Geschwindigkeitskonstanten der Synthesen der markierten Prodd. ab. (Biochem. J. **58.** 440—47. Nov. 1954. Univ. of Reading, Nat. Inst. for Res.) H. GEHM. 4596

A. Pittoni und **C. R. Rossi,** *Über den Wirkungsmechanismus der lipotropen Substanzen.* 3. Mitt. *Einfluß des Cholins auf den intermediären Fettstoffwechsel in der Leber.* (2. vgl. C. **1955.** 7717.) Weiße Ratten wurden bis zu 30 Tagen mit 50 mg täglich *Cholin* (I) gefüttert. Es wurde danach eine Abnahme des O_2-Verbrauchs, eine Zunahme des respirator. Quotienten u. der Produktion von Ketonkörpern festgestellt. Entgegengesetzte Rkk. wurden bei einer Dosierung von 10 mg I täglich beobachtet. Es wird angenommen, daß I die Oxydationsprozesse der Fettsäuren in der Leber steigert. (Arch. Scienze biol. **38.** 26—32. Jan./Febr. 1954. Padova, Univ., Ist. di Chim. Biol.) P. G. SCHEURLEN. 4596

A. Pittoni und **C. R. Rossi,** *Über den Wirkungsmechanismus der lipotropen Substanzen.* 4. Mitt. *Fettstoffwechsel in der Leber, Methionin und Inosit.* (3. vgl. vorst. Ref.) *Methionin* (I) u. *Inosit* (II) wurde weißen Ratten bis 30 Tage lang in einer Dosis von je 10 mg/kg verfüttert. Es erfolgte darauf eine Abnahme der Ketonkörperproduktion in der Leber, während der O_2-Verbrauch u. der respirator. Quotient keine Abweichungen aufwiesen. I u. II hat mit der Wrkg. des *Cholins* u. *Lipocains* die Umformung der Ketonkörper in Glucose gemein. (Arch. Scienze biol. **38.** 47—55. Jan./Febr. 1954. Padova, Univ., Ist. di Chim. Biol.) P. G. SCHEURLEN. 4596

Fritz Hartmann und **Hans-Joachim Gerth,** *Der Wirkungsmechanismus des Mesoinosits als lipotrope Substanz bei der Bestschen Mangelkostratte.* Vff. geben männlichen Ratten die Mangeldiät nach BEST u. untersuchen den Lipoidgeh. der Leber sowie die Einbaugeschwindigkeit von ^{32}P, nachdem die Tiere 16 Std. vor der Tötung 0,02 mC/100 g Körpergewicht $H_3{}^{32}PO_4$ subcutan injiziert erhalten hatten. Die Aktivität wird in 50 mg der mit PAe.-Bzl.-Gemisch (14 : 1) extrahierten *Gesamtfettstoffe* (I) bestimmt. Es wird festgestellt, daß die fettfreie u. an lipotropen Substanzen arme Kost eine Leberverfettung hervorruft, wobei die Menge der I u. *Neutralfette* (II) um ca. 13% ansteigt u. die der *Phosphatide* (III) um 10% absinkt. Bei Applikation von *Mesoinosit* (IV) (5 mg pro 10 g Mangeldiät) gehen die I- u. II-Konzz. auf n. Werte zurück, während die *Cholesterin-*, *Cholesterinester-* u., in geringerem Ausmaß, die III-Fraktionen zunehmen. Ferner wird beobachtet, daß bei Mangelkost der ^{32}P-Einbau in die Leber-III um 50% abfällt, nach IV-Zufuhr jedoch wieder auf n. Werte erhöht wird. Aus den Verss. geht hervor, daß die III-Synth. durch einseitige Kost blockiert wird u. die n. physiol. Leber-III-Konzz. durch IV trotz dessen lipotroper Wrkg. nicht wiederhergestellt werden. Aus der erhöhten Todesquote bei mit IV behandelten Tieren wird geschlossen, daß dessen Einfl. in einer Freisetzung körpereigenen Methionins durch Aktivierung des gesamten Eiweißstoffwechsels bzw. der Eiweißzers. besteht. (Naunyn-Schmiedebergs Arch. exp. Pathol. Pharmakol. **224.** 322—26. 1955. Göttingen, Univ., Medizin. Klinik u. Poliklinik.) P. FAHRNLAENDER. 4596

R. S. Rosenfeld, David K. Fukushima, Leon Hellman und **T. F. Gallagher,** *Die Umwandlung von Cholesterin in Coprostanol.* Die Umwandlung von *Cholesterin* (I) in *Coprostanol* (*Coprosterin, Coprostan-3β-ol*; II) wurde bei Personen u. durch Incubationsverss. (Faeces) mit Hilfe von $D_{(3)}\cdot{}^{14}C_{(4)}$-I untersucht. Die Trennung von Coprostanon, II u. I durch Chromatographie des Unverseifbaren der Faeces an Al_2O_3 wird beschrieben. Das bei den in vivo- wie in vitro-Verss. isolierte II enthielt *D* u. ^{14}C. Die Umwandlung von I in II wurde eindeutig nachgewiesen. Vermutlich entsteht II hauptsächlich aus I durch einen Prozeß, bei dem die $C_{(3)}$-OH-Gruppe unbeteiligt ist, nämlich durch direkte Sättigung der 5.6-Doppelbindung von I. Bei den Incubationsverss. wurden merkliche Mengen *D* in anderen Stellungen von II als $C_{(2,3,4)}$ eingeführt, wahrscheinlich in $C_{(5)}$ oder $C_{(6)}$. $D_{(3)}$-I u. $D_{(3)}$-*Epicholesterin* wurden durch Red. von Δ^5-Cholesten-3-on mit $LiAlH_4$ in Ae. u. chromatograph. Trennung an SiO_2-Gel erhalten. (J. biol. Chemistry **211.** 301—11. Nov. 1954. New York, N. Y., Sloan-Kettering Inst. for Cancer Res.)
K. Maier. 4596

Franklin M. Harold, Michael E. Jayko und **I. L. Chaikoff,** *Der Stoffwechsel des* $^{14}C_{(4)}$*-Epicholesterins in der Ratte.* Um festzustellen, ob *Epicholesterin* (I) ein Zwischenprod. bei der Umwandlung des *Cholesterins* (II) in *Gallensäuren* ist, wurde männlichen Ratten $^{14}C_{(4)}$-Epicholesterin (III) intravenös injiziert. In den Gallengang wurden Kanülen eingeführt, u. es ließ sich feststellen, daß 48 Std. nach Injektion ungefähr 50% des ^{14}C über die Galle ausgeschieden worden waren. Nur 0,6% fanden sich in der gleichen Zeitspanne in den Faeces. 90% des in der Galle enthaltenen ^{14}C lagen in Form von Gallensäuren u. der Rest in Form von nichtverseifbaren Steroiden vor. Die Unters. der radioakt. Gallensäuren nach Injektion von $^{14}C_{(4)}$-Cholesterin u. III ergab, daß die Endprodd. dieser beiden Steroide in der Galle nicht ident. sind. I wurde weder in Taurodesoxycholsäure noch in Taurocholsäure umgewandelt. Es entstanden 2, diesen sehr ähnliche, noch nicht identifizierte Gallensäuren. Als Stoffwechselprod. des I fand sich bei Ratten das Dihydrocholesterin. Eine Umwandlung des I in II konnte nicht nachgewiesen werden. (J. biol. Chemistry **216.** 439—47. Sept. 1955. Berkeley, Calif., Univ. of California, School of Med., Dep. of Physiol.)
A. Eben. 4596

M. Osman Saka, Ümran Sipahioğlu und **Necmettin Mizan,** *Die Wirkung von Cholesterinverfütterung auf den Cholesterinstoffwechsel von Ratten nach Vergiftung mit Tetrachlorkohlenstoff.* Durch Verfütterung großer Mengen von *Cholesterin* konnten bei Kaninchen Hypercholesterinämien hervorgerufen werden. Vergiftung mit CCl_4 steigerte den Grad dieser alimentären Hypercholesterinämien, gleichzeitig stieg der Proteingeh. des Serums u. bes. die Menge der Globulinfraktion stark an. Die Hauptmenge des im Serum enthaltenen Cholesterins war an die Globulinfraktion gebunden. (Istanbul Üniv. Tip Fak. Mecmuasi [Bull. Fac. Méd. Istanbul] **17.** 24—37. 1954. [Orig.: türk.; Auszug: engl.])
Z. Stary. 4596

Gertrude D. Maengwyn-Davies, Bernard Becker, David A. Rosen und **Jonas S. Friedenwald,** *Ein Vergleich des Acetylierungsvermögens zwischen Gesunden und Diabetikern mit und ohne Retinopathie.* Vff. geben gesunden Versuchspersonen (a) u. Diabetikern (b) eine Dosis von 1 g *Sulfadiazin* (I) oral u. bestimmen die Menge des mit dem Urin innerhalb von 24 Std. ausgeschiedenen acetylierten I. Es wird festgestellt, daß b I in etwas höherem Ausmaß acetylieren als a, wobei keine Unterschiede bestehen zwischen b mit u. ohne Retinopathie. Die Menge des nicht acetylierten I vermindert sich mit steigendem Lebensalter, doch wird zwischen a u. b dieser Unterschied ausgeglichen, wenn die erhaltenen Werte im Hinblick auf die Altersdifferenz korr. werden. Die Versuchsergebnisse geben keinen Beweis für eine Verminderung des Acetylierungsvermögens bei b. (Bull. Johns Hopkins Hosp. **96.** 150—51. April 1955. Johns Hopkins Hosp. and Johns Hopkins Univ. School of Med., Wilmer Ophthalmol. Inst.)
P. Fahrnlaender. 4596

N. I. Graschtschenkow, L. A. Blumenfeld, Ss. E. Krassowitzkaja, L. B. Perelman und **Ju. K. Smirnow,** *Sauerstoffverbrauch der Gewebe und funktioneller Zustand des Hämoglobins bei Myasthenie.* Venenblut bei Myastheniekranken ist vor der subcutanen Einführung von *Proserin* (I) erheblich heller als danach. Das spricht für eine bessere Ausnutzung des O_2 durch die Muskeln nach der Einspritzung des I. Die gasometr. Prüfung zeigte tatsächlich, daß in allen diesen Fällen der O_2-Geh. nach der subcutanen Injektion von I etwa um 3 Vol.-% abnahm u. von einer klin. Besserung begleitet war. Die Schnelligkeit der O_2-Abgabe durch Oxyhämoglobin war im Vgl. zu Gesunden beschleunigt. Sie verlangsamte sich nach der Einführung des I. Bei Verss. in vitro war I ohne entsprechende Wirkung. Dies spricht dafür, daß die Bedingungen der O_2-Aufnahme durch die Gewebe für die Änderungen der Funktion des Hämoglobins entscheidend sind. Es tritt eine Störung der troph. Gewebsfunktion auf, die ihren Ausdruck in der Herabsetzung der

Intensität der Gewebsatmung findet. (Доклады Академии Наук СССР [Ber. Akad. Wiss. UdSSR] **100.** 191—92. 1/1. 1955.) F. DU MANS. 4596

Frederick Urbach und **George Peirce,** *Polarographische Messung des Sauerstoffverbrauchs der Haut in vivo.* Die manometr. Messung des O_2-Verbrauchs der Haut zeigte Veränderungen, wenn Entzündungen u. Tumoren vorlagen. Die Ergebnisse werden an n. Haut polarograph. nachgeprüft. Vgll. zwischen tier., toter u. gesunder Haut werden angestellt. (Science [New York] **112.** 785—86. 29/12. 1950. Philadelphia, Pa., Univ., Dep. of Dermatol. and Syphilol., Robinette Found. of the Hosp.) U. BALZER. 4596

Harry Boström und **Erik Odeblad,** *Eine autoradiographische Untersuchung über das Vorkommen von injiziertem radioaktivem Sulfat im Eingeweide.* Autoradiograph. Unterss. über den Einbau von ^{35}S-markiertem Sulfat im Eingeweide von Kaninchen ergaben 2 Arten der Akkumulation: Intensive fleckige Aufnahme in den Mucuströpfchen in den Epithelzellen u. diffuse, schwache Akkumulation in der Epithelauskleidung. Eine geringe Akkumulation von ^{35}S wurde in der Submucosa, der Muscularis u. der Serosa gefunden. Die radioakt. Tröpfchen scheinen rasch in den Eingeweideinhalt ausgeschieden zu werden, da dieser 1—2 Tage nach der Injektion größere Mengen an ^{35}S enthält. (Acta physiol. scand. **32.** 124—28. 1954. Stockholm, Sabbatsberg Hosp.; Karolinska Inst., Chem. Dep. II.) R. HÄHNEL. 4596

Ss. Ja. Demjanowski und **N. Ss. Russakowa,** *Der Phosphorumsatz im Organismus des Eichenspinners Antheraea Pernyi G.* In verschied. Stadien der Entw. wurden im Gewebe von *Antheraea Pernyi G.* die in Trichloressigsäure lösl. *P-Verbb.*, die in A. u. Ae. lösl. *Phosphatide* u. *Sterine* sowie die *Nucleoproteide* u. *Phosphoproteide* rein chem. bestimmt u. unter Anwendung von ^{32}P nachgeprüft. Bei der Larve des 5. Entwicklungsstadiums war zu Beginn dieser Periode der P-Umsatz vermindert, dann erhöht u. gegen Ende wieder vermindert. Bei der Sommerpuppe war der P-Umsatz nach 7 Tagen vermindert, nachher erhöht. Bei der Winterpuppe nahm er mit Ausnahme der Muskeln in allen Geweben nach 7 Tagen zu, gegen Ende der Entw. ab. (Биохимия [Biochemie] **20.** 466—69. Juli/Aug. 1955. Moskau, Pädag. Inst., Lehrstuhl für organ. u. biol. Chem.) O. LEBTAG. 4596

N. M. Poljakowa und **N. I. Putilin,** *Der Einfluß des Histaminschockes auf den Phosphorumsatz in der Großhirnrinde.* In 10 Verss. an Hunden mit Schock mittels *Histamin* (10 mg/kg intravenös) wird festgestellt, daß im tiefen Schockzustand gleichzeitig mit der starken Herabsetzung der Erregbarkeit der Großhirnrinde in dieser der Geh. an *Adenosintriphosphorsäure* (I) u. *Kreatinphosphat* stark absinkt, während die Menge des *anorgan. P* stark zunimmt. Durch kleine intraarterielle, intravenöse oder suboccipitale Dosen von I konnte der abgesunkene Blutdruck der Schocktiere gesteigert u. die gestörte Atmung u. Herztätigkeit normalisiert werden. Die regenerierende Tätigkeit von I wird als reflektor. angesehen. (Бюллетень Экспериментальной Биологии и Медицины [Bull. exp. Biol. Med.] **40.** Nr. 9. 47—50. Sept. 1955. Kiew, Biochem. Inst. der Akad. der Wiss. der UkrSSR.) E. RENTZ. 4596

D. R. H. Gourley, *Die Rolle des Adenosintriphosphats für den Phosphattransport in menschlichen Erythrocyten.* Für einzelne P-Fraktionen der menschlichen Erythrocyten wurden folgende Werte als mg P/100 ml Blutzellen erhalten: anorgan. P im Plasma des Blutes $1,79 \pm 1,3$; anorgan. P in Erythrocyten $2,55 \pm 0,16$; leicht hydrolysierbarer P im ATP bzw. schwer hydrolysierbarer: $7,31 \pm 0,29$ bzw. $3,27 \pm 0,24$; Adenylsäure $1,89 \pm 0,18$; 2.3-Diphosphoglycerinsäure $13,78 \pm 0,81$; Glycerinphosphorsäure $2,05 \pm 0,46$; Glucose-1-phosphat $1,72 \pm 0,21$; Glucose-6-phosphat $2,72 \pm 1,27$; „Coenzym"-Fraktion $0,59 \pm 0,19$; Propandiolphosphat $0,57 \pm 0,14$. Der Einbau von ^{32}P in verschied., in Säure lösl. organ. P-Verbb. der Erythrocyten wurde in vitro über 8 Std. beim Übergang des ^{32}P vom Plasma in die Zelle gemessen. Bes. schnell war der Einbau von ^{32}P in 2.3-Diphosphoglycerinsäure. Danach diffundiert Phosphat die Erythrocytenmembranen nur nach Bldg. von Adenosin-ATP. Doch läßt sich nicht ausschließen, daß etwas anorgan. Phosphat auch direkt permeieren kann. (Arch. Biochem. Biophysics **40.** 1—12. Sept. 1952. Charlottesville, Va., Univ. of Virginia, Med. School, Dep. of Pharmacol.) R. LOHMANN. 4596

D. R. H. Gourley, *Glykolyse und Phosphateintritt in menschliche Erythrocyten.* (Vgl. auch vorst. Ref.) Durch Zusatz von solchen Konzz. *Monojodacetat* (I) oder *Fluorid* zu menschlichen Erythrocyten, die den Eintritt von Phosphationen auf $^1/_5$ herabsetzen, ist der Geh. an *ATP* nach 3 Std. auf $^1/_{10}$ verringert. Dies wird dahin gedeutet, daß Phosphationen erst nach der Bldg. von ATP aus ADP oder Adenylsäure permeieren. I verringert den Geh. an *2.3-Diphosphoglycerinsäure* (II) in den Erythrocyten u. den Einbau von ^{32}P. Fluorid verändert nicht merklich den Geh. an **II**, verringert aber den Einbau von ^{32}P. Dieses Verh. stützt die Ansicht, daß **II** ein integraler Bestandteil des

Milchsäurecyclus in den Erythrocyten ist. (Arch. Biochem. Biophysics **40.** 13—19. Sept. 1952. Charlottesville, Va., Univ. of Virginia, Med. School, Dep. of Pharmacol.)
R. LOHMANN. 4596

Ss. Je. Manoilow und **L. D. Prosorowskaja,** *Untersuchung der Geschwindigkeit der Aufnahme von Phosphor in die Zähne bei normalen und skorbutkranken Meerschweinchen.* In Verss. an 10 Meerschweinchen, die ^{32}P (I; meist 20 μC) subcutan erhielten, wird festgestellt, daß in der gleichen Zeit von den Schneidezähnen 2mal weniger I aufgenommen wird als von den Backenzähnen. Bei experimentell erzeugtem Skorbut (18 Tiere) ist das gleiche mit dem Unterschied zu beobachten, daß die Aufnahme von I in die Schneidezähne 2½mal geringer u. in die Backenzähne 2mal geringer ist als in der Norm. (Стоматология [Stomatologie] **1955.** Nr. 5. 21. Sept./Okt. Leningrad, Med. Stomatol. Inst., Lehrstuhl für Biochem.)
E. RENTZ. 4596

Edmund R. Yendt, Thomas B. Connor und **John Eager Howard,** *In vitro-Verkalkung des Knorpels von rachitischen Ratten in normalen und pathologischen menschlichen Sera mit einigen Beobachtungen über die Pathogenese der renalen Rachitis.* Eingehende Unterss. mit 58 Sera (n. u. erhöhte Ca- oder P-Werte) ergaben, daß Verkalkung eintritt, wenn das Prod. von ultrafiltrablem Ca · P (mg%) 34 oder mehr beträgt, bei Serum von Patienten mit chron. renaler Insuffizienz 55 oder mehr. Einige Ursachen für diese verringerte Verkalkungswrkg. werden erörtert. Die Konzz. von biol. akt. Ca in der extracellulären Fl. beim Verkalkungsmechanismus scheinen zwischen 50 u. 70% der Konz. des Gesamt-Ca zu liegen. (Bull. Johns Hopkins Hosp. **96.** 1—19. Jan. 1955. Baltimore, Johns Hopkins Univ., School Med. and Hosp., Dep. of Med.)
J. SCHWAIBOLD. 4596

A. Knappwost und **H. G. Tochtermann,** *Über die Beeinflussung des Calcium- und Phosphatspiegels des Speichels durch peroral verabreichte physiologische Fluordosen.* Ziel der Unterss. war, zu ermitteln, ob außer der Viscosität u. dem p_H-Wert des Speichels auch sein Mineralgeh. (Ca- u. PO_4-Spiegel) durch F-Jonen beeinflußt wird. Nach Feststellung des n. Ca- u. PO_4-Geh. des Speichels wurden 2 mg F-Ionen pro Versuchsperson u. Tag verabfolgt u. die Messungen 14 Tage lang durchgeführt. Gleich nach Beginn der F-Medikation wird ein geringes Absinken der Ca-Konz. im Speichel festgestellt; bereits nach wenigen Tagen ist die Norm jedoch wiederhergestellt. Der Phosphatgeh. zeigt ein gegenteiliges Verhalten. Jedoch sind die Konzentrationsänderungen so gering, daß sie nicht als Ursache für die cariesprophylakt. Wrkg. des F in Betracht kommen. Demnach bestimmen nur die Viscosität u. die Menge des Speichels die Geschwindigkeit der Bldg. der Deckschicht (Hydroxylapatit) auf dem Schmelz (KNAPPWOSTsche Deckschichtentheorie). (Dtsch. zahnärztl. Z. **10.** 1231—42. 15/9. 1955. Tübingen, Univ., Zahnärztl. Inst., Abt. für physikal. Chem. u. Werkstoffkunde.)
G. KLESSE. 4596

L. N. Dagajewa, *Bedeutung des Speichels für den Mineralstoffwechsel des Zahnschmelzes.* In Verss. an Hunden mit Parotisfistel wird mit Hilfe von ^{45}Ca (I) festgestellt, daß im depulpierten u. anschließend plombierten Zahn der Zahnschmelz weiterhin I aufnimmt, während sich in Dentin u. Wurzel nur Spuren von I finden. Durch Metallkappen geschützter Zahnschmelz nimmt kein I auf. Der Zahnschmelz verhindert das Eindringen von I aus dem Speichel in das Dentin. Wird der Zahnschmelz entfernt, so nimmt das Dentin wesentlich mehr I auf als die Kontrollen. Demnach ist der Speichel als wichtigste Quelle für die Ca-Salze des Zahnschmelzes anzusehen. Eine gewisse Bedeutung scheint auch der Weg durch die Dentinkanälchen zu haben. (Стоматология [Stomatologie] **1955.** Nr. 5. 17—21. Sept./Okt. Moskau, Med. Stomatol. Inst., Lehrstuhl für Pathophysiol.)
E. RENTZ. 4596

Paul Fournier, *Das Schicksal des Calcium in den verschiedenen Teilen des Verdauungstraktes der erwachsenen Ratte.* Ratten erhielten eine Diät, die u. a. 1% $CaCO_3$ u. 1% TiO_2 enthielt. Kontrolltiere erhielten an Stelle des $CaCO_3$ äquivalente Mengen gereinigte Stärke. Nach Einstellen auf das Ca-Gleichgewicht wurden die Tiere getötet u. in den einzelnen Abschnitten des Verdauungstraktes Ca u. TiO_2 bestimmt u. das Verhältnis Ca/TiO_2 berechnet u. graph. dargestellt. Im ersten Teil des Dünndarmes liegt das Verhältnis hoch, im Coecum dagegen sehr niedrig. (C. R. hebd. Séances Acad. Sci. **231.** 1556—58. 18/12. 1950.)
H. PATZSCH. 4596

Chosaburo Matoba, *Der Calciumstoffwechsel bei Ratten, denen Calciumgluconat und Calciumchlorid verabreicht wurde.* Bei Verabreichung von *Ca-Gluconat* oder $CaCl_2$ an Ratten in relativ großen Dosen konnte Vf. ein Zunehmen des Ca in Serum, Hirn, Mark, Fell, Muskel, Herz, Lunge, Leber, Niere u. Milz feststellen. (J. Kyoto prefect. med. Univ. **56.** 813—15. Nov. 1954. Kyoto, Pref. Med. Univ., Dep. of Pediatr. [Orig.: japan.; Auszug: engl. L XIII.])
G. BRATFISCH. 4596

Dieter Kerner, *Über das Verhalten des Na-Cl-Index im Urin Leberkranker.* Infolge Retention des Na-Ions im Organismus u. entsprechend herabgesetzter Ausscheidung bei n. Cl-Bilanz soll nach BANSI der Na–Cl-Index im Urin (Verh. von Na : Cl) vom n. Wert 1 bei Leberkrankheit auf 0,5—0,25 u. darunter absinken u. daher eine Beurteilung der Schwere des Falles ermöglichen. KERNER hat bei Patienten mit leichten u. schweren Leberschäden (Hepatitis epid. u. Lebercirrhose) die Na- u. Cl-Ausscheidung während des Krankheitsgeschehens öfter untersucht. Seine Werte lagen meist zwischen 1 u. 0,6 u. niemals unter 0,25. Er fand aber auch bei Gesunden Werte von 0,75—0,5. Nach seinen Angaben sind die Na–Cl-Indexwerte zu variabel, um daraus einwandfreie Schlüsse auf die Schwere einer Leberschädigung ziehen zu können. (Klin. Wschr. **28.** 760. 15/11. 1950.)
H. GOHR. 4596

R. Prosiegel, K. Stuhlfauth und **A. Englhardt-Gölkel,** *Die Wirkung von Kohlenhydraten auf den Kaliumstoffwechsel bei Gesunden und Leberkranken.* Vff. geben 12 gesunden Versuchspersonen (a) u. 10 Leberkranken (b) innerhalb von 4 Min. eine intravenöse Injektion von *Glucose* (I) u. *Fructose* (II) (0,25 g/kg) u. bestimmen den K-Geh. des Serums sowie die *Phosphat* (III)-Konz. im Blut. In einer 2. Versuchsreihe wird nach rascher intravenöser Infusion von 25 cm^3 40%ig. I- bzw. II-Lsg. u. 500 cm^3 einer 20%ig. I- u. II-Lsg. innerhalb von 1 Std. die arteriovenöse K-Differenz ermittelt. Es wird bei a nach intravenöser Kohlenhydratzufuhr festgestellt, daß der III-Geh. nach II-Gaben rascher u. tiefer absinkt als nach I-Zufuhr. Das Maximum des Blutzuckeranstiegs erreicht nach II niedrigere Werte als nach I. Der Serum-K-Spiegel verhält sich dagegen völlig uneinheitlich, er zeigt 10—15 Min. nach Kohlenhydratapplikation einen Anstieg, z. T. aber auch einen Abfall mit nachfolgendem Wiederanstieg. Während der 1std. Infusion wird bei II-Gaben ein Abfall des Serum-K-Geh. bis maximal 8 mg% unter den Ausgangswert beobachtet, u. die arteriovenöse K-Differenz nimmt zu. Nach I ist der K-Abfall geringer. Auch III sinkt nach II rascher u. stärker ab als nach I. Bei b ist der K-Abfall nach II um etwa die Hälfte geringer als bei a u. dementsprechend auch die Abnahme der III-Menge. Unter Einfl. von I ergeben sich zwischen a u. b keine wesentlichen Unterschiede bei den Konzz. an K u. III. Aus den Verss. geht hervor, daß das aus dem Serum abwandernde K in der Leber festgehalten wird u. bei b die Veresterung von III u. das Einströmen von K in die Zelle gestört ist, wobei II in der erkrankten Leber noch einen Stoffwechseleffekt hervorruft. (Klin. Wschr. **33.** 799—803. 1/9. 1955. München, Univ., Med. Poliklinik.) P. FAHRNLAENDER. 4596

Martin S. Kleckner, Archie H. Baggenstoss und **James F. Weir,** *Eisenablagerungskrankheiten.* An Hand von 29 Fällen von Hämochromatose u. 20 Fällen von Hämosiderose werden die mit derartigen Krankheiten zusammenhängenden Probleme untersucht u. diskutiert. — 57 Literaturangaben. (Amer. J. clin. Pathol. **25.** 915—31. Aug. 1955. Rochester, Minn., Mayo Clin. and Mayo Found., Sect. of Med. and Pathol. Anat.)
F. KRUSEN. 4596

Bruno Ochwadt, *Über Rückresorption und Ausscheidung von Bicarbonat durch die Niere während der Hyperventilationsalkalose.* Willkürliche Hyperventilation beim Menschen beeinflußt die glomeruläre Filtration (Na-Thiosulfatclearance) nicht merklich, vermindert jedoch die Rückresorption von *Bicarbonat* u. erhöht seine Ausscheidung. Die Konz. des Plasmas an HCO_3' sinkt nach 20 Min. Hyperventilation von 22—27 auf 17—23 mMol/Liter ab. Die Hemmung der Rückresorption ist möglicherweise eine Folge der p_H-Verschiebung des Blutes um 0,1—0,2 nach der alkal. Seite. (Pflügers Arch. ges. Physiol. Menschen Tiere **252.** 529—36. 20/9. 1950. Göttingen, Univ., Physiol. Inst.)
M. E. FERNHOLZ. 4597

Alberto M. Bertolini und **Filippo M. Quarto di Palo,** *Wirkung der Behandlung mit Glucose oder Glucose-1-phosphat auf ATP- und Esterphosphatgehalt des Herzens adrenalektomierter Ratten.* Bei doppelseitig adrenalektomierten Ratten sinkt das Herzgewicht ab; gleichzeitig ändert sich das Verhältnis der einzelnen PO_4-Fraktionen im Herzmuskel. Gabe von *Glucose* (I), 500 mg/Tag, bewirkt einen Anstieg der *Phosphokreatinin* (II)- u. anorgan. PO_4-Fraktionen, der *ATP*-Geh. sinkt auf nicht mehr bestimmbare Werte ab. Wird statt I I-1-Phosphat gegeben, so findet sich mehr ATP, weniger anderes Phosphat. Vff. glauben, daß ihre Ergebnisse gegen die Gültigkeit der LOHMANN-Rk. im Herzmuskel sprechen, nach der II aus Kreatin u. ATP gebildet werden soll. Sie bestätigen die Annahme, daß die Adynamie nach Adrenalektomie Ausdruck eines veränderten Muskelstoffwechsels ist. (Acta med. scand. **151.** 215—18. 23/3. 1955. Milano, Italy, Univ., Inst. of Med. Pathol. and Clin. Methodol.) H. HELGE. 4597

Manuel Morales und **Jean Botts,** *Ein Modell für den Elementarprozeß bei der Muskeltätigkeit.* Entw. eines Molekularmodells der Muskelverkürzung, das sich auf die Annahme gründet, daß das „*Myosin*“ (I) (SZENT-GYÖRGYI: *Aktomyosin* oder *Myosin B*; WEBER:

S-Myosin) als fibröses Protein die Muskelmaschine darstellt. 1. In ruhendem Muskel sind die I-Moll. gestreckt; 2. *ATP* entsperrt I, so daß es sich kontrahieren kann; 3. dann wird ATP von I selbst oder ein eng mit ihm verbundenes Ferment gespalten; 4. die dabei frei werdende Energie bringt das kontrahierte I irgendwie wieder zur Streckung. Im einzelnen wird hierzu in thermodynam. u. elektr. Betrachtungen ausgeführt, daß im gestreckten „Ruhezustand" die Längen der mol. Filamente der Kompromiß zwischen dem Kontraktionsbestreben der intermol. BROWNschen Bewegung u. dem Streckungsbestreben durch eine elektr. Ladung sind. Diese Ladung kommt durch die adsorbierten zweiwertigen Kationen Ca u. Mg zustande u. ist positiv. Das auf I adsorbierte ATP-Anion entladet I u. hebt dadurch die Abstoßung durch die elektr. Ladung auf, so daß die Filamente kontrahieren können u. die konfigurative Entropie erhalten. Durch die enzymat. Dephosphorylierung von ATP zu ADP, das weniger stark adsorbiert ist, wird die negative Ladung schließlich entfernt, u. die wieder entstehende positive Ladung läßt die Filamente sich von neuem strecken. (Arch. Biochem. Biophysics **37**. 283—300. Juni 1952. Bethesda, Md., Naval Med. Res. Inst.) R. LOHMANN. 4597

K. Laki, S. S. Spicer und **W. R. Carroll,** *Beweis für ein reversibles Gleichgewicht zwischen Actin, Myosin und Actomyosin.* Verss. in der analyt. Ultrazentrifuge mit stöchiometr. *Actin–Myosin*-Lsgg. (3,50 mg/ml bzw. 1,65 mg in 0,6mol. KCl) bei verschied. Temperaturen. Bei 26,5° ist der größere Teil des Myosins (I) mit dem Aktin fest verbunden; bei 4,9° ist nur wenig *Actomyosin* (II) gebildet. Das nicht gebundene I wurde als solches isoliert. Die Werte bei 16,0° lagen zwischen denen bei 26,5 u. 4,9°. Das Verh. des II war unabhängig davon, ob die Komponenten vorher bei Zimmertemp. oder bei 0° gemischt wurden. Danach scheint die II-Bldg. eine stark endotherme Gleichgewichts-Rk. zu sein. Die Wrkg. von *Adenosintriphosphat* auf diese Gleichgewichts-Rk. ähnelt der eines Anstiegs der Ionenstärke oder einer Erniedrigung der Temp., d. h. einer Spaltung des II-Komplexes. (Nature [London] **169**. 328—29. 23/2. 1952.) R. LOHMANN. 4597

Gerda Ströbel, *Doppelbrechungsänderungen bei der aktiven Kontraktion des Fasermodells (aus Kaninchen-Psoas).* Verss. an Muskelmodellfasern aus dem Psoas des Kaninchens nach Extraktion mit 30%ig. Glycerin. Die Kontraktion findet nur bei sehr dünnen Fasern von r = 10—15 μ durch *Adenosintriphosphat* (I) im ganzen Querschnitt gleichmäßig statt. Bei dickeren Fasern, in die I nicht tief genug eindringen kann, findet sich bei maximaler Verkürzung ein positiv doppelbrechender Mantel um einen Kern, der negativ doppelbrechend, isotop oder sehr schwach positiv doppelbrechend erscheint. Dies beruht auf einer Schlängelung der Ketten der Eiweißstäbchen im Kern, in dem der Faserkern durch die Verkürzung des Fasermantels also gestaucht wird. Die Gesamtdoppelbrechung von dünnen Fasermodellen gleicht der Doppelbrechung intakter Muskelfasern. Im unkontrahierten Zustand ist bei Muskel- u. Modellfasern auch die Zus. der Gesamtdoppelbrechung aus Eigen- u. Stäbchendoppelbrechung gleich. Die Gesamtdoppelbrechung nimmt bei der Verkürzung ab. Danach beruht die Verkürzung der Modell- u. Muskelfaser auf einer Verkürzung der einzelnen Eiweißstäbchen, deren Lage dabei parallel der Faserachse bleibt. Die Verkürzung der Faser ist mit einer Verdickung verbunden, die jedoch kleiner ist als die Längenzunahme. Bei maximaler Verkürzung auf 20—30% der Ausgangslänge beträgt das Endvol. ca. 60% des Anfangsvolumens. (Z. Naturforsch. **7b**. 102—08. Febr. 1952. Tübingen, Univ., Physiol. Inst.) R. LOHMANN. 4597

Graham Hoyle, *Hoher Blutkaliumgehalt bei Insekten in Beziehung zum Nervenleitungsvermögen.* Verss. an der phytophagen Heuschrecke, Locusta migratoria. Ein freigelegter Oberschenkelnerv wurde mit einer Lsg. umspült, die 70 mMol K-Ionen/Liter enthielt. Diese Lsg. beeinflußte auch nach Std. nicht das Potential des Nervengewebes. Die Konz. von 140 mMol hemmte die Leitung nach ca. 3 Stunden. Die Injektion der Salzlsg. (40 mMol) in den Nervenstrang selbst (unter die nichtzellige, homogene Grenzmembrane) ergab einen schnellen Block des Leitungsvermögens. Bei der Injektion von geringen Mengen entwickelt sich dieser Block entsprechend der Ausbreitung der Flüssigkeit. Mit dem Ausbreiten der Fl. u. damit der Verminderung der Konz. der K-Ionen wird der Block wieder abgebaut. Diese Verss. u. auch die mit der Konz. 70 mMol weisen darauf hin, daß auch bei Insekten die Grenzmembran dazu dient, den Nervenstrang gegen den höheren K-Geh. der umgebenden Körper-Fll. zu schützen. (Nature [London] **169**. 281—82. 16/1. 1952. London, Univ. Coll., Dep. of Zool.) F. LÜPNITZ. 4598

Je. W. Morewa, *Die Bedeutung von Atmungs- und glykolytischer Phosphorylierung für die Funktion der motorischen Nervenendigungen.* In Verss. an isolierten Skelettmuskeln bewirken *α-2.4-Dinitrophenol*, NaN_3, *Methylenblau, Gramicidin C, KCl, Guanidin* (I) in größeren Konzz., *HCN*, $NaNO_2$, *Monobromessigsäure* (II) u. *NaF* eine Verstärkung der durch I hervorgerufenen Hyperkinese, anschließend eine reversible Hemmung der Kontraktionen, die zum Schluß irreversibel wird u. bei ton. Muskeln in eine stabile Kontraktur übergeht. *Bromural* hemmt die durch I ausgelösten Kontraktionen, ohne Hyperkinese bzw. Dauerkontraktur zu verursachen. Gifte, welche vorwiegend die Atmungsphosphorylierung (AP) stören, beeinflussen die Kontraktionen stets in der beschriebenen Reihenfolge. Gifte, welche die glykolyt. Phosphorylierung (GP) ändern (II u. NaF), bewirken nicht immer eine Hyperkinese. Die Funktion der neuromuskulären Synapsis ist bes. den ersteren Giften gegenüber empfindlich. Eine vorherige Hemmung der GP stört die durch AP-Störung verursachte Hyperkinese nicht. Die AP sichert die ungestörte Funktion der Synapsis. Die stärkere Empfindlichkeit der ton. Muskulatur gegenüber den die AP störenden Giften im Vgl. zu den nichtton. Muskeln ist durch die größere Aktivität der cholinreakt. Strukturen bedingt. (Бюллетень Экспериментальной Биологии и Медицины [Bull. exp. Biol. Med.] **39.** Nr. 5. 8—12. Mai 1955. Leningrad, Inst. für exp. Med. der Akad. der med. Wiss. der UdSSR, Labor. für exp. Pharmakol.) F. DU MANS. 4598

Felix Bergmann und **Arela Shimoni**, *Die Veränderungen in der Nervenmembran und die Rolle der Cholinesterase beim Leitungsprozeß.* Die kompetitive Hemmung der *Acetylcholinesterase*-Hydrolyse eines neutralen Esters durch quartäre NH_4^+-Ionen nimmt bis zu einer bestimmten Grenze mit der Molekülgröße zu. Dieses Verh. der akt. Oberfläche befindet sich in Analogie zur Beziehung zwischen quartären NH_4^+-Ionen u. Kationaustauschharzen u. führt zu der Vorstellung, daß *Cholinesterase* (I) als Teil der Nervenmembran dieser die Eigg. einer „permselektiven" Membran verleiht. Die verschied. Permeabilität der Membran gegenüber verschied. Kationen ist auf diese Weise von der selektiven Affinität des Ionenaustauschers I herleitbar u. durch den Selektivitätskoeff. K_D definiert. Die während des Leitungsprozesses im Nerven stattfindende Änderung der Permeabilität für Na^+- (u. vielleicht andere) Ionen beruht auf einer Änderung von K_D. Während bei künstlichen Ionenaustauschern, z. B. Polystyrolsulfonsäuren, K_D eine Funktion der Vernetzung ist, kann sich in einer Eiweißmembran der Grad der Vernetzung, da größtenteils auf H-Brücken beruhend, reversibel ändern. Vff. diskutieren die Möglichkeit, daß Änderungen der Membranpermeabilität auf Änderungen des Membran-p_H, hervorgerufen durch das Aktionspotential, zurückgehen. Bei der Reizleitung im Nerven erscheint die Rolle von I auf die Erholungsperiode, d. h. die Wiederherst. der selektiven Permeabilität der „ruhenden" Membran, beschränkt zu sein. Dies erfolgt durch Wiederherst. des „Ruhe"-p_H, das seinerseits den ursprünglichen Vernetzungsgrad u. Dissoziationsgrad der anion. Zentren herbeiführt. Das Syst. Acetylcholin–Acetylcholinesterase würde hiernach als „enzymat. Puffer"-Syst. fungieren. (Biochim. biophysica Acta [Amsterdam] **8.** 352—53. März 1952. Jerusalem, Israel, Hebrew Univ., Hadassah Med. School, Dep. of Pharmacol.) K. MAIER. 4598

O. Kleifeld, H. K. Müller, O. Hockwin, P. Arens, R. Fuchs und **U. Dardenne**, *Über die Bedeutung von Kapsel und Epithel für die Phosphatresorption der Linse.* Die Aufnahme von ^{32}P in die intakte Linse ist ein energiefordernder Vorgang, abhängig vom Geh. der Linse an (7 *Min.*-) *hydrolysierbarem Phosphat*, vor allem *Adenosintriphosphat*. Er wird akt. durch Zusammenwirken von Kapsel, Epithel u. Linsenfasern durchgeführt u. gehemmt durch *KCN*, *Jodessigsäure* u. *NaF*. Die der Kapsel beraubte Linse nimmt ^{32}P durch Diffusion auf, die nicht durch *KCN* beeinflußbar ist. (Graefes Arch. Ophthalmol. verein. Arch. Augenheilkunde **156.** 443—52. 1955. Bonn, Univ., Augenklinik, Inst. für exp. Ophthalmol.) D. ZEMKE. 4598

O. Kleifeld, H. K. Müller, U. Dardenne, R. Fuchs, O. Hockwin und **P. Arens**, *Über den ^{32}P-Einbau der normalen Linse in elektrophoretisch trennbare Phosphatfraktionen.* Der Einbau von ^{32}P in die Phosphatfraktionen der Linse geht unabhängig vom Ort der Aufnahme (vordere oder hintere Oberfläche) vor sich. In der kapsellosen Linse wird er gehemmt durch *Jodessigsäure* (I) u. *NaF*, doch nicht durch *KCN*. Außerdem wird die prozentuale Verteilung des ^{32}P auf die Phosphatfraktionen [*Adenosintriphosphat* (II), *Restphosphat* (III) = Differenz zwischen wasserlösl. organ. Phosphat u. II, *anorgan. Phosphat* (IV)] durch I u. *NaF* so gestört, daß nach I der Anteil an IV steigt, der an II sinkt, nach *NaF* der Anteil an II sinkt, der an III steigt. Das Epithel spielt trotz seines Geh. an *Cytochrom* keine beherrschende Rolle im ^{32}P-Stoffwechsel. (Graefes Arch. Ophthalmol. verein. Arch. Augenheilkunde **156.** 453—59. 1955. Bonn, Univ., Augenklinik, Inst. für exp. Ophthalmol.) D. ZEMKE. 4598

H. K. Müller, O. Kleifeld, R. Fuchs, U. Dardenne, O. Hockwin und **P. Arens**, *Über den ^{32}P-Einbau in die elektrophoretisch trennbaren Phosphatfraktionen der Linse in Abhängigkeit vom Lebensalter und der Vergiftung mit Naphthalin, Dinitrophenol und Alloxan.* (Vgl. vorst. Ref.) Im Alter bleibt der Einbau an ^{32}P in das *Adenosintriphosphat* (I) der Linse unverändert, während der in das Restphosphat ansteigt. Nach *Alloxan*-

Vergiftung mit u. ohne Star steigt ebenfalls der Einbau in **II**, sinkt der in **I** dagegen ab. *Naphthalin* u. *Dinitrophenol* bleiben auch bei Starbldg. ohne Einfluß. (Graefes Arch. Ophthalmol. verein. Arch. Augenheilkunde **156**. 460–66. 1955. Bonn, Univ., Augenklinik, Inst. für exp. Ophthalmol.) D. ZEMKE. 4598

Alexandre Gourévitch, *Die Glykogenolyse in den Sehzellen des beleuchteten Auges der Languste.* Die Beleuchtung des Auges der Languste *Palinurus vulgaris L.* hat eine bedeutende Verminderung der Glykogenreserve seiner Sehzellen im Gefolge. Die an Glykogen ärmeren opt. Ganglien können nicht der Sitz für eine so bedeutende Glykogenolyse sein. (C. R. Séances Soc. Biol. Filiales **145**. 1839–41. Dez. 1951. Labor. d'Ophthalmol. de l'École pratique des Hautes-Études.) D. ITZEROTT. 4598

Arne P. Skouby und **K. Zilstorff-Pedersen,** *Der Einfluß von Acetylcholin-ähnlichen Substanzen, Menthol und Strychnin auf Geruchreceptoren beim Menschen.* Die Geruchsschwelle wurde nach der ELSBERG-Meth. vor u. nach einseitiger Anwendung von 0,9%ig. Salzlsgg. bestimmt, die geringe Beträge von *Acetylcholin, Acetyl-β-methylcholin, Menthol, Strychnin* enthielten. Die beobachteten Schwellenwechsel waren ipsilateral. Äthylcholinhydrochlorid u. Acetyl-β-methylcholinhydrochlorid (0,1–10 μg/ml) erniedrigten die Geruchsschwelle um 21–50%, desgleichen Menthol (4 μg/ml). Strychninnitrat (1–10 mg/ml) erniedrigte die Geruchsschwelle nach einer anfänglichen Erhöhung, die 10 Min. anhielt. (Acta physiol. scand. **32**. 252–58. 1954. Copenhagen, Univ., Inst. of Neurophys., Univ. Hosp., Dep. of Ear, Nose, Throat Diseases.) R. HÄHNEL. 4598

H. Tuchmann-Duplessis, Hormones hypophysaires somatotrope et corticotrope. Croissance et métabolisme. Masson et Cie. (320 S. m. 59 Abb.) fr. 2200,—.

E₆. Pharmakologie. Therapie. Toxikologie. Hygiene.

S. R. Tipton und **G. S. St. Amand,** *Der Einfluß von Röntgenstrahlen auf den Respirationsprozeß von Eiern und Embryonen der Heuschrecke Chortophaga viridifasciata.* Eier u. Embryonen der Heuschrecke *Chortophaga viridifasciata* wurden gesammelt u. in 70%ig. A. sterilisiert u. getrocknet. In besonderen Gefäßen wurde dann bei 38° während 4 Std. die Respiration der Eier gemessen. In ähnlicher Form, jedoch während 2–3 Std., wurde die Respiration der Embryonen bestimmt. Ein Teil der Versuchsobjekte wurde vorher auf feuchtem Filtrierpapier röntgenbestrahlt (250 kV, 30 mA, Filter: 3,5 mm Al). InO_2-Atmosphäre beträgt der O_2-Verbrauch der Eier im Mittel 78,8 ± 3,3 mm³ je 100 Eier, er steigt während 4 Std. um 28%. In Luft bleibt der Anfangswert erhalten. Winterembryonen verbrauchen etwas weniger O_2 als solche aus Sommer u. Frühjahr. Hinzufügung von Glucose bleibt ohne Einfluß. Bestrahlung mit 1000 r red. die Respirationsgeschwindigkeit bei 14 Tage alten Eiern in der ersten Std. nach Bestrahlung nachweisbar, bei den Embryonen genügt eine Dosis von 3500 r für die gleiche Wirkung. Die Verringerung der Respirationsgeschwindigkeit ist dosisabhängig. (Physiol. Zoöl. **27**. 311–17. Okt. 1954. Oak Ridge, Tenn., Oak Ridge Nat. Labor., Biol. Div.; Knoxville, Tenn., Univ. of Tennessee, Dep. of Zool. and Entomol.) W. REUSSE. 4601

P. Fischer, L. de Landtsheer und **J. Lecomte,** *Der Gehalt des Blutes und der Gewebe an reduziertem Glutathion nach totaler Röntgenbestrahlung in letaler Dosis.* Nach letaler Röntgenbestrahlung wurden Blut, Leber, Niere, Herz u. Muskel von Mäusen u. Meerschweinchen auf ihren Geh. an red. *Glutathion* untersucht. Die Mittelwerte wurden dabei durch die Bestrahlung nicht beeinflußt. Verbindliche Schlüsse über die Abwesenheit von Peroxyden nach der Bestrahlung glauben Vff. jedoch nicht ziehen zu können, da die parenterale Applikation von H_2O_2 eine Verringerung des Geh. an red. Glutathion ausschließlich in der Niere hervorruft, den Geh. der übrigen Gewebe dagegen unbeeinflußt läßt. (Bull. Soc. Chim. biol. **32**. 1009–11. 1950. Liège, Univ., Labor. de Pathol. et Thérap. gén.) W. REUSSE. 4601

A. Lacassagne, *Die Anoxie als (maßgebender) Faktor für die Strahlenresistenz.* Vf. erörtert zusammenfassend den Mechanismus der Auslösung von Strahlenschäden durch Röntgen- u. andere ionisierende Strahlen u. die Bedeutung des O_2 für deren Ablauf bzw. für ihre Verhinderung. Bes. die sek. Rkk. der als Bestrahlungsfolge auftretenden oxydierenden Verbb. oder Radikale sind für die Strahlensensibilität bzw. die Strahlenresistenz der biol. Systeme verantwortlich. (J. Radiol. Électrol. Arch. Électr. méd. **35**. 12–15. 1954. Paris.) W. REUSSE. 4601

J. Swyngedauw, *Therapeutische Anwendung von Radioisotopen in flüssiger Form.* Vf. behandelt zusammenfassend die therapeut. Möglichkeiten bei Bestrahlung mit eingeführten fl. Radioisotopen, bes. die Anwendung von koll. ^{198}*Au*-Lsg. bei peritonealen u. pleuralen Carcinomen u. zur Behandlung von Epitheliomen in Körperhohlräumen. Im letzteren Fall wird das fl. Präp. in einem Latexballon in den Hohlraum eingeführt.

Die besonderen Schwierigkeiten bei der Anwendung von gelösten u. suspendierten akt. Isotopen werden behandelt. (J. Radiol. Électrol. Arch. Électr. méd. **35.** 94—95. 1954.) W. REUSSE. 4601

William M. Hale und **Richard D. Stoner,** *Der Einfluß der Kobalt 60-γ-Strahlung auf die passive Immunität.* (Vgl. C. **1953.** 1676.) Ganzkörperbestrahlung von Mäusen mit der γ-Strahlung von ^{60}Co (650 rep) beseitigt die Immunität der Tiere gegenüber einer Infektion mit Pneumococcus Typ III, u. zwar auch bei Ggw. des spezif. Antikörpers. Die Bestrahlung bewirkt keine Empfänglichkeit für Tetanustoxin, wenn hinreichend Antitoxin zur Zeit der Bestrahlung vorhanden ist, u. sie bewirkt keine Änderung der akt. Immunität gegenüber dem Influenzavirus Typ A. (Yale J. Biol. Med. **25.** 326 bis 333. April 1953. Upton, N. Y., Brookhaven Nat. Labor., Dep. of Med., Div. of Bacteriol. and Virol.) W. REUSSE. 4601

John van de Erve jr., *Thorium X in der Dermatologie.* Vf. beschreibt die physikal. Eigg. von *ThX* u. berichtet über die Behandlung verschied. dermatol. Erkrankungen, wobei eine alkoh. Lsg. von 150 μC/cm³, mit 1—3 Teilen Isopropyl verd., aufgetragen wurde. Nach Antrocknen wurde für 24 Std. ein Kollodiumhäutchen aufgelegt u. dann die Hautoberfläche gereinigt. Bei einer anderen Technik wurde eine Salbe mit 75 μC/g ThX-Geh. aufgestrichen. Die Bestrahlung mit α-Teilchen wirkt therapeut. vorteilhaft bei Psoriasis, Keratosis senilis, Lichen simplex, unterstützend bei Hämangiomen u. in gewissen Stadien von Pruritus ani et vulvae u. Lichen simplex chronicus. Bei zu langer Behandlung treten Entzündungen, hartnäckige Pigmentierungen u. Hyperkeratosen auf. (Southern med. J. **46.** 155—60. Febr. 1953. Charleston, S. C.) W. REUSSE. 4601

O. Henn, *Zur Frage der Toleranzdosis des menschlichen Organismus bei Inhalation von Radiumemanation.* Vf. berichtet über Reihenunterss. an Bergleuten, die in einem Zinnbergwerk mit Rn-verunreinigter Luft beschäftigt sind. Der Rn-Geh. der Luft betrug zu Beginn der Verss. $3-4\cdot10^{-9}$ C/Liter, später $1,6\cdot10^{-9}$ C/Liter. Unterss. des Blutbefundes bei verschieden lang Beschäftigten sowie Vergleichspersonen aus anderen, mit Rn nicht verunreinigten Gruben u. Personen aus der einheim. Bevölkerung ergaben: Normale Befunde bei den Erythrocyten, Reticulocyten u. Leukocyten, abgesehen von gelegentlichen Leukopenien, Hämoglobinwerte an der oberen Grenze mit Normüberschreitung in einzelnen Fällen. Bei Sternalpunktion an Personen, deren Blutbild eine Schädigung annehmen ließ, wurden neben anderen leichten Anomalien eine Verdoppelung der Lymphocyten, in mehreren Fällen eine starke Vermehrung der Mesenchymzellen beobachtet, was als Ausdruck eines Reizzustandes im Knochenmark zu betrachten ist. Eine Berechnung der unter den vorliegenden Bedingungen von den Grubenarbeitern eingeatmeten Menge an Rn u. die Berücksichtigung der bekanntgewordenen biol. Schäden durch α-Strahlen führt zu dem Schluß, daß die Toleranzdosis für Rn beim Menschen niedriger anzusetzen ist als dies bisher geschah. (Strahlentherapie **94.** 441—54. 1954. Innsbruck, Univ., Balneol. Inst.) W. REUSSE. 4601

Jacob Furth, Arthur C. Upton, Kenneth W. Christenberry, Walter H. Benedict und **Jack Moshman,** *Einige Spätwirkungen der ionisierenden Strahlung von einer experimentellen Kerndetonation bei Mäusen.* Ca. 4000 Mäuse, die in verschied. räumlichen Abständen vom Epizentrum einer Atombombenexplosion gehalten waren, wurden hinsichtlich ihrer Mortalität beobachtet. Die aufgenommene Strahlungsdosis wurde nach physikal. u. biol. Methoden ermittelt. Die 50%-Letaldosis nach 30 Tagen wurde zu 755 r bestimmt. An Spätwirkungen der Bestrahlung wurden beobachtet: Katarakte, Irisdefekte, Depigmentierung der Haare, Leukämie, Tumoren an Ovar u. Hypophyse, Adenocarcinome an der HARDERschen Drüse in der Augenhöhle, Mammacarcinome u. Nephrosklerosen. Nichtneoplast. Schäden sind im allg. dosisabhängig, während bei verschied. Tumorerkrankungen nur der durch die Bestrahlung in seinem Gleichgewicht gestörte Regelmechanismus bestimmend ist. (Radiology **63.** 562—70. Okt. 1954. Oak Ridge, Tenn., Oak Ridge Nat. Labor., Biol. Div.) W. REUSSE. 4601

B. Jolles und **J. O. Laws,** *Der Einfluß von Synkavitanwendung in Verbindung mit Bestrahlungen bei Kaninchen und Ratten.* Kaninchen u. Ratten erhielten täglich subcutane Injektionen von 10—50 bzw. 10 mg *Synkavit* (*Tetranatrium-2-methyl-1.4-naphthodihydrochinondiphosphat*; **I**). Nach einigen Tagen wurden die Tiere mit 600—1500 bzw. 480—650 r röntgenbestrahlt u. anschließend noch für 10—17 Tage mit **I** injiziert. Bestrahlungsdaten: 180 kV, 10 mA, FHA 50 cm. Im Vgl. mit Kontrolltieren ohne **I**-Behandlung wurden die Überlebensrate u. das Körpergewicht untersucht. Während bei den Kaninchen eine schwach erhöhte Strahlenresistenz zu beobachten ist, zeigt sich bei den Ratten der gegenteilige Effekt. Vff. erörtern als Ursache den histolog. Befund, daß die Nebennieren bei den Ratten nach **I**-Behandlung größere Schäden aufweisen. Die Bedeutung der Feststellungen für die Anwendung des **I** bei Menschen wird diskutiert.

(Brit. J. Cancer **8.** 513—21. Sept. 1954. Northampton, General Hosp., Dep. of Radiotherapy u. Leeds, Univ., Dep. of exp. Pathol. and Cancer Res.) W. REUSSE. 4601

G. H. C. Joynt und **L. R. Harnick,** *Bronchographie mit Dionosil. Dionosil,* der *Propylester* von *3.5-Dijodpyridon-(4)-N-essigsäure* (*Propyljodon*), in 50%ig. wss. Lsg. mit *Na-Carboxymethylcellulose* u. in 50%ig. öliger Lsg., erwies sich als gutverträgliches Kontrastmittel für die Bronchographie. (Surgery, Gynecol. Obstetr. **101.** 425—30. Okt. 1955. Toronto, Can., Univ., Med. School, and Western Hosp.) WOLFGANG ALBRECHT. 4601

H. Pommer, *Die Anreicherung des Auges mit Jod mittels Iontophorese.* Bei Kaninchen enthält die Augenvorderkammer nach Iontophorese geringe Mengen an ^{131}J. In den ersten 5 folgenden Min. erfolgt ein starker Anstieg, der bis zur 15. Min., vermutlich infolge Quellung der Hornhaut, deutlich flacher, dann bis zur 30. Min. durch Entquellung wieder steiler wird. Die Durchdringung der Hornhaut ist abhängig von Stromstärke, Dauer der Iontophorese u. Fläche der Elektroden. Während der Iontophorese wird die zunächst neutrale Lsg. in der Kathode sauer. (Wiener klin. Wschr. **67** ([N. F.] **10**). 596—99. 19/8. 1955. Wien, Univ., 1. Augenklinik; Bad Hall, Paracelsus-Inst., Augenabt.) D. ZEMKE. 4606

Erich Dunker und **Hermann Passow,** *Verteilung von Anionen und Kationen bei Fluoridvergiftung menschlicher Erythrocyten.* Zur Unters. der Beziehung zwischen Ionenverteilung u. Stoffwechsel in der Zelle wurden *K-*, *Na-* u. p_H-Bestimmungen in Suspensionen von Rinder- u. Menschenerythrocyten in *NaCl-* u. *NaF*-haltiger Lsg. u. in Erythrocytenhämolysaten durchgeführt. Die Verss. ergaben, daß die Verteilung der F-Ionen auf die Salzlsg. u. das Innere der Erythrocyten spätestens nach 4 Min. einen Gleichgewichtszustand erreicht. Bei der Hemmung der Glykolyse durch NaF ändert sich die Na-Verteilung zwischen Blutkörperchen u. Außenlsg. nicht, während die K-Konz. der Erythrocyten stark abnimmt. Das p_H NaF-haltiger Erythrocyten ist höher als in der NaCl-Kontrolle, die p_H-Differenz steigt im Laufe der Zeit an. (Pflügers Arch. ges. Physiol. Menschen Tiere **252.** 542—50. 20/9. 1950. Hamburg, Univ., Physiol. Inst.) M. E. FERNHOLZ. 4606

Albert Policard und **André Collet,** *Die Wirkung des natürlichen (Flußspat) und des synthetischen Calciumfluorids auf Binde- und Lymphgewebe.* Nach der Technik von MILLER u. SAYERS (Public Health Rep. **49.** [1934.] 80) wurden 3 Flußspatsorten (mit weniger als 1% Quarz) u. 2 synthet. CaF_2-Proben auf ihre Wrkg. auf das Bindegewebe u. Lymphgewebe bei Ratten untersucht. Während alle untersuchten Proben nach ein u. zwei Monaten im Epiploonniveau fibröse Schäden, die mit denen des Quarzes vergleichbar waren, verursachten, wird die Ganglion-Rk. red., u. es zeigt sich nach zwei Monaten noch keine Fibrosis. (C. R. hebd. Séances Acad. Sci. **235.** 1462—63. 10/12. 1952.) K. GENEST. 4606

Lubomir Dontcheff, *Untersuchung über die Alkoholoxydation bei der Ratte mit Hilfe von Äthylalkohol, der durch ^{14}C markiert ist.* Ratten wurden verschied. Dosen 20%ig., durch ^{14}C markierten A. intraperitoneal injiziert. Während die ersten Spuren der Alkoholoxydation — je nach Menge der Injektion — schon unmittelbar nach der Verabreichung in der Atemluft (a) festzustellen waren u. die maximale Ausscheidung zwischen 2 u. 7 Std. erfolgte, wurden noch 2 Tage später Spuren von $^{14}CO_2$ in a nachgewiesen. (C. R. hebd. Séances Acad. Sci. **231.** 177—78. 10/7. 1950.) F. LÜPNITZ. 4607

D. W. Woolley, *Durch Lysergsäurediäthylamid bewirktes anomales (psychotisches?) Benehmen bei Mäusen und dessen teilweise Verhinderung mit cholinergisch wirkenden Mitteln und Serotonin.* Vf. beobachtete, daß mit *Lysergsäurediäthylamid* (*LSD-25*; I) behandelte Mäuse sich so verhalten wie unbehandelte, die auf einer geneigten Glasfläche abzugleiten drohen. Es wird vermutet, daß I in den Mäusen eine Halluzination des Abgleitens auf einer geneigten Fläche entstehen läßt. Dieses anormale Betragen wurde durch Injektionen von *Serotonin* (II) + *Carbamylcholin* (III) in den lateralen Hirnventrikel bei einigen, doch nicht bei allen Tieren verhindert. II + III mußten intracerebral gegeben werden, intraperitoneale Injektionen waren unwirksam. III konnte durch den Cholinesteraseinhibitor *Physostigmin* ersetzt werden. Über den Antagonismus zwischen II u. I am isolierten Segment von Carotisarterien werden Angaben gemacht. Die Änderung des Verh. von Mäusen auf I wird als Ergebnis eines cerebralen, durch diesen Antimetaboliten verursachten Mangel an II angesehen. (Proc. nat. Acad. Sci. USA **41.** 338—44. Juni 1955. New York, Rockefeller Inst. for Med. Res.) K. BÖHM. 4607

Milton S. Konecky und **Norman Mitlin,** *Beeinträchtigung der Entwicklung von Hausfliegen durch chemische Mittel.* Eier der *Hausfliege* (Musca domestica, L.) wurden mit mitot. Giften, wie *Urethan* (I), *Phenylurethan* (II), *MBA-Stickstofflost* (III, N.N-Bis-

[2-chloräthylmethylaminhydrochlorid], *Podophyllotoxin* (**IV**), *Colchicin* (**V**); mit Stoffwechselgiften, wie *Sulfanilamid* (**VI**), *Pival* (**VII**), dem *Na-Salz von Pival* (**VIII**), *p-Nitrophenol* (**IX**), *Benzimidazol* (**X**), *p-Nitrobenzoesäure* (**XI**), *Cumarin* (**XII**), *Thioharnstoff* (**XIII**), dem *Na-Salz von Valone* (2-Isovalerylindandion-(1.3); **XIV**) u. mit sonstigen biol. wirksamen Giften, wie *Menadione* (2-Methyl-1.4-naphthochinon; **XV**), *Piperonylbutoxyd* (**XVI**), *Thiophosphoramid 669* (N-2-Carboxyäthyldiäthylphosphoramidothionat; **XVII**), *Thiophosphoramid 657* (N-Carbäthoxymethyldiäthylphosphoramidothionat; **XVIII**), *L-13/59* (O.O-Dimethyl-2.2.2-trichlor-1-oxyäthylphosphonat; **XIX**), *Pyridin* (**XX**), *N-[Caprylolaminoformylmethyl]-pyridiniumchlorid* (**XXI**), *Phenothiazin* (**XXII**) u. *Diazinon* (**XXIII**) vorbehandelt u. in ihrem weiteren Entwicklungsgang beobachtet. Das Ausschlüpfen der Larven unterblieb bei Anwendung geeigneter Konzz. von **I**, **II**, **IV**, **VI**, **VII**, **VIII**, **IX**, **XII**, **XIII**, **XV**, **XVII**, **XX** u. **XXII**, wobei sich **VIII**, **XIII** u. **XVII** in 0,013—0,06%ig. Lsgg. am wirksamsten erwiesen. Verzögerte Verpuppung war bes. nach Besprühen mit **III**, **VII**, **VIII** u. **XV** in Konzz. von 0,006—0,06% zu beobachten. (J. econ. Entomol. **48.** 219—20. April 1955. U. S. D. A. Agr. Res. Serv., Entomol. Res. Branch.) K. ZOPFF. 4607

S. Mukerji und **S. N. Chatterjee**, *Durchlässigkeit der Insektencuticula für wasserlösliche Farbstoffe und Verwundbarkeit durch Insekticide.* Vff. untersuchten die Cuticula verschied. Insekten auf ihre Durchlässigkeit für eine 0,1%ig. wss. Lsg. von Kristallviolett u. im Zusammenhang damit auf ihre Verwundbarkeit durch eine 0,3%ig. Lsg. von *Nicotinsulfat* oder durch „*Gammexan*" oder *Toxaphen* in 2,0%ig. bzw. 0,5%ig. koll. Suspensionen in Wasser. Die verwundbaren Flächen der Cuticula sind bei den einzelnen Insekten verschieden u. reagieren auch verschieden auf die angewandten Insekticide. (Nature [London] **171.** 119—20. 17/1. 1953. New Delhi, Indian Agric. Res. Inst.) F. KRUSEN. 4607

D. K. Myers, **B. Mendel**, **H. R. Gersmann** und **J. A. A. Ketelaar**, *Oxydation von Thiophosphatinsekticiden bei der Ratte.* In vitro zeigen *O-p-Nitrophenyl-O.S-diäthylthiophosphat* (**I**) u. *p-Nitrophenyldiäthylphosphat* (**II**) eine 100mal größere inhibitor. Wrkg. auf *Cholinesterase* u. „*Ali-esterase*" (*Tributyrinase*) als *O-p-Nitrophenyl-O.O-diäthylthiophosphat* (**III**). Vff. vermuten deshalb, daß die hemmende Wrkg. von **III** überhaupt nur auf einer geringen Verunreinigung mit **I** beruht. In vivo dagegen ist **III** von gleicher Wirksamkeit wie **I** u. **II**, was von Vff. auf eine enzymat. Oxydation der —P=S-Gruppe von **III** zu —P=O zurückgeführt wird. Ähnliche Ergebnisse wurden mit *Bis-(O-p-nitrophenyl)-O-methylthiophosphat* u. dessen **I** u. **II** entsprechenden Verbb. erhalten. (Nature [London] **170.** 805—07. 8/11. 1952. Amsterdam, Univ., Pharm.-therap. Labor., Labor. for General and Inorg. Chem.) F. KRUSEN. 4607

W. A. Cobb, **W. M. Cowan**, **T. P. S. Powell** und **M. K. Wright**, *Einige Beobachtungen zum Zusammenhang von provozierten Strychninspitzen und spezifischen Reaktionen in der Sehrinde der Katze.* Nach Vergiftung mit *Strychnin* treten auf frequente Lichtblitze hin zunächst *Strychnin*-Spitzen u. spezif. Rkk. gemeinsam summierend auf, werden aber allmählich zeitlich völlig getrennt, bis die *Strychnin*-Spitzen völlig ausfallen. Die Dauer des Erscheinens der *Strychnin*-Spitzen ist umgekehrt proportional der Frequenz der Lichtblitze u. entspricht der Amplitude der spezif. Reaktion. (J. Physiology **128.** Nr. 2. 54P. 27/5. 1955. London, Nat. Hosp.) D. ZEMKE. 4608

Werner Trutschel, *Prophylaxe und Therapie der banalen Erkältungsinfekte mit Arctuvan.* Bei Virusinfektionen, die zum Herpes labialis führen, bei banalen Erkältungskrankheiten, bes. bei Schnupfen, hat sich *Arctuvan* (KLINGE) als Prophylakticum u. Therapeuticum bewährt. (Münchener med. Wschr. **98.** 125—26. 27/1. 1956. Neumünster/Holstein, Friedr.-Ebert-Krankenhaus.) P. LOCH. 4610

L. G. Goodwin, *Daraprim — klinische Versuche und Pharmakologie.* Vf. berichtet über zahlreiche Heilerfolge bei *Malaria*-Infektionen mit *Plasmodium falciparum*, *P. malariae* u. *P. vivax* sowie über den Vers. der Ausrottung der Malaria (gekoppelt mit der Anopheles gambiae-Bekämpfung mit *DDT*) in einem größeren Gebiet in Belg. Kongo mit *Daraprim* (**I**; *2.4-Diamino-5-[p-chlorphenyl]-6-äthylpyrimidin*). In allen Fällen war **I** dem *Mepacrine* u. *Chloroquine* weit überlegen, für die Unterdrückung der Malaria sind einmal wöchentlich 25 mg **I** nötig. Bei der Toxizitätsbest. am Affen wird gefunden, daß 10 mg **I**/kg/Tag während 5 Tagen in der Woche keine patholog. Effekte hervorrufen, bei täglicher Dosierung treten bei einigen Tieren nach 15—16 Gaben Schädigungen von Blut, Knochenmark, Milz, Niere u. Nebenniere auf. Bei der Unters. des **I**-Blutspiegels wird gefunden, daß die chem. bestimmbare **I**-Konz. innerhalb 8 Std. ihr Maximum erreicht u. innerhalb 8 Std. auf nicht mehr nachweisbare Mengen zurückgeht, während die mikrobiol. bestimmbare *Antifolsäure*-Aktivität analog ansteigt, aber für mindestens 48 Std. bestehen bleibt; wahrscheinlich treten dabei akt. Stoffwechselprodd. von **I** auf. (Trans. Roy. Soc. trop. Med. Hyg. **46.** 485—95. Sept. 1952.) H.-J. KOCH/Berlin. 4610

G. Robert Coatney (unter Mitarbeit von **A. V. Myatt, Thomas Hernandez, Geoffrey M. Jeffery** und **W. Clark Cooper,** *Untersuchungen über die Verbindung 50-63.* (Vgl. vorst. Ref. u. Amer. J. Hyg. **47.** [1948.] 113.) An einer Reihe von durch Bisse von *Anopheles quadrimaculatus* mit *Plasmodium vivax* (Chesson-Stamm) infizierten Versuchspersonen wurde die Wrkg. von *Verb. 50-63* (BURROUGHS WELLCOME; *Daraprim, 2.4-Diamino-5-[p-chlorphenyl]-6-äthylpyrimidin*) erprobt. Einzeldosen von 25 mg pro Woche genügten zur Prophylaxe bzw. vollständigen Ausheilung der Malaria in allen Fällen u. wurden gut vertragen. (Trans. Roy. Soc. trop. Med. Hyg. **46.** 496—97. Sept. 1952.)
H.-J. KOCH/Berlin. 4610

S. Avery Jones, *Mit Daraprim behandelte Malaria, einschließlich Cerebralmalaria und hohe Parasitämie.* (Vgl. vorst. Ref.) 25 Malariafälle, davon 3 Fälle von Cerebralmalaria, mit Infektionen von *Plasmodium falciparum, P. vivax, P. ovale* u. *P. malariae* bzw. Mischinfektionen wurden durch eine Einzelgabe von 50 mg *Daraprim* ausgeheilt, lediglich bei einem Fall von Cerebralmalaria wurde eine zweite Einzeldosis benötigt. (Trans. Roy. Soc. trop. Med. Hyg. **46.** 564—69. Sept. 1952. Nairobi, Med. Res. Labor., Div. of Insect-Borne Dis.) H.-J. KOCH/Berlin. 4610

James D. Thayer und **R. B. Seligman,** *Die tuberkulostatische Aktivität einiger Derivate von p-Aminosalicylsäure, Nicotinsäure und Isonicotinsäure.* Es wurde die tuberkulostat. in vitro-Aktivität von 9 *Thiosemicarbazonderivv.* der *p-Aminosalicylsäure* (I) sowie von *3-Fluorisonicotinylhydrazid* (II) u. *D-Glucuronolactonnicotinylhydrazon* (III) gegenüber *Mycobacterium tuberculosis var. hominis,* Stamm *H 37 Rv.* geprüft. Von 5 Verbb. mit einer in vitro-Aktivität von $10\gamma/cm^3$ u. weniger verlängerte nur I die Überlebensdauer von CF_1-Mäusen gegenüber den unbehandelten Kontrollen. In vitro-Aktivität (γ/cm^3): I, 1,0, *N^3-[3-Oxy-4-carboxyphenyl]-N^1-β-picolydenthiosemicarbazid,* 2,5, *N^3-[3-Oxy-4-carboxyphenyl]-thiosemicarbazid,* 3,4, *p-Isothiocyansalicylsäure,* 5,0, *N^3-[3-Oxy-4-carboxyphenyl]-N^1-cinnamylidenthiosemicarbazid,* 5,3, *N^3-[3-Oxy-4-carboxyphenyl]-N^1-benzylidenthiosemicarbazid,* 9,7, *N^3-[3-Oxy-4-carboxyphenyl]-N^1-p-nitrobenzyliden,* 18,0, *p-Thioureidosalicylsäure,* 13,1, *4-[4-Phenyl-2-thiazolyl]-aminosalicylsäure,* 310,0, *2-[3-Oxy-4-carboxyphenyl]-amino-1.3.4-thiadiazol,* 240,0, **II,** 160, **III,** 250. (Antibiotics and Chemotherapy **5.** 129—31. März 1955. Chapel Hill, N. C., Univ. of North Carolina, School of Publ. Health, Venereal Disease Exp. Labor.) K. MAIER. 4610

Gennaro Sansone und **Gian Paolo Zappa,** *Schwerste toxisch-hämolytische Anämie mit Heinzschen Innenkörpern nach peroraler Verabreichung einer PAS–Ascorbinsäure-Lösung.* Bei einem 5 Jahre alten Kind trat nach einer einmaligen n. hohen Dosis von *PAS,* welches zusammen mit *Ascorbinsäure* in einem Sirup enthalten war, im Verlauf einer Std. eine schwere hämolyt. Krise mit HEINZschen Innenkörpern u. Knochenmarkshemmung auf, die durch Bluttransfusionen geheilt werden konnte. (Pediatria [Napoli] **63.** 675—90. 1955.) P. G. SCHEURLEN. 4610

A. O. Gurewitsch, Je. Je. Kusnetzowa, I. L. Rumeliss und **A. K. Juruscha,** *Die Wirksamkeit einer Behandlung mit Phthivazid im Ambulatorium.* Vff. berichten über die Behandlung von 227 Patienten mit verschied. Formen von Lungentuberkulose unter poliklin. Bedingungen mit *Phthivazid* (I). Optimale Dosierung 1—1,5 g/täglich, Gesamtdosis bis zu 140 g in 60—80 Tagen. Fibrös-kavernöse Lungentuberkulosen erwiesen sich als wenig geeignet für die I-Therapie. (Проблемы Туберкулеза [Probleme Tuberkulose] **1955.** Nr. 6. 21—26. Nov./Dez. Riga, Republikan. Antituberkulosedispensarium.)
G. BREHM. 4610

N. W. Tatarski, *Über Reaktionen bei der Behandlung mit Phthivazid.* Bei der Behandlung von 240 Patienten mit Lungentuberkulose mit *Phthivazid* kam es in 16 Fällen in den ersten Tagen zu kurz dauernden Temperatursteigerungen u. vermehrten Auswürfen. Diese in ihren Ursachen noch unklare Wrkg. kann nicht mit einer Überdosierung (0,6 bis 0,9 g täglich) erklärt werden. (Проблемы Туберкулеза [Probleme Tuberkulose] **1955.** Nr. 6. 53—56. Nov./Dez. Leningrad, Tuberkulosesanatorium des Gebietsgesundheitsamtes.) G. BREHM. 4610

R. I. Rosina, *Der Einfluß von Phthivazid auf den Stoffwechsel bei Tuberkulosekranken.* Die Behandlung von 30 Tuberkulosekranken mit *Phthivazid* (I) in der täglichen Dosis von 1—2 g bei Erwachsenen bzw. 0,25—0,5 g bei Kindern führte zu einer völligen oder teilweisen Aufhebung der Hypoproteinämie, einer starken Normalisierung des Eiweißumsatzes, erhöhter Diurese, erhöhter Harnstoffsynth. u. Normalisierung des Zuckergeh. im Blut. Tox. Wirkungen von I auf Leber u. Niere wurden nicht beobachtet. (Проблемы Туберкулеза [Probleme Tuberkulose] **1955.** Nr. 6. 38—46. Nov./Dez. Moskau, Wiss. Tuberkulose-Forschungsinst., biochem. Labor.) G. BREHM. 4610

G. N. Perschin, Ss. A. Witschkanowa und **A. I. Jakowlewa,** *Die Wirksamkeit einer Behandlung von experimenteller tuberkulöser Meningitis mit Salusid.* Bei der experimentellen tuberkulösen Meningitis der Hirnhaut des Kaninchens war *Salusid* (I) bei kombinierter peroraler u. suboccipitaler Anwendung sehr wirksam. Perorale Gaben allein zeigten ebenfalls eine gute therapeut. Wrkg. unter Schonung des intracerebralen Blutkreislaufs u. der Liquorzirkulation. (Проблемы Туберкулеза [Probleme Tuberkulose] **1955.** Nr. 6. 30—38. Nov./Dez. Moskau, Allunions-Wiss. Chem.-Pharmaz. Ordshonikidse-Forschungsinst.) G. BREHM. 4610

W. Je. Ssoldatow, *Salusid bei der Behandlung von tuberkulöser Meningitis von Erwachsenen.* Bericht über die erfolgreiche Behandlung von tuberkulöser Meningitis der Erwachsenen mit *Salusid* (I; Isonicotinsäurederiv.), sofern die Erkrankung nicht zu weit fortgeschritten ist. Kombination mit Streptomycin wird empfohlen. Dosierung: 1—2 g/ täglich per os; Gesamtmenge 130—190 g, dazu 5% ig. I-Lsg. subarachnoidal, Einzeldosis 1—2 ml; Gesamtdosis bis 140 ml. Tox. Erscheinungen wurden nicht beobachtet. Die Reizung der Hirnhäute war im Gegensatz zu der bei Streptomycin sehr gering. (Проблемы Туберкулеза [Probleme Tuberkulose] **1955.** Nr. 6. 16—21. Nov./Dez. Moskau, Wiss. Tuberkulose-Forschungsinst. Meningitis-Abt.) G. BREHM. 4610

H. Moureu, P. Chovin und **R. Sabourin,** *Untersuchungen in der Benzilreihe.* 5. Mitt. *Antituberkulöse Wirkung des 5.5'-Dinitrosalicils.* (4. vgl. C. **1956.** 6379.) *5.5'-Dinitrosalicil* (*DNS 55*; I) ist trotz des Vorhandenseins zweier stark tox. *p-Nitrophenol* (**II**)-Gruppen im Mol. ungiftig; eine einmalige Gabe von 100 mg I per os bei Mäusen wie auch 10—20 mg über 30—40 Tage werden ohne Schädigung vertragen, während 5 mg **II** in wenigen Min. den Tod herbeiführen. Auf Grund seiner geringen Löslichkeit in W. u. organ. Lösungsmitteln besitzt I in vitro geringe tuberkulostat. Aktivität. An mehreren Tuberkelstämmen wird jedoch die bedeutende Aktivität in vivo bei Mäusen im Vgl. mit p-Aminosalicylsäure, Salicil usw. untersucht. Aus den Verss. wird geschlossen, daß die Aktivität von I gegenüber Bacterium KOCH auf die gleichzeitige Ggw. der beiden freien Phenolfunktionen u. der Nitrofunktionen zurückzuführen ist, wobei erstere einen günstigen Einfl. auf das Überleben der infizierten Tiere, letztere heilende Wrkg. auf die bakteriellen Schädigungen haben. (Bull. Soc. chim. France, Mém. [5] **1955.** 1157—61. Okt.) E. ROTTER. 4610

C. Levaditi, A. Vaisman und **H. Chaigneau,** *Die Kombination von Methylantigen und Streptomycin bei der Behandlung der experimentellen Tuberkulose der Maus.* Im Gegensatz zu der bei Kaninchen u. Meerschweinchen gefundenen Steigerung der antituberkulösen Wrkg. von *Streptomycin* (I) durch Kombination mit *Methylantigen* (II), stellen Vff. bei Mäusen fest, daß die Wrkg. von **I + II** diejenige von **I** nicht übertrifft. **II** allein war ohne jeden Einfl. auf die experimentelle Tuberkulose der Maus. Verwandt wurde bei **I** die geringe Dosierung von 200 E./Tag., insgesamt 6400 E., **II**-Verabreichung 0,25 cm^3, 2mal wöchentlich über 3 Wochen. (Ann. Inst. Pasteur **79.** 367—69. Okt. 1950. Paris, Inst. Alfred-Fournier, Inst. nat. d'Hyg. et Caisse nat. de la Sec. soc.) H. DOSSMANN. 4611

Meta Alexander und **Dieter Soyka,** *Erfahrungen mit Supracillin in der Behandlung der Diphtherie und der Sanierung der Diphtheriebacillenträger.* 13 Diphtheriekranke u. 12 Bacillenträger wurden mit 1 Ampulle *Supracillin* (I)/Tag in 7 bzw. 9 Tagen negativ. Die Überlegenheit von I gegenüber *Lacuprin, Targesin, J, Salvarsan, Merfenglycerin, Pyoktanin* zur Sanierung der Keimträger wird betont. (Aerztl. Wschr. **10.** 718—21. 5/8. 1955. Berlin, Freie Univ., I. Med. Klinik am Städt. Krankenhaus Westend.) H. DOSSMANN. 4611

W. Schieler, *Mögliche und bis heute bekannte Schäden und Nebenwirkungen der Antibioticatherapie.* Übersicht. (Tierärztl. Umschau **10.** 276—81. Aug. 1955. Gießen, Justus-Liebig-Hochschule, Med. u. Gerichtl. Veterinärklinik.) H. DOSSMANN. 4611

Paul Ervenich und **Rudolf Krueger,** *Das Verhalten des Serumkaliums bei der multiplen Sklerose unter der Behandlung mit Berolase* (*Cocarboxylase*). Hohe *Berolase*-Gaben verursachen bei Patienten mit multipler Sklerose eine merkliche Abnahme des Serum-K, bei Patienten mit anderen Krankheiten wie Ischias, Polyarthritis, Dermatitis u. a. dagegen nicht. Eine Störung des K-Stoffwechsels bei der multiplen Sklerose wird daher vermutet. (Aerztl. Forsch. **9.** I/189—94. 10/4. 1955. Duisburg, St. Anna-Krankenhaus, inn. Abt.) H. LEHWALD. 4614

Robert Brunish und **J. Murray Luck,** *Die Wirkung von sympathicomimetischen Aminen auf den Aminosäure–Stickstoff-Gehalt des Blutes.* Es wurde überprüft, ob die bei Gabe von Insulin oder Adrenalin beobachtete Erniedrigung des Aminosäure-N-Geh. im Blut auch durch andere Sympathicomimetica hervorgerufen werden kann. Ephedrin–HCl, Ephedrin-H_2SO_4, *dl*-Desoxyephedrin, *dl*-Arterenol-HCl, Phenyläthylamin-HCl, Propadrin-HCl, Neosynephrin-HCl u. Tuamin-H_2SO_4 konnten diese Erniedrigung nicht erzielen. Vff. nehmen an, daß die durch Insulin hervorgerufene Adrenalinausschüttung eine Reihe von hormonalen u. Stoffwechselprozessen in Gang setzt, die zu der Erniedrigung des Aminosäurestickstoffs im Blut führen. (Proc. Soc. exp. Biol. Med. **80.** 557—58. Juli 1952. Stanford, Calif., Stanford, Univ., Dep. of Chem.) H. MATTHIES. 4620

Arno Voelkel, *Zum Problem der Grenzflächenwirksamkeit von Pyrazolderivaten.* Vf. prüfte *Aminophenazon* (*Dimethylaminophenyldimethylpyrazolon*), *Butazolidin* (*3.5-Dioxo-1.2-diphenyl-4-n-butylpyrazolidin-Na*) u. *Irgapyrin* (Kombination von **I** u. **II** zu gleichen Teilen) hinsichtlich ihres Verh. gegenüber Capillarresistenz u. Capillarpermeabilität, des funktionellen Zusammenhanges mit dem Gewebeinnendruck einschließlich der Beeinflussung des extracellulären Flüssigkeitsvol. sowie ihr Ausmaß auf die Zellmembranpermeabilität mit folgendem Ergebnis: Alle 3 Substanzen besitzen nach intravenöser Verabfolgung einen membranabdichtenden Capillareffekt u. erhöhen den Gewebeinnendruck. Im Elektropermeagramm weisen sie eine Erhöhung der Zellmembranpermeabilität auf. Die gefundene Minderung von Doppelschicht- u. Diffusionspolarisationswiderständen der Zellgrenzflächen ist ident. mit vermehrter Gleichstromdurchlässigkeit. Diese bedingt eine entscheidende Änderung der Sperreigg. für Elektrolyte u. Proteine, weshalb es zu einer Vermehrung des extracellulären Flüssigkeitsvol. auf Kosten der Zellen kommt. Vf. vertritt die Ansicht, daß die untersuchten Verbb. Trägersubstanzen in den cellulären Grenzphasen beeinflussen, die eine besondere Affinität für Kationen haben. (Arch. int. Pharmacodynam. Thérap. **102.** 194—206. 1/6. 1955. Berlin-Nikolassee, Nervenklinik Waldhaus.) G. RENTSCH. 4627

A. J. Plummer, W. E. Barrett und **R. Rutledge,** *Die Wirkung von Reserpin auf die Motilität des Verdauungstraktes. Reserpin* (**I**) übte auf das isolierte Ileum u. Calon verschied. Species eine anticholinerg. u. direkte erschlaffende Wrkg. aus, während cholinerg. u. anregende Wirkungen fehlten. Beim narkotisierten Hund wurde eine Aktivierung der Dünndarmmuskulatur gefunden. Diese wird auf eine allg. peripher stimulierende Eig. von **I** zurückgeführt. (Amer. J. Digest. Diseases Nutrit **22.** 337—42. Dez. 1955. Summit, N. J., Ciba Pharm. Prod. Inc.) P. LOCH. 4630

J. Brix und **H. Dorow,** *Therapie der cardialen Insuffizienz mit dem Herzglykosid Thevetin.* Das Glykosid *Thevetin* (**I**) aus dem Samen von Thevetia neriifolia Jussieu enthält als Zuckerkomponente 2 Mol Glucose u. 1 Mol Thevetose. Es zeigt ein vergleichsweise geringes Haftvermögen am Herzmuskel (Verringerung der Gefahr der Kumulation), gute Resorption u. schnelle Wirkung. Vff. verwendeten es bei 115 Patienten mit Herzinsuffizienz oder Herzmuskeldegenerationen oral oder intravenös mit gleichem Erfolg. **I** regt außerdem die Darmtätigkeit an, die, obwohl meist erwünscht, bei 7 Patienten durch auftretende Diarrhoen zum Absetzen zwang. (Aerztl. Wschr. **10.** 1168—73. 30/12. 1955. Berlin-Moabit, Städt. Krankenhaus.) P. LOCH. 4630

W. D. Alves und **Michael Gelfand,** *Orale Behandlung von Schistosomiasis mit Natriumantimontrigluconat.* Bei 21 von 23 Patienten mit Schistosomiasis wurde durch Behandlung mit *Na–Sb-Trigluconat* (33 grains in 11 Tagen bis 91 grains in 13 Tagen) gar kein Erfolg erzielt, bei einer Infektion mit *S. haematobium* wurden nach der Behandlung keine Eier mehr nachgewiesen, in einem anderen Fall wurden keine Eier von S. haematobium, jedoch immer noch lebensfähige Eier von *S. mansoni* ausgeschieden. (Trans. Roy. Soc. trop. Med. Hyg. **46.** 543. Sept. 1952. Salisbury, Res. Labor. u. Salisbury Nat. Hosp.) H.-J. KOCH/Berlin. 4649

Günther E. Schubert, *Zur Holzteerbehandlung von Ekzemen und Dermatomykosen* (*Cellichnol*). Bericht über Erfahrungen u. Erfolge mit der neuartigen Holzteertinktur *Cellichnol.* (Therap. d. Gegenwart **94.** 98. März 1955. München.) E. BOYE. 4661

—, Chlorpromazine and mental health — a symposium. London: Kimpton. 1955. (200 S.) 22 s. 6 d.

F. Pharmazie. Desinfektion.

J. Braun, *Die Britische Pharmakopoe 1953.* Die am 1/9. 1953 erschienene 8. Ausgabe der Brit. Pharmakopoe bringt unter Streichung einiger Angaben aus der Ausgabe 1948 im 1. Teil 117 Neuaufnahmen aus dem Gebiet der Vitamine, Hormone, Präpp. auf der Basis von Menschenblut, Antibiotica, Hypnotica u. Analgetica, Insekticide, Stoffe mit Curarewrkg. u. Antikoagulantia; als neue Anwendungsformen Kapseln u. Präpp. (Kompretten) für Depotbehandlung. Engl. Bezeichnungen sind an die Stelle der latein. getreten. Der 2. Teil enthält Angaben über Normen von Chemikalien, chem. u. physikal. Analysenmethoden, biol. Dosierungen, statist. Berechnungen u. Sterilisierverfahren. (J. Pharmac. Belgique [N. S.] **8** (**35**). 477—87. Sept./Okt. 1953. Assoc. Pharmaceut. Belge, Labor. du Serv. de Controle des Médicaments.) W. SCHULENBURG. 4750

—, *Internationale Sachbezeichnungen für Arzneistoffe.* Aufführung von in der Chronik der Weltgesundheitsorganisation (**9.** Nr. 6. [1955.] 201) veröffentlichten internationalen Sachbezeichnungen zur Vereinfachung der Nomenklatur für 220 bekannte Arzneistoffe. (Pharmaz. Ztg. verein. Apotheker-Ztg. **101.** 46—48. 12/1. 1956.) M. NEGWER. 4750

Paul Janssen, *Anwendung statistischer Methoden in der Pharmazie.* 1. Mitt. *Der „Nichtnormalitätstest".* Abgrenzung des „Normalitäts"- vom „Nichtnormalitätstest", mit dessen Hilfe die Wahrscheinlichkeit des Vorliegens einer Asymmetrie oder Anomalie in der Streuung einer gegebenen Werteschar bestimmt werden kann. Alle mit diesem Test untersuchten Wertescharen in der Pharmazie waren „wahrscheinlich nicht normal". Diese Erkenntnisse können zur Korrektur der mit den statist. Methoden 2. Ordnung abgeleiteten Schlüsse benutzt werden (Beispiele vgl. Original). (J. Pharmac. Belgique [N. S.] **8 (35).** 474—76. Sept./Okt. 1953. Turnhout, Labor. de rech. Richter/Eupharma.) W. SCHULENBURG. 4750

Erwin O. Genzsch, *Neue Schutzpackung gegen Feuchtigkeit.* Durch Beigabe von den Trockenmitteln *Silicagel* bzw. *Montmorillonit* werden vor allem in den USA feuchtigkeitsempfindliche Prodd., bes. auch pharmazeut. Präpp., die nicht vakuumdicht verpackt werden können, vor Verderbnis geschützt. (Pharmaz. Ind. **15.** 366. Nov. 1953. Hamburg.) M. NEGWER. 4750

K. Steiger und **R. Dolder,** *Über die chemische Prüfung elastischer Werkstoffe als Verschlußmaterial für parenterale Lösungen.* 1. Mitt. 26 Muster elast. Werkstoffe aus dem Gebiet des Natur- u. Kunstkautschuks (z. B. Buna, Neopren, Perbunan), der elast. Kunststoffe (z. B. Thiokol, Polyvinylchlorid, Polyäthylen, Teflon) u. des Silicongummis wurden auf ihre Eignung als Verschlußmaterial für parenterale Lsgg. chem. u. physikal. untersucht. Auf Grund der hierbei gemachten Beobachtungen wird ein Vorschlag für eine Normierung unterbreitet, nach der 200 g W., ½ Std. mit 5 g Werkstoffschnitzeln bei 120° druckerhitzt, auf Aussehen, Geruch, Geschmack, p_H-Verschiebung, reduzierende Stoffe, Schwermetalle in wiederholtem Arbeitsgang im Vgl. mit einer Blindprobe geprüft werden. Von den untersuchten Mustern erfüllten nur 23% obige Forderungen, daher der Vorschlag, in Zusammenarbeit mit einem Kautschukproduzenten eine anwendungsgerechte Gummiqualität zu entwickeln u. daraus eine allg. Normierung für elast. Werkstoffe abzuleiten. (Pharmac. Acta Helvetiae **29.** 311—37. Okt. 1954. Beilage zu: Schweiz. Apotheker-Ztg. Zürich, Kantonsapotheke.) W. SCHULENBURG. 4758

K. Steiger und **R. Dolder,** *Über die chemische Prüfung elastischer Werkstoffe als Verschlußmaterial für parenterale Lösungen.* 2. Mitt. (1. vgl. vorst. Ref.) Aus der Fortsetzung der Prüfungen mit einer Kautschuksonderqualität u. anderen Kunststoffen geht hervor, daß außer Silicongummi kein normgerechter Werkstoff vorliegt. Es werden die an einen solchen zu stellenden Forderungen (Reinheit, Thermostabilität bis $\gtreqless$ 150°, Elastizität, Haftfestigkeit, geringe Alterung) genannt u. Richtlinien für das weitere Vorgehen aufgestellt. (Pharmac. Acta. Helvetiae **29.** 341—51. Nov. 1954. Beilage zu: Schweiz. Apotheker-Ztg.) W. SCHULENBURG. 4758

K. Arnborger und **E. Sandell,** *Durchlochte Ampullen zur Verringerung der Beanstandung bei Ampullenherstellung.* Inhaltlich ident. mit der C. **1955.** 10319 referierten Arbeit. (Schweiz. Apotheker-Ztg. **93.** 719—23. 24/9. 1955. Stockholm, Kungl. Farmac. Inst. u. Apotheke Vita Björnen.) M. NEGWER. 4758

M. Ćorović und **R. Nikolić,** *Pflanzenanbau in Wasserkulturen.* Verss. mit Wasserkulturen verschied. Pflanzen gaben unterschiedliche Ergebnisse: am besten entwickelten sich *Labiaten,* wie *Mentha* u. *Ocimum,* schlechter *Mirabilis Jalapa* u. *Impatiens Balsamita,* während *Atropa Belladonna* u. *Hyoscyamus niger* versagten. In Wasserkulturen verändert sich die anatom. Struktur der Wurzeln, Stengel u. Blätter. Durch Zugabe von 0,25 g/Liter Harnstoff (I) zu den GERICKE-Nährlsgg. wurde ein wesentlich besseres Wachstum der Pflanzen erzielt. Bei *Ocimum basilicum* betrug der Geh. an äther. Öl bei Erdkultur 0,8%, bei Wasserkultur ohne I 1%, mit I 1,33%. (Acta pharmac. jugosl. **3.** 94—102. 1953. Belgrad, Bot. Inst.) S. BECKMANN. 4782

A. G. Rooth und **R. Hegnauer,** *Beitrag zur Kenntnis der Krauseminze.* 7. Mitt. *Über die Zusammensetzung des ätherischen Öles verschiedener einheimischer Menthaarten.* (6. vgl. C. **1956.** 6191.) Die Zus. der äther. Öle von 9 Menthaarten wird in einer Zahlentafel wiedergegeben. (Pharmac. Weekbl. **90.** 33—37. 15/1. 1955. Leiden, Rijksuniv., Pharmaceut.-Labor.) W. WESLY. 4782

A. G. Rooth und **R. Hegnauer,** *Beitrag zur Kenntnis der Krauseminze.* 8. Mitt. *Anatomische Untersuchung von Mentha arvensis, Mentha spicata und von zwei hybridogenen Formen, Mentha gentilis und Mentha dalmatica.* (7. vgl. vorst. Ref.) Blatt, Stengel, Knospe u. Wurzel von Mentha arvensis, M. spicata, M. gentilis u. M. dalmatica werden beschrieben. Die Minzenarten unterscheiden sich hauptsächlich bzgl. des Sklerenchyms der

Rinde u. des Pericambiums der genannten Pflanzenteile. (Pharmac. Weekbl. **90.** 413–27. 4/6. 1955.) W. WESLY. 4782

J. L. van Eijk, *Beitrag zur Kenntnis von Geranium molle.* Ausgangsmaterial 4600 g Geraniumkraut. Beschreibung der Herst. des Chloroformextraktes. Nach Verdampfen des Chlf. blieb ein brauner, sirupartiger Rückstand; dieser wurde in A. gelöst, mit W. verd., filtriert u. eingedampft. Der erhaltene Sirup (417 mg) reagiert mit Reagens von MAYER bzw. BOUCHARDAT, mit Pikrinsäure u. Phosphormolybdänsäure stark positiv (Murexid-Rk. negativ, Geschmack sehr bitter). MANDELIN-Reagens färbt die verd. Lsg. braun, FRÖHDEs Reagens den Sirup grün (vorübergehend braunschwarz). Nach Lösen des Sirups in absol. A. u. Filtrieren über BROCKMANN-Al_2O_3 fluoresciert die Lsg. gelb, im UV blau. Norit entfärbt nicht, mit $AuCl_3$ bzw. $AuCl_3$ + KBr mikrokristalline Ndd. (DRAGENDORFF negativ). Nach Ausschütteln des Sirups mit Ae. mikrokrist. Nd. mit $AuCl_3$, nach Zugabe von Bromid größere flitterförmige Kristalle, Rk. mit $HgCl_2$ zweifelhaft, mit PtJ_4 kleine stern- u. kreuzförmige Kristalle. Nach Verdampfen der mit HCl angesäuerten Ae.-Lsg. u. Lösen des Rückstandes in W. bildet sich mit Pikrinsäure ein mikrokristalliner Nd., der in größere Kristalle übergeht. Ausbeute 32,2 mg, F. 178–182,5°. — Der nach dem Ausschütteln mit Chlf. hinterbleibende wss. Extrakt wurde mit Pb-Acetat gereinigt, der Pb-Überschuß mit H_2S entfernt u. die Lsg. auf 1183 g eingedampft; sie war nicht uterusaktiv. — Nach Zugabe von REINECKE-Salz zu 100 cm³ u. Umkristallisieren des Nd. aus Aceton–W. wurden 2 Fraktionen erhalten: I (509 mg) u. II (186 mg). II wurde mittels Ag_2SO_4 u. $BaCl_2$ zers. (Verdampfungsrückstand hellgrün): Keine Farb-Rk. mit Ninhydrin; mit $AuCl_3$ u. KBr entsteht Aurobromid (F. 220° korr.). Der Rückstand wurde bei 110° getrocknet u. dann 0,0124 g davon zu 20,8 g in W. gelöst. Die Lsg. hatte keine Wrkg. auf den Katzenuterus (Probe nach BERNARD); auch Oxydation mit Permanganat lieferte kein Ergebnis. — Nach Ausfällung des Extraktes mit REINECKE-Salz u. Zers. des Reineckates mittels Ag_2SO_4 u. $BaCO_3$ konnte das dunkle Filtrat weder mit Norit noch Al_2O_3 entfärbt werden. Mit Aceton entstand öliger Niederschlag. Nach Einleiten von HCl u. Abfiltrieren wurde die Lsg. konz., sie färbte sich immer dunkler u. gab schließlich schwarzen Niederschlag. Nun wurden KJ + BJ_3 zugegeben, mit Ag_2CO_3 zers., das Filtrat mit HCl angesäuert, mit Norit entfärbt u. im Vakuum über H_2SO_4 u. KOH zu einem Sirup konz. (Goldbromidsalz, F. 202°; Pikrat (Rauten), F. 126°. Bei einer zweiten F.-Best. Verfärbung oberhalb 120°, Sublimation, bei 150° ganz geschmolzen. $HgCl_2$-Verb., F. 140°. Bei Erwärmen des Sirups mit Lauge entsteht aminartiger Geruch; der in HCl aufgefangene Dampf reagiert nicht mit Au-Salzen u. DRAGENDORFF; mit $PtCl_4$ mikrokristalline Trübung (F. 219,8° korr. [Zers.]). Beim Erhitzen einer konz. Siruplsg. mit J-haltiger konz. HJ auf 150° (1½ Std.) entstehen in W. unlösl., in kalten 0,1n $Na_2S_2O_3$-Lsg. lösl. braune Kristalle. Im Filtrat ist kein HCHO nachweisbar. — Die Herst. eines Pikrolonats aus dem Sirup war nicht möglich, auch nicht die Umsetzung mit Phenylsenföl. Mit Fluoresceindichlorid u. $ZnCl_2$ entstand gelbgrüne Fluorescenz (Hinweis auf prim. Amin), die Xanthogenatprobe auf prim. oder sek. Alkoholgruppe war negativ. (Pharmac. Weekbl. **87.** 70–72. 2/2. 1952. Utrecht, Univ., Pharmac. Labor.) E. FRÜHWALD. 4782

B. Borkowski und **H. Rezler,** *Gehalt an ätherischem Öl in Salbeiblättern während der jährlichen Vegetationsperiode.* Der Geh. an äther. Öl (I) in Salbeiblättern unterliegt erheblichen Schwankungen. In den oberen Blättern betrug er 0,73% (20/4.)–3,51 (23/7.), in den tiefer stehenden 0,72 (18/5. u. 3/7.)–2% (23/7.). Jüngere Blätter sind stets I-reicher. Blätter der Seitenzweige enthalten mehr I als Blätter des Haupttriebes. Der I-Geh. ist von der Temp. abhängig, gleichaltrige Blätter vom Juni (mittlere Temp. 18,5°) enthielten fast zweimal soviel I wie Blätter vom Mai (mittlere Temp. 12°). Der I-Geh. nimmt in den Blättern innerhalb von 4 Wochen von 1,8–0,86% ab, was auf Flächenzuwachs u. Massenvergrößerung sowie Verdunstung zurückgeführt wird. Für Industriezwecke wird empfohlen, die Blätterernte während der Fruchtreifung durchzuführen, wobei öfteres Beschneiden der jungen Triebe die Erträge vergrößert. Bei Folia Salviae ist die antisept. Eig. des Gerbstoffs erwünscht u. kaum der höhere Geh. an tox. Thujon, der mit dem I-Geh. zunimmt. (Acta polon. pharmac. **12.** 39–48. Jan./März 1955. Warschau [Warczawa], Akad. Med., Zakl. Farmakognos.) A. RUSS. 4782

M. Kučera und **Z. Blažek,** *Ein Beitrag zur Anatomie der Blätter von Vaccinium oxycoccos L.* Die Merkmale der Pflanze werden mit anderen *Arbutin* enthaltenden Drogen verglichen. (Českoslov. Farmac. **3.** 162–64. Mai 1954. Praha, Výzk. úst. léč. rostlin.) E. VEVERA. 4782

Oktawiusz Tyrkiel, *Pflanzengallen als Gerbstoffrohmaterial.* Vf. beschreibt Bldg., Aussehen u. Morphologie von Gallen (Knoppern) der Stieleiche. Durchschnittlich enthalten Knoppern 13,2% Feuchtigkeit u. 42% Gerbstoff (I), bezogen auf Trockenmaterial. Die Isolierung des I erfolgt durch Perkolation mit Ae.–A.-Gemische (4:1) in CO_2-Atmosphäre, Ausschütteln der Lsg. mit je $^1/_3$ Vol. dest. W. u. Abdampfen von A. u. W. bei vermindertem Druck. I gibt bei Hydrolyse 6—7% Glucose u. 72—85% Ellagsäure u. stellt wertvolles Rohmaterial für die Darst. von Gerbstoffextrakten dar. (Acta polon. pharmac. **12.** 23—27. Jan./März 1955. Wrocław [Breslau], Akad. Med., Zakład Farmakognoz.) A. RUSS. 4782

V. Zanotti, *Eine neue Droge gegen Hypertension: Rauwolfia serpentina Benth.* Überblick über Inhaltsstoffe, pharmazeut. Präpp. u. therapeut. Verwendung von Rauwolfia serpentina Benth. (Riv. ital. Essenze, Profumi, Piante officin., Olii veget., Saponi **36.** 349. 370. 15/7. 1954.) G. PLATZER. 4782

A. S. C. Wan, *Die Pharmakognosie von Rauwolfia perakensis.* Eingehende makroskop. u. mkr. Beschreibung der Wurzel u. des Rhizoms von *Rauwolfia perakensis* KING u. GAMBLE. R. perakensis unterscheidet sich von R. serpentina durch die Anwesenheit von sklerenchymat. Elementen u. auf der Grundlage von Zellmessungen. Der Gesamtalkaloidgeh. nach der Meth. des British Pharmaceutical Codex beträgt 1,25%. (J. Pharmacy Pharmacol. **7.** 167—76. März 1955. Singapore, Univ. of Malaya, Dep. of Pharmaceut.) F. NEUWALD. 4782

A. Gaudio, *Über einige Pflanzenarten der westafrikanischen Wüstenflora in der spanischen Sahara und Rio de Oro, die von den Eingeborenen als Heilmittel verwendet werden.* Bericht allg. u. botan. Art über 12 Pflanzen, die von Nomadenvölkern in rohem Zustand gegessen werden. Hinweis auf weitere Pflanzen (arab. Bezeichnung vgl. Orig.), die sich gegebenenfalls in einem modernen Arzneischatz behaupten können: *Psoralea plicata Del.* (Leguminose), Blätter gegen Brustschmerzen, Früchte gegen Magenleiden; *Cleome brachycarpa Vahl* u. *Cl. arabica L.* (Capparidaceen) schmerzstillende Wrkg.; Harz der *Acacia tortilis Hayne* (Leguminose), gegen Lungenbeschwerden u. Augenkrankheiten; ein 2. Harz, „*Tamat*", gegen chron. Rheumatismus u. Entzündungen der Luftwege; der Saft von *Senecio Anteuphorbium Schz.-Bip.* (Komposite), Wundheilmittel u. Hämostaticum; die Blätter von *Zygophyllum Waterlotti Maire* (Zygophyllacee) gegen Geschwüre, Ekzeme u. Hautveränderungen durch Blutvergiftung; *Haloxylon tamariscifolium Pau* (Chenopodiacee) gegen Reptilienbisse; *Fagonia Jolyi Batt* (Zygophyllacee) gegen Infektionen u. grindige Erkrankungen der Haut; *Euphorbia balsamifera Ait* u. *E. Regis-Jubae Webb. et Berth* (Euphorbiaceen) u. die fein zerriebenen Äste von *Heliotropium undulatum Vah.* (Boraginacee) gegen Tierkrankheiten. (Scientia pharmac. **19.** 261—63. 31/12. 1951.) W. KERN. 4782

J. Dereń und **R. Ryś,** *Untersuchungen über Extraktion von Strychnosalkaloiden aus Strychnossamen durch Elektrodialyse.* Die Elektrodialyse von Strychnossamen in einem modifizierten 3-Kammerapp. nach MATTSON, wobei das zerkleinerte Pflanzenmaterial in die mittlere Kammer gebracht wird, gibt bei höheren Spannungen als 30 V den fast vollständigen Übergang der Alkaloide (I) in die Kathodenkammer. Bei Spannungen unter 15 V gehen I teilweise in die Anodenkammer über. Die so gewonnenen I enthalten als Verunreinigung geringe Mengen Eiweiß u. Pflanzenfarbstoffe. (Acta polon. pharmac. **12.** 33—38. Jan./März 1955. Krakau [Kraków], Inst. Zootechn., Centr. Labor.) A. RUSS. 4790

G. Schubert und **G. Uhlmann,** *Zur krebserzeugenden Wirkung von Kunststoffen (Polyamide).* Die Polyamide (I) aus ε-Caprolactam (*Supramid extra*) als Faden u. Band sowie *Perlon* als Faden wurden im Vgl. zu natürlicher chirurg. Nähseide u. *Collafil* aus Pferdesehnen auf ihre cancerogene Wrkg. an Ratten untersucht, wobei eine erhöhte Krebsgefahr bei chirurg. I-Anwendung nicht nachzuweisen war. (Dtsch. med. Wschr. **80.** 1530—32. 21/10. 1955. Hamburg-Eppendorf, Univ., Frauenklin.) H. DOSSMANN. 4794

Harro Seyfarth, *Ungewöhnliche Gewebereaktionen bei der Verwendung von Perlon als Nahtmaterial.* Besprechung der Anforderungen an ein geeignetes Nahtmaterial, der verschied. Anwendung von *Perlon* (I) in der Chirurgie, Hinweis auf die unterschiedliche Resorption von I im Körper, Aufzählung der beobachteten prim. u. sek. Wundheilungsstörungen durch I u. eingehende Besprechung von 2 Fällen, bei denen tumorartige Veränderungen durch I-Nahtmaterial bei Appendektomien auftraten, die auf Verunreinigungen von I zurückgeführt werden. Zur Vermeidung tox. Schäden bei klin. I-Anwendung ist nach Vf. strenge ärztliche Kontrolle des I-Herstellungsprozesses angezeigt. (Zbl. Chirurg. **80.** 1677—86. 1955. Jena, Univ., Chirurg.-Orthopäd. Klin.) H. DOSSMANN. 4794

Bert Schulz, *Pilzerkrankungen und fungicide Mittel.* Überblick über die verschied. Formen der Dermatomykosen u. Besprechung alter u. neuer therapeut. wirksamer Antimykotien. Angabe der in Österreich zugelassenen bekanntesten Spezialpräparate. (Österr. Apotheker-Ztg. **7.** 431—34. 27/6. 1953.) R. REISS. 4800

—, *Schwefel und schwefelhaltige Arzneimittel.* Kurzer Überblick über die therapeut. Verwendung von S u. S-haltigen Verbindungen. U. a. sind genannt: Cystein, Cystin, Glutathion, 2.3-Dimercaptopropanol, Methionin, Bis-[ω-amino-n-hexyl]-disulfid, Mitigal, Tetraäthyldithiuramdisulfid, Ichthyol, Sulfonamide. (Chem. pharmac. Techniek **9.** 127—28. 15/12. 1953.) H. FREYTAG. 4806

—, *50 Jahre Novocain.* Histor. Rückblick. (Pharmaz. Ztg. verein. Apotheker-Ztg. **101.** 48—50. 12/1. 1956.) M. NEGWER. 4806

Józef Kubicz und **Michał Masiak**, *Beobachtungen über die Heilwirkung von Pflanzenölen nach der thermischen Reaktion mit metallischem Magnesium und Calcium.* Beim Erhitzen von Leinöl (**I**), Sonnenblumenöl u. Hanföl mit Mg-Spänen tritt lebhafte Gasentw. auf. Mit metall. Ca reagiert **I** schon bei Zimmertemperatur. Für SZ., JZ, VZ. u. EZ. sowie den Brechungsindex wurden nach der Rk. veränderte Werte gefunden. Spektroskop. Analysen ergaben für den Mg-Geh. u. Ca-Geh. des **I** nach der Rk. eine 10fache Erhöhung der Ausgangswerte. Für die Rk. wird Seifenbldg. mit freien oder esterartig gebundenen Fettsäuren angenommen. Auch können die Erdalkalien mit dem im Öl gebundenen W. reagieren. Das mit Mg behandelte **I** zeigte in 12 klin. Fällen günstigen Einfl. auf die Heilung von Ulcus decubitale, Ulcus cruris varicosum sowie anderen Wunden u. Geschwüren. (Acta Polon. Pharmac. **12.** 17—21. Jan./März 1955.) A. RUSS. 4806

G. Schäfer, *Zur Kenntnis der Hypophysenhormone.* 1. Mitt. *Das adrenocorticotrope Hormon des Hypophysenvorderlappens* (*Eigenschaften und Darstellungsmethoden*). Vf. gibt an Hand der Literatur eine krit. Übersicht über die Isolierungsmethoden von *ACTH*. Das niedermol. ACTH-Polypeptid ist im Vitamin-C-Test voll wirksam, im Erhaltungstest dagegen nur wenig. Vf. nimmt an, daß volle ACTH-Wirksamkeit an das intakte Eiweißmol. gebunden ist. — 23 Literaturzitate. (Pharmazie **9.** 325—30. April 1954. Dresden, VEB Arzneimittelwerk.) R. LAFFERENZ. 4808

—, *„Streptomycin Glaxo", Herstellung und Verpackung.* Die GLAXO LABORATORIES LTD. stellt *Penicillin* u. *Streptomycin* (**I**) her. Letzteres wird als $CaCl_2$-Komplex, sein Deriv., das *Dihydrostreptomycin* (**II**) als Sulfat in den Handel gebracht. Nur bestimmte Stämme von *Streptomyces griseus* erzeugen **I**, dessen vermutliche Struktur ein *N-Methyl-L-glucosaminidostreptosidostreptidin* ist. Aus einer Mutterkultur werden Sporen zum Wachstum gebracht, dann in Tanks (Germinatoren) von einigen 100 Gallonen mit einer Maisquellwassernährbrühe als Tiefkultur angesetzt. Diese wird in 10000-Gallonen-Fermentierbehältern zu Ende geführt. Die Kultur-Fl. wird dann angesäuert, filtriert, das p_H des Filtrats auf den geforderten Wert eingestellt, **I** an Aktivkohle adsorbiert, das Kohleadsorbat abfiltriert, der Kuchen mit A. u. angesäuertem A. ausgewaschen, die alkoh. Lsg. von **I** abfiltriert, der A. abgedampft u. **I** auskristallisiert. Nach einer Reinigung des Rohprod. folgt Trocknung im Vakuumofen. Ein Teil wird hier zur katalyt. Hydrierung zu **II** abgezweigt. Nach weiterer Reinigung beider Präpp. von Lösungsmittelresten, unerwünschter Farbe u. Schwermetallspuren werden ihre wss. Lsgg. durch SEITZ-Filter gepreßt u. im Tieffrierverf. getrocknet. Abfüllung unter streng sterilen Bedingungen in Gläser mit Gummikappenverschluß. Die Auflsg. in pyrogenfreiem W. wird dem Arzt überlassen. (Chem. Prod. chem. News [N. S.] **15.** 203—07. Juni 1952.) H. ENDRASS. 4810

Carlo Moscovici, *Resistenz von Coxiella burnetii gegenüber einigen Desinfektionsmitteln.* Vf. untersuchte Cl_2, H_2O_2, Phenol u. Na-Merthiolat (Na-Äthylmercurithiosalicylat) als Desinfektionsmittel gegenüber Coxiella burnetii. Coxiella zeigte große Widerstandskraft gegen die genannten baktericiden Stoffe. (Rend. Ist. super. Sanità **16.** 232—35. 1953. Roma, Ist. Sup. di Sanità, Labor. di Microbiol.) P. G. SCHEURLEN. 4832

H. S. Grainger und **Thelma M. Carr**, *Stabilisierung von Injektionslösungen.* Besprochen werden die Sterilisiermethoden verschied. Pharmakopoen (engl., amerikan., französ., span., russ.), die Erhitzung der Lsgg. mit baktericiden Stoffen, die chem. Veränderungen u. die Hydrolyse von Substanzen sowie der Einfl. des Glases. (Pharmac. J. **173.** ([4] **119**). 387—88. 6/11. 1954.) E. BOYE. 4832

B. Schmidt und **V. Blass**, *Untersuchungen zur Frage der Entfernung von Pyrogenen aus Flüssigkeiten durch Filtration.* (Vgl. C. **1956.** 5636.) Untersucht wurden Membranfilter (MEMBRANFILTER-GES. SARTORIUSWERKE) 25—30 Sek. (maximaler Porendurchmesser 300 mμ), 40—60 Sek. (maximaler Porendurchmesser 250 mμ) u. 80—100 Sek. (maximaler Porendurchmesser 200 mμ) sowie SEITZ-Filter EKS, Größe 3. Es wird festgestellt, daß die verwendeten Pyrogene (50, 100 u. 250 Einheiten Pyrifer) von den Membranfiltern 25—30 Sek. u. 40—60 Sek. sowie von dem SEITZ-Filter zurückgehalten werden. Bei Membranfiltern 80—100 Sek. wurden gelegentliche Versager festgestellt. (Z. Hyg. Infektionskrankh. **142.** 183—87. 1955. Berlin, Freie Univ., Inst. für Hygiene u. Medizin. Mikrobiol.) E. BOYE. 4832

P. Boymond und **G. Adatto,** *PAS-Natrium und seine bakteriologische Filtration.* (Vgl. C. **1952.** 1538.) Während bei der Sterilisation einer *PAS-Natrium* (I)-Lsg. im strömenden Wasserdampf starke Verfärbungen durch Oxydation u. Bldg. von *m-Aminophenol* durch Decarboxylierung auftreten, sind I-Lsgg., die durch bakteriolog. Filtration sterilisiert werden, genau so haltbar wie unbehandelte I-Lösungen. Die bakteriolog. Filtration wird durch Filtration über eine Glasfritte Jena 25 G 5 bei Anlegen eines Vakuums mittels einer Wasserstrahlpumpe durchgeführt. Um die Filtrationszeit zu verkürzen, wird eine 4fach konzentrierte Lsg. filtriert u. mit der entsprechenden Menge sterilen W. verdünnt. Zwischen die filtrierte Lsg. u. die Wasserstrahlpumpe wird ein Luftfilter geschaltet, damit beim Ablassen des Vakuums nach der Filtration kein Staub in die Lsg. gelangen kann. (Schweiz. Apotheker-Ztg. **93.** 955—57. 17/12. 1955. Genève, Hôsp. Cantonal, Pharmacie.) M. NEGWER. 4832

M. Klein, E. G. Millwood und **W. W. Walther,** *Über die Sterilhaltung von Augentropfen.* Eine Anzahl keimtötender Substanzen wurde auf ihre Eignung zur Sterilhaltung von Augentropfen (z. B. Na-Fluorescein 2%, Atropinsulfat 0,5%, Eserinsalicylat 0,25%) u. ihre bactericide Konz. untersucht. Als Testkeim diente Ps. pyocyanea. Wegen ihrer Wirkungen auf die Cornea werden quaternäre Ammoniumverbb. nicht empfohlen. Als geeignet erwiesen sich u. a. Chlorbutol in gesätt. Lsg. (ca. 0,8%), Phenyläthylalkohol (0,6%), p-Oxybenzoesäureester (0,1%), Thiomersolat (0,005%) u. Phenylmercuriacetat bzw. -nitrat (0,005%). (J. Pharmacy Pharmacol. **6.** 725—32. Okt. 1954. London, Leytonstone, Whipps Cross Hosp.) F. NEUWALD. 4832

Barbara Drożdż und **Bohdan Drożdż,** *Färbung von verholzten Zellwänden mit Barbitursäure.* Vff. beschreiben eine neue Meth. zur Färbung von verholzten Zellwänden mit Barbitursäure (I). In einen Tropfen des Reagens aus 0,5 g I, gelöst in 50 ml eines Gemischs von gleichen Teilen Milchsäure, Essigsäure u. W., wird der mit Chloralhydrat aufgehellte Schnitt eingelegt u. erwärmt: Gelborangefärbung, wobei Ca-Oxalat-Kristalle nicht angegriffen werden. Für das Universalreagens nach TREMOLADA (vgl. C. **1954.** 374) wird neue Zus. vorgeschlagen: 0,5 g I u. 0,2 g Sudanrot III in 50 ml eines Gemischs aus 40 ml Milchsäure u. 10 ml Essigsäure lösen, filtrieren u. die Lsg. von 0,02 g J u. 0,2 g KJ in 5 ml W. zugeben. (Acta polon. pharmac. **12.** 29—31. Jan./März 1955. Posen [Poznań], Akad. Med., Zakład. Farmakognoz.) A. RUSS. 4880

B. Borkowski und **J. Kozłowski,** *Bildung von Kork und Phelloid bei Viburnum opulus L.* Vff. beschreiben die Ausbldg. von Phelloidschichten bei Viburnum opulus L. (bei einjährigen Zweigen 1, zweijährigen 1 oder 2, dreijährigen 2 u. vier- u. mehrjährigen 3) neben 5 Korkschichten im ersten u. zweiten Jahr. Sie ermöglicht die Unterscheidung dieser Rinde von Viburnum prunifolium L. (Acta polon. pharmac. **12.** 13—16. Jan./März 1955. Posen [Poznań], Akad. Med. Ogród Farmakognost.) A. RUSS. 4880

R. Bouche, *Eine Verfälschung von Polygala senega: Das Saponin von Spergularia marginata Kittel.* Das Saponin von Spergularia marginata KITTEL, aus Prioritätsgründen als *Spergularia media* (*L.*) PRESL (I) zu bezeichnen, [*Spergulasaponin* (II)], erhält man aus der getrockneten Wurzel durch Extraktion mit sd. A. (Ausbeute 80%), mehrmaliges Fällen aus einem Gemisch von CH_3OH u. Aceton u. Umkristallisieren aus Isobutylalkohol, F. 232°; Mol.-Gew. 1500—1580 (theoret. 1592); hämolyt. Index 146000; opt. Drehung +74,23°; positive ROSENTHALER- u. LIEBERMANN-Reaktion. Das Genin von **II** läßt sich aus A. umkristallisieren; $C_{30}H_{48}O_5$ oder $C_{30}H_{50}O_5$, F. 275,5—277°; opt. Drehung +33,08°; UV-Spektr.: Maximum 282 mμ, Minimum 248 mμ. Von den 5 O-Atomen gehören 2 zu einer COOH-Gruppe, was acidimetr. u. durch einen krist. Methylester, F. 192—193°, bewiesen wird; 2 weitere gehören zu Alkoholgruppen (Nachw. durch die entsprechenden Acetate); ein Semicarbazon zeigt F. 261—263°. Der qualitative Nachw. von **II** besteht darin, daß das aus dem fl. Extrakt gewonnene Senegenin keine positive LIEBERMANN-Rk. gibt. Das nach der Hydrolyse durch Sublimation im Vakuum bei 250° gewonnene Prod. gibt Aufschluß über die Menge des fl. Extrakts aus **I.** (Pharmac. Tijdschr. België **32.** 97—100. Mai 1955. Leuven, Univ.) W. WESLY. 4880

Adriana Casini, *Bestimmung des Phenacetins.* Von den verfügbaren Methoden zur Phenacetin (I)-Best., die Vf. krit. untersucht, wird die acidimetr. Best. der verseiften Acetylgruppe sowohl im alkal. als auch im sauren Medium abgelehnt, erstere wegen der unvollständigen Verseifung u. des teuren Lösungsm. (Benzylalkohol), letztere wegen einiger prakt. Nachteile (vollständige Hydrolyse langwierig, zu große Flüssigkeitsvoll. für die gebräuchlichen Büretten, Störung durch abgeschiedenes p-Phenetidinhydrochlorid). Dagegen wird die auf der Bldg. von Tetrajodophenacetin (II) beruhende jodometr. Best. für den pharmazeut. Gebrauch empfohlen. Die Ausführung wird so modifiziert, daß der auf ca. 70° (nicht höher) erhitzten essigsauren Lsg. von **I** überschüss.

n/4 J-Lsg., danach konz. HCl zugesetzt u. nach Abscheidung von **II** (Schütteln, dann 30 Min. stehenlassen) der J_2-Überschuß mit n/10 $Na_2S_2O_3$ zurücktitriert wird. — Von den in der Literatur berichteten colorimetr. Methoden erlaubt die mit Chromsäure (rubinrote Färbung in HCl-Lsg.) eine quantitative Best., da die opt. Dichte der Lsgg. dem BEERschen Gesetz folgt (Tabelle); dagegen ist die mit HNO_3 erhaltene Gelbfärbung nicht konstant u. für eine spektrophotometr. Bestimmung zu wenig empfindlich. (Ann. Chimica **41.** 611—20. Aug. 1951. Siena, Univ., Ist. di Chim. gen.) G. v. DECHEND. 4880

Henry Fischbach und **Joseph Levine,** *Die Identifizierung der Antibiotica.* Der Bericht bringt eine Zusammenstellung teils bekannter, im amerikan. Gesundheitsdienst geübter chem.-analyt., papierchromatograph. u. fluorometr. Methoden für den Nachw. der bekanntesten Antibiotica. Eine Tabelle vermittelt eine Übersicht über die qualitativen Nachweismöglichkeiten. Für ein künstliches Gemisch von 14 Antibioticis wird ein geeigneter Untersuchungsgang beschrieben, für einige galen. Zubereitungen werden Arbeitsvorschriften angegeben. (Antibiotics and Chemotherapy **3.** 1159—69. Nov. 1953. Washington, D. C., Dep. of Health, Educat and Welfare Food and Drug Admin.) H. ENDRASS. 4880

Soc. Générale d'Applications Thérapeutiques „Théraplix", Frankreich, *Konservieren von Pflanzen.* Zur Erhaltung der in den Pflanzen enthaltenen Stoffe (Vitamine, Farbstoffe, Riechstoffe usw.) werden diese möglichst rasch bei einer Temp. getrocknet, die die Entwässerung der Pflanzen ohne Schädigung obiger Stoffe bewirkt. Im Falle von ascorbinsäurehaltigem Material erhitzt man einige Min. auf 135—140°. Für stark safthaltige Pflanzen oder bei zu langsamem Entweichen des W. eignet sich dieses Verf. nicht. (**F. P. 56 282** vom 7/6. 1944, ausg. 22/9. 1952. **Zusatz zu F. P. 992 260; C. 1955. 639.**) T. OPPERMANN. 4783

Boyce Thompson Research Foundation, Inc., übert. von: **Frank E. Denny,** Yonker, N. Y., V. St. A., *Haltbarmachen von Pflanzen bzw. Pflanzenteilen,* bestehend in der Behandlung derselben mit einer Lsg. von 7 (Teilen) Äthylenchlorhydrin, 3 Äthylendichlorid u. eine kleine Menge CCl_4. (**Can. P. 478 379** vom 26/3. 1946, ausg. 6/11. 1951. A. Prior. 12/5. 1945.) W. WITTHOLZ. 4783

Adolf Christian Joseph Opfermann, Bergisch-Gladbach, *Di-α.γ-dioxybutyroeisensäure* (**I**) u. ihre Salze erhält man durch Rk. einer wss. Lsg. eines Erdalkalisalzes von α.γ-Dioxybuttersäure, die durch Erhitzen von Oxybutyrolacton mit Erdalkalihydroxydlsg. erhalten wurde, mit einem Fe(III)-Salz, z. B. $Fe_2(SO_4)_3$. Abfiltrieren des Erdalkalisalzes, Eindampfen der erhaltenen **I**-Lsg. im Vakuum u. gegebenenfalls Überführung der **I** in das entsprechende Salz durch Neutralisieren mit Hydroxyden, Carbonaten oder Bicarbonaten. **I** kann durch Ausfällen mit Aceton aus seiner CH_3OH-Lsg. gereinigt werden. Herst. von *Injektionslösungen.* (**E. P. 728 683** vom 21/10. 1952, ausg. 27/4. 1955.) O. MÜLLER-MEININGEN. 4807

Aktiebolaget Ferrosan, Malmö, Schweden (Erfinder: **K. G. Rosdahl, K. G. Söderberg** und **E. R. Frank**), *Herstellung von polyjodsubstituierten p-Aminobenzoesäurederivaten.* Man jodiert Verbb. der Formel **I**, in der X eine gegebenenfalls alkylierte oder arylierte Aminogruppe, V Halogen, OH-, O-Metall oder OR bedeuten u. R einen organ. Rest darstellen. Man erhält *Tuberkuloseheilmittel.* — Z. B. jodiert man p-Aminosalicylsäure in Eisessig mit JCl. Man erhält *Dijod-p-aminosalicylsäure* der Formel $C_7H_5O_3NJ_2$. Aus 2-Jod-4-aminobenzoesäure erhält man mit J_2 in alkal. Lsg. *Trijodaminobenzoesäure,* $C_7H_4O_2NJ_3$. Durch Jodieren von 4-Methylaminosalicylsäure erhält man *3.5-Dijod-N-methyl-4-aminosalicylsäure.* (**Schwed. P. 138 063** vom 23/8. 1948, ausg. 18/11. 1952.) K. H. KÄHLER. 4807

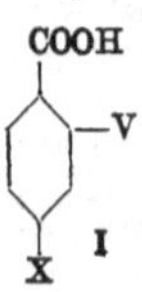

I

Sandoz Akt.-Ges., Basel, Schweiz, *Herstellung von Piperidinderivaten.* N′-substituierte 1-Methyl-4-amino-N′-phenylpiperidine, in denen auch der Phenylrest substituiert sein kann, werden durch Erhitzen von Halogenderivv. von aromat. u. cycloaliphat. KW-stoffen mit heterocycl. Verbb. in Ggw. eines alkal. Kondensationsmittels ($NaNH_2$) u. eines organ. Lösungsm. (Bzl., Toluol) auf 170° unter Rückfluß erhalten. — 1-Methyl-4-amino-N′-(p-methylphenyl)-piperidin u. 2-Thenylchlorid → *1-Methyl-4-amino-N′-(2-thenyl)-N′-(p-methylphenyl)-piperidin,* $Kp._{0,4}$ 180°; *Oxalat,* F. (aus absol. A.) 143 bis 145°. — 1-Methyl-4-amino-N′-phenylpiperidin u. Brombenzol → *1-Methyl-4-amino-N′.N′-diphenylpiperidin,* F. 86—88°; *Monohydrochlorid,* F. (aus absol. A.-Ae.) 249 bis 251°. — Analog: *1-Methyl-4-amino-N′-phenyl-N′-(p-chlorphenyl)-piperidinmonohydrochlorid,* F. [aus A.-W. (7,5:4,5)] 99—100°; *Monooxalat,* F. (aus A.-Bzl.) 176—178° (Zers.). — *1-Methyl-4-amino-N′-phenyl-N′-benzylpiperidin,* F. 115—116°; *Dihydrochlorid,* F. 190° (Zers.). — *Antihistaminica* oder *Zwischenprodd.* zur Herst. von *Heilmitteln.* (**Schwz. PP. 306 286, 306 287, 306 288** u. **306 289** vom 30/11. 1951, ausg. 1/6. 1955. **Zusätze zu Schwz. P. 301 955; C. 1955. 9622.**) R. LINK. 4807

G. D. Searle & Co., übert. von: **John W. Cusic**, Skokie, Ill., V. St. A., *1.2.3.4-Tetrahydroisochinolinalkanolester von aromatisch substituierten aliphatischen und cycloaliphatischen Säuren und ihre Derivate* der allg. Formel **I** bzw. **II**, in denen Ar einen Aryl-, Aralkyl- oder Aryloxyrest mit 6 bis 15 C-Atomen, R = H, einen niedermol. Arylrest mit 6 bis 15 C-Atomen oder

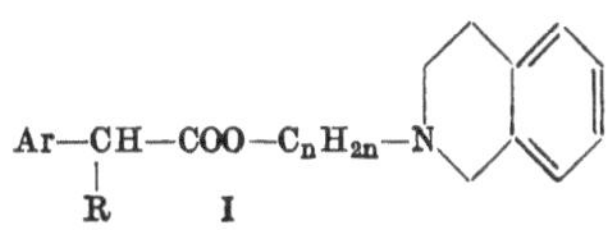
I

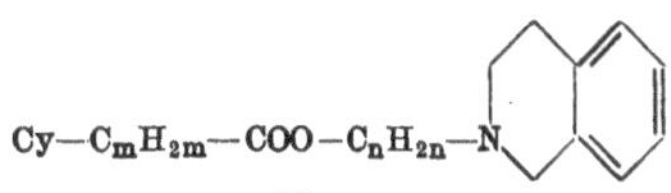
II

einen niedermol. Alkylrest, Cy einen niedermol. Cycloalkylrest mit 3—6 C-Atomen im Ring, n = 1—6 u. m = 0—6 bedeuten u. der 1.2.3.4-Tetrahydroisochinolinrest auch durch einen niedermol. Alkyl- oder Alkoxyrest, einen Methylendioxy- oder Phenylrest substituiert sein kann, werden z. B. durch Rk. einer Verb. Z—CO—X bzw. Z—COO—C_nH_{2n}—X [Z = Cy—C_mH_{2m}— oder Ar—CH(R)— u. X = Halogen] mit einem geeigneten 1.2.3.4-Tetrahydroisochinolinderiv., das auch durch einen niedermol. Alkyl- oder Alkoxyrest, einen Methylendioxy- oder Phenylrest substituiert sein kann, in Ggw. eines organ. Lösungsm. erhalten. — 240 (Teile) 1.2.3.4-Tetrahydroisochinolin-2-äthanol u. 210 Phenylacetylchlorid in 2600 Bzl. → *Phenylessigsäure-1.2.3.4-tetrahydroisochinolin-2-äthylesterhydrochlorid*, F. 189—190°. — *Phenylessigsäure-3-methyl-1.2.3.4-tetrahydroisochinolin-2-äthylester*, $Kp._{1,5}$ 195—200°. — *Diphenylessigsäure-1.2.3.4-tetrahydroisochinolin-2-äthylesterhydrochlorid*, F. (aus A.) 169—170°; *Chlormethylat; Jodmethylat.* — *β-Phenylpropionsäure-1.2.3.4-tetrahydroisochinolin-2-äthylesterhydrochlorid*, F. (aus Isopropanol) 142—143°. — *α-Phenylbuttersäure-δ-anhalonin-2-butylester*, orangefarbenes Öl. — *p-Methylphenylessigsäure-1-phenyl-3-methyl-1.2.3.4-tetrahydroisochinolin-2-äthylester*, Öl. — *Phenoxyessigsäure-1.2.3.4-tetrahydroisochinolin-2-äthylesterhydrochlorid*, F. (aus verd. Isopropanol) 176—177°. — *α-Phenoxypropionsäure-1.2.3.4-tetrahydroisochinolin-2-äthylesterhydrochlorid*, F. (aus verd. Isopropanol) 185—186°. — *Di-α-naphthylessigsäure-α.α-dimethyl-1.2.3.4-tetrahydroisochinolin-2-methylester*, orangefarbenes Öl. — *Cyclopentancarbonsäure-1.2.3.4-tetrahydroisochinolin-2-äthylesterhydrochlorid*, F. (aus Isopropanol) 171—172°. — *Cyclohexancarbonsäure-1.2.3.4-tetrahydroisochinolin-2-äthylesterhydrochlorid*, F. (aus Isopropanol)161—163°. — *Cyclohexylessigsäure-1.2.3.4-tetrahydroisochinolin-2-äthylesterhydrochlorid*, F. (aus verd. Isopropanol) 211—212°. — *β-Cyclohexylpropionsäure-1.2.3.4-tetrahydroisochinolin-2-äthylesterhydrochlorid*, F. (aus Isopropanol) 206—207°. — *γ-Cyclohexylbuttersäure-1.2.3.4-tetrahydroisochinolin-2-äthylesterhydrochlorid*, F. (aus Isopropanol) 196—197°. — *δ-Cyclohexylvaleriansäure-1.2.3.4-tetrahydroisochinolin-2-äthylesterhydrochlorid*, F. (aus Isopropanol) 170—171°. — *ω-Cyclohexylcapronsäure-1.2.3.4-tetrahydroisochinolin-2-äthylesterhydrochlorid*, F. (aus Isopropanol) 167—168°. — *Dihydro-α-fencholensäure-α.α-dimethyl-1.2.3.4-tetrahydroisochinolin-2-methylester*, gelbes Öl. — *Cyclopropylessigsäure-δ-anhalonin-2-butylester*, Öl. — *Cyclobutylessigsäure-1-phenyl-3-methyl-1.2.3.4-tetrahydroisochinolin-2-äthylester*, orangefarbenes Öl. — *n-Capronsäure-1.2.3.4-tetrahydroisochinolin-2-äthylesterhydrochlorid*, F. (aus Isopropanol) 176—177°. — *n-Heptancarbonsäure-1.2.3.4-tetrahydroisochinolin-2-äthylesterhydrochlorid*, F. (aus Isopropanol) 174—175. — Die Salze der aromat. substituierten aliphat. Carbonsäure-1.2.3.4-tetrahydroisochinolinalkanolester sind wirksame *Heilmittel* bei *Kreislauf-* u. *Nieren-*Erkrankungen, deren quaternären Ammoniumsalze *Spasmolytica* u. Hemmstoffe bei autonomen nervösen Funktionen. Die Salze der cycloaliphat. Carbonsäure-1.2.3.4-tetrahydroisochinolinalkanolester sind *Zwischenprodd.* u. *Heilmittel* bei *Herzgefäß-*, *Nieren-* u. *nervösen* Erkrankungen. (**A. PP. 2 681 911** vom 6/10. 1951 u. **2 681 912** vom 29/10. 1951, beide ausg. 22/6. 1954.) R. LINK. 4807

Chas. Pfizer & Co., Inc., New York, übert. von: **Gerald D. Laubach**, Jackson Heights, N. Y., V. St. A., *Wasserlösliche Pregnanolonester.* Man setzt z. B. Pregnan-21-ol-3.20-dion (**I**), F. 152—154°, mit Bernsteinsäureanhydrid → **I**-*Hemisuccinat*, F. 200°, u. dieses mit Aminen, wie N.N'-Tetramethylhexamethylendiamin, Dimethylaminoäthanol oder Procain zu den entsprechenden Salzen um. — **I**-*Na-Hemisuccinat*, $\varepsilon_{max\,280}$ 93,2. — Analog: **I** + Chloracetylchlorid + Trimethylamin. — **I**-21-Chlorformiat + Glykolsäure bzw. Aminoessigsäure. — Die erhaltenen Ester sind *nicht hormonwirksame Mittel* zur Beruhigung des Zentralnervensyst., bes. *Anästhetica.* **A. P. 2 708 651** vom 7/1. 1955, ausg. 17/5. 1955.) U. SIEVERS. 4807

Farbwerke Hoechst, vormals Meister Lucius & Brüning, Frankfurt/M., *Kristallisiertes Insulin*, das *Acridin-* oder *Chinolinverbb.* enthält, deren Basen unlösl. sind oder bei einem p_H von 6,5—9 nur koll. Lsgg. geben, oder bas. *Proteine* oder deren Abbauprodd., wie *Globin, Histone, Protamine*, enthält, entsteht dadurch, daß man Insulin (**I**)-Kristalle mit den wss. Lsgg. dieser Basen bei fast neutralem p_H behandelt u. durch Zusatz von Alkali dafür sorgt, daß dieses p_H nicht verändert wird. Durch die Absorption der

Verbb. wird die Größe u. Form der I-Kristalle nicht verändert. — Man löst 40 mg Bis-(2-methyl-4-aminochinolyl-6)-carbamid (II) in 500 cm³ W. u. stellt durch Zusatz von 0,7 cm³ 1/10 n-NaOH den p_H-Wert auf 7,2 ein. Zu dieser Lsg. gibt man unter Rühren 1 g krist. I, wobei durch Zusatz von NaOH das p_H auf 7,2 gehalten wird. Man erhält 0,97 g krist. I, das 4% II aufgenommen hat. In gleicher Weise wird von krist. I Protaminsulfat aufgenommen. — *Depotheilmittel.* (**Belg. P. 518 064** vom 28/2. 1953, ausg. 4/2. 1955. D. Prior. 28/2. 1952.) G. KRAUSS. 4809

Lepetit S. p. A. (Erfinder: **Gino Carrara**), Mailand, Italien, *Verfahren zur Umwandlung von 1-Phenyl- oder 1-Nitrophenyl-2-amino-1.3-propandiol der erythro-Form in Verbindungen der threo-Form,* dad. gek., daß man ein N-Acylderiv. des 1-Phenyl- oder 1-Nitrophenyl-2-amino-1.3-propandiols der erythro-Form mit konz. H_2SO_4 zwecks Bldg. des Oxazolinderiv. behandelt, die erhaltene Lsg. mit W. verd. u. zum Sd. erhitzt, bis der Oxazolinring aufgespalten u. der Acylrest abgespalten ist, u. daß man aus der sauren Lsg. das 1-Phenyl- oder 1-Nitrophenyl-2-amino-1.3-propandiol der threo-Form gewinnt, was zweckmäßig durch Neutralisierung der abgekühlten sauren Lsg. mit $CaCO_3$, Abtrennung des ausgefallenen $CaSO_4$, Einengen des Filtrats u. Extrahieren der alkal. gestellten Lsg. mit einem organ. Lösungsm. u. Verdampfen desselben geschieht. — *dl*-erythro-1-Phenyl-2-acetylamino-1.3-propandiol (F. 107—108°) → *threo-1-Phenyl-2-amino-1.3-propandiol* (I; F. 87—88°). — *dl*-erythro-1-Phenyl-2-benzoylamino-1.3-propandiol (F. 157—158°) → I. — *dl*-erythro-1-p-Nitrophenyl-2-acetylamino-1.3-propandiol. (F. 193 bis 195°) → *dl-threo-1-p-Nitrophenyl-2-amino-1.3-propandiol* (F. 142—144°). — *Zwischenprodd. für die Herst. von Chloramphenicol.* — Vgl. F. P. 1 013 210; C. **1954.** 7517. (**D. B. P. 932 613** Kl. 12q vom 4/4. 1952, ausg. 5/9. 1955. Anmeldung bekanntgemacht 10/3. 1955.) G. LANGER. 4811

Wouter Berends, Delft, Holland, *Chloramphenicol.* N-Acylphenylserinester wird mit H_2 unter Druck, bes. bei 70—100°, in Ggw. eines Cu-Chromitkatalysators u. bes. eines Lösungsm. (Alkohole) hydriert, die gebildete Verb. in das Triacetylderiv. umgewandelt, das nitriert u. nach dem Abspalten der drei Acetylgruppen in das Dichloracetylderiv. übergeführt wird. — Aus wasserfreiem Phenylserin mit absol. A. in Ggw. von HCl → Phenylserinäthylester, daraus mit Essigsäureanhydrid → N-Acetylphenylserinäthylester, F. 179—180°; Ausbeute 75%; daraus mit H_2 in absol. Methanol in Ggw. von Ba-haltigem Cu-Chromit bei 80° u. 325 at → *1-Phenyl-1.3-dioxy-2-acetylaminopropan,* F. 134—135°, daraus mit Essigsäureanhydrid → *Triacetylderiv.*, F. 78°. *1-Phenyl-1.3-dioxy-2-aminopropan,* F. 87°. — N-Benzoylphenylserinäthylester, F. 98 bis 100°, → *1-Phenyl-1.3-dioxy-2-benzoylaminopropan,* F. 164—165°. — *O-Acetyl-N-acetylphenylserinäthylester,* F. 172—173°. — *Chemotherapeuticum.* (**Holl. P. 74 252** vom 3/4. 1950, ausg. 15/3. 1954.) G. KRAUSS. 4811

Upjohn Co. (Erfinder: **Harrison Allen Nelson** und **Charles Marion Large**), Kalamazoo, Mich., V. St. A., *Gewinnung von Fumagillin* aus dieses enthaltenden Fermentations-Fll. nach D. B. P. 895 960, dad. gek., daß man das Antibioticum aus der Fl. durch Ansäuern auf p_H ca. 1—4 ausfällt u. den Nd. abfiltriert. Dieser kann in Ggw. eines Filtrierhilfsmittels ausgeflockt werden, die Extraktion erfolgt dann mit Aceton u. nach Konz. des Rohfumagillins nochmalige Extraktion mit $CHCl_3$. F. 193° bei 99,6% Reinheit nach UV-Analyse. (**D. B. P. 932 577** Kl. 30h vom 13/11. 1953, ausg. 5/9. 1955. Anmeldung bekanntgemacht 10/3. 1955. A. Prior. 16/3. 1953. **Zusatz zu D. B. P. 895 960; C. 1954. 1549.**) H. SCHINDLER. 4811

Chimie et Atomistique, Seine, Frankreich (Erfinder: **David Libermann**), *Herstellung monosubstituierter 4.4'-Diaminodiphenylsulfone,* in denen der Substituent an einer Aminogruppe ein Acyl-, ein Carboxyacyl-, ein Carboxyoxyacylrest usw. sein kann, u. die als *Antibiotica* verwendet werden, durch Rk. von 4.4'-Diaminodiphenylsulfon (I) in einem Lösungsm. mit dem entsprechenden Säureanhydrid bei Tempp. unter 40°. — Beispiel: Zu 75 g I in 1 Liter Aceton setzt man 30 g Bernsteinsäureanhydrid in 100 cm³ Aceton, läßt stehen, bis sich eine Probe in Sodalsg. löst, verdampft das Lösungsm., löst den Rückstand in Sodalsg. u. neutralisiert mit CH_3COOH. Es krist. *4-Amino-4'-[β-carboxypropionylamino]-diphenylsulfon*; fast 100% Ausbeute. Entsprechend wurden hergestellt *4-Amino-4'-[δ-carboxyvaleroylamino]-diphenylsulfon,* F. 172°, aus monomerem Adipinsäureanhydrid. — *4-Amino-4'-[carboxymethoxyacetylamino]-diphenylsulfon,* aus Diglykolsäureanhydrid. — *4-Amino-4'-acetylaminodiphenylsulfon,* F. 228° (A.), aus Acetanhydrid. (**F. P. 1 020 713** vom 22/6. 1950, ausg. 10/2. 1953.) S. MEIER. 4811

Otto Snegotska, Berlin, *Herstellung von Nährlösungen zur Züchtung von Mikromyceten,* dad. gek., daß steril entnommenes u. durch Zentrifugieren von Erythrocyten u. Leukocyten befreites Citrat–Blutplasma (I) im Volumenverhältnis 1:1 mit steriler KOH-Lsg. vermischt u. auf p_H 12—13 eingestellt wird. Dem alkalisierten I können Nähr- oder Wachstumsstoffe zugesetzt werden. Geeignet auch zur diagnost. Auswertung

u. Herst. von Vaccinen. (**D. B. P. 937 248** Kl. 30h vom 4/5. 1954, ausg. 29/12. 1955. Anmeldung bekanntgemacht 7/7. 1955.) H. Schindler. 4813

Dr. A. Wander Akt.-Ges., Bern, Schweiz, *Herstellung von proteinfreien, reinen, wasserlöslichen Polysacchariden aus Mikroorganismen,* dad. gek., daß man die Mikroorganismen bei erhöhter Temp. mit einer homogenen Phenol–W.-Mischung extrahiert, die Extraktionsmischung abkühlt, die entstandenen Schichten trennt u. aus der wss. Phase die reinen Polysaccharide gewinnt. Die Extraktion soll bei 55–68° u. während 5–30 Min. erfolgen. — Beispiele mit Colibakterien u. Pneumokokken. — *Impf-* u. *Reizstoffe* bzw. Zwischenprodd. hierzu. (**Schwz. P. 308 684** vom 24/1. 1952, ausg. 1/10. 1955.) H. Schindler. 4813

Masuichi Takino, Osaka, Japan, *Gewinnung von Organpräparaten,* indem man Kühe oder Kaninchen mit Kuhpocken infiziert u. die Haut oder die Drüsen, z. B. Testikel, nach 4–5 Tagen aufarbeitet, wobei Proteïne, auch Virusproteïne, u. Lipoide abgeschieden werden. Der aus den gemahlenen Drüsen u. dgl. mit physiol. Salzlsg., Glycerin u. einem Keimtötungsmittel hergestellte Brei wird 3–5mal abwechselnd auf –5 bis –10° gefroren u. auf +15–20° gebracht. Der abgetrennte Extrakt wird 1 Std. auf 100° erhitzt u. auf p_H 5 gebracht, um Eiweißkörper abzuscheiden. Die restlichen Eiweißkörper werden durch Aussalzen, z. B. mit Na-Silicat u. $MgSO_4$, entfernt. Das klare Filtrat wird mit Kaolin versetzt u. mit Acetatpuffer auf p_H 4,5–4,7 gebracht. Das Adsorbat wird mit dünner NH_3-Lsg. eluiert, sterilisiert u. auf p_H 7,4–7,8 gebracht. Injizierbare Lsg., die polysaccharidartige Wirkstoffe enthält (?). Sedativum. (**E. P. 697 351** vom 19/3. 1951, ausg. 23/9. 1953. Jap. Prior. 16/1. 1951.) K. Heinze. 4813

P. Jacques Le Roi, Traité des plantes médicinales chinoises. Paris: P. Lechevalier. 1955. (488 S.) 8°. fr. 9000,—.

G. Analyse. Laboratorium.

R. H. A. Crawley, *Ein Universalreagens zur Reinigung von Glassachen.* Als Reinigungs-Fl. empfiehlt Vf. eine kalte Lsg. von 5% HF, 33% HNO_3, 2%Teepol u. 60% Wasser. (Chem. and Ind. **1953.** 1205–06. 7/11. Rugby, British Thomson-Houston Res. Labor.) C. Gottfried. 5006

H. Rawson und **E. P. Denton,** *Die Einschmelzeigenschaften von Titan und Zirkonium in Glas.* Vff. weisen darauf hin, daß man Ti u. Zr ohne jede spezielle Schmelztechnik in Glas einschmelzen kann. Man erhält vakuumdichte Verschmelzungen mit niedrigen Spannungen im Glas. Schmilzt man mit Hilfe einer Flamme ein, dann ist es notwendig, die Einschmelzzeit so kurz wie möglich zu halten, da sich die Ausdehnungscharakteristiken der beiden Metalle beträchtlich bei längerem Erhitzen in der Luft ändern. (Brit. J. appl. Physics **5.** 352–53. Okt. 1954. Rugby, Brit. Thomson-Houston Co. Ltd., Res. Labor.) C. Gottfried. 5006

W. R. Dudden, *Ein neuer Gasentnahmeapparat.* Beschreibung der Vorrichtung. (Lab. Pract. **4.** 71–72. Febr. 1955. Southall, North Thames Gas Board.) C. Gottfried. 5012

Paul Monand, *Ein Apparat zur automatischen Schmelzpunktbestimmung.* Es wird ein völlig automat. App. zur F.-Best. beschrieben, bei dem die nichtleitende organ. Substanz zwischen eine heizbare Messingplatte u. einen Taster gebracht wird, der bei einsetzendem Schmelzvorgang den Heizstrom über ein Relais ausschaltet u. gleichzeitig ein Läutwerk in Betrieb setzt. Die Temp. wird an einem Maximumthermometer abgelesen. Es wurden Messungen zwischen 68 u. 228° mit einer Genauigkeit von 0,5° durchgeführt. (Bull. Soc. chim. France, Mém. [5] **1955.** 1601–02. Nov./Dez.) S. Lanz. 5018

G. R. Hervey, *Eine Methode zur Bestimmung des Gefrierpunktes biologischer Flüssigkeiten.* Beschreibung eines App. zur Best. des Gefrierpunktes kleiner Vol. biol. Fll. ($\leq$0,1 cm^3) im Bereich von 0 bis –5° mit einer Genauigkeit von 0,01° u. besser (entsprechend einer Genauigkeit von mindestens 1%, auf osmolare Konz. bezogen. (Analyst **80.** 284–89. April 1955. Cambridge, Univ., Dep. of Exp. Med.) K. Maier. 5018

C. W. Oatley, *Die experimentelle Bestimmung der Geschwindigkeit einer Vakuumpumpe und der Komponenten eines Vakuumsystems.* Beschreibung der Methode. (Brit. J. appl. Physics **5.** 358–62. Okt. 1954. Cambridge, Univ., Engng. Labor.) C. Gottfried. 5026

F. J. Shon, M. Steidlitz und **M. H. Feldman,** *Bestrahlungszellen mit dünnen Metallfenstern für Hochvakuum- oder Hochdruckversuche.* Vff. beschreiben das Anbringen von 0,001–0,005 in. dicken Al-Folien als Fenster an Bestrahlungszellen (Faraday-Käfige) ganz aus Metall (nichtrostender Stahl oder Al), durch welche 1 MeV-Elektronen eintreten können. (Rev. sci. Instruments **24.** 550—51. Juli 1953. Downey, Calif., North American Aviation, Inc.) C. Gottfried. 5026

Lauren J. Rueger, *Tefloneinsatzstück macht Nadelventil vakuumdicht.* Vf. beschreibt die Anbringung einer Dichtung aus Teflon an ein Nadelventil aus nichtrostendem Stahl, durch die das Ventil nicht nur leicht vakuumdicht geschlossen werden kann, sondern auch gleichzeitig vor der Wrkg. korrodierender Gase geschützt wird. (Rev. sci. Instruments **24.** 551. Juli 1953. Washington, D. C., Nat. Bur. of Standards.) C. Gottfried. 5026

J. Morrison, *Eine Leckkontrollröhre.* Beschreibung der Röhre für Unterss. bei niedrigen Drucken. (Rev. sci. Instruments **24.** 546—47. Juli 1953. Murray Hill, N. J., Bell Telephone Labors.) C. Gottfried. 5026

C. E. A. Shanahan und **F. Cooke,** *Ein einfacher Kohlewiderstandsofen für Schmelzpunktbestimmungen.* Das Prinzip des genau beschriebenen Kohlewiderstandsofens beruht auf der Beobachtung des Einsinkens eines W-Stabes, der auf der in Pastillenform vorliegenden Probe ruht. Gegenüber anderen Öfen hat er den Vorteil, daß er sehr schnell bis auf Tempp. über 2000° gebracht werden kann, so daß mit ihm die FF. von Mischungen bestimmt werden können, die bei diesen Tempp. vom thermodynam. Standpunkt aus nicht stabil sind. Mit dem Ofen konnte der Einfl. von CaC_2 auf den F. von Schlacken des Syst. CaC_2–CaO–Al_2O_3 untersucht werden. (Chem. and Ind. **1953.** 1050—51. 3/10. Sheffield, Brit. Iron and Steel Res. Assoc., Chem. Sect. of Steelmaking.) C. Gottfried. 5028

H. A. Kamphausen, *Ein kontinuierlicher Extraktionsapparat großen Mabstabs für Laboratoriumszwecke.* Beschreibung des Apparates. (Chem. and Ind. **1953.** 1053—54. 3/10. Melbourne, Univ., Chem. Dep.) C. Gottfried. 5034

H. Abegg, *Die automatische Regelung von Rektifikationskolonnen im Laboratorium.* Vor- u. Nachteile verschied. Einrichtungen werden erörtert u. bestimmte Ausführungen empfohlen 1. zur Regelung der Destillationsgeschwindigkeit durch Einhaltung eines bestimmten Staudrucks in der Füllkörperkolonne mittels Betätigung von Kontakten in einem zur Verhinderung des Eindringens von Dämpfen zweckmäßig angeordneten Manometer (mit H_2SO_4 angesäuertes Glykol als Sperr-Fl.) in Kombination mit einem Glimmrelais u. durch Sicherung gegen Störungen mittels eines parallelgeschalteten Maximum-Minimum-Kontaktmanometers zwecks Ausschaltung der Gesamtheizung auf einen Stromimpuls hin; 2. zur Temperaturmessung (Kopf-, Kolonnen- u. Manteltempp.) aus prakt. Gründen meist mit Thermoelementen, wenn möglich aber mit den genaueren Widerstandsthermometern, die größere Meßbereiche zulassen; 3. zur Regelung der *Mantelheizung,* grob oder gar nicht bei Hochvakuumisolierung, ohne solche durch Differentialthermometer oder durch Thermoelemente über einen elektr. Temperaturregler, 4. zur Regelung des *Rücklaufverhältnisses* durch magnet. betätigte Vorrichtungen zwecks intermittierender Abnahme des Destillats, gegebenenfalls auf wechselndes Rücklaufverhältnis umschaltbar; 5. zur Registrierung der anfallenden *Destillatmenge* nach dem Vol. durch Messung des in einer Sperrschichtphotozelle erzeugten Stroms, dessen Stärke von der Beleuchtung eines Schwimmers auf der Destillatoberfläche abhängt; 6. zur Regelung des *Vakuums* mittels eines glykolgefüllten U-Rohrkontaktmanometers mit durch Kühlwasser temperaturkonstant gehaltenem Bezugsvol. oder mittels eines cartesian. Monostaten, der ohne elektr. Teile eine Regelgenauigkeit von $\pm 0,1$ mm im Bereich von 10—100 mm Hg hat, beide in Verbindung mit einer Sicherung gegen plötzliche Lufteinbrüche; 7. zur Sicherung gegen *Ausfall von Kühlwasser* durch Änderung des auf ein Hg-Manometer wirkenden Drucks, der bei Überschreitung einer Grenze ein Ruhestromrelais frei gibt; 8. zur *Erwärmung des Kühlwassers* über jene Temp., bei der das Destillat erstarrrt, mittels Thermostaten; 9. zur Sicherung gegen *Stromausfall* durch ein Halterelais. Drei Ausführungen unter Benutzung dieser Gesichtspunkte werden mitgeteilt, deren Trennschärfe 60, 28 u. ca. 18 theroret. Böden entspricht. (Chimia [Zürich] **6.** 258—67. 15/11. 1952. Domat/Ems, Holzverzuckerungs AG.) W. Metzener. 5038

John M. F. De Broske und **Laurence R. Crisp,** *Ein automatischer Fraktionssammler.* Beschreibung des Apparates. (Rev. sci. Instruments **24.** 547—49. Juli 1953. Bethesda, Md., Federal Security Agency, Nat. Inst. of Health, Public Health Service, Instrument Section.) C. Gottfried. 5038

D. H. Kohn, *Ein praktischer Weg zur Trennung von gefärbten Flüssigkeiten.* Bei der Trennung der Teerbestandteile aus der zersetzenden Dest. von landwirtschaftlichen Abfällen u. Torf, wobei nach Lösen in einem organ. Lösungsmittel mit wss. NaOH u.einer wss. sauren Lsg. ausgeschüttelt worden war, war eine Trennung der tief dunkel gefärbten Schichten im Scheidetrichter nicht möglich. Nach Zusatz einiger Tropfen *β-Methylumbelliferon* u. Bestrahlung mit UV-Licht war die Trennung infolge der eintretenden

Fluorescenz leicht durchführbar. (Chem. and Ind. **1953.** 1053. 3/10. Haifa, Israel Inst. of Technol., Labor. for Ind. Chem.) C. GOTTFRIED. 5038

S. M. Charlett, *Eine einfache elektrische Heizvorrichtung für brennbare Flüssigkeiten.* Als Heizvorr. zum Eindampfen von leicht brennbaren Fll. (Ae., Aceton, Chlf.) benutzt Vf. eine elektr. Glühbirne, die in einem Metallkanister montiert ist, dessen Oberseite mit Ringen von einem Wasserbad abgedeckt ist. (Lab. Pract. **4.** 70–71. Febr. 1955. Watford, 301 St. Albans Road.) C. GOTTFRIED. 5048

C. D. Susano, *Graphit- und Aluminiumblock-Lösungseindampfer.* Im analyt. Labor. haben sich Al- u. bes. Graphitblöcke bewährt, welche Bohrungen zur Aufnahme von Tiegeln u. Schalen tragen u. mit einer elektr. Heizplatte beheizt werden. Die Tiegel sollen die Heizplatte nicht berühren, der Flüssigkeitsspiegel soll tiefer liegen als die Berührungslinie zwischen Tiegel u. Block. Örtliche Überhitzungen u. Stoßen u. die damit verbundenen mechan. Verluste konnten beim Eindampfen von Lsgg. mit hohem Bodenkörpergeh., von hochsd. Fll., z. B. $HClO_4$ u. H_2SO_4, beim Veraschen von Papierfiltern u. beim Abrauchen von Mineralien mit HF-H_2SO_4 völlig verhindert werden; die Eindampfzeiten verkürzten sich um den Faktor 2 bis 3 u. mehr. (Analytic. Chem. **27.** 1038. Juni 1955. Oak Ridge, Tenn., Oak Ridge Nat. Labor., Analyt. Chem. Div.) D. BREDTSCHNEIDER. 5048

A. P. Toropow und **G. W. Nikonowitsch,** *Apparat zur Bestimmung des Druckes von gesättigtem Dampf mittels der dynamischen Methode für kleine Flüssigkeitsmengen.* Es wird eine im Kreislauf arbeitende Glasapp. beschrieben, die es gestattet, auf dynam. Wege die Drucke gesätt. Dämpfe von Flüssigkeitsgemischen bei Verwendung von nur 4,5 cm³ Flüssigkeitsvol. zu bestimmen. An Beispielen (*A.-1.2-Dichloräthan*) wird gezeigt, daß man mit dieser App. befriedigende Genauigkeit erzielt. Die Dauer eines einzelnen Vers. beträgt ca. 30 Minuten. (Журнал Физической Химии [J. physik. Chem.] **29.** 615–19. April 1955. Taschkent, Mittelasiat. Lenin-Univ.) E. KORDES. 5048

Jacques Brefort, *Eine einfache Anordnung zur Spannungskonstanthaltung.* Vf. beschreibt ein Gerät zur Konstanthaltung von Spannungen von 0–130% der Netzspannung, das ohne Röhren, nur mit einem Autotransformator zur Einstellung der Spannung u. einem Motor mit 2 Drehrichtungen als Regulator arbeitet. (Bull. Soc. chim. France, Mém. [5] **1955.** 1302–03. Okt. Poitiers, Fac. des Sci., Labor. de Chim. Minérale.) R. VOIGT. 5048

Harold Bloom und **P. R. Barnett,** *Eine neue keramische Reibplatte und Reiber.* An Stelle der üblichen Reibplatten u. Reiber aus Stahl verwenden Vff. zur Zerkleinerung von Gesteins- u. Erzproben solche aus einem „*high alumina ceramic*" genannten keram. Material. Unterss. zeigten, daß die Proben nur wenig mit *Mg* u. teilweise mit *Ti* verunreinigt werden, während bei den Stahlgeräten zahlreiche Schwermetalle nachweisbar sind. Die Zerkleinerungsgeschwindigkeit ist bei Stahl- u. keram. Reibplatten etwa gleich u. größer als beim Achatmörser. (Analytic. Chem. **27.** 1037–38. Juni 1955. Denver, Colo., U. S. Geol. Survey, Denver Federal Center.) D. BREDTSCHNEIDER. 5048

A. J. Kennedy, *Ein Einkristallextensometer.* Es wird eine einfache Vorr. beschrieben, welche bei Zugbelastung mit konstantem Gewicht eine konstante Zugspannung auf die Gleitebenen eines Einkristalls ausübt, der sich unter Kriechen streckt. Zur Ausschaltung einer Endverformung werden die Einspannvorrichtungen automat. rotiert. – Vgl. C. **1956.** 4810. (Rev. sci. Instruments **24.** 505–07. Juli 1953. London, Royal Institut., Davy Faraday Labor.) C. GOTTFRIED. 5048

D. A. Pearce, *Einfacher Apparat zum Vergleich von Emulsionen und Suspensionen.* Beschreibung des Apparates. (Analytic. Chem. **27.** 163–64. Jan. 1955. Montreal, Green Cross Products.) C. GOTTFRIED. 5048

K. P. Norris, *Entwicklung der reflektierenden Mikroskope.* Zusammenfassender Überblick über die Geschichte des reflektierenden Mikroskops u. neuere Konstruktionen. – 61 Literaturhinweise. (Research **8.** 94–101. März 1955. Porton, Min. of Supply, Microbiol. Res. Dep.) C. GOTTFRIED. 5056

S. C. Robinson, *Autoradiogramme als Mittel zur Untersuchung der Verteilung radioaktiver Mineralien in Dünnschnitten.* Beschreibung der Meth. mit Anwendungsbeispielen. (Amer. Mineralogist **37.** 544–47. Mai/Juni 1952. Ottawa, Geol. Survey of Canada.) K. RUMPF. 5058

M. M. Kler, *Methodik der angenäherten quantitativen Spektralanalyse.* Bei einer Einwaage von 20 mg u. einem Wechselstrombogen von 20 A verdampft die Probe vollständig im C-Elektrodenkanal. Der wahrscheinliche Fehler betrug ±13%, jedoch müssen die zur Berechnung verwendeten Eichkurven von Proben gleichen Typs stammen. Der Neigungswinkel der Kurven beträgt 32–34° (aus der Berechnung von 140 Kurven für 27 Elemente). Um eine konstante analyt. Kurve (unabhängig von der Basis) zu erhalten, wurde die Probe durch Einführung einer neuen Basis verd. u. der Flammenbogen durch Einführen von Na stabilisiert; die gemeinsame Anwendung dieser beiden Methoden er-

möglichte die Aufstellung einer allg. Kurve zur Best. von Bi, Cd, Mo, As, Sn, Sb, Pb, Ag u. P in verschied. Oxyden; ergänzend wurden Linientabellen zusammengestellt. (Известия Академии Наук СССР, Серия Физическая [Nachr. Akad. Wiss. UdSSR, physik. Ser.] **19.** 116–17. Jan./Febr. 1955. Leningrad, Shdanow-Univ., Chem. Fakultät.)
A. v. Wilpert. 5063

R. N. Rubinstein und **N. G. Karpel,** *Anwendung der nomographischen Berechnungsverfahren in der spektralanalytischen Praxis.* Es wird ein Nomogramm (mit logarithm. Linealen) zur Berechnung der Logarithmen der Linienintensität, der Konz. des Prüfstoffes sowie der Absolutwerte der Grundstrahlung oder der sich überlagernden Linien aufgezeichnet, aus welchem die Werte für ΔS u. log C nach den Methoden der 3 Standards, des einen Standards, der 2 Spektrallinien, der konstanten Kurve mit Überführungsfaktor u. des Kontrollstandards berechnet werden können. (Известия Академии Наук СССР, Серия Физическая [Nachr. Akad. Wiss. UdSSR, physik. Ser.] **19.** 128–29. Jan./Febr. 1955.)
A. v. Wilpert. 5063

Je. L. Grinsaid, *Schätzung der Fehler, die bei den einzelnen Abschnitten der spektrographischen Analyse entstehen.* Mit vereinfachten statist. Berechnungsverff. wurden die 2 hauptsächlichen Fehlerquellen der Spektralanalyse berechnet: die Fehler der Lichtquelle u. die des Photographierens u. Photometrierens, erläutert an Spektralanalysen von Werkzeugstahl u. prim. Al. — Es zeigte sich, daß bei der Best. des V im Stahl eine gute Reproduzierbarkeit nur durch eine gute Stabilisierung der Lichtquelle zu erreichen war, während allg. bei den üblichen spektralen Bestimmungen die Reproduzierbarkeit eine Steigerung der Genauigkeit des photograph.-photometr. Teiles der Arbeit erfordert. (Известия Академии Наук СССР, Серия Физическая [Nachr. Akad. Wiss. UdSSR, physik. Ser.] **19.** 132–33. Jan./Febr. 1955. Leningrad, Polytechn. Kalinin-Inst., Lehrstuhl für analyt. Chem.)
A. v. Wilpert. 5063

O. P. Botschkowa und **Je. Ja. Schreider,** *Anwendung der Impulsentladung bei der Spektralanalyse von Gasgemischen.* Die Anwendung der Impulsentladung ist günstig, da infolge der kurzen Dauer die Elektroden weder Gas absorbieren noch ausscheiden, die Zus. des Gemisches daher unverändert bleibt. Auf diese Weise wurden Gemische He + Ar, He + N_2 u. Ne + Luft untersucht u. die Reproduzierbarkeit geprüft (He + N_2: 60 Bestimmungen, wahrscheinlicher Fehler 5%). Zur Steigerung der Empfindlichkeit wurden Kunstgriffe angewandt. (Известия Академии Наук СССР, Серия Физическая [Nachr. Akad. Wiss. UdSSR, physik. Ser.] **19.** 75–76. Jan./Febr. 1955. Leningrad, Shdanow-Univ., Physikal. Inst.)
A. v. Wilpert. 5063

Ju. A. Scherstkow, *Über die Einführung der quantitativen Spektralanalyse in die Geologie.* Kurzer Arbeitsbericht; App.: Spektrograph „ISsP-22", Generator „IG-2", Spezialzerstäuber. Es wurden Analysenverff. für Fe, Ti, Ca u. Mg ausgearbeitet u. mit der Vergleichsprobe Nr. 55 bedeutend genauere Ca- u. Mg-Bestimmungen erzielt als mit chem. Analysen. Als Vergleichselement diente Co. (Известия Академии Наук СССР, Серия Физическая [Nachr. Akad. Wiss. UdSSR, physik. Ser.] **19.** 117–19. Jan./Febr. 1955.)
A. v. Wilpert. 5063

W. W. Chochlow, W. N. Protopopow, L. I. Denissenko, Je. Ja. Smirnowa und **S. G. Timonina,** *Methodik der halbquantitativen Spektralanalyse bei 40—50 Elementen in Gesteinen.* Die Prüfung der halbquantitativen spektralanalyt. Best. bei 40–50 Elementen in Gesteinen ergab (bei einer großen Anzahl von Bestimmungen) einen mittleren arithmet. Fehler von 43% (für Konzz. 0,001–0,1%), desgleichen (aus mehreren hundert Bestimmungen) eine mittlere arithmet. Abweichung von 60% von den Ergebnissen der chem. Analyse in einem hohen Konzentrationsbereich. Zur Erreichung dieser halbquantitativ beachtlichen Genauigkeit wird empfohlen, die Standardproben aus natürlichen typ., genet. miteinander verbundenen Gesteinen herzustellen, die gesuchten Elemente aus dem geradlinigen Kurventeil oder — bei weiten Gehaltsgrenzen — aus den Eichkurven für Linien verschied. Empfindlichkeit zu bestimmen. — Anweisung u. Linienatlas (mit Spektrograph ISsP-22). (Известия Академии Наук СССР, Серия Физическая [Nachr. Akad. Wiss. UdSSR, physik. Ser.] **19.** 115–16. Jan./Febr. 1955. Allunions Forschungswiss. Geolog. Inst.)
A. v. Wilpert. 5063

W. W. Nedler, *Über den Einfluß der Zusammensetzung der Proben auf die Genauigkeit der Spektralanalyse der Erze.* Bericht über Verss. zwecks Best. der möglichen Analysenfehler. Es wurden Bestimmungen von *Pb, W, Cu, Sn* u. *Bi* in Erzen im Lichtbogen u. Funkenspektr. durchgeführt, wobei die Proben zur Hälfte einen Zusatz von 20% NaCl bekamen. Als Vergleichselement wurde Sn gewählt. Die Temp. wurde aus der Intensität von 3 Linienpaaren errechnet. Es zeigte sich jedoch, daß auch nach allen Korrekturen die relative Linienintensität für die Elemente sich unterschiedlich verschob. Der Zusatz von NaCl beeinflußte die Verdampfungsgeschwindigkeit sehr erheblich. Die Tempp. im

Funken (10000°) u. Bogen (2000—3000°) ergaben große Unterschiede in der Verdampfungsgeschwindigkeit. Vagabundierende Entladungen (den Elektrodenwänden entlang) u. lokale Überhitzungen ergaben ihrerseits zusätzliche Fehlerquellen, die die Linienintensität erheblich beeinflussen. (Известия Академии Наук СССР, Серия Физическая [Nachr. Akad. Wiss. UdSSR, physik. Ser.] **19.** 113—14. Jan./Febr. 1955.)
A. v. WILPERT. 5063

A. K. Russanow, *Veränderungen der Temperaturbedingungen für die Anregung bei der Spektralanalyse von Erzen und Mineralien im Lichtbogen.* Es wird über Verss. berichtet, bei denen Mineralsalzlsgg. direkt im Lichtbogen zerstäubt wurden. Dabei wurden die Temperaturschwankungen im Bogen beobachtet u. gefunden, daß sie erheblich sind: sie schwanken von ca. 4700 bis 5800—6500° K, können jedoch auf den Maximalwert 7100 bis 7400° K ansteigen u. bei höheren Konzz. von Alkalien sogar die Temp. des Bogens auf 3700° K herabdrücken. Die Temperaturschwankungen im Bogen werden sehr erheblich von der Zus. des verdampfenden Minerals beeinflußt. Auch das Ionisationspotential der Elemente spielt dabei eine erhebliche Rolle neben der Flüchtigkeit der Elemente. Um daher systemat. Analysenfehler zu vermeiden, müssen verläßliche Verff. zur Stabilisierung der Bogentemp. entwickelt werden. Die Meth. der Zusätze sowie bestimmte Abänderungen der chem. Zus. der Proben vor der Analyse helfen zur Zeit am besten, die Analysenfehler zu vermeiden. (Известия Академии Наук СССР, Серия Физическая [Nachr. Akad. Wiss. UdSSR, physik. Ser.] **19.** 106—13. Jan./Febr. 1955. Allunions-Inst. für Mineralrohstoffe.) A. v. WILPERT. 5063

Je. Ss. Kudelja, *Zur Frage über die Natur der Funkenwirkung bei der Spektralanalyse von Legierungen.* Im Gegensatz zur Theorie von FILIMONOW sieht Vf. beim Befunken 2 Vorgänge: einerseits eine auswählende Oxydation der Elemente an ihrer dünnen Oberfläche, zu welcher sich anderseits eine verschieden rasche Diffusion aus der Tiefe der Probe an die Oberfläche gesellt. Durch Verss. wurde dieser Diffusionscharakter nachgewiesen, indem die Diffusionsprozesse durch vorheriges Erhitzen auf 1200° oder Abkühlen in fl. O_2 beschleunigt oder gehemmt wurden. Um die Wrkg. des Befunkens zu vermindern oder ganz zu beseitigen, wird empfohlen, hochfrequente Funkenquellen anzuwenden (die geringen Materialverbrauch mit raschem Erhitzen der Oberflächenschichten koppeln u. die Diffusion steigern), ferner leistungsfähige Impulsquellen mit Lokalisation der Entladung u. endlich Erhitzen der Proben bis fast zum F. anzuwenden. Beide Vorgänge (Diffusion u. auswählende Oxydation) müßten zur Deutung der verwickelten Vorgänge beim Befunken ausreichen. (Известия Академии Наук СССР, Серия Физическая [Nachr. Akad. Wiss. UdSSR, physik. Ser.] **19.** 136—38. Jan./Febr. 1955. Paton-Inst. für Elektroschweißen der Akad. der Wiss. der UkrSSR.) A. v. WILPERT. 5063

N. W. Bujanow, *Spektralanalyse der Schlacken.* Krit. Übersicht über die üblichen Analysenverff. für metallurg. Schlacken u. deren Würdigung: Verf. des „Durchschüttens", der spektralen Energien, der bewegten unteren Elektrode, der Analyse der geschmolzenen Schlacke, des Brikettierens, der Analyse der Schlacke aus einem Röhrchen, der Analyse der Schlacke mit Überführung in Lösung. Empfohlen werden: Brikettieren, Analyse aus dem Röhrchen u. das Verf. mit bewegter unterer Elektrode; für diese Verff. wird die Genauigkeit u. Reproduzierbarkeit angegeben. (Известия Академии Наук СССР, Серия Физическая [Nachr. Akad. Wiss. UdSSR, physik. Ser.] **19.** 89—93. Jan./Febr. 1955. Zentrales wiss. Forschungsinst. für Schwarzmetalle.) A. v. WILPERT. 5063

K. S. Finkin, *Einfluß von Graphitpulver auf die Spektralanalyse der Erze.* Zusatz von Graphitpulver verhindert die Bldg. eines Makrotropfens, in welchem (bei verminderter Verdampfungsgeschwindigkeit) sich unerwünschte Oxyde (statt der oxydfreien Elemente) befinden. Vf. vermischte Mn-Erzpulver (20—52% Mn, 6—41% SiO_2) oder Fe-Erze mit $NiCO_3$ (Standard) mit Graphitpulver im Verhältnis 1:1:2 u. verglühte im aktivierten SWENTITZKI-Bogen (Graphitstäbe) bei 6,5—7 A. Nach dem Verf. der 3 Standards wurden die Δ S/lg C-Kurven aufgezeichnet u. Mn, Si, Fe, Al aus der geradlinigen Kurve bestimmt. (Известия Академии Наук СССР, Серия Физическая [Nachr. Akad. Wiss. UdSSR, physik. Ser.] **19.** 120—21. Jan./Febr. 1955. Magnitogorsk, Montanmetallurg. Inst.) A. v. WILPERT. 5063

A. W. Koslowa und **P. D. Korsh,** *Einfluß des Graphits bei der Spektralanalyse von Legierungen.* Zur Analyse von nichtrostenden Stählen, Cr–Al-Legierungen u. Nichrom wird die gepulverte Legierung mit NH_4VO_3 u. Graphitpulver im Verhältnis 1:1:2 vermischt u. im Wechselstrombogen verdampft. Die Kurve für die Cr-Best. (Δ S/lg C) zeigt für die Linien Cr 2967,64/V 2942,35 Å geradlinigen Verlauf. (Известия Академии Наук СССР, Серия Физическая [Nachr. Akad. Wiss. UdSSR, physik. Ser.] **19.** 119—20. Jan./Febr. 1955. Magnitogorsk, Montan-metallurg. Inst.) A. v. WILPERT. 5063

Bert L. Vallee und **Marvin Margoshes,** *Instrumentierung und Prinzipien der Flammenspektrometrie. Mehrzellen-Flammenspektrometer.* Vff. beschreiben ein neues Instrument

zur photoelektr. Simultanbest. mehrerer Elemente (Na, K, Mg, Ca, Sr) auf der Basis von Flammenanregung (Knallgas). Das Gerät erlaubt noch 0,002 γ Na/cm^3 zu bestimmen. Die Genauigkeit beträgt $\pm 1-2\%$; die Eichkurven verlaufen über relativ große Konzentrationsbereiche geradlinig; daher ist es möglich, die Analysen schneller als mit anderen Flammeninstrumenten durchzuführen, bes. wenn es sich um Lsgg. mit stark schwankenden Gehh. handelt. Als dispergierendes Element findet ein JARRELL-ASH-1,5 m-Gitterspektrograph (15000 Striche/in.) mit linearer Dispersion von 10,8 Å/mm in der 1. Ordnung Verwendung. Nach dem Vorbild der „Quantometer" wurde an Stelle der Kassette für jedes zu bestimmende Element 1 Photomultiplier angebracht; folgende Linien dienen zur Konzentrationsbest.: Na: 5890 Å; K: 7664 Å; Mg: 3705 Å; Ca: 5498 Å; Sr: 4607 Å. 4 oder 5 Elemente können in 25 u. mehr Lsgg. je Std. bestimmt werden; das Lösungsvol. zur Best. von 5 Elementen beträgt ca. 1 cm^3. Anregung: BECKMAN-Zerstäubungsbrenner (No. 4020) mit H_2-Druck von 10 in. Wassersäule u. O_2-Druck von 10—20 lbs./sq. in. (BECKMAN-Gasdruckregler No. 10300). Durch den Brenner fließen ca. 1,5 cm^3 Lsg./Minute. Als Anzeigegeräte dienen Mikroamperemeter für 0—100 u. 0—200 μA; Ablesegenauigkeit: ± 1 μA. Zusätzliche Photomultiplier u. Verstärker ermöglichen die Best. weiterer Elemente. (Analytic. Chem. **28.** 175—79. Febr. 1956. Boston, Mass., Harvard Med. School and Peter Bent Brigham Hospital, Biophys. Res. Labor., Dep. of Med.)
D. ERTEL. 5063

Marvin Margoshes und **Bert L. Vallee,** *Instrumentierung und Prinzipien der Flammenspektrometrie. Einfluß von Fremdionen auf die Simultanbestimmung von fünf Elementen.* (Vgl. vorst. Ref.) Fremde Kationen beeinflussen die Intensität der zu messenden Emissionslinien von 5 Alkali- u. Erdalkalielementen nur insofern, als sie die Untergrundstrahlung erhöhen; das Verhältnis von Intensitätsmaximum zu Untergrundintensität ist jedoch konstant. Vff. beschreiben eine Meth. zur Untergrundkorrektur. Die Analysengenauigkeit hängt dabei stark vom relativen Verhältnis der Linie zum Untergrund sowie vom Auflösungsvermögen des Monochromators ab; sie wird gering bei schwachen Linien u. starkem Untergrund. Gewisse fremde Anionen bilden mit den Erdalkalielementen schwerlösl. Verbb. mit hohem F. u. Kp., deren Kristalle beim Durchgang durch die Flamme nicht verdampft werden. Dadurch wird die Emissionsintensität der Erdalkalilinien geschwächt. Es wird gestört: Ca durch PO_4^{3-}, SO_4^{2-}, $C_2O_4^{2-}$ u. Aluminatanion; Sr durch PO_4^{3-}, SO_4^{2-} u. Aluminat; Mg durch PO_4^{3-} u. SO_4^{2-}. K u. Na werden nicht gestört. Die Größe des Intensitätsverlustes durch ein bestimmtes Anion ist bei gegebenem Kation eine Funktion der Temp. der Flamme. Vorschläge zur Umgehung der Störungen durch anwesende Anionen werden kurz erörtert. (Analytic. Chem. **28.** 180—84. Febr. 1956.) D. ERTEL. 5063

I. D. Konosenko, *Halbleiterbolometer.* Übersicht über die Eignung von Halbleiterbolometern zur Messung von Infrarotstrahlung. Vgl. mit metall. Bolometern. — 41 Literaturangaben. (Успехи Физических Наук [Fortschr. physik. Wiss.] **56.** 283—307. Juni 1955.) E. KLEVER. 5063

W. N. Ossipowa, *Das registrierende Spektrophotometer SF-2m.* Kurze Beschreibung der Arbeitsweise u. Anwendungsgrenzen sowie der Meßfehler des Spektrophotometers. (Известия Академии Наук СССР, Серия Физическая [Nachr. Akad. Wiss. UdSSR, physik. Ser.] **19.** 55—56. Jan./Febr. 1955.) A. v. WILPERT. 5063

Herbert Weisz, *Ausführung von Trennungen in einem Tropfen. Ein Beitrag zur Tüpfelanalyse.* Vf. beschreibt eine neue, einfache Arbeitstechnik zur Best. von Ionen oder Ionengruppen in einem einzigen Tropfen auf Filtrierpapier. Zur Durchführung wurden 2 Geräte entwickelt, die a) die Fällung mit gasförmigen Reagentien u. b) das Auswaschen der lösl. Substanzen gestatten. — *a*) Zur Fällung mit gasförmigen Reagentien dient eine Anordnung, bestehend aus einem 50 ml-Weithalskolben mit doppelt durchbohrtem Gummistopfen, durch den ein Tropftrichter u. ein zu einem Hals erweitertes Rohr geführt werden, auf welches ein gleichartig geformtes u. mit einem Hahn versehenes Rohr umgekehrt aufgesetzt wird. Zwischen die plan geschliffenen Ränder beider Rohre wird ein Rundfilter (Schwarzband 589[1], SCHLEICHER u. SCHÜLL) mit dem Probetropfen in der Mitte geschoben. H_2S strömt durch das mit einem Wattebausch zum Auffangen von Tröpfchen versehene untere trichterförmige Rohr u. diffundiert durch den Probetropfen auf dem Papier, wobei mit der Wasserstrahlpumpe schwach angesaugt wird. Bei der Fällung größerer Mengen wird mit wenig A., gegebenenfalls mit HCl oder NH_3 versetzt, angefeuchtet. Die Fällung ist meist nach 1, spätestens nach 3 —5 Min. quantitativ. — *b*) Um die lösl. Anteile quantitativ auszuwaschen u. die extrahierten Substanzen an einer bestimmten Stelle zu sammeln, verwendet Vf. einen zylindr., vergoldeten Heizblock aus Cu (Höhe 35 mm, Durchmesser 55 mm) mit einer in der Mitte befindlichen durchgehenden Bohrung (22 mm), in der sich eine ringförmige Nut mit elektr. Heizwicklung (Temp. der

Blockoberfläche ca. 105°) befindet. Auf den Heizblock wird ein Rundfilter so gelegt, daß der zu eluierende Tüpfelfleck gerade unter das ca. 2 mm entfernte Glasröhrchen zu liegen kommt. Auf den Tüpfelfleck setzt man eine mit dem Lösungsm., z. B. 0,1 n HCl, gefüllte Capillarpipette auf, deren kon. Ende plan geschliffen ist. Das Filterpapier saugt das Lösungsm. nach, das infolge der Beheizung langsam verdunstet. Der Fleck wächst konzentr. bis zur Begrenzung der Bohrung nach außen, u. das Eluat sammelt sich schließlich am Rande in einer Ringzone von 1 mm Breite. Nun stanzt man den Tüpfelfleck mit der Fällung aus u. zerschneidet die Randzone in ebenso viele Sektoren, als Elemente nachgewiesen werden sollen. Die zum Nachw. dienenden Reagentien werden aufgesprüht. — Die Brauchbarkeit des Verf. wird an Hand einiger Modellbeispiele, Trennung Cu, Fe, Ni u. Pb, Sb, Fe, Ni erhärtet. Die erforderlichen Einzeloperationen sind beschrieben. (Mikrochim. Acta [Wien] **1954.** 140—47. Wien, TH, Inst. für Mikroanalyse.)
H. M. SCHLEGEL. 5066

Herbert Weisz, *Ein Trennungsgang in einem Tropfen. Ein Beitrag zur Ringofenmethodik und Tüpfelanalyse.* Mittels der vom Vf. beschriebenen „Ringofenmeth." (vgl. vorst. Ref.) wird ein Trennungsgang für nachst. Ionen beschrieben u. diskutiert: Pb, Bi, Cu, Cd, Sn, Sb, Fe, Co, Ni, Mn, Cr, Zn, Al, Ti. Für die Analyse genügt ein Tropfen, sofern die darin enthaltenen Mengen die Durchführung einer Identifizierungs-Rk. noch gestatten. Die Ionen werden auf Papier in 4 Gruppen getrennt u. mittels bekannter, für diesen Zweck entsprechend abgewandelter Rkk. nachgewiesen. Die Brauchbarkeit der Meth. wird an 4 Legierungsanalysen demonstriert, bei denen mit Proben von 35 γ u. weniger gearbeitet wurde. Die Dauer einer Analyse beträgt ca. 1 Stunde. Hinsichtlich Einzelheiten wird auf das Original verwiesen. (Mikrochim. Acta [Wien] **1954.** 376—87.)
H. HOFMANN. 5066

Herbert Weisz, *Zur Tüpfelcolorimetrie.* (Vorl. Mitt.) Die von Vf. entwickelte „Ringofenmeth." (vgl. vorvorst. Ref.), die die Konzentrierung der in einem Probetropfen enthaltenen Substanzen in einer schwachen Zone ermöglicht, wird kurz skizziert. Auf ihre Brauchbarkeit zu semiquantitativen Bestimmungen u. die Möglichkeit der Entw. zu einer quantitativen Bestimmungsmeth. wird hingewiesen. (Mikrochim. Acta [Wien] **1954.** 460.) H. HOFMANN. 5066

Pál Spanyár, Jánosné Kevei und **Józsefné Kiszel,** *Methoden zur Auswertung polarographischer Ergebnisse.* Für die Auswertung polarograph. Messungen mit der Additionsmeth. werden vier verschied. Möglichkeiten durch Messungen an einer *Zn-*, *Riboflavin-* u. *Thiamin*-Lsg. geprüft u. krit. betrachtet. Man erreicht sehr gute Resultate bei nur zwei Messungen, wenn zu der zu bestimmenden Lsg. eine zweite Lsg. bekannter Konz. zugefügt wird u. anschließend die vereinigten Lsgg. sowie die Vergleichslsg. polarographiert werden. Für die rechner. Auswertung wird von Vff. eine einfache Formel angegeben. (Élelmezési Ipar [Verpflegungs-Ind.] **9.** 326—32. Nov. 1955.) R. SCHRAUF. 5066

S. Lewin, *Temperaturkontrolle bei p_H-Messungen mit der Glaselektrode.* Im Prinzip besteht die Meth. der Konstanthaltung u. Kontrolle der Temp. bei den p_H-Messungen darin, durch das Gefäß, in dem sich die Elektroden befinden, W. aus einem Thermostaten laufend durchzuleiten. (Chem. and Ind. **1953.** 1193—97. 7/11. London, South-West Essex Techn. Coll., Phys. Chem. Labor.) C. GOTTFRIED. 5066

Sreten Šljivić, Ilija Burić und **Kosta Nikolić,** *Das Chinolin als Fluorescenzindicator.* (Vgl. C. **1955.** 6710.) Zur Verwendung von *Chinolin* (**I**) als Fluorescenzindicator zur Säuretitration soll seine Konz. in der zu titrierenden Fl. ca. 10^{-4} g/ml betragen. Jedoch reicht z. B. zur Titration verd. Säuren schon der Zusatz einiger Tropfen filtrierter wss. **I**-Lösung. Eine Korrektur ist dann nicht erforderlich. Man titriert unmittelbar vor dem Schwarzglasfilter einer Hg-Quarzlampe, falls nötig unter Einschalten eines Blaufilters oder einer verd. $NaNO_2$-Lsg. zwischen Titriergefäß u. Auge. Lsgg. von dunkelgelber Farbe lassen sich gegen **I** nicht titrieren, ebensowenig Wein. HCl u. HJ können erst bei einer Konz. von n/10 u. weniger glatt titriert werden. Das Umschlagsintervall von **I** liegt bei p_H 6,2 bis 7,2. Dest. W. soll CO_2-frei sein. Als Basen sind NaOH, NH_4OH u. $Ba(OH)_2$ brauchbar. Organ. Säuren mit Eigenfluorescenz (EF) werden bei Beobachtung zwischen 2 Polaroiden titriert, wobei EF durch Drehung gelöscht wird. (Z. analyt. Chem. **145.** 16—18. 1955. Belgrad, Pharmazeut. Fak., Phys. Inst.) PH. FRESENIUS. 5068

a) Elemente und anorganische Verbindungen.

John E. Ricci, *Titrationskurve für die argentometrische Bestimmung von Cyaniden.* (Vgl. C. **1947.** E. 4.) Die Titrationskurven von KCN mit $AgNO_3$ mit u. ohne NH_3-Zusatz sowie die Gleichgewichtskonstante, Beständigkeitskonstante u. der Äquivalenzpunkt wurden berechnet. (Analytic. Chem. **25.** 1650—56. Nov. 1953. New York, N. Y., Univ., Dep. of Chem.) H.-G. MOSLÉ. 5100

J. P. Ebel, J. Colas und **N. Busch,** *Untersuchungen über Poly- und Metaphosphate. 5. Mitt. Charakteristische Reaktionen der Poly- und Metaphosphate durch Fällung mit verschiedenen basischen organischen Verbindungen.* (4. vgl. C. **1955.** 1924.) Mit Ausnahme der Papierchromatographie gab es bisher keine analyt., spezif. Meth., Poly- oder Metaphosphate zu bestimmen. Vff. fanden, daß Poly- u. Metaphosphate mit kleinem Mol.-Gew. durch bas. organ. Verbb. gefällt werden, wobei die Säurekonz. eine Rolle spielt. Die besten Ergebnisse wurden bei Anwendung von *β-Naphthylamin* erhalten: *Tetrametaphosphat* wird bis zu 96% gefällt, *Tripolyphosphat* zu 80% u. *Pyrophosphat* zu 42%. *Anilin, p-Phenylendiamin* u. *Diaminophenol* fällen nur Polyphosphate mit langen Ketten. *Dianisidin* u. β-Naphthylamin fällen quantitativ Polyphosphate von der Konst. der GRAHAMschen Salze. (Bull. Soc. chim. France, Mém. [5] **1955.** 1087—93. Sept.) A. KRAJEWSKI. G 264

Charles K. Mann und **John H. Yoe,** *Spektrophotometrische Bestimmung von Magnesium mit Natrium-1-azo-2-oxy-3-(2.4-dimethylcarboxanilido)-naphthalin-1'-(2-oxybenzol-5-sulfonat).* Vff. entwickeln eine neue Meth. zur Best. von Mg-Spuren, die auf der Bldg. eines rotgefärbten Komplexes von Mg^{2+} mit Natrium-1-azo-2-oxy-3-(2.4-dimethylcarboxanilido)-naphthalin-1'-(2-oxybenzol-5-sulfonat) (I) beruht.

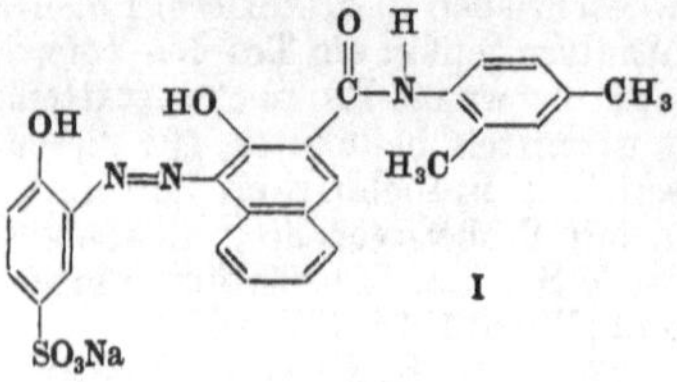

I

I ist ein Säure–Base-Indicator mit einem Umschlagspunkt von Rot nach Blauviolett bei p_H 7—8 u. einem weiteren von Blauviolett nach Rosa bei p_H 11—12. Im p_H-Bereich 8—11 bewirken Mg-Ionen einen Farbumschlag von Blauviolett nach Rot mit einem Absorptionsmaximum der Lsg. bei 540 mμ (in Äthanollsg. bei 510 mμ). Die Meth. hat eine prakt. Empfindlichkeit von 1 Teil Mg in $5 \cdot 10^7$ Teilen Lsg.; sie ist anwendbar zur Best. von 0,5—10 γ Mg. Die spektrophotometr. Empfindlichkeit beträgt 0,0008 γ Mg/cm². Das BEERsche Gesetz ist bis zu 0,2 p.p.m. Mg exakt, bis 0,4 p.p.m. Mg bedingt erfüllt. Der Konzentrationsbereich für optimale Genauigkeit beträgt 0,12 bis 0,40 p. p. m. Mg. Die Ggw. folgender Ionen stört die Best.: Al^{3+}, As^{3+}, Au^{3+}, Ba^{2+}, Be^{2-}, $C_2O_4^{2-}$, Ca^{2+}, Cd^{2+}, Ce^{3+}, Co^{2+}, Cr^{3+}, Cu^{2+}, Dy^{3+}, Eu^{3+}, Fe^{2+}, Fe^{3+}, Gd^{3+}, Mn^{2+}, MoO_4^{2+}, Nb^{2+}, Nd^{3+}, Ni^{2+}, Pb^{2+}, Pd^{2+}, Pr^{3+}, Sm^{3+}, Sr^{2+}, Tl^{3+}, Tm^{3+}, Yb^{3+} u. Zn^{2+}. Die gewöhnlichen Anionen, z. B. Cl^-, NO_3^-, SO_4^{2-}, PO_4^{3-}, CH_3COO^- u. SiO_4^{2-} stören nur dann, wenn sie in A. unlösl. Salze bilden. Alkalien bis zu Konzz. von ca. 0,01 n stören nicht. Vff. entwickeln verschied. Methoden zur Abtrennung der störenden Ionen auf der Grundlage von Extraktionen u. Ionenaustausch. Die Leistungsfähigkeit des Verf. zur Mg-Best. wurde an „synthet. Blutasche" u. an Mg-armen Kalksteinen erprobt. (Analytic. Chem. **28.** 202—05. Febr. 1956. Charlottesville, Va., Univ. of Virginia, Pratt Trace Analyt. Labor., Dep. of Chem.) D. ERTEL. G 282

Jorma Kinnunen und **Bertil Wennerstrand,** *Komplexometrische Schnelltitration von Zink nach Extraktion als Rhodanid.* Vff. berichten über die Best. des Zn durch Extraktion seines Rhodanides u. anschließende volumetr. Best. mit *Äthylendiamintetraessigsäure* (I). Zur Best. von Zn in Zinkkonzentraten wird die Probe in HNO_3 gelöst. Die Lsg. — oder ein Teil davon — wird mit NH_4OH neutralisiert. Dann setzt man *Ammoniumbifluorid* (II) (um Fe zu binden) u. wenige ml gesätt. Thioharnstofflsg. (um Ag, Cu u. Ni zu binden) hinzu. Nach Zugabe von NH_4SCN-Lsg. wird das Zn mit Methylisobutylketon extrahiert. Die organ. Phase wird mit NH_4OH–NH_4Cl-Pufferlsg., Aceton u. KCN versetzt. Nach Zusatz von Eriochromschwarz T wird das Zn mit I titriert. Cd wird bei dieser Meth. miterfaßt. Falls Pb u. Ca vorhanden sind, extrahiert man ohne Zusatz von II u. wäscht die organ. Phase anschließend mit einer wss. Lsg. von II, oder man fügt an Stelle von II vor der Extraktion Natriumhypophosphat oder Citrat hinzu. (Chemist-Analyst **42.** 80 bis 83. Dez. 1953. Pori, Outokumpu Oy, Metalworks.) K.-G. HACKSTEIN. G 288

Reinhold Neumann, *Die polarographische Bestimmung von Eisen und Kupfer in Rein- bzw. Reinstaluminium 99,9—99,99%.* Bei dem beschriebenen Verf. zur Best. von *Fe* u. *Cu* in Rein-Al wird in der salzsauren, 4 g Probe in 50 ml enthaltenden Lsg. die Höhe der sofort zu Beginn des Polarogrammes ansteigenden Fe(III)–Cu(II)-Doppelstufe dadurch bestimmt, daß ihr Grundstrom nach Red. mit NH_2OH in einer zweiten Aufnahme ermittelt wird. Ihr Fe-Anteil wird durch Abzug des 0,9fachen Wertes der Cu(I)-Stufenhöhe von der Doppelstufenhöhe erhalten. (Z. anorg. allg. Chem. **279.** 234—40. Juni 1955. Rackwitz, VEB Leichtmetallwerk, Abt. Forsch. u. Technik.) E. MOISAR. G 294

George Norwitz, *Schnellbestimmung von Wismut, Kupfer und Blei in Aluminiumlegierungen durch Elektrolyse.* Angaben der Betriebsbedingungen u. der Genauigkeit. (Metallurgia [Manchester] **47.** 157. März 1953. Philadelphia, Labor. of George Norwitz.) K. STEIN. G 294

E. Bremanis, L. Schaible und **K. G. Bergner,** *Die gravimetrische Bestimmung von Blei mit disubstituierten Dithiocarbaminaten.* Pb wird in Ggw. von KCN in alkal. Tartratlsg. durch Na-p-Carbat (Na-N-pentamethylendithiocarbaminat) als Pb-p-Carbat gefällt u. gewogen. As, Sb, Sn, Cu, Fe, Zn, Co u. Ni bleiben in Lsg., Tl verhält sich wie Pb. Die Best. wird durch Cd, Ag, Bi gestört. In diesen Fällen erfolgt einmalige Umfällung des Pb-Niederschlags. Hg u. Mg lassen sich durch das Verf. nicht quantitativ von Pb trennen. Pb kann von anderen Metallen auch als $Pb(NO_3)_2$-Thioharnstoff-Komplex getrennt, u. im Filtrat können dann andere Metalle bestimmt werden. Der Komplex wird in W. + verd. HNO_3 gelöst u. Pb nach Puffern mit Na-Acetat als Carbat gefällt, wobei Thioharnstoff nicht stört. (Z. analyt. Chem. **145.** 18—23. 1955. Stuttgart, chem. Landesuntersuchungsanstalt.) Ph. Fresenius. G 328

Hidehiro Gotô und **Setsuko Suzuki**, *Neues Mikrobestimmungsverfahren für Wismut und Quecksilber durch Ausschütteln ihrer Jodide mit organischen Lösungsmitteln.* Für die Best. von *Bi* kann die Intensität der Absorption bei 300 mμ von iso-Amylalkohollsgg. (**I**) von BiJ_4^- benutzt werden, die proportional dem Bi-Geh. ist. BiJ_4^- entsteht aus $Bi(NO_3)_3$ durch Zugabe von KJ, NaH_2PO_2 u. H_2SO_4. Die **I** eines $HgCl_2$-Komplexes, die ähnlich entsteht, absorbiert bei 305 mμ u. dient zu Hg-Bestimmung. (J. chem. Soc. Japan, pure Chem. Sect. [Nippon Kagaku Zassi] **74.** 142—45. Febr. 1953. Sendai, Tohoku Univ. [Orig.: japan.]) L. Schuler. G 334

Momir S. Jovanović und **Stefan Dj. Janković**, *Eine schnelle elektroanalytische Trennung des Wismuts von anderen Metallen aus schwefelsauren Lösungen.* 1. Mitt. Vff. entwickelten eine Meth. zur quantitativen Best. von Bi aus schwefelsauren Lösungen. Eingewogene Mengen metall. Bi werden in 10 ml H_2SO_4 (konz.) gelöst u. unter Erwärmen auf 150 ml mit W. verdünnt. Bis zu einem Bi-Geh. von 0,5 mg bleiben die Lsgg. klar, darüber entsteht ein Niederschlag. Die Analyse erfolgt nach Zugabe von 5 ml A. bei 70° u. energ. Durchmischung. Als Stromquelle dient $Pb/NaHCO_3aq/Al$. Die Klemmenspannung wird genau bei 2,0 V gehalten, die Stromstärke variiert in Abhängigkeit von der Bi-Menge zwischen 0,6 u. 1,6 A. Wenn die Stromstärke auf 0,1 A abgesunken ist, wird noch 15 Min. lang elektrolysiert. Die Stromstärke ist dann prakt. gleich Null u. Bi quantitativ als festhaftender Nd. auf der Kathode abgeschieden. (Гласник Хемиског Друштва Београд [Ber. chem. Ges. Belgrad] **20.** 119—23. 1955. Belgrad, Technol. Fak., Chem.-Techn. Inst.; Bautechn. Fak., Labor. für Sanitärtechnik.) W. Oestreich. G 334

Momir S. Jovanović und **Stefan Dj. Janković**, *Eine schnelle elektroanalytische Trennung des Wismuts von anderen Metallen aus schwefelsauren Lösungen.* 2. Mitt. (1. vgl. vorst. Ref.) Zur schnellen elektrolyt. Trennung des Bi von Sn wird folgendes Verf. vorgeschlagen: Bi u. Sn werden in 10 ml H_2SO_4 (konz.) gelöst. Nach Abschluß des Lösens wird so lange gekocht, bis die Hauptmenge des abgeschiedenen Schwefels entfernt ist. Nach Abkühlen setzt man erneut 20 ml H_2SO_4 (konz.) zu, füllt mit W. bis auf ein Vol. von ca. 100 ml auf u. gibt noch 5 ml A. (als Anodendepolarisator) hinzu. Dann wird Bi an der verkupferten Kathode abgeschieden, wobei folgende Bedingungen einzuhalten sind (vgl. l. c.): Temp. 70°, Spannung 2,0 V (streng konstant zu halten). Nach Abscheidung der Hauptmenge des Bi zeigt die Spannung eine Tendenz zur Zunahme (2,0 V sind indessen genau einzuhalten). Nach Abfallen der Stromstärke auf 0,1 A wird zur quantitativen Abscheidung des Bi auf der verkupferten Kathode noch 15 Min. elektrolysiert. Das in Lsg. verbleibende Sn kann elektrolyt. nach Sander oder bromatometr. (nach Red. mit Ni) bestimmt werden. (Гласник Хемиског Друштва Београд [Ber. chem. Ges. Belgrad] **20.** 125—31. 1955.) W. Oestreich. G 334

Morley D. Kahn und **Frank J. Moyer**, *Schnellphotometrische Bestimmung von Chrom in legierten Stählen und Bronzen.* Cr kann nach folgender Meth. photometr. neben Fe, Ni, Cu usw. bestimmt werden: Eine Probe mit 10—150 mg Cr wird in 10 ml konz. HNO_3 + 10 ml konz. $HClO_4$ unter Erwärmen gelöst. 10 ml 70%ig. $HClO_4$ werden zugegeben u. so lange abgeraucht, bis Cr völlig oxydiert ist. 70 ml W. zufügen u. von gegebenenfalls vorhandenem SiO_2 u. WO_3 abfiltrieren u. mit W. nachwaschen. 10 ml konz. H_2SO_4 u. 15—30 g reines Zn werden zugesetzt ($Cr_2O_7^{2-}$ wird red., Cu abgeschieden), Filtrieren, 2mal mit W. waschen. Dann werden 4 ml 30%ig. H_2O_2 zugegeben, 3 Min. gekocht, durch Zugabe von 4 ml konz. H_3PO_4 Fe(III) komplex gebunden, abfiltriert u. 2mal mit W. gewaschen. Die Lsg. wird auf 200 ml aufgefüllt u. die Absorption gegen W. innerhalb von 6 Std. bei Raumtemp. bei 585 mμ gemessen. Eine ähnliche Vorschrift für Bronzen sowie die Herst. der Eichkurven unter Berücksichtigung eines *Ni*-Geh. von 5—400 mg Ni/200 ml Lsg. wird mitgeteilt. *C, Mn, P, S, U, Ti, Sn, Pb, Zn, Al, Cd, Nb, Ta, Se* stören nicht, *Co* nicht in Konzz. unter 0,5%. (Analytic. Chem. **26.** 1371—73. Aug. 1954. Chicago, Ill., Specialloy, Inc.) H.-G. Moslé. G 335

W. H. Shipmen, S. C. Foti und **Wilbur Simon**, *Störungen bei der Bestimmung von Kobalt mit Nitroso-R-Salz und ihre Beseitigung.* Vff. untersuchen die Beeinträchtigung der photometr. Best. von Co als Nitroso-R-Salz-Komplex durch Fremdionen. Sb^{3+}, Bi^{3+}, Cd^{2+}, Pb^{2+}, Hg^{2+}, Sn^{4+}, Zn^{2+}, Ce^{3+}, Mn^{2+}, Mo^{6+}, UO_2^{2+} u. VO^{3+} (? die Red.) stören auch in großem Überschuß nicht, wohl dagegen Fe^{2+}, Fe^{3+}, Ce^{4+}, Cr^{3+}, Cr^{6+}, Ni^{2+}, Cu^{2+}, Sn^{2+} u. VO^{2+}. Für diese werden Minimalkonzz. angegeben, bei denen Abweichungen eintreten. Die beiden letztgenannten Ionen stören durch Red. des Co^{3+}. Bei Fe^{3+}, Ce^{4+} u. Cr^{6+} nehmen die Vff. die Bldg. von gemischten Chelaten mit Co^{3+} an. Sie wird durch komplexe Bindung der Fremdionen durch Na-Acetat oder KF verhindert. Dementsprechend können durch vorherige Oxydation der Probe mit Brom u. Zusatz von Alkalifluorid die Störungen ausgeschaltet werden. (Analytic. Chem. **27.** 1240—45. Aug. 1955. San Francisco, Calif., U. S. Naval Radiological Defense Labor.) A. Schmidpeter. G 355

H. R. Steacy, *Eine Methode zur quantitativen Messung der Radioaktivität kleiner Mengen radioaktiver Mineralien.* Beschreibung einer einfachen, an U-Standards angeschlossenen Meth., die nur 5—10 mg Substanz benötigt. (Amer. Mineralogist **37.** 547—50. Mai/Juni 1952. Ottawa, Can., Geological Survey of Canada.) K. Rumpf. 5290

b) Organische Verbindungen.

Margaret Kruty, J. B. Segur und **C. S. Miner jr.,** *Die Bestimmung von Monoglyceriden und Glycerin in Gemischen.* Eingehende krit. Betrachtungen über die seitherigen Verff. zur Best. von α-Monoglyceriden u. Glycerin in Gemischen mittels H_5JO_6 (I) unter Hinweis auf die Nachteile u. Fehlermöglichkeiten. Zur Ausgestaltung der Arbeitsweise — bes. auch zur Ausschaltung der zeitraubenden Abtrennung des Glycerins vom Monoglycerid — wird vorgeschlagen, die Rk. so zu lenken, daß nicht das bei der Umsetzung, z. B. nach $CH_2OH \cdot CHOH \cdot CH_2OR + H_5JO_6 \rightarrow CH_2O + CHO \cdot CH_2OR + HJO_3 + 3\,H_2O$, gebildete Jodat titrimetr., sondern nur der Überschuß an I erfaßt wird; dies ist der Fall, wenn man in neutraler bzw. leicht alkal. Lsg. arbeitet; man oxydiert deshalb mit einer Lsg. von I in 95%ig. Methanol, während die Untersuchungsprobe in $CHCl_3$ gelöst wird; nach der Oxydation wird mit $NaHCO_3$ neutralisiert, der Überschuß an I durch Zugabe von KJ-Lsg. zu Jodat red. u. das in Freiheit gesetzte Jod mit arseniger Säure ermittelt: $H_5JO_6 + 2\,KJ \rightarrow HJO_3 + 2\,KOH + H_2O$; $J_2 + {}^1/_2\,As_2O_3 + H_2O \rightarrow {}^1/_2\,As_2O_5 + 2\,HJ$; hinsichtlich der erforderlichen Reagentien sowie der Einzelheiten der Arbeitsweise vgl. Original; in der einen Probe der Stammlsg. (Lsg. des Untersuchungssubstrates in $CHCl_3$, dem 5% Dimethylformamid zugesetzt sind) werden gemeinsam Monoglycerid u. Glycerin bestimmt, in der anderen das Glycerin allein, das man der Stammlsg. durch Ausschütteln mit W. entzieht u. in der wss. Phase, ohne dieselbe von der Reaktionsmischung abzutrennen, mit I erfaßt; durch Differenzrechnung erhält man den Geh. an den 2 Komponenten. Durchführbarkeit u. Fehlerbreite der neuen Meth. werden im Vgl. mit den Ergebnissen nach den bisherigen Arbeitsweisen mit I (Meth. Pohle u. Mehlenbacher, J. Amer. Oil Chemists' Soc. **27.** [1950.] 54) durch Beleganalysen krit. erörtert. (J. Amer. Oil Chemists' Soc. **31.** 466—69. Nov. 1954. Chicago, Ill., Miner. Labor.) K. Täufel. G 580

Elsie F. Dupre, Anne C. Armstrong, Elias Klein und **Robert T. O'Connor,** *Infrarotspektroskopische Bestimmung von „β.β'-Oxydipropionitril" und „Äthylencyanhydrin" neben Acrylnitril.* Zur quantitativen Infrarotanalyse von Gemischen aus *2.2'-Dicyandiäthyläther* (I), *Hydracrylsäurenitril* (II) u. *Acrylnitril* (III) ist das Gebiet von 8—11 μ geeignet. Alle drei Verbb. zeigen in diesem Gebiet eine scharfe Bande bei einer Wellenlänge, bei der die zwei anderen Komponenten kaum absorbieren. Diese typ. Banden sind: I 8,85 μ; II 9,42 μ; III 10,36 μ. Bei Aufnahme mit dem Beckman IR–2 T-Spektrophotometer, u. Chloroformlsg. gilt für alle Komponenten das Lambert-Beersche Gesetz exakt, wenn die Konz. nicht mehr als 10 g/Liter Chlf. beträgt; bei höherer Konz. wird die Absorption geringer als erwartet. Für die Berechnung der Zus. eines ternären Gemisches von I, II u. III gilt unter obigen Voraussetzungen folgendes Gleichungssyst.: $x = (0{,}4671\,C - 0{,}0119\,A - 0{,}0199\,B) \times 100$; $y = (0{,}3715\,A - 0{,}0158\,B - 0{,}0073\,C) \times 100$; $z = (0{,}4821\,B - 0{,}0364\,A - 0{,}0028\,C) \times 100$; darin bedeuten x, y, z die Prozente III, II u. I im Gemisch u. A, B, u. C die Absorption des Gemisches bei 8,85 μ, 9,42 μ, u. 10,36 μ. Die Absorption der drei Reinkomponenten wurde auch unter Verwendung eines Perkin-Elmer-Modell-21-Spektrophotometers bestimmt. Analog oben wurde hier erhalten: $x = (0{,}5565\,C - 0{,}0071\,A - 0{,}0162\,B) \times 100$; $y = (0{,}4095\,A - 0{,}0173\,B - 0{,}0056\,C) \times 100$; $z = (0{,}5788\,B - 0{,}0323\,A - 0{,}0065\,C) \times 100$. Eine Reihe von Testunterss. ergab einen maximalen Fehler von ∼2% absolut. (Analytic. Chem. **27.** 1878—79. Dez. 1955. New Orleans, La., South. Reg. Res. Labor.) H. Bertsch. G 890

F. V. Fair und **R. J. Friedrich,** *Quantitative Infrarotanalyse von Alkylphenolgemischen.* Durch fraktionierte Dest. der sauren Anteile im Vakuum u. infrarotspektroskop. Unters. der Fraktionen lassen sich *Phenol*, die 3 isomeren *Kresole*, die 6 isomeren *Xylenole* u. einige isomere *Trimethylphenole* im Steinkohlenteer oder Teersäureöl quantitativ bestimmen. Zur quantitativen Best. wurden folgende Banden ausgewählt: *Bzl.*

14,89 μ; *Phenol*, [$Kp._{50}$] 109°, 9,34 μ; *o-Kresol* (I), 113°, 9,04 μ; *2.6-Xylenol*, 115°, 13,09 μ; *m-Kresol*, 121°, 12,85 μ; *p-Kresol*, 121°, 12,22 μ; *o-Äthylphenol*, 123°, 13,30 μ; *2.4-Xylenol*, 127°, 12,27 μ; *2.5-Xylenol*, 127°, 10,04 μ; *2.3-Xylenol*, 132°, 9,37 μ; *2.4.6-Trimethylphenol*, 132°, 11,70 μ; *m-Äthylphenol*, 134°, 11,03 μ; *p-Äthylphenol*, 134°, 12,07 μ; *3.5-Xylenol*, 137°, 14,68 μ; *3.4-Xylenol*, 142°, 9,95 μ; *2.3.6-Trimethylphenol*, 144°, 9,22 μ. Alle Verbb. wurden in 1,5—2,5%ig. Lsgg. in CS_2 in 0,1 mm dicker Schicht untersucht. Die ausgewählten Banden sind frei von Überlappungen durch Banden nahe sd. Komponenten, mit Ausnahme der 9,04 μ-Bande von III gilt für alle das BEERsche Gesetz. Durch Darst. bei 50 Torr lassen sich Überschneidungen bei ähnlich absorbierenden Homologen vermeiden. — Verf.: Man extrahiert so viel Teer oder Teersäureöl mit 10%ig. wss. NaOH, daß man 50 g Phenolgemisch erhält, säuert die Extrakte mit 30%ig. H_2SO_4 an u. trennt die abgeschiedenen Phenole ab, extrahiert die wss. Phase mit Bzl., trocknet Benzolextrakt + Phenolgemisch durch azeotrope Dest. u. fraktioniert das Phenolgemisch unter Zusatz von Acenaphthen bei 50 Torr. Aus den Infrarotspektren von 9—15 μ der einzelnen Fraktionen wird die Konz. der Komponenten mit Hilfe von Matrizen bestimmt. Für eine vollständige Analyse sind 24 Std. erforderlich. Durch Anpassung der Meth. auf bin. oder tern. Gemische ist eine Erhöhung der Genauigkeit von 1 auf 0,5% (absolut) möglich. (Analytic. Chem. **27.** 1886—88. Dez. 1955. Library, Pa., Pittsburgh Consolidat. Coal Co., Res. and Dev. Div.) H. BERTSCH. G 1060

M. A. Jermyn, *Eine neue Methode zur Bestimmung von Ketohexosen in Gegenwart von Aldohexosen.* In Abwesenheit von Methylpentosen, überschüssigen Pentosen u. großem (50fachem) Überschuß von Aldohexosen lassen sich *Ketohexosen* durch eine modifizierte Anthronmeth. bestimmen. 10 ml einer 0,02%ig. Lsg. von Anthron in 70 Vol.-%ig. H_2SO_4 werden mit 1 ml Probelsg. in einem Pyrex-Röhrchen vermischt, wobei die Temp. von 17 auf 33° steigt. Nach ca. 60 Min. Stehen bei 15° wird die Extinktion der Lsg. bei 625 mμ bestimmt; die Extinktion ist der Ketosekonz. innerhalb eines Bereiches von 0,001—0,003 mol. proportional. Die Meth. ist jedoch weniger empfindlich als die Best. der Gesamtkohlenhydrate nach Erhitzen mit dem Anthronreagens. (Nature [London] **177.** 38—39. 7/1. 1956. Parkville, Victoria, Wool Textile Res. Laborr., Commonwealth Sci. and Ind. Res. Organisat., Biochem. Unit.) K. F. MÜLLER. G 3400

E. Werle und **J. Koch**, *Papierchromatographische Trennung von Tabakalkaloiden.* Verschied. *Tabakalkaloide* (I) werden mit nHCl auf p_H 7 eingestellt, aufsteigend chromatographiert (in Butanol + 10% Eisessig + 20% W. [Phenol, Collidin u. Picolin sind ungeeignet]; Papiere: SCHLEICHER-SCHÜLL 2043/b u. WHATMAN No. 4; Versuchsdauer 45 Std./0° [tiefe Temp. wegen I-Verdunstungsgefahr]) u. die Chromatogramme mit Bromcyandampf (Einw. 10—20 Min.) u. 2%ig. Anilin- (in mol./15 Phosphatpuffer) oder 0,25%ig. alkoh. Benzidinlsg. entwickelt. Je 10—100 γ I werden bestimmt. *Nicotin* 0,45 (R_f-Wert), gelblichrosa; *m-Nicotin* 0,04, gelblich; *Nornicotin* 0,42, braunrosa; *Nicotyrin* 0,92, hellviolett; *Nicotinsäureamid* 0,70, dunkelviolett; *Aminobutylpyridin* 0,52, hellviolett; *Anabasin* 0,50, rötlichbraun; *Anatabin* 0,47, rötlichbraun; *α-Picolin* gab nur in hoher Konz. eine Farbreaktion. (Naturwissenschaften **38.** 333. Juli 1951. München, Univ., Chirurg.-Klin. Inst.) G. BRESSAU. G 3500

Sven Arrhenius, *Die Zimmermann-Methode.* Die ZIMMERMANN-Meth. wird häufig in der *Steroid*-Analyse angewandt. Man löst die Probe in A., macht mit KOH alkal. u. tüpfelt mit m-Dinitrobenzol. Sind 17-Ketogruppen vorhanden, so zeigt dieExtinktionskurve ein flaches Maximum bei 5300 Å, andernfalls fällt die Kurve schräg gegen die längeren Wellenlängen ab. Störend wirkt die Oxydation des A. durch die Nitrogruppen zum Aldehyd, der in alkal. Lsg. polymerisiert. tert.-Butanol besitzt diesen Nachteil nicht: Alkal. Lsgg. von m-Dinitrobenzol in diesem Alkohol haben gleiche Extinktionskurven wie die getüpfelten 17-Ketosteroide; die Intensität hängt vor allem von der OH^--Konz. ab. Einige Carbonylverbb., z. B. Acetaldehyd, Aceton, Cyclohexanon u. 17-Ketosteroide erhöhen in tert.-Butanol die Extinktion, wobei das Maximum nach 5600 Å verschoben wird. Leicht enolisierbare Ketone u. Formaldehyde haben nur geringen oder gar keinen Einfl. auf die Farbe. (Acta chem. scand. **9.** 193. 1955. Stockholm, Kungl. Veterinärhögskolan, Kem. Avdeln.) WALTER SIMON. G 3700

B. Zak und **N. Ressler**, *Methodik der Bestimmung von Cholesterin.* (Übersicht.) Vff. stellen bisherige Verff. der *Cholesterin* (I)-Best. chronolog. u. ihrer Entw. nach zusammen u. unterscheiden 4 verschied. Phasen: Extraktion, Verseifung, Isolation u. Endpunktsermittlung. Als Lösungsmittel bei der Extraktion geben *Chlf.*, *PAe.*, *Essigsäureanhydrid–Dioxan*, *A.–Ae.*, *A.–Aceton* ähnliche Ergebnisse u. gestatten die Abtrennung von der Protein—Fett-Bindung. Die Verseifung des *Cholesterinesters* (II) zur gravimetr. Best. leidet an unvollständigem Verlauf; der Endpunkt ist nicht erkennbar; das Verf. erfordert zu viele Stufen u. ist deshalb ungenau. Alle störenden Nebenprodd. müssen herausextrahiert werden. Das Verseifungsprod. kann mit Digitonin gefällt u. als *Cholesterindigitonid* (III) abgetrennt werden. Die Isolation des I als III gibt genaueste Best., desgleichen als *Pyridiniumcholesterylsulfat*, *Cholesterindibromid* oder durch chromatograph. Bestimmung. Die Fällung von I als III ermöglichen Zusatz von $AlCl_3$, $Al(OH)_3$ u. $FeCl_3$, wobei das letzte den Vorteil exakten Auswaschens bietet, da III weiß ist. Endpunktsermittlung: Mit Schwefelsäure–Essigsäureanhydrid (Meth. von LIEBERMANN-BURCHARD) oder $FeCl_3$ entsteht ein Farbstoff, dessen Bldg. von verschied. Faktoren beeinflußt wird: die Absorptionsmaxima bei 625 mμ (grün, hauptsächlich verwendet) u. 430 mμ durchlaufen Extinktionsmaxima während gewisser Zeit. Licht u. Temp. beeinflussen das Grün, bei II geht Farbstoffbldg. schneller vor sich als bei I u. ist konzentrationsabhängig. Farbintensität steigt mit der Schwefelsäurekonz. u. Temperaturerhöhung. In Ggw. von W. wird die Rk. gehemmt. Eine genauere bequeme Meth. ist die nephelometr. Best. des III-Niederschlages. (Amer. J. clin. Pathol. **25**. 433—46. April 1955. Eloise, Mich., Wayne-Univ., Coll. of Med., and Detroit Receiving Hosp., Wayne County General Hosp., Dep. of Med.) J. MILLER. G 3700

Wolfgang Kirsten und **Ulla Sjöstedt**, *Bestimmung von Desoxycorticosteronacetat unter Verwendung von Tetrazoliumsalz.* Bei der Überprüfung der colorimetr. Bestimmungsmeth. von *Desoxycorticosteronacetat* (I) nach MADER u. BUCK (Analytic. Chem. **24**. [1952.] 666) ergab sich, daß zur Erzielung reproduzierbarer Ergebnisse notwendig ist: Einhaltung einer bestimmten A.-Konz., Durchführung der Farb-Rk. bei Lichtausschluß u. Durchführung der Farbmessung nach Ablauf einer bestimmten Zeit nach dem Vermischen der Lösungen. Folgende Arbeitsvorschrift wird vorgeschlagen: 1—5 ml Probelsg., die 0,05—0,25 mg I in 99,5%ig. reinem A. gelöst enthält, wird mit A. zu 5 ml ergänzt u. mit 2 ml Tetramethylammoniumhydroxydlsg. (10 ml einer 25%ig. wss. Lsg. werden in 500 ml 99,5%ig. A. gelöst) vermischt, mit A. zu 10 ml ergänzt u. mit 1 ml 2.3.5-Triphenyltetrazoliumchloridlsg. (250 mg werden in 50 ml 99,5%ig. A. gelöst) versetzt. Das Zusammengeben der Lsgg. erfolgt in gedämpftem Licht; nach Zugabe der Tetrazoliumlsg. stellt man die Lsg. 30 Min. ins Dunkle u. mißt die Extinktion unter Verwendung des Filters H 603 u. einer 1 cm-Küvette. Aus der geradlinigen Eichkurve wird der I-Geh. entnommen. (Mikrochim. Acta [Wien] **1954**. 730—34. Uppsala, Pharmacia Ltd., Labor.) K. F. MÜLLER. G 3750

F. Bode, *Eine Vereinfachung und Verbesserung der Methode zur quantitativen Bestimmung von Aminosäuren und Peptiden mittels des Ninhydrin–Kupfer-Komplexes.* Nach Chromatographie der 0,01 mol. Aminosäurelsg. in n-Butanol–W.–Eisessig (4 : 5 : 1) werden die trocknen Chromatogramme durch ein Gemisch aus 90 ml 0,5%ig. aceton. Ninhydrin-Lsg., 5 ml W. u. 5 ml Eisessig gezogen u. 15 Min. bei 90° gehalten. Danach werden die Streifen durch die Cu-Lsg. (1 ml gesätt. Cu-Nitratlsg. + 0,02 ml ca. 65%ig. HNO_3, mit Aceton auf 100 ml aufgefüllt) gezogen u. 30 Min. bei Zimmertemp. im Dunkeln getrocknet. Die Aminosäureflecken werden ausgeschnitten, der Farbstoff im Reagensglas mit 8 ml Methanol extrahiert u. bei 530 mμ gemessen. Die Färbung folgt für alle untersuchten Aminosäuren dem BEERschen Gesetz u. ist für die untersuchten Aminosäuren (Serin, Glycin, Alanin, Valin, Norvalin, Leucin, Methionin, Asparaginsäure, Glutaminsäure, Arginin, Histidin), bezogen auf gleiche NH_2–N-Mengen, gleich. Die aromat. Aminosäuren zeigen eine etwas abweichende Färbung. Es lassen sich mit dieser Meth. noch 0,5 γ NH_2–N quantitativ erfassen. Vf. weist darauf hin, daß für eine vollständige Rk. der Aminosäuren die voraufgehende Papierchromatographie unerläßlich ist. (Biochem. Z. **326**. 433—35. 25/5. 1955. Frankfurt/M., Labor. für klin. Chem.) E. SCHWERDTFEGER. G 4070

d) Medizinische und toxikologische Analyse.

Duncan A. Holaday und **Mariagnes Verosky**, *Die manometrische Analyse von Atmungsgasen im Blut bei Gegenwart flüchtiger Anästhetica.* 1. Mitt. *Ein Vergleich mit Makromethoden.* Die Bestimmungsmeth. (nach GOLDSTEIN) von O_2 u. CO_2 im Blut, das Ae. enthält, ist auch für Blut mit flüchtigen Anästhetica geeignet. Nicht geeignet scheint die Meth. von ORCUTT u. WATERS in Ggw. von alkal. *Ferricyaniden*, *Caprylalkohol* u. *Saponin*, da der O_2-Wert zu niedrig u. der CO_2-Wert zu hoch wird. (J. Lab. clin. Med. **45**. 149—52. Jan. 1955.) J. MILLER. 5727

G. Y. N. Iyer, *Bestimmung von freien Aminosäuren in normalem menschlichem Plasma durch Papierchromatographie.* Das Plasma n. Versuchspersonen beiderlei Geschlechtes wurde innerhalb 1 Std. nach der Blutentnahme abgetrennt; als Antikoagulans diente Heparin. 1 ml Plasma wurde mit 2 ml Aceton enteiweißt u. zentrifugiert. Die Abtrennung von *Alanin* (I), *Glutaminsäure* (II), *Glutamin* (III), *Glycin* (IV), *Serin* (V) u. *Tyrosin* (VI) erfolgte zweidimensional mit Phenol–A. (1 : 1) wassergesätt. u. wassergesätt. Phenol nacheinander in der 1. u. Pyridin–A.–W. (50 : 35 : 15) in der 2. Richtung. Zur Trennung von *Isoleucin* (**VII**), *Leucin* (**VIII**), *Phenylalanin* (**IX**) u. *Valin* (**X**) wurde der Plasmaextrakt bei ca. p_H 2 aufgesetzt u. eindimensional mit Butanol–W. (9 : 1) zweimal hintereinander entwickelt. Nach Anfärbung der trockenen Chromatogramme mit aceton. Ninhydrinlsg. wurden die Aminosäureflecken ausgeschnitten, im Reagensglas mit wenig Ae. von Verunreinigungen befreit u. der Farbstoff mit $CuSO_4$-haltigem 75%ig. A. eluiert. Die Extinktionswerte werden mit gleichbehandelten Standardwerten verglichen. Es wurden folgende Werte erhalten (mg Aminosäure/100 ml Plasma): **I** 2,64 ± 0,69; **II** 0,94 ± 0,17; **III** 7,49 ± 1,22; **IV** 2,03 ± 0,14; **V** 1,29 ± 0,24; **VI** 1,08 ± 0,18; **VII** 0,97 ± 0,23; **VIII** 1,33 ± 0,35; **IX** 0,78 ± 0,24; **X** 2,49 ± 0,39. (Indian J. med. Res. **43**. 189—93. April 1955. Trivandrum, Med. Coll.) E. SCHWERDTFEGER. 5728

I. Refn und **L. Vestergaard**, *Die Titration von Heparin mit Protamin.* 10 ml Venenblut werden in einem Zentrifugenrohr zu 0,1 ml 40%ig. Na-Citratlsg. gegeben, gemischt u. zentrifugiert. Man entfernt das Plasma mit einer PASTEUR-Pipette u. bringt 0,5 ml davon in ein Reagensglas, setzt 0,3—0,7 ml 0,1%ig. *Protaminsulfat* (**I**)-Lsg. u. 0,2 ml 0,1%ig. Thrombinlsg. zu, bringt unmittelbar nach deren Zusatz eine Stoppuhr in Gang u. mißt die Zeit bis zum Eintritt der Gerinnung. Überschuß von **I** bewirkt unabhängig von der Menge des Überschusses eine sehr kurze Gerinnungszeit, bei zu geringen Mengen von **I** nimmt die Gerinnungszeit proportional zu, da ungebundenes *Heparin* (**II**) eine Antithrombinwrkg. ausübt. In mehreren Verss. muß die **I**-Menge ermittelt werden, die gerade noch zu der kürzesten Gerinnungszeit führt. Das Verhältnis **I**/**II** liegt bei 1,3 u. muß für jede Charge **I** durch Unterss. mit Zusatz bekannter **II**-Menge neu ermittelt werden. (Scand. J. clin. Lab. Invest. **6**. 284—87. 1954. Copenhagen, NOVO Terapeut. Labor. A/S.) F. KRUSEN. 5728

A. L. Latner, *Korrektur von Serum–Papierelektrophorese-Diagrammen.* Die erhaltene Kurve (logarithm. Serum–Protein-Konz. als Abszisse u. Verhältnis Lichtdurchgang durch unbenetztes gegen Protein-benetztes Papier als Ordinate) wird in ihrem ersten geraden Stück verlängert u. von der Ordinate (Endkonz.) eine Senkrechte gezogen. Das entstandene Dreieck, innerhalb dessen die Kurve liegt, wird auf durchsichtiges Material übertragen u. die Senkrechte des Dreieckes nun auf dem Diagramm verschoben. Es läßt sich nun eine Kurve zeichnen, die eine Korrektur des Elektrophoresediagramms darstellt. Bei Verwendung von *Naphthalinschwarz 12 B 200* u. den angegebenen Meßinstrumenten hält Vf. eine Korrektur für nicht notwendig. (J. Lab. clin. Med. **45**. 147—48. Jan. 1955. Newcastle.) J. MILLER. 5728

B. Rehell, *Eine klinische Schnellmethode zur Calciumbestimmung in Serum und anderen biologischen Flüssigkeiten.* 1 ml zu untersuchende Fl. wird in einem Zentrifugenrohr mit 1 ml bidest. W. u. 1 ml 3,5%ig. NH_4-Oxalatlsg. geschüttelt, bis eine wolkige Fällung entsteht, dann 1—2 Min. stehen gelassen u. 10—15 Min. zentrifugiert. Nach Verwerfen der überstehenden Fl. wird der Nd. in 1 ml nHCl gelöst, mit 2mal 2 ml bidest. W. in einen kleinen ERLENMEYER-Kolben übergeführt, 1 ml mol./200 Lsg. von *Na_2-Äthylendiamintetraacetat* (**I**), 5 ml Puffer (70 ml 25%ig. NH_3-Lsg. zu 1000 ml verd.) u. 1—2 Tropfen Indicator zugesetzt. Man titriert dann mit mol./200 $MgCl_2$-Lsg. bis zur rötlichgrauen Färbung. Die Titration kann auch im Zentrifugenrohr vorgenommen werden. Mit 1 ml **I**-Lsg. können höchstens 20 mg Ca erfaßt werden. Die Meth. ist auch als Mikrometh. mit 0,1 ml Serum u. entsprechend verminderten Reagensmengen anwendbar. Auswertung erfolgt durch eine mit reinem $CaCO_3$ aufgestellte Eichkurve. Vgl. mit anderen Verff. ergab gute Übereinstimmung der Werte, der Fehler liegt bei 2%, im Mikroverf. bei 5%. Das Verf. kann auch bei schon beträchtlich hämolysierten Seren angewendet werden. — Indicator: 100 mg Eriochromschwarz T u. 900 mg $NH_2OH \cdot HCl$ werden in 20 ml Methanol gelöst; 1 Teil dieser Lsg. wird mit 2 Teilen 0,05%ig. alkoh. Methylrotlsg. gemischt. (Scand. J. clin. Lab. Invest. **6**. 335—40. 1954. Helsinki, Univ., Children's Clin.) F. KRUSEN. 5728

Samuel P. Bessman und **Ennis C. Layne jr.**, *Eine Schnellbestimmung für Blei in Blut oder Urin in Gegenwart von organischen Chelatbildnern.* Die Best. von *Pb* mit *Dithizon* u. von mit Ionenaustauscher gereinigtem W. nach Aufschluß mit HNO_3–H_2SO_4 (2 ml Blut, 10 ml Urin u. 2,5 : 2,5 ml konz. Säure) in verschlossener Aufschlußröhre. Aufschluß unter Erwärmen, dann Zugabe von 20 Tropfen $HClO_4$, erhitzen, abkühlen, mit 5 ml W. verd. 4 ml NH_4OH u. 1 Tropfen *Phenolrot* zutropfen, bis neutral. Zur abgekühlten Probe werden 10 ml Puffer u. 3 ml *Dithizon*-Lsg. gegeben (30 mg/Liter Chlf.). Schütteln, überstehende Wasserschicht abpipettieren, waschen u. schütteln bis klar, Wasserschicht entfernen, Chloroformphase colorimetr. bestimmen bei 510 mμ gegen Chloroform. Auch bei Ggw. von *Calciumäthylendiamintetraacetat* gelingt die Best. mit hinreichender Genauigkeit. Für *Bi*-Ggw. gibt Vf. geänderte Vorschrift. (J. Lab. clin. Med. **45**. 159—66. Jan. 1955. Washington, D. C.) J. MILLER. 5732

M. Kendall Young jr. und **Lawrence G. Raisz,** *Ein Anthronverfahren zur Bestimmung von Inulin in biologischen Flüssigkeiten.* Vff. beschreiben die Best. von Inulin mit DREYWOODs Anthronreagens in *Plasma* u. *Urin.* Glucose u. a. alkaliempfindliche Kohlenhydrate werden vorher mit NaOH zerstört. Zur Bereitung von 1 Liter Anthronreagens werden 50 cm^3 konz. H_2SO_4 mit 250 cm^3 W. gemischt, auf Raumtemp. abgekühlt u. 4 g Anthron, gelöst in 250 cm^3 konz. H_2SO_4 hinzugegeben. Zur Best. werden 10 cm^3 Anthronreagens zu 2 cm^3 der Probe hinzugefügt, die ca. 15—45 μg Inulin enthalten soll. Danach wird im Wasserbad 5 Min. auf 75° erhitzt. 15 Min. nach dem Abkühlen wird die Farbe bei 630 mμ in einem Spektrophotometer gemessen. Zur Analyse von Plasma-Inulin wird das von den Proteinen durch Fällung befreite Plasma mit 10%ig. $ZnSO_4 \cdot 7\,H_2O$-Lsg. u. 0,5n NaOH geschüttelt. Nach 15 Min. Erhitzen im sd. Wasserbad wird ein aliquoter Teil mit der gewünschten Inulinkonz. zur Best. verwendet. Beim Urin geht nach Proteinfällung u. Digerieren mit NaOH die Analyse in der gleichen Weise vonstatten. Außerdem werden die Temperaturbedingungen für das Auftreten der Farbe diskutiert. Das Optimum liegt bei 75°. 10—25% der Substanz war bei handelsüblichem Inulin alkaliempfindlich. Die Genauigkeit der Best. bei Plasma u. Urin lag im Durchschnitt bei 97,7 $\pm$ 2,5% bzw. 99,7 $\pm$ 2,0%. (Proc. Soc. exp. Biol. Med. **80.** 771—74. Aug./Sept. 1952. Ft. Sam Houston, Tex., Surgical Res. Unit, Brooke Army Hosp.) W. KNÖPKE. 5732

S. K. Bhattacharya, J. S. Robson und **C. P. Stewart,** *Die Bestimmung von Glutathion in Blut und Geweben.* Unterss. mit dem *Glyoxalase*-Verf. nach WOODWARD (J. biol. Chem. **109.** [1935.] 1), dem elektrolyt. Verf. nach DOHAN u. WOODWARD (J. biol. Chem. **129.** [1939.] 393) u. dem jodometr. Verf. nach WOODWARD u. FRY (J. biol. Chem. **97.** [1932.] 465) ergaben, daß red. *Glutathion* (I) in Blut mit dem ersten u. dem letzten Verff. bestimmt werden kann. Zur Best. in Geweben ist nur die *Glyoxalase*-Meth. geeignet. Durch geringe Modifikationen der beiden erstgenannten Verff. kann jedoch auch das gesamte I in Blut erfaßt werden. Es wurde dabei festgestellt, daß in Blutzellen von Menschen, Kaninchen u. Ratte beträchtliche Mengen von oxydiertem I vorhanden sind. Das jodometr. Verf. ist zur Gesamt-I-Best. ungeeignet, da bei der Red. mit *Zn* störende Substanzen freigesetzt werden. Bei den Unterss. wurde festgestellt, daß Leber-, Nieren- u. Pankreasgewebe von Kaninchen u. Ratten im Gegensatz zu Blut keine meßbaren Mengen oxydiertes I enthalten. (Biochem. J. **60.** 696—702. Aug. 1955. Edinburgh, Univ., Dep. of Clin. Chem. u. Royal Infirmary.) ——————— F. KRUSEN. 5750

Hans Lagoni und **Adolf Wortmann,** Eine Methode zum Nachweis fettlöslicher Farbstoffe. Nürnberg: Carl. 1955. (12 S. m. 3 Abb.) 8° = Bibliotheca lactis. DM 1,—.

—, Analyse der Metalle. Hrsg. vom Chemikerausschuß d. Gesellschaft Dt. Metallhütten- u. Bergleute e. V. Bd. 3. Probenahme. Gleichzeitig Handbuch f. d. Eisenhüttenlaboratorium. Bd. 3. Berlin, Göttingen, Heidelberg: Springer-Verl. — Düsseldorf: Verl. Stahleisen. 1956. (VIII + 452 S. m. 212 Abb.) 4°. DM 45,—.

H. Angewandte Chemie.

I. Allgemeine chemische Technologie.

H. A. Mölling, *Betrachtungen zur Prallzerkleinerung.* Nach einem geschichtlichen Überblick über die Methoden der Zerkleinerung unter Ausnützung von Massenkräften werden die theoret. Grundlagen, Einsatzmöglichkeiten, Bauformen u. die Wirkungsweise von Prallbrechern behandelt. (Chemiker-Ztg. **79.** 295—99. 5/5. 1955. Köln/Rh.)
D. BREDTSCHNEIDER. 5820

R. R. Hughes und **E. R. Gilliland,** *Stoffübergang innerhalb von Tropfen in einem Gas.* Vff. messen die CO_2-Aufnahme von Wassertropfen, die durch eine CO_2-Atmosphäre fallen, u. berechnen die Stoffübergangskoeffizienten. Die Ergebnisse werden korrigiert, um die Gasaufnahme während der Tropfenbldg. zu berücksichtigen. Temp., Tropfengröße, -zahl u. Fallhöhe werden variiert. Bei 25° ist die Absorptionsgeschwindigkeit während der Tropfenbldg. ca. $^1/_4$ so groß wie die während des Fallens. Mit steigender Temp. nimmt die Absorptionsgeschwindigkeit während der Tropfenbldg. zu, dagegen während des Fallens der Tropfen ab. Beide Geschwindigkeiten wachsen bei abnehmender Tropfengröße. (Chem. Engng. Progr., Symposium Ser. **51.** Nr. 16. 101—20. 1955. Cambridge, Mass., MIT.) D. BREDTSCHNEIDER. 5848

Yoshitoshi Ōyama, Ichirō Inoue, Yasushi Sawahata und **Minoru Okada,** *Über das Schallagglomerations- und -sammelsystem.* Die an mit ZnO-Staub beladenem Röstgas, Rußteilchen enthaltender Luft, mit Teertröpfchen beladenem Kokerei- u. Spaltgas sowie Nebeln von verd. H_2SO_4 durchgeführten Unterss. ergaben, daß das Schallagglomerations- u. -sammelsyst. bei mittleren Gehh. des Gases an festen oder fl. Teilchen zur Abscheidung von Teilchen unter 10 μ geeignet ist. Die günstigste Schallfrequenz u. Intensität sowie die günstigste Dauer der Beschallung sind jeweils durch Verss. zu ermitteln. (J. sci. Res. Inst. [Tokyo] **48.** 260—71. Dez. 1954. [Orig.: engl.]) T. OPPERMANN. 5850

Charles L. Ruby und **Joseph C. Elgin,** *Stoffübergang zwischen Flüssigkeitstropfen und einer kontinuierlichen flüssigen Phase in einem flüssigen Gegenstromsystem Flüssig–flüssig-Extraktion in einem Sprühturm.* Vff. untersuchen die Geschwindigkeit des Stoffübergangs zwischen fl. Tropfen u. einer äußeren fl. Phase in einem Gegenstromsyst. u. entwickeln eine experimentelle Meth., die die Messung der Phasengrenzflächen in Sprühtürmen ermöglicht. Mit dieser Meth. werden 4 bin. Systeme untersucht u. die Filmstoffübergangskoeffizienten in der kontinuierlichen Phase errechnet. Diese erweisen sich als prakt. unabhängig von den Strömungsgeschwindigkeiten. Mit Hilfe dimensionsloser Kennzahlen lassen sich die Koeffizienten aller untersuchten Systeme durch die gleiche mathemat. Beziehung darstellen, die eine Grundlage für die Voraussage von Filmstoffübergangskoeffizienten der äußeren Phasen in Gegenstrom-Sprühextraktionstürmen bildet. Zwischen den Daten der untersuchten Systeme u. denen über den Stoffübergang in Festkörperwirbelschichten wird eine rohe Übereinstimmung festgestellt; die auftretenden Unterschiede werden diskutiert u. eine Erklärungsmöglichkeit vorgeschlagen. (Chem. Engng. Progr., Symposium Ser. **51.** Nr. 16. 17—29. 1955. Princeton, N. J., Princeton Univ.) D. BREDTSCHNEIDER. 5862

Je. Ja. Ssussanow, *Kinetik der Rektifikation.* Vf. entwickelt eine Theorie zur Lösung der kinet. Probleme der Rektifikation, wobei solche Rechnungsgrundlagen ausgearbeitet werden, daß keine empir. Verbesserungen erforderlich sind. Es wird der physikal. Sinn des Postulates eines theoret. Bodens in Zusammenhang mit dem des prakt. Bodens diskutiert. (Нефтяное Хозяйство [Petroleum-Wirtsch.] **32.** Nr. 9. 62—69. Sept. 1954.) A. HELMS. 5864

Wacker-Chemie G. m. b. H. (Erfinder: **Hilger Peter Schmitz**), München, *Schaumbegrenzung,* dad. gek., daß man den Schaum mit gelochten Blechen, Sieben, Füllkörpern u. dgl. in Berührung bringt, die mit Siliconen benetzt sind. — Anwendung bei Hefegärung, in der Färberei, bei der Dest. von Mineralölen, vegetabil. Ölen usw. (**D. B. P. 895 441** Kl. 12a vom 11/12. 1951, ausg. 2/11. 1953. Anmeldung bekanntgemacht 9/10. 1952.) A. HEINSEN. 5803

Salvatore Silvio Stivala, Fairlawn, N. J., V. St. A., *Durch Vibration sich nicht lockernde Schraubverbindungen* erhält man durch Einlagerung von hitzehärtbaren polymerisierenden Phthalsäureglykolpolyestern zwischen Schraube u. Mutter. Zweckmäßig setzt man dem Harzbildner noch einen Härtungskatalysator, z. B. 0,5% Methyläthylketonperoxyd, zu. (**E. P. 737 941** vom 27/4. 1953, ausg. 5/10. 1955. A. Prior. 2/1. 1953.) H. MÖLLERING. 5811

Farbenfabriken Bayer Akt.-Ges. (Erfinder: **Peter Simons, Wilhelm Moschel, Heinz Jonas** und **Walter Noll**), Leverkusen, *Wärmeübertragungsmittel* von erhöhter Thermostabilität, bestehend aus einer Mischung von Tetraarylsilicat mit einer chem. inerten, thermostabilen Verb. mit einem Kp. zwischen 180 u. 300°, z. B. einem aromat. bzw. hydroaromat. KW-stoff. (**D. B. P. 899 339** Kl. 12a vom 25/11. 1951, ausg. 10/12. 1953. Anmeldung bekanntgemacht 26/2. 1953.) A. HEINSEN. 5815

National Research Development Corp., London, England (Erfinder: **Henry Lionel Green, Daniel James Thomas** und **John Trevor Drew Mitchell**), *Filterelement zum Entfernen von suspendierten Stoffen aus Gasen.* In einem rechteckigen Behälter wird ein langer Streifen eines Fasermaterials, das z. B. aus 50% Baumwollfasern u. 50% feinverteilten Asbestfasern besteht, zu einem Block zusammengefaltet, wobei die einzelnen Falten durch unnachgiebige Einlagen, z. B. durchlochte Scheiben oder Drahtgeflechte, im Abstand gehalten werden u. so dem zu reinigenden Gas eine möglichst große Nutzfläche u. möglichst wenig Durchströmwiderstand bieten. — Abbildungen. (**E. P. 727 975** vom 22/10. 1951, ausg. 13/4. 1955.) K. DEMMLER. 5831

Metallgesellschaft Akt.-Ges. (Erfinder: **Erich Arnold, Edmund Hellmann** und **Wendlin Vollmer**), Frankfurt/M., *Überführen von Adsorptionsmitteln,* wie *Aktivkohle, Kieselgel,* aus einem Raum in einen darunterliegenden, dad. gek., daß zwischen den Räumen der Strom des abwärtsfließenden Adsorptionsmittels mittels Stauflächen umgelenkt u. in zwei oder mehrere Teilströme aufgelöst wird. — Vorrichtung. (**D. B. P. 883 598** Kl. 12e vom 15/6. 1949, ausg. 22/3. 1954. Anmeldung bekanntgemacht 7/8. 1952.) A. HEINSEN. 5849

Usines Chimiques des Laboratoires Français (U. C. L. A. F.), Seine, Frankreich (Erfinder: **Henry Penau, Edmond Salas** und **Georges Arragon**), *Fraktionierte Chromatographie.* Man adsorbiert in einer Adsorptionskolonne von 2 Substanzen die Substanz, welche die maximale Affinität für das Adsorptionsmittel besitzt, u. sammelt das an anzureichernder Substanz bereicherte Substanzgemisch. Dann verwandelt man die angereicherte Substanz in ein solches Prod., welches die relativen Affinitäten für das Adsorptionsmittel umkehrt, u. adsorbiert in einer zweiten Kolonne mit dem gleichen Adsorptionsmittel. Hierauf eluiert man die andere in der zweiten Kolonne fraktionierte Substanz. (**F. P. 996 757** vom 6/6. 1945, ausg. 26/12. 1951.) T. Oppermann. 5849

Siemens-Schuckertwerke Akt.-Ges., Berlin und Erlangen, *Beseitigung von Gasen und Dämpfen aus einem Gas- bzw. Gas–Dampf-Gemisch*, dad. gek., daß das Gemisch mit möglichst hohem Geh. an Feuchtigkeit der Einw. von UV-Strahlen ausgesetzt u. die dadurch ausgeschiedenen Bestandteile aus dem Gas- bzw. Gas–Dampf-Gemisch, z. B. auf Grund ihrer gegenüber diesem größeren D. oder durch an sich bekannte Maßnahmen, wie durch Absorption oder mechan. Einw., wie z. B. Ultraschall oder elektrostat. Felder, entfernt werden. (**D. B. P. 894 552** Kl. 12e vom 23/4. 1942, ausg. 26/10. 1953. Anmeldung bekanntgemacht 8/1. 1953.) A. Heinsen. 5851

Phillips Petroleum Co., Del., übert. von: **Karl H. Hochmuth**, Bartlesville, und **Edward L. Jones**, Okmulgee, Okla., V. St. A., *Zerlegen von Gas–Dampf-Gemischen*. Man leitet das Gemisch in mehreren Teilströmen im Gegenstrom von festem Wärmeaustauschmaterial (I) durch mehrere hintereinandergeschaltete Wärmeaustauschzonen mit fallender Temp., in denen der größte Teil der Dämpfe kondensiert wird, u. anschließend die vereinigten Gasströme in die Fraktionierzone, in der das Gasgemisch in seine Bestandteile zerlegt wird, wobei ein Teil des abgekühlten, nicht kondensierten Gases zum Abkühlen der I benutzt wird. Das Verf. eignet sich bes. zur *Gewinnung von O_2* aus Luft, zur *Reinigung von Naturgas*, zur *Gewinnung von Äthylen* (II) aus Crackbenzin u. zur Trennung von Äthan u. II. — Zeichnung. (**A. P. 2 688 853** vom 22/11. 1948, ausg. 14/9. 1954.) C. Lüttgen. 5851

Hans Martin (Erfinder: **Werner Kuhn**, Basel, und **Hans Martin**), Kiel, *Trennung von Gasgemischen durch Anwendung von künstlich erzeugten Schwerefeldern*, die durch hohe Umdrehungszahl von Hohlkörpern Hk. hervorgebracht werden, dad. gek., daß die durch eine Fördervorr. in den Hk. einerseits u. in den sie verbindenden Rohrleitungen (Rl.) andererseits bewirkte Strömungsgeschwindigkeit so bemessen wird, daß in den Hk. die Diffusionswirkungen die durch die Strömung bewirkte Überleitung des Gases, in den Rl. hingegen die Überleitung die dort stattfindenden Diffusionswirkungen übertrifft. — Vorrichtung. (**D. B. P. 906 094** Kl. 12e vom 12/7. 1938, ausg. 11/3. 1954. Anmeldung bekanntgemacht 12/3. 1953.) A. Heinsen. 5851

Farbenfabriken Bayer Akt.-Ges. (Erfinder: **Nikolaus Rempel**), Leverkusen, *Trennen von Gemischen kleinmolekularer Gase* durch Verwendung der gemäß D. B. P. 893 644 (C. **1955**. 7747) erhältlichen Aktivkohlen. Mit der neuen Kohle ist es möglich, CO aus einem Gemisch von CO u. H_2 zu gewinnen; ein Gemisch von n-Butan u. Isobutan quantitativ zu trennen; aus einem Gemisch der Edelgase die einzelnen Bestandteile zu gewinnen oder aus einem Gemisch von H_2 u. Deuterium beide quantitativ voneinander zu trennen. (**D. B. P. 900 932** Kl. 12e vom 3/5. 1944, ausg. 4/1. 1954. Anmeldung bekanntgemacht 30/4. 1953.) A. Heinsen. 5851

Metallgesellschaft Akt.-Ges. (Erfinder: **Richard Heinrich**), Frankfurt/M., *Elektrische Abscheidung von Feinstaub aus Gasen* nach D. B. P. 839 193, dad. gek., daß das zwischen den beiden Stufen der Aufladung, wirksame sprühentladungsfreie elektr. Schwingungsfeld mit einer Wechselspannung von ständig oder zeitweise zwischen zwei Endwerten sich ändernder Periodenzahl betrieben wird. (**D. B. P. 899 647** Kl. 12e vom 20/11. 1940, ausg. 14/12. 1953. Anmeldung bekanntgemacht 18/9. 1952. **Zusatz zu D. B. P. 839 193; C. 1953. 2978.**) A. Heinsen. 5851

Siemag Vertriebsges. m. b. H. (Erfinder: **Albert Morlock**), Dahlbruch, Kr. Siegen, *Kompression von CO_2* durch Anwendung von mehrstufiger Verdichtung u. Zwischenkühlung mit einer Zylinderhöchsttemp. von ca. 70°. Bes. geeignet für CO_2 aus Kalköfen, die von n. einstufigen Kolbenkompressoren auf 3—4 at verdichtet wird u. salzhaltige Ablagerungen an den Ventilen hinterläßt. (**D. B. P. 936 933** Kl. 17g vom 15/11. 1952, ausg. 22/12. 1955. Anmeldung bekanntgemacht 30/6. 1955.) H. Schindler. 5857

Aktiebolaget Elektrolux, Stockholm, Schweden (Erfinder: **N. E. Widell**), *Geschlossener Absorptionskühlapparat mit indifferentem Gas, Absorptionslösung und Korrosionsschutzmittel*. Es soll im Syst. ein festes Korrosionsschutzmittel vorhanden sein, dessen Löslichkeit in der Lsg. unter 2% liegt, so daß diese stets mit dem Korrosionsschutzmittel gesätt. ist; bes. verwendet man *$SrCrO_4$*, vorzugsweise in Form einer Tablette mit NaOH als Bindemittel. Daneben kann noch ein 2. Korrosionsschutzmittel mit größerer Löslichkeit, bes. $NaNO_2$, vorhanden sein. (**Schwed. P. 136 392** vom 22/1. 1945, ausg. 8/7. 1952.) K. H. Kähler. 5859

Aktiebolaget Separator, Stockholm, Schweden (Erfinder: **S. Brennert** und **C. W. Teichert**), *Kühlflüssigkeit,* bestehend aus einer wss. Lsg. von polymeren *Alkali-* u. *Erdalkaliphosphaten.* Die Lsg. soll mindestens 0,1, bes. 0,5—1 (g) P_2O_5 je Liter u. 0,5 bis 10 Mol., vorzugsweise 2, Erdalkalioxyd je Mol. P_2O_5 enthalten. (**Schwed. P. 137 368** vom 16/5. 1950, ausg. 23/9. 1952.) K. H. KÄHLER. 5859

III. Elektrotechnik.

Burgess Battery Co., übert. von: **Sam Kurlandsky,** Freeport, Ill., V. St. A., *Elektrisch leitende Wachsmasse* mit einer Leitfähigkeit von $> 650\ \Omega^{-1}\ cm^{-1}$, gek. durch einen Geh. an ca. 80% metall. Ag. Die M. wird in Strangform gebracht u. dient zum Verbinden von Drähten, Zellen von Trockenelementen u. dgl. (**A. P. 2702756** vom 13/5. 1950, ausg. 22/2. 1955.) G. SALZMANN. 5953

Siemens-Schuckertwerke Akt.-Ges., Berlin und Erlangen (Erfinder: **K. Haas**), *Herstellung von lackierten, abgeplatteten Drähten, insbesondere für Isolierzwecke.* Man lackiert zunächst die abgeplatteten Kanten u. nach Trocknen des Lackes auch die abgeplatteten Flächen. Auf diese Weise wird ein vollständiges Überziehen sichergestellt. (**Schwed. P. 136 832** vom 1/10. 1949, ausg. 12/8. 1952. D. Prior. 1/10. 1948.) K. H. KÄHLER. 5957

Lumalampan Aktiebolag, Stockholm, Schweden (Erfinder: **E. I. Lönn** und **E. B. G. Sundberg**), *Herstellung von Schwärzungen auf elektrischen Lampen und Entladungsröhren.* Man dampft Metalle, bes. Al, bei Drucken unter 50 mm Hg, bes. bei ca. 15 mm, auf. Hierbei wird das Metall nahe der zu belegenden Fläche von einem Glühkörper aus sehr hoch schmelzenden Metallen, bes. Mo oder W, verdampft. Das Gas soll mit dem Metall reagieren können; bes. geeignet sind daher O_2 u. Luft. (**Schwed. P. 136 224** vom 17/12. 1948, ausg. 25/6. 1952.) K. H. KÄHLER. 5975

Fernseh G. m. b. H., Darmstadt (Erfinder: **Werner Fanselau,** Hildesheim), *Feinmaschige isolierende oder halbleitende Netzfolien,* z. B. für *Bildverstärkerröhren.* Zur Herst. wird eine Metallfolie mit einer lichtempfindlichen Lackschicht überzogen, die Füllstoffe von hohem elektr. Widerstand enthält. Darauf wird das Muster der Netzstege aufkopiert; dann wird die nichtbelichtete Schicht abgelöst u. die Metallfolie an den unbedeckten Stellen durchgeätzt oder chem. völlig weggelöst. — Die Isolierstoffe werden dem lichtempfindlichen Lack in koll.-disperser Form zugesetzt, bes. unter Verwendung peptisierender Mittel, z. B. Kaolin u. NH_3 oder Wasserglas. Der koll. Zustand des Isoliermaterials kann auch durch Ultraschallbehandlung herbeigeführt werden. — Für die lichtempfindliche Schicht werden organ. Stoffe verwandt, die in kaltem W. quellen u. in warmem W. lösl. sind, z. B. Gelatine, Eiweiß oder Fischleim. Das Gemisch aus organ. u. anorgan. Koll. wird auf die Folienplatte aufgegossen, geschleudert, getrocknet u. dann durch Baden in einer Alkalichromatlsg. lichtempfindlich gemacht. (**D. B. PP. 913 085** Kl. 21g vom 26/3. 1942, ausg. 8/6. 1954. Anmeldung bekanntgemacht 1/10. 1953, **917 196** Kl. 21g [Zusatz-Pat.] vom 17/2. 1943, ausg. 26/8. 1954. Anmeldung bekanntgemacht 12/11. 1953 u. **921 167** Kl. 21g [Zusatz-Pat.] vom 1/9. 1943, ausg. 9/12. 1954. Anmeldung bekanntgemacht 10/12. 1953.) H. KESSEL. 5975

Radio Corp. of America, übert. von: **Robert R. Goodrich,** Cranbury, N. J., V. St. A., *Photokathode.* Eine transparente Trägerplatte, z. B. aus Glas, trägt über einer durchsichtigen elektr. leitenden Zwischenschicht (z. B. aus SnO oder $SnCl_4$) eine 1—5% Sb_2O_3 enthaltende Schicht aus Sb_2S_3, bes. von der roten Modifikation. (**A. P. 2 654 852** vom 1/6. 1951, ausg. 6/10. 1953.) H. KESSEL. 5977

Aktiebolaget Tudor, Stockholm, Schweden (Erfinder: **E. G. Sundberg**), *Trockengleichrichter.* Der Trockengleichrichter besteht aus einer Grundplatte, auf der die Ge-Schicht als Halbleiter aufgebracht ist u. über der sich die Gegenelektrode befindet. Als kombiniertes Kontakt- u. Dichtungselement wird darüber erfindungsgemäß eine weiche elast. M. angebracht, die ganz oder teilweise leitend gemacht ist. Sie soll die anderen Elemente unter leichtem Druck zusammenhalten. Hierfür eignet sich z. B. eine M. aus Kautschuk, Siliconen oder anderen plast. Stoffen, die durch Graphit oder Metalle in Pulverform leitend gemacht ist. (**Schwed. P. 136 323** vom 29/4. 1950, ausg. 1/7. 1952.) K. H. KÄHLER. 5977

Samuel Ruben, New Rochelle, N. Y., V. St. A., *Elektrochemisches Strahlungsdosimeter.* In mit W. gesätt. Chlf. entsteht bei Bestrahlung mit energiereichen Strahlen HCl u. an 2 hineinragenden Elektroden von verschied. elektrochem. Potential (z. B. Zn-, Cd- oder Hg-Anode, mit MnO_2 depolarisierte C-Kathode) eine meßbare elektr. Spannung. (**A. P. 2 708 242** vom 28/6. 1952, ausg. 10/5. 1955.) H. KESSEL. 5979

IV. Wasser. Abwasser.

W. W. Bolotny, A. I. Ettinger und **L. Ss. Kupperberg,** *Entkeimung von Trinkwasser durch Wasserstoffperoxyd.* Bei den Verss. (15—20°) diente $Cu(OH)_2$ als Katalysator. H_2O_2 wurde als 1,5—3%ig. Lsg. angewandt. 5 Liter Newawasser wurden mit Katalysator u. H_2O_2 versetzt, 5 Min. sorgfältig umgerührt u. durch ein Glasrohr von 3 cm Durchmesser (bis 40 cm mit Kies u. Sand von 0,5 mm gefüllt) filtriert. Die Prüfung ergab: die Farbigkeit sank von 34—36 auf 16—21,5 Grad, der Colititer von >300 auf $<0{,}04$, die Kolonienzahl von 310—760 auf 0—50/ml. Der Verbrauch an H_2O_2 betrug ca. 1 mg/Liter. Die Kosten betragen vorläufig noch das 1,5—2fache der Chlorierung. Das entkeimte W. entsprach den Anforderungen von GOST 2874-54. (Гигиена и Санитария [Hyg. u. Sanitätswes.] **1955.** Nr. 11. 7—9. Nov. Leningrad, Wiss. Forschungsinst. der Pamfilow-Akad. für Kommunalwirtschaft.) A. v. WILPERT. 6024

H. Schulz-Falkenhain, *Beiträge zum Abwasserproblem in der Milchwirtschaft.* 3. Mitt. *Beschaffenheit des Abwassers von Betrieben der Milchwirtschaft* (2. vgl. C. **1956.** 6542.) Die Mengen an Eiweißkörpern, Kohlenhydraten u. Fetten im verunreinigten Betriebswasser bestimmen seinen BSB von 700—1500 mg/Liter, den $KMnO_4$-Verbrauch von 1000—3000 mg/Liter u. den p_H von 6,7—7,3 mit Spitzen bis 3,8 u. 10,5. Etwa 0,2—2% der angelieferten Milch gelangen in das Abwasser, sie sind in erster Linie die Infektionsquelle für Krankheitserreger, von denen Tuberkelbakterien die widerstandsfähigsten sind. Die Beurteilung nach Einwohnergleichwerten lehnt Vf. ab, da im häuslichen Abwasser bereits fermentativ zers. Stoffe vorhanden sind im Gegensatz zu den unzers. energiereichen im Molkereiabwasser, u. die abwasserwirtschaftlichen Maßnahmen der Molkerei zur Verminderung u. Verbesserung des Abwasseranfalls dabei unberücksichtigt bleiben. (Molkerei- u. Käserei-Ztg. **6.** 1116—17. 11/8. 1955.) H. MÜHLMEISTER. 6036

H. Schulz-Falkenhain, *Beiträge zum Abwasserproblem in der Milchwirtschaft.* 4. Mitt. *Auswirkungen des Abwassers von Betrieben der Milchwirtschaft auf die Gewässer.* (3. vgl. vorst. Ref.) Insgesamt gesehen werden die Gewässer durch Abwässer aus Molkereien in verhältnismäßig geringem Umfange belastet, bei Einleitung in fließende Gewässer sollte eine Verdünnung von 1: 150—200 den Vorfluter vor schädlichen Auswirkungen schützen. In Fischteichen kann ungereinigtes Betriebsabwasser gut genutzt werden. Warmes Kühlwasser kann bei geringer Wasserführung des Vorfluters durch die Temperaturerhöhung den Abbau organ. Substanz beschleunigen u. dadurch den biol. Zustand verschlechtern. (Molkerei- u. Käserei-Ztg. **6.** 1588—90. 3/11. 1955.) H. MÜHLMEISTER. 6038

Ralph Porges und **Glen J. Hopkins,** *Behandlung von Zuckerrübenabwasser durch breite Verrieselung.* Von 20000 m^3 des gesammelten Abwassers der durchschnittlich täglich 1769 t verarbeitenden Rübenzuckerfabrik Bayard mit einer BSB-Last von 7,5 t wurden 68% auf einem 104 m langen, 64 ha großen nichtplanierten natürlichen Grasland aus einem hochgelegenen Verteilungsgraben verrieselt. Bei einem Zufluß von 121 (Liter/Sek.) mit 483 mg BSB/Liter betrug der Abfluß 99 mit 158 mg BSB, der Rest versickerte oder verdunstete. Der BSB wurde also um 67, die Feststoffe um 99 u. die Bakterien um 89 bzw. 73% verringert bei starkem Algen- u. Protozoenbewuchs. Das Ergebnis könnte durch Planieren und Terrassieren des Geländes verbessert werden, um eine gleichmäßigere Verteilung zu erzielen u. alles Abwasser verrieseln zu können. Einzelheiten der biol. Merkmale u. der Einw. auf den Vorfluter werden besprochen. (Sewage ind. Wastes **27.** 1160—70. Okt. 1955. Kansas City, Mo., Missouri Drainage Basin Off. USPHS.) H. MÜHLMEISTER. 6044

Gilbert H. Dunstan und **Jesse V. Lunsford,** *Beseitigung von Konservenfabrikabwasser durch Abwasserlandbehandlung.* Nach einem eingehenden Literaturüberblick über die bisher auf dem Gebiet der Beseitigung von Konservenfabrikabwasser durch Abwasserlandbehandlung durchgeführten Verss. wird über eine Reihe von eigenen Verss. berichtet, aus denen hervorgeht, daß bei der Bewässerung mit dem Gesamtablauf aller Fabrikabwässer die hydraul. Belastung die obere Grenze darstellt, während bei Bewässerung mit den konz. Kocherlaugen ein Überdüngungseffekt eintritt. Von den verwendeten Pflanzen erweist sich das Dauerweidengras als geeigneter, höhere organ. Belastungen zu ertragen, als die Luzerne. Der bloße Boden ohne Vegetation vermag nur die niedrigste Belastung zu ertragen, d. h. die Vegetation verbraucht den Hauptanteil des aufgebrachten W. im Vgl. zu dem durch die Bodenabsorptionskapazität beanspruchten Wasser. (Sewage ind. Wastes **27.** 827—34. Juli 1955. Pullmann, Wash., State Coll., Div. of Ind. Res., San. Engng. Sect.) W. NIEMITZ. 6044

Marshall H. Dougherty, Richard W. Wolford und **Robert R. McNary,** *Die Behandlung des Abwassers Citrusfrüchte-verarbeitender Betriebe mittels belebten Schlammes.* Auf

Grund von Laboratoriumsverss. ergibt sich, daß das Belebtschlammverf. zur Reinigung des Abwassers der Citrusfrüchte-verarbeitenden Industrie geeignet ist, wenn durch geringen Alkalizusatz der p_H-Wert etwas angehoben wird. Der Zusatz von N- u. P-Verbb. erweist sich dagegen als nicht erforderlich. Die Belastung kann bei 90%ig. BSB-Abbau bei ca. 2,6—4,2 kg/m³/Tag liegen, also ziemlich hoch. Der Überschußschlamm kann auf einem Trommelfilter getrocknet u. wegen seines hohen Vitamingeh. als Vitamin-B-Quelle für Tierfutter verwandt werden. (Sewage ind. Wastes **27.** 821—26. Juli 1955. Lake Alfred, Fla., Florida Citrus Exp. Stat.) W. NIEMITZ. 6048

A. Pasveer, *Forschungen über Belebtschlamm.* 6. Mitt. *Sauerstoffsättigung von Wasser mit Luftblasen.* (5. vgl. C. **1956.** **4248.**) Theoret. Überlegungen, bei denen auch mehrere Formeln berichtigt wurden, u. Verss. über die O_2-Absorption in W. hatten folgendes Ergebnis (4 Abb., 3 Diagramme, 5 Tabellen): Luftblasen haben etwa die Form eines Ellipsoids um die kurze Achse, ihre Steiggeschwindigkeit in W. wächst von 0,01 (cm Länge der großen Achse) mit 0,545 cm/Sek. schnell bis 0,14 mit 25,7 cm/Sek. u. bleibt dann bis 0,20 mit 26,8 cm/Sek. fast gleich. Die Theorie des „fl. Films" führt zu irrigen Anschauungen über die Vorgänge in den Grenzflächen. Der Widerstand in diesen wird nicht durch einen „ruhenden Film" bewirkt, sondern ergibt sich aus der Tatsache, daß das Maß der Diffusion umgekehrt proportional der Quadratwurzel der Berührungszeit ist. Aus Blasengröße u. Steiggeschwindigkeit kann nach 2 Gleichungen die Menge des in Lsg. gehenden O_2 berechnet werden, wenn eine Größe bestimmt wird, die von dem Maß der beim Aufsteigen im W. ständig eintretenden Oberflächenerneuerung abhängig ist; eine hypothet. ruhende Oberfläche wird nach $^1/_3$ oder $^1/_4$ cm erneuert. Die Annahme, nach der die Berührungszeit Blase/W. dargestellt wird durch einen Zustand, bei dem in bestimmten Zeitabständen die Oberfläche plötzlich durch eine neue ersetzt wird, die dann für diese Zeit in Ruhe bleibt, scheint mit der Wirklichkeit übereinzustimmen, so daß bei 1—3 mm-Blasen das W. ohne Wirbelung in Ruhe entlang der Oberfläche strömt u. kein ruhender Film vorhanden ist. Beim Aufhören der Berührung beträgt der relative Gradient der Konz. in den Wassergrenzschichten bei Blasen von 0,1—0,6 cm 1,300, von 1 cm 1,000 cm^{-1}. Bei der Feststellung der O_2-Sättigungskapazität tiefer Becken bei kleinen Luftblasen wird der absorbierte O_2 zweckmäßig nicht berechnet, sondern der in der entweichenden Luft noch vorhandene Rest volumetr. bestimmt. (Sewage ind. Wastes **27.** 1130—46. Okt. 1955. Den Haag, Niederlande, Nat. Gesundheits-Forschungsrat.) H. MÜHLMEISTER. 6048

D. Parkhouse, *Die Bestimmung von freier und gebundener Kohlensäure in Kondensaten und Kesselspeisewasser und Standardisierung der Methode gegen bekannte Mengen Kohlensäure.* Zur Best. der freien, in Kondensaten u. Kesselspeisewasser vorhandenen CO_2 wird durch 5 Liter des zu untersuchenden W. in langsamem Strom CO_2-freie Luft durchgeleitet u. die nach dem Durchgang durch das W. durch eine Gaswaschflasche geleitet, die mit 0,1n NaOH gefüllt ist. Nach Ausspülen der Ableitungsrohre u. Zufügen dieses W. zu dem Inhalt der Gaswaschflasche wird mit 0,1n HCl u. Phenolphthalein u. „4,5"-Indicator als Indicatoren bis zum Endpunkt titriert. Die Berechnung wird angegeben. Soll auch die gebundene CO_2 bestimmt werden, dann wird das zu untersuchende W. mit 30%ig. H_2SO_4 versetzt. Die Genauigkeit ist besser als 1 T. in 10 Millionen. (Chem. and Ind. **1953.** 1197—99. 7/11. Croydon, British Electricity Authority, Croydon „B" Generating Station.) C. GOTTFRIED. 6060

V. Anorganische Industrie.

M. L. Leonardi, *American Potash & Chemical Corp., Fließschema der Hauptanlage.* Vf. beschreibt die Struktur der Salzlagerstätte von Searles Lake im Nordwesten der Landschaft von San Bernardino sowie die Technologie der Gewinnung u. Aufarbeitung der dort geförderten Sole. In der Anlage werden Na_2SO_4, Na_2CO_3, Li_2CO_3, H_3PO_4, *KCl*, K_2SO_4, Br_2, *Alkalibromide*, $Na_2B_4O_7$, $Na_2B_4O_7 \cdot 10\ H_2O$ u. H_3BO_3 erzeugt. (Mining Engng. **6.** 203—08. Febr. 1954. Trona, Calif.) GERHARD GÜNTHER. H 272

R. Kaiser, *Das Magnesiumsulfatröstverfahren.* Die Abröstung des calcinierten $MgSO_4$ erfolgt im LURGI-Etagenofen etwa nach der Gleichung $4\,MgSO_4 + 8\frac{1}{2}\,C + 6\frac{1}{2}\,O_2 = 4\,MgO + 4\,SO_2 + 8\frac{1}{2}\,CO_2$, wobei eine Feinmischung von $MgSO_4$ mit Braunkohlenschwelkoks u. Steinkohlengruß aufgegeben wird u. auf dem 2. u. 3. Herd eine Temp. von 900—950° erzielt wird, unter Luftzufuhr wegen CO_2-, nicht wegen SO_2-Bildung. Die Röstgase enthalten 6% SO_2, die Gasmenge ist größer als bei der Pyritröstung. Der Abbrand enthält 71—75% MgO u. ist stark durch Kohlenasche verunreinigt. Die Aufbereitung erfolgt durch Schlämmen, wobei ein Feinprod. (**a**) mit 89—92% MgO u. ein Grieß (**b**) mit 10—50% erhalten wird. **a** läßt sich nach Zusatz von 1—2% Fe_2O_3 zwecks Erniedrigung des F. auf 1500—1600° auf Sintersteine bzw. als Rohmaterial für Mg-haltige

Feinchemikalien verwerten, b als Beimischung für marmorierte Platten, Kernformen, Sorelzement. (Chem. Techn. 6. 207—11. April 1954. Dresden.) K. Steiner. H 282

Elemér Papp, József Üveges und **András Héjja**, *Der Galliumgehalt der ungarischen Bauxite*. Die ungar. Bauxite enthalten 0,002—0,005% Ga, wovon ca. $^1/_3$ in den Rotschlamm, $^1/_{10}$—$^1/_5$ in die Tonerde gelangt, der Rest verbleibt in der Lauge. In einer Dicklauge wurden z. B. 130 mg/Liter bestimmt. Bekanntlich ist die Ausscheidung von Ga nur aus solchen Lsgg. durchführbar, in denen das Verhältnis $Al_2O_3 : Ga_2O_3 > 100 : 1$ ist. Zur Anreicherung von Ga in der Dicklauge wurde nach Frary die Hauptmenge Al mit Kalkmilch als Ca-Aluminat abgetrennt, aus dem Filtrat mittels CO_2 das $Al(OH)_3 + Ga(OH)_3$ ausgefällt, der Nd. zur Zerstörung der organ. Substanz 3 Std. auf 450° erhitzt, in 12%ig. NaOH gelöst u. Ga elektrolyt. ausgeschieden. Verss. im Tonerdebetrieb in großen Elektrolyseuren bei stetem Durchfluß von Dünnlauge, Ausrührlaugen oder eingedickten Laugen bis zu 1200 Liter/Std. gaben schwarze bis graue Belege mit Hg-ähnlichen Kügelchen. Die Stromausbeute betrug in diesen Fällen nur einige Zehntel %, auf Ga bezogen. Bedeutend besser sind die Ergebnisse, wenn die Al-Menge maximal die 100fache des Ga ist; in diesem Falle kann bei 75—80° mit 0,7 A/cm² an der Elektrode gut haftendes Ga erhalten werden. (Kohászati Lapok **10** (**88**). 314—19. Juli 1955.) J. Plank. H 294

Béla Lányi, *Der kontinuierliche Bauxitaufschluß*. Aufschlußverss. bei 300—350° ergaben schon binnen weniger Min. einen hohen Aufschluß u. einen rasch absitzenden, wenig Natron u. Al_2O_3 enthaltenden Rotschlamm. Auf Grund dieser Beobachtung wurde ein Hochdruckapp. ohne Dampfphase mit kontinuierlicher Speisung u. Entleerung konstruiert. Aus diesen Verss. geht hervor, daß in dem Röhrenautoklaven ohne Dampfphase die Aufschlußgeschwindigkeit unter Anwendung von Dicklauge 184mal, mit Retourlauge 92mal größer ist als in den Bayer-Autoklaven. Prinzipiell wird die Konzentrierung der Lauge überflüssig, es muß jedoch ein Teil der Retourlauge eingedickt werden, um die schädlichen Verunreinigungen zu entfernen. Während des Aufschlusses wurde eine exotherme Rk. u. erstmalig die Bldg. von Magnetit aus wss. Lsg. bei dieser Temp. beobachtet. (Kohászati Lapok **10** (**88**). 36. Jan. 1955.) J. Plank. H 294

Sándor Dunay, *Sodawärmebehandlung minderwertiger Bauxite*. Beim pyrogenen Aufschluß mit Kalk u. Soda werden die wertvollen Bestandteile im Schlamm nicht angereichert, wohl aber, wenn nur Soda verwendet wird. In beiden Fällen ist Entkieselung nötig, da 50—80% der Kieselsäure in Lsg. gehen. 94—99% des Tonerdegeh. können gewonnen werden; wird auch der bei der Entkieselung gebildete Natrolith verarbeitet, so ist auch der Natronverlust gering. Der Rotschlamm wird verhüttet u. die 25—30% TiO_2 enthaltende Schlacke auf Ti verarbeitet. Verss. im Kleinbetrieb bestätigten die Laboratoriumsversuche. (Kohászati Lapok **10** (**88**). 41—42. Jan. 1955.) J. Plank. H 294

Béla Lányi, *Energetik der Fabrikation von Bayer-Tonerde*. In der Literatur ist nur der gesamte Energiebedarf angegeben, daher berechnet Vf. den Wärmebedarf der einzelnen Phasen. Auf 1 t erzeugte Tonerde bezogen, ergibt sich der Wärmebedarf zum Rösten von n. Bauxit zu 880000 kcal, zum Erwärmen von Bauxit u. Lauge auf die Aufschlußtemp. von 160° 1395000 kcal bzw. auf 210° zu 1890000 kcal, wenn Lauge von 20° erwärmt wird. Wird im Betrieb die Lauge von 50 auf 180 bzw. 210° erwärmt, sind 1109440 bzw. 1702700 kcal nötig. Der Energiebedarf des Aufschlußprozesses ist nur annähernd berechenbar. Bei dem Bayer-Verf. ist das Verdünnen der Lauge unumgänglich. Am Rotschlamm haftet eine bedeutende Menge Aluminatlauge, jedoch kann durch ein besonderes Verf. die ganze Natron- u. Al_2O_3-Menge in zum Ausrühren geeigneter Form gewonnen werden. Durch Ausschalten der Dorr-App., also Verminderung des Laugenvol. beim Bayer-Verf., ergänzt mit der Rotschlammverarbeitung, kann der vollständige Kreislauf verwirklicht werden. (Kohászati Lapok **10** (**88**). 35—36. Jan. 1955.) J. Plank. H 294

Endre Bogárdi, *Bestimmung des beim Aufschluß von Bauxit nach Bayer durch SiO_2 verursachten Verlustes*. Aus früheren Verss. u. Rotschlammanalysen geht hervor, daß der infolge des SiO_2-Geh. bestehende chem. Al_2O_3- u. Na_2O-Verlust der Bldg. von Natrolith (Zus. $2 Na_2O \cdot 2 Al_2O_3 \cdot 3 SiO_2 \cdot x H_2O$) entspricht. Der weitere Natronverlust ist geringer, als der Umsetzung des TiO_2 in $NaHTiO_3$ entsprechen würde, wahrscheinlich ist diese Umsetzung nicht immer vollständig. (Kohászati Lapok **10** (**88**). 38—39. Jan. 1955.) J. Plank. H 294

Elemér Papp, *Neue Beiträge zum Problem des Absitzens des Rotschlammes aus dem Bayer-Aufschluß*. Zum rascheren Absitzen des Rotschlammes, bes. beim Verarbeiten minderwertiger Bauxite, wurden die besten Erfolge durch Zugabe von 0,1% Stärke bzw. Mehl erzielt. Die elektrophoret. Unters. ergab, daß die Körner des Rotschlammes in wss. oder Aluminatlaugesuspension positiv geladen sind, ihre Ladung langsam verlieren u. elektroneutral werden. Durch Einw. von Mehl oder reduzierenden Stoffen tritt der Ladungsverlust sofort ein. Ebenfalls positiv geladen sind die Elementarteilchen

des Natroliths. Die Körner des aus reduktiv geröstetem Bauxit gebildeten Rotschlammes sind elektroneutral. Vf. ist der Meinung, daß das schlechte Absitzen des Rotschlammes teils der elektr. Leitung, teils einem dünnen O_2-Häutchen an der Oberfläche der Körner zuzuschreiben ist. Die Ggw. von O_2 wurde nachgewiesen bzw. dessen Menge, 6,62 ml/kg Rotschlamm, gemessen. (Kohászati Lapok **10** (88). 40—41. Jan. 1955.)
J. PLANK. H 294

Béla Lányi, *Die Verwertung des Rotschlammes der Tonerdefabrikation.* Zur Gewinnung der wertvollen Bestandteile des Rotschlammes wurden 2 Verff. ausgearbeitet. Nach dem ersten Verf. wird der Rotschlamm mit der ersten DORR-Lauge entfernt, unter Druck filtriert oder zentrifugiert. Der Schlamm wird nun pyrogen behandelt, dieser „sek." Rotschlamm ist leicht auswaschbar, u. der Rückstand ist zur Verhüttung auf Eisen geeignet. Dabei entsteht eine Schlacke mit 20—22% TiO_2-Geh., welche auf Ti weiterverarbeitet wird. Nach dem 2. Verf. wird der Schlamm ebenfalls nicht ausgewaschen, sondern mit Soda bei 800° geröstet; nach dem Auslaugen wird SiO_2 entfernt u. die Aluminatlauge ausgerührt. Der hier gebildete Rückstand ist zur Entschwefelung von Gasen gut geeignet u. kann geröstet zur H_2SO_4-Erzeugung dienen, der Abbrand wird verhüttet. Bei beiden Verff. werden die DORR-Wäscher überflüssig. (Kohászati Lapok **10** (88). 39—40. Jan. 1955.) J. PLANK. H 294

International Minerals & Chemical Corp., New York, N. Y., übert. von: **William B. Dancy** und **Albert Adams**, Carlsbad, N. Mex., V. St. A., *Reinigung von Kaliumhydroxyd.* Zu einer an KOH-Monohydrat zwischen 45 und 55° gesätt. Lsg. wird eine Aufschlämmung von KOH-Dihydrat u. eine einen Aminsammler enthaltende alkoh. Lsg. gegeben u. die Mischung der Schaumflotation unterworfen, bei der das reine KOH nicht aufschwimmt u. abgetrennt wird. Der Sammler besteht aus Mischungen von gradkettigen, prim. aliphat. Aminacetaten einer Kettenlänge von 7—22 C-Atomen. — Beispiel: Mischungen von Hexadecylaminacetat, Octadecylaminacetat u. Octadecenylacetat werden, gelöst in wss. CH_3OH bzw. C_2H_5OH, als Sammler verwandt. (**A. P. 2 699 377** vom 14/8. 1953, ausg. 11/1. 1955.) K. WOLK. H 275

Th. Goldschmidt Akt.-Ges., Essen (Erfinder: **Wolfgang Müller**, Mannheim), *Herstellung von Zinkmonoamminchlorid* oder dessen Polymeren aus Ammoniak u. Zinkchlorid. In eine fl. Schmelze aus $ZnCl_2$ leitet man NH_3 bei anfangs 250—300° u. senkt nach Abklingen der exothermen Rk. die Temp. bis $< 150°$, so daß der sich über der Schmelze einstellende Ammoniaksättigungsdruck möglichst niedrig gehalten wird. (**D. B. P. 936 332** Kl. 12n vom 15/7. 1953, ausg. 7/12. 1955. Anmeldung bekanntgemacht 16/6. 1955.) H. NEBELSIEK. H 288

Metallgesellschaft Akt.-Ges. (Erfinder: **Karl Buhlmann** und **Richard Schneider**), Frankfurt/M., *Gewinnung von reinem Bleicarbonat* aus Pb-haltigen Abfallprodukten. Das bleihaltige Gut wird mit ca. 100° heißer NH_4Cl-Lsg. ausgelaugt u. aus dieser nach Abtrennung der unlösl. Verunreinigungen reines $PbCl_2$ durch Abkühlen als Zwischenprod. gewonnen, das dann in wss. Lsg. mit Alkalicarbonat oder -bicarbonat oder Ammoncarbonat umgesetzt wird. (**D. B. P. 936 506** Kl. 12n vom 28/1. 1954, ausg. 15/12. 1955. Anmeldung bekanntgemacht 23/6. 1955.) H. NEBELSIEK. H 328

Badische Anilin- & Soda-Fabrik Akt.-Ges. (Erfinder: **Alexei Trofimow** und **Rudolf Robl**), Ludwigshafen/Rh., *Herstellung von magnetischen Eisenoxyden* durch Fällen einer Fe(II)-Salzlsg. mit Alkalien in Ggw. eines Oxydationsmittels u. Überführen des erhaltenen schwarzen Fe_3O_4 in γ-Fe_2O_3. Man nimmt die Fällung in Ggw. geringer Mengen anderer Metallionen vor u. läßt das Oxydationsmittel unter erhöhtem Druck bei Tempp. $> 100°$, bes. mehrere Std. u. unter Drucken bis zu ca. 8 atü, einwirken. (**D. B. P. 936 392** Kl. 12n vom 3/12. 1953, ausg. 15/12. 1955. Anmeldung bekanntgemacht 12/5. 1955.)
H. NEBELSIEK. H 354

Metallgesellschaft Akt.-Ges., Frankfurt/M. (Erfinder: **Joseph Dornauf**, Kalkheim), *Nutzbarmachen von Abwärme bei der Abkühlung heißer Kupfersulfatlaugen* durch Inberührungbringen der aus einem Löseturm abfließenden Kristallisierlauge mit Luft. Diese mit Wasserdampf beladene Luft wird als Oxydationsluft im Lösebehälter verwendet, in welchem Kupfergranalien mit H_2SO_4 u. O_2 zu $CuSO_4$ umgesetzt werden. (**D. B. P. 936 394** Kl. 12n vom 14/9. 1952, ausg. 15/12. 1955. Anmeldung bekanntgemacht 12/5. 1955.) H. NEBELSIEK. H 358

VI. Silicatchemie. Baustoffe.

Hans-Ernst Schwiete und **Christoph Hummel**, *Beitrag zur Diskussion über die Verwendung des Thermopaares PtRh-18 bei der Druckfeuerbeständigkeitsprüfung (DIN 1064).* Bei der Druckfeuerbeständigkeitsprüfung nach DIN 1064 spielt die Temperaturmessung eine entscheidende Rolle. Normgerecht ist die Verwendung eines Teilstrahlungspyrometers. Vff. untersuchen die Möglichkeit, das von der DEGUSSA entwickelte Thermopaar PtRh-18, bei dem der positive Schenkel aus Pt mit 30% Rh, der negative aus Pt mit 6% Rh bestehen, hierfür einzusetzen. (Tonind.-Ztg. keram. Rdsch. **79.** 161—63. Juni 1955. Aachen, TH, Inst. für Gesteinshüttenkunde.) D. BREDTSCHNEIDER. 6210

Rudolf Märker, *Die Prüfung hochsäurebeständiger Emails.* Für die Prüfung der chem. Widerstandsfähigkeit hochsäurebeständiger Emails wird vorgeschlagen, halbkugelige Schalen von 10 cm im Durchmesser dreimal je 4 Std. mit 125 ml 20,4%ig. HCl auszukochen. Die erhaltenen Lsgg. werden eingedampft u. der Eindampfrückstand in mg/cm^2 festgestellt. — Literaturstellen. (Silikattechnik **4.** 19—20. Jan. 1953. Lichtentanne b. Zwickau, Deutsches Amt für Material- u. Warmprüfung der Deutschen Demokratischen Republik.) F. MARKHOFF. 6212

M. I. Saitzewa und **N. I. Tschaikowskaja,** *Zinkglasuren für Verkleidungskeramik.* Glasuren mit 19—30% ZnO sind gut getrübt, wenn sie nicht mehr als 5% CaO enthalten. Sie sind rein weiß u. glänzend, therm. u. chem. sehr widerstandsfähig. Bei mehr als 5% CaO wird die therm. Festigkeit geringer, der Trübungsgrad herabgesetzt (bei 10% CaO durchsichtig). — Glasuren mit Na geben eine mattweiße Oberfläche. Mkr. Unterss. zeigten, daß die Ursache guter Trübung die Ggw. vieler kleiner Kristalle in der Glasmasse ist, deren Brechungskoeff. größer ist als der der Glasmasse (1,680 bzw. 1,537). (Стекло и Керамика [Glas u. Keram.] **12.** Nr. 3. 4—7. März 1955.) J. v. SCHROEDER. 6212

A. W. Besnossikowa, M. Je. Jakowlewa und **M. G. Lundina,** *Über Veränderungen der Phasenzusammensetzung beim Brennen von Gegenständen aus leichtschmelzendem Ton.* 4 leichtschmelzende Lehmarten, die in der Hauptsache Montmorillonit u. Glimmer enthielten, wurden, ebenso wie ihre Fraktionen $< 1\ \mu$, röntgenograph. auf die Phasenänderung untersucht. Hinsichtlich der Rissebldg. ist die Brenntemp. 800—900° am gefährlichsten. Das Kristallgitter der Tonmineralien wird im Bereich 800—950° zerstört; bei 850° tritt Hämatit auf; bei 950—1000° kristallisiert Spinell; Cristobalit tritt bei 850—1100° auf. (Стекло и Керамика [Glas u. Keram.] **12.** Nr. 3. 7—11. März 1955.) J. v. SCHROEDER. 6216

A. A. Pirogow, *Über den Einfluß einiger Mineralisatoren auf die Forsteritverkittung der Magnesitmassen bei der Kontaktagglomeration.* Unterss. des Vf. über das Verkitten von Magnesitmassen bei der Kontaktagglomeration (1000—1200°) ergaben, daß es möglich ist, innerhalb dieses Sinterstadiums die Festigkeit des Materials durch Zugabe von forsteritbildenden Mineralien zu erhöhen. Die Einführung von krist. Quarz feinster Verteilung in die Magnesitmassen zusammen mit Alkalimineralisatoren regt bei 1000—1200° zur Bldg. von Forsterit an. Offenbar ist die Wrkg. der alkal. Mineralisatoren durch die Bldg. unbeständiger Zwischenverbb. bedingt, die die Rk. der Forsteritbldg. aktivieren. Deren Entstehung in den Magnesitmassen fördert ihre Festigung bei der Kontaktagglomeration in einem Maße, das gewöhnlich nur durch Brennen bei hohen Tempp. erreicht werden kann. (Огнеупоры [Feuerfeste Mater.] **20.** 263—68. 1955.) A. v. KOTZEBUE. 6218

G. R. Rigby, *Silica- und Chromerz–Magnesit-Steine in der Eisen- und Stahlindustrie.* Angegeben werden die Eigg. von Silica- u. Chromerz–Magnesit-Steinen sowie von Quarz. Die mineralog. Zus. der Silicasteine wird erörtert u. ein Einfl. eines Rutilgeh. von 1,7% auf die Porosität der Silicasteine festgestellt. Die Zus. der Chromerze verschied. Herkunftsländer wird angegeben u. der sprengende Einfl. von Eisenoxyd in Chromerz–Magnesit-Steinen behandelt. Über Verss. der Verwendung solcher Steine zur Herst. bas. Gewölbe in SIEMENS-MARTIN-Öfen wird berichtet. — Schrifttumsangaben. (Iron Coal Trades Rev. **166.** 77—82. 9/1. 1953.) H. HOCHSTEIN. 6218

Ludwig Žagar, *Ermittlung der Größenverteilung von Poren in feuerfesten Baustoffen.* Das Verf. hängt in starkem Maße von der Größe, Form, Zahl u. Verteilung der Poren ab. Durch ein W.-Luft-Verdrängungsverf. ist es auf Grund der CANTONschen Gleichung möglich, diese Einflußgrößen zu ermitteln. Bei dem Vers. wird der Probekörper getränkt u. anschließend mit Druckluft stufenweise entwässert. Die Strömungsgeschwindigkeit der Luft durch den mit W. getränkten Körper wird in Abhängigkeit des zum Auspressen des W. erforderlichen Druckes gemessen u. aus den erhaltenen Kurven die Porengrößenverteilung des Körpers ermittelt. Auf diese Weise wurden an Schamottesteinen die kleinste, die äquivalente u. die größte Porengröße bestimmt. Die Ergebnisse zeigen eine starke Abhängigkeit der Porengrößen von der Porigkeit des Werkstoffes. (Arch. Eisenhüttenwes. **26.** 561—62. Sept. 1955. Aachen, Rhein.-Westfäl. TH.) H. HOCHSTEIN. 6218

Nicola Fratini, *Chemische Kontrolle der Puzzolanzemente.* Zusammenfassender Überblick. (Ann. Chimica **44.** 709—18. Sept. 1954. Roma, Univ., Ist. di Chim. appl. ed ind.) C. GOTTFRIED. 6222

Luigi Greco, *Eine wichtige Anwendung der Puzzolanklinker.* Vf. berichtet über die Unters. der Festigkeitseigg. einer Reihe von Puzzolanklinkern in verschied. Laboratorien, welche bei dem Bau von Brücken u. Hafenanlagen Verwendung gefunden haben. (Ann. Chimica **44.** 629—42. Sept. 1954. Roma, Univ., Fac. d'Ingegneria.) C. GOTTFRIED. 6222

Henri Lafuma, *Das Problem der Puzzolanzemente in Frankreich.* Vf. weist zunächst darauf hin, daß bis vor kurzer Zeit Puzzolanzemente in Frankreich nur in beschränktem Maße hergestellt worden sind, bes. wegen der schlechten Qualität der französ. Puzzolane. Erst in neuerer Zeit werden Puzzolane häufiger verwandt wegen der guten Eigg. der Puzzolane auf die Härtungsprozesse u. die Stabilität von übersulfatisierten u. Al-Zementen. (Ann. Chimica **44.** 719—26. Sept. 1954. Paris, Centre d'Etudes et de Recherches de l'Ind. des Liants Hydraul.) C. GOTTFRIED. 6222

Filippo Arredi, *Das Problem der Impermeabilität in den großen hydraulischen Bauwerken aus Klinkern.* Vf. berichtet über großangelegte Unterss. in dem obigen Institut über die Permeabilität von Klinkern aus n. Zement u. Puzzolanzement. (Ann. Chimica **44.** 749—68. Sept. 1954. Roma, Univ., Ist. di Costrupioni e Impianti Idraulici della Fac. di Ingegneria.) C. GOTTFRIED. 6222

Jerzy Grzymek, *Die Bedeutung der äußeren Gestalt der Alitkristalle für die Erzeugung von frühhochfesten Portlandzementen.* Auf Grund von Kristallisationsverss. mit übersätt. Lsgg. ist es Vf. gelungen, die Kristallisation des *Alits* in der Praxis durch entsprechende Regelung bei der Herst. des Portlandzements so zu beeinflussen, daß möglichst kleine Alitkristalle mit einem möglichst großen Achsenverhältnis entstehen. Diese Zemente haben höhere Festigkeiten als n.; bes. die Anfangsfestigkeiten sind erheblich höher u. erreichen die theoret. möglichen Werte. Im weiteren Verlauf der Festigkeitsentw. werden die theoret. Festigkeiten jedoch nicht mehr erreicht, da die koll. Hydratationsprodd. des Alits diesen umhüllen u. so den Wasserzutritt u. damit seine tiefere Hydratation hemmen. Die weiteren Arbeiten sind auf die Vergrößerung der Wasserdurchlässigkeit dieser koll. Hüllen gerichtet. (Silikattechnik **6.** 296—302. Juli 1955. Krakow, Inst. für Bindestoffe an der Berg- u. Hüttenakad.) K. PISTOR. 6222

M. B. Frenkel, *Granulierung von Zementrohmaterialien beim Trockengewinnungsverfahren.* Zur Verhinderung einer starken Staubbldg. beim Brennen der Klinker ist Granulieren der Rohstoffe zu empfehlen. Die gebildeten Granula sind in einer kleinen Trockentrommel durch die Ofenabgase zu trocknen, wobei die Temp. der Abgase durch Zumischen von kalter Luft auf 200—300° abzukühlen ist. Die Granula bilden sich am leichtesten bei maximaler mol. Wasserkapazität (die bedeutend unter der maximalen capillaren Wasserkapazität liegt). Bei Wasserüberschuß bilden sich zwar leicht Zusammenballungen, jedoch sind diese Klümpchen weniger beständig, da ihre Größe über die optimale von 5—10 mm hinausgeht. Auch der Füllungsgrad des Trommelgranulators spielt mit. Bei einer Füllung von nur 5% hatten 80% der Granula die optimale Größe 5—10 mm. Zusatz von 3—5% Ton u. 0,5—2% Sulfitspritschlempe steigert die Festigkeit der Klümpchen u. vermindert sehr weitgehend die Staubbldg., wie die mitgeteilten Versuchsergebnisse nachweisen. (Цемент [Zement] **21.** Nr. 4. 9—12. Juli/Aug. 1955.) A. v. WILPERT. 6222

G. M. Ruschtschuk, *Über den Einfluß der mineralischen Zusammensetzung von Zement auf die Frostfestigkeit des Mörtels und des Betons.* Verss. mit Betonklötzen u. Mörtelproben verschied. Fabriken u. verschied. mineral. Zus. ergaben nach einer Serie von (bis zu 500) Einfriercyclen, daß ein Zusammenhang zwischen mineral. Zus. u. Frostfestigkeit nicht nachzuweisen ist. Die Best., der Zement dürfe nicht über 8% C_3A (Tricalciumaluminat) enthalten, muß daher revidiert werden. Dagegen ergaben dieselben Verss., daß ein Zusatz von 0,25% Sulfitspritschlempe die Frostfestigkeit erhöht. Der Elastizitätsmodul sank nach 500 Cyclen um 11—36%, bei Zusatz von Schlempe nur um 8—15%. Petrograph. nachgewiesene CaO-Nester mögen die Frostfestigkeit beeinträchtigt haben. Auch 10jährige Beobachtungen an bereits durchgeführten Bauten ergaben keine Hinweise auf einen Einfl. der mineral. Zusammensetzung. (Цемент [Zement] **21.** Nr. 4. 14—19. Juli/Aug. 1955.) A. v. WILPERT. 6222

B. G. Skramtajew und **A. A. Budilow,** *Neue Angaben zur Gewinnung schnellhärtender hochfester Betone aus groben Betongemischen.* Vff. empfehlen, die Betongemische aus Portlandzement (Druckfestigkeit 433 kg/cm²), Granitklein (Korngröße bis 40 mm) u. Sand von oben u. unten zu vibrieren. Der Zement ist unter Zugabe von Gips auf der Schüttelmühle zu mahlen. Bei Zugabe von 2—2,5% $CaCO_3$ erreicht die Festigkeit R_1 (nach 24 Std.) 80% des R_{28}-Wertes. Dies ermöglicht, von einer Dämpfung des Betons völlig abzusehen oder zumindest deren Dauer erheblich einzuschränken. (Бетон и Железобетон [Beton u. Eisenbeton] **1955.** 226—27. Sept.) A. v. KOTZEBUE. 6224

Junichi Kasai, Katsumi Takahasi, Hitoshi Yamanaka und **Manjiro Nakahara,** *Über Keen's Zement.* 1. Mitt. Es wird über die Entw. der Druckfestigkeit von Gips in Abhängigkeit von der Brenntemp. u. der Höhe einer Alaunzugabe berichtet. Bei 500° wird der Rohgipsstein zunächst entwässert, dann der Alaun zugegeben, u. dann die Temp. zwischen 500 u. 900° variiert. Bei einem Verhältnis von 2,0 g Alaun auf 100 g $CaSO_4$ konnte ein Festigkeitsmaximum mit 340 kg/cm^2 bei einer Behandlungstemp. von 600° erreicht werden. (Gypsum & Lime Tokyo **1954**. Nr. 14. 625—27. [Orig.: japan.; Auszug: engl.]) K. SEIDEL. 6226

Bonaventura Tavasci, *Struktur der Mörtel und Puzzolanzemente.* Vf. berichtet über mkr. Unterss. der Rk. zwischen Kalk u. Puzzolan während der Verfestigung der Mörtel u. Puzzolanzemente. Eine Reihe von Anschliffaufnahmen sind wiedergegeben. (Ann. Chimica **44**. 621—28. Sept. 1954. Cagliari, Univ., Ist. di Chim. appl.) C. GOTTFRIED. 6226

Fernando Parissi, *Mörtel und Puzzolanklinker.* Vf. gibt an Hand der Literatur einen zusammenfassenden Überblick über Zus. der Mörtel u. Puzzolanzemente, ihren Eigg. u. den Methoden zur Beschleunigung ihrer Verfestigung. (Ann. Chimica **44**. 603—20. Sept. 1954. Roma, Univ., Ist. di Chim. appl.) C. GOTTFRIED. 6226

Chicago Fire Brick Co., übert. von: **Joseph R. Parsons,** Chicago, Ill., V. St. A., *Plastische feuerfeste Isoliermasse.* Ton oder Kaolin wird mit W. u. einem in der Wärme wachsenden Zuschlagstoff, wie Quarz oder Cyanit, versetzt u. die M. durch alkal. Stoffe, wie Na_2CO_3, NaOH, NH_4OH, verschlickert. Der Schlicker wird mit expandiertem Perlit vermischt u. anschließend ausgeflockt durch Zusatz von Säuren oder sauren Salzen, wobei eine plast. formbare M. entsteht. Die M. wird zum Flicken von Ofenmauerwerk oder zum Formen von Isoliersteinen verwendet, die bei ca. 2000—2500° F gebrannt werden. (**A. P. 2 702 752** vom 26/8. 1953, ausg. 22/2. 1955.) F. REINHART. 6219

C. O. G. Ekman, Örebro, Schweden, *Elektrochemische Verstärkung von durch Reibung gehaltenen Pfeilern.* Die bekannte elektrochem. Verstärkung von durch Reibung gehaltenen Stützpfeilern durch einen als Anode geschalteten Mantel aus einer Al-Folie wird verbessert, indem man diese in Streifen mit Zwischenräumen voneinander anbringt. Hierdurch kann sich der durch die Elektrolytwrkg. angelagerte, an W. verarmte Ton direkt mit dem *Betonpfeiler* verbinden, wodurch wiederum die bei eventueller Bewegung entstehende Reibung mit dem umgebenden Erdboden stark erhöht wird. (**Schwed. P. 136 283** vom 25/10. 1949, ausg. 25/6. 1952.) K. H. KÄHLER. 6225

Fagersta Bruks Aktiebolag, Fagersta, Schweden (Erfinder: **G. E. H. Hildebrand**), *Betreiben von Schachtöfen.* In Schachtöfen, z. B. zum Verbrennen von stückigen oder pulverförmigen Brennstoffen, zur Herst. von Fe-Schwamm oder zum *Brennen von Kalk* wird der Beschickung ein Gas entgegengeleitet u. diesem period. ein Druckimpuls erteilt, so daß Druckwellen, bes. im Bereich der Schallwellen, erzeugt werden, wodurch die feste Beschickung in Vibrationen versetzt wird. (**Schwed. P. 136 404** vom 25/6. 1947, ausg. 8/7. 1952.) K. H. KÄHLER. 6227

Rudolf vom Hove, Freiburg/Br., *Herstellung dekorativer steinähnlicher Platten,* dad. gek., daß man die Platte aus im *Baugewerbe* üblichen Werkstoffen mit einer Paste aus der Lsg. eines Kunstharzes u. Füllstoffen, wie gemahlenen Mineralien, Glas- oder Metallstaub, auch pflanzlichen, tier. oder künstlichen Fasern, beschichtet, dann die noch zähfl. Schicht mit der nunmehr angefärbten verd. Kunstharzlsg. oder nur mit dem angefärbten Lösungsm. übergießt u. das Eindringen der Farblsg. in Form von Adern in bekannter Weise fördert, worauf die Schicht bei erhöhter Temp. getrocknet u. gehärtet wird. (**D. B. P. 932 954** Kl. 75b vom 14/12. 1951, ausg. 12/9. 1955. Anmeldung bekanntgemacht 17/3. 1955.) E. WEISS. 6229

K. Pauel, Remscheid, *Herstellen von mehrfarbigen Belägen aus flüssigen Massen, insbesondere für Fußböden,* dad. gek., daß die M. zunächst in einer regelmäßig oder unregelmäßig unterteilten Schicht aufgetragen wird, deren Kuppen man nach ihrem Trocknen bis zu einer oberhalb der Grundfläche liegenden Höhe abschleift, worauf dann eine zweite Schicht aufgetragen wird, die man nach ihrem Trocknen mindestens bis zu der oberhalb der Grundfläche liegenden Höhe abschleift. Die zuletzt aufgetragene Schicht setzt sich aus einer durchscheinenden M., z. B. einem Kunstharz, zusammen. — Abbildungen. (**Belg. P. 510 764** vom 18/4. 1952, ausg. 23/10. 1953. D. Priorr. 23/4. 1951 u. 18/3. 1952.) E. WEISS. 6229

American Cyanamid Co., New York, N. Y., übert. von: **Chester G. Landes,** New Canaan, Conn., V. St. A., *Wasserabweisende Mineralwolle* erhält man durch deren Imprägnierung mit einer wss. Lsg. des Kondensates aus einem aliphat. Amin u. Epichlorhydrin (I). — Z. B. stellt man aus dem Prod. aus 1 (Mol) Octadecylamin u. 1,8 I eine 0,01%ig. wss. Lsg. her u. imprägniert hiermit Glas- oder Mineralwolle, so daß 0,01% Harz aufgenommen wird. Das bei 127° getrocknete Prod. ist wasserabweisend. (**A. P. 2 714 276** vom 29/12. 1950, ausg. 2/8. 1955.) H. MÖLLERING. 6235

VII. Agrikulturchemie. Schädlingsbekämpfung.

L. I. Wigorow, *Mikrochemische Untersuchung von Podsolböden.* Bei den Unterss. eines Rasenpodsol- u. eines grauen Waldpodsolbodens auf Eiweiß, dessen Hauptmenge in Bakterienzellen u. Zooglöen enthalten ist, fand man mit den Reagentien von MILLON, PAULY u. LUGAL, daß die Bodenkrümelmasse des dunklen Podsols zu $^1/_3$—$^1/_2$ aus Bakterienkörpern u. bakteriellem Schleim besteht; im grauen Podsol war das Verhältnis noch größer, die Menge aber infolge des geringeren Humusvorrates geringer. Im Humus, der zur Unters. auf P u. N durch Decalcinierung mit 0,05n HCl, darauf durch Extraktion erst mit 0,5n NaOH (zur Trennung von Humus- u. Fulvosäuren), nachher mit 10%ig. NaOH fraktioniert wurde, fand man die Hauptmenge an P u. N in den Humus- u. Fulvosäuren, worauf für N die mit 10%ig. NaOH extrahierte Fraktion folgte. Die mikrochem. topograph. Unters. auf P u. N zeigte den NH_3-N zumeist in Zooglöen u. Pflanzenresten, den NO_3-N dagegen in ungleichmäßig verteilten Mikroansammlungen, offenbar der Lokalisation der nitrifizierenden Bakterien entsprechend. P wurde (außer in Humus) zumeist als „biol. P" in zooglöen Gallerten u. in Bakterien ermittelt, in feinen mineral. Bodenteilchen fehlte er ganz. (Агробиология [Agrobiologie] **1955.** Nr. 5. 93—107. Sept./Okt. Swerdlowsk, Uraler Forsttechn. Inst.) E. LINTER. 6304

A. W. Kusnetzowa, *Der Gehalt an Nitraten in den Böden des Tscheljabinsk-Gebietes zu verschiedenen Jahreszeiten.* Unterss. an drei Schwarzerdeböden auf Nitratgeh. ergaben (in mg/kg absol. trockenen Bodens): im Spätherbst, je nach Vorfrucht, im geackerten Boden ca. 100—280, im Winter Rückgang auf 50—100, im Frühjahr mit Bodenbearbeitung u. Düngung wieder Anstieg, dabei um so stärker, je höher der Geh. im Herbst war; nach einem scharfen, spitzen Maximum von 150—280 im Mai/Juni ein plötzliches Abfallen auf Spuren u. Anhalten dieses Stadiums, das angeblich durch spezif. Einfl. der Wurzeln bedingt sein soll, bis zur Ernte. Auf unbekanntem, aber bearbeitetem Brachfeld fehlte solches Abfallen. Die in drei Schichten von 1—10, 10—20 u. 20—30 cm gewonnenen Ergebnisse differierten nur wenig u. verliefen ziemlich parallel. Nur die Maxima im Mai/Juni waren in der obersten Schicht am höchsten. Die colorimetr. Best. des Nitrates erfolgte in wss. Auszügen nach der Disulfophenolmethode. (Агробиологии [Agrobiologie] **1955.** Nr. 5. 108—12. Sept./Okt. Tscheljabinsk, Inst. für Mechanisierung u. Elektrifizierung der Landwirtschaft, Lehrstuhl für Ackerbau.) E. LINTER. 6304

J. Reyneke, *Einige chemische, physikalische und bodenkundliche Fragen im Zusammenhang mit der Pflanzenernährung.* 2. Mitt. *Das Versorgungsvermögen des Bodens.* (1. vgl. C. **1955.** 4135.) Die Versorgung einer Pflanze mit Nährstoffen hängt ab von der Konz. der Elemente u. Ionen in der Bodenlsg., der Absorption u. dem Austauschvermögen der Lehmkolloide, den mineral. Stoffen, deren Löslichkeit von ihrer Größe bestimmt wird, u. den organ. Stoffen, deren Mineralisation eine Funktion der Mikrofloraaktivität ist. Zur Entw. der Wurzeln ist eine Mindestkonz. der Elemente erforderlich; eine zu hohe Konz. kann schädlich sein. (South African ind. Chemist **5.** 62—65. April 1951.) W. WESLY. 6304

J. Reyneke, *Einige chemische, physikalische und bodenkundliche Fragen im Zusammenhang mit der Pflanzenernährung.* 3. Mitt. *Einfluß der Mikrofloraaktivität auf das Versorgungsvermögen des Bodens.* (2. vgl. vorst. Ref.) Übersicht über den Einfl. der Mikroflora auf das Versorgungsvermögen des Bodens u. die jahreszeitlichen Schwankungen von p_H-Wert, elektr. Widerstand u. N-Bindungsarten in verschied. Bodentiefen. — 41 Literaturangaben. (South African ind. Chemist **5.** 82—87. Mai 1951.) W. WESLY. 6304

T. D. Lyssenko, *Bodenernährung der Pflanzen.* (Vgl. C. **1955.** 9420.) Nach eingehender Darlegung der Bedeutung der Mikroorganismen für die Bodenverbesserung u. Pflanzenernährung sowie Hervorhebung der großen Rolle der organ. Stoffe (bes. Humuserde) für das Leben u. die Arbeit der Mikroorganismen, wird aus dem Durchschnitt mehrerer Düngungsverss. auf Podsolboden gezeigt, daß nach Brache der Winterweizenertrag bis 11,9, gedüngt mit P_2O_5 bis 15,4, gedüngt mit P_2O_5 + organ. Düngemittel (Art u. Zus. nicht angegeben) bis 18,5 dz/ha betrug. Nach Winterweizen als Vorfrucht, somit bei Anreicherung des Bodens mit spezif. Weizenmikroorganismen, stieg er auf bis 20,9 bzw. 22,3 bzw. 22,8 dz/ha u. erreichte nach Wickhafer im gut kultivierten mikroorganismenreichen Boden bis 32,9 bzw. bis 33,3 bzw. 30,0 dz/ha. Im letzteren Fall konnte eine Ertragssteigerung nur noch durch eine andere Weizensorte erreicht werden

(42 dz/ha). — Vf. verwirft die alte Ersatztheorie. (Агробиология [Agrobiologie] **1955.** Nr. 5. 3—20. Sept./Okt.) E. LINTER. 6304

M. I. Jaswitzki, *Wirtschaftsdüngung von Obst- und Beerenkulturen.* Ausführlicher Bericht über Ertragssteigerungen bei verschied. Obst- u. Beerenkulturen bei nach Menge u. Art der Einbringung verschied. Düngung, unter besonderer Berücksichtigung des Stallmistes. (Агробиология [Agrobiologie] **1955.** Nr. 5. 63—72. Birjulewo, Versuchsstat. für Obst- u. Beerenkulturen.) E. LINTER. 6304

R. C. Rossiter, *Untersuchungen über die Düngung von Weidepflanzen im Südwesten von Westaustralien.* 3. Mitt. *Die Wirkung von Schwefel auf das Wachstum von unterirdischem Klee* (*Trifolium subterraneum L.*). (2. vgl. C. **1955.** **8947.**) Unterird. Klee wurde in Gefäß- u. Freilandverss. zusätzlich mit Calcium- u. Magnesium- bzw. Natriumsulfat gedüngt. Es war eine eindeutige Wachstumsförderung durch die Sulfate festzustellen. Der Schwefelgeh. der Pflanzen wurde durch die Sulfatdüngung erhöht. (Austral. J. agric. Res. **3.** 7—15. Jan. 1952. Nedlands, W. A., Univ. of Western Australia, Div. of Plant Ind.) W. SCHUPHAN. 6304

J. N. Fitzgerald, *Unterdrückung von Gras in Luzerne.* Die Vergrasung von Luzerne kann durch Anwendung der Unkrautbekämpfungsmittel *T.C.A.* (bis zu 20 lbs./acre) u. *I.P.C.* (bis 4 lbs./acre) verhütet werden. Diese Mittel dürfen aber nicht zu Keimpflanzen u. halbreifen Pflanzen angewandt werden, da sie das Wachstum der Luzerne zu stark hemmen. Eine volle Unterdrückung des Grases u. die geringste Schädigung der Luzerne wird bewirkt durch Anwendung im Winter u. zeitigen Frühjahr. (New Zealand J. Agric. **90.** 301—03. März 1955. Invermay Res. Stat., Dep. of Agricult.) A. JACOB. 6312

H. A. Fribourg und **I. J. Johnson,** *Ansprechen von Sojabohnensorten auf 2.4-D und 2.4.5-T.* Um für Züchtungszwecke festzustellen, welche Sojabohnensorten bei Anwendung von *2.4-D* u. *2.4.5-T* die geringsten Schäden aufweisen, erfolgte die Unters. von 183 Sorten aus China, Korea, Japan u. der Mandschurei im Feldvers. ($^1/_{10}$ u. $^1/_4$ pound/acre) mit 2.4.5-T u. von 40 Herkünften im Gewächshaus nach der Mikrotropfenmeth. (Konzz.: 50 u. 100 p.p.m.) mit 2.4-D. Im Feldvers. wurde gefunden: 10% der Sorten zeigten einen Ertragsabfall von 40—50%, 10% einen solchen von 85—95%, während alle anderen Werte dazwischen aufwiesen, wenn die niedrige Konz. zur Anwendung kam. Bei der hohen Konz. zeigten nur einige Sorten Ertragsverluste von 45—60%, alle anderen Werte lagen wesentlich höher. Im Gewächshaustest mit 2.4-D wurde die Verringerung der Blattgröße der sich nach der Behandlung bildenden Blätter gemessen, bei einer Konz. von 50 p.p.m. ergaben sich Verringerungen von 25—90%, bei 100 p.p.m. von 40—95%. (Agronomy J. **47.** 171—74. April 1955. Ames, Io., Agric. Exp. Stat.) W. BEINERT. 6312

C. D. Gustafson, *Bodenbegasung bei Avocado (-Pflanzungen).* (Vgl. C. **1956.** 237.) Zur Bekämpfung des Wurzelfäule hervorrufenden Pilzes Phytopthora cinnamoni erwies sich Bodenbegasung mit Methylbromid als sehr geeignet. (Calif. Citrograph **39.** 415. Sept. 1954.) C. GRIMME. 6312

E. Döhring, *Das Hexachlorcyclohexan und seine Anwendung auf dem Gebiet der hygienischen Zoologie.* Sammelreferat. (Z. hyg. Zool. Schädlingsbekämpf. **37.** 187—92. Juni. 207—18. Juli. 301—12. Okt. 328—36. Nov. 362—68. Dez. 1949; **38.** 17—22. Jan. 111—27. April. 144—49. Mai. 177—81. Juni. 194—214. Juli 1950. Berlin-Dahlem, Robert-Koch-Inst. für Hyg. u. Infektionskrankh.) R. RIEMSCHNEIDER. 6312

Walter Bröker, *Prüfung der Beständigkeit von Dichlordiphenyltrichloräthan und Hexachlorcyclohexan mit Hilfe einer chemisch-analytischen Methode.* Zum Nachw. von *DDT*- u. *Hexa*-Mitteln (bzw. von Kombinationen derselben) wurde eine Meth. verwendet, deren Prinzip darin besteht, daß diese Mittel durch Kochen mit alkoh. Kalilauge in Dichlordiphenyldichloräthylen bzw. Trichlorbenzol u. *Chlorwasserstoff* (**I**) gespalten werden u. der **I** titrimetr. [mit $^1/_{100}$n Hg(II)-Nitratlsg.] bestimmt wird. Es wurde festgestellt, daß die Wirksamkeit dieser Mittel unmittelbar nach der Anwendung am größten ist u. unter den atmosphär. Einfll. an den folgenden Tagen laufend abnimmt. Die Giftwrkg. auf Bienen ist unmittelbar nach der Verstäubung am größten u. hört (bei Anwendung der üblichen Mengen) bei n. Witterungsverhältnissen nach 2—3 Tagen prakt. auf. Bei sachgemäßer Schadinsektenbekämpfung dringen die Mittel nicht in das Innere der Blüten ein. (Anz. Schädlingskunde **26.** 38—39. März 1953. Marburg/Lahn.) M. WINIKER. 6312

K. R. S. Ascher, *Insektenresistenz gegenüber Dieldrin.* Übersicht mit 56 Literaturangaben. (Riv. Parassitol. **16.** 31—40. Jan. 1955.) P. G. SCHEURLEN. 6312

A. W. Cressman, B. M. Broadbent und **F. Munger,** *Bekämpfung von Aonidiella aurantii (Mask.). mit Parathion.* Parathion erwies sich als wirksames Mittel zur Bekämpfung des Schädlings, bes. wenn es vor dem Befall der Früchte (Citrus) angewendet wurde. Befallene Zweige werden sehr schnell schädlingsfrei, nicht hingegen die Früchte. (Calif. Citrograph **39.** 379. 392. 394. Sept. 1954.) C. GRIMME. 6312

Gerhard Schuhmann, *Die Einwirkung des Diäthyl-p-nitrophenylesters der Thiophosphorsäure auf die San-José-Schildlaus* (*Quadraspidiotus perniciosus Comst.*). Die Wirksamkeit des *E 605 forte* (I) bei der San-José-Schildlaus-Bekämpfung ist temperaturabhängig. Sie betrug im Labor. bei 8—14° 50—90% u. stieg bei Zimmertemp. bis auf 100%. Die hohe Wirksamkeit war auch dann noch gegeben, wenn behandelte Johannisbeer- u. Apfelzweige nach 14tägigem Verbleiben in einem kühlen Raum (8—14°) auf höhere Temp. gebracht wurden. In der äußeren Korkschicht der Apfelwinde konnte I (0,05%) bis zu 50 Tagen nach der Behandlung nachgewiesen werden. Das 0,2—0,3 mm unter der Korkschicht liegende Bast- u. Parenchymgewebe enthielt 20—45 Tage nach der Behandlung nur geringe Mengen I. Der sek. Holzteil war völlig I-frei. Auf Johannisbeerrinde wurde I in der äußeren Korkschicht 90 Tage in fast gleicher Höhe festgehalten. Im darunterliegenden Bastteil war kein I nachweisbar. Das abweichende Verh. von I auf Johannisbeerrinde findet seine Erklärung in der unterschiedlichen Borkenbildung. Als günstigster Zeitpunkt einer Behandlung mit I werden das letzte Junidrittel u. der Sept. angesehen, wenn der größte Teil der Sommer- u. Herbstgeneration geboren wird. (Z. angew. Entomol. **36.** 284—303. Sept. 1954. Berlin.) M. WINIKER. 6312

E. Gersdorf, *Vorläufige Mitteilung über die Annahme von Köderhölzern durch die Erdmaus* (*Microtus agrestis*). Verss. mit 18 verschied. Holzarten zufolge scheinen Schwarzpappel, Ulme, Esche, Rotbuche u. Rotesche als Köderhölzer am geeignetsten zu sein. Durch Behandlung der Hölzer mit *Cumarax*-Paste, 4%ig. *Bleiarsen*-Lsg. u. 1%ig. *Borchers-Pox*-Lsg. wurde die Annahme derselben zumindest nicht ausgeschlossen. (Anz. Schädlingskunde **26.** 40—41. März 1953. Hannover, Pflanzenschutzamt.)
M. WINIKER. 6312

C. H. Williams, *Eine colorimetrische Bestimmung von Molybdän im Boden.* Das *Dithiolreagenz* (4-Methyl-1.2-dimercaptobenzol) ist empfindlicher für die Best. von Mo als. das gewöhnlich benutzte Thiocyanat. Die gewöhnlich im Boden vorhandenen sonstigen Elemente stören die Best. nicht, außer Cu, das vorher durch Extraktion mit Dithizon entfernt wird. (J. Sci. Food Agric. **6.** 104—09. Febr. 1955. Canberra, Austr., Commonwealth, Sci. and Ind. Res. Organisation, Div. of Plant District.) A. JACOB. 6324

C. During, *Probleme bei der Auswertung von Bodenanalysen.* Die Bodenanalysen können nicht ohne Berücksichtigung der örtlichen Verhältnisse ausgewertet werden. p_H gibt auf Grund zahlreicher, in Neuseeland durchgeführter Verss. einen zuverlässigen Hinweis auf die Notwendigkeit der Anwendung von Ca u. Mo. Die Ergebnisse der P-Unterss. können in manchen Fällen eine Verminderung der Ersatzdüngung an P_2O_5 nahelegen. Die Unters. auf K hat in einigen Gebieten einen weitverbreiteten, bisher noch unbekannten K-Mangel angezeigt. (New Zealand J. Agric. **90.** 279—82. März 1955. Wellington, Dep. of Agricult.) A. JACOB. 6324

Riedel-de-Haën Akt.-Ges., Seelze (Erfinder: **Albrecht Heymons** und **Willy Schnabel,** Berlin), *Herstellung fungicider Zubereitungen auf der Basis des Cadmium-8-oxychinolins.* Man löst Cadmium-8-oxychinolin in organ., gesätt. oder ungesätt. Säuren mit 8 bis 28 C-Atomen, z. B. Ölsäure oder Naphthensäure, nimmt diese Lsgg. dann mit Bzl. oder Tetralin auf u. emulgiert gegebenenfalls hernach mit Wasser. Diesen so erhaltenen Lsgg. oder Emulsionen gibt man an sich bekannte Zusatzstoffe, wie Fungicide, Insekticide, wasserabstoßende u. entflammungshemmende Mittel, zu. (**D. B. P. 936 607** Kl. 45 l vom 31/12. 1953, ausg. 15/12. 1955. Anmeldung bekanntgemacht 23/6. 1955.)
H. NEBELSIEK. 6313

VIII. Metallurgie. Metallographie. Metallverarbeitung.

Fritz Kühna, *Die Chemie als Hilfsmittel in der eisen- und metallverarbeitenden Industrie.* Erörtert werden das Reinigen u. Entfetten von Werkstücken, das Beizen, die Oberflächenschutzverff., wie das Phosphatieren, Chromatisieren u. dgl., das Aufkohlen u. Nitrieren, die Entkohlung, das Löten u. Schweißen sowie die Schutzgasglühverff., bes. das Li-Verf., das Aufkohlungsverf. mit Propancrackung u. Li-Dampf-Zufuhr u. das Verf. zum zunderfreien Schmieden u. Glühen durch Red. der Stahloberfläche durch Li. (Industrie-Anz. **72.** 231—33. 17/3. 1950.) H. HOCHSTEIN. 6350

H. Parnham, *Neue Entwicklungen bei feuerfesten Baustoffen für basische Siemens-Martin-Öfen.* Besprochen werden die Steine für das Gewölbe, Silica u. der Einfl. des TiO_2. Ein neuer engl. Stein hat über 97,2 (%) SiO_2, bis 0,3 Al_2O_3, bis 0,05 TiO_2, bis 0,1 Alkali, Angaben über physikal. Eigg. u. Feuerfestigkeit; bas. Gewölbe u. ihre Konstruktion. Der Herd wird aus Magnesitsteinen oder stabilisiertem Dolomit hergestellt. Vorder- u. Rückwand, Brenner. (Iron Coal Trades Rev. **170.** 927—32. 22/4. 1955.) K. STEIN. 6370

Walter Bading, *Dolomit als feuerfester Baustoff für das basische Windfrischverfahren.* Das Sintern des Dolomits, seine chem. Zus., das Brennen des Rohdolomits u. die Bedingungen, die an den Sinter zu stellen sind, werden besprochen. Das Dolomitmauerwerk wird gleichzeitig mechan. u. chem. beansprucht. Erörtert wird der Aufbau einer neuzeitlichen Dolomitanlage. Die wichtigste Frage im THOMAS-Betrieb ist die Bodenhaltbarkeit. Diese Böden werden nach dem Stampf-, Rüttel- u. Vibrationsverf. hergestellt. Sie werden im Einzelbrand, satzweise oder im Durchlaufofen gebrannt. Es wird auf die Zus. des Stahlwerkteers hingewiesen. Ausschlaggebend für die Bodenhaltbarkeit sind der Kornaufbau u. die Packungsdichte. — 17 Schrifttumsangaben. (Stahl u. Eisen **75.** 1300—10. 6/10. 1955. Duisburg-Huckingen.) H. HOCHSTEIN. 6370

Alois Dahlmann, *Bestimmung der einem Kupolofen tatsächlich zugeführten Windmenge.* Für die Überwachung des Kupolofens ist die Best. der Windmenge, die im Ofen verbraucht wird, von Bedeutung. Zur Umrechnung von Windmengen auf Normalbedingungen wird die ideale Gasgleichung angewendet u. zur Berechnung der im Ofen verbrauchten Windmenge werden Formeln abgeleitet. Auch die Windverluste werden berechnet u. ein graph. Anwendungsbeispiel erörtert. (Giesserei **42.** 440—42. 18/8. 1955. Düsseldorf, Inst. für Gießereitechnik.) H. HOCHSTEIN. 6372

Hans Derlon, *Über den Einfluß des Gießereisandes auf das fertige Gußstück.* Die an die Gießform zu stellenden Anforderungen werden erörtert. Für die Entstehung von Schülpen bestehen folgende Gründe: Die Ausdehnung der Formwand, ihr Zusammenziehen sowie der Gasdruck in der Formwand unter dem Einfl. der Gießtemperatur. So erleidet Quarz bei der Erhitzung eine mit einer Volumenvergrößerung verbundene Umwandlung, die jedoch nicht immer schlagartig vor sich geht. Durch Glühen bei 1400° findet eine Umwandlung von Quarz in Tridymit statt, der dann bei erneutem Erhitzen nach dem Abkühlen wesentlich weniger wächst. Auch ein Zusammenziehen des Formsandes, das durch das Schwinden der Tonmasse beim Austrocknen der Form eintritt, kann das Gefüge lockern. Ein einwandfreies Gußstück wird nur erhalten, wenn sich der jeweilige Gasdruck im Gleichgewicht mit dem augenblicklichen Gasdruck befindet oder etwas höher ist als dieser. Ein günstiger Kornaufbau u. Feuerbeständigkeit der Sande spielen bei der Gußerzeugung eine wichtige Rolle. — Schrifttumsangaben. (Giesserei **42.** 55—57. 3/2. 1955. Ludwigshafen/Rh.) H. HOCHSTEIN. 6382

Wilhelm Wegener, *Das Verhalten des Formsandes während des Form- und Gießvorganges bei Grauguß und die Prüfung der Formsandeigenschaften.* Erörtert werden die durch den Formvorgang gestellten Anforderungen u. es wird ein Überblick über das Schrifttum über Formsandprüfungen hinsichtlich der Verformungseigg. gegeben. Als Vorschlag zur Best. der Plastizität von Sand gilt die Eindringtiefe einer langsam eingedrückten kon. Nadel. Besprochen werden die durch den Gießvorgang an die Formsandeigg. gestellten Anforderungen, die Wrkg. eines Kohlenstaubzusatzes sowie die Form u. Ursachen der Schülpenbldg., die Gasdurchlässigkeit bei formgerechtem u. krit. Wassergeh. sowie der Einfl. des Kohlenstaubzusatzes auf die Gasdurchlässigkeit. Hierbei wird bei den Unterss. an verschied. Sanden festgestellt, daß die Eindringtiefe der Nadel dem Wassergeh. etwa proportional ist. Jedoch zeigen viele Sande im formgerechten Zustand eine Unstetigkeit in der Abhängigkeit der Eindringtiefe vom Wassergeh., die wahrscheinlich durch einen Überfluß der Bindemittel in bezug auf die Gesamtkornoberfläche bedingt ist. Die Schülpen durch die Gußhautbldg. entstehen als Rk. zwischen Sand u. Schmelze wie folgt: 1. Durch Rk. zwischen Schmelze u. Sand entsteht eine Gußhaut; 2. diese Gußhaut, auf der sich eine dünne Sandschicht befindet, wird von der Formwand getrennt, u. 3. in die Trennfuge zwischen Formsand u. Gußhaut mit dem anhaftenden Sand dringt die fl. Schmelze ein. Der Kohlenstaub unterbindet bei richtiger Dosierung die Rk. zwischen Schmelze u. Sand u. verhindert die Gußhautbildung. Es wird auf die Wichtigkeit der richtigen Wahl der Kohlenstaubkörnung u. Kohlenart hingewiesen, da der Kohlenstaub die krit. Gasdurchlässigkeit maßgeblich beeinflußt. Es wird vorgeschlagen, Fettkohlenstaub angepaßter Körnung zu verwenden. (Giesserei **42.** 245—54. 12/5. 280—85. 26/5. 1955. Mannheim.) H. HOCHSTEIN. 6382

Márton Solti, Pál Németh und **Gyula Emőd,** *Die Verwendung leicht abtrennbarer Trichter in der Metallgießerei.* Beschreibung der Gießereitechnik unter Anwendung einer Abtrennscheibe zur leichteren Entfernung des Aufgusses. Als Scheibe wird 0,5—1 mm dickes Eisenblech oder eine aus Sand mit Phenolharz u. Hexamethylentetramin geformte u. gebrannte Scheibe, gegebenenfalls mit Drahtnetzversteifung, verwendet. Angaben über die richtigen Abmessungen der Scheiben. (Kohászati Lapok **10** (**88**). Nr. 3. Öntőde **6.** 59—63. März 1955.) J. PLANK. 6382

B. H. C. Waters, *Bedeutung der Schalenformerei im Gießereiwesen.* Es werden die techn. Durchführung u. die dabei auftretenden Vor- u. Nachteile sowie einige der anderen Formverff. betrachtet. (Foundry Trade J. **98.** 587—96. 2/6. 1955.)
H. SCHÖBERL. 6382

Vincenz Fuss, *Neuzeitliche Leichtmetallblockgießverfahren.* Die geschichtliche Entw. des Blockgießverf. wird dargestellt u. die Einrichtungen sowie Arbeitsweisen der neuzeitlichen Verff., bes. des FBK-Tauchgusses (Feinblechkokillentauchguß), werden unter besonderer Berücksichtigung der einschlägigen Patentliteratur erörtert. Die Lenkung der von unten nach oben fortschreitenden schichtweisen Erstarrung u. der dem Wachsen des Blockes nach oben folgenden Kühlung wird beschrieben u. ihre Vorzüge werden mitgeteilt. Die Unterschiede der einzelnen Verfahrensarten u. die Möglichkeiten einer Weiterentw. werden besprochen. (Giesserei **42.** 25—35. 20/1. 1955. Rodenkirchen.)
H. HOCHSTEIN. 6382

Gustav Lieby, *Kennzeichnende Eigenschaften von Druckgußlegierungen.* Die Grundbegriffe der Metallkunde gelten auch für die Verarbeitung von Metallen nach dem Druckgießverfahren. Die hierfür geeigneten Legierungen sind sorgfältig auszuwählen, da bestimmte Anforderungen, bes. eine gewisse Reckfähigkeit, an sie gestellt werden müssen. Der Verarbeitungszustand der Legierungen kann im Warmkammerverf. ein anderer sein als bei der Kaltkammermaschine. Die auf das Gießmetall bei der Druckgußverarbeitung einwirkenden Einfll. schädigen dieses um so weniger, je rascher das Metall durch die Gießmaschine durchgesetzt wird u. je niedriger im allg. die Schmelz- u. die Verarbeitungstemp. gehalten werden können. Einige in den USA verwendeten Al-Druckgußlegierungen werden angeführt, wobei Al–Si–Cu-Legierungen vorherrschen. Die Verwendung von Eisenlegierungen als Druckgußwerkstoff scheitert an den zu hohen Verarbeitungstemperaturen. Durch sehr hohe Gießdrucke läßt sich eine beträchtliche Gütesteigerung durch Hochdruckkristallisation erzielen, doch setzen die Gestalt des herzustellenden Druckgußteiles u. die großen Beanspruchungen der Gießform dem Hochdruckverf. gewisse Grenzen. Die Beanspruchungsmöglichkeiten der verschied. Druckgußlegierungen werden, vom Gittertyp aus gesehen, erläutert, wobei das kub. Gitter die größte Widerstandsfähigkeit hat. Ein gewisses Lunkern, z. B. Mikrolunker, läßt sich nicht ganz vermeiden. Übereutekt. Legierungen sind für Druckgußteile in der Regel nicht geeignet. (Giesserei **42.** 357—61. 7/7. 1955. Stuttgart.) H. HOCHSTEIN. 6382

Robert Durrer, *Die Eisengewinnung in Gegenwart und Zukunft.* Grundsätzliche Ausführungen zur Eisengewinnung bzgl. der Eigenart der Rohstoffe, der verfügbaren Reduktionsmittel u. der zweckmäßigsten Wärmequellen mit besonderer Berücksichtigung der Verhältnisse Lateinamerikas u. in Venezuela. (Berg- u. hüttenmänn. Mh. montan. Hochschule Leoben **100.** 275—80. Okt. 1955. Gerlafingen, Schweiz.)
H. ECKHARD. 6390

Walter Loorz und **Heinz Weber,** *Hochofenuntersuchungen über Schmelzverlauf und Roheisenabstich mit radioaktiven Isotopen.* Eine in dieser Form erstmals angewandte Versuchsreihe diente zum Aufschluß über bestimmte Vorgänge im unteren Teil des Hochofens, bes. über die Art der Ansammlung des Roheisens im Gestell. Dabei wurde P, der in einem Kernreaktor radioakt. gemacht worden war, in die Schmelzzone eingebracht. Die Verss. gaben keine Veranlassung, der aus der Feststellung des Temperatur- u. Analysenverlaufs über dem Abstich gezogenen Deutung, daß sich das Roheisen bei n. Schmelzverlauf schichtweise im Gestell lagert, zu widersprechen. Es zeigt sich, daß im Gestell des Hochofens keine erhebliche Bewegung u. Durchmischung des Bades mehr stattfindet. Da der Reaktionsablauf durch keine nennenswerte Badbewegung angeregt wird, werden auch die Rkk., die sich im Roheisenbad unterhalb der Schlackendecke noch abspielen können, nur langsam verlaufen. — Schrifttumsangaben. (Stahl u. Eisen **75.** 1241—43. 22/9. 1955. Dortmund.) H. HOCHSTEIN. 6400

Borut Marinček, *Entschwefelung des Roheisens im Elektroverhüttungsofen.* Die Betriebsergebnisse eines 8000 kW-Elektroniederschachtofens zeigen, daß bei den erörterten Betriebsverhältnissen der mit dem Möller in den Ofen gelangte S zu ca. 8% ins Roheisen, ca. $^2/_3$ in die Schlacke u. ca. $^1/_4$ ins Gas geht. Die Auswertung dieser Ergebnisse zeigt, daß der S-Geh. des Roheisens mit steigendem C-Sättigungsgrad erniedrigt wird, d. h. daß eine bessere Entschwefelung mit einem höheren C- oder Si-Geh. erreicht werden kann, wobei die Wrkg. von C ca. dreimal stärker ist als die von Si. Dieses wird dadurch erklärt, daß der erhöhte C- oder Si-Geh. den O_2-Geh. oder den O_2-Teildruck des Roheisens erniedrigt, womit die Entschwefelung verbessert wird. (Stahl u. Eisen **75.** 1024—26. 11/8. 1955. Zürich, ETH.) H. HOCHSTEIN. 6400

Albert Collaud, *Strukturelle Anisotropie, mechanisches Verhalten und Normung von Grauguß.* Durchgeführt werden Unterss. über die Festigkeitseigg., bes. den Elastizitätsmodul von Grauguß in Abhängigkeit von der chem. Zus., ausgedrückt durch den eutekt. Sättigungsgrad (I), u. der Abkühlungsgeschwindigkeit, berücksichtigt im wesentlichen durch die Wanddickenempfindlichkeit u. den Masseneinfluß. An 7,5—90 mm dicken Proben aus 34 Schmelzen mit I von 0,8—1,1 werden der Elastizitätsmodul, die Zugfestigkeit u. BRINELL-Härte gemessen u. der Graphitgeh. u. der I ermittelt. Die gegenseitige Abhängigkeit dieser Eigg. wird in einem Schaubild mit dem Sättigungsgrad als Abszisse u. der BRINELL-Härte als Ordinate mit Kurven gleicher Zugfestigkeit, gleichen Elastizitätsmoduls u. gleichen Durchmessers als Grundlage für eine sinnvolle Normung von Grauguß dargestellt. (Giesserei, techn.-wiss. Beih. **1954**. 709—26. Dez. Klus, Schweiz.) H. HOCHSTEIN 6402

Paul A. Heller und **Hans Jungbluth**, *Die chemische Zusammensetzung des grauen Gußeisens und seine Zugfestigkeit.* Die für die Gültigkeit eines Normungsschaubildes nach COLLAUD (vgl. vorst. Ref.) wichtigen Zusammenhänge des Sättigungsgrades von grauem Gußeisen u. seiner Zugfestigkeit werden an Versuchsergebnissen einer eigenen älteren Arbeit u. durch krit. Auswertung des vorliegenden Schrifttums untersucht. Für den 30 mm-Probestab ergab sich eine Wanddickenempfindlichkeitsgesetzmäßigkeit, die mit der von COLLAUD gefundenen prakt. übereinstimmt. (Giesserei **42**. 255—57. 12/5. 1955. Burscheid bzw. Karlsruhe.) H. HOCHSTEIN. 6402

Hans Bühler, *Zur Frage der Eigenspannungen und ihrer Verminderung in geschleuderten Druckrohren aus Gußeisen.* Die Größe der Eigenspannungen u. ihre Verminderung werden in geschleuderten Gußeisenrohren untersucht u. hierbei wird die Wrkg. einer Glühung bei 920° auf die Eigenspannungen geprüft. Hierbei zeigt sich, daß bei zweckentsprechender Haltezeit ein vollkommen spannungsfreies Rohr erzeugt werden kann. Durch eine Glühung bei niedrigeren Tempp. setzt die Verminderung der Eigenspannungen früher ein als die Verminderung der den Glühtempp. zugeordneten Werte der Zugfestigkeit des Gußeisens. Bei den vorliegenden dünnwandigen Rohren aus Gußeisen war nach einer 2std. Glühung bei 550° ein weitgehender Abbau der Eigenspannungen festzustellen. — 14 Schrifttumsangaben. (Giesserei, techn.-wiss. Beih. **1954**. 731—33. Dez. Saarbrücken, Inst. für Metallforsch.) H. HOCHSTEIN. 6402

Paul A. Heller, *Bildet das graue Gußeisen mit Kugelgraphit eine besondere Werkstoffklasse?* (Vgl. vorvorst. Ref.) Aus dem Vgl. des gemessenen u. nach einer Formel von COLLAUD berechneten Elastizitätsmoduls von Grauguß u. Gußeisen mit Kugelgraphit werden Folgerungen über die Notwendigkeit gezogen, das Gußeisen mit Kugelgraphit nicht zum Grauguß zu zählen, sondern als besondere Werkstoffklasse zu führen. — Schrifttumsangaben. (Giesserei **42**. 15. 6/1. 1955. Burscheid.) H. HOCHSTEIN. 6404

Helmut Timmerbeil, *Gußeisen mit Kugelgraphit als Werkstoff für mechanisch-, thermisch- und chemisch- (MTC) beanspruchten Guß.* Gußeisen mit Kugelgraphit ist als Werkstoff für hohe Verschleißfestigkeit u. Oberflächenhärte bes. geeignet, da ein u. derselbe Werkstoff durch therm. oder thermochem. Behandlung auf die verlangte Härte oder das verlangte Gefüge gebracht werden kann. Gußeisen mit Kugelgraphit ist für die Flammenoberflächenhärtung sehr geeignet. Eine bes. große Härte wird bei perlit. Ausgangsgefüge erzielt, eine bes. große Härtetiefe bei entsprechend hohen Härtetemperaturen. Neben einer induktiven Oberflächenhärtung ist ferner noch die Nitrierhärtung bei Kugelgraphitguß anwendbar. Als Anwendungsbeispiele werden Zahnräder, Kranlaufräder, Nockenwellen u. Preßluftmeißel zum Gußputzen genannt. Gußeisen mit Kugelgraphit hat wegen der kugelförmigen Ausbldg. des Graphits eine höhere Zunderbeständigkeit als Gußeisen mit lamellarem Graphit. So ist Gußeisen mit Kugelgraphit bis ca. 1000° zunderbeständig, wenn es mehr als 6% Si enthält. Das Gefüge dieser Legierung, dessen Grundmasse aus Silico–Ferrit bestehen muß, zeigte nach der Glühung keine Veränderung. Bei einer Kugelgraphitgußlegierung mit 6,44% Si konnte ein Geh. an gebundenem C von nur 0,01% nachgewiesen werden. Der besondere Vorteil dieses Gußeisens liegt in der hohen Festigkeit von ca. 35 kg/mm². Ein Ni-Geh. im Kugelgraphitguß erhöht dessen Warmfestigkeit. Trotz der hohen BRINELL-Härte kann die Kugelgraphitlegierung mit 6,44% Si noch mit spanabhebenden Werkzeugen bearbeitet werden, wobei die Wanddickenempfindlichkeit bei Gehh. oberhalb 6,44% Si abnimmt. (Giesserei **42**. 7—15. 6/1. 1955. Volmarstein/Ruhr.) H. HOCHSTEIN. 6404

Adalbert Wittmoser, *Beitrag zur Diskussion der Arbeit von H. Gries und U. Maushake.* Unter Hinweis auf die C. **1954**. 3099 referierte Arbeit von GRIES u. MAUSHAKE wird ausgeführt, daß eine eindeutige Kennzeichnung des Primärgefüges von Gußeisen mit Kugelgraphit möglich ist. Auch in völlig grau erstarrtem Gußeisen mit Kugelgraphit sind die Graphitkugeln überwiegend in den zentralen Bereichen der durch Seigerungszonen gekennzeichneten Primärkristalle angeordnet. Bei meliert erstarrten Legierungen wird dagegen die Kennzeichnung des Primärkornes noch durch die Anordnung des instabilen Eutektikums in den Grenzbereichen der prim. Mischkristalle unterstützt. Dagegen wird nachgewiesen, daß es sich bei den Schliffunterss. von GRIES u. MAUSHAKE ausschließlich um Sekundärkorngrenzen handelt. Diese aber sind zur Kennzeichnung des Primärgefüges nicht geeignet. — Schrifttumsangaben. (Giesserei, techn.-wiss. Beih. **1954.** 751—52. Dez. Gelsenkirchen.) H. HOCHSTEIN. 6404

Rudolf Gautschi und **Borut Marinček,** *Oberflächenspannung des mit Zer behandelten Gußeisens.* Verschied. Gußeisenschmelzen werden zur Erzielung einer Kugelgraphitausbldg. mit Ce behandelt. Vor u. nach der Behandlung wurde die Oberflächenspannung (I) nach der Capillardepressionsmeth. gemessen. Nach der Behandlung wird in allen Fällen eine Zunahme der I festgestellt. Sie beträgt im günstigsten Fall ca. 50%. Parallel dazu geht eine Veränderung in der Graphitausscheidung, wie sie GRÜTTER u. MARINČEK bei der Mg-Behandlung von Roheisenschmelzen feststellten, derart, daß bei einer ca. 50%ig. Erhöhung der I die Kugelform auftritt. Die Zunahme der I entspricht einer Abnahme des S-Gehaltes. (Giesserei **42.** 121—23. 17/3. 1955. Zürich, ETH.) H. HOCHSTEIN. 6404

M. D. J. Brisby und **W. O. Pendray,** *Belieferung der Siemens-Martin-Öfen mit Schrott; Einfluß auf die Beschickungszeit.* Das Problem, den Öfen rechtzeitig die notwendigen Mengen Schrott zuzuführen, ist in jedem Stahlwerk schwierig zu lösen. Hinweise auf die Vorbereitung des Schrotts u. betriebliche Maßnahmen. (Iron Coal Trades Rev. **170.** 917—24. 22/4. 1955.) K. STEIN. 6408

Willy Oelsen und **Heinz Voigt,** *Herdfrischstahl aus phosphorreichem Thomas-Roheisen.* Beschrieben wird ein Schmelzverf., durch das ein aus den Salzgitter-Erzen gewonnenes P-reiches u. Si-haltiges Roheisen unmittelbar im SIEMENS-MARTIN-Ofen zu Stahl verarbeitet werden kann. Nach einer Darst. des Ablaufs u. der besonderen Merkmale dieses Verf. werden an Hand einer größeren Versuchsreihe die besonderen metallurg. Gegebenheiten erörtert. Durch eine zweckmäßige Art des Einsetzens u. genaue Überwachung des Verf., das in drei Stufen abläuft, ist es gelungen, im Gegensatz zum THOMAS-Verf. die Entphosphorung eines C-reichen u. P-reichen Einsatzes weit vor die Entkohlung zu legen. Die gleichzeitig beobachtete gute Entschwefelung des Stahles macht das Verf. bei guter Wirtschaftlichkeit für bes. schwierige Rohstoffverhältnisse anwendbar. Die anfallenden Schlacken haben zum größten Teil ähnliche Eigg. wie THOMAS-Schlacke u. sind als Düngemittel zu verwenden. Die verschlackte Eisenmenge ist gegenüber dem THOMAS-Verf. ein wenig geringer. — 13 Schrifttumsangaben. (Stahl u. Eisen **75.** 1013—24. 11/8. 1955. Clausthal bzw. Salzgitter-Drütte.) H. HOCHSTEIN. 6408

Ching Huan Yang, Lynn S. Beedle und **Bruce G. Johnston,** *Restspannung und Streckgrenze von Stahlträgern.* Durchgeführt wird eine analyt. u. experimentelle Unters. des elast. u. plast. Verh. von zusammengeschweißten Stahlträgern. Die Spannungskonz., die Restspannungen sowie andere Einfll., welche die Streckgrenze der einzelnen Stahlglieder beeinflussen, werden besprochen. Die Grundvoraussetzungen einer vereinfachten plast. Theorie werden mit den Prüfergebnissen verglichen. Auch wird ein Einfl. der Restspannung auf die Knickfestigkeit der Eisenträger ermittelt. (Welding J. **31.** 205s bis 229s. April 1952.) H. HOCHSTEIN. 6408

E. Paul de Garmo, *Vorwärmen im Gegensatz zum Spannungsfreiglühen bei niedriger oder hoher Temperatur.* Biegeverss. werden bei -60^0 an V-nahtgeschweißten Proben von $460 \cdot 760 \cdot 19$ mm^3 mit 0,6 mm tiefer Spitzkerbe auf der Wurzelseite aus *Stahl* mit 0,23 (%) C, 0,03 Si, 0,72 Mn, 0,004 P, 0,035 S u. 0,01 Al, geschweißt mit umhüllter Elektrode der Celluloseart im geschweißten, auf 650^0 angelassenen oder bei 200^0 spannungsfrei geglühten Zustand oder nach dem Schweißen der auf 200^0 vorgewärmten Teile ausgeführt. Hierbei zeigt sich gleiches Verh. der auf 200^0 vorgewärmten u. geschweißten u. der nach dem Schweißen bei 650^0 spannungsfreigeglühten Proben. (Welding J. **31.** 233s—37s. Mai 1952. Univ. of California.) H. HOCHSTEIN. 6408

E. Paul de Garmo, *Kann Vorwärmen durch ein Spannungsfreiglühen bei hoher Temperatur ersetzt werden?* Aus den Ergebnissen von Zug-, Falt- u. Kerbschlagverss. an auf 200^0 vorgewärmten oder später spannungsfreigeglühten geschweißten Proben aus unlegiertem weichem Stahl aus sieben voneinander unabhängigen Unterss. unter Verwendung einer Elektrode mit Celluloseumhüllung wird gefolgert, daß eine Vorwärmung bei ca. 200^0 in bezug auf das Verh. der geschweißten Stähle bei Dauerfestigkeitsprüfungen ebenso gut ist wie das Spannungsfreiglühen bei 650^0. (Welding J. **31.** 393s—96s. Sept. 1952.) H. HOCHSTEIN. 6408

R. Gunnert, *Einfluß des Anlassens bei 200—300⁰ auf den Rückgang der Eigenspannungen.* Nach theoret. Überlegungen werden die beiden Hauptspannungen an V-nahtgeschweißten (36 Lagen, Verwendung von Elektroden mit saurer Umhüllung) 32 mm dicken Blechstücken von $150 \cdot 125 \cdot 32$ mm^3 Größe nach einem Anlassen bei 190,

300 u. 350° ermittelt. Hierbei wird die Beziehung zwischen Spannungen bzw. Streckgrenzen u. Tempp. zwischen 20 u. 350° festgelegt u. gezeigt, daß eine Erwärmung unter 300° einen geringeren Einfl. auf den Rückgang der Eigenspannung ausübt als die Wärmebehandlung bei 300°. (Welding J. **32.** 292s—301s. Juni 1953. Schweden, Svenska Aktiebolaget Gasaccumulator.) H. Hochstein. 6408

Hans Wilhelm Grönegreß, *Stahlguß für Brennhärtung.* Besprochen wird das Bedürfnis, die bisher bestehende Normung des Werkstoffes Stahlguß nach Festigkeitsstufen durch eine Normung nach Zus. zu ergänzen; wobei diese nach dem C-Geh. entsprechend der gewünschten Oberflächenhärte u. nach Legierungsgeh. entsprechend der geforderten Einhärtetiefe abzustufen ist. An prakt. Beispielen wird das weite Anwendungsgebiet brenngehärteten Stahlgusses in verschied. Industriezweigen aufgezeigt. — Schrifttumsangaben. (Giesserei **42.** 170—75. 14/4. 1955. Gevelsberg.) H. Hochstein. 6408

J. R. Low jr., *Der Einfluß der Abschreckalterung auf die Kerbempfindlichkeit von Stahl.* Durchgeführt werden Kerbschlagverss. mit Proben aus 12 mm dickem, warm gewalztem Blech aus Stahl mit 0,17 (%) C, 0,04 Si, 0,75 Mn, 0,017 P u. 0,035 S, die von 690° abgeschreckt u. bis zu 3 Jahren gelagert werden. Die Übergangstemp. wird hierdurch von —40 auf 0° verlagert, während sie durch nachträgliches Erwärmen auf 350° wieder auf —15° sinkt. Eine Erhöhung der Übergangstemp. wird durch Verminderung der Abkühlungsgeschwindigkeit von 690° erzielt. (Welding J. **31.** 253s—56s. Mai 1952. Schenectady, N. Y., Knolls Atomic Power Labor.) H. Hochstein. 6408

Peter P. Puzak, Earl W. Eschbacher und **William S. Pellini,** *Beginn und Fortpflanzung von Sprödbruch in Baustählen.* An 35 beruhigten, halbberuhigten u. unberuhigten unlegierten Schiffsbaustählen mit 0,15—0,25 (%) C wird die Übergangstemp. vom Verformungs- zum Sprödbruch durch einen Sprengvers. an quadrat. Proben mit einer in der Mitte aufgebrachten kurzen Auflageraupe zur Spannungs- oder Anrißerzeugung ermittelt. Ein Vgl. dieser Übergangstemp. mit der aus Kerbschlagzähigkeits-Temp.-Kurven an Charpy-Spitzkerbproben u. Schnadtschen Scharfkerbproben erhaltenen sowie mit der bekannten betrieblichen Bewährung der Bleche wird durchgeführt. — Diskussion. (Welding J. **31.** 561s—81s. Dez. 1952; **32.** 301s. Juni 1953; **33.** 30s. Jan. 166s—67s. April 1954. Washington, D. C., Naval Res. Labor.) H. Hochstein. 6408

N. J. Wells und **M. V. Ward,** *Kritische Konstruktionseinflüsse bei hochfestem Stahl.* Durch Verwendung genormter Stahllegierungen mit erhöhter Festigkeit lassen sich im Flugzeugbau Vorteile hinsichtlich Gewicht u. Raum erzielen. Die Festigkeitseigg. der hochfesten genormten Stähle, bes. ihre Schlag- u. Dauerfestigkeit, sowie deren Abhängigkeit von der Wärmebehandlung u. die Bearbeitungseigg. der Stähle, wie spanabhebende Bearbeitbarkeit, Putzen, u. das Schweißen, werden in Abhängigkeit von der Konstruktion der einzelnen Flugzeugteile erörtert. (Machine Design **25.** Nr. 10. 149—57. Okt. 1953. Burbank, Calif., Lockheed Aircraft Corp.) H. Hochstein. 6410

C. Thielers und **S. G. Klemming,** *Auswahl von Stählen für Zahnräder.* Die für Zahnräder wünschenswerten Stahleigg. werden angegeben, u. an Hand von Kurvenbildern wird die große Bedeutung der Härteverteilung an den Zahnflanken sowie der Einhärtung nachgewiesen. Die genormten Einsatzstähle *SAE 1045* mit 0,43—0,5 (%) C, 0,6—0,9 Mn, 0,04 P u. 0,05 S u. *SAE 4140* mit 0,4—0,45 C, 1 Cr u. 0,2—0,3 Mo entsprechen den Anforderungen. (Iron Coal Trades Rev. **165.** 267—69. 1/8. 1952.) H. Hochstein. 6410

J. J. Heger, *Gründe für die derzeitig bessere Herstellung nichtrostender Stähle.* Die Auswahl u. Wärmebehandlung nichtrostender Stähle sind durch Fortschritte in der Schmelzpraxis sowie durch eine genauere Kenntnis der bei der Wärmebehandlung ablaufenden Umwandlungen vereinfacht worden. — Schrifttumsangaben. (Amer. Machinist **96.** Nr. 21. 119—22. 13/10. 1952. U. S. Steel Corp.) H. Hochstein. 6410

Sakari Heiskanen, *Der Einfluß des Anlassens auf das Gefüge und die Eigenschaften bei gehärtetem 13%igem Chromstahl.* An einem Stahl mit 0,18% C u. 12,7% Cr, der nach Ölhärtung prakt. nur aus Martensit besteht u. keine meßbaren Mengen Carbid, Ferrit oder Restaustenit enthält, wird nach Anlassen auf 400—550° Härte, Korrosion in 5%ig. HNO_3, Carbidgeh. (mit Analyse, Feingefügeröntgen- u. elektronenmkr. Unters.) u. an Mikroproben (in HNO_3 geätzt) das elektronenmkr. Bild untersucht. Beim Anlassen treten nacheinander folgende Carbide auf: $(Fe, Cr)_3C \rightarrow (Cr, Fe)_7C_3 \rightarrow (Cr, Fe)_{23}C_6$; gleichzeitig verarmt die ferrit. Grundmasse um die Carbidteilchen allmählich an Cr. Durch die Unterschiede der Cr-Konz. bilden sich zahlreiche Lokalelemente, wodurch die Korrosion verstärkt wird; nach langem Anlassen tritt ein Ausgleich der Cr-Gehh. u. damit Verminderung der Potentialunterschiede ein. Die Aktivierungsenergie der Bldg. des maximal korrodierenden Gefüges wird zu 76400 cal/Mol bestimmt. Durch Zugbeanspruchung von maximal 38 kg/mm^2 während des Anlassens wird dieser Vorgang nicht beschleunigt.

Der sek. Härtungseffekt beim Anlassen ist geringer als bei Stählen, die mit Mo, W u. V, also Elementen, deren Carbide in Zementit wenig lösl. sind, legiert sind. (Jernkontorets Ann. **139.** 361—411. 1955. Helsingfors, Tekn. Högskola.) R. K. MÜLLER. 6410

Paul Björnson und **Helmer Nathorst,** *Eine durch gewisse Verunreinigungen verursachte besondere Art von Gußrissen.* Bei Cu- u. Sn-haltigen Stählen, deren Gefüge nach Erstarren im Temperaturgebiet 700—500° aus Perlit mit umgebendem dünnem Ferritnetzwerk besteht, treten häufig Gußrisse, vor allem Längsrisse, auf. Die Gefahr der Rißbldg. nimmt mit der Größe des Gußstückes zu. Sie wird mit Seigerung von Cu u. Sn an den prim. Korngrenzen erklärt, die zu einer Ausscheidung einer vermutlich fl. Cu–Sn-Phase teils an den Ferrit–Perlit-Grenzen u. innerhalb des Ferrits u. dadurch zu einer Verminderung der Kohäsionsfestigkeit führt. Diese Erscheinung, die Sprödigkeit bei Gefügen, bei denen ein Bestandteil einen dünnen Film um das Korn eines anderen bildet, u. die durch den Temperaturgradienten verursachten Spannungen scheinen die Hauptfaktoren beim Mechanismus der Rißbldg. darzustellen. (Jernkontorets Ann. **139.** 412—38. 1955.) R. K. MÜLLER. 6410

K. E. Meier, *Rohrleitungen aus nichtrostenden Stählen.* Zur Herst. von Rohren, die gegen HNO_3, Essigsäure, Milch, Mineralwasser, Margarine, Wein, Likör, Sekt, A., Bier, Bzn. u. Öl bei Dauerbeanspruchungen bis zu 300°, teilweise sogar bis 750°, beständig sein sollen, werden nichtrostende Stähle mit bis 0,07 (%) C, 18 Cr, 10 Ni oder mit bis 0,10 C, 18 Cr, 10 Ni u. gegebenenfalls noch einem Ta/Nb-Zusatz bzw. einem Ti-Zusatz verwendet. In der Papier- u. Zellstoffindustrie werden die Rohre aus einem Stahl mit bis 0,10 C, 18 Cr, 10 Ni u. 1,3 Mo hergestellt. Für starke organ. Säuren sowie für Rohre in der Farben- u. Photochemie eignet sich bes. ein Stahl mit unter 0,07 C, 18 Cr, 11 Ni u. 2 Mo. Stahl mit unter 0,07 C, 18 Cr, 13 Ni, 2 Mo u. 2,2 Si wird für Rohre verwendet, die bei Cl-haltigen Lsgg. u. bei sonstigen, zu Lochkorrosion führenden Lsgg. beständig sein müssen. Ein Stahl mit unter 0,07 C, 18 Cr, 18 Ni, 2 Mo u. mit gegebenenfalls noch Zusätzen an Ta/Nb u. Ti zeigt höchste Beständigkeit gegen Lsgg. von H_2SO_4 u. starken organ. Säuren. Schließlich ist ein Stahl mit unter 0,07 C, 18 Cr, 13 Ni, 4,5 Mo sehr beständig gegen starke organ. Säuren bei höheren Tempp. u. Konzentrationen. (Industrie-Anz. **76.** 385—86. 26/3. 1954. Aalen.) H. HOCHSTEIN. 6410

Peter P. Puzak und **William S. Pellini,** *Versprödung von ferritischen Schweißen hoher Zugfestigkeit.* Die Übergangstemp. auf Kerbschlagzähigkeits–Temp.-Kurven von Proben aus X-Schweißen an 25 mm dickem Blech aus Stahl mit 0,1 (%) C, 0,35 Si u. 1,12 Mn mit Schweißzusatzwerkstoff aus Stahl mit 0,11 C, 0,36 Si, 1,92 Mn u. 0,21 Mo sowie mit 0,06 C, 0,38 Si, 0,95 Mn, 0,58 Mo, 1,5 Ni u. 0,26 V wird in Abhängigkeit von der Glühtemp. von 450—675° u. der Glühdauer bis 50 Std. nach dem Schweißen ermittelt. Bei Tempp. von −62 bis zu +70° werden an den geglühten Schweißen Sprengverss. durchgeführt. Hierbei wird festgestellt, daß die Schweiße mit dem erstgenannten Schweißzusatzwerkstoff durch die Spannungsfreiglühung im wesentlichen unbeeinflußt bleibt. Die Schweiße mit dem zweiten Zusatzwerkstoff zeigt einen deutlichen Verlust der Kerbschlagzähigkeit, was auf eine Ausscheidung von V-Carbiden ähnlich einer Ausscheidungshärtung zurückgeführt wird. (Welding J. **31.** 521s—26s. Nov. 1952. Washington, D. C., Naval Res. Labor.) H. HOCHSTEIN. 6410

Hallock C. Campbell und **Richard P. Wentworth,** *Versprödung von hochfesten ferritischen Schweißen.* In einem Diskussionsbeitrag zu der Arbeit von PUZAK u. PELLINI (vgl. vorst. Ref.) wird festgestellt, daß bei Verwendung von NiMoV-Elektroden beim Schweißen ferrit. Stähle die Versprödung erst nach einem Anlaßglühen bei 1250—1300° F vollständig beseitigt wird. Jedoch kann bei Verwendung dieser Elektroden die Vorwärmung um 100—200° F niedriger sein als bei MnMo-Elektroden. (Welding J. **32.** 73s—74s. Febr. 1953. Philadelphia, Pa., Arcos Corp.) H. HOCHSTEIN. 6410

Ilse Titz, Franz Raidl und **Helmut Krainer,** *Stabilisierungsvorgänge an Dauermagneten.* Durch cycl. Feldstärkenänderungen eines negativen äußeren Feldes werden Dauermagnete stabilisiert. Die Rücklaufschleifen zeigen bei allen Dauermagnetstählen einen ähnlichen Verlauf. Bei Stabilisierungsvorgängen, die von höheren Induktionswerten ausgehen, werden mit steigender Zahl cycl. Feldstärkenänderungen die Schleifen nur um ihren auf der Magnetisierungslinie liegenden Anfangspunkt gedreht. Mit zunehmender Stabilisierung werden die Schleifen schmaler, ihre Steigung u. damit die permanente u. reversible Permeabilität des Magneten kleiner. Bei anisotropen Dauermagnetwerkstoffen treten in der magnet. Vorzugsrichtung auch sichelförmige, bei den untersuchten magnet. isotropen Werkstoffen dagegen nur lanzettförmige Rücklaufschleifen auf. Die größte Schleifenbreite ist bei Legierungen mit hoher Remanenz größer als bei Legierungen mit geringer Remanenz. Die energiereichsten Schleifen findet man in der Vorzugsrichtung der magnet. anisotropen Werkstoffe. Bei den isotropen Werkstoffen haben die Al–Ni-Legierungen schmalere Rücklaufschleifen als die Cr- u. Co-Stähle. Es ist daher der Energieverlust pro Cyclus u. Volumeneinheit bei gleichen Bereichen der Stabilisierungsfeldstärke bei den isotropen Al–Ni-Legierungen kleiner. — Diskussionsbeitrag. (Arch. Eisenhüttenwes. **26.** 491—96. Aug. 1955. Kapfenberg, Gebr. Böhler & Co.; Graz, Karl-Franzens-Univ.) H. HOCHSTEIN. 6410

Maurice Cook, T. Ll. Richards und **G. F. Bidmead,** *Der Einfluß einer Kaltverformung auf den Youngschen Modul einiger Nichteisenlegierungen.* Bestimmt werden die Werte des YOUNGschen Moduls von *Cu, Messing* u. *Al* nach zunehmenden Kaltverformungsgraden durch Walzen. Die Ergebnisse werden zu mkr. u. röntgenograph. durchgeführten Unterss. sowie früheren Untersuchungsergebnissen in Beziehung gesetzt. Hierbei zeigt sich, daß der Elastizitätsmodul (a) von Cu zunehmend unter einem Winkel von 45° zur Walzrichtung abnimmt, während er in Querrichtung u. ebenfalls in Walzrichtung nach einer anfänglichen Abnahme zunimmt. Diese anfängliche Abnahme in Richtung der hauptsächlichsten Beanspruchungsachsen wird offenbar von Gitterstörungen begleitet. Das nachfolgende Anwachsen des a mit stärkeren Verformungsgraden in derselben Richtung u. senkrecht dazu sowie die zunehmende Abnahme bei 45° werden durch die Entw. von Primär- u. Sekundärtexturen sowie durch die Anisotropie des Cu-Gitters erklärt. Die Wrkg. der Kaltverformung auf den a von Messing, gemessen in Querrichtung u. unter einem Winkel von 45° zur Walzrichtung, ist ähnlich wie der von Cu. In Richtung der Hauptspannung jedoch nimmt der a wie in Cu zunächst ab, steigt darauf zu einem Höchstwert an u. nimmt dann wieder ab. Die progressive Zu- u. Abnahme des a quer u. unter 45° zur Walzrichtung wird auf die Entw. einer bevorzugten Orientierung zurückgeführt, während die Abnahme in Walzrichtung bei Abnahmen über 20% wahrscheinlich von der Bldg. struktureller Unregelmäßigkeiten bedingt ist. Mit sehr reinem Al, welches fast isotrop. ist, fällt der a anfänglich infolge einer beweglichen Gitterstörung u. anschließend infolge gröberer struktureller Unregelmäßigkeiten. Die festgestellten Einfll. der Kaltverformung infolge der strukturellen Unregelmäßigkeiten werden von einer Gitterstörung, die die Erzeugung von beweglichen Störungen nach kleinen Spannungen u. gröberen strukturellen Unregelmäßigkeiten nach größeren Spannungen einschließt, sowie von der Entw. einer bevorzugten Kristallorientierung begleitet. — 10 Schrifttumsangaben. (J. Inst. Metals **83.** 41—47. Okt. 1954. Birmingham, Imp. Chem. Ind. Ltd.) H. HOCHSTEIN. 6420

Alfred Lange, *Verflüchtigungsprozesse in der NE-Metallurgie.* Verdampfungsprozesse gewinnen in der NE-Metallurgie eine steigende Bedeutung bei der Erzeugung reinster Metalle u. für die Gewinnung der Metallinhalte aus Vorstoffen mit niedrigeren Konzentrationen. Für die zweite Anwendung werden allg. techn. u. wirtschaftliche Grundforderungen herausgearbeitet u. am Beispiel der Zink- u. Zinkoxydgewinnung die nach Auffassung des Vf. zu erstrebende optimale Arbeitsweise entwickelt. Diese sollte in der Abscheidung kompakten metall. Zinks unter Mitgewinnung aller im Rohstoff vorhandener wertvoller bzw. verwertbarer anderer Bestandteile u. in anderweitiger Nützung der für den Prozeß nicht benötigten Anteile an fühlbarer Wärme u. sonstiger potentieller Energie liegen. Die verfahrensmäßige Entw. wird unter diesen Gesichtspunkten in ihren Grundrichtungen krit. behandelt. — 13 Literaturstellen. (Freiberger Forschungsh. Reihe B. **1954.** Nr. 6. 61—80. Juli. Freiberg.) K.-H. ANDERS. 6426

H. P. Rechenberg, *Die Zinnseifenlagerstätte von Llallagua, Bolivien.* Die Aufarbeitung der Seifen erfolgt z. Z. noch in primitiver Handarbeit, die mit Abb. beschrieben wird. (Berg- u. hüttenmänn. Mh. montan. Hochschule Leoben **100.** 280—84. Okt. 1955. Istanbul.) H. ECKHARD. 6428

Peter S. Jack, *Die Entfernung von Blei aus einem Kupferkonzentrat.* Kurze Beschreibung eines besonderen Verf. der Pb-Gewinnung aus einem Cu-Konzentrat mit sehr geringen Pb-Mengen durch Kombination verschied. Verff., speziell der Anreicherung u. Flotation (mit Schema). (Canad. Mining metallurg. Bull. **46.** 373—75. Juni 1953. Britannia Beach, B. C., Britannia Mining & Smelting Comp. Ltd.) H.-J. HEINRICHS. 6430

Gerhard Fischer, *Die Verarbeitung von im Antimongehalt ungünstigen Blei–Zinn–Antimon-Legierungen.* Von den bekannten Möglichkeiten zur Trennung der im Sb-Geh. ungünstig liegenden Pb–Sn–Sb-Legierungen in Sb-armes (Lötzinnvorlegierung) u. Sb-reiches Material (Weißmetallvorlegierungen) werden drei Verff. erörtert: Der Mischzinnprozeß, das Seigern unter Zuschlag von Zink u. die Mischzinnelektrolyse. Durch theoret. Überlegungen in Verbindung mit Verss. wurde versucht, die Grundlagen für die Durchführung von industriellen Großverss. zu geben. — 17 Abb., 2 Tabellen. 14 Literaturstellen (Freiberger Forschungsh. Reihe B **1954.** Nr. 6. 134—52. Juli. Freiberg.) K.-H. ANDERS. 6430

W. R. D. Jones und **W. L. Bartlett,** *Die Viscosität von Kupfer und einigen binären Kupferlegierungen.* Die zur Viscositätsbest. von Al-Legierungen benutzte Vorr. wurde unter Berücksichtigung der für Viscositätsmessungen von Cu u. Cu-Legierungen höheren Schmelztempp. u. höheren Dichten umgebaut. Die an Cu u. an bin. Cu-Legierungen erhaltenen Ergebnisse zeigen, daß alle Viscositäts/Temp.-Kurven eine Krümmung nahe dem Soliduspunkt aufweisen. Oberhalb dieser Krümmung nimmt die Viscosität linear mit der Zunahme der Temp. ab; unterhalb davon wächst sie rasch mit der Abnahme der Temp., wobei die Kurve fast senkrecht kurz oberhalb des Liquiduspunktes verläuft. Für bin. Legierungen ändert sich die Viscosität in Übereinstimmung mit dem Zustandsdiagramm. Es gibt ein Maximum an der Grenze der festen Löslichkeit u. ein Minimum beim Eutektikum. — Schrifttumsangaben. (J. Inst. Metals **83.** 59—63. Okt. 1954. Cardiff, Univ.; Vancouver, Can., Brit. Columbia Res. Counc.) H. HOCHSTEIN. 6432

B. B. Hundy, *Reckalterung in 70/30-Messing.* Eine Reckalterung wurde während der Zugprüfungen an einem Messingband mit 70 (%) Cu, 30 Zn festgestellt. Zur Erklärung dieser Erscheinung wird die Theorie von COTTRELL herangezogen. — Schrifttumsangaben. (J. Inst. Metals **83.** 115—16. Nov. 1954. Sheffield, Brit. Iron & Steel Res. Assoc.) H. HOCHSTEIN. 6432

J. McKeown, D. N. Mends, E. S. Bale und **A. D. Michael,** *Die Dauerstand- und Dauerfestigkeit einiger geschmiedeter komplexer Aluminiumbronzen.* Bei 300 u. 400° an Al-Bronzen mit 5 (%) Fe u. 5 Ni sowie mit Al-Gehh. von 0—11,6% werden Kriechverss. durchgeführt, die zeigen, daß Legierungen mit 3—7 Al die beste Dauerstandfestigkeit (I) besitzen. Jedoch sind diese Legierungen schwer schmiedbar. Die günstigste Kombination bzgl. I u. leichter Schmiedbarkeit ist in einer Bronze mit 9—9,75 Al gegeben. Dauerfestigkeitsunterss. bei Raumtemp. in Luft zeigen keinen größeren Unterschied zwischen den Legierungen mit Al-Gehh. im Bereich von 9—10,5 Al. Eine Abnahme in der I wird bei Proben bei 400° beobachtet, u. bei dieser Temp. ist der Abfall der I mit abnehmender Spannung ausgeprägter als bei Raumtemperatur. Korrosions–Spannungs-Unterss. zeigen, daß die Al-Bronzen gegenüber der Korrosionsermüdung in einer Salzlsg. beständiger sind als ein nichtrostender Stahl. — Schrifttumsangaben. (J. Inst. Metals **83.** 69—79. Nov. 1954. London.) H. HOCHSTEIN. 6432

Joachim Barthel, *Kupfer–Nickel-Trennung, ein Beispiel zur Anwendung der Aufbereitungstechnik in der NE-Metallurgie.* Beim Verschmelzen der Erze sammelt sich das Ni mit dem Cu u. einem Teil des Fe in einem Rohsteine an, der durch Verblasen im Konverter unter Verschlackung des Fe in Feinstein (I) übergeführt wird. Dieser kann unter besonderen Voraussetzungen auf eine Cu–Ni-Legierung (Monelmetall) verarbeitet werden. Aus dem weitaus überwiegenden Teil des anfallenden Cu–Ni-I muß vielmehr die Trennung dieser Metalle auf metallurg. Wege erfolgen. Sie muß entweder am rohen I oder am abgerösteten I stattfinden. Die bekannteste Trennungsmöglichkeit ist das Kopf- u. Bodenschmelzen. Dabei wird der I mit Na_2SO_4 u. Kohle zusammen verschmolzen. Nach dem Hybinettverf. ist gleichfalls eine Trennung von Ni u. Cu möglich. Ferner wir das Carbonylverf. u. ein Hochdruckverf. erwähnt. Bei letzterem geht man von einem überblasenen I aus, der Schwefel im Unterschuß enthält. Das Verhältnis S : Cu beträgt 1 : 4 entsprechend der Formel Cu_2S. Bei Zugrundelegung der eutekt. Verhältnisse der Schmelze werden Verss. durchgeführt u. beschrieben. (Freiberger Forschungsh., Reihe B **1954.** Nr. 6. 116—25. Juli. Freiberg.) K. H. ANDERS. 6434

Hans Löhn, *Aufbereitung von Cu–Ni-Stein. Ergänzender Beitrag zum Vortrag von Dipl.-Ing. Barthel.* (Vgl. vorst. Ref.) Die hüttenmänn. Abtrennung des Cu u. Ni aus Cu–Ni-Steinen verlangt einen verhältnismäßig großen Aufwand. Man griff daher das Verf. der mechan. Zerkleinerung des Steines (I) u. Trennung der Komponenten mit Methoden der Aufbereitung auf. Voraussetzung für die Anwendbarkeit dieses Verf. ist eine entsprechende Wärmebehandlung des I, die unter geeigneten Bedingungen ein vollständiges Entmischen der gelösten Stoffe u. eine Kornvergrößerung der Kristalle bewirkt. Hierüber werden umfangreiche Verss. mitgeteilt. Es wurde festgestellt, daß bei entsprechender Kreislaufschaltung der Flotationsaggregate eine genügende Trennung von Kupfer- u. Nickelsulfid zu erreichen ist. Durch weiteres Aufschließen der verwachsenen Zwischenprodd. kann auch ein entsprechendes Ausbringen erzielt werden. Ein Restgeh. an Verunreinigungen ist gelöst oder in feinsten Entmischungen enthalten u. läßt sich physikal.-mechan. nicht abtrennen. — 7 Abb., 3 Tabellen. (Freiberger Forschungsh., Reihe B **1954.** Nr. 6. 126—33. Juli. Freiberg.) K. H. ANDERS. 6434

J. Moreau und **J. Bénard,** *Die örtliche Oxydation von Nickel–Chrom-Legierungen bei hohen Temperaturen.* Der Vorgang einer örtlichen Oxydation einer Ni-Legierung mit 4,6% Cr wurde im Temperaturbereich von 800—1250° unter Verwendung von oxydierenden, aus H_2 u. Wasserdampf bestehenden Gasgemischen untersucht. Die Morphologie des auf der Oberfläche der Legierung gebildeten Oxyds unterscheidet sich beträchtlich von der Oberflächenstruktur des nichtoxydierten Metalls. Die Keimbldg. von Cr_2O_3 setzt sich in einem Zusammenfließen dieses Oxyds fort. Zu einem späteren Stadium verdampft das prim. Oxyd u. das bloße Metall nimmt ein gestreiftes Aussehen an. In einer oxydierenden Atmosphäre kann die Oberfläche der Probe als eine Metall/Oxyd-Grenzschicht betrachtet werden. Die örtliche Oxydation von Cr trägt zum Aufbau dieses Oberflächenoxydfilms bei. Wenn die Temp. genügend hoch ist, unterliegt das Gitter des darunter liegenden Metalls einer Umgestaltung, derzufolge die Metalloberfläche das Mikroprofil annehmen kann, das ihrem Zustand der geringsten freien Energie entspricht. — Schrifttumsangaben. (J. Inst. Metals **83.** 87—93. Tafeln XVI—XVIII. Nov. 1954. Saint Germain-en-Laye bzw. Paris.) H. HOCHSTEIN. 6434

H. L. Wain, F. Henderson und **S. T. M. Johnstone,** *Eine Untersuchung der Raumtemperaturverformbarkeit von Chrom.* (Vgl. C. **1956.** 4937.) Es ist möglich, Cr mit einer Dehnung von mindestens 15% in einer Zugprüfung bei Raumtemp. zu erhalten. Geringe Gehh. von N, das offenbar in fester Lsg. vorliegt, erzeugt eine Sprödigkeit bei Raumtemperatur. Eine Versprödung tritt auch bei einer Erhitzung in Luft oder in N_2 bei 650° auf. Andrerseits aber scheint die Verformbarkeit nicht durch eine Erhitzung in O_2 bei diesen Tempp. beeinflußt zu werden. Cr ist kerbempfindlich u. durch Feilen oder grobes Schleifen erzeugte Oberflächeneinkerbungen können die Duktilität wesentlich herabsetzen. Dieser Einfl. kann normalerweise durch Ätzen oder Feinpolieren wieder beseitigt werden. Rekrist. Cr kann bei Raumtemp. duktil gemacht werden. Ein N-Geh. von ca. 0,02 Gew.-% (0,07 Atom-%) erzeugt in kaltverformtem Cr Sprödigkeit, jedoch $<$0,001 Gew.-% ($<$0,003 Atom-%) N scheinen die Duktilität in rekrist. zu unterstützen. Normalerweise ist es notwendig, das rekrist. Cr vor Erlangung seiner Duktilität zu elektropolieren. Die Temperaturabhängigkeit der Sprödigkeit im Cr wird bestätigt. — 28 Schrifttumsangaben. (J. Inst. Metals **83.** 133—42. Tafeln XXIII—XXIV. Dez. 1954. Melbourne, Australien, Aeronaut. Res. Laborr.) H. HOCHSTEIN. 6440

F. Henderson, S. T. Quaass und **H. L. Wain,** *Die Herstellung von Chrom und einigen niedriglegierten Chromlegierungen.* Im Lichtbogen geschmolzenes Elektrolytchrom kann durch Schmieden, Gesenkstauchen u. Walzen verformt werden. Das Schmieden u. Stauchen wird bei 900° u. das Walzen im Temperaturbereich von 400—900° ausgeführt. Elektrolyt. Cr von ausreichender Reinheit mit einer elektropolierten Oberfläche ist nach einer Erhitzung auf 850° zur Entfernung der inneren Spannungen zur wesentlichen Verringerung des H_2-Geh. sowie zu einem Kornwachstum auch bei Raumtemp. verformbar. Das so behandelte Cr bleibt auch nach dem Gießen u. nach den verschied. Verformungsverff. duktil, sofern die Verunreinigung von Cr auf ein Minimum red. wird. Legierungen von Cr mit 1 Gew.-% Ti u. bis 5 Gew.-% W können durch die gleichen angegebenen Verformungsverff verarbeitet werden. Die so erhaltenen Werkstoffe sind bei Raumtemp. verformbar; jedoch ist diese Behandlung bei höheren Legierungsgehh. nicht mehr erfolgreich. — 21 Schrifttumsangaben. (J. Inst. Metals **83.** 126—32 u. Tafel XXII. Dez. 1954. Melbourne, Australien, Aeronautical Res. Laborr.) H. HOCHSTEIN. 6440

Hermann Keßler, *Hinweise zur Umstellung von Eisen- und Nichteisen-Schwermetallguß auf Aluminiumguß.* Bei der Umstellung von Eisen- u. Nichteisen-Schwermetallguß auf Al-Guß sind Gesichtspunkte, wie F., lineare Wärmedehnung, chem. Beständigkeit u. physikal.-chem. Eigg. durch Stellung in der elektrochem. Spannungsreihe der Metalle, zu berücksichtigen. (Giesserei **42.** 307—09. 9/6. 1955. Nürnberg.)
H. HOCHSTEIN. 6446

Marshall Holt und **E. C. Hartmann,** *Dauerversuche an Punktschweißstellen von Aluminiumlegierungen.* Die Ergebnisse von Dauerfestigkeitsprüfungen punktgeschweißter Stellen an Blechen aus verschied. hochfesten Al-Legierungen, bes. der verschied. *Alclad*-Sorten, werden miteinander verglichen. Die S–N-Kurven für alle untersuchte Blechwerkstoffe liegen innerhalb eines ziemlich engen Streifens. Eine Beziehung zwischen stat. Festigkeit u. Dauerfestigkeit der Punktschweißungen wird nicht festgestellt. Die Art der auftretenden Fehler hing von der Anzahl der Lastwechsel ab. Eine künstliche Alterung der Punktschweißstellen ergab keine merkliche Verbesserung in der Dauerfestigkeit. (Welding J. **31.** 183s—87s. April 1952. New Kensington, Pa., Aluminum Co. of America.) H. HOCHSTEIN. 6446

H. K. Hardy, *Die Alterungskennzeichen einiger ternärer Aluminium–Kupfer–Magnesium-Legierungen mit Gewichtsverhältnissen von Kupfer zu Magnesium von 7:1 und 2,2:1.* Zur Unters. des Ausscheidungsvorganges in Al–Cu–Mg-Legierungen mit Cu/Mg-Gewichtsverhältnissen von 7:1 bzw. 2,2:1 werden die Härte–Alterungszeit-Kurven bei 30, 110, 130, 165, 190, 220, 240 u. 260° aufgenommen. Bei 110 u. 130° zeigten die höher legierten Werkstoffe der 7:1-Reihe zwei flache Plateaus einer relativ konstanten Härte, die 3 Härtestufen voneinander trennen, während 2stufige Alterungskurven (ein flaches Plateau) bis zu 220° auftraten. Legierungen der 2,2:1-Reihe ergaben ein flaches Plateau auf den Alterungskurven bis zu 240°. Die erste Stufe der Härtung trat sehr schnell auf u. führte zu außerordentlich gestreckten flachen Plateaus. 3stufige Alterungskurven wurden in dieser Reihe nicht ermittelt. Infolge der Schnelligkeit des ersten Härteanstiegs jedoch wurde die Unterscheidung etwas willkürlich, da ein zweites Plateau bei Alterungszeiten, die kürzer als die Versuchszeiten sind, vorhanden gewesen sein kann. Es war nicht möglich, die Alterungskurven für Legierungen der 7:1-Reihe durch eine Vereinigung der Ergebnisse aus den 2,2:1-Reihen u. den früheren Ergebnissen über die bin. Legierungen künstlich aufzustellen. Kurven der metastabilen Löslichkeit für das Zersetzungsprod., das für die flachen Plateaus verantwortlich ist, werden zu höheren Tempp. hin verschoben, wenn der Mg-Geh. erhöht wird. Im tern. Schnitt nähern sich die Löslichkeitskurven der bin. Al–Cu-Seite unter einem sehr flachen Winkel. Die stark zugenommene Übersättigung erklärt die Tatsache, daß geringe Mg-Zusätze die Alterung von Al–Cu-Legierungen bei Raumtemp. u. schwach erhöhten Tempp. betonen u. beschleunigen. Die Form der Alterungskurven erklärt, warum die Umkehr zur Abschreckhärte mit steigendem Mg-Geh. schwieriger wird. Die pseudo-bin. Al–S-Phasenlegierungen ergeben flache Plateaus bis zu wenigstens 240°. Bei 260° tritt der Anstieg zur Härtespitze sehr rasch auf, welcher wieder im Gegensatz zu der Möglichkeit einer wirkungsvollen Umkehr steht. — 96 Schrifttumsangaben. (J. Inst. Metals **83.** 17—34. Sept. 1954.) H. HOCHSTEIN. 6446

R. F. Hanstock, *Ermüdungserscheinungen in hochfesten Aluminiumlegierungen.* Die Zunahme der Dämpfungsfähigkeit, welche dem Ermüdungsbruch der Al-Legierungen *L 65* mit 4,4 (%) Cu, 0,6 Mg, 0,7 Si, 0,6 Mn, Rest Al u. *DTD 683* mit 0,4 Cu, 2,7 Mg, 0,5 Mn, 5,3 Zn vorangeht, wird von einer Ausscheidungsinstabilität begleitet. In der Legierung *DTD 683* werden lokalisierte Ausscheidungsstreifen gefunden, u. diese sind Gebiete, in denen sich gegebenenfalls Ermüdungsrisse bilden können. Die örtlichen Auswirkungen einer Dauerwechselbeanspruchung verschlechtern die stat. Festigkeit nicht ernsthaft, jedoch hängt die Dauerfestigkeit von der Größe der Beanspruchung, die zur Einleitung der Ausscheidung erforderlich ist, sowie von der Festigkeit der Bereiche ab, in denen eine überstarke Ausscheidung stattgefunden hat. Eine Legierung, die ihre hohe stat. Festigkeit von einem geregelten Zustand der Ausscheidung, welche unter einer Dauerwechselfestigkeit instabil ist, ableitet, hat ein hohes Verhältnis von stat. Zerreißfestigkeit zur Dauerfestigkeit. (J. Inst. Metals **83.** 11—15 u. Tafel III—IV. Sept. 1954. Slough, Bucks., High Duty Alloys Ltd.) H. HOCHSTEIN. 6446

Eduard Bertram, Wilhelm Patterson und **Rudolf Kümmerle**, *Einfluß der Elemente Silicium, Kupfer, Zink und Magnesium auf Warmrißneigung, Formfüllungsvermögen und Festigkeitseigenschaften der Gußlegierung G AlSi 6 Cu 3.* Der Einfl. wechselnder Gehh. von Si, Cu, Zn u. Mg auf das Warmrißverh., das Formfüllungsvermögen u. die Festigkeitseigg. der genormten Legierung *G AlSi 6 Cu3* nach dem Abgießen in Kokille wird untersucht. Für die Prüfung der Warmrißneigung wird eine neue Tellerprobe entwickelt, bei welcher der Riß in dem Querschnittsübergang zwischen Tellerboden u. den sich kon. verjüngenden ringförmigen Tellerrand hineingezwungen wird. Es wird gefunden, daß Mg das Formfüllungsvermögen, die Zugfestigkeit u. Dehnung merklich herabsetzt u. die Entstehung von Warmrissen begünstigt. Zn verhält sich bei Zusätzen bis 2% indifferent; bei über 2% jedoch steigt die Warmrißneigung. Steigende Cu-Zusätze verbessern das Formfüllungsvermögen u. erhöhen etwas die Zugfestigkeit auf Kosten der Dehnung. Der Einfl. auf die Warmrissigkeit ist gering; 3% Cu scheint günstig zu sein. Si verbessert das Formfüllungsvermögen. Günstigste Werte der Zugfestigkeit u. Dehnung werden bei ca. 6% Si festgestellt. Beim Lagern Mg-haltiger Legierungen kann eine Kaltaushärtung auftreten, die zur Versprödung führt. — Schrifttumsangaben. (Giesserei **42.** 97—102. 3/3. 1955. Aachen, TH, Gießerei-Inst.) H. HOCHSTEIN. 6446

Ludwig Müller, *Destillation von geseigertem Reichschaum im Vakuum.* Nach allg. Darst. der Möglichkeiten zwecks Verwendung des Vakuums in der Metallurgie wird zunächst eingegangen auf den Einfl. des Vakuums, auf die Metallverdampfung unter Berücksichtigung der Druckabhängigkeit beim Siedevorgang, die Verdampfungsgeschwindigkeit u. die Diffusionsgeschwindigkeit. Somit ist die Destillationsgeschwindigkeit gleich der maximalen Verdampfungsgeschwindigkeit, vermindert um die Geschwindigkeit, mit der die Rückkondensation verläuft. Weiter wird der Verlauf des Destillationsprozesses bei der Metalltrennung, der Einfl. der Diffusionsgeschwindigkeit des leichter flüchtigen Metalls in der Schmelze auf das Destillationsergebnis u. der Erfolg der Pb–Zn–Ag-Trennung durch Dest. erläutert. Zur Aufstellung der Siedekurven, die eine sichere Aussage über den zu erwartenden Erfolg einer Materialtrennung durch Dest. gestatten, ist die Kenntnis der Partialdrücke der einzelnen Komponenten in Abhängigkeit von der Zus. u. Temp. unerläßlich. Für die Aufarbeitung der Reichschäume wird die Verdampfung bei einem Vakuum von ca. 0,1 mm Hg u. bei Tempp. bis ca. 960° vorgeschlagen. Dabei soll das Zn fast vollständig verdampft werden, während das Pb nur so weit abzudest. ist, daß Verunreinigungen abgeschieden werden können. — 12 Abbildungen. 6 Tabellen. 20 Literaturstellen. 1 Diskussionsbeitrag. (Freiberger Forschungsh., Reihe B **1954.** Nr. 6. 81—115. Juli. Freiberg.) K. H. ANDERS. 6460

H. Obermüller, *Probleme der Pulvermetallurgie.* (Vgl. C. **1950.** I. 1275.) Überblick über die in der Pulvermetallurgie auftretenden Probleme hinsichtlich der Metallpulver, der metallurg. Pulververarbeitung, der Werkzeuge u. der Verfahrensbesonderheiten, bes. des Infiltrationsverfahrens. (Industrie-Anz. **72.** 306—07. 7/4. 1950. Stuttgart.) H. HOCHSTEIN. 6474

F. Frehn, W. Hotop und **G. Stempel,** *Filter aus Sintermetallen. Aufbau, Werkstoffeigenschaften und Einsatzmöglichkeiten.* Der Aufbau poröser Sintermetalle zur Herst. von Filtern u. der Einfl. der Kornform der verwendeten Pulver auf die Anordnung der erwünschten Filterkanäle wird besprochen. Der Druckverlust der Werkstoffe, ihre chem. Beständigkeit sowie ihre mechan. u. physikal. Eigg. werden beschrieben. Die Einsatzmöglichkeiten der Filter aus Sintermetallen, bes. zur gleichmäßigen Verteilung von Gasen u. Fll., als Separatoren, Mengenbegrenzer u. Flammensperren werden erörtert. (Werkstoffe u. Korrosion **6.** 385—89. Aug./Sept. 1955. Dortmund-Aplerbeck.) F. VIER. 6474

E. Zscherpe, *Hartmetallherstellung — Sintern im Vakuumofen.* Hartmetalle werden durch Zusammensintern von WC, TaC u. /oder TiC mit Co als Bindemittel hergestellt. Man mahlt u. mischt die abgemessenen Carbid- u. Co-Mengen 72 Std. in Kugelmühlen unter Zusatz von Aceton, glüht bei 700° im H_2-Strom, preßt das Pulver unter Klebstoffzusatz in Stahlmatrizen zu Profilstäben oder Formstücken, entfernt das Bindemittel bei 400° im H_2-Strom, worauf bei 700° vor- u. bei 1350—1580° fertiggesintert wird. Bisher wurde das zu sinternde Gut mit C in Graphittiegeln im H_2-Strom erhitzt, wobei Co in das Hartmetall diffundierte, Gaseinschlüsse u. (bei Überschreiten von Sinterzeit u. -temp.) Kristalle mit grobkörnigem Gefüge entstanden. Das neue Hochvakuumsinterverf. (10^{-4} Torr) vermeidet diese Nachteile, so daß man Hartmetalle erhält, die geringere Sprödigkeit, weniger Verunreinigungen u. feinkörniges Gefüge aufweisen. VDJ-Z. **97.** 1167—68. 11/11. 1955. Düsseldorf.) W. WESLY. 6476

P. P. Puzak und **W. S. Pellini,** *Bewertung von Kerbschlagbiegeproben.* Die an CHARPY-Rundkerbproben, CHARPY-Spitzkerbproben u. SCHNADTschen Scharfkerbproben von im Zusammenhang mit dem Auftreten von Sprödbruch schon anderweitig untersuchten Schiffsblechen aus unberuhigtem u. halbberuhigtem Stahl erhaltenen Temperaturkurven u. ihre Streuung für die verbrauchte Schlagarbeit, für den Anteil des Verformungsbruches am Bruchgefüge u. für die Einschnürung werden miteinander verglichen. Aus der bekannten betrieblichen Bewährung der Bleche werden Folgerungen für die sinnvollste Probe u. Auswertung der mit ihr erhaltenen Ergebnisse gezogen. Es wird vorgeschlagen, den Energiebereich, in dem bei Verwendung von CHARPY-Spitzkerbproben u. bei Prüfung bei Raumtemp. die an den Probeflanken sich bildenden Aufstülpungen verschwinden, zur Beurteilung heranzuziehen. (Welding J. **33.** 187s—92s. April 1954. Washington, D. C., Naval Res. Labor.) H. HOCHSTEIN. 6480

G. R. Irwin und **J. A. Kies,** *Kritische Energiefortpflanzungsbetrachtungen zum Bruchvorgang.* Es werden Energiebetrachtungen über die Rißbldg. u. Rißfortpflanzung in Metallen u. über die energet. Voraussetzungen für den Übergang eines Verformungsanrisses in einem Sprödbruch angestellt. Die Bedeutung des Verhältnisses der beim Bruchvorgang frei werdenden Energie zu der von außen aufgebrachten Energie wird erörtert, u. Folgerungen für die Beurteilung von Spannungszuständen in geschweißten Bauteilen in bezug auf ihre Begünstigung des Eintretens von Sprödbruch werden gezogen. (Welding J. **33.** 193s—98s. April 1954. Washington, D. C., Naval Res. Labor.) H. HOCHSTEIN. 6480

H. Lindorf, *Die Genauigkeit kontinuierlicher Temperaturmeßverfahren.* Überblick über die Meßfehlergrenzen bei Flüssigkeitsglasthermometern, Quecksilberfederthermometern, Dampfspannungs- u. Widerstandsthermometern, Thermoelementen u. den Gesamtstrahlungspyrometern. (Industrie-Anz. **73.** 267—70. 30/3. 1951. Heiligenhaus.) H. HOCHSTEIN. 6480

R. J. Krieger, S. A. Wenk und **R. C. McMaster,** *Zerstörungsfreie Prüfverfahren zur Untersuchung von Schweißverbindungen.* Überblick über die derzeitigen zerstörungsfreien Prüfverff. für Schweißverbb. im Schiffsbau. (Welding J. **33.** 154s—60s. März 1954. Columbus, O., Battelle Mem. Inst.) H. HOCHSTEIN. 6480

F. W. Wood und **J. O. Borg,** *Ultraschallprüfung von lichtbogengegossenem Zirkonium und seinen Legierungen.* Beschreibung einer Meth. zur Unters. von Zr-Gußstücken bis zu 48 in. Länge auf Fehlstellen, wie z. B. Einschlüsse, Poren u. Lunker. (U. S. Dep. Interior, Bur. Mines, Rep. Invest. Nr. **5126.** 1—8. März 1955. Albany, Ore., Bur. of Mines.) H. SPINDLER. 6480

W. D. Biggs, *Einige Verfahrensweisen der Gefügeaufbaumetallurgie. Die Prüfung der der Oberflächentopographie durch Interferenzverfahren.* Überblick mit 16 Schrifttumsangaben. (J. Inst. Metals **83.** Bull. 2. Nr. 16. 179—81. Dez. 1954. Birmingham, Univ.) H. HOCHSTEIN. 6482

Günter Kemmnitz, *Graphische Verfahren der röntgenographischen Verformungsmessung.* Die schaubildlichen Verff. werden beschrieben, mit denen an Hand HOOKEscher Geraden, MOHRscher Kreise u. den geometr. Örtern für die verformungsfreien Richtungen Schlüsse aus der Röntgenverformungsmessung auf den Spannungs- u. Werkstoffzustand gezogen werden können. Dabei werden die Werkstoffkonstanten u. Eigenspannungen gefunden. Diese Verff. eignen sich bes. für die prakt. Anwendung der Röntgenverformungsmessung. (Arch. Eisenhüttenwes. **26.** 437—43. Aug. 1955. Köln-Weidenpesch.) H. HOCHSTEIN. 6484

Hermann Möller, Walter Grimm und **Helmut Weeber,** *Versuche über die Leistung eines 15 MeV-Betatrons bei der Durchstrahlung von Stahl.* (Vgl. C. **1955.** 2062.) Durchgeführt werden Vergleichsverss. mit einem *31 MeV*-Betatron. Die Verss. erstreckten sich auf die Wrkg. von Verstärkerfolien sowie auf den Intensitätsausgleich des Strahlungsfeldes. Beschrieben wird die Drahterkennbarkeit nach DIN 54110, u. es werden Angaben über die Belichtungszeiten für verschied. Filmsorten sowie über die Fehlererkennbarkeit bei Durchstrahlungsvergrößerungen gemacht. Auf Grund der Verss. wird festgestellt, daß mit einem *15 MeV*-Betatron ein für die zerstörungsfreie Werkstoffprüfung geeignetes Gerät entwickelt worden ist. Die für die Durchstrahlungsaufnahmen benötigten Belichtungszeiten sind ebenso wie beim *31 MeV*-Betatron so kurz, daß sie im Arbeitsablauf bei Schweißnahtdurchstrahlungen nicht mehr als bestimmende Größen erscheinen. — Diskussion. (Arch. Eisenhüttenwes. **26.** 603—09. Okt. 1955. Düsseldorf, Max-Planck-Inst. für Eisenforsch.) H. HOCHSTEIN. 6484

Werner Lueg und **Karl-Heinz Treptow,** *Das Kaltwalzen von phosphatierten Stahlbändern.* Beim Kaltwalzen von unbehandeltem u. phosphatiertem Bandstahl wird der Kraft- u. Arbeitsbedarf unter verschied. Walzbedingungen mit mehreren Werkstoffen u. Schmierstoffen untersucht. Die Walzungen wurden an Stahlbändern mit 0,1 u. 1,1% C mit Rüböl u. Maschinenöl als Schmierstoffen vorgenommen. Ein Teil der Bänder erhielt zuvor durch eine Tauchbehandlung verschiedenartige Phosphatüberzüge, deren Aufbau durch Filmabdrucke u. deren Oberflächenrauhigkeit bestimmt wurde. Für das phosphatierte Band mit 1,1% C ergab sich gegenüber dem unbehandelten Band eine bis zu 20% kleinere Walzkraft u. eine bis über 30% geringere Walzarbeit, wenn in einer Reihe aufeinanderfolgender Stiche gewalzt wurde. Bei der Umformung in Einzelstichen waren die Unterschiede in Walzkraft u. Walzarbeit etwa die gleichen. Für den Stahl mit 0,1% C ergaben sich beim Walzen in Einzelstichen bei einer Dickenabnahme von 60% zwischen unbehandeltem u. phosphatiertem Band Verminderungen der Walzkraft u. Walzarbeit von 25 u. 20%. Bei den Stahlband mit hohem C-Geh. werden unter gleichen Arbeitsbedingungen nur geringe Erfolge durch Phosphatieren festgestellt, die man auch allein durch den Übergang vom Maschinenöl zum Rüböl als Schmierstoff erreicht. Beim Walzen des weicheren Bandes mit größeren aufeinanderfolgenden Abnahmen sinken Walzkraft u. Walzarbeit bei einer Gesamtdickenabnahme von 70% um ca. 30 u. 20% ab. Bei dem Band mit hohem C-Geh. sind die Unterschiede geringer, jedoch ausgeprägter als bei einer Folge von kleineren Stichabnahmen. Die unterschiedliche Wrkg. der Phosphatschicht wird auf das unterschiedliche Reibungsverh. der Phosphatschichten bei niedrigen u. hohen Flächenpressungen erklärt. Das Gleitverh. von Phosphatschichten verschlechtert sich mit zunehmender Flächenpressung stärker als das der benutzten Schmierstoffe, so daß bei den erhöhten Flächenpressungen, die beim Auswalzen des Stahles mit 1,1% C auftreten, der Unterschied zwischen unbehandeltem u. phosphatiertem Band nur noch gering ist. Durch Best. der Zugfestigkeit in Walzrichtung wird festgestellt, daß die phosphatierten Bänder etwas stärker verfestigt werden als die unbehandelten. — 38 Schrifttumsangaben. (Stahl u. Eisen **75.** 1085—92. 25/8. 1955. Düsseldorf, Max-Planck-Inst. für Eisenforsch.) H. HOCHSTEIN. 6490

W. D. Ssadowski, *Der Einfluß einer vorherigen Überhitzung des Stahles auf den Verlauf des Zerfalles von unterkühltem Austenit.* Zwei Stähle mit 0,41 (%) C, 0,35 Mn, 1,44 Si u. 1,41 Cr bzw. mit 0,32 C, 0,35 Mn, 0,35 Si, 1,53 Cr u. 3,33 Ni wurden auf 950 bzw. 900° langsam (2° pro Min.) erhitzt, in einem Salzbad von 650° mit einer Haltezeit von 1 Min. abgeschreckt u. abschließend in W. abgekühlt. Ein Teil der Proben war vor dieser Behandlung bereits von 1300° in Öl abgeschreckt u. darauf bei 650° angelassen worden. Die Ergebnisse lassen erkennen, daß ein Einfl. einer voraufgegangenen Überhitzung auf den Verlauf des Austenitzerfalls prakt. nicht wahrnehmbar ist, wenn die zweite Erhitzung mit einer Geschwindigkeit von ca. 150—300° je Min. durchgeführt wird. Dies beweist, daß der Einfl. der Überhitzung nicht durch irgendwelche Konzentrationsänderungen an den Austenitkorngrenzen, die bei hohen Tempp. eintreten, erklärt werden kann, sondern an das Auftreten einer sek. Korntextur gebunden ist, deren Grad von der Erhitzungsgeschwindigkeit abhängt. Infolgedessen kann erwartet werden, daß bei einer sehr schnellen Erwärmung mit einer Geschwindigkeit von ca. 100° je Sek. die voraufgegangene Überhitzung dann doch eine analoge Wrkg. auf den Verlauf des Austenitzerfalls zeigen muß. Der Einfl. der Überhitzungstextur tritt jedoch nur bei einer Umwandlung des Austenits in Perlit–Troostit auf, wird aber nicht bei einer Umwandlung in das Zwischenstufengefüge beobachtet. Außerdem tritt die beobachtete Wrkg. der voraufgegangenen Überhitzung nur dann ein, wenn die Temp. der zweiten Erhitzung nicht den Bereich der Austenitrekristallisation berührt. — Schrifttumsangaben. (Доклады Академии Наук СССР [Ber. Akad. Wiss. UdSSR] **102.** 515—17. 21/5. 1955.) H. HOCHSTEIN. 6492

Karl Bungardt, Gustav Hoch und **Otto Mülders,** *Einfluß der Wärmebehandlung auf die Zugfestigkeit und Kerbschlagzähigkeit von Warmarbeitsstählen.* Die Unters. des Einfl. der Anlaßtemp. u. Anlaßzeit zeigt, daß die in Kurzzeitverss. festgestellten Werte nur begrenzt zur Kennzeichnung des Verh. der Stähle im Dauerbetrieb geeignet sind, da diese Eigg. sich in Abhängigkeit von der Beanspruchungstemp. u. -dauer beträchtlich ändern können. Zwischen Anlaßtemp. u. -dauer sowie Festigkeit besteht eine gesetzmäßige Beziehung, die im wesentlichen der von HOLLOMON u. JAFFE für diffusionsabhängige Eigenschaftsänderungen entwickelten Gleichung folgt. Es wird durch Verss. nachgewiesen, daß die Geschwindigkeit der Festigkeitsabnahme bei der Eignungsbeurteilung von Warmarbeitsstählen zu berücksichtigen ist. Durch das in der oberen Zwischenstufe entstehende Gefüge wird die Anlaßbeständigkeit erhöht. Die bei Raumtemp. ermittelte Kerbschlagzähigkeit weist nach Anlassen oberhalb der zur größten Sekundärhärte (I) führenden Tempp. einen Tiefstwert auf. Mit zunehmender Haltezeit verschiebt sich dieser Tiefstwert wie die I zu tieferen Temperaturen. Eine Erfassung des Zeit–Temp.-Einfl. auf Kerbschlagzähigkeit bei Raumtemp. ist nach dem Geschwindigkeitsgesetz des Festigkeitsabfalles nicht möglich, da eine Austauschbeziehung zwischen Zeit u. Temp. ohne Berücksichtigung der Anlaßbehandlungen nicht vorliegt. Das bei der Umwandlung bes. in der oberen Zwischenstufe entstehende Gefüge führt zu erhöhter Versprödung beim Anlassen im Bereich der I. Eine Verbesserung der Kerbschlagzähigkeit durch Mehrfachanlassen ist nur in den Temperaturbereichen möglich, in denen der Zähigkeitsverlust bes. durch das Entstehen von unangelassenem Martensit als Zerfallsprod. des Restaustenits beim Abkühlen von der Anlaßtemp. hervorgerufen wird. Längere Haltezeiten oder Mehrfachanlaßbehandlungen führen gleichlaufend mit der Verschiebung der I zu niedrigeren Tempp., in allen anderen Fällen zu ungünstigeren Kerbschlagwerten, was sich entweder in einer Erniedrigung des Tiefstwertes der Zähigkeit oder, was dem Sinne nach das gleiche ist, in einer Verzögerung des Anstiegs der Zähigkeit mit der Prüftemp. bemerkbar macht. — Diskussion. 14 Schrifttumsangaben. (Stahl u. Eisen **75.** 1035—46. 11/8. 1955. Krefeld, Deutsche Edelstahlwerke Akt.-Ges.) H. HOCHSTEIN. 6492

E. R. Funk und **H. Udin,** *Oberflächenspannung und das Verbinden von Metallen.* Die Erfordernisse der Oberflächenspannung u. Benetzungsfähigkeit für Hartlotlegierungen werden zusammenfassend erörtert. — 17 Schrifttumsstellen. (Welding J. **31.** 247s bis 252s. Mai 1952. Massachusetts Inst. of Technol.) H. HOCHSTEIN. 6504

J. D. Dowd, *Löten von Aluminium.* Al u. seine Legierungen lassen sich nach Entfernung der Oxydhaut von der Oberfläche leicht löten. Dieses Oxyd kann mechan. durch Ultraschallbehandlung, durch Abschmirgeln mit Stahlwolle oder dgl. sowie aber auch durch geeignete Flußmittel entfernt werden. Für Niedertemperaturlote wird ein chloridfreies organ. Flußmittel empfohlen, jedoch müssen für Hochtemperaturlote chloridhaltige Lote verwendet werden. Zur Vermeidung von Korrosion sind die Flußmittelrückstände vollständig zu entfernen. Lote für Al sind üblicherweise Legierungen von Pb, Sn u. Zn. Die Korrosionsbeständigkeit der Lotverbindungen von Al nimmt mit steigendem Zn-Geh. des Lotes zu. Die besten Lote vom Korrosionsstandpunkt sind Zn-Legierungen, in denen Zn das am niedrigsten schm. Metall ist. — 11 Schrifttumsstellen. (Welding J. **33.** 113s—20s. März 1954. New Kensington, Pa., Alco Aluminium Res. Labor.) H. HOCHSTEIN. 6504

R. C. Jewell, *Löten von nichtrostendem Stahl mit einer Silberlegierung.* Unter Verwendung einer Silberlotlegierung (Zus. nicht genannt) werden bei Stumpfverbindungen an nichtrostendem Stahl Werte erreicht, die über der Streckgrenze des Stahles liegen, u. zwar nicht nur bei Raumtemp., sondern auch bei erhöhten Temppp. bis zu 350°. (Welding J. **32.** 331. April 1953. Sheffield, Smelting Co.) H. HOCHSTEIN. 6504

C. Hase, *Was hat die Autogenschweißung der elektrischen Lichtbogenschweißung voraus?* Die Autogenschweißung ist nach dem durchgeführten krit. Vgl. gegenüber der elektr. Lichtbogenschweißung nicht als überholt zu bewerten. Die Vorzüge u. Nachteile der beiden Verff. werden einander gegenübergestellt. (Industrie-Anz. **72.** 498—503. 9/6. 1950. Duisburg.) H. HOCHSTEIN. 6506

Werner Hummitzsch, *Ein neuer Schweißelektrodentyp.* Erörtert werden die Verwendung, Arbeitsbedingungen u. Vorzüge der Tiefeinbrandschleppelektrode, welche neben einem sehr tiefen Einbrand auch noch die Eig. haben, sie in Berührung mit dem Werkstoff „schleppend" verschweißen zu können. Die Eig. der Elektrode, nach ihrer Berührung mit dem Werkstück sofort zu zünden u. im Kontakt mit demselben nicht anzukleben, befähigt sie, sie für eine Art Punktschweißung bei Heftarbeiten dünner Bleche zu benutzen. Die Nähte der Tiefeinbrandelektrode sind dicht u. haben eine gute Verformungsmöglichkeit. Sie sind zäh. Die Kerbzähigkeitswerte in der Verbindung betragen 8 bis 14 mkg/cm². Das reine Schweißgut hat eine Festigkeit von 46—51 kg/mm², wobei die Dehnungswerte über 23% liegen. (Industrie-Anz. **72.** 745—47. 22/8. 1950. Kapfenberg.) H. HOCHSTEIN. 6506

L. A. Harris, R. B. Matthiesen und **N. M. Newmark,** *Dauerfestigkeit von Schweißgut.* Die Zug-Druck-Dauerfestigkeit im Schwellbereich von Proben aus beim Verschweißen von 19 mm dickem Blech aus halbberuhigtem Stahl mit 0,25 (%) C erhaltenem Schweißgut der Elektroden *E 7016* mit 0,11 C u. niedrigem H_2-Geh. u. *E 6010* mit 0,1 C u. hohem H_2-Geh. wird in Abhängigkeit von der Art des Niederschmelzens, entweder unter Vorwärmung der Schweiße vor Aufbringen der nächsten Lage mit nachfolgender Luftabkühlung oder unter Wasserabschreckung nach Aufbringen jeder neuen Lage, festgestellt. Hierbei wird der Einfl. der Probenlage zur Schweißrichtung, u. zwar entweder Probe in Längsrichtung aus dem Schweißgut oder Probe quer zur Schweißrichtung, so daß die Einflußzone im Gebiet der höchsten Probenbeanspruchung liegt, ermittelt. (Welding J. **32.** 441s—53s. Sept. 1953. Urbana, Ill., Univ. of Illinois.) H. HOCHSTEIN. 6506

A. L. Schaeffler, H. C. Campbell und **H. Thielsch,** *Wasserstoff im Schweißgut aus weichem Stahl.* Erkenntnisse aus dem Schrifttum werden zusammengestellt u. persönliche Mitteilungen über den Einfl. der Zus. der Umhüllung bei den verschied. amerikan. Schweißdrahtsorten auf den H_2-Geh. des Schweißgutes gemacht. Ein Zusammenhang zwischen dem H_2 in der Schmelze, dem Druck des H_2 in der Lichtbogenhülle u. dem Feuchtigkeitsgeh. umhüllter Elektroden wird festgestellt. Die Entstehung von Fehlstellen durch H_2 bei der Erstarrung wird erläutert u. eine Erklärung des Bruchvorganges gegeben. Durch H_2 wird die Verformbarkeit u. Kerbschlagzähigkeit der Schweißstellen verringert. Die H_2-Menge im Schweißgut erfolgt nach dem genormten Glycerinverfahren. Die Anwendung H_2-armer umhüllter Schweißdrähte u. a. bei Automaten- u. Selenstählen sowie bei Emaillierblechen wird empfohlen. — 183 Literaturangaben. (Welding J. **31.** 283s—309s. Juni 1952. Milwaukee, Wis., Allis-Chalmers Mfg. Co., u. Philadelphia, Pa., Arcos Co., u. New York, N. Y.) H. HOCHSTEIN. 6506

Glenn W. Oyler und **Robert D. Stout,** *Porigkeit von Schweißungen an unlegiertem Stahl.* Die Porigkeit der Schweißen, die durch Röntgenaufnahmen ermittelt wird, wird von beruhigtem, halbberuhigtem u. unberuhigtem unlegiertem Stahl mit 0,14 bis 0,8 (%) C bei Verwendung von beruhigtem u. unberuhigtem Schweißzusatzwerkstoff mit 0,07—0,16 C in Abhängigkeit von der Stromstärke, dem verwendeten Schweißzusatzwerkstoff u. der Schutzgaszus. (Ar oder Ar mit Zusätzen von O_2, H_2, N_2 oder CO_2) festgestellt. (Welding J. **32.** 454s—60s. Sept. 1953. Newark, N. J., Linde Air Prod. Co.; Bethlehem, Pa., Lehigh Univ.) H. HOCHSTEIN. 6506

Richard P. Wentworth und **Hallock C. Campbell,** *Anlaßsprödigkeit von Schweißgut aus niedrig legiertem Stahl.* Kerbbiegeproben werden durch Zuschweißen einer ca. 14 mm tiefen V-Nut mit 90° Öffnungswinkel in 19 mm dickem Stahlblech mit verschied. Schweißzusatzwerkstoffen hergestellt u. ein Kerb mit 45° Öffnungswinkel u. einer solchen Tiefe eingearbeitet, daß trotz fehlender Abarbeitung der Raupe jeweils ein Prüfquerschnitt von 16 mm Dicke vorliegt. Der Kerbbiegevers. wird nach einem Glühen der geschweißten Proben bis zu 24 Std. bei Temppp. von 370—700° ausgeführt. Durch Unters. des Bruchgefüges im Schweißgut wird die Anlaßversprödung beurteilt. Die untersuchten Zusatzwerkstoffe sind Stähle mit 1. 0,054 (%) C, 0,16 Si, 0,70 Mn, 0,88 Mo, 1,52 Ni, 0,20V; 2. 0,058 C, 0,27 Si, 0,49 Mn, 0,53 Mo, 1,73 Ni, 0,07 V; 3. 0,17 C, 0,57 Si, 0,31 Mn, 2,47 Cr 0,57 Mo; 4. 0,07 C, 0,26 Si, 1,65 Mn, 0,36 Mo u. 5. 0,17 C, 0,27 Si, 1,76 Mn, 0,33 Mo. — Diskussion. (Welding J. **31.** 505s—14s. Nov. 1952. **32.** 107s—11s. Febr. 1953. Philadelphia, Pa., Arcos Corp.) H. HOCHSTEIN. 6506

D. C. Martin, M. I. Jacobsen und **C. B. Voldrich,** *Das Schweißen dicker Platten hochfester Aluminiumlegierungen.* Überblick über die Fortschritte der Schweißverff., der Schweißtechnik u. der Entw. der Füllmetallegierungen. (Welding J. **32.** 161s—171s. April 1952. Battelle Mem. Inst.) H. HOCHSTEIN. 6506

Bernard S. Westerman, *Aluminiumüberzüge auf Eisen- und Stahldraht durch Eintauchen in geschmolzenes Aluminium.* Beschreibung des Verf. zum Aufbringen von Al-Überzügen der Page Steel and Wire Division der AMERICAN CHAIN & CABLE CO., INC. Vor dem Eintauchen in das fl. Al wird eine Flußmittelschicht durch Eintauchen in eine heiße Lsg. Zr- oder Ti-Fluoride oder Komplexverbb. dieser Fluoride mit Alkalimetallen auf dem Fe-Draht aufgebracht. Der Draht verläßt das Al-Bad senkrecht. Eigg. der Schicht. (Products Finishing **19.** Nr. 12. 62—64. 66. 68. 69. Sept. 1955.) F. MARKHOFF. 6516.

A. W. Hothersall und **G. E. Gardam,** *Die Innenvernicklung von Rohren mit Hilfe von unlöslichen Anoden.* (J. Electrodepositors' techn. Soc. **27.** 181—99. 1950/51. Woolwich, Armament Res. Establ. — C. **1953.** 3144.) J. FISCHER. 6520

Walter Katz, *Aufbau und Dickenbestimmung von Zinküberzügen.* Das Verf. der elektrochem. Ablsg. bei der Prüfung von Zn-Überzügen schließt den Vorteil einer möglichen Strukturunters. der Schichten in sich. Eine Strukturbeurteilung spielt eine Rolle für eine spätere Verarbeitung mit Verformung u. für die Lebensdauer bei Beanspruchung in korrodierend wirkender Umgebung. Ferner läßt sich mit diesem Verf. die Schichtdicke verschied. Erzeugnisse leicht ermitteln. Die Unters. therm. nachbehandelter Zn-Schichten auf Eisen ist mit dieser Ablsg. leicht möglich. Die Schichten des SENDZIMIR-Verf. weisen ebenso wie die Schichten aus stärker Al-haltigen Verzinkungsbädern eine äußerst geringe Hartzinkbldg. auf. Für das SENDZIMIR-Verf. wird die geringe Legierungsbldg. aus der besonderen Vorbehandlung erklärt. Durch Vergleichsbestimmungen an dünnen verzinkten Drähten wird die elektrochem. Ablsg. mit der chem. Ablsg. durch Säure mit Sparbeizzusatz verglichen u. gefunden, daß durchschnittlich eine Abweichung von $\pm 2\%$ von den chem. bestimmten Werten zu erreichen ist. — Schrifttumsangaben. (Stahl u. Eisen **75.** 1101—06. 25/8. 1955. Berlin-Dahlem, Bundesanst. für mechan. u. chem. Materialprüfung.) H. HOCHSTEIN. 6522

Ju. N. Rabotnow, *Über den möglichen Mechanismus der Zerstörung von Metallen im korrosiven Medium.* Für die Fortpflanzung von Rissen in Metallen wird ein Mechanismus entwickelt u. rechner. behandelt, wonach die durch chem. Rk. des Metalls mit dem akt. Medium entstandenen mol. Gebilde in die Zwischenkristallitschicht diffundieren u. das Ende eines entstehendes Risses einen Konzentrationsherd für Spannungen bildet; da der Diffusionskoeff. von der Spannung abhängt, erfolgt die Diffusion am intensivsten entlang dem Riss; die Zunahme der Konz. des diffundierenden Mittels setzt die Festigkeit des Metalls herab u. bewirkt dadurch ein weiteres Wachsen des Risses. Die Beziehung zwischen Konz. u. Festigkeit bzw. Spannungen wird auch rechner. bestätigt. (Известия Академии Наук СССР, Отделение Технических Наук [Nachr. Akad. Wiss. UdSSR, Abt. techn. Wiss.] **1954.** Nr. 6. 53—56. Juni. Moskau.) R. K. MÜLLER. 6538

Norman Hackerman und **E. E. Glenn jr.,** *Korrosion von Stahl durch luftfreie, verdünnte, schwache Säuren.* Die Korrosion von weichem Stahl durch Sprühnebel von verd. Essigsäurelsgg. in CO_2-haltigen Atmosphären bei Ausschluß von O_2 u. Luft wird untersucht in Analogie zu dem Angriff der Rohre von Erdgasquellen. Der Angriff ist unabhängig vom Partialdruck der CO_2 bis 1 at bis auf die schwächste Säurekonz. (50 mg/Liter). Bei Drucken über $1-1\frac{1}{2}$ at wird bei allen Säurekonzz. der Angriff verstärkt. Die Korrosionsprodd. sind hauptsächlich $FeCO_3$ u. üben einen gewissen Schutz aus, der in Abhängigkeit von der CO_2- u. Essigsäurekonz. einen maximalen Wert durchläuft. (J. electrochem. Soc. **100.** 339—44. Aug. 1953.) W. KATZ. 6538

Combined Metals Reduction Co., Stockton, übert. von: **Ernest Klepetko,** Bauer, und **Philip de B. Kaye,** Salt Lake City, Utah, V. St. A., *Rösten von Erzen und Konzentraten, z. B. Zink- oder Kupfersulfidkonzentrate,* dad. gek., daß das zerkleinerte Ausgangsgut in feinem Strahl oben in einen runden mehretagigen Röstofen eingeführt, auf Rösttemp. erhitzt u. in freiem Fall durch eine oxydierende Zone geleitet wird, bis das Gut eine gewisse Höhe auf dem Boden der oberen Etage erreicht hat, worauf hier eine Bettröstung durchgeführt wird. Dann wird das Gut durch einen kleinen Sektor des Bodens der obersten Etage in die nächste untere Etage wie oben durch eine oxydierende Zone fallen gelassen, auf dem Boden geröstet wie in der ersten Etage u. in weiteren Etagen so weiterbehandelt, bis die Röstung zum gewünschten Grad erreicht ist. Die oxydierende Zone wird durch seitliches Einblasen von Luft mit einem Druck bewirkt, der groß genug ist, um die kleinsten Teilchen der Beschickung wohl etwas seitlich abzulenken, aber nicht so groß, um die im allg. senkrechte Fallbewegung aufzuheben. — Zeichnungen. (**A. P. 2 689 176** vom 18/8. 1948, ausg. 14/9. 1954.) G. APEL. 6379

General Motors Corp., Detroit, Mich., übert. von: **Arnold Lynd Boyce**, Dayton, O., V. St. A., *Imprägnierte Sinterkörper.* Im unteren Teil eines Tiegels wird ein Preßling aus Metallpulver auf Sintertemp. gebracht u. gesintert. Gleichzeitig wird im oberen Teil des Tiegels, der durch ein Ventil vom unteren Teil getrennt ist, das imprägnierende Metall geschmolzen. Nach Vollendung der Sinterung wird das Ventil geöffnet u. das geschmolzene Metall füllt die Poren des Sinterkörpers aus. So können z. B. Sinterkörper aus *Fe* oder Fe-Legierungen mit *Cu* u. *Pb* oder Cu-haltige Legierungen mit Pb imprägniert werden. Nach E. P. 728 427 wird nicht der ganze Körper imprägniert, sondern nur bestimmte Teile. Zu diesem Zweck wird der gesinterte Körper lediglich an diesen Teilen bis zum F. des einzuseigernden Metalls erhitzt. — Zeichnungen. (**E. PP. 727 449** vom 14/5. 1953, ausg. 30/3. 1955. A. Prior. 22/5. 1952 u. **728 427** vom 4/8. 1953, ausg. 20/4. 1955. A. Prior. 8/8. 1952.) C. GÖTZE. 6379

Soc. Forni Lubatti, Turin, Italien, *Reduktion pulvriger Erze ohne vorausgehende Agglomerierung.* In einem elektr. beheizten offenen Ofen wird eine Schmelze aus Salz oder Schlacke gebildet u. darauf ein Gemisch aus dem pulverigen Erz mit Kohlepulver u. schlackenbildenden Zuschlägen aufgegeben. Hier wird das Gemisch zunächst getrocknet, dann setzt die Rk. ein, das dabei entstehende CO u. CO_2 entweicht durch die Charge, mit der sie weiterreagieren, während das geschmolzene red. Metall in Tropfenform durch die Schmelze sinkt u. sich am Boden sammelt. Die Schlacke u. die Metallschmelze werden von Zeit zu Zeit abgezogen. Die Beschickung setzt sich aus ca. 65 (%) Eisenerz, 20 Kohle u. 15 Kalk mit etwas Pyrolusit zusammen. Es entsteht eine *Fe–C*-Legierung. — Zeichnung. — Vgl. auch F. P. 1 033 914; C. **1955**. 9661. (**E. P. 717 576** vom 15/3. 1951, ausg. 27/10. 1954. It. Prior. 15/3. 1950.) G. APEL. 6381

American Cyanamid Co., New York, N. Y., übert. von: **Dorothea S. Phillips**, Meredith, N.H., V. St. A., *Bindemittel für Gießereikernsand.* Der Sand wird mit 0,5—5 (Gew.-%) *Dicyandiamidformaldehydharz* (**I**), 0,15—2 eines *stärkehaltigen Bindemittels* u. einer ausreichenden *Wasser*-Menge zum Gelatinieren der Stärke vermischt. — Z. B. besteht eine Kernmasse aus 90 *Sand,* 6 **I**, 3 *Bentonit,* 1 *Getreidemehl* u. 7 *Wasser.* (**A. P. 2 684 344** vom 31/8. 1950, ausg. 20/7. 1954.) HANS HOFFMANN. 6383

Carron Parlanti Ltd., Carron, Falkirk, Sterlingshire (Erfinder: **Conrad Anthony Parlanti**, Herne Bay, Kent), England, *Kokille für den Metallguß* besteht aus *Al* oder einer Al-Legierung u. ist einschließlich des Gießhohlraums elektrolyt. oxydiert. Die Kokille ist so gebaut, daß das Verhältnis des Gießkopfgewichts zum Gewicht des eigentlichen Gußstückes ca. 1:1 bis 10:1 beträgt. Der innere Hohlraum der Kokille kann mit einem feuerfesten Stoff ausgekleidet sein. (**D. B. P. 933 222** Kl. 31c vom 11/5. 1951, ausg. 10/11. 1955. Anmeldung bekanntgemacht 5/8. 1954. E. Prior. 10/5. 1950.) HANS HOFFMANN. 6383

M. W. Kellogg Co., New York, N. Y., V. St. A., *Vermeidung von Lunkern und Seigerungen beim Gießen von beruhigtem Stahl.* Die freie Oberfläche des fl. Stahls wird in der Gießform mit einer schlackenbildenden M. abgedeckt u. der obere Teil des Gußstücks durch Stromdurchgang so lange fl. gehalten, bis die Kernzone erstarrt ist. Hierbei soll wenigstens eine Elektrode in die Schlacke eingetaucht werden. Als schlackenbildende Massen kommen Gemische von folgenden Zuss. in Frage: 30—65 (%) Al_2O_3, 7—20 CaF_2 u. 5—25 SiO_2 mit höchstens 8, bes. nicht über 4, CO_2 u. W.; oder 35—65 Al_2O_3, 20—55 CaF_2 u. 6—20 *MgO* mit gleichem CO_2- u. Wassergeh. wie vorstehend. — Beispiele für besondere Massezuss.: 50 *calcinierter Bauxit,* 10 *Flußspat,* 15 *Quarz* u. 25 *gebrannter Dolomit;* oder 50 *calcinierter Bauxit,* 40 *Flußspat* u. 10 *gebrannter Magnesit.* (**Oe. PP. 182 832** u. **182 833** vom 14/1. 1954, ausg. 10/8. 1955.) HANS HOFFMANN. 6383

Metropolitan-Vickers Electrical Co. Ltd., London, England, *Herstellung von Formen für den Metallguß nach dem Wachsausschmelzverfahren.* Ein Wachsmodell, welches etwas größer ist als der zu gießende Gegenstand wird mit grobkörnigem Schlicker überzogen, worauf das Wachs nach dem Trocknen des Überzugs ausgeschmolzen wird. In den entstandenen Hohlräumen wird ein Wachsmodell des zu gießenden Gegenstands gebracht u. der hierbei sich bildende Zwischenraum mit dem Schlicker eines feinkörnigen feuerfesten Stoffes ausgefüllt. Nach dem Trocknen der M. wird das Wachs wiederum ausgeschmolzen. (**Schwz. P. 301 032** vom 20/2. 1952, ausg. 1/11. 1954. E. Prior. 9/3. 1951.) HANS HOFFMANN. 6383

Vereinigte Leichtmetall-Werke G. m. b. H., Bonn (Erfinder: **Paul Brenner**, Hannover-Kleefeld), *Legierungen für Teile von Grubenstempeln,* dad. gek., daß die Reibungskräften ausgesetzten Verbindungsflächen zwischen Ober- u./oder Unterstempel einerseits u.

Schloßteilen andererseits aus *Al*-Legierungen mit bis 10 (%) *Zn* u. bis 5 *Mg* oder aus hochfesten *Cu*-Legierungen, bes. solchen mit *Be*, bestehen. Man kann auch *rostsichere Stähle* verwenden, die über 10 Ni u. Cr enthalten, oder niedrig legierte Stähle, die mit den genannten Al- oder Cu-Legierungen plattiert oder durch Diffussion mit Ni, Cr, Al oder Cu in der Oberfläche angereichert sind. Bei all diesen Werkstoffen tritt keine Funkenbldg. auf. (**D. B. P. 924 171** Kl. 40b vom 14/2. 1950, ausg. 20/6. 1955. Anmeldung bekanntgemacht 23/11. 1950.) C. GÖTZE. 6389

Commonwealth Engineering Co. of Ohio, Dayton, übert. von: **Oliver F. Davis,** Troy, und **Hans G. Belitz,** Dayton, O., V. St. A., *Herstellung von Metallfilmen.* Auf eine erhitzte rotierende Walze wird eine in der Hitze zersetzbare Metallverb. geblasen u. der sich bildende Film durch einen Schaber von der Walze abgestreift. — Zeichnung. (**A. P. 2 685 121** vom 7/5. 1949, ausg. 3/8. 1954.) F. VIER. 6389

Hans von Hofe, Krefeld, *Verhüttung von Erzen.* Das Verf. zur direkten Eisengewinnung aus feinkörnigen Eisenerzen, bei dem das Erz mit Reduktionsmitteln vermengt, tangential in einen Reaktionsraum eingeblasen wird, ist dad, gek., daß die Reduktionstemp. durch Zufuhr von zusätzlichem O_2 aufrechterhalten wird. Vorzugsweise geht die Red. bei gleichsinnig strömendem Eisenpulver u. Reduktionsgasen vonstatten. Das erschmolzene Eisen wird zweckmäßig in ein u. derselben Pfanne durch weitere O_2-Zufuhr verblasen. Die bei der Verbrennung der Reduktionsgase bzw. beim Verblasen frei werdende Wärme kann unmittelbar zur Dampferzeugung ausgenutzt werden. — Abbildungen. (**D. B. P. 935 845** Kl. 18a vom 26/5. 1951, ausg. 1/12. 1955. Anmeldung bekanntgemacht 24/7. 1952.) H. HOCHSTEIN. 6391

Carnegie Institute of Technology, übert. von: **Gerhard Derge** und **Kenneth M. Goldman,** Pittsburgh, Pa., V. St. A., *Entfernung von Schwefel aus dem aus dem Hochofen strömenden Roheisen.* Dem Roheisen wird in Ggw. von geschmolzener Hochofenschlacke metall. *Al* zugesetzt u. darauf die Schlacke vom Roheisen getrennt. (**A. P. 2 706 152** vom 8/7. 1952, ausg. 12/4. 1955.) H. HOCHSTEIN. 6401

Eisenwerke Mülheim-Meiderich Akt.-Ges. (Erfinder: **Max Paschke**), Mülheim/Ruhr, *Erschmelzung eines hochwertigen Gußeisens im Gießereischachtofen bzw. Niederschachtofen,* wobei die Gattierungsbestandteile bzw. Teile derselben mit einer bei hoher Temp. schm. Umhüllung in den Ofen aufgegeben werden, dad. gek., daß eine aus *Wasserglas, pulverisierter Schlacke* u. gegebenenfalls *Ton* — vorzugsweise als Emulsion — bestehende Umhüllung verwendet wird. Zweckmäßig besteht die Umhüllungsemulsion aus ca. 50 bis 70 (%) Wasserglas, 30—40 bas. Schlacke u. 5—10 Ton. (**D. B. P. 935 308** Kl. 18b vom 8/1. 1953, ausg. 17/11. 1955. Anmeldung bekanntgemacht 26/5. 1955.) H. HOCHSTEIN. 6403

Rheinisch-Westfälische Eisen- und Stahlwerke Akt.-Ges., Mülheim/Ruhr (Erfinder: **Eugen Piwowarsky,** Aachen), *Herstellung von Gegenständen aus weißerstarrten oder teilweise graphitisierten Eisen–Kohlenstoff-Legierungen* mit einem Gesamt-*C*-Geh. zwischen 2 bis ca. 4,5 (%), die C in Form von Ledeburit u./oder Temperkohle enthalten, dad. gek., daß die Legierungen auf 850—950°, vorzugsweise 875—925°, erwärmt u. in diesem Zustand plast. verformt werden. Zweckmäßig wird dieses Verf. auf solche Fe–C-Legierungen angewendet, in denen der *P*-Geh. um so tiefer liegt, je höher der Gesamt-C-Geh. ist u. bei C-Gehh. über ca. 3,8 C unter 0,08 P beträgt. (**D. B. P. 936 874** Kl. 18c vom 17/4. 1943, ausg. 22/12. 1955. Anmeldung bekanntgemacht 17/7. 1952.) H. HOCHSTEIN. 6403

Eisenwerke Gelsenkirchen Akt.-Ges. (Erfinder: **Helmut Timmerbeil**), *Herstellung von gußeisernen Gegenständen.* Zunächst werden aus fl. Gußeisen entsprechender Zus. Vorwerksstücke geschleudert, welche weißes oder zum mindesten ein meliertes Gefüge besitzen, d. h., bei welchen C — u. zwar bes. in den Randzonen — vorwiegend in Form von Zementit vorhanden ist, worauf die so erzeugten u. strukturell ausgebildeten Vorwerksstücke zwischen ca. 825 u. 950°, vorzugsweise zwischen 850 u. 925°, einer an sich bekannten plast. Verformung, bes. durch Walzen, unterworfen werden. (**D. B. P. 933 207** Kl. 18c vom 15/10. 1943, ausg. 22/9. 1955. Anmeldung bekanntgemacht 9/10. 1952.) H. HOCHSTEIN. 6403

Società Finanziaria Siderurgica Finsider, Genua, Italien, *Zusatz von Magnesium zu einem Schmelzbad aus Eisen, Stahl oder Eisenlegierungen* durch Eintauchen von einem Mg oder eine Mg-Legierung enthaltenen Zusatzmittel in das Bad, wobei der Mg-Geh. des Zusatzmittels nicht weniger als 30% beträgt, erfolgt derart, daß das Mg-haltige Zusatzmittel in besonderer Form, z. B. als Späne, Draht, Schrott u. dgl., mit einer spezif. Oberfläche von nicht weniger als 3 cm^2/g zugesetzt wird. (**E. P. 734 860** vom 30/9. 1952, ausg. 10/8. 1955. It. Prior. 7/2. 1952.) H. HOCHSTEIN. 6405

Tage Debusmann Madsen, Schweden, *Kolbenring aus Gußeisen.* Verwendet wird ein *V*-haltiges Gußeisen, das ferner noch, u. zwar $^1/_6-^1/_2$ des V-Geh. *Ti* u. das 3—5fache des V-Geh. an *Cu* enthält. Zweckmäßig liegt der V-Geh. des Gußeisens unter 0,45%, u. sein P-Geh. beträgt 0,15—0,6%. Bevorzugte Gußeisenzuss. sind: 0,15 (%) V, 0,06 bis 0,08 Ti, 0,6—0,8 Cu oder 0,25 V, 0,06—0,12 Ti, 0,75—1,00 Cu oder 0,35 V, 0,12—0,16 Ti, 1,0—1,25 Cu. (**F. P. 1 079 518** vom 23/6. 1953, ausg. 30/11. 1954. Schwed. Prior. 15/12. 1952.) H. HOCHSTEIN. 6405

Mond Nickel Co. Ltd., England, *Herstellung von unlegiertem oder legiertem Grauguß,* dessen Graphit durch Einführen von Mg in den Fertigguß überwiegend in Form von Sphärolithen ausgeschieden ist, dad. gek., daß ein Teil, jedoch nicht mehr als die Hälfte des der Schmelze insgesamt zuzusetzenden *Mg* aus nitriertem Mg besteht. Zweckmäßig wird Mg in Form einer Mischung aus Mg oder einer Mg-reichen Legierung u. nitriertem Mg oder einer nitrierten Mg-Legierung zugegeben. (**F. P. 1 083 309** vom 12/9. 1953, ausg. 7/1. 1955. E. Prior. 12/9. 1952.) H. HOCHSTEIN. 6405

Eisenwerke Gelsenkirchen Akt.-Ges. (Erfinder: **Adalbert Wittmoser**), Gelsenkirchen, *Weiß erstarrende Gußeisenlegierung zur Herstellung von Schnelltemperguß* besteht aus ca. 2,5—3,5 (%) *C*, ca. 1,5—3 *Si*, ca. 0,25—1 *S*, Rest Eisen mit den üblichen Gehh. an *Mn* u. *P*. Zweckmäßig wird die Gußeisenlegierung vor dem Vergießen in an sich bekannter Weise mit Impfmitteln, wie *Ferrosilicium, Al, B, Zr* usw., behandelt. Der weiß erstarrte Rohguß wird zweckmäßig bei hohen Tempp., vorzugsweise bei Tempp. über 900°, kurzzeitig, ca. 1½ Std. u. weniger, geglüht. (**D. B. P. 935 794** Kl. 18d vom 17/11. 1953, ausg. 1/12. 1955. Anmeldung bekanntgemacht 2/6. 1955.) H. HOCHSTEIN. 6407

August Thyssen-Hütte Akt.-Ges. (Erfinder: **Wilhelm Müller**), Duisburg-Hamborn, *Herstellung von an schädlichen Gasen armem Stahl nach dem Windfrischverfahren* unter Anwendung von CO_2 als Frischmittel, dad. gek., daß CO_2 während des ganzen Blaseverlaufs oder zumindest nach Ablauf der ersten Blaseminuten in das Bad gegeben wird u. daß die für die Red. der CO_2 benötigte Wärme durch von außen vom Konverter zugeführte wärmespendende Mittel gedeckt wird. Zweckmäßig wird CO_2 chem. gebunden an CaO, als ungebrannter Kalk, vorzugsweise getrocknet, kleinstückig oder in Staubform in das Bad gegeben. (**D. B. P. 934 772** Kl. 18b vom 18/3. 1938, ausg. 3/11. 1955. Anmeldung bekanntgemacht 2/4. 1953.) H. HOCHSTEIN. 6409

August Thyssen-Hütte Akt.-Ges. (Erfinder: **Willy Oelsen** und **Theodor Kootz**), Duisburg-Hamborn, *Herstellung von Stahl mit besonders hohem Reinheitsgrad im bodenblasenden basischen Konverter,* dad. gek., daß während des Nachblasens, spätestens beginnend 1 Min. vor Blasende, bis zum Schluß des Blasens stetig C in einer solchen Menge der Schmelze zugesetzt wird, daß der C-Geh. im Eisen während des Fertigfrischens stets auf etwa gleicher Höhe bleibt, u. zwar auf einem Geh. in den Grenzen von 0,02—0,10% C. Zweckmäßig wird als C-Träger möglichst reiner C in Form von Graphit oder Koks zugesetzt. Auch können Steinkohlen oder Braunkohlen zugegeben werden. (**D. B. P. 934 595** Kl. 18b vom 1/1. 1954, ausg. 27/10. 1955. Anmeldung bekanntgemacht 21/4. 1955.) H. HOCHSTEIN. 6409

August Thyssen-Hütte Akt.-Ges., Duisburg-Hamborn, **Dortmund-Hörder Hüttenunion Akt.-Ges.,** Dortmund, und **Hüttenwerke Phoenix Akt.-Ges.,** Duisburg-Ruhrort (Erfinder: **Karl Daeves** und **Werner Holtmann**), *Nachträgliche Verminderung der Kalthärtungsneigung von Thomas-Stahl.* Der THOMAS-Stahl wird vorzugsweise in Form dünner Bleche, Bänder oder Drähte einer Glühung in prakt. N_2-freiem H_2 bei Tempp. von oberhalb 500° unterzogen. Vorzugsweise wird hierzu ein Stahl, der kein Al, Mg u. dgl. enthält u. auch nicht mit diesen Stoffen beruhigt war, verwendet. (**D. B. P. 933 091** Kl. 18c vom 6/6. 1941, ausg. 15/9. 1955. Anmeldung bekanntgemacht 12/3. 1953.) H. HOCHSTEIN. 6409

Administration-Séquestre des „Röchling'sche Eisen- und Stahlwerke G. m. b. H." (Erfinder: **Wilhelm Pateisky** und **Kurt Giesecke**), *Tonstahl besonderer Klangreinheit.* Ein Stahl aus 0,2—4,5 (%) *Cr* oder 0,2—4,5 *Ni* oder 0,2—4,5 *Cr* u. 0,2—4,5 *Ni*, Rest Eisen mit den für schmiedbaren Stahl üblichen Gehh. an *Mn, Si, P* u. *S* sowie mit einem für Stahlglocken üblichen Geh. an *C* von 0,05—1,3 wird als Werkstoff zur Herst. von tonerdeerzeugenden Glocken, Saiten, Stäben oder anderen tonerzeugenden Geräten verwendet. (**D. B. P. 937 107** Kl. 18d vom 23/1. 1954, ausg. 29/12. 1955. Anmeldung bekanntgemacht 23/6. 1955.) H. HOCHSTEIN. 6411

Akt.-Ges. für Unternehmungen der Eisen- und Stahlindustrie (Erfinder: **Gerhard Bandel** und **Karl Erich Volk**), Essen, *Verwendung von Stahllegierungen als Werkstoff für Maschinenteile, die bei hohen Temperaturen beansprucht werden, insbesondere Ventilteile für Verbrennungsmotoren.* Verwendet werden Stahllegierungen, die 0,1—0,8 (%) *C*, 0,5—2,5 *Si*, 0,1—3 *Mn*, 13—25 *Cr*, 6—20 *Ni*, 0,3—3 *V*, 0,05—0,5 *N*, Rest Eisen mit

den üblichen Verunreinigungen bestehen u. bei denen der C- u. N-Geh. insgesamt 0,2—1% beträgt. Auch kann Ni ganz oder teilweise, etwa im Verhältnis 2:1, durch Mn ersetzt sein. Ferner können die Stahllegierungen zusätzlich je bis zu 2% von einem oder mehreren der Elemente *W*, *Mo*, *Nb*, insgesamt aber nicht über 4%, enthalten. (**D. B. P. 934 836** Kl. 18d vom 19/7. 1942, ausg. 3/11. 1955. Anmeldung bekanntgemacht 10/2. 1955.)
H. HOCHSTEIN. 6411

Union Carbide and Carbon Corp., New York, N. Y., V. St. A., übert. von: **Hubert Laurence Turner**, Wolverhampton, England, *Elektrolytisches Polieren von Aluminium.* Die Gegenstände werden anod. mit Gleichstrom in einem Elektrolyten, der 45 bis 80 (Gew.-%) H_3PO_4, 5—20 H_2SO_4 u. 3—15 eines *aliphat. Polyalkohols* oder *Ätheralkohols* enthält, bei einer Badtemp. von 60—100° behandelt. Der Gesamtgeh. an Säuren soll 90% nicht übersteigen. (**A. P. 2 708 655** vom 20/6. 1951, ausg. 17/5. 1955.)
F. MARKHOFF. 6515

Soc. Mancelle de Fonderie (Soc. à R. L.), Frankreich, *Eisen–Kohlenstoff-Legierung mit hohem Kohlenstoffgehalt*, bestehend aus 58 (%) *Fe*, 12 *C* u. 30 *Cu*. (**F. P. 62 282** vom 21/12. 1951, ausg. 13/6. 1955. **Zusatz zu F. P. 1 040 075; C. 1954. 7282.**)
H. HOCHSTEIN. 6419

E. I. du Pont de Nemours & Co., Wilmington, Del., übert. von: **Thomas V. Kidd**, Pennsgrove, N. J., V. St. A., *Agglomerierung von Blei* aus einer wss. Trübe mit einem p_H-Wert von 5—11, enthaltend 15—75 (%) Pb-Pulver mit einer Teilchengröße von nicht unter 75 μ. Die bei der Herst. von Tetraäthylblei durch Einw. von C_2H_5Cl auf eine Pb–Na-Legierung anfallende NaOH- u. NaCl-haltige Trübe wird mit einer Mischung aus Fettsäuren, die 0,2—5 der Pb-Menge beträgt, versetzt. Diese Mischung setzt sich zusammen aus 1. einer Fettsäure mit 16—20 C-Atomen u. einer JZ. von über 80, welche mindestens 80 einer ungesätt. Säure u. 5—20 einer Säure mit Doppelbindungen enthält, 2. einer gesätt. Fettsäure mit 10—31 C-Atomen u. 3. einer Fettsäure mit 10 bis 31 C-Atomen, welche mindestens 80 einer gesätt. Säure mit einer geringen Menge von ungesätt. Säuren als Verunreinigung enthält u. einer JZ. nicht über 10 besitzt. Die mit den Fettsäuren versetzte Trübe wird mindestens 5—30 Min. lang unter Fernhalten von O_2 einer starken mechan. Erschütterung ausgesetzt. — Zeichnungen. (**A. P. 2 696 431** vom 22/8. 1952, ausg. 7/12. 1954.) C. GÖTZE. 6431

E. I. du Pont de Nemours & Co., Wilmington, übert. von: **Mortimer C. Denison**, Marshallton, Del., V. St. A., *Schmelzen und Raffinieren von Bleinebenprodukten*, die bei der Rk. eines *Alkylchlorids* mit einer *Pb–Na*-Legierung anfallen u. in der Hauptsache aus festen Pb-Teilchen mit einem Überzug aus 0,1—30% PbO bestehen u. einen F. von mindestens 600° haben, dad. gek., daß das Gut mit mindestens 2% *NaOH* gemischt, die Mischung auf eine Temp. zwischen dem F. des Pb u. 450° gebracht, die dadurch geschmolzene Mischung absitzen gelassen u. die untere Pb-Schicht von der oberen PbO-haltigen NaOH-Schicht getrennt wird. (**A. P. 2 692 197** vom 11/7. 1951, ausg. 19/10. 1954.) G. APEL. 6431

National Lead Co., New Jersey, übert. von: **Walter Peter Carroll**, Cicero, Ill., V. St. A., *Gitter für Sammlerbatterien*, bestehend aus 0,2—0,6 (%) *Sb*, 0,25—2,5 *Sn*, 0,05—0,75 *As*, 0,02—0,1 *Cu*, 0,05—0,25 *Ag*, 0,05—0,25 *Te*, Rest *Pb*. Die Legierung hat eine bessere Korrosionsfestigkeit als die bekannten, sie läßt sich gut vergießen u. zeigt geringe Selbstentladung bei Nichtbenutzung. (**A. P. 2 694 628** vom 14/7. 1951, ausg. 16/11. 1954.) C. GÖTZE. 6431

Beryllium Corp., Reading, Muhlenberg Township, Berks County, V. St. A., *Kupfer–Beryllium*-Legierungen, bestehend aus 0,8—1,2 (%) *Be*, 1,5—3 *Zn*, 0,2—0,4 *Co*, 0,3 bis 0,6 *Sn*, 0,1—0,5 *Si*, 0,15—0,45 *Fe*, 0,05—0,25 *Al*, Rest *Cu*, wobei der Co-Geh. ganz oder teilweise durch *Ni* ersetzt sein kann. Die Legierungen sind im kalten Zustand gut bearbeitbar u. können durch Wärmebehandlung vergütet werden. (**E. P. 725 679** vom 30/1. 1953, ausg. 9/3. 1955. A. Prior. 17/7. 1952.) C. GÖTZE. 6433

Vereinigte Österreichische Eisen- und Stahlwerke Akt.-Ges., Linz, Österreich (Erfinder: **Erich Pelzel**, Linz), *Messing*, bestehend aus 50—54 (%) *Cu*, das mit Si desoxydiert ist, 0,01—0,5 *Si*, Rest *Zn*. Zur Desoxydation wird eine Vorlegierung aus Cu mit 5—20 Si verwendet. Außerdem kann der Legierung nach der Desoxydation oder der Vorlegierung 0,5—5 *Ni* zugesetzt werden. Das Messing zeigt mit seinem verminderten Cu-Geh. die Eigg. von Sondermessingen. (**Oe. P. 179 656** vom 17/9. 1952, ausg. 25/9. 1954.)
C. GÖTZE. 6433

Electric Furance Products Co. Ltd., Toronto, Can., übert. von: **Louis Edward Stark**, Grand Island, V. St. A., *Schweißstäbe, besonders für Elektroschweißen*, bestehend aus 25—35 (%) *Mn*, bis 10 *Al*, bis 2 *Si*, Rest *Cu*. Die Stäbe geben eine fest duktile Schweißung, sie besitzen gute Benetzbarkeit u. haben einen F. von 850—900°. (**E. P. 725 729** vom 13/4. 1953, ausg. 9/3. 1955. A. Prior. 21/4. 1952.) C. GÖTZE. 6433

Chemical Construction Corp., New York, übert. von: **Felix A. Schaufelberger**, Yonkers, N. Y., V. St. A., *Gewinnung von Nickel und Kobalt aus sauren, besonders schwefelsauren Lösungen*, die frei von Cu u. Fe sind, dad. gek., daß die H_2-Ionenkonz. zum Säuregeh. so eingestellt wird, daß der Geh. an freier Säure kleiner als 5% ist, die so eingestellte Lsg. in Ggw. eines nicht sulfidisierenden reduzierenden Gases u. eines Elektrolyten, dessen Anion mit dem Nickel eine durch das Gas reduzierbare komplexe Verb. zu bilden vermag, auf ca. 250° F (121C°) erwärmt wird. Dabei wird die Ni-Verb. zu metall. Ni reduziert. Die Red. wird in Ggw. eines lösl. Salze bildenden, die Säure neutralisierenden Mittels, z. B. NH_3, so lange fortgesetzt, bis der Geh. an freier Säure 0,1—0,2% beträgt u. alles Ni ausgefällt ist, was dann von der Lsg. getrennt wird. Aus der verbleibenden Lsg. wird in bekannter Weise das Co gewonnen. — Verfahrensstammbaum. (**A. P. 2 694 005** vom 14/3. 1952, ausg. 9/11. 1954.) G. APEL. 6435

Mond Nickel Co. Ltd., London, England, *Hitzebeständige Legierungen*, bestehend aus 5—20 (%) *Cr*, 0,5—5 *Al*, 0,5—3 Ti, 0,5—10 *Mo*, 0,0003—0,009 *B*, 0,01—0,25 *C*, 0,01 bis 0,25 *Zr*, 0—5 *Fe*, 0—4 *Mn*, 0—2 *Si*, 0—2 *Cu*, 0,01 *Mg*, Rest *Ni*. Der härtende Faktor der Grundlegierung (Cr + 2Mo + Fe) beträgt 8—27 u. der Aushärtungsfaktor (Al + Si) 2,75—7, wobei bei fallenden Mengen des ersteren diejenigen des letzteren steigen. (**E. P. 728 375** vom 6/10. 1952, ausg. 20/4. 1955. A. Prior. 6/10. 1951.) C. GÖTZE. 6435

Chemical Construction Corp., New York, N. Y., übert. von: **Louis N. Allen jr.**, Short Hills, N. J., V. St. A., *Mangananreicherung* auf nassem Wege, dad. gek., daß das feste Ausgangsgut aufgeschlämmt, der Schlamm mit so viel SO_2 u. $FeSO_4$ versetzt wird, um alles 3wertige Mn in die 2wertige Form zu überführen u. das gelöste Mn u. die Begleitelemente zu Sulfaten zu verwandeln. Das Ganze wird dann auf über 300° F (149°C) erwärmt u. unter Druck mit O_2 oder mit O_2 angereicherter Luft behandelt, abgekühlt, der Rückstand von der $MnSO_4$-haltigen Lsg. getrennt u. aus dieser in bekannter Weise das Mn gewonnen. — Verfahrensstammbaum. (**A. P. 2 691 570** vom 15/2. 1952, ausg. 12/10. 1954.) G. APEL. 6437

Peter Spence & Sons Ltd., England, *Elektrolytische Erzeugung von Titan.* Als Elektrolyt dient eine Schmelze aus TiO_2 u. mindestens einem *Alkaliphosphat, -borat* oder *-fluorid* oder einer Mischung aus *Alkalifluortitanat* u. einem *Alkali- oder Erdalkalihalogenid.* Der Geh. an TiO_2 soll 5—10 (Gew.-%) u. an Fluortitanat 10—40 betragen. Die Elektrolyse wird in inerter Atmosphäre u. unter Anwendung eines Diaphragmas durchgeführt. (**F. P. 1 093 160** vom 11/2. 1954, ausg. 2/5. 1955.) F. MARKHOFF. 6449

Zirconium Corp. of America, Cleveland, O., übert. von: **Harold C. Wagner**, East Cleveland, und **Robert A. Schoenlaub**, Cleveland, O., V. St. A., *Werkstoffe mit Zirkonium* werden hergestellt aus einer Mischung von 25—80 (%) *ZrO* u. 24—29 *NiO*, die in reduzierender Atmosphäre erhitzt wird. Die Mischung kann außerdem noch *Oxyde* des *Fe*, *Cr* u. *Cu* enthalten. Die Werkstoffe dienen zur Herst. von Gegenständen für hohe Tempp., wie Pyrometerrohre, Ventile, bes. Tellerventile, die starken Schlägen ausgesetzt sind. (**A. P. 2 694 646** vom 19/7. 1949, ausg. 16/11. 1954.) C. GÖTZE. 6449

Metro-Cutanit Ltd., Grappenhall, Warrington, Lancashire, England, *Sinterkörper hoher Festigkeit und Hitzebeständigkeit*, bestehend aus einem Sinterskelett aus 40—60 (%) *TiC* als Hauptbestandteil, bis 50 *VC*, *ZrC* u./oder Cr_3C_2 u. bis 20 eines oder mehrerer der *Carbide* des *Mo*, *W*, *Nb*, *Ta* oder *Hf*, das im Vakuum mit einer *Ni-Cr-Co-Cr*-Legierung getränkt ist. Nach E. P. 719 896 besteht die Tränklegierung aus 5—30 *Cr*, 4—25 *Co*, Rest *Ni*. (**E. PP. 719 852** vom 21/6. 1950, Oe. Prior. 28/10. 1949 u. **719 896** vom 30/5. 1952, beide ausg. 8/12. 1954.) C. GÖTZE. 6477

Aluminum Co. of America, V. St. A., *Bimetall aus Aluminiumlegierungen* besteht aus einem Kern aus einer *Al-Zn-Mg-Cu*-Legierung mit 1,9—4,5 (%) Cu, 6—9 Zn u. 1—3,5 Mg, wobei Cu:Zn = 0,2—0,7 sein soll u. das Lösungspotential 0,840 V nicht überschreiten soll, u. einer Deckschicht aus einer *Al-Zn*-Legierung mit 0,5—2,5 Zn u. einem Lösungspotential von mindestens 0,925 V. Das Bimetall ist lösungsgeglüht u. künstlich gealtert. Die Deckschicht enthält mindestens eins der Elemente *Sn* oder *Cd*, Sn in einer Menge zwischen 0,01—0,5 u. Cd zwischen 0,01 u. 1,5. Der Kernlegierung werden kornverfeinernde Zusätze, wie *B*, *Nb*, *Mo*, *Ta*, *Ti*, *W*, *V* oder *Zr* in Mengen bis 1 u. härtende Zusätze, wie Cr oder Mn, bis 2 zugesetzt. — Z. B. wird ein Kern aus einer Al-Legierung mit 2,00 Cu, 7,30 Zn, 1,4 Mg, 0,2 Si, 0,30 Fe, 0,50 Mn, 0,25 Cr u. 0,05 Ti mit einem Lösungspotential von 0,838 V mit einer Deckschicht mit einer Al-Legierung mit 1,00 Zn, 0,15 Si, 0,15 Fe, u. 0,01 Cu mit einem Lösungspotential von 0,950 V plattiert. Das Blech wird auf eine Dicke von 1,6 mm ausgewalzt u. 15 Min. bei 493° geglüht, dann wird in kaltem W. abgeschreckt u. 12 Std. bei 134° gealtert. (**F. P. 1 080 933** vom 16/6. 1953, ausg. 14/12. 1954. A. Prior. 18/6. 1952.) F. VIER. 6479

Babcock & Wilcox Co., New York, N. Y., übert. von: **Otis R. Carpenter**, Barberton, O., V. St. A., *Umhüllte Schweißelektrode* besteht aus einem Kern aus Cr–Ni-Stahl mit 20—30 (%) Cr u. 2—5 Ni u. einer Umhüllung folgender Zus.: 20—35 SiO_2, 2—8 Fe_2O_3, 0—6 Al_2O_3, 0—5 MgO, 5—25 F, 11—22 CO_2, 3—10 Mn_3O_4, 2—6 Na_2O, 25—50 CaO, 0—0,3 Cr_2O_3 u. 0—30 TiO_2. Als Beispiel wird eine Elektrode mit 0,10—0,15 *C*, 0,60 bis 0,70 *Mn*, 0,40—0,60 *Si*, 28,00—30,00 *Cr*, 3,50—4,50 *Ni*, 0,15—0,17 *N*, Rest *Eisen* mit einer Umhüllung von 22,9 SiO_2, 5,1 Fe_2O_3, 1,1 Al_2O_3, 4,4 Mn_3O_4, 44,3 *CaO*, 2,2 *MgO*, 17,2 *F*, 18,1 CO_2, 4,0 Na_2O u. 0,3 Cr_2O_3 angeführt. (**A. P. 2 697 770** vom 26/7. 1945, ausg. 21/12. 1954.) F. VIER. 6507

William M. Conn, V. St. A., *Schweißmittel* besteht aus einer porigen heterogenen Mischung einer oder mehrere Substanzen mit einem F. über 1600°, wie Al_2O_3, *Tridymit, Cristobalit, Zirkon*, TiO_2, *CaO* u. bes. *Mullit*, u. einem oder mehreren Zuschlägen mit niedrigerem F., wie Na_2SiO_3 oder eine Verb. oder Legierung von *Mn*. Der Zuschlag kann auch ein Reduktionsmittel sein, wie *Al, Zr, V, Mg, Si* oder ihre Legierungen, oder ein Legierungsbestandteil des Schweißmetalls, wie *Cr, Mo, Hf, Ni, Co*, oder eine Legierung von Mn. Die Zuschläge sollen 20—80% des Schweißmittels betragen. Zu seiner Herst. wird das Substanzengemisch mehrere Std. auf 900° erhitzt, bis alles W., alle Gase u. die Verunreinigungen ausgetrieben sind. Dann wird zu einem feinen Pulver vermahlen. Die Erhitzung kann in reduzierender Atmosphäre vorgenommen werden. Dabei werden Zuschläge, wie MnO_2, mindestens teilweise reduziert. Beim Schweißen kann dann Mn als Legierungsbestandteil in die Schweiße eintreten. Das Schweißmittel kann auch als Elektrodenummantelung verwendet werden. (**F. P. 1 078 651** vom 7/4. 1953, ausg. 22/11. 1954.) F. VIER. 6507

Rolls Royce Ltd., übert. von: **Leslie E. Probert, William A. Sutton** und **Frank Cork**, Derby, England, *Schließen offener Poren von Gußstücken aus Leichtmetallen.* Die Gußstücke werden mit einer $K_2Cr_2O_7$ u. CrO_3 enthaltenden Na_2SiO_3-Lsg. behandelt, z. B. mit einer Lsg. aus 45—55 (Volumenteilen) Wasserglas u. 45—55 einer aus W., 6,5 bis 7,5 (Gew.-%) CrO_3 u. 4,5—5,5 $K_2Cr_2O_7$ bestehenden Lösung. Die Lsg. wird bei 95—100° angewendet. Man entfernt zuerst die Luft aus den Poren in einem Vakuumautoklaven, tränkt dann die Werkstücke mit der Lsg. u. läßt schließlich Überdruck einwirken. — Vgl. auch F. P. 1 056 788; C. **1955.** 6844. Vgl. auch E. P. 703 403; C. **1955.** 1601. (**A. P. 2 680 081** vom 27/8. 1951, ausg. 1/6. 1954 u. **Schwz. P. 299 472** vom 27/8. 1951, ausg. 16/8. 1954. Beide E. Prior. 14/9. 1950.) F. MARKHOFF. 6513

Othmar Ruthner, Österreich, *Beizen von Metallen, besonders von Eisen und Stahl, unter gleichzeitiger Rückgewinnung der Beizsäure.* Die Beizung wird in einem abgeschlossenen Reaktionsraum durch gleichzeitige Anwendung von fl. H_2SO_4 u. *gasförmigen HCl* durchgeführt, wobei die Konz. der H_2SO_4 so gewählt ist, daß das Löslichkeitsprod. des durch doppelte Umsetzung entstehenden $FeCl_2$ erreicht wird. Das abgetrennte $FeCl_2$ wird therm. in FeO u. HCl umgewandelt. Die HCl wird dann dem Prozeß wieder zugeführt. (**Oe. P. 181 155** vom 16/2. 1953, ausg. 25/2. 1955.) F. MARKHOFF. 6513

Metallgesellschaft Akt.-Ges., Frankfurt/M. (Erfinder: **Rudolf Kallenbach, Franz Gonnert** und **Heinrich Schmidt**, Frankfurt/M.), *Nichtmetallische Überzüge auf Metallen.* Die nach dem D. P. [DDR] 1993 verwendeten Lsgg., die Halogen- u. Eisenionen u. Oxalsäure enthalten, bes. für Edelstähle, dienen auch zur chem. Oberflächenbehandlung von unlegiertem Fe, Cr, Ni, Al, Zn, Pb, Cu, Cd, Zn u. deren Legierungen. (**D. P. [DDR] 2 736** Kl. 48d vom 13/3. 1952, ausg. 3/3. 1953. [Ausschließungspatent]. **Zusatz zu D. P. [DDR] 1993; C. 1955. 9899.**) H. HOLM. 6513

Dow Chemical Co., V. St. A., *Bad zum chemischen Gravieren* besteht aus einer 3—50%ig. HNO_3-Lsg., der *Na-Dioctylsulfosuccinat* oder ähnliche Verbb., wie *Na-Diisobutylsulfosuccinat*, zugesetzt sind. Das Bad eignet sich bes. zum Gravieren von Mg-Legierungen. Vgl. auch A. P. 2 640 765; C. **1954.** 7052. (**F. P. 1 075 479** vom 4/3. 1953, ausg. 18/10. 1954.) F. MARKHOFF. 6513

Centre National de la Recherche Scientifique, Paris, Frankreich, *Elektrolytisches Polieren von Metallen.* Das Bad ist nichtalkal. u. enthält als akt. Elektrolyt ein Salz, dessen Anion der Bedingung $r_s < r_c$ genügt. r_s ist der Radius des Anions in dem Bad, berechnet nach der STOKESschen Formel, u. r_c der Radius des Anions, gemessen im kristallinen Zustand. Solche Anionen sind z. B. ClO_4-Ionen. Als Lösungsm. dienen *Essigsäure, Essigsäureanhydrid* oder ein *Alkohol.* — Diagramme. (**E. P. 735 038** vom 8/11. 1951, ausg. 10/8. 1955. F. Prior. 10/11. 1950.) F. MARKHOFF. 6515

Reginald Frederick Knowlson und **Donald Henry Shute**, Sharpenhoe, Bedfordshire, *Aufbringen von Hartmetall auf Stahl.* Der Hartmetallteil, z. B. aus *WC*, wird mit einer Mischung von gepulvertem *Fe, Ni, Co* oder *W* mit einem gepulverten Lot, z. B. aus *Cu*, in einer plast. M., z. B. *Polystyrol, Polyvinylchlorid* oder *Polymethylmethacrylat*, u. einem Lösungsm., z. B. *Bzl., Toluol, Aceton* oder *Methyläthylketon*, überzogen. Dann wird in nichtoxydierender Atmosphäre auf eine Temp. erhitzt, bei der das Lot schmilzt u. das Hartmetall benetzt. Das so überzogene Hartmetall wird dann gegebenenfalls unter Verwendung eines 2. Lotes auf den Stahlkörper aufgelötet. (**E. P. 727 329** vom 15/9. 1952, ausg. 30/3. 1955.) F. VIER. 6517

Commonwealth Engineering Co. of Ohio, übert. von: **Harry A. Toulmin jr.,** Dayton, O., V. St. A., *Herstellung von Metallüberzügen auf metallischen Gegenständen, z. B. aus Stahl oder Gußeisen,* durch Erhitzen auf Tempp. zwischen 350 u. 400° F (177 u. 204° C) in einem Vakuum von 18—23 in. Hg (450—575 mm Hg) u. Einleiten eines *Carbonyls* der Metalle *Ni, Fe, Cr, Co, W* oder *Mo.* (**A. P. 2 685 124** vom 30/4. 1951, ausg. 3/8.1954.) F. VIER. 6517

Harald Lundin, North Bergen, N. J., V. St. A., *Herstellung von Aluminiumüberzügen durch Tauchen in schmelzflüssige Bäder.* Die nach E. P. 707 261 unter Verwendung von *F*-Verbb. von *Ti* oder *Zr* als Flußmittel mit Al überzogenen Gegenstände, z. B. aus Eisen, werden unmittelbar nach der Entnahme aus dem Al-Bad u. nach Abkühlen auf eine Temp. unter dem F. von Al unter Red. des Querschnitts plast. verformt, so daß die Härte u. Festigkeit des Grundmetalls zunimmt. (**E. P. 736 255** vom 11/6. 1953, ausg. 7/9. 1955. **Zusatz zu E. P. 707 261; C. 1955. 2 999.**) F. VIER. 6517

United States of America, Secretary of the Army, übert. von: **Lydia A. Suchoff,** Asbury Park, N. J., *Herstellung von Rhodiumüberzügen auf Kupferplatten* für den Tiefdruck. Die Kupferplatten werden nur ganz kurze Zeit in eine wss. Lsg. getaucht, die 10—20 (%) $RhCl_3$ u. 5—50 *HCl* enthält, so daß sich eine monomol. Rh-Schicht bildet. Eine derartige Schicht erhöht die Korrosions- u. Verschleißfestigkeit von Cu. Bei längerem Tauchen wird die Schicht schwammig u. grau u. verhindert die Korrosion nicht. (**A. P. 2 702 252** vom 2/10. 1953, ausg. 15/2. 1955.) F. VIER. 6527

Siemens & Halske Akt.-Ges., Berlin und München (Erfinder: **Ernst Steiner,** Heidenheim/Brenz), *Aufdampfen einer Dielektrikumsschicht,* bes. einer Metalloxydschicht auf einer elektr. leitenden Unterlage, z. B. einer Metallfolie, dad. gek., daß die Metallfolie während des Aufdampfens auf eine Temp. oberhalb 200° erhitzt wird. Auf diese Weise gelingt es, Schichtdicken von 10 μ aufzudampfen. (**D. B. P. 937 212** Kl. 48b vom 22/6. 1951, ausg. 29/12. 1955. Anmeldung bekanntgemacht 19/6. 1952.) F. VIER. 6529

United Anodizing Ltd., John Gilbert Simmons und **Gerald Montague Melinek** London, England, *Färben von Oxydschichten auf Aluminium.* Die oxydierten Gegenstände werden in eine Salzlsg. getaucht, die von der Oxydschicht absorbiert wird u. deren Bestandteile nach dieser Tauchbehandlung unter Bldg. einer gefärbten Verb. reagieren. Z. B. werden die Gegenstände in eine ammoniakal. Lsg. von $NiCr_2O_7$ bei einer Temp. von 80° 15 Min. lang getaucht. Erhitzt man dann auf 90°, bildet sich in den Poren der Oxydschicht ein gefärbter Niederschlag. (**E. P. 731 247** vom 9/2. 1951, ausg. 8/6. 1955.) F. MARKHOFF. 6535

Soc. de Condensation et d'Applications Mécaniques, Frankreich, *Schutz von Kupferrohren, die mit Meerwasser in Berührung kommen.* Bestimmte organ. Stoffe u. Mikroorganismen enthaltendes Meerwasser greift auch Cu-Rohre an. Um das zu verhindern, wird eine Schicht auf CuO oder von MnO_2 u. CuO auf dem Cu erzeugt u. in dem angreifenden Meerwasser eine Fe- oder eine Fe- u. eine Mn-Anode angeordnet u. zwischen diesen Anoden u. dem Cu-Rohr eine Spannung angelegt. — Abbildung. (**F. P. 1 087 475** vom 3/8. 1953, ausg. 24/2. 1955.) F. MARRHOFF. 6539

Harry E. Fales, Wilmington, N. C., V. St. A., *Korrosionsschutzmittel,* bestehend aus 78 (%) eines niederen Alkohols (Isopropanol), 12 eines niederen Alkylsalicylats (Methylsalicylat), 7 Mineralöl, 0,6 Ölsäureseife, 0,5 Campher, 0,5 KJ, 0,7 kristallines J u. 0,7 28%ig. Ammoniakwasser. Bes. geeignet für Feuerwaffen mit Geschossen mit Knallquecksilberzündern. (**A. P. 2 701 206** vom 12/2. 1952, ausg. 1/2. 1955.) W. GRÄGER. 6539

IX. Organische Industrie.

E. R. Gilliland und **R. J. Kallal,** *Telomerisation von Äthylen und Alkoholen.* Die Lösungspolymerisation von Äthylen (I) wurde in einer Hochdruckversuchsanlage bei Drucken von 70—560 at u. Tempp. von 120—190° in einem 360 cm³ fassenden Reaktor untersucht. Als Lösungsm. wurden CH_3OH, A., Isopropylalkohol u. tert. Butylalkohol in Mengen bis zu 1000 g/Std. verwendet, während **I** in einer Menge von 400 g/Std. ständig zirkulierte. Als Katalysator (**II**) wurde ditert. Butylperoxyd in Konz. von 2—50 g/Liter verwendet. Die Endprodd. waren Öle u. Wachse. Prim. u. sek. Alkohole telomerisierten zu höhermol. Alkoholen, tert. Alkohole blieben unverändert. Die Polymerisationsgeschwindigkeit ist der Quadratwurzel der **II**-Konz. proportional u. steigt mit der Temp., dem Druck u. der Reinheit des I an. Die Telomerisation wird durch freie Methyl- u. tert. Butyloxyradikale eingeleitet, die direkt an I gebunden werden. (Chem. Engng. Progr. **49.** 647—52. Dez. 1953. Cambridge, Mass., Massachusetts Inst. of Technol.) K. STEINER. H 520

Zbigniew Grodzicki, *Gewinnung von Glutaminsäure aus menschlichem Haar.* 0,5 kg von mechan. Verunreinigungen befreite menschliche Haare werden im Rundkolben unter Rückfluß auf dem Ölbad mit 1500 cm^3 konz. HCl auf 50—60° 3 Std. u. dann langsam zum Sieden erhitzt. Die Hydrolysendauer beträgt ca. 18 Std. (Ölbad, 120—140°). Nach dem Abkühlen filtriert man von ausgeschiedenen Huminsubstanzen ab, wäscht den Rückstand mehrmals mit W. u. engt im Vakuum auf möglichst kleines Vol. ein, worauf man mit sd. W. verdünnt. Hierauf engt man erneut ein u. wiederholt dies 3mal. Man verd. mit W. auf 1500 cm^3 u. stellt mit konz. Kalkmilch auf p_H 6—7 ein. Nach 24 Std. filtriert man vom Nd. ab, der 3mal mit kaltem W. gewaschen wird. Das Filtrat engt man im Vakuum auf 1 Liter ein, läßt 48 Std. stehen, filtriert den neuen Nd. ab u. wäscht ihn mit kleinen Portionen Eiswasser. Das Filtrat versetzt man mit ca. 200 cm^3 konz. H_2SO_4, filtriert die erkaltete Fl. von $CaSO_4$ ab, das man mehrmals mit W. von adsorbierten Aminosäuren frei wäscht. Beim Einengen fällt nochmals Nd. aus. Man neutralisiert mit $BaCO_3$ u. kocht 2 Min. lang, filtriert, wäscht den Nd. u. engt im Vakuum auf 400 cm^3 ein. Zu dieser Flüssigkeitsmenge fügt man 100 cm^3 heißes W. zu u. in kleinen Mengen unter Schütteln 2500 cm^3 96 vol.-%ig. A., worauf man noch weitere 30 Min. schüttelt u. die Lsg. kalt 48 Std. stehenläßt. Dann dekantiert oder filtriert man ab. Den Nd. löst man in W. u. fällt mit ca. 70 cm^3 konz. H_2SO_4 das Ba aus. Der Nd. ist mit W. zu waschen. Das Gesamtfiltrat engt man auf 400 cm^3 ein, versetzt mit 100 cm^3 W. u. unter Kühlen mit HCl. Man beimpft mit *Glutaminsäure* (I)-*Hydrochlorid* u. läßt 10—12 Tage stehen. Die Kristalle wäscht man mit jeweils 100 cm^3 konz. HCl, mit an HCl gesätt. A., A. allein u. endlich mit Ae., trocknet an der Luft u. im Vakuum. Insgesamt beträgt die I-Ausbeute 28—30 g (6%), F. 193—195°, $[\alpha]_D^{20}$ —31° in 10%ig. HCl. Man isoliert I aus der wss. Lsg. des Hydrochlorids durch Zugabe von ZnO als Zn-Salz, das in 10%ig. Essigsäure mit H_2S zers. wird. (Acta polon. pharmac. **1954.** 183—87. Lublin, Zakt. Chem. Organ. Akad. Medycznej.) H. FREYTAG. H 950

István Döry. *Versuche zur Herstellung von Benzylchlorid.* Die optimalen Bedingungen der Toluolchlorierung in der Flüssig- u. Gasphase werden ermittelt. Als beste Katalysatoren für die Herst. von *Benzylchlorid* (I) ergaben sich SO_2Cl_2 u. $POCl_3$. Es konnte gezeigt werden, daß die Anwesenheit von geringen As_2O_3-Mengen den therm. Zerfall von I verhindert. Der Einfl. verschied. Metalle u. Metalloxyde, die in den Apparatebaustoffen vorkommen können, auf die Rk. wird in ausführlichen Tabellen dargestellt. Ein kontinuierlich arbeitendes Gasphaseverf. zur Herst. von I wird angegeben, welches eine sehr gute Konversion von 70% erreicht. — 35 Literaturangaben. (Magyar Kémikusok Lapja [Z. Ver. ung. Chemiker] **9.** 276—81. Sept. 1954. Budapest, Techn. Univ., Inst. für Organ. Chem.) R. BIRTHLER. H 1010

Dow Chemical Co., übert. von: **Glenn W. Warren,** Midland, Mich., V. St. A., *Herstellung von Tetrachloräthylen.* Man leitet ein Gemisch aus einer aliphat. Verb. der Formel $C_nHX_{n'}\cdot Y_{n''}$ (I; X u. Y = H oder Cl, n = 2 oder 3, n' + n'' = 2n — 1 oder 2n + 1), z. B. C_3H_6 oder $C_3H_6Cl_2$, u. CCl_4 im mol. Verhältnis von 1:0,4 mit genügend Cl_2, um I zu perchlorieren, durch eine 500—800° heiße Reaktionszone, kondensiert die organ. Verbb., trennt C_2Cl_4 u. CCl_4 ab u. führt CCl_4 in das Verf. zurück. (**A. P. 2 577 388** vom 22/1. 1945, ausg. 4/12. 1951.) C. LÜTTGEN. H 510

Standard Oil Development Co., Del., übert. von: **William M. Drout jr.,** Linden, N. J., V. St. A., *Reinigen von Alkoholen* mit 2—5 C-Atomen, gewonnen aus Monoolefinen, von vorhandenen Verunreinigungen, die niedriger u. höher sieden als die zu reinigenden Alkohole, erfolgt durch extraktive Dest. mittels W., wobei ein Rückfluß je nach dem zu reinigenden Alkohol von 65—99,9 Mol-% aufrechterhalten wird. Das W. wird mit 20—95° oberhalb des Eintritts der zu reinigenden Fl. nahe dem Kopf der Fraktionierkolonne zugeleitet. Als Kopfdestillat erhält man die mit dem Wasserdampf übergehenden niedrig- u. Teile der höhersd. Begleitstoffe der zu reinigenden Alkohole. Das Bodenprod. enthält W., den von Verunreinigungen weitestgehend befreiten Alkohol u. die mit Wasserdampf nicht übergehenden höhersd. Stoffe u. wird in einer besonderen Kolonne dest., wobei man den Alkohol knapp unterhalb des Kopfes der Kolonne in reiner Form abzieht. Die hochsd. Verunreinigungen leitet man oberhalb der Mitte der Kolonne als polymeres Öl ab. — Zeichnung. (**A. P. 2 663 679** vom 31/12. 1948, ausg. 22/12. 1953.) G. KÖNIG. H 550

Shell Development Co., Emeryville, Calif., V. St. A., übert. von: **Hermann Johannes den Hertog** und **Pieter Bruin,** Amsterdam, Holland, *Alkohole* erhält man aus ungesätt.

organ. Verbb., die eine oder mehrere olefin. Bindungen enthalten, indem man diese Verbb. mit W., gegebenenfalls in Mischung mit Verdünnungsgasen stillen elektr. Entladungen in der Gasphase bei 50—250° u. verschied. Drucken aussetzt. In manchen Fällen ist die Ggw. von H_2 vorteilhaft. Die Frequenz der Entladung liegt zwischen 50 u. 1000 Perioden/Sek., u. Voltzahlen von 5000—50000 geben gute Resultate. Das W. wird im Überschuß zu den Olefinen angewendet. Man erhält aus Alkenen der allg. Formel C_nH_{2n} mit W. vornehmlich prim. Alkohole der allg. Formel $C_{2n}H_{4n+1}OH$ neben geringen Mengen an Alkoholen mit der 3fachen C-Zahl des Ausgangsmaterials u. Alkoholen u. Aldehyden mit gleicher Anzahl an C-Atomen, wie sie die olefin. Verbb. aufweisen. — 1 (Mol) C_2H_4, 6 W. u. 3 H_2 werden bei 80—85° u. n. Druck in einem Glasozonisator mit einer Potentialdifferenz von 2000 V u. 50 Perioden/Sek. der stillen elektr. Entladung unterworfen. Man erhält *1-Butanol, prim. Hexanol, A.* u. *Acetaldehyd* neben C_2H_2, Alkanen u. nicht umgesetztem C_2H_4. — Aus C_3H_6 erhält man *2.3-Dimethyl-1-butanol, 1-Propanol, 2-Propanol* u. *Propionaldehyd.* — Isobuten ergibt *2.2.3.3-Tetramethyl-1-butanol, 2-Methyl-1-propanol, 2-Methyl-2-propanol* neben Alkanen u. Alkinen. (**A. P. 2672440** vom 3/8. 1951, ausg. 16/3. 1954.) G. KÖNIG. H 560

Badische Anilin- & Soda-Fabrik Akt.-Ges., (Erfinder: **Lothar Lorenz**), Ludwigshafen/Rh., *Herstellung von Alkoxyacetalen* mit verdoppelter oder noch mehr verlängerter C-Kette durch Erhitzen von Acetalen von aliphat. Aldehyden, die eine Kette von mindestens 2 C-Atomen enthalten, in Ggw. von Bleicherden, dad. gek., daß man den bei der Rk. entstehenden Alkohol laufend abdestilliert. Die Rk. kann bei n. Temp. u. auch bei verringertem u. erhöhtem Druck ausgeführt werden. — Es werden hergestellt: *β-Äthoxybutyraldehyddiäthylacetal* (1.1.3-Triäthoxybutan) (I), farbloses Öl, $Kp._{12}$ 85—95°; *β-Methoxybutyraldehyddimethylacetal* (1.1.3-Trimethoxybutan), Öl, $Kp._{750}$ 155°. Wird I in Ggw. von Bleicherde erhitzt, so spaltet sich A. ab, u. man erhält bei 210—215° u. 12 mm Druck ein Öl, das vermutlich aus *2-(1'-Äthoxyäthyl)-1.1.3.5-tetraäthoxyhexan* besteht. Zwischenprodd. für die Herst. von Lösungsmitteln, Weichmachern u. Kunststoffen. (**D. B. P. 935543** Kl. 12o vom 13/9. 1952, ausg. 24/11. 1955. Anmeldung bekanntgemacht 12/5. 1955.) G. KÖNIG. H 690

Celanese Corp. of America, New York, N. Y., übert. von: **Chester S. Morgan jr.**, Corpus Christi, Tex., V. St. A., *Oxydation niedermolekularer aliphatischer Kohlenwasserstoffe* in fl. Phase erfolgt bei 125—225° u. 200—2000 lbs./sq.in. in Ggw. eines O_2-resistenten Lösungsm. (I), eines der bekannten Oxydationskatalysatoren u. 2—20% (berechnet auf I) eines „Moderators“ (II), bestehend aus dem Salz einer starken Base mit einer schwachen Säure, z. B. eines Alkali- oder Erdalkalisalzes einer aliphat. Monocarbonsäure C_1–C_5. Man erhält z. B. bei der Luftoxydation von n-Butan in konz. CH_3COOH (**III**) in Ggw. von 0,3% Co-Acetat u. 6,7 CH_3COONa (**IV**) bei 815 lbs./sq.in. u. 160—165° innerhalb 11 Std. ein Reaktionsgemisch, bestehend aus **46** (%) **III**, 46 **III**-Äthylester, 22,6 Methyläthylketon (**V**) u. 4,5 Alkohole (**VI**). Ohne Zusatz von **IV** ist die Zus. 61 **III**, 26,5 **III**-Äthylester, 12,8 **V** u. 2,3 **VI**. (**A. P. 2704294** vom 30/6. 1951, ausg. 15/3. 1955.) O. MÜLLER-MEININGEN. H 810

Allied Chemical & Dye Corp., New York, N. Y., übert. von: **Richard K. Eberts**, Mendham, **John N. Cosby** und **Frank Porter**, Morris County, N. J., V. St. A., *Gewinnung von Essigsäureanhydrid* aus wss., HCOOH (I) u. gegebenenfalls Propionsäure enthaltender Roh-CH_3COOH (II) in 2 Stufen: 1. Abdest. der Hauptmenge an W. u. eines Teiles der I. — 2. Dest. des Rückstands aus Stufe 1, wobei man als Kopfprod. ein Gemisch aus mindestens 50% **II**, mindestens 4% **I** u. nicht über 20% W. erhält, wobei man den **I**-Dampf zu Keten (**III**) aufspaltet, das **III** in wasserfreier **II** absorbiert u. anschließend **II**-Anhydrid abdestilliert. — Zeichnungen. (**A. P. 2688635** vom 24/5. 1951, ausg. 7/9. 1954.) O. MÜLLER-MEININGEN. H 810

Honorary Advisory Council for Scientific & Industriel Research, Ottawa, übert. von: **Arthur Ferguson McKay**, Kingston, Ontario, Can., *Herstellung N-substituierter N'-Nitroguanidine.* Man ersetzt die substituierte Nitrosoaminogruppe in N-substituierten N-Nitroso-N'-nitroguanidinen (I) durch eine substituierte Aminogruppe durch Rk. von I mit den entsprechenden Aminen in Ggw. von W, z. B. *N-Phenyl-N'-nitroguanidin*, F. 152—153°, aus N-Methyl-N-nitroso-N'-nitroguanidin (**II**) u. Anilin; *N-(β-Phenyläthyl)-N'-nitroguanidin*, F. 162—163°, aus **II** u. *β-Phenyläthylamin*; *N-(o-Methoxyphenyl)-N'-nitroguanidin*, F. 136—137° aus **II** u. o-Anisidin; *N-(p-Bromphenyl)-N'-nitroguanidin*, F. 189,5—190,2°, aus **II** u. p-Bromanilin; *N-p-(Methylphenyl)-N'-nitroguanidin*, F. 166 bis 166,7°, aus **II** u. p-Toluidin. Analog: *N-(p-Äthoxyphenyl)-N'-nitroguanidin*, F. 172,5 bis 173,5°, *N-(m-Äthoxyphenyl)-N'-nitroguanidin*, F. 135—136°, *N-(o-Äthoxyphenyl)-N'-nitroguanidin*, F. 125—126°, *N-(p-Methoxyphenyl)-N'-nitroguanidin*, F. 154—155°, *N-*

Cyclohexyl-N'-nitroguanidin, F. 197—198°, *N-(2-Methyl-5-isopropylphenyl)-N'-nitroguanidin*, F. 125—126°, *N-(o-Chlorphenyl)-N'-nitroguanidin*, F. 187—188°, *N-(m-Chlorphenyl)-N'-nitroguanidin*, F. 161—163°, *N-(p-Chlorphenyl)-N'-nitroguanidin*, F. 167,5 bis 168,5°, *N-(p-Acetamidophenyl)-N'-nitroguanidin*, F. 223°, *N-(m-Oxyphenyl)-N'-nitroguanidin*, F. 178°, *N-(dl-α-Phenyläthyl)-N'-nitroguanidin*, F. 117—118°, *N-(p-Dimethylaminophenyl)-N'-nitroguanidin*, F. 197°, *N-Butyl-N'-nitroguanidin*, F. 83,5°, *N-Methyl-N'-nitroguanidin*, F. 159—161°, *N-Isobutyl-N'-nitroguanidin*, F. 120—121°, u. *N-Isoamyl-N'-nitroguanidin*, F. 145—146°. Zwischenprodd. zur *Synth. von Antibiotica, Antihistaminen u. Insecticiden.* (**A. P. 2 559 085** vom 22/10. 1948, ausg. 3/7. 1951.)
C. LÜTTGEN. H 880

E. I. du Pont de Nemours & Co., Wilmington, Del., übert. von: **Harry B. Copelin,** Niagara Falls, N. Y., V. St. A., *Herstellung von Nitrilen.* Man gibt z. B. 500 (g) 1.4-Dichlor-n-pentan schnell zur sd. Mischung von 1000 cm³ Äthylenglykolmonomethyläther u. 400 NaCN, kocht 2 Std. unter Rückfluß u. erhält nach Filtrieren u. Aufarbeiten des Filtrates 72% *δ-Chlorcapronitril* (**I**) u. 20% *α-Methyladiponitril* (**II**), $Kp._5$ 135—140°, $Kp._{10}$ 150—160°. In Dimethylformamidlsg. erhält man 83% **II** u. 2% **I**. — *γ*-Chlorvaleronitril → 85% *α-Methylglutaronitril*, $Kp._{20}$ 140—145°. 1.4-Dichlorbutan → 4,1% *δ-Chlorvaleronitril* u. 93,5% *Adiponitril.* 2-Chlorbutan → 41% *Methylbutyronitril*, $Kp._{100}$ 58—64°. (**A. P. 2 715 137** vom 19/11. 1952, ausg. 9/8. 1955.)
O. MÜLLER-MEININGEN. H 890

E. I. du Pont de Nemours & Co., übert. von: **George B. Crane,** Wilmington, Del., V. St. A., *Adiponitril* (**I**) erhält man durch Rk. einer 30—40 (%) NaCN u. 3—30 $CaCl_2$ enthaltenden wss. Lsg. mit in **I** gelöstem 1.4-Dichlorbutan bei 130—150°. (**A. P. 2 715 138** vom 30/4. 1954, ausg. 9/8. 1955.) O. MÜLLER-MEININGEN. H 890

Farbwerke Hoechst Akt.-Ges., vormals Meister Lucius & Brüning (Erfinder: **Otto Horn** und **Walter Krause**), Frankfurt/M., *Herstellung von acetylierten α- und β-Oxycarbonsäurenitrilen* durch Rk. von *α*- oder *β*-Cyanhydrinen (**I**) mit Keten (**II**), dad. gek., daß die Rk. in Ggw. von 0,05—50, bes. 1% (berechnet auf **I**) konz. oder bis zu 50% freies SO_3 enthaltender H_2SO_4 (**III**) oder von anorgan. oder organ. **III**-Derivv. der allg. Zus. X–SO_2–Y bei —20 bis 100°, bes. 40—50° erfolgt. [X = OH, Halogen, Alkyl (R), Alkoxy, RCOO-, prim. Amino-, R—CO—NH- oder aromat. Rest, Y = OH, —CH_2—COOH oder deren höhere Homologe.] Man leitet z. B. in ein Gemisch aus 630 (g) (7,4 Mol) Acetoncyanhydrin u. 6,5 Acetylsulfoessigsäure 311 (7,4 Mol) **II** mit einer Geschwindigkeit von 2 Mol **II** je Std. bei 40° ein u. erhält durch Dest. des Reaktionsgemisches 890 (94,7%) *α-Acetoxyisobuttersäurenitril*, $Kp._6$ 66°, $Kp._8$ 72—73°. Weitere Beispiele für folgende Nitrile: Äthylencyanhydrin → 94,9% *β-Acetoxypropionsäure-*, $Kp._4$ 89—91°. Diäthylketonanhydrin → 95,5% *α-Acetoxydiäthylessigsäure-*, $Kp._6$ 86—87°. Methyläthylketoncyanhydrin → 98,3% *α-Acetoxy-α-methylbuttersäure-*, $Kp._4$ 78—79°. Acetaldehydcyanhydrin → 96,3% *α-Acetoxypropionsäure-*, $Kp._3$ 44—45°. Butyraldehydcyanhydrin → 95,5% *α-Acetoxy-n-valeriansäure-*, $Kp._4$ 80—81°. α-Oxy-n-buttersäurenitril → *α-Acetoxy-n-buttersäurenitril*, $Kp._6$ 64—65°. (**D. B. P. 935 484** Kl. 12o vom 20/5. 1953, ausg. 24/11. 1955. Anmeldung bekanntgemacht 12/5. 1955.)
O. MÜLLER-MEININGEN. H 890

Bell Telephone Laboratories, Inc., New York, N. Y., übert. von: **Walter Lincoln Hawkins,** Summit, N. J., V. St. A., *Darstellung von Diaminen* durch Hydrolyse von Dihydroimidazolen, hergestellt durch katalyt. Hydrierung von α-Aminonitrilen mit acylierten Aminogruppen. Die Herst. von 2-Methyl-1.2-diaminobutan erfolgt z. B. nach nebenst. Schema. Die Ausbeute beträgt 60%, bezogen auf das Aminonitril. (**A. P. 2 587 043** vom 6/1. 1949, ausg. 26/2. 1952.) A. GRADL. H 910

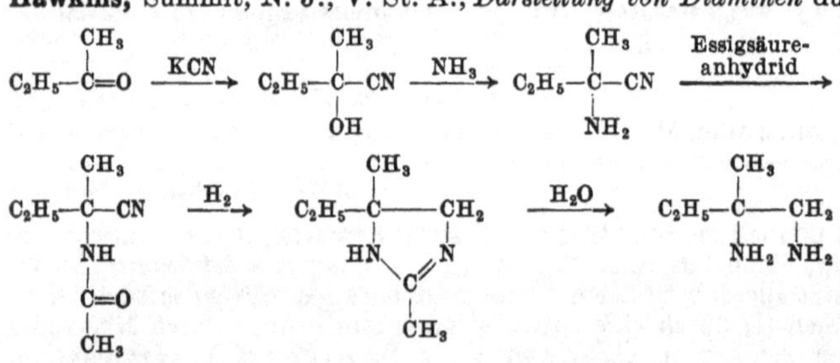

Shell Development Co., Emeryville, Calif., V. St. A., übert. von: **Jan Pieter Fortuin** und **Hein Israel Waterman,** Delft, Holland, *Phenole durch Spalten von α.α-Dialkylarylmethylhydroperoxyden.* Zu F. P. 1 048 012 (C. **1956.** 2883) ist nachzutragen, daß zum Spalten der Hydroperoxyde an Stelle von Ca- oder Cu-Sulfat auch die Sulfate von Be, Mg, Sr u. Ba als Spaltkatalysatoren verwendet werden können. (**A. P. 2 671 809** vom 4/3. 1952, ausg. 9/3. 1954.) R. SCHWECHTEN. H 1060

Ciba Ltd., Basel, Schweiz, *Sulfonsäureester* der Monoäther von Polyäthylenglykolen der Formel $RO \cdot [CH_2CH_2O]_nCH_2CH_2 \cdot O \cdot SO_2R_1$ (I), erhält man aus einem Polyäthylenglykolmonoäther u. einem Alkyl- oder Arylsulfonylchlorid oder -bromid, vorteilhaft in Ggw. eines organ. oder anorgan. säurebindenden Stoffes, wie Pyridin oder NaOH, bei 15—30°. Die Ggw. eines Lösungsm. ist vorteilhaft. In I sind R u. R_1 KW-stoffreste, wie Phenyl, Tolyl, Methyl, Äthyl, Cyclohexyl, Benzyl u. n eine ganze Zahl von 4—20. — Zwischenprodukte. (**E. P. 709 478** vom 13/2. 1951, ausg. 26/5. 1954. Schwz. Prior. 15/2. 1950.) G. KÖNIG. H 1090

Aktiebolaget Bofors, Bofors (Erfinder: **Erik Birger, Bengtsson**, Karlskoga), Schweden, *Herstellung von Benzophenon* (I) u. seinen Derivv. durch Oxydation von Diphenylmethan (II) u. dessen Derivv., dad. gek., daß man die Oxydation mit verd., z. B. 15—30%ig., HNO_3 bei mindestens 20 at u. mindestens 150° durchführt, wobei man bes. in einem senkrecht stehenden Rohr kontinuierlich arbeiten kann. Außer für die Herst. von I aus II ein Beispiel für: Benzyltoluol → *Benzoylbenzoesäure*. — Vgl. auch Schwed. P. 137 686; C. **1954**. 2052. (**D. B. P. 934 525** Kl. 12o vom 6/5. 1952, ausg. 27/10. 1955. Anmeldung bekanntgemacht 5/5. 1955. Schwed. Prior. 8/5. 1951.) O. MÜLLER-MEININGEN. H 1160

University of Minnesota, übert. von: **Ole Gisvold**, Minneapolis, Minn., V. St. A., *Dehydrobibrenzcatechine* der Formel I (R=Alkyl mit 1—3 C-Atomen) erhält man durch Kondensation der entsprechenden Brenzcatechinderivv. in Ggw. von FeS_2O_4 oder $FeCl_3$. — Aus Vanillin in Ggw. von wasserfreiem $FeSO_4$ u. K_2SO_8 in W. → *Dehydrodivanillin*, nach Reinigen durch Erhitzen mit Pyridin, F. 301—303°, Ausbeute 82%; daraus mit amalgamiertem Zn in 95%ig. A. u. HCl → *2.2'-Dioxy-3.3'-dimethoxy-5.5'-dimethylbiphenyl* (= *Dehydrodikreosol*), $C_{16}H_{18}O_4$, aus verd. A., F. 130—132°; daraus mit 48%ig. HBr u. Eisessig → *2.2'.3.3'-Tetraoxy-5.5'-dimethylbiphenyl*, $C_{14}H_{14}O_4$, leicht gelbe Kristalle, F. 220—222°. — Kreosol + $FeCl_3 6 H_2O$ → *Dehydrodikreosol*, F. 130—132°. — Eugenol → *Dehydrodieugenol*, F. 105—106°; daraus durch Hydrierung mit PtO + H_2 → *Tetrahydrodehydrodieugenol*, F. 148—150°; daraus mit HBr → *2.2'.3.3'-Tetraoxy-5.5'-di-n-propylbiphenyl*, $C_{18}H_{22}O_4$, F. 149—150°. — *Antioxydationsmittel*, bes. für *Pflanzenöle* u. *Fette* (vgl. Tabellen), *Antiseptica*, bes. gegen *Streptococcus viridans* (Tabelle). (**A. P. 2 651 644** vom 3/6. 1949, ausg. 8/9. 1953.) G. KRAUSS. H 2260

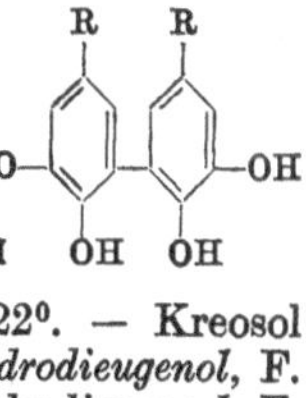

I

Ohio State University Research Foundation, übert. von: **Melvin S. Newman** und **Sambasiva Swaminathan**, Columbus, O., V. St. A., *1-Oxy-1-cyan-6-alkoxy-8a-methyl-1.2.3.7.8.8a-hexahydronaphthaline* (I) erhält man durch Rk. von 1.2.3.7.8.8a-Hexahydro-6-alkoxy-8a-methyl-1-oxonaphthalin mit HCN in Alkohol. — Aus 1.2.3.7.8.8a-Hexahydro-6-methoxy-8a-methyl-1-oxonaphthalin u. KCN in A. in Ggw. von Eisessig → *1-Oxy-1-cyan-6-methoxy-8a-methyl-1.2.3.7.8.8a-hexahydronaphthalin*. — *1-Oxy-1-cyan-6-äthoxy-8a-methyl-1.2.3.7.8.8a-hexahydronaphthalin*, $C_{14}H_{19}O_2N$, aus Ae., F. 155—158°. — *1-Oxy-1-cyan-6-propoxy-8a-methyl-1.2.3.7.8.8a-hexahydronaphthalin*. — Durch Wasserabspaltung u. Rk. mit CH_3MgBr kann man 1-Acetyl-6-oxo-8a-methyl-3.4.6.7.8.8a-hexahydronaphthalin erhalten, aus dem Cortison synthetisiert werden kann; vgl. 3 Reaktionsschemen, 4 Zeichnungen. — Zwischenprodukte. (**A. P. 2 673 872** vom 8/11. 1952, ausg. 30/3. 1954.) G. KRAUSS. H 2700

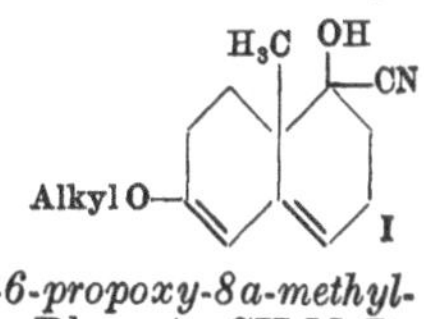

I

Kemisk Vaerk Køge A/S, Kopenhagen, Dänemark (Erfinder: **N. K. F. W. Clauson-Kaas**), *Herstellung von 2.5-Dialkoxy-2.5-dihydrofuranverbindungen*. Man behandelt Furan oder Furanverb. mit Halogen- oder Halogenverbb. in Ggw. von A. u. einem Mittel zum Binden des entstehenden Halogenwasserstoffs. Die Prodd. sind Zwischenprodd. für die Herst. scdwer zugänglicher Stoffe, z. B. nach Schwed. P. 129 045; C. **1951**. II. 1359. Sie können auch als *Riechstoffe* dienen. Z. B. behandelt man Furan bei —7° mit Br_2 in CH_3OH. Man erhält *2.5-Dimethoxy-2.5-dihydrofuran*. $Kp._8$ 50—52°. In ähnlicher Weise sind herstellbar *2.5-Diäthoxy-2.5-dihydrofuran*, $Kp._{10}$ 65—70°, *2.5-Di-n-propoxy-2.5-dihydrofuran*, $Kp._{15}$ 101—103°, *2.5-Diisopropoxy-2.5-dihydrofuran*, $Kp._9$ 81—86°, *2.5-Di-n-butoxy-2.5-dihydrofuran*, $Kp._{15}$ 128°, *2.5-Diisoamyloxy-2.5-dihydrofuran*, $Kp._{0,6}$ 101—106°, *2.5-Dimethoxy-2.5-dihydrofurfurylacetat*, $Kp._8$ 112—114°, das hydrolysierbar ist zu *5-Acetoxypenten-(2)-al-(1)-on-(4)*, u. *2.5-Dimethoxy-2.5-dihydrofurfuroldiacetat*, $Kp._1$ 122—126°, das hydrolysiert zu *Penten-(2)-dial-(1.5)-on-(4)*. (**Schwed. P. 133 480** vom 20/12. 1947, ausg. 6/11. 1951. Dän. Prior. 7/11. 1947.) K. H. KÄHLER. H 3061

American Cyanamid Co., New York, N. Y., übert. von: **Erick J. Hoegberg**, Stamford, Conn., V. St. A., *Herstellung von Glykocyamidinen* der Formel I (R = Alkyl- u. Aryl-

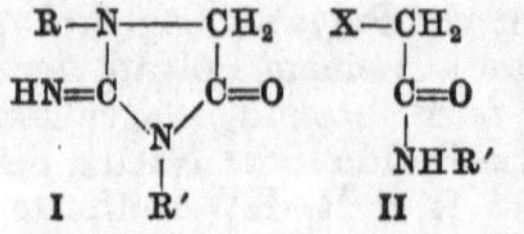

rest, R' = H, Alkyl- u. Arylrest) durch Rk. von Metallsalzen alkyl- bzw. arylsubstituierter Cyanamide mit Halogenacetamiden der Formel **II** (X = Halogen) bei 20—150°, z. B. *1-Phenylglykocyamidin*, F. 235—240°, aus Na-Phenylcyanamid (**I**) u. Chloracetamid (**II**) *1-n-Octylglykocyamidin*, F. 239—244°, aus n-Octylcyanamid u. **II** u. *1-Phenyl-3-n-octylglykocyamidin*, F. 86—88°, aus **I** u. α-Brom-N-n-octylacetamid. — *Chemotherapeut.* u. *baktericide Mittel*, *Katalysatoren* zur Polymerisation von ungesätt. organ. Verbindungen. (**A. P. 2 557 911** vom 19/4. 1950, ausg. 19/6. 1951.) C. LÜTTGEN. H 3122

Nepera Chemical Co., Inc., Yonkers, N. Y., V. St. A., *Cyanpyridine* erhält man, wenn man entweder das Ammoniumsalz oder Säureamid einer Pyridinmonocarbonsäure in der Schmelze in Ggw. von höchstens 10% eines anion. Katalysators (H_2SO_4, HCl, H_3PO_4 oder deren Ammonium-, Alkali-, Erdalkali- oder organ. Ammoniumsalze, Sulfaminsäure, Borsäure oder Kieselsäure) auf wenigstens 270° erhitzt oder wenn man eine Pyridindicarbonsäure, welche eine COOH-Gruppe in 3- u. die andere in 4-, 5- oder 6-Stellung enthält, zunächst im geschmolzenen Zustand bei ca. 200° decarboxyliert, in das erhaltene Reaktionsgemisch NH_3 einleitet u. dann das Gemisch in Ggw. eines anion. Katalysators auf wenigstens 270° erhitzt. — Z. B. wird Nicotinsäure (**I**) mit konz. NH_3 behandelt, bei 200° gasförmiges NH_3 in die Schmelze eingeleitet u. die Mischung in Ggw. von ca. 1% $(NH_4)_2HPO_4$ auf 275—300° erhitzt. *Nicotinsäurenitril* (**II**) wird aus dem Destillat durch Extraktion mit Bzl. in 89%ig. (Ausbeute) gewonnen, Kp. 200—205°. — In gleicher Weise erhält man **II**, wenn man **I** in Ggw. von 1% H_2SO_4 (88,9%), 7,7% Fe(III)-sulfat (85%) oder ca. 5% $NiSO_4 \cdot 6\,H_2O$ (63,7%), eine Mischung von rohen Pyridincarbonsäuren, welche ca. 37% **I**, 33% Isocinchomeronsäure u. andere Verunreinigungen enthalten, in Ggw. von ca. 1% $(NH_4)_2HPO_4$, rohe Chinolinsäure, welche durch Oxydation von Chinolin mit MnO_2 erhalten worden ist, in Ggw. von ca. 1% $(NH_4)_2HPO_4$, NH_4-Salz in Ggw. von 3,5% $ZnSO_4$ (38,6%), **I**-Amid in Ggw. von ca. 1% $ZnSO_4$ (86,6%), 5% $NiSO_4 \cdot 6\,H_2O$ (91%), 1% $CaSO_4$ (73,6%), 1% Na_2SO_4 (88,5%), 1% **I**-Sulfat (74,9%), 1% NH_4Cl (79,6%), 1% Sulfaminsäure (81,5%), 1% Borsäure (74%) oder 1% Kieselsäure (74,9%) erhitzt. — Aus Isonicotinsäureamid erhält man in Ggw. von 1% $(HN_4)_2 \cdot HPO_4$ bei 290° *Isonicotinsäurenitril* (68,5%). — *Zwischenprodukte.* — Vgl. D. B. P. 862 011; C. **1954.** 2916. (**E. P. 721 905** vom 10/4. 1952, ausg. 12/1. 1955. A. Prior. 20/6. 1951.) R. LINK. H 3231

Richter Gedeon Vegyészeti Gyár R. T. (Erfinder: **László Vargha, Miklós Kraut, Lajos Toldy,** Budapest, Ungarn), *2-(β-Dimethylaminoäthylamino)-pyridin* (**I**) erhält man bei der Rk. des Na-Salzes des 2-Aminopyridins mit β-Dimethylaminoäthylchlorid in Ggw. einer organ. tert. Base, z. B. des Pyridins u. seiner Homologen. — In eine Suspension von 0,12 (Mol) 85%ig. $NaNH_2$ in Pyridin (**II**) tropft man bei 50—60° eine Suspension von 2-Aminopyridin in **II** u. erhitzt ½ Std. auf 100°, rührt bei dieser Temp., bis NH_3 verflüchtigt ist, u. fügt 0,1 frisch dest. β-Dimethylaminoäthylchlorid zu. Man erhält **I** als Öl. — Zwischenprod. für Arzneimittel. (**Ung. P. 142 521** vom 9/6. 1953, ausg. 1/12. 1954.) G. KÖNIG. H 3231

Imperial Chemical Industries Ltd., London, England (Erfinder: **Eric Kay** und **Eward Sydney Lane**), *Quaternäre Ammoniumverbindungen von substituierten 3.4-Dihydro-1.3-benzoxazinen* der Formel **I** (R, R_1—R_4 = gesätt. Alkyl, wobei R auch eine OH-Gruppe enthalten kann u. R_1, R_3 u. R_4 auch H oder Halogen u. R_2 auch Halogen sein können, X = —CH_3, —C_2H_5) erhält man durch Quaternisierung der entsprechenden 3.4-Dihydro-1.3-benzoxazine in bekannter Weise.

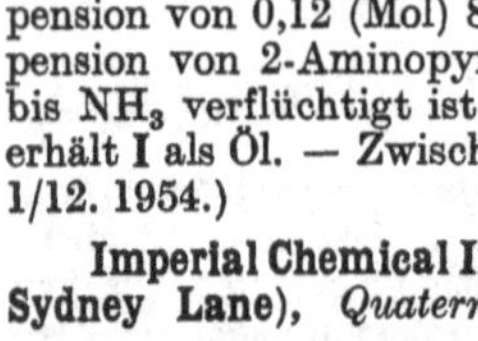

— Aus p-tert.-Octylphenol, CH_2O u. Monomethylamin im Verhältnis 1 : 2 : 1 → 3-Methyl-6-tert.-octyl-3.4-dihydro-1.3-benzoxazin, daraus mit Dimethylsulfat in Aceton bei 35° → *3.3-Dimethyl-6-tert.-octyl-3.4-dihydro-1.3-benzoxazinmethosulfat*, F. 135—137°, lösl. in kaltem Wasser. — 2.4-Dichlorphenol + CH_2O + Monomethylamin im Verhältnis 1 : 2 : 1 → 3-Methyl-6.8-dichlor-3.4-dihydro-1.3-benzoxazin + Dimethylsulfat → *3.3-Dimethyl-6.8-dichlor-3.4-dihydro-1.3-benzoxazinmethosulfat*, F. 222°, Cl-Geh. 21,3°%, S-Geh. 9,2%. — p-tert.-Octylphenol + CH_2O + Monoäthanolamin (1 : 2 : 1) → 3-β-Oxyäthyl-6-tert.-octyl.-3.4-dihydro-1.3-benzoxazin → *3-Äthyl-3-β-oxyäthyl-6-tert.-octyl-3.4-dihydro-1.3-benzoxazinäthosulfat*, goldfarbiges Wachs, lösl. in W. zu opalescierenden Lösungen. — 3.4-Dimethylphenol + Paraformaldehyd + Monomethylamin → Benzoxazin → *Benzoxazinmethomethylsulfat*, aus Aceton, F. 116°. — *Oberflächenakt. Mittel*, bes. *Wasch-* u. *Sterilisationsmittel*, bes. für *Nahrungsmittel*. (**E. P. 695 550** vom 16/1. 1950, ausg. 12/8. 1953.) G. KRAUSS. H 3282

X. Färberei. Organische Farbstoffe.

P. D. Masslennikow, *Für eine hohe Ausnutzung der Farbstoffe.* Um den Verlust an Schwefelfarbstoff beim Färben von Baumwoll- u. Zellwollgeweben auf dem Jigger zu verringern, empfiehlt Vf., die Menge des zugesetzten Na_2S auf die Hälfte der Farbstoffmenge zu verringern u. an Farbstoff statt 75 nur 55 g/Liter zu verwenden. (Текстильная Промышленность [Textil-Ind.] **15.** Nr. 10. 54—55. Okt. 1955.) N. Stscherbina. 7020

Alfréd Polster, *Photooxydation der Indigosole auf Kunstseide.* Auf Grund der gesteigerten mikro- u. homotropen Photoempfindlichkeit von Indigosolen wurde ein Verf. zur Färbung von Kunstseide ausgearbeitet ohne oxydierende Substanzen, womit die Gefahr der Vergilbung der Kunstseide vermieden wird. 100 g Indigosol werden in 10 Liter W. gelöst, aufgekocht, filtriert u. mit konz. Ameisensäure auf p_H 3,2—3,4 eingestellt. Darin werden gelöst 66 g Na_2SO_4, 6 g $K_2S_2O_5$, 0,07 mg (NH_4)-Vanadat, 15 g Thiocarbamid, 15 g Carbamid, 5 ml Eisessig, 5 ml konz. Ameisensäure, 75 g Na-Acetat. Die Lsg. enthält also das die Photooxydation katalysierende Vanadat sowie Stoffe, die die Überoxydation verhindern u. die Acidität u. die Pufferwrkg. regeln. Die Kunstseide wird in die Lsg. getaucht, abgepreßt, zwecks Schonung des Negativs eine Filmfolie, dann das Negativ aufgelegt u. mit einer Glasplatte angepreßt. Belichtet wird 5—10 Min. mit einer Quarzlampe. Die belichtete Kunstseide wird in warmem Seifenwasser ausgewaschen, 5—6 Min. in alkal. W. gekocht u. naß gebügelt. Die Färbung ist lichtecht, wasch- u. reibfest. (Magyar Kémiai Folyóirat [Ung. Z. Chem.] **61.** 296—97. Okt. 1955. Vác, Ungarn, Forsch.-Inst. für ind. Photochemie.) J. Plank. 7020

Émile Rinck und **Pierre Feschotte,** *Über den Mechanismus der Bildung von Farblacken mit Aurintricarbonsäure in Gegenwart der Ionen Fe^{3+}, Al^{3+} und Ga^{3+}.* Die Bldg. von Lacken durch Aurintricarbonsäure in Ggw. der Ionen Fe^{3+}, Al^{3+} u. Ga^{3+} wird durch Absorptionsmessung untersucht. Bei p_H 3,8 ist die Existenz einer Verb., bei 6,5 das Vorliegen von Adsorption zu vermuten. Unterhalb p_H 5 gehen die Ionen, nicht die Hydroxyde in die Rk. ein. (C. R. hebd. Séances Acad. Sci. **240.** 1618—20. 13/4. 1955.) K. L. Wolf. 7078

Ciba Akt.-Ges., Basel, Schweiz, *Beständiges Färbepräparat,* dad. gek., daß es eine P-Verb., welche sich von der Orthophosphorsäure ableitet, sowie eine an sich schwerlösl. Metallverb. eines mindestens zwei Azogruppen, darunter mindestens eine o.o'-Dioxyazogruppe, aufweisenden Farbstoffes enthält, in welcher eines der Metalle mit den Atomnummern 27—29 in komplexer Bindung vorliegt, z. B. eine komplexe Cu-Verbindung. Es kann außerdem noch ein aliphat. Amin, das mindestens eine Aminogruppe u. mindestens eine von dieser durch 2 C-Atome getrennte HO-Gruppe aufweist, enthalten, z. B. Monoäthanolamin, Aminoessigsäure oder 2-Amino-1-oxybenzol-4-sulfonsäureamid. (**Schwz. P. 307 163** vom 16/11. 1951, ausg. 16/7. 1955. **Zusatz zu Schwz. P. 304 363; C. 1955. 9201.**) H. v. Schiller. 7007

N. V. Onderzoekingsinstituut Research, Holland, *Färben von Polyamidgeweben,* deren Fäden oder Fasern verschied. Titer aufweisen. Man färbt mit an sich bekannten Acetatseidefarbstoffen in schwachsaurem Bade (p_H 4—5) u. erzielt gleichmäßige Färbungen. (**F. P. 1 083 598** vom 12/6. 1953, ausg. 11/1. 1955. Holl. Prior. 7/8. 1952.) G. Hoppe. 7021

Imperial Chemical Industries Ltd., London, England (Erfinder: **Wilfrid Herbert Cliffe, George Trapp Douglas** und **Harry Rose Hadfield**), *Färben von synthetischen linearen Polyestern in Form von Textilmaterial.* Man behandelt das Material mit mindestens einem prim. aromat. Amin u. wenigstens einem Salicylarylamid der Formel I, in welcher X = H, Halogen oder Methyl bedeutet u. R. einen Phenyl- oder Naphthalinrest, diazotiert das Amin u. kuppelt in situ mit I, z. B. mit Salicylanilid. (**E. P. 735 119** vom 21/7. 1952, ausg. 17/8. 1955.) H. v. Schiller. 7021

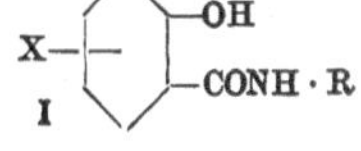

I

John Verduin, Hawthorne, N. J., V. St. A., *Waschbare und aufsaugende Trägerunterlage für Textildruckmaschinen,* bestehend aus zwei oder mehreren Schichten Nylon- oder Orlongewebe, die durch einen dünnen Kautschukfilm miteinander verbunden sind. — Abbildung. (**E. P. 715 107** vom 19/1. 1951, ausg. 8/9. 1954. A. Prior. 27/1. 1950.) H. Mölleringe. 7023

E. I. du Pont de Nemours & Co., Wilmington, Del., übert. von: **Samuel N. Boyd jr.,** Salem, N. J., V. St. A., *N-Substituierte Diaminoanthrachinondicarboximidfarbstoffe* der allg. Zus. I, worin R_1 u. R_2 Alkyl, R_3 Alkyl oder Aralkyl, n 2 oder , A^- ein Anion bedeutet u. die Alkylgruppen 1—4 C-Atome u. der Arylrest der Aralkylgruppe ein Rest der Benzolreihe ist, erhält man in an sich bekannter Weise aus den entsprechenden

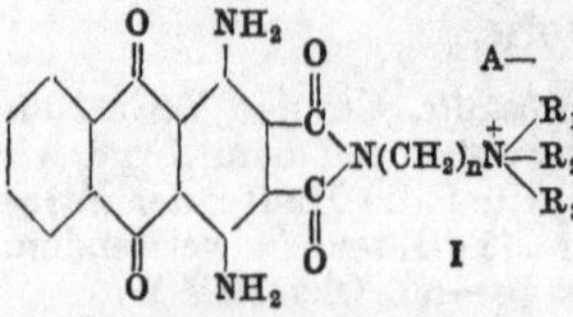

I

2-(ω-Dialkylaminoalkyl)-4.11-diaminoanthra-[2.3-c]-pyrrol-1.3.5.10-tetronen. Die Farbstoffe färben bes. Polyacrylnitrilfasern („Orlon") aus wss. Bade in sehr echten blauen Tönen. Sie sind auch zur tongleichen Färbung von Orlon–Viscose-Mischgeweben geeignet. — Man löst unter Rühren bei 150° in 10 Min. 10 (Gewichtsteile) 2-(3-Dimethylaminopropyl)-4.11-diaminoanthra-[2.3-c]-pyrrol-1.3.5.10-tetron = **II**) in 300 o-Dichlorbenzol, kühlt auf 60°, trägt 5 Dimethylsulfat ein, rührt 45 Min. bei 60°, filtriert bei 25°, wäscht mit Aceton u. trocknet. Das erhaltene in W. grünblaulösl. Prod. färbt Orlon klar grünstichigblau. Analog ebenfalls in grünstichigblauen Tönen färbende Farbstoffe können z. B. erhalten werden aus den entsprechenden 2-(2-Dimethylaminoäthyl)- oder 2-(3-Dimethylaminopropyl-Derivv. mit Diäthylsulfat bzw. Benzyl-, p-Methyl- oder Phenyläthylchlorid. (**A. P. 2701801** vom 9/10. 1953, ausg. 8/2. 1955.) O. ROICK. 7059

XIa. Farben. Anstriche. Lacke. Naturharze.

C. Astori, *Über die Anwendung von Lackprodukten im Fließverfahren.* Beschreibung des Fließ- oder Gießlackierverf. (flow coating) von KOCH, Evansville, Ind. — 7 Abbildungen. (Pitture e Vernici **11.** 523—27. Aug. 1955.) B. SCHEIFELE. 7090

Rudolf Hunter, *Das Heißspritzverfahren und seine Vorteile.* Allg. Ausführungen. (Ind.-Lackier-Betr. **23.** 208—09. Sept. 1955. Zürich.) M. WINIKER. 7090

L. A. Kosarowitzki und **Ss. Ja. Schalyt,** *Zur Untersuchung der elasto-plastisch-viscosen Eigenschaften von Druckfarben.* Vff. untersuchten die Thixotropie verschied. Druckfarben durch Best. der Grenzschubspannung mit dem kon. Plastometer u. der tangential verschiebbaren Schicht nach WEILER u. REHBINDER, wobei beide Methoden untereinander genügende Übereinstimmung zeigten. Die Schubspannung der verschied. Druckfarben sowohl nach der Zerstörung der Struktur als auch nach der Rückbldg. der ursprünglichen Struktur, die im allg. nach 8 Std. erreicht wird, ist sehr verschieden. In einigen Fällen ist die Änderung der Schubspannung nach Erreichung des Endzustandes mehr als das Doppelte derjenigen nach Zerstörung der Struktur. Erhöhung der Konz. von Ruß in einer Modellfarbe führte bei ca. 12% zu rapidem Anstieg der Schubspannung. Mit dem modifizierten App. von WEILER-REHBINDER wurde in einem Fall der Elastizitätsmodul, die wahre Viscosität, viscose Nachwrkg., Relaxationsperioden bestimmt. (Коллоидный Журнал [Kolloid-J.] **15.** 437—41. Nov./Dez. 1953.)
J. v. SCHROEDER. 7092

E. B. Fitzgerald, *Ungelöste Probleme bei der Verwertung von trocknenden Ölen als Schutzüberzug.* Vom Standpunkt der Schutzüberzugsindustrie aus werden als ungelöste Probleme diskutiert die Trocken- bzw. Erhärtungszeit, die Neigung zur Runzelbldg., zur Vergilbung, die Beständigkeit u. die Haltbarkeit. Hinweise auf den Chemismus, vor allem die Kinetik der Trocknung nach den Vorstellungen von BOLLAND, die Wirkungsweise der Einfl. nehmenden Metallkatalysatoren, den Sauerstoffdruck sowie die Löslichkeit des Sauerstoffs im olefinischen Öl. Es wird die Forderung aufgestellt, vor allem die Kinetik der Vorgänge des Öltrocknens vom Standpunkt der Praxis eingehend zu studieren u. mit den oben genannten Problemen zu verknüpfen. (J. Amer. Oil Chemists' Soc. **32.** 210—12. April 1955.) K. TÄUFEL. 7096

Odin Wilhelmy jr. und **Harry W. Barr jr.,** *Forschung, der Schlüssel für den künftigen Absatz von trocknenden Ölen.* Übersichtsbericht an Hand einer Denkschrift, die sich eingehend mit den Faktoren beschäftigt, die die Verwendung von Ölen in der Industrie trocknender Öle beeinflussen, mit der technolog. Verbesserung dieser Prodd., mit den Ursachen für das Vordringen synthet. Erzeugnisse (Styrol–Butadien-Prodd.), dem Austausch (Tallöl) der Prodd. untereinander u. der zukünftigen Preisgestaltung für Roh- u. Fertigprodukte. Dem Rückgang im Verbrauch an trocknenden Ölen kann nur durch intensive Forschung gesteuert werden; als entscheidend dafür werden behandelt: Kritik der Marktverhältnisse u. ihre Planung, Aufstellung systemat. detaillierter Forschungsprogramme sowohl nach der Seite der wissenschaftlichen Perspektiv- wie nach der Seite der Zweckforschung (Chemie der Öle, Probleme der Öltrocknung in chem. u. in physikal. Richtung, Anbau optimal geeigneter Ölpflanzen). (J. Amer. Oil Chemists' Soc. **32.** 204 bis 207. April 1955. Columbus, O., Battelle Memorial Inst.) K. TÄUFEL. 7096

Wayne R. Fuller, *Die Verwendung von landwirtschaftlichen Produkten für Oberflächenüberzüge.* Übersicht über die Verwendung von Lein-, Soja-, Ricinus-, Tung-, Tall-, Cocos- u. Terpentinöl für Anstrichmittel. (Amer. Paint J. **39.** Nr. 22. 70. 72. 73. 76. 77. 80. 82. 14/2. 1955. Grand Rapids, Mich., Grand Rapids Varnish Corp.)
W. WESLY. 7096

E. W. Eckey, R. O. Alderson und **R. J. Woestman,** *Darstellung von Polyvinylestern durch Umesterung.* Unter Hinweis an Hand des Schrifttums auf die mögliche prakt. Bedeutung der Polyvinylester mit höheren gesätt. u. ungesätt. Fettsäuren u. die experimentellen Schwierigkeiten zur Darst. solcher Verbb. werden Verss. in dieser Richtung nach dem Prinzip der Umesterung durchgeführt. Ausgangsprodd. sind Polyvinylacetat einerseits sowie die durch Methanolyse aus Sojaöl hergestellten Methylester u. partiell hydriertes Sardinenöl bzw. die Methoxyäthylester der Sojaölfettsäuren andererseits. Auf Grund systemat. Unterss. zur Festlegung der optimalen Reaktionsbedingungen werden die Reaktionspartner in Lsg. (Dioxan, Tetrahydrofuran bzw. Diäthylenglykoldiäthyläther) in Ggw. des geeigneten Katalysators (tert. Na-Butanolat, Na-Naphthenat bzw. einer Lsg. von Na in Diäthylenglykoldiäthyläther) in einer Spezialapp. umgesetzt; krit. Betrachtungen über den Mechanismus der Rk. u. die Ausbeuten. Die Präpp. werden partiell durch VZ., JZ., F. u. Viscosität charakterisiert; ferner werden die Trockeneigg. ermittelt. Zusammenfassend wird abgeleitet, daß einige Vertreter der durch Umesterung dargestellten gemischten Polyvinyl–Essigsäure–Fettsäureester sehr rasches Trockenvermögen auch in Ggw. gesätt. Fettsäuren besitzen u. gute Filme liefern; ihre Verwertung in der Praxis wird als aussichtsreich hingestellt. (J. Amer. Oil Chemists' Soc. **32.** 185—91. April 1955. Cincinnati, O., E. W. Eckey Res. Labor.) K. TÄUFEL. 7096

A. Herzka, *Lackentferner in Druckzerstäuber.* Aus Druckzerstäubern versprühte Mischungen aus 75% Abbeizmittel u. 25% Dichlordifluormethan liefern bei Raumtemp. einen rasch wirksamen Auftrag. Der Zerstäuber trägt ein Kunststoffventil, das widerstandsfähig ist u. nicht verstopft wird. Empfohlen wird eine Zerstäuberfüllung aus: Paraffinwachs oder OP-Wachs 1,5%, Äthyl- oder Acetylcellulose 1,5%, Methylenchlorid 55%, weitere Lösungsmittel (Ester, Glykoläther, Ketone, Alkohole) 17%, Dichlordifluormethan 25%. Abscheidungen werden durch Zuschlag von 1,5% gefälltem CaF_2 unterbunden. (Paint Technol. **19.** 333—35. Okt. 1955. Metal Box Co., Ltd., Res. Div.) B. SCHEIFELE. 7100

R. W. Stafford und **W. G. Deichert,** *Überzüge.* Übersicht über die Fortschritte der Untersuchung von Anstrichmitteln von 1952—1954. — 37 Literaturangaben. (Analytic. Chem. **27.** 606—11. April 1955. (Part II) Stamford, Conn., American Cyanamid Co.) PH. FRESENIUS. 7106

L. E. Whitemore, *Thermoplastische Harze in Oberflächenüberzügen.* Überblick über Eigg. u. Bedeutung der neuen Emulsionsanstrichmittel, die als unentflammbare „*Plastisole*" ohne flüchtige Lösungsmittel bzw. als lösungsmittelhaltige „*Organosole*" vielseitige Verwendungsmöglichkeiten bieten. (Off. Digest Federat. Paint Varnish Product. Clubs. **27.** 167—73. März 1955.) A. SANDER. 7106

Heinz Anders, *Korrosionsfeste Farbanstriche auf Aluminium.* Überblick. (Metalloberfläche, Ausg. B **9.** 85—87. Juni 1955.) F. MARKHOFF. 7106

Maurice Déribéré, *Tageslicht-Fluorescenz-Farben.* Übersicht über Grundlagen der Fluorescenz u. Darst. sowie Anwendung von Fluorescenzfarben. (Paint Manufact. **25.** 251 bis 253. Juli 1955.) W. WESLY. 7106

Max Kronstein, Louis F. DeLong und **Mathew King,** *Die Beständigkeit von Toluidinrot in Latexanstrichen.* Verss. über den Einfl. von Lecithin (**I**) auf die Pigmentdispersion von Toluidinrot u. die Beständigkeit der Dispersion in Anstrichen aus polymerem Vinylchlorid–Vinylidenchlorid- u. Vinylacetat–Latex zeigen, daß **I** die Dispersion des Pigments begünstigt u. die Schaumbldg. beim Fortschreiten der Pigmentdispersion vermindert. (Paint Varnish Product **45.** Nr. 7. 36—39. 99. Juni 1955. New York, Univ., Coll. of Engineering.) W. WESLY. 7106

W. F. Daggett, *Die Stabilität von Cellulose-Bronzelacken.* In Cu–Bronze–Nitrocellulose-Lacken wird Gelierung durch die Nitrocellulose, Grünfärbung durch saure Harze verursacht. In Äthylcellulose-Bronzelack treten beide Erscheinungen nicht auf, wenn ein möglichst neutrales Harz benutzt wird. (Paint Technol. **19.** 299—300. Sept. 1955. Henry Flack, Ltd.) B. SCHEIFELE. 7106

R. I. Quigley, *Füllkitte.* Allg. Ausführungen über Füllkitte für Holz. Zweck, Leistung, Vermeidung von Fehlern bei ihrer Anwendung, Herst.; Vorbereitung des Holzes, Verkitten der Poren mit Glätten u. Trocknen, Überstreichen mit Grundierlacken u. dergleichen. (Ind. Finishing **29.** Nr. 10. 50—52. 54. 56. 58. 60. 62. 66. 68. 70. Aug. 1953. Lilly Co.) K. STEINER. 7106

H.-D. Schulz-Methke, *Farbkennzeichnung und Farbberechnung.* Übersicht über die Einteilung der Kunststoffe auf Grund ihres opt. Verh. u. die Begriffsbest. von Glanz u. Farbe. Ein physikal. Verf. zur Farbkennzeichnung wird angegeben, das darauf beruht, die Spektralfunktion durch eine FOURIER-Reihe angenähert zu bestimmen. Es ermöglicht die Ausführung von Farbberechnungen u. die Angabe von Farbtoleranzen. — 22 Schrifttumshinweise. (Dtsch. Farben-Z. **9.** 205—08. Juni. 255—57. Juli 1955. Berlin, Labor. Dr. B. Lange.) W. WESLY. 7158

David S. Cox, *Flammenphotometrie und Spektrophotometrie. Anwendung bei Anstrichmittelanalyse und Prüfung.* (Paint Varnish Product. **45.** 30—34. u. 79. Aug. 1955. — C. **1955.** 10146. Montreal, Qu., Sherwin-Williams Co. of Canada.) H. ECKHARD. 7158

L. Ivanovszky, *Eine neue analytische Arbeitsweise.* Die zur Behandlung von Kraftwagenkarosserien, Möbeln u. Fußböden dienenden wasserfreien fl., wasserfreien pastenförmigen u. Emulsionssilicon (I)-Poliermittel enthalten I, vielfach auch I-Harze, Wachse, Fettlösungsmittel, Emulgiermittel, Fettsäuren, Metallseifen, Schmirgelmittel, W., Riechstoffe, Farbstoffe u. Verdickungsmittel. Zur Best. dieser Bestandteile werden 4 verschied. Arbeitspläne vorgeschlagen. (Paint Manufact. **25.** 313—17. Aug. 1955.) W. WESLY. 7158

H. R. Touchin, *Die Anwendung von Rißverfahren zur Wertbestimmung von Anstrichen.* Die Rißverff. u. die Anwendung der den Grad der Übereinstimmung zwischen mehreren Rissen anzeigenden Beziehungskoeffizienten (KENDALL, Rank Correlation Methods, London [1948]), zur Wertbest. von Anstrichen werden beschrieben. (Verfkroniek **28.** 171—73. Juni 1955.) W. WESLY. 7158

Karl Broockmann und **Gerhard Müller,** *Schnelltest zum Nachweis von technischem Polyvinylbutyral.* Zum Nachw. von Polyvinylbutyral in Lacken u. Anstrichen betupft man diese mit 1—2 Tropfen eines Gemisches von 10 Gewichtsteilen Essigsäure u. 7 Gewichtsteilen einer J–KJ-Lsg., hergestellt durch Lösen von 1 g KJ u. 0,9 g J in 40 g dest. W., das 2 g Glycerin enthält. Nach 30—60 Sek. entsteht eine Grünfärbung. (Farbe u. Lack **61.** 217—19. Mai. Engl. Fassung: Paint Manufact. **25.** 254—56. Juli 1955. Singen, Aluminium-Walzwerk, Organ. Labor., u. Höchst/M., Farbwerke Hoechst A. G., Techn. Labor.) W. WESLY. 7158

A. T. S. Rudram, *Die Struktureigenschaften von synthetischen Harzemulsionsanstrichen.* 1. Mitt. Beschreibung der zur Unters. von Harzemulsionsanstrichen (Einw. von Weichmachern, Verdickungsmitteln, Pigmenten auf Bldg., Verh. u. Struktur des Anstrichfilmes; Polymerisation der Emulsion; Einfl. von verschied. Faktoren auf die Eigg. der Emulsion) angewandten Verff.: Elektronenmikroskop zur Unters. der Filmoberfläche u. -querschnitte; Anwendung von radioakt. Tracern zur Ermittlung der Bewegung der Weichmacher aus dem Emulsionsanstrichfilm in das poröse Substrat, Messung der Schallgeschwindigkeit zur Best. der elast. Eigg. des Filmes, Best. der Wasserdurchlässigkeit, opt. Messungen. (Paint Technol. **19.** 265—66. Aug. 1955. Paint Res. Station.) W. WESLY. 7158

J. S. Mills und **A. E. A. Werner,** *Die Untersuchung von Dammarharz.* Übersicht über Wesen u. Ausführung der Papierchromatographie zur Unters. von Natur-, bes. Dammarharz. Die von den Vff. schon früher beschriebene Arbeitsweise (C. **1953.** 1088) gestattet die Unterscheidung natürlicher Harze auf Grund von Zahl, Farbe u. R_f-Wert der einzelnen Bestandteile. Die Lage der Bestandteile auf dem Chromatogramm wird mit Hilfe der (geringfügig veränderten) HALPHEN-HICKS-Rk. (Ind. Engng. Chem. **3.** [1911.] 86) ermittelt. Da vermutlich einige der anwesenden Bestandteile keine positive HALPHEN-HICKS-Rk. zeigen, wird die von NOLLER zum Nachw. von Triterpen-Sapogeninen empfohlene Rk. angewandt. Die getrockneten Chromatogramme werden $SOCl_2$-Dampf, der ca. 20% $SnCl_4$ enthält, ausgesetzt. Die Arbeitsweise wird im einzelnen beschrieben. Von den 13 aus Dammarharz isolierten Bestandteilen (Zahlentafel) gibt nur 1 keine positive NOLLER-Reaktion. (Paint Manufact. **25.** 307—10. 24/8. 1955. National Gallery Labor.) W. WESLY. 7160

Union Carbide and Carbon Corp., New York, V. St. A., *Flammspritzen von Pasten.* Eine Paste aus Polyvinylchlorid oder Vinylchlorid–Vinylacetat-Mischpolymerisat (Teilchengröße 0,05—1,3 μ) in einem fl. Weichmacher wird mittels einer Mehrlochpistole u. einer O_2-Acetylenflamme in Form eines Fächers, gegebenenfalls unter Auftragung mehrerer Schichten auf den betreffenden Gegenstand, gespritzt. — Zeichnung. (**Belg. P. 518443** vom 14/3. 1953, ausg. 13/4. 1955. A. Prior. 27/3. 1952.) G. SALZMANN. 7091

Paul Kittelberger, Diepenthal, und **Jacob Bollinger,** Oberlahnstein, *Herstellen von wasser- und reibfesten Leimfarbenanstrichen,* deren Bindemittel aus Pflanzenleim u. ca. 10 bis 20% bekannter Kunstharzemulsion besteht, dad. gek., daß der aufgetrocknete Farbanstrich mit einem flüchtigen, das Kunstharz lösenden Lösungsm. nachbehandelt wird. (**D. B. P. 933855** Kl. 75c vom 12/7. 1949, ausg. 6/10. 1955. Anmeldung bekanntgemacht 14/6. 1951.) E. WEISS. 7107

Rudolf vom Hove, Freiburg/Breisgau, *Herstellung von durch Schlamm gebildeten ornamentalen Oberflächen* auf Papier, Karton, Textilien, Metall- oder Kunststoffolien u. -platten, Glas, Preßplatten, Leder, Holz usw., dad. gek., daß koll. Lsgg., z. B. Celluloseesterlsgg., Glycerin- oder Ölsäurelsgg., Kunstharzemulsionen usw., nach Lufteinpressung u. damit verbundener Schaumbldg. auf die zu verzierenden Oberflächen so aufgebracht werden, daß nach Auflösen der Schaumblasen u. nach der Trocknung die Grundrißornamente des Schaumes plast. erhalten bleiben. (**D. B. P. 927 074** Kl. 75b vom 24/5. 1951, ausg. 28/4. 1955. Anmeldung bekanntgemacht 30/9. 1954.) E. WEISS. 7107

Ernst Leitz GmbH., Wetzlar (Erfinder: **Gustav Weissenberg**, Marburg), *Herstellen ebener oder rotationssymmetrischer harter Oberflächen* durch Überziehen der zu vergütenden Oberflächen mit physikal. gut haftenden, höchstens schwach polymerisierenden, aber polymerisationsfähigen *Kunststoffen*, dad. gek., daß das Verteilen des viscos aufgetragenen Kunststoffs durch Gegeneinanderlaufenlassen mit Normalflächen erfolgt u. anschließend durch entsprechende, an sich bekannte Bedingungen, z. B. der Temp., derart polymerisiert wird, daß bevorzugt kurze Ketten u. glasharte Oberflächen entstehen. Die Kunststoffschicht wird so dick gewählt, daß die freie Oberfläche des polymerisierten Kunststoffs von der Oberflächengüte (Kratzern) der Metallunterlage unabhängig ist. Es werden Hydrolysate von $RSiHal_3$, $R_1R_2SiHal_2$ oder $R_1R_2R_3$ SiHal verwendet, wobei Hal für Halogen, R, R_1, R_2 u. R_3 für aliphat., olefin. oder aromat. Gruppen stehen, oder auch Kunststoffe mit der Endgruppe —HSiO im Molekül. — Erwähnt ist z. B. Vergütung von Kieselsäureglasgeräten. (**D. B. P. 921 856** Kl. 75c vom 1/11. 1949, ausg. 30/12. 1954. Anmeldung bekanntgemacht 16/11. 1950.) E. WEISS. 7107

W. Peters, Bremen, *Hochreflektierende Überzüge*. Auf eine Unterlage wird eine stark reflektierende Grundschicht, z. B. aus Al, u. auf diese eine gefärbte Einbettungsmasse aufgebracht, in diese polymorphe Körper, z. B. aus Glas, Kunststoff, Bergkristall oder Marienglas, eingewalzt, dann wird bei ca. 80—100° getrocknet u. eingebrannt u. ein wetterbeständiger Lack aufgetragen. (**Schwz. P. 306 687** vom 12/7. 1952, ausg. 1/7. 1955.) E. WEISS. 7107

E. I. du Pont de Nemours & Co., Wilmington, Del., übert. von: **Jerome Hochberg**, Newburgh, N. Y., V. St. A., *Polytetrafluoräthylenfilme und Überzüge* erhält man aus wss. Dispersionen, denen als Dispergiermittel Alkylphenylpolyglykoläther, z. B. die Octylverb., u. 6—50% (auf das Polymerisat bezogen) Na- oder K-Silicate zugesetzt werden. Die Prodd. werden nach dem Auftragen, z. B. auf Metalle, auf ca. 100° erhitzt u. dann bei ca. 350° gesintert. Sie lassen sich dann glatt abheben. Als Überzüge werden die Prodd. bei Metallen, keram. Massen, Glasfaser-, Asbest-, Draht- u. Polyacrylnitrilfasern sowie als Kondensatormaterial oder Zündkerzenbeläge verwendet. — Mengenbeispiele, Tabellen. (**A. P. 2 710 266** vom 21/12. 1953, ausg. 7/6. 1955.) H. SCHINDLER. 7107

Steger Products Mfg. Corp., übert. von: **Harvey E. Larsen**, Steger, Ill., V. St. A., *Poliermittel für lackierte Möbel*, bestehend aus einem Gemisch der Komponenten: 3—5 (Teile) a, 3b u. 1—5 Wasser. Es enthält a folgende Mengen: 12—20 (%) einer 60%ig. wss. Seifenlsg., 35—55 „Tripoli“, 15—25 Kerosin u. 15—25 W., sowie b 30—45 wss. Alkaliseifenlsg., 2 Pineöl u. 55—70 Wasser. Der Ansatz eignet sich bes. für maschinelles Polieren mit textilen Polierscheiben. (**A. P. 2 699 990** vom 28/1. 1952, ausg. 18/1. 1955.) H. MÖLLERING. 7119

XIb. Plaste (Kunstharze. Plastische Massen).

F. Gómez Herrera, *Die physikalischen und chemischen Eigenschaften der Plaste in Beziehung zu ihrer Konstitution*. Überblick: mechan. Eigg. (Zug- u. Druckfestigkeit, Dehnung, Elastizitätsmodul, Stoß- u. Biegefestigkeit, Härte, Abriebfestigkeit); therm. Eigg.; chem. u. elektr. Eigg. (Löslichkeit, Säure-, Alkali- u. Ozonfestigkeit); Beschreibung der verschied. Stoffklassen (Vinylderivv.; Polyester u. Polyamide; Cellulosederivv.; Weichmacher). (Rev. Plásticos **6**. 63—70. 123. März/April 1955.) R. K. MÜLLER. 7170

S. H. Greenwood, *Mehrschneckenextrusion von weichmacherfreien Vinylharzen*. Die Probleme der Extrusion von Hartpolyvinylchlorid auf Mehrschneckenstrangpressen werden erörtert. (Plastics Ind. **13**. Nr. 5. 9—13. Mai 1955. F. J. Stokes Machine Co.) R. SCHÄFF. 7172

—, *Versuche über beschichtete Gewebe und Folien aus Vinylharzen*. Zusammenstellung von Prüfmethoden zur Beurteilung von Gewebeschichtungen u. Folien aus Vinylharzen durch den Hersteller u. Verbraucher. Es werden 6 Prüfgruppen vorgeschlagen u. an Hand von Beschreibungen u. Beispielen erörtert. (Ind. Plast. mod. **6**. Nr. 10. 59—65. Dez. 1954.) R. SCHÄFF. 7172

W. A. Kargin und **M. N. Steding**, *Untersuchung des Alterungsmechanismus von Polyvinylchlorid mit Hilfe der thermomechanischen Methode*. Mittels der thermomechan. Meth. wird der Einfl. der Struktur u. der Eigg. des ursprünglichen Polymers, der Belichtungsdauer, der Ggw. von O_2 u. der Temp. (32—33, 65—70, 135—140°) auf die Veränderungen bei der künstlichen Alterung von *Polyvinylchlorid* (**I**) durch Belichtung untersucht. Als prim. Vorgang bei der Alterung des I u. anderer Cl-haltiger Polymere ist HCl Abspaltung unter Zerreißen der Mol.-Kette anzunehmen. Die entstehenden reaktionsfähigen Gruppen oder Radikale können durch Rk. mit niedrigmol. Anteilen inaktiviert werden oder sich mit anderen Kettenmoll. rekombinieren, bei Ggw. von Luft–O_2 an den Vorgängen der Oxydation an den Doppelbindungen teilnehmen, die auch nach dem Kettenmechanismus zur Zerstörung u. zur Bldg. neuer Mol.-Ketten führen. Das Verhältnis der Geschwindigkeiten u. die Richtung dieser konkurrierenden sek. Oxydationsvorgänge bestimmt das Verh. der Polymere bei natürlicher u. künstlicher Alterung. (Химическая Промышленность [Chem. Ind.] **1955.** Nr. 3. 9–13. April/Mai.) R. K. MÜLLER. 7172

W. G. Vennells, *Stabilisierungsmittel (Zweifachkombinationen).* Die Stabilisierungsaktivität von zwei oder mehr Stabilisierungsmitteln (St.) ist größer als die Summe der Aktivitäten der einzelnen Komponenten. Der Einfl. verschied. Metallseifenkombinationen, von Metallseifen mit Epoxyharz, bas. Pb-Carbonat, anorgan. St. u. gewissen Zn-Seifen auf die therm. Stabilität von PVC wird untersucht. Die Wrkg. bekannter anorgan. St. sowie organ. Sn-Verbb. wird als Vgl. herangezogen. (Plast. Inst., Trans. and J. **23.** Nr. 51. 44–60. Jan. 1955. Durham Chemicals Ltd.) E. PREU. 7172

R. Schlicht, *Teflon. Unterschiede der einzelnen Typen.* Nach Hinweis auf die wichtigen Vorzüge von *Teflon* (**I**; Polytetrafluoräthylen) werden Eigg. u. Anwendungen von **I**-Pulvern, **I**-Dispersionen u. **I**-beschichteten Glasgeweben kurz umrissen. (Plastverarbeiter **6.** 264–65. Juli 1955. Hamburg.) M. WINIKER. 7172

M. Parducci, *Einfadengebilde und Borsten aus Polystyrol.* Grundlagen der durch Recken von Polystyrol in noch plast. Zustand erzielten Eigg. u. Anwendungsgebiete der so hergestellten Fäden u. Borsten. (Materie plast. **21.** 679–82. Aug. 1955.) R. K. MÜLLER. 7172

L. Vazquez de la Torre, *Styrolcopolymere mit hohem Styrolgehalt.* Überblick über die verschied. Arten hochstyrolhaltiger Copolymerer sowie ihre Eigg. u. techn. Bedeutung. — 23 Literaturhinweise. (Rev. Plásticos **6.** 189–96. Juli/Aug. 1955.) M. WINIKER. 7172

W. J. Marmion, *Epoxydharze in der Kunststoffindustrie.* (Vortrag.) Die Herst., Struktur u. Härtung von Epoxydharzen (Kondensationsprodd. von Epichlorhydrin u. Diphenylolpropan) sowie deren Verarbeitung (Gieß- u. Beschichtungstechnik) u. Anwendung werden beschrieben. Klebemittel, Schaumstoffe u. Stabilisatoren für Polyvinylchlorid auf Epoxydharzbasis werden ausführlich erörtert. — Diskussionsbemerkungen. (Plast. Inst., Trans. and J. **22.** Nr. 47. 55–78. Jan. 1954. Shell Chemicals Ltd.) R. SCHÄFF. 7176

W. J. Marmion, *Epoxydharze.* (Vgl. vorst. Ref.) Die Chemie der Epoxydharze, ihre Eigg. u. Anwendungsgebiete (bes. im Oberflächenschutz) werden kurz besprochen. — 28 Literaturangaben. (Research **7.** 351–55. Sept. 1954. London, Shell Chem. Ltd.) R. SCHÄFF. 7176

F. Bolland, *Gebrauchswertergebnisse von Perlonborsten im Einsatz zu Zahn- und Handwaschbürsten.* Prüf- u. Beurteilungsmeth. über die Gebrauchsfähigkeit von Perlonborsten im Vgl. zu Naturborsten. (Plaste u. Kautschuk **2.** 111–14. Mai 1955. Rudolstadt-Schwarza, Inst. für Textiltechnol.) I. SCHOENMANN. 7180

F. L. Connors, *Glasfasermaterialien.* 1. Mitt. *Polyesterharze.* Der Chemismus der Polyesterharze u. die 13 *Polylite*-Typen der Firma REICHOLD CHEM. INC., sowie die dafür geeigneten Katalysatoren werden ausführlich besprochen. (Austral. Plastics **11.** Nr. 115. 7–17. Febr. 1955. Kensington, Univ. of Technol., Chem. Engng.) R. SCHÄFF. 7204

Celanese Corp. of America, New York, N. Y., übert. von: **William B. Horback** Irvington, **Frank Berardinelli,** Newark, und **Walter D. Paist,** Berkeley Heights, N.J. V. St. A., *Monopropyldixylylphosphat* (I), $Kp._2$ 190–230°; $D.^{25}_{25}$ 1,116–1,119; n_D^{25} 1,5218. Xylol wird mit $POCl_3$, auch in Ggw. eines Katalysators ($MgCl_2$, $AlCl_3$), auf 110 bis 275° erhitzt, bis 2 Mol HCl abgespalten sind. Das entstandene Monoxylyldichlorphosphat wird bei $Kp._5$ 195° entfernt u. das rückständige Dixylylchlorphosphat mit n-Propanol auf 45–75° erhitzt, wobei als Nebenprodd. Dipropylmonoxylyl- u. Trixylylphosphat entstehen. I kann noch durch Behandeln mit Oxydationsmitteln, wie $KMnO_4$, oder mit Kohle, Bleicherde, Diatomeenerde gereinigt werden. — *Weichmacher* in Mengen von 10–150 Teilen je 100 Teilen plast. Massen, wie *Polyvinylchloride, Vinylchlorid-, Vinylacetatmischpolymere, Polyvinylbutyrale, Cellulosenitrat, -acetat, -propionat, -butyrat, Äthylcellulose, Polystyrole, Polymethylmethacrylate, Chlorkautschuk, synthet. Kautschuk,* wie *Buna N.* — Eigg. s. 2 Tabellen. Vgl. A. P. 2 668 174; C. **1955.** 2313. (**A. P. 2 668 119** vom 15/8. 1950, ausg. 2/2. 1954.) G. KRAUSS. 7171

Standard Oil Co., übert. von: **Edmund Field** und **Morris Feller,** Chicago, Ill., V. St. A., *Polymerisation von Äthylen und/oder Propylen* bei ca. 230—275° u. erhöhtem Druck in Ggw. eines Alkalimetalls u. einer oder mehrerer Oxyde des Cr, Mo, W oder U. Nach einem Beispiel wird in Bzl. gelöstes Äthylen mit Na u. einem zu 8% red. MoO_3-γ-Al_2O_3 bei 243° polymerisiert. — Mengenbeispiele. Tabellen. Zeichnungen. (**A. P. 2 691 647** vom 6/12. 1952, ausg. 12/10. 1954.) H. Schindler. 7173

Standard Oil Co., Chicago, übert. von: **William J. Cerveny,** Lansing, Ill., **Donald E. Burney,** Griffith, und **Gert H. Weisemann,** Hobart, Ind., V. St. A., *Äthylenpolymerisation. Äthylen* u. eine 5—40%ig. wss. Lsg. von CH_3OH oder tert. Butanol werden unter erhöhtem Druck (4000 —20000 lbs./sq. in.) bei 55—100° in Ggw. von Diperoxyddicarbonatester als Katalysatoren polymerisiert. Die Ester haben die allg. Formel: RO—C(O)O—O—C(O)OR′, worin R u. R′ Alkylgruppen sind, z. B. Diäthylperoxydicarbonat. Das entstandene Polymerisat wird kontinuierlich abgeführt u. die restliche Äthylen-Alkohol-Lsg. zurückgeführt. — Biegsame Filme. Zeichnung. Mengenbeispiele. (**A. P. 2 685 577** vom 21/5. 1952, ausg. 3/8. 1954.) H. Schindler. 7173

Firestone Tire & Rubber Co., Akron, O., V. St. A. (Erfinder: **William Siddall Barnhart**), *Herstellung von Mischpolymerisaten von Trifluorchloräthylen* mit 5—25% Vinylchlorid, bes. in wss. Emulsion, in Ggw. von $K_2S_2O_8$, bei 15—85° in 18—120 Stunden. Erhöhte Chemikalienfestigkeit, lösl. in Chlor-KW-stoffen, Ketonen u. Estern, bei z. B. 180° verpreßbaren Massen. (**E. P. 728 557** vom 12/5. 1953, ausg. 20/4. 1955.) H. Schindler. 7173

Badische Anilin- & Soda-Fabrik, Ludwigshafen/Rh., *Herstellung von Anthranylvinyläthern.* Man läßt Anthron oder Anthranol-(9) bzw. deren Mono- oder Polyalkylderivv. (1.4-Dimethylanthron), deren Alkylreste an den aromat. Kern gebunden sind, bes. in gegen C_2H_2 indifferenten Lösungsmitteln (Bzl., Toluol, Xylol, Tetrahydrofuran, Dioxan) mit C_2H_2 in Ggw. von Zn- oder Cd-Salzen von Carbonsäuren (Stearin-, Naphthen-, Essig-, Ameisen-, Propion-, Butter-, Valerian-, α-Methylvalerian-, Öl- oder Abietinsäure) bei 100—300°, bes. 170—200°, u. einem C_2H_2-Partialdruck von 10—25 at, bes. in Ggw. eines indifferenten Gases, reagieren. — Geeignet als *Zwischenprodd.* zur Herst. von *plast. Massen.* (**E. P. 726 425** vom 7/1. 1953, ausg. 16/3. 1955. D. Prior. 12/1. 1952.) W. Gräger. 7173

Eastman Kodak Co., Rochester, N. Y., übert. von: **John R. Caldwell,** Kingsport, Tenn., V. St. A., *Herstellung wasserfreier Granulate von linearen Polyestern.* Man entwässert Polyester (I) mit einem F. über 150°, indem man sie in feingranulierter oder gepulverter Form in einem Lösungsm. erhitzt, das zwischen 100—200° siedet, gegen I inert ist, nur geringe Wasserlöslichkeit zeigt u. mit W. ein azeotropes Gemisch bildet. Man erhält so I, deren Wassergeh. unter 0,01% liegt u. die ohne Depolymerisationstendenz bei 200° verarbeitet werden können. Als Lösungsm. werden Toluol, Xylol, Cumol, Dibutyläther u. Diisobutylketon genannt. In den Mengenbeispielen sind als Komponenten Terephthalsäure u. Äthylenglykol, 4.4′-Dicarboxydiphenylsulfon u. Diäthylenneben Äthylenglykol u. 4.4′-Dicarboxydiphenylsulfon u. Dekamethylen- neben Äthylenglykol genannt. (**A. P. 2 706 722** vom 6/3. 1952, ausg. 19/4. 1955.) H. Schindler. 7177

Rohm & Haas Co., Philadelphia, übert. von: **Robert W. Auten,** Jenkintown, und **Robert S. Yost,** Oreland, Pa., V. St. A., *Polyharnstoffharze.* Alkylenpolyamine, bes. Diäthylentriamin, Triäthylentetramin oder Tetraäthylenpentamin, werden mit Epichlorhydrinen bei 0—100° in wss. u./oder alkoh. Lsg. zu Polyoxyalkylenpolyaminen umgesetzt. Das Epichlorhydrin/Polyamin-Verhältnis liegt zwischen 1:1 u. 1,4:1 Mol. Die Rk. wird bis zu einer bestimmten Viscosität fortgesetzt. Das Reaktionsprod. wird mit Harnstoff (I) im Verhältnis 0,5:1 bis 1,8:1 von I pro — NH-Gruppe auf 100—200° erhitzt bis zur bestimmten Viscosität. Dieses Reaktionsprod. wird weiter in wss. Lsg. bei p_H 7—9,5 mit CH_2O erhitzt, wobei 1—2 Mol (H_2O auf 1 —NH-Gruppe im Polyalkylenpolyoxypolyharnstoff kommen. — Die Prodd. dienen zur Verbesserung der Naßreißfestigkeit von Papier. — Mengen- u. Temperaturbeispiele. (**A. P. 2 699 435** vom 22/7. 1952, ausg. 11/1. 1955.) H. Schindler. 7181

E. I. du Pont de Nemours & Co., übert. von: **John S. Rugg,** Wilmington, Del., V. St. A., *Wärmestabilisiertes Polyurethan.* Ein mit 2.4-Toluylendiisocyanat vernetzter u. mit W. verd. Polytetramethylenglykoläther wird mit 0,5—2% Piperidin, Morpholin, Äthylenimin, Ammoniumsalzen sowie Alkyl-, Aryl- oder alicycl. Aminen versetzt u. 10—60 Min. bei 150—182° auf dem Walzenkneter bearbeitet. (**A. P. 2 702 797** vom 10/4. 1953, ausg. 22/2. 1955.) G. Salzmann. 7181

Eastman Kodak Co., Rochester, N. Y., übert. von: **Harry W. Coover,** und **Joseph B. Dickey,** Kingsport, Tenn., V. St. A., *Polymerisate und Mischpolymerisate aus α-Fluoracylaminomethylacrylnitril* der allg. Formel **I,** in der R = H oder eine 2. —COR′-Gruppe

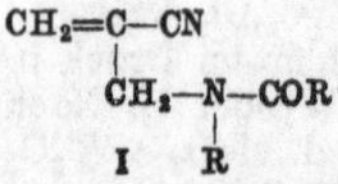

I

u. R′ einen Fluoralkylrest mit 1—3 C-Atomen bedeuten. In den Beispielen sind genannt: α-Trifluor-, α-Difluoracetaminomethyl-, α-Pentafluorpropionaminomethyl-, α-(α′.α′-Difluorpropionaminomethyl)- u. α-(β.β-Difluorbutyraminomethyl)-acrylnitril. Diese Verbb. werden aus α-Aminomethylacrylnitril u. 1 bzw. 2 Mol des entsprechenden Fluorcarbonsäureanhydrids in Ae. gewonnen u. durch Vakuumdest. isoliert. Als Mischkomponenten sind Acrylnitril, Methacrylnitril, Methacrylester, Styrol u. Vinylchlorid genannt. Verbesserung der Löslichkeit in organ. Lösungsmitteln, der Hitzebeständigkeit u. Herabsetzung der Entflammbarkeit. — Mengenbeispiele. (**A. P. 2 706 728** vom 15/7. 1953, ausg. 19/4. 1955.) H. SCHINDLER. 7181

General Electric Co., New York, übert. von: **Merrill Cohen**, Jamaica Plain, Mass., und **John R. Ladd**, Alplaus, N. Y., V. St. A., *Divinyltetramethyldisiloxan* (I), $Kp._{760}$ 137°, erhält man durch Hydrolyse von Vinyldimethyläthoxysilan. I kann für sich allein oder mit anderen CH_2—C<-Gruppen enthaltenden Verbb. in Ggw. von Polymerisationskatalysatoren *polymerisiert* werden, wobei man vernetzte, unlösl. *Kunststoffe* erhält. (**A. P. 2 716 638** vom 22/11. 1952, ausg. 30/8. 1955.) J. MÜHLEISEN. 7189

Lonza-Werke Elektrochemische Fabriken G. m. b. H., Weil/Rh. (Erfinder: **Hermann Staudinger**, Freiburg, und **Walter Hahn**, Ihringen), *Herstellung von monomeren und bzw. oder polymeren Kieselsäureestern*, dad. gek., daß Glykole (I) mit Dicyclohexoxydichlorsilan (II) in Ggw. von Pyridin oder anderen tert. Basen umgesetzt werden. Als I werden neben Glykol bes. 1.8-Terpin oder Pinakon verwendet. Durch Rk. von Glykol in Pyridin u. Methylenchlorid mit II unter Rückfluß erhält man einen polymeren Ester als hochviscoses Öl. — Die Prodd. dienen als Weichmacher u. für hydrophobe Überzüge. (**D. B. P. 937 920** Kl. 39c vom 22/7. 1952, ausg. 19/1. 1956. Anmeldung bekanntgemacht 28/7. 1955.) J. MÜHLEISEN. 7189

Dow Corning Corp., übert. von: **Harold A. Clark**, Midland, Mich., V. St. A., *Organosiloxanharze*, die 4,5—17 (Mol-%) Diphenyl-, 22—25 Monophenyl- u. 40—65 Monomethylsiloxaneinheiten enthalten, eignen sich infolge ihrer besseren Biegefestigkeitswerte bei höherer Temp. bes. zur *Herst. von Schichtstoffen* nach dem Hoch- oder Niederdruckpreßverfahren. Die Harze werden in üblicher Weise durch Mischhydrolyse u. Mischkondensation der entsprechenden Silane erhalten. (**A. P. 2 718 483** vom 3/2. 1953, ausg. 20/9. 1955.) J. MÜHLEISEN. 7189

Soc. An. des Manufactures des Glaces et Produits Chimiques de Saint-Gobain, Chauny & Cirey, Seine, Frankreich (Erfinder: **Pierre Cor** und **Charles Maginot**), *Faserverstärkte plastische Masse.* Die zur Imprägnierung der Fasermassen gemäß Hauptpatent verwendeten wss. Dispersionen, z. B. von Polyvinylchlorid, werden mit einem Elektrolyten koaguliert, der durch weitere Umsetzung in eine indifferente Form, z. B. in einen Füllstoff verwandelt wird. Man koaguliert z. B. mit $Al_2(SO_4)_3$, das dann mit Baryt umgesetzt wird. (**F. P. 60 147** vom 25/3. 1950, ausg. 23/9. 1954. **Zusatz zu F. P. 1 011 849; C. 1953. 9335.**) M. PANKOW. 7205

Gustin-Bacon Mfg. Co., Mo., übert. von: **Joseph F. Stephens**, Kansas City, Mo., V. St. A., *Thermisch und akustisch isolierende Polstermatte*, bestehend zu 50—75% des Ansatzes aus einem Fasergemisch von zu $^1/_4$ bis $^1/_2$ langfaserigen u. zu $^3/_4$ bis $^1/_2$ kurzfaserigen Füllfasern sowie 50—25% eines Kunstharzbindemittels. Die kurzen Fasern werden durch Zerreißen von Reifenkordabfällen mit einem Geh. von 10—30% Kautschuk erhalten. — Z. B. wird ein Gemisch aus 60 (Teilen) Reifenkordfasern, 40 langfaserige Baumwollabfälle u. 20 pulveriges Phenol-CH_2O-Harz gemischt, verformt u. durch Erhitzen fixiert. (**A. P. 2 695 855** vom 23/11. 1949, ausg. 30/11. 1954.) H. MÖLLERING. 7205

Marcel Louis Raynal, Ille-sur-Têt, Frankreich, *Faserprodukt als Polstermaterial, Füllung für Kunstleder, Bauplatten* oder dgl., bestehend aus grob zerfaserten Weintraubenkämmen, die gegebenenfalls nach vorhergehender Trocknung oder aber in Ggw. von W. mechan. zerfasert sind. Z. B. werden 1000 (g) Fasermasse mit in 100 A. gelöstem Kunstharzbindemittel, bestehend aus 60 Dextrin, 60 Phenol-CH_2O-Harz u. 10 gelöschtem Kalk, imprägniert u. zu *Platten* verpreßt. (**D. B. P. 934 325** Kl. 56a vom 31/10. 1952, ausg. 20/10. 1955. Anmeldung bekanntgemacht 28/4. 1955. F. Prior. 30/10. 1951.) H. MÖLLERING. 7205

Aktiebolaget Svensk Torvförädling, Sösdala, Schweden (Erfinder: **E. A. Westlin**), *Herstellung von Formkörpern aus Torf und einem wasserlöslichen Bindemittel.* Man versetzt Torf mit ca. 35—60% W. mit einem Bindemittel in trockener Form, das bei Raumtemp. viscose Lsgg. gibt, u. verformt die M. bei erhöhter Temp. von ca. 50—100°. Als Bindemittel dienen bes. Trockenpulver aus *Sulfitablaugen* u. mit NaOH verseiftes *Tallölpech.* Die Formkörper finden z. B. bei der Herst. von Hohlziegeln oder porösen Ziegeln Verwendung. (**Schwed. P. 136 462** vom 2/3. 1949, ausg. 8/7. 1952.) K. H. KÄHLER. 7205

XII. Kautschuk. Guttapercha. Balata.

J. C. de Neef und **G. E. van Gils,** *Der Einfluß der Zubereitungsmethode des Rohkautschuks auf die technische Klassifizierung.* Vortrag. Die wesentlichen Faktoren, die die Klassifizierung beeinflussen, sind der Kautschukgeh. bei der Herst. des Crepes, die Reifung der Sheets u. die Verarbeitung der Latices. — Diskussion. (Arch. Rubbercultuur **1953.** 153—63. Okt. Bogor, Indonesian Rubber Res. Inst.) H.-J. CANTOW. 7222

E. J. Mouton, *Kautschuksorten auf Isocyanatgrundlage.* (Vgl. C. **1955.** 9680.) Beschreibung der Rohstoffe für Isocyanat-Kautschuksorten, deren Eigg., Verarbeitung u. Anwendung (I-Gummi, IN-Gummi, Vulkollan). (Plastica [Delft] **8.** 404—07. Aug. 1955. Kunststoffeninst., TNO.) W. WESLY. 7224

Pio Gallavresi, *Hinweise und Bemerkungen zur Darstellung und Analyse des Faktis.* Zur Bewertung von Faktis genügt die Best. der SZ. nach vorausgegangener Hydrolyse, der Asche, des p_H-Wertes u. des freien S; Alkalifreiheit ist erforderlich. Rüböl ist als Ausgangsmaterial sehr geeignet. — Rezeptbeispiele u. Analysenergebnisse. (Olii minerali, Grassi Saponi, Colori Vernici **30.** 75—76. Mai 1953. Milano, Staz. Sper. per le Ind. degli Olii e dei Grassi.) K. STEINER. 7226

M. M. Resnikowski und **M. K. Chromow,** *Untersuchung der spontanen Kontraktion von Gummi.* 2. Mitt. *Die spontane Kontraktion von Gummi und ihre Abhängigkeit von den Versuchsbedingungen und einigen Faktoren der Rezeptur und Technologie.* (1. vgl. C. **1955.** 8513.) Ein App. zur Messung der Registrierung der Geschwindigkeit von Verkürzungen von Gummi nach Deformierung wird beschrieben. Zwischen der Geschwindigkeit der Verkürzung u. der Deformation wurde bei allen untersuchten ungefüllten Vulkanisaten [Isopren (**I**)-, Butadien (**II**)-, Butadienstyrolkautschuk (**III**; Buna S-3)] eine lineare Abhängigkeit festgestellt. Für **II** u. **III** ist der Elastizitätsmodul E_0 prakt. unabhängig von der Deformation, bei **I** ist ein geringes Anwachsen infolge Kristallisation festzustellen. Der Koeff. der inneren Reibung ist bei **I** unabhängig von der Deformation, bei **II** u. **III** beobachtete man eine leichte Erhöhung mit der Deformation. Die Dauer der Dehnung ist begleitet von einer Verringerung der Geschwindigkeit der freiwilligen Verkürzung u. einer Erhöhung der bleibenden Deformation. Sie ist ohne Einfl. auf den Elastizitätsmodul u. den Koeff. der inneren Reibung. Die Restdeformation beträgt für **I** 0,1, für **II** u. **III** 0,45, bei 100% Dehnung im Laufe von 60 Minuten. Der Modul der Hochelastizität (Differenz zwischen dem Anfangselastizitäts-E_0 u. Endelastizitätsmodul E_∞ bei längerer Dauer der Dehnung) ist eine charakterist. Größe für die Polymeren. Sie beträgt für **III** ca. 6,5 u. ist unabhängig von der Vulkanisationsdauer, für **II** 4,5 u. für **I** 1,2—2,0. Bei 1 std. Dehnung von 100% u. Temperaturerhöhung bis 75° wird E_∞ proportional der absol. Temp., die Geschwindigkeit der freiwilligen Verkürzung steigt vom Verglasungspunkt (ca. 200° absol.) linear an; die innere Reibung nimmt zu. Die Vulkanisationsdauer wirkt erhöhend auf die Geschwindigkeit der Verkürzung, die innere Reibung u. die Elastizitätsmodulen E_0 u. E_∞, deren Differenz aber konstant bleibt. (Коллоидный Журнал [Kolloid-J.] **14.** 357—66. Sept./Okt. 1952. Wiss. Forschungsinst. für die Reifenindustrie.) J. v. SCHROEDER. 7230

Z. T. Ossefort und **W. J. Touhey,** *Ozonrißbildung von biaxial gedehnten GR-S-Vulkanisaten.* Vff. zeigen, daß die typ. Risse bei gedehnten GR-S-Vulkanisaten, die früher auf durch Licht aktivierte Oxydation zurückgeführt wurden, auch durch O_3 in Abwesenheit von Licht an biaxial gedehnten Vulkanisaten hervorgerufen werden. (Rubber Wld. **132.** 62—70. April 1955. (Part II) Rock Island, Ill., U. S. Army, Ordnance Corps, Arsenal.) R. SCHÄFF. 7230

Norman Bekkedahl und **Max Tyron,** *Natürlicher und synthetischer Gummi.* (Vgl. C. **1956.** 586.) Übersicht über die Fortschritte auf dem gesamten Gebiet der Gummiunters. u. -beurteilung von 1952—1954. — 253 Literaturangaben. (Analytic. Chem. **27.** 589—98. April 1955. Washington, D. C., Nat. Bureau of Standards.) PH. FRESENIUS. 7248

Alfred C. Meyer, *Erkennung des Endpunktes bei Bestimmungen der mechanischen Stabilität von Latex.* Zur genaueren Best. des Endpunkts bei der Ermittlung der mechan. Stabilität von natürlichem Latex nach der *ASTM*-Meth. empfiehlt Vf. die Verwendung von Monel-Sieben (ca. 80 Maschen) an Stelle des sonst üblichen Glasstabs. (Analytic. Chem. **25.** 1348—49. Sept. 1953. West Englewood, N. J.) M. WINIKER. 7248

Z. Bartha, *Neuartiger Ermüdungstest für Reifencord.* (Vorl. Mitt.) Nach einem krit. Überblick über die bestehenden Ermüdungsteste für isolierten bzw. in Kautschuk eingebetteten Reifencord beschreibt Vf. einen neuartigen Test, bei dem Reifencordfäden, die etwas unterhalb der Oberfläche eines kompakten Kautschukzylinders eingebettet sind, bei wechselnden Beanspruchungen einer Prüfung unterworfen werden, die den Praxisanforderungen an einen solchen Test weitgehend gerecht wird. Die Kurve der Beziehung zwischen dem Anfangsbiegemoment u. der beobachteten Lebensdauer ist für den untersuchten Cord charakteristisch. (Acta chim. Acad. Sci. hung. **5**. 481—87. 1955. Budapest, Central Res. Labor. of Rubber Ind.) R. SCHÄFF. 7248

Standard Oil Development Co., übert. von: **Robert M. Thomas**, Westfield, N. J., und **Augustus B. Small**, Baton Rouge, La., V. St. A., *Polymerisierverfahren*. Feste plast. Mischpolymerisate werden hergestellt, indem man größere Mengen Isobutylen u. kleinere Mengen eines konjugierten Diolefins mit 4—6 C-Atomen mit 2—5 Volumteilen (des Olefingemisches) Vinylchlorid verd. u. in Ggw. einer Lsg. von $AlCl_3$ in Vinylchlorid bei 0 bis —165° polymerisiert. (**A. P. 2 694 054** vom 1/5. 1951, ausg. 9/11. 1954.) W. OVERBECK. 7225

Younghusband, Barnes & Co. Ltd., **Cecil Walter André Mundy** und **Cyril Rixton Malyan**, London, England, *Mischpolymerisation*. Ein techn. Gemisch aus Styrol u. Cyclopentadien wird mit einem trocknenden oder halbtrocknenden Öl mischpolymerisiert, indem man in das fl. Öl bei 150—260°, bes. 230°, 1—400 Gew.-% (des Öles) des Gasgemisches einleitet. Es kann eine Nacherhitzung des Prod. auf 230—315° angeschlossen werden. (**E. P. 720 010** vom 7/3. 1951, ausg. 15/12. 1954.) W. OVERBECK. 7225

General Electric Co., übert. von: **Charles W. Pfeifer**, Troy, N. Y., V. St. A., *Siliconkautschuk hoher Zusammendrückbarkeit*. Aus einem Gemisch von z. B. 100 (Teilen) Dimethylsiloxan, 20 Si-Aerogel, 100 Diatomeenerde, 2 Benzoylperoxyd u. 2—4 Isopropylbenzolhydroperoxyd (bzw. p-tert.-Butylisopropylbenzolhydroperoxyd) werden Platten hergestellt, die 24 Std. bei 250° gehärtet werden. Herst. von Dichtungen, Rohren, Stoßdämpfern, Isolierungen (für elektr. Leitungen) u. dgl., die auch noch unter —60° elast. sind. (**A. P. 2 704 748** vom 3/4. 1952, ausg. 22/3. 1955.) G. SALZMANN. 7225

Phillips Petroleum Co., übert. von: **Walter A. Schulze**, Bartlesville, Okla., V. St. A., *Erweicher und Vulkanisiermittel für Kautschuk*. Im wesentlichen inhaltsgleich mit A. P. 2 659 677 (C. **1955**. 472). (**A. P. 2 706 184** vom 17/11. 1953, ausg. 12/4. 1955.) W. OVERBECK. 7227

Firestone Tire & Rubber Co., übert. von: **Carl G. Mayes**, Akron, O., V. St. A., *Alterungsschutzmittel für Kautschuk*, bestehend aus einem Gemisch von Alkylkresylsäure u. einem Dioxyphenylmonosulfid, dessen Oxyphenylgruppen aus unsubstituierten oder KW-stoffsubstituierten Gruppen bestehen. — Genannt sind (-monosulfid = **I**): Di-(4-oxyphenyl)-**I**, Di-(2-oxy-5-phenylphenyl)-**I**, Di-(2-oxy-5-tert.-amylphenyl)-**I**, Di-(3.5-dimethyl-4-oxyphenyl)-**I**, Di-(3-methyl-4-oxy-5-butylphenyl)-**I**, Di-(3-amyl-4-oxyphenyl)-**I**, Di-(2-methyl-4-oxy-5-butylphenyl)-**I**, Di-(2-methyl-4-oxy-5-propylphenyl)-**I**, Di-(3-phenyl-4-oxyphenyl)-**I**, Di-(2-methyl-4-oxy-5-cyclohexylphenyl)-**I**, Di-(2-oxy-3-butyl-6-methylphenyl)-**I**, Di-(2-oxy-3-butyl-5-methylphenyl)-**I**, Di-(2-oxy-3-tert.-butyl-5-methylphenyl)-**I**, Di-(2-oxy-3-methyl-5-phenylphenyl)-**I**, Di-(2-oxy-3.5-di-sec.-amylphenyl)-**I**, Di-(2-oxy-3-butyl-5.6-dimethylphenyl)-**I** u. Di-(2-oxy-3-cyclohexyl-5-äthylphenyl)-**I**. Die Alkylkresylsäure besteht aus einer Erdölkresylsäure vom Kp. 195—228° u. enthält im wesentlichen Kresole, Äthylphenole, Xylenole u. Trimethylphenole u. ist prakt. frei von höhersd. Alkylphenolen u. Phenol u. wird alkyliert durch Rk. mit Diisobutylen bei 40—75° in Ggw. eines Katalysators. (**A. P. 2 700 691** vom 20/9. 1952, ausg. 25/1. 1955.) W. OVERBECK. 7227

Phillips Petroleum Co., übert. von: **John E. Burleigh** und **Sig C. Fauske**, Borger, Tex., V. St. A., *Stabilisieren von synthetischen Kautschukdispersionen*. Bei der Mischpolymerisation von Butadien u. Styrol in wss. Emulsion bei $>$10° in Ggw. eines organ. Peroxyds u. von Fe-Pyrophosphat werden 0,1—2 Teile Alkalisilicat bei einem p_H-Wert $\geq$10 zugesetzt. (**A. P. 2 702 798** vom 17/9. 1951, ausg. 22/2. 1955.) W. OVERBECK. 7227

Harvel Research Corp., übert. von: **Mortimer T. Harvey**, South Orange, und **Peter L. Rosamilia**, Newark, N. J., V. St. A., *Kautschukmischung*. Eine wss. Dispersion von natürlichem oder synthet. Kautschuk erhält den Zusatz eines lösl. Reaktionsprod. von Aceton u. CH_2O, Resorcin u. sonst üblicher Füll- u. Vulkanisiermittel. Mengenverhältnis: 100 (Teile) Kautschuk: 10—40, bes. 15—25, Reaktionsprod. u. Resorcin u. 100 Reaktionsprod.: 5—15, bes. 7—10, Resorcin. Verbesserung der Bindefestigkeit an Textilien. (**A. P. 2 699 431** vom 19/6. 1951, ausg. 11/1. 1955.) W. OVERBECK. 7227

Dunlop Rubber Co. Ltd., London, England (Erfinder: **Frederick Arthur Jones**, **John Leatham Matthew Newnham** und **Douglas Jackson McKeand**), *Herstellen von*

Schwammkautschuk. Bei der Herst. von Schwammkautschuk aus Kautschukmilchschaum wird die in üblicher Weise auszuführende Gelatinierung des Schaumes in Ggw. eines acycl. Polyalkylenpolyamins vorgenommen, das die Formel $H_2NR \cdot (NHR)_nNH_2$ hat, worin R ein Alkylenrest mit bis zu 3 C-Atomen u. n eine kleine ganze Zahl ist. (**E. P. 723 338** vom 1/3. 1952, ausg. 9/2. 1955.) W. OVERBECR. 7231

General Felt Products Co., übert. von: **Theodore Horwich,** Chicago, Ill., V. St. A., *Bodenbelag,* bestehend aus einer durch Nadeln verfestigten, elast. Filzschicht, die ein- oder beidseitig mit einer Schicht von Natur- oder Kunstkautschuk so überzogen ist, daß der Überzug nur an der äußeren Filzschicht haftet u. die Elastizität nicht beeinträchtigt wird. Beim Vulkanisieren des Überzugs zwischen geheizten Walzen wird ein Muster eingeprägt. Bei Verwendung von Kautschukmilch als Imprägniermittel sollen an den Prägwalzen oder -platten Öffnungen vorgesehen werden, durch die Wasserdampf abgeführt wird. — 5 Abbildungen. (**A. P. 2 669 527** vom 6/2. 1952, ausg. 16/2. 1954.) H. MÖLLERING. 7231

Phillips Petroleum Co., übert. von: **Joseph F. Svetlik,** Phillips, Tex., V. St. A., *Weichmacher und Streckmittel für Kautschuk und Regenerate,* bestehend aus einem 1- bis 50%ig. Zusatz eines Pechs, das als Rückstand erhalten wird, wenn man ein hochsd. Erdölrückstandsöl bei 0,01—8 mm Hg-Druck ohne Crackung dest., wobei das Öl eine Schwere von -5 bis $+5^0$ „APJ" u. eine Viscosität <70 SAYBOLT-Furol-Sek. bei 100^0 u. das Pech eine Schwere von 0 bis -10^0 „APJ" u. einen Erweichungspunkt von 82 bis 107^0 hat. (**A. P. 2 698 310** vom 6/4. 1951, ausg. 28/12. 1954.) W. OVERBECK. 7233

XIII. Ätherische Öle. Parfümerie. Kosmetik.

K. Todenhöfer, *Die Destillation ätherischer Öle auf der Krim.* Kurze Beschreibung der auf der Krim 1943 vorhandenen Destillationsanlagen für äther. Öle (Rosen-, Lavendel-, Rosmarin-, Salbeiöl u. a.), der Wachstumsbedingungen ihrer Stammpflanzen u. Angaben von Ausbeuten. (Amer. Perfumer essent. Oil Rev. **65.** Nr. 5. 15—17. Mai 1955. Holzminden.) H. PATZSCH. 7262

Charles Morel, *Die Grundlagen der Parfümherstellung.* 8. Mitt. *Phenyläthylester und Phenylacetate.* (Vgl. C. **1954.** 4506.) Für die gebräuchlichsten Phenyläthylalkohol–Fettsäureester u. Alkyl-, Aralkyl- bzw. Terpenalkohol–Phenylessigsäureester werden die Konstanten (Mol.-Gew., Alkohol: Säure-Verhältnis, Kp., D., Refraktion u. Geruchscharakter) angegeben. Die Phenylessigsäureester werden eingehend hinsichtlich ihrer Geruchsnote u. ihrer Verwendbarkeit für die verschied. Parfümkomplexe charakterisiert. (Soap, Perfum. Cosmet. **24.** 245—48. März 1951.) K. SEIFERT. 7276

T. Ruemele, *Vanishingcreme.* 5 Rezepte u. prakt. Winke für die Fertigung von Tagescreme. (Parfümerie u. Kosmet. **36.** 311—12. Juli 1955.) H. MÜHLMEISTER. 7284

H. Czetsch-Lindenwald, *Moderne Antischweiß- und Desodorierungsmittel.* Krit. Ergänzung der Arbeit von HÄRING (vgl. C. **1955.** 3023). Einteilung der *Desodorantien* nach ihrem Angriffspunkt. Ihre Anwendung ist wegen der Abtötung der apathogenen Hautbakterien nicht immer zu empfehlen (Entstehung von Schweißdrüsenabszessen möglich). Erörterung der Wirkungsmöglichkeiten von *Chlorophyll*-Präpp. u. ihrer Grenzen. (Österr. Apotheker-Ztg. **8.** 629. 9/10. 1954.) M. NEGWER. 7284

Henry Goldschmiedt, *Herstellung von Rasierwasser.* 10 Rezepte für Rasierwasser zum Gebrauch vor u. nach dem elektr. u. Seifenrasieren, ein für sie geeignetes Parfümöl, sowie Vorschriften für Alaun- u. andere blutstillende Stifte werden gegeben. (Amer. Perfumer essent. Oil Rev. **65.** Nr. 6. 44. 46. Juni 1955. Mem Co.) H. MÜHLMEISTER. 7284

J. Deshusses und **P. Desbaumes,** *Identifizierung von Farbstoffen in Kosmetica (Zahnwässer, Zahnpasten, verschiedene Lotionen) durch Papierchromatographie.* (Vgl. C. **1955.** 1156.) In Fortsetzung früherer Arbeiten wird die Papierchromatographie zum Abtrennen u. Nachw. von Farbstoffen in Kosmetica herangezogen. Wegen der stark voneinander abweichenden Zus. dieser Präpp. wird zur Isolierung der Farbstoffe für jede dieser kosmet. Präpp. eine bes. Extraktionsvorschrift mitgeteilt. Die mit Hilfe der angegebenen Meth. isolierten Farbstoffe sind in einer Tabelle angegeben. (Mitt. Gebiete Lebensmittelunters. Hyg. [Bern] **46.** 193—99. 1955. Genf, Labor. cantonal de chimie.) H. PATZSCH. 7294

XIV. Zucker. Kohlenhydrate. Stärke.

H. Kuipers, *Eine regionale Untersuchung über die Beziehungen zwischen Bodenstruktur, Ertrag an Zuckerrüben und Stickstoffversorgung.* An einer Reihe von 50 Versuchsfeldern mit je 10 verschied. gestaffelten Gaben von N-Düngern wurde die Beziehung zwischen Bodenstruktur, N-Düngung u. Zuckerrübenertrag untersucht. Böden mit schlechter Bodenstruktur zeigten eine stärkere Wrkg. der N-Düngung, weil die Erträge ohne N hier bes. niedrig waren. (Netherl. J. agric. Sci. **3.** 170—81. Aug. 1955. Groningen, T.S.O., Landwirtsch. Vers. Stat., Inst. für Bodenkunde.) A. JACOB. 7406

H. Lassack, *Ein Beitrag zur Rassenfrage der Rübenblattwanze.* Morpholog. Unterss. u. Übertragungsverss. mit dem Rübenkräuselvirus ergaben keine Unterschiede zwischen Rübenblattwanzen (Piesma quadrata Fieb.) von Salzstellen u. Rübenschlägen. Eine Unterscheidung zwischen infektiösen u. nichtinfektiösen Rassen erscheint unmöglich. (Zucker **8.** 127—29. 1/4. 1955. Göttingen, Univ., Pflanzenpatholog. u. Pflanzenschutz Inst.; Hannover, Pflanzenschutzamt.) MANFRED SCHULZ. 7406

St. Böttger, *Betrachtungen über die Ausbeutedifferenz.* Vf. weist an Hand von Zahlenmaterial über Rendementwertausbeute, den Prozentsatz der Nichtausnutzung des Zuckers beim Verkochen von Dicksäften u. die Melassezuckermenge nach, daß die Ausbeutedifferenz, die sich aus bestimmbaren u. unbestimmbaren Zuckerverlusten sowie dem Melassezucker zusammensetzt, hauptsächlich durch den Melassequotienten u. die Reinheit des Dicksaftes beeinflußt wird. Während die bestimmbaren u. unbestimmbaren Zuckerverluste nur je 0,6—1,4% betragen u. auf die Ausbeutedifferenz nur wenig einwirken, ist der Effekt einer Einheit im Dicksaftquotienten ebenso groß wie der von 3,3 Einheiten im Melassequotienten. Im allg. liegen bei geringerem Zuckergeh. der Rübe (unterhalb 16%) unreinere Säfte vor u. demnach sind auch geringere Zuckerausbeuten zu erwarten. Aus den Erörterungen geht hervor, daß die Auswahl der jeweils richtigen Rübensorte für die einzelnen Fabriken von besonderer Bedeutung für die Zuckergewinnung ist. (Z. Zuckerind. **5** (**80**). 119—22. 20/3. 1955.) P. FAHRNLAENDER. 7438

J. B. Segur und **C. S. Miner jr.,** *Zuckerlöslichkeit. Zuckermischungen in wässerigem Glycerin.* (Vgl. C. **1955.** 5920.) Die Löslichkeiten von *Saccharose* (**I**) in wss. *Glycerin* (**IV**) mit verschied. Geh. an *Dextrose* (**II**) u. die Löslichkeiten von *Invertzucker* (**III**) in wss. **IV** werden bei 25 u. 35° bestimmt. Höhere Konzz. an gelöstem **I** als sie mit **I** allein erreicht werden, können in Mischungen mit **II** erhalten werden. Die Löslichkeit der Zuckermischungen sinkt durch fallende Tempp. u. steigenden **IV**-Gehalt. Die Löslichkeit der **III**-Lsgg. ist begrenzt durch den Geh. an **II.** Bei 25° ist in Lsgg. mit einem Geh. bis zu 62,5% **IV II**-Monohydrat u. bei Konzz. über 75% **IV** wasserfreie **II** stabil. Bei 35° ist wasserfreie **II** bereits ab 62,5% **IV** beständig. (J. agric. Food Chem. **2.** 132—35. 3/2. 1954. Chicago, Ill., Miner Labors.) R. RUTKOWSKI. 7438

Arturo Riollano, *Die Versuchsstation von Puerto Rico berichtet über eine vielversprechende Zuckerrohrvarietät.* Vf. berichtet über eine neue Zuckerrohrvarietät, die sich durch bes. schnelles Wachstum auszeichnet u. durch ihre dichte Belaubung die Entw. von Unkraut stark hemmt. Sie bildet reichlich gut gedeihende Schößlinge, blüht in geringerem Ausmaß als die anderen Zuckerrohrsorten u. ist resistent gegen die Mosaikkrankheit. Sie liefert auf lehmigen Böden durchschnittlich 91 t Zuckerrohr pro acre, entsprechend 10 t Zucker (11,6% Ausbeute), auf sandigen werden 70 t Rohr, entsprechend 7 t Zucker (10,26%) gewonnen. Die Zuckerausbeute läßt sich bis auf 13,20% steigern u. übertrifft diesbezüglich alle anderen Zuckerrohrvarietäten. (Sugar **50.** Nr. 6. 47. Juni 1955.) P. FAHRNLAENDER. 7440

Floyd A. Lewis, *Maisstärke ist mehr als ein Süßmittel.* Übersicht über die Anwendungsmöglichkeiten von Maisstärkesirup. (Food Engng. **27.** Nr. 5. 75—76. Mai 1955. New York, N. Y., Corn Ind. Res. Foundat., Inc.) H. GERTH. 7446

M. Samec, *Über die Veredelung der Stärke.* Nach Ausführungen über den strukturellen Aufbau des Stärkemol. beschreibt Vf. Herst. u. Eigg. von Quellstärke, Stärke mit erhöhter Viscosität, Puddingstärke u. dünnkochender Stärke. (Österr. Chemiker-Ztg. **56.** 66—71. März 1955. Ljubljana, Sloven. Akad. der Wiss., Chem. Inst. „Boris Kidrich".) F. KRUSEN. 7448

Olof Samuelson, Nils-Herman Schöön und **Ingvar Edlund,** *Fermentierbare Zucker in Ammonium- und Calciumbisulfitablauge und die Gewinnung von Äthanol daraus.* Die erhöhte Ausbeute an vergärbarem Zucker u. Äthanol, die man auf Grund kürzerer Kochdauer bei dem Sulfitprozeß mit einem einwertigen Ion erhält, verschwindet ganz oder teilweise beim Kochen mit Ammoniumbisulfit. Der Grund hierfür ist in einer zusätzlichen Zuckerzerstörung beim Kochen mit Ammoniumbisulfit zu suchen. (Svensk Papperstidn. **58.** 825—27. 30/11. 1955. Göteborg, Schweden, Chalmers Tekniska Högskola, Dep. of Engng. Chem.) P. ECKERT. 7460

M. Ss. Loitzjanskaja, *Ausnutzung von Glucose durch die Bakterien des Schnellessigverfahrens.* Untersucht wurden Bact. Schüzenbachii (B. Sch.), Bact. curvum (B. c.), Bact. aceti (B. a.) in mineralsynthet. Medien sowie in Gärungswässern unter Zusatz der entsprechenden KW-stoffverbindungen. In mineral. Medien mit A. entwickelten sich die Bakterien sehr gut u. wuchsen sehr schlecht bei Glucosezusatz. Im Gärungswasser mit

Glucose war das Wachstum ebenfalls viel schlechter als in mineral. Medium mit Alkohol. Das Wachstum der Bakterien wurde auf Nährböden mit A. u. Glucose bei verschied. Anfangs-p_H u. im Nährboden mit Kreide untersucht. B. Sch., B. c. u. B. a. wachsen auf Nährböden mit Glucose wesentlich schlechter als auf Nährböden mit A., Essigsäure oder Milchsäure. In Ggw. von Nitraten u. Ammoniumsalzen, Pepton, Asparagin, N-Verbb. im Hefewasser ist das Wachstum in Medien mit Glucose immer schlechter als mit A., Essigsäure oder Milchsäure u. deren Salzen. Das schlechte Wachstum von B. Sch. auf Nährböden mit Glucose ist nicht dadurch bedingt, daß der p_H-Wert nicht den Anforderungen der Bakterien entspricht. Das Redoxpotential des Mediums wird bei der Entw. der Essigsäurebakterien, sowohl bei Zusatz von A. als auch bei Verwertung von Glucose u. Glucose + Milchsäure nicht unter 14 vermindert. Wenn während der Wachstumsperiode von B. Sch. der Nährboden außer Glucose noch A. u. Milch- oder Essigsäure enthält, dann wird ein wesentlicher Teil der Glucose nicht in Gluconsäure umgesetzt, sondern im Stoffwechsel anderweitig verwertet. Nach Unterbrechung der Vermehrung wird Glucose überwiegend zu Gluconsäure umgesetzt. (Микробиология [Mikrobiologie] **24.** 598—607. Sept./Okt. 1955. Leningrad, Shdanow-Univ.) OTTO MAIER. 7564

Otto Warnecke, Braunschweig, *Brühen von Rübenschnitzeln* in einem fortlaufenden Rohrsyst., wobei der Rohsaft dem Rohrsyst. period. entzogen, aufgewärmt u. wieder zugeführt wird, dad. gek., daß das Rohrsyst. in Abschnitte unterteilt ist u. der Rohsaft jeweils an der Stelle eines Abschnitts entnommen wird, an der die Schnitzel eintreten, u. die Saftzufuhr an den jeweiligen Schnitzelaustrittsstellen der vorhergehenden Abschnitte erfolgt. (**D. B. P. 936 499** Kl. 89c vom 18/11. 1953, ausg. 15/12. 1955. Anmeldung bekanntgemacht 16/6. 1955.) A. GRADL. 7413

Corn Products Refining Co., New York, N. Y., und **Rietz Mfg. Co.,** San Francisco, Calif., übert. von: **William B. Newkirk,** La Grange, **Edgar H. Williams,** Glen Ellyn, Ill., **Carl A. Rietz,** San Francisco, Calif., und **Archibald B. Dunwody,** Evanston, Ill., V. St. A., *Stärkegewinnung.* Man zermahlt eingeweichte, von den Keimen befreite stärkehaltige Frucht in einem von einem Sieb umgebenen Raum in Ggw. von fließendem W., durch das ein Gemisch aus Stärke (I) u. feinen Celluloseteilchen abgeführt wird, während die gröberen Teile mit ganz geringem %-Geh. I vom Sieb zurückgehalten werden. Das Verf. arbeitet kontinuierlich. — Zeichnung. (**A. P. 2 573 048** vom 26/5. 1950, ausg. 30/10. 1951.) C. LÜTTGEN. 7449

XV. Gärungsindustrie.

Ursula Hoffmann, *Über die Bildung von kristallisiertem Tyrosin bei der Autolyse von Bierhefe.* Bei der Autolyse von Bierhefen bilden sich nach 2—8 Wochen nadelförmige Körper, die von der Zellmitte ausgehen, die Zellmembran in Längsachse durchstoßen u. bei verschied. Form bis zur 10fachen Länge der Zelle anwachsen. Länge der Spieße 30—300 μ, Breite 0,2—2 μ, Entw. bei Zimmertemp. optimal; p_H, Sauerstoffdruck u. Art des Autolyseansatzes ist ohne Einfluß. Bei älteren Kulturen Entstehung von 1 mm großen Kügelchen aus Spießen u. Hefezellen. In 80 untersuchten Hefeproben zeigten überwiegend Spieß- u. der Rest Kugelbildung. Messungen im Spektrophotometer, Lösungsverss. u. chem. Nachweismethoden lassen darauf schließen, daß die ausgeschiedene Substanz Tyrosin ist. (Brauwelt, Ausg. B **95.** 631—39. 24—27/5. 1955. München, Wissenschaftl. Station für Brauerei.) H.-G. SCHULTZE-BERNDT. 7506

A. W. Phillips, *Die Nutzbarmachung von Kohlenhydraten der Würze durch Hefen.* Die Ausnutzung von Zuckern der Würze durch verschied. Hefen wurde mit Hilfe der Papierchromatographie erforscht. Bei der Gärung mit Brauhefen ergab sich, daß die Zucker in folgender Reihenfolge abgebaut werden: *Saccharose, Monosaccharide, Maltose* u. *Maltotriose* (**I**). Während *Maltotetraose* (**II**) u. a. komplexere Kohlenhydrate (**IV**) durch *Saccharomyces diastaticus* (**III**), *Schizosaccharomyces pombé* (**IV**) u. *Brettanomyces bruxellensis* (**V**) heftig angegriffen werden, erleiden **II** u. **VI** durch Brauhefen keinen nachweisbaren Abbau. Mit **V** können nach Abtrennung von **I** u. **II** einfachere Zucker nachgewiesen werden. Der Abbau von Dextrinen durch **IV** ergibt *Glucose* u. führt biosynthet. zu *Isomaltose* sowie einen weiteren Zucker, wahrscheinlich *Panose.* Allg. können wilde Hefen Dextrane meßbar nicht abbauen. — 17 Literaturangaben. (J. Inst. Brewing **61** ([N. S.] **52**). 122—26. März/April 1955. Nutfield, Surrey, Brewing Ind. Res. Foundat.) J. MILLER. 7540

N. L. Vacano, *Praktische Erfahrung mit der Würze- und Bierklärung durch Zentrifugen.* 1. Mitt. *Würzeklärung.* Es wird nur die heiße Würze zentrifugiert, um biol. Infektionen u. Verschleimung der Kühleroberfläche zu vermeiden u. wegen niedriger Viscosität die Leistung zu erhöhen. Mit der Würzeklärung wird sofort beim Ausschlagen begonnen.

Im ausführlich beschriebenen Beispiel (Ausschlagmenge 460 hl) werden 3 Zentrifugen verwendet. Der sedimentierte Trub kommt nur auf eine Klärschleuder, in die anschließend eine gereinigte Reserveschale eingesetzt wird (Zeitersparnis). An Vorteilen werden erwähnt: Reinerer Biergeschmack, hellere Farbe, geringere Infektionsgefahr, keine Kühlerverunreinigung, kein Deckenabheben, reinere Hefe, Verminderung des Schwundes (1,5–3,5%) u. der Produktionskosten. Hopfengabe mußte um 7% erhöht werden. Gleiche Produktionsvorteile werden auch für Großbrauereien errechnet. (Wallerstein Lab. Commun. **18.** 13–24. März 1955. Seattle, Wash., Sicks' Seattle Brewing and Malting Co., u. Calgary, Can., Sicks' Breweries Ltd.) H. G. SCHULTZE-BERNDT. 7550

Martin Burger, Paul R. Glenister und **Kurt Becker,** *Acrolein und andere Aldehyde im Bier.* Verschied. Nachweismethoden werden krit. untersucht. Anwendung finden die Tryptophan-Meth. (nach CIRCLE) für *Acrolein* (I) u. die TIEMANN- u. SCHIFF-GAYON-Meth. für Gesamtaldehyde. Zugefügtes I im Bier verschwindet u. kann aber als Aldehyd erfaßt werden. Zugefügter Acetaldehyd (II) ist stabil. In keinem Bier konnte mit obiger Meth. I nachgewiesen werden. Bei 27 untersuchten Bieren lag der Aldehydgeh. zwischen 3,5 u. 14 mg/Liter (Mittel 6,8 mg/Liter). Hefe im Bier erhöht den Geh. an Aldehyden. Dieser ist unabhängig von Hefetyp u. Getreideart, wird aber bei Ggw. von Luft bei der Nachgärung sehr stark erhöht. Zusatz von I oder II gibt schalen Geschmack, bei größeren Mengen von II tritt Geruch nach faulendem Obst auf. (Brewers Digest **30.** Nr. 1. 47–64. Jan. 1955. Chicago, Ill., J. E. Siebels Sons' Comp., Inc.)
H. G. SCHULTZE-BERNDT. 7550

J. C. Lewis, J. F. Carson und **G. Alderton,** *Untersuchungen der Hopfenharzbestandteile und spektrophotometrische Bestimmung von Humulon und Lupulon.* Eine Schnellbestimmungsmeth. von *Humulon* u. *Lupulon* wird beschrieben, wobei unter „Humulon" die Summe der Komponenten Humulone, Cohumulone u. Adhumulone verstanden wird (entsprechend bei Lupulon). 5 g gemahlener Hopfen werden mit PAe. durch 30 Min. Schütteln extrahiert. Ein aliquoter Teil vom Extrakt wird mit absol. Methanol verd. (100–200fach), 1% des Vol. 0,2n NaOH zugefügt u. in einer 1 mm-Zelle die UV-Absorption bei 355, 325 u. 275 mμ spektrophotometr. bestimmt. Die Konzz. C ergeben sich aus: $C_H = -51{,}56\ A_{355} + 73{,}79\ A_{325} - 19{,}07\ A_{275}$; $C_L = 55{,}57\ A_{355} - 47{,}59\ A_{325} + 5{,}10\ A_{275}$. Andere Methoden der Hopfenharz-Best. werden referiert. Extraktionsverff. werden diskutiert. Lupulon, das sich während der Reife früher bildet als Humulon, wird durch direkte Kristallisation aus im Vakuum konz. PAe.-Extrakt isoliert, Humulon durch o-Phenylendiamin gefällt. Die Hopfenharzchemie wird ausführlich besprochen u. Verss. über die therapeut. Verwendung der Harze mitgeteilt. Tierverss. ergaben keine antibiot. Wirkung. — 81 Literaturstellen. (Wallerstein Lab. Commun. **18.** 33–47. März 1955. Albany, Calif., U. S. Dep. of Agricult., Agricult. Res. Serv., Western Utiliz. Res. Branch).
H. G. SCHULTZE-BERNDT. 7598

J. R. Hudson, *Spektrographische Bestimmung von Metall in Braumaterial und in Biertrübungen.* Die spektrograph. Best. von Spurenmengen Metall, die bei den Brauprozessen wichtig sein können, z. B. für die Veränderung der Enzymaktivität oder beim Auftreten von Trübungen wurde auf Braumaterial ausgedehnt. Die Kathodenbogentechnik wird angewendet, da sehr empfindliche u. reproduzierbare Bogenverhältnisse Voraussetzung sind. Spektrograph. Prüfung von Modelltrübungen zeigen die Ggw. von Schwermetallen in größeren Konzz. als im normalen Bier. Die *Cu*-Konz. in der Trübung war 30000–80000, die *Fe-*, *Sn-* u. *Al*-Konz. waren 4000–50000 u. die *Pb-*, *Ni-*, *V-* u. *Mo*-Konz. 1000–4000mal größer als im Bierrückstand. (J. Inst. Brewing **61** ([N. S.] **52**). 127–33. März/April 1955. Nutfield, Surrey, Brewing Ind. Res. Foundat.)
J. MILLER. 7598

A. Bang Moltke und **M. Meilgaard,** *Bestimmung von Substanzen, die den bitteren Geschmack auf Würze und Bier übertragen.* Das Verhältnis von Bitterstoffen u. *Isohumulonen* (I) ist noch nicht bekannt. Alte Hopfenblüten haben einen hohen Anteil an Harzen, die in einem bestimmten Verhältnis zu I liegen. Die Best. von I durch Gegenstromverteilung oder Schnellmethoden, modifiziert nach RIGBY-BETHUN durch Isooctan-Extraktion u. spektrophotometr. Extinktionsmessung bei 275 mμ läßt einen Schluß auf die Bitterstoffe des Bieres zu. (Brygmesteren **12.** 65–80. März 1955. Kopenhagen, Carlsberg-Brauereien, Res. Labor.) J. MILLER. 7600

G. I. Fertman und **W. Je. Ssemewskaja,** *Über die Bewertung der Eigenschaften von Fuselöl.* Nach Unterss. des Vf. bedarf die GOST (Allunions-Standard) 81–41-Vorschrift zur Unters. der Fuselöle einer Änderung, da die Volumenabnahme des Fuselöls nach dem Auswaschen mit W. (1 : 1) keine richtigen Zahlen für den Geh. an W. u. A. ergibt. (Спиртовая Промышленность [Spirituosen-Ind.] **21.** Nr. 3. 11–13. 1955.)
OTTO MAIER. 7616

XVI. Nahrungs-, Genuß- und Futtermittel.

Erika Timm, *Die Qualität der Brotgetreideernte 1955.* Analysendaten von Roggen- u. Weizenproben deutscher Provenienz. (Mühle **92.** 507–08. 22/9.; 521–22. 29/9.; 543. 6/10.; 563. 20/10. 1955. Berlin, Versuchsanst. für Getreideverwertung.) M. WINIKER. 7664

P. A. Schippers, *Einige Faktoren, die die Haltbarkeit von Kartoffeln beeinflussen.* Bericht über die physiol. u. mikrobiol. Beeinflussung der Kartoffelqualität durch Erntedatum, Lagertemp. u. Fusariumfäulnis nach Verss. in Holland. (Netherl. J. agric. Sci. **3.** 305–10. Nov. 1955.) PH. FRESENIUS. 7678

R. T. Whittenberger, *Faktoren, die das Ablaufgewicht und andere charakteristische Merkmale mit Wärme behandelter Kirschen beeinflussen.* Das Gewicht entsteinter u. 1 Min. leicht gekochter Kirschen wird nach Ablaufenlassen auf einem 8-Maschensieb u. 24std. Stehen bestimmt. Gegenüber einem Gewicht von 175 g für 40 rohe Kirschen schwanken die Ablaufgewichte bei gleichbleibender Ausgangsmenge nach Entsteinen u. Kochen zwischen 101 u. 121 g je nach weiterer Behandlungsart (Einlegen in W. für 24 Std. bei 2°, Lagerung an der Luft für 24 Std. bei 24°, Einlegen in $CaCl_2$-Lsg. für 24 Std. bei 2°). Allg. zeigt sich, daß hohes Ablaufgewicht mit einer großen Gewebsfestigkeit der Kirschen verknüpft ist. Maßnahmen, die die Festigkeit der Zellverbände schwächen, wie langes Kochen, Extraktion mit Pektin lösenden Mitteln oder mechan. Druck verringern das Ablaufgewicht. — 6 Literaturangaben. (Food Res. **17.** 299–306. Mai/Juni 1952. Philadelphia, Pa., Eastern Regional Res. Labor.) PH. FRESENIUS. 7688

G. S. Siddappa, B. S. Bhatia und **Girdhari Lal,** *Wandlungen im Vitamin-C-Gehalt des Orangensaftes während seiner Konzentrierung und seiner Verarbeitung zu Orangensaftpulver.* Bei Konz. des Saftes im Vakuum beträgt der Verlust an *Vitamin C* (I) bei 50° 20%, bei 60° 30% u. bei 72° 40%. Bei 50° konz. Saft enthält in 100 g 110–200 mg **I.** Der Verlust bei Lagerung über 6–12 Monate bei 2–5° ist nur gering. Bei der Herst. von Orangenpulver gehen 90–100% des **I**-Geh. verloren. (Proc. Soc. biol. Chemists, India **13.** 26–27. 1955. Mysore, Indien, Central Food Technol. Inst.) HEINRICH HERMANN. 7688

Girdhari Lal und **Jiwan Singh Pruthi,** *Über das Erhaltenbleiben der Ascorbinsäure in einigen wichtigen handelsüblichen Ananasprodukten während ihrer Herstellung und der nachfolgenden Lagerung bei verschiedenen Temperaturen.* Während der Herst. der erwähnten Prodd. verlieren sie 13,5–18,8% *Vitamin C* (I). Bei Raumtemp. aufbewahrter u. geschwefelter Saft verliert innerhalb von 12 Monaten weitere 20% seines **I**-Gehalts. Bei 37° dagegen verliert er 50–60%. (Proc. Soc. biol. Chemists, India **13.** 25–26. 1955. Mysore, Indien, Central Food Technol. Res. Inst.) HEINRICH HERMANN. 7688

D. P. Das, N. L. Jain und **Girdhari Lal,** *Verlust an Ascorbinsäure und Carotin während der Herstellung und Lagerung getrockneten Mangofruchtfleischs (Mango leather oder Am Papar).* Getrocknetes u. in Cellophan verpacktes Mangofruchtfleisch verliert innerhalb eines Jahres bei Lagerung bei 25–30° 30–40% *Carotin* u. 92–98% *Ascorbinsäure.* Der Hauptverlust tritt innerhalb der ersten 3 Monate ein. (Proc. Soc. biol. Chemists, India **13.** 27–28. 1955. Mysore, Indien, Central Food Technol. Res. Inst.) HEINRICH HERMANN. 7688

A. Sedky, J. A. Stein und **K. G. Weckel,** *Farbe und Geschmack beeinflussende Faktoren des in Pliofilmbeuteln abgepackten Sauerkrauts.* Der Geh. an *Ascorbinsäure* (I) von in Pliofilm verpacktem Sauerkraut nimmt am schnellsten ab, wenn Luft in den Beuteln bleibt; nach 3wöchiger Lagerung ist **I** dann nicht mehr nachweisbar. Erfolgt eine teilweise Evakuierung der Beutel vor dem Verschluß oder eine Begasung mit N_2, so sind nach dieser Zeit noch 40% des ursprünglichen Geh. vorhanden. Ebenso ist die mit dem HUNTER-Farbdifferenzmeter gemessene Verfärbung bei Ggw. von Luft wesentlich stärker als unter den anderen genannten Bedingungen. Licht u. Anwesenheit von 3 p.p.m. Cu beschleunigt **I**-Verlust u. Verfärbung, während 10 p.p.m. Fe keinen deutlichen Einfl. ausüben. Parallel mit **I**-Verlust u. Verfärbung geht die Abnahme der Geschmacksqualität. (Ind. Obst- u. Gemüseverwert. **39.** 237–40. 19/6. 1954. Madison, Wis., Univ. of Wisconsin, Dep. of Dairy and Food Ind.) F. KRUSEN. 7690

K. Heintze, *Über die Erhaltung des Vitamins C (Ascorbinsäure) in Erdbeermarmelade, die unter verschiedenen Verschlüssen gelagert wurde.* (Vgl. C. **1956.** 5430.) Erdbeermarmeladen wurden [ohne u. mit Zusatz von 50, 100 u. 200 mg% *Ascorbinsäure* (I)] in Gläsern bei n. Luftdruck (mit Cellophan zugebunden), unter einem Vakuum von 260 Torr [absol. Druck (SILAVAC-Verschluß)] u. unter vollständigem Vakuum (ebenfalls SILAVAC-Verschluß) aufbewahrt. Die Erhaltung von **I** war in allen Fällen auffallend gut. Die Tatsache, daß auch nach 1jähriger Lagerung bei Anwendung verschied. Methoden beachtlich hohe **I**-Werte gefunden wurden, läßt die Vermutung zu, daß andere reduzierende Substanzen miterfaßt wurden. (Ind. Obst- u. Gemüseverwert. **40.** 447—48. 27/10. 1955.) M. WINIKER. 7702

H. Michl und **F. Haberler,** *Über den Nachweis von Peroxydasen in Handelstabaken.* Wss., aus nichtfermentierten Tabakproben (Burley Perfect Inland) bei p_H 8 im WARING-Blendor gewonnene Extrakte zeigen nach Anreicherung durch Ammonsulfatfällung eine geringe Peroxydaseaktivität gegenüber Benzidin–H_2O_2- u. Mesidin–H_2O_2-Reagens. Nach Zerlegung des ausdialysierten Ammonsulfat-Nd. mittels Papierelektrophorese ließen sich neben einer schwachen unbeweglichen 2 zur Anode wandernde Zonen mit deutlicher Peroxydasewrkg. nachweisen. Diese 3 Zonen traten schwächer u. weniger gut aufgetrennt auch bei den 5 fermentierten Tabaksorten Burley Perfect Inland, Burley (USA), Virginia Bright (USA), Xanthi u. Havanna auf. Die Anfärbung gelang außer mit Benzidin- (blau) u. Mesidin- (rot) Reagens mit folgenden, 0,3% H_2O_2 enthaltenden wss. Lsg.: p-Phenylendiamin (rotviolett), p-Anisidin (rot), Pyrogallol (hellrot), p-Aminophenol (rot), Guajacol (rotbraun). Hydrochinon, Vanillin, Gallussäure u. Metol gaben keine Reaktion. Auf Grund der Farb-Rkk. u. der Thermolabilität kann auf das Vorliegen echter Peroxydasen geschlossen werden. (Biochem. Z. **327.** 134—35. 22/8. 1955. Wien, Univ., II. Chem. Labor.) R. MÜLLER. 7734

Niemeyer, *Fleischkühlung.* Zunächst ist möglichst geringer Anfangskeimgeh. des Fleisches anzustreben. Erörterung der Reifung des Fleisches in Abhängigkeit von der Temperatur. Gefordert wird möglichst kurze Abkühlungszeit, 90% u. mehr Luftfeuchtigkeit im Abkühlraum u. Kaltlagerraum, ca. 60fache Umwälzung — aber nicht höher — der Luft im Abkühler, in den zweiten 12 Std. oder weniger herabgemindert u. im Kaltlagerraum stark herabgesetzt, ferner Verteilung des Luftstroms derart, daß alles Fleisch gleichmäßig erfaßt wird. Das Kühlverf. ist so auszubilden, daß der optimale Reifungsgrad möglichst schnell erreicht wird. (Dtsch. Schlacht- u. Viehhof-Ztg. **55.** 132—35. 25/6. 1955. Hagen.) R. BEYTHIEN. 7750

Totzek, *Grundsätzliches zur Frage der Schnellkühlung unter Berücksichtigung der im Schlachthof Bremen eingerichteten Schnellkühlanlagen.* Die vorhandene Kühlanlage wurde derart umgebaut, daß durch Schnellkühlung die Kapazität des Vorkühlraums vermehrt wurde. Nach der Schlachtung werden die Tiere sofort mit W., am besten angewärmt, abgespült. Die Gewichtsverluste betrugen bei Rindern nach 22 Std. 0,8 bis 1,3%, p_H-Wert des Fleisches 6,1—6,2. Im allg. war kein Keimbefall festzustellen; nur in einigen Fällen nach 22 Std. 1—2 Kolonien. Gewichtsverlust, p_H-Wert u. Keimgeh. lagen somit bei der Schnellkühlung sehr günstig. Wichtiger als die Reifung des Fleisches durch Schnellabkühlung ist möglichst schnelle Abkühlung für den Abtransport. (Dtsch. Schlacht- u. Viehhof-Ztg. **55.** 136—38. 25/6. 1955. Bremen.) R. BEYTHIEN. 7750

Helmut Tünsmeyer, *Rotverfärbung der Schwarte geschlachteter Schweine bei Anwendung der Schnellkühlung.* Die Hautrötung ist auf Grund durchgeführter Unterss. auf Bldg. von Oxyhämoglobin zurückzuführen, bewirkt durch den reichlich vorhandenen O_2 des Luftstroms der Schnellkühlanlage. Es ist für diese Erscheinung belanglos, ob die Schweine durch Schießen mit Bolzenschußapp. oder elektr. betäubt werden. Jedenfalls kann die elektr. Betäubung allein nicht für die Rotfärbung verantwortlich gemacht werden. (Dtsch. Schlacht- u. Viehhof-Ztg. **55.** 139—41. 25/6. 1955. Gelsenkirchen.) R. BEYTHIEN. 7750

H. Schulz-Falkenhain, *Beiträge zum Abwasserproblem in der Milchwirtschaft.* 1. Mitt. *Abwasserwirtschaft in Betrieben der Milchwirtschaft.* Zur Verringerung des Abwassers u. der zu seiner Reinigung aufzuwendenden Kosten sollten Tropfmilch, Mager- u. Buttermilch, soweit sie nicht anderweitig verwertet werden können, das Butterwaschwasser u. die Molke aufgefangen u. verfüttert werden. Getrennte Entwässerungsnetze für verunreinigtes Betriebswasser, nichtverunreinigtes Kühlwasser, häusliches Abwasser u. Regenwasser erleichtern die Reinigung der Abwässer. (Molkerei- u. Käserei-Ztg. **6.** 1060—61. 28/7. 1955.) H. MÜHLMEISTER. 7756

H. Schulz-Falkenhain, *Beiträge zum Abwasserproblem in der Milchwirtschaft.* 2. Mitt. *Abwassermengen von Betrieben der Milchwirtschaft.* (1. vgl. vorst. Ref.) Auf die verarbeitete Milch bezogen entsteht die 0,8—1,5fache Menge an verunreinigtem Betriebswasser in 6—8, auch bis 12 Std. am Tage, die 3fache an Kühlwasser, 5% bei Verdunstungskondensation. (Molkerei- u. Käserei-Ztg. **6.** 1061—62. 28/7. 1955.) H. MÜHLMEISTER. 7756

Glenn R. Watson, L. R. Bryant und **W. H. Sproule,** *Aluminium- gegen Weißblechmilchkannen — eine vergleichende Untersuchung.* Bericht über vergleichende Verss. mit Al- u. Weißblechkannen zum Transport von Milch u. Sahne sowie den Einfl. von Reinigungsmitteln auf Rein-Al u. Al-Legierungen. Geruch u. Geschmack der Milch wird weder durch Al noch durch Weißblech beeinflußt. Die korrodierende Wrkg. alkal. Reinigungsmittel (außer NaOH) kann durch Zusatz von Na-Metasilicat aufgehoben werden. Al wird durch saure Reinigungsmittel bedeutend schwerer angegriffen als Weißblech. Chlorhaltige Lsgg. (bis zu 100 p.p.m. wirksames Cl) greifen Al nicht an. Der Bakterienbefall der Milch ist in Al-Kannen erheblich niedriger als in Weißblechkannen. (Sci. Agric. **32.** 337—50. Juni 1952. Guelph, Ontario, Can., Agric. Coll., Dep. of Dairying.) C. GRIMME. 7756

K. Kappeller, *Milcherzeugnisse — Milchschokoladen.* In Ergänzung der C. **1955.** 9691 referierten Arbeit behandelt Vf. Buttermilchpulver, Trockenmalzmilchpulver u. Milchschokoladen. (Zucker- u. Süßwaren-Wirtsch. **7.** 537—39. 20/6. 1954.) M. WINIKER. 7756

P. Spanyár, *Die Bedeutung von Reduktonen bei der biologischen Bewertung von Lebensmitteln.* Krit. Überblick an Hand der Literatur über die Störung der analyt. Best. der Ascorbin- u. der Dehydroascorbinsäure durch die Anwesenheit von *Reduktonen* (**I**), worunter summar. reduzierende, meist braun bis dunkel gefärbte Substanzen unbekannter Konst. verstanden werden. Es werden systemat. Verss. mit „Reduktonen" (Reduktionskraft, Farbtiefe, Osazonbildungsvermögen) durchgeführt, wie sie in Ggw. von Zucker, Aminosäuren u. organ. Säuren in Abhängigkeit von Temp., p_H, Dauer der Rk. gebildet werden. Aus den tabellar. u. graph. dargestellten Ergebnissen wird abgeleitet, daß durch Erhöhung der Temp., des p_H, der Reaktionsdauer, der Konzz. die Bldg. der **I** gefördert wird; die in Ggw. von Aminosäuren entstehenden **I** zeichnen sich durch bes. intensive braune Farbe aus, die bei Lagerung bei $+2^0$ während 18 Tagen keine Veränderung erleidet. Während der Bldg. der **I** verringert sich der p_H-Wert, ohne daß sich ein gesetzmäßiger Zusammenhang mit Farbtiefe u. Reaktionsfähigkeit manifestiert; Phosphate fördern die Bldg. der **I**; ihr Reduktionsvermögen nimmt bei der Aufbewahrung anfänglich ab, bleibt bei $+2^0$ aber konstant, ebenso wie die Tendenz zur Osazonbildung. Es wird eine einfache nephelometr. Meth. zur Best. des **I**-Osazon-Nd. angegeben u. gezeigt, daß der Osazon-Nd. der Dehydroascorbinsäure 11—27mal stärker gefärbt u. daß er hinsichtlich des Mol.-Gew. um 10—30mal kleiner ist als derjenige der **I**. — Unter Auswertung der bei den **I** festgestellten Eigg. werden analyt. Methoden zur Best. von *Ascorbinsäure* (**II**) u. von *Dehydroascorbinsäure* (**III**) unter Ausschaltung der von den **I** verursachten Störungen angegeben. Die **II** wird nach der Arbeitsweise von SCHULEK u. Mitarbeitern (Angew. Chem. **52.** [1939.] 615) mit $\alpha.\alpha'$-Dipyridyl ermittelt, wobei die Störung durch die **I** an Stelle der Verwendung von Formaldehyd lediglich durch Zugabe von Ammoniumacetat bei p_H 5,0 u. 40^0 ausgeschaltet wird. Die quantitative Ermittlung der **III** erfolgt nach dem Verf. von ROE u. Mitarbeitern (J. biol. Chemistry **152.** [1944.] 511); Ausschaltung der durch die **I** verursachten Störungen durch Benutzung der Tatsache, daß die **III** in relativ schwach alkal. Lsg. leicht (bei 20^0 in 30 Min.) zerstörbar ist, wobei die **I** nicht angegriffen werden. Beleganalysen für eine Reihe von frischen, gelagerten, verarbeiteten Lebensmitteln unter Gegenüberstellung der Ergebnisse nach den früheren u. nach den neuentwickelten Arbeitsverfahren. (Acta chim. Acad. Sci. hung. **3.** 395—412. 1953. Budapest, Forschungsinst. für die Konserven-, Fleisch- u. Kälteindustrie.) K. TÄUFEL. 7788

K. G. Bergner und **H. Sperlich,** *Anwendungen der Papierchromatographie bei der Untersuchung von Lebensmitteln.* 2. Mitt. *Nachweis und Reinheitsprüfung von Glykolen und ähnlichen Verbindungen.* (1. vgl. C. **1953.** 1899.) Das papierchromatograph. Verh. von *Äthylenglykol* (**I**), *Diäthylenglykol* (**II**), *Triäthylenglykol* (**III**), *1.2-Propylenglykol* (**IV**), *1.3-Propylenglykol* (**V**), *2.3-Butylenglykol* (**VI**), *1.3-Butylenglykol* (**VII**), *1.4-Butylenglykol* (**VIII**), *1.2.4-Butantriol* (**IX**), *Diäthylenglykolmonoäthyläther, Glycerin* (**X**) u. *Hexiten* (**XI**) wird untersucht. Die Erkennung der Glykole im Papierchromatogramm erfolgt mittels Besprühens mit einem Gemisch von 9 Vol. 5%ig. $AgNO_3$ + 1 Vol. 25%ig. NH_3. Danach wird bis zu 20 Min. bei 100^0 getrocknet. Das überschüssige Ag kann mit angesäuerter Thioharnstofflsg. ausgewaschen werden, wodurch das Chromatogramm haltbar wird. Glykoläther werden zuerst durch Erhitzen mit verd. HCl auf 200^0 gespalten. Als Lösungsm. zur Entw. des Chromatogramms im aufsteigenden Verf. bei $18-22^0$ bewährt sich am besten eine Mischung aus Chlf. (8 Teile) + 96%ig. A. (2 Teile), die sich bes. zur Trennung von **I**, **II**, **III**, **IV** u. **X** eignet. Butylenglykole lassen sich von anderen Glykolen mit W.-gesätt. Ae. trennen, wobei **IX** u. **X** überhaupt nicht u. **I**, **II** u. **III** nur wenig wandern. Die R_F-Werte von **IV** u. **V** sind von denen von **VI**—**VIII** ausreichend verschied., so daß Papierstreifen von 15 cm Länge ausreichen. Kohlenhydrate u. **XI** wandern mit beiden Lösungsmitteln nicht. Die zu untersuchenden Lsgg. müssen bei **IX** u. **X** 5%ig, bei α-Glykolen 10%ig, bei 1.3- u. 1.4-Diolen u. **II** u. **III** 20%ig sein. Verdünntere wss. Lsgg. lassen sich nur bei **II**, **III**, **IX** u. **X** durch Eindampfen konzentrieren. Die anderen Glykole werden durch Ae.-Extraktion aus festen bzw. Ae.-Perforation aus fl. Stoffen angereichert. Die Glykole werden nach einer „Kennzahl D" geordnet, die ihre Reihenfolge im Chromatogramm ausdrückt. Sie wird als Differenz zwischen den Gewichten der $-CH_2OH$ u. $-CHOH$-Gruppen u. dem Gewicht des Restmol. errechnet. Zur Trennung mancher Glykole ist das Prinzip der „Mehrfachentw." nach Jeanes, Wise u. Dimler anzuwenden. (Z. Lebensmittel-Unters. u. -Forsch. **97.** 253—63. Okt. 1953.) Ph. Fresenius. 7788

E. Hangard, L. Hedin und **J. M. Lefebre,** *Über die Art, Resultate von Futtermittelanalysen darzustellen.* Vff. behandeln die zur Bewertung von Futtermitteln erforderlichen Bestimmungen u. ihre Auswertung. — 13 Literaturhinweise. (Ann. Inst. nat. Rech. agronom., Sér. B **5.** 537—43. Juli/Sept. 1955. Rouen, Labor. des Plantes Fourragères.) M. Winiker. 7788

H. C. Lockwood, *Die Bestimmung der Pektinqualität mittels des Ridgelimeters.* Es wird über die Best. des *Pektin* (I)-Geh. (Apfel-I, Citrus-I) mittels des von Cox u. Higby (Food Ind. **16.** [1944.] 441. 505) angegebenen Austauschridgelimeters berichtet u. auf einige hierbei wichtige Punkte hingewiesen. (Analyst **80.** 315—16. April 1955. Birmingham, Cadbury Brothers Ltd., Bournville Labors.) K. Maier. 7814

Eugen Wierbicki und **F. E. Deatherage,** *Fleischuntersuchung. Oxyprolin als Maßstab für das Vorhandensein von Bindegewebe im Muskel.* Im Muskel wurde nach Neumann u. Logan (J. biol. Chemistry **184.** [1950.] 299) *Oxyprolin* (**I**) nach alkal. bzw. vorteilhafter nach saurer Hydrolyse in Ggw. von Zinnchlorür bestimmt. Bei der Best. müssen Korrekturen für die Destruktion während der Hydrolyse, die störende Einw. von *Tyrosin* u. *Tryptophan* u. für die Depression der Farbentw. durch andere Aminosäuren vorgenommen werden. Im Bindegewebe (alkaliunlösl. Eiweiß) wurde 12,39 $\pm$ 0,40% **I** gefunden; der Faktor zur Umrechnung von **I** auf Bindegwebe beträgt danach 8,07. — Der Tyrosin- u. Tryptophangeh. im Rückenmuskel des Rindes war mit 1,024 $\pm$ 0,047 bzw. 0,330 $\pm$ 0,020% relativ konstant. (J. agric. Food Chem. **2.** 878—82. 18/8. 1954. Columbus, O., Ohio State Univ., Dep. of Agric. Biochem.) Wolfgang Albrecht. 7850

H. Truttwin, *Bestimmung der Alterung des Fisches mittels jodometrischer Titration.* 2. Mitt. (1. vgl. C. **1954.** 8928.) Die Ergebnisse früherer Verss. werden bestätigt u. außer für Dorsch auch für Scholle, Schellfisch u. Wittling richtig befunden. Der organolept. Grenzwert ist bei 13 ml Jodlsg. erreicht. Es wird eine Schnellmeth. angegeben, bei der die Zeitdauer beobachtet wird, die vergeht, bis bei einmaliger Zugabe von 10 ml 0,08%ig. Jodlsg. die Entfärbung bis zu einer bestimmten Amethystfarbe gelangt ist. Dabei wird für alle Fische ein durchschnittlicher Zeitwert von 24—25 Min. gefunden, der dem organolept. Grenzwert entspricht. (Z. Lebensmittel-Unters. u. -Forsch. **99.** 461—64. Dez. 1954.) Ph. Fresenius. 7852

G. Gargani und **G. Fissi Marraccini,** *Verwendung von Triphenyltetrazolinchlorid zur bakteriologischen Schnelluntersuchung der Milch.* Die Bakterienanfärbbarkeit mit *Triphenyltetrazolinchlorid* wird zur Bakterienbest. der Milch ausgenutzt. Sind mehr als 200 Millionen Keime im cm^3 vorhanden, so tritt die Farbe in 2 Std., bei weniger als 1 Million Keime nicht nach 6 Std. ein (37°). (Nuovi Ann. Igiene Microbiol. **6.** 278—82. Juli/Aug. 1955. Florenz, Univ., Hygiene Inst.) E. Vevera. 7856

XVII. Fette. Seifen. Wasch- u. Reinigungsmittel. Wachse. Bohnermassen usw.

N. Spassow, *Die Hydrolyseverfahren bei der Herstellung von Ricinusöl und die Möglichkeiten ihrer Verhütung.* Lipase bewirkt die Hydrolyse von *Ricinusöl.* Um sie zu verhüten, werden reife Früchte trocken geerntet, so daß die Acidität des gepreßten Öls 0,45—0,55% beträgt. Der technolog. Prozeß darf nicht unterbrochen werden, da sonst die Acidität nach 2 Tagen auf 2—2,5 u. nach 4 Tagen auf 4% ansteigt. Die Rösttemp. darf 60° nicht übersteigen. (Лека Промишленост (София) [Leicht-Ind. (Sofia)] **4.** Nr. 9. 30—31. 1955.) O. Pollak v. Emhofen. 7894

R. Rigamonti, *Verfahren zur Trennung verschiedener Fettsäuren.* Durch Dest. können nur gesätt. u. ungesätt. Fettsäuren (**I**) verschied. C-Atomzahl voneinander getrennt werden. Zur Trennung der **I** gleicher C-Atomzahl aber verschied. Sättigungsgrades kann die fraktionierte Kristallisation zur Gewinnung der schwerer lösl. Komponente verwendet werden, wobei man auch die leichter lösl. in ziemlicher Reinheit erhält. Fraktionierte Extraktion erfordert eine recht verwickelte Apparatur. Selektive Extraktion wird im Betrieb (Solexolprozeß), weniger im Labor. ausgeführt. Neuere Verff. beruhen auf Chromatographie u. auf Verwendung von Additionsprodd. des Harnstoffs. (Olii minerali, Grassi Saponi, Colori Vernici **31.** 62—71. April 1954. Torino, TH, Ist. Chim. Ind.) K. Steiner. 7908

J. W. Shigley, C. W. Bonhorst, C. C. Liang, P. M. Althouse und **H. O. Triebold,** *Physikalische Charakterisierung a) einer Reihe von Äthylestern und b) einer Reihe von*

Essigestern. Aus den gereinigten, gesätt., geradzahligen Fettsäuren (C_6-C_{18}) werden in üblicher Weise die Äthylester in durch wiederholte fraktionierte Dest. hochgereinigtem Zustand dargestellt. In analoger Weise werden die Methylester der gesätt. Fettsäuren (C_8-C_{18}) synthetisiert (J. Amer. Oil Chemists' Soc. **24.** [1947.] 257) u. dann nach BONHORST (Thesis, Pennsylvania State Coll. 1949) mit $LiAlH_4$ zu den entsprechenden gesätt. Alkoholen red.; letztere sowie ein aus dem Handel bezogenes n-Hexanol werden mit Essigsäureanhydrid in die entsprechenden Ester übergeführt u. gereinigt. Von den Präpp. werden ermittelt der Refraktionsindex (VALENTINE-Präzisionsrefraktometer) bei 20, 25, 30, 35 u. 40°, die D. (SPRENGEL-Pyknometer) bei 35, 50, 65, 80 u. 95°, die Viscosität (OSTWALD-Viscosimeter nach dem CANNON-FENSKE-Typ) bei 35, 50, 65, 80 u. 95° sowie der Dampfdruck (Kpp. bei verschied. Drucken). Diskussion der tabellar. mitgeteilten u. graph. dargestellten Ergebnisse an Hand des Schrifttums. Es zeigt sich, daß die physikal. Kennzahlen bei beiden Esterreihen sehr ähnlich sind, daß aber die der Essigester immer etwas höher liegen als die der entsprechenden Äthylester. (J. Amer. Oil Chemists' Soc. **32.** 213–15. April 1955. Pennsylvania State Univ., State Coll., Dep. of Agric. and Biol. Chem.) K. TÄUFEL. 7908

I. M. Tschisskiss, *Verbesserung der Kochung von Kernseife mit Aufhellung des Soapstockes durch Wasserstoffsuperoxyd.* Bei der Mitverwendung von mit H_2O_2 gebleichtem Soapstock nach dem von SSAMARIN u. GUREWITSCH beschriebenen Verf. (vgl. C. **1955.** 1405) zur Herst. von Kernseife wird durch das Schäumen des gebleichten Soapstocks das Umpumpen erschwert. Vf. schlägt daher vor, das Soapstock-Bleichen in den üblichen Seifenkesseln vorzunehmen, während die Verseifung der übrigen Fettrohstoffe in einem anderen Kessel erfolgt, worauf dieses Verseifungsprod. dem gebleichten Soapstock zugesetzt u. ausgesalzen wird. (Маслобойно-Жировая Промышленность [Öl- u. Fett-Ind.] **18.** Nr. 9. 23. Sept. 1953. Leningrad, Korpow-Seifenfabrik.) R. RICHTER. 7910

Giovanni Jacini und **Adriano Arpino,** *Beiträge zur Kenntnis der Polyphosphate im Gemisch mit Seifen und synthetischen Waschmitteln.* Durch Zugabe von Polyphosphaten bes. $(Na_5P_3O_{10})_6$ (I) beim Waschen mit waschakt. Substanzen (II) oder Seife (III) ergaben sich verbesserte Wascheffekte. Die Verss. wurden mittels des Launderometers durchgeführt, der Wascheffekt durch Best. des Weißgeh. einer künstlich verunreinigten Stoffprobe mit dem LANGEschen Leucometer festgestellt. Als **II** wurden *Alkylbenzolsulfonat* bzw. *Laurylsulfonat* mit wechselnden Mengen I in 0,2%ig. Lsg. in dest. W. u. W. verschied. Härte verwendet. Bei hartem W. wurden die besten Ergebnisse mit Mischungen von 40–20% **II** auf 60–80% **I** erzielt, während die Waschwrkg. der **II** ohne Zusatz von **I** mit steigender Härte des W. abfällt. Auch bei Verwendung von **III** in 2%ig. Lsg. bewirkt Erhöhen des **I**-Geh. bei steigender Härte des W. einen größeren Wascheffekt, ist aber bei dest. W. ohne Wirkung. **I** hydrolysiert nach 30std. Behandlung mit W. von 80°, wobei der p_H-Wert von 9,32 auf 8,35 fällt. (Olii minerali, Grassi Saponi, Colori Vernici **30.** 149–54. Sept. 1953. Milano, Staz. sperim. olii e Grassi.) K. STEINER. 7910

W. Schneider und **R. Mirus,** *Über die medizinische Bedeutung von optischen Aufhellern in modernen Waschpulvern.* Opt. Bleichmittel (Blankophore u. amerikan. Prodd.) haben selbst bei 100facher Überdosierung u. fester absorptiver Bindung an die Haut (infolge der Sulfonsäuregruppen) keine ekzematogenen Eigg., obwohl mit hyperämisierenden Faktoren Ekzeme u. Dermatitiden möglich sind. Tierverss. ergaben keinen östrogenen Effekt, auch fand keine Resorption durch die Haut statt. (Arch. Dermatologie Syphilis **199.** 401–10. 1955. Augsburg, Städt. Hautklinik.) J. MILLER. 7912

J. Vallée, *Suintin und Lanolin.* Übersichtsarbeit. Beschreibung verschied. Verff. zur Gewinnung der Fette aus den Waschlaugen der Wollwäscherei u. der dabei erhaltenen Prodd., wie Suintin (mit Fettsäuren aus den verwendeten Waschmitteln verunreinigtes Wollwachs), Lanolin, neutralisierte, gebleichte u. desodorierte Lanoline, pharmazeut. Lanoline. Beschreibung der Verff. zur Umwandlung des Suintins u. Lanolins in von diesen abgeleitete Prodd., wie hydriertes Lanolin, (lösl.) Alkohole des Wollwachses, Cholesterin, Lanosterin, Fettsäuren des Wollwachses u. adsorbierende Basen. Auf die Anwendung des Lanolins, der Alkohole u. Säuren des Lanolins wird eingegangen. (Teintex **20.** 681–700. 15/9. 1955.) K. HOINKIS. 7924

J. P. Spruyt, *Beschleunigter Stabilitätstest für Vitamin A in Ölen und Fetten mittels Oberflächenvergrößerung bei Zimmertemperatur.* Überblick an Hand des Schrifttums über die bisher benutzten Schnellteste zur Ermittlung der Stabilität von Fetten u. von Vitamin-A-haltigen Prodd. gegenüber der Autoxydation; Entw. einer neuen Arbeitsweise, darin bestehend, daß das zu prüfende Substrat auf gereinigte Glasperlen zur Oberflächenvergrößerung verteilt wird. Zu diesem Zweck werden z. B. 0,0625 g Öl in einigen ml PAe. in einer PETRI-Schale gelöst, deren Boden mit den Glasperlen (Durchmesser ca. 2,2 mm; ca. 4 g) bedeckt ist; man benetzt durch Schütteln, dunstet den PAe. im Dunklen bei Zimmertemp. ab u. läßt dann lose bedeckt bei 20° im Thermostaten stehen. Aus einer

Serie solcher Schalen wird in bestimmten Zeitabschnitten eine entnommen; man löst das Fett mit $CHCl_3$ oder thiophenfreiem Bzl. von den Perlen u. bestimmt den Geh. an Vitamin A in üblicher Weise nach CARR-PRICE; zusätzlich Ermittlung von SZ. u. Peroxydzahl. Anwendung auf Fischleberöle u. andere Vitamin-A-haltige Prodd. (100 Proben). Betrachtungen über die erzielte Oberflächenentw. für das Öl; Vgl. der Ergebnisse mit den Peroxydwerten beim SWIFT-Test. Die Stabilität wird ausgedrückt in Tagen, nämlich in jener Zeit, da der ursprüngliche Geh. an Vitamin A auf die Hälfte gesunken ist. Auswertend wird festgestellt, daß die Resultate (Peroxydwerte) nach der neuen Meth. u. nach dem SWIFT-Test nicht übereinstimmen; erstere liefert aber gut reproduzierbare Werte u. wird, wenn auch weitere Unterss. für erforderlich gehalten werden, zur Ermittlung der Vitamin-A-Stabilität in Ölen für brauchbar hingestellt. (J. Amer. Oil Chemists' Soc. **32.** 197—200. April 1955. Weesp, Holland, Food Products Dep., N. V. Philips-Roxane Pharmaceut.-Chem. Ind. „Duphar".) K. TÄUFEL. 7932

Shell Development Co., San Francisco, übert. von: **Theodore F. Bradley**, Orinda, **Albert C. Mueller**, Berkeley, und **Edward C. Shokal**, Walnut Creek, Calif., V. St. A., *Fraktionieren von Fettsäureglyceriden.* Man zerlegt Monoglyceride mit verschied. JZ., bes. solche von Sojaölfettsäuren in eine Fraktion A mit relativ niederer JZ. u. in eine Fraktion B mit relativ hoher JZ. durch Lösen in CH_3OH u. Mischen mit einer Lsg. von Harnstoff (I) in CH_3OH bei 10—45°. Nach 10—300 Min. hat A mit **I** kristalline Komplexverbb. gebildet u. kann von B, das in Lsg. bleibt, abgetrennt werden. (**A. P. 2 700 036** vom 13/3. 1950, ausg. 18/1. 1955.) C. LÜTTGEN. 7889

Puhl & Co. (Erfinder: **Karl Heinz Ziege**), Berlin, *Hautreinigungsmittel in Tablettenform*, bestehend aus Seife (**I**), mechan. reinigenden Zusätzen, wie Holzmehl (**II**), Sägespänen usw., u. CO_2 entwickelnden Verbb., gek. durch in Ggw. von W. NaOH oder KOH abspaltenden Verbb., z. B. 30—50 (Teilen) **I**, 30—45 **II**, 3—7 $Na_4B_2O_7$, 2—3 Weinsäure, 1—2 Metasilicat u. 5—10 Phosphaten. (**D. B. P. 936 648** Kl. 23e vom 3/5. 1952, ausg. 15/12. 1955. Anmeldung bekanntgemacht 23/6. 1955.) C. LÜTTGEN. 7911

Unilever Ltd., Port Sunlight, England (Erfinder: **Leslie Victor Cocks** und **Bleddyn James Thomas**), *Seifenpulver*, enthaltend eine kleinere Menge eines wasserlösl. Partialesters von Glycerin u. einer Fettsäure, bes. Glycerinmonocaprat, -laurat, -myristat oder -oleat. (**E. P. 734 090** vom 2/7. 1952, ausg. 27/7. 1955.) C. LÜTTGEN. 7913

Armin Blumenthal, Johannesburg, Südafrika, *Reinigungsmittel in Flocken-, Stück- oder Tablettenform.* Man verfestigt die seifenfreien Waschrohstoffe bes. vom Alkylarylsulfonattyp, durch eine Mischung von n. festen Fettsäuren, bes. Stearin, einem Esterharz u. Wachs oder Paraffin (F. > 45°). Übliche Waschhilfsmittel u. Füllstoffe können beigemischt werden. (**E. P. 731 371** vom 2/7. 1952, ausg. 8/6. 1955.) C. LÜTTGEN. 7913

G. L. Busch, Kopenhagen, Dänemark, *Synthetische Reinigungsmittel*, hergestellt durch Sulfonieren von alkylierten aromat. Oxyverbb. u. Kondensation mit mindestens 3 Mol Alkylenoxyd, wobei vor der Neutralisation ein mono- oder polyalkylierter aromat. KW-stoff mit > 3 C-Atomen im Alkylrest zugesetzt wird. — Beispiel: Zu 240 (kg) Dodecylbenzol setzt man unter kräftigem Umrühren 325 SO_3-Oleum (20%ig); hierzu kommen 100 Dihexyl-β-naphthol, das mit 6 Mol Äthylenoxyd kondensiert ist. (**Schwed. P. 143 389** vom 16/8. 1952, ausg. 22/12. 1953.) K. H. KÄHLER. 7913

General Aniline & Film Corp., New York, übert. von: **Herbert L. Sanders**, Phillipsburg, N. J., V. St. A., *Oberflächenaktives Mittel* von guter Reinigungswrkg. u. Schaumbldg., bestehend aus den Kondensationsprodd. des prim. Dehydroabietinylamins (**I**) mit C_2H_4O (8—30 je Mol **I**) oder (Poly-) Glykolen. Das wasserlösl. Prod. verhindert das Anätzen von Fe u. dient als *Emulsionsbrecher* von W.-in-Öl-Emulsionen. (**A. P. 2 703 797** vom 15/12. 1949, ausg. 8/3. 1955.) G. SALZMANN. 7913

Colgate-Palmolive-Peet Co., Jersey City, übert. von: **Herbert Smith Sylvester**, Leonia, N. J., V. St. A., *Reinigungsmittel* mit einem größeren Geh. an Polyphosphaten erhalten einen Zusatz von niederen aliphat. oder cycl. Thiocarbazonen oder Thiuramsulfiden, bes. Tetraäthylthiuramdisulfid u. Diphenyl- oder Ditolylthiocarbazon, um das Anlaufen von mit dem Reinigungsmittel in Berührung kommenden Cu-Legierungen zu verhindern. (**A. P. 2 706 180** vom 2/5. 1951, ausg. 12/4. 1955.) C. LÜTTGEN. 7913

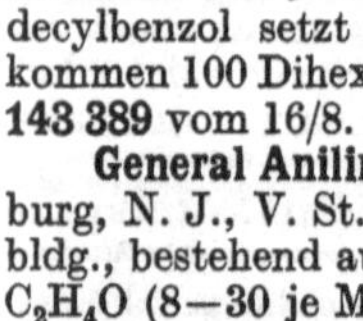

I

Unilever Ltd., Port Sunlight, England (Erfinder: **Allan Alsbury, Olavi Harva** und **Thomas Gwilym Jones**), *Reinigungsmittel.* Um das Anlaufen von mit dem Reinigungsmittel in Berührung kommenden Metallen, z. B. Neusilber, zu verhindern, setzt man ihm ca. 0,5 bis 2,5% einer Verb. der Formel **I** (R = Alkylrest mit 1—25 C-Atomen, x = 1 oder 2), z. B. Reaktionsprodd. von Laurin- oder Caprylsäure u. Dicyandiamid, zu. (**E. P. 736 100** vom 20/11. 1952, ausg. 31/8. 1955.) C. LÜTTGEN. 7917

Metallgesellschaft Akt.-Ges., Deutschland, *Steigerung der reinigenden Wirkung von Benzin* auf Textilien (z. B. Kleidungsstücke), welche mit Öl u. Farbstoffen beschmutzt sind. Man versetzt das Bzn. mit oberflächenakt. Derivv. der H_3PO_4. — Z. B. löst man in 100 Litern Waschbenzin 2 kg eines tert. H_3PO_4-Esters, den man durch Umsetzen von 1 (g-Mol) Octadecylalkohol u. 2 Octadecyltetraglykoläther auf übliche Weise mit 1 g-Mol $POCl_3$ erhält, oder man versetzt das Waschbenzin mit dem prim. H_3PO_4-Cetylester. (**F. P. 1 059 510** vom 5/7. 1952, ausg. 25/3. 1954. D. Prior. 6/7. 1951.) T. OPPERMANN. 7917

XVIIIa. Holz. Cellulose. Zellstoff. Papier. Papierdruck. Celluloid. Linoleum.

K. M. Chanmamedow, *Die elektrische Festigkeit von Holz.* Die Prüfung der elektr. Durchschlagsfestigkeit von 0,3 cm dicken Hölzern von Esche, Kiefer, Buche u. Eiche ergab eine Erniedrigung der Werte beim Anstieg der Feuchtigkeit des Holzes. So zeigte Buche in tangentialer Richtung bei 0% Feuchtigkeit eine Festigkeit von 82,30 kV/cm, bei 10% von 71,20 u. bei 20% von 6,3. Durchtränkung des Holzes mit antisept. Ölen, wie Schiefer- oder Kreosotölen, wie auch Pressen (27,0 oder 53,0 kg/cm²) erhöht die Durchschlagfestigkeit. (Доклады Академии Наук Азербайджанской ССР [Ber. Akad. Wiss. AserbaidshanSSR] **11.** 415—19. 1955. Aserbaidshan. Landw.-Inst.) M. ULMANN. 7952

A. Müller, *Die Gefahr der Holzschädigung bei Phenolharzkaltleimen.* Verkürzte Wiedergabe der C. **1954.** 5423 referierten Arbeit. (Z. Ver. dtsch. Ing. **96.** 410—11. 11/5. 1954.) K. STEINER. 7952

Frank S. H. Head, *Die Reduktion der Aldehydgruppen in Hydrocellulosen durch Natriumborhydrid.* Verss. mit Borhydridlsgg. (bei verschied. p_H-Werten, Konzz. u. Einwirkungsdauer) haben ergeben, daß sich die Aldehydgruppen in Hydrocellulosen unter geeigneten Bedingungen ohne wesentlichen Gewichtsverlust des behandelten Materials vollständig reduzieren lassen. (J. Textile Inst., Trans. **46.** T 584—86. Sept. 1955.) I. SCHOENMANN. 7954

J. Nowakowski, *Laboratoriumsversuche zur Feststellung optimaler Bedingungen für den Sulfidaufschluß von Getreidestroh für die Papierherstellung.* Leicht zu bleichende Zellstoffe aus Stroh werden unter folgenden Bedingungen erhalten: Kochzeit 2 Std. bei 140 bis 150° der Kochlauge, 14% wirksames Alkali, bezogen auf das Trockengewicht. Die optimale Cl-Menge beim Bleichen beträgt 7% für SIEBER-Zahlen 45—52, Bleichzeit mit Cl_2 60 Min., mit Hypochlorit 300 Min. (82% Weiße). (Prace Inst. celulozowo-papierniczego **4.** Nr. 1. 34—43. 1955.) F. URBAN. 7960

M. Ss. Woroschilow und **N. G. Ssoljuss**, *Über Methoden zur Vorbeugung des Anbrennens der Hackspäne, des Braunwerdens des Stoffes und einer Erniedrigung der Menge des Unaufgeschlossenen bei der Kochung von Sulfitzellstoff.* Mittels automat. Kontrolle des Flüssigkeitsstandes im Kocher u. der Druckverhältnisse bei verschied. Versuchsbedingungen u. gleichzeitiger Kontrolle der Temp. in 3 verschied. Höhenlagen des Kochers versuchen Vff., tiefere Einblicke in die beim Sulfitkochprozeß sich abspielenden Vorgänge zu gewinnen. Um ein Braunwerden der M. zu verhindern, ist eine gute Durchtränkung der Hackspäne der obersten Schichten Vorbedingung, wozu ein kontinuierliches automat. Abblasen viel beitragen kann. Wesentlich für eine gleichmäßige Durchtränkung der Hackspäne u. gleichmäßige Temperaturführung in den verschied. Zonen des Kochers ist auch eine möglichst weitgehende Gleichhaltung des Druckes im Kocher. (Бумажная Промышленность [Papier-Ind.] **30.** Nr. 12. 14—18. Dez. 1955. Priosersk, Cellulosefabrik.) M. ULMANN. 7962

P. A. Tumbin, *Die Verwertung der Abfallschwefelsäure.* Es wird gezeigt, daß die bei der Sulfitcelluloseherst. anfallende H_2SO_4 nach Anreicherung mit SO_3 bis zur Konz. von 65% H_2SO_4 u. Klärung durch Absitzen für die Herst. von MUTH-Tonerde verwendet werden kann. Durch Verwendung dieser Säure statt Turmsäure u. von Selenkammerkondensat statt W. erhöht sich der Fe_2O_3-Geh. der Tonerde von 0,1—0,2% auf 0,26%. Die Normen für die Verwendung bei der Papierherst. werden hierbei nicht überschritten. (Бумажная Промышленность [Papier-Ind.] **30.** Nr. 8. 18—20. Aug. 1955.) A. ECKE. 7962

Cz. Pustelnik, *Untersuchungen über den Aufschluß von verholzten Flachs-Faserrohstoffen mit Chlordioxyd für die Erzeugung hochwertiger, langfaseriger Zellstoffe.* Verss. bestätigten die gute Eignung von ClO_2 für den Aufschluß uneinheitlicher Faserrohstoffe mit einem Geh. an verholzten Teilen über 5%. Unterhalb dieses Geh. ist die Meth. wegen des hohen ClO_2-Preises nicht wirtschaftlich. Die so erhaltenen Zellstoffe sind qualitativ besser als die nach anderen Verff. aufgeschlossenen (α-Cellulose 85,8—90,8%, A.-Bzl.-Extrakt 0,99—1,97, Viscosität 49—148 cP, Weiße 84,6—87,3%, Zerreißfestigkeit 9090—10920 m).

Auch hinsichtlich der Ausbeute ist das Verf. den anderen Verff. überlegen. (Prace Inst. celulozowo-papierniczego **4.** Nr. 1. 17—25. 1955.) F. URBAN. 7964

L. W. Rosental und **Je. K. Podgorodetzki** (unter experimenteller Mitarbeit von **L. I. Jegina**), *Der Einfluß von oberflächenaktiven Stoffen auf die Entwässerung von Nitrocellulose.* Durch Zugabe von oberflächenakt. Stoffen bei der Entwässerung von *Nitrocellulose* (I) in der Zentrifuge läßt sich der Entwässerungseffekt steigern. 0,2% zugefügtes *OP–10* (ein Gemisch von alkylierten Phenolderivv. des Polyäthylenoxyds) ergab bei Vergleichsverss. nach dem Zentrifugieren eine I mit 31% Feuchtigkeit gegenüber sonst 35%. 0,8% OP–10 führt zu einer I mit 28% Feuchtigkeit. Weiterhin läßt der Effekt nach, der auch vom Trennfaktor der Zentrifuge u. dem Vermahlungsgrad der I abhängig ist. (Химическая Промышленность [Chem. Ind.] **1955.** Nr. 2. 48. März. Allunions Wiss. Kinophoto-Forschungsinst.) M. ULMANN. 7970

E. H. Cumpston jr., *Die Entwicklung des Idar–Stoff–Refining-Verfahrens.* Es wird eine Zusammenfassung der Überlegungen gegeben, die zur Entw. des *Idar*-Refiners führten (idar: integral dewatering and refining). Beschreibung der Mahlvorrichtung. An Hand von Mikroaufnahmen wird gezeigt, daß die *Idar*-Mahlwrkg. im wesentlichen in einer reinen Faserfibrillierung besteht. Der Einsatz der Maschine zur Aufbereitung von Linterszellstoff wird beschrieben u. die hierbei erhaltenen Festigkeitsdaten des Zellstoffes im Vgl. mit anderen Mahlmaschinen angegeben. (Tappi **38.** 353—59. Juni 1955. Pittsfield, Mass., E. D. Jones & Sons Co.) L. G. SCHEURING. 7976

Lars Skaugen, *Mahlgradveränderung bei der Lagerung.* Holzschliffsuspensionen mit 2 u. 50—60 g/Liter u. vom p_H-Wert 6,4 wurden längere Zeit ohne u. mit „*Femacell*" (I) (organ. Hg-Salz) bei 20° in verschlossenen Gläsern gelagert u. dabei die Änderung des Mahlgrades bestimmt. Bei den Proben ohne Zusatz, bes. von niedriger Konz., stieg der Mahlgrad beim Lagern, während er bei den mit 2 g/Liter an I versetzten Proben unverändert blieb (Skotfoss). (Norsk Skogind. **9.** 170—76. Mai 1955.) E. BORCHERS. 7976

Vidar Lorås, *Vergilbung und Festigkeitsrückgang bei Herstellung und Lagerung von Holzschliff, Zellstoff und Papier.* Vf. erörtert die Methoden der Vergilbungsmessung durch Bestrahlung mit Licht verschied. Wellenlängen sowie durch Erwärmung auf höhere Tempp., meist 105°, wobei auch eine gewisse konstante Luftfeuchtigkeit eingehalten werden muß. Die Vergilbung selbst wird wie üblich mit Blaufilter gemessen; die Ergebnisse werden nach der Formel von KUBELKA u. MUNK, modifiziert von GIERTZ (Svensk Papperstidn. **48.** [1945.] 317) angegeben. Die Vergilbung ligninfreier Zellstoffe muß von derjenigen ligninhaltiger Stoffe getrennt beobachtet werden, deren Vergilbung meist mit dem Ligningeh. zunimmt. Vf. beschreibt dann die Einfll. der Chlorierung, der Alkaliextraktion u. der Bleiche mit Hypochlorit, ClO_2 u. Peroxyd sowie anderer Bleichfaktoren auf die Vergilbung, weiter die Abhängigkeit der Vergilbung von Papier durch die Mahlung. Durch Entfernung der O-Fasern wird die Vergilbung geringer. Erhöht wird sie durch Fe-, Mn- u. Cu-Ionen, zu deren Verhütung sich versuchsweise Äthylendiamin–Essigsäure, $K_4Fe(CN)_6$ u. Di-Na-Pyrophosphat bewährt haben. Vf. verglich die Neigung von Sulfitzellstoffen, die mit Ca bzw. NH_4 als Base im Labor. gekocht u. gebleicht wurden. Bei Alkalisierung zwischen 25—50° ergab sich geringere Vergilbung als bei 50—75°, wobei die NH_4-Stoffe mehr vergilben als die Ca-Stoffe. Mit steigendem Geh. an α-Cellulose fällt, mit steigendem Restligningeh. steigt die Vergilbung. Schlußbleiche mit ClO_2 sowie H_2O_2 verringert die Vergilbung, wobei letzteres Mittel an Bedeutung gewinnen könnte. — 15 Diagramme. (Norsk Skogind. **9.** 160—69. Mai 1955. Oslo, Papirindustrins Forskningsinst.) E. BORCHERS. 7984

Giles B. Cooke, *Kork, die Rinde vom exotischen Quercus suber.* Allg. Übersicht über Geschichte, Bldg., Ernte, morpholog. u. physikal. Beschaffenheit u. Inhaltsstoffe (28—35% Fettsäuren, z. B. *Phellonsäure*, $C_{22}H_{44}O_3$), 25—32% Lignin, 25—32% Cellulose u. ähnliche Stoffe, 2—3% Polyterpene *Cerin*, $C_{30}H_{50}O_2$ u. *Friedelin*, $C_{30}H_{50}O$). Weiter wird auf den Transport des Naturkorks u. seine techn. Verarbeitung zu Isoliermaterial, Linoleum usw. eingegangen. — 10 Abbildungen. (Sci. Monthly **72.** 169—79. März 1951.) K. HERRMANN. 7998

Osmo Liiri, *Die Abriebfestigkeitsbestimmung von Holz und Holzanstrichen mit dem Tabergerät.* Mit dem neuentwickelten Tabergerät wurde die Abriebfestigkeit von finn. Kiefer, Fichte, Birke, Hartfaserplatte u. Sperrholz sowie von einigen Holzanstrichen bestimmt. Das spezif. Gewicht beeinflußt die Abriebfestigkeit. Das Gerät kann auch zur Beurteilung obiger Hölzer auf Eignung zur Holzmehlgewinnung dienen. (Paperi ja Puu **37.** 131—39. April 1955. Helsinki, Staatl. Inst. für Techn. Forsch., Holztechn. Labor.) E. BORCHERS. 8004

L. P. Clermont, *Fraktionierung und Nachweis der Hemicellulosebestandteile der Schwarzfichte.* Die Gesamtcellulose wurde mit heißem W., 5 u. 16%ig. KOH extrahiert. Zum Fraktionieren wurden die wasserlösl. Anteile in W., die alkalilösl. in Formamid gelöst u. mit A. gefällt. Der Polymerisationsgrad der Fraktionen betrug 57—172. Sie enthielten alle dieselben 5 Zuckereinheiten. Genaue Angaben über die Zus. der Hemicellulose konnten nicht gemacht werden, da keine der Fraktionen ein einheitliches Polysaccharid ist. Aus der chem. Zus. u. der Viscosität wird geschlossen, daß die beiden Hauptfraktionen einmal hauptsächlich aus Mannose u. zum anderen aus Xylose bestehen. (Pulp. Paper Mag. Canada **56**. Nr. 11. 107—14. Okt. 1955. Ottawa, Can., Forest Prod. Laborr. of Canada, Forestry Branch.) H. BECKER. 8006

Torsten Ekstam, *Untersuchungen über die Möglichkeiten zur Abkürzung der Trocken- und Aushängezeit von Prüfblättern zur Schnellprüfung von Zellstoff.* Zur Schnellprüfung der Festigkeit von Zellstoffen für die Betriebskontrolle wurden die Trockenzeit u. die Zeit zum Aushängen der Blätter bei 65% relativer Feuchtigkeit so geändert, daß nach der Standardmeth. A 1011 des Zentrallabor. Helsinki die gesamte Festigkeitsprüfung nur ca. 3 Std. dauert. Für genaue Bestimmungen müssen aber die in der Standardmeth. vorgeschriebenen Zeiten eingehalten werden. (Paperi ja Puu **37**. 265—72. 15/7. 1955. Helsinki, Oy Keskuslaboratorio-Centrallabor., Ab, Strength Testing Dep.) E. BORCHERS. 8006

W. Abramowicz und **K. Sarnecki,** *Versuche zur Aufstellung einer Lignincharakteristik.* Auf Grund umfangreicher Analysen von 4 Ligninarten, die aus Sulfit- u. Sulfatablaugen durch Zusatz verschied. Säuren erhalten wurden, wird ein Schema zur Bewertung der Reinheit u. Verwendbarkeit von Lignin aufgestellt: Best. von Feuchtigkeit, Aschegeh., organ. Substanz, Methoxylgruppen, Elementaranalyse, Löslichkeit in W., Säuren, Alkalien u. in organ. Lösungsmitteln (Aceton, A., Bzl., Bzn., Dioxan), Best. des F., des Zerkleinerungsgrades u. eines eventuellen Geh. an schädlichen Stoffen. (Prace Inst. celulozowo-papierniczego **4**. Nr. 1. 44—49. 1955.) F. URBAN. 8006

J. Albrecht und **W. Ebert,** *Ein Prüfgerät zur Bestimmung der Maßhaltigkeit von Druckpapieren.* Vff. beschreiben Aufbau u. Wirkungsweise des im FOGRA-Inst. verwendeten Maßhaltigkeitsprüfgerätes. Gegenüber dem Prüfgerät von FENCHEL wird die erhöhte Meßgenauigkeit, bis $^1/_{100}$ mm, u. die Möglichkeit der Messung an Probestreifen beliebiger Länge bei verschieden starker Belastung hervorgehoben. Es werden gut reproduzierbare Werte mit diesem Gerät erhalten. — 2 Abbildungen. (Wbl. Papierfabrikat. **83**. 891—92. Nov. 1955. München, Inst. der Dtsch. Ges. für Forsch. im graph. Gewerbe.) L. SKARK. 8010

Hamilton Laudani, Dean F. Davis und **George R. Swank,** *Eine Laboratoriumsmethode zur Bestimmung der insektenabstoßenden Wirkung von chemisch behandelten Papieren.* Vff. beschreiben eine Meth., um die Wrkg. chem. Verbb., die auf Papier aufgebracht wurden, hinsichtlich ihrer abstoßenden Wrkg. gegen Insektenbefall zu erfassen. Die Meth. besteht darin, daß Streifen von behandeltem u. unbehandeltem Papier zusammengeklebt u. darauf Glaszylinder mit je 10 Testinsekten (Mottenarten, *Tribolium confusum, T. castaneum*) gebracht werden. Während 5 Tagen wird zweimal täglich die Zahl der Insekten ermittelt, die sich auf dem unbehandelten Teil des vom Glaszylinder abgedeckten Prüfmusters befinden. Die insektenabstoßende Wrkg. verschied. in aceton. Lsg. aufgebrachter Verbb. wird mit einem Standard (Pyrethrin) verglichen. Durch Wiederholung dieser Prüfung nach 1 bzw. 2 Monaten kann auch die zeitliche Abnahme der insektenabstoßenden Wrkg. festgestellt werden. (Tappi **38**. 336—41. Juni 1955. Savannah, Ga., Stored-product insects Labor.) L. G. SCHEURING. 8010

Aktiebolaget Kamyr, Karlstad, Schweden (Erfinder: **J. C. F. C. Richter**), *Ausnutzung der bei der Zellstoffherstellung anfallenden Wärme.* Bei der Zellstoffherst. werden die aus dem Kocher kommenden Prodd. in einem Trenngefäß teilweise entspannt. Der hierbei entwickelte Dampf wird zur Vorheizung des zum Kocher geleiteten, in einem Druckförderer angemaischten Holzschliffs ausgenutzt. — Zeichnung. (**Schwed. P. 137 071** vom 24/2. 1951, ausg. 26/8. 1952.) K. H. KÄHLER. 7957

Skogsägarnas Industri A/B, Vaxio, Schweden, *Faseraufschluß von Stroh oder ähnlichem Material.* Beim Kochaufschluß mit $Ca(OH)_2$- oder Na_2CO_3-Lsg. wird die Lauge durch den Kocher mit größerer Geschwindigkeit befördert als die Strohmasse, wobei die Umwälzung durch mechan. Mittel oder Preßgas im Kocher bewirkt wird. Die aufgeschlossene M. eignet sich zur Herst. von *Papier, Faserplatten* usw. — Abbildung. (**E. P. 710 731** vom 21/1. 1952, ausg. 16/6. 1954. Schwed. Prior. 27/1. 1951.) H. MÖLLERING. 7959

E. Öman, Stocksund, Schweden, *Herstellung von Faserstoffen aus Stroh.* Man schließt Stroh mit Kalkmilch oder Kalkwasser ohne Überdruck bei 80—100° auf, wobei die Kochlsg. mindestens 10 g $Ca(OH)_2$ je 100 g Stroh enthalten soll. Vgl. auch Schwed. P. 131 363; C. **1952.** 4395. (**Schwed. P. 137 176** vom 5/6. 1947, ausg. 2/9. 1952.) K. H. KÄHLER. 7965

Eugène-Gilbert Voiret, Frankreich, *Gewinnung von Cellulose aus Pflanzenteilen.* Das Pflanzenmaterial wird gleichzeitig einer mechan. Zerfaserung u. einer chem. Aufschlußbehandlung mit heißer NaOH unterworfen, die so abzustimmen ist, daß die Fasern nicht angegriffen werden. Beim Verarbeiten von Spänen erfolgen zwei aufeinanderfolgende chem. Behandlungen, deren jede mit einer mechan. Zerfaserung der Holzteile Hand in Hand geht. Die Wrkg. der alkal. Aufschlußbehandlung kann durch zusätzliche oxydierende Wrkg. verstärkt werden, indem der Lauge Oxydationsmittel, z. B. durch elektrolyt. Oxydation, zugesetzt werden oder indem die M. der Einw. des Luft-O_2 in Ggw. von Katalysatoren ausgesetzt wird. Die mechan. Zerfaserung kann mittels zweier auf geringe Spaltweite eingestellter gegenläufig umlaufender Schleifscheiben erfolgen, die in der Nähe des Randes mit einem Ring aus von der radialen Lage abweichenden Nuten versehen ist. (**F. PP. 972 042** vom 17/12. 1940, ausg. 24/1. 1951, **55 605** vom 6/7. 1942, u. **55 606** vom 10/7. 1942 [Zusatzpatente], beide ausg. 2/9. 1952.) R. GLAFEY. 7965

Aktiebolaget Götaverken, Göteborg, Schweden (Erfinder: **N. E. Nilsson**), *Verbrennung von Ablaugen der Zellstoffherstellung.* Man leitet die Ablaugen der Sulfat- oder Sulfitzellstoffgewinnung aus einem Vorratsbehälter einem Brenner zu, der gleichzeitig mit der zur Aufrechterhaltung der Verbrennung erforderlichen Ölmenge beschickt wird. (**Schwed. P. 137 068** vom 3/12. 1946, ausg. 26/8. 1952.) K. H. KÄHLER. 7967

Mo och Domsjö Aktiebolag, Örnsköldsvik, Schweden (Erfinder: **E. I. Jullander**), *Veresterung von Cellulose mit Schwefelsäure.* Man führt die Veresterung in einem mit H_2SO_4 nicht mischbaren inerten Lösungsm., wie Isopropanol oder Butanol, durch u. setzt zur Erleichterung der Emulgierung der Ausgangsstoffe geringe Mengen höherer Fettsäuren, wie Palmitinsäure oder Ölsäure, zu. (**Schwed. P. 137 018** vom 12/7. 1951, ausg. 26/8. 1952.) K. H. KÄHLER. 7971

Combined Locks Paper Co., Combined Locks, Wis., V. St. A. (Erfinder: **G. D. Muggleton**), *Auftragen von Füssigkeitssuspensionen auf Papierbahnen.* Das Auftragen erfolgt über gemusterte Auftragwalzen. Diesen Walzen muß aber die Suspension in einer der Drehrichtung entgegengesetzten Richtung zugeführt werden, um eine gleichmäßige Verteilung u. Auftragung sicherzustellen. (**Schwed. P. 136 465** vom 16/4. 1947, ausg. 8/7. 1952.) K. H. KÄHLER. 7989

Nordiska Gummifabriks Aktiebolaget Overman, Sundbyberg, Schweden (Erfinder: **S. G. Leontein**), *Herstellung von Prägmustern aus plastischen Stoffen.* Man verwendet eine Matrize aus *Kautschuk*, die man herstellt, indem man ein graviertes Tuch aus einem plast. Stoff mit einer dünnen Schicht aus öl- u. wärmefestem, nicht vulkanisiertem Kautschuk belegt, die Kautschukschicht gegen die gravierte Oberfläche des plast. Tuches drückt, erwärmt, oder den Kautschuk vulkanisiert, worauf man die vulkanisierte Schicht abnimmt u. die so negativ geprägte Schicht als Matrize zum Prägen verwendet. (**Schwed P. 137 185** vom 8/8. 1949, ausg. 2/9. 1952.) K. H. KÄHLER. 7989

Gardner Board and Carton Co., Middleton, übert. von: **Stanley W. Trosset jr.,** Deer Park, **Harry C. Fisher** und **Simeon Richard Holmes,** Cincinnati, O., V. St. A., *Überzogene und bedruckte Pappe.* Das Gut wird aus einer wss. Lsg. von Polyvinylalkohol u./oder Stärke mit einem plastifizierbaren Film überzogen, durch Kalandern vorübergehend plastiziert u. dabei mit einem Gemisch aus einem mineral. Füllmittel u. einem Eiweißbindemittel, bes. Casein, bedruckt, worauf durch mehrfaches Kalandern u. gegebenenfalls Passieren durch ein Fällbad, bes. eine $Al_2(SO_4)_3$-Lsg., der Aufdruck wasserunlösl. gemacht wird. — Vorrichtung. (**A. P. 2 698 259** vom 27/5. 1950, ausg. 28/12. 1954.) H. MÖLLERING. 7993

XVIIIb. Textilfasern.

Ch. U. Muchammedow, *Die Anwendung von „KMZ" in den Fabriken der Hauptverwaltung „Kunstfaser" und in seideverarbeitenden Betrieben. KMZ* (Carboxymethylcellulose) wird als Schlichtemittel für Reyonkettengarne, als Verdickungsmittel in Druckereien u. als Appretur empfohlen. (Текстильная Промышленность [Textil-Ind.] **15.** Nr. 10. 59. Okt. 1955.) N. STSCHERBINA. 8030

W. Kling und **H. Mahl,** *Elektronenmikroskopische Untersuchungen an Textilfasern.* Vff. untersuchten mit Hilfe von Lackabdrucken u. Beschattung mit Pt die Oberflächen einer Reihe von techn. wichtigen Textilfasern. Die Fasern zeigen im allg. eine Längsorientierung mit mehr oder weniger ausgeprägter Fibrillenstruktur. Bei *Perlon L* u. *Nylon* konnte eine dünne, wenig orientierte Außenhaut nachgewiesen werden, die den längsorientierten Faserstand umschließt. Oberflächenaufnahmen von Faserquerschnitten von Baumwolle, Wolle u. mattierter Kunstseide im angequollenen Zustand zeigten bei Baumwolle eine Außenschicht der Faser, während bei Wolle der fibrilläre Aufbau der Spindelzellen deutlich sichtbar ist. (Optik **7.** 217—18. Okt./Dez. 1950. Düsseldorf, Henkel & Cie., und Mosbach/Baden, Süddtsch. Labor.) C. GOTTFRIED. 8040

Kr. Tschanew, *Die physikalisch-chemischen Eigenschaften der Hanffaser aus dem Pasardshischka-Bezirk.* Die Festigkeit der Hanffaser von Pasardshischka (25% der Gesamtproduktion) schwankt im allg. zwischen 25 u. 30 kg (96%). Die Festigkeit der von Hand abgezogenen Hanffaser ist geringer (z. B. maschinell 32—37 kg, von Hand 24,4 kg), vermutlich infolge geringeren Pektingeh. (12,8 gegen 15,1%). Die Elastizität beträgt 18—34 mm (76% der Ernte 1954 25—34 mm). (Лека Промишленост (София) [Leicht-Ind. (Sofia)] **4.** Nr. 9. 23—26. 1955. Sofia, Niti.) O. POLLAK V. EMHOFEN. 8050

Noboru Oguchi, *Mechanisches Verhalten von Fasern.* 1. Mitt. *Die viscoelastischen Eigenschaften isotroper Cellulosefasern in Wasser.* Eine gequollene isotrope Viscoseregeneratfaser ergab im Rheometer nach KUHN, daß dieses *Cellulosegel* nach Stabilisierung u. Kristallisation durch Behandlung mit sd. W. seine Elastizitäts- u. Viscositätskoeffizienten erheblich vergrößert. Die wesentlichen visco-elast. Eigg. des Gels sind vor allem zurückführbar auf die Aggregationsenergie zwischen Cellulosemoll. in der amorphen Region. Die durch das dynam. Verf. in einer kleineren Deformationsregion gemessenen visco-elast. Eigg. stehen nicht in Gegensatz zu den durch ein stat. Verf. in einem großen Deformationsbereich gemessenen Eigenschaften. (J. Soc. Textile Cellulose Ind., Japan [Sen-i Gakkaishi] **10.** 120—24. März 1954. Tokyo, TH. [Orig.: japan., Auszug: engl.]) L. SCHULER. 8074

Noboru Oguchi, *Mechanisches Verhalten von Fasern.* 2. Mitt. *Kriechen von isotropen Cellulosefasern in Wasser.* (1. vgl. vorst. Ref.) Die theoret. Kriechfunktion von TOBOLSKI-EYRING wird auf das „Kriechen" einer unter verschied. Belastung beobachteten isotropen Celluloseprobefaser angewandt. Behandlung des Gels in sd. W. vermindert a u. b, wie aus den Ergebnissen der 1. Mitt. zu erwarten war. An einem gewissen Punkt der Kriechkurve verändert sich b; die Ursache dafür wird in einer Stabilisierung u. Kristallisation des Gels beim Kriechen gesehen. (J. Soc. Textile Cellulose Ind., Japan [Sen-i-Gakkaishi] **10.** 124—27. März 1954. Tokyo, TH. [Orig.: japan., Auszug: engl.]) L. SCHULER. 8074

Wilhelm Vauck, *Zur Wasserbestimmung in Textilhilfsmitteln nach der Methode von Karl Fischer.* Unterss. des Verf. von KARL FISCHER zur titrimetr. Wasserbest., bes. in Hinsicht auf ihre Anwendbarkeit auf die Textilhilfsmittel. Vf. kommt zu dem Schluß, daß eine Wasserbest. mit der KARL-FISCHER-Lsg. auf dem Gebiet der Textilhilfsmittel möglich ist. Seifen, Fettalkoholsulfonate, Mersolate, Eiweißkondensationsprodd. sowie Polyglykolätherprodd. stören die KARL-FISCHER-Titration nicht. Die in der Textilhilfsmittelindustrie verwendeten Lösungsmittel, KW-stoffe (Mineralöl, Paraffin), Fette u. Öle ergeben ebenfalls keine Störungen. Lediglich freies Alkali, Soda, Peroxyde u. Aldehyde, Ketone, starke Amine sind in qualitativen Vorproben zu ermitteln, da diese Umsetzungen mit der KARL-FISCHER-Lsg. ergeben u. die direkte Wasserbest. in Methanollsg. unmöglich machen können. — Tabellen. (Textil- u. Faserstofftechn. **5.** 575—77. Okt. 1955.) K. HOINKIS. 8098

J. E. Ford und **W. J. Roff,** *Identifizierung von Textil- und verwandten Fasern.* 1. Mitt. Systemat. Analysengang zur Best. natürlicher, synthet. u. mineral. Textilfasern in 7 Abschnitten, von dem der 1. Teil der Arbeit die Best. natürlicher u. mineral. Fasern behandelt. Die ersten Abschnitte beziehen sich auf allg. Begriffsbestimmungen u. Einteilung der Fasern. Abschnitt 3 umfaßt die genauere Identifizierung natürlicher u. mineral. Fasern nach entsprechenden Gruppen-Rkk., die ausführlich beschrieben werden. In Abschnitt 4 werden die einzelnen Gruppen-Rkk. für synthet. Fasern gebracht. Die Abschnitte 5—7 beziehen sich auf Unterss. gemischter Fasern u. bilden durch ausführliche Rückzitate u. Mikroaufnahmen eine Ergänzung der vorhergehenden analyt. Abschnitte. — 6 Tabellen u. 7 Bildtafeln mit Mikroaufnahmen. (Tinctoria [Milano] **42.** 349—57. Sept. 1955.) A. SANDER. 8100

Joseph Bancroft & Sons Co., übert. von: **Raymond S. Babiarz** und **William P. Hall,** Wilmington, Del., V. St. A., *Animalisieren von (Regenerat-) Cellulosefasern, -fäden oder -geweben.* Zur Bldg. einer Cellulose–Säure-N-Verb. wird das Gut mit einer Lsg. (Teile eines Beispiels) von (60) H_3PO_4, (40) Dicyandiamid, (120) Harnstoff, (60) NH_4OH-Lsg. (28%ig) u. (80) CH_2O-Lsg. (37%ig) in (1000) W. imprägniert, dann abgequetscht, getrocknet u. bei 121—204°, bes. 6 Min. bei 160°, umgesetzt. Durch anschließendes Mercerisieren, z. B. mit einer wss. 30%ig. NaOH-Lsg., unter Spannung soll der N-Geh. des Gutes bis auf einen Restgeh. von 0,25—1% red. werden, worauf neutralisiert u. gewaschen wird. Die Mercerisierbehandlung kann auch mit einer alkal. Cu-Ammonium- oder Na-Zinkatlsg. bei -10 bis $+24^0$ vorgenommen werden. So behandelte Gewebe sind knitterfrei, wollähnlich weich u. fallen gut. (**A. P. 2 709 638** vom 19/2. 1951, ausg. 31/5. 1955.) H. MÖLLERING. 8033

International Cellucotton Products Co., Chicago, Ill., V. St. A., *Mit liegenden Fasern beflockte Gewebe*, z. B. für Servietten. Ein weitmaschiges Gewebe wird mit großer Geschwindigkeit an einer langsam umlaufenden Leimauftragswalze, z. B. für eine Polyvinylacetatemulsion, vorbeigezogen, wobei nur die Fadenkreuzpunkte u. daran anschließende Teile der Kette mit Klebmittel versehen werden. Auf das gegebenenfalls angetrocknete Gewebe werden von einem Schüttelsieb oder durch eine Schleuderwalze Fasern aufgestreut u. durch eine anschließende Preßwalze eingedrückt. Man kann auch von einem Gewebe mit einer Kette aus thermoplast. Fasern ausgehen, die durch ein Quellmittel bindefähig gemacht werden. Das Grundgewebe kann mit verschieden dicken Faserschichten versehen werden, je nach dem Bestimmungszweck oder nach Abdeckung mit anders gefärbten Auflagefasern für dekorative Zwecke. — 4 Abbildungen. (**E. P. 703 345** vom 8/11. 1949, ausg. 3/2. 1954.) H. MÖLLERING. 8033

Sandoz Akt.-Ges., Basel, Schweiz, *Fungicide und baktericide Imprägnierung von Cellulose, Holz, Häuten oder dergleichen.* Man behandelt das Gut mit in W. gelösten organ. Hg-Verbb. der Formel R—Hg—X, wobei R ein einkerniger aromat. Rest u. X ein anion. Rest ist, unter Zusatz von zur Rk. mit R—Hg—X befähigten bas. organ. N-Verbindungen. Geeignet sind einerseits z. B. Phenyl-Hg-hydroxyd, -acetat, -formiat, -lactat, -borat oder m-Tolyl-Hg-acetat, p-Aminophenyl-Hg-acetat (**I**), u. andererseits höhermol. Polyalkylenpolyamine, die durch Rk. von Alkylhalogeniden mit NH_4OH oder Alkylendi- oder -polyaminen erhalten sind, oder Verbb. wie Guanidin, Biguanid, Guanylharnstoff oder Aminoguanidin. — 8,5 (Teile) **I** u. 91,5 Kondensat aus Glycerindichlorhydrin u. NH_4OH-Lsg. werden in 20000 W. gelöst. Mit 100% dieser Lsg. gesätt. u. getrocknete *Cellulosefasern* sind gegen Schimmelbldg. unempfindlich. (**Schwz. P. 306 654** vom 7/5. 1952, ausg. 1/7. 1955.) H. MÖLLERING. 8037

Aktiebolaget Fullmänen, Stockholm, Schweden (Erfinder: **C. E. Licharz**), *Herstellung von Metallbelägen auf vorzugsweise nichtmetallischen Gegenständen, wie Fasern oder Fäden.* Man erzeugt einen schnell strömenden Metalldampf in einer besonderen Verdampfungskammer u. bringt Fäden u. Metalldampf in einer besonderen Kammer bei Unterdruck miteinander in Berührung. Der Metalldampf wird durch Auftropfen einer Metallschmelze auf eine hocherhitzte Fläche erzeugt. (**Schwed. P. 136 247** vom 23/9. 1948, ausg. 25/6. 1952.) K. H. KÄHLER. 8039

Alexander Smith, Inc., Yonkers, übert. von: **Patrick A. Florio**, Elmhurst, N. Y., V. St. A., *Verbesserung von Eiweißfasern, besonders der Füllkraft von Geflügelfedern.* Man verteilt Federn in einer 2—20%ig. Lsg. von Resorcin in CH_3OH, A., (Iso-) Propylalkohol oder Polyvinylalkohol, behandelt 2—3 Std. unter Rückfluß, wäscht den Alkohol aus u. trocknet. (**A. P. 2 706 143** vom 17/5. 1952, ausg. 12/4. 1955.) H. MÖLLERING. 8067

Badische Anilin- & Soda-Fabrik Akt.-Ges. (Erfinder: **Fritz Siefert** †), Ludwigshafen/Rh., *Veredeln von Cellulosehydrattextilien.* Die Behandlung des Gutes mit CH_2O (**I**) in Ggw. saurer Mittel erfolgt in der Weise, daß man verd. wss. I-Lsgg. mit einem geringen Zusatz freier Sulfocarbonsäure verwendet u. anschließend bei 80—100° trocknet. So behandelte Kunstseide oder Zellwolle zeigen erhöhte Naßfestigkeit u. verminderte Knitterbldg. ohne Schwächung der Fasern. — Geeignet ist eine wss. Flotte mit einem Geh. von 2,5 (%) **I** u. 0,5 Sulfosalicylsäure oder 0,3 Sulfobenzoesäure. (**D. B. P. 936 325** Kl. 8k vom 13/11. 1937, ausg. 7/12. 1955. Anmeldung bekanntgemacht 15/5. 1952.) H. MÖLLERING. 8075

American Viscose Corp., Wilmington, übert. von: **Frank H. Reichel**, Villanova, und **Arthur R. Russell**, Fredericksburg, Va., V. St. A., *Herstellung von Cellulosehydratfilmen.* Viscose wird in üblicher Weise aus Schlitzdüsen in ein Fällbad gedrückt. Der Film durchläuft die Nachbehandlungsbäder u. wird unter Vermeidung von Längs-, aber Zulassung von Querschrumpfung auf Walzen bis auf 4—8% W. getrocknet. Nach erneuter Anfeuchtung bis auf 12—15% wird der Film zwischen Kluppenketten gestreckt u. getrocknet. — Zeichnung. (**A. P. 2 698 967** vom 19/1. 1951, ausg. 11/1. 1955.) G. SALZMANN. 8075

Farbenfabriken Bayer, Deutschland, *Einmischen von Pigmenten in lineare synthetische schmelzbare Superpolymere.* Man setzt die Pigmente als ca. 50%ig. Mischungen in gleichen Superpolymeren oder niedermol. Polymeren zu den Superpolymeren oder deren Ausgangsstoffen. — Man erhitzt eine TiO_2-Caprolactam-Mischung in bekannter Weise, bis ein Polymeres vom Mol.-Gew. ca. 5000 mit 50% TiO_2 entstanden ist. 0,5—2%

dieses Polymeren setzt man bei der kontinuierlichen Caprolactampolymerisation zu u. erhält hierbei ein Superpolymeres, in dem das Pigment gleichmäßig verteilt ist. (**F. P. 1072 440** vom 20/11. 1952, ausg. 13/9. 1954. D. Prior. 23/11. 1951.) M. PANKOW. 8081

Farbenfabriken Bayer, Deutschland, *Herstellung von Terephthalsäurepolyestern.* Man unterwirft Terephthalsäure (I), die an einer COOH-Gruppe mit Äthylenglykol, an der anderen mit einem einwertigen niederen Alkohol verestert ist, bes. in Ggw. geringer Mengen Äthylenglykol u. Umesterungskatalysatoren, der Polykondensation. Verwendung der Kondensationsprodd. für Bänder, Folien oder Fäden. — 25 (Gewichtsteile) I, 0,1 Mg-Späne u. 3 Methanol mit 0,0125 Na werden im N_2-Strom bei 90°, dann 1 Std. bei 260 bis 270° u. 6 Std. bei 0,5—0,2 Torr gehalten. Schmelze, die zu streckbaren Fäden gesponnen werden kann. (**F. P. 1 070 263** vom 2/2. 1953, ausg. 21/7. 1954. D. Prior. 16/2. 1952.) M. PANKOW. 8081

Courtaulds Ltd., London, England (Erfinder: **John Albert Timson**), *Mit Polyisocyanaten modifizierte Polyäther.* Die nach dem E. P. 693 980; C. **1954.** 10359, dargestellten Polyäther aus Bis-phenolen u. Disulfosäureestern von Diolen werden mit Polyisocyanaten, bes. Hexamethylendiisocyanat, verlängert. Die Rk. der gemischten Komponenten wird bei 170—220° unter N_2 durchgeführt. Die Prodd. erhalten *fadenbildende* Eigenschaften. — Mengenbeispiele. (**E. P. 729 230** vom 11/8. 1952, ausg. 4/5. 1955.) H. SCHINDLER. 8081

XIX. Brennstoffe. Erdöl. Mineralöle.

M. Ju. Grigorjew und **W. A. Borodulin,** *Zur Frage der Änderung der technologischen Schemata in den Kohleanreicherungsbetrieben mit pneumatischer Anreicherung im Kusbassgebiet.* Zwecks weiterer Entw. der pneumat. Anreicherung u. Qualitätsverbesserung der Kohle im Kusbass (Kusnezk-Becken), bes. für Kokereien, führten Vff. in einigen Betrieben Verss. zur Aufklärung der konstruktiven Besonderheiten, der optimalen Parameter u. technolog. Kennzahlen der Luftscheider u. pneumat. Absetzmaschinen gemäß den im Kusbass üblichen Anreicherungsverff. durch. Die in Tabellen zusammengestellten Versuchsergebnisse scheinen nach Vff. für die Modifizierung des bisherigen technolog. Schemas zu sprechen. Die Vorteile der vorgeschlagenen Meth. bestehen darin, daß die Anzahl der Operationen nicht vergrößert, die Produktivität der Fabrik nicht verringert, ein höherer Reinheitsgrad des Konzentrats ermöglicht wird. Die vorgeschlagene Einschaltung einer Flotation des Kohlenstaubs leichter u. mittlerer Anreicherungscharakteristik ermöglicht mit bedeutend weniger Mitteln die Gewinnung eines Konzentrats, welches dem durch Naßverf. u. Flotation erhaltenen in seinen Eigg. nicht nachsteht. (Уголь [Kohle] **30.** Nr. 5. 40—44. Mai 1955. Kusnezk, Wiss. Kohleforschungsinst.) N. HVIID. 8134

Yoshio Kawana, *Durch Hitzebehandlung verursachte Änderung der Reaktivität und inneren Struktur von Koks.* Die bei trockner Dest. bei 1000—2000° beobachtbaren Änderungen in Feuchtigkeits- u. Aschegeh., D., Flammpunkt, Aktivierungsenergie der Oxydation u. Geschwindigkeit (GV) der nassen Oxydation von *Koks* aus Nakayama-Lignit, Mitsui-Bibai- u. Yatake-Kohle u. Hongei-Anthracit werden untersucht u. einige Zusammenhänge zwischen der Reaktivität gegen Oxydation u. der inneren Struktur erörtert; z. B. wird die GV (Geschwindigkeit der nassen Verbrennung) von der Oberflächenbeschaffenheit bzw. der 2dimensionalen mikrokristallinen Struktur beeinflußt. Die Beziehung zwischen D. u. Hitzebehandlung zeigt enge Zusammenhänge mit den Backeigenschaften. — 21 Diagramme u. 17 Literaturangaben. (J. Fuel Soc. Japan **33.** 237—49. Mai 1954. Rohstofforschungsinst. [Orig.: japan., Auszug: engl.]) L. SCHULER. 8144

Akira Adachi und **Yukio Murakami,** *Über die Anwendung von Erdöl zur Gasaufkohlung.* Als Trägergase für die Gasaufkohlung eignen sich die bei der Konvertierung von Luft mit Leuchtgas, Holzkohlengas u. Propan entstehenden Verbindungen. Geeignete Trägergase erhält man auch durch endothermes Konvertieren einer Mischung von Luft u. Gas aus gecracktem Leichtöl im Verhältnis 4:1 bei 900° in Ggw. von Ni als Katalysator. Das konvertierte Gas enthält (%): 40 H_2, 20,5 CO, 0,5 CH_4; Taupunkt —7°. Geeignet ist auch ein Gasgemisch, das man durch Konvertieren von carburiertem Bzn. erhält. Der C-Druck, d. h. das Carburierungsvermögen, läßt sich durch Zusatz von KW-stoffen regeln. (Tetsu to Hagana [J. Iron Steel Inst. Japan] **41.** 520—24. 1955. [Orig.: japan., Auszug: engl.]) W. WESLY. 8158

A. Kalnin, Ja. Ssurna und **P. Streipa,** *Möglichkeiten der Rationalisierung von Teergewinnungsanlagen.* Die Analyse der Arbeitsweise von 4 Holzteergewinnungsanlagen ergab Hinweise auf verschied. Verbesserungen der Prozeßführung. Es wird der Einbau von Ventilatoren in die Siederetorten empfohlen, wodurch sich die Arbeitszeit um 27% verkürzen läßt u. man 27—35% an Heizmaterial einspart, bei einer Steigerung der Teerausbeute um 23—27%. (Известия Академии Наук Латвийской ССР [Nachr. Akad. Wiss. LettSSR] **1955.** Nr. 7. 93—104. Inst. für Forstprobleme der Akad. der Wiss. der LettSSR.) M. Ulmann. 8178

I. A. Jurkewitsch, *Der Reduktionszustand von Gesteinen als Kennzeichen ihrer Erdöl-Gasführung.* Vf. untersucht die Beziehungen zwischen dem Reduktionszustand einer Gesteinsschicht, der in ihr bestimmten organ. Substanz u. der Erdöl-Gasführung. Als Kenngröße gelten die mg O_2, die bei der Oxydation von 100 mg Gestein verbraucht werden, welche sich als Differenz ergeben, wenn man das Ausgangsgestein u. das mit HNO_3 oxydierte Gestein mit O_2 oxydiert. Die an untersuchten Devonschichten gefundenen Resultate erlauben, die eingeführte Kenngröße als zusätzliches Kennzeichen für Schichten mit Erdöl u. Gas zu benutzen. (Нефтяное Хозяйство [Petroleum-Wirtsch.] **32.** Nr. 9. 56—59. Sept. 1954.) A. Helms. 8188

W. Ss. Melik-Paschajew, *Oxydationsprozesse und Erhöhung des spezifischen Gewichts des Erdöls in der Randzone von Erdöllagerstätten.* Die Oxydationsprozesse werden durch Atmosphärilien u. durch Randwässer verursacht. Während für die an der Oberfläche sich abspielenden Vorgänge in erster Linie die Atmosphärilien verantwortlich sind, erfolgt die Oxydation im Inneren an den Randzonen infolge chem. oder biochem. Prozesse. Es besteht hier Wechselwrkg. von Erdöl u. Randwasser. Allg. wird die Erscheinung einer stärkeren Zunahme der D. vom Zentrum zu den Rändern der Lagerstätten beobachtet. (Нефтяное Хозяйство [Petroleum-Wirtsch.] **33.** Nr. 9. 56—59. Sept. 1955.) A. Hoyningen-Huene. 8188

K. A. Oganow, E. B. Tschekaljuk und **A. N. Snarski,** *Eine rationelle Methode zur Wärmebehandlung von Erdölschichten auf Grund von Laboratoriumsuntersuchungen.* Bei Modellverss. zur Verdrängung von Erdöl aus Sandstein mit N_2, kaltem H_2O, heißem H_2O (100—165°) u. Wasserdampf erzielte man die besten Ergebnisse mit Dampf, der in dem vorher erhitzten porigen Sandstein erzeugt wurde. Beim Eindrücken von kaltem H_2O in die heiße Zone kann diese weit ausgedehnt werden. Die rationellste Meth. einer wirtschaftlichen Wärmebehandlung des Gesteins besteht aus folgenden Prozessen: 1. Erhitzung der der Drucköffnung benachbarten Sohle auf Dampfbildungstempp.; 2. Eindrücken von kaltem H_2O. Vff. geben die erforderliche Ausrüstung sowie deren Leistung in Fläche/Jahr an. (Нефтяное Хозяйство [Petroleum-Wirtsch.] **32.** Nr. 9. 33—38. Sept. 1954.) A. Helms. 8190

Je. Ss. Peremysslowa, *Untersuchung organischer oberflächenaktiver Stoffe, die die Erdöl auswaschenden Eigenschaften des Wassers verbessern.* Als oberflächenakt. Körper können sowohl nichtionogene Verbb. als auch anionakt. Substanzen mit Erfolg eingesetzt werden. Zur Anwendung empfohlen werden: *OP-7* (0,25 g/Liter); *OP-10* (0,25 g/Liter); *Detergent DS* (2,5 g/Liter); *Naphthaseife* (5,0 g/Liter). (Нефтяное Хозяйство [Petroleum-Wirtsch.] **33.** Nr. 9. 47—50. Sept. 1955.) A. Hoyningen-Huene. 8190

A. D. Stepuchowitsch und **W. W. Tatarinzew,** *Initiierung des Crackens von Paraffinkohlenwasserstoffen durch Zugabe von Azomethan.* Die initiierende Wrkg. von Azomethan (**I**) auf das Cracken von C_3H_8, iso-C_4H_{10} bei Tempp. von 360—370° ist bei Drücken von 20—80 mm Hg u. verschied. **I**-Mengen mit steigendem **I**-Geh. zunehmend u. beim iso-C_4H_{10} im Vgl. zu C_3H_8 größer. C_3H_6 hindert den **I**-Zerfall bei geringem Geh. an **I**. (Доклады Академии Наук СССР [Ber. Akad. Wiss. UdSSR] [N. S.] **99.** 1049—52. 21/12. 1954. Saratow, Staatl. Tschernischewski-Univ.) A. Helms. 8196

B. W. Poljanin, *Über die Ausbeuten von Benzin und Gas beim katalytischen Cracken.* Diskutiert werden die bereits gebräuchlichen Formeln für die Ausbeuteberechnung von Crackbenzin. Hierbei wird festgestellt, daß eine universellgültige Formel nicht existiert. Bei der gleichen Crackanlage u. gleichem Einsatzprod. kann die Formel: Ausbeute = a + b·g mit Erfolg Anwendung finden; a u. b sind Koeffizienten, die nach der Meth. der kleinsten Quadrate ermittelt werden; g bedeutet den Gasanfall in %, bezogen auf das Ausgangsprodukt. (Нефтяное Хозяйство [Petroleum-Wirtsch.] **33.** Nr. 9. 70—73. Sept. 1955.) A. Hoyningen-Huene. 8200

B. A. Kasanski, G. Ss. Landsberg, A. F. Plate, P. A. Bashulin, A. L. Liberman, Je. A. Michailowa, M. M. Ssuschtschinski, G. A. Tarassowa, Ss. A. Ucholin und **Ss. W. Woronko,** *Bestimmung der individuellen Kohlenwasserstoffzusammensetzung von Benzinen nach einer kombinierten Methode.* 4. Mitt. *Benzin aus Tuimansinsk-Erdöl.* (3. vgl. C. **1955.** 10895.) Das nach der früher beschriebenen Meth. untersuchte Bzn. enthält 20 Paraffin- (**I**), 5 Cyclopentan- (**II**), 13 Cyclohexan- (**III**) u. 6 aromat. KW-stoffe (**IV**). Die **I**-Gruppe wird weiter zerlegt. Es überwiegen die **I** mit n. Kette. Von den **II** ist Methylcyclopentan, von den **III** Methyl-, 1.3-Dimethyl- u. 1.1.3-Trimethylcyclohexan, von den **IV** Toluol u.

m-Xylol am stärksten vertreten. Das Bzn. wird in Fraktionen zerlegt, die chromatograph. weiter getrennt u. auf die einzelnen Bestandteile opt. untersucht werden. Im ganzen werden 87,9% des Bzn. aufgeklärt; Gesamtverlust ~6%. (Известия Академии Наук СССР, Отделение Химических Наук [Nachr. Akad. Wiss. UdSSR, Abt. chem. Wiss.] **1954**. 456—69. Mai/Juni. Zelinsky-Inst. für organ. Chem. u. Physikal. Lebedew-Inst. der Akad. der Wiss. der UdSSR.) R. K. MÜLLER. 8200

B. A. Kasanski, G. Ss. Landsberg, A. F. Plate, P. A. Bashulin, A. L. Liberman, Je. A. Michailowa, M. M. Ssuschtschinski, G. A. Tarassowa, Ss. A. Ucholin und **Ss. W. Woronko**, *Bestimmung der individuellen Kohlenwasserstoffzusammensetzung von Benzinen nach einer kombinierten Methode.* 5. Mitt. *Benzin aus Emba-Erdöl.* (4. vgl. vorst. Ref.) Im untersuchten Bzn. werden nachgewiesen: 22 Paraffin- (**I**), 9 Cyclopentan- (**II**), 13 Cyclohexan- (**III**) u. 6 aromat. KW-stoffe (**IV**). Im ganzen werden 81,1% der KW-stoffe identifiziert. Die **I** gliedern sich in 21,8% geradkettige (hauptsächlich $C_3—C_6$) KW-stoffe, 78,2% Isoparaffine, davon 88% mit tert., 12% mit quartärem C-Atom. Unter den **II** überwiegt Methylcyclopentan (ferner vorhanden KW-stoffe mit 2 u. 3 Seitenketten), unter den **III** Methyl-, 1.3-Dimethyl- u. 1.1.3-Trimethylcyclohexan, unter den **IV** m-Xylol. Die Verluste betragen ~8%. (Известия Академии Наук СССР, Отделение Химических Наук [Nachr. Akad. Wiss. UdSSR, Abt. chem. Wiss.] **1954**. 865—76. Sept./Okt.) R. K. MÜLLER. 8200

B. A. Kasanski, G. Ss. Landsberg, A. F. Plate, A. L. Liberman, Je. A. Michailowa, Ch. Je. Sterin, T. F. Bulanowa, G. A. Tarassowa und **W. T. Alexanjan**, *Bestimmung der individuellen Kohlenwasserstoffzusammensetzung von Benzin mittels einer kombinierten Methode.* 6. Mitt. *Karatschuchur-Benzin.* (5. vgl. vorst. Ref.) Von den KW-stoffen des untersuchten Bzn. werden **64** = 85,4% identifiziert: 32 Paraffin- (**I**), 12 Cyclopentan- (**II**), 14 Cyclohexan- (**III**) u. 6 aromat. KW-stoffe (**IV**). Von den einzelnen Fraktionen werden nach chromatograph. Analyse die RAMAN-Spektren mitgeteilt. Das Bzn. ist bes. reich an **IV** (16,37%). Es enthält **I** u. Naphthene (**II** + **III**) in etwa gleichen Mengen (%: **I** 35,53, **II** 10,28, **III** 23,24). Unter den **IV** überwiegen C_8-KW-stoffe (Xylole, Äthylbenzol). Von den **I** sind 40% geradkettig. Unter den **II** sind 46,7% Äthylcyclopentan u. Dimethylcyclopentan, auch die **III** bestehen zu einem wesentlichen Teil aus C_8-KW-stoffen (34,3% Methylcyclohexan, 37,6% C_8, 17,5% C_9). Verluste 7,30%. (Известия Академии Наук СССР, Отделение Химических Наук [Nachr. Akad. Wiss. UdSSR, Abt. chem. Wiss.] **1954**. 1053—66. Nov./Dez.) R. K. MÜLLER. 8200

Ja. B. Tschertkow und **W. N. Srelow**, *Holzteer als Antioxydantienzugabe zu Kohlenwasserstoffheizstoffen.* (Vgl. C. **1954**. 8019.) An Crack-Kerosinen verschied. Herkunft wurde die Oxydationsfähigkeit bei Zugabe verschied. Mengen Holzteer, seiner Komponenten u. von Antioxydantien des Aminophenoltyps untersucht. Das Heizmittel behandelte man in dünner Schicht mit O_2 bei 125° u. maß die Absorptionsgeschwindigkeit des O_2. Im Unterschied zum Aminophenoltyp war der Holzteer wenig wirksam. Verss. bei Zugabe der im Holzteer enthaltenen Neutralstoffe, Säuren oder Oxysäuren werden angeführt. (Нефтяное Хозяйство [Petroleum-Wirtsch.] **32**. Nr. 9. 70—74. Sept. 1954.) A. HELMS. 8200

S. A. Ssablina, A. A. Gurejew und **B. A. Englin**, *Antioxydantien für ungesättigte Kohlenwasserstoffe enthaltende Heizmittel.* 2 Antioxydantien wurden hinsichtlich ihrer Effektivität nach 3 Methoden (Länge der Induktionsperiode bei der Benzinoxydation; Oxydation des Heizmittels in geschlossenen Ampullen; Erwärmung der Proben in einem Thermostat auf 50°) an Bzn. u. Kerosin untersucht. Das neu entwickelte „Inhibitorpräp.“ (keine näheren Angaben) erwies sich wirksamer als Holzteer. (Нефтяное Хозяйство [Petroleum-Wirtsch.] **32**. Nr. 9. 74—76. Sept. 1954.) A. HELMS. 8200

I. W. Roshkow, G. Ss. Schimonajew und **Je. N. Kornilowa**, *Der Einfluß von Tetraäthylblei auf die Oxydation von Kohlenwasserstoffen. Tetraäthylblei* (**I**) ist als wirksamer Katalysator bei der Oxydation von KW-stoffen, bes. bei tiefen Tempp., anzusehen. Entsprechende Verss. wurden mit verschied. KW-stoffen (Toluol, Äthylbenzol, n-Heptan, n-Octan) in eingeschmolzenen Ampullen unter O_2 bei einer Temp. von 100° durchgeführt. Bei der Oxydation in der fl. Phase findet eine Zers. des **I** unter Bldg. unlösl. Prodd. statt, wobei diese um so schneller auftreten, je niedriger die Induktionsperiode des Bzn. ist. Es wurde eine Wechselwrkg. zwischen organ. Peroxyden u. **I** festgestellt. Zwar beeinflußt **I** die Zers. der Peroxyde, jedoch beschleunigen letztere ihrerseits den **I**-Zerfall. (Нефтяное Хозяйство [Petroleum-Wirtsch.] **32**. Nr. 5. 70—73. Mai 1954.) A. HOYNINGEN-HUENE. 8208

Maurice Letort und **André Combe**, *Beitrag zur Untersuchung über die Beseitigung der „Bleiablagerungen“ in Motorzylindern durch Dämpfe bromierter organischer Ver-*

bindungen. Die Wirkungsweise von 1.1.2.2-Tetrabromäthan (I) wird nach einer früher beschriebenen Meth. untersucht. Vff. stellen fest, daß die Wrkg. gleichzeitig am festen, an der Zylinderwand abgesetzten, zu metall. Blei reduzierten Bleioxyd u. im Gas sowohl an Moll. u. freien Radikalen wie an feinem Staub eintritt, wobei die Rk. im Gas überwiegt. Da die Wrkg. nicht proportional ist, wird empfohlen, nur die minimale Menge I anzuwenden. (Rev. Inst. franç. Pétrole Ann. Combustibles liquides **8.** 491—503. Okt. 1953.) H. Sydow. 8208

M. A. Ssenitzkin und **W. K. Winogradow,** *Die Bewertung der Abfiltrierung von Zusätzen aus Motorölen.* Beschrieben wird ein Verf. zur Beurteilung der Konzentrationsänderung von Zusätzen in Motorenölen. Die Anordnung besteht aus elektr. Motor, Pumpe, Vorratstank, automat. regelbarem Heizkörper, Meßgefäß u. Filter. 1 kg Öl wird im Vorratstank auf 80° erwärmt, die Pumpe eingeschaltet. Der Öldruck vor dem Feinfilter beträgt 2 at. Das filtrierte Öl wird entweder in den Vorratstank zurückgepumpt oder zur Feststellung der Durchlässigkeit des Filters in das Meßgefäß geleitet. Die nach der Filterung im Öl verbleibenden Zusätze geben Aufschluß über die adsorptiven Eigg. des Feinfilters. — Es konnte gezeigt werden, daß einige Filtertypen für die Filtration von Ölen infolge übermäßiger Adsorptionseigg. ungeeignet sind. — In Parallelverss. wurden Prüfstandsteste durchgeführt, wobei Motoren vom Typ GAZ–51 u. ZIS–120 Anwendung fanden. Die motor. Verss. zeigten bzgl. Konzentrationsabnahme der Additives gute Übereinstimmung mit der Filtrationsmethode. Vorbedingung für gute Übereinstimmung ist jedoch zweckentsprechende Auswahl des Filters. — Im Verlauf der Unterss. konnte festgestellt werden, daß Zusätze in unterschiedlichen Mengen adsorbiert werden. So zeigte sich, daß nach einem 40std. Lauf im GAZ–51 Zusatz 1 (Ba-Basis) um 37,5%, Zusatz 2 (Co-Basis) um 65% u. Zusatz 3 (Ca-Basis) um 75% abgenommen hatte. Auf Grund obiger Verss. wird empfohlen, das Filtrationsverf. zur Beurteilung adsorptiver Vorgänge in Motoren, wobei Verarmung legierter Öle an Wirkstoffen erfolgt, heranzuziehen. (Нефтяное Хозяйство [Petroleum-Wirtsch.] **32.** Nr. 5. 67—70. Mai 1954.) A. Hoyningen-Huene. 8212

A. W. Koshewnikow, *Zum Problem der Gewinnung schwerer Heizöle für Gasturbinen.* Neben der üblichen Vorreinigung schwerer Heizöle für den Gasturbinenbetrieb wird das Problem der V_2O_5-Korrosion eingehend diskutiert. Erfahrungen mit kaukas. Ölen, die einen V-Geh. von 10^{-5}% aufweisen, haben gezeigt, daß hierbei merkliche Korrosionen nicht auftreten. Da bei den Ural-Wolga-Ölen der V-Geh. jedoch 10^{-3}% beträgt, erscheint eine Verminderung auf 10^{-4} bis 10^{-5}% erforderlich. — Als Einsatzprod. für Gasturbinen erscheinen also solche Öle als geeignet, die einen niedrigen V-Geh. aufweisen, ferner Destillate (kein V nachweisbar!), Crackheizöle, Hydrierprodd. u. Schieferöle. (Нефтяное Хозяйство [Petroleum-Wirtsch.] **33.** Nr. 9. 66—69. Sept. 1955.) A. Hoyningen-Huene. 8216

Je. G. Ssemenido, I. A. Iwanow und **N. I. Kawerina,** *Fraktionelle Zusammensetzung von Motorenölen.* Verschied. Motorenöle werden auf ihre Eignung für Verbrennungs-, Diesel- u. Flugzeugmotoren untersucht. Bei allen Ölen, wie Transformatorenölen, Turbinenölen, teilweise vermischt mit Polyisobutylen, zeigte sich eine Verlagerung der Siedekurve nach höheren Tempp., wobei die niedrigsd. Bestandteile nach Einsatz der Öle weitgehend wegfallen. (Нефтяное Хозяйство [Petroleum-Wirtsch.] **33.** Nr. 1. 71—76. Jan. 1955.) A. Helms. 8218

G. I. Kitschkin und **A. Ss. Welikowski,** *Oxydation von Naphthenkohlenwasserstoffen und aromatischen Kohlenwasserstoffen aus Erdölen in dünner Schicht.* Die dem Schmieröl durch Adsorption an Silicagel entzogenen *Naphthene* (I) u. *Aromaten* (II) wurden bei 250° im Luftstrom oxydiert, wobei die Schichtstärke des Ölfilms 150 μ betrug. Es wurde gefunden, daß I 1,5—2mal mehr Oxydationsprodd. (harzartig bzw. flüchtig) bilden als das Ausgangsöl. Bei **II** ist die Oxydationsneigung strukturbedingt. Am wenigsten werden tricycl. **II** oxydiert, es folgen dicycl. u. endlich monocycl. Verbindungen. Letztere entsprechen in ihrem Oxydationsverh. den **I.** Während monocycl. **II** nicht als Oxydationsinhibitoren anzusehen sind, trifft dieses für di- u. tricycl. **II** in hohem Maße zu. Ein Vgl. der Oxydationsinhibierung von di- u. tricycl. **II** u. Ba-Alkylphenolsulfid zeigte, daß der gleiche Effekt bei Zusatz von 20% der ersteren wie bei 5% an Additive erreicht wurde. (Нефтяное Хозяйтсво [Petroleum-Wirtsch.] **35.** Nr. 7. 71—75. Juli 1955.) A. Hoyningen-Huene. 8220

P. A. Sharnenkow, B. I. Liberow, D. K. Ssafaralijew und **G. M. Steinschneider,** *Verbrennung von Goudron und seiner hochzähen Gemische mit Masut in Öfen der Erdöl verarbeitenden Anlagen.* An Hand von Analysen der verwendeten Brennstoffe u. der techn. Daten ließ sich nachweisen, daß ein störungsfreier Ofenbetrieb mit Goudron

(Viscosität 40° E. bei 80°) u. seinen hochviscosen Mischungen mit Masut bei Zerstäubung des Brennstoffs durch Dampfdüsen vollauf gewährleistet werden kann, u. daß die Kennzahlen für die Ofenarbeit, gleiche Arbeitsbedingungen vorausgesetzt, sich nicht von denen einer Ofenarbeit mit niedrigviscosen Masut unterscheiden, wenn hierbei eine optimale Viscosität (durch entsprechende Temperaturerhöhung) der Brennstoffe vor dem Zerstäuber, die für sämtliche Brennstoffe die gleiche sein muß, eingehalten wird. (Энергетический Бюллетень [Energet. Bull.] **1955.** Nr. 10. 10—20. Okt.) N. HVIID. 8228

VEB Teerverarbeitungswerk „Köpsen" (Erfinder: **Eduard Kersten**), Köpsen, *Reinigen von Braunkohleschwelwässern* durch Vermischen mit Braunkohlenölen u. Abtrennen des Waschöles nach Aufnahme der Teersäuren vom Schwelwasser. Der im gereinigten Schwelwasser verbleibende Ölrest wird mittels Separatoren bei hoher Drehzahl abgetrennt. (**D. P. [DDR] 5 097** Kl. 12q vom 4/11. 1938, ausg. 26/9. 1953 [Wirtschaftspatent].) M. F. MÜLLER. 8141

Socony-Vacuum Oil Co., Inc., übert. von: **Thomas P. Simpson**, Woodbury, N. J., V. St. A., *Cracken von Kohlenwasserstoffen.* Der Prozeß findet in Ggw. von festem Kontaktmaterial (I) statt, das in mehreren Teilströmen einheitlich über der Crackzone verteilt in diese über unten offene Rohre einrieselt u. dessen Menge durch Drosseleinrichtungen am Ende der Rohre gesteuert wird. Das zu crackende Öl wird auf das herabfallende I gesprüht, das vom unteren Teil der Crackzone über einen Regenerator erneut in diese zurückgeführt wird. — Zeichnung. (**A. P. 2 574 503** vom 12/2. 1946, ausg. 13/11. 1951.) C. LÜTTGEN. 8197

N. V. de Bataafsche Petroleum Mij., *Oxydation der in Benzin oder Kerosin enthaltenen Mercaptane* ohne Katalysator zu Disulfiden. Man bringt das Bzn. bzw. Kerosin (S-Geh. höchstens 0,05 Gew.-%) bei 30—40° in Kontakt mit einer wss. mindestens 5n NaOH- oder KOH-Lsg. in Ggw. von O_2 oder O_2-haltigen Gasen. Die Behandlung von Spalt- oder reformierten Benzinen nach diesem Verf. erfolgt unter Zusatz eines Antioxydationsmittels. (**F. P. 1 049 005** vom 17/12. 1951, ausg. 28/12. 1953.) T. OPPERMANN. 8201

Soc. An. des Manufactures des Glaces et Produits Chimiques de Saint-Gobain, Chauny & Cirey, Seine, Frankreich, *Selbstschmierende Friktionsstücke,* z. B. selbstschmierende Lagerschalen. Sie bestehen aus synthet. Harz (z. B. einem Kondensationsprod. von Diphenylolpropan mit Epichlorhydrin), einem härtenden Mittel (bes. Phthalsäureanhydrid) u. einem schmierend wirkenden Füllstoff (z. B. Graphit, Mo-Sulfid, Talk, Pb-, Sn-, Sb-, Bi-, Bronze-Pulver). (**F. P. 1 047 017** vom 20/12. 1951, ausg. 10/12. 1953.) T. OPPERMANN. 8221

Esso Standard (Soc. An. Française), Seine, Frankreich (Erfinder: **R. Leygonie**), *Hitzebeständiges Zylinderöl,* bes. für Dampfmaschinen, erhält man aus Destillations- u. Extraktionsrückständen (Rückstände der Extraktion mit fl. Propan) des Erdöls durch Extraktion mit 1—20 (Volumenteile) einer Mischung von $\geqq$75% fl. Propan u. schweren paraffin. KW-stoffen bei —20 bis 130°, bes. 30—80°. Vor dem Verdünnen mit Öl oder der Einengung durch Vakuum- oder Wasserdampfdest. werden die Naphthalinverbb. u. Paraffine nach bekannten Verff. aus dem Extrakt entfernt. — In einem Metallgefäß werden die Destillationsrückstände der in Ggw. von Wasserdampf durchgeführten Vakuumdest. arab. Erdöls mit 8 einer Mischung aus 80 fl. Propan u. 20 Brennöl (Mittlerer Orient) bei 55° extrahiert. Das mit 86%ig. Ausbeute erhaltene Rohprod. wird mit 3 Phenol bei 80, 82,5 u. 85° behandelt. Das mit 36%ig. Ausbeute erhaltene Raffinat hat folgende Eigg.: $D._{15}$ 0,934; Viscosität (SAYBOLT) 319,6 Sek. bei 99°; C-Rückstand (CONRADSON) 5,6%; Flammpunkt (CONRADSON) 340°; Stockpunkt 3°. Aus Venezuelarückständen erhält man ein Prod. mit D. 0,918; Viscosität 405 Sek.; C-Rückstand 3,5% u. Flammpunkt 340°. (**F. P. 1 068 291** vom 12/12. 1952, ausg. 23/6. 1954.) O. KAYSER. 8221

Phillips Petroleum Co., Del., übert. von: **John A. McBride,** Phillips, Tex., V. St. A., *Sulfidieren von Alkylsulfiden* erfolgt durch deren Behandlung mit S bei 121—204° in Ggw. eines Bauxitkatalysators, zweckmäßig bei 200—800 lbs./in². Das so z. B. aus Di-tert.-butylsulfid erhaltene Di-tert.-butylpolysulfid dient als Zusatz *zu Schmierölen* oder als *Flotationsmittel für Erze.* — Vorrichtung. (**A. P. 2 695 316** vom 19/12. 1949, ausg. 23/11. 1954.) H. MÖLLERING. 8221

VEB Elektrochemisches Kombinat Bitterfeld, Bitterfeld (Erfinder: **Orthner, Balle, Schulz, Vogt,** Höchst, und **Franz Besemann,** Bitterfeld), *Schneid-, Bohr- und Kühlöl.* Inhaltlich ident. mit dem C. **1954.** 9439 referierten D. B. P. 905 303. (**D. P. [DDR] 4 580** Kl. 23c vom 21/3. 1942, ausg. 16/10. 1954 [Wirtschaftspatent].) M. F. MÜLLER. 8221

Standard Oil Co., V. St. A., *Schmiermittel* für hohe Temp. u. hohe Leistungen. Man erhitzt ein Prod., welches eine nichtsubstituierte Fettsäure oder ein Gemisch solcher Fettsäuren enthält (z. B. Degras, Weißöl u. Stearinsäure), bei ca. 149—163° mit 20—35% P_2S_5 u. verwandelt das Reaktionsprod. durch Erhitzen mit Kalk u. W. auf 149° in die entsprechende Metallverbindung. Das gewonnene Prod. wird einem Mineralöl oder einem mineral. Fett in Mengen von 0,1—10% zugesetzt. (**F. P. 1 048 068** vom 31/8. 1951, ausg. 18/12. 1953.) T. Oppermann. 8223

Texas Co., New York, N. Y., übert. von: **John K. McKinley, Gordon S. Bright** und **Roy F. Nelson,** Port Arthur, Tex., V. St. A., *Herstellung von Paraffinoxydaten* mit hohem Estergeh. u. hoher Viscosität erfolgt durch katalyt. Oxydation von „Petrolatum“ (I) in fl. Phase bei 270—400° F u. unterhalb 20 lbs./sq.in. mit 15—35 cu. ft Luft je kg I je Std. in Ggw. einer 3—10 Gew.-%ig. $KMnO_4$-Lsg. (0,01—1,0% $KMnO_4$ berechnet auf I). — *Mineralölzusätze zur Herst. von Spezialschmierstoffen.* (**A. P. 2 705 241** vom 26/10. 1950, ausg. 29/3. 1955.) O. Müller-Meiningen. 8223

Ruhrchemie Akt.-Ges., Oberhausen/Rhld.-Holten (Erfinder: **Robert Lüben**), *Steigerung der Ausbeute und Verbesserung der Qualität von Schieferöl-Schwelparaffinen* durch Vorhydrierung, anschließende Entölung durch Extraktion oder Schwitzverf. u. Nachhydrierung, wobei die Hydrierungen möglichst mit strömendem H_2-Überschuß durchgeführt werden, nach D. B. P. 928 060. Dabei wird das Ausgangsmaterial vor der Hydrierung 1—3 Std. mit W. bei Tempp. vorbehandelt, die $>$F. des Ausgangsmaterials liegen, bes. bei 200°, worauf man das W. u. die entstehende Emulsionsschicht von der Reaktionsmischung abtrennt u. das Paraffin in an sich bekannter Weise weiterverarbeitet. (**D. B. P. 935 080** Kl. 23b vom 2/4. 1954, ausg. 10/11. 1955. Anmeldung bekanntgemacht 12/5. 1955. **Zusatz zu D. B. P. 928 060; C. 1955. 9942.**) P. Unger. 8227

Paul Lechler, Deutschland, *Überzug für vorgespannte Betonbewehrungen,* der das Gleiten begünstigt u. einen dauerhaften Rostschutz gewährleistet, aus einem Mineralöl mit höherem Kp. u. aus Bitumen oder bituminösen Harzen. — Beispiel: 70 (Gewichtsteile) eines mineral. Öldestillates mit einem Kp. zwischen 300 u. 400° werden mit 30 eines bei Wärme fl. Bitumen gemischt, wobei eine bei Kälte fl. M. entsteht. (**F. P. 1 083 866** vom 21/9. 1953, ausg. 13/1. 1955.) H. Heyer. 8231

Gesellschaft für Teerverwertung m. b. H. (Erfinder: **Eduard Moehrle, Christian Seidler, Franz Bauerfeld** und **Friedrich Richter**), Duisburg, *Plastische Masse aus Steinkohlenteerpech.* Brikettpech wird mit Anthracenrückständen (Rohanthracen) in einer Menge von ca. 10% der Gesamtmasse u. Fluxmitteln unter Rühren zusammengeschmolzen u. gegebenenfalls Füllstoffe, bes. Flugasche vor, während oder nach dem Zusammenschmelzen zugemischt. Verwendung als Deckmasse für Dachpappe, für Rohrisolierungen, Ausfugungen, Anstriche bzw. Schutzbekleidungen u. Straßenbeläge. (**D. B. P. 934 014** Kl. 39b vom 29/8. 1950, ausg. 6/10. 1955. Anmeldung bekanntgemacht 6/12. 1951.) G. Salzmann. 8231

Standard Oil Development Co., Del., V. St. A., übert. von: **Charles Mack,** Sarnia, Can., *Straßenasphalt.* Um die Dauerhaftigkeit als Straßenbelag in Verbindung mit Gestein zu erhöhen, löst man den Asphalt in der doppelten Menge Bzl. u. fällt die Naphthene mit Naphtha (Kp. 50—126°) (I), Propan, Butan, Pentan oder höhersd. I aus u. trennt sie ab. (**A. P. 2 690 420** vom 6/11. 1946, ausg. 28/9. 1954.) G. Salzmann. 8237

XX. Schieß- und Sprengstoffe. Zündmittel.

E. I. du Pont de Nemours & Co., Wilmington, Del., übert. von: **Frank A. Loving jr.,** Wenonah, N. J., V. St. A., *Elektrisch betätigte Gasdruck-Sprengpatrone,* deren Elektrodenisolierung aus einem 0,5—4 mm dicken Überzug eines zwischen 1400 u. 1600° F erstarrenden Emails besteht. Derartige Elektroden haben eine erhöhte Sicherheit gegen Stromverluste. (**A. P. 2 704 978** vom 12/3. 1953, ausg. 29/3. 1955.) A. Gradl. 8305

E. I. du Pont de Nemours & Co., Wilmington, Del., übert. von: **William Earle Schulz,** Wenonah, N. J., V. St. A., *Freifließendes Cyclotrimethylentrinitramin* (**I**). Man stellt eine Aufschlämmung von **I** in warmem W. her, fügt 0,5—5 Gew.-% K-Stearat (**II**) hinzu u. dann eine wss. Lsg. von $CaCl_2$ oder einem wasserlösl. Salz von Mg, Zn, Pb oder Ni. Statt **II** kann man auch andere lösl. Salze von Fettsäuren mit $>$10 C-Atomen verwenden. (**A. P. 2 719 153** vom 23/3. 1953, ausg. 27/9. 1955.) A. Brösamle. 8305

Canadian Industries Ltd., Montreal, Can., übert. von: **Gordon Iowell** und **Francis Hamnet Garland McCaffrey,** *Verzögerungszünder,* dessen Verzögerungssatz in einem duktilen, spiralförmig gewundenen Metallrohr (bes. Pb) untergebracht ist u. der z. B. aus 70 (%) Pb_3O_4, 16,7 Si u. 13,3 SiO oder 69 $KMnO_4$, 29,5 Sb u. 1,5 B besteht. Die

Dauer der Verzögerung wird durch Länge u. Durchmesser der Verzögerungsspirale bestimmt. (**E. P. 739 929** vom 2/2. 1954, ausg. 2/11. 1955. Can. Prior. 26/2. 1953.) A. GRADL. 8309

Imperial Chemical Industries Ltd. (Erfinder: **William Maxwell**), London, England, *Elektrisch initiierbarer Zündsatz* zur Einleitung der therm. Zers. einer Gasdruck erzeugenden Ladung [z. B. einer Mischung von $Mg(NO_3)_2 \cdot 6\,H_2O$, NH_4NO_3 u. Holzmehl] bestehend aus 66—45 (%) Guanidinnitrat, 27—45 $K_2S_2O_8$ u. 6—10 Cuprochlorid. Der Zündsatz kann noch bis zu 1% „petroleum jelly" enthalten. (**E. P. 731 096** vom 14/1. 1953, ausg. 1/6. 1955.) A. GRADL. 8309

Imperial Chemical Industries Ltd. (Erfinder: **Claude Morrison Miller** und **Samuel Henry Davidson**), London, England, *Elektrischer Unterwasserzünder*, mit Schraubverschluß, dessen Ladung aus Pentaerythrittetranitrat, Cyclotrimethylentrinitramin oder dgl. besteht. Der Zünder dient bes. zur Initiierung von mehreren Knallzündschnüren unter Wasser. (**E. P. 735 407** vom 1/9. 1953, ausg. 17/8. 1955.) A. GRADL. 8309

F. T. B. Bonell, Lidingö, Schweden, *Raketenladung aus thermoplastischem, gegossenem Sprengpulver*. Die Ladung ist an der Oberfläche, von der aus das Abbrennen erfolgen soll, mit einem leichtentzündlichen Tuch überspannt, z. B. einem mit Schwarzpulver imprägnierten Gewebe oder einem nitrierten Gewebe oder einer Celluloidfolie. (**Schwed. P. 136 280** vom 5/7. 1948, ausg. 25/6. 1952.) K. H. KÄHLER. 8311

XXIII. Tinte. Hektographenmassen und andere Spezialpräparate.

G. Ross Robertson, *Der flüssige Vervielfältiger*. Neue Kopierverff. mit Flüssigkeiten. (J. chem. Educat. **32.** 200—02. Febr. 1955. Los Angeles, Calif., Univ.) W. KUNTZ. 8420

National Marking Machine Co., Cincinnati, O., V. St. A., *Fluorescierendes Markierungsmittel*, das nur in UV-Licht sichtbar wird u. als wirksames Mittel ein Aminostilbenderiv., bes. ein Na-Salz der 4.4'-Di-(p-aminobenzoylaminobenzoylamino)-stilben-2.2'-disulfonsäure enthält. Als *Markierungstinte* für Gewebe, wie Wäsche, ist eine Lsg. von 0,5 (Teilen) Stilbenderiv. in 40 Glycerin, 15 Isopropanol u. 45 Äthylenglykolmonobutyläther geeignet. (**Belg. P. 512 607** vom 3/7. 1952, ausg. 19/2. 1954. A. Prior. 30/1. 1952.) W. GRÄGER. 8421

Greif-Werke, vormals Deutsche Bürobedarfsgesellschaft Bruer & Co. K.-G. (Erfinder: **Kurt Holler**), *Herstellung von hektographischen Farbpapieren*. Zum Schutz der Kanten bzw. Schnittflächen gegen unerwünschte Farbstoffabgabe werden diese mit einer die Farbstoffe verlackenden Beize, z. B. mit einer Lsg. von Tannin in einem leicht verdunstenden Lösungsm., behandelt, dem eine Nachbehandlung mit Beizmitteln, wie Brechweinstein, Antimonoxalat, Antimoninen (so Orig., Stibine?, die Redaktion) oder Phenolderivv., folgen kann. (**D. B. P. 935 229** Kl. 55f vom 30/8. 1953, ausg. 17/11. 1955.) F. ZIERHOLD. 8423

G. H. Horton & Co., Waterloo, Australien, *Kohlepapier* mit einer Rückschicht aus 35 bis 65 (%) mit Phenol-Formaldehyd-Harz modifiziertem Kolophonium, 9—55 Wachs, Weichmacher u. Pigment (**Aust. P. 154 615** vom 4/7. 1952, ausg. 21/1. 1954.) F. LAASS. 8423

Comp. Uruguaya de Fomento Industrial Soc. An., Montevideo, Uruguay (Erfinder: **Leander Grunberg** und **Erica Glynn**), *Unauslöschlichmachen von Schriftzeichen* aus Öl u. öllösl. bas. Anilinfarbstoff enthaltender Tinte gegen Licht, Oxydation oder industrielle Lösungsmittel, dad. gek., daß die faserige Unterlage vor dem Beschreiben mit Phosphormolybdänsäure oder Phosphorwolframsäure behandelt wird, die mit dem Farbstoff unlösl. Farblacke bilden. (**E. P. 704 061** vom 13/12. 1948, ausg. 17/2. 1954.) G. VOGEL. 8499

Addressograph-Multigraph Corp., Cleveland, übert. von: **Charles H. Van Dusen jr.**, Willoughby, O., und **Oscar E. Weissenborn**, Verona, N. J., V. St. A., *Bleistiftmasse für Planographen* zum Zeichnen auf Al, Papier oder anderen Cellulosematerialien. Die aus 5—8 (Teilen) Ton, 3 amorphem Graphit u. 1 Ruß in üblicher Weise erhaltene plast., verformte u. bei ca. 1000° gebrannte M. wird mit einer Mischung aus Chinaholzöl u. Harz oder Carnaubawachs oder einem Phenol-Formaldehyd-Harz, z. B. bei 200—275°, imprägniert. Nach dem anderen Verf. erhält man eine für den gleichen Zweck verwendbare M. aus 35 Nigrosin, 2 Japanwachs, 40 Al-Stearat u. 27,6 Methylcelluloselsg. (1:6 H_2O). (**A. PP. 2 566 753** vom 8/8. 1946 u. **2 566 754** vom 9/9. 1948, beide ausg. 4/9. 1951.) G. KRAUSS. 8499

Marcel Raymond Paquier, Alpes-Maritimes, Frankreich, *Entfernen von Chinesischer Tusche von Pauspapier*. Man entfernt die Tusche mittels eines Gemisches von zwei Fll., von denen die eine aus 1 (Vol.) CCl_4 u. 1 Bzn., die andere aus 1 Essigsäure u. 1 A. (90% ig) besteht. (**F. P. 1 077 403** vom 19/5. 1953, ausg. 8/11. 1954.) T. OPPERMANN. 8499

XXIV. Photographie.

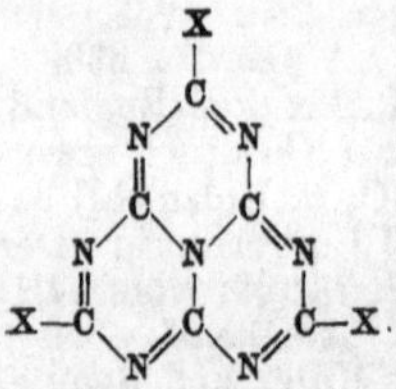

I X = —NH—CN
II X = —OH

Eastman Kodak Co., übert. von: **Norman F. Beach** und **Fred W. Spangler**, Rochester, N. Y., V. St. A., *Stabilisatoren für photographische Emulsionen*, die durch Alkylenoxydpolyaddukte sensibilisiert wurden, bestehen aus *Hydromelonsäure* (**I**) oder *Cyamelursäure* (**II**), deren Herst. in J. Amer. chem. Soc. **61**. [1939.] 3420 beschrieben wurde. Man verwendet von **I** bzw. **II** 0,2—5 g pro g-Mol. Ag-Halogenid in Form von Alkalisalzen. In Lagerverss. wurde nachgewiesen, daß sowohl der Empfindlichkeitsabfall als auch die Schleierbldg. durch Zusatz von **I** bzw. **II** verringert wird. (**A. P. 2 704 716** vom 17/6. 1954, ausg. 22/3. 1955.) O. SCHÖN. 8611

AGFA Akt.-Ges. für Photofabrikation (Erfinder: **Lothar Burgardt**, Leverkusen, und **Ottmar Wahl**, Opladen), *Lichthofschutz- und Filterfarbstoffe*. Verwendet werden Kondensationsprod. von Carbazolaldehyden, die am N-Atom mit organ. Resten substituiert sind, mit Verbb., die akt. $-CH_2$-Gruppen enthalten. Diese Farbstoffe werden in Form der Lsg. ihrer Na-Salze in 20%ig. Gelatinelsg. zu Schichten vergossen. — Beispiele: *α-(N-Äthylsulfocarbazyliden)-α-(p-aminobenzoyl)-acetonitril*; *4-(N-Äthylsulfocarbazyliden)-1-(3'-sulfophenyl)-3-methylpyrazolon*; *α-(N-Äthylsulfocarbazyliden)-α-cyanacetonitril*; *(N-Äthylsulfocarbazyliden)-cyanacetamid*; *1-(4'.8'-Disulfo-β-naphthyl)-3-methyl-4-(N-äthylsulfocarbazyliden)-pyrazolon*; *1-(2-Chlor-4-sulfophenyl)-3-methyl-4-(N-äthylcarbazyliden)-pyrazolon*; *(N-Äthylcarbazyliden)-cyanacetanilid-4-carbonsäure*. (**D. B. P. 932 343** Kl. 57b vom 29/3. 1953, ausg. 29/8. 1955. Anmeldung bekanntgemacht 3/3. 1955.) A. KALIX. 8613

E. I. du Pont de Nemours & Co., übert. von: **Elmore Louis Martin**, Wilmington, Del., V. St. A., *Herstellung von Acetalen* aus mono- oder polymeren mehrwertigen Alkoholen u. einem Cyanacetylarylureidobenzaldehyd der allg. Zus. $OHC-C_6H_4-NH\cdot CO-NH-R-CO-CH_2-CN$ (R = 2wertiger cycl. Rest). Man gibt zur Lsg. von 510 (Teilen) p-Chlorbenzoesäuremethylester in 1840 H_2SO_4 (D. 1,84) (**I**) unter Rühren eine Mischung aus 435 **I** u. 335 HNO_3 (D. 1,42) bei 8—10°, rührt bei dieser Temp. weitere 30 Min., gießt auf Eis, rührt weitere 30 Min., filtriert, krist. den Nd. nach Säurefreiwaschen mit kaltem W. aus CH_3OH um u. erhält 617 4-Chlor-3-nitrobenzoesäuremethylester (F. 80—82°) (**II**). Man schlämmt 440 Fe-Pulver in 800 W. auf, erhitzt auf 90°, gibt 45 HCl (D. 1,18) zu, erhitzt auf 100° u. setzt langsam 432 **II** zu erhitzt anschließend 30 Min. unter Rückfluß, wobei man das p_H mit 25%ig. Na_2CO_3-Lsg. auf 8 einstellt, verd. mit 2000 CH_3OH, extrahiert den Nd. mehrmals mit heißem CH_3OH u. erhält aus den Filtraten im Vakuum 368 3-Amino-4-chlorbenzoesäuremethylester, F. 82 bis 83° (**III**). Man sättigt 100 Essigester (**IV**) mit $COCl_2$ (**V**) bei n.Temp. u. setzt innerhalb von 2 Std. eine Lsg. von 112 **III** in 350 **IV** zu, wobei man weiter **V** durchleitet u. die Temp. auf 75—78° steigt. Man entfernt **IV** am Wasserbad u. erhält durch Vakuumdest. 123 5-Carbomethoxy-2-chlorphenylisocyanat ($Kp._1$ 122—125°; F. 78—81°). Zur Lsg. von 123 dieser Verb. in 500 absol. Ae. gibt man langsam eine Lsg. von 99 m-Aminobenzaldehydäthylenglykolacetal, kocht 10 Min. unter Rückfluß, wäscht den Nd. mit Ae. u. erhält 123 *m-[3-(5-Carbomethoxy-2-chlorphenyl)-ureido]-benzaldehydäthylenglykolacetal* (**VIII**), F. 168 bis 170°. Man erhitzt 230 dieser Verb., 100 CH_3OH, 500 absol. CH_3CN u. 500 absol. Dioxan unter Rückfluß u. Rühren 3 Std., gießt das Reaktionsgemisch in Eis, filtriert, gibt zum Filtrat 25 $NaHCO_3$, setzt CH_3COOH bis zum Beginn der CO_2-Entw. zu u. erhält nach Waschen mit W. u. Trocknen an Luft die *5-Cyanacetyl*-Verb. (**VI**), $C_{19}H_{16}O_4N_3Cl$, F. 199 bis 201° (Aceton–Bzl.). Man sättigt das Gemisch aus 22 dieser Verb., 100 Polyvinylalkohol, o-Sulfobenzaldehyd-Na, 660 Äthylenglykol u. 60 Dioxan bei 69—70° mit SO_2 (Gewichtszunahme 28). Nach 45 Min. verd. man das gekühlte Gemisch mit 2000 Aceton–CH_3OH 1:1 u. erhält 120 eines gemischten *o-Sulfobenzaldehyd-* u. **VI**-*Polyvinylacetals*. — Weitere Beispiele: 2-Chlor-5-nitro-Deriv. von **II** (F. 60—63°) → 2-Chlor-5-amino-Verb. ($Kp._2$ 155 bis 160°) → 5-Carbomethoxy-4-chlorphenylisocyanat ($Kp._3$ 130—133°) → *m-[3-(5-Carbomethoxy-4-chlorphenyl)-ureido]-benzaldehydäthylenglykolacetal* (F. 169—171°) → *5-Cyanacetyl*-Verb., $C_{19}H_{16}O_4N_3Cl$, F. 158—160°. — 2.4-Dichlor-5-nitrobenzoesäuremethylester (F. 54—56°) → 2.4-Dichlor-5-amino-Verb. (F. 104—106°) → 5-Carbomethoxy-2.4-dichlorphenylisocyanat ($Kp._{12}$ 165—170°, F. 66—68°) → *m-[3-(5-Carbomethoxy-2.4-dichlorphenyl)-ureido]-benzaldehydäthylenglykolacetal* ($C_{18}H_{16}O_5N_2Cl$, F. 173—175°) → *5-Cyanacetyl*-Verb., $C_{19}H_{15}O_4N_3Cl_2$, F. 185—187°. 4-Methyl-3-nitrobenzoesäuremethylester → 4-Methyl-3-amino-Verb. (F. 114—116°) → 5-Carbmethoxy-2-methylphenylisocyanat (F. 78—81°) → *m-[3-(5-Cyanacetyl-2-methylphenyl)-ureido]-benzaldehydäthylenglykolacetal*, F. 189—191°. 4-Methoxy-3-nitrobenzoesäuremethylester → 4-Methoxy-3-amino-Verb. (F. 88—90°) → 5-Carbomethoxy-2-methoxyphenylisocyanat (F. 115—117°) →

m-[3-(5-Carbomethoxy-2-methoxyphenyl)-ureido]-benzaldehydäthylenglykolacetal (F. 161 bis 163°) → *5-Cyanacetyl*-Verb., F. 193—195°. 3-Nitrobenzoesäuremethylester → 3-Amino-Verb. (Kp.$_2$ 135—140°, F. 48—50°) → 3-Carbomethoxyphenylisocyanat (Kp.$_{10}$ 125—128°) → *m-[3-(3-Carbomethoxyphenyl)-ureido]-benzaldehydäthylenglykolacetal* (F. 169—171°) → *3-Cyanacetyl*-Verb., $C_{19}H_{17}O_4N_3$, F. 169—171°. — p-Chloracetylanilin (F. 146—148°) → p-Cyan-Verb. (F. 157—159°) → 4-Cyanacetylphenylisocyanat (F. 95—97°) → *m-[3-(4-Cyanacetylphenyl)-ureido]-benzaldehydäthylenglykolacetal*, $C_{19}H_{17}O_4N_3$, F. 202—203°. — 3-Nitro-4-phenylmercaptobenzoesäuremethylester ($C_{14}H_{11}O_4NS$, F. 112—113°) → 3-Amino-Verb. (Kp.$_2$ 195—200° F. 58—60°,). — 2-Phenylmercapto-5-carbomethoxyphenylisocyanat (Kp.$_2$ 185—190°, F. 40—45°) → *m-[3-(2-Phenylmercapto-5-carbomethoxyphenyl)-ureido]-benzaldehydäthylenglykolacetal* ($C_{24}H_{22}O_5N_2S$, F. 166—169°) → *5-Cyanacetyl*-Verb., $C_{25}H_{21}O_4N_3S$, F. 181—182°. 5-Nitroisophthalsäuredimethylester (F. 118—121°) → 5-Aminoverb. (F. 176—178°) → 3.5-Bis-(carbomethoxy)-phenylisocyanat (F. 104 bis 106°) → m-[3-(3.5-Bis-(carbomethoxy)-phenyl)-ureido]-benzaldehydäthylenglykolacetale (F. 173—175°) → *m-3-Carbomethoxy-5-cyanacetyl*)-Verb., F. 180—182°. — 5-Nitrobenzofuran-2-carbonsäuremethylester F. 128—130°) → 5-Amino-Verb. (F. 180—183°) → 2-Carbomethoxy-5-benzofuranisocyanat ($C_{11}H_7O_4N$, Kp.$_2$ 160—165°, F. 98—100°) → *m-[3-(2-Carbomethoxy-5-benzofuran)-ureido]-benzaldehydäthylenglykolacetal* ($C_{20}H_{18}O_6N_2$, F. 184—187°) → *2-Cyanacetyl*-Verb., $C_{21}H_{17}O_5N_3$, F. 153 bis 158°. — 5-Nitrothianaphthen-2-carbonsäureäthylester → 5-Aminoverb. (F. 92—94°) → 2-Carbäthoxy-5-thianaphthenisocyanat (Kp.$_2$ 170—172°, F. 86—87°) → *m-[3-(2-Carbäthoxy-5-thianaphten)-ureido]-benzaldehydäthylenglykolacetal* (F. 197—199°) → *2-Cyanacetyl*-Verb. — 8-Nitrodibenzofuran-2-carbonsäuremethylester (F. 180—182°) → 8-Amino-Verb. → 8-Carbomethoxy-2-dibenzofuranisocyanat ($C_{15}H_9O_4N$, Kp.$_2$ 200—205°, F. 118 bis 122°). → *m-[3-(2-Carbomethoxy-8-dibenzofuran)-ureido]-benzaldehydäthylenglykolacetal* (F. 186—190°) → *2-Cyanacetyl*-Verb. (**VII**), F. 206—210°. Die *Polyvinylacetale* der Endprodd. dienen als *Zusätze zu Farbfilm-Ag-Halogenid-Emulsionen.* (**A. P. 2 680 730** vom 5/7. 1950, ausg. 8/6. 1954.) O. MÜLLER-MEININGEN. 8631

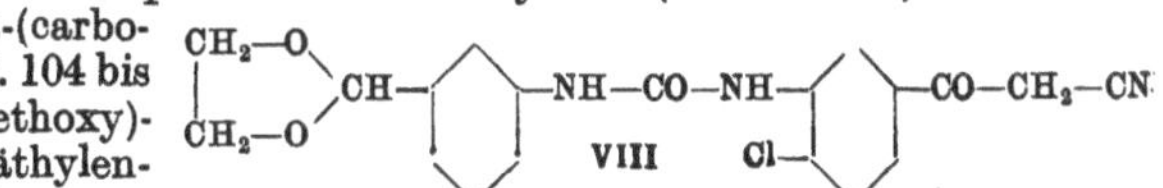

VIII

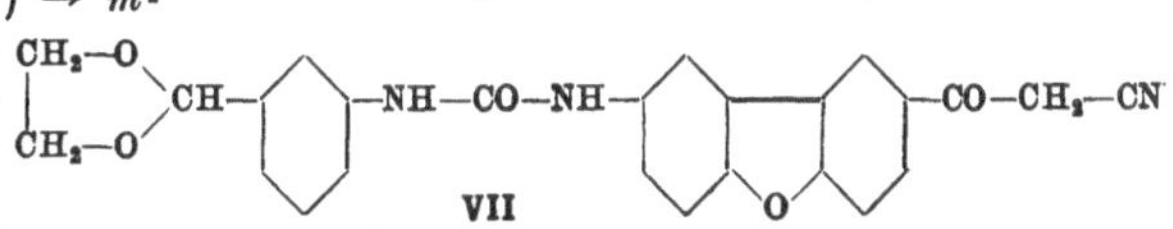

VII

Eastman Kodak Co., Rochester, N. Y., übert. von: **Bruce Graham,** Los Altos, Calif., und **John Williams,** Rochester, N. Y., V. St. A., *Purpurfarbige Farbkuppler für Blautöne* der allg. Formel **I** (X u. Z = H oder nicht näher bestimmte Substituenten; Y = Halogen, Alkoxy- oder — gegebenenfalls substituierte — Phenoxygruppen) eignen sich bes. *für Farbkorrekturzwecke in der Farbphotographie,* da sie grünes Licht viel stärker absorbieren als blaues. Zur Herst. von **I** löst man die entsprechend substituierten 1-Oxy-2-naphthanilide (**II**) in Pyridin u. fügt bei 0° die wss. Diazoniumlsg. zu. Nach vollzogener Kupplung verd. man mit W., um den Farbstoff abzuscheiden. Es werden folgende I beschrieben [„AM" = Absorptionsmaximum in mμ]: Typ **A** (*Y = n-C_4H_9O-, Z = 3-n-C_4H_9O-*): *X = H*, F. 143—143,5°, AM 504; *X = 4-$CH_3 \cdot CO \cdot NH$-*, F. (der Doppelverb. mit 1 krist. CH_3COOH) 223—224°; *X = 4-$HOOC \cdot CH_2$-*, F. 227—229°; *X = 4-NC-*, F. 165—166°, AM 500; *X_1 = 2-CH_3-, X_2 = 4-$(C_2H_5)_2N$-*, F. 128—130°, AM 460; *X = 4-O_2N-*, F. 228—230°, AM 510; *X = 4-CH_3O-*, F. 130—131°, AM 520; *X = 4-$HO \cdot SO_2 \cdot CH_2$-*, F. 241°; *X = 2-CH_3O-*, F. 183—185°; *X_1 = 4-O_2N-, X_2 = 2-CH_3O-*, F. 205—207°; *X_1 = 2-Cl-, X_2 = 5-Cl-*, F. 142—144°; *X_1 = 2-Cl-, X_2 = 4-Cl-, X_3 = 6-Cl-*, F. 128—135°; *X_1 = 2-C_4H_9O-, X_2 = 5-C_4H_9O-*, F. 148 bis 149°, AM 508; *X = 4-CH_3-*, F. 139—141°, AM 400—514; *X = 4-tert.-C_5H_{11}-*, F. 145 bis 147°, AM 400—514; *X_1 = 2-C_2H_5O-, X_2 = 5-C_2H_5O-*, F. 200—202°, AM 522; *X = 4-$(C_2H_5)N$-*, F. 149—151°, AM 460. — Typ **B** (*Y = Cl, Z = 4-sek.-C_5H_{11}-*): *X = H*, F. 108—109°, AM 540; *X_1 = 2-CH_3O-, X_2 = 4-O_2N-*, F. 220—223°; *X_1 = 2-C_4H_9O-, X_2 = 5-C_4H_9O-*, F. 194°, AM 506; *X = 2-CH_3O-*, F. 178—180°, AM 518; *X = 4-NC-*, F. 220—222°, AM 500. — Ferner: **I** (*X = 4-$HOOC \cdot CH_2$-, Y = 2.4-Di-tert.-amylphenoxy-, Z = HOOC-*), F. 205—210°, AM 524; **I** (*X = 4-$HOOC \cdot CH_2$-, Y = 2.4-Di-tert.-amylphenoxy-, Z = 3.5-Dicarbmethoxyphenylcarbamyl-*), F. 260—265°, AM 524. — Weiterhin wird die Herst. folgender Ausgangsstoffe angegeben: 2′.5′-Dibutoxy-**II**, F. 93—94° (aus 1-Oxy-2-naphthalincarbonsäurephenylester + Aminohydrochinondibutyläther); 4′-sek.-Amyl-2′-chlor-**II**, F. 97—98,5° (analog aus 4-sek.-Amyl-2-chloranilin); — 5′-Carboxy-2′-(2″.4″-di-tert.-amylphenoxy)-**II**, F. 259—261°; — 2′-(2″.4″-Di-tert.-amylphenoxy)-

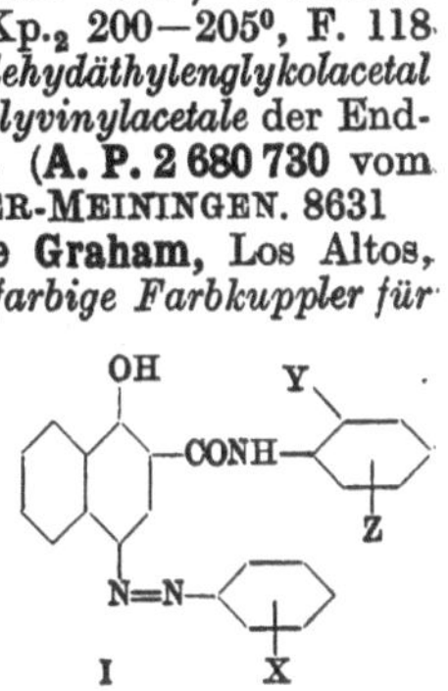

I

5'-(3'''.5'''-dicarbmethoxyphenylcarbamyl)-II, F. 230—232°. — 4-sek.-Amylacetanilid, F. 118—120°, + Cl_2 → 4-sek.-Amyl-2-chloracetanilid, Öl, → 4-sek.-Amyl-2-chloranilin, F. 165—167°. — 3-Nitro-4-(2'.4'-di-tert.-amylphenoxy)-benzoesäure → 3-Amino-4-(2'.4'-di-tert.-amylphenoxy)-benzoesäure, F. 179—181°. — 4-(2'.4'-Di-tert.-amylphenoxy)-3-nitrobenzoylchlorid + 5-Aminoisophthalsäuredimethylester → 4-(2'.4'-Di-tert.-amylphenoxy)-3-nitrobenzoesäure-3''.5''-dicarbmethoxyanilid, F. 112—114°, → 2-(2'.4'-Di-tert.-amylphenoxy)-5-(3''.5''-dicarbmethoxyphenylcarbamyl)-anilin, F. 210—212°. (**A. P. 2 706 684** vom 28/11. 1952, ausg. 19/4. 1955.) O. SCHÖN. 8631

Eastman Kodak Co., übert. von: **Ilmari F. Salminen**, Rochester, N. Y., V. St. A., *Besonders reaktionsfähige Farbkuppler*, die der allg. Formel I entsprechen (R = H, Halogen oder Alkylphenoxygruppen; R' = substituierte Phenylalkyl-, Phenoxyalkyl- oder Phenoxyacetamidophenylgruppen), erhält man durch Rk. von m-Chlorsulfonylbenzoesäure mit 3-Acylamidopyrazolonen-(5) in Ggw. von Pyridin. Obwohl sie in W. gut lösl. sind u. daher der Ag-Halogenid-Emulsion als wss. Lsg. leicht einverleibt werden können, liefern sie beim üblichen Farbentwicklungsprozeß bes. scharf gezeichnete Bilder, weil durch die alkal. Entwicklerlsg. der Sulfobenzoesäurerest abgespalten wird, wodurch die Farbkuppler in unlösl. Pyrazolonderivv. verwandelt werden. — Beispiel: Man löst in 40 (Teilen) Pyridin 11,53 m-Chlorsulfonylbenzoesäure u. trägt im Verlauf von $1^1/_2$ Std. 34,5 1-(2.4.6-Trichlorphenyl)-3-{m-[α-(2.4-di-tert.-amylphenoxy)-acetamido]-benzamido}-pyrazolon-(5) ein. Man gießt auf 600 Eis + 160 konz. HCl u. erhält 48 (= 86,5% d. Th.) *1-(2'.4'.6'-Trichlorphenyl)-3-{m-[α-(2''.4''-di-tert.-amylphenoxy)-acetamido]-benzamido}-5-m-sulfobenzoyloxypyrazol-Pyridiniumsalz.* — Analog: 1-Phenyl-3-{m-[α-(2'.4'-ditert.-amylphenoxy)-acetamido]-benzamidopyrazolon-(5) → *1-Phenyl-3-{m-[α-(2'.4'-di-tert.-amylphenoxy)-acetamido]-benzamido}-5-m-sulfobenzoyloxypyrazol-Pyridiniumsalz.* — 1-[p-(p-tert.-Butylphenoxy)-phenyl]-3-[α-(p-tert.-butylphenoxy)-propionamido]-pyrazolon-(5)→*1-[p-(p-tert.-Butylphenoxy)-phenyl]-3-[α-(p-tert.-butylphenoxy)-propionamido]-5-m-sulfobenzoyloxypyrazol-Pyridiniumsalz.* — Na-2.4-Di-tert.-amylphenolat + Butyrolacton → γ-(2.4-Di-tert.-amylphenoxy)-buttersäure, F. 98—100°, + $SOCl_2$ → γ-(2.4-Di-tert.-amylphenoxy)-buttersäurechlorid, $Kp._1$ 165—166°, + 1-Phenyl-3-(3'-aminobenzamido)-pyrazolon-(5) → 1-Phenyl-3-{3'-[γ-(2''.4''-di-tert.-amylphenoxy)-butyramido]-benzamido}-pyrazolon-(5), F. 218—220°, → *1-Phenyl-3-{3'-[γ-(2''.4''-di-tert.-amylphenoxy-butyramido]-benzamido}-5-m-sulfobenzoyloxypyrazol-Pyridiniumsalz.*—1-(2'.4'.6'-Trichlorphenyl)-3-{(α-{p-[α-(2''.4''-di-tert.-amylphenoxy)-acetamido]-phenyl}-acetamido)}-pyrazolon-(5) → *1-(2'.4'.6'-Trichlorphenyl)-3-{(α-{p-[α-(2''.4''-di-tert.-amylphenoxy)-acetamido]-phenyl}-acetamido)}-5-m-sulfobenzoylxypyrazol-Pyridiniumsalz.* — 1-[p-(p-tert.-Butylphenoxy)-phenyl]-3-[γ-(2'.4'-di-tert.-amylphenoxy)-butyramido]-pyrazolon-(5) → *1-[p-(p-tert.-Butylphenoxy)-phenyl]-3-[γ-(2'.4'-di-tert.-amylphenoxy)-butyramido]-5-m-sulfobenzoylxypyrazol-Pyridiniumsalz. — Farbkuppler für photograph. Schichten.* (**A. P. 2 706 685** vom 4/12. 1952, ausg. 19/4. 1955.) O. SCHÖN. 8631

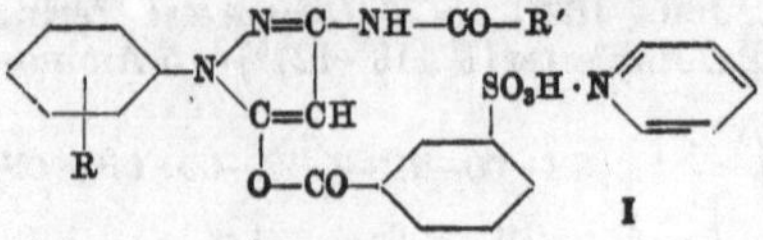

I

Kalle & Co. Akt.-Ges. (Erfinder: **Oskar Süs**, Wiesbaden, und **Werner Schäfer**, Basel, Schweiz), *Photomechanische Herstellung von Flachdruckformen.* Als lichtempfindliche Schicht wird eine solche aus aromat. Azidoverbb. verwendet, die in dem die Azidogruppe tragenden Kern entweder durch eine mit einem prim. aromat. Amin amidierte Sulfogruppe oder durch eine mit dem Sulfonylrest einer aromat. Sulfosäure substituierte prim. NH_2-Gruppe substituiert sind. Diese Schicht wird unter einer Kopiervorlage belichtet u. mit einer verd. Säure, bes. H_3PO_4, entwickelt. Geeignet sind z. B.: *4.4'-Diazodistilben-2.2'-bis-(sulfonylaminobenzol)*, F. 193—194° (Zers.) u. *4-Azido-1-phenylaminobenzol-2-sulfonsäureanilid*, F. 130—131° (Zers.). (**D. B. P. 929 460** Kl. 57d vom 29/5. 1953, ausg. 27/6. 1955. Anmeldung bekanntgemacht 9/12. 1954.) A. KALIX. 8645

Herausgeber u. verantwortlich für den Inhalt: Prof. Dr. Maximilian Pflücke, Berlin N 4, Schiffbauerdamm 19, Fernsprecher: 425571. Redaktion: Chefredakteure Dr. Eugen Klever und Prof. Dr. Maximilian Pflücke. Verlag: Akademie-Verlag GmbH, Berlin W 8, Mohrenstraße 39 (Fernsprecher 200386, Postscheckkonto Berlin 35021), u. Verlag Chemie, GmbH, Weinheim/Bergstraße (Fernsprecher 2017 u. 2965, Postscheckkonto Frankfurt/M. 145314 u. Berlin-West 7430). Bestell- u. Verlags-Nr.: 1007/127. Das Chemische Zentralblatt erscheint wöchentlich. Preis des Jahrganges einschl. Autoren-, Patent-, Sach- und Formelregister: DM 680,—; einseitig bedruckte Ausgabe: DM 750,—. Abgabe der Zeitschrift nur mit sämtlichen Registern.
Satz u. Druck: VEB Leipziger Druckhaus, Leipzig, III/18/203. VI. 56.
Veröffentlicht unter der Lizenznummer 1212 des Amtes für Literatur und Verlagswesen der Deutschen Demokratischen Republik.
Printed in Germany.

Vickery 6333.
Vigneaud, du 6412.
Vilter 6442.
Viola 6436.
Visconti di Modrone 6426.
Vitale 6449.
Vlisidis 6333.
Voelkel 6464.
Vogt 6557.
Vohra 6426.
Voigt 6503.
Voiret 6550.
Volchok 6290.
Voldrich 6514.
Volk 6517.
Vollmer 6487.
Vorst, van der 6311.
Wacker-Chemie G. m. b. H. 6487.
Wänke 6291.
Wagner, H. C. 6519.
Wagner, R. S. 6339.
Wagramjan 6300.
Wahl 6559.
Wain 6508.
Wainfan 6296.
Waldman 6425.
Walker 6296.
Walther 6469.
Wan 6467.
Wander, Dr. A., Akt.-Ges. 6473.
Wanders 6285.
Ward 6504.
Warjuchina 6400.
Warnecke 6539.
Warren, B. E. 6311.
Warren, D. T. 6285.
Warren, G. W. 6522.
Warren, J. B. 6292.
Watanabe 6308.
Waterman 6524.
Waters 6501.
Watson 6542.
Webb, A. A. 6386.
Webb, J. H. 6298.
Weber, H. 6501.
Weber, H. S. 6353.
Weber, H. W. 6415.
Weckel 6541.
Weeber 6511.
Weeniuk 6448.
Wegener 6500.
Wegmann 6438.
Weichert 6341.
Weimer 6441.
Weinhouse 6414.
Weir 6455.
Weisburger, E. K. 6415.
Weisburger, J. H. 6415.
Weisemann 6533.
Weiss, Alarich 6312.
Weiss, Armin 6312.
Weiss, R. J. 6446.
Weissbach 6425.
Weissenberg 6531.
Weissenborn 6559.
Weissler 6293. 6296.
Weisz 6478. 6479.
Welch 6307. 6331.
Welikowski 6556.
Wells, A. F. 6343.
Wells, N. J. 6504.
Wenk 6510.
Wenner 6414.
Wennerstrand 6480.
Wenthworth 6505. 6513.
Werkman 6425.
Werle 6483.
Werner 6530.
Wertuschkow 6333.
West 6304.
Westall 6441.
Westbrook 6316.
Westerman 6514.
Westfall 6441.
Westlin 6534.
Whalley 6379.
Wharton 6435.
Wheeler 6395.
Whelan 6410.
White, E. N. 6380. 6381.
White, J. R. 6323.
Whitehead 6288.
Whitemore 6529.
Whittenberger 6541.
Wichterle 6469.
Widell 6488.
Wierbicki 6544.
Wigorow 6497.
Wilhelmy jr. 6528.
Wilkinson 6332. 6412.
Will 6442.
Williams, C. H. 6499.
Williams, E. H. 6539.
Williams, G. 6351.
Williams, J. 6560.
Williams, K. G. 6303.
Williams, R. W. 6285.
Williams, V. A. 6350.
Williams, V. B. 6445.
Willstaedt 6422.
Wilmanns 6416.
Wilson 6441.
Winckler 6285.
Winogradow 6556.
Winston 6297.
Witke 6342.
Witschkarowa 6462.
Wittmoser 6502. 6517.
Wladislaw 6378.
Woestman 6529.
Wolf 6436.
Wolfgang 6290.
Wolfkowitsch 6288.
Wolford 6490.
Wong 6435.
Wood, D. R. 6432.
Wood, E. A. 6309.
Wood, F. W. 6511.
Wood, H. G. 6419.
Wolley 6460.
Woratz 6426.
Woronko 6554. 6555.
Woroschilow 6547.
Wortmann [6486].
Wright, G. F. 6340.
Wright, M. K. 6461.
Wu 6330.
Wurzel 6420.
Wyatt 6426.
Wyckoff 6288.
Xuong 6361. 6366. 6394. 6396.
Yager 6297.
Yakel jr. 6411.
Yamanaka 6496.
Yamashita 6310.
Yang 6503.
Yankwich 6353.
Yasunaga 6346.
Yendt 6454.
Yee 6480.
Yoshimura 6440.
Yost 6533.
Young jr. 6486.
Younghusband, Barnes & Co. Ltd. 6536.
Zachariae 6437.
Zaffaroni 6406.
Zagar 6494.
Zajdela 6394.
Zek 6483.
Zambruno 6424.
Zangaglia 6436.
Zanotti 6467.
Zanussi 6439.
Zappa 6462.
Zarewa 6300.
Zelter 6411.
Ziege 6546.
Zilstorff-Pedersen 6458.
Zimmerman 6287.
Zinnes 6371.
Zirconium Corp. of America 6519.
Zscherpe 6510.
Zwicky 6292.

MIX
Papier | Fördert
gute Waldnutzung
FSC® C083411

Zeitfracht Medien GmbH
Ferdinand-Jühlke-Straße 7
99095 Erfurt, Deutschland
produktsicherheit@kolibri360.de